Klinische Liquordiagnostik

Mit freundlichen Empfehlungen

Klinische Liquordiagnostik

Herausgegeben von
Uwe K. Zettl, Reinhard Lehmitz, Eilhard Mix

Walter de Gruyter
Berlin · New York 2003

Herausgeber
PD Dr. Uwe K. Zettl
Dr. Reinhard Lehmitz
Dr. Eilhard Mix
Klinik für Neurologie und Poliklinik
Universität Rostock
Gehlsheimer Straße 20
D-18147 Rostock

Bibliografische Information der Deutschen Bibliothek

Die Deutsche Bibliothek verzeichnet diese Publikation in der Deutschen Nationalbibliografie; detaillierte bibliografische Daten sind im Internet über http://dnb.ddb.de abrufbar

© Copyright 2003 by Walter de Gruyter GmbH & Co. KG, 10785 Berlin.

Dieses Werk einschließlich aller seiner Teile ist urheberrechtlich geschützt. Jede Verwertung außerhalb der engen Grenzen des Urheberrechtsgesetzes ist ohne Zustimmung des Verlages unzulässig und strafbar. Das gilt insbesondere für Vervielfältigungen, Übersetzungen, Mikroverfilmungen und die Einspeicherung und Verarbeitung in elektronischen Systemen.

Der Verlag hat für die Wiedergabe aller in diesem Buch enthaltenen Informationen (Programme, Verfahren, Mengen, Dosierungen, Applikationen etc.) mit Autoren und Herausgebern große Mühe darauf verwandt, diese Angaben genau entsprechend dem Wissensstand bei Fertigstellung des Werkes abzudrucken. Trotz sorgfältiger Manuskriptherstellung und Korrektur des Satzes können Fehler nicht ganz ausgeschlossen werden. Autoren bzw. Herausgeber und Verlag übernehmen infolgedessen keine Verantwortung und keine daraus folgende oder sonstige Haftung, die auf irgendeine Art aus der Benutzung der in dem Werk enthaltenen Informationen oder Teilen davon entsteht.

Die Wiedergabe von Gebrauchsnamen, Handelsnamen, Warenbezeichnungen und dergleichen in diesem Buch berechtigt nicht zu der Annahme, daß solche Namen ohne weiteres von jedermann benutzt werden dürfen. Vielmehr handelt es sich häufig um gesetzlich geschützte, eingetragene Warenzeichen, auch wenn sie nicht eigens als solche gekennzeichnet sind.

Satz: Arthur Collignon GmbH, Berlin; Meta-Systems, Elstal – Druck und buchbinderische Verarbeitung: Druckhaus „Thomas Müntzer" GmbH, Bad Langensalza – Umschlagentwurf: Rudolf Hübler, Berlin

Printed in Germany

ISBN 3-11-016846-4

Geleitwort

Noch in den fünfziger Jahren des 20. Jahrhunderts bestand die Meinung, in der Zerebrospinalflüssigkeit „sei nichts drin". Heute muß konstatiert werden, das Gegenteil ist der Fall, wie das vorliegende Werk eindrucksvoll zeigt. Die rasch gediehenen und in die klinische Laborpraxis eingeführten biochemischen, immunzytologischen und molekularbiologischen Forschungsergebnisse haben die achtbare Stellung der Liquordiagnostik weiter ausgebaut. Trotz der epochalen Fortschritte durch bildgebende Verfahren bleibt die Liquoranalyse in der neurologischen Diagnostik und Verlaufskontrolle unverzichtbar.

In dem umfassend ausgestatteten Kompendium der klinischen Liquordiagnostik haben renommierte Kliniker und experimentell hervorgetretene Forscher den aktuellen Stand der zellulären und humoralen Immunreaktionen, der modernen Protein- und Zelldiagnostik, eindrucksvoll und prägnant dargestellt. Hervorzuheben sind besonders die methodischen Fortschritte in den Zellmarkierungstechniken, in den mikrobiologischen und molekularbiologischen Nachweismethoden. Die Stärke des vorliegenden Buches besteht in der klinischen Relevanz durch die praxisbezogene Interpretation der Ergebnisse aus der Liquoranalytik. Den Herausgebern ist es in vorzüglicher Art und Weise gelungen, das vorliegende Werk didaktisch und optisch zu gestalten.

Dem Buch kommt im aktuellen Literaturspektrum zweifellos eine einzigartige bedarfsdeckende Funktion zu.

Wir sind sicher, dass die umfassende, klinisch relevante Publikation eine rasche und weite Verbreitung auch über die Grenzen der Neurologie hinausreichend finden wird.

Rostock und Halle, Oktober 2002

Johannes Sayk
Rudolf-Manfred Schmidt

Vorwort

Das vorliegende Buch soll dem Kliniker und dem Labormediziner in der täglichen Praxis eine schnelle und komplexe Orientierung über den umfangreichen Wissensstand der klinischen Liquordiagnostik ermöglichen.

Im ersten Teil (Abschnitte A und B) werden neben den Methoden und Indikationsstellungen zur Gewinnung des Liquor cerebrospinalis insbesondere die Analyseverfahren, Messparameter und Befundkonstellationen des Liquors behandelt. Dieser Teil zeigt die Möglichkeiten und Grenzen der Liquordiagnostik für die klinische Medizin auf. Gleichzeitig soll ein vertiefendes Eindringen in methodische und interpretatorische Aspekte aller klinisch bedeutsamen Liquorparameter ermöglicht werden. Dabei wird der gegenwärtig stürmischen Entwicklung von Immunologie, Molekularbiologie und Proteinanalytik Rechnung getragen. Außerdem wird das diffizile Gebiet der Standardisierung und Qualitätssicherung der Liquordiagnostik gesondert besprochen.

Im zweiten Teil des Buches (Abschnitt C) steht die klinische Interpretation der einzelnen Liquorparameter und Befundkonstellationen im Vordergrund. Einerseits werden die beim einzelnen Krankheitsbild zu erwartenden Liquorveränderungen dargestellt, andererseits differentialdiagnostische Überlegungen ausgehend vom quantitativen Wert einzelner Liquorparameter tabellarisch aufgeführt.

Da gegenwärtig das alte und neue (Système International d'Unités, „SI") Maßeinheitssystem *in praxi* gleichberechtigt verwendet werden, ist es den einzelnen Autoren überlassen geblieben, „ihr" vertrautes System im jeweiligen Kapitel anzuwenden. Die notwendigen Umrechnungsfaktoren sind im Tabellenanhang ausgewiesen.

Trotz seines inhaltlichen Umfanges sollte das Buch ein leicht handhabbares Format behalten und hohen drucktechnischen Anforderungen genügen. Um dieses Ziel zu erreichen, war eine aufopferungsvolle Tätigkeit aller beteiligten Autoren und Verlagsmitarbeiter erforderlich, die ihnen und ihren Familien ein oft an die Grenzen des Zumutbaren gehendes Engagement abverlangten. Dafür möchten die Herausgeber den Autoren, den Mitarbeitern des Walter de Gruyter Verlages, insbesondere Herrn Dr. Josef Kleine, Frau Ingrid Ullrich und Frau Petra Schmidt-Wiborg, sowie Frau Iris Kell aus der Klinik für Neurologie der Universität Rostock herzlich Dank sagen.

Der beste Lohn für die Autoren wäre ein intensiver Gebrauch des Buches in der täglichen Praxis zum Nutzen unserer Patienten. Die Herausgeber sind für jegliche Anregung und Kritik zu einer Verbesserung des Buches „Klinische Liquordiagnostik" dankbar.

Bad Doberan, Dalwitzhof und Rostock,
Oktober 2002

Uwe K. Zettl
Reinhard Lehmitz
Eilhard Mix

Autorenverzeichnis

PD Dr. Stephan Bamborschke
Brandenburg-Klinik
Klinik für Neurologie
Brandenburger Allee 1
16321 Bernau

Professor Dr. Wolfgang Brück
Humboldt-Universität Charité
Campus Virchow
Institut für Neuropathologie
Augustenburger Platz 1
13353 Berlin

Professor Dr. Rüdiger Dörries
Universität Mannheim
Institut für Medizinische Mikrobiologie und Hygiene
Theodor-Kutzner-Ufer 1–3
68135 Mannheim

Dr. Dirk Hobusch
Universität Rostock
Kinder- und Jugendklinik
Rembrandtstr. 16/17
18057 Rostock

Professor (em.) Dr. Ursula Kaben
Universität Rostock
Institut für Medizinische Mikrobiologie
Schillingallee 70
18055 Rostock

Professor Dr. Reinhard Kaiser
Städtisches Klinikum
Klinik für Neurologie und Poliklinik
Kanzlerstr. 2–6
75175 Pforzheim

Professor Dr. Rolf Kalff
Friedrich-Schiller-Universität
Klinik und Poliklinik für Neurochirurgie
Bachstr. 18
07740 Jena

Professor Dr. Tilmann Otto Kleine
Philipps-Universität
Zentrum für Nervenheilkunde
Funktionsbereich Neurochemie
Rudolf-Bultmann-Str. 8
35033 Marburg

Professor Dr. Harald Kluge
Friedrich-Schiller-Universität
Klinik für Neurologie und Poliklinik
Abteilung Neurobiochemie
Philosophenweg 3
07740 Jena

Professor Dr. Hans Wolfgang Kölmel
Klinikum Erfurt
Klinik für Neurologie
Nordhäuser Str. 74
99089 Erfurt

Professor Dr. Erwin Kunesch
Universität Rostock
Zentrum für Nervenheilkunde
Klinik für Neurologie und Poliklinik
Gehlsheimer Str. 20
18147 Rostock

Dr. Reinhard Lehmitz
Universität Rostock
Zentrum für Nervenheilkunde
Klinik für Neurologie und Poliklinik
Zentrallabor für Liquordiagnostik
Gehlsheimer Str. 20
18147 Rostock

Dr. Ernst Linke
Fachkrankenhaus für Psychiatrie und Neurologie
Zentrallabor
Bahnhofstr. 1a
07646 Stadtroda

Professor (em.) Dr. Hans Meyer-Rienecker
Universität Rostock
Zentrum für Nervenheilkunde
Klinik für Neurologie und Poliklinik
Gehlsheimer Str. 20
18147 Rostock

Dr. Eilhard Mix
Universität Rostock
Zentrum für Nervenheilkunde
Klinik für Neurologie und Poliklinik
Gehlsheimer Str. 20
18147 Rostock

Professor Dr. Roland Nau
Georg-August-Universität
Klinik für Neurologie und Poliklinik
Robert-Koch-Str. 40
37075 Göttingen

Dr. Silke Nolden
Universität Köln
Klinik für Neurologie
Dr. Joseph-Stelzmann-Str. 9
50924 Köln

Professor (em.) Dr. Rosemarie Olischer
Universität Rostock
Zentrum für Nervenheilkunde
Klinik für Neurologie und Poliklinik
Gehlsheimer Str. 20
18147 Rostock

PD Dr. Patrick Oschmann
Justus-von-Liebig-Universität
Klinik für Neurologie und Poliklinik
Am Steg 14
35385 Gießen

Dr. Hela-Felicitas Petereit
Universität Köln
Klinik für Neurologie
Dr. Joseph-Stelzmann-Str. 9
50924 Köln

Professor Dr. Hansotto Reiber
Georg-August-Universität
Klinik für Neurologie
Neurochemisches Labor
Robert-Koch-Str. 40
37075 Göttingen

Professor Dr. Arndt Rolfs
Universität Rostock
Zentrum für Nervenheilkunde
Klinik für Neurologie und Poliklinik
Gehlsheimer Str. 20
18147 Rostock

Professor Dr. Erich Schmutzhard
Universität Innsbruck
Klinik für Neurologie
Anichstr. 35
6020 Innsbruck
Österreich

PD Dr. Martin Stangel
Freie Universität Berlin
Universitätsklinikum Benjamin Franklin
Klinik für Neurologie und Poliklinik
Hindenburgdamm 30
12200 Berlin

PD Dr. Hayrettin Tumani
Universitätsklinikum Ulm
Klinik für Neurologie
Oberer Eselsberg 45
89081 Ulm

Dr. Manfred Wick
Ludwig-Maximilians-Universität
Klinikum Großhadern
Institut für Klinische Chemie
Marchioninistr. 15
81377 München

Prof. (em.) Dr. V. Wieczorek
Friedrich-Schiller-Universität
Klinik für Neurologie und Poliklinik
Philosophenweg 3
07740 Jena

Dr. Ulrich Wurster
Medizinische Hochschule
Klinik für Neurologie und Poliklinik
Liquorlabor
Carl-Neuberg-Str. 1
30625 Hannover

PD Dr. Uwe K. Zettl
Universität Rostock
Zentrum für Nervenheilkunde
Klinik für Neurologie und Poliklinik
Gehlsheimer Str. 20
18147 Rostock

Dr. Klaus Zimmermann
Laborpraxis
Wurzener Straße 5
01127 Dresden

Inhalt

A Grundlagen der Liquordiagnostik

A.1 Geschichte der Liquordiagnostik
H. Meyer-Rienecker

1.1	Vorgeschichte	1	1.4.1	Qualitative Liquorzytologie	5
1.1.1	Erstbeschreibung des Liquorsystems	1	1.4.2	Qualitative Liquoreiweißanalysen	6
1.1.2	Erkenntnisse zur Morphologie und Physiologie des Liquorsystems	1	1.4.3	Weitere Liquorbestandteile	8
1.2	Beginn der klinischen Liquorologie: Liquorpunktion	2	1.4.4	Blut-Hirn-, Blut-Liquor- und Hirn-Liquor-Schranke	9
1.3	Klinische Anwendung der Liquoruntersuchung: I. Periode	3	1.5	Klinische Liquorsyndrome	10
1.4	Klinische Anwendung der Liquoruntersuchung: II. Periode	4	1.6	Klinische Anwendung der Liquoruntersuchung: Beginn der III. Periode	12
			1.7	Literatur	15

A.2 Liquorpunktion – Indikationen, Techniken und Komplikationen
P. Oschmann, E. Kunesch, U. K. Zettl

2.1	Einleitung	21	2.3.2.2	Lateraler Zugang (laterale Cervikalpunktion)	27
2.2	Indikation und Kontraindikation der Liquorpunktion	21	2.3.3	Ventrikelpunktion	28
2.2.1	Indikation	21	2.4	Liquordruckmessungen	28
2.2.2	Kontraindikation	22	2.5	Komplikationen und Zwischenfälle der Liquorpunktion	31
2.3	Methoden	23			
2.3.1	Lumbalpunktion	23	2.6	Resümee	36
2.3.2	Suboccipitalpunktion	25	2.7	Literatur	36
2.3.2.1	Zisternaler Zugang (mediale Suboccipitalpunktion)	25			

A.3 Anatomie und Physiologie des Liquorsystems
H. Tumani, H. Kluge

3.1	Anatomie der Liquorräume	39		kenfunktionssysteme	45
3.2	Produktion, Zirkulation und Resorption	41	3.3.2	Hypothesen zum interzellulären Transportmechanismus – Substruktur und Zusammensetzung von tight junctions	48
3.3	Morphologie und Biochemie der Blut-Hirn- und Blut-Liquor-Schranke-Transportmechanismen	44	3.3.3	Transzelluläre Schrankenfunktionssysteme	49
3.3.1	Interzelluläre (parazelluläre) Schran-		3.4	Liquor-Inhaltsstoffe	50

3.4.1	Proteine und Lipide	50	3.4.4	Hormone und Neurotranmitter	54
3.4.2	Elektrolyte und Säure-Basen-Haushalt	53	3.5	Literatur	55
3.4.3	Glukose, Laktat, Spurenelemente	54			

A.4 Blut-Liquor-Schrankenfunktion und Liquorfluß
H. Reiber

4.1	Schranken − Struktur und Funktion	58	4.3.2.2	Selektivität und Dynamik bei Schrankenfunktionsstörungen	65
4.2	Die Blut-Hirn-Schranke − eine Struktur	59	4.4	Hirnproteine im Liquor	67
4.3	Die Blut-Liquor-Schranke − Eine Funktion	59	4.5	Biophysik der Blut-Liquor-Schrankenfunktion	69
4.3.1	Der Albumin-Liquor/Serum-Quotient als Schrankenparameter	62	4.6	Biophysikalische Herleitung der Hyperbelfunktion	71
4.3.2	Physiologie und Pathophysiologie der Serumproteine im Liquor	63	4.7	Neue Interpretationen physiologischer und pathophysiologischer Beobachtungen	73
4.3.2.1	Referenzbereiche in Quotientendiagrammen	63	4.8	Literatur	73

A.5 Liquorzirkulationsstörungen
M. Stangel, W. Brück

5.1	Hydrozephalus	75	5.3.4	Diagnostik	81
5.1.1	Ätiologie und Pathogenese	75	5.3.5	Therapie	81
5.1.2	Epidemiologie	75	5.3.6	Differentialdiagnose	82
5.1.3	Klinisches Bild	76	5.4	Idiopathisches (spontanes) Liquorunterdrucksyndrom	82
5.1.4	Diagnostik	76			
5.1.5	Therapie	76	5.4.1	Ätiologie und Pathogenese	82
5.1.6	Differentialdiagnose	77	5.4.2	Epidemiologie	83
5.2	Normaldruckhydrozephalus	77	5.4.3	Klinisches Bild	83
5.2.1	Ätiologie und Pathogenese	77	5.4.4	Diagnostik	83
5.2.2	Epidemiologie	77	5.4.5	Therapie	84
5.2.3	Klinisches Bild	78	5.4.6	Differentialdiagnose	84
5.2.4	Diagnostik	78	5.5	Arachnoidalzysten	84
5.2.5	Therapie	79	5.5.1	Ätiologie und Pathogenese	84
5.2.6	Differentialdiagnose	79	5.5.2	Epidemiologie	84
5.3	Pseudotumor cerebri (idiopathischer intrakranieller Hypertonus)	80	5.5.3	Klinisches Bild	84
			5.5.4	Diagnostik	85
5.3.1	Ätiologie und Pathogenese	80	5.5.5	Therapie	85
5.3.2	Epidemiologie	81	5.5.6	Differentialdiagnose	85
5.3.3	Klinisches Bild	81	5.6	Literatur	85

A.6 Referenzwerte für Liquorparameter mit diagnostischer Relevanz
R. Lehmitz, D. Hobusch, H. Kluge, E. Mix, U. K. Zettl

6.1	Referenzwerte-Tabellen	88
6.2	Weiterführende Literatur	92

A.7 Zelluläre und humorale Immunreaktionen im Nervensystem
E. Mix, R. Lehmitz, U. K. Zettl

7.1	Grundprinzipien 95		7.2.1.6	Zytokine und B-Lymphozyten-Antwort 113
7.2	Besonderheiten der humoralen Immunantwort 108		7.2.1.7	Antikörper-Affinitätsreifung und Bildung von Plasmazellen und memory-B-Lymphozyten 115
7.2.1	B-Lymphozyten-Aktivierung im Immunsystem 108		7.2.2	B-Lymphozyten-Aktivierung und Regulation der B-Lymphozyten-Antwort im ZNS 116
7.2.1.1	Antigenerkennung und Wege der antigenabhängigen humoralen Immunantwort 108		7.3	Modifizierung der Immunantwort im Nervensystem durch Neuroendokrinum und Neurotransmitter/Neuropeptide 117
7.2.1.2	Intrazelluläre Signalvermittlung nach Antigenbindung durch den BZR ... 109			
7.2.1.3	B-Lymphozyten als APZ 110		7.4	Literatur 119
7.2.1.4	Mechanismen der TD-B-Lymphozyten-Antwort 111			
7.2.1.5	Mechanismen der TI-B-Lymphozyten-Antwort 112			

B Liquordiagnostik. Methoden und klinische Bedeutung

B.1 Notfall-Programm
T. O. Kleine

1.1	Einleitung 127		1.4.1	Präanalytik 130
1.2	Indikation 127		1.4.1.1	Patientenvorbereitung 130
1.3	Visuelle Beurteilung, klinisch-chemische Kenngrößen quantitativ und semiquantitativ 128		1.4.1.2	Untersuchungsgut 131
			1.4.1.3	Probennahme 131
			1.4.2	Methodenbeschreibung 131
1.3.1	Präanalytik 128		1.4.3	Analytische Beurteilung 131
1.3.1.1	Patientenvorbereitung 128		1.4.4	Klinische Bewertung 131
1.3.1.2	Untersuchungsgut 128		1.5	D-Laktat im Liquor 132
1.3.1.3	Probennahme 128		1.5.1	Präanalytik 132
1.3.1.4	Probenlagerung 128		1.5.1.1	Patientenvorbereitung 132
1.3.2	Methodenbeschreibung 128		1.5.1.2	Untersuchungsgut 132
1.3.2.1	Visuelle Beurteilung der Liquorprobe 128		1.5.1.3	Probennahme 132
1.3.2.2	Leukozytenzahl, Erythrozytenzahl .. 128		1.5.2	Methodenbeschreibung 132
1.3.2.3	Erythrozyten, freies Hämoglobin, Granulozyten, Bilirubin, Albumin ... 128		1.5.3	Analytische Beurteilung 132
			1.5.4	Klinische Bewertung 132
1.3.3	Analytische Beurteilung 129		1.6.	Glukose 132
1.3.3.1	Visuelle Beurteilung der Liquorprobe 129		1.6.1	Präanalytik 132
1.3.3.2	Leukozyten- und Erythrozyten-Zählung 129		1.6.1.1	Patientenvorbereitung 132
			1.6.1.2	Untersuchungsgut 132
1.3.4	Klinische Bewertung 129		1.6.1.3	Probennahme 132
1.3.4.1	Beurteilung 129		1.6.2	Methodenbeschreibung 132
1.3.4.2	Leukozyten- und Erythrozytenzahl .. 130		1.6.3	Analytische Beurteilung 133
1.3.4.3	Gesamt-Protein 130		1.6.4	Klinische Bewertung 133
1.4	L-Laktat im Liquor 130		1.7	Literatur 133

B.2 Liquorzytologie

2.1 Konventionelle Liquorzytologie
H.-W. Kölmel

2.1.1	Konzentration, Färbemethoden und Konservierung 135		2.1.5	Granulozyten 145	
2.1.1.1	Konzentration von Liquorzellen 136		2.1.5.1	Neutrophile Granulozyten 145	
	Filtermethode 136		2.1.5.2	Basophile Granulozyten 146	
	Zytozentrifuge 137		2.1.5.3	Eosinophile Granulozyten 148	
	Sedimentierkammer 138		2.1.6	Tumorzellen 149	
2.1.1.2	Färbemethoden 138		2.1.6.1	Primäre Neoplasien des ZNS 151	
	May-Grünwald-Giemsa oder auch Pappenheim-Färbung 138			Ependymome 151	
	Papanicolaou-Färbung 139			Plexuspapillome 151	
	Berliner Blau-Reaktion 139			Pinealome 151	
	Fettfärbung mit Sudanschwarz oder Sudanrot 139			Meningeome, Neurinome, primäre Sarkome des Gehirns 152	
	Perjodsäure (PAS)-Färbung 140			Spongioblastome, Oligodendrogliom . 152	
	Gram-Färbung 140			Astrozytome 152	
2.1.2	Zellen des normalen Liquor 141			Medulloblastome 152	
2.1.2.1	Lymphozyten und Monozyten 141		2.1.6.2	Metastasen 153	
2.1.2.2	Ependym- und Plexus choroideus-Zellen 142		2.1.7	Leukämien und maligne Lymphome . 156	
			2.1.7.1	Akute myeloische Leukämie 156	
2.1.3	Phagozytose, Makrophagen 143		2.1.7.2	Chronische myeloische und chronisch lymphatische Leukämie 156	
2.1.4	Blutiger Liquor 144		2.1.7.3	Akute lymphatische Leukämie 156	
			2.1.7.4	Maligne Lymphome 157	
			2.2.2	Literatur 157	

2.2 Immunzytologie
M. Wick

2.2.1	Indikation 160		2.2.4	Analytische Bewertung 162	
2.2.2	Präanalytik 160		2.2.5	Klinische Bewertung 163	
2.2.3	Methoden 161		2.2.6	Literatur 166	

2.3 Intrazelluläre Immunglobuline – B-Lymphozyten-Aktivierung
R. Lehmitz

2.3.1	Einleitung 167		2.3.2.5	Analytische Beurteilung 171	
2.3.2	Intrazelluläre Immunglobuline – Aktivierte B-Lymphozyten im Liquor cerebrospinalis 169		2.3.2.6	Medizinische Beurteilung 172	
				Bakterielle Infektionen des ZNS . . . 172	
				Virale Infektionen des ZNS 173	
2.3.2.1	Morphologie der aktivierten B-Lymphozyten im Liquor cerebrospinalis . . 169			Entzündliche demyelinisierende Erkrankungen des Nervensystems . . . 174	
2.3.2.2	Indikation 170			Weitere entzündliche Erkrankungen des Nervensystem 174	
2.3.2.3	Präanalytik 170				
2.3.2.4	Methoden 170			Nichtentzündliche Erkrankungen des Nervensystems 174	
	Herstellung der Zytopräparate (Hettich-Zytozentrifuge) 170		2.3.3	Literatur 175	
	Immunzytochemische Methode 171				

B.3 Proteindiagnostik

3.1 Quantitative Proteinanalytik, Quotientendiagramme und krankheitsbezogene Datenmuster
H. Reiber

3.1.1	Blut-Liquor-Schrankenfunktionsstörung 177	3.1.5	Auswertung der Hirnproteine im Liquor 195
3.1.2	Intrathekale, humorale Immunreaktion 178	3.1.6	Hirnproteine in Blut und Sekreten . . 196
3.1.3	Krankheits-„typische" Befundmuster 182	3.1.7	Alternative Interpretationsprogramme für die intrathekale IgG-Synthese . . . 198
3.1.4	Tumormarkerproteine in Quotientendiagrammen 195	3.1.8	Literatur 199

3.2 Erregerspezifische Antikörper
H. Reiber

3.2.1	Sensitivität und Spezifität der erregerspezifischen Antikörpernachweise . . . 202	3.2.2	Chronisch entzündliche Erkrankungen des ZNS 205
3.2.1.1	Zoster Ganglionitis 203	3.2.2.1	Multiple Sklerose 205
3.2.1.2	Zoster-Meningitis 203	3.2.2.2	Spezifität der intrathekalen Antikörpersynthese 205
3.2.1.3	HIV-Enzephalopathie und opportunistische Infektionen 203	3.2.3	Allgemeine Interpretationen der intrathekalen Antikörpersynthese 206
3.2.1.4	Neuroborreliose 204	3.2.4	Literatur 206
3.2.1.5	Neurosyphilis 204		

3.3 Elektrophoreseverfahren – Nachweis und Bedeutung von oligoklonalen Banden
U. Wurster

3.3.1	Grundlagen 207		oder im Liquor und zusätzlich identische Banden (Typ 3) 220
3.3.1.1	Definition 207		OB bei infektiösen neurologischen Erkrankungen 221
3.3.1.2	Diagnostische Bedeutung. . . . . 207 Vergleich der Wertigkeit von OB und MRT am Beispiel monosymptomatischer Frühformen einer möglichen MS 208		OB bei entzündlichen und nicht-entzündlichen neurologischen Erkrankungen, Gehirntumoren und Autoimmunerkrankungen mit ZNS Beteiligung . . 223
3.3.2	Indikation 208		OB bei Multipler Sklerose 225
3.3.3	Präanalytik 210		
3.3.4	Methoden 210	3.3.6.3	Typ 4. Identische oligoklonale Banden in Liquor und Serum 227
3.3.4.1	Elektrophoresen. 210		
3.3.4.2	Isoelektrofokussierungen 212	3.3.6.4	Typ 5. Monoklonale Gammopathie. Intensive identische Banden in Liquor und Serum. 227
3.3.4.3	Silberfärbung oder Immundetektion . 213		
3.3.4.4	Oligoklonales IgA und IgM 216		
3.3.5	Analytische Bewertung 217	3.3.7	Biologische Bedeutung von OB bei der Multiplen Sklerose 227
3.3.5.1	Klassifikation der oligoklonalen Muster 217	3.3.8	Unerwartete Befunde bei der Untersuchung auf OB. 230
3.3.5.2	Mindestanzahl OB für eine positive Wertung als Immunreaktion 218	3.3.8.1	Abwesenheit von OB bei MS 230
3.3.6	Klinische Bewertung 218	3.3.8.2	„Falsch positive OB". Interpretation von überraschend positiven OB . . . 230
3.3.6.1	Typ 1. Normales Muster. Keine oligoklonalen Banden 220	3.3.9	Schlußbemerkung 232
3.3.6.2	Typ 2 und Typ 3. Oligoklonale Banden ausschließlich im Liquor (Typ 2)	3.3.10	Literatur 232

3.4 Autoantikörper bei Paraneoplasien
R. Kaiser

3.4.1	Einleitung	237
3.4.2	Indikation	237
3.4.3	Methodik	237
3.4.4	Immunfluoreszenz	240
3.4.5	Immunoblot	241
3.4.5.1	Antigenpräparation	241
3.4.5.2	SDS-Gelelektrophorese und Immunoblot	241
3.4.6	Analytische Bewertung	242
3.4.7	Klinische Bewertung	243
3.4.8	Literatur	243

3.5 Lösliche Tumormarker
M. Wick

3.5.1	Indikation	245
3.5.2	Präanalytik	245
3.5.3	Methoden	245
3.5.4	Analytische Bewertung	246
3.5.5	Klinische Bewertung	246
3.5.6	Literatur	247

B.4 Supplementäre Aktivierungs- und Destruktionsmarker
S. Bamborschke, Hela-Felicitas Petereit, Silke Nolden

4.1	Zytokine und Adhäsionsmoleküle	248
4.1.1	ICAM 1 und VCAM 1	249
4.1.1.1	Pathophysiologie	249
4.1.1.2	Indikation und klinischer Bezug	249
4.1.2	Tumor Nekrose Faktor alpha	250
4.1.2.1	Pathophysiologie	250
4.1.2.2	Indikation und klinischer Bezug	251
4.1.3	Interferon gamma	252
4.1.3.1	Pathophysiologie	252
4.1.3.2	Indikation und klinischer Bezug	252
4.1.4	IL 12	253
4.1.4.1	Pathophysiologie	253
4.1.4.2	Indikation und klinischer Bezug	254
4.1.5	IL 4, 6, 10	254
4.1.5.1	Pathophysiologie	254
4.1.5.2	Indikation und klinischer Bezug	254
4.1.7	TGF beta	256
4.1.7.1	Pathophysiologie	256
4.1.7.2	Indikation und klinischer Bezug	256
4.2.	Andere Aktivierungsmarker	256
4.2.1	Neopterin	256
4.2.1.1	Pathophysiologie	256
4.2.1.2	Indikation	257
4.2.2	Beta-2-Mikroglobulin	258
4.2.2.1	Pathophysiologie	258
4.2.2.2	Indikation	258
4.2.2.6	Klinische Bewertung der Neopterin- und Beta-2-Mikroglobulin-Konzentrationen im Liquor	259
4.2.3	Angiotensin-Converting-Enzym (ACE)	259
4.2.3.1	Pathophysiologie	259
4.2.3.2	Indikation	259
4.3	Destruktionsmarker	260
4.3.1	Neuronen-spezifische Enolase (NSE)	260
4.3.1.1	Pathophysiologie	260
4.3.1.2	Indikation	260
4.3.2	S100	261
4.3.2.1	Pathophysiologie	261
4.3.2.2	Indikation	262
4.3.3	Basisches Myelinprotein (MBP)	263
4.3.3.1	Pathophysiologie	263
4.3.3.2	Indikation	263
4.3.3.3	Klinische Bewertung der Destruktionsmarker NSE, S100 und MBP	263
4.3.4	Protein 14-3-3	264
4.3.4.1	Pathophysiologie	264
4.3.4.2	Indikation	264
4.4.	Liquorspezifische Proteine	265
4.4.1	Tau-Protein	265
4.4.1.1	Pathophysiologie	265
4.4.1.2	Indikation	265
4.4.2	Beta-trace-Protein	267
4.4.2.1	Pathophysiologie	267
4.4.2.2	Indikation	267
4.5	Literatur	268

B.5 Molekularbiologische Methoden in der Liquordiagnostik
A. Rolfs

5.1	Einführung ... 277	5.3.2	Nachweis von Mycobacterium tuberculosis im Liquor mittels PCR ... 285
5.2	Molekulare Technologien ... 280		
5.3	Anwendungen molekularbiologischer Methoden in der Liquordiagnostik ... 283	5.3.3	Nachweis sonstiger Bakterien im Liquor mittels PCR ... 285
5.3.1	Nachweis viraler Erreger im Liquor mittels PCR ... 284	5.4	Literatur ... 287

B.6 Mikrobiologische Diagnostik im Liquor

6.1 Liquordiagnostik bei bakteriellen ZNS-Erkrankungen
R. Nau

6.1.1	Klinik und Epidemiologie ... 288	6.1.4	Liquorbefunde ... 292
6.1.2	Indikationen zur Liquoranalytik ... 289	6.1.5	Notwendige Untersuchungen in anderen Körperflüssigkeiten und Geweben ... 300
6.1.3	Gewinnung und Transport des Liquors für bakteriologische Untersuchungen ... 291	6.1.6	Literatur ... 301

6.2 Mikrobiologische Diagnostik im Liquor bei viralen Erkrankungen
R. Dörries

6.2.1	Zentralnervöse Virusinfektionen ... 303		Die Polymerasekettenreaktion ... 308
6.2.1.1	Akute Infektionen ... 303		Anzucht infektiöser Viruspartikel ... 308
6.2.1.2	Chronische Infektionen ... 304		Nachweis der intrathekalen virusspezifischen Antikörpersynthese ... 309
6.2.1.3	Virale ZNS-Infektionen bei Immundefizienten ... 306		Enzymimmunoassay ... 309
6.2.2	Diagnose zentralnervöser Virusinfektionen ... 306		Affinitätsimmunoblot ... 309
		6.2.2.3	Bewertung ... 309
6.2.2.1	Präanalytik ... 307		Direktnachweis ... 309
6.2.2.2	Analytik ... 307		Nachweis der intrathekalen Antikörpersynthese ... 310
	Allgemeine Liquoruntersuchung ... 307		
	Direkter Nachweis des Virus ... 308	6.2.3	Literatur ... 310

6.3 Mikrobiologische Diagnostik im Liquor bei Pilzinfektionen
U. Kaben

6.3.1	Einleitung ... 311	6.3.3	Interpretation mykologischer Liquorbefunde ... 315
6.3.2	Mykologische Labordiagnostik des Liquor cerebrospinalis ... 312		Anhang: Guizotia abyssinica-Kreatinin-Agar (GAKA) nach Staib ... 316
6.3.2.1	Mikroskopische Direktpräparate ... 312		
6.3.2.2	Pilzkultur ... 313	6.3.4	Literatur ... 316
6.3.2.3	Serologie ... 315		

6.4 Mikrobiologische Diagnostik im Liquor bei Parasitosen
E. Schmutzhard

6.4.1	Einleitung ... 316	6.4.3.1	Direkter und indirekter Nachweis von Protozoen im Liquor cerebrospinalis ... 321
6.4.2	Präanalytik ... 320		
6.4.3	Methoden ... 321		Naegleria fowleri ... 321

	Acanthamoeba spp. 321		Nematoden 328
	Entamoeba histolytica 323		Angiostrongylus cantonensis 328
	Trypanosoma brucei gambiense und/		Gnathostoma spinigerum 329
	oder rhodesiense 323		Trichinella spiralis 329
	Trypanosoma cruzi 324		Toxocara canis/cati 329
	Toxoplasma gondii 324		Baylisascaris procyonis 329
	Zerebrale Malaria 325		Lagochilascaris minor 329
6.4.3.2	Direkter und indirekter Nachweis von		Strongyloides stercoralis 329
	Helminthen im Liquor cerebrospinalis 325		Lymphatische Filarien und Oncho-
	Cestoden 327		cerca volvulus 330
	Taenia solium (Larve: Cysticercus cel-		Trematoden 330
	lulosae) 327		Schistosoma spp. 330
	Echinococcus spp. 328		Paragonimus spp. 330
	Spirometra spp. 328	6.4.4	Analytische und klinische Bewertung 330
	Taenia multiceps 328	6.4.5	Literatur 331

B.7 Besonderheiten der Liquordiagnostik im Kindesalter
D. Hobusch

7.1	Einführende Bemerkungen 334	7.3	Liquorbefunde bei Säuglingen und
7.2.	Liqorbefunde bei Früh- und Neu-		Kindern ab siebenter Lebenswoche .. 337
	geborenen sowie Säuglingen bis zur	7.3.1	Referenzwerte 337
	sechsten Lebenswoche 334	7.3.2	Erkrankungen des ZNS bei Säuglin-
7.2.1	Referenzwerte 334		gen und Kindern ab siebenter Lebens-
7.2.1.1	Liquorfarbe 334		woche 338
7.2.1.2	Liquorzellzahl und Zelldifferenzierung 334	7.3.2.1	Akute bakterielle Meningitis 338
7.2.1.3	Liquorgesamtprotein 335	7.3.2.2	Shunt-Infektionen 340
7.2.1.4	Liquor/Serum-Glukosequotient und	7.3.2.3	Nicht eitrige bakterielle Meningitiden 340
	Laktatgehalt 335		Neuroborreliose 340
7.2.2	Erkrankungen des ZNS bei Früh- und	7.3.2.4	Virale Meningitis und Enzephalitis .. 341
	Neugeborenen sowie Säuglingen bis	7.3.2.5	Entzündliche demyelinisierende
	zur sechsten Lebenswoche 335		Erkrankungen des ZNS 342
7.2.2.1	Akute bakterielle Meningitis 335		Anhang: Liquorzellbilder Kindesalter 343
7.2.2.2	Virale Meningitis und Enzephalitis .. 337	7.4	Literatur 350
7.2.2.3	Hämorrhagien 337		

B.8 Besonderheiten des Ventrikelliquors
H. Kluge, R. Kalff

8.1	Einführende Bemerkungen 352	8.3	Proteine 358
8.1.1	Indikationen für die Anlage einer	8.3.1	Gesamtprotein, Albumin, Immun-
	ventrikulären Liquordrainage 353		globuline G, A, M 358
8.1.2	Liquorabnahme bei externen Ventrikel-	8.3.2	Kreatinkinase-BB (CKBB), Neuronen-
	drainagen 354		spezifische Enolase (NSE), Protein
8.1.3	Fragestellungen des Klinikers für		S-100 (S-100), Präalbumin (PA) 359
	Untersuchungen des ventrikulären	8.3.3	Weitere Proteinnachweise im ventriku-
	Liquors 354		lären Liquor 360
8.1.4	Beurteilungsprobleme bisheriger	8.4	Lactat, Glucose 361
	Ergebnisse 356	8.5	Nachweis weiterer Analyte im ventri-
8.2	Zytodiagnostik des ventrikulären		kulären Liquor 362
	Liquors 357	8.6	Literatur 363

B.9 Qualitätskontrolle in der Liquordiagnostik

9.1 Qualitätskontrolle in der Liquorzytodiagnostik
E. Linke, V. Wieczorek, K. Zimmermann

9.1.1	Einleitung	366		Leukophagen	373
9.1.2	Grundlagen der Zuverlässigkeit liquorzytologischer Differenzierungsergebnisse	367		Erythrophagen	374
				Hämosiderophagen	374
				Aktivierte Lymphozyten/Plasmazellen	374
9.1.3	Zuverlässigkeit quantitativer Angaben	367		Tumor- und tumorverdächtige Zellen	375
9.1.4	Zuverlässigkeit qualitativer Angaben	369		Knochenmarkzellen	375
9.1.5	Ringversuchsergebnisse	370	9.1.6	Gegenwärtiger Stand und Ausblick	375
	Aktivierte Monozyten	373	9.1.7	Literatur	377

9.2 Qualitätskontrolle für Proteinanalytik
H. Reiber

9.2.1	Vorbemerkung: Besonderheiten der Liquoranalytik	377	9.2.4.1	Interne Qualitätskontrolle	379
			9.2.4.2	Externe Qualitätskontrolle – Ringversuch	379
9.2.2	Albumin, IgG, IgA, IgM in Liquor und Serum	378			
			9.2.5	Oligoklonales IgG	379
9.2.2.1	Interne Qualitätskontrolle	378	9.2.5.1	Interne Qualitätskontrolle	379
9.2.2.2	Externe Qualitätskontrolle – Ringversuch	378	9.2.5.2	Externe Qualitätskontrolle – Ringversuch	380
9.2.3	Gesamtprotein im Liquor	379	9.2.6	Vorgeschlagene Meßgrößen und zulässige Messabweichungen	380
9.2.3.1	Interne Qualitätskontrolle	379			
9.2.3.2	Externe Qualitätskontrolle	379	9.2.7	Literatur	381
9.2.4	Spezifische Antikörper in Liquor und Serum	379			

C. Klinische Liquordifferentialdiagnostik

C.1 Von der klinischen Diagnose zum Liquorbefund
U. Zettl, E. Mix, R. Lehmitz

1.1 Entzündliche Erkrankungen des Nervensystems
R. Lehmitz, E. Mix, U. K. Zettl

1.1.1	Bakerielle Erkrankungen des Nervensystems	383		Neurosyphillis	390
				Neurobrucellose	391
1.1.1.1	Purulente bakterielle Infektionen	383		Leptospirose	392
	Akute bakterielle Meningitis	383		Legionellose	392
	Listerieninfektion	385		Morbus Whipple	392
	Nocardiose	385		Literatur	393
	Hirnphlegmone (Cerebritis) und Hirnabzeß	386	1.1.1.3	Zustand nach bakterieller Infektion	394
				Chorea minor Sydenham	394
	Pyocephalos	386		Literatur	394
	Subdurales Empyem	386	1.1.2	Virale Erkrankungen des Nervensystems	394
	Epiduraler Abzeß	386			
1.1.1.2	Apurulente bakterielle Infektionen	387	1.1.2.1	Herpes-simplex-Virus-Enzephalitis (HSVE)	394
	Tuberkulöse Meningitis	387			
	Neuroborreliose	389			

1.1.2.2	Varizellla-Zoster-Virus (VZV)-bedingte Erkrankungen 395	1.1.6.8	Akute nekrotisierende hämorrhagische Enzephalomyelitis (Hurst) 407
1.1.2.3	Masern-Virus-bedingte ZNS-Erkrankungen 396	1.1.6.9	Akute inflammatorische demyelinisierende Polyneuropathie (AIDP)/Guillain-Barré-Strohl-Syndrom (GBS) . . . 407
1.1.2.4	Progressive Rötelnpanenzephalitis . . . 397		
1.1.2.5	Frühsommer-Meningoenzephalitis (FSME) 397	1.1.6.10	Chronische inflammatorische demyelinisierende Polyneuropathie (CIDP) . . 408
1.1.2.6	HIV-Enzephalopathie 398	1.1.6.11	Miller-Fisher-Syndrom 408
1.1.2.7	Progressive multifokale Leukenzephalopathie 399	1.1.6.12	Elsberg-Syndrom (Polyradiculitis sacralis) 408
1.1.2.8	Enzephalitis epidemica (Economo-Krankheit) 399	1.1.6.13	Literatur 408
1.1.2.9	Literatur 399	1.1.7	Andere entzündliche Erkrankungen des Nervensystems 410
1.1.3	Pilzinfektionen des Nervensystems . . 400	1.1.7.1	Neurosarkoidose (Morbus Boeck) . . . 410
1.1.3.1	Candidose 401	1.1.7.2	Rasmussens chronische Enzephalitis . 410
1.1.3.2	Kryptokokkose 401	1.1.7.3	Arachnoiditis 410
1.1.3.3	Aspergillose 401	1.1.7.4	Eosinophile Meningitis 410
1.1.4	Protozoonosen des Nervensystems . . 401	1.1.7.5	Mollaret Meningitis 411
1.1.4.1	Toxoplasmose 401	1.1.7.6	Rhombenzephalitis Bickerstaff 411
1.1.4.2	Zerebrale Malaria 402	1.1.7.7	Hashimoto-Enzephalitis/ Enzephalopathie 411
1.1.4.3	Zerebrale Amöbiasis 402		
1.1.5	Parasitosen des Nervensystems 402	1.1.7.8	Myelitis 412
1.1.5.1	Neurozystizerkose 402	1.1.7.9	Literatur 412
1.1.5.2	Toxocariasis 403	1.1.8	Vaskulitiden 413
1.1.5.3	Trichinose 403	1.1.8.1	Primäre Angiitis des ZNS (PACNS) . . 413
1.1.5.4	Literatur 403	1.1.8.2	Polyarteriitis 413
1.1.6	Entzündliche demyelinisierende Erkrankungen des Nervensystems . . . 404	1.1.8.3	Panarteriitis nodosa 413
		1.1.8.4	Arteriitis temporalis 413
1.1.6.1	Multiple Sklerose 404	1.1.8.5	Takayhasu Arteriitis 413
1.1.6.2	Multiple Sklerose vom Typ Marburg 405	1.1.8.6	Behcet Syndrom 414
1.1.6.3	Neuromyelitis optica (Devic-Syndrom) 406	1.1.8.7	Allergische Granulomatose (Churg-Strauss) 414
1.1.6.4	Diffuse Sklerose (Schildersche Erkrankung) 406	1.1.8.8	Wegenersche Granulomatose 414
		1.1.8.9	Literatur 414
1.1.6.5	Balos konzentrische Sklerose 406	1.1.9	Kollagenosen 414
1.1.6.6	Akute monosymptomatische Optikusneuritis 406	1.1.9.1	Systemischer Lupus erythematodes (SLE) 414
1.1.6.7	Akute demyelinisierende Enzephalomyelitis (ADEM) 407	1.1.9.2	Sjögren-Syndrom 414
		1.1.9.3	Literatur 415

1.2 ZNS-Manifestationen bei systemischen Infektionen
U. K. Zettl, E. Mix, R. Lehmitz

1.2.1	ZNS-Beteiligung bei akuter bakterieller Endokarditis 415	1.2.3	Septische Herdenzephalitis 416
1.2.2	Septische Sinusvenenthrombose 415	1.2.4	Sepsis-Enzephalopathie 416
		1.2.5	Literatur 416

1.3 Neoplastische Erkrankungen des Nervensystems
U. K. Zettl, E. Mix, R. Lehmitz

1.3.1	Primäre Hirntumoren 417	1.3.3	Meningeosis neoplastica 418
1.3.2	Sekundäre Hirntumoren 417	1.3.4	Leukämien 419

1.3.5	Lymphome	419	1.3.6.5	Paraneoplastische Enzephalomyelitis	422
1.3.6	Paraneoplastische Erkrankungen	420	1.3.6.6	Denny-Brown-Syndrom (subakute sensible Neuropathie, Ganglionitis)	422
1.3.6.1	Paraneoplastische Retinopathie (CAR-Antikörper-Syndrom)	421			
1.3.6.2	Limbische Enzephalitis	421	1.3.6.7	Paraneoplastische Polyneuropathien	422
1.3.6.3	Paraneoplastische Hirnstammenzephalitis	421	1.3.6.8	Stiff-Person-Syndrom	422
1.3.6.4	Paraneoplastische Cerebellitis (Paraneoplastische Kleinhirndegeneration)	421	1.3.7	Literatur	422

1.4 Nichtentzündliche und nichtneoplastische Erkrankungen des Nervensystems
U. K. Zettl, H. Tumani, E. Mix, R. Lehmitz

1.4.1	Degenerative Erkrankungen	424	1.4.6.8	Literatur	432
1.4.1.1	Erkrankungen mit dementiellem Leitsymptom	424	1.4.7	Migräne-Syndrome	432
			1.4.7.1	Migräne	432
1.4.1.2	Degenerative Erkrankungen mit motorischem Leitsymptom	425	1.4.7.2	Pseudomigräne mit Liquorpleozytose	432
			1.4.7.3	Literatur	433
1.4.2	L-Dopa-sensitive Dystonie (Segawa)	427	1.4.8	Intoxikationen	433
1.4.2.1	Literatur	427	1.4.8.1	Alkoholintoxikation	433
1.4.3	Prionenerkrankungen (Transmissible spongioforme Enzephalopathien, TSE)	427	1.4.8.2	Alkaloidintoxikation	433
			1.4.8.3	Arsenintoxikation	433
1.4.3.1	Creutzfeldt-Jakob-Erkrankung	427	1.4.8.4	Barbituratintoxikation	434
1.4.3.2	Gerstmann-Sträussler-Scheinker-Syndrom	428	1.4.8.5	Bleiintoxikation	434
			1.4.8.6	Kohlenmonoxidintoxikation	434
1.4.3.3	Literatur	428	1.4.8.7	Quecksilberintoxikation	434
1.4.4	Liquordrucksyndrome	429	1.4.8.8	Thalliumintoxikation	434
1.4.4.1	Idiopathische intrakranielle Hypertension (Pseudotumor cerebri)	429	1.4.8.9	Literatur	434
			1.4.9	Urämie	434
1.4.4.2	Spontane intrakranielle Hypotension (Idiopathisches spontanes Liquorunterdrucksyndrom)	429	1.4.10	Eklampsie	434
			1.4.11	Funikuläre Myelose (Vitamin B_{12}-Mangel)	435
1.4.4.3	Normaldruckhydrocephalus	429	1.4.11.1	Literatur	435
1.4.4.4	Literatur	429	1.4.12	Narkolepsie	435
1.4.5	Hirntraumata	429	1.4.12.1	Literatur	435
1.4.5.1	Commotio cerebri	429	1.4.13	Stoffwechselerkrankungen	435
1.4.5.2	Contusio und Compressio cerebri	430	1.4.13.1	Diabetes mellitus	435
1.4.5.3	Literatur	430	1.4.13.2	Morbus Wilson	435
1.4.6	Vaskuläre Erkrankungen	430	1.4.13.3	Fahrsches Syndrom	436
1.4.6.1	Vaskuläre Enzephalopathien	430	1.4.13.4	Lipidspeicherkrankheiten	436
1.4.6.2	Akute zerebrale Ischämie	431	1.4.13.5	Akute intermittierende Porphyrie	436
1.4.6.3	Sneddon-Syndrom	431	1.4.13.6	Mitochondriale Erkrankungen	436
1.4.6.4	Subarachnoidalblutung (SAB)	431	1.4.13.7	Literatur	437
1.4.6.5	Intracerebrale Blutung (ICB)	431	1.4.14	Hereditäre motorische und sensible Neuropathien (HMSN)	437
1.4.6.6	Aseptische Sinusvenenthrombose	432			
1.4.6.7	Vaskuläre Malformation	432	1.4.14.1	Literatur	437

1.5 Krankheitsbilder mit unterschiedlicher Ätiologie
U. K. Zettl, E. Mix, R. Lehmitz

1.5.1	Epilepsie	438	1.5.3	Periphere Facialisparese	439
1.5.2	Liquorrhoe	438	1.5.4	Vertebrogene Prozesse	439

1.5.4.1	Nucleus pulposus prolaps (NPP) 439	1.5.4.3	Sonstige vertebrogene Prozesse 439
1.5.4.2	Spinalkanalstenose (neurogene Claudicatio spinalis intermittens) 439	1.5.5	Polyneuropathien 440
		1.5.6	Psychosen 440
		1.5.7	Literatur 441

1.6 Liquorveränderungen nach diagnostischen oder therapeutischen Eingriffen
U. K. Zettl, E. Mix, R. Lehmitz

1.6.1	Medikamenten-induzierte Meningitis 441	1.6.4	Reizpleozytose und Fremdkörperreaktion 442
1.6.2	Zustand nach Lumbalpunktionen ... 442		
1.6.3	Postoperative Infektionen 442	1.6.5	Literatur 442

1.7 Postmortale Liquorveränderungen
U. K. Zettl, E. Mix, R. Lehmitz

1.7.1 Literatur 443

C.2 Vom Liquorbefund zum klinischen Krankheitsbild 445
E. Mix, R. Lehmitz, U. K. Zettl

C.3 Selten vorkommende Zellen und Liquorartefakte 462
E. Mix, R. Lehmitz, U. K. Zettl

C.4 Zur Befundbewertung in der Liquordiagnostik
H. Meyer-Rienecker, R.-M. Olischer

4.1	Vorbedingungen zur Befundinterpretation 464	4.4	Bedeutung der Krankheitsphasen bei Liquorsyndromen 467
4.2	Wesentliche Faktoren für die Liquorveränderungen 464	4.5	Schlußbemerkungen 475
		4.6	Literatur 476
4.3	Kategorien von Liquorbefunden.... 466		

Tabellenanhang 478

Sachregister 483

A Grundlagen der Liquordiagnostik

A.1 Geschichte der Liquordiagnostik
H. Meyer-Rienecker

1.1 Vorgeschichte

Die Historie der Liquorologie erstreckt sich von der Vorgeschichte bis zur Zeitgeschichte. Im vorliegenden können die frühen, besonders jedoch die späteren Abschnitte der über 100jährigen Entwicklung nur begrenzt und teilweise exemplarisch (was besonders die Vielfalt der Literatur betrifft) angeführt werden (s. Übersichten u. a. bei [153, 138, 45, 32, 77].

1.1.1 Erstbeschreibung des Liquorsystems

Der Ausgangspunkt war vor über 5000 Jahren die Kenntnis der Meningen und vor etwa 3000 Jahren die des Ventrikelsystems. Letzteres wurde zeitweise als *Zentrum* der Aktivitäten und des Denkens des Menschen angesehen. Hippokrates von Kos (um 460–333 a. Chr.) bemerkte – bei Studien über den Hydrozephalus – eine Flüssigkeit, die „abnorm" wäre und zum „Wahnsinn" führe. Die Pia und Dura mater sowie die Hirnventrikel waren bereits Aristoteles (384–322 a. Chr.) bekannt. Herophilos von Chalcedon (um 320 a. Chr.) beschrieb den Bau des Gehirns und den Plexus choroideus sowie den 4. Ventrikel, ebenso der gleichfalls an der medizinischen Schule zu Alexandria tätige Erasistratos von Chios (um 290 a. Chr.).

Galenos von Pergamon (131–201), der „vier kardinale Lebenssäfte" annahm, vermutete, daß der Liquor vom Plexus choroideus stammt und in die Seiten- und den 3. sowie 4. Ventrikel fließt; er entdeckte auch das später nach Magendi benannte Foramen und deklarierte einen „Lebensgeist", den *liquor vitalis*. Es war Leonardo da Vinci, der im Rahmen seiner Studien (1504) einen Wachsguß vom Ventrikelsystem des Menschen anfertigte. Gegen den im frühen Mittelalter angenommenen „Sitz der Seele" im Bereich der Hirnkammern als *spiritus animae* nahm der flämische Anatom Vesalius (1510–1564) auf Grund von Vergleichen mit dem Tierreich Stellung. In Padua tätig, beschrieb er die Seiten-, den 3. und 4. Ventrikel, den Aquäduct sowie Plexus choroideus. Pacchioni (1665–1726) entdeckte die Arachnoidalgranulationen und nahm die Sekretion einer sich über das Hirn ausbreitenden Flüssigkeit an.

1.1.2 Erkenntnisse zur Morphologie und Physiologie des Liquorsystems

Der italienische Anatom Cotugno (1736–1822) konnte im Hirn sowie in Lumbalsäcken eine klare, farblose, nicht koagulierbare, „normale" Körperflüssigkeit nachweisen. In seiner „Physiologie des Menschen" war der Berner von Haller (1708–1777) der Meinung, daß der Liquor von den Hirnventrikeln in die Lumbalregion fließt (er wies auf die lateralen Foramina hin – später nach von Luschka benannt). Nicht nur Beschreibungen des Ventrikelsystems, sondern auch der Verbindung der lateralen mit dem 3. Ventrikel sind Monro (1733–1817) zu verdanken.

In Publikationen ab 1825 und einer Monographie von 1842 beschäftigte sich Magendi mit den Nervenwurzeln und der von ihm „*liquide céphalo-rachidien ou cérébrospinale*" bezeichneten klaren Flüssigkeit, die in den Ventrikeln, dem Subarachnoidalraum und Spinalkanal fließt: von ihrer Bildung (in der Arachnoidea), Verteilung (nach „innen" gerichtet) über die Foramina bis zur „elastischen" Funktion. Der Tübinger Anatom von Luschka (1820–1875) stellte den 4. Ventrikel und die lateralen Foramina sowie das Foramen Magendi dar. Um 1887 beschrieb Swedenborg einige Hirnstrukturen und machte auf die Existenz des Liquor cerebrospinalis aufmerksam. Weitgehend exakte und *definitive* Untersuchungen zum Liquorsystem wurden 1875 durch die Schweden Key und Retzius [54] vorgelegt. Sie machten nicht nur auf die Pacchionischen Granulationen, die Foramina sowie die Beziehungen zwischen Blut und Liquor aufmerksam, sondern nahmen auch dessen Absorption durch die Arachnoidalzotten an.

Derartige und weitere Studien ergaben die *Grundlagen* für Kenntnisse zur „*Liquorbewegung*" (aus den Ventrikeln in die basalen Zisternen, den zerebralen und spinalen Subarachnoidalraum). Durch von Luschka (1855) wurde der Liquor als (a) „Sekretionsprodukt" angesehen; weitere Vorstellungen waren die eines (b) mechanischen Filtrationsprozesses oder einer (c) Transsudation sowie später [80] die eines (d) aktiven Dialysevorganges im Plexus choroideus mit evtl. „spezifischem" Epithel. Die *Resorption* des Liquor wurde durch das zerebrale und spinale Venensystem, die in die Sinus mündenden Arachnoidalzotten, die Nervenwurzelscheiden und perivaskulären Räume angenommen.

Alsbald folgten Erkenntnisse zur „Permeabilität" der Liquorräume und somit der *Schrankenfunktion* zwischen den Kompartimenten, der Blut-Liquor- und der Blut-Hirn-Schranke. Hierzu führten Anfang des 20. Jahrhunderts Lewandowsky (1900) (mit Preußisch-Blau-Injektionen), Ehrlich (1902) mit Studien über die Vitalfärbung und Goldmann (1913) [39] (mit Trypanblau) erste Experimente durch.

1.2 Beginn der klinischen Liquorologie: Liquorpunktion

Mit Entwicklung der Hohlnadeln und der Glasspritze (A. Wood, 1853) sowie Entdeckung der Cocain-Anästhesie (Kohler, 1884) ergaben sich Überlegungen zur *Spinalanalgesie*. Der Neurologe Corning (erstes Lehrbuch der Lokalanästhesie, 1886) verabreichte (zwischen zwei „unteren" Dornfortsätzen „intradural", d. h. subarachnoidal) Cocain. Die Technik ließ sich vorerst nicht reproduzieren; nach lateral injiziertem Cocain (im Dornfortsatzbereich des 10.–12. Brustwirbels) erfolgte schließlich eine Spinalanalgesie. Die Methode wurde später vervollkommnet (Abtropfen von Liquor, durch Nadel „einschießender Schmerz im Bein").

Wynter (1860–1945) benutzte, um bei tuberkulöser Meningitis eine Art „Liquordrainage" durchzuführen, Southey-Nadeln. Im selben Jahr, 1891 [98], beschrieb der Internist Quincke (1842–1922), Kiel, nachdem er sich um 1872 auch experimentell mit der Verteilung und dem Fluß des Liquors beschäftigt hatte, die *transkutane Lumbalpunktion*. Auf dem „10. Internistenkongreß, Baden-Baden" stellte er die Ergebnisse (Zellanteil, Gesamteiweiß, Tuberkulosebakterien, Zuckergehalt sowie manometrische Druckmessung) der subarachnoidalen Punktion zwischen den 3. und 4. Lumbalwirbelbögen vor. Im September des gleichen Jahres publizierte er [98] – wie auch in den folgenden Jahren – Resultate. Ebenfalls 1891 berichteten Toison u. Lenoble [137] über die Zusammensetzung der ventrikulären und zerebrospinalen Flüssigkeit (CSF) bei Hydrozephalus sowie posttraumatischer Rhinoliquorrhoe. Alsbald erfolgten weitere Veröffentlichungen, so durch von Ziemssen (1893) zum diagnostischen Wert der Liquoruntersuchung bei entzündlichen Erkrankungen und durch Freyhan (1894) zur Zytologie der CSF bei Meningitis tuberculosa.

In kurzer Zeit war die lumbale Liquorpunktion zunehmend verbreitet. Wentworth (1896) [146] stellte fest, daß der *Zelltyp* im Liquor von der jeweiligen Art der Meningitis abhängig ist, bemerkte auch vermehrt „Liquoralbumin" bei der Meningitis. Er wies auf die Notwendigkeit von wiederholten Punktionen hin und führte bakteriologische Analysen durch. So war es bald möglich, eine *Differentialdiagnose* zwischen den verschiedenartigen Meningitiden zu erlangen, z. B. durch den Nachweis der kleinen runden Lymphozyten bei tuberkulöser Meningitis und das Auftreten polynukleärer Leukozyten bei „purulenter" Meningitis. Fürbringer (1896) machte auf die vitale Gefahr der Lumbalpunktion bei Tumoren der hinteren Schädelgrube aufmerksam.

1.3 Klinische Anwendung der Liquoruntersuchung: I. Periode

Es kam innerhalb weniger Jahre, ausgehend von der quantitativen *Zytologie* des Liquors, wie von Widal, Sicard u. Ravaut (1901) [148] mit der sogen. „französischen" Methode (Auszählung der Zellen eines abzentrifugierten Liquors auf Objektträgern) – und den vorstehend erwähnten Arbeiten – ermittelt, zu Kenntnissen über die zellulären Befunde besonders bei der Tuberkulose und Neurosyphilis. Brissaud u. Sicard [11] entdeckten 1901 die mononukleäre (lymphozytäre) Pleozytose bei Virusinfektionen (an Krankheitsfällen mit Herpes zoster).

Im Jahre 1904 entwickelten die Wiener Neurologen Fuchs und Rosenthal die nach ihnen benannte exakte *Zählkammer*-Methode [34] zur Bestimmung der sogen. „Drittelzellen", die noch heute gebräuchlich ist (wenngleich später teilweise voluminösere Kammern durch Nageotte, 1911, Geißler, 1911, Alter, 1915, Neel, 1928 und Jessen, 1936 [49] – in einigen Ländern – zum Einsatz kamen). Eine Reihe weiterer Modifikationen wurden erarbeitet (Alzheimer, 1907; Kafka, 1910 [50]) – auch mittels Liquorzentrifugation (Fischer, 1906; Szésci, 1911) – bis hin zum „Sedimentator" (Trömner, 1923 [142]).

Für die Erkennung *pathologischer Zellreaktionen*, wie Pleozytosen mit neutrophilen Granulozyten und/oder Lymphozyten, deren Unterformen, den Plasmazellen, Monozyten und Makrophagen, wie auch „atypische" Zellelemente, wurden verschiedene *Färbeverfahren* [in 91, 119] (mit Methylgrün-Pyronin, Methylenazur, Methylenblau, Eosin – von Pappenheim (1922) [95] als „panoptische Färbung" eingeführt –, auch der Peroxydase-Nachweis) sowie weitere hämatologische und histochemische Methoden genutzt.

Gleichfalls gelangten die gebräuchlichen *Bakterienfärbungen* (Ziehl-Neelsen, Differenzierung nach Gram, Löfflersches Methylenblau u. a.) sowie für den Nachweis der Erreger übliche *Kulturverfahren* (z. B. mittels Schottmüllerscher Blutagar- oder Löfflerscher Serumplatte und weitere Nährböden- bzw. Anreicherungsmethoden) bis hin zu Tierversuchen zur Anwendung. Klinisch wertvoll wurde der von der *Serologie* her bekannte Einsatz der Wassermannschen Reaktion durch Wassermann u. Plaut (1906), vor allem, nachdem das Verfahren in Deutschland ab 1919 staatlich obligatorisch wurde.

Alsbald erfolgte die Verwendung sogen. „physikalisch-chemischer" Methoden zur quantitativen *Eiweißbestimmung* im Liquor, wie die volumetrische Messung im Röhrchen nach Nissl (1904) – später modifiziert von Kafka [50] –, die Salpetersäureschichtprobe nach Roberts-Stolnikow-Brandberg-Zaloziecki (1909, 1913), die (im französischen Bereich benutzten) Kochproben bzw. die diaphanometrische Methode gemäß Mestrezat (1911, 1912) [80] – der übrigens zu diesem Zeitpunkt etwa 40 physikalisch-chemische Testverfahren für die CSF beschrieb. Auf einer Trübungsreaktion basiert auch die Methode von Ravaut u. Boyer (1920).

Unter den sogen. „Globulin"-Bestimmungen sind diejenigen von Nonne-Apelt-Schumm (1907), die Pándy-Reaktion (1910) mit Karbolsäure sowie die Salzsäure- und Sublimatlösung-Reaktion gemäß Braun u. Hüsler (1912) bzw. Weichbrodt (1916), die fraktionierte Ammoniumsulfat-Aussalzung nach Kafka (1913) [50] und die Sulfosalizylsäure-Reaktion nach Hudovernig (1917) zu erwähnen. Mehrere dieser Methoden, wie die Ermittlung der Relation der Globuline zu den Albuminen nach Kafka und Samson (1928) [51], waren – ebenso wie einige der zytologischen Verfahrensweisen – bis in die 60er Jahre dieses Jahrhunderts von Bedeutung.

Schließlich erfolgte die Feststellung *reduzierender* Substanzen, die Bestimmung des

Zuckers (Lichtheim, 1893) − zunächst qualitativ (Trommer, Nylander, Fehlingsche Probe), später quantitativ nach Hagedorn u. Jensen (1923), Crecelius-Seifert (1928) −, die Ermittlung des Reduktionsindex (Mayerhofer), der Permanganat-Reaktion (Poveri), der Azeton- und Azetessigsäure-Nachweis und weiterer in die CSF übertretender Bestandteile − auch die elektrometrische Ermittlung des „Wasserstoffexponenten" pH (nach Häbler, 1906) mittels Indikatoren (s. bei Linke [119]).

In Ergänzung des quantitativen Eiweißwertes wurden sogen. *kolloidchemische Reaktionen* entwickelt. Zunächst die Goldsolreaktion von Lange (1912) [63] (Dispersitätsgrad-Verschiebung zweier Kolloidsysteme). Wenig später beschrieb Emanuel die Mastixreaktion (Modifikation durch Kafka, 1916 u. 1921 [50]), die als Normomastixreaktion Jahrzehnte in Gebrauch war (weniger die Formol- bzw. Traubenzuckergoldsol-Reaktion und weitere Variationen wie Paraffin-, Benzoe- und Schellack- oder die Sublimat-Fuchsin-Reaktion). Schließlich wurde in Deutschland die Salzsäure-Collargol-Reaktion von Riebeling (1938) [106] häufig angewandt. Zum fast obligatorischen Einsatz der Kolloidreaktionen bis in die 60er Jahre gab Samson (1931) [111] Erklärungsansätze und nahmen W. Schmitt (1932) [124] sowie Duensing (1940) bezüglich „charakteristischer" Reaktionskurven Stellung.

In der ersten Periode der CSF-Diagnostik war die *Liquordruckmessung* verbreitet (Steigrohrmessung nach Quincke mit Zweiwegepunktionsnadel). Als günstiger erwies sich die Nadel nach Kausch (1908) und das Manometer von Reichmann bzw. Krönig (Quecksilbermanometer, evtl. ergänzt durch den Hydrophorographen gem. Trattner). Einen praktisch-klinischen Wert erlangte der *Queckenstedt-Versuch* (1916) bei Raumverdrängung im Spinalkanal (z. B. durch Tumor).

Etwa 30 Jahre nach der Quinckeschen Lumbalpunktion gelang − nach einigen Tierversuchen (Westenhoefer, 1906; Dixon und Hallyburton, 1919) − die Einführung der *Subokzipitalpunktion* der Cisterna cerebellomedullaris durch Wegeforth, Ayer u. Essick (1919 bzw. 1923) [145] und − unabhängig davon − Eskuchen [24] (zunächst mit Quinckeschem Punktionsbesteck bzw. Schottmüller- oder Wechselmann-Kanülen). Alsbald wurde auf die Gefahren aufmerksam gemacht, weswegen dieses Verfahren kaum noch gebräuchlich ist (trotz des Vorteils geringerer Punktionsbeschwerden). Im selben Jahr wurde von Dandy mit der Punktion des Hinter- bzw. später Vorderhorns die *Ventrikelpunktion* eingeführt. Ebenfalls 1919 wandte Dandy die bis zur Epoche der bildgebenden Verfahren vielfach genutzte Pneumenzephalographie und ihre Variationen (z. B. Zisternographie) an.

Aus den methodischen Fortschritten und deren Anwendung ist ersichtlich, daß ein wesentliches *Basisprogramm* für die klinische CSF-Diagnostik etwa *drei Jahrzehnte nach Einführung* der Lumbalpunktion zur Verfügung stand. Ausdruck dieser Entwicklung sind eine Reihe von *monographischen Beiträgen* bzw. Laborbüchern, die eine Zusammenfassung des erreichten *Standes* und der Befundkonstellationen (s. Abschn. A.1.5 − Liquorsyndrome) beinhalten:

So die französischsprachige Darstellung von Mestrezat (1912) [80], der relativ umfangreiche „Leitfaden" von Plaut, Rehm u. Schottmüller (1913) [97], Holzmann in der „Neuen deutschen Chirurgie" (1914), das „Taschenbuch" von Kafka (1917, 3. Aufl. 1927) [50], die gut 190 Seiten umfassende „Lumbalpunktion" von Eskuchen (1919) [24], die gleichfalls ausführlichen Darlegungen von Pappenheim (1922) [95] und die „Lumbalpunktion und Liquordiagnostik" von Lange (1923) [63].

1.4 Klinische Anwendung der Liquoruntersuchung: II. Periode

In der zweiten Periode der klinischen Liquorologie kam es

a) zu einer zunehmend umfangreichen *Anwendung* der − auch aus heutiger Sicht (!) − o. a. „klassischen" Methoden,

A.1 Geschichte der Liquordiagnostik

b) darüber hinaus zu einer gewissen *Erweiterung* des Spektrums der zu untersuchenden Liquorbestandteile — analog der Entwicklungen bei den Blutplasma-, den hämatologischen, biochemischen und immunologischen Analyseverfahren —, vor allem jedoch

c) vermehrt zur Ausarbeitung und Anwendung von neuen *qualitativen* zytologischen und proteinanalytischen Verfahrensweisen.

Zunächst erfolgte in den 30er bis 40er Jahren die Periode einer *Konsolidierung* des bislang Entwickelten in Form eines *Grund- bzw. Basisprogramms* (damals noch nicht so bezeichnet). In den Monographien dieser Periode standen infolge umfassender klinischer Erfahrung mit den einzelnen Liquorparametern die *„spezielle Liquordiagnostik"* für die einzelnen Erkrankungsbilder (s. auch Liquorsyndrome im Abschn. A.1.5) und die Krankheitsphasen (!) zunehmend im Mittelpunkt.

Kaum anzuführen ist hier die zunehmend große Zahl der teils sehr sorgfältigen und/oder umfangreichen Originalarbeiten in den verschiedenen Zeitschriften, sondern nur einige der wesentlichen *Monographien*, wie die „Cerebrospinalflüssigkeit" von Kafka (1930) [51], der zytologische „Atlas der Zerebrospinalflüssigkeit" von Rehm (1932) [100], die damals grundlegende „Liquordiagnostik" von Demme (1935, 2. Aufl. 1950) [19], Beiträge im Handbuch der Neurologie von Georgi, Fischer u. Guttmann (1935, 1936) [37] sowie im Handbuch der Inneren Medizin von Lüthy (1939, 1953) [74] bis hin zu den bekannten Büchern von Roeder u. Rehm (1942) [110] sowie Meyer (1949) [81]. Aus dem englischsprachigen Bereich sind u.a. die Darstellungen von Greenfield u. Carmichael (1925) [41], Levinson (1929) [66] sowie Merritt u. Fremont-Smith (1938) [79] zu erwähnen (wobei anzumerken ist, daß die Liquorologie gerade in diesem Zeitabschnitt nur in begrenztem internationalem Austausch stand).

1.4.1 Qualitative Liquorzytologie

Im Zeitraum der 50er bis in die 70er Jahre hinein liegt der Beginn und schließlich die Etablierung einer differenzierenden qualitativen Analyse der Liquorparameter, wobei auf dem Gebiet der Zytologie die Bemühungen um ein *Differentialzellbild* wesentliche Fortschritte vor allem im Hinblick auf die Liquorsyndrome (s. Abschn. A.1.5) erbrachten. Die Anfänge basieren auf den *Zentrifugationsverfahren* von Widal, Sicard u. Ravaut (1901) [148], Alzheimer (1907) sowie Forster (1928), Einstein (1931) und Ostertag (1932).

Schon Ravaut bemühte sich um die Zelldifferenzierung nach dem Absinkenlassen (Gefäßboden). Es war dann Trömner (1923) [142], der eine Art *Zellsedimentation* (mittels „Sedimentator") durchführte und danach Schönenberg (1949) [126], der eine Spontansedimentation entwickelte. Der entscheidende Durchbruch ist Sayk (1954, 1960) [113] durch die Konstruktion einer „Sedimentkammer" zu verdanken. Weitere Variationen und Modifikationen bzw. Kombinationsverfahren (Eneström, 1964; Sörnäs, 1967) und die Membranfiltertechnik (Seal, 1956; Mc Cormick u. Coleman, 1962 [78]; Bischoff (1964) [8]) folgten. Schließlich gelang auch die Entwicklung einer Sorptionskammer (Sayk u. Lehmitz, 1979 [116]). Vor allem in den USA erlangten die *Zentrifugationsverfahren* größere klinische Bedeutung (siehe u.a. bei Naylor, 1961, 1964 [89]; Woodruff, 1973 [152] bzw. Fa. Shandon).

Von Relevanz für die Aus- und Bewertung der Ergebnisse eines Liquorzytogramms erwiesen sich zytochemische und -enzymatische *Färbemethoden:* so in Anlehnung an Verfahren der Histologie bzw. Hämatologie u.a. der Nachweis von Hämosiderin, PAS-positiven Substanzen, Lipideinlagerungen, vermehrtem Nukleinsäuregehalt im Kern und/oder Zytoplasma sowie der Phosphatasen und Esterasen zur Bestätigung einer pathologischen Reaktion bei entzündlichen Prozessen, Abräumreaktionen bzw. von „atypischen" Zellformen, wozu auf die Darstellungen von Olischer (1969) [91] und Schmidt (1968, 1987) [119, 123] hinzuweisen ist (s. Kapitel B.2.1).

Die angeführten Differenzierungsverfahren bildeten die Grundlage für das Differentialzellbild („Meningogramm"), die Reaktionstypen und zytomorphologischen Syndrome. Ausgangspunkt waren Untersuchungen zur *Funktion* sowie zur *Zytogenese* der Liquorzellen, wie bereits in der frühen Periode von Nissl (1904), Alzheimer (1907), Pappenheim (1922) [95] und danach von Rehm (1932) [100], Bannwarth (1933), Scheid (1941), Schönenberg (1952) [126], Sayk (1960) [113] und Schmidt (1968) [119] durchgeführt. Zum hämatogenen Ursprung hatten einige Autoren (Plaut, Rehm u. Schottmüller, 1913 [97]; Kubie u. Schultz, 1925) und danach Kolář u. Zeman (1968) sowie Schwarze (1968, 1973) Studien vorgelegt. Andererseits wurde auf die morphologische und funktionelle Ähnlichkeit retikulohistiozytärer Formen mit lokalen mesenchymalen Zellen (Fischer, 1910; Sasaki, 1955; Bischoff, 1960 [8]; Sayk, 1960 [113]; Schönenberg, 1960 [126]; Olischer, 1969 [91] und Wieczorek, 1969 [149]) hingewiesen. Oehmichen (1973, 1975, 1976 [90]) belegte mit enzymhistochemischen Markern (wie für Oberflächenrezeptoren) und der Autoradiographie die hämatogene Abstammung auch von mononukleären Phagozyten.

1.4.2 Qualitative Liquoreiweißanalysen

Analog zu den Fortschritten in der Zytologie begannen in der II. Periode die Bemühungen um qualitative Eiweißbestimmungen. Im Mittelpunkt stand die mit der *Elektrophorese* ermittelte γ-*Globulin*-Vermehrung (speziell IgG gemäß Link, 1967 [67]) innerhalb der Befunde bei den entzündlichen Erkrankungen. Hinzu kamen die α- und β-Globulinbanden („Dachgiebelform" in der Papierelektrophorese) und Hinweise auf eine *Schrankenstörung*: das sogen. „Mischpherogramm" mit erniedrigter oder fehlender „liquortypischer" V- und Tau-Fraktion, der Albuminvermehrung sowie einem α-, β- oder γ-„Mischtyp" bei verschiedenen Erkrankungen (Bauer, Delank, Demme, Frick, Habeck, Lowenthal, Meyer-Rienecker, Scheid, Schmidt u. a.).

Es waren − nach ersten Versuchen von Hesselvik (1939) − Kabat, Moore u. Landow (1942), die charakteristische Proteinbestandteile analysierten: z. B. das Präalbumin oder „Protein X", d. h. das Transthyretin, nachwiesen; später wurden das Tau-Transferrin und das „liquortypische" β-trace-, d. h. Prostaglandin D-Synthase, und γ-trace-Protein, das Cystatin C ermittelt. Zwei Jahre danach begannen Scheid u. Scheid mit entsprechenden Untersuchungen.

Etwa ab 1953 wandten Baudouin, Lewin u. Hillion, Bauer [4], Cumings, Steger und danach Schmidt (1955 u. 1959) [119] die *Papierelektrophorese* (nach Grassmann u. Hannig, 1952) auf der Grundlage eines Mikroelektrophorese-Gerätes (Antweiler) an. Voraussetzung war eine Liquor-„Einengung" (auf das etwa 200fache), wozu u. a. die Konzentrationsdialyse, die Ultrafiltration bis hin zur Gefriertrocknung verwendet wurden. Neben der *Proteinfärbung* (Amidoschwarz B) erfolgte auch die Anfärbung der Lipoproteine (Dencker, Gottfries u. Swahn, 1957) und Glykoproteine bzw. die „*Triasfärbung*" (Bauer, 1954, 1956/57 u. 1961 [5]; Frick, 1962, s. bei [119]).

Als überlegenes Trägermaterial zeigte sich die von Kohn (1957) entwickelte *Celluloseacetat-Folie* (verkürzte Trennzeit, Transparenz, optimalere Färbung und Differenzierung), die u. a. von Kaplan u. Johnstone (1966) [52], Mertin, Wisser u. Doerr (1971) sowie Zimmermann, Krause u. Linke (1981) eingesetzt wurde. Alsbald fanden Studien mit nativem Liquor (Rice u. Bleakney, 1965; Kleine u. Stroh, 1974, 1980 [55]; Weitbrecht u. Consbruch, 1978) sowie einem Kurzzeitverfahren (Glasner, 1979, 1980 [38]) statt. Bei Versuchen mit *Agargel* (Grabar u. Williams jr., 1953; Burtin, 1959, sowie Wieme, 1959 − zunächst für die Immunelektrophorese) bzw. *Agarose* stellten sich die Banden noch differenzierter dar, besonders im Bereich der γ-Globuline (bis zu 7−9), aber auch in den α-Globulinfraktionen. Die Agargel-Elektrophorese wurde schließlich klinisch zunehmend relevant (Lowenthal, 1960, 1964 [71]; Laterre, 1965 [64]; Delank, 1965 [16]; Schmidt, 1968, 1972 [119, 120]); auch konnte die Triasfärbung − Kohlenhydrat- und Lipidagargel-Elektrophorese − angwandt werden.

Als weiteres Medium wurde das *Polyacrylamidgel* (Davis u. Ornstein, 1964) in Form der

Discelektrophorese (Monseu u. Cumings, 1965 [85]; Evans u. Quick, 1966; Felgenhauer, 1968, 1971 [25]) eingesetzt, wobei eine Auftrennung in teilweise bis zu 40 Banden erfolgte. Die später entwickelte *isoelektrische Fokussierung* ergab einige mono- bzw. „oligoklonale" Subfraktionen (gemäß Laterre, 1965 [64]) im Immunglobulin-Bereich; ferner IgG-kappa, -lambda (Delmotte, 1971; Delmotte u. Gonsette, 1977 [17]; Sidén u. Kjellin, 1977, 1978, 1979 [131]; Olsson u. Nilson, 1979; Olsson, Kostulas u. Link, 1984 [93]; Sindic u. Laterre, 1991 [133]; s. Übersicht bei [123]), wobei die umfassende und weiterreichende Anwendung bis in die heutige Zeit reicht (bezüglich spezieller Einzelheiten auf die Kapitel B.3.1 u. 3.3 verwiesen).

Bedeutung für die Grundlagenforschung erlangte die *Immunelektrophorese*. Das Vorgehen wurde, ausgehend von Studien durch Oudin (1946) und der radialen Doppeldiffusionstechnik von Ouchterlony (1949) über Antigen-Antikörperreaktionen, zunächst als Makro- (Gavrilescu et al., 1955 [36]; Scheiffarth et al., 1958) und schließlich Mikromethode (Clausen, 1960; Dencker u. Swahn, 1961 [22]; Laterre, 1965 [64]; Meyer-Rienecker, 1969) eingeführt. Die Anzahl der Präzipitationslinien war abhängig von der Spezifität der Antiseren: Es konnten im Liquor alsbald über 36 definierbare Proteine nachgewiesen werden. Die „Elektroimmundiffusion", die *Raketen*-Immunelektrophorese in antikörperhaltigem Agarosegel von Laurell (1966) sowie Linke, Zimmermann u. Krause (1976) erlangten keine langdauernde klinische Verwendung.

Der Nachteil des Immunpherogramms war die begrenzte Standardisierung und fehlende quantitative Aussagemöglichkeit. Insofern wurde von Mancini, Carbonara u. Heremans (1965) die *radiale Immundiffusion* entwickelt. Mit spezifischen Antiseren konnte eine quantitative Bestimmung der einzelnen Liquoreiweißkörper (z. B. mittels LC-Partigen-Platten, Behringwerke, Marburg), insbesondere des IgG, IgM, IgA, α_2 − Makroglobulin (Schrankenstörung), aber auch weiterer Liquorproteine erfolgen (Gottesleben u. Bauer, 1967 [40]; Link u. Müller, 1971; Eickhoff u. Heipertz, 1977; Weisner u. Bernhardt, 1978, u. a.). Zu dem *Quotienten Serum-/Liquoralbumin* zur Beurteilung der Permeabilitätsverhältnisse der Blut-Hirn-Schranke nahmen alsbald Felgenhauer, Schliep u. Rapic (1976) [26], Kleine (1980) [55] sowie Reiber (1979, 1980, 1998) [101, 102, 103] Stellung.

Die Ermittlung einer *autochthonen* oligoklonalen *Liquor-IgG-Produktion* erfolgte gemäß Delpech u. Lichtblau (1972) [18] sowie auf der Grundlage der Darstellungen von Ganrot u. Laurell (1974) mit Aufstellung von Quotienten- bzw. Korrelationsdiagrammen (Schliep u. Felgenhauer, 1978; Reiber u. Felgenhauer, 1979, 1987; Thompson, 1988 [135]; Kleine (1984, 1996) [56, 58]). Zur Quantifizierung der lokalen bzw. „intrathekalen" Immunglobulin-Synthese sowie zur Blut-Hirn-Schrankenstörung wurden eine Reihe von *Formeln* erarbeitet (Tourtellotte, 1970, 1997 [140]; Tibbling, Link u. Öhman, 1977; Schuller u. Sagar, 1981), wobei die Weiterentwicklungen bis an die Gegenwart reichen (Link, 1987 [68]; Gallo, Bracco u. Tavolato, 1988; Öhman et al., 1989; Luxton, McLean u. Thompson, 1990; Blennow et al., 1994 [9]). Zur klinisch zunehmend bedeutsamen polyspezifischen und der *oligoklonalen* IgG-, IgA- und IgM-Synthese sowie dem „Göttinger" Quotienten-Diagramm, der 1- bis 3-Klassenreaktion der humoralen Immunreaktion und dem erregerspezifischen *Antikörper-Spezifitäts-Index* (ASI: MRZ − Masern, Röteln, Zoster) sei auf Reiber und Mitarbeiter (1991, 1998) [102, 104], Felgenhauer und Mitarbeiter (1998, 1999) [29, 30] sowie die Kapitel B.3.1 und B.3.2 hingewiesen.

Einen besonderen Bereich stellt die Frage der *Herkunft* der Liquorproteine dar, die im Zusammenhang mit den

(a) Schrankenstörungen (Blut-Hirn-, Blut-Liquor- und Hirnparenchym-Liquor-Schranke) sowie der
(b) „intrathekalen" bzw. intrazerebralen, d. h. lokalen Synthese (s. voranstehende Erörterungen sowie Kapitel A.3, A.4, B.3.1) steht.

Bereits Kabat, Moore u. Landow (1942) bemühten sich um die Analyse der *Unterschiede* zwischen Liquor- und Serumproteinen, was von Frick u. Scheid-Seydel (1957, 1960) [33] sowie Frick (1960, 1968) [s. bei 119] mit markierten Proteinen fortgesetzt wurde. Die Studien des Albumins und γ-Globulins zeigten für letzteres eine langsamere Passage durch die Blut-Liquor-Schranke und eine verzögerte Abbaurate. Die Ergebnisse wurden von Lippincott et al. (1965) und Cutler, Watters u. Hammerstad (1967, 1970) [13] bestätigt. Nach Hochwald u. Wallenstein (1967) entstammt im Normalfall das γ-Globulin dem Serum: bei entzündlichen Erkrankungen des ZNS konnten die o. G. einen nicht unbeträchtlichen Anteil von „liquoreigenem" γ-Globulin in Art einer intrathekalen *de-novo-Synthese* ermitteln. Die Syntheserate des IgG wurde schließlich von Tourtellotte (1970) [140] und anderen (s. Kapitel B.3.1) bestimmt.

Die Verfahren der Eiweißfraktionierung und Antikörperpräparation wurden neben den Entwicklungen in der speziellen Neurochemie auch für die Charakterisierung *hirnspezifischer Proteine* neuronaler oder gliöser Herkunft im Liquor relevant. Hierzu ist für die 60er bis 80er Jahre vor allem auf das basische Myelinprotein (später Ermittlung einer Korrelation mit intrathekaler IgG-Synthese durch Sellebjerg, Christiansen u. Garred [130]) und dessen Fragmente (evtl. Marker für Remyelinisierung) – s. auch nachfolgend die Arbeiten von Whitaker [147] – hinzuweisen.

Des weiteren sind das S100-Protein, α-Albumin bzw. gliafibrilläre saure Protein (biochemischer Marker für Gliose – s. Laman, Thompson u. Kappos [62]), das $α_2$-Glykoprotein, 14-3-3-Protein, die neuronenspezifische Enolase (Destruktionsmarker – s. Kapitel B.4) sowie die 2′3′-zyklische Nucleotid-3′-Phosphodiesterase, Glutaminsynthetase zu erwähnen (s. Übersicht bei Roboz-Einstein, 1982 [109]; Sindic, 1985 [132] und Kapitel A.3 u. B.4). Später erlangten das (intrathekale) $β_2$-Mikroglobulin und das Neopterin (T-Zell-Immun- resp. Mikroglia- bzw. Makrophagenaktivierung) als Marker eine gewisse Bedeutung [29].

Ferner ist der Nachweis von *Komplementkomponenten* (C1–C4) in der CSF (Kuwert et al., 1965) und die Aktivierung der Komplementkaskade (Morgan, Campbell u. Compston, 1984 [87]), deren Korrelation mit der intrathekalen IgM-Synthese (Sellebjerg, Christiansen u. Garred [130]) anzuführen. Der klinische Nutzen derartiger Befunde erwies sich zunächst als begrenzt.

1.4.3 Weitere Liquorbestandteile

Bereits Mestrezat (1912) [80] waren im Liquor an 40 Bestandteile bekannt. Später wurden analog der Labordiagnostik anderer Körperflüssigkeiten (Plasma) *weitere Inhaltsstoffe* untersucht. Generell resultierten eher *sekundär* bedingte Abweichungen infolge der Passageverhältnisse und Störungen der Schrankensysteme (s. folgenden Abschn. 1.4.4) sowie vielfältiger Einflußmöglichkeiten vaskulärer, hypoxischer, metabolischer, toxischer oder endokriner Art. Es bekamen nur einige der Inhaltsstoffe klinisch-diagnostische Bedeutung.

Anzuführen ist die *Glukose*, auf deren Hypo- oder Hyperglycorrhachie bereits voranstehend hingewiesen wurde (Riebeling, 1951). Zum vorwiegend vom Hirn in den Liquor abgegebenen *Lactat* bzw. Pyruvat erfolgten im Zeitraum einige Publikationen (u. a. von Sudre u. Reiss, 1969; Bland, Lister u. Ries, 1974; Contri, Rodriguez, Hicks et al., 1977; Kleine, 1980 [55]).

Eine Anzahl von Studien beschäftigte sich mit dem *Ionenhaushalt*, vorrangig den Natrium-, Kalium-, Calcium-, Magnesium- und Chlorid-Ionen. Seit den ersten Analysen (Mestrezat, 1912 [80]; Brock, 1923; Cohen, 1927) wurden Abweichungen der Kationen- und Anionenkonzentrationen bei Hirnfunktions- und Stoffwechselstörungen festgestellt (Karcher, Lowenthal u. van Sande, 1957; Weise, 1959; Prill, 1969; Breyer u. Kanig, 1970; Bjorum, Plenge u. Rafaelsen, 1972; Wood, 1980, 1983 [151]) und auch – teilweise tierexperimentell – auf die zentralnervösen Regulationsvorgänge aufmerksam gemacht.

Das *Säure-Basen-Gleichgewicht* – für konstanten pH-Wert –, bestimmt durch (a) pCO_2 (schrankengängig) und (b) HCO_3^- (langsame Diffusion und Schrankenpassage), unterliegt im Liquor einer geringen Regulationskapazität. Die Resultate bei primärer zerebraler und Liquor-Azidose (mit Hirnödem), aber auch metabolischer oder respiratorischer Azidose (oder Alkalose) erwiesen sich für den Bereich der Intensivneurologie als zunehmend bedeutsam (Schwab, 1967 [127]; Linke, 1968, in [119]; Schnaberth, 1977, 1987 [125]; Leusen, Weyne u. Demester, 1983, in [119]; Davson, Welch u. Segal, 1987 [15]).

Infolge der Entwicklungen der Neurochemie und Erkenntnisse über den hohen Anteil der *Lipide* und Lipoproteine am Nervensystem wurden diese besonders bei Entmarkungskrankheiten, einigen hirnatrophischen und sogen. degenerativen Prozessen sowie genetisch bedingte Sphingolipidosen von Interesse. Das Lipidmuster ließ sich mit den Extraktions- und Trennverfahren bis in den Ultramikrobereich analysieren (Jatzkewitz, 1965; Klenk, 1968; Bauer u. Pilz, 1968, bei [122]; Pilz, 1970 [96] u. a.). Bei den Fettsäuren, Steroiden, Sphingosinphosphatiden und Cerebrosiden fanden sich einige Abweichungen (Tourtellotte u. Haerer, 1969 [139]; Tichy u. Skorkowska, 1970; Seidel, Heipertz u. Weisner, 1980 [128]), die — methodisch bedingt — nicht gleichartig waren.

In den 60er, bis in die 80er Jahre hinein ließen sich etwa 50 verschiedene *Enzyme* im Liquor nachweisen (Lowenthal, 1968, 1987 [72]; Fishman, 1980, 1992 [32]; Banik u. Hogan, 1983, in [151]), ohne daß eine wesentliche diagnostische Relevanz resultierte. Neben technischen Schwierigkeiten waren es sowohl die Blut-Hirn-Schranke als auch der Gehalt an Proteinen und Zellen in der CSF (wie auch lysosomaler Enzyme), die variierende Faktoren darstellten (Fishman, 1975 [32]; Cutler u. Spertell, 1980, 1982, in [151]). Es liegen Ergebnisse vor, z. B. für die Aldolase und Isoenzyme (bei vaskulären und meningitischen Erkrankungen), die Enolase (α, γ) als hirn-(neuronen-)spezifisches Protein (bei zerebralem Gewebsuntergang — s. Kapitel B.4), die Cholinesteraseaktivität (wechselnd) wie auch die Laktat-Dehydrogenase und eine Anzahl lysosomaler Enzyme sowie Proteasen, u. a. Matrix metalloproteinasen [75 a].

Von funktionsdiagnostischem Interesse waren die *Neurotransmitter*, ihre Präkursoren und Metaboliten (Kluge, 1968, in [123]). Das Azetylcholin zeigte sich infolge schnellen intra- und extrazellulären Abbaus in der CSF lediglich als Restkonzentration. Einem aktiven Carriermechanismus unterlag die (inhibitorische) γ-Aminobuttersäure mit widersprüchlichen Befunden. Gleiches galt für eine Anzahl weiterer biogener Amine, wie Dopamin, 5-Hydroxytryptophan, Serotonin und Noradrenalin, deren Schrankengängigkeit und CSF-Gradienten begrenzt sind (Chase, 1983, in [151]; Wood, 1980, 1983 [151]; Dencker, 1987, in [123]).

Unter den *Peptiden* und Hormonen wurden im Liquor die Steroide, vor allem das Cortisol (abweichend bei Depressionen) untersucht. Ein Anteil der Neuropeptide (Jackson, 1980, in [151]) stammt von den neurosekretorischen Zellen (fenestrierte Kapillarendothelien der circumventriculären Organe und der Adenohypophyse ab (s. u. a. Sterba bzw. Heller, 1969 [44]). Post et al., 1983, in [151], konnten etwa 32 Peptide in der CSF zusammenstellen, deren Bedeutung erst aktuellere Liquoranalysen aufdecken werden. Anzuführen sind die Endorphine (Bloom u. Segal, 1980; von Knorring, Terenius u. Wahlström, 1983, in [151]; Denker, 1987, in [123]) und einige tendenzielle Befunde beim Somatostatin, Oxytozin sowie eine mögliche Korrelation von Opiatpeptiden bei Psychosen, Angstsyndrom und Neuroseformen.

1.4.4 Blut-Hirn-, Blut-Liquor- und Hirn-Liquor-Schranke

Einen besonderen Bereich der Liquorforschung bildeten die Schrankensysteme. Bereits 1929 hatte Walter [143] eine umfangreiche Darstellung zur Blut-Hirn-Schranke (zuvor auch als „Permeabilität der Meningen" bezeichnet) vorgelegt, ausgehend von den Vitalfärbungsversuchen von Goldmann (1909, 1913) [39] und Stern u. Gautier (1921, 1922) [134], der den Begriff der „Schranke" prägte. Danach erfolgten Studien zu den *drei Schrankensystemen* auf der Basis der drei Kompartimente (Blut, innere und äußere Liquorräume, Hirnparenchym):

1. die Blut-Hirn-Schranke (außerhalb der zirkumventrikulären Organe)
2. die Blut-Liquor-Schranke (als Filtrationsbarriere für hydrophile, weniger lipophile Moleküle; – vorwiegend im Bereich der zirkumventrikulären Organe)
3. die Hirn-Liquor-Schranke (zwischen dem Hirnparenchym und den inneren sowie äußeren Liquorräumen).

Hinzuweisen ist auf die Arbeiten bzw. Monographien von Bakay (1956) [2], Quadbeck (1957, 1987), in [123], Fenstermacher u. Patlak (1966, 1975) [31], Davson (1967) [14], Rapoport (1976) [99], Bradbury (1979) [10] und deren Mitarbeiter sowie Cutler (1980), in [151], Davson, Welch u. Segal (1987) [15] und Greenwood et al. (1995) [42] über die energiebedürftige Sperr- (d. h. Schutz-), Regel- und Transportfunktion der Schrankensysteme. Aktuell ist das Vierkompartimentmodell und die Klassifikation von Felgenhauer (1993, 1998) [28, 29], u. a. bezüglich des spezifischen Carrier für jede der Schranken, den Albuminquotienten bis zum ICAM-Index und den Permeabilitätsmarkern [30] (s. Kapitel A.3 und A.4).

Ein großes klinisches Interesse fand seit Jahrzehnten die *gestörte Sperrfunktion* mit pathologischem Substratübertritt aus dem Blut („Schrankenzusammenbruch"). So bei Verletzungen der Schrankenstrukturen, insbesondere der Hirnkapillaren, der Dissoziation zwischen den Endothelzellen (der interzellulären Kittstellen, den tight bzw. gab junctions), einer Störung der Sperrmechanismen von am Schrankenaufbau beteiligten Strukturen, beim Hirnödem und im Bereich von Tumorgewebe (Tumorkapillaren!). Dabei spielen vor allem der pH-Abfall, die hypoxischen, Nährstoff- und Wirkstoffmangel-Hypoxydosen sowie Inhibitoren wie toxische Substanzen – und somit inaktivierte Fermentsysteme – eine Rolle (Quadbeck, 1957 u. 1968, in [119]). Wegen der klinischen Relevanz erschienen bis in die heutige Zeit (z. B. auch zum „Centennial of Quincke's Lumbal Punction" im Jahre 1991 von Felgenhauer, Holzgraefe u. Prange, 1993 [28]) eine große Anzahl von Publikationen.

Erheblich seltener waren die Mitteilungen, die sich direkt der Frage einer therapeutischen *Schrankenabdichtung* widmen (Aird u. Strait, 1944; Quadbeck, 1987, in [123]). Als ein wesentliches Problem für die Abdichtung der Schranken erscheint das Hirnödem (Notwendigkeit der Osmotherapie). Über die speziellen Wirkmechanismen einer diesbezüglichen Corticosteroid-Anwendung bestanden im zu erörternden Zeitraum noch Unklarheiten (Reulen u. Schuermann, 1972 [105]).

1.5 Klinische Liquorsyndrome

Bereits zu Beginn der klinischen Liquorologie wurde von *Nonne u. Froin* (1910) der „Sperrliquor" bzw. das *Kompressions- oder Stopsyndrom* unterhalb einer spinalen Raumforderung mit starker Gesamteiweißvermehrung bei unauffälliger Zellzahl (sogen. proteino-zytologische Dissoziation) beschrieben. Ebenso früh wurde die *Dissociation albumino-cytologique* von *Guillain-Barré-Strohl* (1916) [43] für die Polyneuritis mit Eiweißvermehrung bei weitgehend normaler Zellzahl ermittelt. Als *weitere* Liquorsyndrome sind zu nennen der sogen. „subnormale Liquor" nach Kafka (1933) mit deutlicher Eiweißverminderung (von Schaltenbrand, 1938, als „Hypoproteinose" bei evtl. Hyperliquorrhoe bezeichnet) sowie von letzterem das „Aliquorrhoe-Syndrom" – wenige Tropfen getrübter Liquor bei Unterdruckanzeichen (Schaltenbrand u. Wolff, 1959, in [114]).

Deklariert wurde später auch eine „*proteinokolloidale Dissoziation*" (isolierte γ-Globulin-Vermehrung gem. Linkstyp der Mastixreaktion) – in [119] – sowie sogen. „*maskierte Liquorbefunde*" (z. B. isolierte β- und γ-Typen im Pherogramm). Zum Syndrom und der Problematik des *bluthaltigen Liquors* erfolgten seit Mestrezat (1912) [80] Beiträge zur Abklärung einer Xanthochromie (Hämorrhagie oder Stauung) bzw. Studien zur Differenzierung eines (a) *artifiziell* oder (b) *pathologisch* blutigen Liquors (Eskuchen, 1919, [24]; Pappenheim, 1922 [95]; Samson, 1929, 1931 [111]) sowie Untersuchungen zum Einfluß bluthaltigen Liquors auf die übrigen CSF-Parameter (Schmidt, 1968 [119]).

Die Entwicklungen und die Fortschritte in der Liquorzytologie (Sedimentkammer von Sayk, 1954, 1960, 1964 [113, 114]) führten über vorangehende Ansätze einiger Autoren (Demme, 1935, 1950−1956 [19, 20]; Meyer, 1949 [81]; Lüthy, 1953 [74]; Schönenberg, 1960 [126]) hinausgehend zur Aufstellung einer Reihe von Liquorsyndromen, die sich zur *Übersicht* wie folgt gruppieren lassen:

1. *akute bakterielle*, vorwiegend *granulozytäre Meningitis*-Syndrome
2. *virusbedingte lymphozytäre* Meningitis- bzw. *Meningoenzephalitis*-Syndrome
3. überwiegend *virusbedingte*, zumeist *lymphozytäre Enzephalitis*-Syndrome.

   Hohe Pleozytosen (bei 1.−3.) deuten auf akut entzündliche, besonders am leptomeningealen Gefäßbindegewebe ablaufende Prozesse. Die quantitativen und diffizileren qualitativen Zell- und Eiweißbefunde (bei 1.−3.) erlauben eine Zuordnung zu den *Verlaufsstadien* mit (a) primärer, *akut-exsudativer*, (b) sekundärer, *subakuter* Phase sowie (c) den nachfolgenden Reaktionsabläufen bzw. *Reparationsphasen*.

   Direkte *Erregernachweise* (bei 1.−3.), positive Antikörper-*Seroreaktionen* bzw. − später − molekularbiologische Verfahren können die genaue Ätiologie klären. Dies galt bereits für die von Sayk aufgeführten *„lues-spezifischen"* Liquorsyndrome (akute, subakute und chronische) sowie Zuordnungen *weiterer*, durch *andere* Erreger bedingte Abläufe (z. B. Tuberkulose, Borrelien, Listerien u. a.) − siehe Kapitel B.6.1 bis B.6.4.
4. Die *para-* oder *postinfektiösen Meningoenzephalitis-* und *Enzephalomyelitis*-Syndrome − früher auch als „symptomatische Meningitis" (Demme, 1950, 1953, 1956 [20]) bezeichnet − stellen „Begleitreaktionen" ohne gesicherte bakteriologische oder Virusbefunde in der CSF sowohl bei Allgemeinerkrankungen („fieberhafter Infekt") als auch bei lokalisierten Prozessen (z. B. Nasennebenhöhlen) dar.
5. Des weiteren sind anzuführen die *besonders gearteten Meningitis-* bzw. *Meningoenzephalitis*-Syndrome wie (a) die *eosinophile* Meningitis oder Meningoenzephalitis (Wolff, 1956; Esselier u. Forster, 1957 in [114]) durch Parasitosen, aber auch „allergische" Prozesse, (b) die *granulomatöse* Meningoenzephalitis mit variablen Liquorabweichungen (u. a. bei Tuberkulose, Lues, retikulären Granulomen, Pilzerkrankungen) sowie weitere Sonderformen, wie (c) die *chronische lymphozytäre* Meningitis (Bannwarth, 1944 [3]; Schaltenbrand, 1953/54 [118]) und (d) die chronisch verlaufende retotheliale *Riesenzellmeningitis* mit charakteristischem Zellbild (Sayk, 1960 [113]) bei mesenchymalen lokalen Prozessen (durch Tuberkulose, Borreliose oder bei Fremdkörperreaktionen (Wieczorek, 1969 [149]) und ferner (e) die *„leukämische"* Meningitis mit Leuko- und Paroblasten (Spriggs, 1958; Bischoff, 1960, in [114]).
6. Das *proteino-zytologische Dissoziationssyndrom* gem. *Guillain-Barré-Strohl* bei Polyneuritis bzw. Polyradikulitis bietet im Verlauf zunehmende quantitative und qualitative Eiweißabweichungen, teilweise ein monozytär-aktiviertes Zytogramm.
7. *Akute Reizungssyndrome* wurden von Sayk 1964 [114] nach (a) besonderer und (b) traumatischer Natur unterschieden, *subakute* Reizungssyndrome als (a) besonderer oder (b) allgemeiner, d. h. unspezifischer Art mit quantitativ wenig ausgeprägten und qualitativ z. T. diskreten Befunden (geringe Exsudation, Abräumreaktionen verschiedenen Grades) angegeben, wie sie auch bei Enzephalitiden (IgG-Vermehrung, Granulozyten, Lymphoidzellen) und ähnlich im Falle des „Hirnabszeß-Syndroms" auftreten können.
8. *Hämorrhagische* Liquorsyndrome bieten erkennbare Verlaufsphasen bei (a) frischen Einblutungen, d. h. blutig-hämorrhagischer CSF und typischer granulozytär-exsudati-

ver Reaktion oder (b) nachfolgend eindeutiger Abräumreaktion im aufklarenden Liquor mit Erythro- bis Hämosiderinmakrophagen und danach (c) länger bestehendem Restzustand geringer Reaktivität (Wieczorek, 1969 [149]; Olischer, 1969 [91]).
9. Die *Tumorliquor*-Syndrome wurden von Sayk (1958, 1964 [114]) in diejenigen *I. und II. Ordnung* eingeteilt, mit den qualitativ und quantitativ mehr oder weniger deutlich ausgeprägten „Anzeichen einer Malignität" bietenden Liquorzellbildern wozu später, von Coakham, Garson, Brownell et al., 1984 [12] Versuche einer diffizileren Identifizierung mittels monoklonaler Antikörper vorgenommen wurden.

1.6. Klinische Anwendung der Liquoruntersuchung: Beginn der III. Periode

Die auf der Grundlage der auch heute noch „klassischen" CSF-Parameter der II. Periode der Liquorologie basierenden Liquorsyndrome entsprechen dem Stand bis in die 70er Jahre. Im folgenden Dezennium – überleitend in die *III. Periode* (der „*Marker*"-Diagnostik) – führen methodische Entwicklungen zur Analyse der zellulären Immunität, zur Antikörper- bzw. Antigenbestimmung [7, 27, 29, 32, 35, 45, 56, 57, 77, 94, 103, 147], molekularbiologische Verfahren wie die PCR-Techniken, Southern Blot und die In-situ-Hybridisierung (s. Kapitel B.5) zur Erweiterung.

Es resultieren einerseits „spezifische" Nachweismöglichkeiten für verschiedene Erreger (etwa mittels PCR – s. Kapitel B.6), andererseits durch neue humorale und zelluläre Parameter typische Syndrom-Konstellationen (z. B. für die Encephalomyelitis disseminata [82, 102, 104, 136, 141]). Ferner ergibt sich für verschiedene Erkrankungsformen die ergänzende Anwendung von Markern für die Zellaktivierung [s. u. a. bei 7, 30, 46, 58, 84, 86, 95a, 107], die Bestimmung von (Auto-)Antikörpern oder der Anzeichen für Destruktionen im Hirnparenchym (auch speziell lokalisierter Strukturen –

z. B. Laman, Thompson u. Kappos, 1998 [62] und Kapitel B.4) sowie die Determination löslicher Tumormarker (s. auch Zusammenstellungen von McConnell u. Bianchine, 1994 [77], Reiber et al., 1996 [102] sowie die nachfolgenden Kapitel B.2.2, B.3.4, B.3.5, B.4).

Zu einigen Grundlagen der weiteren Entwicklung der klinischen Liquorologie

Ausgangspunkt für die *Fortschritte* in der sich *weiter differenzierenden*, als III. Periode, der „*Marker*" (für Aktivitäts- oder Destruktionsprozesse) anzusehenden Etappe der Liquorologie waren seit Mitte der 70er Jahre neben einer Fülle von Originalarbeiten einige grundlegende *Monographien* und mehrere bereits zuvor, zunehmend jedoch in diesem Zeitraum durchgeführte *Liquorsymposien* (z. T. mit Publikationsbänden). Anzuführen sind die in der vorangegangenen Periode jeweils an größere Tagungen angefügten Programmschwerpunkte bzw. CSF-Topics.

Es geschah dies z. B. im Rahmen der Jahrestagungen der Deutschen Gesellschaft für Neurologie (DGN), aber auch der Inneren Medizin, vor allem jedoch der World Federation of Neurology (WFN) der WHO (z. B. Brüssel, 1958) mit einer Reihe von Satelliten-Symposien und Meetings anläßlich der Weltkongresse der WFN, die zur Bildung einer *CSF Research Group der WFN* (Leitung: Lowenthal/jetzt Sindic) führten; auch die Tagungen der American Neurological Association und der American Academy of Neurology hatten CSF-Schwerpunkte. Für den deutschsprachigen Raum sind die frühen internationalen Veranstaltungen in Rostock 1964 (Sayk, 1966 [115]), in Wien 1965 (Seitelberger, 1966 [129]) sowie in Halle 1973 (Schmidt, 1974 [121]) zu erwähnen.

Speziell zur Entwicklung der *Zytologie* des Liquors waren die Einführungen bzw. Atlanten (Defresne, 1973; Kölmel, 1976 [59]; Oehmichen, 1976 [90]; Schmidt, 1978 [121]; Den Hartog Jager, 1980 [21]; Kulczycki, 1988 [61]) und der umfassende Symposiumsband von Kölmel (1986) [60] von Wert. Aus den Fortschritten der Zytochemie, Immunzytologie und Zellphänotypisierung (mit Differenzierungsmarkern) resultierte eine *weitere Differenzierung* der CSF-Zellen in eine Anzahl von Subpopulationen, besonders der *T- und B-Lymphozyten* mit spezifischen Funktionen. Die Entwicklung der Liquorzytologie verlief (anders als die sich verhältnismäßig rasch in der klinischen Praxis bewährenden differenzierenden Eiweißanalysen – s. voranstehenden Abschnitt 1.4.2) in längeren *Phasen* parallel zur Grundlagenforschung der Immunzytologie:

So kam es für die Zytologie erst relativ *spät* durch eine Reihe von Arbeitsgruppen zu *diagnostisch* relevanten Neuentwicklungen. Hingewiesen werden kann nur auf eine kleine Auswahl früher Arbeiten mit Anwendung verschiedener Methoden (Naess, 1976 [88]; Manconi et al., 1976 [75]; Frydén, 1977; Traugott, 1978; Knowles et al., 1978; Kam-Hansen, Frydén u. Link, 1978, 1979; Oehmichen, Wiethölter u. Gencic, 1980; Panitch u. Francis, 1982; Zaffaroni et al., 1985 [155] u. a.).

Voraussetzung für die Fortschritte waren verschiedenartige *Techniken*, so die Immunzytologie (Rieckmann, Weber, Felgenhauer, 1990 [107]) und FACS-Analyse (s. Kapitel B.2.2), die Verwendung von monoklonalen Antikörper-Panel gegen Zelloberflächenantigene (Differenzierungsmarker) zur Phänotypisierung bis hin zur Tumorzelldetektion (Hohlfeld et al., 1983 [46]; Coakham et al., 1984 [12]) und RT-PCR – z. B. Genexpression (s. bei Weber et al., 1993 [144], und [86]). Schließlich gelang die weitere Differenzierung bestimmter Lymphozyten-Subpopulationen, s. auch [30, 95 a] insbesondere der Th1/Th2-Lymphozyten – auch auf der Basis selektiver Zytokinexpression (Link, 1998, [70]; Monteyne, Van Antwerpen u. Sindic, 1999 [86]).

Ein wichtiger Aspekt war die Erfassung der *Zellfunktionen.* Sie begann in den 70 er Jahren mit der Bestimmung von Zytokinen im Liquor bzw. in Liquorzellen (Jenssen, Meyer-Rienecker u. Werner, 1976, 1979, 1991 [82, 83]; Houniau et al., 1988; Gallo et al., 1989 [35]; Chalon, Sindic u. Laterre, 1993). Des weiteren erfolgte eine Reihe – auch pathogenetisch relevanter – zytometrischer und anderer Studien (Nick et al., 1995; Stinissen et al., 1996; Kleine, 1996 [58]; Mix u. Meyer-Rienecker, 1996 [84]) z. B. bezüglich antigen-reaktiver $\gamma\delta$ $^+$T-Lymphozyten (mit Sekretion ThO-artiger Zytokine und Expression von Adhäsionsmolekülen). Es gelang der Nachweis der löslichen sICAM-1, sVCAM-1 (Trojano et al., 1996; Rieckmann et al., 1997 [108] – s. [30] und Kapitel B.4), der neuralen Adhäsionsmoleküle (N-CAM) und des ciliary neurotrophic factor (CNTF) (Massaro u. Tonali, 1998 [76]).

Spät erlangte der Nachweis der klonalen Expansion [7] spezifisch *aktivierter B-Lymphozyten* und ihrer Untergruppen, insbesondere der *Immunglobulin-* oder *Antikörper*-bildenden Zellen eine langsam zunehmende klinische Bedeutung (Sandberg-Wollheim, 1974, 1975 [112]; Allen et al., 1976; Schädlich, Nekic u. Felgenhauer, 1980; Beuche et al., 1988 [7]; Rieckmann, Weber u. Felgenhauer, 1990 [107]; Link et al., 1993 [69] – s. Kapitel A.7 und B.2.3). Auch sind *Erweiterungen* und Ergänzungen der konventionellen bzw. „klassischen" Liquorzytologie in den 80er und 90er Jahren zu erwähnen (Kölmel, 1986 [60]; Weitbrecht, 1986 in [60]; Olischer, 1985, 1988, 1991 [57, 92, 117]; Wieczorek, 1991 [150]) bis hin zu Vergleichsuntersuchungen von Zentrifugations-, Sedimentations- und anderen zellanreichernden Verfahren (Kleine, 1980 [55]; Lehmitz, Kleine u. Meyer-Rienecker, 1991, 1993 [57, 65]) – s. Kapitel B.2.1.

Bezüglich des *Liquoreiweißes* fand die *weitere Differenzierung* über mehrere *Etappen* statt, ausgehend von den bereits in der II. Periode der Liquoruntersuchungen im Zusammenhang mit den Immundiffusionsverfahren (s. oben in Abschnitt 1.4.2) erörterten vielfältigen Entwicklungen. Die Zielstellung betraf – wie in der gegenwärtigen III. Periode – die Bemühungen, „krankheitsspezifische" Marker aufzufinden und mit möglichst rationellen, „automatisierbaren" Verfahren nachzuweisen, was sich bislang nur auf wenige Erkrankungsformen anwenden ließ.

Von den Symposien, die sich mit speziellen Liquor-*Eiweißparametern*, aber auch der Zytologie des Liquors befaßten, ist die Tagung des

Nato Advanced Study Institute on Humoral Immunity in Antwerpen (Karcher, Lowenthal u. Strosberg, 1979, [53]) als Meilenstein hervorzuheben. Sie bildete einen wesentlichen Ausgangspunkt für Fortschritte bei der Immunglobulin-Bestimmung, der Bewertung der lokalen Immunreaktion im ZNS, insbesondere der oligoklonalen B-Zellreaktion, der Ermittlung der Blut-Liquor-Schrankenpermeabilität und der Bestimmung hirnspezifischer Proteine bzw. Antigene und Virus-Antikörper im Liquor.

Eine Anzahl von *Monographien* waren die Basis sowohl für die Zytologie als auch für Aspekte der Analyse der Liquoreiweiße (sowie einiger weiterer CSF-Inhaltsstoffe). Zu ihnen gehörten die relativ umfangreichen, für Jahre wegweisenden Erörterungen im Tagungsband der „Cerebrospinalflüssigkeit" von Dommasch u. Mertens (1980) [23], die „Neuen Labormethoden für die Liquordiagnostik" von Kleine (1980) [55] sowie die „Laboruntersuchungen" im Rahmen der internationalen Multiple-Sklerose-Tagung von Bauer, Poser u. Ritter (1980) [6]. Nachfolgend wurde übrigens innerhalb einer Vielzahl von *MS-Symposien* und monographischen Darstellungen die Problematik der Liquordiagnostik bei der MS bis in die Gegenwart regelmäßig behandelt (Lowenthal u. Raus, 1987 [73]; Thompson, Trojano u. Livrea, 1996 [136]; Tourtellotte u. Tumani, 1997 [141]). Speziell und grundlegend auf die Biochemie der Liquorproteine ausgerichtet waren die Darlegungen von Thompson (1988) [135].

Es ist noch auf einige *Beiträge* in relevanten labordiagnostischen Zusammenstellungen aufmerksam zu machen, wie u. a. von Kleine (1984) [56], Wurster (1988) [154] und Felgenhauer (1995, 1998) [29]. Des weiteren sind seit der umfangreichen 2. Auflage des handbuchartigen „Liquor cerebrospinalis" von Schmidt (1987) [123] die *eigenständigen Monographien* von Holzgraefe, Reiber u. Felgenhauer (1988) [47], Herndon u. Brumback (1989) [45], die Ergebnisdarstellungen des 1. Gesamtdeutschen und des Europäischen Liquorsymposiums 1990 bzw. 1995 von Kleine [57, 58] und das richtungsweisende internationale *Quincke-Symposium* zu den „Barrier Concepts and CSF Analysis" 1991 von Felgenhauer, Holzgraefe u. Prange (1993) [28] sowie die *Übersicht* von McConnell u. Bianchine (1994) [77] zu nennen.

Von der 1963 gegründeten *Arbeitsgemeinschaft* (Sayk, Schmidt) bzw. *Sektion für Liquorforschung und klinische Neurochemie* (Gesellsch. f. Neurologie u. Psychiatrie/DDR) wurden neben einer *Standardisierung* der Liquordiagnostik (DAB 7, D. L./DDR) jährliche Arbeitstagungen bzw. CSF-Symposien (z. B. Sayk, Meyer-Rienecker, Olischer, 1985 [117]) sowie Qualitätskontrollen (s. Linke, Kapitel B.9) durchgeführt. Ab 1990 war die Arbeitsgemeinschaft (Reiber) innerhalb der DGN tätig. Sie entwickelte sich im Jahre 1996 zur *Deutschen Gesellschaft* für Liquordiagnostik und klinische Neurochemie (DGLN), die zweijährig Liquorsymposien veranstaltet. In den „CSF-Mitteilungen" der DGLN wurden ausgewählte *aktuelle Methoden* der Liquordiagnostik und klinischen Neurochemie (Reiber et al., 1996 [102]) vorgelegt, die eine Basis für neu zu erarbeitende Liquorsyndrome darstellen können.

Als Grundlage und Beispiel für die notwendige *Erweiterung der Liquorsyndrome* in der derzeitigen *III. Periode* der CSF-Untersuchungen seien des weiteren zur Liquordiagnostik bei den infektiösen Erkrankungen die Darlegungen von Graves (1989), in [45], und der Consensus report zur CSF-Diagnostik der Multiplen Sklerose (CEC Standards on CSF in MS) von Andersson et al., 1994 [1] angeführt. Ferner sei auf die zusammenfassenden Erörterungen von McConnell u. Bianchine (1994) [77] sowie Massaro u. Tonali (1998) [76] – auch bezüglich der Notwendigkeit einer „Study group" für die Standardisierung – und von Laman, Thompson u. Kappos (1998) [62] zu den „body fluid marker" (Hommes, Sandberg u. Silberberg, 1998 [48]) sowie die aktuelle Darstellung von Felgenhauer u. Beuche (1999) [30] hingewiesen. Gegenwärtig im Mittelpunkt stehen eine Reihe von *Markern* für die (a) Funktion (der Zellen, Rezptoren, Zytokine u. a.), (b) Reaktivität und/oder Prozeßaktivität, (c) Destruktionsabläufe bis hin zur (d) Schrankenfunktion.

1.7 Literatur*

[1] Andersson, M., J. Alvarez-Cermeño, G. Bernardi et al.: Cerebrospinal fluid in the diagnosis of multiple sclerosis: a consensus report. J Neurol Neurosurg Psychiatr 57 (1994) 897–902.

[2] Bakay, L.: The blood-brain-barrier. C. T. Rollister, Springfield (Ill.) 1956.

[3] Bannwarth, A.: Zur Klinik und Pathogenese der „chronischen lymphozytären Meningitis". 1. u. 2. Mitteilg. Arch Psychiatr Nervenkr 117 (1944) 161–185 u. 682–716.

[4] Bauer, H.: Über die Bedeutung der Papierelektrophorese des Liquors für die klinische Forschung. Dtsch Z Nervenheilkd 170 (1953) 381–401.

[5] Bauer, H.: Die Cerebrospinalflüssigkeit. Neuere Methoden u. Forschungsergebnisse als Grundlage der Deutung von Liquorbefunden. Internist 2 (1961) 85–94.

[6] Bauer, H., S. Poser, G. Ritter (Hrsg.): Progress in Multiple Sclerosis Research. Springer, Berlin – Heidelberg – New York 1980.

[7] Beuche, W., A. Siever, R. S. Thomas et al.: Immunocytochemical detection of specific activated cerebrospinal fluid B lymphocytes in the diagnosis of infectious diseases. In: K. Felgenhauer, M. Holzgraefe, H. W. Prange (Hrsg.): CNS barriers and modern CSF diagnostics, S. 331–337. VCH Verl.-Ges., Weinheim – New York – Basel – Cambridge – Tokyo 1993.

[8] Bischoff, A.: Das Vorkommen von Plasmazellen im Liquor cerebrospinalis bei der Multiplen Sklerose. Dtsch Z Nervenheilkd 185 (1964) 606–617.

[9] Blennow, K., P. Fredman, A. Wallin et al.: Formulas for the quantitation of intrathecal IgG production. J Neurol Sci 121 (1994) 90–96.

[10] Bradbury, M.: The concept of a blood-brain barrier. John Wiley & Sons, Chichester – New York – Brisbane – Toronto 1979.

[11] Brissaud, E., J. A. Sicard: Cytologie du liquide céphalo-rachidien au cours du zona thoracique. Bull Mem Soc Méd Hôp (Paris) (1901) 260–261.

[12] Coakham, H. B., J. A. Garson, B. Brownell et al.: Use of monoclonal antibody panel to identify malignant cells in cerebrospinal fluid. Lancet 1 (1984) 1095–1098.

[13] Cutler, R. W. P., G. V. Watters, J. P. Hammerstad: The origin and turnover rates of cerebrospinal fluid albumin and gamma-globulin in man. J Neurol Sci 10 (1970) 259–268.

[14] Davson, H.: Physiology of the cerebrospinal fluid. J. & A. Churchill, London 1967.

[15] Davson, H., K. Welch, M. B. Segal: Physiology and pathophysiology of the cerebrospinal fluid. Churchill Livingstone, Edinburgh – London – Melbourne – New York 1987.

[16] Delank, H. W.: Das Eiweißbild des Liquor cerebrospinalis und seine klinische Bedeutung. Th. Steinkopff, Darmstadt 1965.

[17] Delmotte, P., R. Gonsette: Biochemical findings in multiple sclerosis. IV. Isoelectric focusing of the CSF gamma globulins in multiple sclerosis and other neurological diseases. J Neurol 215 (1977) 27–37.

[18] Delpech, B., E. Lichtblau: Étude quantitative des immunoglobulines G et de l'albumine du liquide céphalorachidien. Clin Chim Acta 37 (1972) 15–23.

[19] Demme, H.: Die Liquordiagnostik in Klinik und Praxis. J. F. Lehmanns, München 1935.

[20] Demme, H.: Liquor. Fortschr Neurol Psychiatr 18 (1950) 169–211; 21 (1953) 455–510; 24 (1956) 113–148.

[21] Den Hartog Jager, W. A.: Color atlas of CSF cytopathology. Elsevier/North-Holland Biomedical Press, Amsterdam 1980.

[22] Dencker, S. J., B. Swahn: Clinical value of protein analysis in cerebrospinal fluid. A microimmunoelectrophoretic study. Lunds Univ. Arsskrift. N. F. Avd. 2. Bd. 57 (1961) Nr. 10.

[23] Dommasch, D., H. G. Mertens (Hrsg.): Cerebrospinalflüssigkeit – CSF. Thieme, Stuttgart 1980.

[24] Eskuchen, K.: Die Lumbalpunktion. Urban & Schwarzenberg, Berlin – Wien 1919.

[25] Felgenhauer, K.: Vergleichende Disc-elektrophorese von Serum und Liquor cerebrospinalis. Thieme, Stuttgart 1971.

[26] Felgenhauer, K., G. Schliep, N. Rapic: Evaluation of the blood CSF barrier by protein gradients and the humoral immune response within the central nervous system. J Neurol Sci 30 (1976) 113–121.

[27] Felgenhauer, K., H. J. Schädlich, M. Nekic et al.: Cerebrospinal fluid virus antibodies. J Neurol Sci 71 (1985) 291–299.

[28] Felgenhauer, K., M. Holzgraefe, H. W. Prange (Hrsg.): CNS barriers and modern CSF dia-

---

* Vorwiegend Monographien.

gnostics. VCH Verl.-Ges., Weinheim – New York 1993.
[29] Felgenhauer, K.: Labordiagnostik neurologischer Erkrankungen. In: L. Thomas (Hrsg.): Labor und Diagnose. Indikation und Bewertung von Laborbefunden für die medizinische Diagnostik, S. 1341–1359. TH-Books Verl.-Ges., Frankfurt/M. 1998.
[30] Felgenhauer, K., W. Beuche: Labordiagnostik neurologischer Erkrankungen. Liquoranalytik und -zytologie, Diagnose- und Prozeßmarker. Thieme, Stuttgart 1999.
[31] Fenstermacher, J. D., C. S. Patlak: The exchange of material between cerebrospinal fluid and brain. In: H. F. Cserr, J. D. Fenstermacher, V. Fencl (Hrsg.): Fluid environment of the brain. S. 201–214. Academic Press, New York 1975.
[32] Fishman, R. A.: Cerebrospinal fluid in diseases of the nervous system. 2. Aufl. W. B. Saunders, Philadelphia 1992.
[33] Frick, E., L. Scheid-Seydel: Untersuchungen mit J^{131}-markiertem β-Globulin zur Frage der Abstammung der Liquoreiweißkörper. Klin Wschr 38 (1960) 1240–1243.
[34] Fuchs, A., R. Rosenthal: Physikalisch-chemische, zytologische und anderweitige Untersuchungen der Cerebrospinalflüssigkeit. Wien med Presse 45 (1904) 2081–2087.
[35] Gallo, P., M. G. Piccino, S. Paqui et al.: Immuno activation in multiple sclerosis: study of Il-2, sIl2R and γ IFN levels in serum and cerebrospinal fluid. J Neurol Sci 92 (1989) 9–15.
[36] Gavrilescu, K., J. Courçon, P. Hillion et al.: Étude de liquide céphalo-rachidien humain normal par la méthode immuno-électrophorétique. Bull Soc Chim Biol 37 (1955) 803–807.
[37] Georgi, F., Ö. Fischer: Liquor. In: O. Bumke, O. Foerster (Hrsg.): Handbuch der Neurologie. Bd VII/1, S. 200. Springer, Berlin 1935.
[38] Glasner, H., A. Lowenthal, D. Karcher: Diagnostic value of brief microzone electrophoresis of unconcentrated CSF and agar gel electrophoresis of concentrated and unconcentrated CSF. J Neurol 222 (1979) 53.
[39] Goldmann, E. E.: Vitalfärbung am Zentralnervensystem. Abh. Preuß. Akad. Wiss. Physik.-Math. Kl. I, S. 1–60, Berlin 1913.
[40] Gottesleben, A., H. J. Bauer: Quantitative Immunochemie der Liquorproteine bei entzündlichen Erkrankungen des Nervensystems. Germ Med Monthly 12 (1967) 331–339.

[41] Greenfield, J. G., E. Carmichael: The cerebrospinal fluid in clinical diagnosis. Mac Millan and Co., London 1925.
[42] Greenwood, J., D. J. Begley, M. B. Segal et al. (Hrsg.): New concepts of a blood-brain barrier. Plenum Press, London 1995.
[43] Guillain, G., J. A. Barré, A. Strohl: Sur un syndrome de radiculonévrite avec hyperalbuminose du liquide céphalorachidien sans réaction cellulaire. Bull Soc Méd Hôp (Paris) 40 (1916) 1462–1470.
[44] Heller, H.: Neurohypophysial hormones in the cerebrospinal fluid. In: G. Sterba (Hrsg.): Zirkumventrikuläre Organe und Liquor, S. 235–242. G. Fischer, Jena 1969.
[45] Herndon, R. M., R. A. Brumback (Hrsg.): The cerebrospinal fluid. Kluwer Acad. Publ., Boston – Dordrecht – London 1989.
[46] Hohlfeld, R., A. Schwartz, U. Brocke et al.: A practicable method for the analysis of T-lymphocyte subsets in CSF lymphocytosis. Klin Wschr 61 (1983) 933–934.
[47] Holzgraefe, M., H. Reiber, K. Felgenhauer (Hrsg.): Labordiagnostik von Erkrankungen des Nervensystems. Perimed Fachbuch-Verl.-Ges., Erlangen 1988.
[48] Hommes, O. R., M. Sandberg, D. Silberberg (Hrsg.): Body fluid markers for course and activity of disease in multiple sclerosis & European Charcot Foundation Symposium. Mult Sclerosis 4, No. 3 (spec. iss.) (1998) 91–269.
[49] Jessen, H.: Cytologie du liquide céphalo-rachidien normal chez l'homme. Masson & Co., Paris 1936.
[50] Kafka, V.: Taschenbuch der praktischen Untersuchungsmethoden der Körperflüssigkeiten bei Nerven- und Geisteskrankheiten. 3. verb. Aufl. Springer, Berlin 1927.
[51] Kafka, V.: Die Zerebrospinalflüssigkeit. Deuticke, Leipzig – Wien 1930.
[52] Kaplan, A., M. Johnstone: Concentration of cerebrospinal fluid proteins and their fractionation by cellulose acetate electrophoresis. Clin Chem 12 (1966) 717–727.
[53] Karcher, D., A. Lowenthal, A. D. Strosberg (Hrsg.): Humoral immunity in neurological diseases. Nato Advanced Study Institutes Series A, Vol. 24. Plenum Press, New York – London 1979.
[54] Key, A., G. Retzius: Studien in der Anatomie des Nervensystems und des Bindegewebes. Norstedt & Soner, Stockholm 1875.

[55] Kleine, T. O. (Hrsg.): Neue Labormethoden für die Liquordiagnostik. Thieme, Stuttgart 1980.
[56] Kleine, T. O.: Liquor. In: L. Thomas (Hrsg.): Labor und Diagnose, S. 937–965. Medizin. Verl.-Ges., Marburg 1984.
[57] Kleine, T. O., H. Meyer-Rienecker (Hrsg.): Gesamtdeutsches Liquor-Symposium „Klassische und moderne Methoden in der Liquor-Diagnostik". Lab med 15 (1991) III-V, 29–129 u. 173–210.
[58] Kleine, T. O. (Hrsg.): European CSF Symposium. J Lab Med 20 (1996) 156–179, 303–365, 497–524.
[59] Kölmel, H. W.: Atlas of cerebrospinal fluid cells. Springer, Berlin 1976.
[60] Kölmel, H. W. (Hrsg.): Zytologie des Liquor cerebrospinalis. VCH, Weinheim 1986.
[61] Kulczycki, J. (Hrsg.): Atlas cytologiczny płynu mózgowo rzeniowego. Państwowy Zakład Wydawnictw Lekarskich, Warszawa 1988.
[62] Laman, J. D., E. J. Thompson, L. Kappos: Body fluid markers to monitor multiple sclerosis: the assays and the challenges. Mult Sclerosis 4 (1998) 266–269.
[63] Lange, C.: Lumbalpunktion und Liquordiagnostik. In: T. Krauss-Brugsch (Hrsg.): Handbuch der speziellen Pathologie und Therapie innerer Krankheiten, Bd. 3, S. 435. [Verlag nicht im Buch angegeben], Leipzig 1923.
[64] Laterre, E. C.: Les protéines du liquide céphalorachidien à l'état normal et pathologique. Arscia, Brüssel – Maloine – Paris 1965.
[65] Lehmitz, R., T. O. Kleine, H.-J. Meyer-Rienecker: Vergleichende liquorzytologische Untersuchungen mit der Hettich-Zytozentrifuge und der Sedimentkammer nach Sayk. Rostock. Med Beitr H. 1 (1993) 29–36.
[66] Levinson, A.: Cerebrospinal fluid in health and in disease. 3. Aufl. C. V. Mosby & Co., St. Louis 1929.
[67] Link, H.: Immunglobulin G and low molecular wight proteins in human cerebrospinal fluid. Munksgaard, Copenhagen 1967. (Acta Neurol Scand 43, Suppl 28).
[68] Link, H.: CSF IgG and its congeners. In: E. J. Thompson (Hrsg.): Advances in CSF protein research and diagnosis. S. 49–88. MTP Press, Lancaster 1987.
[69] Link, H., T. Olsson, S. Baig et al.: The B cell repertoire evaluated at the single cell level in multiple sclerosis and other inflammatory neurological diseases. In: K. Felgenhauer, M. Holzgraefe, H. W. Prange (Hrsg.): CNS barriers and modern CSF diagnostics, S. 285–304. VCH Verl. -Ges., Weinheim 1993.
[70] Link, H.: Cytokine storm. Mult Sclerosis 4 (1998) 12–15.
[71] Lowenthal, A.: Agar gel electrophoresis in neurology. Elsevier, Amsterdam 1964.
[72] Lowenthal, A.: Enzymes of the cerebrospinal fluid. In: R. M. Schmidt (Hrsg.): Der Liquor cerebrospinalis. 2. Aufl., S. 553–578. Thieme, Leipzig 1987
[73] Lowenthal, A., J. Raus (Hrsg.): Cellular and humoral immunological components of cerebrospinal fluid in multiple sclerosis. Plenum Press, New York – London 1987.
[74] Lüthy, F.: Liquor cerebrospinalis. In: G. von Bergmann, W. Frey, H. Schwiegk (Hrsg.): Handbuch der inneren Medizin. 4. Aufl. Bd. V/1. R. Jung (Red.): Neurologie. I, S. 1048–1084. Springer, Berlin 1953.
[75] Manconi, P. E., D. Zaccheo, O. Buginai et al.: T and B lymphocytes in normal cerebrospinal fluid. New Engl J Med 294 (1976) 49.
[75a] Mandler, R. N., J. D. Dencoff, F. Midani et al.: Matrix metalloproteinase and tissue inhibitors of metalloproteinases in cerebrospinal fluid differ in multiple sclerosis and Devic's neuromyelitis optica. Brain 124 (2001) 493–498.
[76] Massaro, A. R., P. Tonali: Cerebrospinal fluid markers in multiple sclerosis: an overview. Mult Sclerosis 4 (1998) 1–4.
[77] McConnell, H., J. Bianchine (Hrsg.): Cerebrospinal fluid in neurology and psychiatry. Chapman & Hall, London – Glasgow – Weinheim – New York – Tokyo – Melbourne – Madras 1994.
[78] McCormick, W. F., S. A. Coleman: A membrane filter technic for cytology of spinal fluid. Amer. J Clin Pathol 38 (1962) 191.
[79] Merritt, H. H., F. Fremont-Smith: The cerebrospinal fluid. W. B. Saunders, Philadelphia – London 1938.
[80] Mestrezat, W.: Le liquide céphalo-rachidien. Normal et pathologique. Valeur clinique de l'examen chimique. Syndromes humoraux dans les diverses affections. Arscia, Maloine – Paris 1912.
[81] Meyer, H. -H.: Der Liquor. Untersuchung und Diagnostik. Springer, Berlin 1949.
[82] Meyer-Rienecker, H. J., H. L. Jenssen, H. Werner: Aspects of cellular immunity in multiple sclerosis. Antigen reactivity of lymphocytes and

lymphokine activity. J Neurol Sci 42 (1979) 173−186.
[83] Meyer-Rienecker, H. J.: Interleukine, Zytokine, Wertigkeit und Nachweis im Liquor cerebrospinalis. Lab med 15 (1991) 86−89.
[84] Mix, E., H. Meyer-Rienecker: Fetal-type lymphocytes in blood and cerebrospinal fluid (CSF) in inflammatory diseases of the central nervous system (CNS). J Lab Med 20 (1996) 166−167.
[85] Monseu, G., J. N. Cumings: Polyacrylamide disc electrophoresis of the proteins of cerebrospinal fluid and brain. J Neurol Neurosurg Psychiatr 28 (1965) 56−60.
[86] Monteyne, R., M. P. Van Antwerpen, C. J. Sindic: Expression of costimulatory molecules and cytokines in CSF and peripheral blood mononuclear cells from multiple sclerosis patients. Acta Neurol Belg 99 (1999) 11−20.
[87] Morgan, B. P., A. K. Campbell, D. A. Compston: Terminal component of complement (C9) in cerebrospinal fluid of patients with multiple sclerosis. Lancet 2 (1984) 251−254.
[88] Naess, A.: Demonstration of T-lymphocytes in cerebrospinal fluid. Scand. J Immunol 5 (1976) 165−168.
[89] Naylor, B.: The cytologic diagnosis of cerebrospinal fluid. Acta Cytol 8 (1964) 141.
[90] Oehmichen, M.: Cerebrospinal fluid cytology. An introduction and atlas. Thieme, Stuttgart 1976.
[91] Olischer, R.-M.: Die Zellreaktionen des Liquor cerebrospinalis. Bd. 1 u. 2. Med. Habil.-Schr., Rostock 1969.
[92] Olischer, R.-M.: Zur Zytodiagnostik im Liquor cerebrospinalis unter besonderer Berücksichtigung der Verlaufsphasen bei Erkrankungen des Zentralnervensystems. Psychiatr Neurol med Psychol. 40 (1988) 609−616.
[93] Olsson, T., V. Kostulas, H. Link: Improved detection of oligoclonal IgG in cerebrospinal fluid by isoelectric focusing in agarose, double-antibody peroxidase labeling, and avidin-biotin amplification. Clin Chem 30 (1984) 1246−1249.
[94] Olsson, T., W. Z. Wang, B. Höjeberg et al.: Autoreactive T-lymphocytes in multiple sclerosis determined by antigen-induced secretion of interferon-gamma. J Clin Invest 86 (1990) 981−985.
[95] Pappenheim, M.: Die Lumbalpunktion. Rikola Verl., Wien − Leipzig − München 1922.
[95a] Pashenkov, M., Y. M. Huang, V. Kostulas et al.: Two subsets of dendritic cells are present in human cerebrospinal fluid. Brain 124 (2001) 480−492.
[96] Pilz, H.: Die Lipide des normalen und pathologischen Liquor cerebrospinalis. Springer, Berlin 1970.
[97] Plaut, F., O. Rehm, H. Schottmüller: Leitfaden zur Untersuchung der Zerebrospinalflüssigkeit. G. Fischer, Jena 1913.
[98] Quincke, H.: Die Lumbalpunktion des Hydrocephalus. Berl klin Wschr 32 (1891) 861−862 u. 929−933.
[99] Rapoport, S. J.: Blood-brain barrier in physiology and medicine. Raven Press, New York 1976.
[100] Rehm, O.: Atlas der Zerebrospinalflüssigkeit. G. Fischer, Jena 1932.
[101] Reiber, H.: Quantitative Bestimmung der lokal im Zentralnervensystem synthetisierten Immunglobulin-G-Fraktion des Liquors. J Clin Chem Clin Biochem 17 (1979) 587−595.
[102] Reiber, H., M. Adelmann. S. Bamborschke et al.: Ausgewählte Methoden der Liquordiagnostik und klinischen Neurochemie. CSF. Mitteil. Arbeitsgem. Liquordiagn. u. klin. Neurochem. H. 1 (1996) 1−41.
[103] Reiber, H.: Cerebrospinal fluid − physiology, analysis and interpretation of protein patterns for diagnosis of neurological diseases. Mult Sclerosis 4 (1998) 99−107.
[104] Reiber, H., S. Ungefehr, C. Jacobi: The intrathecal, polyspecific and oligoclonal immune response in multiple sclerosis. Mult Sclerosis 4 (1998) 111−117.
[105] Reulen, J., K. Schuermann (Hrsg.): Steroids and brain edema. Springer, Berlin 1972.
[106] Riebeling, C.: Die Salzsäure-Kollargol-Reaktion, eine neue Liquorreaktion. Klin Wschr 17 (1938) 501−504 u. 783−784.
[107] Rieckmann, P., T. Weber, K. Felgenhauer: Class differentiation of immunoglobulin-containing cerebrospinal fluid cells in inflammatory diseases of the central nervous system. Klin Wschr 68 (1990) 12−17.
[108] Rieckmann, P., B. Altenhofen, A. Riegel et al.: Soluble adhesion molecules (sVCAM-1 and sICAM-1) in cerebrospinal fluid and serum correlate with MRI activity in multiple sclerosis. Ann Neurol 41 (1997) 326−333.
[109] Roboz-Einstein, E.: Proteins of the brain and CSF in health and disease. Thomas, Springfield 1982.

[110] Roeder, F., O. Rehm: Die Cerebrospinalflüssigkeit. Springer, Berlin 1942.
[111] Samson, K.: Die Liquordiagnostik im Kindesalter. Ergebn inn Med Kinderheilkd 41 (1931) 553–788.
[112] Sandberg-Wollheim, M.: Immunoglobulin synthesis in vitro by cerebrospinal fluid cells in patients with multiple sclerosis. Scand J Immunol 3 (1974) 717–730.
[113] Sayk, J.: Cytologie der Cerebrospinalflüssigkeit. G. Fischer, Jena 1960.
[114] Sayk, J.: Liquorsyndrome. Schweiz. Arch Neurol Neurochir Psychiatr 93 (1964) 75–97.
[115] Sayk, J. (Hrsg.): Symposion über die Zerebrospinalflüssigkeit. G. Fischer, Jena 1966.
[116] Sayk, J., R. Lehmitz: Die Sorptionskammer. Eine neue Methode der spontanen Zellsedimentation. Dtsch Gesundh. wesen 34 (1979) 2561–2565.
[117] Sayk, J., H. J. Meyer-Rienecker, R.-M. Olischer (Hrsg.): Fortschritte der Liquorforschung – Progress in CSF Research, S. 1–162. W.-Pieck-Universität, Rostock 1985.
[118] Schaltenbrand, G.: Die chronischen Meningitiden. Dtsch Z Nervenheilkd 171 (1953/54) 275–297.
[119] Schmidt, R. M. (Hrsg.): Der Liquor cerebrospinalis. Verl. Volk u. Gesundheit, Berlin 1968.
[120] Schmidt, R. M.: Liquoragargelelektrophorese. G. Fischer, Jena 1972.
[121] Schmidt, R. M. (Hrsg.): Neue Forschungsergebnisse des Hirnstoffwechsels und der Entmarkungsenzephalomyelitis. J. A. Barth, Leipzig 1974.
[122] Schmidt, R. M.: Cytological atlas of cerebrospinal fluid. J. A. Barth, Leipzig 1978.
[123] Schmidt, R. M. (Hrsg.): Der Liquor cerebrospinalis. Untersuchungsmethoden und Diagnostik. 2. Aufl., Thieme, Leipzig 1987.
[124] Schmitt, W.: Kolloidreaktionen der Rückenmarkflüssigkeit. Th. Steinkopff, Dresden – Leipzig 1932.
[125] Schnaberth, G.: Säure-Basenhaushalt und Atemgase im Liquor cerebrospinalis. Thieme, Stuttgart 1977.
[126] Schönenberg, H.: Der Liquor cerebrospinalis im Kindesalter. Thieme, Stuttgart 1960.
[127] Schwab, M.: Die Liquor-Elektrolyte bei normalem und gestörtem Elektrolythaushalt. In: G. Kienle (Hrsg.): Hydrodynamik, Elektrolyt- und Säure-Basenhaushalt im Liquor und Nervensystem, S. 64–67. Thieme, Stuttgart 1967.

[128] Seidel, D., R. Heipertz, B. Weisner: Cerebrospinal fluid lipids in demyelinating disease. II. Linoleic acid as an index of impaired blood-CSF barrier. J Neurol 222 (1980) 177–182.
[129] Seitelberger, F. (Hrsg.): Symposium über den Liquor cerebrospinalis. Springer, Wien – New York 1966. Wiener Z. Nervenheilkd. Suppl. I.
[130] Sellebjerg, F., M. Christiansen, P. Garred: MBP, anti-MBP and anti-PLP antibodies, and intrathecal complement activation in multiple sclerosis. Mult Sclerosis 4 (1998) 127–131.
[131] Sidén, A., K. G. Kjellin: Isoelectric focusing of CSF proteins in known or probable infectious neurological diseases and the Guillain-Barré syndrome. J Neurol Sci 42 (1979) 139–153.
[132] Sindic, C. J. M.: Cerebrospinal fluid proteins in diseases of the nervous system. Catholic University, Louvain 1985.
[133] Sindic, C. J. M., E. C. Laterre: Oligoclonal free kappa and lambda bands in the cerebrospinal fluid of patients with multiple sclerosis and other neurological diseases. J Neuroimmunol 33 (1991) 63–72.
[134] Stern, L., R. Gautier: Recherches sur le liqueur céphalo-rachidien. I-III. Arch Int Physiol Biochim 17 (1921/23) 138, 391, 403.
[135] Thompson, E. J.: The CSF proteins: a biochemical approach. Elsevier, Amsterdam – New York – Oxford 1988.
[136] Thompson, E. J., M. Trojano, P. Livrea (Hrsg.): Cerebrospinal fluid analysis in multiple sclerosis. Springer, Berlin – Heidelberg – New York – Milano 1996.
[137] Toison, J., E. Lenoble: Note sur la structure et sur la composition du liquide céphalo-rachidien chez l'homme. C. R. Séances Soc Biol 43 (1891) 373–379.
[138] Torack, R. M.: Historical aspects of normal and abnormal brain fluids. I. Cerebrospinal fluid. Arch Neurol 39 (1982) 197–201.
[139] Tourtellotte, W. W., A. F. Haerer: Lipids in cerebrospinal fluid, XII. In multiple sclerosis and retrobulbar neuritis. Arch Neurol 20 (1969) 605–615.
[140] Tourtellotte, W. W.: On cerebrospinal fluid immunoglobulin-G (IgG) quotients in multiple sclerosis and other diseases. J Neurol Sci 10 (1970) 279–304.
[141] Tourtellotte, W. W., H. Tumani: Multiple sclerosis cerebrospinal fluid. In: C. S. Raine, H. F. McFarland, W. W. Tourtellotte (Hrsg.): Multiple sclerosis, S. 57–79. Chapman & Hall, London 1997.

[142] Trömner, E.: Ein Sedimentator für Zellen und feine Niederschläge, besonders für Liquorzellen. Münch med Wschr 70 (1923) 1229–1232.

[143] Walter, F. K.: Die Blut-Liquorschranke. G. Thieme, Leipzig 1929.

[144] Weber, T., P. Rieckmann, M. Burchhardt et al.: The polymerase chain reaction: a powerful tool for CSF analysis. In: K. Felgenhauer, M. Holzgraefe, H. W. Prange (Hrsg.): CNS barriers and modern CSF diagnostics, S. 325–330. VCH Verl.-Ges., Weinheim – New York 1993.

[145] Wegeforth, P., J. B. Ayer, C. R. Essick: The method of obtaining cerebrospinal fluid by puncture of the cisterna magna. Amer J Med Sci 157 (1919) 789.

[146] Wentworth, A. H.: Some experimental work on lumbar puncture of the subarachnoid space. Arch Pediatr 13 (1896) 567–590.

[147] Whitaker, J. N.: Myelin basic protein in cerebrospinal fluid and other body fluids. Mult Sclerosis 4 (1998) 16–21.

[148] Widal, J., L. Sicard, G. Ravaut: Cytologie du liquide céphalo-rachidien au cours de quelques processes méninges chroniques (paralysis generale et tabes). Bull Soc Méd Hôp Paris 18 (1901) 31–33.

[149] Wieczorek, V.: Klinische und tierexperimentelle Liquoruntersuchungen zur differentialdiagnostischen Abgrenzung und Bedeutung der einzelnen Zellarten im Liquor cerebrospinalis für die Diagnostik bei Erkrankungen im Bereich des ZNS. Med. Habil.-Schr., Jena 1969.

[150] Wieczorek, V.: Wert und Grenzen der klassischen Liquordiagnostik. Lab med 15 (1991) 31–33.

[151] Wood, J. H. (Hrsg.): Neurobiology of cerebrospinal fluid. Part 1 and 2. Plenum Press, New York – London 1980 and 1983.

[152] Woodruff, K. H.: Cerebrospinal fluid cytomorphology using cytocentrifugation. Amer J Clin Pathol 60 (1973) 621.

[153] Woollam, D. H. M.: The historical significance of the cerebrospinal fluid. Med Hist 1 (1957) 91–114.

[154] Wurster, U.: Liquoranalytik. In: H. Schliack, H. C. Hopf (Hrsg.): Diagnostik in der Neurologie, S. 212–236. Thieme, Stuttgart – New York 1988.

[155] Zaffaroni, M., D. Caputo, A. Ghezzi et al.: T-cell subsets in multiple sclerosis: relationships between peripheral blood and cerebrospinal fluid. Acta Neurol Scand 71 (1985) 242–248.

A.2 Liquorpunktion – Indikationen, Techniken und Komplikationen

P. Oschmann, E. Kunesch, U. K. Zettl

2.1 Einleitung

Hippokrates soll als erster um 400 vor Christus das Vorkommen von Flüssigkeitskammern im Gehirn erkannt haben. Ihm werden auch die ersten Punktionsversuche der Ventrikel zur Therapie des Hydrocephalus zugeordnet. Über fast 2000 Jahre geriet dieses Wissen in Vergessenheit bis zu den Beschreibungen einer wässrigen Flüssigkeit von Vesalius um 1543. Zu wissenschaftlichen Zwecken führte Cotugno 1764 als erster Lumbalpunktionen an 20 toten Erwachsenen durch. Die ersten systematischen Arbeiten begann Magendii 1825 und etablierte den Begriff des Liquor cerebrospinalis. Er zeigte die Punktion der Cisterna magna erstmals bei Tieren. 1885 führte Corning die erste Spinalanästhesie durch. Er injizierte Kokainhydrochlorid bei einem Mann mit „spinaler Schwäche" zwischen den 11. und 12. Brustwirbel und beschreibt eine vorübergehende Taubheit der Beine. Kurz darauf führte Quinke 1891 die Lumbalpunktion („Liquorpunktion") zu diagnostischen und therapeutischen Zwecken in den klinischen Alltag ein. Durch diese Methode war es erstmals möglich, Liquor einfach und sicher zu gewinnen. Andere Methoden wie Schädeltrepanation und offene Hautinzision im Rückenbereich wurden dadurch abgelöst. Um die Jahrhundertwende war die Liquorpunktion bereits als Standard in europäischen und amerikanischen Krankenhäusern etabliert. Die Suboccipital- oder Zisternenpunktion führten Wegeforth, Ayer und Essick (1919) in Amerika und unabhängig hiervon Eskuchen (1919) in Deutschland für die klinische Praxis ein.

Die intrathekalen Therapieoptionen fanden in den folgenden Jahrzehnten weites Interesse. Neben der Injektion von Immunserum bei Tetanus und Meningokokkenmeningitis wurden Carbolsäure bei Tuberkulose sowie Arsen bei Neurosyphilis jedoch ohne großen Erfolg eingesetzt. Nach Entdeckung der Antibiotika und Zytostatika hat inzwischen die intrathekale Therapie einen festen Stellenwert gefunden. Als Zugangsweg zur radiologischen Darstellung der Neuroaxis wurde 1919 erstmals eine Encephalographie mit Luft (Pneumencephalographie) von Dandy eingeführt. Myelographische Techniken mit Luft (1921) und Jodöl (1922) folgten kurz darauf. Eine entscheidende Verbesserung erlebte diese Technik im Jahre 1975 durch die Applikation resorbierbarer Kontrastmittel. Seit der Etablierung der Liquorpunktion durch Quinke hat sich wenig an der Punktionstechnik geändert. Allein durch die Einführung atraumatischer Kanülen konnte die Inzidenz postpunktioneller Syndrome entscheidend gesenkt werden [26].

2.2 Indikation und Kontraindikation der Liquorpunktion

2.2.1 Indikation

Eine Lumbalpunktion sollte nur nach ausführlicher klinischer Untersuchung des Patienten unter Abwägung potenzieller Kontraindikationen durchgeführt werden. In aller Regel handelt es sich um eine diagnostische Maßnahme bei der Entnahme von Liquor cerebrospinalis mit konsekutiver Liquoranalytik. Selten hat die Entnahme von Liquor „per se" einen diagnostischen und ggf. therapeutischen Charakter, z. B. bei Hydrocephalus aresorptivus oder Pseudotumor cerebri. Daneben kann die Punktion des Subarachnoidalraumes zur intrathekalen Therapie (Antibiotika, Chemotherapeutika, Antispastika, u. a.) und für kontrastmittelverstärkte bildgebende Verfahren genutzt werden.

Für die Punktion des Liquor cerebrospinalis ist eine schriftliche Einwilligungserklärung des Patienten einzuholen. Außerhalb der Akutsituation sollte dies aus formaljuristischen Gründen 24 Stunden vor der Punktion erfolgen. Die krankheitsbezogenen Indikationen für die Liquorentnahme haben sich in den letzten Jahrzehnten, bedingt durch die Einführung neuer bildgebender Verfahren sowie Verbesserung der Liquordiagnostik mittels molekularbiologischer und immunologischer Techniken mehrfach geändert. Historische Entwicklungen sowie unterschiedliche Rechtsauffassungen führten zusätzlich zu einer landesbezogenen Sichtweise der Indikation, Dringlichkeit und Nützlichkeit der Lumbalpunktion. Großen Stellenwert und weite Verbreitung hat die Lumbalpunktion insbesondere im deutschsprachigen Raum.

2.2.2 Kontraindikation

Die Lumbalpunktion ist kontraindiziert bei oberflächlichen und tiefen entzündlichen Infiltrationen der Haut im Punktionsbereich. In solchen Fällen ist eine Suboccipitalpunktion zu erwägen. Eine weitere klare Kontraindikation stellt ein erhöhter intrakranieller Druck mit progredienter Herniation dar. Falls dieser klinische Verdacht besteht, sollte vor Liquorpunktion durch ein kraniales CT eine Hirndrucksymptomatik ausgeschlossen werden. Ein fehlendes Papillenödem stellt diesbezüglich kein Ausschlußkriterium dar. Bei der Entscheidung zur Punktion muß die Ursache und Natur der intrakraniellen Druckerhöhung berücksichtigt werden. Während in Fällen von Papillenödem bei Pseudotumor cerebri eine Liquorpunktion ungefährlich ist, kann sie bei einer Raumforderung in der hinteren Schädelgrube lebensgefährlich sein. CT-Kriterien, die eine Liquorpunktion verbieten, sind nach Gower [29] eine Mittellinienverlagerung unter die Falx cerebri und/oder eine axiale Druckerhöhung mit Verschwinden suprachiasmaler und zirkummesenzephaler Zisternen. Eine Raumforderung der hinteren Schädelgrube stellt das größte Risiko dar und kann sich in einer Verlagerung, Kompression oder Obliteration des 4. Ventrikels mit ggf. konsekutivem Hydrocephalus occlusus äußern.

Eine relative Kontraindikation stellt die Antikoagulation sowie das Vorliegen einer Blutgerinnungsstörung dar. Thrombozytenzahlen unter 50000/µl (50 Gpt/l) erhöhen das Blutungsrisiko deutlich. Ab 20000/µl (20 Gpt/l) sollten kurz vor der Liquorpunktion Thrombozyten substituiert werden. Bei einer therapeutischen Heparinisierung muß die Antikoagulation vor der Liquorpunktion zeitlich so weit zuvor unterbrochen werden, dass die Gerinnungswerte an Hand der partiellen Thromboplastinzeit weitestgehend normalisiert sind. Nach der Liquorpunktion soll die Heparinisierung erst nach ein bis zwei Stunden wieder aufgenommen werden. Patienten, die eine orale Antikoagulation (Phenprocoumon) erhalten, sind vor der Liquorpunktion auf Heparin umzustellen. Alternativ, insbesondere bei dringender Indikation zur Liquorpunktion, kann die Prothrombinzeit (Thromboplastinzeit, Quick-Wert) mittels PPSB (Prothrombinkomplex)-Konzentrat normalisiert werden. Die benötigten Substitutionseinheiten werden dabei aus der Differenz zwischen Quick-Ist-Wert [%] und Quick-Soll-Wert [%] multipliziert mit dem Körpergewicht des Patienten berechnet. Der Quick sollte dabei auf mindestens 50% angehoben werden. *So werden bei einem 70 kg Patienten mit einem Quick-Ist-Wert von 30% und einem angestrebten Quick-Soll-Wert von 50% (Erhöhung des Quick-Wertes um 20%) 1400 IE PPSB langsam intravenös über 5 min oder im Perfusor über 30 min appliziert.* Im Falle hereditärer Gerinnungsstörungen ist die Gerinnungszeit oft das am besten geeignete Instrument, um das individuelle Risiko einer postpunktionellen Blutung abzuschätzen [24, 26].

2.3 Methoden

2.3.1 Lumbalpunktion

Die Lumbalpunktion wird in der Regel zwischen dem 4. und 5. oder zwischen dem 3. und 4. Lendenwirbeldornfortsatz durchgeführt. Die Höhe LWK4/5 lässt sich gut durch eine gedachte Verbindungslinie zwischen beiden Beckenkämmen lokalisieren (Abb. 1 A). In der Regel schneidet diese Linie den Dornfortsatz des 4. Lendenwirbels. Eine Punktion oberhalb von LWK2/3 sollte vermieden werden, da der Conus medullaris in 94 % der Fälle mindestens bis LWK1/2 reicht, in den übrigen darüber hinaus. Die Punktion am liegenden Patienten ist vorzuziehen, insbesondere wenn der Liquordruck bestimmt werden soll. Eine sorgfältige Lagerung des Patienten vereinfacht die Durchführung. In liegender Position muß der Untergrund hart sein, um eine „artifizielle Skoliose" der Wirbelsäule zu verhindern. Die Knie sind zur Brust hochgezogen (Abb. 2). In sitzender Position ist es günstig, den Patienten am Bettrand mit vorn übergebeugtem Oberkörper zu lagern. Zur Abstützung ist ein Kissen unter den Oberschenkeln sowie Armen nützlich. Während der Punktion ist es hilfreich, die Beibehaltung der Lagerung durch eine Hilfsperson zu unterstützen (Abb. 1 C). Zur Gewährleistung eines sterilen Vorgehens müssen Handschuhe getragen und die Haut chirurgisch mit Jodlösung sowie Alkohol desinfiziert werden. Nach Festlegung der Punktionsstelle kann eine Lokalanästhesie durchgeführt werden. Dieses Vorgehen empfiehlt sich insbesondere bei sehr schmerzempfindlichen Patienten. Nach intradermaler Injektion wird tieferes Gewebe mit ca. 2 ml einer 1- bis 2%igen Lidocainlösung infiltriert. Handelt es sich einerseits um sehr ängstliche Patienten und erlaubt es andererseits die klinische Gesamtsituation, so kann nach eigenen Erfahrungen (Zettl und Buchmann) die klinische Hypnose den Ablauf der Liquorpunktion für den Patienten sehr positiv beeinflussen. Zu Beginn der Punktion spannt der Rechtshänder zwischen Zeige- und Mittelfinger der linken Hand die Haut zwischen den Dornfortsätzen und sticht dann zwischen den beiden Fingern die Punktionsnadel in leicht nach kranial schräger Richtung ein. Sobald die Nadel die Haut durchdrungen hat, kann man die Nadel ein- oder beidhändig geführt tiefer stechen (Abb. 1 B). An einem federnden Widerstand ist zu erkennen, dass die Nadelspitze das Ligamentum flavum bzw. die Dura durchdringt, sofort anschließend wird das Vorschieben wieder leichter. Mit der Penetration der Dura ist meist in 4–4,5 cm Tiefe zu rechnen. Bei sehr muskulösen oder adipösen Patienten kann die Tiefe bis zum Durchdringen des Ligamentum flavum bzw. der Dura individuell deutlich größer sein. Nach Herausziehen des Mandrins tropft der Liquor cerebrospinalis ab. Falls nicht, kann nach Wiedereinführung des Mandrin die vorsichtige Drehung der Nadel oder das langsame Vorschieben zum Erfolg führen. Falls die Nadel zu weit vorgeschoben wurde, kann es zu einer Punktion des ventral der Cauda equina gelegenen Venenplexus führen („blutige Punktion"). Wenn weiterhin kein Liquor fließt, muß die Nadel bis fast unter die Haut zurückgezogen werden, um die Richtung variieren zu können. In einzelnen Fällen sollte die Punktion einen Wirbelkörper höher erneut versucht werden. Falls die Nadel nicht streng median eingeführt wird, können Nervenwurzeln berührt werden. Der Patient gibt dann einen akuten ins jeweilige Bein ausstrahlenden Schmerz („wie ein elektrischer Stromstoß") an. In solchen Fällen muß die Nadel zurückgezogen und neu positioniert werden.

In Ausnahmefällen können degenerative Veränderungen der LWS so ausgeprägt sein, dass ein Vorschieben der Nadel nur unter radiologischen Durchleuchtungsbedingungen möglich ist.

Wenn die Lumbalpunktion erfolgreich war, wird, falls indiziert, die instrumentale Liquordruckmessung vor der Liquorentnahme durchgeführt (Abb. 3). Im Rahmen der Liquorgewinnung sollte nachfolgend eine Dreigläser-

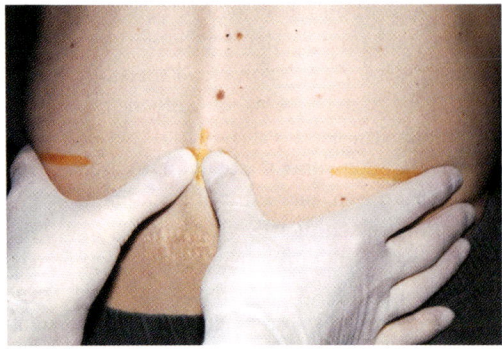 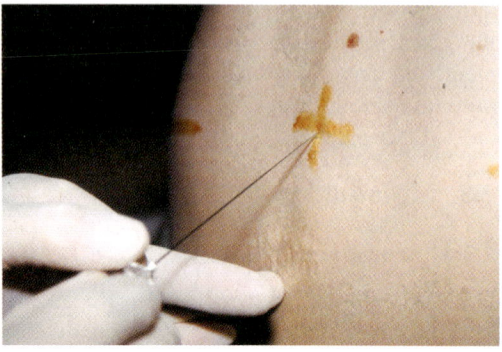

A   B

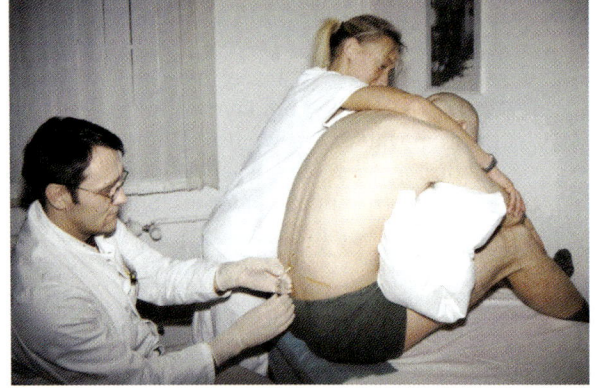 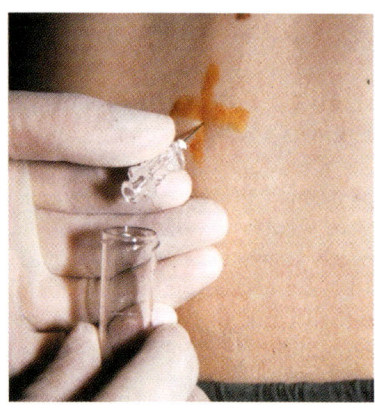

C   D

Abb. 1 A–D: *Lumbalpunktion am sitzenden Patienten*

A: Markierung einer Verbindungslinie zwischen den beiden Darmbeinoberkanten, die in der Regel den 4. Lendenwirbel tangiert. Durch palpieren wird der Raum zwischen den Dornfortsätzen des 4. und 5. Lendenwirbelkörpers lokalisiert. Der Patient ist dabei durch eine Hilfsperson in „Katzenbuckel"-Position fixiert.

B: Einstich der Liquorpunktionskanüle unter aseptischen Bedingungen in der Mittellinie zwischen den Dornfortsätzen des 4. und 5. (oder 3. und 4.) Lendenwirbelkörpers in leicht kranialwärts gerichteter Stichrichtung. Die Einstichstelle sollte sich dabei unmittelbar am Oberrand des 5. (bzw. 4.) Dornfortsatzes befinden.

C–D: Nach erfolgreicher Penetration der Dura und Erreichen des Subarachnoidalraumes wird der Mandrin entfernt und der Liquor je nach Indikation unter aeroben oder aneroben Bedingungen entnommen.
Ursachen für das Misslingen der Liquorpunktion sind meist ein Abweichen der Stichrichtung von der Mittellinie, eine zu geringe lumbale Krümmung der Wirbelsäule oder degenerative Wirbelkörperveränderungen.

probe zur Abgrenzung einer artefiziellen Blutung von einer pathologischen Blutung erfolgen. Ist bereits makroskopisch eine Blutbeimengung zu vermuten, sollte in jedem Fall diese einfache, aber richtungsweisende Untersuchung durchgeführt werden (Kapitel C). Zu diagnostischen Zwecken können beim Erwachsenen problemlos bis zu 15 ml Liquor entnommen werden (Abb. 1 D). Gelegentlich ist der Liquorabfluß verzögert. In solchen Fällen können ein leichtes Rotieren der Nadel oder eine diskrete Positionsoptimierung durch eine vorsichtige Patientenlagerung (z. B. Verstärkung der LWS-Krümmung) hilfreich sein, um adhärierende Dura oder Nervenwurzeln abzustreifen bzw. die Processus spinosi weiter voneinander zu entfernen. Eine abdominelle Druckerhöhung mit aktivem Pressen hilft gelegentlich zu

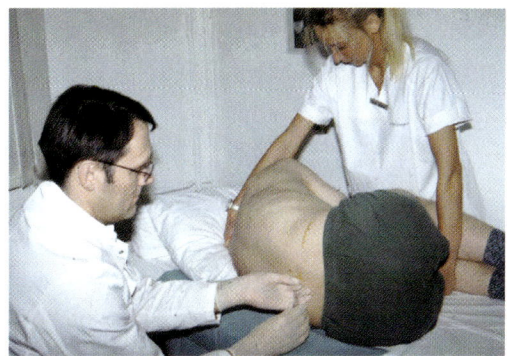

Abb. 2: *Lumbalpunktion am liegenden Patienten*

Die Lumbalpunktion am liegenden Patienten wird bis auf die unterschiedliche Körperposition in analoger Weise zur Lumbalpunktion am sitzenden Patienten durchgeführt. Sie ist für den Ungeübten meist problematischer durchzuführen, da zusätzliche Fehlerquellen, wie eine „artifizielle Skoliose" bei zu weicher Unterlage, auftreten können.

Die Lumbalpunktion am liegenden Patienten ist Voraussetzung für eine konsekutive Liquordruckmessung und für die Liquorgewinnung bei beatmeten oder bewußtseinsgetrübten Patienten.

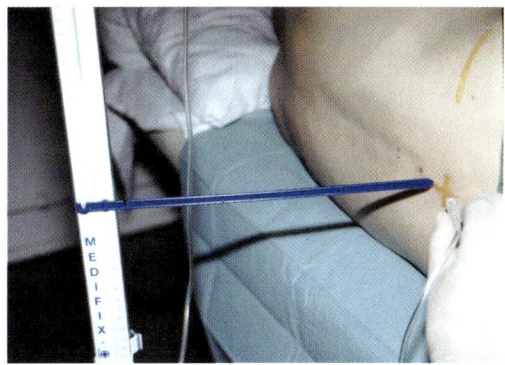

Abb. 3: Prinzip der *Liquordruckmessung* am liegenden Patienten mit Hilfe eines Steigrohres analog der Messung des zentralen Venendruckes. Steigrohr und Verbindungssystem zur Punktionskanüle werden vor Punktion luftblasenfrei bis zum Nullpunkt der Skala (in cm H_2O) mit steriler physiologischer Kochsalzlösung gefüllt. Der Null-Punkt liegt in Höhe der Punktionsstelle. Nach Anschluß des Verbindungsschlauches an die Punktionskanüle und Öffnen des Dreiwegehahnes stellt sich innerhalb des Meß-Systems die Höhe der Wassersäule (hydrostatischer Druck in cm H_2O) entsprechend dem Liquordruck ein. Die Liquordruckmessung muß vor der diagnostischen Liquorentnahme erfolgen.

entscheiden, ob die Nadellage korrekt ist. In Fällen eines Liquorunterdrucks kann mit einer Spritze vorsichtig aspiriert werden. Bei Repunktion ist in Fällen einer geringen Flußmenge an die Möglichkeit der Fehllage der Kanülenspitze in einem subdural gelegenen Liquorkissen zu denken. Nach Abschluß der Punktion ist der Mandrin unter sterilen Kautelen wieder in die Punktionskanüle einzuführen. Die Nadel wird dann zügig herausgezogen, die Punktionsstelle wird steril verbunden und der Patient möglichst mindestens 2 Stunden flach auf dem Bauch gelagert.

2.3.2 Suboccipitalpunktion

In den ersten Jahren nach der Beschreibung dieser Methode von Ayer 1923 fand die Suboccipitalpunktion auf Grund der geringen Inzidenz postpunktioneller Beschwerden weite Verbreitung. Bis zur Einführung von Bildschnitt-Techniken war diese Methode insbesondere zum Ausschluss spinaler Raumforderungen mittels vergleichender Liquordruckmessungen (lumbal versus suboccipital) und für die Myelographie beliebt. Als Alternative zur zisternalen Punktion (mediale Suboccipitalpunktion, Abb. 4) wird als risikoärmerer Eingriff ein lateraler Zugang (laterale Cervikalpunktion, Abb. 5) beschrieben. Eine Indikation zur Occipitalpunktion besteht insbesondere, wenn mittels des lumbalen Zugangs kein Liquor gewonnen werden kann. Gründe hierfür sind technische Ursachen wie ein Zustand nach Wirbelsäulen-Operationen sowie das Vorliegen lokaler Entzündungen, Tumoren oder Osteochondrome im Bereich der Punktionsstelle.

2.3.2.1 Zisternaler Zugang (mediale Suboccipitalpunktion)

Die Punktion ist sowohl in liegender wie sitzender Position möglich. Der sitzende Patient stützt sich mit leicht gebeugtem Kopf auf einem Tisch oder bei einer Hilfsperson ab (Abb. 4A). Nach Rasur der Nackenregion kann das Unterhautfettgewebe, wie bei der Lumbalpunktion beschrieben, anästhesiert werden. Die Punktionsnadel wird bei 7,5 cm markiert

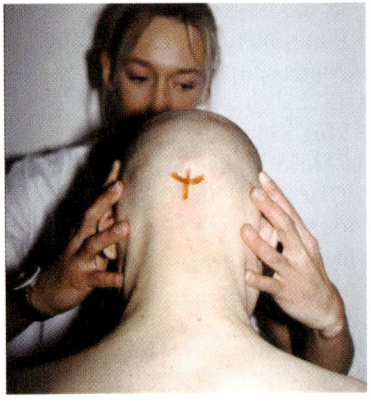 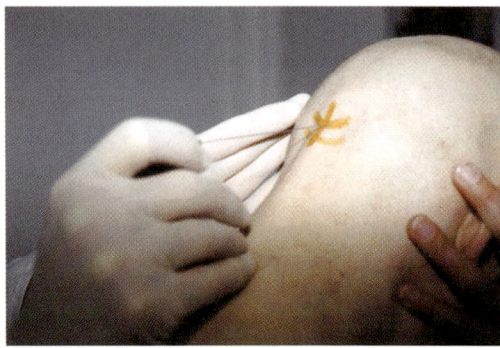
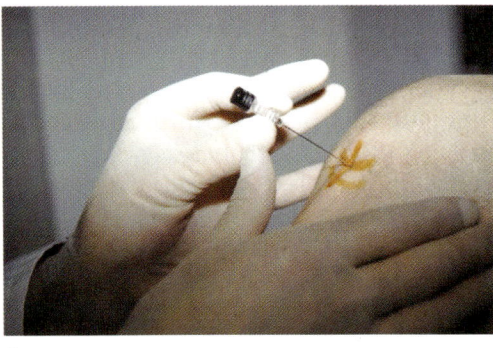 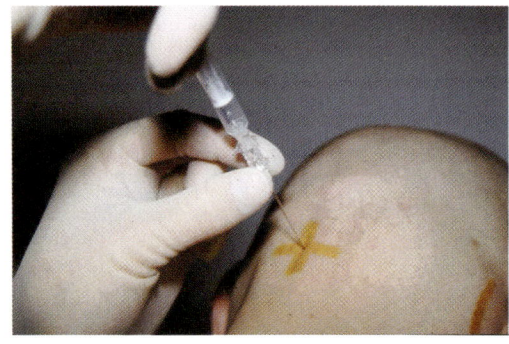

Abb. 4 A–D: *Durchführung der medialen Subocczipitalpunktion am sitzenden Patienten*

A: Markierung der Punktionsstelle zwischen dem Dornfortsatz des ersten Halswirbelkörpers und der Hinterhauptschuppe. Der Kopf sollte während der Punktion durch eine Hilfsperson fixiert werden.

B–C: Einführen der Nadel unter aseptischen Bedingungen mit primärer Stichrichtung zum Unterrand des Occiput. Der untere Querstrich auf der Haut zeigt etwa die Höhe des 1. Halswirbels. Nach Kontakt mit dem Occiput wird die Stichrichtung der Nadel dicht unterhalb der Hinterhauptschuppe nach kaudal korrigiert und zeigt jetzt in Richtung der Nasenwurzel bzw. des kaudalen Stirnbeines. In einer Tiefe von ca. 4–6 cm wird nach Durchstechen der Dura die Cisterna magna erreicht.

D: Aufgrund der Unterdrucksituation am sitzenden Patienten ist die Lage der Punktionsnadel durch Aspirationsversuche zu prüfen.

und streng median zwischen dem ersten Dornfortsatz und der Hinterhauptschuppe bei gut fixiertem Kopf eingeführt. Nach Kontakt mit dem kaudalen Occiput sollte die Richtung der Nadel korrigiert und langsam entlang des Occiput in Richtung der Nasenwurzel (Glabella) geführt werden (Abb. 4B), bis die Dura durchstochen wird (Abb. 4C). Der Abstand zwischen Haut und Cisterna magna liegt in der Regel zwischen 4,0 und 6,0 cm, unterliegt aber großen individuellen Schwankungen. Das Durchdringen des Ligamentum nuchae und der Dura wird vom Untersucher deutlich gespürt, danach fehlt der zuvor stets spürbare federnde Widerstand. Von der Dura bis zur Medulla ist noch 1,5–2,5 cm Distanz, so dass die Nadel nie mehr als 7,5 cm eingestochen werden sollte. Da beim sitzenden Patienten in der Zisterna cerebellomedullaris oft ein „negativer Druck" herrscht, muß man den Liquor mit einer Spritze vorsichtig abziehen (Abb. 4 D). Bei Überdruck infolge Pressens oder eines raumfordernden intrakraniellen Prozesses tropft oder spritzt der Liquor von selbst aus der Kanüle [51].

2.3.2.2 Lateraler Zugang (laterale Cervikalpunktion)

Dieser Zugangsweg wird als generell sicherer als die zisternale Punktion angesehen. Entwickelt hat sie sich aus einer Methode der perkutanen Cordotomie. Ein Vorgehen unter Durchleuchtung ist ratsam. Der HWK1/2-Zwischenraum wird gewählt, da der Intervertebralraum in dieser Höhe relativ weit ist. Der Patient wird z. B. auf dem Röntgentisch in seitlich liegender Position mit gerader Kopfhaltung positioniert (Abb. 5 A). Eine 20 Gauge-Nadel wird 1 cm caudal und 1 cm dorsal der Spitze des Mastoids senkrecht zur Unterlage eingeführt (Abb. 5 B). Während des Einführens werden verschiedene Bänder durchdrungen, so dass schwer zu fühlen ist, zu welchem Zeitpunkt der Subarachnoidalraum erreicht ist. Es ist daher ratsam, intermittierend den Mandrin zurückzuziehen, um die Positionierung der Kanüle zu prüfen. Dabei sollte zusätzlich mit einer Spritze aspiriert werden (Abb. 5 C).

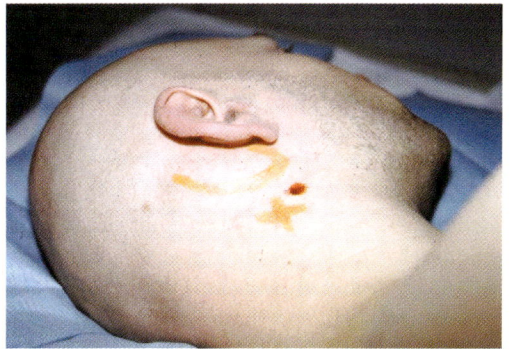

A

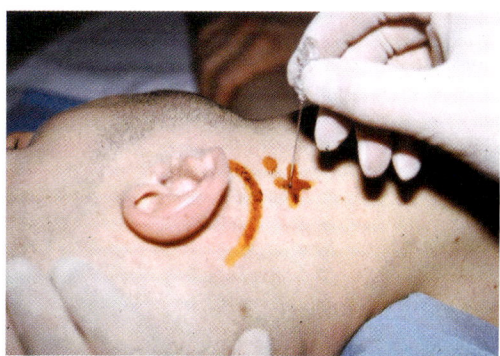

B

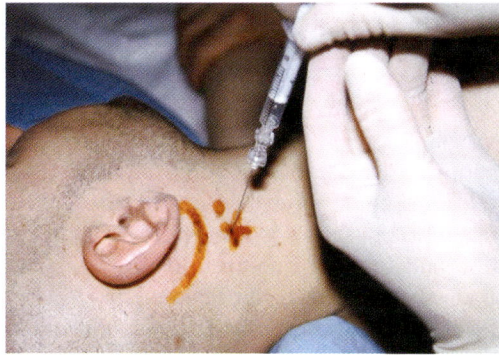

C

Abb. 5 A–C: *Laterale Zervikalpunktion*
A: Lagerung des Patienten in seitlich liegender Position mit gerader Kopfhaltung. Markierung des Processus mastoideus (bogenförmig) und der Punktionsstelle (Kreuz). Die Punktionsstelle befindet sich 1 cm kaudal (Punkt) sowie 1 cm dorsal der Spitze des Processus mastoideus.
B: Einführung der Punktionsnadel unter aseptischen Bedingungen senkrecht zur Unterlage.
C: Aspiration von Liquor nach Erreichen des Liquorraumes. Bei Unterdrucksituationen sollte die Lage der Punktionskanüle immer durch Aspirationsversuche mit Hilfe einer Spritze geprüft werden.

2.3.3 Ventrikelpunktion

Die Ventrikelpunktion stellt einen operativen Eingriff dar und fällt somit vorrangig in das Aufgabengebiet des Neurochirurgen. Die verschiedenen Zugangswege (frontal, temporal, parietal) zeigt Abbildung 6.

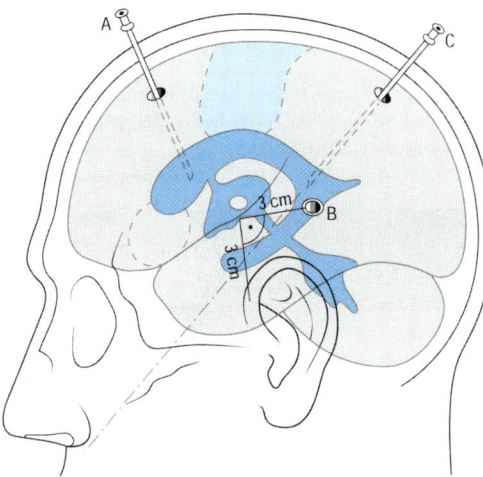

Abb. 6: *Ventrikelpunktion*
Lage des Bohrloches und der Punktions-Kanüle bei der frontalen (**A**), temporalen (**B**) und parietalen (**C**) Methode zur Ventrikelpunktion. Zentralregion (hellblau)

Der *frontale Zugang* mit Punktion des Vorderhornes, der ja gewöhnlich auch in der Shuntchirurgie angewendet wird, ist heutzutage mit Abstand der häufigste. Dabei wird eine Trepanationsöffnung 2 bis 3 cm seitlich der Mittellinie vor der Stirn-Scheitelbein-Grenze, d. h. vor der Sutura coronalis angelegt und dann mit leicht nach posterior (Richtung äußerer Gehörgang) und sagittal bis leicht medial gerichteter Stichrichtung eingegangen. Der Eingriff muß immer vor der Sutura coronalis erfolgen, da sonst eine Verletzung der Zentralregion möglich ist.

Der *temporale Zugang* erfolgt 3 cm oberhalb und 3 cm hinter dem oberen Ohransatz senkrecht zur Sagittalebene. Zielpunkt ist das Trigonum der Seitenventrikel. Der Vorteil dieses Zugangsweges ist, daß man einerseits ohne ausgedehntes Rasieren des Schädels auskommt und andererseits bei strikt senkrechter Punktionstechnik mit relativ großer Sicherheit auch bei kleinen Seitenventrikeln erfolgreich punktiert.

Zur Punktion des Hinterhornes über den *parietalen Zugang* wird eine Trepanation 5 cm oberhalb einer gedachten Linie von der Protuberantia occipitalis externa und 3 cm lateral der Mittellinie angelegt. Die Stichrichtung der in der Sagittalebene leicht nach medial gerichteten Kanüle zeigt Abbildung 6.

Bei Säuglingen ist die Punktion der Seitenventrikel durch die große Fontanelle möglich.

Indikationen zur Ventrikelpunktion ergeben sich zur Therapie (externe Ventrikeldrainage) und Verlaufskontrolle (ventrikuläre Druckmessung) eines ventrikulären Liquorüberdruckes oder zur intrathekalen Therapie bei Ventrikulitis und Meningeosis neoplastica (Ommaya-Reservoir). Das Ommaya-Reservoir stellt einen Ventrikelkatheter mit subkutaner Blindsack-Kapsel dar, der in das Vorderhorn der nicht dominanten Hemisphäre eingeführt wird. Dieses System erlaubt wiederholte intrathekale Applikationen und diagnostische Liquorentnahmen zur Therapiekontrolle der Grunderkrankung. Bei Patienten mit Meningeosis neoplastica ist die intraventrikuläre Therapie bezüglich Ansprechrate und Überlebenszeit der lumbalen Therapie überlegen [7]. Die Anlage eines ventrikulären Katheters mit Reservoir hat eine Mortalität von 0,5 % und eine perioperative Morbidität von 2 bis 10 % (Blutung, Infektion, reversibles neurologisches Defizit). In 5 % der Patienten erfordern Dislokation und Leckage eine operative Revision. Im Bereich der Katheterspitze kann in 5 % der Fälle konsekutiv eine fokale Leukencephalopathie entstehen [38, 43].

2.4 Liquordruckmessungen

Erstmals beschrieben wurde die Messung des intrakraniellen Liquordruckes mittels eines Steigrohres von Magendii 1841 bei einem suboccipital punktierten Hund. Eine Messung des initialen Liquordrucks ist bei jeder Lumbalpunktion ratsam. Technisch wird nach der Punktion des liegenden Patienten, am besten über einen Dreiwegehahn ein Steigrohr angeschlossen, sobald die Zerebrospinalflüssigkeit austropft. Der Nullpunkt der Steigrohrskala liegt in Höhe der Punktionsstelle (Abb. 3). Die Flüssigkeit steigt im Rahmen des Druckausgleiches mit dem Liquordruck in dem dünnlumigen Steigrohr auf eine konstante Höhe an und entspricht dann dem Liquordruck in mm Wassersäule. Außer in Fällen einer spinalen Raumforderung entspricht der Liquordruck beim horizontal liegenden Patienten dem intrakraniellen Druck. Bei der Messung können Pulsationen um 2 bis 5 mm pulssynchron und um 4 bis 10 mm in Abhängigkeit von der Atmung beobachtet werden. Der Normwert beträgt in liegender Position zwischen 60 bis 200 mm H_2O. Dies entspricht etwa 5 bis 15 mmHg (1 mmHg $\cong$ 13,62 mm H_2O). Im Sitzen ist auf Grund des variablen Abstandes zwischen Punktionsstelle und Cisterna magna die Angabe von Normwerten nicht möglich. Die Angaben schwanken zwischen 400 und 490 mm H_2O. Falls der Liquordruck in liegender Position über 200 mm H_2O erhöht ist, sollte der Arzt einige Minuten warten und den Patienten bitten, sich zu entspannen. Insbesondere angespannte Bauchdecken führen zu falsch hohen Druckwerten. Auch Adipositas kann durch Steigerung des intraabdominellen Druckes zu erhöhtem Liquordruck bis 250 mm H_2O führen. Eine weitere Fehlerquelle ist die nicht exakt horizontale Positionierung des Patienten mit Hochlagerung des Kopfes. Falsch niedrige Messwerte treten z. B. bei partieller Verlegung der Nadelspitze durch anliegende Nervenwurzeln auf. Es empfiehlt sich, bei nur geringem Anstieg des Liquordruckes die Nadelspitze z.B. zu rotieren und so neu zu positionieren. Falls die Wirkung ausbleibt, kann über die Bauchpresse überprüft werden, ob es zu einem Liquordruckanstieg kommt. Falls dies nicht eintritt, ist eine Fehllage der Nadel, z. B. in einem Liquorkissen bei Zustand nach früheren Punktionen, möglich. Aber auch forcierte Hyperventilation des Patienten führt über einen erniedrigten pCO_2 und somit rückläufigen Hirndruck zu falsch niedrigen Druckwerten. Falls alle möglichen Fehlerquellen ausgeschlossen sind, muß ein Liquorunterdrucksyndrom diskutiert werden. Dies kann auf einen Stoppliquor bei spinaler Raumforderung hinweisen. Eine gelbliche Verfärbung des Liquors bedingt durch hohen Eiweißgehalt unterstützt diese Annahme. In diesen seltenen Fällen kann die Queckenstedt-Probe als „Bed-Side-Test" hilfreich sein [47]. Bei liegenden Patienten werden durch eine Kompression beider Venae jugulares (ca. 10 Sekunden) ein rasches Ansteigen (100–300 mm H_2O), nach aufgehobener Jugulariskompression ein rascher Abfall des Liquordruckes als Zeichen der freien Passage gewertet. Die klinische Bedeutung liegt in der Identifikation von Patienten mit spinaler Raumforderung, bei denen es durch die Lumbalpunktion zu einer Zunahme der Rückenmarkskompression im Sinne einer spinalen Herniation kommen kann. Ein Hinweis ist der rasche Abfall des Liquordrucks bei Entnahme von nur wenigen Tropfen Liquor cerebrospinalis. In solchen Fällen ist die Belassung der Nadel mit anschließender Myelographie ratsam.

Ein heute nicht mehr eingesetzter Test ist der Tobey-Ayer-Test [58] (einseitige Jugularisvenenkompression) zur Überprüfung der Durchgängigkeit des lateralen Sinus bei Verdacht auf Sinusthrombose. Die häufig asymmetrische Anlage der Sinus erschwert einerseits die Interpretation, und andererseits sind für die Fragestellung neue bildgebende Verfahren wie Magnetresonanztomographie(MRT) und MR-Angiographie aussagekräftiger.

In Erweiterung der Queckenstedt-Probe wurden seit 1923 zahlreiche Methoden spinaler Infusionstests zur genauen Analyse von Liquorzirkulationsstörungen entwickelt [28]. Untersuchungsziel ist die Bestimmung elastischer Eigenschaften des Gehirns (Compliance) und seiner Höhlen sowie die Berechnung von Sekretionsrate und Abflußwiderstand des Liquors. Prinzipiell lassen sich alle Infusionsmethoden auf drei technische Varianten zurückführen. Bei den Bolus-Techniken werden verschiedene Volumina nacheinander in den spinalen Subarachnoidalraum injiziert. Bei der „klassischen" Infusionstechnik wird die Volumenbelastung dagegen durch eine intrathekale Dauerinfusion herbeigeführt. Man arbeitet entweder mit konstanter Flußrate oder mit konstantem Druck. Im letztgenannten Fall variiert die Flußrate der intrathekalen Infusion, der Liquordruck hingegen wird durch Rückkopplung konstant gehalten.

Eine potentielle Einsatzmöglichkeit stellt diese Methode im Rahmen der Indikationsstellung zur Shunt-OP bei Normaldruckhydrocephalus (NPH) dar. Aus pathogenetischen Überlegungen müssten die Messungen des Abflußwiderstandes dem Kern des Problems bei NPH sehr nahe kommen und somit prognostisch bedeutsam sein. In retrospektiven Studien konnte bisher jedoch nicht belegt werden, dass Infusionstests der Kombination von klinischen Befunden und CT überlegen sind [60]. Es ist ratsam, diese Verfahren nur bei ausreichender Erfahrung und nach Einzelfallentscheidung anzuwenden. Gleiches gilt für die Langzeitmessung des intrakraniellen Druckes (über 12 Stunden) nach Anlage lumbaler Drucksonden [12]. Als prognostisch günstig für ein Ansprechen auf eine Shunt-Operation wird ein leicht erhöhter intrakranieller Druck sowie eine relativ gesteigerte Manifestation von B-Wellen (> 10%) angesehen. Umgekehrt spricht eine relativ niedrige Frequenz von B-Wellen (< 5%) gegen den Erfolg einer Operation [15, 30].

Ventrikeldruckmessung zur Bestimmung des intrakraniellen Druckes (ICP)

Der intrakranielle Druck wird am besten durch Ventrikeldruckmessung bestimmt [48]. Ventrikelpunktionen bei Menschen sind seit 1744 beschrieben. Nach der Initiierung aseptischer Bedingungen im Rahmen der Ventrikeldruckmessung durch Wernicke 1871 stiegen die durchgeführten Untersuchungszahlen, wobei der Druck bei Heraustropfen des Liquors grob geschätzt wurde. Quincke führte 1891 die quantitative Liquordruckmessung sowohl bei lumbalen wie später bei Ventrikel-Liquorpunktionen ein. 1927 wurde die kontinuierliche Ventrikeldruckmessung beschrieben und schließlich 1960 von Lundberg etabliert. Er führte zugleich die Klassifikation der Hirndruckwellen in Plateau (A-) und Rampenwellen (B-) ein. Im Normalfall erfolgt ein prompter Druckausgleich im ZNS. Unter pathologischen Bedingungen wie Hirnödem oder Hirnblutung kann die Liquorpassage jederzeit behindert oder total blockiert werden, was zu einem supra-infratentoriellen Druckgradienten bis zu 80 mmHg und sogar 100 mmHg Differenz zwischen Seitenventrikel und Spinalraum führen kann [3]. Kleinere Druckgradienten sind sogar innerhalb einer Hemisphäre bzw. zwischen Ventrikel und Hirngewebe möglich. Bei der Interpretation von ICP-Daten muß daher immer bedacht werden, ob die Daten auf ein frei kommunizierendes ZNS zu beziehen sind oder nur regional gültig sind.

Bei Liquordruckanalysen muß des weiteren bedacht werden, daß der hydrostatische Druck einer Flüssigkeit von der Höhe der Flüssigkeitssäule abhängt. Auf den Menschen bezogen bedeutet dies, dass zwischen Scheitel und sakralem Spinalraum ein Druckgefälle von etwa 50 mmHg (70 cm H_2O) besteht. Im Liegen bestehen noch intrakranielle anterior-posteriore Druckdifferenzen von 13 mmHg sowie in Seitenlage von 10 mmHg.

Für den ICP wird daher ein Bezugsniveau auf Höhe des Foramen Monroi (Foramen interventriculare) definiert. Der normale ICP ist prinzipiell von der Körperlage abhängig. Im Liegen beträgt er plus 10 ± 5 mmHg und in aufrechter Position minus 5 ± 5mmHg. Weitere Einflußfaktoren stellen Husten (30–110 mmHg), Erbrechen, körperliche Aktivität oder Schlaf dar. Leicht pathologische ICP-Werte sind bei 15–20 mmHg erreicht, als lebensbedrohlich wird ein länger bestehender Druck ab 40–50 mmHg angesehen. Ziele einer ICP-Messung sind die prophylaktische Erkennung von kritischen Situationen bei intrakraniellen Erkrankungen sowie für die Entscheidungsfindung zur Operation (Dekompression, Shunt usw.). Eines der Hauptprobleme der ICP-Messung ist die Messgenauigkeit. Messfehler können insbesondere entstehen durch hydrostatische Abweichungen zwischen Wandler und Referenzniveau, Fehler des Druckwandlers (Drift, Materialquellung, Licht-Temperatur-Empfindlichkeit) sowie Interferenz durch die Ankopplung. Die ventrikuläre Messung ist daher nur unter folgenden Bedingungen zu verwenden: exakte Höhenjustierung, nachgewiesene Flüssigkeitskopplung, Ausschluß von Liquoraustritt, fehlende Schlitzventrikel und psychomotorisch ruhige Patienten. Die häufigste Komplikation bei ventrikulären Kathetern stellt die Infektion mit 6–7% dar, aus der sich eine vitale Gefährdung des Patienten ergeben kann. Wichtiger Risikofaktor hierfür ist die Liegedauer des Katheters. Weitere Komplikationen stellen operationsbedingte Blutungen (ca. 1%) und Fehlplatzierung der Drucksonde in den Stammganglien oder im Mesencephalon dar. Neben der ventrikulären Druckmessung kann der intrakranielle Druck auch über Triptransducer oder luftgekoppelte Sonden im Hirngewebe sowie epidural gemessen werden. Die ventrikuläre Druckmessung ist in den Händen eines Erfahrenen zuverlässig, aber auch komplikationsreich. Gerechtfertigt ist sie insbesondere dann, wenn eine externe Liquordrainage notwendig ist.

2.5 Komplikationen und Zwischenfälle der Liquorpunktion

Das Gefahrenmoment bei der Lumbalpunktion ist unter Berücksichtigung der Kontraindikationen außerordentlich gering [24]. Anders liegen die Verhältnisse bei der Suboccipitalpunktion, da es hierbei zum Anstechen oder zu gröberen Verletzungen der Medulla oblongata kommen kann. Daneben können durch die Punktion des Venengeflechts oder von atypisch verlaufenden Arterien vital bedrohliche Blutungen auftreten.

Potentielle schwerwiegende Komplikationen der Liquorpunktion stellen die zerebrale und spinale Herniation, das Subduralhämatom, Hirnnervenparesen und Inokulationsmeningitis dar. Insbesondere bei der lumbalen Liquorpunktion können sich konsekutiv radikuläre Reizsyndrome und das postpunktionelle Liquorunterdrucksyndrom manifestieren.

Zerebrale und spinale Herniation
Erstmals beschrieben wurde diese Komplikation von Mestrezat 1912 [42]. Es treten uncale wie zerebelläre Herniationen auf. Die Latenz kann Minuten bis Stunden nach der Punktion betragen. Bei längeren Intervallen ist schwer zu differenzieren, ob die Herniation kausal auf einer primär bestehenden progredienten Hirndrucksteigerung oder der Liquorpunktion beruht. Pathophysiologisch kommt es nur dann zu einer Einklemmung, wenn bei Zunahme des Druckgefälles zwischen kranialem und spinalem Liquorraum der Druckausgleich behindert ist. In Fällen freier Liquorflußverhältnisse kommt es nach einer lumbalen Liquorpunktion schnell zu einem Druckausgleich zwischen intrakraniellem Liquorraum und spinalem Subarachnoidalraum. Erstaunlicherweise scheint es nach Studien aus der Prä-Computertomographieära selbst bei Vorliegen einer intrakraniellen Raumforderung äußerst selten zu dieser Komplikation zu kommen. Lubic und Marotti berichteten 1954 über eine Serie von 447 Liquorpunktionen bei Patienten mit Hirntumoren [40]. In 49 Fällen lag ein Papillenödem vor. In 14% war der Sitz des Tumors im Temporallappen und in 18,5% in der hinteren Schädelgrube. Nur in einem Fall trat eine transtentorielle Herniation auf. Horein berichtete 1959 die Ergebnisse einer Metaanalyse von 418 Patienten mit Papillenödem heterogener Ursachen (83% Hirntumore) [34]. Die Komplikationsrate einer Herniation nach Liquorpunktion betrug hier 1,2%. Deutlich höher ist die Gefährdung der Patienten bei Vorliegen einer bakteriellen Meningitis. Rennick [49] berichtete 1993 über 445 betroffene Kinder mit einem Durchschnittsalter von 2 Jahren. In 19 Fällen kam es zu einer Herniation, wobei bei 5 von 14 Kindern das durchgeführte CT normal war, bei 12 Erkrankten trat das Ereignis innerhalb von 12 Stunden auf. In einer Serie von 493 Liquorpunktionen bei Erwachsenen mit bakterieller Meningitis kam es in 5 Fällen innerhalb von

Minuten bis Stunden zu einer Herniation [22]. Vergleichbar komplikationsreich sind Lumbalpunktionen nach Subarachnoidalblutungen. Duffy [21] beobachtete in 7 von 55 Fällen bereits während der Punktion eine dramatische Befundverschlechterung. Anders ist die Situation bei Patienten mit Verdacht auf Pseudotumor cerebri und normalem MRT. Hier kann in der Regel eine Liquorpunktion gefahrlos durchgeführt werden. Zu Komplikationen kann es jedoch bei einer additiv vorliegenden Arnold-Chiari I-Mißbildung kommen, wie zwei Fälle aus der Literatur belegen [50]. Zu einer Schädigung des Rückenmarks sowie der Cauda equina kann es bei Verlegung des Spinalkanals z. B. durch einen extramedullären Tumor kommen. Durch die Punktion distal des Liquorstopps wird die Druckdifferenz verstärkt. Hollis und Mitarbeiter [33] berichteten 1986 über eine deutliche Befundverschlechterung während der Myelographie in 57 Fällen mit Liquorstopp vorwiegend tumoröser Genese. Im Gegensatz dazu ergab sich in keinem Fall bei suboccipital durchgeführter Liquorpunktion eine Befundverschlechterung.

Blutungskomplikationen

Im Rahmen einer Liquorpunktion kann es zu intrakraniellen und spinalen Subduralhämatomen, Subarachnoidalblutungen sowie zu spinalen Epiduralhämatomen kommen [24].

- Intrakranielle Blutungen

Subdurale Hämatome und Hygrome stellen eine seltene Komplikation bei Patienten ohne Gerinnungsstörungen dar. Ursächlich kann es über einen Liquorunterdruck zu Zugkräften auf die Meningen mit konsekutivem Einreißen venöser Duragefäße kommen. Ähnliche Mechanismen werden bei Ruptur eines basalen Aneurysmas mit Subarachnoidalblutung nach einer Liquorpunktion diskutiert.

- Spinale Blutungen

Eine traumatische („blutige") Lumbalpunktion ist nicht selten. In einer Serie von Breuer betrug die Quote 72% [8]. Zumeist treten weniger als 50 Erythrozyten/Mpt/l auf. Die Quelle stellen in der Regel lateral gelegene venöse und arterielle Gefäße im Bereich der Nervenwurzeln dar. Äußerst selten kommt es zu schweren Komplikationen und Auftreten meningealer Reizsymptome oder Ausbildung subdural bzw. epidural gelegener Hämatome. Die Diagnosestellung erfolgt in diesen Fällen über das MRT.

Inokulationsmeningitis

Die bakterielle Meningitis stellt im Gegensatz zu permanent liegenden Ventrikeldrainagen eine äußerst seltene Komplikation der Liquorpunktion dar. Das Keimspektrum umfaßt insbesondere Streptokokken, Staphylokokken, Enterokokken und Pseudomonas. Ursächlich kann dies auf einer kontaminierten Nadel (z. B. Tröpfcheninfektion durch den Untersucher), mangelhafter Hautdesinfektion, auf vorbestehenden Entzündungen im Bereich der Punktionsstelle sowie einer Inokulation von Blut bei bestehender Bakterämie beruhen. Bei über 10 000 Liquorpunktionen im eigenen Patientengut kam es erfreulicherweise in keinem Fall zu einer postpunktionellen Inokulationsmeningitis. Die in der älteren Literatur [19] angegebene Rate von 0,2 % dürfte seit routinemäßiger Anwendung von Einmalnadeln nicht mehr realistisch sein.

Hirnnervenparesen und Tinnitus

Affektionen der Hirnnerven III, IV, V, VI, VII und VIII wurden beschrieben. Die regelhafte Assoziation mit postpunktionellen Beschwerden weist auf die Genese durch Liquorunterdruck und Traktion der Hirnnerven hin. Am häufigsten sind Abduzensparesen, die bei 1 von 400 Patienten auftreten sollen (0,25%). Die Parese tritt meist 4 bis 14 Tage nach der Punktion auf und bildet sich gewöhnlich nach 4 bis 6 Wochen zurück. In 0,2 bis 8% der Fälle kann es zu Tinnitus und Hörstörungen kommen. Äußerst selten ist dies irreversibel. Erklärt werden diese Symptome durch einen endolymphatischen Hydrops in Folge der Liquorhypotension [59].

Radikuläre Symptome und Rückenschmerzen

Während der Punktion kann es durch Berührung der Nervenwurzeln zu sensiblen Reizerscheinungen kommen. In einer Untersuchungsserie von Crawford [13] lagen diese

Komplikationen bei 13 %. Ein permanentes neurologisches Defizit in diesem Zusammenhang ist äußerst selten [14]. Schädigungen des Rückenmarks sind nur denkbar bei Punktionen oberhalb von LWK 3/4. Häufiger klagen die Patienten im Anschluß an die Liquorpunktion einige Tage lang über unspezifische Rückenschmerzen. In einer Studie von Aboulish und Mitarbeitern lag die Inzidenz dieser postpunktionellen Beschwerden um 35 % [1]. Durch Anstechen des Anulus fibrosus wurden sehr selten ein Nucleus-pulposus-Prolaps und aseptische Bandscheibennekrosen beobachtet [20]. Vereinzelt wurden nach Liquorpunktion intradural wachsende Epidermoide, die durch Implantation von Epidermiszellen entstehen sollen, beschrieben.

Postpunktionelles Liquorunterdrucksyndrom

Die diagnostische Liquorpunktion führt bei Verwendung von 20–22 Gauge Kanülen in einem hohen Prozentsatz (20–40 %) zu Liquorunterdruckbeschwerden mit Schwindel, Übelkeit, Kopf- und Nackenschmerzen bis hin zu einem deutlichen Meningismus [16]. Typischerweise verschwinden die Symptome rasch nach Flachlagerung. Die Beschwerden sind jeweils in den Morgenstunden ausgeprägter als nachmittags. Der Kopfschmerz beginnt bei 80 % der Patienten innerhalb von 48 Stunden und bei 90 % innerhalb von 72 Stunden post punctionem. Die Symptome können selten sofort nach der Punktion oder aber verzögert nach 14 Tagen einsetzen. Die Dauer liegt in 80 % der Patienten bei weniger als 5 Tagen [36, 41]. Über Wochen bis Monate dauernde Beschwerden durch protrahiert epiduralen Liquorabfluß stellen eine Rarität dar [37]. Der Symptomkomplex kann durch vegetative Symptome, wie Hypotonie, Tachykardie, Schwitzen und orthostatische Kollapsbereitschaft begleitet sein [1]. Die Betroffenen sind auffallend niedergeschlagen, subdepressiv und oft schwer zu überzeugen, dass es sich um einen relativ belanglosen, in wenigen Tagen vorübergehenden Zustand handelt. Vergleichbare Symptome können als Folge eines spontanen Liquorunterdrucksyndroms oder bei Überdrainage eines ventrikulo-peritonealen Shunts auftreten. Im MRT können bei ausgeprägter Symptomatologie eine meningeale Verdickung durch Hyperämie (Vasodilatation duraler Venen) mit Kontrastmittelaufnahme, durale Flüssigkeitssäume und eine kaudale Hirnverlagerung vorliegen. Diese Veränderungen bilden sich parallel zu den Symptomen spontan zurück [45]. Betroffen sind vor allem junge Erwachsene (18–30 Jahre), Frauen doppelt so oft wie Männer. Weitere Risikofaktoren stellen ein geringer *body mass index*, vorbestehende Kopfschmerzen sowie ein anamnestisch bekanntes postpunktionelles Syndrom dar [36]. Differenzialdiagnostisch abzuwägen sind andere Schmerzformen, insbesondere Kopfschmerzen vom Spannungstyp, die Migräne ohne Aura, eine Meningitis, Subarachnoidalblutungen oder Komplikationen durch Vergrößerung bzw. Entwicklung eines subduralen Hämatoms. Diagnostisch wegweisend ist die Lageabhängigkeit der Beschwerden mit eindeutiger Besserung im Liegen.

Die Häufigkeit des postpunktionellen Liquorunterdrucksyndroms hängt von der Kanülenstärke ab (35a; Abb. 7). Es tritt für die

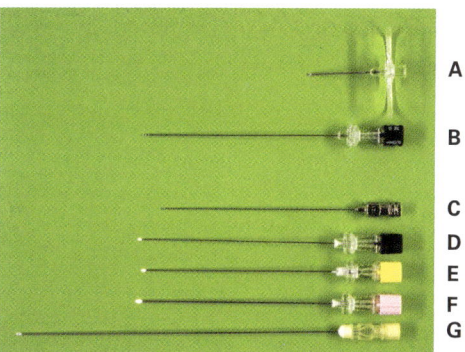

Abb. 7 A–G: *Kanülen für die Lumbalpunktion*
A–B: Sprotte-Kanüle mit Introducer (**A**) und atraumatischem Kanülenteil (**B**).
C–G: Verschiedene Quincke-Kanülen, die sich insbesondere in Durchmesser und Länge unterscheiden.
C: 22 Gauge (0,7 × 88 mm), Metallansatz
D: 22 Gauge (0,7 × 88 mm), Kunststoffansatz
E: 20 Gauge (0,9 × 90 mm), Kunststoffansatz
F: 18 Gauge (1,2 × 90 mm), Kunststoffansatz
G: 20 Gauge (0,9 × 148,4 mm), Kunststoffansatz

20–22 Gauge Kanülen bei Lumbalpunktion in 20–40% und im Rahmen der Spinalanästhesien in 16 bis 30% auf. Für die 24–27 Gauge Kanülen werden 5–12% bzw. 5–25% angegeben [16, 35a]. Die in der Regel geringere Rate bei Spinalanästhesie hat neben der Verwendung dünnerer Punktionskanülen noch andere Gründe. Die Patienten sind im Durchschnitt älter und es wird mehr Flüssigkeit injiziert als entnommen. Weiterhin wird nach Spinalanästhesie häufig die postoperative Bettruhe eingehalten. Neben der Kanülenstärke spielt die Form der Nadelspitze eine wichtige Rolle. Günstig erscheint die atraumatische Spinalkanüle nach Sprotte mit konisch abgerundeter Spitze und seitlicher Öffnung (Abb. 8). Die Häufigkeit postpunktioneller Beschwerden kann dadurch auf 2,5–6,5% bei atraumatischen 21–22 Gauge-Punktionsnadeln und 2% bei atraumatischen 22–24 Gauge-Punktionsnadeln gesenkt werden. Erklärt wird dies durch den Kanülenanschliff, wodurch die Durafasern nicht durchschnitten, sondern atraumatisch auseinandergedrängt werden [9, 23]. Die direkt entnommene Liquormenge hat bei einem Volumen von 10–25 ml nach heutigem Kenntnisstand keinen Einfluß auf die Inzidenz des postpunktionellen Liquorunterdrucksystems [2].

Abb. 8: *Schliffgeometrien der Quincke- und Sprotte-Kanüle*

Im Gegensatz zur Quincke-Kanüle (links) ist die Sprotte-Kanüle (rechts) an der Spitze geschlossen und verjüngt sich rotationssymmetrisch in feiner Krümmung in Form eine Ogive mit seitlicher Öffnung.

Pathogenetisch wird angenommen, dass es wegen eines sich verzögert schließenden „traumatischen" Dura-Arachnoidea-Defektes zu einem persistierenden Leck mit epiduralem Liquorabfluß (initial 5–30 ml/h) und konsekutivem Liquorunterdruck kommt. Dies wird unterstützt durch den kernspintomographisch regelhaften Nachweis von paraspinalen Liquoransammlungen in einer Serie von 11 lumbal punktierten Patienten [35]. Der lageabhängige Kopfschmerz entsteht als Folge der durch den Liquorunterdruck resultierenden Venendilatation mit kaudaler Hirnverlagerung sowie konsekutiver Traktion an schmerzhaften Strukturen wie Dura, Nerven und Gefäße [61]. Der Nacken-Hinterhaupt-Kopfschmerz wird durch Irritation des N. glossopharyngeus, N. vagus sowie der drei oberen Zervikalwurzeln, der Stirn-Schläfen-Kopfschmerz durch die Irritation der 2. und 3. Trigeminusäste erklärt [46]. Ein weiterer Mechanismus ist die durch die Reduktion des normalen Liquorvolumens bedingte Venendilatation und Hirnvolumenzunahme. Dies erklärt möglicherweise das bei einigen Patienten post punctionem vorliegende „entzündliche" Liquorsyndrom mit unspezifischer Pleozytose (Reizpleozytose) und Eiweiß-Erhöhung [39].

Die beste Prophylaxe und Therapie des Liquorunterdrucksyndroms ist nach gegenwärtigem Kenntnisstand der Einsatz einer möglichst dünnen Punktionsnadel mit atraumatischer Spitze [35a, 57]. Bei der diagnostischen Liquorpunktion ist auf Grund der benötigten Liquormenge und der Liquordruckmessungen die Unterschreitung einer Kanülenstärke von 22 Gauge nicht sinnvoll. Trotz des deutlichen Vorteils hat die atraumatische Punktionsnadel (Sprotte-Kanüle) die seit Jahrzehnten eingesetzte Quincke-Kanüle nicht verdrängt. Neben den höheren Kosten liegt dies an der ungewohnten Punktionstechnik. Es muß eine Führungskanüle (Introducer) zur Penetration der oberen Hautschichten angewandt und mehr manueller Druck beim Vorschieben der Sprotte-Kanüle eingesetzt werden (Abb. 9). In der von Thomas und Mitarbeiter durchgeführten Studie zeigte sich, daß insbesondere bei deutlich übergewichtigen Patienten die Liquorpunktion mit atraumatischen Nadeln häufiger scheitert [57].

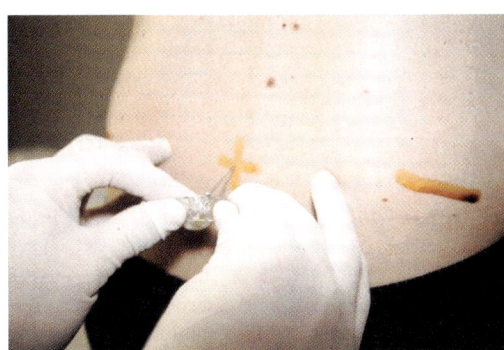

Abb. 9: *Liquorpunktion mit atraumatischer Punktionskanüle*

Hierbei erfolgt die subkutane Punktion mit einem kurzen, scharf geschliffenem Introducer in gewünschter Stichrichtung. In einem zweiten Schritt wird die atraumatische Kanüle (Sprotte-Kanüle) durch den Introducer eingeführt und bis zum Subarachnoidalraum vorgeschoben.

Bei Einsatz der Quincke-Kanüle sollte auf eine vertikale Führung des Kanülenanschliffs geachtet werden, da der horizontal angesetzte Kanülenstift besonders die longitudinal verlaufende Durafasern traumatisiert. Durch Beachtung dieser Tatsache konnte die Beschwerderate von 17,9% auf 4,5% (Quincke 25 Gauge) reduziert werden [55]. Ebenso günstig ist die Wiedereinführung des Mandrins in die Kanüle und eine Rotation um 90 Grad vor Entfernung. Hierdurch ließ sich die Komplikationsrate von 16% auf 5% (Sprotte 21 Gauge) senken [53]. Verschiedentlich empfohlene Lagemanöver nach der Punktion sind, wie in doppelblinden, prospektiven oder kontrollierten einfachen Studien gezeigt, nicht wirksamer [18, 31, 32]. Sie verlängern allenfalls die Latenz bis zum Einsetzen der Beschwerden. Ebenso ohne präventiven Effekt war eine erhöhte orale Flüssigkeitszufuhr nach Lumbalpunktion [17].

Zur *Behandlung* des Liquorunterdrucksyndroms kommen die Flachlagerung des Patienten, die Applikation von Koffein oder Theophyllin und die epidurale Eigenblutinjektion (Blood-Patch) in Frage. Zur symptomatischen Behandlung der sich in aufrechter Körperhaltung manifestierenden Kopfschmerzen ist gegebenenfalls über Tage eine Bettruhe des Patienten sinnvoll. Eine Thromboseprophylaxe kann dann notwendig werden. Nach prospektiven Studien war die wiederholte intravenöse Gabe von Koffein in bis zu 85% der Patienten wirksam [27, 52]. Oral verabreichtes Koffein erscheint auch wirksam, muß jedoch bei Wiederauftreten der Beschwerden wiederholt gegeben werden (z. B. Koffein 300 mg alle 4–6 Stunden) [10]. Das pharmakologisch verwandte Theophyllin hat einen ähnlichen Effekt (z. B. 3 × 1 Kapsel Theophyllin 250 retard) [25]. Physiologisch kommt es über eine Blockade von Adenosin-Rezeptoren im Gehirn zu einer Konstriktion der Hirnarterien und somit Abnahme des zerebralen Blutflußes und Hirndrucks. Dies bedingt eine Steigerung der Liquorproduktion. In einer kleineren Pilotstudie (n = 6) erwies sich der Serotonin-Agonist Sumatriptan günstig [11]. Bei starker Übelkeit und Erbrechen ist Flüssigkeitssubstitution und eine antiemetische Therapie angezeigt. Die epidurale Eigenblutinjektion im Bereich der Liquorpunktionsstelle kann bei schweren, eindeutig postpunktionell hervorgerufenen Beschwerden eingesetzt werden. Die Erfolgsrate wird mit 80–96% angegeben [13, 44]. 5–20 ml Eigenblut werden frühestens 24 Stunden nach der Liquorentnahme in Höhe der vorherigen Liquorentnahmestelle epidural instilliert und der Patient für 30–60 Minuten flach auf dem Bauch gelagert. Spinale MRTs 30 Minuten bis 18 Stunden nach epiduraler Eigenblutinjektion zeigen die größte extradurale Blutmenge 3–5 Spinalsegmente oberhalb der Injektionshöhe mit deutlicher Kompression des Duralsacks nach 30 Minuten bis drei Stunden und einer zunehmenden Auflösung der Blutansammlung bereits nach sieben Stunden [5, 8, 54]. Es resultiert eine gelatinöse Tamponade mit anschließender Vernarbung [1]. Die prophylaktische epidurale Eigenblutinjektion ist aus bisher nicht geklärten Gründen weniger wirksam. So liegt die Erfolgsquote bei Patchbehandlung mit Eigenblut innerhalb von 24 Stunden nach Liquorentnahme bei 29% und entsprechender Therapie nach 24 Stunden bei 96% [6]. Nebenwirkungen dieser symptomatischen Therapie sind selten und gering ausgeprägt. Berichtet wird über leichte Rücken- oder Nackenschmerzen (35%), passagere Temperaturerhöhungen (5%) sowie in seltenen Fällen Nervenwurzelreizungen [56]. Eine theoretisch denkbare Arachnoiditis wurde bisher nicht beschrieben. Als therapeutisch unwirksam erwiesen sich im Rahmen der symptomatischen Behandlung des Liquorunterdrucksyndroms epidurale Natriumchlorid-Infusionen, Flunarizin zur Prävention, die Anlage einer Bauchbinde zur intraabdominalen Druckerhöhung oder eine gesteigerte Antidiurese mit Desmopressin [16].

2.6 Resümee

Zusammenfassend stellt die Lumbalpunktion zur Liquoruntersuchung und Messung des Liquordruckes ein wichtiges diagnostisches Instrument für den Neurologen und Neurochirurgen dar. Die anderen Zugangswege zur Liquorgewinnung sind in der Regel nur unter besonderen Bedingungen oder Fragestellungen indiziert. Schwere Komplikationen wie Inokulationsmeningitis und Herniationen lassen sich in der Hand des Geübten und bei Beachtung der Indikationen und Kontraindikationen fast immer vermeiden. Die Häufigkeit postpunktioneller Symptome ist bei Verwendung atraumatischer Sprotte-Kanülen gering.

2.7 Literatur

[1] Aboulish, E., S. dela Vega, I. Blendinger et al.: Long-term follow up of epidural blood patch. Anesth Analg 54 (1975) 459–463.
[2] Alpers, B. J.: Lumbar puncture headache. Arch Neuro Psych 14 (1925) 806–812.
[3] Aschoff, A., T. Steiner: Messung von Hirndruck und Perfusionsdruck. In: S. Schwab, D. Krieger, W. Mallges et al. (Hrsg.): Neurologische Intensivmedizin, S. 272–302. Springer-Verlag, Berlin – Heidelberg, 1999.
[4] Ayer, J.B.: Puncture of cisterna magna. Report on 1985 punctures. JAMA 81 (1923) 558–560.
[5] Beards, S. C., A. Jackson, A. G. Griffiths et al.: Magnetic resonance imaging of extradural blood patches: appearances from 30 min to 18 h. Br J Anasth 71 (1993) 182–188.
[6] Berrettini, W. H., S. Simmons-Alling, J.I. Nürnberger: Epidural blood patch does not prevent headache after lumbar puncture. Lancet 1 (1987) 856–857.
[7] Bleyer, W. A., T. N. Byrne: Leptomeningeal cancer in leukemia and solid tumors. Curr Probl Cancer 12 (1988) 181–238.
[8] Breuer, A. C., H. R. Tyler, D. J. Marzewski: Radicular vessels are the most probable source of needle-induced blood in lumbar puncture: Significance for the thrombocytopenic cancer patient. Cancer 49 (1982) 2168–2172.
[9] Braune, H. J., Huffmann: A. prospective double-blind clinical trial, comparing the sharp Quincke needle (22 G) with an „atraumatic" needle (22 G) in the induction of post-lumbar puncture headache. Acta Neurol Scand 86 (1992) 50–54.
[10] Camann, W. R., R. S. Murray, P. S. Mushlin et al.: Effects of oral caffeine on postdural puncture headache. A double-blind, pacebo-controlled trial. Anesth Analg 70 (1990) 181–184.
[11] Carp, H., P. J. Singh, R. Vadhera et al.: Effects of the serotonin-receptor-agonist sumatriptan on postdural puncture headache: report of six cases. Anesth Analg 79 (1994) 180–182.
[12] Chen I. J., C. I. Huang, H. C. Liu et al.: Effectiveness of shunting in patients with normal pressure hydrocephalus predicted by temporary, controlled-resistance, continuous lumbar drainage: a pilot study. J Neurol Neurosurg Psychiatr 57 (1994) 1430–1432.
[13] Crawford, J. S.: Experiences with epidural blood patch. Anaesthesia 35 (1980) 513–515.
[14] Dahlgren, N., K. Tornebrandt: neurological complications after anaesthesia: A follow up of 18000 spinal and epidural anaesthetics performed over three years. Acta Anaesthesiol Scan 39 (1995) 872–880.
[15] Dauch, W. A., R. Zimmermann: Der Normaldruck-Hydrozephalus. Eine Bilanz 25 Jahre nach der Erstbeschreibung. Fortschr Neurol Psychiatr 58 (1990) 178–190.
[16] Dieterich, M., G. D. Perkin: Postlumbar puncture headache syndrome. In: T. Brandt, L. R. Caplan, J. Dichgans et al. (Hrsg.): Neurological disorders: Course and treatment, S. 59–63. Academic Press, San Diego – New York, 1996.
[17] Dieterich, M., Th. Brandt: Incidence of postlumbar puncture headache is independent of

daily fluid intake. Eur Arch Psychiatr Neurol Sci 237 (1988) 194–196.

[18] Dieterich, M., Th. Brandt: Is obligatory bed rest after lumbar puncture obsolet? Eur Arch Psychiatr Neurol Sci 235 (1985) 71–75.

[19] Domingo, P., J. Mancelo, L. Blanck: Iatrogenic streptococcal meningitis. CID 19 (1994) 356–567.

[20] Dripps, R. D., L. D. Vandam: Hazards of lumbar puncture. JAMA 147 (1951) 1118–1121.

[21] Duffy, G. B.: Lumbar puncture in spontaneous subarachnoid hemorrhagy. BMJ 285 (1982) 1163–1164.

[22] Durando, M. L., S. B. Calderwood, D. J. Weber: Acute bacterial meningitis: A review of 493 episodes. N Engl J Med 328 (1993) 21–28.

[23] Engelhardt, A., S. Oheim, B. Neundörfer: Postlumbar puncture headache: Experiences with Sprottes atraumatic needle. Cephalagia 12 (1992) 259.

[24] Evans R. W.: Complications of Lumbar puncture. Neurol Clin 16 (1998) 83–105.

[25] Feuerstein, T. J., A. Zeides: Theophylline relieves headache following lumbar puncture. Klin Wochenschr 64 (1986) 216–218.

[26] Fisman, R. A.: Cerebrospinal fluid in Diseases of the Nervous System, S. 1–4. W. B. Saunders Company, London – Philadelphia 1992.

[27] Ford, C. C., M. D. Königsberg: A simple treatment of post-lumbar puncture headache. J Emerg Med 7 (1989) 29–31.

[28] Fuhrmeister, U.: Spinale Infusionstests und verwandte Methoden lumbaler Druckmessung. In: D. Dommasch, H. G. Mertens (Hrsg.): Cerebrospinalflüssigkeit, S. 242–253. Georg Thieme Verlag, Stuttgart – New York 1980.

[29] Gower, D. J., A. L. Baker, W. O. Bell: Contraindication to lumbar puncture as defined by computed cranial tomography. J Neurol Neurosurg Psychiatr 50 (1987) 1071–1074.

[30] Graff-Radford, N. R., J. C. Godersky, M. P. Jones: Variables predicting surgical outcome in symptomatic hydrocephalus in the elderly. Neurol 39 (1989) 1601–1604.

[31] Handler, C. E., F. R. Smith, G. D. Perkin et al.: Posture and lumbar puncture headace: A controlled trial in 50 patients. J R Soc Med 75 (1982) 404–407.

[32] Hilton-Jones, D., R. A. Harrad, M. W. Gill et al.: Failure of postural manoeuvres to prevent lumbar puncture headache. J Neurol Neurosurg Psychiatr 45 (1982) 743–746.

[33] Hollis, P. H., L. I. Malis, R. A. Zapullis: Neurological detoriation after lumbar puncture below complete spinal subarachnoid block. J Neurosurg 64 (1986) 253–256.

[34] Horein, J., J. C. Cravioto, M. Leicadh: Reevaluation of lumbar puncture. A study of 129 patients with papilledema or intracranial hypertension. Neurol 9 (1959) 290–297.

[35] Iqbal, J., L. E. Davis, W. W. Orrison: An MRI study of lumber puncture headaches. Headache 35 (1995) 420–422.

[35a] Kovanen, J., R. Sulkava: Duration of postural headache after lumbar puncture: effect of needle size. Headache 26 (1986) 224–226.

[36] Kuntz, K. M., E. Kokmen, J. C. Stevens et al.: Post-lumbar puncture headaches: Experience in 501 consecutive patients. Neurol 42 (1992) 1884–1887.

[37] Lance, J. W., G. B. Branch: Persistent headache after lumbar puncture. Lancet 343 (1994) 414.

[38] Lemann, W., R. G. Wiley, R. G. Posner: Leukencephalopathy complicating intraventricular catheters: clinical, radiographic and pathologic study of 10 cases. J Neurooncol 5 (1988) 67–74.

[39] Lipman, I. J.: Primary intracranial hypotension: The syndrome of spontaneous low cerebrospinal fluid pressure with traction headache. Dis Nerv Syst 38 (1977) 212–213.

[40] Lubic L., J. Marotta: Brain-tumor and lumbar puncture. Arch Neurol Psychiatr 72 (1954) 568–572.

[41] Lybecker, H., M. Djernes, J.F. Schmidt: Postdural puncture headache (PDPH): Onset, duration, severity, and associated symptoms. Acta Anaesthesiol Scand 39 (1995) 605–612.

[42] Mestrezat, W.: Le Liquide Cephalorachidien. Normal et Pathologique. Paris, A. Maloire, 1912.

[43] Obbens, E. A., E. Leavens: Ommaya reservoir in 387 cancer patients: a 15 year experience. Neurol 35 (1988) 1274–1278.

[44] Olsen, K. S.: Epidural blood patch in the treatment of post-lumbar puncture headache. Pain 30 (1987) 293–301.

[45] Pannullo, S. C., J. B. Reich, G. Krol et al.: MRI changes in intracranial hypotension. Neurol 43 (1993) 916–926.

[46] Pickering, G. W.: Lumbar-puncture headache. Brain 71 (1948) 271–280.

[47] Queckenstedt, H.: Zur Diagnose der Rückenmarkskompression. Dtsch Z Nervenheilkunde 15 (1916) 325.

[48] Rengachary, S. S., R. H. Wilkins: Principles of Neurosurgery. Mosby-Wolfe, London 1996.
[49] Rennick, G., F. Sharn, J. de Campio: Cerebral herniation during bacterial meningitis in children. BMJ 306 (1993) 953–955.
[50] Satti, S., P. E. Stieg: Aquired Chiari I malformation after multiple lumbar punctures: Case report. Neurosurg 32 (1993) 306–309.
[51] Schmidt, R. M.: Der Liquor cerebrospinalis. Georg Thieme, Leipzig, 1987.
[52] Sechzer, P. H., L. Abel: Post-spinal anaesthesia headache treated with caffeine. Curr Ther Res 24 (1978) 307–312.
[53] Strupp, M., T. Brandt, A. Müller: Post lumbar puncture syndrome: Incidence further reduced by replacing the stylet before removing the atraumatic needle. Neurol 88 (1995) 114.
[54] Szeinfeld, M., I. H. Ihmeidan, M. M. Moser et al.: Epidural blood patch: evaluation of the volume and spread of blood injected into the epidural space. Anaesthesiol 64 (1986) 820–822.
[55] Takkila, P. J., H. Heine, R. R. Tervo: Comparison of Sprotte and Quincke needles with respect to postdural puncture headache and backache. Reg Anesth 17 (1992) 283–287.
[56] Tarkkila, P. J., J. A. Miralles, E. A. Palomaki: The subjective complications and efficiency of the epidural blood patch in the treatment of postdural puncture headache. Reg Anesth 14 (1989) 247–250.
[57] Thomas, S. R., D. R. S. Jamieson, K. W. Muir: Randomized controlled trial of atraumatic versus standard needles for diagnostic lumbar punctur. BMJ 321 (2000) 986–990.
[58] Toby, G., J. B. Ayer: Dynamic studies of the cerebrospinal fluid in the differential diagnosis of lateral sinus thrombosis. Arch Otolaryngol 2 (1925) 50–57.
[59] Vandam, L. D., R. D. Dripps: Long-term follow-up of patients who received 10098 spinal anesthetics: Syndrome of decreased intracranial pressure (headache and ocular and auditory difficulties). JAMA 161 (1956) 586–591.
[60] Vanneste, J., P. Augustijn, C. Dirven et al.: Shunting normal-pressure hydrocephalus: do the benefits outweigh the risks? A multicenter study and literature review. Neurol 42 (1992) 54–59.
[61] Wolff, H. G.: Headache and other head pain. 3. Aufl., Oxford University Press, New York, 1972.

A.3 Anatomie und Physiologie des Liquorsystems

H. Tumani, H. Kluge

3.1 Anatomie der Liquorräume

Ventrikel: Der Liquor cerebrospinalis füllt die Ventrikel und die subarachnoidalen Räume aus. Das Ventrikelsystem ist in Abb. 1, modifiziert nach [17], dargestellt. Es besteht aus zwei lateralen Ventrikeln, die im Neocortex fronto-occipital verlaufen und sich im vorderen Teil über die interventrikulären Foramina (Monro) vereinigen, um in den dritten Ventrikel überzugehen. Der im Zwischenhirn lokalisierte dritte Ventrikel ist nach caudal über einen Aquädukt (Sylvius) mit dem vierten Ventrikel, der zwischen dem Pons und dem Cerebellum liegt, verbunden. Der vierte Ventrikel dehnt sich nach caudal bis in den Rückenmarksbereich aus und geht in den Spinalkanal über. Der Spinalkanal ist bei gesunden Neugeborenen bereits geschlossen, so daß der intraventrikuläre Liquorraum hier endet.

Die freie Kommunikation des ventrikulären Liquors mit dem übrigen zentralen Nervensystem (ZNS) bzw. mit der subarachnoidalen Flüssigkeit wird durch drei Foramina ermöglicht. Eine mediale Öffnung im Bereich des Daches des vierten Ventrikels (Foramen Magendii) stellt die Kommunikation mit der großen cerebello-medullären Zisterne (Cisterna magna) her. Cranial vom Foramen Magendii befinden sich laterale, symmetrische Recessus des vierten Ventrikels. Diese Recessus umfahren die Medulla oblongata entlang der Basis der unteren cerebellären Pedunkel und öffnen sich als Foramina Luschkae im Bereich der

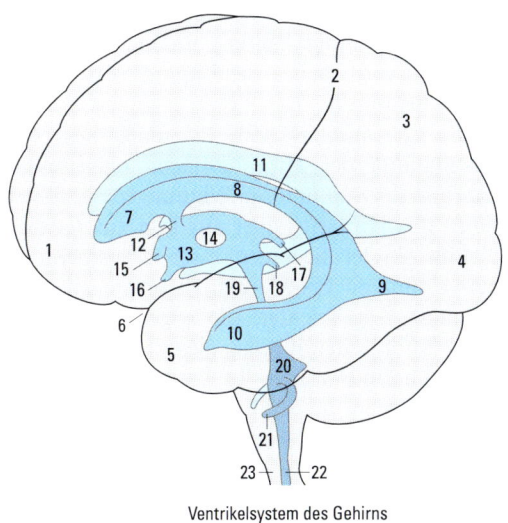

Ventrikelsystem des Gehirns

1 Lobus frontalis
2 Sulcus centralis
3 Lobus parietalis
4 Lobus occipitalis
5 Lobus temporalis
6 Sulcus lateralis (Ramus post.)

Ventriculus lateralis
7 Cornu frontale
8 Pars centralis (links)
9 Cornu occipitale
10 Cornu temporale
11 Pars centralis (rechts)
12 Foramen interventriculare

Ventriculus tertius
13 3. Ventrikel
14 Adhaesio interthalamica
15 Recessus opticus
16 Recessus infundibuli
17 Recessus suprapinealis
18 Recessus pinealis
19 Aquaeductus mesencephali

Ventriculus quartus
20 Ventriculus quartus
21 Recessus lateralis ventriculi quarti
22 Canalis centralis
23 Medulla oblongata

Abb. 1: Ventrikel des menschlichen Gehirns (modifiziert nach [17]).

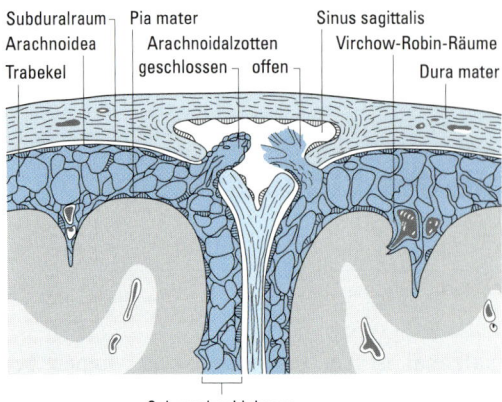

Abb. 2: Schematische Darstellung der Meningen und der Arachnoidalzotten im Bereich des Sinus sagittalis superior, Frontalschnitt (modifiziert nach [43]).

Hirnstammbasis in die Cisterna pontis des Subarachnoidalraumes.

Subarachnoidalräume: Die membranöse Ummantelung des Gehirns (Meningen) setzt sich aus folgenden Schichten zusammen: Dura mater, Arachnoidea, Pia mater (Abb. 2, modifiziert nach [43]).

Die Dura (Pachymeninx) ist eine feste fibröse Membran, bestehend aus einer äußeren und inneren Schicht. Die äußere Schicht liegt im Schädelbereich der Kalotte als inneres Periost an. Im Rückenmarksbereich ist sie vom knöchernen Vertebralkanal durch eine epidurale Fettschicht getrennt und bildet einen durale Gefäße und Nerven aufnehmenden Epiduralraum. Die innere, der Arachnoidea zugewandte Dura-Schicht wird von epithelartig angeordneten Fibroblasten gebildet.

Die Blutkapillaren der Dura mater cerebri sind teilweise fenestriert, wodurch die Dura im „Blutmilieu" („Serummilieu") liegt. Die venösen Gefäße der Dura (Sinus durae matris) liegen entweder auf periostaler Seite (Sinus transversus, Sinus sigmoideus) oder zwischen den beiden Duraschichten, die Durasepten bilden (Sinus sagittalis inferior, Sinus rectus). In den venösen Gefäßwänden der Dura fehlen Muskelzellen. Sie enthalten starr mit den Duraschichten verbundene Bindegewebsfasern und werden von Endothelzellen ausgekleidet.

Der inneren Dura-Schicht liegt ohne scharfe Grenze die Dura mater-Arachnoidea-Interfaceschicht, das Neurothel, an. Es besteht aus 1–2 Lagen langgestreckter Zellen, die dünne Filamente und *tight junctions* enthalten und die Abgrenzung des „Blutmilieus" der Dura vom „Liquormilieu" der Arachnoidea und Pia bilden [2, 29].

Entlang der austretenden Spinalnervenwurzeln bildet die Dura Aussackungen und geht am Foramen intervertebrale in die Perineural- und Epineuralhülle von Spinalganglien und Spinalnerven über. An dieser Stelle ist die Durascheide bindegewebig mit dem Periost verbunden. In den Aussackungen werden die Nervenwurzeln von Liquor umspült. Hier bilden die Neurothelzellen am Ende der Durascheiden aufgelockerte Zellverbände, durch die Liquor in die Endoneuralflüssigkeit abfließen kann. Das bedeutet eine Fortsetzung des Subarachnoidalraumes in das vom Perineum umschlossene endoneurale Gewebe und damit die Möglichkeit eines Abflusses in das Lymphsystem [6].

Arachnoidea und Pia mater sind die beiden Häute der Leptomeninx, die den mit Liquor gefüllten Subarachnoidalraum einschließen. Die Arachnoidea ist ein gefäßfreies Gitter von Faserbündeln (Trabekel), neurothel- bzw. piaseitig jeweils von einer einschichtigen Zelllage bedeckt. Knötchenartige Wucherungen der Archnoidea treten als Pacchionische Granulationen (Arachnoidalzotten) in den Sinus sagittalis und verursachen die Liquorresorption in das Venenblut (s. 3.2.).

Die sich anschließende Pia mater liegt der Basallamina der Hirnoberfläche unmittelbar an, folgt ihr also in ihren Windungen. Begleitet sie in das Hirn ein- oder aus ihm austretende Gefäße, bildet sie einen rasch abnehmenden perivaskulären Pia-Mantel. Es entstehen perivaskuläre Pia-Trichter, die sogenannten Virchow-Robinschen Räume, die mit dem Liquorraum kommunizieren. In bestimmten Regionen, in denen die Schädelinnenfläche und die Hirnoberfläche Inkongruenzen aufweisen, weichen das äußere (piazugewandte) Arachnoidalblatt und die Pia mater auseinander und bilden Zisternen (Abb. 3). Es werden sieben Zisternen unterschieden: Cisterna cerebellomedulla-

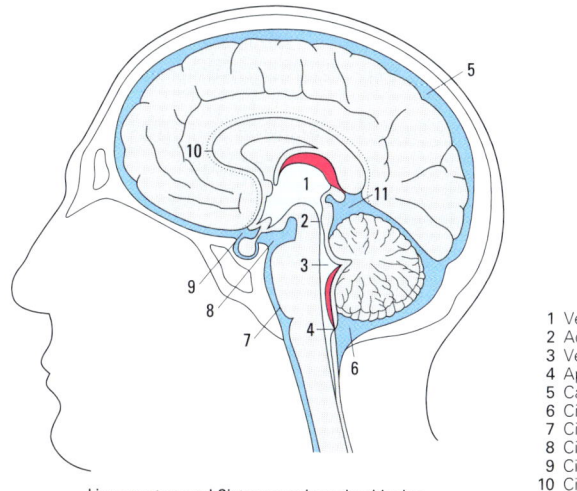

1 Ventriculus tertius
2 Aquaeductus mesencephali
3 Ventriculus quartus
4 Apertura mediana ventriculi quarti
5 Cavitas subarachnoidealis
6 Cisterna cerebellomedullaris
7 Cisterna pontis
8 Cisterna interpeduncularis
9 Cisterna chiasmatis
10 Cisterna corporis callosi
11 Cisterna venae cerebri magnae

Liquorsystem und Cisternae subarachnoideales

Abb. 3: Äußere Liquorräume des menschlichen Gehirns (modifiziert nach [17]).

ris (magna), Cisterna pontis, Cisterna interpeduncularis, Cisterna chiasmatis, Cisterna corporis callosi (hinter Splenium corporis callosi als Cisterna venae cerebri magnae bezeichnet), Cisterna ambiens und Cisterna lateralis.

Das Volumen des subarachnoidalen Raumes ist wesentlich größer als das der Ventrikel. Von den 150−170 ml Gesamtvolumen des Liquorraumes beim Menschen soll das Ventrikelvolumen, berechnet auf der Basis von Gußmethoden, im Mittel etwa 16% ausmachen [31]. Mit Hilfe von neueren nicht-invasiven Untersuchungstechniken (Computertomographie mit radioaktiv markierten Substanzen) wurde ein höherer Anteil des Ventrikelvolumens (im Mittel 25%) bestimmt [49]. Der auf der Basis von kernspintomographischen Untersuchungen ermittelte Anteil des Ventrikelvolumens liegt mit ca. 20% wiederum etwas niedriger [28]: Gesamtliquor 164 ± 48 ml; Ventrikel (1., 2. und 4.) 32 ± 18 ml; 3. Ventrikel 1,0 ± 0,6 ml; extraventrikuläre Räume 133 ± 43 ml.

3.2 Produktion, Zirkulation und Resorption

Die Produktionsmenge des Liquor cerebrospinalis beträgt etwa 500−600ml pro 24 Stunden.

Hieraus ergibt sich ein Gesamt-Turnover des Liquors von 3−4 mal pro Tag. Demgegenüber steht ein Wasseraustauschvolumen zwischen Hirn und Blut ohne Restriktion von etwa 600 l in 24 Stunden. Das Liquor-Produktionsvolumen macht also weniger als 0,1% dieses gesamten Wasseraustauschvolumens aus.

Die hauptsächlichen Ursprungsorte der Inhaltsstoffe des Liquors sind die fenestrierten Blutgefäße des Plexus choroideus der Hirnventrikel (etwa 80−90%). Die übrigen Quellen sind die Blutgefäße des Gehirns (nicht fenestriert) und des Subarachnoidalraumes (in Dura teilweise fenestriert) sowie das über seine Extrazellularräume mit den Liquorkompartimenten kommunizierende Hirnparenchym.

Bezüglich der Zirkulation und Resorption des Liquors haben sich aus neueren Magnetresonanzuntersuchungen zur Kinetik des Liquorflusses (gated MR Imaging, Phase-Contrast Cine MR Imaging) während der letzten beiden Dekaden Ergebnisse gezeigt, die bisherige Hypothesen entweder erst quantitativ untersetzen oder gar in Frage stellen [12, 20, 21, 22, 25, 26, 33, 38].

Die Zirkulation des Liquors wird durch die vom pulsatilen arteriellen Blutfluß generierten Druckwellen im kranialen und spinalen Raum bewirkt. Die induzierten Liquorpulsationen

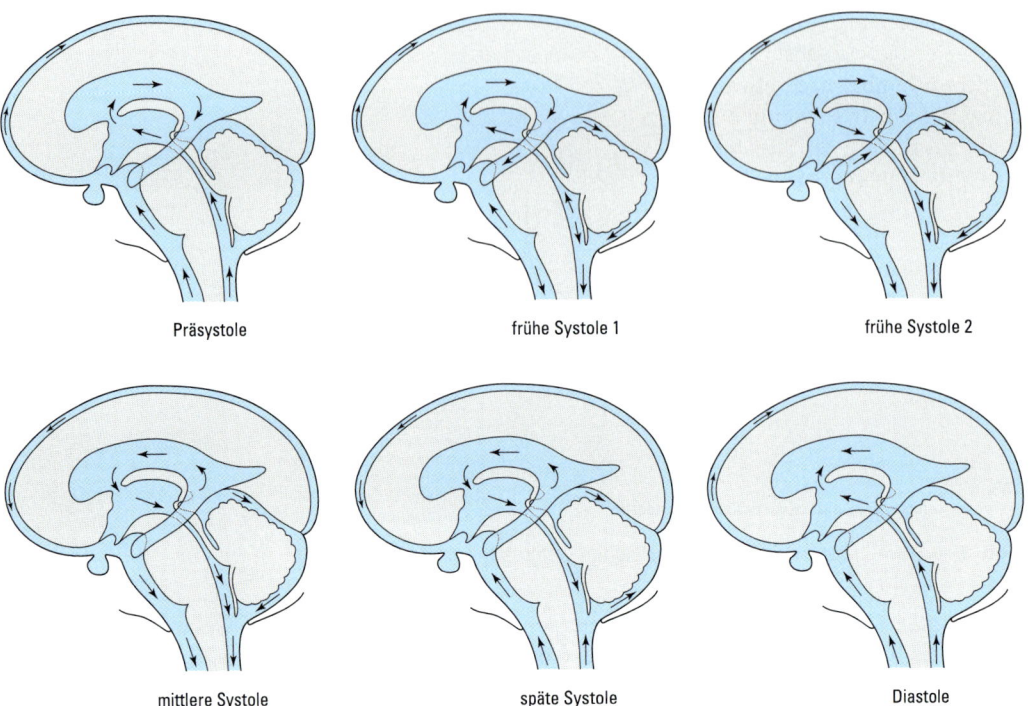

Abb. 4a Illustration der Liquorzirkulationsräume im menschlichen Gehirn: pulsatiles Fluß-Modell nach [20].

sind in den verschiedenen Abschnitten der inneren und äußeren Liquorkompartimente aufgrund der jeweiligen physiologischen und anatomisch-morphologischen Gegebenheiten unterschiedlich und wechseln in Systole und Diastole die Flußrichtung. Die Liquorbewegung in allen Kompartimenten ist also nicht generell unidirektional, sondern eine Auf- und Ab-Pulsation (to and fro-flow). Die differenzierteste Darstellung dieser Richtungswechsel findet sich in Abb. 4a [20]. Annähernde Berechnungsgrundlage für einen Netto-Fluß (bulk flow) an den verschiedenen anatomischen Lokalisationen der Liquorräume bildet das Flächenverhältnis der Kurvenabschnitte Systole/Diastole [26].

Abb. 4a verdeutlicht die Notwendigkeit der Korrektur des klassischen Zirkulations- und Resorptionsmodells in Abb. 4b mit seinen ausschließlich unidirektional gerichteten Pfeilen.

Bisherige Publikationen weisen einen nennenswerten Netto-Fluß nur nahe der Foraminae Magendii und Luschkae als den Übergängen von den ventrikulären in die äußeren Liquorkompartimente mit ca. 0,4 ml/Minute aus. Pro 24 Stunden würde das einem Ausstrom aus den lateralen Ventrikeln, dem dritten und vierten Ventrikel in die äußeren Liquorräume von ca. 575 ml entsprechen, vergleichbar mit der eingangs genannten täglichen Produktionsmenge. Im ventralen Teil des zervikalen Subarachnoidalraumes ist ebenfalls noch ein geringer Netto-Fluß meßbar, während dies im Lumbalsack und in der zerebralen Konvexität nicht der Fall ist.

Gegenüber den geringen bzw. fehlenden Netto-Flußraten sind die Maximalgeschwindigkeiten während der Pulsationen in beiden Richtungen und in den unterschiedlichen Abschnitten der Liquorräume mit 0,5–3,5 cm/sec ganz erheblich. Damit ist durch die über die gesamten Liquorräume laufenden Pulsationen eine graduelle Durchmischung und ein steady-state-Verteilungsgleichgewicht der Liquorinhaltsstoffe gewährleistet. Lokale Tracer-Injektionen geben über die Verteilungszeiten Auskunft. Beispielsweise ist nach intraventrikulärer Injektion lumbal nach etwa 35 Minuten, nach intralumbaler Injektion in der zerebralen Konvexität erst nach 24 Stunden das Verteilungsgleichgewicht erreicht.

Unter physiologischen Bedingungen stehen Bildung, Zirkulation und Resorption des Liquors in einem dynamischen Gleichgewicht. Nachdem Bildung und Zirkulation nunmehr bereits befriedigend erklärt werden können, ist das klassische Resorptionsmodell über die Verbindungen des Subarachnoidalraumes mit den venösen Sinus, die als Arachnoidalzotten (Pacchioni-Granulationen) in die Dura eingebettet sind (Abb. 2) und den Liquor über einen Ventilmechanismus unidirektional in Form eines bulk flow in das venöse Blut entleeren sollen, zumindest als Hauptabflussweg umstritten [21, 25]. Dazu tragen vor allem Befunde bei,

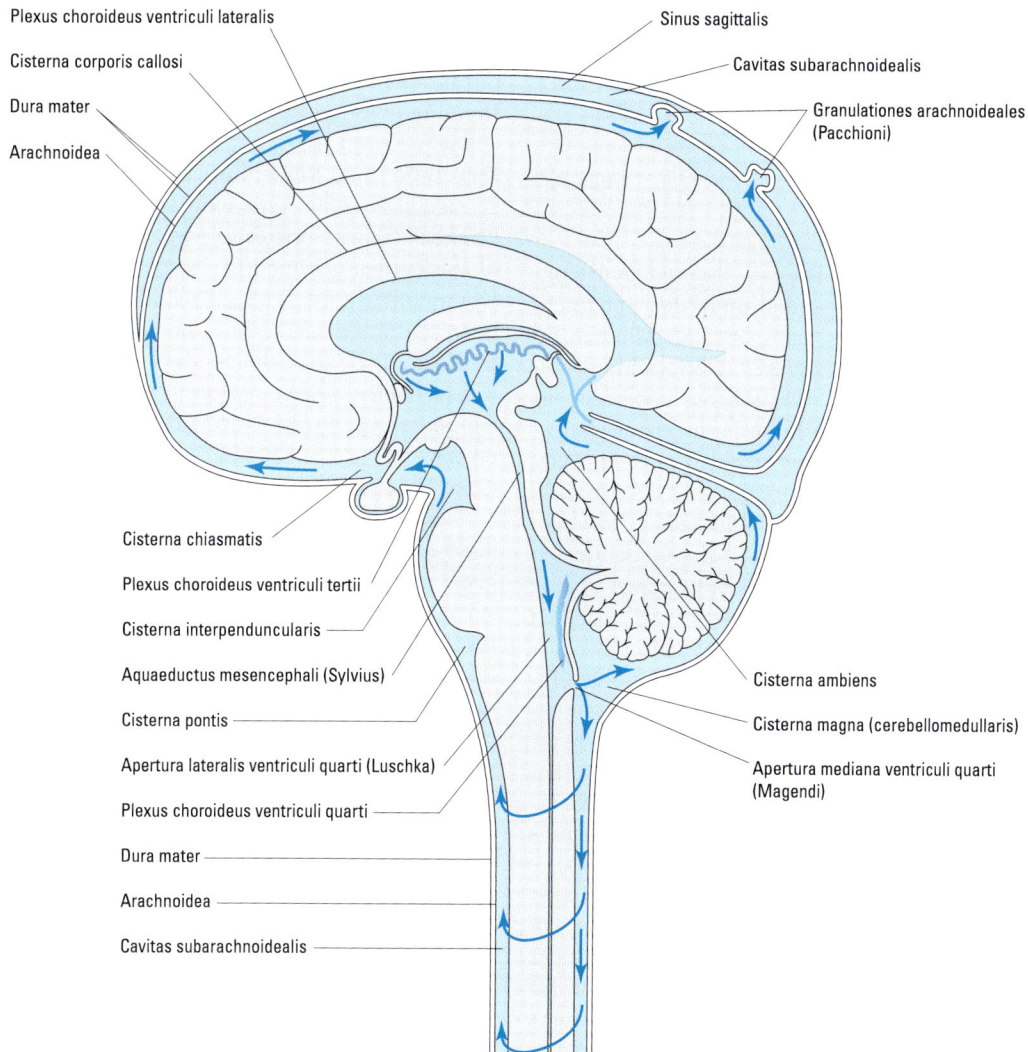

Abb. 4 b Illustration der Liquorzirkulationsräume im menschlichen Gehirn: traditionelles bulk flow-Modell (modifiziert nach [36]).

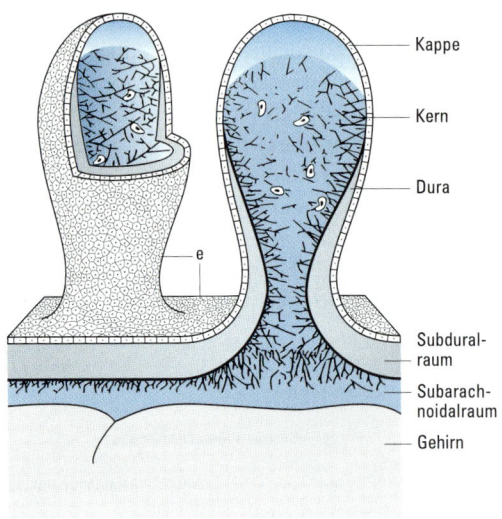

Abb. 5: Schematische Illustration der morphologischen Strukturen der Arachnoidalzotten nach [15].

nach denen beispielsweise Albumin und Kontrastmittel nach Applikation in den Subarachnoidalraum bereits nach wenigen Minuten im Blut nachweisbar werden. Die Richtung Liquor-Blut scheint also weniger behindert als umgekehrt, wobei sich die Transportmechanismen grundlegend unterscheiden müssen. Letztere in Richtung Liquor-Blut sind derzeit allerdings noch weitgehend hypothetisch bzw. offen. Die Feinstruktur der Arachnoidalzotten ist in Abb. 5 dargestellt [15]. Die Grenze an der Kappe zum venösen Lumen wird lediglich durch eine Endothelschicht gebildet.

Weitere bevorzugte Resorptionsorte des Liquors sind Prolongationen des Subarachnoidalraumes um bestimmte Nerven und Nervenwurzeln an den Durchtrittsstellen durch die Meningen. Günstige Regionen für den Austritt des Liquors befinden sich im Bereich des Nervus olfactorius, des Nervus opticus, des Nervus vestibulo-cochlearis sowie bestimmter spinaler Nervenwurzeln [6]. Besonders die Lamina cribrosa mit ihren Löchern für den Durchtritt der Nervi olfactorii ist eine bevorzugte Region für den Liquoraustritt. Nach Blockade der Lamina cribrosa mit Acrylklebstoff war der wiedergefundene Anteil des jod-markierten Albumins in der cervicalen Lymphe deutlich reduziert [7].

Mit jodmarkiertem Albumin, das intraventrikulär appliziert und danach in cervicalen Lymphwegen nachgewiesen wurde, konnte gezeigt werden, daß speziesabhängig bis zu 16% des Liquors in die Lymphe drainieren [10].

Die Tatsache, daß sich das Liquorsystem und der Plexus chorioideus viel früher als die Arachnoidalvilli entwickeln und letztere mit dem Alter zunehmen, ist sogar Grund einer völligen Ablehnung dieses Resorptionsweges unter physiologischen Bedingungen [25]. Die Funktion der Granulationen soll darin bestehen, daß sie „Sicherheitsballons" zum Schutz des Hirngewebes bei plötzlichem Anstieg des intrakraniellen Druckes und mögliche Orte für Immunantworten darstellen.

Die neueren Erkenntnisse zu Produktion, Zirkulation und Resorption des Liquors haben zu einem besseren Verständnis bis hin zu Reklassifikationen beispielsweise der Hydrocephalusformen geführt [21, 38]. Sie können die Kommunikationsstörungen zwischen ventrikulären und äußeren Liquorräumen bei der bakteriellen Meningitis, die zu Zell- und Proteinunterschieden führen, sinnvoll erklären [18]. Sie verdeutlichen die Notwendigkeit der Korrektur einer Reihe klassischer und häufig kritiklos übernommener Lehranschauungen.

Ganz besonders legen die neueren Erkenntnisse damit dem klinisch-chemisch und zytologisch arbeitenden Liquordiagnostiker die verstärkte Nutzung als konkretes interdisziplinäres Basismaterial für seine Theorienbildung und sein Verständnis von Elementarprozessen nahe. Der folgende Abschnitt ergänzt und unterstreicht diese Feststellung aus morphologischer und biochemischer Sicht.

3.3 Morphologie und Biochemie der Blut-Hirn- und Blut-Liquor-Schranke Transportmechanismen

Die Zusammensetzung des Liquors unterliegt einer strengen Regulation durch die beteiligten Schrankensysteme, wobei in den Grundprinzipien der Sekretions- und Schrankentransport-

A.3 Anatomie und Physiologie des Liquorsystems

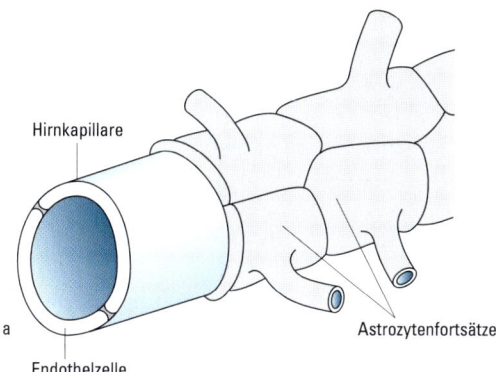

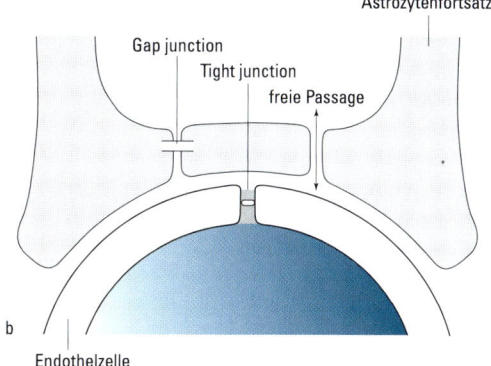

Abb. 6: Zelluläre Komponenten, die an der Blut-Hirn-Schranke lokalisiert sind:
Die Schrankenfunktion wird primär durch die Endothelzellen und deren „tight junctions" bestimmt. Die Astrozytenfortsätze mit ihren „gap junctions" sind durchlässiger, so daß sie keine echte Filtrationsbarriere darstellen (modifiziert nach [30]).

mechanismen an den Blut-Liquor- und Blut-Hirn-Schranken vielfach Übereinstimmungen bestehen (Abb. 6, 7, 8 a und 8 b).

Die zur Erhaltung der Homöostase zwischen den vier zerebralen Kompartimenten (Vierkompartiment-Modell nach [13], Abb. 7)

- vasculäres Kompartiment (Lumen der Gefäße des Hirnparenchyms, des Plexus choroideus und der meningealen Schichten),
- intrazelluläres Kompartiment des Hirnparenchyms (Nerven- und Gliazellen),
- Extrazellularraum des Hirnparenchyms,
- Liquorkompartiment (Ventrikel, Subarachnoidalraum)

notwendige Regulation erfolgt durch limitierte interzelluläre (parazelluläre) und transzelluläre Transportmechanismen. Das streng regulierte Gleichgewicht des Stoffaustauschs durch diese Transportmechanismen ist höchst komplex und umfaßt Aufnahme-, Strömungs-, Sekretions- und Resorptionsprozesse. Es wird durch morphologisch und biochemisch determinierte Schrankenfunktionssysteme bewerkstelligt, deren strukturelle und funktionelle Aufklärung in den letzten beiden Jahrzehnten deutliche Fortschritte erfuhr. Ihre biologische Bedeutung schließt die Protektion der Zellen des Nervensystems vor ausscheidungspflichtigen Metaboliten und toxischen Substanzen, die stabile Zusammensetzung der Extrazellularflüssigkeiten und die regulierte Versorgung mit für Signaltransduktionsprozesse notwendigen Substanzen ein.

Die Kategorisierung der Schrankenfunktionssysteme nach dem Kompartimentmodell erfolgt in ein Blut-Hirn-, Blut-Liquor- und Hirn-Liquor-Schrankenfunktionssystem. In all diesen Schrankenfunktionssystemen sind sowohl interzelluläre als auch transzelluläre Transportmechanismen eingeschlossen. Der Liquordiagnostiker nutzt diese Systematisierung für seine Befundinterpretation, obwohl er eigentlich mit der ausschließlichen Messung von Konzentrationen in den Liquores der verschiedenen Punktionsorte (Kompartimente) bzw. von Konzentrationsrelationen Liquor/Serum immer nur das komplexe Resultat aller beteiligten Prozesse erfaßt.

3.3.1 Interzelluläre (parazelluläre) Schrankenfunktionssysteme

Sie separieren die betreffenden Kompartimente überwiegend hinsichtlich des Stofftransportes hydrophiler makromolekularer Solute, vornehmlich der Blutproteine in den Extrazellularraum des Hirnparenchyms [37] und in das Liquorkompartiment.

Die morphologischen Korrelate aller interzellulären Schrankenfunktionssysteme für makromolekulare Solute, die nicht einem facilitierten transzellulären Transport über spezifi-

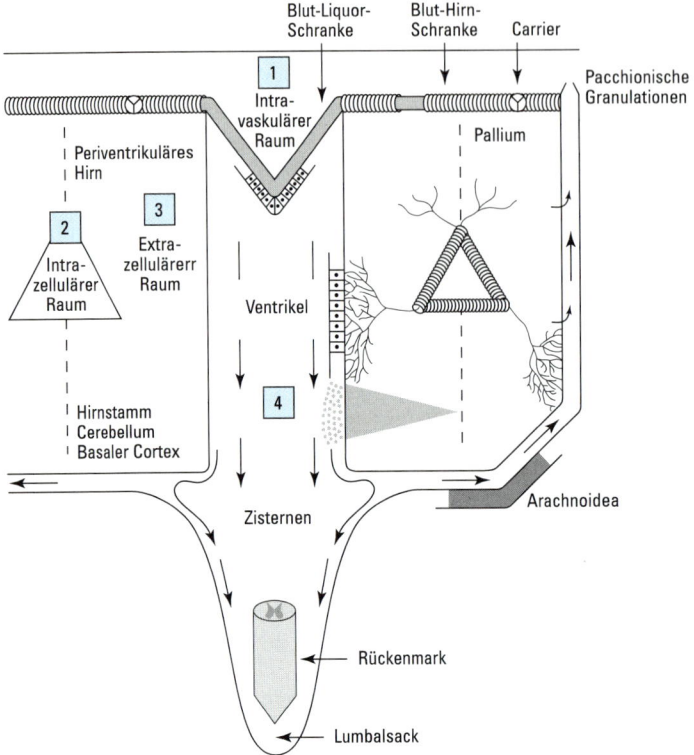

Abb. 7: Schematische Darstellung des Konzeptes einer funktionell unabhängigen Blut-Liquor-Schranke nach [13].

sche Carrier bzw. Rezeptoren unterliegen, stellen generell die die Interzellularspalten schrankenbildender Epithel- und Endothelzellen verschließenden *tight junctions* (Zonulae occludentes) dar (Übersicht in [32]).

Für den interzellulären Transport bilden die tight junctions zwischen vaskulären Endothelzellen das morphologische Korrelat des *Blut-Hirn-Schrankenfunktionssystems*, diejenigen zwischen den einschichtigen kinozilienarmen Ependymzellen des Plexus choroideus lumenseits der Ventrikel (Epithelzellen), zwischen der ein- bis zweischichtigen Zelllage des Neurothels des Subarachnoidalraumes und zwischen den Endothelzellen nichtfenestrierter leptomeningealer Gefäße das morphologische Korrelat des *Blut-Liquor-Schrankenfunktionssystems*. Im Plexus choroideus als einer Invagination der Pia mater in die Kavitäten der Ventrikel sind die Endothelien der zahlreichen Blutgefäße fenestriert, so daß das gesamte Stroma im „Blut-Milieu" (Serum-Milieu) liegt. Die Dächer des dritten und vierten Ventrikels und die Wände der lateralen Ventrikel stellen die vier Plexuslokalisationen dar (Abb. 4 b).

Die lumenseitig und damit das „Liquormilieu" abgrenzende, schrankenbildende Epithelschicht mit ihren tight junctions ist ein zu kuboiden, kinozilienarmen Zellen modifiziertes Ependym. Die Oberfläche des Plexus besteht aus villösen Ausläufern, die eine beträchtliche Oberflächenvergrößerung der Epithelschicht und damit der Austauschfläche bewirken. Beim Menschen haben alle 4 Plexusgeflechte zusammen eine Oberfläche von ca. 200 cm^2. Die schrankenbildenden tight junctions der Epithelschicht befinden sich in der apicalen Region.

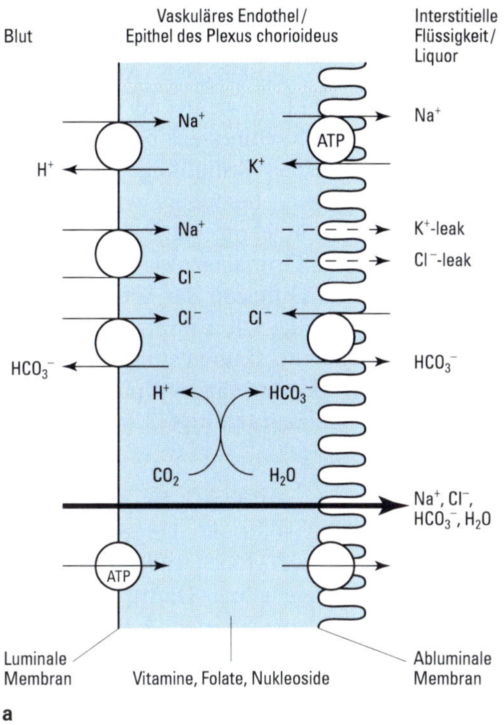

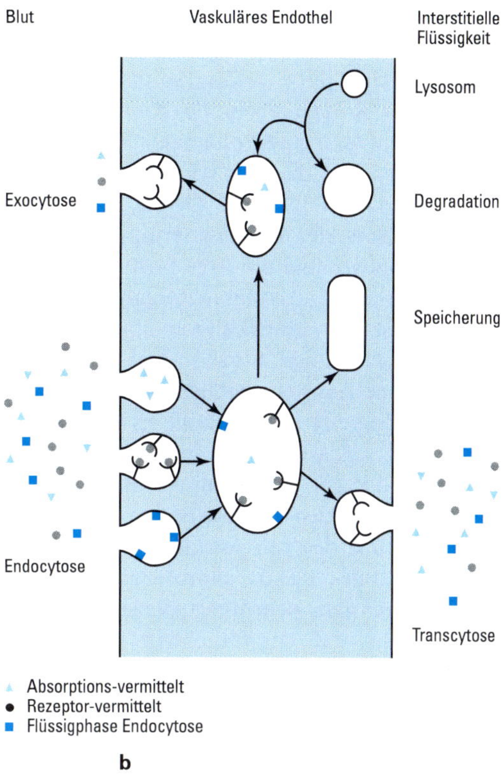

A.3 Anatomie und Physiologie des Liquorsystems

Abb. 8: Transportmechanismen nach [30]:
a) am Hirnkapillarendothel bzw. am Epithel des Plexus chorioideus,
b) vesikulär am Hirnendothel

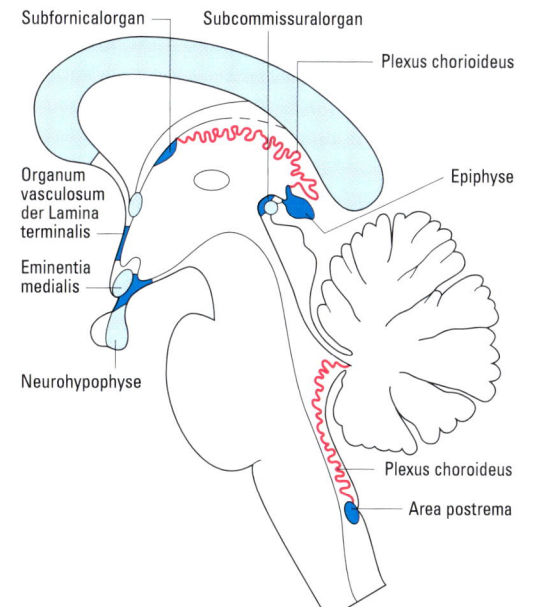

Abb. 9: Schematische Darstellung der Lokalisation der zirkumventrikulären Organe im menschlichen Gehirn; medianer Sagittalschnitt (modifiziert nach [48]).

Ähnlich dem Plexus chorioideus haben die *circumventrikulären Organe* fenestrierte Endothelzellen ihrer Gefäße, so daß ihre perivaskulären Räume ebenfalls das „Blut-Milieu" repräsentieren (neurohämale Regionen). Zu ihnen gehören die Epiphyse, die Eminentia medialis, das subfornicale Organ, das Organum vasculosum der Lamina terminalis, die Neurohypophyse und die Area postrema. Die meisten circumventrikulären Organe grenzen sowohl an den ventrikulären als auch an den subarachnoidalen Liquorraum (Abb. 9). Verschiedene Autoren rechnen die Plexus chorioidei zu den circumventrikulären Organen.

Eine Sonderform des interzellulären Transports bildet die Migration von Blutzellen in die liquorführenden Systeme und in die interstitiellen Räume des perivaskulären „Blut-Milieus" (Stroma des Plexus chorioideus, intraduraler Raum bis zum Neurothel). Neuere Arbeiten legen nahe, daß der Durchtritt von Blutzellen durch kapillares Endothel interzellulär, also auch durch die tight junctions, erfolgt. Die penetrierende Zelle verformt sich länglich und öffnet die junctions. Der Öffnungs-/Reorganisationsprozeß geschieht innerhalb von Minuten, wobei die tight junctions geöffnet und völlig intakt wieder geschlossen werden [11].

Unter bestimmten pathologischen Bedingungen werden dabei allerdings in distinkten endothelialen Abschnitten die tight junctions in Struktur und Zusammensetzung verändert, so daß dort die Blut-Hirn-Schranke alteriert ist (z. B. bei MS, Schlaganfall [5]).

3.3.2 Hypothesen zum interzellulären Transportmechanismus – Substruktur und Zusammensetzung von tight junctions

Aus den Konzentrationen der Liquorproteine und ihrer Relationen zueinander im Vergleich zu denen des Serums lassen sich zwei wesentliche Schlußfolgerungen ziehen: Die tight junctions der am Transport beteiligten Epithelien und Endothelien üben keine totale Sperrfunktion aus, sondern müssen eine partielle Durchlässigkeit besitzen, und die tight junctions müssen im Rahmen ihrer partiellen Durchlässigkeit zur Selektion von Proteinen in Abhängigkeit von deren Molekulargewicht und hydrodynamischen Moleküldurchmessern befähigt sein.

Aus diesen beiden Schlußfolgerungen und dem erforderlichen, besonders während der letzten beiden Jahrzehnte stark gewachsenen interdisziplinären Grundlagenwissen wurde die Hypothese einer Diffusion der Serumproteine nach dem Prinzip der Ultrafiltration [15] durch distinkte „Poren-Strukturen" innerhalb der tight junctions der beteiligten Epithelien und Endothelien erheblich gefestigt [8, 9, 27, 40, 46, 47]:

1. Das Protein-Lipid-Modell des Aufbaus der tight junctions sollte das langzeitig diskutierte reine Lipid-Modell endlich und endgültig verdrängt haben. Die tight junction wird, beide benachbarten Epithel- oder Endothelzellen verbindend und damit in einen apicalen und basolateralen Membranteil polarisierend, von Proteinsträngen aneinandergereihter Occludin-Claudin-haltiger Vesikel durchzogen (tight junction strands). Diese sind ihrerseits mit spezifischen membranständigen Proteinkomplexen der benachbarten Zellen gekoppelt. Diese „peripheren" tight junction-Proteine (ZO-1, ZO-2, Cingulin, p130, 7H6, rab13, Ras target protein u. a. [42, 44]) sind wiederum intrazellulär mit dem filamentösen Actomyosin-Netzwerk des Cytoskeletts der benachbarten Epithel- oder Endothelzellen verbunden. Die tight junctions sind also keine isolierten, sondern in den gesamten Zellverband integrierte Funktionseinheiten.
2. Die Occludin-Claudin-haltigen Vesikelstränge (sicher sind weitere, bislang noch nicht entdeckte integrale Proteine enthalten) in tight junction-Populationen epithelialer und endothelialer Zellverbände treten mit verschiedener Häufigkeit zwischen zwei und mehr als 10 Strängen mehr oder weniger anastomisierend auf. Zusätzlich zeigen sich diesbezüglich deutliche Organunterschiede. Die Stränge werden, auch hier wiederum

populations- und organabhängig, in unterschiedlichem Maße als blind endend oder mit Unterbrechungen unterschiedlicher Länge in den Vesikelreihen gefunden [9, 24, 35, 46]. Diese freien Endigungen und Unterbrechungen werden als die Grundlage von „Poren"-Bildungen angesehen.

Die Variationen im substrukturellen Aufbau des Strangmusters bedingen den Grad der Dichtheit der tight junctions von „very tight" (z. B. in Endothelien zerebraler Kapillaren und postkapillärer Venulen) bis „leaky" (z. B. in Epithelien des Plexus choroideus) und „very leaky" (z. B. in zerebralen Sammelvenen). „Very tight" bedeutet hohe Strangzahl mit vielen Anastomosen zwischen den Strängen, wenig blind endende Stränge und geringe Häufigkeit ihrer Unterbrechungen. Die tight junctions der nichtfenstrierten zerebralen Kapillaren sind praktisch als undurchlässig für Proteine anzusehen.

3. Das hochkomplexe Netzwerk aus den tight junctions und ihrer wahrscheinlichen Porensysteme, den membranständigen „peripheren" Proteinkomplexen und dem intrazellulären Zytoskelett wird als Gesamtheit durch zahlreiche Faktoren reguliert: Ca^{2+}, G-Proteine, cAMP, Proteintyrosinkinase, Proteinkinase C, Phospholipase C, Zytokine (rTNF-α, IFN-γ), Östrogene, integrale Komponenten benachbarter adherens junctions u. a. [1, 3, 19 u. a.].

Durch dieses komplexe Regulationssystem werden einerseits eine hohe Prozeßdynamik und andererseits eine gewisse Strukturstabilität der tight junctions gewährleistet. Die interzelluläre tight junctions-Schranke ist also als ein äußerst dynamisch arbeitendes Funktionssystem der gesamten einbezogenen Zellverbände aufzufassen. Die relativ hohe Stabilität zeigt sich darin, daß Struktur und Zusammensetzung des vermutlichen Porenmusters und damit der proteinabhängigen Selektionsfunktion der tight junctions selbst unter bestimmten pathologischen Bedingungen weitgehend erhalten bleiben. Dies ist aus klinischer Sicht von hoher Bedeutung für die Definition und Zuordnung von Schrankenfunktionsstörungen.

Nach dieser mittlerweile weltweit anerkannten Hypothese zur Ultrafiltration von Proteinen entsprechend ihres Molekulargewichtes und ihrer molekularen Dimensionen durch das interzelluläre tight junctions-Filter ist gewissermaßen der initiale Schritt aus dem Gesamtkomplex von Prozessen erklärt, die unter dem Begriff der interzellulären Schrankentransportfunktion zusammengefaßt werden. Dieser initiale Selektionsprozeß wird durch die Konzentrationsrelation der Proteine zwischen Serum/Liquor unter physiologisch normalen Bedingungen dokumentiert. Die absoluten Konzentrationen der Proteine im Liquor unterschiedlicher Kompartimente (Punktionsorte) sind jedoch bei intakter Selektionsfunktion das Resultat von Serumangebot, Liquorproduktion, Liquorfluß und Liquorresorption (unter pathologischen Bedingungen ist für Reiber die Liquorflußgeschwindigkeit die determinierende Größe, siehe Abschnitt A.4. und [41]).

Es kann allerdings derzeit nicht ausgeschlossen werden, daß im interzellulären Transport der Proteine neben dem dominierenden passiven Mechanismus der Diffusion/Ultrafiltration noch zusätzlich andere, eventuell facilitierende Prozesse wirksam sind. Aufgrund der gesicherten Proteinmatrix der tight junctions und damit stationärer polyionischer Ladungsträger sind beispielsweise zusätzliche Trenneffekte für diffundierende mobile Eiweißgemische auf der Basis ionischer Wechselwirkungen denkbar.

3.3.3 Transzelluläre Schrankenfunktionssysteme

Transzelluläre Schrankenfunktionssysteme existieren für alle Arten von Transportmechanismen im Transfer zwischen den vier zerebralen Kompartimenten. Der jeweilige Transportmechanismus ist substanz- bzw. substanzklassenspezifisch. Die Definition im Sinne einer Schranke, also eines mehr oder weniger limitierten Transports, ist hier sehr weit gefaßt:

- Bei den passiven transzellulären Transportprozessen, also auf einer passiven Diffusion beruhend, wird der Blut-Liquor-, Blut-Hirn- und Hirn-Liquor-Substanztransfer durch alle zwischen den jeweiligen Kompartimenten liegenden Zellschichten und interstitiellen Räume unter Einstellung eines von der jeweiligen Substanz abhängigen Diffusionsgleichgewichtes vollzogen. Der Prozeß gehorcht dem Fickschen Gesetz, der Stofftransport ist also direkt proportional dem Konzentrationsgradienten der zu durchdringenden Membran- und Schichtflächen sowie dem Verteilungskoeffizienten der betreffenden Substanz in den entsprechenden Milieus. Er ist umgekehrt proportional der Membran- und Schichtdicke. Abfluß und Verbrauchsreaktionen bestimmen die stationäre Stoffkonzentration im Zielkompartiment. Respiratorische Gase (O_2, CO_2) können aufgrund ihres Partialdruck-Gradienten durch die Blut-Hirn-Schranke frei diffundieren. Lipophile Substanzen (Steroidhormone, lipophile Pharmaka [16], Alkohol u. a.) können die zerebralen Schranken durch Diffusion relativ leicht passieren. Für hydrophile Substanzen hingegen stellen Zellmembranen aufgrund ihrer doppelschichtigen Lipidstruktur eine weitgehende Diffusionsbarriere dar.
- Bei den facilitierten transzellulären Transportprozessen, also auf einer *Carrier- bzw. Transporter-vermittelten Diffusion* beruhend, wird der Blut-Liquor-, Blut-Hirn- und Hirn-Liquor-Substanztransfer durch die zwischen den jeweiligen Kompartimenten liegenden Carrier-tragenden Zellschichten unter Einstellung eines substanz-spezifischen Transportgleichgewichtes vollzogen. Der Prozeß läuft nach den substanzspezifischen kinetischen Gesetzmäßigkeiten ab, wie wir sie etwa aus der Enzymkinetik kennen. Durch Strukturanaloga der zu transportierenden Substanz kommt es zu Aktivierungen bzw. Hemmungen am Carrier durch Kompetition. Substanzspezifische Carrier existieren im zerebralen Schrankentransport hauptsächlich für niedermolekulare hydrophile Solute: Aminosäuren (jeweils Carrier für neutrale, basische und saure Aminosäuren), Glukose u. a.
Eine spezielle Form des facilitierten transzellulären Transports stellen *Rezeptor-vermittelte Mechanismen* (Endozytose, Transzytose) dar. Bezüglich der zerebralen Transportprozesse sind substanzspezifische Rezeptoren in Endothelzellen der Gefäße, sowie in allen zerebralen Zellpopulationen nachgewiesen (z. B. für Transferrin zum Eisentransport in die Zellen).
- Ein Großteil zerebraler transzellulärer Transportprozesse verläuft über aktive Transportmechanismen, beruhend auf der gekoppelten Energiefreisetzung aus der ATP-Hydrolyse durch ATPasen. Sie finden an allen zerebralen Schrankensystemen, damit alle vier Kompartimente betreffend, statt und regeln im weitesten Sinne Sekretion, Absorption, Ionentransfer, Osmolarität u. a. m. (siehe biochemische Grundlagenliteratur).
- Eine spezielle Form des transzellulären Transports stellt die Pinozytose (vesikuläre Endo- und Exozytose) dar. Im physiologisch normal arbeitenden Hirn spielt diese Transportform eine untergeordnete Rolle. Unter pathologischen Bedingungen kann sie einen größeren Umfang annehmen und hier besonders dem Transport makromolekularer Solute dienen.

3.4 Liquor-Inhaltsstoffe

3.4.1 Proteine und Lipide

Proteine: Die Zusammensetzung des Liquor cerebrospinalis ist relativ gut bekannt, weil seit der Einführung der Lumbalpunktion durch Quincke [39] die Analyse des lumbalen Liquors möglich ist. Der Liquor kann als Utrafiltrat des Blutplasmas betrachtet werden. Mit Ausnahme von bestimmten zusätzlichen hirneigenen Proteinen lassen sich die meisten Liquorinhaltsstoffe auch im Blut, in der Regel in viel höherer Konzentration, nachweisen. Aus diesem Grund ist die quantitative Bestimmung der meisten Liquorinhaltsstoffe ohne Bezug

A.3 Anatomie und Physiologie des Liquorsystems

Tab. 1: Aus dem Blut stammende Liquorinhaltsstoffe

Substanz	Liquor	Serum	Liquor/Serum Quotient	Besonderheiten
	Referenzbereiche			
Gesamtprotein	200–500 mg/l	70 g/l	bis 8×10^{-3}	Marker für Störung der Schrankenfunktion; Bezugsparameter für Synthese von Ig im ZNS
Albumin	150–350 mg/l	35–55 g/l		
IgG	bis 40 mg/l	8–18 g/l	bis 6×10^{-3}	Träger der humoralen Immunreaktion im ZNS Indikator für chronische oder zurückliegende ZNS-Entzündung
IgA	bis 6 mg/l	0,9–4,5 g/l	bis 4×10^{-3}	s. o.
IgM	bis 1 mg/l	0,6–2,5 g/l	bis 1.8×10^{-3}	s. o.
ICAM-1	1,5 µg/l	285 µg/l	bis 5×10^{-3}	Indikator für akute Entzündungen im ZNS; Bei MS im Schub erhöht
α_1-Glykoprotein	3,7 mg/l	70–110 mg/l		Akute-Phase-Protein
α_2-Makroglobulin	3,3 mg/l	130–380 mg/l		Zeichen für Störung der Schrankenfunktion
Transferrin	1,7–3 mg/l	210–445 mg/l		
Haptoglobin	2,2 mg/l	10–220 mg/l		Zeichen für entzündlichen Prozeß

auf die Blutwerte wenig aussagekräftig. Liquor und Blut müssen daher parallel zum gleichen Zeitpunkt gewonnen und untersucht werden.

Für hydrophile Moleküle besteht eine klare Korrelation zwischen dem Liquor/Serum-Quotienten und den hydrodynamischen Molekülgrößen. Dieses Verhältnis gilt jedoch nur im „steady-state-Gleichgewicht", d. h. bei stabilen Konzentrationen des betreffenden Moleküls im Serum und bei ungestörter Blut-Liquor-Schranke. Eine vergleichende Betrachtung der Proteinkonzentration des Serums und des Liquors zeigt eine ca. 200-fach höhere Konzentration im Serum, was den Farbunterschied der beiden Flüssigkeiten erklärt. Dieser Konzentrationsgradient ist molekülgrößenabhängig, d. h. der Gradient nimmt mit zunehmender Molekülgröße zu (z. B. bei IgM bis zu 3 000-fach) [14].

Etwa 80 % der Liquorproteine des gesunden Menschen stammen aus dem Blut, wobei bestimmte Proteine (insbesondere das Albumin) dominieren (Tab. 1). Wenn Molekülgröße und Serumkonzentration dieser hydrophilen Proteine bekannt sind, kann ihre Konzentration im Liquor annähernd berechnet werden. Ist die Konzentration im Liquor höher als rein rechnerisch zu erwarten wäre, so ist eine intrathekale Synthese anzunehmen (s. Kap. B.3.). Bei einer Schrankenfunktionsstörung (erhöhter Albumin Liquor/Serum-Quotient) nimmt die Relation von aus dem Serum stammenden Proteinen (IgG, IgA, IgM) entsprechend einer Hyperbelfunktion zu [41], während der Liquor/Serum-Quotient des löslichen Adhäsionsmoleküls ICAM-1 eine Zunahme entsprechend einer Sättigungskurve zeigt [34].

Die *Liquorproteine lokalen Ursprungs*, d. h. intrathekal synthetisiert, machen etwa 20 % des Gesamtproteins im Liquor aus. Die wesentlichen Proteine lokalen Ursprungs sind in Tab. 2 zusammengefaßt. Hierbei ist zu erkennen, dass der größte Anteil dieser Proteine in den Meningen synthetisiert wird, während die Proteine aus dem Hirnparenchym nur einen geringen Anteil ausmachen. Bei einem erhöhten Albuminquotienten bleibt die Konzentration der

Tab. 2: Liquorinhaltsstoffe mit vorwiegend intrathekalem Anteil

Substanz	Liquor	Serum	Lokale Synthese (%)	Besonderheiten
	Referenzbereich (Mittelwert)			
Transthyretin (Präalbumin)	17 mg/l	250 mg/l	93	Synthese im Plexusepithel; Transporter
Prostaglandin-D-Synthase (ehemals β-Trace)	15 mg/l	0,5 mg/l	>99	Nachweis einer Liquorfistel; Enzym und Transporter
Cystatin-C (γ-Trace)	3 mg/l	0,5 mg/l	>99	Proteinase-Inhibitor
Apolipoprotein E	6 mg/l	93,5 mg/l	90	Lipidtransporter
$β_2$-Mikroglobulin	1 mg/l	1,7 mg/l	99	ZNS-Befall bei Leukämien, Lymphomen und HIV-Infektion
Neopterin [23]	4,2 nmol/l	5,3 nmol/l	98	Mikroglia- und Makrophagenaktivierung bei ZNS-Infektion;
NSE	5 µg/l	6 µg/l	>99	Marker für Neuronenschädigung
GFAP	0,12 µg/l	n. n.	100	Marker für Gliaschädigung/-aktivierung
Ferritin	6 µg/l	120 µg/l	97	Marker für Tumoren, Entzündungen und SAB
S-100 Protein	2,9 µg/l	0,12 µg/l	>99	Marker für Gliaaktivierung und Melanom
MBP	0,5 µg/l	n. n.	100	Marker für Myelinschädigung bei MS
Tau-Protein	170 ng/l	n. n.	100	Marker für Neuronen- und Axonenschädigung
14-3-3 Protein	qualit.	n. n.		diagnostische Relevanz bei Creutzfeldt-Jakob-Krankheit
IL-6	10,5 ng/l	12 ng/l	99	Immunaktivierung
TNF-alpha	5,5 ng/l	20 ng/l	94	Immunaktivierung
$β_2$-Transferrin	qualit.	n. n.		Nachweis im Immunoblot; Marker für Liquorfistel

meisten untersuchten Proteine lokalen Ursprungs mit Ausnahme von Prostaglandin-D-Synthase nahezu unverändert [45], da ihre Transportmechanismen unterschiedlich und von einander unabhängig sind.

Die Referenzwerte für Konzentrationen im Serum und lumbalen Liquor, für Liquor/Serum-Quotienten, für intrathekal produzierte Fraktionen sowie die Bedeutung der meningealen, parenchymatösen und immunologischen Proteine sind in Tab. 1 und 2 zusammengefaßt.

Proteine aus ventrikulärem und lumbalem Liquor: Bei einer intakten Blut-Liquor-Schranke ist die Konzentration des Gesamteiweißes im lumbalen Liquor von Referenzpersonen um das 2–3-fache höher als in den Seitenventrikeln. Entsprechend steigt die Konzentration der meisten Proteine von ventrikulär nach lumbal an: Albumin 2,3-fach, IgG 2,6-fach, Transferrin 1,9-fach. In der Regel gilt dieser zunehmende ventrikulo-lumbale Gradient für Proteine, die aus dem Blut stammen, da über die bis in den Lumbalraum reichende leptomeningeale Blut-Liquor-Schranke zusätzliches Serumultrafiltrat hinzukommt (s. oben 3.1).

Für Proteine intrathekalen Ursprungs sind die Verhältnisse anders: Für hirnspezifische Proteine, die aus dem Parenchym kommen (NSE, S100, GFAP) oder aus dem Plexus choroideus sezerniert werden (z. B. Transthyretin) ist das Verhältnis der ventrikulären zur lumbalen Konzentration entweder 1:1, oder die Konzentration nimmt nach lumbal hin ab. Für intrathekal synthetisierte Proteine allerdings, die primär aus den Leptomeningen stammen (z. B. Prostaglandin-D-Synthetase), ist wie bei den aus dem Blut stammenden Proteinen ein Konzentrationsanstieg zum lumbalen Liquor hin zu beobachten. Dieses ist dadurch zu erklären, daß entlang der cranio-caudalen Neuroaxis die leptomeningealen Strukturen diese Proteine zusätzlich sezernieren [4]. Zu Vergleichen zwischen ventrikulärem und lumbalem Liquor siehe auch Kapitel A.4 und B.8.

Lipide: Das Interesse an den Lipiden des Liquor cerebrospinalis ist im wesentlichen auf die Tatsache zurückzuführen, daß Nervengewebe den höchsten Lipidanteil von allen Organen besitzt und zudem ein spezifisches Lipidmuster aufweist. Deshalb sind die Bemühungen der Liquorlipidforschung in erster Linie darauf gerichtet, festzustellen, ob sich eine Korrelation der Liquorlipidzusammensetzung zu pathologischen Hirnprozessen herstellen läßt. Dabei gilt es, Störungen infolge erhöhter Permeabilität der Blut-Liquor-Schranke abzugrenzen. Im Vergleich zu der Serum-Lipidmenge ist der Lipidgehalt des Liquors (10–20 mg/l) extrem niedrig mit einem Serum/Liquor-Verhältnis von ca. 300:1.

Die Herkunft der normalen Liquorlipide ist heterogen. Sowohl Serumlipide als auch Lymphozytenlipide können das Lipidspektrum des Liquors erheblich beeinflussen. Daß auch geringe Anteile aus Hirnlipiden oder entsprechende Abbauprodukte in den Liquor übergehen, ist nicht auszuschließen. Ihre Differenzierung ist jedoch bislang nicht zuverlässig möglich.

3.4.2 Elektrolyte und Säure-Basen-Haushalt

Natrium-Ionen: Unter physiologischen Bedingungen in Serum und Liquor zeigt die Natriumverteilung keine Isoosmolalität. Die Austauschvorgänge unterliegen aktiven Transportmechanismen, die eine Regulation zwischen den beiden Kompartimenten möglich machen. Die Natriumkonzentrationen zeigen ausgehend vom Normbereich des Blutserums und bei physiologischem Säurebasenstatus einen Verteilungsquotienten, der zwischen 103% und 114% zugunsten des Liquors liegt. Für Chlorid liegt er zwischen 110% und 130%.

Kalium- und Kalziumionen: Anders als bei Natrium und Chlorid gestalten sich die Kalium- und die Kalziumverteilung. Die Kaliumverteilung im lumbalen Liquor ist streng umgekehrt proportional zur Höhe des Serumspiegels. Hieraus resultieren niedrige Austauschquotienten bei hohen Serumkonzentrationen (Hyperkaliämie) und hohe Austauschraten bei niedrigen Serumkonzentrationen (Hypokaliämien). Prinzipiell ähnlich ist das Resultat für die Kalziumionenverteilung.

Normalwertbereiche für Natrium und Kalzium finden sich in Tab. 3.

Säure-Basen-Gleichgewicht: Für die Aufrechterhaltung des Säure-Basen-Gleichgewichts stehen dem Liquor im Vergleich zum Blut sehr geringe Eiweißmengen und wenige puffernde zelluläre Oberflächenladungen zur Verfügung. Daher erfolgt die Pufferung im Liquor primär durch das Bikarbonat/CO_2-System. Die Konsequenz hieraus ist, daß die pH-Verschiebung im Säure-Basen-Nomogramm auf einer Isobicarbonatlinie erfolgt. Unter physiologischen Bedingungen zeigen sich innerhalb des Liquorraumes geringgradigere Veränderungen des pH-Wertes als im Blut. Dies spricht für ausgezeichnete Stabilisierungsmöglichkeiten des Säure-Basen-Milieus im Liquor trotz der Besonderheit seiner viel geringeren Pufferkapazität. Dadurch ist das ZNS über die Blut-Hirn-Schranke bezüglich Entgleisungen des Säure-Basen-Haushalts besser geschützt als der übrige Körper. Einzelparameter des Säure-Basen-Haushalts sind

Tab. 3: Niedermolekulare Substanzen im Liquor und Blut

Substanz	Blut	Liquor
Natrium (mmol/l)	135–145	136–146
Kalzium (mmol/l)	2,2–2,65	1,05–1,35
Kalium (mmol/l)	3,6–4,8	2,5–3,0
Chlorid (mmol/l)	95–105	108–118
pH	7,394 ± 0,017	7,306 ± 0,028
pCO_2 (mmHg)	39,1 ± 1,87	49,5 ± 2,37
pCO_2 (kPa)	5	7
HCO_3^- (mmol/l)	23,67 ± 0,98	22,69 ± 1,15
Glukose (mmol/l)	3,9–5,5	2,7–4,2
Laktat (mmol/l)	0,5–2,2	1,2–2,1
Blei (µg/l)	50–270	25–135
Aluminium (ng/ml)	10–90	22–130
Mangan (ng/ml)	20–90	0,25–1,22
Quecksilber (ng/ml)	< 6	< 5

Tab. 3 zu entnehmen. Eine Messung des pH-Wertes im isolierten Liquor hat unbedingt unter anaeroben Bedingungen zu erfolgen, da bei Luftzutritt sein viel höherer CO_2-Gehalt als derjenige der Luft sehr schnell an Letztere abgegeben wird. Der pH-Wert fällt damit sofort bis in alkalische Bereiche.

3.4.3 Glukose, Laktat, Spurenelemente

Glukose: Kinetische Studien haben für den Transport von Glukose in das ZNS sättigbare und stereospezifische Carrier-Mechanismen nachgewiesen. In der Regel sollte der Liquorspiegel etwa 2/3 des Blutspiegels betragen (Tab. 3). Ein erniedrigter Liquor/Blut-Quotient kann eine wertvolle Zusatzinformation für die Erkennung glukoseverbrauchender Prozesse oder einer Schädigung des Glukosetransporters im ZNS sein (mucobakterielle Erkrankung oder Pilzbefall), wenn die routinemäßige Differentialzytologie keinen eindeutigen Befund ergibt.

Laktat: Eine Laktatacidose des Liquors findet sich bei vielen neurologischen Erkrankungen, wie beispielsweise zerebralen Massenblutungen, Insulten, besonders ausgeprägt bei bakteriellen meningitischen Erkrankungen, jedoch kaum bei Polyneuropathien.

In der routinemäßigen Liquordiagnostik hat sich die Bestimmung der Laktatkonzentration im Liquor gegenüber derjenigen der Glukosekonzentration im Liquor und Blut als aussagefähigerer Vortest erwiesen (siehe Normalwerte in Kapitel 1.4 und Tab. 3).

Spurenelemente: Dank empfindlicher Nachweismethoden (fluoreszenz-fotometrisch und Atomabsorptionsspektralfotometrie) ist die Erfassung von essentiellen und toxischen Spurenelementen in der Medizin in den letzten Jahren besser möglich geworden. Zu ihnen zählen Jod, Eisen, Kobalt, Kupfer, Zink, Mangan, Molybdän, Blei, Quecksilber, Kadmium, Chrom, Selen, Zinn, Fluor, Vanadium, Nickel, Aluminium, Silicium und Arsen. Die essentiellen Spurenelemente können sowohl im Mangel als auch im Überschuß vorliegen und zu entsprechenden Störungen führen. Detaillierte, für den Kliniker interessante Befunde bezüglich der Spurenelemente im Liquor sind derzeit noch relativ spärlich, so daß auf die Spezialliteratur verwiesen werden muß. Einige Angaben sind in Tab. 3 enthalten.

3.4.4 Hormone und Neurotransmitter

Folgende Hormone und biologisch aktive Peptide im menschlichen Liquor wurden bisher untersucht: Somatostatin, Gonadotropin-Releasing-Hormon, Thyrotropin-Releasing-Hormon (TRH), Oxytocin, Arginin-Vasotocin, Melatonin, Adrenocorticotropes Hormon (ACTH), Wachstumshormon, Thyroidea-Stimulierendes Hormon (TSH), Prolaktin, Follikel-Stimulierendes Hormon (FSH), Choriongonadotropin, Insulin, Glukocorticoide, Thyroxin, Progesteron, Angiotensin-ähnliches Peptid, Endorphine, vasoaktive intestinale Polypeptide, Bradykinin, Substanz P, Neurophysin.

Bestimmte neuroaktive Peptide besitzen zusätzliche modulatorische Eigenschaften auf Neurotransmittersysteme (Endorphine, Substanz P, Somatostatin, Neurophysin, Angiotensin und die Hormone TRH, Oxytocin, Vasopressin, Prolaktin und die melanozytenstimulierenden und inhibierenden Hormone).

Erhöhte Liquor-Hormonspiegel wurden für folgende neurologische Erkrankungen beschrieben: Medulloblastom und Germinom (Somatostatin), Hypophysentumore mit suprasellärem Wachstum (ACTH, Wachstumshormon, Prolaktin, Luteotropes Hormon und FSH), Zustand nach Krampfanfall (Oxytocin, Prolaktin). Erniedrigte Hormonspiegel im Liquor können vorkommen bei frühkindlichen Hirnschäden (Oxytocin) und bei Hirnatrophie (vasoaktive intestinale Polypeptide). Klinisch scheint von den genannten Veränderungen derzeit vor allem die Messung der Hypophysenvorderlappenhormone hilfreich zu sein. Als zerebrale Neurotransmitter können gefunden werden: Acetylcholin, Adrenalin, Dopamin, Gamma-Aminobuttersäure, Glutaminsäure, Glycin, Histamin, Noradrenalin, Serotonin und Taurin.

Grundsätzlich ist eine Untersuchung des Neurotransmitterpools im Liquor möglich. Die klinische Relevanz von Neurotransmitterbestimmungen im Liquor ist jedoch aufgrund folgender Limitationen umstritten:

- Der Transmittergehalt im Liquor spiegelt aufgrund von Einflußfaktoren wie Sekretionsrate, Rückresorption, Hirndruck etc. nicht zwangsläufig den Transmittermetabolismus im Gehirn wieder.
- Der Transmittergehalt im Liquor läßt keinen Schluß auf die Hirnregion, in der der Stoffwechsel gestört ist, zu.
- Das Verhältnis von Transmittergehalt im Hirn zum Transmittergehalt im Liquor ist hoch.
- Ein Teil der Metabolite wird nicht in den Liquor, sondern direkt in die Blutbahn sezerniert.

Nach bisherigen Untersuchungen erwies es sich als zweckmäßiger, die Abbauprodukte von einigen Neurotransmittern anstelle der Transmitter selbst zu bestimmen, wie MHPG statt Noradrenalin, HVA statt Dopamin und 5-HIAA statt Serotonin. Die Liquorspiegel von 5-HIAA und HVA sind besonders bei psychiatrischen Patienten verändert, etwa erniedrigt bei endogenen Depressionen. Bei schweren Schädel-Hirn-Traumata mit länger anhaltendem Koma wurde über eine HVA-Erniedrigung im Liquor bei normalem oder erhöhtem 5-HIAA-Gehalt des Liquors berichtet.

Acetylcholin zeigt bei Patienten mit Anfallsleiden und Schädel-Hirn-Trauma erhöhte Werte.

Zusammenfassend ist jedoch zu sagen, daß bisher klinisch-diagnostisch verwertbare Aussagen zu Transmittern bzw. deren Metaboliten im Liquor aufgrund analytischer und methodischer Unzulänglichkeiten kaum möglich sind.

3.5 Literatur

[1] Anderson, J. M., M. S. Balda, A. S. Fanning: The structure and regulation of tight junctions. Curr Op Cell Biol 5 (1993) 772–778.

[2] Angelov, D. N.: Ultrastructural Characteristics of the Cranial Dura Mater Arachnoid Interface Layer. Z mikrosk-anat Forsch, Leipzig, 104 (1990) 982–990.

[3] Balda, M. S., R. G. Gonzalez-Mariscal, R. G. Contreras et al.: Assembly and Sealing of Tight Junctions: Possible Participation of G-Proteins, Phospholipase C, Proteinkinase C and Calmodulin. Membrane Biol 122 (1991) 193–202.

[4] Blödorn, B., W. Brück, H. Tumani et al.: Expression of the beta-Trace protein in human pachymeninx as revealed by in situ hybridization and immunocytochemistry. I Neurosci Res 57 (1999) 730–734.

[5] Bolton, S. J., D. C. Anthony, V. H. Perry: Loss of the Tight Junction Proteins Occludin and Zo-

nula Occludens-1 from Cerebral Vascular Endothelium During Neutrophil-induced Blood-Brain Barrier Breakdown in Vivo. Neurosci 86 (1998) 1245–1257.
[6] Bradbury, M. W. B.: The blood-brain barrier and the lymphatic drainage of the brain. In: K. Felgenhauer, M. Holzgraefe, H. W. Prange (Hrsg.): CNS Barriers and Modern CSF Diagnostics, S. 1–8. VCH, Weinheim 1993.
[7] Bradbury, M. W. B., R. J. Westrop: Factors influencing exit of substances from cerebrospinal fluid into deep cervical lymph of the rabbit. J Physiol 339 (1983) 519–534.
[8] Brightman, M. W.: The anatomic basis of the blood-brain barrier. In: E. A. Neuwelt, (Hrsg.): Implications of the blood-brain barrier and ist manipulation, Vol. 1, S. 53–83. Plenum, New York 1989.
[9] Bundgaard, M.: The three-dimensional organization of tight junctions in a capillary endothelium revealed by serial-section electron microscopy. J Ultrastruct Res 88 (1984) 1–17.
[10] Cserr, H. F., P. M. Knopf: Cervical lymphatics, the blood-brain barrier and the immunoreactivity of the brain. Immunol Today 13 (1992) 507–512.
[11] Dejana, E., A. Zanetti, A. Del Maschio: Adhesive proteins at endothelial cell-to-cell junctions and leukocyte extravasation. Haemostasis 26, Suppl. 4 (1996) 210–219.
[12] Feinberg, D. A., A. S. Mark: Human Brain Motion and Cerebrospinal Fluid Circulation Demonstrated with MR Velocity Imaging, Radiol 163 (1987) 793–799.
[13] Felgenhauer, K.: Labordiagnostik neurologischer Erkrankungen. In: L. Thomas (Hrsg.): Labor und Diagnose, 5. Auflage, S. 1341–1359. TH-Books Verlagsgesellschaft mbH, Frankfurt/Main 1998.
[14] Felgenhauer, K.: The filtration concept of the blood-CSF barrier as basis for the differentiation of CSF proteins. In: J. Greenwood, D. J. Begley, M. B. Segal (Hrsg.): New concepts of a blood-brain barrier, S. 209–217. Plenum Press, New York 1995.
[15] Felgenhauer, K., W. Beuche: Labordiagnostik neurologischer Erkrankungen, S. 20. Georg Thieme, Stuttgart 1999.
[16] Fenstermacher, J., T. Kaye: Drug „diffusion" within the brain. Ann N. Y. Acad Sci 531 (1988) 29–39.
[17] Firbas,W., H. Gruber, R. Mayr: Neuroanatomie, S. 7, 24. Verlag Wilhelm Maudrich Wien, München–Bern 1995.
[18] Gerber, J., H. Tumani, H. Kolenda et al.: Lumbar and ventricular CSF protein, leukocytes, and lactate in suspected bacterial CNS infections. Neurol 51 (1998) 1710–1714.
[19] Goldblum, S. E., X. Ding, J. Campbell-Washington: TNF-α induces endothelial F-actin depolymerisation, new actin synthesis, and barrier dysfunction. Am J Physiol 264 (Cell Physiol 33) (1993) C894–C905.
[20] Greitz, D., A. Franck, B. Nordell: On the pulsatile nature of intracranial and spinal CSF-circulation demonstrated by MR imaging. Acta Radiol 34, 4 (1993) 324–328.
[21] Greitz, D., T. Greitz, T. Hindmarsh: A new view on the CSF-circulation with the potential for pharmacological treatment of childhood hydrocephalus. Acta Paediatr 86 (1997) 125–132.
[22] Greitz, D., J. Hannerz: A Proposed Model of Cerebrospinal Fluid Circulation: Observations with Radionuclide Cisternography. AJNR 17 (1996) 431-438.
[23] Hagberg, L., L. Dotevall, G. Norkrans et al.: Cerebrospinal fluid neopterin concentrations in central nervous system infection. J Infect Dis 168 (1993) 1285–1288.
[24] Hasegawa, M., T. Yamashima, S. Kida et al.: Membranous ultrastructure of human arachnoid cells. J Neuropathol Exp Neurol 56 (1997) 1217–1227.
[25] Hashimoto, P. H.: Blood-Brain Barrier and Cerebrospinal Fluid Circulation. Acta Anat Nippon 67 (1992) 595–605.
[26] Henry-Feugeas, M. C., I. Idy-Peretti, B. Blanchet et al.: Temporal and spatial assessment of normal cerebrospinal fluid dynamics with MR imaging. Magn Reson Imaging 11 (1993) 1107–1118.
[27] Kluge, H., W. Hartmann, B. Mertins et. al.: Correlation between protein data in normal lumbar CSF and morphological findings of choroid plexus epithelium: a biochemical corroboration of barrier transport via tight junction pores. J Neurol 233 (1986) 195–199.
[28] Kohn, M. I., N. K. Tanna, G. T. Herman et al.: Analysis of brain and cerebrospinal fluid volumes with MR imaging. Part I. Methods, reliability, and validation [see comments]. Radiol 178 (1991) 115–122.
[29] Krisch, B.: Ultrastructure of the meninges at the site of penetration of veins through the dura mater, with particular reference to Pacchionian granulations. Investigations in the rat and two species of Neur-World monkays (Cebus apella,

Callitrix jacchus). Cell Tissue Res 251 (1988) 621–631.
[30] Kuschinsky, W.: Blood-brain barrier and the production of cerebrospinal fluid. In: R. Greger, U. Windhorst (Hrsg.): Comprehensive human physiology, Vol. 1, S. 545–559. Springer-Verlag, Berlin 1996.
[31] Last, R. J., D. W. Thomset: Casts of the cerebral ventricles. Brit J Surg 40 (1953) 525–543.
[32] Leonhardt, H.: Ependym und circumventriculäre Organe. In: A. Oksche, L. Vollrath (Hrsg.): Handbuch der mikroskopischen Anatomie des Menschen. Bd. IV/10, S. 177–666. Springer, Berlin 1980.
[33] Levy, L. M., G. Di Chiro: MR phase imaging and cerebrospinal fluid flow in the head and spine. Neuroradiol 32 (1990) 399–406.
[34] Lewczuk, P., H. Reiber, H. Tumani: Intercellular adhesion molecule-1 in cerebrospinal fluid – the evaluation of blood-derived and brain-derived fractions in neurological diseases. J Neuroimmunol 87 (1998) 156–161.
[35] Nagy, Z., H. Peters, I. Hüttner: Fracture faces of cell junctions in cerebral endothelium during normal and hyperosmotic conditions. Lab Invest 50 (1984) 313–322.
[36] Netter, F. H.: Farbatlanten der Medizin. Nervensystem I. The CIBA collection of medical illustrations. Thieme, Stuttgart 1987.
[37] Nicholson, C., E. Sykova: Extracellular space structure revealed by diffusion analysis. Trends Neurosci 21 (1998) 207–215.
[38] Quencer, R. M., M. J. Donovan Post, R. S. Hinks: Cine MR in the evaluation of normal and abnormal CSF flow: intracranial and intraspinal studies. Neuroradiol 32 (1990) 371–391.
[39] Quincke, H. I.: Über Lumbalpunktion. Berlin Klin Wochenschr 32 (1895) 889–891.
[40] Rapoport, S. I.: Passage of Proteins from Blood to Cerebrospinal Fluid. Model for Transfer by Pores and Vesicles. In: J. H. Wood: Neurobiology of Cerebrospinal Fluid. Vol. 2, S. 233–245. Plenum Press, New York 1983.
[41] Reiber, H.: Flow rate of cerebrospinal fluid (CSF) – a concept common to normal blood-CSF barrier function and to dysfunction in neurological diseases [see comments]. J Neurol Sci 122 (1994) 189–203.
[42] Rubin, L. L., J. M. Staddon: The cell biology of the blood-brain barrier. Ann Rev Neurosci 22 (1999) 11–28.
[43] Schuller, E.: Les protéines du liquide céphalorachidien et les maladies immunitaires du système nerveux, S. 13. Institut Behring, Paris 1981.
[44] Stevenson, B. R., B. H. Keon: The tight junction: morphology to molecules. Ann Rev Cell Dev Biol 14 (1998) 89–109.
[45] Tumani, H., R. Nau, K. Felgenhauer: Beta-trace protein in cerebrospinal fluid: a blood-SF barrier-related evaluation in neurological diseases. Ann Neurol 44 (1998) 882–889.
[46] Van Deurs, B., J. K. Koehler: Tight junctions in the choriod plexus epithelium: a freeze-fracture study including complementary replicas. J Cell Bid 80 (1979) 662–673.
[47] Weinbaum, S., R. Tsay, F. E. Curry: A Three-Dimensional Junction-Pore-Matrix Model for Capillary Permeability. Microvasc Res 44 (1992) 85–111.
[48] Weindl, A., I. Schinko: Zirkumventrikuläre Organe und Ventrikelsystem. In: D. Dommasch, H. G. Mertens (Hrsg.): Cerebrospinalflüssigkeit CSF, S. 66–78. Thieme, Stuttgart 1980.
[49] Wyper, D. J., J. D. Pickard, M. Matheson: Accuracy of ventricular volume estimation. J Neurol Neurosurg Psychiat 42 (1979) 345–350.

A.4 Blut-Liquor-Schrankenfunktion und Liquorfluß

H. Reiber

4.1 Schranken – Struktur und Funktion

Es ist eine elementare Eigenschaft jedes lebenden Systems, seine eigene Grenze zu synthetisieren, um so als offenes System mit eigener Individualität fernab vom chemischen Gleichgewicht existieren zu können. Der ständige Austausch von Stoffen über diese Grenzen (Zellmembranen, Gefäßwand) zusammen mit der Produktion von Energie ermöglichen Anpassungsfähigkeit und Stabilität eines lebenden Systems.

Die in Kapitel A.3 als morphologische Strukturen beschriebene Blut-Hirn-„Schranke" ist aber selbst auch als Summe dynamischer Prozesse zu verstehen, lediglich mit langsamerem Stoffturnover (z. B. Lipid-Stoffwechsel in Membranen usw.). Diese biologischen „Schranken" bewirken, daß sich Kompartimente bilden, die z. B. im Inneren einer Zelle andere Konzentrationen als in der Umgebung (z. B. exatrazelluläre Flüssigkeit oder Blut) aufrechterhalten. Diese Konzentrationsgradienten werden entgegen den dissipativen Kräften aufrecht erhalten, durch die sonst das System im chemischen Gleichgewicht (d. h. Tod) endet.

Die Konzentrationsgradienten von Substanzen zwischen verschiedenen Kompartimenten sind nicht nur eine Konsequenz der Dicke oder Dichte der Strukturen, die die molekulare Diffusion beschränken, sondern sind auch abhängig von den mit dem Stofftransport über die Grenzen gekoppelten Produktions- und Verbrauchsreaktionen. Die nicht-linearen Zusammenhänge in solchen dynamischen Systemen wurden erstmals als Reaktions-Diffusions-Gleichungen von Turing [15] beschrieben.

Die *Diffusions/Liquorfluß-Theorie* von Reiber [8, 9, 10] stellt eine spezielle Anwendung dieses physikalischen Modells für die Blut-Liquor-Schrankenfunktion dar. Die Geschwindigkeit der Diffusion von Molekülen in den Liquor ist mit deren Elimination durch den Liquorfluß gekoppelt. Die Rolle des Liquorflusses wurde schon lange beschrieben (als „sink" von Davson [3], oder als linearer Einfluß auf Konzentrationen von Rapoport in [16]). Erst mit dem Verständnis der physikalischen Kopplung zwischen Flußgeschwindigkeit und Diffusion in den Liquorraum wird die wirkliche Bedeutung des Liquorflusses erkennbar [8].

Im biologischen Gewebe sind Schranken nicht allein durch morphologisch definierte Strukturen sondern vor allem funktional zu verstehen als dynamische Prozesse. Konzentrationen und Konzentrationsgradienten zwischen verschiedenen Kompartimenten sind bestimmt durch Moleküldiffusion und damit gekoppelte Produktions- und Eliminationsgeschwindigkeiten (z. B. chemische Reaktionen oder Liquorfluß).

Die Zeit, die ein Molekül benötigt, um bestimmte Strukturen (Zellmembranen oder Gewebe mit Zellschichten) zu passieren, variiert zwischen Sekunden und Stunden und folgt nicht nur den Regeln der freien Diffusion (down hill) sondern ist auch gegen einen Konzentrationsgradienten möglich, der zur Akkumulation von Produkten im Rahmen von Energie-abhängigen Reaktionen führt (up hill).

Es gibt drei elementare Typen des Membrantransfers:

- Diffusion (passiver Transfer, nur down hill).
- Erleichterter Transfer, auch als carrier vermittelter Transport bezeichnet, (nur down hill).
- Aktiver Transport (wenn der Transport der Substanz über die Membran gegen den Konzentrationsgradienten geht und von Energie-Produktion abhängt, up hill).
- Pinozytose, Transport in Vesikeln (down hill).

Die ersten drei Typen des Transfers bewirken eine *unterschiedliche Permeabilität für verschiedene Moleküle*, die auch als *Selektivität* bezeichnet wird.

Bei der *Diffusion kommt die Selektivität durch die Molekülgröße zustande:* kleinere Moleküle diffundieren schneller als größere Moleküle. Der erleichterte und der aktive Transport sind wesentlich spezifischer in ihren Selektionseigenschaften, entweder durch eine spezifische Bindung an bestimmte carrier (z. B. für Aminosäuren im erleichterten oder für Glucose im aktiven Transport). Besondere Bedingungen sind beim Molekültransport durch Zellschichten zu beobachten. Zusätzlich zu den Prozessen der Membran-Passage von Molekülen ist meist die Diffusion zwischen benachbarten Zellen (verbunden durch gap junctions oder tight junctions) ausschlaggebend. Beim Transport durch vesikuläre Einstülpungen direkt durch die Zellen (Pinozytose) fehlt die molekulare Selektivität.

Mit der funktionalen Definition der Schranken müssen wir zwischen verschiedenen Typen von Schranken für verschiedene Moleküle unterscheiden. Entsprechend den verschiedenen Transfermechanismen ist z. B. die Blut-Liquor-Schrankenfunktion für Proteine verschieden von der für Aminosäuren oder für Vitamin C.

4.2 Die Blut-Hirn-Schranke – eine Struktur

Die entscheidende Barriere für den Austausch von Material zwischen Blut und dem Extra-Zellulärraum oder benachbarten Gewebeflüssigkeiten ist zweifellos die Kapillare, ein kleiner nicht-muskulärer Kanal zwischen Arteriole und Vene (Kap. A.3). Die besondere Funktion der Blut-Hirn-Schranke im Vergleich zu anderen Blut-Gewebe-Schranken beruht auf der speziellen Gestaltung der Blutkapillaren im Hirn mit stärkeren Einschränkungen des Molekültransfers aus dem Blut. Neben dem Gefäß-Endothel mit tight junctions sind allerdings auch fenestrierte Kapillaren im Ventrikel-nahen Bereich zu finden. Wie in den meisten anderen Gefäßen ist die Basalmembran mit Perizyten, das Bindegewebe und speziell im Gehirn noch die perivaskuläre Glia-Schicht zu nennen. Die Verbindung zwischen diesen Gliazellen, den Astrozyten, wird meist durch gap junctions und selten durch desmosomale Kontakte hergestellt.

Es ist wichtig festzuhalten, daß alle Moleküle die aus dem Blut in das umliegende Gewebe gelangen, entweder diffundieren müssen (passiver oder erleichterter Transport) oder aber aktiv transportiert werden. *Ein transkapillärer Fluß von Flüssigkeit wurde niemals im Gehirn gezeigt* [1], *auch nicht unter pathologischen Bedingungen.* Für Proteine gibt es nur den passiven Transfer zwischen Blut und Extrazellulärraum.

4.3 Die Blut-Liquor-Schranke – eine Funktion

Die Analyse und Interpretation der Serum- und Hirnproteine bezieht sich meist auf den *lumbalen* Liquor.

Nun ist aber ein langer Weg zwischen Blutgefäßen im Gehirn, Liquorproduktion in den Ventrikeln und Liquorfluß bis zum lumbalen Subarachnoidalraum. Dies alles umfaßt das empirische Verhältnis Serumkonzentration zu Liquorkonzentration – auch als Maß für die Blut-Liquor-Schranken*funktion* verwendet.

In Erweiterung der morphologisch eng umrissenen Blut-Hirn-Schranke ist die Passage von Proteinen aus dem Blut in den Liquor also einer Vielfalt von zusätzlichen Prozessen ausgesetzt. Einer der wichtigsten Modulatoren der Proteinkonzentration im Liquor ist die *Liquorflußgeschwindigkeit* [8]. Die Summe der Pro-

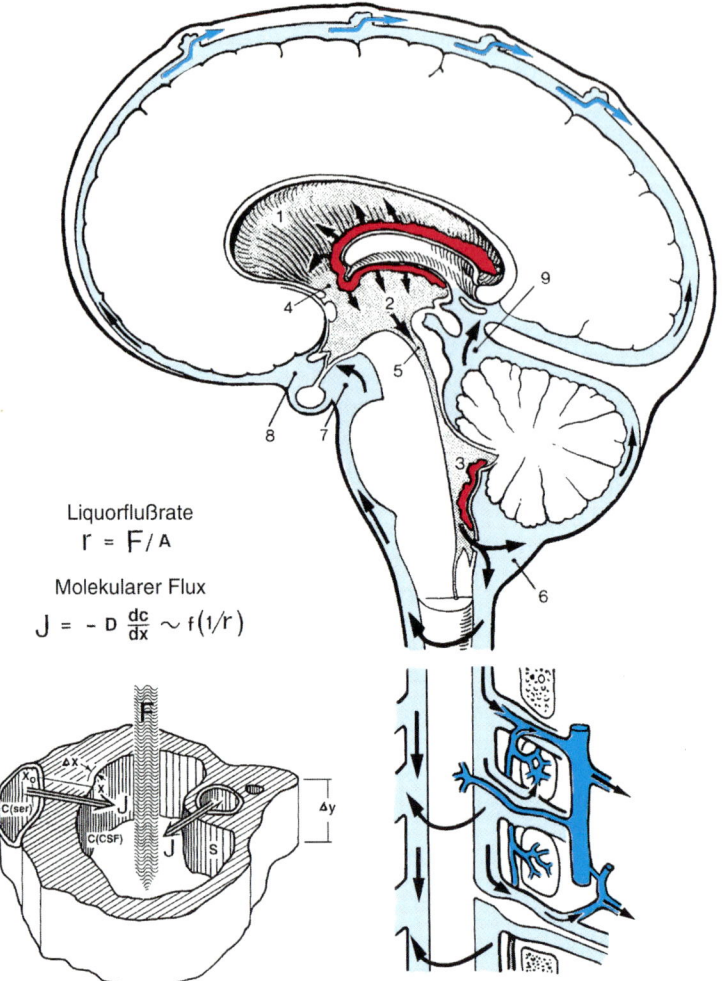

Abb. 1: Subarachnoidalraum, Liquorfluß und molekulare Diffusion.

Nach der Liquorproduktion in den Plexus choroidei der Ventrikel (1 = I. und II. lateraler Ventrikel; 2 = III. Ventrikel; 3 = IV. Ventrikel) fließt der Liquor durch die Aperturen 4 und 5 in die Zisternen 6 bis 9. Nach Aufteilung in einen kortikalen und einen lumbalen Zweig des Subarachnoidalraumes drainiert der Liquor durch die Arachnoidalzotten in das venöse Blut. Der Einschub stellt den idealisierten Querschnitt durch den Subarachnoidalraum dar. Die Moleküle diffundieren aus dem Serum (Konzentration, C(Ser)) durch das Gewebe entlang des Diffusionsweges, x, in den Subarachnoidalraum (Konzentration, C(CSF)). Der molekulare Flux, J, hängt von dem lokalen Konzentrationsgradienten $\Delta c/\Delta x$ oder dc/dx und der Diffusionskonstanten , D, ab. Mit abnehmendem Liquorfluß (F = 500 mL/Tag), d.h. mit abnehmendem Volumenumsatz, nehmen die Proteinkonzentrationen im Liquor zu. Mit sich ändernden Konzentrationen (c) wird auch dc/dx verändert (2. Fick'sches Gesetz). Daraus resultiert die dominante, nicht-lineare Wirkung der Liquorflußgeschwindigkeit (F) für die Blut-Liquor Schrankenfunktion. Die Flußgeschwindigkeit eines Moleküls im Liquor ist $r = F/A$ mit A als variablem Querschnitt des Subarachnoidalraums.

zesse erlaubt es deshalb nicht, von einer Blut-Liquor Schranke im morphologischen, strukturellen Sinne zu sprechen, weshalb schon seit langem von einer Blut-Liquor-Schranken*funktion* gesprochen wird.

Die wichtigsten Beiträge zur Bildung und Modifikation der aus dem Blut und aus dem Gehirn stammenden Proteine im lumbalen Liquor sind in Abb. 1 dargestellt: Diffusion und Liquorfluß. Die Kopplung dieser beiden Phänomene erlaubt die quantitative Beschreibung der Protein-Konzentrationsverhältnisse im Normal- und pathologischen Liquor.

In diesem Kapitel werden die physiologischen und biophysikalischen Grundlagendes Diffusions/Liquorfluß-Modells der Blut-Liquor-Schrankenfunktion [8, 9] in ihren Grundzügen dargestellt. Für die ausführliche mathematisch bio-physikalische Darstellung sei auf die Referenzen verwiesen [8, 9, 10, 12].

Mit diesem neuen Blut-Liquor Schrankenfunktions-Modell ist auch erstmals die Möglichkeit gegeben, umfassend sowohl die aus dem Blut als auch die aus verschiedenen Bereichen des Gehirns stammenden Proteine [11, 13, 14] im Liquor in einem einheitlichen Konzept zu beschreiben, insbesondere ihre unterschiedlichen Konzentrationsgradienten zwischen Blut und Liquor als auch die rostro-kaudalen Konzentrationsgradienten zwischen Ventrikel und lumbalem Liquor [13]. In ganz neuer Weise sind auch pathologische Phänomene neurologischer Erkrankungen zu interpretieren: *Die Blut-Liquor-Schrankendysfunktion als reduzierter Liquorfluß*. Eine Reduktion der Liquorflußgeschwindigkeit ist vollständig hinreichend, um alle beobachteten Änderungen in den Liquorkonzentrationen einzelner Proteine bei neurologischen Erkrankungen zu erklären. Die Rolle des Liquorflusses wird schon sehr lange

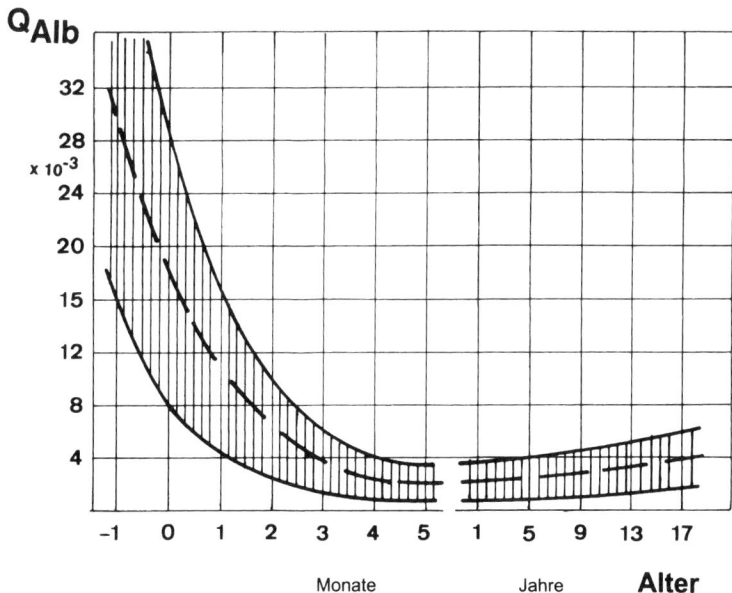

Abb. 2: Altersabhängigkeit des Albuminkonzentrationsquotienten ab dem Zeitpunkt der Geburt.
Die numerischen Daten für diesen Zeitraum sind auch in Tab. 1 Kap. B.3.1 und für den Zeitraum des höheren Lebensalters der Erwachsenen als Formel in Kap. B.3.1 angegeben. Die initial zum Zeitpunkt der Geburt beobachteten hohen Werte von Q_{Alb}, den Liquor/Serum-Quotienten von Albumin, sind bedingt durch den langsamen Liquorfluß aufgrund der noch unreifen Arachnoidalzotten. Mit Abschluß der Reifung (4. Monat) erreicht der Liquorfluß eine maximale Geschwindigkeit und damit den niedrigsten Q_{Alb}-Wert. Später wird durch altersbedingte Abnahme der Liquorproduktion im Plexus choroideus der Liquorfluß langsamer und der Q_{Alb}-Wert wieder größer.

diskutiert, Ref. in [3], bekommt aber mit der neuen Theorie (Kap. A.4.5) eine sehr viel umfassendere Bedeutung. Physiologische, altersbedingte Variationen des Liquorflusses führen zu den in Abb. 2 gezeigten Liquorproteinveränderungen. Eine pathologisch erniedrigte Liquorflußgeschwindigkeit kann einmal durch eine reduzierte Bildungsgeschwindigkeit in den Ventrikeln, durch Einschränkungen des Flusses im Subarachnoidalraum oder aber durch eine eingeschränkte Passage durch die Arachnoidalzotten zustande kommen [8].

4.3.1 Der Albumin-Liquor/Serum-Quotient als Schrankenparameter

Alle Proteine des Blutes passieren entsprechend ihrer molekularen Größe mehr oder weniger schnell vom Blut in den Liquorraum. Entsprechend ist die Liquorkonzentration im Verhältnis zur Serumkonzentration um so kleiner, je größer das Molekül ist. Das Liquor/Serum-Konzentrationsverhältnis eines Serumproteins hängt auch unter normalen Bedingungen neben der molekularen Diffusion von der Geschwindigkeit des Abtransportes im Liquor, d. h. dem Liquorfluß ab. Unter pathologischen Bedingungen kann sowohl der Liquorfluß verändert werden als auch für eine Reihe von Proteinen eine zusätzliche Fraktion aus dem Gehirn in den Liquor kommen.

Da Albumin ausschließlich aus dem Blut in den Liquor gelangen kann (Syntheseort ist ausschließlich die Leber) spiegelt die Relation der Liquor/Serum-Konzentration von Albumin alle Einflüsse wider, die zur Restriktion der Passage zwischen Blut und Liquor und deren Modulationen, wie z. B. Liquorfluß, beitragen.

Der Albumin-Liquor/Serum-Quotient, Q_{Alb} = Alb_{CSF}/Alb_{serum} gilt als das generell akzeptierte Maß für die Blut-Liquor-Schrankenfunktion. Durch *altersbedingte Unterschiede in der Liquorflußgeschwindigkeit* sind die Normalwerte für den Albuminquotienten altersabhängig (Abb. 2). Unter pathologischen Bedingungen, bei denen der Liquorfluß generell der Hauptmodulator der Serumprotein-Konzentration im Liquor ist, spiegelt der Albuminquotient, Q_{Alb}, deshalb auch (in reziproker Weise; [8]) die Liquorflußgeschwindigkeit wider.

Die Benützung von Quotienten zur Charakterisierung der Liquorkonzentration von Proteinen hat den Vorteil, daß die individuellen Schwankungen der Blutkonzentration eines Serumproteins durch die Quotientenbildung eliminiert werden. Somit ist der Albumin-Liquor/Serum-Quotient der eigentlich interessantere Parameter als die absolute Albuminkonzentration im Liquor oder die Gesamteiweißkonzentration im Liquor, da mit dem Quotienten die Variation der Hirnfunktions-bezogenen Proteinkonzentrationen im Liquor signifikanter darstellbar wird. Die Liquor/Serum-Quotienten sind dimensionslose Parameter mit Werten zwischen $Q = 0$ und $Q = 1$. Mathematisch gesehen heißt dieser Vorgang Normalisierung. Die Liquor/Serum-Quotienten können zu falschen Interpretationen Anlaß geben, wenn durch Blutransfusionen oder intravenöse IgG-Gabe kurz vor der Punktion der Ausgleich zwischen Blut und Liquor nicht möglich war. Für Albumin wurde 1 bis 2 Tage und für IgG 2 bis 4 Tage als nötige Zeit gefunden, um die spezifische Aktivität der Isotopen-markierten Moleküle im Liquor und Serum vollständig anzugleichen [2, 4].

Zur Analyse der Gesamt-IgG-Konzentrationsverhältnisse reichen sicher 1 bis 2 Tage Ausgleichszeit zwischen intravenösem IgG-Bolus und Lumbalpunktion, jedoch ist der Nachweis erregerspezifischer Antikörper der IgG-Klasse sensibler und benötigt einen Zeitraum von 2 bis 4 Tagen für einen adäquaten Ausgleich der Liquor/Serum-Verhältnisse. Für das noch größere Molekül IgM sind entsprechend längere Zeiten zu berücksichtigen.

Der Albuminquotient ist in dreifacher Weise für die Liquoranalytik wichtig:

1. *Q_{Alb} charakterisiert die individuelle Blut-Liquor-Schrankenfunktion (altersbezogene Auswertung).*
2. *Q_{Alb} ist eine geeignete Referenz für die Auswertung anderer Serumproteine im Liquor zur Berücksichtigung der individuellen Blut-Liquor-Schrankenfunktion.*

3. Änderungen des Albuminquotienten sind ein Maß für die Änderung der Liquorflußgeschwindigkeit.

4.3.2 Physiologie und Pathophysiologie der Serumproteine im Liquor

4.3.2.1 Referenzbereiche in Quotientendiagrammen

In den Quotientendiagrammen der Abb. 3 und 4 sind die empirischen Daten für die Immunglobulin- und Albuminquotienten von über 4000 Patienten dargestellt. In Abb. 3 sind sowohl normale Kontrollen als auch Patienten mit reiner Blut-Liquor Schrankenfunktionsstörung, d. h. ohne intrathekale Ig-Synthese, bis zu einem Albuminquotienten von $Q_{Alb} = 20 \times 10^{-3}$ dargestellt. In Abb. 4 sind die Anschlußdaten von Patienten mit reiner Blut-Liquor-Schrankenfunktionsstörung mit Albuminquotienten zwischen $Q_{Alb} > 20$ bis $Q_{Alb} < 150 \times 10^{-3}$ dargestellt.

Die Obergrenzen (Q_{Lim}) und die Untergrenzen (Q_{Low}) der Referenzbereiche sind jeweils durch eine hyperbolische Funktion (Abb. 5) empirisch gefittet. Die Parameter der Hyperbelfunktionen sind in Tab. 1 aufgeführt. Diese Parameter stellen aufgrund der zehnfach höheren Patientenzahl eine wesentliche Verbesserung der früheren Daten [6] dar.

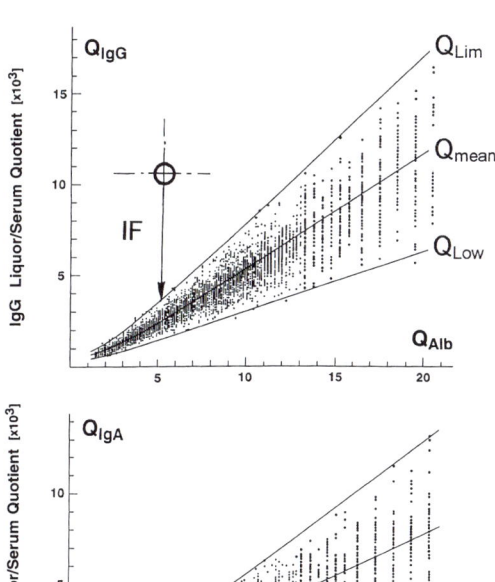

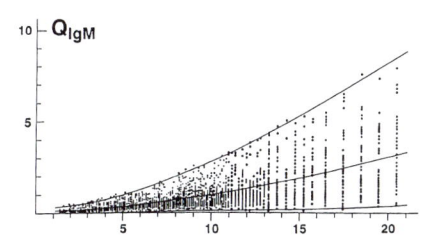

◀

Abb. 3: Liquor/Serum-Quotienten für IgG, IgA, IgM (Q_{IgG}, Q_{IgA}, Q_{IgM}) als Funktion des Albumin-Liquor/Serum-Quotienten (Q_{Alb}).

Zur Bestimmung des Referenzbereiches der ausschließlich aus dem Blut stammenden Proteinfraktionen im Liquor wurden nur Daten von Patienten (n = 4154) verwendet, die keine humorale Immunreaktion hatten (normale Kontrollen und Patienten mit verschiedenen neurologischen Erkrankungen). Der Referenzbereich ist charakterisiert durch die Hyperbelfunktionen für Q_{Lim}, Q_{mean} und Q_{Low}. Die Kurven wurden empirisch gefittet zusammen mit den Daten für Albuminquotienten,. $Q_{Alb} > 20 \times 10^{-3}$ in Abb. 4. Die entsprechenden Parameter sind in Tab. 1 angegeben. Für die Berechnung der Mittelwerte wurden jeweils 30–70 Fälle mit ähnlichen Albuminquotienten zusammengefaßt entsprechend den Gruppierungen in der Abbildung. Am Beispiel eines Patienten mit intrathekaler IgG-Synthese ($Q_{Alb} = 5,0 \times 10^{-3}$, $Q_{IgG} = 11 \times 10^{-3}$) ist die intrathekale IgG-Fraktion bezogen auf Q_{Lim} (IgG) dargestellt. Zur Diskriminierung einer aus dem ZNS stammenden und einer aus dem Blut stammenden Fraktion im Liquor wird für den Einzelpatienten auf Q_{Lim} bezogen (Routinediagnostik). Sollen Gruppen von Patienten (Krankheitsgruppen) verglichen werden, ist es sinnvoll, die intrathekal gebildete Fraktion mit Bezug auf Q_{mean} zu berechnen. Das Schema, insbesondere die Diskriminierungslinie Q_{Lim}, ist gültig für Ventrikel-, zisternalen und lumbalen Liquor im Erwachsenen- wie auch im Kindesalter. Für die Bewertung der Schrankenstörung muß lediglich jeweils ein anderer Referenzbereich für den Albuminquotienten eingesetzt werden.

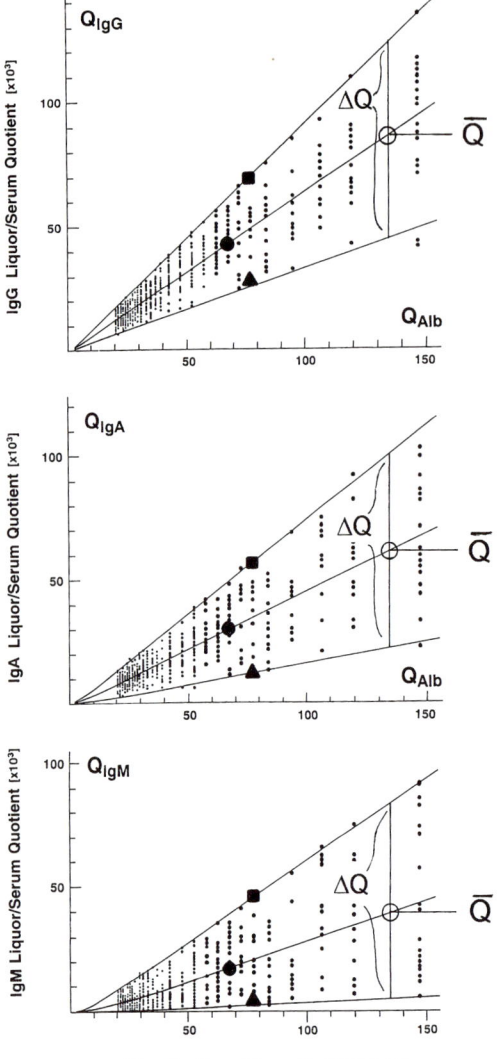

◀ **Abb. 4:** Referenzbereich und biologische Variation im Liquor/Serum-Quotientendiagramm.

In Ergänzung der Abb. 3 sind im Vergleich 266 Patienten mit Albuminquotienten, $Q_{Alb} > 20 \times 10^{-3}$ dargestellt, zusammen mit den gefitteten Kurven für Q_{Lim}, Q_{mean} und Q_{Low}. Die herausgehobenen Daten von 3 Patienten: 1 (■); 2 (●); 3 (▲) mit bakterieller Meningitis wurden punktiert kurz nach Beginn der klinischen Symptome zu einem Zeitpunkt bevor eine humorale Immunreaktion beginnt. Die vertikalen Linien im Referenzbereich definieren die biologische Variation $\Delta Q/\overline{Q}$ für die verschiedenen Immunglobulin-CSF/Serum-Quotienten. Als Beispiel können Patienten mit einem Albuminquotienten $Q_{Alb} = 135 \times 10^{-3}$, IgG-Quotienten zwischen $123{,}9 \times 10^{-3}$ (Q_{Lim}) und $44{,}3 \times 10^{-3}$ (Q_{Low}) haben (Tab. 1). Dieser Bereich beschreibt die Differenz zwischen oberer und unterer Grenzlinie unter Einschluß von 99 % der Fälle entsprechend einem Mittelwert ± 3 Standardabweichungen. Im Fall einer Gauss-Verteilung würde $\Delta Q_{IgG} = 6SD = 79 \times 10^{-3}$ zu einem Mittelwert $\overline{Q}_{IgG} = 86{,}4 \times 10^{-3}$ (Q_{mean}) gehören. Der biologische Variationskoeffizient ist $\Delta Q_{IgG}/\overline{Q}_{IgG} = 79/86{,}4 = 0{,}91$. Diese biologische Variation ist über den gesamten analysierten Bereich konstant mit verschiedenen Werten je nach IgG-, IgA- oder IgM-Diagramm (Tab. 2).

▶ **Abb. 5:** Definition der Hyperbelfunktion mit den Parametern a, b und c.

Die allgemeine Hyperbelfunktion $(v^2/a^2) - (u^2/b^2) = 1$ hat die Steigung „a/b" der Asymptoten (gestrichelte Linie). Die Konstante „c" repräsentiert die Koordinatentransformation ($v = y + c$; $u = x$). Die Hyperbelfunktion kann auch umgeformt werden in: $y = a/b \sqrt{x^2 + b^2} - c$. Die Werte a/b, b^2 und c charakterisieren die Hyperbelfunktion in der bevorzugten Darstellungsform (Tab. 1).

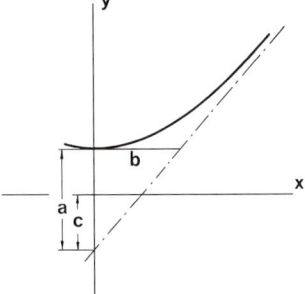

Tab. 1: Neue Parameter der Hyperbelfunktionen *) für IgG, IgA, IgM in den Quotientendiagrammen nach Reiber [8].

IgX		a/b	$b^2 (\times 10^6)$	$c (\times 10^3)$
IgG	Lim	0,93	6	1,7
	mean	0,65	8	1,4
	Low	0,33	2	0,3
IgA	Lim	0,77	23	3,1
	mean	0,47	27	2,1
	Low	0,17	74	1,3
IgM	Lim	0,67	120	7,1
	mean	0,33	306	5,7
	Low	0,04	442	0,82

*) $Q = a/b \sqrt{(Q_{Alb})^2 + b^2} - c$

Die Analyse der Lage einzelner Patienten im IgG-, IgA-, IgM-Quotientendiagramm zeigt in Abb. 4, daß Patienten, die im IgG-Quotientendiagramm an der Obergrenze liegen, auch im IgA- und IgM-Diagramm an der Obergrenze liegen. Entsprechendes gilt für die anderen beiden exemplarischen Patienten in Abb. 4 an der Untergrenze oder im Mittelbereich. Damit wird deutlich, daß die Variation der Werte zwischen Ober- und Untergrenze des Referenzbereiches der biologischen Variation in der Selektivität der Blut-Liquor Schrankenfunktion entspricht. Die 3 Patienten in Abb. 4 hatten dieselbe Erkrankung, eine bakterielle Meningitis. Bei anderen Krankheiten lagen ebenfalls gleiche Verteilungen über den ganzen Referenzbereich mit verschiedenen Selektivitäten zwischen Ober- und Untergrenze vor.

4.3.2.2 Selektivität und Dynamik bei Schrankenfunktionsstörungen

Wird diese biologische Variation als Variationskoeffizient in der Form von $\Delta Q/\overline{Q}$ (Abb. 4) errechnet, so zeigt sich, daß trotz massiv ansteigendem Albuminquotienten die biologische Variation in % für alle Q_{Alb}-Bereiche konstant bleibt. Dies ist in Tab. 2 für IgG, IgA und IgM dargestellt. Für das größere Molekül ist entsprechend den Diffusionsgesetzen auch die größere biologische Variation zu erwarten. In Tabelle 2 ist für dasselbe Kollektiv von 4300 Patienten die biologische Variation der Serumproteine im Serum vergleichend dargestellt und wird ganz offensichtlich auch bei schwersten Störungen nicht auf die Schrankenfunktion übertragen, d. h. die biologische Variation im Liquor nähert sich trotz schwersten Schrankenstörungen nicht der Variation im Blut.

Tab. 2: Vergleich der biologischen Variationskoeffizienten für die Liquor/Serum-Konzentrationsquotienten ($\Delta Q/\overline{Q}$) und die entsprechenden Serumkonzentrationen ($6SD/\overline{x}$) *) in derselben Gruppe von Patienten (n = 4300).

		IgG	IgA	IgM
CSF	($\Delta Q/\overline{Q}$)	0,91	1,35	2,0
Blut	($6 SD/\overline{x}$)	1,8	3,3	3,5

*) $6SD/\overline{x}$ = 6-fache Standardabweichung ($\pm 3s$) geteilt durch den Mittelwert der Population ($\overline{x}$) entspricht dem $\Delta Q/\overline{Q}$ mit $\Delta Q = 6s$ ($\pm 3s$) in Abb. 4.

In Abb. 6 sind die Mittelwerte der Referenzbereiche (Q_{mean}) für IgG, IgA und IgM vergleichend dargestellt. Trotz schwerster Schrankenstörungen geht die Molekülgrößen-bedingte Selektivität nicht verloren, d. h. die Kurven nä-

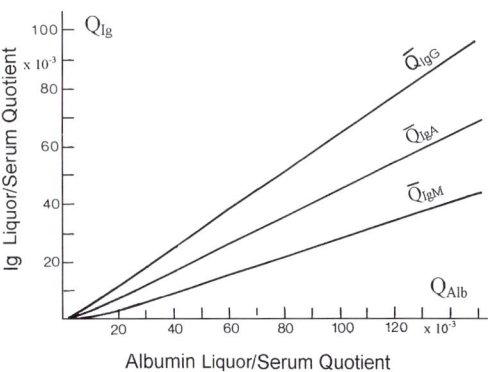

Abb. 6: Mittlere Immunglobulin-Quotienten, Q_{mean}. (IgG), Q_{mean}(IgA), Q_{mean}(IgM) als Funktion eines steigenden Albumin-Liquor/Serum-Konzentrationsquotienten Q_{Alb}, d. h. abnehmender Liquorflußgeschwindigkeit.

Die Mittelwerte sind berechnet aus Gruppen von Populationen mit ähnlichem Albuminquotienten entsprechend der Beschreibung in Legende Abb. 3 und 4. Die Mittelwerte wurden gefittet mit einer hyperbolischen Funktion entsprechend der beschriebenen Methodik.

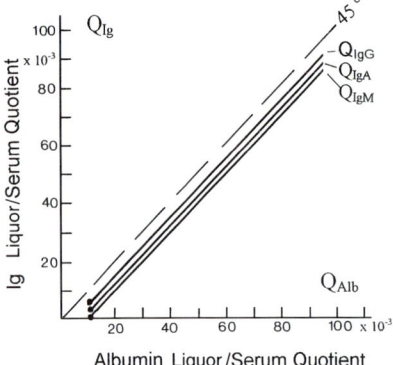

Abb. 7: Experimentelle, in-vitro-Zugabe von Serum zur Liquorprobe eines Patienten zur Simulation eines „leakage"-Modells, bei dem Serumproteine im bulk flow durch das Gewebe in den Liquor gelangen würden.

Serum des Patienten wurde sukzessive zur Liquorprobe des Patienten hinzugefügt und die jeweiligen Konzentrationen von IgG, IgA, IgM und Albumin gemessen. Die jeweils errechneten Liquor/Serum-Quotienten führen zu der unter 45° ansteigenden linearen Veränderung der Quotienten im Vergleich zur hyperbolischen Veränderung der Quotienten in Abb. 6.

hern sich nicht aneinander an. Dies ist bis zu so extremen Albuminquotienten von $Q_{Alb} = 700 \times 10^{-3}$ der Fall [7]. Dies ist nur bei Erhalt der Molekülgrößen-abhängigen Diffusion als limitierendem Prozeß erklärbar. Würde, wie in früheren Schrankenkonzepten ein „leakage"-Phänomen angenommen, d. h. durch einen vermehrten Flüssigkeitsstrom von Serum in den Liquorraum durch gestörte Strukturen, würde sich ein völlig anderes Verlaufsbild ergeben (Abb. 7). Dies ist als Experiment simulierbar: Wenn Serum experimentell zur Liquorprobe des jeweiligen Patienten schrittweise zugegeben wird, verändern sich die IgG/Albumin-Quotienten entsprechend der Abb. 7 mit einem unmittelbaren Anstieg für alle Proteine parallel unter 45 °C. Dies müßte gleichzeitig bedeuten, daß sich der Quotient für das größere Molekül (z. B. IgM) schneller verändert als der Quotient für das kleine Molekül (z. B. Albumin). Dies steht im Gegensatz zu dem empirisch beobachteten biologischen Verlauf mit Erhalt der Selektivität in Abb. 6. Dies ist auch in Tab. 3 für den wirklichen Verlauf einer Blut-Liquor Schrankenfunktionsstörung bei einem Patienten mit bakterieller Meningitis dokumentiert. Die Veränderungen der Liquor/Serum-Konzentrationsgradienten für Albumin, IgG, IgA, IgM innerhalb der ersten 2 Tage nach Beginn der Erkrankung zeigen deutlich, daß für die größeren Moleküle wie IgM der Proteinanstieg im Liquor langsamer ist und nur ein niedrigerer Wert erreicht wird als für kleinere Moleküle. Je kleiner das Molekül desto schneller wird der maximale Quotientenwert (2. Tag) erreicht: Albumin erreicht am ersten Tag bereits 47% des Wertes von Tag 2, vergleichbar mit 21, 12 oder nur 5% für IgG-, IgA- oder IgM-Quotientenwerte.

Diese Daten bestätigen die Beobachtungen der Pathologen, daß *im Gehirn niemals ein transkapillärer Fluß von Flüssigkeit beobachtet wurde* [1], auch nicht unter pathologischen Bedingungen.

Die an den Immunglobulinen beobachteten Phänomene der Blut-Liquor Schrankenfunktion, vor allem die von der Molekülgröße ab-

Tab. 3: Kinetik der Liquor/Serum-Konzentrations-Quotienten bei einer bakteriellen Meningitis. Der Patient mit bakterieller Meningitis wurde am 1. und 2. Tag nach Beginn der klinischen Symptome punktiert. Beide Punktionen wurden vor Beginn der lokalen IgG-, IgA- oder IgM-Synthese getätigt (keine nachweisbaren oligoklonalen IgG-Fraktionen im Liquor). Die Patientendaten am 1. und 2. Tag wurden mit einem fiktiven (mittleren) Normalwert verglichen.

	Q_{Alb} ($\times 10^{-3}$)	Q_{IgG} ($\times 10^{-3}$)	Q_{IgA} ($\times 10^{-3}$)	Q_{IgM} ($\times 10^{-3}$)	Zellzahl pro µL
Normal	5	2,3	1,3	0,3	2
1. Tag	146	42	22	5	872
2. Tag	311	203	184	105	154 000

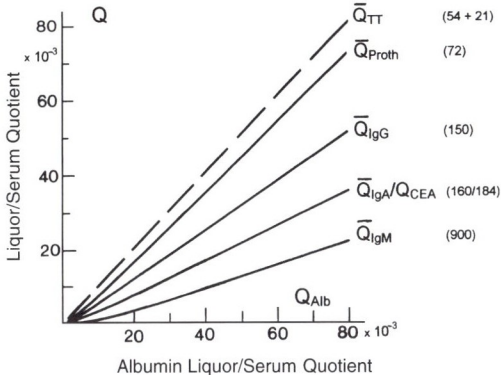

Abb. 8: Molekülgrößen-abhängige Veränderung der mittleren Konzentration von Serumproteinen im Liquor bei abnehmender Liquorflußgeschwindigkeit (Blut-Liquor-Schrankenfunktionsstörung).

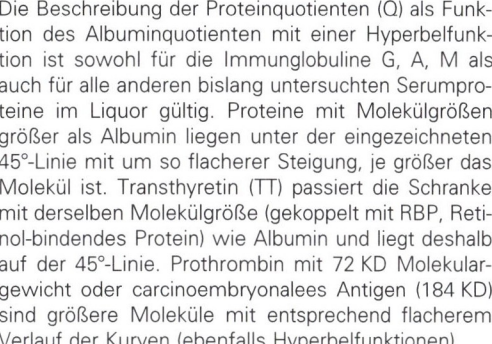

Die Beschreibung der Proteinquotienten (Q) als Funktion des Albuminquotienten mit einer Hyperbelfunktion ist sowohl für die Immunglobuline G, A, M als auch für alle anderen bislang untersuchten Serumproteine im Liquor gültig. Proteine mit Molekülgrößen größer als Albumin liegen unter der eingezeichneten 45°-Linie mit um so flacherer Steigung, je größer das Molekül ist. Transthyretin (TT) passiert die Schranke mit derselben Molekülgröße (gekoppelt mit RBP, Retinol-bindendes Protein) wie Albumin und liegt deshalb auf der 45°-Linie. Prothrombin mit 72 KD Molekulargewicht oder carcinoembryonaleos Antigen (184 KD) sind größere Moleküle mit entsprechend flacherem Verlauf der Kurven (ebenfalls Hyperbelfunktionen).

hängige Selektivität, sind unter normalen wie pathologischen Bedingungen als allgemeine Regel gültig. Alle bislang untersuchten aus dem Blut stammenden Proteine passen in dieses Modell. Dies ist in der Abb. 8 für die Moleküle Transthyretin, Prothrombin, Immunglobuline, karzinoembryonales Antigen, u. a. gezeigt.

Wie sich de facto eine Erhöhung der Liquor-Proteinkonzentration für die Serumproteine und ihre Relation als Hyperbelfunktion darstellt, ist im Abschnitt Biophysik aus den Diffusionsgesetzen hergeleitet. Daraus ist der Schluß zu ziehen:

Die Verlangsamung des Liquorflusses ist hinreichend, um die Veränderungen der Liquor-Proteinkonzentrationen unter pathologischen Bedingungen quantitativ zu erklären.

4.4 Hirnproteine im Liquor

Nur 20 % der Liquorproteine [11, 12, 13] stammen aus dem ZNS (Kap. A.3.). Es gibt jedoch nur wenige Proteine, die ausschließlich von den Zellen des Gehirns und nicht auch in anderen Zellen gebildet werden, die also als hirnspezifisch bezeichenbar wären. In Tab. 4 sind die Liquor/Serum-Verhältnisse, die rostro-kaudalen Gradienten und die errechneten aus dem Blut und ZNS stammenden Fraktionen von Hirnproteinen neben Serumproteinen dargestellt.

β-trace Protein [13, 14], das mit 17 mg/L höchst konzentrierte, aus dem ZNS stammende Liquorprotein, wird auch in wenigen anderen Organen des menschlichen Organismus freigesetzt. Die im Blut nachweisbare Konzentration von β-trace-Protein ist sehr niedrig (1/34 der Liquorkonzentration) und außerdem dominiert der aus dem ZNS stammende, in besonderer Weise glycosylierte Proteinanteil. Tau-Protein, ursprünglich als Neuronen-spezifisches Protein angesehen, ist zwar ein weit verbreitetes Strukturprotein aber mit einer ebenfalls wesentlich höheren Konzentration im Liquor im Vergleich zum Blut. Vergleichsweise ist die Neuronen-spezifische Enolase mit normalen Werten unter 10 ng/mL im Liquor im Prinzip ein ubiquitär verbreitetes dimeres Enzym des Glycolyse-Stoffwechsels jeder Zelle, unterscheidet sich aber als Gamma-Gamma-Dimer der Neuronen von Alpha-Alpha- oder Alpha-Gamma-Dimeren der Enolase aus anderen Zelltypen. Transthyretin (früher Präalbumin), das mit seiner relativ hohen Liquorkonzentration (17 mg/L) zum typischen Elektrophorese-Bild des Liquors beiträgt, wird im Gehirn sehr selektiv nur im Plexus choroideus synthetisiert. Da es aber auch in der Leber synthetisiert wird, ergeben sich relativ hohe Blutwerte (250 mg/L), was zu der in Tab. 4 beschriebenen Blut-abhängigen Fraktion am Li-

Tab. 4: Liquor-Konzentrationen und Konzentrationsgradienten für Hirnproteine im lumbalen und Ventrikel-Liquor [11, 13].

	MW (kDa)	L-CSF	L-CSF:Blut $Q_L =$	CSF-Fraktion (%)		Gradient V-CSF/L-CSF
				aus Blut	Hirn	
β-trace-Prot.	25	16,6 mg/L	34 : 1	~ 0	~ 100	1 : 11
Cystatin C	13,3	3,1 mg/L	5 : 1	~ 0	~ 100	1 : 3,5
Tau-Protein	65–70	0,2 µg/L	(10 : 1)	~ 0	~ 100	2,2 : 1
S-100	21	2,1 µg/L	20 : 1	~ 0	~ 100	–
Transthyretin[1]	55(+ 24)	17 mg/L	1 : 18	~ 10	~ 90	1,1 : 1
s-ICAM	90	1,5 µg/L	1 : 190	~ 70	~ 30	–
ACE[2]	150	–	1 : 100	~ 35	~ 65	–
Albumin	67	245 mg/L	1 : 205[3]	100	0	1 : 2,5
IgG	150	25 mg/L	1 : 440[3]	100	0	–
IgA	170	1,0 mg/L	1 : 800[3]	100	0	–
IgM	900	0,2 mg/L	1 : 3400[3]	100	0	–

[1] Transthyretin (54 kDa) ist bei der Passage aus dem Blut mit dem Retinol-bindenden Protein (21 kDa) assoziiert.
[2] Aktivitätsverhältnisse statt Konzentrationen des Angiotensin Converting Enzymes (ACE)
[3] Berechnet von $Q_{IgG} = 2,28 \times 10^{-3}$, $Q_{IgA} = 1,26$ und $Q_{IgM} = 0,295 \times 10^{-3}$ entsprechend den Parametern für die mittlere hyperbolische Funktion mit $Q_{Alb} = 4,9 \times 10^{-3}$.

quor-Transthyretin von ca. 10% führt. Beim Angiotensin-Converting-Enzyme (ACE) mit einer höheren Blutkonzentration als im Liquor, erreicht die Blut-abhängige Fraktion im Liquor bereits 35% [11].

Für die aus dem Hirn stammenden Proteine [13] ist vor allem die Lokalisation ihres Ursprungs mit Bezug auf den Liquorraum ausschlaggebend. Der Ursprung der aus dem Hirn stammenden Liquorproteine beeinflußt einmal den Konzentrationsgradienten zwischen Ventrikel- und lumbalem Liquor und andererseits auch die Konzentrationsveränderungen bei Abnahme der Liquorflußgeschwindigkeit unter pathologischen Bedingungen. Während die aus dem Blut stammenden Proteine (z. B. Albumin) zwischen Ventrikel- und lumbalem Liquor beständig in ihrer Konzentration ansteigen (2,5-fach für Albumin, siehe Tab. 4), ist bei den aus dem Hirn stammenden Proteinen je nach Ursprung eine Abnahme zwischen Ventrikel- und lumbaler Liquor-Konzentration zu erwarten, z. B. für das Tau-Protein auf ein Drittel der Konzentration, für Transthyretin, das ausschließlich im Plexus choroideus synthetisiert wird aber auch aus dem Blut stammt, nur 10%. Diese Proteine drainieren vor allem in den Ventrikel- und zisternalen Liquor. Diejenigen Proteine, die auch auf dem Flußweg durch den Subarachnoidalraum aus den Leptomeningen in den Liquor diffundieren, steigen in ihrer Konzentration zwischen Ventrikel- und lumbalem Liquor kontinuierlich an. Typisch für diesen Anstieg ist besonders β-trace-Protein zu nennen (11-fach, Tab. 4) oder in geringerem Ausmaß Cystatin C (1,6-fach, Tab. 4).

Bei pathologischen Veränderungen mit Erniedrigung des Liquorflusses wird bei Proteinen, wie das Tau-Protein oder Transthyretin, die in den Ventrikel-Liquor drainieren, eine konstante Konzentration im Ventrikel- wie im lumbalem Liquor beobachtet (Abb. 9). Bei den Proteinen, die wie β-trace-Protein oder Cystatin C entlang des Liquorfluß-Weges freigesetzt werden, wird mit wachsendem Albuminquotienten, d. h. mit abnehmendem Liquorfluß, die Proteinkonzentration (Abb. 9) als linearer Konzentrationsanstieg erkennbar. Diese Zunahme der Konzentration im Ventrikel- und lumbalen Liquor mit wachsendem Albuminquotienten ist *linear*, im Gegensatz zur *hyperbolischen* Funktion zwischen Proteinanstieg und Albuminquotient bei Serumproteinen (Abb. 8).

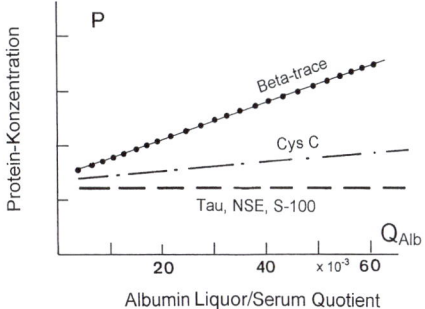

Abb. 9: Veränderungen der mittleren Liquorkonzentrationen von hirneigenen Proteinen bei abnehmender Liquorflußgeschwindigkeit (Blut-Liquor Schrankenfunktionsstörung).

Proteine, die aus dem Plexus choroideus oder Ventrikel-nahen Bereichen in den Liquor gelangen (Transthyretin Plexus-Fraktion = TT_{plex}), Tau-Protein, S-100, NSE) bleiben unabhängig von der Liquorflußgeschwindigkeit in ihren Liquorkonzentrationen konstant (Kompensation der molekularen Diffusion in den Liquor und aus dem Liquor heraus). Bei Proteinen mit starker leptomeningealer Freisetzung (β-trace, Cystatin C) steigt mit Abnahme der Liquorflußgeschwindigkeit die Konzentration im Liquor an. Dieser Anstieg ist linear im Gegensatz zur Hyperbelfunktion für Serumproteine (Abb. 8), da der primäre Konzentrationsanstieg durch reduzierten Liquor-Turnover nicht auf die Freisetzungs- oder Bildungsrate in der Zelle positiv rückkoppelt.

Diese beobachteten Phänomene sind quantitativ durch die Diffusions/Liquorfluß-Theorie erklärbar [11, 12, 13, 14]. Bei der konstanten Produktion und Diffusion von Hirnproteinen in den Liquorraum ist die Liquorflußgeschwindigkeit dafür verantwortlich, in welchem Ausmaß Protein im Liquor angereichert wird. Je langsamer der Liquorfluß desto höher wird die Konzentration (z. B. im Ventrikel-Liquor). Gleichzeitig ist aber auch bei langsameren Liquorfluß mehr Zeit, entlang des rostro-kaudalen Flußweges für das Protein, um aus dem Liquorraum in die Umgebung zu diffundieren. Diese beiden Effekte des langsameren Volumen-Turnovers von Liquor gleichen sich aus und bedingen damit eine von der Liquorflußgeschwindigkeit unabhängige, konstante Konzentration der Hirnproteine. Dies wird z. B. für die rechnerische [11] Transthyretin-Fraktion aus dem Plexus choroideus (nicht Gesamt-TT) oder für das Tau-Protein beobachtet (Abb. 9).

Der lineare Anstieg der Liquorkonzentrationen von β-trace-Protein (Abb. 9) bei abnehmender Liquorflußgeschwindigkeit kommt dadurch zustande, daß ein langsamerer Liquorfluß mit primär ansteigender Konzentration nicht sekundär zu einem erhöhten molecular flux in den Liquorraum führt, wie dies für die Serumproteine mit einer interzellulären Diffusion der Fall ist (Kap. A.4.5).

Aus diesem Zusammenhang wird deutlich, daß auch für die hirneigenen Proteine der Bezug auf den Albuminquotienten, d. h. die Liquorflußgeschwindigkeit, ein entscheidender Beitrag zur höheren Sensitivität der Analytik und auch zur besseren Interpretation für diagnostische Zwecke sein kann. Bei vernachlässigbaren Serumfraktionen im Liquor ist die Auswertung von Absolutwerten der Liquorkonzentration (unabhängig von Blut-Variationen) besser als die Auswertung von Liquor/Serum-Quotienten der Hirnproteine, jedoch ebenfalls mit Bezug auf den Albuminquotienten. Beispiele sind in Kap. B.3.1 dargestellt.

4.5 Biophysik der Blut-Liquor-Schrankenfunktion

Die physikalische, mathematische Beschreibung chemischer Reaktionen als auch vieler damit verbundener biologischer Prozesse beruht auf sogenannten Diffusions-Reaktionsgleichungen [15]. In diesen Gleichungen kommt zum Ausdruck, daß Moleküle entsprechend ihrer Diffusionskoeffizienten (Molekülgröße) mehr oder weniger schnell in Lösungen oder durch Gewebe diffundieren, um dann in chemischen Reaktionen verbraucht zu werden. Die Diffusionsprozesse sind durch die Fickschen Gesetze beschrieben, wobei vor allem das 2. Ficksche Gesetz mit einer Differentialgleichung zweiten Grades keine expliziten Lösungen hat, sondern nur implizite Lösungen für bestimmte Rahmenbedingungen erlaubt. Reiber [7, 8, 9] hat erstmals eine konsequente Anwendung dieses Konzeptes für die Blut-Liquor-Schrankenfunktion dargestellt. Es wird die Moleküldiffusion aus dem Blut in den Liquorraum anhand der Diffusionsgesetze beschrieben, wobei der lokale Konzentrationsgradient beim Eintritt in den Subarachnoidalraum (dc/dx in Abb. 10) entscheidender ist als die Gesamtkonzentrations-Verhältnisse zwischen Blut und Liquor (Q_A oder Q_B in Abb. 10). Statt einer chemischen Verbrauchsreaktion wird der Liquorfluß, durch den die lokal in den Liquor diffundierenden Proteine eliminiert werden, entsprechend den Verbrauchsreaktionen in den Diffusions-Reaktionsgleichungen behandelbar. Durch eine besondere mathematische Transformation (Projektion der Kurve A auf Kurve B in Abb. 10) ist es gelungen [8], darzustellen, daß die Konzentrations-Veränderungen der Liquorkonzentrationen verschieden großer Moleküle, die aus dem Serum stammen, bei einer Geschwindigkeitsänderung des Liquorflusses sich im Verhältnis einer Hyperbelfunktion (Abb. 5) zueinander darstellen. Damit wurden frühere [5], intuitive nicht-

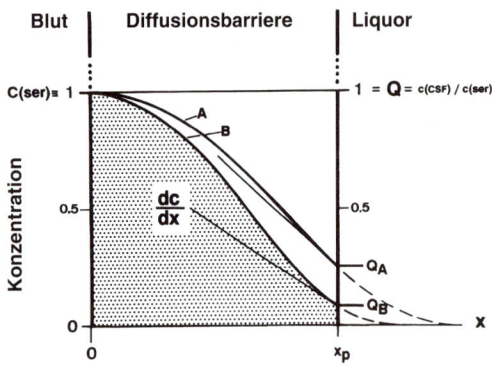

Abb. 10: Proteinkonzentrationsgradient zwischen Blut und Liquor.

Der Diffusions-kontrollierte Proteintransfer zwischen Blut und Liquor ist durch eine idealisierte Diffusionsschranke (homogen und einheitlich anstelle von multistrukturell, inhomogen) beschrieben. Die Konzentrationen c_i sind normalisiert für C(ser) = 1 und in CSF als Q = C(CSF)/C(ser). Der effektive Diffusionsweg x (x_p für den einzelnen Patienten) zeigt eine sigmoide Kurve, die aus dem 2. Fick'schen Gesetz der Diffusion ableitbar ist. Bei konstantem t (steady state) bestimmt der lokale Konzentrationsgradient dc_i/dx den molekularen Fluß J_i des Moleküls „i" in den Liquor, entsprechend Ficks 1. Gesetz der Diffusion $J_i = -D_i\, dc_i/dx$ mit D_i als dem Molekülgrößen- und Gewebe-abhängigen Diffusionskoeffizienten. J_i hängt von $c_{x,t}$ an der Stelle x_p, d. h. von der Liquorkonzentration C(CSF) des Moleküles „i" ab. Die Veränderung des lokalen Konzentrationsgradienten dc/dx entlang des idealisierten Diffusionsweges „x" folgt einer Gauss'schen Fehlerkurve mit einem Maximum für Q = 0,5 (halbe Serumkonzentration). Das Diagramm wird für die folgenden zwei verschiedenen Interpretationen im Text verwendet.

Fall 1: Normale Fließ-Gleichgewichtsbedingungen, bei denen die Kurven A und B interpretiert werden als wären sie für 2 Moleküle verschiedener Größe (z. B. A = Albumin, B = IgG) entsprechend verschiedenen Diffusionskoeffizienten. Das kleinere Molekül Albumin mit dem größeren Diffusionskoeffizienten D_{Alb} erreicht eine höhere Gewebekonzentration (Kurve A) als IgG (Kurve B) und deshalb auch einen größeren, lokalen Konzentrationsgradienten dc/dx bei x_p entsprechend der Steigung der Tangente bei x_p. Die Kurven A und B mit derselben mathematischen Funktion (Gleichung (1) im Text), unterscheiden sich nur durch ihre mittlere molekulare Verschiebung ($x_i = \sqrt{2D_i t}$). In diesem Fall mit konstantem „t" sind die verschiedenen Diffusionskoeffizienten D_A und D_B für die Unterschiede verantwortlich. Die Funktion $Q_B = f(Q_A)$ repräsentiert eine Hyperbelfunktion.

Fall 2: In diesem Fall stellen die Kurven A und B die Konzentrationsverteilung desselben Proteins (z. B. IgG) zu verschiedenen Zeiten dar, vor (t_o, Kurve B) und nach (t_1, Kurve A) Beginn einer Erkrankung mit abnehmender Liquorflußgeschwindigkeit und folgendem Anstieg der IgG-Konzentration im Liquor. Mit der sekundär ansteigenden Gewebekonzentration $C_{Ig}(x_t)$ steigt auch der Gradient $dc_{IgG}/dx_{IgG}(x_t)$ und als Konsequenz der molekulare Fluß J_{IgG}. Dieser Anstieg gilt für Fälle mit $Q_{IgG} < 0{,}5$. Oberhalb $Q_{IgG} > 0{,}5$ nimmt der Gradient dc_i/dx wieder ab. In diesem Interpretationsfall kann der Wechsel von Kurve B zu Kurve A als eine erhöhte, mittlere Verschiebung $x_i = \sqrt{2D_i t}$ verstanden werden, bei der D_i konstant bleibt, aber „t" ansteigt.

lineare Zusammenhänge abgelöst durch eine mathematisch und physikalisch begründete Theorie, die die quantitative Beschreibung der empirischen Daten erlaubt, wie sie zu den Reiber-Diagrammen (Kapitel B.3.1) geführt haben.

Im folgenden wird die biophysikalische Herleitung der Hyperbelfunktion in groben Zügen beschrieben. Für die mathematischen Details wird auf die entsprechenden Originalarbeiten verwiesen [8, 9, 10]. Eine ausführliche Darstellung der diffusionsrelevanten Zusammenhänge ist auch in [12] zu finden.

4.6 Biophysikalische Herleitung der Hyperbelfunktion

1. Das Diffusion/Liquorfluß-Modell ist definiert durch drei Grenzbedingungen:

a) Die Konzentration eines einzelnen Proteins bleibt auf einer Seite der Schranke (im Blut) praktisch konstant (Serumkonzentration C(ser) = 1 in Abb. 10), d. h. bleibt unverändert durch Variationen auf der anderen Seite (im Liquor).

b) Proteine diffundieren durch das Gewebe, das nicht bezüglich der sehr verschiedenen Strukturen, wie Endothelzellschicht mit „tight junctions", fenestrierten Kapillaren, Intrazellulärflüssigkeit, Ependymzellschicht mit und ohne „tight junctions", charakterisiert werden muß. Die Theorie vergleicht nur die Änderungen der Konzentrationsverhältnisse von Proteinen verschiedener Größe, die zur selben Zeit durch dasselbe Gewebe diffundieren, d. h. daß das Verhältnis der Diffusions-koeffizienten ($D_{IgG} : D_{Alb}$) sich nicht verändert, trotz der verschiedenen Absolutwerte in verschiedenen Gewebestrukturen (x_p in Abb. 10 stellt den effektiven Diffusionsweg dar).

c) Die Proteine, die vom Blut durch das Gewebe in den Liquor diffundieren, werden eliminiert durch den Liquor, der auf der einen Seite der Barriere im Subarachnoidalraum vorbeifließt (Abb. 10, rechte Seite für $x > x_p$). Die Theorie benötigt keine Behauptung über eine einheitliche Liquorflußgeschwindigkeit für den gesamten Subarachnoidalraum.

Dieses Modell (Abb. 10) führt zu einem nichtlinearen Konzentrationsgradienten für Proteine zwischen Blut und Liquor (erste Ableitung dieser sigmoiden Gewebekonzentrationskurve ist eine Gauß'sche Fehlerkurve).

2. Die Konzentrationskurve wird durch die mittlere molekulare Verschiebung oder Eindringtiefe charakterisiert.

Die mittlere molekulare Verschiebung ist allgemein eine Funktion der Molekülgröße und eine Funktion der Liquorflußgeschwindigkeit in dem vorliegenden Modell. (Kurve A in Abb. 10 repräsentiert das kleinere Molekül – z. B. Albumin – im Vergleich zu einem größeren Molekül in Kurve B).

3. Eine abnehmende Liquorflußgeschwindigkeit induziert:

a) Einen reduzierten Volumenaustausch mit einem daraus resultierenden Anstieg der Proteinkonzentration im Liquor (z. B. wie $Q_B \rightarrow Q_A$ in Abb. 10, sofern hier A und B als Kurven für dasselbe Molekül zu verschiedenen Zeiten interpretiert werden).

b) Als Folge von a) einen Anstieg der mittleren molekularen Verschiebung (Eindringtiefe, siehe unten), z. B. die Verschiebung der Konzentrationsgradienten von Kurve B nach Kurve A in Abb. 10. Dies entspricht einem Anstieg der mittleren Konzentration im Gewebe. Obwohl der Gesamtgradient zwischen Serum und Liquor beim Übergang von B nach A kleiner wird ($Q_A > Q_B$), steigt der lokale Konzentrationsgradient dc/dx (nicht-linear!, bei Q > 0,5 nimmt er wieder ab) an. Damit wird die Diffusionsgeschwindigkeit (molecular flux) entsprechend dem 1. Fick'schen Gesetz (Abb. 1) beim Übergang von B nach A größer (Abb. 10).

Diese beiden Aspekte a) reduzierter Volumenturnover und b) nicht-linearer Anstieg des molekularen Flux in den Liquorraum sind die

Konsequenzen eines reduzierten Liquorflusses und erklären quantitativ die Zunahme der Proteinkonzentrationen im Liquor.

4. Das Konzentrationsverhältnis von zwei aus dem Serum stammenden Molekülen im Liquor mit verschiedener Größe (z. B. $Q_{IgG} : Q_{Alb}$) verändert sich mit reduziertem Liquorfluß (d. h. ansteigender Proteinkonzentration im Liquor).

Für das beschriebene Blut/Liquor-Modell läßt sich eine Funktion für die Konzentrationsveränderung $c_{x,t}$ herleiten (Kurven A, B in der Abb. 10, in diesem Fall wieder als Kurven für zwei verschieden große Moleküle interpretiert), die lautet:

$$C_{x,t} = \frac{C_o}{\sqrt{\pi}} \int_z^\infty e^{-z^2} dz \quad mit \quad (1)$$

$$z = x/2\sqrt{Dt} \quad und \quad dx = 2\sqrt{Dt}\, dz$$

Diese Kurvenfunktion charakterisiert die mittlere molekulare Verschiebung als $x_i = \sqrt{2 D_i t}$ für $Q = 0,5$ und auch die Veränderung der Steigung dc/dx als erste Ableitung von $c_{x,t}$.

Die Gleichung (1) ist auch als eine mathematische Standard-Gleichung — die Error-function (erf z) — beschreibbar. Wenn statt in der Grenze 0 bis z (erf z) die Funktion in den Grenzen z bis ∞ (für große Werte von z) beschrieben wird, ist dies „error function complement" oder

$$erfc\, z = \frac{2}{\sqrt{\pi}} \int_z^\infty e^{-z^2} dz$$

Für die relative Konzentration Q findet man dann

$$Q = \frac{c_{x,t}}{c_o} = 1/2\, erfc\, z$$

erfc z stellt eine geometrische Reihe dar. Für Werte von „z" sind Tabellen angelegt worden [8]. Das Verhältnis $Q_B : Q_A$ (Abb. 10) stellt das Konzentrationsverhältnis von zwei Molekülen verschiedener Größe (z. B. $Q_{IgG} : Q_{Alb}$) dar. Durch Projektion von Kurve A auf Kurve B (Abb. 10) bekommt man Q_A und Q_B auf derselben Kurve für verschiedene Werte von x (x'

und x_p in Abb. 10). Mit $Q_B : Q_A =$ erfc z_p : erfc z' und $x' = x_p (D_B/D_A)^{1/2}$ aus dem Verhältnis der mittleren molekularen Verschiebung von Kurve A und B, bekommt man die Gleichung

$$Q_B = \frac{erfc\, (z\sqrt{D_B/D_A})}{erfc\, z} \cdot Q_A \quad (2)$$

Daß dies eine hyperbolische Funktion ist, wurde durch Vergleiche von Werten für *erfc z* (aus Tabellen) und Werten aus einer üblichen Hyperbelfunktion (Gleichung (3)) gezeigt. Diese Gleichung (2) zeigt, daß mit größerem Q_A, d. h. langsamerem Liquorfluß, Q_B sich im Verhältnis zu Q_A (oder $Q_{IgG} : Q_{Alb}$) mit einer Hyperbelfunktion verhält und daß dieses Verhältnis nur durch das Verhältnis der Diffusionskonstanten ($\sqrt{D_B/D_A}$) bestimmt wird. Eine Blut-Liquor-Schrankenfunktionsstörung, die durch einen reduzierten Liquorfluß charakterisiert wird, läßt so auf der Basis der Diffusionsgesetze eine quantitative Erklärung der empirischen Daten zu. Es ist kein „leakage"-Modell oder „Poren"-Modell etc. nötig.

$$Q_{IgG} = a/b \sqrt{(Q_{Alb})^2 + b^2} - c \quad (3)$$

Die Gleichung (3) ist die bereits früher von Reiber [6] auf rein empirischer Basis in die Liquoranalytik eingeführte Hyperbelfunktion. Die Parameter a/b, b^2 und c (Abb. 5) wurden inzwischen durch eine empirische Anpassung der gemessenen Liquordaten an einem größeren Kollektiv von über 4000 Patienten für IgG, IgA und IgM nochmals genauer bestimmt (Tab. 1) [8].

Die Hyperbelfunktionen sind gültig für den ventrikulären, zisternalen und lumbalen Liquor [12, 13].

5. Die konstante Diffusion von Serum-Molekülen in den Liquor entlang der Neuroaxis führt zu einem rostro-kaudalen Konzentrationsgradienten.

Dieser Gradient ist nicht-linear und erklärt den beobachteten schnelleren molekularen Fluß in den lumbalen Liquor im Vergleich zum Ventrikelliquor (wiederum bedingt durch eine größere, mittlere Verschiebung durch die entlang der Neuroaxis ansteigende Liquorkonzentration).

6. Das Diffusions/Liquorfluß-Modell der Blut-Liquor-Schrankenfunktionsstörung ist auch für die aus dem ZNS stammenden Hirnproteine gültig mit den Besonderheiten, die in Kap. A.4.4 dargestellt wurden [11, 12, 13].

4.7 Neue Interpretationen physiologischer und pathophysiologischer Beobachtungen

Mit dem aktuellen Liquorfluß-Modell können viele bislang unerklärte *Beobachtungen aus der Physiologie des Liquors und der Pathophysiologie neurologischer Erkrankungen* in einem neuen Licht gesehen werden (Ref. in [8]).

Das normale menschliche Neugeborene hat extrem hohe Liquorproteinkonzentrationen mit Q_{Alb}-Werten bis zu 30×10^{-3} (Abb. 2). Frühere Interpretationen unterstellten eine nicht ausgereifte Blut-Liquor Schrankenfunktion mit unzureichender Selektivität und hoher Permeabilität. Es gibt jedoch keinen Zweifel, daß bereits zu einem sehr frühen Zeitpunkt der Gestationsphase die anatomischen Strukturen für die Schranken bereits ausgebildet sind. Es kann auch in den Quotientendiagrammen keine unterschiedliche Selektivität zwischen Kindern und Erwachsenen beobachtet werden. Der Beginn des Liquorflusses, etwa zum Zeitpunkt der Geburt, führt zu einer schnellen Reduktion der Proteinkonzentration im Liquor mit zunehmender Flußgeschwindigkeit. Dieser Prozeß ist letztlich einer späten Reifung der Arachnoidalzotten in den Pacchionischen Granulationen zuzuordnen. Eine maximale Liquordrainage in das venöse Blut wird erst um den vierten Monat nach der Geburt mit einer minimalen Proteinkonzentration zu diesem Zeitpunkt erreicht (Abb. 2).

Beim erwachsenen Menschen wird während seines Lebens eine natürliche Zunahme der Liquorproteinkonzentration beobachtet. Diese altersbedingte Zunahme kann durch eine abnehmende Liquorproduktionsgeschwindigkeit mit einer entsprechend reduzierten Liquorflußgeschwindigkeit erklärt werden (0,4 mL/min in jungen zu 0,1 mL/min in älteren Probanden).

Bei der Leukämie des Zentralnervensystems, die eine primär Arachnoidea-bezogene Erkrankung mit Veränderung der Trabeculae darstellt, konnte aus histopathologischen Untersuchungen auf eine reduzierte Liquorflußgeschwindigkeit geschlossen werden.

Bei der purulenten bakteriellen Meningitis werden eine erhöhte Liquorviskosität und meningeale Verklebungen beobachtet. Ebenfalls werden Proteinkomplexe und Zellablagerungen in den Arachnoidalzotten im post mortem Gewebe nachgewiesen. Alle diese Aspekte stellen wiederum ein schweres Handicap für den Liquorfluß dar. Die hohen Proteinkonzentrationen bei der Polyradikulitis Guillain-Barré sind ebenfalls mit einem reduzierten Fluß durch die Arachnoidalzotten in die den spinalen Nervenwurzeln-assoziierten Venen verbunden, hier bedingt durch die Schwellungen im Bereich um die Spinalwurzeln.

Im Falle einer spinalen Stenose oder eines kompletten spinalen Blocks werden kaudal zur Blockade im lumbalen Liquor hohe Proteinwerte gemessen, trotz normaler zisternaler und ventrikulärer Liquorwerte. Im Gegensatz zu den Blut-abhängigen Proteinen nehmen die aus dem Hirn stammenden Proteine wie Präalbumin (Transthyretin) relativ zum Albumin unterhalb der spinalen Blockade ab. Es kann sich also auch nicht um ein „Konzentrieren" durch Wasser-Diffusion handeln, wie früher zum Teil vermutet wurde. Selbst in diesen Fällen extrem hoher Proteinkonzentrationen unterhalb der spinalen Blockade (bis zu 70 % der Blutkonzentration) ist die Molekülgrößen-abhängige Diskriminierung (Selektivität) für den Proteintransfer zwischen Blut und Liquor nicht gestört.

4.8 Literatur

[1] Bradbury, M.: The Concept of a Blood-Brain Barrier. John Willey and Sons, Chichester 1979.

[2] Cutler, R. W. P., R. K. Deuel, Ch. F. Barlow: Albumin exchange between plasma and CSF. Arch Neurol 17 (1967) 261−270 und 17 (1967) 620−628.

[3] Davson, H., M. B. Segal: Physiology of the CSF and blood-brain barriers. CRC Press, Boca Raton (USA) 1996.

[4] Frick, E., L. Scheid-Seydel: Untersuchungen mit I131-markiertem Albumin über Austauschvorgänge zwischen Plasma und Liquor cerebrospinalis. Klin Wschr 36 (1958) 66–69 und 36 (1958) 857–863.

[5] Reiber, H.: Evaluation of blood-CSF barrier dysfunctions in neurological diseases. In: A. J. Suckling, M. G. Rumsby, M. W. B. Bradbury (Hrsg.): The blood-brain barrier in health and disease, S. 132–146. Ellis Horwood, Chichester, UK 1986.

[6] Reiber, H., K. Felgenhauer: Protein transfer at the blood-CSF barrier and the quantitation of the humoral immune response within the central nervous system. Clin Chim Acta 163 (1987) 319–328.

[7] Reiber, H.: Decreased Flow of Cerebrospinal Fluid (CSF) as Origin of the Pathological Increase of Protein Concentration in CSF. In: K. Felgenhauer, M. Holzgraefe, H. Prange (Hrsg.): CNS Barriers and Modern CSF Diagnostics, S. 305–317. Verlag Chemie, Weinheim 1993.

[8] Reiber, H.: Flow rate of cerebrospinal fluid (CSF) - a concept common to normal blood-CSF barrier function and to dysfunction in neurological diseases. J Neurol Sci 122 (1994) 189–203.

[9] Reiber, H.: The hyperbolic function: a mathematical solution of the protein flux/CSF flow model for blood-CSF barrier function. J Neurol Sci 126 (1994) 240–242.

[10] Reiber, H.: Biophysics of protein diffusion from blood into CSF: The modulation by CSF flow rate. In: J. Greenwood, D. Begley, M. Segal (Hrsg.): New Concepts of a Blood-Brain Barrier, S. 219–227. Plenum Press Com., London 1995.

[11] Reiber, H.: CSF Flow – Its influence on CSF Concentration of Brain-derived and Blood-derived Proteins, S. 51–72. In: A. Teelken, J. Korf (Hrsg.): Neurochemistry. Plenum Press, New York 1997.

[12] Reiber, H., C. J. M. Sindic, E.J. Thompson: Cerebrospinal Fluid – Clinical Neurochemistry of Neurological Diseases. Springer-Verlag, Heidelberg 2001.

[13] Reiber, H.: Dynamics of brain proteins in cerebrospinal fluid. Clin Chim Acta (2001), im Druck.

[14] Tumani, H., H. Reiber, R. Nau et al.: Beta-trace protein concentration in cerebrospinal fluid is decreased in patients with bacterial meningitis. Neurosci Lett 242 (1998) 5–8.

[15] Turing, A. M.: The chemical basis of morphogenesis. Phil Trans R Soc B 237 (1952) 37–72.

[16] Wood, J. H. (Hrsg.): Neurobiology of CSF, Bd. 2, S. 233–245. Plenum Press, New York 1983.

A.5 Liquorzirkulationsstörungen

M. Stangel, W. Brück

5.1 Hydrozephalus

Unter einem Hydrozephalus versteht man eine Erweiterung der Liquorräume zu Lasten der Hirnsubstanz, meist in Verbindung mit einer Erhöhung des intrakraniellen Druckes. Je nach Lokalisation unterscheidet man einen *Hydrozephalus externus* mit Vergrößerung der äußeren Liquorräume und einen *Hydrozephalus internus* mit Erweiterung der Ventrikelräume. Beim *kommunizierenden Hydrozephalus* besteht eine freie Liquorpassage von den Seitenventrikeln bis zum Subarachnoidalraum, während beim *nicht-kommunizierenden Hydrozephalus* eine Flußbehinderung innerhalb des Ventrikelsystems vorliegt. Der *Hydrozephalus e vacuo* stellt eine kompensatorische Erweiterung der Liquorräume als Folge eines Verlustes von Hirngewebe dar (z. B. bei degenerativen Hirnerkrankungen, nach Schädel-Hirn-Trauma oder zerebraler Ischämie), wobei der Hirndruck nicht erhöht ist und dies daher kein Hydrozephalus im engeren Sinn ist.

5.1.1 Ätiologie und Pathogenese

Ein Hydrozephalus kann entweder durch Überproduktion von Liquor oder durch verminderte Resorption entstehen. Die bislang einzige bekannte Ursache für eine Überproduktion sind Tumoren des Plexus choroideus, sogenannte Plexuspapillome. Eine verminderte Resorption, ein *Hydrozephalus malresorptivus*, kann sowohl angeboren sein durch Aplasie oder Hypoplasie der Paccionischen Granulationen, Mißbildungen wie Enzephalozelen oder Lissenzephalie, sowie später auftreten als Folge von Arachnoitiden, Meningitiden, Subduralblutungen, Subduralhämatomen oder Meningeosis carcinomatosa. Auf der anderen Seite bewirkt jede Läsion, die zu einem Abflußhindernis innerhalb der Liquorräume führt, einen *Hydrozephalus occlusus*. Angeborene Ursachen sind Aquäduktatresie oder -stenose, Chiari-Malformationen, Dandy-Walker-Malformationen, Arachnoidalzysten sowie vaskuläre Fehlbildungen wie arterio-venöse Malformationen. Erworbene Ursachen für eine Liquorabflußstörung beinhalten Tumoren, Entzündungen (Ventrikulitis), Blutungen in das Ventrikelsystem sowie Schädel-Hirn-Traumen. Eine sehr seltene Ursache ist der X-chromosomal rezessiv vererbte Hydrozephalus internus [34].

Histopathologische Untersuchungen zeigen eine Schädigung von Myelin und Axonen in der periventrikulären Substanz. Ursächlich erscheint sowohl die mechanische Kompression als auch die Distorsion von Blutgefäßen und die dadurch resultierende Ischämie [8]. Sehr selten kann es durch eine Druckatrophie des Plexus choroideus zu einem spontanen Stillstand des Hydrozephalus kommen (*arretierter Hydrozephalus*), bei dem die Ventrikel erweitert bleiben ohne klinische Zeichen eines erhöhten intrakraniellen Druckes.

5.1.2 Epidemiologie

Genaue Zahlen zur Inzidenz eines Hydrozephalus sind nicht bekannt. Schätzungen werden mit 0,1 bis 3,5 pro 1000 Geburten angegeben. Durch die erhöhte Überlebensrate von Frühgeborenen mit perinatalen Hirnblutungen kommt es sicherlich auch zu einer Zunahme der Häufigkeit.

5.1.3 Klinisches Bild

Aufgrund der offenen Schädelnähte beim Säugling und Kleinkind unterscheidet sich die klinische Symptomatik eines Hydrozephalus in den *ersten Lebensjahren* deutlich von der im späteren Leben. Es kommt zu einem unproportionalen Wachstum der Schädelkalotte mit Vorwölbung der Stirn (sogenannte „Balkonstirn"), einem tastbaren Klaffen der Schädelnähte und einem scheppernden Geräusch beim Beklopfen der Kalotte (MacEwens Zeichen). Die Fontanelle ist vorgewölbt, gespannt und pulsiert nicht mehr, die Hautvenen am Kopf sind gestaut. Zu Beginn können die Kinder symptomlos bleiben, doch kommt es im Verlauf zu allgemeiner Irritierbarkeit, Gedeihstörung und schließlich zu Blickheberparesen (Sonnenuntergangsphänomen, partielles Parinaud-Syndrom) und Bewußtseinsstörungen. Bei nur geringem Druckgradienten kann ein chronischer frühkindlicher Hydrozephalus trotz massiver Erweiterung der inneren Liquorräume mit Verschmälerung der Hirnrinde fast symptomfrei bleiben. Bei größeren Druckgradienten entwickelt eine Großzahl der Kinder in der Folgezeit neurologische Auffälligkeiten und nur ungefähr 20% der Frühgeborenen, die wegen eines posthämorrhagischen Hydrocephalus einen Shunt zur Behandlung benötigten, entwickeln sich normal [3].

Nach dem Schluß der Schädelnähte sind die Symptome bei *Kindern und Erwachsenen* durch die Zeichen des erhöhten intrakraniellen Druckes geprägt mit Kopfschmerzen, Übelkeit, Erbrechen, Visusstörung mit Stauungspapillen, Blickparesen durch Parinaud-Syndrom oder Hirnnervenausfälle (besonders N. abducens) und schließlich Bewußtseinstrübung mit nachfolgenden Einklemmungssymptomen. Zu Beginn sind Kopfschmerz und Übelkeit typischerweise morgens stärker ausgeprägt. Bei plötzlichem Verschluß des Liquorabflusses durch Tumoren oder Blutungen kann die Symptomatik durch die schnelle Druckerhöhung auch akut auftreten.

5.1.4 Diagnostik

Durch die pränatale Ultraschalldiagnostik kann ein Hydrozephalus bereits intrauterin erkannt werden. Postnatal kann durch die offene Fontanelle eine Blutung oder Erweiterung der Liquorräume mittels Ultraschall nachgewiesen werden. Bei den regelmäßigen Vorsorgeuntersuchungen mit Messung des Kopfumfanges wird ein überproportionales Wachstum des Kopfes durch Vergleich mit den Wachstumskurven erfaßt. Jeder auffällige Befund sollte durch CCT oder MRT des Kopfes ergänzt werden. Damit können Erweiterungen des Ventrikelsystems noch vor dem Auftreten klinischer Symptome oder der Zunahme des Schädelumfanges festgestellt werden. CCT und MRT sind auch bei Erwachsenen die entscheidenden diagnostischen Verfahren. Bei einem Verschlußhydrozephalus kommt es typischerweise zu einer Ballonierung des 3. Ventrikels und Erweiterung der Temporalhörner sowie zu periventrikulären Dichteminderungen. Liegt eine Aquäduktstenose vor, so ist der 4. Ventrikel normal weit; bei Raumforderungen in der hinteren Schädelgrube ist der 4. Ventrikel auch erweitert. Mit der MR-Diagnostik kann durch liquorsensitive Techniken auch der Fluß im Aquädukt dargestellt werden.

Andere diagnostische Verfahren sind in den Hintergrund gerückt. Bei chronischem Hydrozephalus kommt es zu einem sogenannten Wolkenschädel im nativen Röntgenbild, der durch die Ausdünnung der Kalotte entsteht. Das EEG ist nicht wegweisend und zeigt in der Regel unspezifische Veränderungen mit allgemeiner Verlangsamung. Durch die Verbesserung der bildgebenden Verfahren ist eine Liquordruckmessung zur Diagnosestellung in der Regel nicht erforderlich.

5.1.5 Therapie

Eine vorübergehende Senkung der Liquorproduktion kann durch Carboanhydrasehemmer (Azetazolamid, 1 g/Tag) sowie Furosemid (250 mg/Tag) erreicht werden. Durch wiederholte Gaben von Osmotherapeutika wie Mannit oder Sorbit kann der intrakranielle Druck medikamentös gesenkt werden. Diese Maßnahmen sind jedoch nur begrenzt wirksam.

In vielen Fällen muß ein Hydrozephalus mittels Liquordrainage behandelt werden. Bei akut auftretender Symptomatik oder bei blutigem bzw. infiziertem Liquor muß zunächst eine externe Ventrikeldrainage angelegt werden. Kann der Liquordruck durch medikamentöse Maßnahmen und temporäre externe Ableitung nicht längerfristig normalisiert werden, muß eine permanente Ableitung erfolgen. Hierfür stehen verschiedene Shuntsysteme zur Verfügung, bei denen über ein Druckventil eine Ableitung aus dem Seitenventrikel zum rechten Herzvorhof (ventrikulo-atrial) oder der Peritonealhöhle (ventrikulo-peritoneal) erfolgt. Komplikationen dieses Verfahrens sind Shuntdysfunktion durch Verlegung des Katheters, Über- oder Unterdrainage, Hygrome bzw. Hämatome und Shuntinfektion. Die Komplikationsrate ist mit bis zu 50 % sehr hoch [18].

Aquäduktstenosen können auch stereotaktisch eröffnet werden und eine Drainage eingelegt werden. Alternativ ist in diesen Fällen auch eine Ventrikulostomie möglich mit Fensterung des Bodens des 3. Ventrikels und Ableitung des Liquors in den zisternalen Subarachnoidalraum [15].

5.1.6 Differentialdiagnose

Mit den bildgebenden Verfahren wird nicht nur der Hydrozephalus diagnostiziert, sondern oft auch die zu Grunde liegende Ursache und Lokalisation eines Abflußhindernisses. Sowohl angeborene Mißbildungen (s. Abschnitt 5.1.1) als auch erworbene Ursachen wie Hirntumoren oder Blutungen stellen sich dar. Desweitern gibt die Anamnese Aufschluß über Ursachen wie durchgemachte Meningitiden, Schädel-Hirn-Traumen oder Hirnblutungen.

5.2 Normaldruckhydrozephalus

Der Normaldruckhydrozephalus („normal pressure hydrocephalus", NPH) stellt eine Sonderform des kommunizierenden Hydrozephalus dar, bei der es zu einer Erweiterung der Liquorräume kommt, ohne daß ein erhöhter Liquordruck gemessen wird. Bereits bei der Erstbeschreibung 1965 wurden pathophysiologische und therapeutische Ansätze gefunden, die heute noch ihre Gültigkeit haben [16].

5.2.1 Ätiologie und Pathogenese

In ungefähr der Hälfte der Fälle tritt ein NPH idiopathisch auf. Sekundär kommt ein NPH nach Meningitis, Subarachnoidalblutung oder Schädel-Hirn-Trauma vor, seltener nach neurochirurgischen Eingriffen, nach Radiotherapie, nach intrathekaler Methotrexat-Behandlung, bei spinalen Tumoren mit erhöhtem Liquoreiweiß, bei basilärer Impression oder Megadolichobasilaris [7, 26]. Obwohl der Liquordruck bei einmaliger Liquorpunktion normal ist, und auch im Mitteldruck allenfalls leicht gesteigert ist, kommen Druckspitzen mit erhöhtem Liquordruck beim NPH vor. Diese $\frac{1}{2}$ bis 2 Minuten dauernden sogenannten B-Wellen treten zwischen 10 % und 90 % der gemessenen Zeit bei kontinuierlicher Druckmessung auf [41]. Anfänglich kommt es zu einer Erweiterung der Ventrikel mit einem Druckgradienten zwischen intra- und extraventrikulärem Raum. Die Ursache hierfür kann beim sekundären NPH in einer Aquäduktstenose oder einem Flußhindernis in den Basalzisternen liegen, ist hingegen beim idiopathischen NPH nicht bekannt. Es wird diskutiert, daß die Pulswellen gegen die Ventrikelwände schlagen („Wasserhammer") und durch eine veränderte Elastizität der Ventrikelwände eine Liquordiapedese mit Ödembildung und Schädigung der paraventrikulären Fasern stattfindet. Eine verminderte Resorption des Liquors scheint nicht ursächlich zu sein, da dabei kein Druckgradient von intraventrikulär nach extraventrikulär auftreten würde. Durch den erhöhten Ventrikeldruck kommt es zu einem transependymalen Übertritt von Liquor in das periventrikuläre Gewebe und zur Schädigung von Fasern des Marklagers.

5.2.2 Epidemiologie

Epidemiologische Daten variieren stark aufgrund von uneinheitlichen Diagnosekriterien. So berichtet eine Studie über eine Inzidenz von nur 2,2/1 000 000/Jahr für shunt-responsiven

NPH [39], während andere eine Inzidenz bis 10/100 000/Jahr angeben, oder die Mehrzahl der Gangstörungen im Alter als monosymptomatischer NPH eingeschätzt wurde [12]. Männer sind etwas häufiger betroffen als Frauen (2:1). Obwohl ein NPH auch im Kindesalter vorkommen kann [5], treten die meisten Fälle in der sechsten und siebten Lebensdekade auf. Eine gehäufte Assoziation mit arteriellem Hypertonus wurde beschrieben, wobei unklar ist, ob eine pathogenetische Kausalität besteht.

5.2.3 Klinisches Bild

Die klassische klinische Trias aus Gangstörung, Demenz und Blasenstörung tritt bei ungefähr der Hälfte der Patienten auf. Insbesondere die Gangstörung ist bei fast allen Fällen zu finden, während monosymptomatische Demenz oder Inkontinenz sehr selten sind [14]. Die Symptome können bis zur Diagnosestellung mehrere Jahre bestehen, wobei der NPH unbehandelt eine langsam progrediente Erkrankung ist.

Die *Gangstörung* geht häufig den anderen Symptomen voran und besteht aus einem breitbasigen, kleinschrittigen Gang, mit unregelmäßiger Schrittlänge, häufig auch Stolpern und Stürzen. Die Patienten klagen über Startschwierigkeiten beim Losgehen (sogenanntes Magnetphänomen) sowie Gleichgewichtsstörungen besonders beim Treppensteigen. Im Gegensatz dazu können Gehbewegungen im Liegen gut ausgeführt werden. In späteren Krankheitsstadien können auch das Stehen und Sitzen beeinträchtigt sein, ein erhöhter Muskeltonus mit positiven Pyramidenbahnzeichen auftreten, und auch die oberen Extremitäten mit Tremor und Verschlechterung der Handschrift mitbetroffen sein.

Die *Demenz* ist in aller Regel nur milde ausgeprägt in Form von subkortikalen kognitiven Defiziten wie Gedächtnis- und Aufmerksamkeitsstörung, Verlangsamung psychischer und motorischer Prozesse, Antriebsmangel und affektive Indifferenz [27].

Die *Blasenstörung* macht sich zu Beginn meist als imperativer Harndrang bemerkbar und erst in späteren Krankheitsstadien kommt es zu einer Harninkontinenz. Durch Schädigung des periventrikulären Marklagers kommt es zu einem partiellen Verlust inhibitorischer Fasern der Blasenkontraktion mit Hyperreflexie und Instabilität des Detrusors bei erhaltener Sphinkterfunktion.

5.2.4 Diagnostik

Die Diagnostik mit kraniellem *CT* oder *MRT* zeigt eine Erweiterung aller Ventrikel und oft enge, verstrichene Sulci über der Konvexität. Häufig sind flächige periventrikuläre Marklagerläsionen um die Vorder- und Hinterhörner sichtbar, die der transependymalen Liquorabsorption zugeschrieben werden (Abb. 1). Mit MRT-Techniken kann zusätzlich ein gesteigerter pulsatiler Liquorfluß im Aquädukt nachgewiesen werden [4].

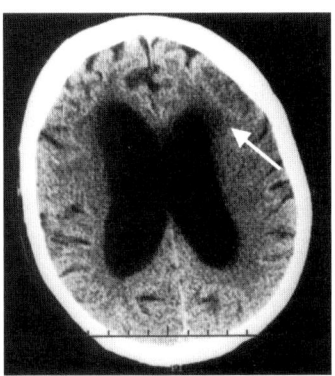

Abb. 1: Normaldruckhydrozephalus. CCT mit Erweiterung der Seitenventrikel und periventrikulärer Hypodensität um die Vorderhörner (Pfeil).

Bei der diagnostischen *Lumbalpunktion* zeigt sich ein normaler Eröffnungsdruck, der Eiweißgehalt und die Zytologie sind in der Regel normal. Nach Ablassen von 40–50 ml Liquor zeigt sich in vielen Fällen eine klinische Besserung, die sich mit einfachen Tests dokumentieren läßt. Vor und nach der Punktion sollte das Gangbild auf Schrittgröße und Geschwindigkeit geprüft werden. Die kognitiven Defizite können mit Wortflüssigkeit (Anzahl von Worten beginnend mit A bzw. B, die innerhalb einer Minute aufgezählt werden), serieller Sub-

Tab. 1: Prädiktive Faktoren für ein Ansprechen auf eine Shuntoperation bei NPH

Prädiktiver Faktor	Positiv	Negativ
Ätiologie	bekannt (sekundärer NPH)	unbekannt (idiopathischer NPH)
Krankheitsdauer	Kurz	lang
Klinik	Gangstörung initial leichte Demenz	schwere Demenz Demenz initial
CCT/MRT	nur mäßige Ventrikulomegalie keine Läsionen periventrikulär keine Marklagerläsionen keine Atrophie erhöhter pulsatiler Fluß im Aquädukt	zerebrale Atrophie zerebrovaskuläre Läsionen
Lumbalpunktion	klinische Besserung	keine Besserung
Liquordruckmessung	hohe Frequenz von B-Wellen (> 50 %) Liquorausflußwiderstand > 18 mmHg/ml	niedrige Frequenz von B-Wellen (< 10 %)

traktion (Zeit, die benötigt wird für 100 minus 7 (bzw. 8) bis 50 unterschritten ist) und verbalem Gedächtnis (Lernen und Wiedergabe einer Liste von 10 Worten) getestet werden. Kommt es nach der Lumbalpunktion zu einer deutlichen Besserung, so ist die Diagnose eines NPH sehr wahrscheinlich. Bei zweifelhaftem Ergebnis sollte die Punktion nach 2–3 Tagen wiederholt werden. Bei einigen Patienten zeigt sich eine klinische Besserung auch erst nach wiederholten Lumbalpunktionen. Eine kontinuierliche Liquorableitung von 100–200 ml täglich für 3–5 Tage wurde von verschiedenen Autoren zwar propagiert, hat sich in der klinischen Praxis aber nicht durchgesetzt [41].

Eine *kontinuierliche Liquordruckmessung* hat sich in einigen Zentren bewährt, wobei das häufige Auftreten von B-Wellen ein guter prädiktiver Wert für das Ansprechen auf eine Shuntoperation zu sein scheint. Diese Technik steht jedoch nicht in allen Zentren zur Verfügung.

Das *EEG* zeigt unterschiedliche Allgemeinveränderungen, die diagnostisch nicht wegweisend sind. Ebenso zeigen die *Radionuklid-Zisternographie* und *CT-Zisternographie* zur Darstellung der Liquorzirkulationsstörung keine diagnostischen oder prognostischen Vorteile [14, 41].

5.2.5 Therapie

Die Therapie der Wahl beim NPH ist die *Shuntoperation*. Die Erfolgsrate variiert stark zwischen den Studien, bedingt durch die unterschiedlichen Einschlußkriterien und Outcomeparameter. Durchschnittliche Angaben für eine deutliche klinische Besserung nach Shuntanlage sind 30–50 % bei idiopathischem NPH und 50–70 % bei sekundärem NPH [41], wobei die Komplikationsrate bei 5–40 % liegt. Daher sollte die Indikation zur Shuntoperation mit großer Sorgfalt getroffen werden. Eine Reihe von Untersuchungen hat versucht, prädiktive Faktoren für ein positives Ansprechen auf eine Shuntoperation zu finden. Ein guter therapeutischer Effekt scheint danach wahrscheinlich, wenn die Gangstörung im Vordergrund steht, keine kognitiven Defizite vorliegen und wenn im CCT/MRT typische Befunde für einen NPH zu finden sind ohne Zeichen einer zerbrovaskulären Erkrankung, sowie bei vorübergehender klinischer Besserung nach Liquorpunktion [2, 40, 41]. Die positiven und negativen Prädiktoren sind in Tabelle 1 zusammengefaßt. Letztlich gibt es aber keine sicheren Kriterien, so daß in jedem Fall individuell entschieden werden muß.

Bei Patienten, die eine Kontraindikation für eine Shunteinlage haben, können alternative regelmäßige Lumbalpunktionen durchgeführt werden.

5.2.6 Differentialdiagnose

Die klinische Trias Gangstörung, Demenz und Blasenstörung kann auch bei anderen Erkrankungen auftreten, und die meisten Patienten haben keinen NPH. Bei *Parkinson-Syndromen* tritt eine ähnliche Gangstörung auf, vor allem bei einem vaskulär bedingten sogenannten „lower body parkinsonism", oder kombiniert mit Demenz und Blasenstörung bei der Multisystematrophie und der progressiven supranukleären Paralyse (Steel-Richardson-Olzewski-Syndrom). Andererseits kann insbesondere in späteren Stadien auch beim NPH eine hypokinetische Bewegungsstörung vorliegen.

Die Demenz muß insbesondere von der *subkortikalen arteriosklerotischen Enzephalopathie* (SAE) abgegrenzt werden, wobei die bildgebende Diagnostik nicht in allen Fällen eine klare Unterscheidung erlaubt. Auch klinische Risikofaktoren wie Hypertonus können bei beiden Erkrankungen überlappen [22]. Die erhöhte Konzentration von Sulfatiden im Liquor bei der SAE im Vergleich zum NPH könnte sich als hilfreicher Test erweisen, ist im klinische Alltag aber noch nicht Routine [38]. Die Abgrenzung zum *Morbus Alzheimer* sollte in aller Regel nicht schwer fallen, da hier motorische Störungen selten sind und neuropsychologisch kortikale Symptome wie Agnosie, Apraxie und Aphasie beim NPH nicht auftreten. Im CCT oder MRT zeigt sich im Gegensatz zum NPH eine Atrophie mit erweiterten Sulci. Ist die Demenz klinisch im Vordergrund, sollte die Diagnose NPH ohnehin nochmals überprüft werden. Erweiterte Liquorräume sind bei degenerativen Erkrankungen zu finden, wobei dies einem *Hydrozephalus e vacuo* ohne Hirndruck entspricht.

Die Kombination mehrerer häufiger Erkrankungen bei älteren Menschen kann zu einem klinisch ähnlichen Bild wie beim NPH führen, so z. B. eine zervikale Myelopathie verbunden mit einer Prostatahyperplasie und milden kognitiven Defiziten.

5.3 Pseudotumor cerebri (idiopathischer intrakranieller Hypertonus)

Der Pseudotumor cerebri (PTC) ist ein heterogenes Krankheitsbild mit erhöhtem intrakraniellen Druck ohne intrazerebrale Raumforderung oder Hydrozephalus.

5.3.1 Ätiologie und Pathogenese

Die Ursache eines PTC ist häufig unbekannt. Gesicherte Risikofaktoren scheinen Übergewicht und Gewichtszunahme zu sein, insbesondere bei jungen Frauen mit unregelmäßiger Menstruation. Weniger gut belegt sind *endokrinologische Ursachen* (M. Addison, M. Cushing, Hypothyreose, Hypophysenadenom, Hypo- und Hyperparathyreoidismus) sowie *metabolische Störungen* (Galaktosämie, Mukoviszidose, Vitamin A/D Mangel, Anti-Chymotrypsin-Mangel). Auch eine Reihe von *Medikamenten* wurde mit einem PTC in Verbindung gebracht (Tab. 2). Ein sekundärer PTC kann bei Liquorzirkulationsstörungen durch Überproduktion (z. B. Plexuspapillom) oder verminderte Resorption bei Sinusvenenthrombose sowie bei *verändertem Liquorproteingehalt* auftreten (Guillain-Barré Syndrom, Lupus erythematodes, spinale Tumoren). Zumindest einem Teil der bislang als idiopathisch eingeschätzen PTC Fälle scheint eine *partielle Sinusvenenthrombose* zugrunde zu liegen [20]. Verbesserte kernspintomographische Methoden werden in Zukunft wahrscheinlich häufiger den Nachweis solcher Teilthrombosen auch kleinerer Venen erbringen können. Schließlich wird auch ein *erhöhter zentralvenöser Druck* (z. B. bei Rechtsherzversagen) ursächlich diskutiert [19]. Diese Hypothese erscheint besonders interessant, da die zuvor diskutierten Ursachen, einschließlich des Hypertonus, in einem erhöhten venösen Druck und schließlich in einer Drucksteigerung im Sinus sagittalis superior als gemeinsamer Endstrecke münden können. Bislang konnte aber keine der Hypothesen bewiesen werden.

Tab. 2: Medikamente, die ursächlich bei Pseudotumor cerebri diskutiert werden

– Tetrazykline	– Phenytoin
– Nitrofurantoin	– Indomethazin
– Sulfamethoxazol	– Amiodaron
– Phenothiazine	– Wachstumshormon
– Chlorpromazin	– Kortikosteroide
– Fluoridazin	– Orale Kontrazeptiva
– Lithiumcarbonat	– Vitamin A

5.3.2 Epidemiologie

Die Inzidenz des PTC wird mit ca. 1 : 100 000 angegeben, ist jedoch bei übergewichtigen jungen Frauen zwischen 15 und 44 Jahren auf das 10−20fache gesteigert. Frauen sind achtmal häufiger betroffen als Männer. Bei Kindern scheinen Übergewicht und Geschlecht keine Rolle zu spielen [10, 32].

5.3.3 Klinisches Bild

Die typischen Symptome eines PTC sind Kopfschmerz, Stauungspapille und Sehstörung [43]. Ein- oder beidseitige pulsierende *Kopfschmerzen*, oft begleitet von Übelkeit und Erbrechen, sind mit 90−100% nicht nur das häufigste, sondern meist auch das erste Symptom. *Stauungspapillen* sind bei nahezu allen Fällen vorhanden, wobei der Befund variieren kann und auch Fälle ohne Stauungspapillen beschrieben werden [23, 25]. Als Folge der Optikusschädigung treten verschiedene *visuelle Symptome* auf: Häufig sind sogenannte transiente Obskurationen mit episodischem Verschwommensehen, Visusverschlechterung, Vergrößerung des blinden Fleckes und Gesichtsfelddefekte bis zur vollständigen Erblindung. Doppelbilder durch Abduzensparesen kommen bei bis zu 40% der Fälle vor, selten können auch Fazialisparesen auftreten [6]. Tinnitus und Nackensteife sind weitere Symptome, die vorhanden sein können. Weiterhin schient die Inzidenz von psychosozialen Schwierigkeiten und Depressionen bei Patienten mit PTC erhöht zu sein [21].

In vielen Fällen ist der klinische Verlauf selbstlimitiert mit spontanen Remissionen nach Wochen oder Monaten bzw. nach wiederholten Lumbalpunktionen oder nach Beendigung einer medikamentösen Therapie [35].

5.3.4 Diagnostik

Zum Ausschluß anderer Ursachen sollte ein kranielles *MRT* mit Venogramm durchgeführt werden, zumindest jedoch ein *CCT* mit Kontrastmittel. Beim idiopathischen PTC sind die Ventrikel eher schmal. Im CCT wird häufig eine „empty Sella" beschrieben und im MRT kann manchmal eine Schwellung der Optikusscheide gezeigt werden. Der Liquordruck bei der *Lumbalpunktion* im Liegen ist größer 200 mm H_2O, bei übergewichtigen Patienten über 250 mm H_2O. Liquorzytologie und -chemie sind normal. *Ophthalmologische Untersuchungen* zur Erfassung des Papillenödems sowie regelmäßige Visuskontrollen und Perimetrie (initial wöchentlich) sind unerläßlich. Die Optikusschädigung beginnt meist mit einem nasal inferioren Gesichtsfelddefekt. Eine *endokrinologische Diagnostik* zeigt zwar keinen einheitlichen Befund, kann aber in einigen Fällen eine zugrundeliegende oder zumindest assoziierte Störung aufdecken.

5.3.5 Therapie

Das wesentliche Ziel der Therapie ist es, durch Reduktion des intrakraniellen Druckes einen irreversiblen Optikusschaden zu verhindern. Potentiell *verursachende Medikamente* (Tab. 2) sollten abgesetzt werden. Eine *Gewichtsreduktion* bei adipösen Patienten kann schon bei geringer Reduktion des Körpergewichtes zu einem deutlichen Rückgang des Papillenödems führen und somit das Risiko einer irreversiblen Schädigung reduzieren [17, 24]. *Wiederholte Lumbalpunktionen* (tägliches Ablassen von 25 ml Liquor, bis der Liquordruck unter 180 mm H_2O ist, mit anschließender Verlängerung der Intervalle) sollten bei vorhandenen Visusminderungen durchgeführt werden. Parallel hierzu kann die Liquorproduktion medikamentös mit Azetazolamid (500 mg zweimal täglich) gesenkt werden, wobei manchmal eine metabolische Azidose limitierend sein kann. Das Senken des zentralvenösen Druckes mit Furosemid (40−250 mg täglich) kann unterstützend wirken. Einige Autoren empfehlen als nächsten Schritt die Behandlung mit Steroiden (2 mg/kg KG für 2 Wochen) [35]. Dieses Behandlungsprinzip wurde aber weitestgehend wieder verlassen [42], auch wegen eines möglichen ursächlichen Zusammenhangs zwischen Steroiden und PTC. Läßt sich mit diesen Maßnahmen der Liquordruck nicht dauerhaft senken, so muß die Anlage eines lumboperitonealen Shunts in Erwägung gezogen werden. Wegen der hohen Komplikationsrate sollte die Indikation jedoch erst nach Ausschöpfung anderer Möglichkeiten gestellt werden [11]. Bei rasch fortschreitendem Visusverlust ist die chirurgische *Dekompression des N. opticus* durch retrobulbäre Fensterung der Optikusscheide die Methode der Wahl [36]. Der intrakranielle Druck und der Kopfschmerz werden dadurch aber nicht gebessert.

Symptomatische Formen des PTC sollten entsprechend der Ursache behandelt werden. Allerdings ist derzeit noch unklar, ob bei partiellen Venenthrombosen eine Antikoagulation wie bei der Sinusvenenthrombose indiziert ist.

5.3.6 Differentialdiagnose

Differentialdiagnostisch müssen letztlich alle Ursachen für einen gesteigerten Hirndruck in Betracht gezogen werden. In erster Linie sind dies *intrakranielle Raumforderungen*, oder anlagebedingte Ursachen für eine Liquorabflußstörung, die durch die bildgebende Diagnostik ausgeschlossen werden müssen. *Sinusvenenthrombosen* werden mittels MRT erfaßt, eine Angiographie ist heutzutage in der Regel nicht erforderlich. Chronische meningeale Reizungen durch *Infektionen* oder eine *Meningeosis carcinomatosa* werden durch die Liquoruntersuchung erfaßt, ebenso wie Zustände mit *erhöhtem Liquorprotein* (Guillain-Barré Syndrom, Lupus erythematodes, M. Behçet, spinaler Tumor). Bei *ischämisch bedingten Papillenödemen* und *Thrombosen der retinalen Zentralvene* tritt der Visusverlust plötzlich auf und ist in der Regel einseitig. Auch ist der Liquordruck nicht erhöht. Gleiches gilt für die entzündliche *Papillitis/Optikusneuritis*. Die Abgrenzung von *Drusenpapillen* als Anlageanomalie kann bei gleichzeitig vorhandenen Kopfschmerzen schwierig sein, allerdings ist hier der Liquordruck normal und der ophthalmologische Befund bleibt im Verlauf konstant.

5.4 Idiopathisches (spontanes) Liquorunterdrucksyndrom

Bereits 1938 wurde das spontane Liquorunterdrucksyndrom als eigenständiges Krankheitsbild beschrieben [33], welchem durch die Einführung der Kernspintomographie und nuklearmedizinischer Methoden in der letzten Dekade wieder neues Interessse gewidmet wurde.

5.4.1 Ätiologie und Pathogenese

Ursprünglich wurde vermutet, daß der spontane Liquorunterdruck entweder durch eine verminderte Produktion oder durch vermehrte Reabsorption des Liquors hervorgerufen wird [33]. Zwar wurden Spasmen der Choroidalgefäße als Ursache für eine verminderte Liquorproduktion diskutiert, doch konnte diese Hypothese bislang nicht bestätigt werden. Da die Liquorresorption vom Druckgradienten zwischen Liquor und venösem System abhängt, ist eine erhöhte Resorption bei erniedrigtem Liquordruck nicht denkbar. Somit ist ein Liquorverlust die plausibelste und mittlerweile auch allgemein anerkannte Ursache für ein spontanes Liquorunterdrucksyndrom [28, 37]. Durch neuere Techniken, insbesondere der Liquorszintigraphie, konnte gezeigt werden, daß tatsächlich bei einer Vielzahl der Fälle (wenn nicht bei allen) eine Liquorleckage besteht. Die Ätiologie der Leckage bleibt in vielen Fällen ungeklärt, möglicherweise führen Mikrotraumen zu einem Einriß meningealer Strukturen. Die bevorzugte Lokalisation sind die spinalen Wurzeltaschen im zervikalen und thorakalen Bereich.

Aufgrund eines verminderten Liquorvolumens (eher als einem erniedrigten Liquordruck) kommt es zu einer Kaudalverlagerung des Gehirns mit Dehnung schmerzsensibler Strukturen (Meningen, Gefäße, Nerven) als Ursache für die typischen lageabhängigen Kopfschmerzen [13, 28]. Die subduralen Flüssigkeitsansammlungen, die auftreten können, werden durch Abscheren und Einrisse von Meningeal- und Brückenvenen erklärt. Zug an den Meningen und Hirnnerven wird als Ursache der Begleitsymptome angesehen. Durch die verminderte Liquormenge kommt es zu einer kompensatorischen Vasodilatation mit einer vermehrten venösen Füllung, die zur typischen meningealen Gadolinium-Anreicherung in der Kernspintomographie führt [28].

5.4.2 Epidemiologie

Epidemiologische Daten zum idiopathischen Liquorunterdrucksyndrom liegen nicht vor, insgesamt wird es als seltene Erkrankung angesehen [37].

5.4.3 Klinisches Bild

Orthostatische Kopfschmerzen in aufrechter Position mit Besserung im Liegen sind das typische klinische Merkmal eines spontanen Liquorunterdrucksyndroms. Die Variabilität ist jedoch groß, und initial lageabhängige Kopfschmerzen können im Verlauf von chronischen, ständig vorhandenen Kopfschmerzen abgelöst werden. Begleitend können *Übelkeit* und *Erbrechen, Nackenschmerz, Tinnitus, Doppelbilder* aufgrund einer Abduzensparese oder sehr selten Störungen anderer Hirnnerven, *Verschwommensehen* und *Dysgeusie* auftreten [31, 37]. Bei einigen Patienten können sich subdurale Hämatome bilden, die gelegentlich symptomatisch sein können und chirurgisch entlastet werden müssen [37]. Das klinische Bild hat sich in den letzten Jahren erweitert, und Fälle ohne Kopfschmerz oder mit normalem Liquordruck wurden beschrieben [30]. Hier kommt es wohl bei hochnormalem Liquordruck zu einer Volumenreduktion und den pathophysiologischen Veränderungen, ohne daß eine Erniedrigung des absoluten Liquordruckes auftritt. Es wurde daher vorgeschlagen, den Begriff der Liquorhypovolämie statt des Liquorunterdruckes für dieses Syndrom zu benutzen [28].

5.4.4 Diagnostik

Das *MRT* des Kopfes zeigt typischerweise eine diffuse Gadolinium-Anreicherung der Meningen (Abb. 2), welche auch an den spinalen Meningen zu finden ist. Obwohl dieser Befund als charakteristisch (wenn auch nicht spezifisch) gilt, wurden kürzlich einige Patienten mit nachgewiesenem Liquorleck ohne meningeale Anreicherung beschrieben [29]. Subdurale Flüssigkeitsansammlungen bis hin zu subduralen Hämatomen sind im MRT bei ungefähr zwei Drittel der Patienten zu finden, ebenso wie Zeichen einer Kaudalverlagerung des Gehirns [13, 31]. Mit Rückbildung der klinischen Symptomatik sind auch diese Auffälligkeiten im MRT rückläufig. Der *Liquordruck* ist in aller Regel erniedrigt bis hin zur „punctio sicca", aber wie erwähnt ist dies nicht obligat. Im Liquorbefund zeigen sich häufig Auffälligkeiten mit erhöhter Zellzahl und/oder erhöhtem Proteingehalt [31, 37]. Die *Liquorszintigraphie* ist die Untersuchung der Wahl zum Nachweis eines Liquorlecks. Der direkte Nachweis eines Lecks gelingt nur bei einem Teil der Patienten, allerdings ist als indirekter Hinweis für ein Leck bei den meisten anderen Fällen ein früher Nachweis des Tracers in der Blase zu sehen. Typischerweise findet sich über der Konvexität keine oder eine verminderte Aktivität [37]. Bei eindeutiger Klinik und entprechenden Zusatzuntersuchungen kann auf eine *Meningealbiopsie* verzichtet werden. Sollte sie in seltenen Fällen zur differentialdiagnostischen Abklärung erforderlich sein, so findet sich beim spontanen Liquorunterdrucksyndrom an der subduralen Seite der Dura eine dünne Schicht mit Fibroblasten und kleinen dünnwandigen Blutgefäßen in einer amorphen Matrix ohne Hinweis auf Entzündung oder Blutung. Bei längerbestehenden Beschwerden scheint es auch zu einer Verdickung der Arachnoidea zu kommen [31].

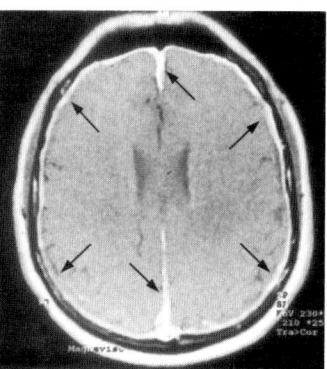

Abb. 2: Spontanes Liquorunterdrucksyndrom. MRT des Kopfes in T1-Wichtung mit homogener Gadoliniumanreicherung der Meningen (Pfeile).

5.4.5 Therapie

Einheitliche Empfehlungen zur Behandlung des spontanen Liquorunterdrucksyndroms gibt es nicht. Bei einer Reihe von Patienten kommt es zu einer spontanen Besserung. Neben allgemeinen Maßnahmen wie *Flachlagerung* und *Analgetika* (z. B. Paracetamol, ASS) wird die Gabe von *oralen Steroiden* (1 mg/kg KG) häufig propagiert. Eine vermehrte Flüssigkeitsgabe oral oder i. v. ist zwar üblich, ihr Wert jedoch zweifelhaft. Koffein (300 mg) oder Theophyllin (3 × 350 mg/Tag) werden unter der Vorstellung einer Steigerung der Liquorproduktion gegeben. Ein breiter Konsens besteht allerdings, daß bei anhaltenden Beschwerden die *epidurale Eigenblutinjektion* die Therapie der Wahl darstellt [9, 37]. Hierfür werden 20 ml Eigenblut lumbal epidural instilliert. Durch Kopftieflagerung von 30° für 10 Minuten oder Bauchlagerung für 30–60 Minuten verteilt sich das Blut über mehrere Segmente, so daß auch zerviko-thorakale Abschnitte erreicht werden. In seltenen Fällen müssen raumfordernde subdurale Hämatome oder Hygrome operativ entlastet werden.

5.4.6 Differentialdiagnose

Durch die Anamnese können *Lumbalpunktionen, Myelographie, neurochirurgische Eingriffe* sowie *Schädel-Hirntraumen* mit Liquorrhoe als symptomatische Formen mit bekanntem Liquorleck abgegrenzt werden. Eine diffuse meningeale Gadolinium-Anreicherung ist auch bei entzündlichen Erkrankungen zu sehen, wobei die Abgrenzung zur *viralen Meningitis* sicherlich die häufigste ist, seltener kommen *Sarkoidose, Tuberkulose, Lues* oder *Borreliose* vor. Wichtig ist auch die Unterscheidung von einer *Meningeosis carcinomatosa* und einem *Lymphom*. Obwohl häufig der Liquorbefund wegweisend sein kann, ist in Einzelfällen eine Meningealbiopsie erforderlich.

5.5 Arachnoidalzysten

5.5.1 Ätiologie und Pathogenese

Arachnoidalzysten sind umschriebene flüssigkeitsgefüllte Hohlräume, die in der Regel durch eine Differenzierungsstörung der Leptomeningen entstehen, seltener nach Traumen oder Meningitiden. Sie liegen in einer Arachnoidea-Duplikation oder zwischen Arachnoidea und Pia und können mit dem Subarachnoidealraum kommunizieren. Oft ist gleichzeitig eine Dysplasie oder Aplasie der angrenzenden Hirnstrukturen zu finden. Nur selten haben sie einen raumfordernden Charakter. Die häufigste Lokalisation ist die mittlere Schädelgrube mit 50–60%, sowie die hintere Schädelgrube, wobei Lage und Größe extrem variabel sein können, ohne daß eine Korrelation zur klinischen Symptomatik besteht.

Eine klinische Symptomatik kann auftreten, wenn Arachnoidalzysten einen raumfordernden Charakter haben. Dies kann durch einen Ventilmechanismus entstehen. Besonders bei Lokalisationen in der Mittellinie oder in der hinteren Schädelgrube kann es zu einer Kompression des Aquäduktes und zu einem Verschluß-Hydrozephalus kommen. Durch Einblutung infolge eines Einreißens von Gefäßen, die in der Zystenwand verlaufen, oder durch Ruptur der Zystenwand, können akut fokale Symptome auftreten.

5.5.2 Epidemiologie

Arachnoidalzysten sind oft ein Nebenbefund bei CT- und MR-Untersuchungen des Kopfes (Abb. 3). Die Häufigkeit wird mit 1–5% der Normalbevölkerung angegeben, wobei das männliche Geschlecht überwiegt. Sie können multipel auftreten oder auch Bestandteil komplexer Fehlbildungen sein.

5.5.3 Klinisches Bild

Die meisten Arachnoidalzysten bleiben klinisch symptomlos. Nur in maximal 10–30% können klinische Beschwerden auf die Zysten zurückgeführt werden. Die Symptomatik ist entsprechend der Lokalisation sehr variabel mit epileptischen Anfällen, Hemisymptomatik oder Zeichen eines erhöhten Hirndruckes bei Aquäduktkompression.

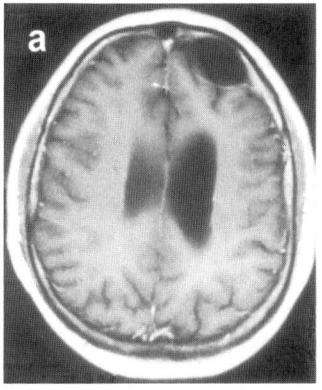 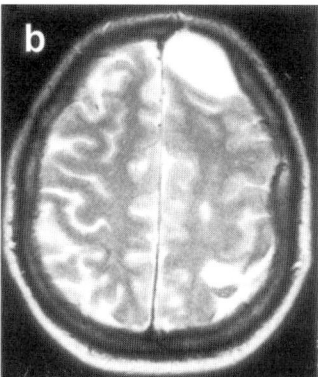 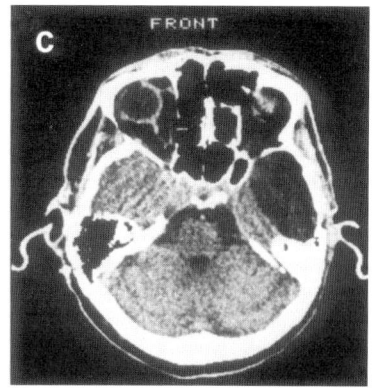

Abb. 3: Arachnoidalzyste. Im MRT links frontal in T1- (**a**) und in T2-Wichtung (**b**); (**c**) links temporale Arachnoidalzyste im CCT.

5.5.4 Diagnostik

Im CCT und MRT stellen sich Arachnoidalzysten als liquorisodense bzw. -isointense, scharf begrenzte Strukturen dar (Abb. 3). Typisch ist auch eine Hypoplasie der angrenzenden Hirnstrukturen.

5.5.5 Therapie

Nur symptomatische oder raumfordernde Arachnoidalzysten sollten behandelt werden. Bei epileptische Anfällen ohne Größenprogredienz der Zyste ist eine antikonvulsive Therapie oft ausreichend. Eine operative Behandlung kann durch Versorgung der Zyste selbst wie auch eines sekundären Hydrozephalus mit einem Shunt erfolgen. Eine Ableitung kann auch durch Fensterung der Zystenwand oder Punktion erfolgen, wobei es zu Rezidiven kommen kann. Eine komplette Exzision ist häufig mit Komplikationen behaftet und wird daher nur in Einzelfällen durchgeführt [1].

5.5.6 Differentialdiagnose

Zystische Raumforderungen im Rahmen von komplexen Fehlbildungen oder zystisch wachsende Tumoren können in aller Regel mittels bildgebender Diagnostik unterschieden werden.

5.6 Literatur

[1] Bähr, M.: Zerebrale Mißbildungen und neurokutane Syndrome. In: T. Brandt, J. Dichgans, H. C. Diener (Hrsg.): Therapie und Verlauf neurologischer Erkrankungen, S. 767–787. Kohlhammer, Stuttgart 1998.

[2] Boon, A. J. W., J. T. J. Tans, E. J. Delwel, et al.: The dutch normal-pressure hydrocephalus study. How to select patients for shunting? An analysis of four diagnostic criteria. Surg Neurol 53 (2000) 201–207.

[3] Boynton, B. R., C. A. Boynton, T. A. Merrit et al.: Ventriculoperitoneal shunts in low birth weight infants with intracranial hemorrhage: neurodevelopmental outcome. Neurosurg 18 (1986) 141–145.

[4] Bradley, W. G. J., D. Scalzo, J. Queralt et al.: Normal-pressure hydrocephalus: evaluation with cerebrospinal fluid flow measurements at MR imaging. Radiol 198 (1996) 523–529.

[5] Bret, P., J. Chazal: Chronic („normal pressure") hydrocephalus in childhood and adolescence. A review of 16 cases and reappraisal of the syndrome. Childs Nerv Syst 11 (1995) 687–691.

[6] Capobianco, D. J., P. W. Brazis, W. P. Cheshire: Idiopathic intracranial hypertension and seventh nerve palsy. Headache 37 (1997) 286–288.

[7] Dauch, W. A., R. Zimmermann: Der Normaldruckhydrocephalus. Eine Bilanz 25 Jahre nach der Erstbeschreibung. Fortschr Neurol Psychiatr 58 (1990) 178–190.

[8] Del Bigio, M. R.: Neuropathological changes caused by hydrocephalus. Acta Neuropathol 85 (1993) 573–585.

[9] Dieterich, M.: Spontanes und postpunktionelles Liquorunterdrucksyndrom. In: T. Brandt, J. Dichgans, H.C. Diener (Hrsg.): Therapie und Verlauf neurologischer Erkrankungen, S. 63–68. Kohlhammer, Stuttgart 1998.
[10] Durcan, F. J., J. J. Corbett, M. Wall: The incidence of pseudotumor cerebri. Population studies in Iowa and Louisiana. Arch Neurol 45 (1988) 875–877.
[11] Eggenberger, E. R., N. R. Miller, S. Vitale: Lumboperitoneal shunt for the treatment of pseudotumor cerebri. Neurol 46 (1996) 1524–1530.
[12] Fisher, C. M.: Hydrocephalus as a cause of disturbance of gait in the elderly. Neurol 32 (1982) 1358–1363.
[13] Fishman, R. A., W. P. Dillon: Dural enhancement and cerebral displacement secondary to intracranial hypotension. Neurol 43 (1993) 609–611.
[14] Gerloff, C.: Normaldruckhydrozephalus. In: T. Brandt, J. Dichgans, H. C. Diener (Hrsg.): Therapie und Verlauf neurologischer Erkrankungen, S. 881–888. Kohlhammer, Stuttgart 1998.
[15] Goodman, R. R.: Magnetic resonance imaging-directed stereotactic endoscopic third ventriculostomy. Neurosurg 32 (1993) 1043–1047.
[16] Hakim, S., R. D. Adams: The special clinical problem of symptomatic hydrocephalus with normal cerebrospinal fluid pressure. Observations on cerebrospinal fluid hydrodynamics. J Neurol Sci 2 (1965) 307–327.
[17] Johnson, L. N., G. B. Krohel, R. W. Madsen et al.: The role of weight loss and azetazolamide in the treatment of idiopathic intracranial hypertension (pseudotumor cerebri). Ophthalmol 105 (1998) 2313–2317.
[18] Kang, J. K., I. W. Lee: Long-term follow-up of shunting therapy. Childs Nerv Syst 15 (1999) 711–717.
[19] Karahalios, D. G., H. L. Rekate, M. H. Khayata et al.: Elevated intracranial venous pressure as a universal mechanism in pseudotumor cerebri of varying etiologies. Neurol 46 (1996) 198–202.
[20] King, J. O., P. J. Mitchell, K. R. Thomson et al.: Cerebral venography and manometry in idiopathic intracranial hypertension. Neurol 45 (1995) 2224–2228.
[21] Kleinschmidt, J. J., K. B. Digre, R. Hanover: Idiopathic intracranial hypertension: relationship to depression, anxiety, and quality of life. Neurol 54 (2000) 319–324.
[22] Krauss, J. K., J. P. Regel, W. Vach et al.: Vascular risk factors and arteriosclerotic disease in idiopathic normal-pressure hydrocephalus of the elderly. Stroke 27 (1996) 24–29.
[23] Krishna, R., G. S. Kosmorsky, K. W. Wright: Pseudotumor cerebri sine papilledema with unilateral sixth nerve palsy. J Neuroophthalmol 18 (1998) 53–55.
[24] Kupersmith, M. J., L. Gamell, R. Turbin et al.: Effects of weight loss on the course of idiopathic intracranial hypertension in women. Neurol 50 (1998) 1094–1098.
[25] Marcelis, J., S. D. Silberstein: Idiopathic intracranial hypertension without papilledema. Arch Neurol 48 (1991) 392–399.
[26] Meier, U., F. S. Zeilinger, D. Kintzel: Pathophysiologie, Klinik und Krankheitsverlauf beim Normaldruckhydrozephalus. Fortschr Neurol Psychiatr 66 (1998) 176–191.
[27] Merten, T.: Neuropsychologie des Normaldruckhydrozephalus. Nervenarzt 70 (1999) 496–503.
[28] Mokri, B.: Spontaneous cerebrospinal fluid leaks: From intracranial hypotension to cerebrospinal fluid hypovolemia-evolution of a concept. Mayo Clin Proc 74 (1999) 1113–1123.
[29] Mokri, B., J. L. Atkinson, D. W. Dodick et al.: Absent pachymeningeal gadolinium enhancement on cranial MRI despite symptomatic CSF leak. Neurol 53 (1999) 402–404.
[30] Mokri, B., S. F. Hunter, J. L. Atkinson et al.: Orthostatic headaches caused by CSF leak but with normal CSF pressures. Neurol 51 (1998) 786–790.
[31] Mokri, B., D. G. Piepgras, G. M. Miller: Syndrome of orthostatic headaches and diffuse pachymeningeal gadolinium enhancement. Mayo Clin Proc 72 (1997) 400–413.
[32] Radhakrishnan, K., A. K. Thacker, N. H. Bohlaga et al.: Epidemiology of idiopathic intracranial hypertension: a prospective and case-control study. J Neurol Sci 116 (1993) 18–28.
[33] Schaltenbrand, G.: Neuere Anschauungen zur Pathophysiologie der Liquorzirkulation. Zentralbl Neurochir 3 (1938) 290–299.
[34] Serville, F., S. Lyonnet, A. Pelet et al.: X-linked hydrocephalus: clinical heterogeneity at a single gene locus. Eur J Pediatr 151 (1992) 515–518.
[35] Soler, D., T. Cox, P. Bullock et al.: Diagnosis and management of benign intracranial hypertension. Arch Dis Child 78 (1998) 89–94.

[36] Spoor, T. C., J. G. McHenry: Long-term effectiveness of optic nerve sheath decompression for pseudotumor cerebri. Arch Ophthalmol 111 (1993) 632–635.

[37] Thömke, F., A. Bredel-Geißler, A. Mika-Grüttner et al.: Spontanes Liquorunterdrucksyndrom. Klinische, neuroradiologische, nuklearmedizinische und Liquor-Befunde. Nervenarzt 70 (1999) 909–915.

[38] Tullberg, M., J.-E. Mansson, P. Fredman et al.: CSF sulfatide distinguishes between normal pressure hydrocephalus and subcortical arteriosclerotic encephalopathy. J Neurol Neurosurg Psychiatr 69 (2000) 74–81.

[39] Vanneste, J., P. Augustijn, C. Dirven et al.: Shunting normal-pressure hydrocephalus: do the benefits outweigh the risks? A multicenter study and literature review. Neurol 42 (1992) 54–59.

[40] Vanneste, J., P. Augustijn, W.F. Tan et al.: Shunting normal pressure hydrocephalus: The predictive value of combined clinical and CT data. J Neurol Neurosurg Psychiatr 56 (1993) 251–256.

[41] Vanneste, J. A. L. Diagnosis and management of normal-pressure hydrocephalus. J Neurol 247 (2000) 5–14.

[42] Wall, M.: Idiopathic intracranial hypertension: Mechanisms of visual loss and disease management. Semin Neurol 20 (2000) 89–95.

[43] Wall, M., D. George: Idiopathic intracranial hypertension. A prospective study of 50 patients. Brain 114 (1991) 155–180.

A.6 Referenzwerte für Liquorparameter mit diagnostischer Relevanz

R. Lehmitz, D. Hobusch, H. Kluge, E. Mix, U. K. Zettl

6.1 Referenzwerte-Tabellen

In den folgenden Tabellen (S. 88–92) sind Referenzwerte für zelluläre und humorale Parameter des Liquor cerebrospinalis ausgewiesen. Angeführt sind nur Untersuchungsparameter, die nach heutigem Kenntnisstand eine klinische Relevanz für die Liquordiagnostik bei neurologischen Erkrankungen haben. Grundsätzlich gilt, daß besonders eine Reihe von humoralen Parametern nur im Zusammenhang mit den entsprechenden Serumwerten beurteilt werden kann. Auf Abhängigkeiten vom Liquorkompartiment (lumbal, subokzipital, ventrikulär) sowie vom Alter wird hingewiesen, soweit gesicherte Erkenntnisse vorliegen. Referenzwerte für Kinder und den Ventrikelliquor sind darüber hinaus gesondert ausgewiesen (Kap. B.7 und B.8). Laborparameter, die sich hinsichtlich der Beurteilung ihrer Wertigkeit für die Diagnostik im Erprobungs- und Forschungsstadium befinden, sind in den speziellen Kapiteln dieses Buches dargestellt.

Tab. 1: Referenzwerte für die Liquordiagnostik (zelluläre Parameter)[1]

Parameter	Referenzwerte	Hinweise
Leukozyten	$L^{2)}$: < 5 Mpt/l $S^{2)}$: < 3 Mpt/l $V^{2)}$: < 3 Mpt/l	Werte nur für Proben < 2h nach Entnahme; Altersabhängigkeit (Kap. B.8)
Erythrozyten	nicht nachweisbar	häufig artefiziell vorhanden; ab 1000 Mpt/l die Leukozytenzahl korrigieren (Kap. B.1, B.2.1, B.3.1, B.7)
Granulozyten	nicht nachweisbar	häufig artefiziell vorhanden (Kap. B.1, B.2.1, B.7)
Plasmazellen	nicht nachweisbar	bei Knochenmarkkontamination oft nachweisbar
Aktivierte B-Lymphozyten	nicht nachweisbar	Anteil < 0,1 % im artefiziell blutigen Liquor nur von begrenzter diagnostischer Wertigkeit (Kap. B.2.3)

A.6 Referenzwerte für Liquorparameter mit diagnostischer Relevanz

Tab. 1: Fortsetzung

Parameter	Referenzwerte		Hinweise
Erythrophagen/ Hämosiderophagen	nicht nachweisbar		vereinzelt in Repunktaten nach stark artefiziell blutiger Erstpunktion (Kap. B.1, B.2.1, B.3.1)
Differentialzellbild Lymphozyten*) Monozyten*)	L: 0,70–0,85 L: 0,15–0,30		*) Zytozentrifuge; abhängig von der Zellpräparationstechnik; S und V: nur wenig veränderte Relationen
Lymphozytensubpopulationen			orientierende Werte, abhängig von der Nachweistechnik (Kap. B.2.2)
T-Lymphozyten (gesamt)	93 % (83–98)	$CD3^+$	
Helferzellen	72 % (52–82)	$CD3^+4^+$	
Zytotox./Suppressorzellen	21 % (13–35)	$CD3^+8^+$	
$CD3^+4^+/CD3^+8^+$-Quotient	3,4 (1,8–5,5)		
Fetaltyp-Zellen	1 % (0,2–3,2)	$CD3^+4^-8^{(+)} TCR\gamma\delta^+$	
Natürliche Killerzellen	4 % (2,0–9,0)	$CD3^-16^+56^+$	
B-Lymphozyten (gesamt)	< 1 %	$CD19^+$	
Polymerase-Kettenreaktion (PCR)	kein Nachweis erregerspezifischer DNA		Zeitfenster für DNA-Präparation beachten (Kap. B.5)
Erreger-Schnelltest (Latex-Agglutination)	keine Agglutination		Ausbleiben von Agglutination wie in der Negativ-Kontrolle

[1] Alle Angaben für Erwachsene und Lumballiquor wenn nicht anders vermerkt.
[2] L = Lumballiquor, S = Subokzipitalliquor, V = Ventrikelliquor.

Tab. 2: Referenzwerte für die Liquordiagnostik (humorale Parameter)[1]

Parameter	Referenzwerte	Hinweise
Pandy-Reaktion	negativ	zellfreie Probe; positiv ab ca. 500 mg/l Protein
Hämoglobin	negativ	zellfreie Probe
Bilirubin	negativ	zellfreie Probe
L-Laktat	1,1−1,8 mmol/l (0−15 Jahre) 1,5−2,1 mmol/l (16−50 Jahre) 1,7−2,6 mmol/l (> 51 Jahre)	Werte nur für Proben < 3 h nach Entnahme (Fluorid-Röhrchen) (Kap. A.3, B.1) (V: Kap. B.8)
D-Laktat	< 0,2 mmol/l	
Glukose	2,7−4,2 mmol/l (> 50 % des Blutwertes)	Werte nur für Proben < 3 h nach Entnahme (Fluorid-Röhrchen)
Blut/Liquor-Quotient	1,12−1,64	Blut und Liquor etwa gleichzeitig entnehmen
Liquor/Blut-Quotient	0,6−0,7	(Kap. B.1, B.6.1) (V: Kap. B.8)
Gesamtprotein	$L^{2)}$: 150−400 mg/l $S^{2)}$: 150−270 mg/l $V^{2)}$: 50−150 mg/l	oberer Grenzbereich: 400−500 mg/l oberer Grenzbereich: 300−400 mg/l Wertekorrektur bei artefizieller Blutkontamination (> 2000 Mptl/l Erythrozyten); Alters-Abhängigkeit (Kap. A.3, B.7, B.8)
Albumin	110−350 mg/l	zur Beurteilung Serumwerte erforderlich; Blut und Liquor etwa gleichzeitig entnehmen; rostro-caudaler Konzentrationsgradient; Altersabhängigkeit; bei Intensiv-Patienten erniedrigte Werte im Serum möglich (Kap. A.3, A.4, B.3.1, B.7) (V: Kap. B.8)
Albumin (Serum)	35−52 g/l	
IgG	14−40 mg/l	zur Beurteilung Serumwerte erforderlich; Blut und Liquor etwa gleichzeitig entnehmen; rostro-caudaler Konzentrationsgradient; Altersabhängigkeit (Kap. A.3, A.4, B.3.1, B.7) (V: Kap. B.8)
IgG (Serum)	7−16 g/l	
IgA IgA (Serum)	1,5−6,0 mg/l 0,7−4 g/l	siehe IgG
IgM IgM (Serum)	<1 mg/l 0,4−2,3 g/l	siehe IgG
$Q_{Alb} \times 10^3$	<5,0 (bis 15 Jahre) <6,5 (bis 40 Jahre) <8,0 (bis 60 Jahre)	Albumin-Quotient: Liquor/Serum = Blut-Liquor-Schrankenfunktion; rostro-caudaler Konzenrationsgradient; Altersabhängigkeit (Kap. A.3, A.4, B.3.1, B.7) (V: Kap. B.8)

Tab. 2: Fortsetzung

Parameter	Referenzwerte	Hinweise
Intrathekale Ig-Synthese (IgG; IgA; IgM)	nicht nachweisbar	Protein-Quotientendiagramm
Oligoklonales IgG	nicht nachweisbar; gleiches Bandenmuster in Liquor und Serum	isoelektrische Fokussierung; Immunfixation
Freie und gebundene oligoklonale Leichtketten (Kappa, Lambda)	nicht nachweisbar; gleiches Bandenmuster in Liquor und Serum	isoelektrische Fokussierung; Immunfixation
Antikörper-Index (AI)	0,7–1,4	$Q_{\text{Spezifische Antikörper}}/Q_{\text{Gesamt-Ig}}$ (Q = jeweils Liquor/Serum) (Kap. B.3.2)
Anti-Neuronale Antikörper ANNA-1 (anti-Hu) ANNA-2 (anti-Ri) APCA-1 (anti-Yo)	keine Bindung an Zellkerne von Neuronen oder Zytoplasma von Purkinje-Zellen (Immunhistochemie)	Absicherung über Western-Blot; Paralleluntersuchung im Serum (Kap. B.3.4)
Carcinoembryonales Antigen (CEA)	keine intrathekale Synthese	schrankenabhängige Bewertung im IgA-Quotientendiagramm; $Q_{CEA} > Q_{Alb}$ = intrathekale CEA-Synthese (Kap. B.3.1, B.5)
Ferritin	< 10 ng/ml	über 98 % im ZNS synthetisiert (Kap. A.3)
Angiotensin-Converting-Enzyme (ACE)	$< 0,5 + 90 \times Q_{Alb}$ (nmol/min/ml)	Bewertung nur im Zusammenhang mit Albumin-Quotient; Altersabhängigkeit (Kap. A.4, B.3.1, B.4)
Neuronenspezifische Enolase (NSE/$\gamma\gamma$-Enolase)	3–10 ng/ml	Bewertung durch artefizielle Blutkontamination eingeschränkt; Altersabhängigkeit (Kap. A.3, A.4, B.4)
β_2-Mikroglobulin	< 3 mg/l	über 99 % im ZNS synthetisiert Altersabhängigkeit (Kap. A.3, B.4)
Neopterin	< 5 nmol/l	ca. 98 % im ZNS synthetisiert (Kap. A.3, B.4)
Protein 14–3–3	nicht nachweisbar	SDS-PAGE; Western-Blot; Immunfärbung (Kap. B.3.1, B.4)
PG-D-Synthase	< 20 mg/l	über 99 % im ZNS synthetisiert (Kap. A.3, B.4)
S100	< 7 µg/l	über 99 % im ZNS synthetisiert (Kap. A.3, B.4)
MBP	< 1 µg/l	100 % im ZNS synthetisiert (Kap. A.3, B.4)

[1] Alle Angaben für Erwachsene und Lumballiquor, wenn nicht anders vermerkt.
[2] L = Lumballiquor, S = Subokzipitalliquor, V = Ventrikelliquor.

Tab. 3: Referenzwerte für die Liquordiagnostik im Kindesalter (Lumballiquor)

Parameter	24.–28. SSW	27.–33. SSW	36. SSW	Neugeborene	Säuglinge	1–6 Jahre	7–15 Jahre
Leukozyten Mpt/l	4 (0–14)	6 (0–44)	9 (0–29)	8 (0–32)	5 >3 Monate	5	5
Erythrozyten Mpt/l	1027 (0–19500)	786 (0–9750)	15 (0–800)	9 (0–1070)	0	0	
Granulozytenanteil %	6 (0–66)	9 (0–60)		7 (0–60)	keine	keine	
Glucosequotient Liquor/Blut			0,7	0,6	0,7	0,7	
L-Laktat mmol/l					1,2–2,1	1,2–2,1	
Gesamtprotein mg/l	1500 (950–3700)	1320 (450–2270)	1150 (650–2000)	900 (200–1700)	320 (120–590)	230 (90–350)	
Albumin mg/l					1–2 Mo. $\bar{x}$ 199,7 s 97,9 3–6 Mo. $\bar{x}$ 133,9 s 42,8 7–12 Mo. $\bar{x}$ 96,9 s 23,0	$\bar{x}$ 87,4 s 18,8	$\bar{x}$ 94,9 s 21,3
$Q_{Alb} \times 10^3$				8–28	1–2 Mo. $\bar{x}$ 6,0 s 3,8 3–6 Mo. $\bar{x}$ 3,5 s 1,4 7–12 Mo. $\bar{x}$ 2,4 s 0,7	$\bar{x}$ 2,2 s 0,5	$\bar{x}$ 2,4 s 0,5
IgG mg/l					1–2 Mo. $\bar{x}$ 21,6 s 20,6 3–6 Mo. $\bar{x}$ 10,5 s 10,0 7–12 Mo. $\bar{x}$ 8,6 s 2,3	$\bar{x}$ 10,4 s 3,5	$\bar{x}$ 12,7 s 4,1
$Q_{IgG} \times 10^3$					1–2 Mo. $\bar{x}$ 3,2 s 2,1 3–6 Mo. $\bar{x}$ 1,7 s 0,6 7–12 Mo. $\bar{x}$ 1,2 s 0,4	$\bar{x}$ 1,1 s 0,3	$\bar{x}$ 1,2 s 0,2

6.2 Weiterführende Literatur

[1] Ackerman, A. D.: Meningitis, infectious encephalopathies and other central nervous system infections. In: M.C. Rogers (Hrsg.): Textbook of pediatric intensive care. S. 1047−1049. Williams & Wilkins, Baltimore − Hong Kong − London 1992.

[2] Blennow, K., P. Fredman, A. Wallin et al.: Protein analysis in cerebrospinal fluid. II. reference values derived from healthy individuals 18-88 years of age. Eur Neurol 33 (1993) 129−133.

[3] Bogner, J. R., B. Junge-Hülsing, U. Kronawitter et al.: Expansion of neopterin and β_2-microglobulin in cerebrospinal fluid reaches maximum levels early and late in the course of human immunodeficiency virus infection. Clin Invest 70 (1992) 665−669.

[4] Dalmau, J., J. B. Posner: Neurologic paraneoplastic antibodies (anti-Yo; anti-Hu; anti-Ri): the case for a nomenclature based on antibody and antigen specificity. Neurol 44 (1994) 2241−2246.

[5] Feigin, R. D., G. H. McCracken, J. O. Klein: Diagnosis and management of meningitis. Pediatr Infect Dis J 11 (1992) 785−814.

[6] Felgenhauer, K.: Labordiagnostik neurologischer Erkrankungen. In: L. Thomas (Hrsg.): Labor und Diagnose, S. 1341−1359. TH-Books-Verl.-Ges., Frankfurt/Main 1998.

[7] Felgenhauer, K.: Liquordiagnostik. In: L. Thomas (Hrsg.): Labor und Diagnose, S. 1403−1423. Med Verl-Ges, Marburg 1988.

[8] Kleine, T. O.: Neue Labormethoden für die Liquordiagnostik. Thieme, Stuttgart−New York 1980.

[9] Kleine, T. O.: Nervensystem. In: H. Greiling, A. M. Gressner (Hrsg.): Lehrbuch der Klinischen Chemie und Pathobiochemie, S. 859−893. Schattauer, Stuttgart−New York 1987.

[10] Kleine, T. O.: Liquordiagnostik bei akuten entzündlichen Erkrankungen des Zentralnervensystems. In: H. Lang, H. Greiling (Hrsg.): Pathobiochemie der Entzündung, S. 176−187. Springer, Berlin 1984.

[11] Kleine, T. O.: Diagnostische Untersuchungen im Liquor cerebrospinalis. In: L. Thomas (Hrsg.): Labor und Diagnose, S. 937−965. Med Verl-Ges, Marburg 1984.

[12] Kleine, T. O.: D-Lactat und L-Lactat im Liquor cerebrospinalis bei akuten entzündlichen Erkrankungen des Zentralnervensystems (ZNS). Lab Med 15 (1991) 114−116.

[13] Kleine, T. O., R. Hackler, R. Lehmitz et al.: Liquordiagnostik: Klinisch-chemische Kenngrößen − eine kritische Bilanz. DG Klin Chem Mitt 25 (1994) 199−214.

[14] Kölmel, H. W.: Liquordiagnostik. In: H. Henkes, H. W. Kölmel (Hrsg.): Die entzündlichen Erkrankungen des Zentralnervensystems, I-1, S. 1−25. Ecomed-Losebl.-Ausg., Grundwerk, Landsberg/Lech 1993.

[15] Lebel, M. H.: Meningitis. In: F. A. Oski, C. D. DeAngelis, R. D. Feigin et al. (Hrsg.): Principles and practice of pediatrics, S. 525−528. J. B. Lippincott Company, Philadelphia 1990.

[16] Lehmitz, R., E. Mix, U. K. Zettl: Liquorparameter bei ausgewählten entzündlichen Erkrankungen des Nervensystems. In: U. K. Zettl, E. Mix (Hrsg.): Klinische Neuroimmunologie. Walter de Gruyter, Berlin−New York 1999.

[17] Lehmitz, R., T. O. Kleine: Liquorzytologie: Ausbeute, Verteilung und Darstellung von Leukozyten bei drei Sedimentationsverfahren im Vergleich zu drei Zytozentrifugen-Modifikationen. Lab Med 18 (1994) 91−99.

[18] Lehmitz, R.: Methoden zur Anreicherung von Liquorzellen. Lab Med 15 (1991) 41−45.

[19] Lennon, V. A.: The case for a descriptive generic nomenclature: clarification of immunostaining criteria for PCA-1, ANNA-1, and ANNA-2 autoantibodies. Neurology 44 (1994) 2412−2415.

[20] Meillet, D., L. Belec, N. Celton et al.: Intrathecal synthesis of β_2-microglobulin and lysozyme: differential markers of nervous system involvement in patients infected with human immunodeficiency virus. Eur J Clin Chem Clin Biochem 31 (1993) 609−615.

[21] Michaud, J.: Basic laboratory support in fetal and neonatal medicine. In: G. B. Reed, A. E. Claireaux, F. Cockburn (Hrsg.): Diseases of the fetus and newborn. S. 1522. Chapman & Hall Medical, London−Glasgow−Weinheim 1995.

[22] Moll, J. W., C. J. Vecht: Immune diagnosis of paraneoplastic disease. Clin Neurol Neurosurg 97 (1995) 71−81.

[23] Reiber, H., C. Jacobi, K. Felgenhauer: Sensitive quantitation of carcinoembryonic antigen in cerebrospinal fluid and its barrier-dependent differentiation. Clin Chim Acta 156 (1986) 259−270.

[24] Reiber, H., K. Felgenhauer: Protein transfer at the blood cerebrospinal fluid barrier and the quantitation of the humoral immune response within the central nervous system. Clin Chim Acta 163 (1987) 319−328.

[25] Reiber, H., P. Lange: Quantification of virus-specific antibodies in cerebrospinal fluid and serum: sensitive and specific detection of anti-

body synthesis in brain. Clin Chem 37 (1991) 1153–1160.

[26] Rodriguez, A. F., S. L. Kaplan, E. O. Mason: Cerebrospinal fluid values in the very low birth weight infant. J Pediatr 116 (1990) 971–974.

[27] Sarff, L. D., L. H. Platt, G. H. McCracken: Cerebrospinal fluid evaluation in neonates: comparison of high risk infants with and without meningitis. J Pediatr 88 (1976) 473–477.

[28] Schmidt, R. M. (Hrsg.): Der Liquor cerebrospinalis. Untersuchungsmethoden und Diagnostik (2 Bde.). Thieme, Leipzig 1987.

[29] Wick, M., A. Fateh-Moghadam: Liquordiagnostik. In: D.E. Pongratz (Hrsg.): Klinische Neurologie, S. 136–156. Urban und Schwarzenberg, München–Wien–Balitmore 1992.

[30] Wurster, U.: Liquoranalytik. In: H. Schliack, H.C. Hopf (Hrsg.): Diagnostik in der Neurologie, S. 212–236. Thieme, Stuttgart–New York 1988.

[31] Zerr, I., M. Bodemer, O. Gefeller et al.: Detection of 14-3-3 protein in the cerebrospinal fluid supports the diagnosis of Creutzfeld-Jakob disease. Ann Neurol 43 (1998) 32–40.

A.7 Zelluläre und humorale Immunreaktionen im Nervensystem

E. Mix, R. Lehmitz, U. K. Zettl

7.1 Grundprinzipien

Die begrenzte Regenerationsfähigkeit des Nervengewebes korrespondiert mit einer eingeschränkten immunologischen Reaktivität in diesem Körperkompartment [104]. Man spricht von einem immunologischen Privileg, das insbesondere das Zentralnervensystems (ZNS), aber auch das periphere Nervensystem (PNS) von anderen Organsystemen unterscheidet [12]. Es beruht vor allem auf folgenden Besonderheiten:

- Existenz einer Blut-Hirn-Schranke (BHS) durch Verbindung der Hirngefäßepithelien über *tight junctions* und eine dichte Basalmembran mit dicht anliegende Perizyten/glatten Muskeln (P/GM) und Astrozytenendfüßen [127]. Hiervon ausgenommen sind vor allem Hirngefäße in den sogenannten zirkumventrikulären Organen mit neuroendokriner Funktion, die < 1% des Hirngefäßbettes ausmachen (siehe Abschnitt 1.3). Die ebenfalls existierende Blut-Nerven-Schranke (BNS) beruht auf *tight junctions* zwischen den endoneuralen Endothelzellen. Sie hat eine ähnliche Barrierefunktion wie die BHS, fehlt aber im Bereich der Spinalwurzeln und der Motoneuronterminals völlig [53].
- Keine Expression von MHC (*major histocompatibility complex*)-Klasse I und II-Molekülen auf Neuronen und von MHC-Klasse II-Molekülen auf den meisten Gliazellen und Schwannzellen.
- Fehlen von dendritischen Zellen (DZ) als professionelle Antigen-präsentierende Zellen (APZ).
- Niedrige Konzentration von Komplement in der interstitiellen Flüssigkeit und im Liquor cerebrospinalis (Liquor).
- Expression der pro-apoptotischen Moleküle CD95 (Fas, APO-1) und CD95-Ligand (CD95L, FasL) an der BHS und auf Mikrogliazellen des Hirnparenchyms.

Trotz der aufgeführten Besonderheiten ist das normale Nervengewebe nicht von der immunologischen Überwachung ausgeschlossen. Es stellt nach heutigem Erkenntnisstand analog zu anderen Geweben, wie der Haut und den Schleimhäuten, eine immunologisch spezialisierte Region dar, die zusammen mit dem Auge auch als neural-okuläres Immunsystem (NIS) bezeichnet wird [136]. Unter physiologischen Bedingungen patrouillieren regelmäßig aktivierte T- und B-Lymphozyten und Makrophagen durch das ZNS und PNS, indem sie unabhängig von ihrer Spezifität die BHS/BNS passieren und auf dem Blut- und Lymphwege in periphere lymphatische Organe rezirkulieren [26, 56], wobei die B-Lymphozyten offenbar länger als die T-Lymphozyten im Hirnparenchym verweilen [74]. Dieser Vorgang löst im Normalfall keine lokale Immunreaktion aus. Hierzu kommt es jedoch unter verschiedenen pathologischen Bedingungen, und zwar in einem offenbar durch genetische, endokrine, metabolische und exogene Faktoren determinierten individuell variablen Ausmaß. Die pathologischen Bedingungen sind vor allem Infektionen mit neurotropen Erregern, (Mikro)-Traumen und (Mikro)-Embolien im Gehirn und vermutlich auch degenerative und toxische Schädigungen der Nerven- und/oder Gliazellen.

Neurotrope Erreger, insbesondere Viren, treten zumeist über die Schleimhäute des Respirationstraktes (z. B. Epstein-Barr-Virus (EBV), Zytomegalievirus (CMV), Masern-, Röteln- und Influenza-A-Viren), des Gastrointestinaltraktes (z. B. Polio- und Adenoviren) und des Urogenitaltraktes (z. B. *human immunodeficiency virus* (HIV), *human T lymphocyte virus* (HTLV)-I und Herpes-simplex-Virus (HSV)-II) in den Körper ein. Hier besiedeln sie primär die peripheren lymphatischen Gewebe *mucosal associated lymphoid tissue* (MALT), *bronchial associated lymphoid tissue* (BALT), *gut associated lymphoid tissue* (GALT) oder Peyersche Plaques, Tonsillen und drainierende Lymphknoten und lösen eine primäre systemische Immunreaktion aus, ehe sie frei über das Plasma oder assoziiert mit Blutzellen das ZNS bzw. PNS erreichen. Ins ZNS führt ein zweiter Weg über periphere Nerven der Haut-, Schleimhäute und Lymphknoten (z. B. für Tollwut-, Varizella-Zoster- und HSV-I-Viren). Schließlich können die Erreger, insbesondere Bakterien, auch *per continuitatem*, z. B. nach Traumata und Entzündungen des Nasen- und Ohrenbereiches, das ZNS besiedeln.

Entzündungen mit stärkerer Gewebszerstörung und massiver BHS-Schädigung, wie bei akuter (purulenter) Meningitis, Hirnabszeß, Hirninfarkten und Hirntumoren laufen wahrscheinlich ähnlich ab wie Entzündungen in anderen parenchymatösen Organen. Infektionen des ZNS zeigen, wenn es sich um akute bakterielle oder virale (Meningo)-Enzephalitiden handelt, im allgemeinen einen monophasischen Verlauf. Das Schädigungsausmaß hängt insbesondere von der Ätiologie und den assoziierten Sekundärkomplikationen, wie Hirnödem und sekundärer Vaskulitis mit konsekutiver Ischämie, ab. Durch das Entzündungsgeschehen wird die lokale Erregervermehrung unterbunden und das erregerbefallene und -geschädigte Gewebe eliminiert. Insbesondere neurotrope Viren, intrazelluläre Bakterien, aber auch Protozoen haben jedoch Mechanismen entwickelt, die zu einer Erregerpersistenz führen können.

Dazu zählen: (1) Antigenvariation (Lentiviren, Trypanosomen, Plasmodien), (2) Unterdrückung von Adhäsionsmolekülen (HIV-1), (3) Unterdrückung von MHC-Molekülen (Adenoviren), (4) Induktion nicht-neutralisierender Antikörper (Masernvirus), (5) Infektion von Effektorzellen (HIV, EBV) und (6) mangelnde Expression von Erregerantigenen (HSV). Hierdurch sind oft chronische oder latente Infektionen des ZNS bedingt, die sich sowohl einer effektiven zellulären als auch humoralen Immunabwehr entziehen.

Die Besonderheiten des NIS kommen vor allem bei akuten und chronischen viralen Infektionen, bei chronischen nicht-viralen Infektionen und bei Autoimmunerkrankungen zum Tragen. Solche Erkrankungen sind z. B. die Herpesenzephalitis, Frühsommer-Meningoenzephalitis (FSME), Neuro-AIDS, Neuroborreliose, Neurotuberkulose, Neurolues, postinfektiöse Enzephalitis, subakute sklerosierende Panenzephalitis (SSPE), progressive Rubella-Panenzephalitis (PRP), akute disseminierte Enzephalomyelitis (ADEM) und Multiple Sklerose (MS) sowie die im PNS ablaufende akute inflammatorische demyelinisierende Polyneuritis (AIDP), auch als Guillain-Barré-Strohl-Syndrom (GBS) bezeichnet, und die chronische inflammatorische demyelinisierende Polyneuritis (CIDP). Allen aufgeführten Krankheiten ist nach heutiger Vorstellung gemeinsam, daß der lokalen Immunreaktion im ZNS bzw. PNS eine primäre Aktivierung (*priming*) im peripheren lymphatischen System vorausgeht. Dabei laufen, vereinfacht dargestellt, folgende Vorgänge ab:

1. Eintritt neurotroper Erreger in das ZNS bzw. PNS über infizierte aktivierte Lymphozyten oder Makrophagen (Prinzip des „Trojanischen Pferdes"), direkte Infektion der Endothelien, einschließlich des Plexus choroideus, oder durch retrograden axonalen Transport (siehe oben).
2. Freisetzung von Erregerantigenen und hirn- bzw. nerveneigenen Antigenen und ihr Transport zu den peripheren lymphatischen Organen. Der Antigentransport aus dem ZNS geschieht entweder hämatogen oder

lymphogen. Der hämatogene Weg verläuft vorzugsweise über den Liquor, die Arachnoidalzotten in den Pacchioni-Granulationen und die venösen Sinus zur Milz. Der erst kürzlich detailliert aufgeklärte Lymphweg führt entlang der Arachnoidalscheiden der Hirnnerven N. olfactorius, N. opticus, N. trigeminus und N. vestibulocochlearis sowie der oberen Spinalnerven zu den tiefen zervikalen Lymphknoten. Hier kommt es im Vergleich zur Milz zu wesentlich höheren Antigenkonzentrationen. Aus dem PNS kann antigenes Material über die Blutgefäße und die Lymphbahnen der die peripheren Nerven umgebenden Bindegewebsschichten (Endoneurium, Perineurium und Epineurium) in die Milz und regionalen Lymphknoten gelangen.

3. Aktivierung von T-Lymphozyten und B-Lymphozyten gegen Erreger sowie hirn- bzw. nerveneigene Antigene unter Mitwirkung professioneller APZ, vorwiegend DZ, in den peripheren lymphatischen Organen.
4. BHS/BNS-Passage der spezifisch aktivierten Lymphozyten und lokale Expansion im Zusammenwirken mit professionellen und fakultativen APZ.
5. Entzündungsmediatorfreisetzung, lokale Öffnung (*break down*) der BHS/BNS und Rekrutierung zahlreicher unspezifischer Immunzellen (*bystander*-Zellen).
6. Begrenzung der Entzündungsreaktion durch Antigen-spezifische und unspezifische Mechanismen.

Es zeigt sich, daß auch das NIS über einen kompletten afferenten (2.) und efferenten (4./5.) Arm der Immunantwort verfügt.

Durch tierexperimentelle Tracerstudien wurde in den letzten Jahren herausgefunden, daß eine intrazerebrale oder intrathekale Antigenapplikation bei primär intakter BHS zu verstärkten humoralen Immunreaktionen (erhöhte Serum- und Liquorantikörperspiegel, insbesondere der Immunglobulin-Isotypen IgG und IgA), jedoch verminderten zellulären Immunreaktionen (*delayed-type hypersensitivity*) verglichen mit peripherer (z. B. intramuskulärer) Antigengabe führt [26]. So supprimierte beispielsweise die intrathekale Gabe von enzephalitogenem myelin-basischem Protein (MBP) die experimentelle Autoimmun-Enzephalomyelitis (EAE), das Tiermodell der MS. Die intrathekalen Antikörperspiegel übertreffen die Serumantikörperspiegel nicht aufgrund eines selektiv verstärkten Transportes durch die BHS, sondern aufgrund lokaler Synthese in B-Lymphozyten und Plasmazellen (siehe Abschnitt 7.2). Die intrathekalen Antikörper vom IgG- und IgA-Typ sind überwiegend nicht komplementbindend. Da Liquor und interstitielle Flüssigkeit des Gehirns zudem komplementarm sind, könnte sich die intrazerebrale humorale Immunantwort in vielen Fällen auf Opsonierung und Eliminierung von Immunkomplexen durch perivaskuläre Phagozyten beschränken. Bei intakter BHS gibt es also intrazerebrale Immunreaktionen ohne Entzündung, was die Sonderstellung des NIS im gesamten Immunsystem unterstreicht. Das immunologische Privileg des Nervensystems trifft allerdings offenbar eher für die T-Lymphozyten-vermittelte als für die humorale Immunantwort zu [74, 148].

Wie kommt es aber zu den pathologischen entzündlichen Immunreaktionen im Nervensystem? Sie werden nach heutigem Erkenntnisstand vor allem durch zwei Vorgänge hervorgerufen:

1. Die Rekrutierung einer größeren Anzahl proinflammatorischer CD4+ T-Helferlymphozyten, besonders vom Typ 1 (Th1) und/oder zytotoxischer CD8+ T-Lymphozyten (*cytotoxic T lymphocytes,* CTL) mit Spezifität für neurotrope Erreger oder neuronale bzw. gliäre Antigene in den peripheren lymphatischen Organen und
2. die zumindest partielle Störung der BHS- bzw. BNS-Funktion entweder primär, z. B. durch zytopathische neurotrope Erreger oder lokale Zirkulationsstörungen (Thromboembolien, Gefäßspasmen) in den Hirn- und Nervengefäßen, oder sekundär nach Invasion und Expansion der vorgenannten T-Lymphozyten ins ZNS bzw. PNS.

Die in den peripheren lymphatischen Organen, wie Milz und Lymphknoten, ablaufende primäre T-Lymphozyten-Aktivierung erfordert eine fein abgestimmte Interaktion mit den dort vorhandenen APZ, den sogenannten akzessorischen Zellen der Immunantwort. Sie umfassen im lymphatischen Gewebe vorwiegend professionelle APZ (interdigitierende DZ, Makrophagen und B-Lymphozyten). Diese sind konstitutiv, d. h. ohne Induktion von außen, zur Antigenpräsentation befähigt. Im Hirn- und Nervengewebe, wo sich die sekundäre Immunantwort abspielt, überwiegen dagegen fakultative APZ (Mikroglia, Astrozyten, P/GM, perivaskuläre Zellen, Schwannzellen und Endothelien). Ihre Antigenpräsentations-Funktion muß durch Zytokine stimuliert werden. Die primäre T-Lymphozyten-Antwort läuft vor allem innerhalb der parakortikalen Areale der Lymphknoten und in den periarteriolären Lymphscheiden (PALS) der Milz ab. Sie setzt eine Antigenverarbeitung (*antigen processing*) in den APZ voraus. Exogene Antigene, wie extrazellulär lebende Bakterien oder lösliche Makromoleküle, werden von den APZ über Endozytose aufgenommen und ihre (Glyko-)Proteine in den Endolysosomen bis zu kleinen Peptiden von 10-16 Aminosäuren Länge proteolytisch gespalten. Diese Peptide werden im Golgiapparat im Austausch gegen eine invariante Schutzkette an MHC-Klasse-II-Moleküle gebunden und zur Plasmamembran transportiert [143]. Endogene Antigene, z. B. (Glyko-)Proteine von Viren oder intrazellulär lebenden Bakterien, werden im Zytosol ubiquitiniert, danach durch spezielle Proteasomen (*low molecular-mass polypeptides*, LMP) zu Peptiden von 8–9 Aminosäuren Länge degradiert, über *transporter of antigenic peptides* (TAP) in das endoplasmatische Retikulum transportiert, hier an MHC-Klasse-I-Moleküle gebunden und ebenfalls über den Golgiapparat als MHC-Peptid-Komplex zur Zellmembran verbracht [13]. MHC-Klasse-I-gebundene Peptide können prinzipiell von allen kernhaltigen Zellen präsentiert werden. Ausnahmen sind u. a. Nervenzellen, die keine konstitutive MHC-I-Expression aufweisen. T-

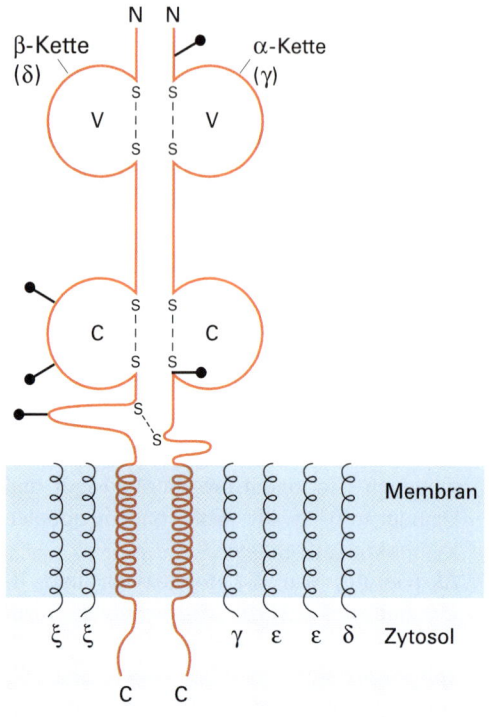

Abb. 1: Schematische Darstellung des Antigenrezeptors der T-Lymphozyten ("T-Zell-Rezeptor").

Lymphozyten erkennen den MHC-Peptid-Komplex über ihre Antigenrezeptoren (T-Zell-Rezeptor, TZR) (Abb. 1), wobei MHC-Klasse-I-gebundene Peptide von $CD8^+$-T-Lymphozyen und MHC-Klasse-II-gebundenen Peptide von $CD4^+$-T-Lymphozyten erkannt werden. Es bilden sich in beiden Fällen trimolekulare Komplexe (MHC-Peptid-TZR) aus, die bei ausreichender Anzahl zur Formierung einer sogenannten „immunologischen Synapse" zwischen APZ und T-Lymphozyten führen [47] und die T-Lymphozyten-Aktivierung einleiten [24, 82].

Die Bindung des Peptid-MHC-Komplexes erfolgt über die hypervariablen *complementarity determining regions* (CDRs) des TZR. Dabei entfallen nur etwa 30 % der Gesamtkontaktfläche auf die TZR-Peptidbindung und 70 % auf die TZR-MHC-Bindung [44]. Bezogen auf die MHC-Peptid-Oberfläche verläuft die TZR-MHC-Klasse-I-Kontaktzone mit einer gewissen Variabilität diagonal, wohingegen die TZR-MHC-Klasse-II-Kontaktzone streng orthogonal angeordnet ist [112]. Generell wird die relativ flexible TZR-Oberflächenstruktur erst nach der Bindung des MHC-Peptidkomplexes stabilisiert [152]. Die Stabilisierung soll aufgrund thermodynamischer Betrachtungen durch einen „*induced-fit*"-Mechanismus zustande kommen [17]. Dadurch besitzen die TZRs eine relativ geringe Spezifität und hohe Kreuzreaktivität, was u.a. die weiter unten besprochenen Phänomene der molekularen *mimicry* und Autoimmunität begünstigt [4].

Zur Stabilisierung der immunologischen Synapse und zur transmembranalen Signalvermittlung tragen sowohl die an die MHC-Moleküle bindenden Korezeptoren CD4 und CD8 als auch mehrere kostimulatorische Ligand-Rezeptor-Paare bei. Zu ihnen zählen die Molekülpaare CD28-CD80/CD86, CD11a/18-CD54, CD154-CD40, CD2-CD58, CD5-CD72 und CD49d/29-CD106, wobei vor allem die ersten drei für eine vollständige T-Lymphozyten-Aktivierung essentiell sind (Abb. 2). Die äußert sich in der Expression eines für den jeweiligen Zelltyp kompletten Zytokinspektrums und konsekutiver Zellteilung. Nach jüngsten Befunden von Grakoui et al. [47] an künstlichen Doppellipidschichten als APZ-Modellmembranen beginnt die Synapsenbildung mit CD11a/18-CD54-Brücken zwischen T-Lymphozyten und APZ. Eine zytoskelettvermittelte ringförmige Vorwölbung der T-Lymphozyten-Zellmembran ermöglicht es anschließend den TZR, mit passenden MHC-Peptid-Komplexen Kontakt aufzunehmen. Wenn dies in größerem Umfang der Fall ist, kommt es zu lateralen Transportbewegungen in beiden Zellmembranen, die innerhalb von etwa 5 Minuten eine größere Anzahl von MHC-Peptid-Komplexen ins Zentrum bringen, um das nunmehr die CD11a/18-CD54-Brücken ringförmig angeordnet sind. In Abhängigkeit von der Dichte und Stabilität des zentralen MHC-Peptid-TZR-Clusters werden Signalkaskaden in der T-Lymphozyten ausgelöst, die zur kompletten oder teilweisen Aktivierung oder sogar zur Inaktivierung bis hin zum aktiven Zelltod durch Apoptose führen [3]. Außerdem sind T-Lym-

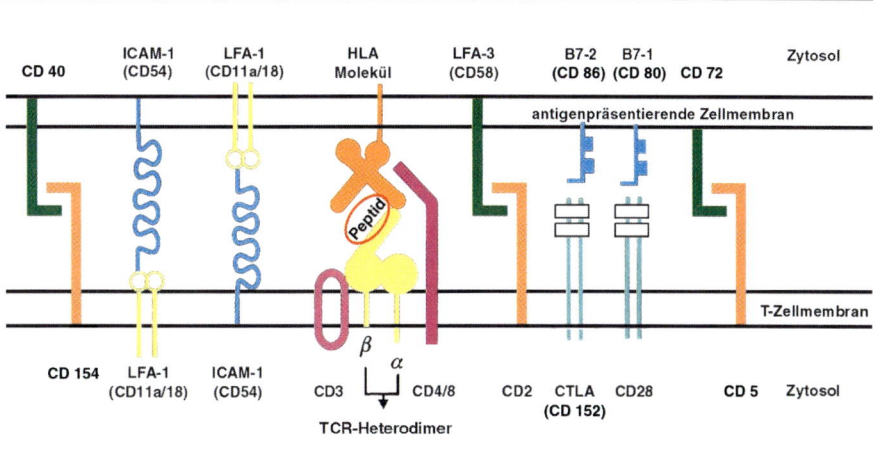

Abb. 2: Kontaktzone zwischen Antigenpräsentierender Zelle (oben) und T-Lymphozyt (unten) mit zentralem trimolekularem Komplex, der aus MHC-Molekül (HLA-Molekül), Antigenfragment (Peptid) und T-Zell-Rezeptor besteht, und einigen wichtigen kostimulatorischen und Adhäsionsmolekülen, die jeweils spezifische Ligand-Rezeptor-Paare bilden.

phozyten nach MHC-Peptid-Bindung besonders suszeptibel für einen sogenannten „Brudermord" (*fratricide*) durch benachbarte CTL [62]. Die resultierende Erschöpfung (*exhaustion*) der T-Lymphozyten-Antwort stellt möglicherweise eine Schutzfunktion gegen überschießende Immunreaktionen, z. B. bei Virusüberladung, dar.

Voraussetzung der physiologischen T-Lymphozyten-Aktivierung ist, wenn auch nicht unwidersprochen [10], eine Dimerisierung der MHC-Peptid-TZR-Komplexe, die zur Interaktion der Korezeptoren CD4 oder CD8 mit den Tyrosinkinasen p56^{lck} bzw. p59^{fyn} führen und diese aktivieren. Sie tyrosinphosphorylieren mehrere Ketten (ξ, δ, ε, γ) des TZR-CD3-Komplexes an sogenannten ITAMs (*immunoreceptor tyrosine-based activation motifs*), worauf das Adaptermolekül ZAP-70 (ξ *associated protein of 70kD*) gebunden und von p56^{lck} tyrosinphosphoryliert wird. Dieses wiederum tyrosinphosphoryliert die Adaptermoleküle LAT (*linker for activation of T lymphocytes*) und SLP-76 (*SH2 [src-homology 2] domain-containing leukocyte protein of 76kD*) [119, 125].

Die genannten initialen Vorgänge spielen sich nach jüngsten Befunden in speziellen Membranmikrobereichen, den sogenannten GEMs (*glycolipid-enriched microdomains*) ab [24, 64]. Von hier aus starten verschiedene Effektorsignalkaskaden, von denen sich die beiden wichtigsten wie folgt skizzieren lassen [3, 79]:

1. SLP-76 vermittelt die Aktivierung der Phospholipase C-γ1 (PLC-γ1) über noch nicht identifizierte Tyrosinkinasen. Zu den Kandidaten zählt ZAP-70. Die PLC-γ1 spaltet Membranphospholipide, wie Phosphatidyl-Inositol-Biphosphat (PIP$_2$) zu Inositol-1,4,5-triphosphate (IP$_3$) und Diacylglycerol (DAG). IP$_3$ öffnet Ca^{++}-Kanäle in den Membranen intrazellulärer Ca^{++}-Speicher (endoplasmatisches Retikulum und Mitochondrien). DAG aktiviert die Serin-Threonin-Proteinkinasen C (PKC), die wiederum Ras/GTP (s. 2.) und verschiedene Transkriptionsfaktoren, wie den NF-κB (*nuclear factor κB*) stimulieren können. Die Entleerung der intrazellulären Ca^{++}-Speicher aktiviert sogenannte CRACs („calcium release activated calcium channels") in der Zellmembran [34,71], die den intrazellulären Ca^{++}-Anstieg verstärken. Es folgt die Ca^{++}/Calmodulin-vermittelte Aktivierung der Serin-Phosphatase Calcineurin, die Mitglieder der Transkriptionsfaktorfamilie NF-AT (*nuclear factors of activated T lymphocytes*) durch Dephosphorylierung aktiviert und deren Translokation in den Zellkern bewirkt [109]. Für diesen Vorgang ist offenbar ein ausreichend hoher und andauernder intrazellulärer Ca^{++}-Spiegel nur durch Membran-Hyperpolarisation zu erreichen, die wiederum eine Öffnung spannungsabhängiger K$^+$-Kanäle (K$_V$) voraussetzt [142]. Hieraus erklärt sich, daß die Enzephalitogenität von T-Lymphozyten-Zellinien mit K$_V$-mediierten K$^+$-Strömen korreliert ist [135] und daß K$_V$-Blocker sowohl *in vitro* als auch *in vivo* supprimierend auf die T-Lymphozyten-Immunantwort wirken [21, 50, 78].

2. LAT rekrutiert das Adaptermolekülpaar Grb2 (*growth factor receptor-bound protein 2*)/SOS (*son of sevenless*). Dies führt zum Austausch von GDP zu GTP am G-Protein Ras. Ras/GTP setzt folgende Phosphorylierungskette von Mitogen-aktivierten Proteinkinasen (MAPK) in Gang: Die Serin/Threonin-Kinase Raf (*ras activated factor*)-1 (MAPK-Kinase-Kinase) phosphoryliert die Tyrosinkinasen MEK-1 und -2 (MAPK-Kinasen), die wiederum die Tyrosinkinasen Erk (*extracellular signal-regulated kinase*)-1 und -2 (MAPK) phosphorylieren. Die aktivierten Tyrosinkinasen Erk-1 und -2 translozieren in den Zellkern und phosphorylieren dort die als AP-1-Komplex zusammengefaßten Transkriptionsfaktoren Fos und Jun.

Die aktivierten Transkriptionsfaktoren (NF-κB, NF-AT, Fos, Jun u. a.) leiten die Transkription der für die T-Lymphozyten-Funktion und T-Lymphozyten-Mitose wichtigen Gene, insbesondere Zytokin-Gene, ein. Eine inkomplette T-Lymphozyten-Aktivierung bricht auf unterschiedlichen Stufen der genannten Signalkaskaden ab. Eine vollständige Aktivierung erfordert das optimale Funktionieren der verschiedenen Regulationsebenen. So kann beispielsweise die membrangebundene Phosphatase CD45 positiv (durch Dephosphorylierung einer inhibitorischen Phosphorylierungsstelle der p56^{lck}) oder negativ (durch Dephosphorylierung eines TZR-ξ-ITAM) auf die T-Lymphozyten-Aktivierung einwirken [8, 139]. Die negative Regulation beginnt bereits auf Rezeptorebene, wenn zu wenig oder instabile trimolekulare Komplexe im zentralen Cluster der immunologischen Synapse vorhanden sind.

Eine wichtige Reaktion, die eine immunologische Synapsenbildung behindern kann, ist die ADP-Ribosylierung durch membranständige ADP-Ribosyltransferasen (ARTs), deren Zielmoleküle z. B. CD8 und CD11a/18 sind [76, 89]. Auch die Bindung des *cytotoxic T lymphocyte antigen*-4 (CTLA-4, CD152) statt des CD28-Moleküls der T-Lymphozyten an die kostimulatorischen Moleküle CD80 und CD86 der APZ führt zur T-Lymphozyten-Inaktivierung. Eine komplette Anergie wird durch Apoptose der T-Lymphozyten erreicht. Sie kann aus einer T-Lymphozyten-Stimulierung über pro-apoptotische Rezeptoren, wie CD95 und CD30, oder über eine zu lange MHC-Peptid-TZR-Interaktion mit Stimulierung initial unterdrückter oder inaktiver pro-apoptotischer Effektorkaskaden resultieren [46].

Für B-Lymphozyten existieren zum großen Teil identische oder analoge Signalwege der Zellaktivierung [55]. Jedoch unterscheiden sich die Antigenrezeptoren, die meisten kostimulatorischen Moleküle, einige Adaptermoleküle und wichtige transkribierte Gene von denen der T-Lymphozyten (siehe Abschnitt 7.2). Dadurch können die B-Lymphozyten folgende spezielle Funktionen wahrnehmen:

1. Erkennung von Konformationsdeterminanten auf Antigenen,
2. T-Lymphozyten-unabhängige Antigenerkennung, besonders von repetitiven Antigensequenzen,
3. Antigenpräsentation, besonders für Gedächtniszellen (*memory*-Zellen) bei der sekundären Immunantwort,
4. Phagozytose und
5. Antikörperproduktion.

Die primäre Immunantwort in den peripheren lymphatischen Organen hat zwei Hauptaufgaben:

1. Die Aktivierung naiver, ruhender T-Lymphozyten zu CD4$^+$-Helfer(Th)- und CD8$^+$-zytotoxischen(CTL)-Effektor-T-Lymphozyten, die eine beschränkte Zahl von Zytokinen exprimieren und langsam proliferieren.
2. Die Rekrutierung von memory-Zellen, die bei einem Zweitkontakt mit dem spezifischen Antigen schneller eine größere Anzahl verschiedener Zytokine produzieren und ohne größere Latenz expandieren können.

Die Helferfunktionen der CD4$^+$-T-Lymphozyten werden von spezialisierten Th-Subpopulationen ausgeübt. *Th1-Lymphozyten* produzieren die Zytokine Interleukin-2(IL-2), Interferon-γ (IFN-γ) und Tumornekrosefaktor α und β(TNF-α und TNF-β). IL-2 ist ein essentieller Kofaktor für die Proliferation sämtlicher T-Lymphozyten sowie für die Differenzierung von Prä-CTL zu reifen CTL. IFN-γ und TNF-α induzieren MHC-Klasse-II-Moleküle und Adhäsionsmoleküle in zahlreichen Zellen, einschließlich Endothelzellen, Makrophagen und Gliazellen. *Th2-Lymphozyten* produzieren die Zytokine IL-4, -5, -6, -10 und -13 und unterstützen die Stimulierung von B-Lymphozyten durch T-Lymphozyten-abhängige Antigene. *Th3-Lymphozyten* produzieren den Transforming Growth Factor β (TGF-β), der vorwiegend immunsuppressiv wirkt, weshalb diese Th-Subpopulation besser als Regulatorzellpopulation bezeichnet werden sollte. *Aktivierte CD8$^+$ CTL* (Tc) können alle Körperzellen zerstören, die MHC-Klasse-I-Peptid-Komplexe exprimieren. Sie eliminieren deshalb vor allem Zellen, die Viren und intrazelluläre Bakterien enthalten oder anderweitig geschädigt sind. Aber auch Tumor- und transplantierte Zellen und, im Falle von Autoimmunerkrankungen, intakte Körperzellen können von CD8$^+$ CTL attackiert werden. Aufgrund ihres den Th-Subpopulationen vergleichbaren Zytokinmusters hat man auch unter den CD8$^+$-T-Lymphozyten zwischen Tc1- und Tc2-Lymphozyten unterschieden [96]. Diese Nomenklatur ist aber noch nicht allgemein verbindlich. Ebenso ist die immunsuppressorische Rolle der $CD8^+$ T-Lymphozyten und insbesondere die Existenz spezialisierter Suppressorzellen (Ts) noch in Diskussion [83, 84].

Die Differenzierung naiver Lymphozyten zu *memory*-Zellen ist ebenfalls noch nicht vollständig aufgeklärt [32, 114]. Das immunologische Gedächtnis (*immunological memory*) wurde auf Grund des *in vivo* Befundes definiert, daß die sekundäre Immunantwort auf ein bestimmtes Antigen schneller, stärker und effektiver abläuft als die Primärantwort. Das liegt sicher zum einen an der Generierung einer größeren Anzahl Antigen-spezifischer *memory*-Zellen während der Primärantwort. Zum anderen ist bekannt, daß sich diese *memory*-Zellen leichter stimulieren lassen als naive Lymphozyten. Sie benötigen geringere Antigenkonzentrationen sowie weniger kostimulatorische Signale und produzieren ein größeres Spektrum von Zytokinen. Ob sie bereits vor der Primärstimulierung für die Gedächtnisfunktion determiniert (*precommitted*) sind oder erst konsekutiv durch einen stochastischen oder gerichteten Prozess in den Pool der *memory*-Zellen gelangen ist ebenso unklar wie der Mechanismus des Übergangs aktivierter zu ruhenden *memory*-Zellen. Sowohl aktivierte als auch ruhende *memory*-Zellen exprimieren mehr Adhäsionsmoleküle, außer L-Selectin (CD62L), als naive Lymphozyten. Sie rezirkulieren vorwiegend im Blut und passieren nicht-lymphatische Organe, jedoch seltener die lymphatischen Gewebe, in denen vor allem naive Lymphozyten an die postkapillären *high endothelial venules* (HEV) binden. Als Markermolekül humaner *memory*-Zellen gilt das Oberflächenmolekül CD45RO, das Phosphataseaktivität für Tyrosin-phosphorylierte Proteine besitzt und damit entscheidend in den T-Lymphozyten-Aktivierungsmechanismus eingreift (siehe S. 101). Der *memory*-Zellpool für ein spezielles Antigen wird nach heutigem Kenntnisstand durch einen Gleichgewichtszustand (*steady state*) zwischen Proliferation und Absterben, in jeweils geringer Rate, konstant gehalten. Ob für die Proliferation der langlebigen *memory*-Zellen (Monate bis Jahre) eine laufende Restimulierung mit, z. B. in DZ gespeicherten, Antigenfragmenten nötig ist, bleibt umstritten. Für T-Lymphozyten ist dies offenbar nicht erforderlich [98]. Allerdings kann das Niveau eines spezifischen *memory*-Zellpools durch Restimulierung moduliert werden. Kreuzreagierende Antigene können es anheben, während nicht-kreuzreagierende Antigene es vermindern. Das hat besondere Bedeutung für die Induktion einer immunologischen Toleranz, beispielsweise durch *altered peptide ligands* (APL) [36]. Eine weitere Besonderheit der *memory*-Zellen besteht darin, daß $CD4^+$ T-Lymphozyten für eine optimale Restimulierung B-Lymphozyten als APZ benötigen, während $CD8^+$ T darauf nicht angewiesen sind.

Die Bedeutung der Rekrutierung von *memory*-Zellen in den peripheren lymphatischen Organen für Immunreaktionen im ZNS liegt darin, daß das Mikromilieu des ZNS offenbar nur sekundäre Immunantworten erlaubt [103]. Pathogene Erreger in den Meningen und Ventrikeln können auf dem oben beschriebenen Wege der ZNS-Lymphdrainage eine starke Immunantwort sowohl primär (peripher) als auch sekundär (im ZNS) auslösen, die zu ihrer Eliminierung führt. Im ZNS-Parenchym können Erreger jedoch auch lange Zeit von immunologischen Effektormechanismen unerkannt bleiben und eine latente Infektion verursachen.

Wie kommt es aber zu den klinisch bedeutsamen, zumeist primär demyelinisierenden Autoimmunerkrankungen des Nervensytems, von denen die chronisch verlaufende MS im ZNS und das akut verlaufende GBS im PNS die Prototypen darstellen?

Obwohl immer wieder einzelne Erreger, wie das Masernvirus, das HHV-6 (*human herpes virus*-6), bestimmte Spirochäten und Chlamydien sowie Retroviren (MSRV) vom Typ der *human endogenous retroviruses* (HERV), als Auslöser der MS verdächtigt werden, fehlen bisher schlüssige Beweise für die Existenz eines mikrobiologischen „MS-Erregers". Vielmehr scheinen systemische Infektionen mit ubiquitären Erregern auf Grund einer molekularen *mimicry* für die pathologische Autosensibilisierung gegen Nervengewebsantigene verantwortlich zu sein.

Für das GBS sind ebenfalls spezielle Erreger, wie *Campylobacter jejuni*, CMV und *Mycoplasma pneumoniae* verantwortlich gemacht worden, deren Glykoproteine bzw. Glykolipide mit Bestandteilen der peripheren Nerven, besonders mit Gangliosiden im Bereich der Motornervterminals, kreuzreagieren [35, 54, 140, 157].

Zunächst wurde angenommen, daß die molekulare *mimicry* grundsätzlich auf Kreuzreaktivität homologer Aminosäureseqenzen bzw. Kohlenhydratgruppen zwischen Erregern und Nervengewebe beruht [42, 154]. In jüngster Zeit hat jedoch durch Befunde aus der Arbeitsgruppe um McFarland [48] die molekulare *mimicry* als Auslöser der MS eine neue Dimension bekommen, die man als „degenerierte T-Lymphozyten-Erkennung" umschreiben kann. Entscheidend ist danach nicht die Sequenzhomologie zwischen Erreger und Nervengewebe *per se*, sondern die Besetzung bestimmter kritischer Aminosäurepositionen mit Aminosäuren ähnlicher Ladung, Polarität und Größe, so daß eine optimale Paßform der antigenen Peptide für die MHC-Bindungszone („Grube") und die TZR-Interaktion resultiert. Die Häufigkeit von Paßformen, die Erreger-Nervengewebs-Kreuzreaktionen ermöglichen, und die Dichte entsprechender MHC-Peptid-TZR-Brücken in der immunologischen Synapse sind offenbar genetisch determiniert und damit ein Faktor der genetischen Suszeptibilität für Autoimmunreaktionen im ZNS [33, 101]. In der Regel haben Nervengewebsantigene, z. B. Myelinpeptide, eine geringere Affinität und damit stimulatorische Potenz für kreuzreaktive T-Lymphozyten, die in der Peripherie durch Erregerantigene, z. B. viraler Peptide, aktiviert wurden, als die primär stimulierenden Erregerantigene.

Für die Auslösung und Exazerbation einer sekundären, demyelinisierenden Autoimmunreaktion im Nervensystem sind daher lokale proinflammatorische Faktoren, die die BHS und fakultative APZ aktivieren, in einer ausreichenden Quantität erforderlich. Sie könnten durch neurotrope Erreger, die dann fälschlich als „MS-Erreger" angesehen werden, oder durch (Mikro-) Zirkulationsstörungen induziert werden. Die hochselektive BHS und die niedrige MHC-Expression im Nervengewebe machen den Übergang „physiologischer Kreuzreaktionen" in „gefährliche *mimicry*" zu einem seltenen Vorgang und mögen die insgesamt niedrige Frequenz von Autoimmunreaktionen im ZNS erklären. Potentielle Autoantigene, d.h. immunogene organtypische Antigenstrukturen sind allerdings im Nervensystem recht zahlreich vorhanden [60, 123]. Dazu zählen im ZNS die Myelinantigene MBP, Proteolipidprotein (PLP), Myelin-Oligodendrozyten-Glykoprotein (MOG) und Myelin-Oligodendrozyten-basisches Protein (MOBP) sowie die $2',3'$-zyklische Nukleotid-$3'$-Phosphodiesterase (CNP), ein 4.3-kD-Astrozytenantigen, das Ca^{++}-bindende Astrozytenantigen S100, die Transaldolase und das *glial fibrillary acidic protein* (GFAP); im PNS die Myelinantigene P_2, myelinassoziiertes Glykoprotein (MAG) und P_0-Glykoprotein sowie bestimmte Ganglioside.

Eine alternative Stimulierungsform potentiell autoreaktiver T-Lymphozyten in den peripheren lymphatischen Organen beruht auf der Interaktion mit MHC-gebundenen Superantigenen [19]. Zu ihnen zählen Produkte von Bakterien, z. B. Enterotoxine des *Staphylococcus aureus*, und Viren, z. B. HIV-Proteine, die als komplette Moleküle (ohne vorheriges „processing") eine stabile Brücke zwischen MHC-II-Molekülen (außerhalb der antigenbindenden „Grube") und TZRs herstellen können [111]. Auf diese Weise werden bis zu 20 % des peripheren T-Lymphozyten-Pools unabhängig von ihrer Spezifität stimuliert und stehen potentiell für eine sekundäre Aktivierung, beispielsweise im Nervensystem, zur Verfügung. Die Aktivierung geschieht ohne Beteiligung des Korezeptors CD4.

Eine weitere Möglichkeit der Rekrutierung autoreaktiver T-Lymphozyten ist die Stimulierung mit Hitzeschockproteinen (HSP), die als

Reaktion auf Streßfaktoren, wie Fieber, Zytokine und reaktive Sauerstoffmetabolite (ROS), sowohl von Infektionserregern als auch Wirtszellen, z. B. Oligodendrozyten, freigesetzt werden. Sie bilden eine heterogene Proteinfamilie (15–100 kD), deren Struktur phylogenetisch bemerkenswert konserviert ist (50% Sequenzhomologie zwischen Bakterien und Mensch). Ein Myelin-assoziiertes kleines HSP, das regelmäßig T-Lymphozyten-Reaktionen, allerdings noch unklarer Relevanz, im Rahmen der MS auslöst, ist das αB-Crystallin [141]. Große HSP werden vor allem von T-Lymphozyten erkannt, die nicht den „normalen" Adulttyp αβ-TZR, sondern den sogenannten Fetaltyp γδ-TZR besitzen. Diese γδ-T-Lymphozyten exprimieren kein CD4, geringe Mengen CD8 und binden außer HSP bevorzugt polyphosphorylierte Metabolite geschädigter prokaryoter und eukaryoter Zellen [28]. Im adulten Organismus wird ihnen eine protektive Rolle für die Infektabwehr an Körpergrenzflächen, besonders des Magen-Darm- und Urogenital-Traktes, zugeschrieben. Im Rahmen von Autoimmunerkrankungen sollen sie eine überwiegend proinflammatorische, zur Chronifizierung des Entzündungsprozesses beitragende Rolle spielen [93, 128, 133], obwohl es auch experimentelle Befunde gibt, die auf Suppressorfunktionen hinweisen [41, 75, 151].

Nach der primären Stimulierung in den peripheren lymphatischen Organen müssen die aktivierten Lymphozyten zur Auslösung einer sekundären Immunantwort im ZNS bzw. PNS die BHS/BNS überwinden und in das Hirnparenchym bzw. periphere Nervengewebe eindringen [57, 100]. Dieser Vorgang verläuft in mehreren Teilschritten, die als Rollen (*rolling*), Adhäsion, Diapedese und Migration bezeichnet werden. Alle diese Schritte verlaufen Antigen-unspezifisch, d.h. es gibt im ZNS und PNS kein Organ-spezifisches „*homing*" der Lymphozyten, wie es z. B. von Lymphknoten und Schleimhäuten bekannt ist. Auch ist bislang kein ZNS/PNS-spezifisches Adhäsionsmolekül (Adressin) bekannt. Die Verlangsamung der Lymphozytenbewegung entlang des Endothels der Hirn- bzw. Nervengewebskapillaren wird durch initial nur kurzzeitige, schnell reversible Brückenbildungen zwischen speziellen Glykoproteinen, den C-Typ-Lektinen oder E- und P-Selektinen (CD62E und CD62P), auf den Endothelien und damit kommunizierenden (Sialo-)Glykoproteinen (CD15, CD57, CD66 und CD162) auf den Lymphozyten eingeleitet. Die gleichen Molekülpaare sind auch am *rolling* der Monozyten und (neutrophilen) Granulozyten beteiligt, die in der nachfolgenden Entzündungsphase das aktivierte Endothel durchdringen. Für das Lymphozyten *rolling* ist außerdem die Expression des extrazelluläre Matrix-bindenden Moleküls CD44 auf den Lymphozyten von Bedeutung [20].

Zur festen Leukozytenbindung an das Endothel kommt es durch weitere Adhäsionsmolekülbrücken, die z. T. mit denen der immunologischen Synapse zwischen T-Lymphozyten und APZ identisch sind. Sie gehören überwiegend den Molekülklassen der Integrine und der Ig-Superfamilie an. So erfolgt die Brückenbildung z. B. zwischen den zur Ig-Superfamilie gehörenden *intercellular adhesion molecules* (ICAMs)-1 (CD54) und -2 (CD102) auf dem Endothel und dem Integrin *lymphocyte function antigen* (LFA)-1 (CD11a/18) auf den Leukozyten sowie zwischen dem Molekül der Ig-Superfamilie CD31 auf den Leukozyten und den Integrinen CD51 und CD61 auf dem Endothel. Eine Schlüsselstellung kommt dem *very late antigen* (VLA)-4 oder α4β7-Integrin (CD29/CD49d) der Leukozyten als Ligand des *vascular cell adhesion molecule* (VCAM)-1 (CD106) des Endothels zu. VCAM-1 wird besonders auf aktivierten Endothelzellen exprimiert. Diese Aktivierung ist selbst z. T. Folge der Adhäsionsmolekül-Ligation. Sie dient nicht nur der Zell-Zell-Haftung, sondern sie führt auch zur Induktion intrazellulärer Aktivierungssignale mit Expression weiterer Oberflächenmoleküle im Sinne einer positiven Rückkopplung. Hierdurch erwirbt das Hirnendothel sogar Eigenschaften, die den HEV der peripheren lymphatischen Organe ähneln.

Nach fester Bindung an das Endothel gelingt es aktivierten T-Lymphozyten mit Hilfe von Matrix-Metallo-Proteasen (MMP, CD156), einer Familie von Zink-abhängigen Enzymen, die extrazelluläre Matrixproteine, wie Kollagen, Fibronektin, Gelatine, Laminin und Elastin spalten [156], die BHS/BNS lokal aufzulösen und in den Perivaskulärraum einzutreten (*Diapedese* oder *Extravasation*). Von hier dringen sie weiter in das Parenchym/Endoneurium vor (*Migration*) und können durch Erreger-, Hirn- und Nervenantigene, die ihnen initial vor allem durch Makrophagen, perivaskuläre Zellen und Mikroglia, später auch durch P/GM, Astrozyten und Schwannzellen präsentiert werden, restimuliert werden. Damit setzt die für das Nervensystem charakteristische sekundäre Immunantwort ein. Während Endothel-Lymphozyten-Interaktion und BHS/BNS-Passage Antigen-unabhängig ablaufen, ist die Retention der eingewanderten T-Lymphozyten Antigen-spezifisch und erfordert, wie tierexperimentelle Befunde belegen, eine MHC-Übereinstimmung von T-Lymphozyt und APZ. Im Rahmen der sekundären Immunantwort werden zahlreiche proinflammatorische Zytokine, wie TNF-α, TNF-β und IFN-γ sezerniert, die zur weiteren Hochregulierung von MHC-Molekülen auf ortsständigen APZ und von Adhäsionsmolekülen, u. a. auf dem Endothel, führen [15, 86]. Der Vorgang wird verstärkt durch die Induktion von Chemokinen, vor allem in Astrozyten und Mikroglia [45], die eine Invasion des entstehenden Entzündungsherdes mit weiteren Hirn- und Nerven-spezifischen sowie sogenannten *bystander*-Zellen (Lymphozyten, Monozyten, Makrophagen, Granulozyten und natürliche Killer(Nk)-Zellen) fördern [90, 91]. In diesen Prozeß sind die weiter unten (Abschnitt 7.2) besprochenen B-Lymphozyten ebenfalls eingeschlossen. Die Astrozyten und Mikroglia können als „Schaltzentralen" des Zytokinnetzwerkes bei entzündlichen Erkrankungen des ZNS angesehen werden [155]. Interessant ist, daß die im Verlauf des chronischen Entzündungsvorganges der MS freigesetzten löslichen Adhäsionsmoleküle im Liquor und Blut mit der magnetresonanztomographisch erfaßten BHS-Störung und Entzündungsaktivität korrelieren [115].

Ob die Hirn-spezifischen T-Lymphozyten vorwiegend im perivaskulären Raum verbleiben [129] oder gefäßfern im Parenchym akkumulieren [18], ist auf Grund tierexperimenteller Befunde umstritten. Unbestritten ist jedoch, daß die Mehrzahl der Entzündungszellen im Nervensystem keine Spezifität für Hirn- und Nerven-Antigene besitzt [25, 158]. Vielmehr kommt es im Gefolge der sekundären T-Lymphozyten-Antwort zur Akkumulation zahlreicher *bystander*-Zellen. Sie führen, u. a. über die Freisetzung von ROS, Stickstoffoxidradikalen (NO•) und Proteasen (MMP) zur Gewebsschädigung. Interessanterweise kann im Tierexperiment der Einstrom der „unspezifischen" *bystander*-Zellen durch Antikörper gegen die Integrinkette CD49d und das Addressin CD44 komplett unterbunden und damit eine EAE unterdrückt werden, obwohl die enzephalitogenen MBP-spezifischen T-Lymphozyten nur partiell an der BHS-Passage gehindert werden [20]. Eine extensive Demyelinisierung tritt sowohl über die Oligodendrozytenzerstörung als auch über den Myelinabbau, besonders durch Makrophagen, ein. Dieser Vorgang hängt stark vom Vorhandensein opsonierender und komplementbindender Antikörper gegen verschiedene Myelinkomponenten, von denen MOG durch seine Oberflächenexpression besonders wichtig zu sein scheint [69, 87], ab. Myelinspezifische Antikörper vom IgG-Typ können die BNS relativ ungehindert passieren, wohingegen die BHS durch aktivierte T-Lymphozyten, gleichgültig welcher Spezifität [149], lokal geöffnet sein muß, um eine Demyelinisierung zu erlauben. Die bedeutendere Quelle autoreaktiver ebenso wie Erreger-spezifischer Antikörper im Nervensystem ist aber der eingewanderte Pool aktivierter *memory*-B-Lymphozyten, die im Rahmen einer sekundären Immunantwort lokal expandieren und konsekutiv zu Plasmazellen differenzieren. Dieser Vorgang kann je nach Antigentyp T-Lymphozyten-abhängig oder T-Lymphozyten-unabhängig ablaufen (siehe Abschnitt 7.2).

Die Differenzierung der T-Lymphozyten im Nervensystem wird im wesentlichen durch die Interaktion mit den APZ gesteuert. P/GM stimulieren insbesondere im Bereich postkapillärer Venolen vorzugsweise Th1-Lymphozyten, während Endothelzellen offenbar nur für Th2-Lymphozyten als APZ fungieren können [52]. Kostimulation über die CD80-CD28-Brücke ist wichtig für Th1-Lymphozyten, über CD40-CD154 für Th2-Lymphozyten. Für die Demyelinisierung bei der MS kann sowohl Th1- als auch Th2-Lymphozyten eine pathogenetische Rolle zukommen, während für die Pathogenese von Neuro-AIDS, SSPE und PRP ein Shift von Th1- zu Th2-Lymphozyten charakteristisch ist. Die Enzephalitogenität bzw. Neuritogenität von T-Lymphozyten bzw. T-Lymphozyten-Zelllinien wird durch MHC-Typ (Peptidpaßform), TZR-Spezifität (z. B. gegen Myelinantigene) und Zytokinmuster (Th1 > Th2) bestimmt. Eine effektive APZ-Funktion setzt eine hohe MHC-Dichte und -Affinität sowie die Expression stimulatorischer Zytokine voraus. Die MHC-Klasse-II-Induktion durch IFN-γ und damit die Akkumulierung von $CD4^+$-T-Lymphozyten weist im ZNS starke regionale Unterschiede auf. Sie ist beispielsweise im Hirnstamm um ein Mehrfaches stärker als im Hippocampus [105], was auf einen immunregulatorischen Einfluß des Mikromilieus, z. B. durch Neurotransmitter und Neuropeptide, hinweist (siehe Abschnitt 7.3). Interessant ist in diesem Zusammenhang die Beobachtung einer IFN-γ- und MHC-Induktion in axotomierten und elektrisch stummen Neuronen und die Unterdrückung von glialer MHC-Induktion durch elektrisch aktive Neurone als ein weiterer Aspekt der Nerv-Immunzell-Interaktion [99].

Ein bedeutender Effektormechanismus der Myelinzerstörung, der axonalen Degeneration und der Störung der synaptischen Transmission, aber auch der Infektions- und Tumorabwehr beruht auf der Aktivität zytotoxischer Zellen, wobei grundsätzlich zwischen CTL und NK-Zellen zu unterscheiden ist [7]. NK-Zellen können schnell auf eine Infektion und Tumorbildung im Nervensystem reagieren. Sie sind nicht Antigen-spezifisch, unabhängig von akzessorischen Zellen und nicht MHC-beschränkt, können aber durch MHC-Moleküle inhibiert werden. Normale MHC-negative Nervenzellen werden von ihnen offenbar nicht angegriffen.

CTL reagieren langsamer als NK-Zellen. Sie sind Antigen-spezifisch, werden durch akzessorische Zellen und $CD4^+$ Th1-Lymphozyten aktiviert, zerstören Zielzellen nur MHC-beschränkt und können eine Gedächtnisfunktion erwerben. Für die Eliminierung virusbefallener und neoplastischer Zellen im Nervensystem spielen CTL offenbar eine größere Rolle als NK-Zellen. Gegen intrazerebrale Transplantate reagieren CTL ebenfalls, allerdings geringer als $CD4^+$ Th1-Lymphozyten [108].

Der gegenwärtig praxisrelevanteste Aspekt von Immun- und Autoimmunreaktionen im Nervensystem ist im klinischen Alltag die Verhinderung bzw. Reduzierung immunologischer Reaktionen gegen das Nervengewebe [58]. Deshalb stehen die Mechanismen der Limitierung bzw. Beendigung von Entzündungen im Nervensystem besonders im Zentrum der klinischen und Grundlagenforschung. Grundsätzlich kommen dafür antiinflammatorische Zytokine, z. B. TGFß und IL-10, ebenso in Frage wie immunsuppressorische Zellen. So können $CD8^+$ T-Lymphozyten die EAE unterdrücken [68], dennoch ist ihre pathophysiologische Rolle weiterhin umstritten [18]. Neuere Befunde sprechen für eine entscheidende Bedeutung der Eliminierung autoreaktiver T-Lymphozyten durch Apoptose [46, 158]. Diese kann durch Expression pro-apoptotischer Moleküle, z. B. auf Mikroglia [103], eingeleitet werden, aber auch durch reaktive Sauerstoff- und Stickstoffmetabolite vermittelt sein [94, 159], wobei das therapeutische Dilemma darin besteht, daß letztere auch das Nervengewebe selbst schädigen [102]. Beispielsweise kann $NO^\bullet$ in Abhängigkeit von der Konzentration, Einwirkungszeit und Lokalisation destruktiv oder protektiv auf das Nervengewebe und speziell auf die Demyelinisierung wirken [153]. Ein „dualer Mechanismus" [159] kommt offenbar auch dem CD95-CD95L-System zu [121]. CD95L-Expression kann auf Astrozyten und Oligodendrozyten zum Zellsuizid führen, wohingegen sie auf Mikroglia die Apoptoseinduktion in autoreaktiven T-Lymphozyten begünstigt [161]. Die Apoptose myelinreaktiver T-Lymphozyten, welche durch von Makrophagen gebildete ROS vermittelt wird, setzt nach jüngsten Befunden [94] einen Zell-Zell-Kontakt voraus, so daß auch Therapiestrategien mit Hemmung der Zelladhäsion kritisch zu überprüfen sein werden. Alternative Versuche zielen auf die „Wiederherstellung" der immunologischen Toleranz durch inkomplette T-Lymphozyten-Aktivierung oder Beeinflussung der Zytokinbalance zugunsten immunsuppressorischer Zytokine, z.B. über orale und nasale Antigenapplikation [37, 163]. Schließlich gibt es zunehmend Versuche, das wenig regenerationsfähige Nervengewebe, durch Transplantation von genetisch veränderten teilungs- und differenzierungsfähigen Stamm- und Vorläuferzellen zu „reparieren" bzw. die Regeneration, z. B. der Oligodendrozyten, durch neurotrophe Faktoren, insbesondere den *insulin-like growth factor* (IGF)-1, zu stimulieren [31, 92, 144]. In diesem Zusammenhang ist es von Interesse, daß gepooltes Ig und nicht-komplementbindende Antikörper gegen MBP die Remyelinisierung von demyelinisierten Nervenzellen fördern können [118]. Dies wiederum legt eine Doppelfunktion der humoralen Immunantwort im Nervensystem nahe und gibt Anlaß zu Therapieversuchen mit Ig-Präparaten [38, 131, 132] und Absorption pathogener Antikörper, z. B. Anti-MOG-Antikörper [124, 146]. Abb. 3 stellt schematisch die wichtigsten pathogenetischen Vorgänge bei der Autoimmundemyelinisierung im ZNS dar.

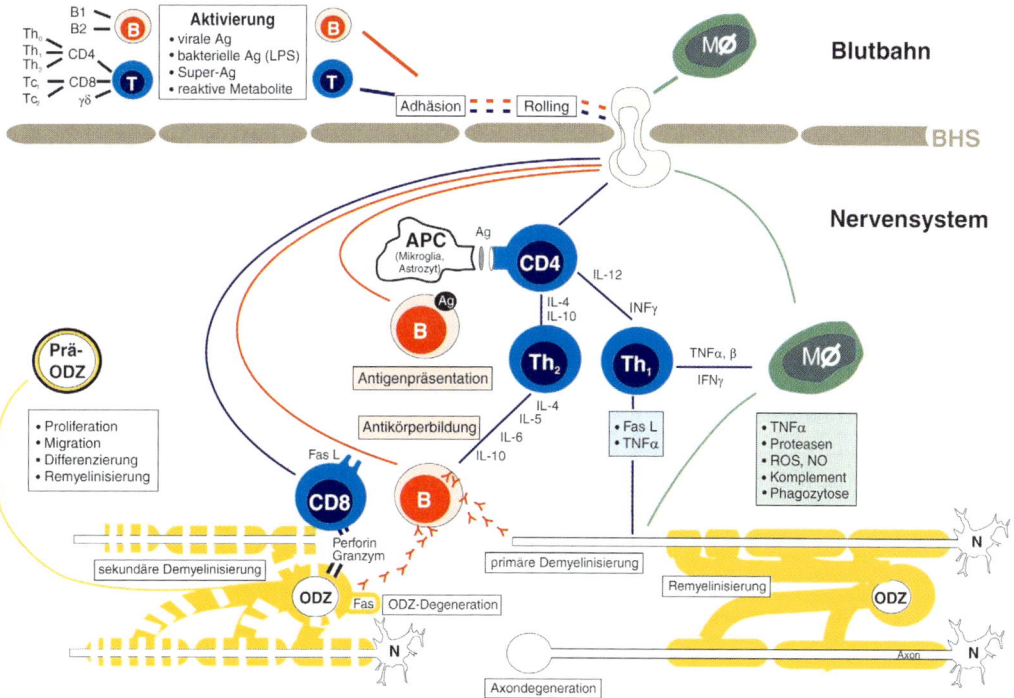

Abb. 3: Schematische Darstellung der potentiell an der immunvermittelten Schädigung in MS-Läsionen beteiligten Faktoren. Erklärung der Abkürzungen: Ag = Antigen, APC = Antigenpräsentierende Zelle, B = B-Lymphozyt, B1 = Fetaltyp-B-Lymphozyt, B2 = Adulttyp-B-Lymphozyt, BHS = Blut-Hirn-Schranke, Fas = CD95-Molekül, FasL = Fas-Ligand, $\gamma\delta$ = $\gamma\delta^+$ Fetaltyp-T-Lymphozyt, IFNγ = Interferon-γ, IL = Interleukin, LPS = Lipopolysaccharid, MØ = Monozyt/Makrophage, N = Nervenzelle, NO = Stickstoffoxid-Radikal, ODZ = Oligodendrozyt, ROS = Reaktive Sauerstoffspezies, T = T-Lymphozyt, Tc = Zytotoxischer T-Lymphozyt, Th = Helfer-T-Lymphozyt, TNFα = Tumornekrosefaktor-α.

7.2 Besonderheiten der humoralen Immunantwort

7.2.1 B-Lymphozyten-Aktivierung im Immunsystem

Das humorale Immunsystem „antwortet" auf ein weites Spektrum von Antigenen mit der Produktion von verschiedenen Ig-Klassen durch B-Lymphozyten. Die Haupteffektorfunktionen der humoralen Immunantwort sind die Eliminierung von extrazellulären Antigenen (Mikroorganismen) und die Verhinderung der Verbreitung von intrazellulären Antigenen (u. a. Viren). Wirkmechanismen von Antikörpern sind Neutralisierung oder Opsonierung von Antigenen sowie die Aktivierung des Komplementsystems. In Abhängigkeit vom Isotyp der Antikörper entscheidet sich, welche Effektormechanismen realisiert werden.

So besteht beispielsweise die Antikörperantwort auf Bakterien mit Polysaccharidkapseln hauptsächlich in einer IgM-Produktion. IgM aktiviert das Komplementsystem und führt zu Opsonierung und Phagozytose der Bakterien durch Zellen des Phagozytensystems.

Bei Virusinfektionen werden besonders hochaffine IgG-Antikörper gebildet, die bedingt durch ihren Wirkmechanismus einen Eintritt der Viren in Wirtszellen verhindern können.

Als drittes Beispiel sei die charakteristische IgE-Antwort bei bestimmten Parasitosen erwähnt. Die Antikörperantwort hängt aber auch von anatomischen Gegebenheiten ab. Im MALT wird von B-Lymphozyten nach Antigenerkennung und sich anschließender Zellaktivierung vornehmlich IgA produziert, während das gleiche Antigen in nicht-mukosaassoziierten lymphatischen Geweben auch andere Ig-Isotypen induzieren kann. Die Prozesse der Antigenerkennung, sowie Aktivierung und Differenzierung der reifen B-Lymphozyten sind an morphologische Strukturen u.a. der Milz, der Lymphknoten und des MALT gebunden.

Im ZNS zeigen humorale Immunantworten bei entzündlichen Erkrankungen z.T. charakteristische Ig-Konstellationen, die differentialdiagnostisch von Bedeutung sind. Über die Regulation der humoralen Immunantwort im ZNS in Abhängigkeit von unterschiedlichen Antigenen ist wenig bekannt. Im folgenden werden einige Grundlagen zum Verständnis der B-Lymphozyten-Aktivierung im Rahmen der humoralen Immunantwort auf sehr heterogene Antigene dargestellt. Schließlich wird versucht, den Kenntnisstand der B-Lymphozyten-Aktivierung im Organismus auf die Verhältnisse im ZNS zu fokussieren.

7.2.1.1 Antigenerkennung und Wege der antigenabhängigen humoralen Immunantwort

B-Lymphozyten besitzen als spezifische Antigenrezeptoren zur Antigenerkennung membrangebundene Ig (hochaffine IgM- und IgD-Rezeptoren). Diese zeigen die gleiche Spezifität, wie die im Rahmen der Immunantwort von ihnen produzierten Antikörper [95, 120]. Der für die Antigenerkennung verantwortliche Teil des B-Lymphozyten-Rezeptors (B-Zell-Rezeptor, BZR), das Ig-Membran-Molekül (Abb. 4), ist nur mit einem kurzen zytoplasmatischen Teil aus drei Aminosäuren (Lysin-Valin-Lysin) in der Zellmembran fixiert. Dieser Teil des Rezeptors reicht allein nicht, um das Erkennungssignal in die Zelle weiterzuleiten. Daher ist der Rezeptor mit zwei weiteren Molekülen (Igα- und Igβ-Ketten als Heterodimer), die zur Ig-Superfamilie gehören, assoziiert [113]. Igα- und Igβ-Ketten enthalten in ihrer zytoplasmatischen Domäne ITAMs, die für die Signaltransduktion in den B-Lymphozyten eine den ITAMs der Peptidketten des TZR-CD3-Komplexes analoge Funktion haben [66]. Zusammen mit dem Membran-Ig-Molekül bilden die Igα- und Igβ-Ketten den kompletten BZR. Er steht über die Igα- und Igβ-Ketten mit Tyrosinkinasen (*src*-Familie, *syk*) im Zellinneren in Verbindung [80, 81]. In "ruhenden" B-Lymphozyten ist nur ein geringer Prozentsatz der BZR mit Tyrosinkinasen assoziiert. Die zwei Hauptfunktionen des BZR sind der Signaltransfer in die Zelle sowie die Vermittlung der Ingestion von Antigenen. Der BZR zeigt ebenso wie der TZR ein hohes Maß an

A.7 Zelluläre und humorale Immunreaktionen im Nervensystem

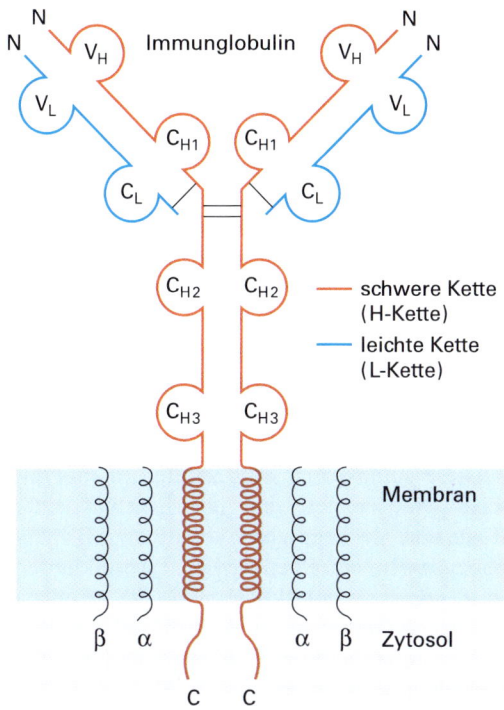

Abb. 4: Schematische Darstellung des Antigenrezeptors der B-Lymphozyten („B-Zell-Rezeptor").

Genrekombination als Voraussetzung für die spezifische Erkennung der großen Vielfalt von Antigenepitopen [120].

In Abhängigkeit von der Natur der Antigene werden zwei Wege der humoralen Immunantwort unterschieden. Die B-Lymphozyten-Antwort auf Proteinantigene erfordert Kooperation mit $CD4^+$-Th-Lymphozyten, wobei diese Antigene als T-Lymphozyten-abhängig (*T-dependent*, TD) bezeichnet werden. Antigene wie Polysaccharide, Lipopolysaccharide (LPS), Glykolipide, Nukleinsäuren und einige polymere Proteine mit multiplen identischen Antigenepitopen benötigen für die Initiierung der B-Lymphozyten-Antwort überwiegend keine Hilfe durch Th-Lymphozyten. Sie werden deshalb T-Lymphozyten-unabhängige (*T-independent*, TI) Antigene genannt. Die TI-Antigene werden wiederum in zwei Gruppen eingeteilt, die TI-1- und TI-2-Antigene, auf die im Zusammenhang mit der TI-B-Lymphozyten-Antwort (siehe Abschnitt 7.2.1.5) eingegangen wird.

7.2.1.2 Intrazelluläre Signalvermittlung nach Antigenbindung durch den BZR

Die Aktivierung der ruhenden B-Lymphozyten wird initiiert durch die Antigenbindung an den spezifischen BZR. Die transmembranale Signalvermittlung ist nach heutigem Kenntnisstand an eine optimale Vernetzung (*cross-linking*) der Ig-Rezeptoren auf der Zellmembran gebunden. Die Art der Vernetzung hängt von der Natur des Antigens ab. TI-Antigene mit ihren repetitiven Antigenepitopen führen *per se* zu einer hinreichenden Rezeptorvernetzung und können somit auf Grund ihrer Struktur prinzipiell ohne Hilfe von Th-Lymphozyten B-Lymphozyten zu Proliferation und Differenzierung triggern. Viele globuläre Proteinantigene besitzen jedoch pro Molekül nur ein einzelnes für die Erkennung relevantes Epitop. Allerdings können Proteinantigene auch zu einer Ig-Rezeptorvernetzung führen, wenn sie durch Bindung von „natürlichen" Antikörpern oder Komplementkomponenten als Aggregate vorliegen. TD-Proteinantigene benötigen jedoch immer Unterstützung durch Th-Lymphozyten, auch wenn sie Ig-Rezeptoren *per se* vernetzen können. Weiterhin können Peptid-Antigene oder monovalente Anti-Ig-Antikörper (als Antigen), die zu keinem *cross-linking* der Ig-Rezeptoren führen, eine B-Lymphozyten-Antwort mit T-Lymphozyten-Hilfe auslösen.

Falls die Initiierung des ersten Schrittes der Signaltransduktion nach Antigenerkennung durch die B-Lymphozyten an die Vernetzung der Ig-Membran-Rezeptoren gebunden ist, bleibt die Frage, wie Proteinantigene, die kein *cross-linking* verursachen, zu einer Aktivierung des B-Lymphozyten führen. Eine Aktivierung des B-Lymphozyten (u. a. Expression von Kostimulatoren und Zytokinrezeptoren) ist Voraussetzung für die Realisierung einer T-Lymphozyten-Hilfe. Ob der Ingestionsvorgang eines TD-Antigens die Ig-Rezeptor-Vernetzung als Signalauslösung ersetzen kann, ist bisher unklar. Es gibt aber Hinweise, daß es zu einer Membran-Ig-Vernetzung erst im Zusammenhang mit der Antigenpräsentierung durch B-Lymphozyten kommt.

Auch auf diesem Wege könnte dann als Folge einer intrazellulären Signaltransduktion der B-Lymphozyt die entsprechenden Rezeptoren exprimieren, die für die B-T-Lymphozyten-Interaktion wichtig sind. Bei niedrigen Antigenkonzentrationen, die z. T. keine optimale Ig-Membranvernetzung ermöglichen, kann das erste Aktivierungssignal durch B-Lymphozyten-Korezeptoren (CD19, CD21, CD81) verstärkt werden. CD19 hat einen relativ langen zytoplasmatischen Teil, der eine Interaktion mit den Igα/Igβ-Ketten des BZR erlaubt [43]. Die CD21-Komponente ist Rezeptor für C3b, aber auch für CD23 auf follikulären DZ [65]. Antigen-Komplement-Komplexe können folglich sowohl an den BZR als auch über C3b an den B-Lymphozyten-Korezeptor binden. Dies führt zu einem *cross-linking* zwischen BZR und B-Lymphozyten-Korezeptor mit der Folge, daß CD19 mit den Igα/β-Komponenten des BZR interagiert. Für die B-Lymphozyten-Interaktion mit follikulären DZ spielt nach neueren Befunden auch das CD73-Molekül eine regulatorische Rolle [2]. Die weitere intrazelluläre Signalvermittlung ist mit den im folgenden beschriebenen Signaltransduktionswegen verknüpft. Eventuell hat dieser Weg der Signalverstärkung nicht nur Bedeutung bei niedriger Antigenkonzentration (Antigen-Komplement-Komplexe), sondern gilt generell bei nicht optimaler Rezeptorvernetzung. An dieser Stelle sei noch vermerkt, daß zu starke Vernetzungen der Ig-Membran-Rezeptoren B-Lymphozyten anerg machen können [107].

Nach spezifischer Antigenbindung und Vernetzung der Ig-Rezeptoren treten die bisher ruhenden B-Lymphozyten in die G1-Phase des Zellzyklus. Dies ist verbunden mit einer Zunahme der Ribosomen und damit der zytoplasmatischen RNA, sowie einer Vergrößerung der Zelle insgesamt. Es werden verstärkt MHC-Klasse-II-Moleküle und Kostimulatoren für Th-Lymphozyten exprimiert, um Th-Lymphozyten aktivieren zu können. Die wichtigsten Kostimulatoren sind die Moleküle der B7-Familie (CD80 und CD86) und das CD40-Molekül. Im weiteren Verlauf der Zellaktivierung kommt es zur Expression von Rezeptoren für Zytokine, Adhäsionsmoleküle und weitere Aktivierungsmarker [95, 113]. So exprimieren aktivierte B-Lymphozyten die hochaffinen Interleukinrezeptoren IL-2Rα (CD25), IL-3Rα (CDw123), IL-4Rα (CD124), IL-5Rα (CDw125), IL-6Rα (CD126) und IL-10R (CD114). Weiterhin tragen sie den Transferrin-Rezeptor (CD71) und den FcεRII-Rezeptor (CD23). Ein charakteristischer Marker der ausgereiften Plasmazelle ist die Expression von CD38.

Diese summarisch aufgezählten phänotypischen Änderungen sind das Ergebnis einer Reihe von biochemischen Abläufen im B-Lymphozyten. Im einzelnen werden Tyrosinkinasen (u. a. *blk, lyn, fyn*) aktiviert, die die zytoplasmatischen Domänen des BZR phosphorylieren [27]. Es folgt die Aktivierung von Signalwegen, die denen der T-Lymphozyten-Aktivierung analog sind. So kommt es nach Aktivierung der PLC zur Spaltung von PIP_2 in IP_3 und DAG, zur Freisetzung von Ca^{++}-Ionen aus intrazellulären Speichern und zur Aktivierung Ca^{++}-abhängiger Enzyme, wie der PKC, die Aminosäuren Serin und Threonin von intrazellulären Proteinen phosphoryliert. Am Ende der Signalkaskade steht wie bei den T-Lymphozyten die Aktivierung von Transkriptionsfaktoren, wie c-Fos, JunB, NFκB und c-*myc*, die eine Genexpression in B-Lymphozyten einleitet [40]. Aus der klonalen Selektion ergibt sich die Expansion von spezifischen Zellklonen, die zu Effektorzellen (Plasmazellen) differenzieren oder zu *memory*-Zellen werden. Für die TI-B-Lymphozyten-Antwort scheint dieser Weg der Signaltransduktion auszureichen, um B-Lymphozyten zu Proliferation und Differenzierung zu bringen. Für die TD-B-Lymphozyten-Antwort sind weitere Signale notwendig.

7.2.1.3 B-Lymphozyten als APZ

B-Lymphozyten werden nicht zu den klassischen Zellen des Phagozytensystems gezählt. Sie sind jedoch als APZ in der Lage, sowohl lösliche als auch partikuläre Antigene (TD-Antigene) nach Erkennung zu ingestieren (rezeptorvermittelte Endozytose), zu prozessieren und in Verbindung mit MHC-Klasse-II-Molekülen den Th-Lymphozyten zu präsentieren. Im Gegensatz dazu werden TI-Antigene endozytiert, aber nicht prozessiert, und können damit nicht präsentiert werden. Es wird in diesem Fall auf der Oberfläche der B-Lymphozyten kein Erkennungssignal für Th-Lymphozyten exprimiert.

Der BZR bindet spezifisch an eine Antigenstruktur, präsentiert jedoch multiple, verschieden prozessierte Peptide. Damit kann es zur Präsentation von Peptiden an spezifische Th-Lymphozyten aus mehreren für die entsprechenden Peptide spezifischen Th-Lymphozyten-Klonen kommen. Die von den B-Lymphozyten synthetisierten Antikörper sind in jedem Fall spezifisch für die Konformationsdeterminante des Antigens, da der BZR diese Determinante erkennt. Hier liegt die Feinspezifität der TD-B-Lymphozyten-Antwort. Der von dem B-Lymphozyten produzierte Antikörper ist gegen das native Antigen gerichtet. Der B-Lymphozyt ist als APZ somit gleichzeitig als Zielzelle für spezifische aktivierte Th-Lymphozyten, die entsprechende Peptide bereits auf anderen APZ des Immunsystems (DZ, Makrophagen) erkannt haben, zu sehen. Voraussetzung für eine Interaktion von B-Lymphozyten und Th-Lymphozyten bei der primären Antikörperantwort ist, daß B-Lymphozyten und auch andere APZ dasselbe Nativantigen erkennen. Die erkannten Epitope des Nativantigens müssen dabei nicht gleich sein. B-Lymphozyten und andere APZ erkennen im Falle von natürlichen, komplexen Antigenen wie Viren nicht einmal dasselbe Protein. Die Spezifität eines Th-Lymphozyten für den B-Lymphozyten (APZ) ist allerdings nur gegeben, wenn das präsentierte Peptid auf dem B-Lymphozyten mit dem von dem Th-Lymphozyten auf anderen APZ erkannten Peptid übereinstimmt. Im Rahmen einer sekundären Antikörperantwort agieren die spezifischen *memory*-B-Lymphozyten wahrscheinlich allein als APZ für spezifische aktivierte Th-Lymphozten, die im Rahmen der primären Antikörperantwort zu Effektorzellen stimuliert worden sind. *In vitro* sind für die sekundäre Antikörperantwort neben spezifischen B-Lymphozyten (APZ), spezifischen, aktivierten Th-Lymphozyten und dem Antigen keine weiteren APZ erforderlich. Des weiteren ist bekannt, daß Antigen-präsentierende B-Lymphozyten ruhende für das präsentierte Peptid spezifische Th-Lymphozyten aktivieren können. In diesem Fall sind die Th-Lymphozyten zuvor nicht durch andere APZ aktiviert worden. Die Th-Lymphozyten beginnen zu proliferieren, wobei die Bedeutung dieser Form der Zellinteraktion für das Immunsystem nicht klar ist. Aus statistischen Gründen ist es jedoch nicht sehr wahrscheinlich, daß im nicht-immunisierten Organismus die wohl geringe Zahl von für ein Proteinantigen spezifischen B-Lymphozyten im Falle einer Antigenpräsentation auf ruhende spezifische Th-Lymphozyten trifft. Voraussetzung für eine derartige Zellinteraktion wäre weiterhin, daß ruhende spezifische Th-Lymphozyten, die an den Peptid-MHC-Klasse-II-Komplex binden können, im Moment der Antigenerkennung die Rezeptoren exprimieren, die eine mit funktionellen Konsequenzen verbundene Bindung an B-Lymphozyten ermöglichen. Generell wird davon ausgegangen, daß bei hohen Antigenkonzentrationen vorwiegend Makrophagen und DZ als APZ agieren, während bei niedrigen Antigenkonzentrationen B-Lymphozyten die Antigenpräsentation übernehmen.

7.2.1.4 Mechanismen der TD-B-Lymphozyten-Antwort

Obwohl auch TD-Proteinantigene durch Aggregatbildung z. T. zu einer Vernetzung von Ig-Membran-Rezeptoren führen können, wird eine Antikörper-Antwort der B-Lymphozyten gegen Proteinantigene nur nach deren Interaktion mit spezifischen Th-Lymphozyten induziert. Bei der TD-B-Lymphozyten-Antwort wird das Antigen nach spezifischer Bindung durch den B-Lymphozyten aufgenommen, und nach Prozessierung zu Peptiden werden diese in Verbindung mit MHC-Klasse-II-Molekülen den für das jeweils präsentierte Peptid spezifischen Th-Lymphozyten präsentiert, die dasselbe Peptid zuvor bereits im Rahmen einer Antigenpräsentation durch andere APZ (DZ, Makrophagen) erkannt haben. Die Th-Lymphozyten-Population liegt bereits als Zellklon vor (Proliferation nach Peptiderkennung auf APZ), hat wichtige Rezeptoren für die Interaktion mit B-Lymphozyten exprimiert (CD28, CD154) und ist zu Zytokin-produzierenden Effektorzellen (Th-Subpopulationen) differenziert. Im Rahmen der spezifischen B-Th-Lymphozyten-Interaktion (*cognate interaction*) erfolgt eine gegenseitige Stimulation der Zellen. Es kommt zu Rezeptor-Ligand-Bindungen, die für eine humorale Immunantwort unerläßlich sind. Für den B-Lymphozyten wird postuliert, daß sie zum Zeitpunkt der Antigenpräsentation durch Ig-Membran-Vernetzung Kostimulatoren (CD80, CD86, CD40) sowie u.a. IL-Rezeptoren exprimiert. Proliferation und Differenzierung der B-Lymphozyten werden eingeleitet, wenn der Antigen-MHC-Komplex (B-Lymphozyt) an den TZR bindet und die Rezeptor-Ligand-Bindungen CD40 (B-Lymphozyt) – CD154 (Th-Lymphozyt) und CD80/CD86 (B-Lymphozyt) – CD28 (T-Lymphozyt) vollzogen sind. Die letzteren Bindungspaare müssen realisiert sein, sonst kommt es zu Defekten im Ig-Isotyp-Switch, in der Affinitätsreifung der Antikörper sowie in der Bildung von *memory*-B-Lymphozyten. CD40-CD154-Bindung verstärkt die Expression von CD80/CD86-Molekülen auf B-Lymphozyten und damit gleichzeitig die Interaktion mit Th-Lymphozyten. Weitere Zell-Interaktionen erfolgen zwischen CD58 (B-Lymphozyt) und CD2 (Th-Lymphozyt), CD11a/18 (B-Lymphozyt) und CD54 (Th-Lymphozyt) sowie CD72 (B-Lymphozyt) und CD5 (Th-Lymphozyt). Nach diesen Zell-Interaktionen sezernieren Th-Lymphozyten in Abhängigkeit von ihrem Subtyp verschiedene Zytokine, die auf den weiteren Aktivierungs- und Differenzierungsweg der B-Lymphozyten Einfluß nehmen. Nach Interaktion von CD40 und CD154 werden im B-Lymphozyten biochemische Signale ausgelöst, die den weiteren Aktivierungsprozeß des B-Lymphozyten fortsetzen. Eine Bindung an CD40 resultiert in einer Oligomerisation des CD40-Moleküls, und diese induziert wahrscheinlich die Assoziierung von zytoplasmatischen Proteinen (*TNF receptor associated factors*, TRAFs) an die zytoplasmatische C-terminale Domäne von CD40. In der Folge werden die TRAFs aktiviert. Durch Kinasen und weitere noch nicht genau definierte Intermediate kommt es zur Aktivierung und Translokation von Transkriptionsfaktoren, wie NFκB. Die weiteren Zusammenhänge zwischen Transkriptionsfaktoren und Veränderungen der Ig-Gen-Expression (z. B. Ig-Switch) sind noch nicht aufgeklärt. Die Grundvoraussetzungen für Proliferation und Differenzierung der B-Lymphozyten sind jetzt gegeben. Die TD-B-Lymphozyten-Antwort ist durch relativ hochaffine Antikörper verschiedener Isotypen sowie durch Entstehung von langlebigen *memory*-B-Lymphozyten charakterisiert.

7.2.1.5 Mechanismen der TI-B-Lymphozyten-Antwort

Die TI-B-Lymphozyten-Anwort unterscheidet sich grundsätzlich von der TD-B-Lymphozyten-Antwort. Wie bereits erwähnt können TI-Antigene, wie Polysaccharide, LPS, Glykolipide, Nukleinsäuren und auch einige polymere Proteine zwar von B-Lymphozyten endozytiert, aber nicht prozessiert und präsentiert werden. Die B-Lymphozyten tragen folglich kein Erkennungssignal für Th-Lymphozyten. Die TI-Antigene als Polymere bestehen aus multiplen, identischen Antigenepitopen und induzieren auf der Membran der B-Lymphozyten eine maximale Vernetzung der Membran-Ig-Rezeptoren, was schließlich über den bereits beschriebenen ersten Schritt der Signaltransduktion zur Aktivierung der B-Lymphozyten, einschließlich Antikörpersynthese führt. Die TI-B-Lymphozyten-Antwort führt nur zu einer geringen Produktion von hauptsächlich niedrig-affinen IgM- und wenig IgG-Antikörpern. Es zeigt sich kein nennenswerter Switch zu anderen Ig-Isotypen, weiterhin keine Affinitätsreifung der B-Lymphozyten und keine Rekrutierung von *memory*-B-Lymphozyten. Hinsichtlich des Ig-Isotyp-Switch existieren Ausnahmen. Im Falle der B-Lymphozyten-Antwort auf Pneumokokken-Polysaccharide kommt es zur Bildung von IgG2-Antikörpern. Weiterhin kann, obwohl keine *memory*-B-Lymphozyten entstehen, durch Pneumokokken-Vakzine Immunität erzeugt werden. Dies könnte mit der langen Persistenz der Antigene in lymphatischen Geweben, in denen kontinuierlich neue spezifische B-Lymphozyten aktiviert werden, zu erklären sein. Die Aufklärung dieses Phänomens ist um so wichtiger, als die humorale Immunantwort einen Hauptmechanismus bei der Abwehr bakterieller Infektionen darstellt.

Gegenwärtig kann nicht endgültig ausgeschlossen werden, daß B-Lymphozyten im Rahmen der TI-Antigen-Antwort nicht doch weitere Aktivierungssignale benötigen. So zeigen Tierexperimente, daß die Antikörper-Antwort auf Polysaccharide eine geringe Zahl von Makrophagen und/oder unspezifischen Th-Lymphozyten erforderlich macht [116]. Diese Zellen könnten als ein zweites Signal Zytokine für die B-Lymphozyten-Antwort sezernieren. Die entsprechenden Zytokinrezeptoren müßten dann auf den B-Lymphozyten entsprechend exprimiert sein. Die Natur dieser Zytokine und die Regelungsmechanismen, die zu ihrer Produktion führen, sind aber nicht bekannt.

Eine verstärkte TI-Antikörper-Antwort kann durch die Bindung des B-Lymphozyten über seinen Korezeptor-Komplex (CD19, CD21, CD81) an CD23 von follikulären DZ erfolgen.

Eine Besonderheit der sogenannten TI-1-Antigene, wie bakterieller LPS, ist, daß sie in hoher Konzentration B-Lymphozyten unabhängig von ihrer Antigenspezifität zur Proliferation und Differenzierung bringen (polyklonale B-Lymphozyten-Aktivierung) und damit mitogen wirken. Die Bindungsmechanismen des Mitogens an B-Lymphozyten und die biochemischen Mechanismen der Zellaktivierung sind aber bisher nicht bekannt. Bei niedrigen Antigenkonzentrationen werden jedoch nur die B-Lymphozyten, die spezifische Antigenrezeptoren, z. B. für LPS, tragen, aktiviert. Diese Erkenntnis ist u. a. für das Verständnis von polyspezifischen Immunreaktionen bei einigen entzündlichen Erkrankungen von großer Relevanz. *In vivo* dürften TI-1-Antigene mehrheitlich in Konzentrationen vorliegen, die zu einer spezifischen Antikörper-Antwort führen. Bei der TI-1-Antigen-Antwort kommt es zu keinem Ig-Isotyp-Switch, zu keiner Antikörper-Affinitätsreifung und zu keiner Bildung von *memory*-B-Lymphozyten.

Eine zweite Gruppe von TI-Antigenen (TI-2, u. a. Pneumokokken-Polysaccharide, bakterielle Flagelline) kann wahrscheinlich nicht ohne Hilfe unspezifischer Th-Lymphozyten oder Makrophagen eine Antikörper-Antwort induzieren. Belegt ist, daß unspezifische Th-Lymphozyten die Antikörper-Antwort auf TI-2-Antigene verstärken, der detaillierte Mechanismus ist unklar. Besonders prädestiniert für die Erkennung von TI-2-Antigenen sind $CD5^+$-B-Lymphozyten. Diese könnten in besonderem Maße für die Produktion von Anti-Polysaccharid-Antikörpern verantwortlich sein. Viele extrazelluläre bakterielle Erreger sind durch Zellwandpolysaccharide (bekapselte Erreger) vor einer Aufnahme durch Phagozyten geschützt. Spezifische Antikörper führen zur Opsonierung und damit zu einer Begünstigung der Erregereliminierung durch Phagozyten.

TI-2-Antigene führen nicht zu einer polyklonalen B-Lymphozyten-Aktivierung. Es kommt zu keiner Antikörper-Affinitätsreifung, und es werden keine *memory*-B-Lymphozyten gebildet. Die B-Lymphozyten-Antwort auf die meisten TI-2-Antigene ist nicht mit einem Ig-Isotyp-Klassen-Switch verbunden.

7.2.1.6 Zytokine und B-Lymphozyten-Antwort

Zytokine haben im Rahmen der B-Lymphozyten-Antwort zwei Hauptfunktionen. Sie triggern die Proliferation und die Differenzierung der aktivierten B-Lymphozyten, außerdem wird durch ihre Interaktion mit den B-Lymphozyten der Switch zu verschiedenen Ig-

Schwerketten-Isotypen vermittelt. Zytokine werden von aktivierten T-Lymphozyten, aber auch von anderen Immunzellen sezerniert. Sie wirken unspezifisch und binden nicht an Antigene. Wie zuvor schon erwähnt, ist die Zytokin-Rezeptor-Expression auf B-Lymphozyten eine Folge des Antigen-Erkennungsprozesses und der Interaktion mit Th-Lymphozyten. Die Wirkung der Zytokine kann synergistisch, aber auch antagonistisch sein. B-Lymphozyten, die mit Th-Lymphozyten in Kontakt kommen, sind vermutlich innerhalb eines Mikromilieus hohen Konzentrationen von Zytokinen ausgesetzt. Aus diesem Grund antworten Antigen-spezifische B-Lymphozyten, die in Kontakt mit spezifischen Th-Lymphozyten sind, wesentlich stärker auf Zytokine als sogenannte *bystander*-B-Lymphozyten, die nicht spezifisch für das initiale Antigen sind. Die „selektivste" Funktion von Zytokinen im Rahmen der B-Lymphozyten-Antwort ist die Vermittlung des Ig-Schwerketten-Isotyp-Switch.

An dieser Stelle soll nochmals darauf verwiesen werden, daß zumindest bei der Primärantwort Antigenerkennung, Aktivierung und Differenzierung (Plasmazellen, *memory*-Zellen) an morphologische Strukturen des Organismus gebunden sind. Die lymphatischen Organe bzw. Gewebe, wie Milz, Lymphknoten und MALT, sind bei der B-Lymphozyten-Antwort die Orte, an denen die Interaktionen der B-Lymphozyten mit Antigenen und den anderen beteiligten Zellen stattfinden. Weiterhin ist zu erwähnen, daß die Antigenexposition einen Einfluß auf die B-Lymphozyten-Antwort hat. Antigene, die über den Blut- oder Lymphweg die peripheren lymphatischen Organe erreichen, induzieren Antikörper verschiedener Isotypen. Wenn oral aufgenommene oder inhalierte Antigene im MALT verbleiben, führen sie zu einer dominanten IgA-Produktion. Schließlich ist bei der Betrachtung der B-Lymphozyten-Antwort wichtig, ob es sich um eine Primär- oder Sekundärantwort auf ein Antigen handelt.

Die Kenntnisse zur Proliferationswirkung der Zytokine sind überwiegend das Ergebnis experimenteller Untersuchungen. Wichtige Zytokine für die B-Lymphozyten-Proliferation, die durch Th-Lymphozyten produziert werden, sind IL-2, IL-4 und IL-5. Weiterhin fördern Zytokine aus Makrophagen, wie IL-1, IL-10 und TNF-α, die Proliferation von B-Lymphozyten. IL-6 wirkt als Wachstumsfaktor besonders auf bereits differenzierte Effektor-B-Lymphozyten. Da Zytokine synergistisch wirken, haben Ausfälle einzelner Zytokine meist keinen negativen Einfluß auf die B-Lymphozyten-Proliferation. Antikörpersynthese und -sekretion werden ebenfalls durch Zytokine beeinflußt. Im Humansystem sind dies insbesondere IL-2, IL-6 und IL-10, im Maussystem IL-4 und IL-5. Ob es sich hierbei um einen definitiven Speziesunterschied handelt ist unklar. Der für die B-Lymphozyten-Antwort auf Proteinantigene typische Ig-Schwerketten-Isotyp-Switch wird ebenfalls durch Zytokine getriggert. Zytokine induzieren einen Ig-Switch, indem sie Rekombinationsstellen für Switch-Rekombinasen zugänglich machen. In Gegenwart bestimmter Zytokine bzw. Zytokinkombinationen werden daher unterschiedliche Ig-Isotypen produziert:
- IgG [IL-2 (IgG1-4), IL-6 (IgG1-4), IL-4 (IgG1), IFN-γ (IgG2a, IgG3), TGF-β (IgG2b)],
- IgA [IL-5, TGF-β],
- IgE [IL-4].

Primär, vor dem Ig-Switch bzw. generell bei der TI-B-Lymphozyten-Antwort, produzieren die B-Lymphozyten IgM und geringe Mengen IgD. Wie bereits erwähnt, können auch einige TI-2-Antigene eine B-Lymphozyten-Antwort mit Ig-Switch verursachen. Als Zytokinproduzenten kommen in diesem Fall auch NK-Zellen (IL-4, IFN-γ) und Makrophagen (TGF-β) in Frage. Die Zytokine können im Zusammenhang mit dem Ig-Switch neben der stimulierenden Funktion auch hemmende Einflüsse haben. Zytokine, die von B-Lymphozyten selbst sezerniert werden, regulieren nach derzeitigem Erkenntnisstand vorwiegend die Aktivierung von *bystander*-Zellen, wie Makrophagen und NK-Zellen, wohingegen eine autokrine Beeinflussung der B-Lymphozytenfunktion eher die Ausnahme ist [106]

7.2.1.7 Antikörper-Affinitätsreifung und Bildung von Plasmazellen und memory-B-Lymphozyten

Die auf verschiedenen Wegen in den Organismus eingetretenen Antigene, wie mikrobiologische Erreger, werden in der Milz (Antigene aus dem Blut) oder in den Lymphknoten (Gewebeantigene) fixiert. Nach Antigenexposition bilden sich im lymphatischen Gewebe (Milz, Lymphknoten) in den primären Follikeln, die neben ruhenden B-Lymphozyten sogenannte follikuläre DZ enthalten, Keimzentren aus [59]. Zur Bildung dieser Keimzentren kommt es, wenn spezifisch aktivierte B-Lymphozyten in die primären lymphatischen Follikel einwandern. Die follikulären DZ haben die Eigenschaft, einerseits Antigene für längere Zeit zu fixieren und andererseits CD23, den Liganden für die CD21-Komponente des B-Lymphozyten-Korezeptor-Komplexes, zu exprimieren. In den Keimzentren kommt es zu Proliferation und Differenzierung der B-Lymphozyten. Hier werden die B-Lymphozyten selektiert, die besonders hochaffine Antikörper gegen das ursächliche Antigen produzieren (Affinitätsreifung). Die Affinitätsreifung ist Ergebnis einer somatischen Hypermutation der Ig-V-Gene. Zunächst stellen sich die aktivierten B-Lymphozyten morphologisch als Blasten (Zellvergrößerung) dar, die in diesem Stadium als Zentroblasten bezeichnet werden. Nach somatischer Hypermutation in den Zentroblasten entstehen B-Lymphozyten, die Antigene „besser" oder „schlechter" binden als das Ig-Membran-Molekül, das auf den Vorläuferzellen exprimiert war. Eine Selektion von B-Lymphozyten mit hochaffinen Ig-Membran-Rezeptoren findet auf der Oberfläche der follikulären DZ statt [65]. Die rekrutierten Zellen (Zentrozyten), die zunächst wieder kleinere Zellformen darstellen, entwickeln sich über Plasmablasten zu Plasmazellen oder zu memory-B-Lymphozyten. Nur die Zentrozyten, die über ihren BZR an follikuläre DZ binden, werden positiv selektiert. Bei optimaler Antigenbindung exprimiert der B-Lymphozyt das bcl-2-Gen, dessen Produkt Apoptose verhindert. Die B-Lymphozyten, deren Antigenbindungsfähigkeit schwach oder gänzlich verlorengegangen ist (> 90%), unterliegen der Apotose. B-Lymphozyten, die positiv selektiert wurden, verlassen die Keimzentren und differenzieren weiter zu Plasmazellen oder memory-B-Lymphozyten. Plasmazellen besitzen nach endgültiger Differenzierung keine Membran-Ig-Rezeptoren mehr und haben nur eine begrenzte Lebenszeit (mehrere Wochen). Memory-B-Lymphozyten überleben längere Zeiträume und können nach erneutem Antigenkontakt (Sekundärantwort) sehr effektiv eine B-Lymphozyten-Antwort auslösen.

Die Signale, die darüber entscheiden, ob ein aktivierter B-Lymphozyt zur Plasmazelle oder zum memory-B-Lymphozyten differenziert, sind nicht in allen Details bekannt. Möglich ist einerseits, daß B-Lymphozyten, die effektiv an Antigen und CD23 (liegt auch löslich vor) auf follikulären DZ binden und zusätzlich ein IL-1-Signal erhalten, zu Plasmazellen differenzieren. Weiterhin wird postuliert, daß positiv selektierte Zentrozyten erneut Antigen in Form von Iccosomen aus follikulären DZ binden, ingestieren und spezifischen Th-Lymphozyten präsentieren. Die Bindung der B-Lymphozyten (Zentrozyten) an das CD154-Molekül der sich in den Keimzentren befindenden aktivierten Th-Lymphozyten kann zur Differenzierung von memory-B-Lymphozyten führen. Dafür spricht die Tatsache, daß diese Bindung in B-Lymphozyten die bcl-2-Genexpression auslöst. Aktivierte B-Lymphozyten exprimieren wahrscheinlich weitere, bisher unbekannte Rezeptoren mit kostimulierender Wirkung für Th-Lymphozyten. In bestimmten Bereichen der Keimzentren wurde auf aktivierten Th-Lymphozyten der inducible co-stimulator (ICOS) identifiziert [63], bei dessen Bindung an einen noch unbekannten B-Lymphozyten-Rezeptor eine starke IL-10-Produktion in Th-Lymphozyten induziert wird. IL-10 wird eine wichtige Rolle bei der Differenzierung der aktivierten B-Lymphozyten in Plasmazellen bzw. memory-B-Lymphozyten zugesprochen. Durch Realisierung der Bindung von ICOS verstärkt sich aber auch die Expression des

CD154-Moleküls auf aktivierten Th-Lymphozyten.

Die meisten Plasmazellen zirkulieren nicht, ein erheblicher Teil von ihnen wandert jedoch in das Knochenmark, wo folglich ebenfalls Antikörperproduktion stattfindet. *Memory*-B-Lymphozyten dagegen zirkulieren frei zwischen Blut und lymphatischen Geweben, sie tragen hochaffine Antigen-Rezeptoren und Ig-Moleküle verschiedener Isotypen (IgM/IgG, IgM/IgA, IgM/IgE). Sie exprimieren zusätzlich Adhäsionsmoleküle, wie CD54. „Freie" Ig-Moleküle werden in die Zirkulation liberiert und können dort ihre jeweiligen Effektorfunktionen ausführen.

7.2.2 B-Lymphozyten-Aktivierung und Regulation der B-Lymphozyten-Antwort im ZNS

Alle für eine effektive B-Lymphozyten-Antwort im Organismus dargestellten Abläufe müssen sowohl morphologisch als auch funktionell auf das ZNS adaptiert werden. Dies betrifft vor allem so wichtige Fragen wie den primären Ort der Antigenerkennung durch B-Lymphozyten und Th-Lymphozyten (TD-B-Lymphozyten-Antwort), die Art der APZ sowie den örtlichen und zeitlichen Ablauf der B-Lymphozyten-Aktivierung einschließlich Proliferation und Differenzierung. Weiterhin müssen die für die Proliferation und Differenzierung der B-Lymphozyten notwendigen Zytokinproduzenten im ZNS vorhanden sein. Ob Ig-Klassen-Switch und Antikörper-Affinitätsreifung ausschließlich an die lymphatischen Organe (Keimzentren) gebunden sind, ist noch nicht abschließend geklärt. Auf Grund des breiten Erregerspektrums, das potentiell Entzündungen im ZNS hervorrufen kann, muß davon ausgegangen werden, daß sowohl TD- als auch TI-B-Lymphozyten-Antworten initiiert werden.

Bei einigen chronisch-entzündlichen Erkrankungen, wie der MS, ist eine B-Lymphozyten-Antwort lebenslang zu beobachten, wobei die Art des Antigens und der latenten Antigenpräsentation sowie die Kommunikation mit sekundären lymphatischen Organen besonders in inaktiven Phasen der Erkrankung unklar sind. Das eingeschränkte Ig-Muster in MS-Läsionen spricht aber für eine pathogenetische Rolle lokal expandierender B-Lymphozyten bei der Demyelinisierung und möglicherweise auch bei der axonalen Schädigung [11].

Es bleibt zu klären, in welchem Umfang die morphologisch heterogenen, aktivierten B-Lymphozyten im Liquor funktionell den Zentroblasten, Zentrozyten, Plasmablasten und *memory*-B-Lymphozyten aus den Keimzentren der lymphatischen Organe entsprechen. Bisher wird davon ausgegangen, daß Zentroblasten und Zentrozyten nur nach maligner Entartung zu Lymphomzellen die sekundären lymphatischen Organe verlassen (leukämische Phase).

Es ist nicht definitiv bekannt, in welchen Entwicklungsstufen B- und T-Lymphozyten die Keimzentren der sekundären Lymphorgane verlassen und wie sie ihren spezifischen Weg (*homing*) in das ZNS finden. Nach gegenwärtigem Kenntnisstand erreichen überwiegend aktivierte Lymphozyten das ZNS [18, 57]. Es steht allerdings der endgültige Beweis aus, daß alle Lymphozyten des normalen Liquors mit intakter BHS und Blut-Liquor-Schranke (BLS) zuvor in der Peripherie aktiviert wurden. Wenn ja, würde dies bedeuten, daß es sich bei den Lymphozyten des normalen Liquors ausnahmslos um morphologisch unauffällige „präaktivierte" Effektorzellen/regulative Zellen aus den Keimzentren der sekundären lymphatischen Organe handelt, in denen intrazellulär jedoch keine relevanten Ig-Konzentrationen nachgewiesen werden können. Morphologisch auffällige aktivierte B-Lymphozyten (Präplasmazellen, Plasmazellen) sind im Normalliquor nicht zu finden. Es gibt aus tierexperimentellen Untersuchungen auch Hinweise, daß peripher applizierte (markierte) naive, ruhende B-Lymphozyten den Liquorraum erreichen [126]. Postuliert wird, daß Lymphozyten aktiviert sein müssen, um die BHS zu überwinden, nicht aber, um über die BLS den Liquorraum zu erreichen.

Tierexperimentell ist belegt, daß in das Hirnparenchym oder in den Liquorraum applizierte

TD-Antigene in zervikalen Lymphknoten und in der Milz erscheinen [74]. Sie lösen hier vornehmlich eine Th2-abhängige Immunantwort aus [51]. Bei intakter Schrankenfunktion wurden im ZNS entsprechende Effektorzellen (Plasmazellen) und eine spezifische intrathekale Ig-Produktion nachgewiesen. Generell würde eine auf das ZNS beschränkte Initiierung von B-Lymphozyten-Antworten immer voraussetzen, daß spezifische „präaktivierte" B- und T-Lymphozyten (*memory*-Zellen) das Antigen (Erreger) im ZNS erreichen, um hier eine sekundäre Immunantwort auszulösen. Dies ist aus statistischen Gründen fragwürdig, es sei denn, das ZNS-relevante Antigen hat in der Milz oder den Lymphknoten bereits systemisch zu einer Immunantwort mit einer entsprechend großen Zahl von aktivierten B- und T-Lymphozyten geführt. Bei einer TI-B-Lymphozyten-Antwort erscheint die primäre Initiierung im ZNS noch unwahrscheinlicher, da für TI-Antigene keine *memory*-B-Lymphozyten vorhanden sind. Es bleibt die Frage, welcher B-Lymphozyten-Typ für in das ZNS gelangte TI-Antigene als Auslöser einer B-Lymphozyten-Antwort zuständig ist.

Tierexperimente sprechen für die Möglichkeit, daß naive ruhende B-Lymphozyten im Sinne einer „immunologischen Überwachung" regelmäßig in das ZNS einwandern, um potentielle Antigene zu erkennen. Diese Zellen könnten, ebenso wie das Antigen selbst, nach Antigenerkennung die sekundären lymphatischen Organe erreichen, hier eine komplette TD- oder TI-B-Lymphozyten-Antwort auslösen und als weiter differenzierte, aktivierte Effektorzellen erneut in das ZNS zurückkehren. Ein Zelltransfer aus dem ZNS in das periphere Blut ist belegt.

Zusammenfassend ist davon auszugehen, daß die im ZNS nachweisbaren intrathekalen Ig-Synthesen eine partielle Initiierung der B-Lymphozyten-Antwort in sekundären lymphatischen Organen voraussetzen, unabhängig davon, ob das Antigen primär im ZNS oder in den sekundären lymphatischen Organen erkannt wird. Die peripher aktivierten Zellen müssen als Effektorzellen oder regulative Zellen das ZNS erreichen und wahrscheinlich erneut Antigen vorfinden, wobei die Mechanismen dieser zweiten Antigenerkennung und deren Folgereaktionen bisher unklar sind. Eine Zytokin-getriggerte weitere Proliferation und Differenzierung der Zellen einschließlich der Ig-Sekretion ist im ZNS nachvollziehbar, da neben Th-Lymphozyten eine Reihe weiterer Zellen im ZNS Zytokinproduzenten sind.

Es bleibt weiterhin Erklärungsbedarf für die unterschiedlichen Regulationsmechanismen der B-Lymphozyten-Antwort im ZNS bei akuten monokausalen Infektionen (Viren, Bakterien, Parasiten), bei persistierenden Ig-Synthesen lange nach ZNS-Infektion sowie bei polyspezifischen B-Lymphozyten-Antworten u.a. bei MS und zerebralem Lupus erythematodes. Über längere Zeiträume anhaltende intrathekale Ig-Synthesen setzen einerseits einen kontinuierlichen Eintritt von peripher aktivierten B-Lymphozyten in das ZNS voraus. Gleichzeitig muß in den sekundären lymphatischen Organen permanent Antigen präsentiert werden. Andererseits ist nicht auszuschließen, daß persistierende Antigene im ZNS ortsständige, präaktivierte, spezifische B-Lymphozyten (*memory*-Zellen) zu Ig-produzierenden Plasmazellen differenzieren lassen. Dies setzt jedoch die Anwesenheit von spezifischen Th-Lymphozyten voraus und kann nur für die TD-B-Lymphozyten-Antwort zutreffen, da TI-Antigene keine *memory*-Zellen induzieren.

Weitere Details zur Aktivierung und zum Nachweis der intrathekalen Ig-Synthese sind im Kapitel B.2.3 ausgeführt.

7.3 Modifizierung der Immunantwort im Nervensystem durch Neuroendokrinum und Neurotransmitter/Neuropeptide

Jede Immunantwort unterliegt z.T. starken modulierenden Einflüssen des Neuroendokrinums und des vegetativen Nervensystems [14, 110, 145]. Experimentell und klinisch belegt ist die überwiegend immunsuppressorische Wirkung der Hypothalamus-Hypophysen-Nebennieren(HHN)-Achse. Besonders gut untersucht ist in diesem Zusammenhang ein negativer Rückkopplungskreis, der von aktivierten Makrophagen seinen Ausgang nimmt [16]. Aktivierte Makrophagen sezernieren IL-1, das über den Corticotropin-releasing Faktor (CRF) und das Adrenocorticotrope Hormon (ACTH) die Corticosteroidsynthese in der Nebennierenrinde simuliert, die wiederum hemmend auf aktivierte Makrophagen wirkt. Dieser Mechanismus liegt offenbar sowohl der EAE-Resistenz als auch der raschen Erholung von einer aktiv induzierten EAE in bestimmten Tierstämmen zugrunde [29].

Auch die Catecholaminsynthese kann über die IL-1-induzierte HHN-Achse stimuliert werden [130]. Dies führt ebenfalls zu immunsuppressorischen Konsequenzen, einschließlich der Unterdrückung von Autoimmunphänomenen, wie der EAE [150], der experimentellen Autoimmun-Neuritis (EAN) [72] und der experimentellen Autoimmun-Myasthenia gravis (EAMG) [23].

Eine weitere Möglichkeit der Immunmodulation durch das Nervensystem wird über die vegetative Innervation der peripheren lymphatischen Organe realisiert [39]. Die Nervenendigungen bilden in Milz und Lymphknoten schmale (<10 nm) Kontaktzonen zu Makrophagen und Lymphozyten, insbesondere in den Regionen der Antigenpräsentation (weiße Milzpulpa und periarterioläre Lymphscheiden der Lymphknoten), die alle Kriterien einer synaptischen Transmission erfüllen [14] und zumindest eine Volumentransmission [162] erlauben. Elektrische Nervenreizung führt in der Milz über Noradrenalin- und β-Endorphinfreisetzung zur IL-6-Hemmung und Modifikation der antibakteriellen Immunantwort [134]. Umgekehrt beeinflussen Zytokine, wie IL-1, IL-2 und Interferone, direkt und indirekt, beispielsweise über ROS-Induktion, die elektrische Aktivität von Nervenzellen [6, 49, 67, 77, 97]. IFN-α ist über die Interaktion mit thermo- und glukosensitiven Neuronen im Hypothalamus offenbar an der Entstehung von Fieber und Anorexie beteiligt [61]. Seine Bindung an zentrale Opioidrezeptoren stimuliert die HHN-Achse und sympathische Nerven in der Milz, was u.a. die NK-Aktivität vermindert [138].

Die Innervation der lymphatischen Organe auf der einen und die Reaktivität von Nervenzellen gegenüber Zytokinen auf der anderen Seite, sind offenbar auch die Grundlage erfolgreicher klassischer Konditionierungsversuche der Immunantwort [1]. Die Wechselwirkung zwischen Nerven- und Immunsystem wird außerdem durch die Produktion von Zytokinen und Chemokinen in Glia- und Nervenzellen [15] und die Produktion von Peptidhormonen und Neurotransmittern in Lymphozyten und Phagozyten ermöglicht [145]. Eine Regulierung der Lymphozytenfunktion durch Neurotransmitter liegt besonders nahe, wenn auf ihnen die Expression entsprechender Rezeptoren hochreguliert ist. Letzteres wurde bei der MS für cholinerge Rezeptoren auf $CD4^+$ T-Lymphozyten und für adrenerge Rezeptoren auf $CD8^+$ T-Lymphozyten beobachtet [5, 70].

Klinisch-praktische Bedeutung gewinnt die Neuroimmunmodulation auch in Streßsituationen, bei psychiatrischen Erkrankungen und unter neurotroper Medikation. Ein großer Teil der Patienten mit endogener Depression, die sogenannten Dexamethason-Nonsuppressoren, weist eine Feedbackresistenz des Cortisols auf, was zu erhöhten Cortisolserumkonzentrationen führt [22]. Die Behandlung der Patienten mit Serotoninwiederaufnahmehemmern, wie Clomipramin, kann die Zytokinproduktion in T-Lymphozyten stimulieren [147]. Immunstimulierend können auch der Dopaminagonist Bromocriptin (angeblich über Prolaktinhemmung) und das Antidepressivum Lithium wirken [137]. Allerdings gibt es hierzu, vor allem im Tiermodell, widersprüchliche Befunde. So unterdrückte Clomipramin die Immunantwort bei der EAN *in vitro* und *in vivo* [160], und Bromocriptin supprimierte (über Prolaktinhemmung) die EAE [30, 117]. In einer jüngst veröffentlichten Studie wiesen MS-Patienten im Vergleich zu gesunden Normalprobanden nach Gabe des *thyreotropin releasing hormone* (TRH) erhöhte Prolaktinserumspiegel auf [9].

Charakteristisch für die Ergebnisse der Neuroimmunmodulation sind bislang häufig gegensätzliche Befunde unter *in vitro* und *in vivo* Bedingungen und zwischen Tierexperimenten und Hunmansystem. Klar ist jedoch, daß signifikante Beeinflussungen des Immunsystems durch das Nervensystem auftreten und *vice versa*. Es wird noch intensiver Forschungsarbeit bedürfen, bis die Neuroimmunmodulation und Psychoneuroimmunologie ein festes wissenschaftliches Fundament mit verläßlichen Aussagen für die klinische Praxis besitzen. Zu klären sind u. a. so wichtige Fragen wie die Abhängigkeit der Immunantwort vom Tag-Nacht-Rhythmus und dem Jahreszeitenwechsel (Chronobiologie), von der körperlichen und psychischen Anstrengung bzw. Ermüdung (*fatigue*) und von Krankheitsbewältigungsstrategien (*coping*), z. B. bei Tumor- und Infektionskrankheiten [85, 122]. Zudem ist das Zusammenwirken einzelner Komponenten des Immun- und Nervensystems im Sinne komplexer Regelsysteme im Simulationsmodell mit Methoden der Mathematik und Kybernetik zu untersuchen.

Für alle genannten Fragestellungen werden vergleichende Liquor- und Serumspiegelbestimmungen von Mediatoren des Immunsystems (Zytokine und Chemokine) [73] und des Nervensystems (Neurotransmitter und Neuropeptide) [88] eine wichtige Rolle spielen.

7.4 Literatur

[1] Ader, R., N. Cohen: Psychoneuroimmunology: conditioning and stress. Annu Rev Psychol 44 (1993) 53–85.

[2] Airas, L.: CD73 and adhesion of B cells to follicular dendritic cells. Leuk Lymphoma 29 (1998) 37–47.

[3] Alberola-Ila, J., S. Takaki, J. D. Kerner et al.: Differential signaling by lymphocyte antigen receptors. Annu Rev Immunol 15 (1997) 125–154.

[4] Albert, L. J., R. D. Inman: Molecular mimicry and autoimmunity. N Engl J Med 341 (1999) 2068–2074.

[5] Anlar, B., J. W. Karaszewski, A. T. Reder et al.: Increased muscarinic cholinergic receptor density on CD4+ lymphocytes in progressive multiple sclerosis. J Neuroimmunol 36 (1992) 171–177.

[6] Araujo, D. M., C. W. Cotman: Differential effects of interleukin-1 beta and interleukin-2 on glia and hippocampal neurons in culture. Int J Dev Neurosci 13 (1995) 201–212.

[7] Armstrong, W. S., L. A. Lampson: Direct cell-mediatied responses in the nervous system: CTL vs. NK activity, and their dependence upon MHC expression and modulation. In: R. W. Keane, W. F. Hickey (Hrsg.): Immunology of the nervous system, S. 493–547. Oxford University Press, New York – Oxford 1997.

[8] Ashwell, J. D., U. D'Oro: CD45 and Src-family kinases: and now for somthing completely different. Immunol Today 20 (1999) 412–416.

[9] Azar, S. T., B. Yamout: Prolactin secretion is increased in patients with multiple sclerosis. Endocr Res 25 (1999) 207–214.

[10] Bachmann, M. F., P. S. Ohashi: The role of T-cell receptor dimerization in T-cell activation. Immunol Today 20 (1999) 568–576.

[11] Baranzini, S. E., M. C. Jeong, C. Butunoi et al.: B cell repertoire diversity and clonal expansion in multiple sclerosis brain lesions. J Immunol 163 (1999) 5133–5144.

[12] Barker, C. F., R. E. Billingham: Immunologically privileged sites. Adv Immunol 25 (1977) 1–54.

[13] Belich, M. P., J. Trowsdale: Proteasome and class I antigen processing and presentation. Mol Biol Rep 21 (1995) 53–56.

[14] Bellinger, D. L., S. Y. Felten, D. Lorton et al.: Innervation of lymphoid organs and neurotransmitter-lymphocyte interactions. In: R. W. Keane, W. F. Hickey (Hrsg.): Immunology of the nervous system, S. 226–329. Oxford University Press, New York–Oxford 1997.

[15] Benveniste, E. N.: Cytokine actions in the central nervous system. Cytokine Growth Factor Rev 9 (1998) 259–275.

[16] Besedovsky, H. O., A. del Rey: Immune-neuro-endocrine interactions: facts and hypotheses. Endocr Rev 17 (1996) 64–102.

[17] Boniface, J. J., Z. Reich, D. S. Lyons et al.: Thermodynamics of T cell receptor binding to peptide-MHC: Evidence for a general mechanism of molecular scanning. Proc Natl Acad Sci USA 96 (1999) 11446–11451.

[18] Bradl, M.: Immune control of the brain. In: M. Chofflon, L. Steinman (Hrsg.): Immuno-

neurology, S.153−167. Springer-Verlag, Berlin − Heidelberg − New York 1996.

[19] Brocke, S., S. Hausmann, L. Steinman et al.: Microbial peptides and superantigens in the pathogenesis of autoimmune diseases of the central nervous system. Semin Immunol 10 (1998) 57−67.

[20] Brocke, S., C. Piercy, L. Steinman et al.: Antibodies to CD44 and integrin α4, but not L-selectin, prevent central nervous system inflammation and experimental encephalomyelitis by blocking secondary leukocyte recruitment. Proc Natl Acad Sci USA 96 (1999) 6896−6901.

[21] Cahalan, M. D., K. G. Chandy: Ion channels in the immune system as targets for immunosuppression. Curr Opin Biotechnol 8 (1997) 749−756.

[22] Cassidy, F., J. C. Ritchie, B. J. Carroll: Plasma dexamethasone concentration and cortisol response during manic episodes. Biol Psychiat 43 (1998) 747−754.

[23] Chelmicka-Schorr, E., R. L. Wollmann, M. N. Kwasniewski et al.: The beta 2-adrenergic agonist terbutaline suppresses acute passive transfer experimental autoimmune myasthenia gravis (EAMG). Int J Immunopharmacol 15 (1993) 19−24.

[24] Clements, J. L., G. A. Koretzky: Recent developments in lymphocyte activation: linking kinases to downstream signaling events. J Clin Invest 103 (1999) 925−929.

[25] Cross, A. H., T. O'Mara, C. S. Raine: Chronologic localization of myelin-reactive cells in the lesions of relapsing EAE: implications for the study of multiple sclerosis. Neurol 43 (1993) 1028−1033.

[26] Cserr, H. F., P. M. Knopf: Cervical lymphatics, the blood-brain barrier, and immunreactivity of the brain. In: R.W. Keane, W.F. Hickey (Hrsg.): Immunology of the nervous system, S. 134−152. Oxford University Press, New York − Oxford 1997.

[27] De Franco, A. L., V. W. F. Chan, C. A. Lowell: Positive and negative roles of the tyrosine kinase Lyn in B cell function. Semin Immunol 10 (1998) 299−307.

[28] De Libero, G.: Sentinel function of broadly reactive human γδ T cells. Immunol Today 18 (1997) 22−26.

[29] Del Rey, A., I. Klusman, H. O. Besedovsky: Cytokines mediate protective stimulation of glucocorticoid output during autoimmunity: involvement of IL-1. Am J Physiol 275 (1998) R1146−R1151.

[30] Dijkstra, C. D., E. R. van der Voort, C. J. De Groot et al.: Therapeutic effect of the D2-dopamine agonist bromocriptine on acute and relapsing experimental allergic encephalomyelitis. Psychoneuroendocrinol 19 (1994) 135−142.

[31] Dubois-Dalcq, M.: Regeneration of oligodendrocytes and myelin. Trends Neurosci 18 (1995) 289−291.

[32] Dutton, R. W., L. M. Bradley, S. L. Swain: T cell memory. Annu Rev Immunol 16 (1998) 201−223.

[33] Dyment, D. A., J. L. Steckley, G. C. Ebers: What the specialist in multiple sclerosis needs to know about genetics. In: S. Fredrikson, H. Link (Hrsg.): Advances in multiple sclerosis. Clinical research and therapy, S. 3−14. Martin Dunitz Ltd., London 1999.

[34] Ehring, G. R., H. H. Kerschbaum, C. M. Fanger et al.: Vanadate induces calcium signaling, $Ca2+$ release-activated $Ca2+$ channel activation, and gene expression in T lymphocytes and RBL-2H3 mast cells via thiol oxidation. J Immunol 164 (2000) 679−687.

[35] Enders, U., H. Karch, K. V. Toyka et al.: The spectrum of immune responses to Campylobacter jejuni and glycoconjugates in Guillain-Barré syndrome and in other neuroimmunological disorders. Ann Neurol 34 (1993) 136−144.

[36] Fairchild, P. J.: Altered peptide ligands: prospects for immune intervention in autoimmune disease. Eur J Immunogenet 24 (1997) 155−167.

[37] Faria, A. M., H. L. Weiner: Oral tolerance: mechanisms and therapeutic applications. Adv Immunol 73 (1999) 153−264.

[38] Fazekas, F., S. Strasser-Fuchs, H. P. Hartung: Intravenous immunoglobulins in therapy of intermittent multiple sclerosis. An update. Nervenarzt 69 (1998) 361−365.

[39] Felten, S. Y., K. S. Madden, D. L. Bellinger et al.: The role of the sympathetic nervous system in the modulation of immune responses. Adv Pharmacol 42 (1998) 583−587.

[40] Foletta, V. C., D. H. Segal, D. R. Cohen: Transcriptional regulation in the immune system: all roads lead to AP-1. J Leukoc Biol 63 (1998) 139−152.

[41] Fujihashi, K., T. Dohi, M. N. Kweon et al.: γδ T cells regulate mucosally induced tolerance in

[42] Fujinami, R. S., M. B. Oldstone: Amino acid homology between the encephalitogenic site of myelin basic protein and virus: mechanism for autoimmunity. Science 230 (1985) 1043–1045.

[43] Fujimoto, M., J. C. Poe, M. Inaoki et al.: CD19 regulates B lymphocyte response to transmembran signals. Semin Immunol 10 (1998) 267–277.

[44] Garboczi, D. N., W. E. Biddison: Shapes of MHC restriction. Immunity 10 (1999) 1–7.

[45] Glabinski, A. R., M. Tani, S. Aras et al.: Regulation and function of central nervous system chemokines. Int J Dev Neurosci 13 (1995) 153–165.

[46] Gold, R., H.-P. Hartung, H. Lassmann: T-cell apoptosis in autoimmune diseases: termination of inflammation in the nervous system and other sites with specialized immune-defense mechanisms. Trends Neurosci 20 (1997) 399–404.

[47] Grakoui, A., S. K. Bromley, C. Sumen et al.: The immunological synapse: a molecular machine controlling T cell activation. Science 285 (1999) 221–227.

[48] Gran, B., B. Hemmer, M. Vergelli et al.: Molecular mimicry and multiple sclerosis: degenerate T-cell recognition and the induction of autoimmunity. Ann Neurol 45 (1999) 559–567.

[49] Hamm, S., R. Rudel, H. Brinkmeier: Excitatory sodium currents of NH15-CA2 neuroblastoma x glioma hybrid cells are differently affected by interleukin-2 and interleukin-1beta. Pflugers Arch 433 (1996) 160–165.

[50] Hanson, D. C., A. Nguyen, R. J. Mather et al.: UK-78,282, a novel piperidine compound that potently blocks the Kv1.3 voltage-gated potassium channel and inhibits human T cell activation. Br J Pharmacol 126 (1999) 1707–1716.

[51] Harling-Berg, C. J., J. T. Park, P. M. Knopf: Role of the cervical lymphatics in the Th2-type hierarchy of CNS immune regulation. J Neuroimmunol 101 (1999) 111-127.

[52] Hart, M. N., Z. Fabry: CNS antigen presentation. Trends Neurosci 18 (1995) 475–481.

[53] Hartung, H.-P., R. Gold, S. Jung: Local immune responses in the peripheral nervous system. In: J. Antel, G. Birnbaum, H.-P. Hartung (Hrsg.): Clinical Neuroimmunology, S. 40–54. Blackwell Science, Malden–Oxford–London Carlton 1998.

[54] Hartung, H.-P., K. V. Toyka, J. W. Griffin: Guillain-Barré syndrome and chronic inflammatory demyelinating polyradiculoneuropathy. In: J. Antel, G. Birnbaum, H.-P. Hartung (Hrsg.): Clinical Neuroimmunology, S. 294–306. Blackwell Science, Malden – Oxford – London 1998.

[55] Healy, J. I., C. C. Goodnow: Positive versus negative signaling by lymphocyte antigen receptors. Annu Rev Immunol 16 (1998) 645–670.

[56] Hickey, W. F., B. L. Hsu, H. Kimura: T-lymphocyte entry into the central nervous system. J Neurosci Res 28 (1991) 254–260.

[57] Hickey, W. F., H. Lassmann, A. H. Cross: Lymphocyte entry and the initiation of inflammation in the central nervous system. In: R.W. Keane, W.F. Hickey (Hrsg.): Immunology of the nervous system, S. 200–225. Oxford University Press, New York–Oxford 1997.

[58] Hohlfeld, R.: Biotechnological agents for the immunotherapy of multiple sclerosis. Principles, problems and perspectives. Brain 120 (1997) 865–916.

[59] Hollowood, K., J. R. Goodlad: Germinal centre cell kinetics. J Pathol 185 (1998) 229–233.

[60] Holz, A., B. Bielekova, R. Martin et al.: Myelin-associated oligodendrocytic basic protein: identification of an encephalitogenic epitope and association with multiple sclerosis. J Immunol 164 (2000) 1103–1109.

[61] Hori, T., T. Katafuchi, S. Take et al.: Neuroimmunomodulatory actions of hypothalamic interferon-alpha. Neuroimmunomodulation 5 (1998) 172–177.

[62] Huang, J. F., Y. Yang, H. Sepulveda et al.: TCR-mediated internalization of peptide-MHC complexes a´cquired by T cells. Science 286 (1999) 952–954.

[63] Hutloff, A., A. M. Dittrich, K. C. Beier et al.: ICOS is an inducible T-cell co-stimulator structurally and functionally related to CD28. Nature 397 (1999) 263–266.

[64] Ilangumaran, S., H.-T. He, D. C. Hoessli: Microdomains in lymphocyte signalling: beyond GPI-anchored proteins. Immunol Today 21 (2000) 2–7.

[65] Imai, Y., M. Yamakawa, T. Kasajima: The lymphocyte-dendritic cell system. Histol Histopathol 13 (1998) 469–510.

[66] Isakov, N.: ITAMs: immunoregulatory scaffolds that link immunoreceptors to their intra-

cellular signaling pathways. Receptors Channels 5 (1998) 243–253.
[67] Jiang, C. L., C. L. Lu: Interleukin-2 and its effects in the central nervous system. Biol Signals Recept 7 (1998) 148–156.
[68] Jiang, H., S. I. Zhang, B. Pernis: Role of CD8+ T cells in murine experimental allergic encephalomyelitis. Science 256 (1992) 1213–1215.
[69] Johns, T. G., C. C. Bernard: The structure and function of myelin oligodendrocyte glycoprotein. J Neurochem 72 (1999) 1–9.
[70] Karaszewski, J. W., A. T. Reder, B. Anlar et al.: Increased high affinity beta-adrenergic receptor densities and cyclic AMP responses of CD8 cells in multiple sclerosis. J Neuroimmunol 43 (1993) 1–7.
[71] Kerschbaum, H. H., M. D. Cahalan: Single-channel recording of a store-operated Ca2+ channel in Jurkat T lymphocytes. Science 283 (1999) 836–839.
[72] Kim, D. H., S. Muthyala, B. Soliven et al.: The beta 2-adrenergic agonist terbutaline suppresses experimental allergic neuritis in Lewis rats. J Neuroimmunol 51 (1994) 177–183.
[73] Kivisäkk, P.: Cytokines and cerebrospinal fluid: methodology, findings and clinical relevance in multiple sclerosis. In: S. Fredrikson, H. Link (Hrsg.): Advances in multiple sclerosis. Clinical research and therapy, S. 33–42. Martin Dunitz Ltd., London 1999.
[74] Knopf, P. M., C. J. Harling-Berg, H. F. Cserr et al.: Antigen-dependent intrathecal antibody synthesis in the normal rat brain: tissue entry and local retention of antigen-specific B cells. J Immunol 161 (1998) 692–701.
[75] Kobayashi, Y., K. Kawai, K. Ito et al.: Aggravation of murine experimental allergic encephalomyelitis by administration of T-cell receptor γδ-specific antibody. J Neuroimmunol 73 (1997) 169–174.
[76] Koch-Nolte, F., F. Haag, R. Kastelein et al.: Uncovered: the family relationship of a T-cell-membrane protein and bacterial toxins. Immunol Today 17 (1996) 402–405.
[77] Köller, H., M. Siebler, H. P. Hartung: Immunologically induced electrophysiological dysfunction: implications for inflammatory diseases of the CNS and PNS. Prog Neurobiol 52 (1997) 1–26.
[78] Koo, G. C., J. T. Blake, A. Talento et al.: Blockade of the voltage-gated potassium channel Kv1.3 inhibits immune responses in vivo. J Immunol 158 (1997) 5120–5128.

[79] Kung, C., M. L. Thomas: Recent advances in lymphocyte signaling and regulation. Front Biosci 2 (1997) 207–221.
[80] Kurosaki, T.: Molecular dissection of B cell antigen receptor signaling. Int J Mol Med 1 (1998) 515–527.
[81] Kurosaki, T.: Genetic analysis of B cell antigen receptor signaling. Annu Rev Immunol 17 (1999) 555–592.
[82] Lanzavecchia, A., G. Iezzi, A. Viola: From TCR engagement to T cell activation: A kinetic view of T cell behavior. Cell 96 (1999) 1–4.
[83] Lederman, S., N. Suciu-Foca: Antigen presenting cells integrate opposing signals from CD4+ and CD8+ regulatory T lymphocytes to arbitrate the outcomes of immune responses. Hum Immunol 60 (1999) 533–561.
[84] Lenz, D. C., R. H. Swanborg: Suppressor cells in demyelinating disease: a new paradigm for the new millennium. J Neuroimmunol 100 (1999) 53–57.
[85] Levy, J. K., K. E. Bell, B. L. Lachar et al.: Psychoneuroimmunology. In: L.A. Rolak, Y. Harati (Hrsg.): Neuroimmunology for the Clinician, S. 35–55. Butterworth-Heinemann, Boston – Oxford 1997.
[86] Link, H.: The cytokine storm in multiple sclerosis. Mult Scler 4 (1998) 12–15.
[87] Litzenburger, T., R. Fassler, J. Bauer et al.: B lymphocytes producing demyelinating autoantibodies: development and function in gene-targeted transgenic mice. J Exp Med 188 (1998) 169–180.
[88] Liu, H., M. C. Sanuda-Pena, J. D. Harvey-White et al.: Determination of submicromolar concentrations of neurotransmitter amino acids by fluorescence detection using a modification of the 6-aminoquinolyl-N-hydroxysuccinimidyl carbamate method for amino acid analysis. J Chromatogr A 828 (1998) 383–395.
[89] Liu, Z. X., Y. Yu, G. Dennert: A cell surface ADP-ribosyltransferase modulates T cell receptor association and signaling. J Biol Chem 274 (1999) 17399–17401.
[90] Luster, A. D.: Chemokines-chemotactic cytokines that mediate inflammation. N Engl J Med 338 (1998) 436–445.
[91] Mantovani, A.: The chemokine system: redundancy for robust outputs. Immunol Today 20 (1999) 254–257.
[92] McMorris, F. A., R. D. McKinnon: Regulation of oligodendrocyte development and CNS myelination by growth factors: prospects for

therapy of demyelinating disease. Brain Pathol 6 (1996) 313–329.
[93] Mix, E., U. Fiszer, T. Olsson et al.: Vδ1 gene usage, interleukin-2 receptors and adhesion molecules on γδ+ T cells in inflammatory diseases of the nervous system. J Neuroimmunol 49 (1994) 59–66.
[94] Mix, E., U. K. Zettl, J. Zielasek et al.: Apoptosis induction by macrophage-derived reactive oxygen species in myelin-specific T cells requires cell-cell contact. J Neuroimmunol 95 (1999) 152–156.
[95] Monroe, J. G.: Antigen receptor-initiated signals for B cell development and selection. Immunol Res 17 (1998) 155–162.
[96] Mosmann, T. R., L. Li, S. Sad: Functions of CD8 T-cell subsets secreting different cytokine patterns. Semin Immunol 9 (1997) 87–92.
[97] Müller, M., A. Fontana, G. Zbinden et al.: Effects of interferons and hydrogen peroxide on CA3 pyramidal cells in rat hippocampal slice cultures. Brain Res 619 (1993) 157–162.
[98] Murali-Krishna, K., L. L. Lau, S. Sambhara et al.: Persistence of memory CD8 T cells in MHC class I-deficient mice. Science 286 (1999) 1377–1381.
[99] Neumann, H., H. Wekerle: Neuronal control of the immune response in the central nervous system: linking brain immunity to neurodegeneration. J Neuropathol Exp Neurol 57 (1998) 1–9.
[100] Noseworthy, J. H.: Progress in determining the causes and treatment of multiple sclerosis. Nature Suppl 399 (1999) A40–A47.
[101] Oksenberg, J. R., S. L. Hauser: New insights into the immunogenetics of multiple sclerosis. Curr Opin Neurol 10 (1997) 181–185.
[102] Pender, M. P., K. B. Nguyen, P. A. McCombe et al.: Apoptosis in the nervous system in experimental allergic encephalomyelitis. J Neurol Sci 104 (1991) 81–87.
[103] Perry, V. H.: A revised view of the central nervous system microenvironment and major histocompatibility complex class II antigen presentation. J Neuroimmunol 90 (1998) 113–121.
[104] Pette, M., E. Mix, U. K. Zettl et al.: Grundlagen der Neuroimmunologie. In: U. K. Zettl, E. Mix (Hrsg.): Klinische Neuroimmunologie. Aktuelle Aspekte, S. 1–18. Walter de Gruyter, Berlin–New York, 1999.
[105] Phillips, L. M., L. A. Lampson: Site-specific control of T cell traffic in the brain: T cell entry to brainstem vs. hippocampus after local injection of IFN-γ. J Neuroimmunol 96 (1999) 218–227.
[106] Pistoia, V.: Production of cytokines by human B cells in health and disease. Immunol Today 18 (1997) 343–350.
[107] Plas, D. R., M. L. Thomas: Negative regulation of antigen receptor signaling in lymphocytes. J Mol Med 76 (1998) 589–595.
[108] Poltorak, M., W. J. Freed: Transplantation into the central nervous system. In: R. W. Keane, W. F. Hickey (Hrsg.): Immunology of the nervous system, S. 611–641. Oxford University Press, New York–Oxford 1997.
[109] Rao, A., C. Luo, P. G. Hogan: Transcription factors of the NFAT family: Regulation and function. Annu Rev Immunol 15 (1997) 707–747.
[110] Reder, A. T.: Neural regulation of the immune system. In: J. Antel, G. Birnbaum, H.-P. Hartung (Hrsg.): Clinical Neuroimmunology, S. 55–71. Blackwell Science, Malden – Oxford – London – Edinburgh 1998.
[111] Redpath, S., S. M. Alam, C. M. Lin et al.: Cutting edge: trimolecular interaction of TCR with MHC class II and bacterial superantigen shows a similar affinity to MHC:peptide ligands. J Immunol 163 (1999) 6–10.
[112] Reinherz, E. L., K. Tan, L. Tang et al.: The crystal structure of a T cell receptor in complex with peptide and MHC class II. Science 286 (1999) 1913–1921.
[113] Reth, M., J. Wienands: Initiation and processing of signals from the B cell antigen receptor. Annu Rev Immunol 15 (1997) 453–479.
[114] Richter, A., M. Lohning, A. Radbruch: Instruction for cytokine expression in T helper lymphocytes in relation to proliferation and cell cycle progression. J Exp Med 190 (1999) 1439–1450.
[115] Rieckmann, P., B. Altenhofen, A. Riegel et al.: Correlation of soluble adhesion molecules in blood and cerebrospinal fluid with magnetic resonance imaging activity in patients with multiple sclerosis. Mult Scler 4 (1998) 178–182.
[116] Rijkers, G. T., E. A. M. Sanders, M. A. Breukels et al.: Infant B cell response to polysaccharide determinants. Vaccine 16 (1998) 1396–1400.
[117] Riskind, P. N., L. Massacesi, T. H. Doolittle et al.: The role of prolactin in autoimmune demyelination: suppression of experimental allergic

encephalomyelitis by bromocriptine. Ann Neurol 29 (1991) 542–547.

[118] Rodriguez, M., D. J. Miller, V. A. Lennon: Immunoglobulins reactive with myelin basic protein promote CNS remyelination. Neurol 46 (1996) 538–545.

[119] Rudd, C. E.: Adaptors and molecular scaffolds in immune cell signaling. Cell 96 (1999) 5–8.

[120] Rudin, C. M., C. B. Thompson: B-cell development and maturation. Semin Oncol 25 (1998) 435–446.

[121] Sabelko-Downes, K. A., J. H. Russell, A. H. Cross: Role of Fas-FasL interactions in the pathogenesis and regulation of autoimmune demyelinating disease. J Neuroimmunol 100 (1999) 42–52.

[122] Schedlowski, M., U. Tewes (Hrsg.): Psychoneuroimmunologie. Spektrum Akademischer Verlag, Heidelberg – Berlin – Oxford 1996.

[123] Schmidt, S.: Candidate autoantigens in multiple sclerosis. Mult Scler 5 (1999) 147–160.

[124] Schneidewind, J. M., R. Winkler, W. Ramlow et al.: Immunoadsorption - a new therapeutic possibility for multiple sclerosis? Transfus Sci 19 Suppl (1998) 59–63.

[125] Schraven, B., A. Marie-Cardine, C. Hübener et al.: Integration of receptor-mediated signals in T cells by transmembrane adaptor proteins. Immunol Today 20 (1999) 431–434.

[126] Seabrook, T. J., M. Johnston, J. B. Hay: Cerebrospinal fluid lymphocytes are part of the normal recirculating lymphocyte pool. J Neuroimmunol 91 (1998) 100–107.

[127] Sedgwick, J. D., W. F. Hickey: Antigen presentation in the central nervous system. In: R. W. Keane, W. F. Hickey (Hrsg.): Immunology of the nervous system, S. 364–418. Oxford University Press, New York–Oxford 1997.

[128] Selmaj, K., C. F. Brosnan, C. S. Raine: Colocalization of lymphocytes bearing γδ T-cell receptor and heat shock protein hsp65+ oligodendrocytes in multiple sclerosis. Proc Natl Acad Sci USA 88 (1991) 6452–6456.

[129] Selmaj, K.: Pathophysiology of the blood-brain barrier. In: M. Chofflon, L. Steinman (Hrsg.): Immunoneurology, S.175–191. Springer-Verlag, Berlin – Heidelberg – New York 1996.

[130] Shintani, F., T. Nakaki, S. Kanba et al.: Role of interleukin-1 in stress responses. A putative neurotransmitter. Mol Neurobiol 10 (1995) 47–71.

[131] Stangel, M., K. V. Toyka, R. Gold: Mechanisms of high-dose intravenous immunoglobulins in demyelinating diseases. Arch Neurol 56 (1999) 661–663.

[132] Stangel, M., F. Boegner, C. H. Klatt et al.: Placebo controlled pilot trial to study the remyelinating potential of intravenous immunoglobulins in multiple sclerosis. J Neurol Neurosurg Psychiatr 68 (2000) 89–92.

[133] Stinissen, P., C. Vandevyver, R. Medaer et al.: Increased frequency of γδ T cells in cerebrospinal fluid and peripheral blood of patients with multiple sclerosis. Reactivity, cytotoxicity, and T cell receptor V gene rearrangements. J Immunol 154 (1995) 4883–4894.

[134] Straub, R. H., J. Westermann, J. Scholmerich et al.: Dialogue between the CNS and the immune system in lymphoid organs. Immunol Today 19 (1998) 409–413.

[135] Strauß, U., R. Schubert, S. Jung et al.: K+ currents of encephalitogenic memory T cells decrease with encephalitogenicity while interleukin-2 (IL-2) receptor expression remains stable during IL-2 dependent cell expansion. Receptors Channels 6 (1998) 73–87.

[136] Streilein, J. W., A. W. Taylor: Immunologic principles related to the nervous system and the eye: Concerning the existence of a neural-ocular immune system. In: R. W. Keane, W. F. Hickey (Hrsg.): Immunology of the nervous system, S. 99–133. Oxford University Press, New York–Oxford 1997.

[137] Surman, O. S.: Possible immunological effects of psychotropic medication. Psychosoma 34 (1993) 139–143.

[138] Take, S., T. Mori, T. Katafuchi et al.: Central interferon-alpha inhibits natural killer cytotoxicity through sympathetic innervation. Am J Physiol 265 (1993) R453–R459.

[139] Thomas, M. L., E. J. Brown: Positive and negative regulation of Src-family membrane kinases by CD45. Immunol Today 20 (1999) 406–411.

[140] Toyka, K. V.: Eighty three years of the Guillain-Barré syndrome: clinical and immunopathologic aspects, current and future treatments. Rev Neurol (Paris) 155 (1999) 849–856.

[141] Van Noort, J. M., A. C. van Sechel, M. J. van Stipdonk et al.: The small heat shock protein αB-crystallin as key autoantigen in multiple sclerosis. Prog. Brain Res 117 (1998) 435–452.

[142] Verheugen, J. A., H. P. Vijverberg, M. Oortgiesen et al.: Voltage-gated and Ca^{2+}-activated

[143] Watts, C.: Capture and processing of exogenous antigens for presentation on MHC molecules. Annu Rev Immunol 15 (1997) 821–850.
[144] Webster, H. D.: Growth factors and myelin regeneration in multiple sclerosis. Mult Scler 3 (1997) 113–120.
[145] Weigent, D. A., J. E. Blalock: Neuroendocrine-immune interactions. In: R.W. Keane, W. F. Hickey (Hrsg.): Immunology of the nervous system, S. 548–575. Oxford University Press, New York–Oxford 1997.
[146] Weinshenker, B. G., P. C. O'Brien, T.M. Petterson et al.: A randomized trial of plasma exchange in acute central nervous system inflammatory demyelinating disease. Ann Neurol 46 (1999) 878–886.
[147] Weizman, R., N. Laor, E. Podliszewski et al.: Cytokine production in major depressed patients before and after clomipramine treatment. Biol Psychiat 35 (1994) 42–47.
[148] Wekerle, H.: T-cell autoimmunity in the central nervous system. Intervirol 35 (1993) 95–100.
[149] Westland, K. W., J. D. Pollard, S. Sander et al.: Activated non-neural specific T cells open the blood-brain barrier to circulating antibodies. Brain 122 (1999) 1283–1291.
[150] Wiegmann, K., S. Muthyala, D. H. Kim et al.: Beta-adrenergic agonists suppress chronic/relapsing experimental allergicencephalomyelitis (CREAE) in Lewis rats. J Neuroimmunol 56 (1995) 201–206.
[151] Wildner, G., T. Hünig, S. R. Thurau: Orally induced, peptide-specific γ/δ TCR$^+$ cells suppress experimental autoimmune uveitis. Eur J Immunol 26 (1996) 2140–2148.
[152] Willcox, B. E., G. F. Gao, J. R. Wyer et al.: TCR binding to peptide-MHC stabilizes a flexible recognition interface. Immunity 10 (1999) 357–365.
[153] Willenborg, D. O., M. A. Staykova, W. B. Cowden: Our shifting understanding of the role of nitric oxide in autoimmune encephalomyelitis: a review. J Neuroimmunol 100 (1999) 21–35.
[154] Wucherpfennig, K. W., J. L. Strominger: Molecular mimicry in T cell-mediated autoimmunity: viral peptides activate human T cell clones specific for myelin basic protein. Cell 80 (1995) 695–705.
[155] Xiao, B.-G.: Cross-talk between cells of the immune and nervous system in health and in multiple sclerosis. In: S. Fredrikson, H. Link (Hrsg.): Advances in multiple sclerosis. Clinical research and therapy, S. 53–60. Martin Dunitz Ltd., London 1999.
[156] Yong, V. W., C. A. Krekoski, P. A. Forsyth et al.: Matrix metalloproteinases and diseases of the CNS. Trends Neurosci 21 (1998) 75–80.
[157] Yuki, N.: Pathogenesis of axonal Guillain-Barre syndrome: hypothesis. Muscle Nerve 17 (1994) 680–682.
[158] Zettl, U. K., R. Gold, H.-P. Hartung et al.: Apoptotic cell death of T-lymphocytes in experimental autoimmune neuritis of the Lewis rat. Neurosci Lett 176 (1994) 75–79.
[159] Zettl, U. K., E. Mix, J. Zielasek et al.: Apoptosis of myelin-reactive T cells induced by reactive oxygen and nitrogen intermediates in vitro. Cell Immunol 178 (1997) 1–8.
[160] Zhu, J., B. O. Bengtsson, E. Mix et al.: Clomipramine and imipramine suppress clinical signs and T and B cell response to myelin proteins in experimental autoimmune neuritis in Lewis rats. J Autoimmun 11 (1998) 319–327.
[161] Zipp, F., P. H. Krammer, M. Weller: Immune (dys)regulation in multiple sclerosis: role of the CD95-CD95 ligand system. Immunol Today 20 (1999) 550–554.
[162] Zoli, M., C. Torri, R. Ferrari et al.: The emergence of the volume transmission concept. Brain Res Rev 26 (1998) 136–147.
[163] Zou, L. P., D. H. Ma, M. Levi et al.: Antigen-specific immunosuppression: nasal tolerance to P0 protein peptides for the prevention and treatment of experimental autoimmune neuritis in Lewis rats. J Neuroimmunol 94 (1999) 109–121.

B Liquordiagnostik
Methoden und klinische Bedeutung

B.1 Notfall-Programm
T. O. Kleine

1.1 Einleitung

Die Liquordiagnostik arbeitet mit klinisch-chemischen Kenngrößen, die einer Qualitätskontrolle nach den Richtlinien der Bundesärztekammer unterliegen [21]. Die Kenngrößen des Notfall-Programmes sind bezüglich Präanalytik, Methodenbeschreibung sowie analytischer und klinischer Beurteilung einschließlich Qualitätskontrolle nach klinisch chemischen Kriterien [2, 23] zur Zeit nur zum Teil befriedigend definiert und bedürfen deshalb weiterer Bearbeitung.

Da der Liquor nicht beliebig oft und in großen Mengen gewonnen werden kann, muß die Liquordiagnostik nach einem durch einen kompetenten Untersucher gesteuerten Stufenprogramm [1, 5, 6, 7, 22] durchgeführt werden, um aus einer begrenzten Probenmenge eine optimale diagnostische Aussage über Erkrankungen des Zentralnervensystems (ZNS) zu erhalten und nicht relevante kostentreibende Untersuchungen zu vermeiden.

1.2 Indikation

Jede Liquoruntersuchung sollte mit den Kenngrößen des Notfall-Programmes beginnen, welche helfen, die für den jeweiligen Fall relevanten Kenngrößen im Stufenprogramm auszuwählen. Durch die Inspektion von Liquor- und Blutprobe werden wichtige Störgrößen erkannt. Bereits die visuelle Beurteilung der Liquorprobe gibt Hinweise für die Auswahl der diagnostisch relevanten Kenngrößen der durchzuführenden Liquordiagnostik.

Das Notfall-Programm [6] ist einfach und schnell ohne „großes Labor" durchführbar und bringt innerhalb 20 bis 30 min richtungsweisende diagnostische Aussagen sowie Plausibilitätskriterien für Untersuchungen der Basis- und Spezial-Programme [7], für die zum Teil kein geeignetes Kontrollmaterial erhältlich ist. Das Notfall-Liquorprogramm ist in Tab. 1 zusammengefaßt und erlaubt sichere Aussagen durch Verwendung von mehr Kenngrößen als in der Literatur beschrieben worden sind [1, 22].

Tab. 1: Liquor-Notfall-Programm

Liquorpräanalytik	
Dokumentation der Proben:	Liquor, Serum, Na-Fluorid-Blut
Probenlagerung	
Probenverschickung	

Liquoranalytik	
Visuelle Beurteilung auf Farbe, Trübung, Bodensatz	
Leukozytenzahl:	quantitative Zählung
Granulozyten:	semiquantitativ mittels Streifen
Erythrozyten:	semiquantitativ mittels Teststreifen; quantitative Zählung
freies Hämoglobin:	semiquantitativ mittels Teststreifen
Bilirubin:	semiquantitativ mittels Teststreifen
Gesamt-Protein:	semiquantitativ mit Pandy-Reaktion
L-Laktat:	vollenzymatisch quantitativ
D-Laktat:	vollenzymatisch quantitativ
Glukose:	vollenzymatisch quantitativ

1.3 Visuelle Beurteilung, klinisch-chemische Kenngrößen quantitativ und semiquantitativ

1.3.1 Präanalytik

1.3.1.1 Patientenvorbereitung

Keine; für Routine-Untersuchungen sollte der Patient nüchtern sein.

1.3.1.2 Untersuchungsgut

Das Untersuchungsgut sollte mindestens 1,0 ml Liquor, nicht älter als 1–2 h nach Abnahme, ohne Zusatz in sterilen verschlossenen Plastikröhrchen, z. B. aus farblosem Polystyrol; (Röhrchen mit EDTA- oder Na-Fluorid-Zusatz beeinträchtigen die Zellanalytik) sein.

Die Entzellung der Probe wird bei $220 \times g$ durchgeführt [5].

Zum Ausschluß einer artifiziellen Blutbeimengung werden 3 Röhrchen von je > 1 ml bei Kindern und je > 3 ml bei Erwachsenen mit Probennummer beschriftet benötigt.

1.3.1.3 Probennahme

Liquor lumbal (subokzipital, ventrikulär) mit Angaben von Entnahmeort, Entnahmezeit, Portionsnummer und Probenmenge.

1.3.1.4 Probenlagerung

Probe mit Zellen bei 4 bis 8 °C (unkontrollierbarer Zellverlust bereits nach 2 h), entzellte, verschlossene Probe 1 bis 3 Wochen bei 4 °C für Proteinuntersuchungen, längere Lagerung (z. B. für oligoklonale Banden) bei −70 bis −80 °C.

Das Nicht-Einhalten dieser Bedingungen führt zu Fehlaussagen.

1.3.2 Methodenbeschreibung

1.3.2.1 Visuelle Beurteilung der Liquorprobe

Visuelle Beurteilung der Liquorprobe auf Farbe, Trübung und Bodensatz [5, 6] wird in durchsichtigen, glasklaren, farblosen Röhrchen vor und nach Entzellung durchgeführt [7].

1.3.2.2 Leukozytenzahl, Erythrozytenzahl

Quantitativ-visuelle Zählung: Sie wird mit dem Zählkammerverfahren mit 0,050 (0,100) ml Probe in der geeichten Fuchs-Rosenthal-Zählkammer nach Vitalfärbung (z. B. mit 0,010 (0,020) ml Toluidinblau [5, 12]) durchgeführt: Leukozyten mit Kern sind blau angefärbt, Erythrozyten (ohne Kern) sind gelb. Nachweisgrenze: 0 Leukozyten pro µl (M/l); 0 Erythrozyten pro µl (M/l).

Quantitativ-mechanisierte Zählung: Sie kann mit an Liquor adaptierten offenen Blutzellzählgeräten unter Berücksichtigung des Leerwertes bewerkstelligt werden. Nachweisgrenze mit 0,300 ml Probe für Leukozyten: > 3 bzw. > 8 pro µl (M/l), für Erythrozyten: > 42 bzw. > 9 pro µl (M/l) mit Cell-Dyn 1600 (Abbott) bzw. Sysmex F-300 (Sysmex) [12].

1.3.2.3 Erythrozyten, freies Hämoglobin, Granulozyten, Bilirubin, Albumin

Semiquantitativ-trockenchemische Verfahren mit 0,010 bis 0,020 ml Probe und Combur-Teststreifen (Roche Diagnostica) oder Rapignost Total-Screen L (Dade Behring) weisen nach [5, 6]:

- *Erythrozyten* und freies Hämoglobin (nach Entzellung der Probe) mit der Pseudoperoxidase-Reaktion;
- *Granulozyten* mit der Granulozytenesterase-Reaktion;
- *Bilirubin* durch Reaktion mit Diazonium-Salz;
- *Albumin* durch Farbumschlag eines Indikators (Proteinfehler von pH-Indikatoren; Immunglobuline reagieren deutlich schwächer, niedrige Proteinkonzentrationen werden nicht erfaßt [5, 14]).

Nachweisgrenzen: Erythrozyten: < 10 pro µl (M/l); freies Hämoglobin: < 0,05 mg/l; Granulozyten: < 10 pro µl nach Einwirkdauer bis zu 15 min; Bilirubin: < 1 mg/dl; Albumin: < 300 mg/l [5, 14, 15].

Die semiquantitativ-trockenchemischen Verfahren lassen sich quantifizieren [11, 14, 15].

Semiquantitativ-visuelle Ermittlung von Proteinen: Pandy-Reaktion: Phenol-Säurefällung von Albumin und Globulin auf schwarzem Untergrund [5]: 0,030 ml Probe (entzellt) zu 2 ml Pandys Reagenz, sofortige Beurteilung auf schwarzem Untergrund.

1.3.3 Analytische Beurteilung

1.3.3.1 Visuelle Beurteilung der Liquorprobe

Visuelle Beurteilung der Liquorprobe erfolgt nach Trübung, Farbe und möglichen Bodensatz. Verunreinigte Röhrchen z. B. mit EDTA- oder Na-Fluorid-Zusatz können zu Trübungen führen. Insuffiziente Entzellung, ungenügende Probenmischung und künstliches Licht können das Ergebnis beeinflussen.

1.3.3.2 Leukozyten- und Erythrozyten-Zählung

Alle *quantitativen Verfahren* (visuell oder mechanisiert) haben besonders im Normal-Bereich (0−4 bzw. 5 Leukozyten pro µl (M/l) Lumballiquor von Erwachsenen [6, 7]; der Normal-Bereich ist vom Alter der Probe abhängig [vgl. 1, 22]) eine große Impräzision (VK 30−40%) [12]. Das Zählkammer-Verfahren ist sehr empfindlich, durch Vitalfärbung der Zellen (z. B. mit Toluidinblau) spezifisch [5], und durch Verwendung von Kolbenhubpipetten und Eppendorf-Reaktionsgefäßen praktikabel [5]. Mechanisierte Verfahren sind Geräte-aufwendig. Für die Qualitätskontrolle der Liquorzellzählung sind z. Z. keine geeigneten Kontrollen vorhanden, so daß auf die Sollwerte verdünnter humaner Blutkontrollen zurückgegriffen werden muß.

Semiquantitativ-trockenchemische Verfahren werden durch farbigen Liquor gestört [5]. Kontrollmaterial für Teststreifentests im Urin ist vorhanden, das zur Qualitätskontrolle herangezogen werden kann.

Semiquantitative-visuelle Verfahren sind störanfällig:

Bei der Pandy-Reaktion interferieren Liquorzellen, − so daß entzellter Liquor eingesetzt werden muß, − sowie Verunreinigungen der Probe. Zur Qualitätskontrolle erscheinen verdünnte Kontrollseren geeignet. Die Pandy-Reaktion zeigt den Bereich zwischen 0,4 und 0,7 g/l Gesamtprotein besser an als Teststreifen, die vorwiegend mit Albumin reagieren [5, 6]; damit ist sie besser geeignet, den Grenzbereich von Schrankenstörungen zu erkennen [5].

1.3.4 Klinische Bewertung

1.3.4.1 Beurteilung

Die visuelle Beurteilung der Liquorprobe unterscheidet zwischen klar bzw. trüb und farblos bzw. farbig. Im Normalfall ist die Liquorprobe klar und farblos. Ab ca. 1000 Erythrozyten pro µl (M/l) ist sie trüb-rosa blutig, ab ca. 1000 Leukozyten pro µl (M/l) opal-trüb bis weiß-gelblich (Hinweis auf Meningitis!) [6].

Erythrozyten lysieren nach ≥2 h in vitro (Erythrophagen sind nachweisbar, auch bei artifizieller Blutbeimengung!) und >4 h in vivo [5]: die Liquor-Probe ist hämolytisch (rosafarbig bei älterer Blutung! [18]).

Xanthochromie wird durch Beimengung von gelber Flüssigkeit (z. B. Lymphe bei Stauung von Lymphgefäßen) oder Blutplasma hervorgerufen. Durch den Nachweis von Bilirubin, das durch Abbau von Hämoglobin nach >3 d im ZNS entsteht [5] (Nachweis von Hämosiderophagen!) wird die Xanthochromie in eine primäre Form (Bilirubin negativ: Kompressionsliquor) und sekundäre Form (Bilirubin positiv, alte Blutung!) differenziert [5, 18]. Sie wird bei starker artifizieller Blutbeimengung durch die Serumfarbe und durch ikterisches Blutserum bei schwerer Schrankenstörung hervorgerufen [5].

Eine *braune Liquorfarbe* entsteht durch gleichzeitige Hämolyse und Bilirubinbildung im Verlauf von Blutungen [5, 18]. Fibringerinnsel („Spinnwebgerinnsel") treten bei starker Plasmabeimengung durch Spontankoagulation auf; sie sind nicht spezifisch für eine tuberkulöse Meningitis [6, 7]. Gelbliche bzw. rötliche Bodensätze werden durch die Sedimentation von Leukozyten (Granulozyten) bzw. Erythrozyten mit Gerinnung verursacht (ab 20 000 Erythrozyten pro μl (M/l)).

1.3.4.2 Leukozyten- und Erythrozytenzahl

Leukozytenzahlen bei Erwachsenen im Lumballiquor von > 4 bzw. > 5 pro μl (M/l), im Subokzipitalliquor von > 3 pro μl (M/l) und im Ventrikelliquor von > 1 pro μl (M/l) [6, 7] werden als Pleozytosen (zelluläre Entzündungsmarker) bezeichnet, wobei unterschieden werden [7]:

- *geringe Pleozytosen* mit < 50 Leukozyten pro μl (M/l) z. B. Enzephalitis, Polyneuritis, multiple Sklerose, Meningeose (Erstpunktion),
- *mäßige Pleozytosen* mit > 50 < 300 Leukozyten pro μl (M/l) z. B. bei Enzephalitis, Polyneuritis, Hirnabszeß, Meningitis im Verlauf,
- *starke Pleozytosen* mit ≫ 300 Leukozyten pro μl (M/l) bei Meningitis.

Pleozytosen mit Granulozyten, semiquantitativ ermittelt, zeigen eine akute Entzündungsreaktion unterschiedlichen Ausmaßes an, die im Zytogramm [20] weiter differenziert wird [6, 7].

Erythrozyten werden normalerweise im Liquor nicht gefunden; Erythrozytenzahlen < 1000 pro μl (M/l) zeigen geringe Blutbeimengungen, > 1000 bis 50 000 pro μl (M/l) starke und > 50 000 pro μl (M/l) Massenblutungen an. Nach Korrektur der Leukozytenzahl [6, 7] in Bezug auf die Erythrozytenzahl (1 bis 2 Leukozyten (und mehr) pro 1 000 Erythrozyten (bei Leukozytosen; Blutwerte beachten!) haben *frische Blutungen* (< 4 h nach Ereignis) keine Pleozytose, ebenso artifizielle Blutbeimengungen mit normalem L-Laktat-Gehalt (s. unten 1.4) [18]. *Ältere Blutungen* in die Liquorräume (> 4 h) zeigen eine Pleozytose nach Korrektur im hämolytischen Liquor; *alte Blutungen* (> 3 d nach Ereignis) sind xanthochrom und Bilirubin positiv; sie haben nur geringe Pleozytosen und kaum Erythrozyten [5, 18].

Bei *Sickerblutungen* mit Erythrozytenzahlen < 1000 pro μl (M/l) werden Erythrozyten, geringe Pleozytosen, leichte Hämolyse und Xanthochromie mit positivem Bilirubin-Nachweis beobachtet [6, 18].

Semiquantitative Teststreifenverfahren sind zur Plausibilitätskontrolle der Leukozyten- und Erythrozyten-Zählung geeignet, besonders in klaren farblosen Liquorproben durch Vergleich der gezählten und trockenchemisch ermittelten Ergebnisse.

1.3.4.3 Gesamt-Protein

Mit semiquantitativ-visuellen Verfahren können von einem Normalbefund unterschieden werden [5, 7]:

- *geringe bis mäßige Schrankenstörungen* (Pandy-Reaktion + bis +(+) bei Gesamt-Protein 0,5−1,0 g/l),
- *schwere Schrankenstörungen* (Pandy-Reaktion ++, Gesamtprotein > 1,0 g/l; Sperr-Liquor > 5 g/l, Pandy-Reaktion +++).

Schwere Schrankenstörungen werden gefunden bei eitriger Meningitis, diabetischer Polyneuropathie, Hirntumoren im Kleinhirnbrückenwinkelbereich, beim seltenen Refsum-Syndrom, meistens bei Guillain-Barré-Polyneuritis im Verlauf und immer bei starken Blutungen in die Liquorräume sowie nach Hirnoperationen [6, 18]. *Sperrliquor* wird durch spinale Raumforderungen verursacht [6]. Geringe und mäßige Schrankenstörungen kommen bei einer Vielzahl von ZNS-Erkrankungen vor [7] und lassen sich mit der Pandy-Reaktion besser ermitteln als mit semiquantitativ-trockenchemischen Verfahren [5]. Die Pandy-Reaktion ist zum Festlegen von Verdünnungsschritten bei quantitativen Meßmethoden mit geringem Meßbereich geeignet.

1.4 L-Laktat im Liquor

1.4.1 Präanalytik

1.4.1.1 Patientenvorbereitung

Keine.

1.4.1.2 Untersuchungsgut

0,5 ml Liquor in Röhrchen mit Na-Fluorid-Zusatz zur Lagerung. Ohne Na-Fluorid-Zusatz ist L-Laktat in Liquorproben mit hoher Leukozyten- oder Erythrozytenzahl (z. B. 6000 Leukozyten pro µl oder 30000 Erythrozyten pro µl) bei Raumtemperatur mindestens 3 h stabil, bei 4 °C 24 h; in zellarmen Liquorproben länger [5, 7].

Röhrchen mit Na-Fluorid-Zusatz werden zur L-Laktat-Messung im Blutplasma benötigt.

1.4.1.3 Probennahme

Lumbal (subokzipital, ventrikulär) mit Angaben von Entnahmeort, Entnahmezeit, Probenmenge und Portionsnummer; venöse Blutentnahme unmittelbar vor oder nach der Liquorentnahme.

1.4.2 Methodenbeschreibung

Photometrisch-vollenzymatisch mittels L-Lactatdehydrogenase (EC 1.1.1.27) und Alaninaminotransferase (EC 2.6.1.2) unter Berücksichtigung eines Probenleerwertes in Mikroküvetten mit 0,010 (0,025) ml Probe in 0,330 (0,775) ml Gesamtvolumen, z. B. Monotest (Roche Diagnostica) [4, 5, 8]. Die Methode ist im Mikroliterbereich mechanisierbar.

1.4.3 Analytische Beurteilung

Das Verfahren ist präzise (VK um 6%), empfindlich (Nachweisgrenze $\leq$ 0,20 mmol/l) [13], L-Lactat-spezifisch und praktikabel als Monotest. Die Qualitätskontrolle muß mit Sollwerten käuflicher Kontrollseren mit einer maximalen Unrichtigkeit von 6% durchgeführt werden [21], da keine Referenzmethode für L-Laktat vorliegt.

1.4.4 Klinische Bewertung

Da die Konzentration von L-Lactat in Liquorproben höher als in Plasmaproben des gleichen Patienten ist, erübrigt sich seine Bestimmung im Plasma [4].

Die Referenzbereiche für L-Lactat im Liquor sind altersabhängig [4, 8]:

0–15 Jahre: 1,1–1,8 mmol/l (9,9–16,2 mg/dl),
16–50 Jahre: 1,5–2,1 mmol/l (13,5–18,9 mg/dl),
> 51 Jahre: 1,7–2,6 mmol/l (15,3–23,4 mg/dl).

(Die Nichtberücksichtigung der altersabhängigen Referenzbereiche [vgl. 1, 22] schränkt die diagnostische Aussage des L-Lactat-Tests ein.)

Folgende *Ausschlußgrenzen* von L-Lactat und Leukozytenzahl haben sich zur Differenzierung von bakteriellen und abakteriellen (viralen) Meningitiden in Liquorproben bewährt [4, 8]:

- L-Laktat: $\geq$ 3,5 mmol/l ($\geq$ 31,5 mg/dl) zusammen mit
- Leukozytenzahl $\geq$ 800 pro µl (M/l);

Die *Häufigkeit des Überschreitens* dieser Ausschlußgrenzen wird im folgenden in % der untersuchten Fälle (n = 25–45) angegeben [4, 5, 8, 9, 10]:

- akute bakterielle Meningitis unbehandelt einschl. Tbc-Meningitis:
 L-Laktat: 100%, Leukozytenzahl: 70%,
- bakterielle Meninigitis anbehandelt mit Antibiotica:
 L-Laktat: 50–80%, Leukozytenzahl: < 50%,
- akute „abakterielle" bzw. virale Meningitis, Radikulo-Meningitis, einfache Virus-Enzephalitis:
 L-Laktat: < 0,1%, Leukozytenzahl: < 8%,
- intrazerebrale Blutung mit Gefäßspasmen, Massenblutung (Erythrozytenzahl: $\geq$ 1000 pro µl (G/l):
 L-Laktat: > 50%, Leukozytenzahl: < 30%,
- primäre oder sekundäre Tumoren des ZNS:
 L-Laktat: < 40%, Leukozytenzahl: 0%; Ausnahme Meningeosis leucaemica,
- Durchblutungsstörungen, Insult (Ereignis vor < 3 d):
 L-Laktat: < 15%, Leukozytenzahl: 0% (Ausnahme: rindennahe Infarkte),

- akute zerebrale Anfälle, Status epilepticus, Delirium tremens:
  L-Laktat: < 5 %, Leukozytenzahl: 0 %,
- akute Intoxikationen des ZNS:
  L-Laktat: < 10 %, Leukozytenzahl: 0 %.

1.5 D-Laktat im Liquor

1.5.1 Präanalytik

1.5.1.1 Patientenvorbereitung

Keine.

1.5.1.2 Untersuchungsgut

0,5 ml Liquor in Röhrchen ohne Na-Fluorid-Zusatz und simultan gewonnenes Na-Fluorid-Plasma oder Blutserum.

1.5.1.3 Probennahme

S. L-Laktat.

1.5.2 Methodenbeschreibung

Photometrisch-vollenzymatisch mittels D-Lactatdehydrogenase (EC 1.1.1.28) und Alaninaminotransferase (EC 2.6.1.2) unter Berücksichtigung eines Probenleerwertes in Mikroküvetten (s. L-Laktat) [13]; Die Methode ist im Mikroliterbereich mechanisierbar.

1.5.3 Analytische Beurteilung

Das Verfahren ist ausreichend präzise (VK < 8 %), empfindlich (Nachweisgrenze ≤ 0,20 mmol/l) [13], D-Lactat-spezifisch und praktikabel. Zur Qualitätskontrolle (Impräzision) liegen Kontrollseren vor.

1.5.4 Klinische Bewertung

D-Lactat ist der spezifische Metabolit einiger Gram-positiver und Gram-negativer Bakterien, z. B. von Staphylokokken, Escherichia coli, Haemophilus influenzae, Enterobacter, Klebsiellen, Salmonellen, Shigellen u. a. m. [3]; es läßt sich in Liquor- und Serum-Proben in geringeren Konzentrationen als L-Laktat nachweisen [13, 16, 17].

Bei bakteriellen Meningitiden wurde eine Ausschlußgrenze von ≥ 0,200 mmol/l (≥ 1,8 mg/dl) festgelegt [17]; Werte < 0,200 mmol/l schließen eine bakterielle Meningitis nicht aus, da nicht alle Bakterien D-Laktat produzieren. D-Laktat-Werte ≥ 0,200 mmol/l im Blut zeigen eine systemische bakterielle Infektion an. Da die D-Laktat-Konzentration im Blut diejenige im Liquor beeinflußt [16], muß D-Laktat in simultan gewonnenen Blut- und Liquor-Proben gemessen werden: Bei höheren D-Laktat-Werten im Liquor ist eine bakterielle Infektion im ZNS sehr wahrscheinlich, auch wenn der L-Laktatgehalt im Liquor < 3,5 mmol/l (< 31,5 mg/dl) ist [17, 18].

1.6. Glukose

1.6.1 Präanalytik

1.6.1.1 Patientenvorbereitung

Für Routine-Untersuchungen sollte der Patient nüchtern sein.

1.6.1.2 Untersuchungsgut

0,5 ml Liquor in Röhrchen ohne oder mit Na-Fluorid-Zusatz und gleichzeitig gewonnenes Na-Fluorid-Blut. Ohne Na-Fluorid-Zusatz ist Glukose in Liquorproben mit hoher Leukozyten- oder Erythrozytenzahl (z. B. 6000 Leukozyten pro µl oder 30 000 Erythrozyten pro µl) bei Raumtemperatur mindestens 5 h stabil [5], bei 4 °C 24 h; in zellarmen Liquorproben länger [5].

1.6.1.3 Probennahme

S. L-Laktat.

1.6.2 Methodenbeschreibung

Semiquantitativ mittels Glukoseoxydase-Peroxydase-Reaktion in Teststreifentests mit Liquor und Blut [5, 15];

quantitativ photometrisch manuell mittels der Hexokinase-Glukose-6-Phosphat-Dehydrogenase-Methode (Referenzmethode) im Hämolysat von Liquor und Blut [5, 8] (Hämolysereagenz z. B. Digitonin + Maleinimid (Roche Diagnostica)). Die Methode ist mechanisierbar.

1.6.3 Analytische Beurteilung

Das *semiquantitative Verfahren* mit Teststreifen ist im Liquor wegen seines hohen Ascorbinsäuregehaltes störanfällig; bei quantitativer Auswertung liefert es zu niedrige Werte [15].

Mit dem *quantitativen Hexokinase-Verfahren* mit *manueller* Technik wird der vorgeschriebene Variationskoeffizient (VK) der Impräsision von maximal 5% [21] überschritten; die maximal zulässige Meßabweichung von 15% vom Sollwert [21] wird in Kontrollseren eingehalten. Das *mechanisierte* Verfahren erweist sich für Liquorproben als empfindlich, spezifisch und praktikabel.

1.6.4 Klinische Bewertung

Referenzwerte (Median, 5−95% Bereich) für Glukose sind im Lumballiquor für Kinder und Erwachsene erstellt worden [5]:

62 mg/dl, 49−75 mg/dl bzw. 3,44 mmol/l, 2,69−4,16 mmol/l; sie nehmen im Subokzipital- und Ventrikel-Liquor etwas zu.

Da der Blut/Liquor-Quotient der Glukosekonzentration von derjenigen im Blut abhängig ist, darf die Glukosekonzentration im Liquor nur im Zusammenhang mit derjenigen im Blut (venös oder kapillär) beurteilt werden:

Referenzwerte des Blut/Liquor-Konzentrationsquotienten (Median, 5−95% Bereich) sind 1,36, 1,12−1,64 [5].

Bei Nichtbeachtung, z. B. von Hypo- und Hyperglykämien, werden im Liquor zu niedrige bzw. zu hohe Werte gemessen, was zu Fehlaussagen führt, ebenso die Verwendung anderer Bereichsgrenzen [vgl. 1, 22].

Der Glukosegehalt im Lumballiquor ist erniedrigt (< 49 mg/dl; < 2,69 mmol/l) bei folgenden Diagnosen mit Angabe der Häufigkeit in % der untersuchten Fälle (n = 25−45) [5, 8]:

− akute bakterielle Meningitis einschl. Tbc-Meningitis: < 50% (1−3 d nach der L-Laktaterhöhung),
− akute bakterielle Meningitis anbehandelt: < 25%,
− akute „abakterielle" bzw. virale Meningitis, Radikulo-Meningitis, einfache Virus-Enzephalitis: < 11%
− akute intrazerebrale Blutung: < 25%,
− primäre oder sekundäre Tumoren des ZNS: < 40%,
− Durchblutungsstörungen, Insult: < 1%,
− akute zerebrale Anfälle, Status epilepticus, Delirium tremens: < 3%.
− akute Intoxikationen: < 10%.

Der Glukosegehalt im Lumballiquor ist im Vergleich zum L-Laktat-Gehalt weniger häufig verändert; trotzdem kann er die Aussage des Lactat-Tests unterstützen. Die Glukose-Diagnostik im Liquor liefert die zusätzliche Kenngröße des Transportes von Ventrikelliquor in den Spinalraum, was bei der Diagnostik von ZNS-Tumoren und anderen Raumforderungen mit Sperrliquor nützliche Informationen geben kann.

1.7 Literatur

[1] Felgenhauer, K., W. Beuche: Labordiagnostik neurologischer Erkrankungen. Thieme, Stuttgart, 1999.
[2] Greiling, H., A. M. Gressner: Lehrbuch der Klinischen Chemie und Pathobiochemie. Schattauer, Stuttgart, 1. Aufl. 1987, 2. Aufl.: 1989.
[3] Janke, K. H., T. O. Kleine, P. Nebel et al.: D-lactate and L-lactate production by bacteria causing meningitis and sepsis. J Lab Med 20 (1996) 508−510.
[4] Kleine, T. O., K. Baerlocher, V. Niederer et al.: Diagnostische Bedeutung der Lactatbetimmung im Liquor bei Meningitis. Dtsch med Wschr 104 (1979) 553−557.
[5] Kleine, T. O. (Hrsg.): Neue Labormethoden für die Liquordiagnostik. Thieme, Stuttgart 1980.
[6] Kleine, T. O.: Notfall-Liquorprogramm. MTA-Praxis 30 (1984) 3−6.
[7] Kleine, T. O.: Diagnostische Untersuchungen im Liquor cerebrospinalis, In: L. Thomas

(Hrsg.): Labor und Diagnose, S. 937−965. Medizinische Verlagsgesellschaft, Marburg, 2. Auflage 1984.

[8] Kleine, T. O.: Nervensystem. In: [1] 859−893.

[9] Kleine, T. O.: Valuation of bacterial and viral antigen detection against lactate determination and leukocyte counts in CSF meningitis diagnosis. J Clin Chem Clin Biochem 27 (1989) 901−903.

[10] Kleine, T. O., G. K. Schlenska: Evaluation of three polymorphonuclear leukocyte constituents in CSF and comparison with lactate content and leukocyte counts for the discrimination of meningitis. J Clin Chem Clin Biochem 27 (1989) 926−928.

[11] Kleine, T. O., W. Willershausen: An approach to the quantitative determination of leukocytes, erythrocytes, and haemoglobin at low levels in CSF by photometric reading of urine test strips. J Clin Chem Clin Biochem 27 (1989) 920−921.

[12] Kleine, T. O.: Mechanisierte Zählung und Differenzierung von Liquorzellen. Lab med 15 (1991) 51−59.

[13] Kleine, T. O.: D-Lactat und L-Lactat im Liquor cerebrospinalis bei akuten entzündlichen Erkrankungen des Zentralnervensystems (ZNS). Lab med 15 (1991) 114−116.

[14] Kleine, T. O., D. Rytlewski: Fast ascertainment of hemorrhages in cerebrospinal fluid (CSF) by quantifying urine test strips for Erythrocytes, haemglobin, bilirubin and albumin. In: Gesellschaft deutscher Chemiker (Hrsg.): ANAKON '91. Fortschritte der analytischen Cheme in Methode und Anwendung. Kurzreferate, S. 278−280. 1991. (ISBN-Nr. 3-924763-30-5]

[15] Kleine, T. O., D. Rytlewski: Detection of inflammations of the central nervous system by quantifying urine test strips for granulozytes, nitrite, glucose and pH in human cerebrospinal fluid. In: Gesellschaft deutscher Chemiker (Hrsg.): ANAKON '91. Fortschritte der analytischen Chemie in Methode und Anwendung. Kurzreferate, S. 274−276. 1991.

[16] Kleine, T. O., R. A. van der Meij, W. A. Dauch et al.: Lactatdifferenzierung im Liquor und Blutplasma bei der Akut-Diagnostik zerebraler Notfälle. Intensiv- und Notfallbehandlung 17 (1992) 134−137.

[17] Kleine, T. O., P. Nebel, W. Mannheim et al.: D-lactate and L-lactate versus free bacterial antigens in cerebrospinal fluid (CSF) with different forms of meningitis. J Lab Med 20 (1996) 511−513.

[18] Kleine, T. O., L. Benes: Cranio-brain-injury of children: monitoring of ventricular drainage during intensive care. Abstract. 1. Gemeinsame Jahrestagung DKNKN und DGNR Hamburg 17.-20.3.1999. Neurol Rehabil 5 (1999) 111.

[19] Kleine, T. O.: Die Liquordiagnostik − von der Grundversorgung zur Spezialanalytik. MTA Dialog 8/1 (2000):
Teil 1: Präanalytik und Notfall-Liquorprogramm. MTA Dialog 8/1 (2000) 4−9.
Teil 2: Das Basis-Liquorprogramm. MTA Dialog 8/1 (2000) 104−108.
Teil 3. Das erweiterte Basisprogramm. MTA Dialog 8/1 (2000) 346−351, 444−448.

[20] Lehmitz, R., T. O. Kleine: Liquorzytologie: Ausbeute, Verteilung und Darstellung von Leukozyten bei drei Sedimentationsverfahren im Vergleich zu drei Zytozentrifugen-Modifikationen. Lab med 18 (1994) 91−99.

[21] Qualitätssicherung der quantitativen Bestimmungen im Laboratorium. Neue Richtlinien der Bundesärztekammer. Dt. Ärztebl 85 (1988) A697−A712.

[22] Reiber, H.: Aktuelle Methoden der Liquoranalytik. Lab med 12 (1988) 101−109.

[23] Stamm, D., H. Wisser, J. Büttner: Allgemeine Klinische Chemie. In: [1] 1−82.

B.2 Liquorzytologie

2.1 Konventionelle Liquorzytologie
H. W. Kölmel

2.1.1 Konzentration, Färbemethoden und Konservierung

Die Bedingungen der exfoliativen Zytologie, nämlich Auswertung möglichst vieler, morphologisch optimal erhaltener Zellen, sind mit dem Liquor nur schwer zu erfüllen. Die Zellzahl ist meist niedrig, und der morphologische Zustand der Zellen läßt oft zu wünschen übrig. Aufgrund ihrer schon *in vivo* schlechten Lebensbedingungen sind Liquorzellen schnell autolytischen Veränderungen unterworfen. So entscheidet die Sorgfalt der ersten präparatorischen Schritte nach der Liquorentnahme über das weitere zytologische Gelingen.

In vitro ändert sich die ursprüngliche Morphologie der Liquorzellen, sie quellen auf, werden pyknotisch oder autolytisch, so daß eine Beurteilung nicht mehr möglich ist. Die raschen Veränderungen *in vitro* gelten nicht für alle Zellen in gleichem Maße. Neutrophile Granulozyten haben in der Regel die kürzeste Lebenszeit, nicht selten beträgt sie weniger als eine Stunde. Eosinophile sind hingegen länger, manchmal mehr als 24 Stunden, gut zu erkennen. Lymphozyten sowie manche Tumorzellen können sogar noch etliche Tage nach der Liquorentnahme als solche identifiziert werden. Die Überlebenszeit und die Möglichkeit der Differenzierung einzelner Zellen ist demnach recht unterschiedlich, wenn nicht sogar unberechenbar. Beides hängt vom Aktivitätsgrad der Zellen in vivo, von der Eiweißzusammensetzung des Liquors und von der Umgebungstemperatur *in vitro* ab.

Das Ziel der klinischen Zytologie ist es, dem ursprünglichen Zustand der Zelle so nahe wie möglich zu kommen. Die Methoden der Präparation, das Fixieren und die färberische Differenzierung der Zellen unmittelbar nach der Liquorentnahme sind deshalb entscheidend. Gibt man dem Liquor Kulturmedien hinzu, wie häufig vorgeschlagen, erreicht man zwar eine Verbesserung der Vitalität mancher Zellen, allerdings sehr selektiv: Zellen, die *in vivo* eine Proliferationstendenz zeigten, werden unter geeigneten Bedingungen auch *in vitro* aktiv. Andere bleiben inaktiv oder gehen trotz der Zugabe des Kulturmediums zugrunde. Das Resultat liegt auf der Hand: Die Zellzusammensetzung *in vitro* entspricht immer weniger jener *in vivo*. Man erhält schließlich ein mehr oder weniger artefizielles Zellbild, welches für eine klinische Zytologie ungeeignet ist. Die unterschiedliche Aktivierung der Liquorzellen nach Zugabe eines Kulturmediums muß auch berücksichtigt werden, wenn Subpopulation von T-Zellen differenziert werden sollen. Man kann davon ausgehen, daß die verschiedenen T-Zellen im Nährmedium unterschiedlich stimuliert werden. Dies führt notgedrungen zu einer Veränderung der Zellproportionen.

Um sich von der Notwendigkeit der Zellpräparation unmittelbar nach der Liquorentnahme zu befreien, wurde vorgeschlagen, dem Liquor Nährlösung hinzuzugeben. Die Zellen sollten so überlebensfähig und haltbarer gemacht werden. Veermann u. Mitarb. [67] empfahlen deshalb, den Liquor aus der Punktionsnadel in eine Salz- und Humanalbuminlösung tropfen zu lassen. Nach ihren Erfahrungen waren die Zellen noch nach 24 Stunden gut erhalten und einer zytologischen Beurteilung zugänglich. Aus den schon vorher genannten Gründen kann an der Sicherheit dieser Methode Zweifel angemeldet werden. Granulozyten werden auch nach Zugabe von Nährlösung autolytisch und verschwinden, abhängig von ihrer Aufgabe und ihrem Alter *in vivo* nach wenigen Stunden. Eine klinisch relevante Zytologie kann dann nicht mehr betrieben werden.

Ein in ähnliche Richtung gehender Vorschlag beinhaltet das sofortige Fixieren der Zellen nach der Entnahme. Der Liquor tropft am besten auch hier aus der Punktionsnadel unmittelbar in die Fixierlösung, die Osmium oder Formalin enthält. Dieser Vorschlag hat für die Zelluntersuchung im Elektronenmikroskop Bedeutung, für die Routineuntersuchung ist er unbrauchbar. Die Zellen werden in ihrem noch korpuskulären Zustand fixiert, bleiben also klein und kompakt, gleich welche Konzentrationsmethode sich anschließt. Die Färbungen werden auch dann, wenn ihre Einwirkungszeit verkürzt wurde, so kräftig, daß das Zytoplasma kaum noch vom Kern unterschieden werden kann. Ein Großteil der Zellen ist nicht mehr differenzierbar.

Wir empfehlen also keine der genannten Zellkonservierungen. Wer klinische Zytologie betreiben möchte, ist auf die sofortige Konzentration und das erst daran anschließende Fixieren der Zellen angewiesen. Das Fixieren erfolgt zuerst durch Trocknen der Zellen an der Luft. Luftgetrocknete Präparate können Tage bis Wochen aufbewahrt werden, ohne daß sich Morphologie oder Färbeeigenschaft der Zellen wesentlich verändert. Besser ist es aber, wenn sich unmittelbar an das Lufttrocknen der Färbevorgang anschließt, der wegen der in den Lösungen enthaltenen Alkohole erneutes und endgültiges Fixieren beinhaltet.

2.1.1.1 Konzentration von Liquorzellen

Der niedrige Zellgehalt im Liquor macht eine Konzentration notwendig. Diese ist auch dann angebracht, wenn sich im Liquor mehr als 100 Zellen pro Mikroliter befinden sollten. Die Entwicklung einer optimalen, d. h. schonenden Zellkonzentration, hat eine lange Geschichte.

Das übliche Zentrifugieren, dem sich der Ausstrich des Zellsedimentes anschließt, ist für Liquorzellen ungeeignet. Erst die zwischen 1950 und 1970 gemachten Vorschläge haben die entscheidende Verbesserung der Liquorzytologie bewirkt und ihrer breiten Anwendung den Weg geebnet. Durchgesetzt haben sich heute die Zellkonzentration mit Filtern [59], mit der spontanen Sedimentation nach dem Sayk'schen Prinzip [52] und mit speziell konstruierten Zentrifugen [25]. Jede der genannten Methoden hat ihre Vor- und Nachteile, die im einzelnen verschieden gewertet werden [22, 32].

Filtermethode

Das Filtern hat sich besonders im angloamerikanischen Raum durchgesetzt [2, 5, 31], wird aber auch dort in den letzten Jahren zunehmend von der Zytozentrifuge abgelöst. Der Liquor passiert durch Sog oder Druck einen Filter, dessen Porengröße so gewählt ist, daß alle korpuskulären Teile zurückgehalten werden. Die Zellen werden anschließend zusammen mit dem Filter, auf dem sie liegen, gefärbt. Die Methode hat zum einen den Vorteil, daß der Liquor für weitere chemische Analysen zur Verfügung steht. Die Zellausbeute ist außerdem hoch. Sie wird je nach Autor auf bis zu 90 % eingeschätzt [3, 29, 50]. Man kann zwischen mehreren Filtersorten wählen [20]. Da die Halterung des Filters, die Färbung und die notwendige Entfärbung von Filter zu Filter recht unterschiedlich ist, sollte man sich mit den Eigenschaften und zytologischen Resultaten nur einer Filtersorte intensiv vertraut machen. Filter aus Polykarbonat-Verbindungen (Nukleopore) und aus Zelluloseestern (Millipore, Sartorius) haben sich bewährt [52].

Wenn die Liquorzellen, in der Regel handelt es sich um Monozyten, Lymphozyten und selten um Granulozyten, auf Filtern konzentriert werden, ist ein Vergleich mit den aus der Hämatologie bekannten Zellen nur eingeschränkt möglich. Fast alle Filter sind gegen Alkohol empfindlich und reagieren mit Oberflächenveränderung, Schwellung oder gar Auflösung. Die in der Hämatologie üblichen Färbungen, wie jene nach Pappenheim oder nach Wright, enthalten Alkohole, die die Filter beeinträchtigen. So sind Modifikationen dieser Standardfärbungen notwendig, welche notgedrungen veränderte Färberesultate nach sich ziehen. Die Zellen sind deshalb nicht mehr ohne weiteres mit den aus der Hämatologie bekannten zu vergleichen.

Die Zellen bleiben im Maschenwerk der Filter hängen, behalten eine mehr korpuskuläre Gestalt und sind dicker und kleiner als nach den Sedimentiermethoden [5, 13, 51]. Zytoplasma und Kern färben sich stärker an, was die Differenzierung von Details erschwert. Wegen des Filters und seiner chemischen Beschaffenheit ist Immunfluoreszenz nur im Auflicht und auch hier nur unter erschwerten Bedingungen möglich. Immunenzymatische Färbungen gelingen nur ungenügend. Der Verteilungsmodus des Immunkomplexes ist wegen des kompakten Zellleibes nicht zu beurteilen.

Es fällt auf, daß gerade jene Autoren, die mit Filtern gearbeitet haben [45, 69], eine aus heutiger Sicht viel zu hohe Tumorzelldetektionsrate angegeben haben, vor allem, was die autochthonen Hirntumoren anbelangt. Man kann vermuten, daß diese falsch- positiven Befunde durch eine Fehlinterpretation von Zellen hämatologischer Provenienz bei mangelnder Vergleichsmöglichkeit entstanden sind.

Hat sich der Untersucher eingehend in die speziellen Probleme der Filtermethode eingearbeitet, wird er sicher eine befriedigende Zytologie betreiben und sich die zweifellos große Ausbeute zunutze machen können [5, 51]. Der Anfänger sollte die Schwierigkeiten der Membranfilter-Methode kennen, die lange Einarbeitungszeit berücksichtigen und wissen, daß nicht alle Färbemethoden angewendet und die gewonnenen Zellbefunde nur schwer mit jenen aus der Hämatologie und Onkologie verglichen werden können.

Zytozentrifuge

Mit der Zytozentrifuge lassen sich Zellpräparate einfach und schnell herstellen. In einem Gang können schon nach 5 bis 10 Minuten 12 bis 24 Präparate gleichzeitig hergestellt werden. Die einzelnen Zylinder sollten in Abhängigkeit von der Zellzahl ausreichend mit Liquor gefüllt werden [24]. Der Liquor wird ebenso wie bei der Sayk'schen Sedimentierkammer mit Fließpapier abgesaugt, steht also für weitere Untersuchungen nicht mehr zur Verfügung. Die Umdrehungszahl der Zentrifuge sollte nicht höher als 800/min gewählt werden. Die zytologische Qualität der Sedimente variiert innerhalb weiter Grenzen. Barret und King [3] waren weder mit der Zellausbeute noch mit der Zellmorphologie der Präparate aus der Zytozentrifuge zufrieden. Einige technische Verbesserungen wurden mitgeteilt, von denen aber nicht sicher ist, ob sie tatsächlich den gewünschten Erfolg bringen. Pelc [49] erhoffte sich durch Zugabe von Dextran zum Liquor eine Verbesserung [74], was Zellausbeute und Zellmorphologie anbelangt. Wurster et al. [75] schlugen eine Kombination von einfachem Zentrifugieren und Zentrifugieren in der Zytozentrifuge zusammen mit einem Kulturmedium vor. Nach ihren Erfahrungen waren die zellmorphologischen Ergebnisse besser als jene, die man mit der Sayk-Sedimentierkammer oder den Membranfiltern erhält.

Auf den ersten Blick erscheint bei dem Großteil der Präparate die Zellmorphologie optimal. Es stellt sich aber dann heraus, daß die Zentrifugalkräfte doch deutliche Spuren an Granulozyten und, was wesentlich ist, auch an Lymphozyten und Monozyten hinterlassen haben. Im Vergleich zur Sayk'schen Spontansedimentation erscheinen die Zellen durchweg größer. Das Zytoplasma ist oft eliptisch auseinandergezogen, die Zytoplasmaränder speziell bei den Monozyten ausgefranst. Die Lymphozyten imponieren aufgrund des breiteren Zytoplasmasaums immer als mittelgroß bis groß, so als trügen sie Zeichen fortgeschrittener Transformation. Es entsteht der Eindruck, es handle sich um eine ausgeprägte lymphozytäre Proliferation. In vielen Fällen kann die Abgrenzung lymphozytärer Entzündungen von Leukämien und malignen Lymphomen schwierig werden. Die Zentrifugalkräfte haben nämlich nicht nur zur Vergrößerung des Zytoplasmasaumes beigetragen, auch der bei den Lymphozyten üblicherweise maskierte Nukleolus tritt nun deutlich und oft vergrößert zutage. Dies täuscht eine pathologische Proliferationstendenz und unter Umständen sogar Malignität vor. Meist ist in diesen Fällen eine immunzytochemische Färbung notwendig. Für die Zytozentrifuge gilt ebenso wie für die Filtermethode die Empfehlung, sich mit den genannten Eigenheiten vertraut zu machen. Bei einiger Übung wird man die große Zellausbeute zu schätzen wissen.

Sedimentierkammer

Die Sedimentierkammer nach Sayk hat viele Modifikationen erfahren [8, 34], sich aber nicht überall durchsetzen können. Nach unseren Erfahrungen hinterläßt diese Konzentrationsmethode die geringsten morphologischen Veränderungen an den Zellen, besonders auch dann, wenn der Konzentrationsvorgang nicht länger als 30 Minuten dauert. Die Beurteilung wird erheblich erleichtert, weil der Vergleich mit Zellen des Blutausstrichs möglich ist. Den Vorgang des Sedimentierens kann man weiter beschleunigen, wenn man von Zeit zu Zeit die obere zellfreie Liquorschicht aus dem Zylinder abpipettiert. Das Abpipettieren hat einen geringeren Zellverlust zur Folge. Er beträgt in unserem Labor etwa 60%, wird von anderen Untersuchungen aber deutlich höher angegeben [11]. Dieser Zellverlust ist der einzige, wenn auch große Mangel der Methode. Einige technische Variationen wurden mitgeteilt, um den Verlust geringer zu halten [65]. Speziell mit Polylysin beschichtete Objektträger verbessern die Zellausbeute [66, 39]. Der Zellverlust betrifft die Lymphozyten etwas mehr als die Monozyten. Letztere haften besser auf dem Objektträger und laufen deshalb weniger Gefahr, in das Fließpapier abgesogen zu werden. Die Veränderungen des Verhältnisses zwischen Lymphozyten und Monozyten ist aber gering und tritt nur bei geringer Zellzahl etwas deutlicher zutage. Das selektive Abwandern bestimmter Lymphozyten ist kaum zu erwarten, so daß auch die prozentuale Auswertung von Lymphozytensubpopulationen verläßlich gelingt. Für die Zytodiagnostik ist es häufig besser, wenige, dafür optimal beurteilbare Zellen

vor sich zu haben. So ist die Tumorzelldiagnostik im Sediment der Sayk-Kammern vergleichsweise einfach, wenn man einmal von den Zellen autochthoner Hirntumoren niedriger Proliferationsaktivität absieht.

2.1.1.2 Färbemethoden [47]

Alle Färbemethoden aus der Hämatologie und exfoliativen Zytologie einschließlich jener der Immunzytologie lassen sich auf die Liquorzellen übertragen. Bei einigen Färbungen ist die Anwendungszeit etwas zu verlängern, gelegentlich muß man hier ein eigenes Gefühl und eine eigene Färbevariante entwickeln. Vorsicht ist geboten bei Anwendung von Wasser, sowohl was die Verdünnung der Farblösungen als auch die Spülungen nach dem Färbevorgang anbelangt. In jedem Fall muß das Wasser neutral sein, darf weder ins Basische noch ins Saure reichen.

May-Grünwald-Giemsa- oder auch Pappenheim-Färbung

May-Grünwald-Giemsa- oder auch Pappenheim-Färbung ist wie in der Hämatologie auch in der Liquor-Zytologie Standard.

Vorgehen:
1. Präparat lufttrocknen.
2. Den horizontalen Objektträger mit Grünwald-Lösung bedecken und 3 Minuten einwirken lassen.
3. Färbelösung abgießen und kurz mit Leitungswasser abspülen.
4. Objektträger mit frisch angesetzter und filtrierter Giemsa-Lösung (ein Teil Standard-Lösung mit 9 Teilen Leitungswasser verdünnt) für 15 bis 20 Minuten bedecken.
5. Färbelösung abgießen und mit Leitungswasser nachspülen.
6. Objektträger vertikal stellen und trocknen lassen.
7. Mit einem nichtsauren Standard-Mittel einbetten (nicht obligat).

Nach dieser Färbung erscheint das Zytoplasma in verschiedenem Blau-, der Kern in verschiedenen Violett-Tönen. Kern- und Zytoplasmastrukturen sind gut zu erkennen. Wenn der Kern, was gelegentlich besonders bei den Tumorzellen vorkommt, sehr stark Farbe angenommen hat, überfärbt ist, so empfiehlt es sich, durch erneutes Spülen des Präparates Farbe zu entfernen. Kerneinzelteile, wie Nukleolus oder Kernmembran werden dann leichter erkennbar. Die Pappenheim-Färbung gelingt nicht, wenn das Zellpräparat mit einem der üblichen Membranfilter gewonnen worden ist. Diese Filter sind in der Regel nicht gegen Methanol resistent, das in hoher Konzentration in der May-Grünwald-Lösung enthalten ist.

Papanicolaou-Färbung

Die von Papanicolaou eingeführte Färbemethode hat sich besonders in der Tumorzytologie bewährt. Wenn Tumorzellen im Liquor vermutet werden, kann diese Färbung wertvolle zusätzliche Information liefern. Dies gilt allerdings nur für Zellen epithelialer Tumoren, Zellen autochthoner Hirntumoren reagieren auf die Färbung mit erheblichen morphologischen Veränderungen, so daß eine Differenzierung nicht einfach ist.

Vorgehen:
1. Zellpräparat nacheinander für jeweils 3 Minuten in 80%iges, 70%iges, 60%iges und 50%iges Methanol tauchen.
2. Mit destilliertem Wasser nachspülen.
3. In filtrierte Harris-Hämatoxylin-Lösung für 6 Minuten stellen.
4. Kurz in destilliertes Wasser tauchen.
5. 6mal in 8%ige wässrige Salzsäure tauchen.
6. Nacheinander für jeweils 3 Minuten in 50%iges, 60%iges, 70%iges, 80%iges und 90%iges Methanol tauchen.
7. In Orange-G6-Lösung für 1 Minute legen.
8. Mit absolutem Alkohol spülen.
9. Für 30 Sekunden in EA31-Polychrom-Lösung legen.
10. Zweimal in jeweils frischen absoluten Alkohol tauchen.
11. In Xylol tauchen, gleich danach einbetten (Eukitt, Kanada-Balsam, DePeX).

Berliner Blau-Reaktion

Vorgehen:
1. Präparat lufttrocknen.
2. Nacheinander für jeweils 3 Minuten in absolutem Alkohol, 90%iges, 80%iges und 70%iges Methanol tauchen.
3. Mit destilliertem Wasser kurz spülen.
4. 25 Minuten in Kaliumferrozyanid-Lösung stellen (1 Teil 2%iges Salzsäuregemisch, 1 Teil 2%ige Kaliumferrozyanid-Lösung).
5. Mit destilliertem Wasser nachspülen.
6. Mit Kernechtrot 20 Minuten färben.
7. Mit destilliertem Wasser nachspülen.
8. Nacheinander für jeweils 3 Minuten in 70%iges, 80%iges, 90%iges und absolutes Methanol tauchen.
9. Das trockne Präparat einbetten.

Mit dieser Färbemethode stellen sich eisenhaltige Zytoplasmateile grau-blau bis leuchtend blau dar (Abb. 1). Das eisenhaltige Material kann fein über das ganze Zytoplasma verteilt oder in einigen größeren Flecken gesammelt erscheinen. Melanin, das sich in der Pappenheim-Färbung ähnlich wie Hämosiderin darstellt, reagiert bei dieser Färbung negativ.

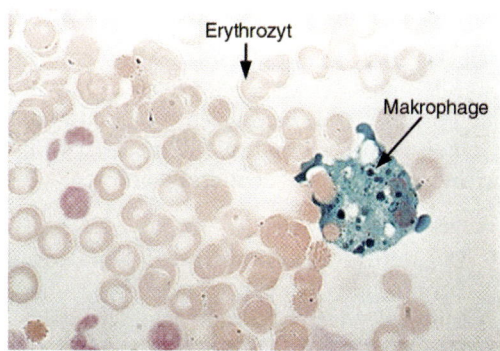

Abb. 1: Berliner-Blau-Reaktion. Hämosiderin-Nachweis in einem Makrophagen.

Fettfärbung mit Sudanschwarz oder Sudanrot

Vorgehen:
1. Präparat muß lufttrocknen.
2. Zur Fixierung zweimal kurz in 5%iges Äthanol tauchen.

3. Für 20 Minuten in Sudanschwarz- oder Sudanrot-Lösung legen.
4. Mit Leitungswasser kurz abspülen.
5. Kurz in 5%iges Äthanol tauchen.
6. Zur Kerndarstellung für 10 Minuten in modifizierte Harris-Hämatoxylin-Lösung legen.
7. Präparat trocknen und mit verflüssigter glyzerinischer Gelatine einbetten.

Die fetthaltigen Anteile der Zelle färben sich mit Sudanschwarz schwarz und mit Sudanrot scharlachrot (Abb. 2).

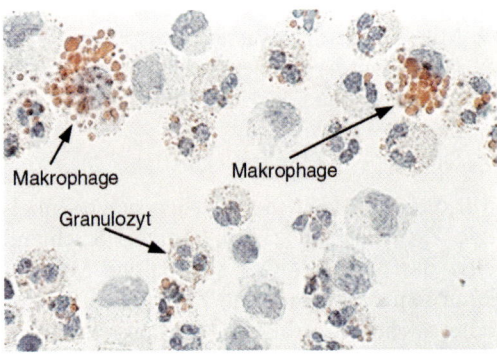

Abb. 2: Sudan-Rot-Färbung. Rotgefärbte fetthaltige Substanzen, speziell in den beiden Makrophagen.

Perjodsäure (PAS)-Färbung

Mit der PAS-Reaktion werden Mukopolysaccharide und Glykogene dargestellt. Falls nur die Polysaccharide erscheinen sollen, muß das Glykogen vorher durch die fermentative Einwirkung von Amylase entfernt werden.

Vorgehen:
1. Das lufttrockene Präparat 5 Minuten in Formoldampf fixieren.
2. Mit fließendem Wasser 10 Minuten spülen.
3. Für 8 Minuten in eine frisch angesetzte 0,8%ige Perjodsäure legen.
4. Erneut mit fließendem Wasser 8 Minuten spülen.
5. Für 30 Minuten in Schiff'sches Reagenz geben.
6. 3mal jeweils 2 Minuten mit Sulfid-Wasser (in verschiedenen Küvetten) spülen.
7. Mit fließendem Wasser 5 Minuten spülen.
8. Mit einer modifizierten Harris-Hämatoxylin-Lösung 8 bis 10 Minuten färben.
9. Lufttrocknen.

Bei diesem Färbevorgang werden die Aldehyde durch Perjodsäure für die Reaktion mit Fuchsin, das in dem Schiffschen Reagenz enthalten ist, verfügbar.

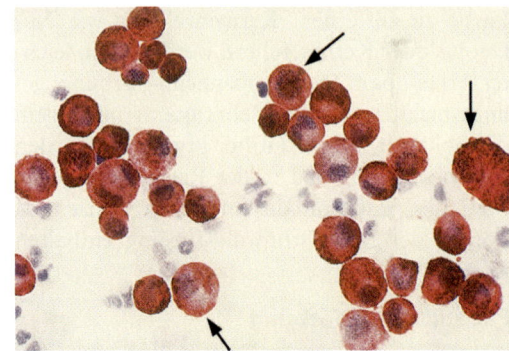

Abb. 3: PAS-positive Substanzen in Zellen eines Mammakarzinoms.

Man kann zwischen homogenen, feingranulierten und grobkörnigen PAS-positiven Strukturen unterscheiden. Wichtig wird die Färbung für die Identifizierung von Lymphoblasten-Leukämien, und sie kann ferner diagnostische Hinweise geben, wenn sie bei Zellen epithelialer Tumoren (Abb. 3), besonders Adenokarzinom, positiv ausfällt.

Gram-Färbung

Wenn die klinischen Zeichen den Verdacht auf eine bakterielle Meningitis lenken, sind stets mehrere Zellpräparate anzufertigen. Die Färbungen nach Pappenheim und Gram bilden dann das notwendige Minimum. Jedes liquorzytologische Labor sollte deshalb auch Gram-Färbungen zur Differenzierung von Bakterien beherrschen.

Vorgehen:
1. Präparat lufttrocknen, über einer Flamme fixieren.
2. In Carbol-Gentianaviolett-Lösung eine halbe Minute tauchen.
3. Mit Lugolscher Lösung spülen.
4. Lugolsche Lösung eine halbe Minute einwirken lassen.
5. Mit 95%igem Äthanol entfärben.

6. In eine 1/5 Verdünnung von Safranin für eine halbe Minute tauchen.
7. Mit destilliertem Wasser spülen und anschließend lufttrocknen.

Gram-positive Bakterien (z. B. Streptokokken, Mikrokokken) erscheinen dunkelblau, gram-negative (z. B. Neisseria, Pseudomonae, Enterobacter) rot.

2.1.2 Zellen des normalen Liquor

Im lumbal entnommenen und nicht durch eine Erkrankung des zentralen oder peripheren Nervensystems veränderten Liquor kommen regelmäßig zwei Zellarten vor: Lymphozyten und Monozyten. Es handelt sich um inaktive Zellen, die bei einer konstanten Konzentration gehalten werden. Das Verhältnis Lymphozyten zu Monozyten beträgt etwa 70/30 [53]. Neben diesen Zellformen finden sich selten einmal und mehr zufällig neutrophile Granulozyten. Erythrozyten, die durch die Punktion artefiziell in den Liquor gelangt sind, sind fast immer anzutreffen. Ihre konstante Größe bietet sich als Maßstab für die anderen Zellen an. Man muß berücksichtigen, daß nur etwa die ersten 4 ml des entnommenen Liquors den geschilderten zytologischen Befund aufweisen. Wird Liquor späterer Portionen untersucht, so machen sich sowohl quantitative als auch qualitative Zellveränderungen bemerkbar. Die Zahl kann bis auf 10 Zellen pro Mikroliter ansteigen, im Verhältnis steigt die Zahl der Monozyten, die der Lymphozyten sinkt.

Gerade bei normaler Zellzahl bleibt es fast immer schwierig, anhand einzelner zytomorphologischer Veränderungen darüber zu befinden, ob es sich hier um einen normalen oder um einen pathologischen Zellbefund handelt. Je mehr Zellen in einem Präparat zum Vergleich herangezogen werden können, desto sicherer wird die zytologische Aussage.

2.1.2.1 Lymphozyten und Monozyten

Die im normalen Liquor vorkommenden Lymphozyten (Abb. 4) sind kleine isomorphe Zellen mit dunkelblauem und kompaktem, rundem oder leicht ovalem Kern und mit in der Regel schmalem blaßblauem Zytoplasmasaum.

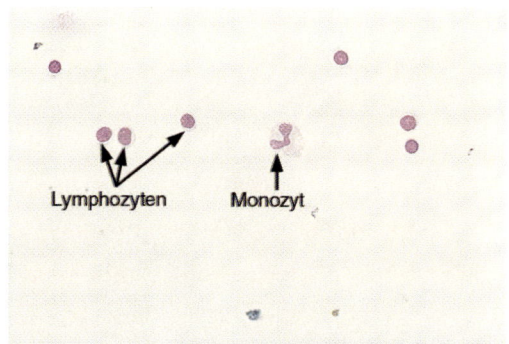

Abb. 4: Normales Zellbild: Überwiegend kleine inaktive Lymphozyten, Mitte des Bildes Monozyt.

Immunzytologisch handelt es sich überwiegend um T-Zellen, die B-Zellen machen höchstens 1,5 % aus [64]. Alle Transformationsstufen der Lymphozyten, die sich in einer Vergrößerung des Kerns und des Zytoplasmasaumes sowie in einer zunehmenden Basophilie des Zytoplasmas darstellen (Abb. 5, Abb. 6), dürfen im normalen Liquor kaum einmal angetroffen werden. Ein Teil der Lymphozyten geht im Liquor zugrunde, ein Teil bleibt seßhaft im arachnoidalen Gewebe, ein Teil wandert ins Blut zurück, so daß ein immunologischer Austausch zwischen Blut und Liquor entsteht.

Bei den Liquormonozyten des gesunden Menschen handelt es sich um inaktive Zellen des mononukleären Phagozytose-Systems. Dementsprechend ist ihre Herkunft vielfältig: ein Teil ist vom Blut eingewandert, ein Teil stammt von seßhaften Zellen der Leptomeninx und ein weiterer Teil, wahrscheinlich aber erst nach pathologischen Vorgängen, von der Mikroglia. Die Monozyten sind mindestens doppelt so groß wie die kleinen Lymphozyten, haben einen exzentrischen, sei es ovalen, sei es nieren- oder hufeisenförmigen, blaugrauen Kern, der meist ein oder zwei blasse Kernkörperchen enthält. Sein breites Zytoplasma ist blaß-blaugrau, nicht selten von Vakuolen durchsetzt (Abb. 7).

Monozyten gehen *in vitro* schneller unter als Lymphozyten, was bei der quantitativen Beurteilung des Zellbildes berücksichtigt werden muß.

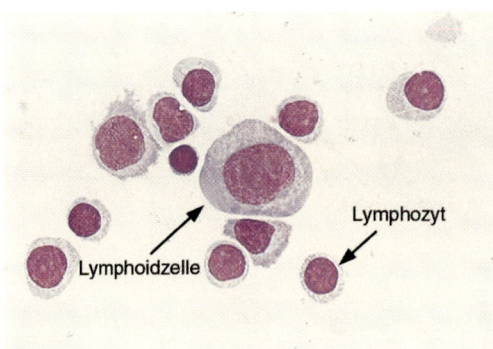 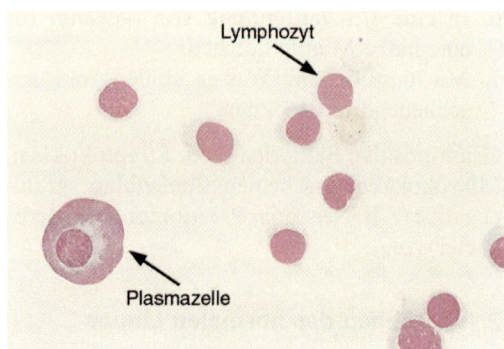

Abb. 5 **Abb. 6**

Abb. 5: Lymphozyten unterschiedlicher Transformationsstufen. In Bildmitte sogenannte Lymphoidzelle (Lymphoblast).

Abb. 6: Kaum aktive Lymphozyten. Daneben typische Plasmazelle.

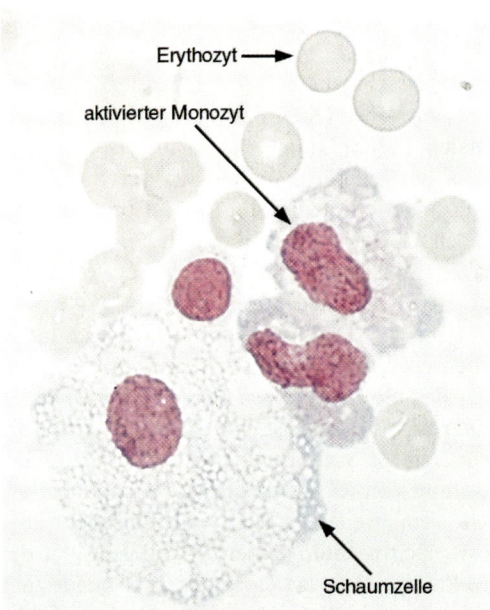

Abb. 7: Wenig aktivierte, von Vakuolen durchsetzte Monozyten und ein inaktiver Lymphozyt. Monozyt unten zu Schaumzelle umgewandelt.

2.1.2.2 Ependym- und Plexus choroideus-Zellen

Gelegentlich finden sich im Liquor meist in epithelähnlichen Verbänden auftretende, offensichtlich recht empfindliche Zellen mit rundem, oft pyknotisch erscheinendem Kern und breitem, rosa oder auch blaugrau gefärbtem Zytoplasma. Es handelt sich um Zellen des Ventrikel-, Plexus-choroideus- und Zentralkanalepithels. Eine sichere zytologische Differenzierung von Ependym- und Plexus-Zellen gelingt häufig nicht. Man kann aber feststellen, daß die Zellen des Plexus meist besser erhalten sind. Ihre Zellverbände sind größer als jene, die vom Ependym stammen. Die Zellkerne fallen durch Chromatinreichtum und Isomorphie auf, das Zytoplasma imponiert durch feinkörnige Struktur (Abb. 8). Die Zellen des Ependyms sind empfindlicher, die Zellkerne jeden-

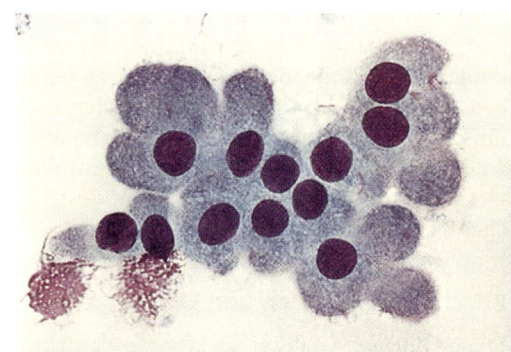

Abb. 8: Zellverband des Plexus choroideus. Epithelähnlicher Verband mehrerer Zellen mit weitem, gebuchtetem, gekörntem Zytoplasma und isomorphen, runden, bis leicht ovalen Kernen.

falls häufiger pyknotisch. Das blasse Zytoplasma ist am Rande ausgefranst, die Färbeeigenschaften fallen recht unterschiedlich aus.

Zunächst stellen Zellen des Ependyms und Plexus choroideus im Zytogramm Zufallsbefunde dar, und eine spezielle pathognomonische Bedeutung kommt ihnen nicht zu. Wenn sie aber z. B. im Liquor von Säuglingen und Kleinkindern vermehrt auftreten, so kann dieser Befund auf das Bestehen eines Hydrocephalus hinweisen [73]. Solche Zellen findet man auch vermehrt, wenn der Liquor durch Zisternen- oder Ventrikelpunktion oder im Laufe einer Pneumenzephalographie gewonnen wurde. Man sieht sie häufiger nach intrathekaler Anwendung von Medikamenten, besonders von Zytostatika.

2.1.3 Phagozytose, Makrophagen

Die Phagozytose dient zum einen der Nahrungsaufnahme, zum anderen der Entfernung oder Vernichtung milieufremder bzw. als fremd aufgefaßter Elemente. Diese können belebt (Zellen, Bakterien, Viren, Pilze [Abb. 9]) oder unbelebt (Pigmente, Lipide, intrathekal applizierte Substanzen) sein. Je nach dem phagozytierten Material werden Bakteriophagen, Lipophagen, Leukophagen, Erythrophagen, Pigmentophagen usw. unterschieden. Auch Phagozyten selbst können phagozytiert werden, wohl dann, wenn sie einen bestimmten Funktionszustand verloren haben und nun ihrerseits als milieufremd aufgefaßt werden.

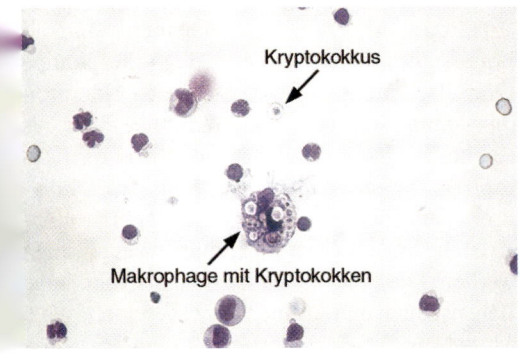

Abb. 9: Im Zentrum Makrophage beladen mit Kryptokokken.

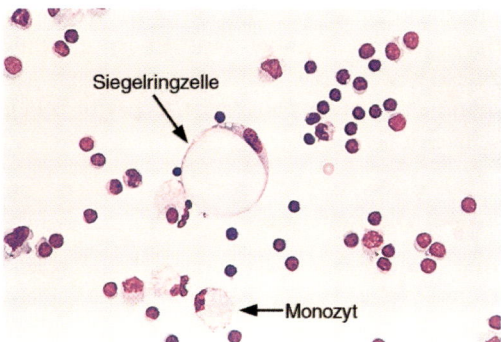

Abb. 10: Überwiegend lymphozytäre Pleozytose. Lymphozyten mit Zeichen der Transformation. Einige Monozyten. In Bildmitte Monozyt zu Siegelringzelle umgewandelt. Kein Malignitätshinweis.

Die Makrophagen, die sich aus dem mononukleären Phagozytose-System entwickelt haben, zeigen kaum noch Ähnlichkeit mit Monozyten. Ihre Phagozytosefähigkeit ist außerordentlich. Phagozytiert wird alles, was einen bestimmten Fremdkörpereffekt ausübt, auch wenn die als fremd identifizierten Anteile oft die mehrfache Größe des Phagozyten erreichen. Phagozytiertes, fermentativ gespaltenes, nicht weiter verwertbares Material wird im Zytoplasma deponiert und erscheint dort oft als optisch leere Vakuole. Die Vakuolen können den ganzen Zytoplasmaleib fein- oder grobblasig durchsetzen, was zu sog. Gitterzellen führt. Die Vakuolengrenzen können auch aufreißen. Dann fließen mehrere Blasen ineinander, das Zytoplasma und der Zellkern werden randständig, und es entsteht schließlich die phagozytäre Form der sogenannten Siegelringzelle (Abb. 10). Diese Siegelringzelle kann mit mehr als 100 Mikrometern eine gewaltige Größe erreichen. Freilich läßt die Tatsache der Zytoplasmavakuolisierung nicht in jedem Fall den Schluß zu, daß Phagozytose stattgefunden hat. Solche optisch leeren Vakuolen können als degenerative Stigmata ebenso auf einen zytoplasmatischen Entmischungsprozeß hinweisen. Man spricht von „maskierter" Phagozytose [53], wenn zytoplasmatische Einschlüsse nicht erkennen lassen, was und ob überhaupt phagozytiert worden ist. Der Begriff sollte vermieden werden, wenn seine Triftigkeit nicht durch spezielle Färbungen, z. B. Sudanrot oder -schwarz bestätigt wird. Er ist allenfalls zulässig, wenn die Größe der Vakuolen auf unmittelbar zuvor phagozytierte Erythrozyten schließen läßt.

2.1.4 Blutiger Liquor

Blut im Liquor löst eine außerordentlich lebhafte leptomeningeale Reaktion aus, die Pleozytose kann auf über 500 Zellen pro Mikroliter ansteigen. Die durch den Fremdkörper Blut hervorgerufene Meningitis äußert sich anfänglich darin, daß sämtliche Zellformen der hämatologischen Reihe auftreten. Zunächst überwiegen neutrophile Granulozyten, doch dann wird das Bild schnell von der Phagozytosetätigkeit der Makrophagen bestimmt.

Die ersten Zeichen der Phagozytose stellen sich etwa 4 Stunden nach Eintritt des Blutes in den Liquorraum ein. Anfangs sind es jene Monozyten, die schon vor der Blutung im Liquor waren, die die erste Aktivierung erfahren. Ihr Anteil an der Erythrozyten-Eliminierung bleibt jedoch gering und tritt rasch in den Hintergrund. Etwa 12 bis 18 Stunden nach Einsetzen des Reizes macht sich die lebhafte Proliferation des leptomeningealen Gewebes dadurch bemerkbar, daß zahlreiche einzelne Makrophagen oder in lockeren (Abb. 11) oder festeren Verbänden organisierte Makrophagen auftauchen.

Die Erythrozyten lagern sich rund um diese Phagen an und werden schnell, innerhalb weniger Stunden, von Zytoplasma-Pseudopodien umschlossen. Dann beginnt ihr fermentativer Abbau, zunächst der ihres Hämoglobinmoleküls. Die Erythrozyten verlieren ihre Eigenfarbe und erscheinen als optisch leere Vakuolen im Makrophagen-Zytoplasma. Später setzt der Abbau des offensichtlich resistenteren Erythrozytenstromas ein. Bis zum Auftauchen der ersten Hämosideringranula im Phagozytenzytoplasma dauert es etwa 4 Tage. Das verdaute Hämoglobin wird als eisenhaltiges Hämosiderin oder als eisenfreies Hämatoidin im Zytoplasma abgelagert.

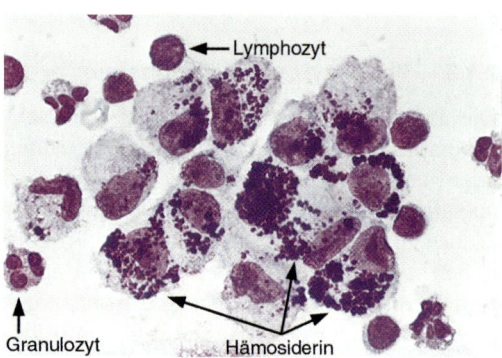

Abb. 12: Mehrere Makrophagen in lockerem Verband mit Hämosiderin-Depots im Zytoplasma als Zeichen einer mindestens 10 bis 14 Tage zurückliegenden Erythrozytenphagozytose. Begleitpleozytose aus kleinen Lymphozyten und Granulozyten als Hinweis auf eine Fremdkörpermeningitis.

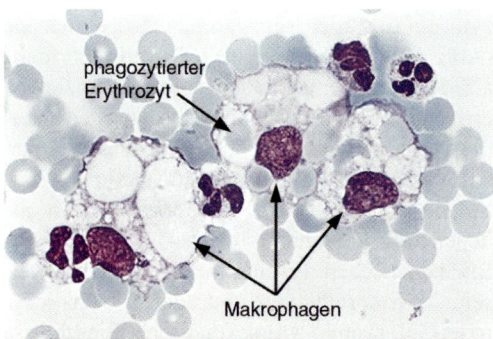

Abb. 11:. Erythrozyten-Phagozytose in der Frühphase. 3 Makrophagen, 2 von ihnen mit Erythrozyten im Zytoplasma.

Hämosiderin (Abb. 12) erscheint als dunkelbraune bis grauschwarze, z. T. recht plumpe Granula, zeitlich etwas später auch Hämatoidin, dann als gelbbraune Granula oder als leuchtende gelb-orangefarbene Kristalle im Zytoplasma. Gehen solche Makrophagen autolytisch zugrunde, so können die Hämatoidin-Kristalle auch isoliert im Liquor nachgewiesen werden. Die Phagozyten haben eine recht lange Lebensdauer und können bisweilen mehr als 6 Monate nach abgelaufener Blutung im Subarachnoidalraum gefunden werden. Die lange Überlebenszeit kann allerdings auch dadurch vorgetäuscht werden, daß der ältere Makrophage mit samt seinem phagozytierten Material von jungen Phagozyten übernommen wurde. Der eigentliche Nachweis, daß sich im Phagozytenplasma Hämosiderin und Hämatoidin befindet, gelingt durch die Berliner Blau-Reaktion, bei der die Blutfarbstoffe verschiedene Blautöne annehmen. Eine sichere Unterscheidung von dem in der Pappenheimfärbung ähnlich erscheinenden phagozytierten Melanin ist nur durch diese Probe möglich. Gelegentlich können aber solche Phagozyten bei Melanommetastasen des ZNS sowohl Hämosiderin als auch Melanin im Zytoplasma deponiert haben.

2.1.5 Granulozyten

Granulozyten, ob neutrophile, basophile oder eosinophile, sind unter den anderen Leukozyten im Liquor leicht zu erkennen. Im Zellbild des Gesunden kommen sie, abgesehen von gelegentlichen Irrläufern, nicht vor. Lymphozyten und Monozyten können im normalen, aufgrund seiner Zusammensetzung, eher zellfeindlichen Liquor bestimmte Überlebensformen entwickeln. Granulozyten fehlt eine solche Fähigkeit, sie unterliegen deshalb schnell der Autolyse. So kommen ihnen, offensichtlich auch unter normalen Verhältnissen, keine speziellen Aufgaben im Liquor zu. Granulozyten erscheinen erst, wenn die Gefäßwände im Subarachnoidalraum ihre Eigenschaften verändern und wenn Toxine sie angelockt haben. Dann macht sich allerdings ihre enorme Migrationsgeschwindigkeit bemerkbar: innerhalb weniger Stunden kann der Liquor von Granulozyten überschwemmt sein. So kann eine klinisch und bakteriologisch gesicherte Meningokokken-Meningitis bei der Erstpunktion unter Umständen weniger als 25 Zellen pro Mikroliter aufweisen, 6 Stunden später dann mehrere Tausend.

Der Stoffwechsel der Granulozyten beruht in hohem Maße auf anerober Glykolyse, die auf das 8- bis 10-fache gesteigert werden kann [30]. Dementsprechend steigt nach der Granulozyteninvasion der Laktatspiegel im Liquor. Dieser Anstieg erfolgt aber nur dann, wenn die Granulozyten eine, die Glykolyse notwendig machende Fähigkeit, nämlich die Bildung von Phagosomen und die Phagozytose für Bakterien entwickeln. Inaktive oder funktionsgeschädigte Granulozyten lassen den Laktatspiegel nur unwesentlich ansteigen. Als Ursache für ihren Aufenthalt im Liquor ist dann auch nicht eine bakterielle Infektion anzunehmen.

2.1.5.1 Neutrophile Granulozyten

Die neutrophilen Granulozyten sind die eigentlichen Zellen der akuten Bakterienabwehr. Ebenfalls auf ihr Konto geht der enorme Zellanstieg im Laufe einer bakteriellen Entzündung, der innerhalb weniger Stunden von wenigen Zellen bis 10 000 pro Mikroliter und mehr betragen kann [37, 57]. Diesen, in den Liquor imigrierten Granulozyten ist ein kurzes, meist nur auf wenige Stunden begrenztes Leben beschieden. *In vitro* beträgt die Halbwertzeit neutrophiler Granulozyten dann oft weniger als eine Stunde. Lichteinfall beschleunigt nach unserer Erfahrung die Autolyse: Granulozyten, die im Dunkeln aufbewahrt werden, halten sich länger. Da nach kurzer Zeit im Zellbild häufig nicht einmal mehr Trümmer auf die einstige Existenz der Granulozyten hinweisen, sie sich demnach vollkommen aufgelöst haben, wird dringend empfohlen, nach der Liquorentnahme sofort die Zellzahl zu bestimmen und das zytologische Präparat anzufertigen.

Auch im Frühstadium der akuten, exsudativen Entzündung sind jugendliche, stabkernige Granulozyten in einem nur geringen Prozentsatz vorhanden. Das Zellbild wird von mehrfach segmentierten, häufig übersegmentierten Granulozyten beherrscht. Die einzelnen Kernsegmente sind oft nur noch durch feinste Brücken miteinander verbunden. Häufig erkennt man auch isolierte, im Zytoplasma liegende Kernteile. Wenn solche Kernreste im Zytoplasma erscheinen und sehr klein sind, ist die Abgrenzung gegenüber phagozytierten Bakterien nicht immer einfach. In diesem Fall muß unbedingt mit maximaler Vergrößerung (1000mal) mikroskopiert werden (Abb. 13).

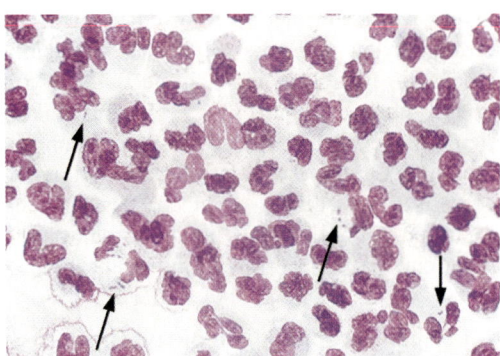

Abb. 13: Granulozytäre Entzündung bei Pneumokokkeninfektion. Überwiegend stabkernige und segmentkernige neutrophile Granulozyten. Einige Zellen nur schwer von Monozyten abgrenzbar. In einigen Granulozyten Diplokokken.

Die Phagozytosekapazität neutrophiler Granulozyten im Blut wird durch verschiedene Faktoren wie Fieber oder Gravidität stimuliert, bei Lupus erythematodes oder durch Einnahme mancher Medikamente wird sie reduziert. Es ist anzunehmen, daß diese Abhängigkeit auch für die in den Liquor invadierten Granulozyten zutrifft. Sicher sagt die Höhe der Neutrophilenzahl im Liquor noch nichts über den Erfolg oder Mißerfolg der Infektabwehr aus. Doch ist ein Mißverhältnis zwischen Bakterienaussaat und Granulozyteninvasion ein eher ungünstiges Zeichen.

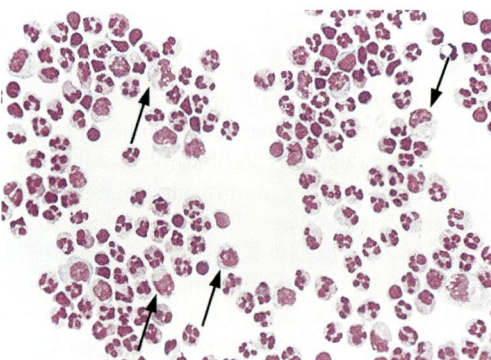

Abb. 14: Gemischtzellige, überwiegend granulozytärmonozytäre Pleozytose. Häufig als Fremdkörperreaktion oder als proliferative Phase nach bakterieller (granulozytärer) Entzündung. Viele Monozyten vakuolär durchsetzt.

Neutrophile Granulozyten dringen nach den unterschiedlichsten Reizen in den Liquor. Die Granulozyteninvasion ist deshalb zunächst ein relativ unspezifisches Entzündungssymptom. Nur die Qualität und die Dauer des Granulozytenaufenthaltes im Liquor erlauben eine nähere Bestimmung des zugrundeliegenden Reizes. Bakterielle Entzündungen im Liquorraum zeichnen sich im Normalfall durch eine hohe Granulozytenzahl aus. Nach erfolgreicher Infektabwehr sind neutrophile Granulozyten noch mehrere Tage nachweisbar (Abb. 14). Jenseits des 20. Krankheitstages sinken sie unter 5% der Gesamtzellzahl. Auch bei Viruserkrankungen des Zentralnervensystems ist zu Beginn das Zellbild von neutrophilen Granulozyten beherrscht. Die Gesamtzellzahl steigt jedoch selten über 700 Zellen pro Mikroliter. Die Granulozyten verschwinden dann schnell und sind etwa nach dem 10. Krankheitstag einem Zellbild gewichen, das von Monozyten und überwiegend von Lymphozyten bestimmt wird (Abb. 15 u. 16). Zu Beginn der Entzündung vom tuberkulösen Typ besteht ebenfalls eine Granulozytose [58]. Im klinischen Bereich wird dieses Stadium der Krankheit allerdings kaum erfaßt. In der Regel fällt zum Zeitpunkt der Erstpunktion das sog. bunte Zellbild auf (Abb. 17 a/b). Auch bei erfolgreicher Therapie lassen sich noch im Spätstadium der Erkrankung, auch nach 30 bis 40 Tagen, Granulozyten im Liquor nachweisen [37]. Aggregation von Leukozyten allgemein soll eher auf eine bakterielle, mehr einzeln liegende Zellen eher auf eine Virus-Meningitis hinweisen [19]. Bei der Listerienmeningitis liegen die Verhältnisse ähnlich.

Wird die Entzündung durch einen Fremdkörper, durch Blut, Ventrikeldrain oder durch intrathekal instillierte Medikamente verursacht, wandern Granulozyten ebenfalls über einen jedoch längeren Zeitraum in den Liquor. Es läßt sich aus der Höhe der Zellzahl und dem Anteil der Granulozyten am Zellspektrum kein Hinweis für das Ausmaß der Fremdkörperinvasion ableiten.

2.1.5.2 Basophile Granulozyten

Auch diese Zellen sind im Liquor leicht zu erkennen. Nur dem ungeübten Auge kann die

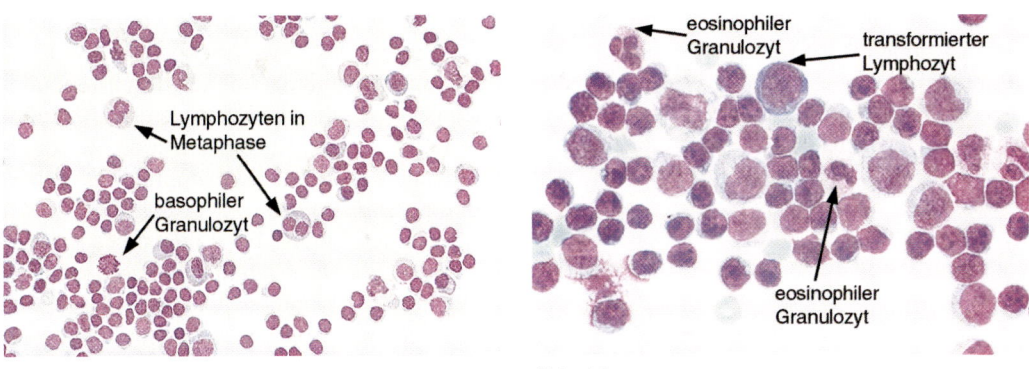

Abb. 15 **Abb. 16**

Abb. 15: Lymphozytäre Entzündung. Zwei Lymphozyten in Metaphase der Kernteilung. Links unten basophiler Granulozyt.

Abb. 16: Lymphozytäre Meningitis bei Varicella-Zoster-Infektion. Breites Spektrum lymphozytärer Zellen mit Zeichen der Transformation. Die kleinen Lymphozyten fallen durch ihren schmalen Zytoplasmasaum auf. Etwa in der Mitte des Bildes ein eosinophiler Granulozyt. Oben unreife lymphozytäre Zelle. Geringer Anteil von Monozyten, diese z. T. mit Aktivitätszunahme.

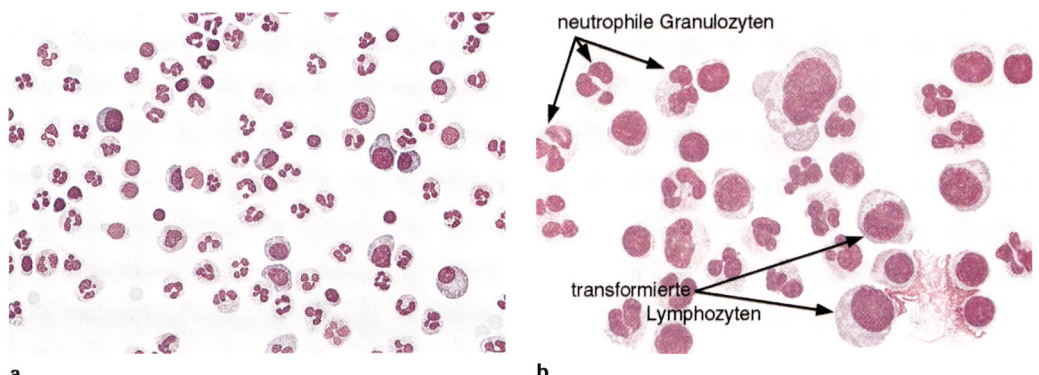

a b

Abb. 17 a/b: Neutrophile Granulozyten zusammen mit einigen Lymphozyten, die ausgeprägte Transformation aufweisen. Dieses Nebeneinander zwischen Granulozyten und proliferationsaktiven Lymphozyten findet man in der Frühphase einer viralen Entzündung, aber auch als sogenanntes „buntes Zellbild" bei chronisch-proliferativen Entzündungen, wie etwa bei der tuberkulösen Meningoenzephalitis:
a = Übersicht; **b** = Vergrößerung aus anderem Bereich.

Abgrenzung gegenüber Hämosiderinbeladenen kleinen Makrophagen oder gegenüber Bakterien beladenen Neutrophilen Schwierigkeiten bereiten. Gelegentlich sind die großen basophilen Zytoplasmagranula so prominent, daß der schwächer angefärbte Kern kaum hinter ihnen entdeckt werden kann.

Basophile Granulozyten enthalten viel Histamin sowie Heparin. In ihren Granula ist außerdem Heparin enthalten. Über die verschiedenen Funktionen dieses Zelltyps im Verlauf einer Entzündung ist relativ wenig bekannt. Möglich wären fibrinolytische Aufgaben. Interaktionen zwischen Neutrophilen, Eosinophilen und Basophilen im Laufe einer Entzündung sind sicher. Qualitative Aussagen zur Funktion der Basophilen im Liquor zu machen, ist schon deshalb schwierig, weil sie im Zellbild nur selten zu finden sind und nur im Ausnahmefall 1 bis 2% der Gesamtzellzahl ausmachen.

Basophile Granulozyten treten vereinzelt sowohl bei neutrophilen wie bei lymphozytären Pleozytosen auf [12]. Handelt es sich bei den Kranken um Säuglinge oder Kleinkinder, sind sie etwas häufiger und auch in größerer Anzahl zu sehen. Im späteren Lebensalter werden sie seltener. Wie schnell sie im Liquor autolytisch werden und damit nicht mehr erkannt werden können, ist nicht bekannt. Jene Basophile, die sich als solche identifizieren lassen, sind jedenfalls in der Regel gut erhalten.

2.1.5.3 Eosinophile Granulozyten

Die Eosinophilen im Liquor entsprechen jenen im Blut. Allerdings ist ihr Kern häufig nicht zweisegmentig mit der sog. Brillenform, sondern kann drei oder – allerdings selten – mehrere Segmente haben. Die Zellen sind neben ihrer auffälligen Kernform durch die typischen rostroten Zytoplasma-Granula gut zu erkennen. Manche Autoren halten die eosinophilen Granulozyten im Liquor für besonders vulnerabel [13, 56]. Im Vergleich zu den neutrophilen Granulozyten sind sie aber gegenüber äußeren Einwirkungen auffallend resistent. Besonders widerstandsfähig zeigen sich ihre Granula, die noch lange nach Auflösung des Kerns und der Zytoplasmagrenzen nachgewiesen und aufgrund ihrer typischen Größe, Färbung und Anhäufung eindeutig als Eosinophilenhinweis erkannt werden können.

Aufgrund ihrer Struktur und ihrer enzymatischen Ausstattung haben eosinophile Granulozyten eine ähnliche Phagozytosekapazität wie die neutrophilen. Trotzdem spielen sie bei der eigentlichen Bakterienbeseitigung eine ganz untergeordnete Rolle. Dafür kommt ihnen bei der Zerstörung von Parasiten eine dominierende Aufgabe zu. Es wird angenommen, daß sich die Eosinophilen an die Parasiten anlagern und tödliche Enzyme wie ein bestimmtes Protein, das sogenannte Major Basic-Protein in den Erreger einschleusen.

Eosinophile Granulozyten treten, wenn auch in begrenzter Anzahl, während der Heilungsphase jeder entzündlichen Reaktion auf, auch bei solchen Reaktionen, die nicht durch Erreger ausgelöst sind. Sie können durch Histamin chemotaktisch angelockt werden, wobei möglich ist, daß dieses Histamin von den Basophilen stammt [10]. Auch T-Lymphozyten bewirken die vermehrte Einwanderung von Eosinophilen in den Liquor. Im Rahmen des komplizierten zellulären und humoralen Ablaufs von Entzündungen kommt den Eosinophilen wahrscheinlich die Aufgabe eines Modulators zu. Unbestritten ist auch die wichtige Rolle der Eosinophilen bei allergisch-hyperergischen Reaktionen. Es ist aber nicht geklärt, inwieweit sie diese Reaktionen verstärken oder dämpfen. Von manchen Autoren wird angenommen, daß sie Immunkomplexe durch Phagozytose eliminieren können [41].

Eosinophile erscheinen im Laufe der bakteriellen Infektabwehr kurz vor dem Granulozytensturz. Handelt es sich um durch Viren induzierte Entzündungen, so erscheinen sie kurzfristig etwa auf dem Höhepunkt der lymphozytären Transformation, machen aber selten mehr als 5% der Gesamtzellzahl aus. Bei der tuberkulösen Entzündung können sie über einen längeren Zeitraum immer wieder beobachtet werden. Ausgesprochen eosinophile Entzündungen sind als Fremdkörperreaktion nichts Ungewöhnliches (Abb. 18). Sie werden fast re-

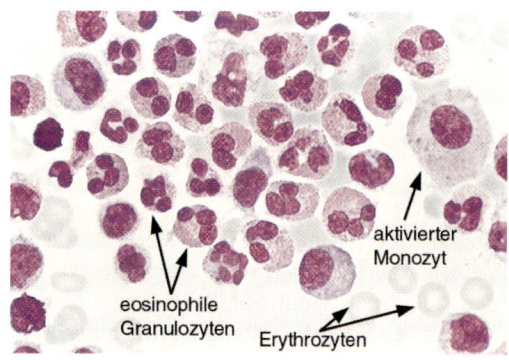

Abb. 18: Eosinophile Meningitis nach Schädel-Hirn-Trauma. Zahlreich eosinophile Granulozyten, z.T. mit brillenförmigem, z.T. auch mit mehrfach segmentiertem Kern. Einzelne transformierte Lymphozyten, eine Plasmazelle. Ein größerer aktivierter Monozyt.

gelmäßig nach Shunt-Implantationen [54] und bei Kindern häufiger als bei Erwachsenen beobachtet. Nach unseren Erfahrungen hat in den letzten Jahren die eosinophile Reaktion nach solchen Eingriffen auffällig nachgelassen. Wahrscheinlich werden jetzt verträglichere Materialien verwendet. Andere seltene eosinophile Pleozytosen wurden bei erregerbedingten und allergisch-hyperergischen Reaktionen beschrieben [4, 7, 27, 33, 38].

Es ist ungeklärt, warum bei manchen malignen Tumoren, vornehmlich bei malignen Lymphomen, vermehrt Eosinophile auftauchen können. Diese Reaktion, die gelegentlich als regelrechte eosinophile Meningitis imponiert [26], kann dem eigentlichen Auftauchen von Tumorzellen um Wochen vorausgehen. Möglich wäre, daß durch den Tumor stimulierte T-Lymphozyten die Eosinophilen-Invasion angeregt haben. Manche Autoren vermuten auch, daß vom Tumor selbst eine Eosinophilen-Invasion ausgelöst wird [9, 68].

Wenn eosinophile Granulozyten im Zellbild über Wochen oder Monate auftreten, weist dieser Befund auf eine Zoonose des zentralen Nervensystems hin [14, 15, 71]. In erster Linie ist an Zystizerken zu denken, aber auch Echinokokken-Finnen und andere seltenere Wurmparasiten kommen in Frage. Es wird vermutet, daß die Eosinophilen-Reaktion steigt, wenn die Parasiten in der Nähe des Liquorraumes liegen. Eine entsprechende eosinophile Reaktion im Blut kann ausbleiben.

2.1.6 Tumorzellen [28, 35]

Die Tumorzelldiagnose hat sich auf die bekannten, allgemein gültigen Malignitätskriterien zu stützen. Diese Kriterien beziehen sich auf die einzelne Zelle, den Zellverband sowie die Zelle im Vergleich zu jenen, die im gleichen Präparat angetroffen werden. Je mehr Zellen zytologisch untersucht werden können und je mehr Malignitätsmerkmale festzustellen sind, desto sicherer wird die Diagnose [21].

Kern

Die Kernzytoplasmarelation ist zugunsten des Kerns verschoben. Diese Verschiebung kann so stark ausfallen, daß Tumorzellen fast nacktkernig, also ohne Zytoplasma erscheinen. Der Kern fällt durch seine Hyperchromasie auf. Die oft inhomogene, aufgelockerte Chromatinstruktur kann von Zelle zu Zelle desselben Präparates erheblich wechseln. Im Kern liegen einzeln oder vermehrt Kernkörperchen, die oft auffallend groß sind, dann weite Teile des Kerns in Anspruch nehmen und sich oft scharf, zum Teil azido-, zum Teil basophil abgrenzen.

Die Kernpolymorphie stellt sicher ein wesentliches Malignitätsmerkmal dar. Allerdings muß sorgfältig zwischen einer neoplastischen und einer degenerativen Polymorphie unterschieden werden. Die Polymorphie als Folge degenerativer Veränderungen, eine geläufige Erscheinung in der Liquorzytologie, geht häufig ebenfalls mit einer Hyperchromasie des Kerns einher. Sie ergreift aber im Unterschied zur neoplastischen in der Regel den Kern und das Zytoplasma gleichermaßen. Das degenerierende Zytoplasma fällt dann durch die zunehmende Azidophilie auf.

Zytoplasma

Das Zytoplasma färbt sich im panoptischen Präparat häufig intensiv blau an, was auf einen erhöhten RNA-Gehalt und damit auf die gesteigerte zytoplasmatische Aktivität hinweist. Der Zytoplasmarand stellt sich teils scharf begrenzt, teils stark eingebuchtet, teils zerfranst dar. Oft ist er auch wegen der Übergröße des Kerns nur als schmaler Saum zu erkennen. Manche Tumorzellen, vornehmlich jene epithelialer Provenienz, fallen aber auch durch ihren großen, differenzierten Zytoplasmaleib und ihren dementsprechend relativ kleinen Zellkern auf. Zytoplasmatische Einschlüsse, wie sie sich charakteristischerweise bei den sogenannten Siegelringzellen der schleimbildenden Karzinome finden, oder zytoplasmatische Leistungen, wie etwa die der Verhornung, sprechen für Zellen epithelialer, wenig differenziertes, mehr homogen gefärbtes Zytoplasma spricht für Zellen mesodermaler Herkunft. Insgesamt übersteigt eine weitere Organzuordnung die diagnostischen Möglichkeiten der Punktionszytologie. In jedem Fall sollte bei der Befundung Zurückhaltung geübt werden. Zeichen der Phagozytose schließlich sprechen eher gegen das Vorliegen einer malignen Zelle, jedoch scheint Phagozytose der Tumorzellen untereinander vorzukommen („Zellkannibalismus").

Zellteilung

In der Regel ist die Zellteilungsrate erhöht. Dieser Befund kann allerdings je nach Proliferationsphase der Tumorzellpopulation recht wechselnd sein, so daß eine geringe oder fehlende Mitosetätigkeit nicht den Schluß gestattet, es handele sich um eine benigne oder um gar keine Geschwulst.

Entsprechend dem häufig polyploiden Chromosomensatz der malignen Zelle sind drei- oder mehrpolige Mitosen nicht ungewöhnlich. Die ungleiche Zahl der wandernden Chromosomen kündigt die Kernpolymorphie der neu entstehenden Zellen an. Manche Chromosomen können auch außerhalb des Teilungsraumes zu liegen kommen, um dann entweder zugrunde zu gehen oder aber später als Kernabsprengung in Erscheinung zu treten (Abb. 19). Andere Chromosomen zeigen sich auffällig gequollen, verklumpt oder auch zu langen Fäden auseinandergezogen (Abb. 20). Amitotische Zellteilungen erscheinen nur gelegentlich. Reine Kernteilungen, amitotisch oder mitotisch, kommen vor und führen zu mehrkernigen Riesenzellen.

Alle aufgeführten Malignitätskriterien sind diagnostische Richtlinien und haben keine absolute Verbindlichkeit. Aktivierte Monozyten können ebenso wie transformierte Lymphozyten einen außerordentlichen Formenreichtum, Übergröße, Mehrkernigkeit, Kern- und Zytoplasmabasophilie, große Kernkörperchen und Mitosen, zum Teil auch atypische entwickeln, eine Erfahrung, die zur Zurückhaltung bei Wahl und Formulierung der Diagnose verpflichtet.

Die meisten differentialdiagnostischen Schwierigkeiten bereiten nach unserer Erfahrung unreife leptomeningeale Zellverbände, wie sie sich besonders im Liquor von Säuglingen und Kleinkindern finden, die oft im Gefolge eines Hydrozephalus ein schweres Geburtstrauma erlitten hatten. Im Meningitis-Liquor von Kleinkindern und im Liquor, der ventrikulär entnommen wurde, ist die massive Proliferation ortsständiger Zellen ebenfalls zu beobachten [16, 18].

Lokalisation und Malignitätsgrad primärer und metastatischer Hirngeschwülste entscheiden über die Möglichkeit der Exfoliation maligner Zellen in den Liquorraum. Erwartungsgemäß können bei liquornahe gelegenen Tumoren häufiger Tumorzellen im Liquor nachgewiesen werden, umgekehrt schließt aber die liquorferne Lokalisation die Möglichkeit, spezifische Zellen im Präparat zu finden, nicht aus [63]. Entscheidend sind die histologischen Besonderheiten des Tumors, seine Tendenz, infil-

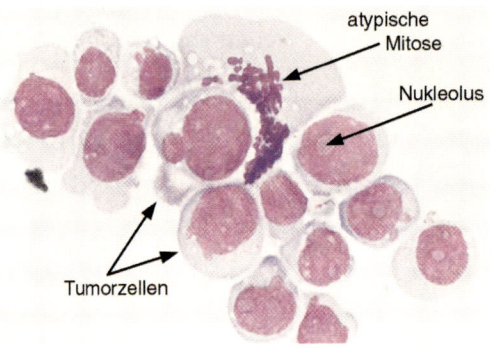

Abb. 19: Adenokarzinom des Magens. Lockerer Tumorzellverband. Atypische Mitose. Chromosomen ordnen sich nicht in Äquatorialebene. Daneben Tumorzellen mit unterschiedlich großen Kernabsprengungen.

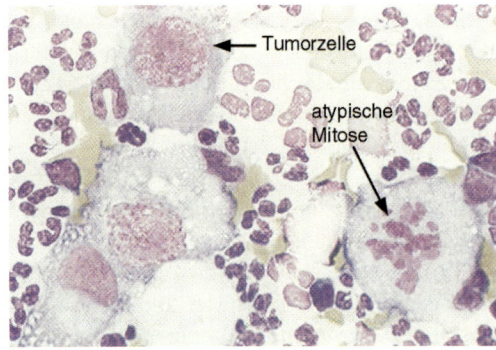

Abb. 20: Zwischen Granulozyten mehrere Tumorzellen (Glioblastom). Rechts unten atypische Mitose mit verklumpten Chromosomen.

trativ zu wachsen, und seine Fähigkeit, lokkere, sich leicht ablösende Zellen bzw. Zellverbände zu bilden.

2.1.6.1 Primäre Neoplasien des ZNS

Wie oft sich bei primären Hirntumoren maligne Zellen im Liquor nachweisen lassen, wird recht unterschiedlich beurteilt [55, 70, 72]. Nach unseren Erfahrungen liegt die Nachweisrate unter 15%. Diese geringe Tumorzelldetektionsrate verwundert nicht, handelt es sich doch bei einem Großteil der primären Hirntumoren nach histologischen Kriterien bewertet um relativ gutartige Neubildungen mit geringer Mitosetätigkeit und bisweilen guter Abgrenzung gegenüber dem gesunden Gewebe. Die Identifizierung von Liquorzellen solcher Tumoren, denen es schon histologisch an Malignitätsmerkmalen mangelt, fällt denkbar schwierig aus, sieht man einmal von den Tumoren mit hoher Proliferation, wie etwa den Glioblastomen oder Medulloblastomen ab.

Ependymome

Üblicherweise sind die Ependymome wenig proliferationsaktiv und ihre Zellen im Liquor nicht leicht zu identifizieren. Die Abgrenzung von zunächst einmal normalen Ependymzellen [11], dann von Zellen des Plexus choroideus oder auch von solchen des mononukleären Phagozytosesystems kann auf erhebliche Schwierigkeiten stoßen.

Tumorzellen des Ependymoms sind im typischen Falle groß und oft in lockeren Verbänden mit Epithelcharakter. Das zum Teil schaumig aufgetriebene Zytoplasma färbt sich inhomogen zart grau-blau. Der Zellkern ist meist rund oder oval, häufig nicht groß, bisweilen pyknotisch, manchmal zentral gelegen, manchmal ganz an den Rand gedrängt [8, 52, 61, 62]. Mitosen kommen vor. Häufig begleitet die Ependymomzellen eine entzündliche Pleozytose. Sie rekrutiert sich im wesentlichen aus Monozyten und Makrophagen, denen möglicherweise eine Abwehrfunktion zukommt.

Plexuspapillome (Abb. 21)

Histologisch wird das isomorphe benigne vom polymorphen malignen Papillom unterschieden. Das letztere kann leicht mit einem Karzinom verwechselt werden. Wegen des direkten Kontaktes mit dem Liquorraum werden Zellen dieser Tumoren häufig im Liquor gefunden. Es können Einzelzellen, aber auch größere Zellverbände in Form von Abrißmetastasen im Zellbild erscheinen. Zellen des benignen Plexuspapilloms mit geringer Proliferationstendenz können als normale Plexuszellen verkannt werden. Weniger Schwierigkeiten bereitet die Identifizierung von Zellen des polymorphen Papilloms. Diese Zellen erscheinen einzeln oder ebenfalls in Verbänden, zeigen gelegentlich die ursprüngliche Plexuszellstruktur und manchmal auch Ähnlichkeit mit Zellen des Ependymoms. In den runden bis ovalen, chromatinreichen Zellkernen findet sich meist ein kräftig konturierter, prominenter Nucleolus. Verwechslungen mit den Zellen eines epithelialen Tumors sind möglich.

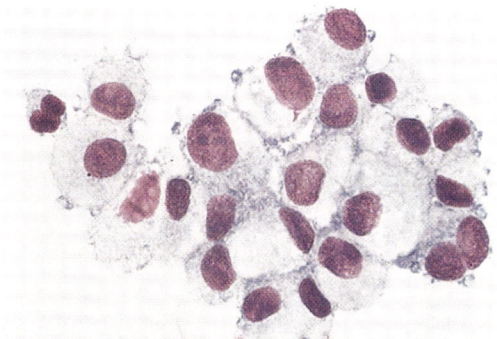

Abb. 21: Polymorphes Plexuspapillom. Verband polymorpher Tumorzellen läßt noch andeutungsweise ehemalige epithelartige Struktur erkennen.

Pinealome (Abb. 22)

Werden Tumorzellen eines Pinealoms im Liquor gefunden, so stammen sie in der Regel von den anisomorphen oder den polymorphen Formen. Beim anisomorphen Pinealom lassen sich, den histologischen Befunden entsprechend, neben kleinen, zytoplasmaarmen, lym-

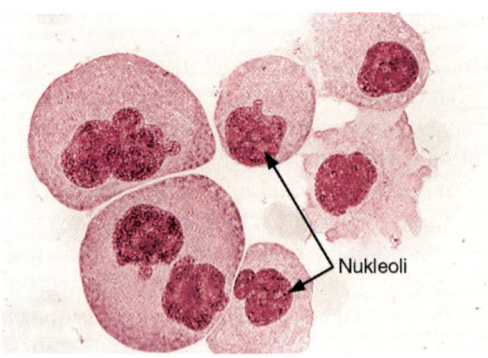

Abb. 22: Polymorphes Pinealom. Lockere Gruppe von Tumorriesenzellen. Kaum Verschiebung der Kernzytoplasmarelation, allerdings auffällige Kernaußengrenzen und prominente Nukleoli.

phozytenähnlichen Zellen große zytoplasmareiche Zellen nachweisen. Beide Zellformen fallen durch ihren großen Nucleolus auf. Verwechslungen sind dennoch mit einer lymphozytären Meningitis oder auch einer Leukämie möglich.

Bei dem polymorphen Pinealom oder Pineoblastom fällt die außerordentliche Polymorphie der Zellen ins Auge. Riesenzellen sind nicht ungewöhnlich. Manche Zellverbände zeigen auffallende Ähnlichkeit zu denen der Medulloblastome. Wegen der Polymorphie der Zellen und des Vorkommens von Riesenzellen kann irrtümlich auch auf ein Glioblastoma multiforme geschlossen werden.

Meningeome, Neurinome, primäre Sarkome des Gehirns

Bei Meningeomen und Neurinomen handelt es sich in aller Regel um gutartige Neubildungen, so daß von diesen Tumoren keine Zellen im Liquor zu finden sind. Nur in seltenen Fällen erscheinen Tumorzellen, dann handelt es sich aber um maligne Erkrankungen, etwa um Meningosarkome. Ganz selten lassen solche Zellen zwiebelschalenähnliche Formationen erkennen, die an das ursprüngliche histologische Bild eines Meningeoms erinnern. Mitteilungen über Zellen der Hypophysenadenome oder der Kraniopharyngeome sind ebenfalls außerordentlich selten [8, 44, 45, 47, 72].

Spongioblastome, Oligodendrogliome

Nur von den Tumoren mit ausgesprochener Malignität lassen sich auch Tumorzellen im Liquor als solche identifizieren. Wenn diese Zellen einzeln auftauchen, so kann ihre Abgrenzung von Monozyten und Makrophagen dennoch schwierig sein.

Astrozytome (Abb. 23 u. 24)

Allenfalls von den Astrozytomen des Malignitätsgrades III oder IV sind Tumorzellen im Liquor zu erwarten. Die autoptische wie histologische Polymorphie dieser Tumoren ist bekannt und entsprechend sind auch die zytologischen Merkmale sowohl innerhalb eines Präparates als auch von Tumor zu Tumor außerordentlich unterschiedlich. Oft tritt eine Art von Tumorzellen mit folgenden Kennzeichen auf: Deutliche Verschiebung der Kernzytoplasmarelation, chromatinreicher Kern und hyperchromatisches Zytoplasma, bizarre Kernformationen, hoher Mitoseindex, Tendenz, in kompakten Zellverbänden zu erscheinen. Eine andere Tumorzellart zeichnet sich folgendermaßen aus: Extrem große, oft mehrkernige, häufig isoliert oder höchstens in lockeren Gruppen liegende Zellen, nur mäßige Verschiebung der Kernzytoplasmarelation, aber Kernpolymorphie, mit lockerer Chromatinstruktur und sehr großen Kernkörperchen. Nicht selten findet man schließlich Zellen, die man zunächst den Monozyten zuordnen möchte, die aber dann durch die Kernpolymorphie und die nicht bei allen aber doch bei einzelnen Zellen beobachtbare auffallende Verschiebung der Kernzytoplasmarelation zu unterscheiden sind. Verwechslungen mit Zellen maligner Lymphome sind in diesem Fall durchaus möglich.

Die Zellen des Astrozytoms Grad IV sind außergewöhnlich vulnerabel, vor allem wenn es sich um Riesenzellen oder besonders polymorphe Zellen handelt. Hier ist erneut die sehr schnelle Präparation und Fixierung nach der Liquorentnahme gefordert.

Medulloblastome (Abb. 25)

Zellen des Medulloblastoms sind gewöhnlich als maligne identifizierbar. Im Präparat findet

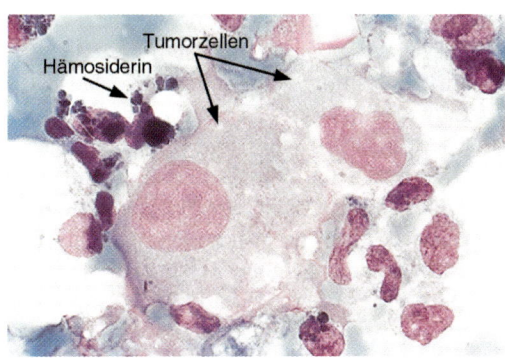 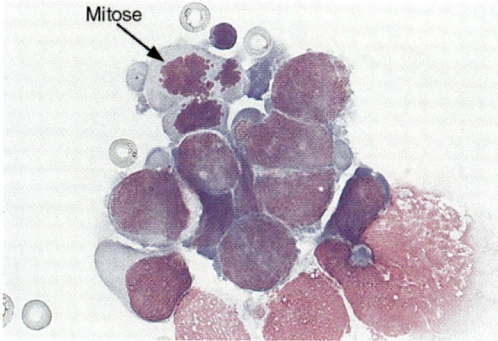

Abb. 23

Abb. 24

Abb. 23: Glioblastoma multiforme. Verband von mindestens 2 Tumorriesenzellen, umgeben von Monozyten und Makrophagen, die z. T. mit Hämosiderin beladen sind. Zytoplasmagrenzen unscharf, Kerngrenzen hingegen relativ scharf begrenzt, kaum Struktur des Zytoplasmas.

Abb. 24: Glioblastoma multiforme. Lockerer Verband aus mehreren Tumorzellen, an denen auch zytologisch die Polymorphie des ursprünglichen Tumors zu erkennen ist.

man sie sowohl einzeln als auch zahlreich in Verbänden. Die Verbände lassen manchmal Organisation der Zellen in Form von Rosetten erkennen, was artdiagnostische Vermutungen ermöglicht. Die Zellkerne sind auffallend groß und polymorph, manchmal rübenförmig oder länglich ausgezogen. Das Kernchromatin ist oft grob strukturiert. Ein oder auch mehrere große Nucleoli sind gut zu erkennen. Das Zytoplasma färbt sich homogen und scheint hohen Flüssigkeitsgehalt und starke Plastizität zu haben. In einzelnen Zellen liegt es homogen um den Kern, in Zellverbänden zerfließt es in alle Spalten.

Die Zytoplasmabasophilie kann von Zelle zu Zelle recht unterschiedlich ausfallen. Zytoplasmatische Einschlüsse oder Vakuolen kommen kaum vor. Zellkannibalismus wird gelegentlich beobachtet. Wenn die Tumorzellen einzeln liegen, so ähneln sie stark jenen unreifzelliger Lymphome [1, 61].

Meist begleitet die Tumorzellen eine unspezifische Pleozytose aus lymphozytären und monozytären Zellen. Gelegentlich sieht man auch eosinophile Granulozyten.

2.1.6.2 Metastasen

In etwa 30–40% der zerebralen Metastasen ist der Nachweis von Tumorzellen möglich [6, 11, 44]. Die Regel, daß trotz noch so geringer Zellzahl bei entsprechendem klinischen Verdacht ein zytologisches Präparat angefertigt und einer sorgfältigen Musterung unterzogen wird, sollte deshalb unbedingt befolgt werden [36, 41]. Gerade bei Karzinommetastasen kann die Diagnose anhand nur weniger Zellen und sogar nur eines einzigen Zellverbandes mit entsprechenden Malignitätskriterien relativ sicher gestellt werden [47].

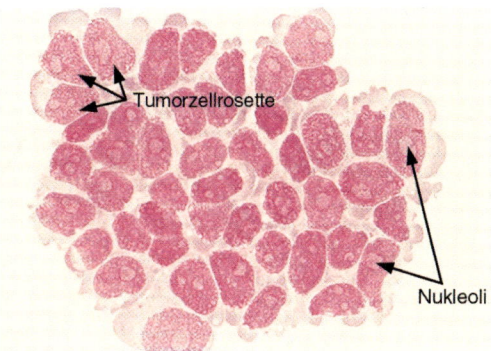

Abb. 25: Medulloblastom. Tumorzellverband. Einige Zellen formen den Teil einer Rosette. Relativ homogenes Zytoplasma. In den Kernen meist mehrere, oft prominente, gut abgegrenzte Nukleoli. Kernchromatin grob strukturiert.

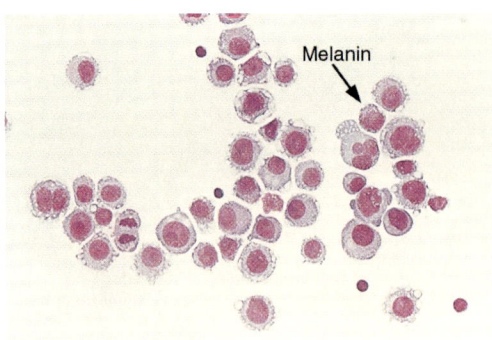

Abb. 26: Meningosis bei malignem Melanom. Lokkere Aggregation von polymorphen Tumorzellen. In einer Zelle Melanin-Depots erkennbar.

Tumorzellen epithelialer Herkunft haben vor allem eine auffälligere Zytoplasmastruktur (Abb. 26); meist sind sie größer als Zellen der Gliome, Medulloblastome, Sarkome oder Hämoblastosen. Das Zytoplasma färbt sich selten homogen, sondern zeigt stärker und schwächer basophile Areale. Innerhalb des Zellpräparates kann die Struktur von Zelle zu Zelle erheblich variieren. Zytoplasmatische Einschlüsse entstehen entweder als Folge einer Entmischung oder als Ergebnis einer individuellen Leistung. Phagozytiertes zytoplasmatisches Material spricht gegen das Vorliegen einer Tumorzelle. Die zytoplasmatische Differenzierung läßt Rückschlüsse auf den Reifungsgrad des betreffenden Karzinoms zu; umgekehrt läßt im panoptischen Bild ein undifferenziert erscheinendes Zytoplasma kaum Rückschlüsse auf die Natur des Tumors zu.

Nach histologischen Kriterien kann zwischen drei großen Gruppen von Karzinomen unterschieden werden, nämlich den Plattenepithelkarzinomen, den Adenokarzinomen und den undifferenzierten Karzinomen. Das nach Pappenheim gefärbte Präparat ermöglicht bisweilen eine Einordnung in eine der drei Gruppen. Weitere Differenzierungsmöglichkeiten bietet die Immunzytochemie [40, 43, 48].

1. Das Plattenepithelkarzinom kann seinerseits in zwei große Untergruppen geteilt werden, je nach dem ob die Zellen Zeichen der Verhornung tragen oder nicht. Zwischen beiden Gruppen gibt es fließende Übergänge. Metastasen des verhornenden Plattenepithelkarzinoms sind im Gehirn außerordentlich selten. Tauchen Zellen im Liquor auf, so sind sie relativ leicht zu identifizieren, denn ihre zytologischen Merkmale sind auffällig und stets konstant. Gewöhnlich treten die Zellen einzeln auf, gelegentlich auch in Verbänden: Riesenzellen und auch recht kleine Zellen kommen vor. Die Kernzytoplasmarelation ist, wenn überhaupt, nur geringfügig verschoben. Charakteristisch ist das Vorkommen auffälliger Zellarten, nämlich der Kaulquappenzellen, der spindelförmigen Zellen, der Vogelaugen und schließlich der Geisterzellen. Die Geisterzellen bestehen nur aus Zytoplasma, haben also keinen Kern mehr oder höchstens noch seinen schattenhaften Rest. Das wichtigste zytologische Merkmal ist die Keratinproduktion. Das Keratin, welches dem Zytoplasma oft scharfe Konturen verleiht, stellt sich in der Papanicolaou-Färbung besonders gut, gelblich oder leuchtend orange (Abb. 27), in der Pappenheim-Färbung dunkelviolett dar. Mitosen kommen bei diesen Karzinomzellen selten vor (Abb. 28).

Das wenig differenzierte Plattenepithelkarzinom ohne oder mit geringer Keratinproduktion hat eine wesentlich größere Tendenz zu metastasieren. Die Zellen im Liquor können

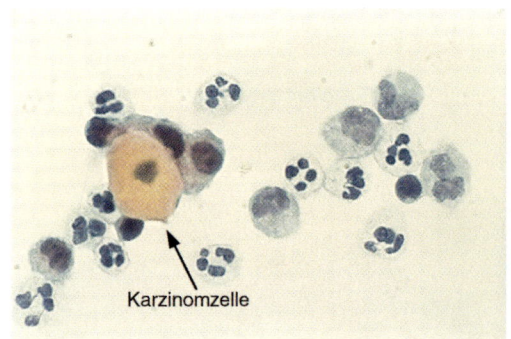

Abb. 27: Verhornendes Plattenepithelkarzinom. In der vorliegenden Pappenheim-Färbung färbt sich das Zytoplasma einer Zelle orange als Zeichen der Verhornung. Anliegende Tumorzellen mit nur geringen Zeichen der Malignität.

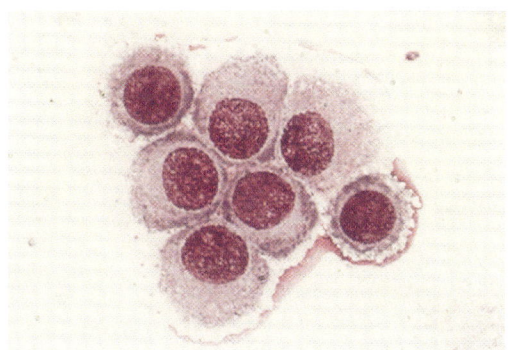

Abb. 28: Bronchialkarzinom. Relativ isomorphe, epithelartig liegende Zellen eines undifferenzierten Plattenepithelkarzinoms.

einzeln liegen, aber häufiger bilden sie Verbände, dann gelegentlich in typischem Pflastersteinmuster. Bisweilen liegen sie eng neben- oder sogar übereinander. Die Zellgrenzen sind manchmal unscharf, das Zytoplasma wie ausgefranst. Besondere charakteristische Merkmale trägt das Zytoplasma nicht, gelegentlich ist es derart basophil, daß die Grenze zum Kern kaum noch zu erkennen ist. Die Kernzytoplasmarelation ist immer verschoben. Der Kern fällt durch seine kräftige Membran auf. Gewöhnlich enthält er mehrere große und gut sich abhebende Kernkörperchen. Mitosen sind häufig.

2. Zellen des Adenokarzinoms (Abb. 29, Abb. 30) erscheinen oft in Verbänden. Wenn sie kreisförmig nebeneinander liegen, kann die Gestalt einer Drüse entstehen, ein Befund, der im Liquor selten auftaucht. Häufiger liegen die Zellen in lockeren Gruppen oder auch ganz isoliert. Der riesige Zytoplasmaleib mancher einzeln liegender Zellen hat amöboide Ausstülpungen, mit der Pappenheim-Färbung erscheint er stark basophil. Mehrkernigkeit ist häufig. Meist liegen die Kerne exzentrisch und haben als besonderes Charakteristikum häufig einen einzigen, dann allerdings gut erkennbaren, sehr großen Nukleolus [23]. Zahlreiche Zellen produzieren Schleim, der entweder in großen Vakuolen über das Zytoplasma verteilt oder auch kranzförmig an der Zellperipherie deponiert ist. Wenn das Zytoplasma von einer einzigen Schleimblase ausgefüllt ist und den Kern an die Peripherie gedrängt hat, dann ist die sogenannte Siegelringzelle entstanden. Viele Adenokarzinome metastasieren sehr schnell auch ins Gehirn, so daß Zellen solcher Tumoren zu den häufigsten Liquorbefunden gehören.

3. Zellen undifferenzierter Karzinome erscheinen einzeln oder in lockeren Gruppen. Manchmal liegen sie auch deshalb in kompakten Verbänden, weil ihr Kern und ihr Zytoplasma außerordentlich plastisch sind

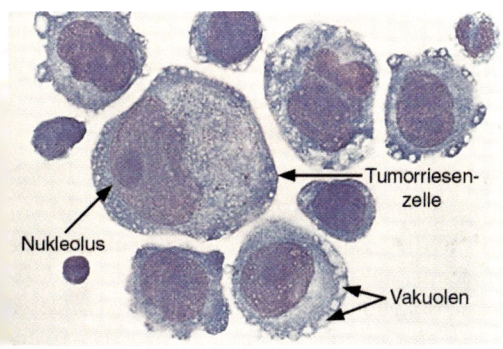

Abb. 29

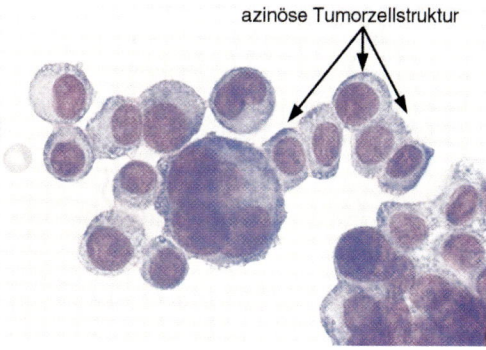

Abb. 30

Abb. 29: Adenokarzinom des Magens. Sehr lockerer Verband überwiegend aus Tumorriesenzellen. Großer, in Einzahl liegender Nukleolus in der in der Bildmitte liegenden Riesenzelle, relativ typisch für Adenokarzinom.

Abb. 30: Duktales Mammakarzinom. Lockerer Verband von Tumorzellen. Reste einer azinösen Struktur erkennbar.

und sie, ohne einen Zwischenraum untereinander erkennen zu lassen, zusammenfließen. Der Plastizität ist es zuzuschreiben, daß die Liquorzellen dieser Tumoren erheblichen Formenreichtum des Kerns und des Zytoplasmas entwickeln, welcher für sie im Grunde ungewöhnlich ist. Die Kernzytoplasmarelation ist derart verschoben, daß meist nur noch ein schmaler Zytoplasmasaum übrig bleibt. Der große hyperchromatische Kern enthält mehrere, ebenfalls große Nukleoli. Das Zytoplasma färbt sich kräftig basophil und ist recht vulnerabel.

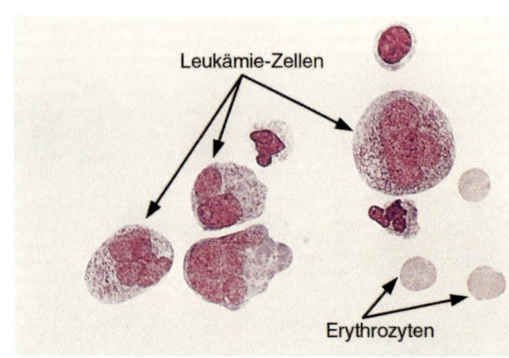

Abb. 31: Meningeosis bei Promyelozyten-Leukämie.

2.1.7 Leukämien und maligne Lymphome

Der Nachweis von Zellen einer Leukämie oder eines malignen Lymphoms im Liquorraum hat erhebliche diagnostische Bedeutung, aber auch eine wesentliche therapeutische Konsequenz, nämlich die intrathekale Gabe geeigneter Zytostatika und die Bestrahlung des ZNS. Zum Teil werden im Liquor schon während der ersten Krankheitsschübe Tumorzellen gefunden, was prognostisch kein gutes Zeichen ist. Häufiger siedeln sich jedoch im Liquorraum Zellen einer Leukämie oder eines malignen Lymphoms erst nach einem längeren Bestehen der Krankheit an und nachdem unter Umständen durch geeignete Therapie und gutes Ansprechen auf die gewählten Zytostatika mehrere Remissionen erzielt worden waren. Neben den üblichen Zellpräparationen hat auch die Durchflußzytometrie einen diagnostischen Stellenwert erlangt [17, 46].

2.1.7.1 Akute myeloische Leukämie
(Abb. 31)

Zuweilen lassen sich nach panoptischen Kriterien (acurophile Zytoplasmagranula, Auerstäbchen) schon bestimmte Verdachtsmomente finden, die auf eine Leukämie der myeloischen Reihe hinweisen. Eine sichere Differenzierung gelingt nur durch das besondere zytochemische Verhalten. Die Peroxydasereaktion ist bei der Mehrzahl der Myeloblastenleukämien positiv. Die Esterasereaktion fällt gelegentlich ebenfalls positiv aus. Bei der PAS-Färbung gibt es allenfalls eine leicht diffuse positive Reaktion. Immunologische Färbungen lassen eine weitere Differenzierung der Tumorzellen zu.

2.1.7.2 Chronische myeloische und chronisch lymphatische Leukämie

Diese Leukämieformen kommen vornehmlich im mittleren und höheren Lebensalter vor. Üblicherweise finden sich keine Zellen solcher Leukämien im Liquor. Wenn sie dennoch auftreten, so ist davon auszugehen, daß die Proliferationstendenz zugenommen hat, d. h. eine Malignisierung eingetreten ist. In allen solchen Fällen sind diese Leukämien als maligne anzusehen und entsprechend zu behandeln.

2.1.7.3 Akute lymphatische Leukämie
(Abb. 32)

Unter den unreifzelligen Leukosen hat vor allem die akute lymphatische Leukämie die Tendenz, in den Liquorraum zu metastasieren. Morphologische Unterschiede zu anderen Leukämieformen lassen sich im May-Grünwald-Giemsa-Präparat nur schwer erkennen. Sie sind nie so charakteristisch, daß allein nach diesem Kriterium eine Zuordnung möglich wäre. In jedem Fall müssen sich immunzytochemische Färbungen anschließen, wenn nicht

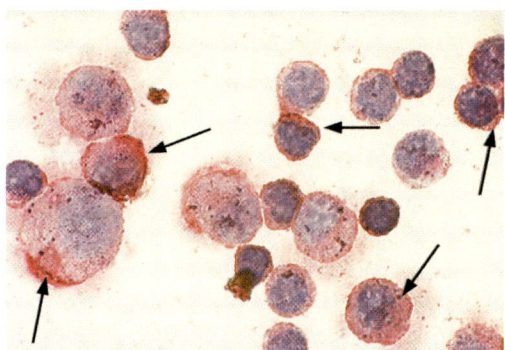

Abb. 32: PAS-positive Substanzen in Zellen einer akuten Lymphoblastenleukämie.

die Leukämie schon nach dem Blutausstrich oder nach dem Knochenmarkpunktat artdiagnostisch zugeordnet worden war.

2.1.7.4 Maligne Lymphome (Abb. 33)

Die Inzidenz maligner Lymphome nimmt allgemein zu. Diese Diagnose schließt die Hodgkin-Tumoren sowie alle anderen malignen Neubildungen des lymphoretikulären Gewebes ein. Primäre Lymphome des Gehirns spielen insofern eine Sonderrolle, als bei ihnen nur in einem Viertel der Fälle Tumorzellen im Liquor gefunden werden [60]. Zellen maligner Lym-

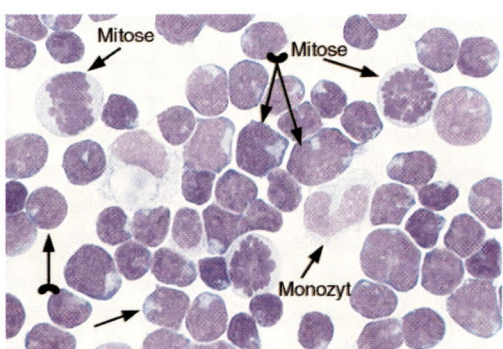

Abb. 33: Meningeosis bei malignem Lymphom vom Burkitt-Typ. Neben einigen blaß-gefärbten Monozyten kräftig angefärbte, im Gesamtbild relativ einheitlich wirkende Zellen, die besonders durch die Verschiebung der Kernzytoplasmarelation und durch die besondere Kernform — Kern meist bohnenförmig eingebuchtet — auffallen.

phome, speziell jene, die auch im Liquor vorkommen, allein nach ihrer Morphologie und nach ihrem färberischen Verhalten im panoptischen Präparat klassifizieren zu wollen, ist kaum möglich. Die Diagnose ist auf histologische, speziell immunzytologische Differenzierung angewiesen. Besonders bei den malignen Non-Hodgkin-Lymphomen ist mit hoher Wahrscheinlichkeit mit entsprechenden Tumorzellen im Liquor zu rechnen. Der Liquor muß deshalb in jedem Krankheitsfall zytologisch überwacht werden. Die Zellen sind einzeln betrachtet relativ polymorph, vor allem was den Zellkern anbelangt. Untereinander fallen sie aber durch relative Isomorphie auf. Strahlen- und zytostatische Behandlung verändert sie um so schneller, je wirksamer diese Behandlungen sind. Speziell der Kern zeigt dann eine Vielzahl degenerativer Veränderungen.

2.2.2 Literatur

[1] Bammer, H.: Zur Tumorzelldiagnostik im Liquor cerebrospinalis. Dtsch Z Nervenhk 185 (1963/64) 89–109.

[2] Baringer, R. J.: A simplified procedure for spinal fluid cytology. Arch Neurol 22 (1970) 305–308.

[3] Barret, D. L., E. B. King: Comparison of cellular recovery rates and morphology detail obtained using membrane filter and cytocentrifuge techniques. Acta Cytol (Baltimore) 20 (1976) 174–180.

[4] Berlit, P.: Multiple flüchtige Hirninfiltrate bei allergischer Meningoencephalitis. Ein Beitrag zur Differentialdiagnose der Eosinophilie im Liquor cerebrospinalis. Arch Psychiatr Nervenkr 230 (1981) 351–359.

[5] Bigner, H. S., W. W. Johnston: Cytopathology of the central nervous system. Masson, New York (1983).

[6] Bischoff, A.: Erfahrungen mit der Tumorzelldiagnostik im Liquor cerebrospinalis. Acta Neurochir 9 (1961) 510–524.

[7] Bosch, I., M. Oehmichen: Eosinophilic granulocytes in cerebrospinal fluid: analysis of 94 cerebrospinal fluid specimen and review of the literature. J Neurol 219 (1978) 93–105.

[8] Bots, G. T. A. M., L. N. Went, A. Schaberg: Results of a sedimentation technique for cytology

of cerebrospinal fluid. Acta Cytol (Baltimore) 8 (1964) 234–241.
[9] Budka, H., A. Guseo, K. Jellinger: Intermittent meningitic reaction with severe basophilia and eosinophilia in CNS leukaemia; A special type of hypersensitivity. J Neurol Sci 28 (1976) 459–468.
[10] Clark, R. A. F., J. I. Gallin, A. P. Kaplan: The selective eosinophil chemostatic activity of histamine. J Exp Med 142 (1975) 1462–1476.
[11] Den Hartog Jager, W. A.: Cytopathology of the cerebrospinal fluid examined with the sedimentation technique after Sayk. J Neurol Sci 9 (1969) 155–177.
[12] Dos Reis, J. B., I. Mota, A. Bei et al.: Os basofilos do liquido cefalorraqueano. Arq Neuropsiquiatr 31 (1973) 10.
[13] Dufresne, J. J.: Praktische Zytologie des Liquors. Documenta Geigy, Basel 1973.
[14] Engelhardt, P., D. Trostdorf: Liquoreosinophilie bei Zystizerkose. Acta Neurol 6 (1979) 81–85.
[15] Esselier, A. F., G. Forster: Eosinophile Enzephalomeningitiden. Schweiz Med Wochenschr 87 (1975) 822–828.
[16] Fernandes, S. P., L. Pechansky: Tumorlike clusters of immature cells in cerebrospinal fluid of infants. Pediatr Pathol Lab Med 16 (1996) 721–729.
[17] Finn, W. G., L. C. Peterson, C. James et al.: Enhanced detection of malignant lymphoma in cerebrospinal fluid by multiparameter flow cytometry. Am J Clin Pathol 110 (1998) 341–346.
[18] Fischer, J. R., D. D. Davey, M. L. Gulley et al.: Blast-like cells in cerebrospinal fluid of neonates. Possible germinal matrix origin. Am J Clin Pathol 91 (1989) 255–258.
[19] Garty, B. Z., S. Berliner, E. Liberman et al.: Cerebrospinal fluid leukocyte aggregation in meningitis. Pediatr Infect Dis J 16 (1997) 647–651.
[20] Gill, G. W.: Comparative filter technique. Acta Cytol (Baltimore) 19 (1975) 207–209.
[21] Glantz, M. J., B. F. Cole, L. K. Glantz et al.: Cerebrospinal fluid cytology in patients with cancer: minimizing false-negative results. Cancer 82 (1998) 733–739.
[22] Gondos, B., E. B. King: Cerebrospinal fluid cytology: Diagnostic accuracy and comparison of different techniques. Acta Cytol (Baltimore) 20 (1976) 542–547.
[23] Grable, E.: Nuclear size of cells in normal stomachs in gastric atrophy and in gastric cancer. Gastroenterol 32 (1957) 1104–1112.
[24] Grover, M. L., E. Blee, B. O. Stokes: Effect of sample volume on cell recovery in cytocentrifugation. Acta Cytol 39 (1995) 387–390.
[25] Hansen, H. H.: The cytocentrifuge and cerebrospinal fluid cytology. Acta Cytol (Baltimore) 13 (1969) 545–551.
[26] Hauke, R. J., S. R. Tarantolo, R. M. Bashir et al.: Central nervous system Hodgkin's disease relapsing with eosinophilic pleocytosis. Leuk Lymphoma 21 (1996) 173–175.
[27] Hoffmann, H. G., H. W. Kölmel, M. Alexander: Eosinophile Meningomyelitis. Infection 10 (1982) 28–30.
[28] Jellinger, K., W. Grisold, R. Weiss: Zytologische Differenzierung von Malignomzellen des Liquor cerebrospinalis. In: H. W. Kölmel (Hrsg.): Zytologie des Liquor cerebrospinalis. S. 137–175. VCH Verlagsges. mbH, Weinheim 1986.
[29] Kistler, G. S.: Zur Membranfilter-Technik in der Cytodiagnostik des Liquor cerebrospinalis. Nervenarzt 41 (1970) 507–510.
[30] Klein, M. J.: Metabolism of the circulating leucocytes. Physiol Rev 45 (1965) 675–704.
[31] Kline, S.: Cytological examination of cerebrospinal fluid. Cancer 15 (1962) 591–597.
[32] Knight, J. A.: Advances in the analysis of cerebrospinal fluid. Ann Clin Lab Sci 27 (1997) 93–104.
[33] Kolar, O., W. Zeman, J. Ciembroniewicz et al.: Über die Bedeutung der eosinophilen Leukozyten bei neurologischen Krankheiten. Wien Z Nervenheilkd 27 (1969) 97–106.
[34] Kölmel, H. W.: A method for concentrating cerebrospinal fluid. Acta Cytol (Baltimore) 21 (1977) 154–156.
[35] Kölmel, H. W.: Liquorzytologie. Springer-Verlag, Berlin – Heidelberg – New York 1978.
[36] Kölmel, H. W.: Meningitis und Liquorzytologie. Nervenarzt 50 (1979) 5–9.
[37] Kölmel, H. W.: Cytology of neoplastic meningosis. J Neurooncol 38 (1998) 121–125.
[38] Kuberski, T.: Eosinophils in the cerebrospinal fluid. Ann Intern Med 91 (1979) 70–75.
[39] Lehmitz, R., H. Muller, G. Kretschmer: Increasing cerebrospinal fluid cell count with the sedimentation chamber using polycationic coated slides. Psychiatr Neurol Med Psychol Leipzig 41 (1989) 751–754.
[40] Li, C. Y., S. C. Ziesmer, Y. C. Wong et al.: Diagnostic accuracy of the immunocytochemical study of body fluids. Acta Cytol 33 (1989) 667–673.

[41] Litt, M.: Studies in experimental eosinophilia VI. Uptake of immune complexes by eosinophils. J Cell Biol 23 (1964) 355–361.
[42] MacKenzie, J. M.: Malignant meningitis: a rational approach to cerebrospinal fluid cytology. J Clin Pathol 49 (1996) 497–499.
[43] Moseley, R. P., A. G. Davies, S. P. Bourne et al.: Neoplastic meningitis in malignant melanoma: diagnosis with monoclonal antibodies. J Neurol Neurosurg Psychiatr 52 (1989) 881–886.
[44] Naylor, B.: An exfoliative cytologic study of intracranial fluids. Neurol 11 (1961) 560–570.
[45] Naylor, B.: The cytological diagnosis of cerebrospinal fluid. Acta Cytol (Baltimore) 8 (1964) 141–148.
[46] O'Leary, T. J.: Flow cytometry in diagnostic cytology. Diagn Cytopathol 18 (1998) 41–46.
[47] Olischer, R. M.: Die Zellreaktionen des Liquor cerebrospinalis. Ergebnisse liquorzytologischer Untersuchungen in der Klinik entzündlicher und Tumorerkrankungen des Zentralnervensystems. Habilitationsschrift, Rostock 1969.
[48] Oschmann, P., M. Kaps, J. Volker et al.: Meningeal carcinomatosis: CSF cytology, immunocytochemistry and biochemical tumor markers. Acta Neurol Scand 89 (1994) 395–399.
[49] Pelc, S.: Cytocentrifugation of cerebrospinal fluid with Dextran. Acta Cytol (Baltimore) 26 (1982) 721–723.
[50] Rich, J. R.: A survey of cerebrospinal fluid cytology. Acta Cytol (Baltimore) 11 (1967) 289–294.
[51] Rosenthal, D.: Cytology of the central nervous system. Karger, Basel 1984.
[52] Sayk, J.: Ergebnisse neuer liquorcytologischer Untersuchungen mit dem Sedimentkammerverfahren. Ärztl Wochenschr 9 (1954) 1042–1046.
[53] Sayk, J.: Cytologie der Cerebrospinal Flüssigkeit. Fischer Verlag, Jena 1962.
[54] Sayk, J.: Klinischer Beitrag zur Liquor-Eosinophilie und Frage der allergischen Reaktion im Liquorraum. Dtsch Z Nervenheilkd 177 (1957) 62–72.
[55] Sayk, J.: The cerebrospinal fluid in brain tumours. In: P. J. Vinken, G. W. Bruyn (Hrsg.): Handbook of Clinical Neurology. Vol. XIII. S. 360–417. North Holland Publ., Amsterdam 1974.
[56] Schmidt, R. M., H. Hecht: Beitrag zur Liquordiagnostik der eosinophilen Meningitis. Nervenarzt 33 (1962) 547–553.
[57] Scholz, H., K. Summer: Klinisch-diagnostischer Wert liquorzytologischer Befunde bei Entzündungen der Meningen. Wien Z Nervenheilkd 28 (1970) 283–305.
[58] Schönenberg, H.: Das Liquorzellbild bei der Meningitis tuberculosa. Monatsschr Kinderheilkd 97 (1949) 509–515.
[59] Seal, S. H.: A method for concentrating cancer cells suspended in large quantities of fluid. Cancer 9 (1956) 866–868.
[60] Selch, M. T., K. T. Shimizu, A. F. DeSalles et al.: Primary central nervous system lymphoma. Results at the University of California at Los Angeles and review of the literature. Am J Clin Oncol 17 (1994) 286–293.
[61] Spriggs, A. J.: Malignant cells in cerebrospinal fluid. J Clin Path 7 (1954) 122–130.
[62] Spriggs, A. J., M. M. Boddington: The Cytology of Effusions in the Pleural, Pericardial and Peritoneal Cavities and of Cerebrospinal Fluid. 2nd ed. William Heinemann, London 1968.
[63] Subero, A., J. F. Foncin, J. LeBeau: Diagnostic cytologique du liquide céphalorachidien par la chambre de sédimentation de Suta. Neurochir (Paris) 14 (1968) 627–634.
[64] Svenningsson, A., O. Andersen, M. Edsbagge et al.: Lymphocyte phenotype and subset distribution in normal cerebrospinal fluid. J Neuroimmunol 63 (1995) 39–46.
[65] Tutuarima, J. A., E. A. H. Hische, H. J. van der Helm: An improved method for the concentration of cerebrospinal fluid cells by suctiontip and sedimentation chamber. J Neurol Sci 44 (1979) 1–67.
[66] Van Oostenbrugge, R. J., J. W. Arends, R. Buchholtz et al.: Cytology of cerebrospinal fluid. Are polylysine-coated slides useful? Acta Cytol 41 (1997) 1510–1512.
[67] Veerman, A. J. P., L. Huismans, I. Zandwijk: Storage of cerebrospinal fluid samples at room temperature. Acta Cytol (Baltimore) 29 (1985) 188–189.
[68] Wassermann, S. I., E. J. Goetzl, L. Ellmann et al.: Tumor associated eosinophilotactic factor. N Engl J Med 290 (1974) 420–424.
[69] Wertlake, P. T., B. A. Markovits, S. Stellar: Cytologic evaluation of cerebrospinal fluid with clinical and histological correlation. Acta Cytol (Baltimore) 16 (1972) 224–239.
[70] Wieczorek, V.: Erfahrungen mit der Tumorzelldiagnostik im Liquor cerebrospinalis bei primären und metastatischen Hirngeschwülsten. Dtsch Z Nervenhk 186 (1964) 410–432.
[71] Wilber, R. R., E. B. King, E. L. Haves: CSF cytology in five patients with cerebral cysticercosis. Acta Cytol (Baltimore) 24 (1980) 421–426 .

[72] Wilkins, R. H., G. L. Odom: Cytological changes in cerebrospinal fluid associated with resections of intracranial neoplasms. J Neurosurg 25 (1966) 24–36.
[73] Wilkins, R. H., G. L. Odom.: Ependymal-choroidal cells in cerebrospinal fluid. Increased incidence in hydrocephalic infants. J Neurosurg 41 (1974) 555–560.
[74] Woodruff, K. H.: Cerebrospinal fluid cytology using cytocentrifugation. Am J Clin Pathol. 60 (1973) 621–627.
[75] Wurster, U., E. Stark, P. Engelhardt: Liquorzytologie nach kombinierter Zentrifugation und Zytozentrifugation im Vergleich zu Sedimentation und Membranfiltration. Ärztl Lab 30 (1984) 184–188.

2.2 Immunzytologie

M. Wick

2.2.1 Indikation

Immunzytologische Methoden können in der Liquordiagnostik als Ergänzung zur konventionellen Zytologie (B.2.1) vor allem zum Nachweis und der Charakterisierung maligner Zellen sowie ggf. auch zur näheren Charakterisierung der Immunantwort in der Diagnostik entzündlicher Erkrankungen des ZNS eingesetzt werden.

Limitierender Faktor ist dabei häufig die geringe Zellzahl sowie die geringe Stabilität von Liquorzellen. Somit kann im Einzelfall die Indikation zu einer immunzytologischen Untersuchung nicht nur in Abhängigkeit der klinischen Fragestellung, sondern erst bei Kenntnis von Zellzahl und zytomorphologischen Befund gestellt werden. In Anbetracht der geringen Stabilität von Liquorzellen muß innerhalb von 2 Stunden eine entsprechende Entscheidung zumindest bzgl. der Zellpräparation erfolgen.

Nach bisheriger Erfahrung ist der größte klinische Nutzen beim empfindlichen Nachweis und Charakterisierung maligner Zellen im Rahmen einer Meningiosis neoplastica zu erwarten. Dies betrifft insbesondere

– Charakterisierung von morphologisch atypischen Zellen unklarer Herkunft [1,7]
– empfindlicher Nachweis von Zellen solider Tumoren mit geringer Zellaussaat in den Liquor [1,7]
– Differentialdiagnose „lymphozytäre Entzündung versus niedrig malignes Lymphom" [3,7]
– empfindlicher Nachweis primärer ZNS-Lymphome mit geringer Zellaussaat [3].

Im Gegensatz zu den genannten Indikationen erfordert eine Meningeosis neoplastica mit ausgeprägter Zellaussaat bei bekannter Primärerkrankung (z. B. bei akuten Leukämien oder systemischen Lymphomen höheren Malignitätsgrades) in der Regel keine immunzytologische Bestätigung, da die entsprechenden atypischen bzw. blastären Zellen bereits morphologisch erkennbar sind und deren Herkunft als bekannt vorausgesetzt werden kann.

Abgesehen von malignen Erkrankungen kann die Immunzytologie auch zur besseren Charakterisierung einer überwiegend lymphozytären Immunantwort beitragen. Der klinische Nutzen für die Differentialdiagnose entzündlicher Erkrankungen ist abgesehen vom Nachweis aktivierter B-Lymphozyten (siehe 2.3) weniger offenkundig.

Aktivierte B-Lymphozyten mit intrazellulärer Immunoglobulinproduktion können in der Frühphase entzündlicher Erkrankungen bereits zur Differentialdiagnose beitragen [6], bevor die entsprechenden Immunglobuline auch sezerniert werden (siehe auch A.7 und B.3.1).

2.2.2 Präanalytik

Die Möglichkeiten einer immunozytologischen Liquordiagnostik sind nicht selten durch die geringe Zellzahl und geringe Stabilität der Liquorzellen beschränkt. Um einen Verlust wichtiger Antigene sowie unspezifische Bindungen von Antikörpern an autolytische Zellen auszuschließen, sollte zumindest die Zellpräparation innerhalb von 2 Stunden nach der Punktion erfolgen. Somit ist Postversand von frischem Liquor an externe Laboratorien nicht möglich, als Notlösung können nach vorheriger Rücksprache mit dem analysierenden Labor ggfs. fixierte oder luftgetrocknete Präparate verschickt werden.

Starke Erschütterungen oder Temperaturschwankungen der Liquorprobe sollten vermieden werden, eine Kühlung gewährleistet keine belegbare verlängerte Haltbarkeit.

Insbesondere bei Leukämien und systemischen Lymphomen mit leukämischer Aussaat sollte eine artifiziell blutige Punktion unbedingt vermieden werden, da andernfalls zwangsläufig maligne Zellen in den Liquor verschleppt werden können und zu einem falsch positiven Befund führen. Auch die Charakterisierung einer Immunantwort würde durch die Verschleppung von Blutlymphozyten verfälscht.

Die erforderliche Probenmenge ist stark abhängig von der Zellzahl und der Anzahl der zu untersuchenden Antigene (realistisch ca. 3–5 ml Liquor). Pro Markierung bzw. untersuchtem Antigen sollten für mikroskopische Verfahren mindestens 1000 Zellen, für durchflußzytometrische Methoden mindestens 10 000 Zellen verfügbar sein. Dies schränkt die Anwendbarkeit durchflußzytometrischer Verfahren erheblich ein. Erfahrungsgemäß sind häufig die verfügbaren Zellmengen hierfür zu gering (außer: Meningeosis leucämica und lymphomatosa).

2.2.3 Methoden

Mikroskopische Verfahren

Wegen der geringen Zellzahl können häufig, insbesondere wenn zahlreiche Antigene geprüft werden müssen, nur mikroskopische Verfahren angewendet werden. Hier sind grundsätzlich immunfluoreszenzmikroskopische und immunzytochemische Methoden zu unterscheiden. Diese sind prinzipiell als gleichwertig anzusehen, weisen jedoch einige praktische Vor- und Nachteile auf, die bei der Auswahl berücksichtigt werden müssen. Gemeinsamer Vorteil ist der geringe Zellbedarf, der bei mindestens 1000 Zellen, besser jedoch 5000 Zellen pro Antigenmarkierung liegt. Die Immunzytochemie mit Immun-Peroxidase oder -alkalischer Phosphatase weist grundsätzlich den Vorteil einer besseren Haltbarkeit der Präparate sowie der besseren Zuordnung zwischen Antigenexpression und morphologischem Zelltyp auf.

Dies wird jedoch durch die Möglichkeit einer Diffusion des nicht festgebundenen Farbstoffs, der in der Nachweisreaktion entsteht, wieder beeinträchtigt, bei Immunperoxidasemethoden muß außerdem die endogene Peroxidaseaktivität myeloischer Zellen und ggfs. des Hämoglobins berücksichtigt werden. Demgegenüber weist die Immunfluoreszenz durch die feste Koppelung von Flureszenzfarbstoffen und Antikörpern eine bessere Zuordenbarkeit zu zellulären Strukturen auf. Die Präparate sind jedoch nicht haltbar, die Zuordnung zwischen Antigenexpression und bestimmten Zelltypen ist wegen des erforderlichen Wechsels zwischen Fluoreszenz- und Durchlicht schwieriger zu beurteilen.

Zellpräparation für mikroskopische Methoden

Zur Vermeidung unspezifischer Bindungen an autolytische Zellen sind Zytozentrifugenpräparate weniger geeignet, vorzuziehen ist das Auftragen eines durch schonende Zentrifugation gewonnenen Liquorsediments in Aliquots von ca. jeweils 5000 Zellen pro Markierung auf beschichtete Mehrfeld-Adhäsions-Objektträger [3]. Kontaminierende Liquorproteine, insbesondere Immunglobuline, müssen durch Waschung mit Phosphatpuffer entfernt werden. Die Wahl des Fixiermittels ist abhängig von der Methode. Glutaraldehyd ist wegen der hohen Autofluoreszenz für Immunfluoreszenzverfahren nicht geeignet, bei immunzytochemischen Methoden jedoch zur Antigenschonung vorzuziehen. Zur Immunfluoreszenz kann Methanol verwendet werden, was auch zur Membranpermeabilisierung für intrazelluläre Antigene führt. Andernfalls können hierfür zusätzlich Detergentien verwendet werden.

Die zur Markierung angewendeten Antikörper sollten vorher titriert worden sein, um die maximal anwendbare Konzentration, die noch nicht zur einer unspezifischen Hintergrundsfärbung führt, zu ermitteln. Dennoch sollte in jedem einzelnen Ansatz als Negativkontrolle eine Isotypkontrolle sowie als Positivkontrolle ein häufiges Antigen, wie z. B. CD45 auf Leukozyten, mitgeführt werden.

Durchflußzytometrie [2]

Hauptnachteil in der Liquordiagnostik ist der große Zellbedarf, mindestens 10 000, besser jedoch 100 000 Zellen pro Markierung sind erforderlich. Dies schließt eine umfangreichere Diagnostik bei zellarmen Liquores von vornherein aus. Bei ausgeprägten Pleozytosen kann dagegen die Charakterisierung von Leukämie- und Lymphomzellen sowie auch einer lymphozytären Immunantwort dadurch gegebenenfalls rationeller erfolgen. Insbesondere ist durch die Möglichkeit von Doppel- oder gar Dreifach-Markierungen die Klonalitätsprüfung von B-Zellen sowie generell die Erkennung atypischer Zellen mit aberranter Antigenexpression erleichtert. Ähnliches gilt auch für die Charakterisierung einer lymphozytären Immunantwort, z. B. der Nachweis von B-Zellen mit CD5-Coexpression.

Im Vergleich zu Analysen aus peripherem Blut oder Knochenmarksblut ergibt sich zumindest für nichtblutige Liquores eine vereinfachte Vorgehensweise, da die Notwendigkeit einer Dichtegradientenzentrifugation oder einer Erythrozyten-Lyse entfällt. Das weitere Vorgehen entspricht zumindest bei vergleichbarer Zellzahl den üblichen Methoden für peripheres Blut, bei wesentlich niedrigerer Zellzahl muß dagegen die zugegebene Antikörpermenge entsprechend reduziert werden (Cave: unspezifische Bindungen!). Wegen äußerst unterschiedlicher Zellzahlen im Ausgangsliquor muß insbesondere bei zellarmen Proben ggfs. zunächst durch schonende Zentrifugation ein angereichertes Zellsediment hergestellt werden, um für die Messung eine ausreichende Zelldichte zu erzielen, bei hoher Zellzahl (> 100 pro μl) kann ggfs. Nativliquor verwendet werden. Zur Erkennung unspezifischer Bindungen insbesondere bei autolytischen Zellen ist hier die Isotypkontrolle besonders wichtig. Bei der Analyse erfolgt je nach gesuchter Zellpopulation (z. B. Lymphozyten, Blasten) ein geeignetes Gating nach den Streulichteigenschaften der Zellen.

Eingesetzte Antikörper [1, 4, 5]

Die Antikörperspezifitäten zur Abklärung der jeweiligen Fragestellung sind grundsätzlich bei mikroskopischen und durchflußzytometrischen Methoden die gleichen, jedoch erlaubt die Durchflußzytometrie den Einsatz von fluoreszenzmarkierten Primärantikörpern und in diesem Zusammenhang Doppel- und Dreifachmarkierungen während bei immunzytochemischen Methoden generell indirekte Markierungen erforderlich und bei gleichem Farbstoff Doppelmarkierungen generell nicht möglich sind. Auch bei der Immunfluoreszenzmikroskopie sind häufig indirekte Markierungen zur Sensitivitätssteigerung erforderlich, bei Detektion von zwei unterschiedlichen Fluoreszenzwellenlängen sind mit Einschränkungen Doppelmarkierungen möglich, jedoch schwierig auszuwerten.

Das für die Markierung eingesetzte Antikörperpanel variiert stark je nach evtl. bekanntem Primärtumor, verfügbarer Zellzahl, zytomorphologischem Befund und aktueller Fragestellung:

Lymphome und lymphatische Leukämien

CD34, CD1, CD2, CD3, CD4, CD8, CD5, CD7, CD10, CD19, CD20, CD22, IgM, Kappa, Lambda, TdT.

Myeloische Leukämien

CD34, CD117, CD33, CD13, CD14, CD64, MPO, Lysozym.

Karzinome und mesenchymale Tumoren

Zytokeratine, CEA, EMA, NSE, Protein-S-100, Vimentin, HMB 45.

Primäre Hirntumoren

Vimentin, GFAP, Neurofilament, NSE, Protein-S-100, Zytokeratine.

Je nach Zellzahl und verfügbaren Vorinformationen muß im Einzelfall ein geeignetes Antikörperpanel zusammengestellt werden.

2.2.4 Analytische Bewertung

Auswertung

Die Frage, ob eine Zelle als spezifisch markiert und damit als positiv für ein bestimmtes Antigen anzusehen ist, kann nur im Vergleich zu Negativ- und Positivkontrollen entschieden werden. Besonders wichtig ist dabei die Negativ (Isotyp-Kontrolle), die in jedem Fall sowohl bei der Durchflußzytometrie als auch bei fluoreszenzmikroskopischen oder immunzytochemischen Methoden mitgeführt werden sollte. Ihre maximale Markierungsintensität gibt die Obergrenze von Autofluoreszenz und unspezifischen Bindungen an. Bei der Durchflußzytometrie erfolgt die Trennung zwischen solchen unspezifischen Signalen einerseits und der spezifischen Markierung andererseits elektronisch, während dies andernfalls mit dem Auge des Untersuchers durchgeführt werden muß. Nach diesem Prinzip wird üblicherweise der Anteil der für ein bestimmtes Antigen positiven Zellen an der Gesamtzahl der kernhaltigen Zellen oder auch Leukozyten ermittelt. Bei der Bestimmung von Lymphozytensubpopulationen wird gegebenenfalls auch lediglich auf die Gesamtzahl der Lymphozyten bezogen. Wichtige Doppelmarkierungen z. B. zur Klonalitätsbestimmung oder zum Nachweis aberranter Antigenexpressionen bei durchflußzytometrischen Analysen sollten separat angegeben werden.

Plausibilitätskontrolle
Eine Plausibilitätskontrolle ist über die Summen einander ausschließender Zellpopulationen bzw. Antigenexpressionen möglich. So sollte z. B. die Summe von T-, B- und NK-Lymphozyten der Gesamtzahl der Lymphozyten entsprechen oder die Summe aus lymphatischen Zellen, Monozyten, myeloischen Zellen und ggfs. atypischen epithelialen Zellen wiederum der Gesamtzahl der kernhaltigen Zellen entsprechen, sofern keine Kontamination durch Normoblasten aus artifiziell verschlepptem Knochenmark vorliegt. Eine Gegenkontrolle ist auch über das morphologische Liquorzytogramm möglich, wobei allerdings berücksichtigen ist, daß sich die relative Zellverteilung bei Präparation auf Adhäsionsobjektträgern durch selektive Zellverluste verändern kann.

Normalbefunde
Ein normaler Liquor enthält nur wenige Zellen pro μl, im wesentlichen Lymphozyten und Monozyten etwa im Verhältnis 2:1. Die Lymphozyten sind überwiegend (> 80%), T-Zellen mit einem CD4/CD8-Verhältnis von 1,8 bis 5,5, B-Zellen bis maximal 3% [2]. Monoklonale, unreife oder anderweitig atypische Lymphozyten sind nicht nachweisbar [3]. Daneben kann normaler Liquor vereinzelt Plexus- oder Ependym-Zellen enthalten, desgleichen auch ggfs. verschleppte normale Plattenepithelien von der Haut, die zytokeratinmarkiert sind. Hier müssen zur Unterscheidung von Karzinomzellen die Morphologie und ggfs. andere Antigene wie CEA herangezogen werden. Vereinzelt können auch normale Gliazellen mit Vimentin- und GFAP-Markierung nachweisbar sein.

2.2.5 Klinische Bewertung

Karzinome und andere solide Tumoren
Eine Liquoraussaat im Rahmen von Karzinomen, Melanomen und Sarkomen oder (selten) primären Hirntumoren gibt sich in der Regel morphologisch durch in der Regel größere atypische Zellen, die zum Teil in Zellverbänden auftreten, mit gehäuften Mitosen zu erkennen. Der Sensitivitätsgewinn durch eine immunzytologische Untersuchung ist dabei eher marginal (ca. 5–10%) und im wesentlichen auf die Fälle mit geringer Tumorzellaussaat beschränkt, die der morphologischen Beobachtung auch eines geübten Untersuchers entgehen. Dies gilt vor allem auch für Fälle mit niedriger Zellzahl, die eine Meningeosis neoplastica zwar unwahrscheinlich machen, aber nicht sicher ausschließen.

Klinisch bedeutsamer dürfte jedoch der Spezifitätsgewinn sein, der in Zweifelsfällen in mehrfacher Hinsicht erzielt werden kann:

– Zellinienzuordnung bei morphologisch atypischen Zellen unklarer Herkunft (siehe Tab. 1) [1, 5, 7]:

Bei einer Tumorzellaussaat unklarer Herkunft läßt sich zunächst eine grobe Zellinienzuordnung anhand der Expression bzw. des Fehlens verschiedener Antigengruppen vornehmen. Epitheliale Antigene wie Zytokeratine, EMA sowie onkofetale Antigene wie CEA sprechen für die Zuordnung zu einem Karzinom, wobei einige Sonderformen durch weitere Antigene höherer Organspezifität erkannt werden können (NSE für neuroendokrine Tu-

Tab. 1 Immunzytologische Differenzierung zwischen ZNS-Metastase und primärem Hirntumor [nach 1, 5, 7]

	CEA	EMA	Zytokeratine	Vimentin	Desmin	GFAP	Neurofilament
Metastasen							
Karzinome	+	+	+	–	–	–	–
neuroendokrine Tumoren*)	(+)	(+)	(+)	–	–	–	+
Mesotheliome	–	+	+	+	–	–	–
SD-Karzinome*)	(+)	(+)	+	+	–	–	–
Sarkome	–	–	–	+	–	–	–
Myosarkome	–	–	–	(+)	+	–	–
Melanome*)	–	–	–	+	–	–	–
Primäre Hirntumoren							
Plexustumoren	–	–	+	–	–	–	–
Ependymome	–	–	–	(+)	–	+	–
Medulloblastome	–	–	–	–	–	+	+
Gliome	–	–	–	(+)	–	+	–
Meningeome	–	–	–	+	–	–	–

Abkürzungen: CEA = karzinoembryonales Antigen, EMA = epitheliales Membranantigen, GFAP = glial fibrillary acidic protein.
*) Jetzt auch spezifische Antigene verfügbar (siehe Text).

moren wie z. B. kleinzelliges Bronchialkarzinom, PSA für Prostatakarzinom, Thyreoglobulin für Schilddrüsenkarzinom). Die Unterscheidung zwischen Adeno- und Plattenepithelkarzinomen ist gegebenenfalls anhand Zytokeratinsubtypen möglich (z. B. Zytokeratin 18 bei Adeno- und Zytokeratin 10 bei Plattenepithelkarzinomen).

Mesenchymale Antigene wie Vimentin finden sich vor allem bei mesenchymalen Tumoren wie Sarkomen, Melanomen, Lymphomen, können jedoch gegebenenfalls auch bei Mesotheliomen, manchen Karzinomen oder auch primären Hirntumoren wie z. B. Ependymomen oder Gliomen coexprimiert werden. Für Melanome stehen dabei zusätzliche Antigene wie z. B. Protein-S-100 und HMB 45 zur Verfügung.

Primäre Hirntumoren weisen selten eine wesentliche Liquoraussaat auf, ist es dennoch der Fall, so können neuronale Antigene wie NSE oder Neurofilamente sowie Glia-assoziierte Antigene wie GFAP die Assoziation zu neuronalem bzw. Gliagewebe belegen. Ependymome und Gliome können, wie erwähnt jedoch ggfs. nur Vimentin exprimieren, die Expression von Lymphozytenantigenen auf atypischen Zellen weist dagegen auf ein ZNS-Lymphom.

Hämatologische Systemerkrankungen versus lymphozytäre Entzündung [3, 4]
Hämatologische Neoplasien höheren Malignitätsgrades wie z. B. akute Leukämien und hochmaligne Lymphome lassen eine Liquoraussaat in der Regel bereits mikroskopisch als blastäre unreife Zellen erkennen. Ist die zugrundeliegende Primärerkrankung bekannt und aus Blut, Knochenmark oder Lymphknoten ausreichend diagnostiziert, erübrigt sich in der Regel eine Immunzytologie aus dem Liquor. In Zweifelsfällen kann versucht werden, den aus den genannten Untersuchungsmaterialien ermittelten aberranten bzw. monoklonalen Phänotyp der Blasten (siehe Tab. 2 und 3) im Liquor wiederzufinden. Dies gilt insbesondere dann, wenn der zytomorphologische Befund wegen eines geringen Blastenanteils oder des Vorliegens kleiner Blasten als zweideutig angesehen werden muß sowie ggfs. bei primären ZNS-Lymphomen. Die große Mehrzahl der Lymphome mit ZNS-Befall erweist sich als B-

Tab. 2 Korrelation Immunphänotyp/FAB-Subtyp bei akuten myeloischen Leukämien FAB-Subtyp [nach 4]

Antigen	M0	M1	M2	M3	M4	M5	M6	M7
HLA-DR	+	+	+	−	+	+	+	+
CD34[a]	+	+	+	−	+	+	+	+
CD13	+	+	+	+	+	+	+	+
CD33	+	+	+	+	+	+	+	+
CDw65	+	+	+	+	+	+	+	+
CD14	−	−	−	−	−/+	−/+	−	−
CD15	−	−	+	−	+	+	+	−
Glykophorin A	−	−	−	−	−	−	+	−
CD41/C61	−	−	−	−	−	−	−	+

[a] Bezeichnung (CD = cluster of differentiation') entsprechend '4th International Workshop on Human Leukocyte Differentiation Antigens.

Tab. 3 Immunologische Reaktionsmuster der ALL-Subtypen ALL-Untergruppen [nach 4]

Antigen	Prä-prä-B	Common	Prä-B	B	Prä-/frühe T	Kortikale T	Reife T
TDT	+	+	+	−	+	+	+
HLA-DR	+	+	+	+	−/+	−	−
CD34[a]	+	+	−/+	−	−/+	−	−
CD10	−	+	+	+	−/+	−/+	−
CD19	+	+	+	+	−	−	−
cyIgM	−	−	+	−	−	−	−
SIg	−	−	−	+	−	−	−
CD7	−	−	−	−	+	+	+
cyCD3	−	−	−	−	+	+	−
E_R/CD2	−	−	−	−	−	+	+
CD1a	−	−	−	−	−	+	−
CD3	−	−	−	−	−	−/+	+

[a] Bezeichnung (CD = cluster of differentiation') entsprechend '4th International Workshop on Human Leukocyte Differentiation Antigens.

Zell-Lymphome, als deren gemeinsames Kennzeichen hier die Monoklonalität (entspricht der Leichtkettenrestriktion des Oberflächen- oder ggfs. auch zytoplasmatischen Immunglobulins) herauszustellen ist. Die geringste zusätzliche Information ist bei akuten myeloischen Leukämien zu erwarten, da hier größere häufig granulierte Blasten vorliegen und der Immunphänotyp wesentlich geringere Möglichkeiten zur Unterscheidung von reaktiven myeloischen Zellen bietet (Tab. 2).

Wesentlich seltener ist der ZNS-Befall bei Lymphomen niedrigeren Malignitätsgrades. Tritt er dennoch auf, bietet er dafür größere diagnostische Probleme in der Abgrenzung gegenüber reaktiven lymphozytären Pleozytosen. Nachdem auch hier in der Mehrzahl der Fälle B-Zell-Lymphome zugrundeliegen, ist auch hier die Bestimmung des B-Zell-Anteils und deren Klonalität die wichtigste Maßnahme. Zur näheren Bestimmung der Lymphomentität kann die Coexpression weiterer B-Zell-Antigene (siehe Tab. 4)

Tab. 4 Immunphänotyp chronischer B-Zell-Neoplasien Entität [nach 4]

Antigen	CLL	PLL	HZL	FL	CC	LP-IC
SIg	(+)	+	+	+	+	+
CD5	+	−/+	−	−	+	−/+
CD19/20/24	+	+	+	+	+	+
CD22	−/+	+	+	+	+	−/+
CD23	+	−/+	−	−/+	−	−/+
FMC7	−/+	+	+	−/+	+	−/+
CD10	−	−	−	+	−	−
CD25	−	−	+	−	−	−
CD38	−	−	−/+	−	−	+

herangezogen werden. Eine Dominanz von B-Zellen bei gleichzeitiger starker Verschiebung des Lambda-Kappa-Verhältnisses ist in jedem Fall dringend verdächtig auf ein B-Zell-Lymphom (Cave: oligoklonale Reaktionen mit verschobenem Lambda-Kappa-Verhältnis). Noch seltener sind niedrig-maligne T-Zell-Lymphome im Liquor zu finden. Richtungsweisend können der Verlust einzelner T-Zell-assoziierter Antigene (z. B. CD7 bei Sezary-Syndrom) oder eine starke Verschiebung des C4/CD8-Verhältnisses sein (Tab. 5).

Im Gegensatz zu den genannten Lymphomen ist bei lymphozytären Entzündungen in der Regel eine Dominanz der T-Zell-Antwort zu finden, das CD4/CD8-Verhältnis kann jedoch in weiten Bereichen schwanken und ist im Zweifelsfall höher als im peripheren Blut (Ausnahme: HIV-Encephalitis, wo sich korrespondierend zum peripheren Blut eine progrediente Depletion der T-Helfer-Zellen mit entsprechend niedrigem CD4/CD8-Verhältnis findet).

2.2.6 Literatur

[1] Coakham, H. B., J. A. Garson, B. Brownell et al: Monoclonal antibodies as reagents for brain tumor diagnosis: a review. J Royal Soc Med 77 (1984) 780−87.
[2] Kleine, T. O., J. Albrecht: Vereinfachte Durchflußzytometrie von Liquorzellen mit FACScan. Lab Med 15 (1991) 73−78.
[3] Kranz, B. R.: Methodik und Wert immunzytochemischer Differenzierung benigner und maligner Zellen im Liquor cerebrospinalis. Lab Med 15 (1991) 61−68.
[4] Ludwig, W.-D., B. Komischke, S. Böttcher et al: Immunphänotypisierung akuter Leukämien und leukämisch verlaufender niedrig-maligner Non-Hodgkin-Lymphome (Methoden, relevante Antigene, Interpretation), In: G. Schmitz, G. Rothe (Hrsg.): Durchflußzytometrie in der klinischen Zelldiagnostik, S. 77−104. Schattauer, Stuttgart 1994.
[5] Osborn, M., K. Weber: Biology of disease − Tumor diagnosis by intermediate filament typing: a novel tool for surgical pathology. Lab Invest 48 (1983) 372−394.
[6] Weber, Th., P. Rieckmann, S. Jürgens et al: Immunocytochemical analysis of immunoglobulin-

Tab. 5 Immunphänotyp chronischer T-Zell-Neoplasien Entität [nach 4]

Antigen	LGLL	PLL	ATLL	Sezary-Syndrom
TdT	−	−	−	−
CD1a	−	−	−	−
CD2	+	+	+	+
CD3	+	+	+	+
CD4	−	+	+	+
CD7	+	+	−	−
CD8	+	+	−	−
CD25	−	−	+	−
CD16	+	−	−	−
CD57	+	−	−	−

containing cells in CSF and blood in inflammatory disorders of the central nervous system. J Neurol Sci 86 (1988) 61–72.

[7] Wick, M., A. Fateh-Moghadam: Liquordiagnostik. In: D. Pongratz, Klinische Neurologie, S. 136–156, Urban & Schwarzenberg, München 1992.

2.3 Intrazelluläre Immunglobuline – B-Lymphozyten-Aktivierung

R. Lehmitz

2.3.1 Einleitung

Die Liquorzytologie hat im Rahmen der Liquoranalytik für die Diagnostik von entzündlichen Erkrankungen des Nervensystems einen hohen Stellenwert. Der klassische entzündliche Liquorbefund ist u. a. gekennzeichnet durch den Nachweis von Granulozyten und Plasmazellen. Die morphologische Differenzierung von reifen Plasmazellen bereitet meist keine Probleme. Besonders bei chronisch-entzündlichen Erkrankungen kann ihr Anteil jedoch so gering sein, daß sie aus statistischen Gründen in einem einzelnen zytologischen Präparat fehlen. Oftmals deutet nur ein leicht aktiviertes Lymphozytensystem mit Lymphoidzellen, die nicht immer durch eine deutliche Basophilie imponieren, auf eine entzündliche Reaktion hin. In diesen Fällen erbringt erst der Nachweis von aktivierten B-Lymphozyten (B-Zellen) den eindeutigen Beweis für ein entzündliches Zellbild. Als aktivierte B-Zellen sind in der zellulären Diagnostik des Liquors die Lymphozyten definiert, die intrazellulär Immunglobuline (Ig) enthalten. Der nachgewiesene Ig-Subtyp (IgG, IgA oder IgM) ist bei Verwendung von polyspezifischen Antiköpern in den Testsystemen als unspezifisch zu interpretieren, erlaubt also bei erregerbedingten Erkrankungen keinen Rückschluß auf das spezifische Antigen. Die Ig- Klassenkonstellation (IgG, IgA, IgM) hat allerdings sowohl qualitativ als auch quantitativ differentialdiagnostische Bedeutung. Für die Darstellung von spezifisch aktivierten B-Zellen sind gesonderte Testsysteme (Antigenbindung, Antikörpersekretion) entwickelt worden, auf die in diesem Beitrag nicht eingegangen wird. Der unspezifische bzw. spezifische Nachweis von aktivierten B-Zellen erfolgt u. a. mit immunzytochemischen Techniken, von denen eine in diesem Kapitel beschrieben ist.

Im Zentralnervensystem (ZNS) zeigen humorale Immunantworten bei entzündlichen Erkrankungen z. T. charakteristische Ig-Konstellationen, die diagnostisch, aber auch differentialdiagnostisch von Bedeutung sind. Über die Regulation der humoralen Immunantwort im ZNS in Abhängigkeit von unterschiedlichen Antigenen ist wenig bekannt. Die Effektorfunktion von im ZNS synthetisierten Antikörpern ist wahrscheinlich im Sinne einer „Schutzfunktion" für das Hirnparenchym u. a. durch TGF-β (u. a. aus Mikrogliazellen) und niedrige Konzentrationen von Komplementfaktoren im extrazellulären Milieu limitiert. Akute und chronische entzündliche Erkrankungen des ZNS gehen in unterschiedlichem Ausmaß mit intrathekalen Ig-Synthesen, die sowohl quantitativ durch speziell entwickelte empirische mathematische Verfahren als auch qualitativ (u. a. isoelektrische Fokussierung, Immunoblot) erfaßt werden können, einher. Auf zellulärer Ebene weisen Plasmazellen bzw. aktivierte B-Zellen (intrazelluläre Ig) im Liquor auf eine intrathekale humorale Immunreaktion hin. Als Antwort auf Antigene (Erreger), die auf verschiedenen Wegen das ZNS erreichen können, aber auch auf Autoantigene (ZNS), kommt es folglich im ZNS zu einer Antikörperproduktion. Das Wissen um die Initiierung und Regulation der B-Zell-Antwort im ZNS ist nur sehr fragmentarisch. Die früher aufgestellte These, daß das Nervensystem bedingt durch fehlende Lymphdrainage und das Vorhandensein von Blut-Hirn-Schranke (BHS), Blut-Liquor-Schranke (BLS) und auch Blut-Nerven-Schranke (BNS) ein „immunprivilegiertes Organ" darstellt, kann zumindest für die humorale Immunität nicht aufrechterhalten werden.

Die humoralen Immunantworten im ZNS zeigen einige empirisch festgestellte Besonderheiten. Sowohl humoral als auch zellulär ergeben sich bei einigen entzündlichen ZNS-Erkrankungen typische Einklassen- oder Mehrklassen-Ig-Reaktionen, die scheinbar keinem weiteren Ig-Switch unterliegen und über längere Zeiträume stabil nachweisbar sind. Bemerkenswert ist jedoch, daß Mehrklassen-Ig-Reaktionen bei aktivierten B-Lymphozyten sich nicht immer auch als entsprechende Ig-Synthesen in quantitativen und qualitativen Detektionssystemen zeigen. Eine B-Zell-Aktivierung (Mehrklassen-Ig-Reaktion) wird folglich in diesen Fällen zellulär sensitiver angezeigt. Eventuell existieren Mehrklassen-Ig-Reaktionen im ZNS weit häufiger als bisher angenommen, sie sind mit heutigen Detektionssystemen nur nicht in jedem Falle nachweisbar. Zum Zeitpunkt der klinischen Manifestation von akuten entzündlichen Erkrankungen finden sich z. T. bereits initial B-Zell-Antworten (humoral und zellulär), meist sind sie jedoch zeitversetzt oder bleiben ganz aus, obwohl der Erkrankung derselbe Erreger zugrunde liegt. Die B-Zell-Antwort zeigt sich sehr oft zunächst nur zellulär (aktivierte B-Lymphozyten). Erst später werden über die heute zur Verfügung stehenden quantitativen und qualitativen Bewertungssysteme intrathekale Ig-Synthesen erfaßt.

Dem ZNS fehlt eine konventionelle Lymphdrainage. Aus tierexperimentellen Untersuchungen geht jedoch eindeutig hervor, daß über „Umwege" Verbindungen zwischen ZNS und sekundären lymphatischen Organen (Lymphknoten, Milz) bestehen. Die extrazelluläre Flüssigkeit des Hirnparenchyms, die durch Sekretion und Diffusion aus dem zerebralen vaskulären Endothel (BHS) entsteht, drainiert über die perivaskulären Räume in den Liquor. Der Liquor wiederum hat aus dem Subarachnoidalraum über die Pacchioni-Granulationen Zugang zum venösen Blut, über craniale Nerven und spinale Nervenwurzeln besteht Zugang zur Lymphflüssigkeit. Damit existieren die Voraussetzungen, daß antigenes Material (afferenter Weg) in unprozessierter Form und auch Zellen aus dem ZNS sowohl Lymphknoten als auch die Milz erreichen können, wo dann eine entsprechende B-Zell-Antwort initiiert werden kann.

Aktivierte spezifische B- und T-Zellen (Effektorzellen) können auf dem efferenten Weg über die BHS bzw. BLS das ZNS erreichen, hier weiter proliferieren, sich weiter differenzieren und somit als Plasmazellen eine intrathekale Ig-Produktion ausführen. Der Eintritt von Lymphozyten in das ZNS ist durch Schrankensysteme limitiert. Im gesunden Hirnparenchym finden sich nur wenige Lymphozyten, der normale Liquor enthält jedoch immer Lymphozyten, so daß ein kontrollierter Zelltransfer in das ZNS als physiologisch anzusehen ist. Unter pathologischen Bedingungen können Lymphozyten sowohl im Hirnparenchym als auch im Liquor (Pleozytose) erheblich angereichert sein.

Es ist davon auszugehen, daß eine intrathekale Antikörpersynthese die Initiierung der B-Zell-Antwort in sekundären lymphatischen Organen voraussetzt. Für eine auf das ZNS beschränkte Auslösung einer kompletten B-Zell-Antwort einschließlich Antigenerkennung durch ruhende B-Zellen, Kooperation mit spezifischen T_H-Zellen sowie Affinitätsreifung und B-Memory-Zell-Generierung fehlt im ZNS nach Kenntnisstand das morphologische Mikromilieu, wie es u. a. in Lymphknoten, Milz und mukosaassoziiertem Gewebe gegeben ist. Außerdem erreicht wahrscheinlich nur eine geringe Zahl von ruhenden B-Zellen, die nach Antigenerkennung initial die primäre B-Zell-Antwort auslösen können, das ZNS. Proliferation von aktivierten B-Lymphozyten und weitere Differenzierung zu Effektorzellen einschließlich Antikörperproduktion sind für das ZNS nachgewiesen. Eine Plasmazellgenerierung (sekundäre Immunantwort) aus Memory-B-Zellen ist nicht an die Keimzentren der sekundären lymphatischen Organe gebunden. Bei entzündlichen Erkrankungen des ZNS dürfte der biologische Sinn eines verstärkten Zelltransfers (Pleozytose) in das Hirnparenchym oder den Liquorraum darin liegen, die Wahrscheinlichkeit für den Eintritt von immunologisch wirksamen Effektorzellen oder regulativen Zellen in das ZNS zu erhöhen. Die Beobachtung, daß auch bei gleichem Erreger aktivierte B-Lymphozyten bzw. eine intrathekale

Ig-Synthese initial, zeitversetzt oder gar nicht nachweisbar sind, könnte dafür sprechen, daß in Abhängigkeit von der Antigenkonzentration im Liquor bzw. dem Vorhandensein von ruhenden erregerspezifischen B-Zellen im Liquor die Kooperation mit sekundären lymphatischen Organen zeitlich unterschiedlich oder gar nicht realisiert wird. Bei relativ schnellen B-Zell-Antworten im ZNS könnte es auch sein, daß das ZNS-relevante Antigen systemisch im Organismus verbreitet ist. Für eine Reihe von bakteriellen und viralen Entzündungen des Nervensystems ist bekannt, daß der Anteil von aktivierten B-Zellen im Blut erhöht ist, was zumindest eine systemische Immunreaktion belegt. Auch wenn die Effektorfunktionen der im ZNS synthetisierten Antikörper aus bereits genannten Gründen wohl nur eine untergeordnete Rolle spielen, so hat doch der Nachweis von aktivierten B-Lymphozyten im Liquor für die Diagnostik und Therapiekontrolle von entzündlichen Erkrankungen des ZNS einen wichtigen Stellenwert.

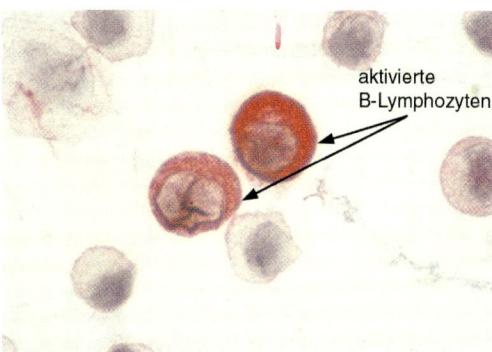

Abb. 1: Aktivierte B-Lymphozyten (intrazellulär IgG)

Weiterführende Literatur: [1, 3, 4, 6, 7, 8, 17, 19, 20].
(Zu B-Lymphozyten-Aktivierung siehe Kap. A.7)

2.3.2 Intrazelluläre Immunglobuline – Aktivierte B-Lymphozyten im Liquor cerebrospinalis

2.3.2.1 Morphologie der aktivierten B-Lymphozyten im Liquor cerebrospinalis

Aktivierte B-Zellen im Liquor stellen sich morphologisch als sehr heterogen dar. Sie variieren erheblich hinsichtlich ihrer Zellgröße. Sie sind meist kleiner als die typischen Plasmazellen und oftmals nur wenig größer als normale Lymphozyten. Viele Lymphozyten mit intrazellulären Ig würden im zytologischen Präparat nach Standardfärbung mit May-Grünwald-Giemsa weder durch Größe noch durch Färbung als „aktiviert" auffallen. Vereinzelt können Plasmazellen als „Endzellen" der Lymphozytenaktivierung nur schwach positiv oder sogar negativ erscheinen. In diesen Zellen findet keine Antikörperproduktion mehr statt, da die

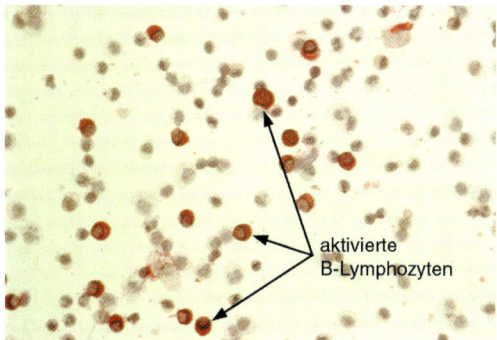

Abb. 2: Aktivierte B-Lymphozyten bei Neuroborreliose (intrazellulär IgM)

Zellen nur eine Lebensdauer von einigen Wochen haben und nicht mehr teilungsfähig sind. Die funktionelle Zuordnung der aktivierten B-Zellen im Liquor ist bisher im Detail nicht eindeutig bekannt. Es dürfte sich sowohl um Präplasmazellen (Lymphoidzellen) und Plasmazellen (Effektorzellen) als auch um „regulative" Zellen (Memory-B-Zellen) handeln. Plasmazellen und deren Vorstufen sind Ergebnis von Proliferation und Differenzierung im ZNS. Sie können in diesem Reifestadium nicht den sekundären lymphatischen Organen entstammen, da Plasmazellen aus den entsprechenden Keimzentren zwar partiell in das Knochenmark gelangen, aber nicht in nennenswertem Umfang frei zirkulieren. Nach heutigem Kenntnisstand ist ein Plasmazelltransfer durch ZNS-Endothelien auch nicht möglich. Memory-B-Zellen können durch Transfer über die ZNS-Endothelien direkt oder indirekt über das Hirnparenchym in den Liquorraum gelangen. Eine Generierung von Memory-B-Zellen im ZNS ist sehr unwahrscheinlich, da bisher im ZNS kein morphologisches Mikromilieu, wie es die Keimzentren der sekundären lymphatischen Organe darstellen, verifiziert werden konnte. Memory-Zellen werden aus den Keimzentren in die Zirkulation entlassen.

Weiterführende Literatur: [2, 13]

2.3.2.2 Indikation

Zellulärer Nachweis einer Immunreaktion im ZNS bei Verdacht auf akute und chronische entzündliche Erkrankungen. Die Indikation ist unabhängig von der Leukozytenzahl, da besonders bei chronisch-entzündlichen Erkrankungen oftmals normale Zellzahlen gefunden werden. Im Falle von nur diskret stimulierten entzündlichen Zellbildern erbringt erst der Nachweis von aktivierten B-Zellen eindeutige Hinweise auf ein entzündlich bedingtes pathologisches Zellbild. Um eventuell differentialdiagnostische Hinweise zu erhalten, sollten Zellpräparate für den Nachweis von intrazellulärem IgG, IgA und IgM analysiert werden. Bei Verlaufsuntersuchungen zur Therapiekontrolle ist z. T. eine erneute Analytik angezeigt.

2.3.2.3 Präanalytik

Die Herstellung der Zellpräparate für den immunzytochemischen Nachweis der aktivierten B-Zellen sollte unmittelbar nach Liquorentnahme erfolgen. Ist der Liquor älter als 2 Stunden, sind verfälschte Ergebnisse nicht auszuschließen. Zytozentrifugenpräparate (s. a. Methode) werden nach 2–4 Stunden Lufttrocknung für 5 min in Methanol fixiert. Wird die immunzytochemische Analytik nicht gleich anschließend durchgeführt, so können die fixierten Präparate in einer Pufferlösung für mehrere Tage zwischengelagert werden. Nach Fixierung dürfen die Zytopräparate bis zur Inkubation mit Antikörpern nicht trocknen.

2.3.2.4 Methoden

Herstellung der Zytopräparate (Hettich-Zytozentrifuge)

Die Liquorzellen werden zunächst durch Zentrifugation der gesamten Liquorprobe angereichert (20 min/220 × g). Anschließend erfolgt das Abheben des zellfreien Liquors, der für die weitere Analytik zur Verfügung steht. In Abhängigkeit von der Zahl der zu erstellenden Präparate verbleiben je Präparat 200 µl Liquor über dem Zellpellet, das dann schonend resuspendiert wird. Jetzt erfolgt pro Präparat ein Zusatz von 50 µl steril filtrierter Rinderserum-Albumin (RSA)-Lösung (RSA in Medium 199 mit Antibiotikazusatz/pH 7,2). Die RSA-Endkonzentration liegt im Bereich der Albumin-Konzentration des Serums. Nach erneuter Resuspendierung können jetzt die Kammern der Zytozentrifuge mit je 250 µl Liquorzellsuspension beschickt werden. Die verwendeten Objektträger sind mit Polykationen (Polydimethyl-diallyl-ammoniumchlorid) zur Zelladhärenzverstärkung beschichtet. Eine erste Zentrifugation (Zytozentrifugation) erfolgt für 5 min bei 220 × g. Der zellfreie Überstand wird bis auf 50 µl (verbleibt zunächst über dem Zellmonolayer) schonend mit einer Mikroliterspritze abgesaugt. Nach Abnahme der Zytokammer verbleibt folglich ein Flüssigkeitstropfen (50 µl) auf dem Sedimentationsareal. Nach einem zweiten Zentrifugationsschritt (Trockenzentrifugation/1 min bei ca. 800 × g) ist die Liquorzellpräparation abgeschlossen. Die hier dargestellten Bedingungen gelten für Leukozytenzahlen bis 50 Mpt/l. Bei Leukozytenzahlen > 50 Mpt/l bzw. artefizieller Blutkontamination können entsprechend einer optimalen Zelldichte auf den Objektträgern Zytokammern mit größeren Sedimentationsarealen eingesetzt werden. Von der Leukozytenzahl und von der Anzahl der zu erstellenden Präparate hängt ab, aus welchem Liquorvolumen die Liquorzellen initial angereichert werden. Weitere methodische Details sind der Literatur zu entnehmen.

Für die Liquorzellpräparation können auch andere Zytozentrifugations-Techniken sowie Spontansedimentations-Techniken (u. a. Poly-

Immunzytochemische Methode

Reagenzien:

1. TBS-Puffer:

    60,55 g Tris(hydroxymethyl)-aminomethan (Merck) und 85,20 g NaCl (Merck) in 500 ml Aqua bidest. lösen; mit 25 %iger HCl auf pH 7,6 einstellen und auf 1000 ml mit Aqua bidest. auffüllen = Stammlösung.
    Diese Stammlösung vor Gebrauch 1 + 9 mit Aqua bidest verdünnen = Gebrauchslösung.

2. Carrageenan-Lösung:

    a) Tris-Phosphat-Puffer (Tris 0,04 m/Phosphat 0,01 m)
    5 g Tris(hydroxymethyl)-aminomethan (Merck) und 1,2 g Na_2HPO_4 (Merck) und 0,25 g NaH_2PO_4 (Merck) und 7,0 g NaCl (Merck) in Aqua bidest. lösen; auf pH 7,8 einstellen und auf 1000 ml mit Aqua bidest. auffüllen

    b) 0,7 g Carrageenan (Sigma) und 0,1 g NaN_3 und 0,5 g TRITON X-100 (Ferak) in 100 ml Tris-Phosphat-Puffer (a) lösen = Carrageenan-Lösung.

3. Astraneufuchsin-Lösung:

    5 g Astraneufuchsin (Merck) in 100 ml 2n HCl lösen.

4. Astraneufuchsin-Gebrauchslösung:

    a) 50 ml TBS-Puffer (Gebrauchslösung) mit 1m NaOH auf pH 8,7 einstellen; 18 mg Levamisol (Sigma) in 50 ml TBS-Puffer (Gebrauchslösung / pH 8,7) lösen.

    b) 1 g $NaNO_2$ (Merck) in 25 ml Aqua bidest. lösen; dazu 100 µl Astraneufuchsin-Lösung (3) geben und mischen.

    c) 300 µl Dimethylformamid (Merck) mit 25 mg Naphthol-AS-BI-Phosphat (Sigma) mischen.
    Erst Lösung A und C mischen, dann Lösung B dazugeben und die Lösung filtrieren = Astraneufuchsin-Gebrauchslösung.
    Astraneufuchsin-Gebrauchslösung immer frisch ansetzen.

5. Antikörper-Lösungen:

    Antikörper:

    Alkaline-Phosphatase-conjugated Affini-Pure F(ab′)2 Fragment Goat Anti-Human IgG (H + L)/(DIANOVA)

    Alkaline-Phosphatase-conjugated Affini-Pure F(ab′)2 Fragment Goat Anti-Human IgA (Alpha Chain Specific)/(DIANOVA)

    Alkaline-Phosphatase-conjugated Affini-Pure F(ab′)2 Fragment Goat Anti-Human IgM (Fc5µ Fragment Specific)/(DIANOVA)

    Antikörper-Lösung:

    Antikörper in 0,5 ml Aqua bidest. lösen; dann die 0,5 ml Antikörper-Lösung 1 + 49 mit der Carrageenan-Lösung (2.b) verdünnen. Die Antikörper-Lösungen können bis zu 1 Jahr verwendet werden.

Methodischer Ablauf (Küvettentechnik):

Frisch fixierte bzw. in TBS-Puffer (Gebrauchslösung) gelagerte Zytopräparate werden zunächst in TBS-Puffer (Gebrauchslösung) für 10 min gespült. Die Inkubation mit den Alkalische Phosphatase-konjugierten Antikörpern erfolgt dann jeweils für 45 min bei Raumtemperatur. Nach 2 Zwischenspülungen (je 5 min) in TBS-Puffer (Gebrauchslösung) wird die enzymatische Farbreaktion für 30 min in der Astraneufuchsin-Gebrauchslösung durchgeführt (Raumtemperatur). Nach 3 erneuten kurzen Zwischenspülungen mit TBS-Puffer (Gebrauchslösung) werden die Präparate ca. 3 min mit Meyers Hämalaun gegengefärbt. Sind die Präparate dann getrocknet, können sie schließlich eingedeckt werden (DePeX/Serva).

Weiterführende Literatur: [2, 9, 10, 11, 12, 13, 14, 15, 18, 21]

2.3.2.5 Analytische Beurteilung

Aktivierte B-Zellen zeigen ein rot gefärbtes Zytoplasma (flächig, z. T. etwas granuliert). Eine nur membranständige Anfärbung gilt in diesem Testsystem nicht als positiv. Die aktivierten B-Zellen werden in Prozent der Gesamtlymphozyten angegeben. Ein Anteil von ≥ 0,1 % gilt als sicherer Hinweis auf eine entzündliche Erkrankung des ZNS. Im völlig blutfreien (artefiziell) Liquor ist auch ein Anteil von < 0,1 % an positiven Zellen diagnostisch verwertbar. Im Falle von stark artefiziell blutigen Liquores können einzelne morphologisch unauffällige positive Zellen aus dem Blut stammen. Sind morphologisch auffällige positive Zellen vorhanden (Lymphoidzellen, Plasmazellen), ist ihre Herkunft aus dem Blut äußerst unwahrscheinlich. Wenn einzelne aktivierte B-Zellen bei artefizieller Blutkontamination unter Berücksichtigung des gesamten Liquorbefundes nicht plausibel erscheinen, ist das zytologische Präparat (Standardfärbung) nochmals sehr sorgfältig auf Zeichen einer Knochenmarkkontamination zu überprüfen. Es ist möglich, daß im gesamten Zellpräparat nur wenige Zellen (Erythrozyten- und Leukozytenvorstufen) einen Hinweis auf Knochenmark geben. Im Fall von Knochenmarkkontamination können aktivierte B-Zellen generell nicht diagnostisch genutzt werden.

Obwohl endogene Phosphatasen durch Levamisol im Testansatz gehemmt werden, zeigen aktivierte Monozyten und Makrophagen gelegentlich eine Farbreaktion, die aber meist nur schwach ausfällt. Dies kann bedingt sein durch ungehemmte endogene Phosphatasen. Knorpelzellen, die im Liquor gelegentlich artefiziell vorkommen, reagieren oft „falsch positiv" (endogene Phosphatasen). Die Bewertung der aktivierten B-Zellen schließt folglich in einigen Fällen eine morphologische Beurteilung der Zellen ein. Plasmazellen können sich selten einmal nur schwach positiv, oder auch negativ zeigen. Sie synthetisieren dann keine Immunglobuline mehr (Endzellen).

2.3.2.6 Medizinische Beurteilung

Die liquorzytologische Analytik ist für die Diagnostik und Differentialdiagnostik von entzündlichen Erkrankungen des Nervensystems zu einem Schwerpunkt geworden. Der Nachweis von B-Zellen mit intrazellulären Ig (aktivierte B-Zellen) hat in diesem Zusammenhang einen gesicherten diagnostischen Stellenwert erhalten. In mehr als 95 % aller Fälle mit entzündlichen Erkrankungen des Nervensystems werden entweder sehr früh oder im Verlauf der Erkrankung aktivierte B-Zellen nachgewiesen. Da der Nachweis dieser Zellen nicht mit einer intrathekalen Ig-Produktion korreliert, gelten aktivierte B-Zellen als unabhängiger „Marker" für einen entzündlichen Prozeß. Im Rahmen von Verlaufsuntersuchungen kommt dem Anteil von aktivierten B-Zellen bei einigen Krankheitsbildern ein prognostischer Wert zu. Die Klassenverteilung (IgG, IgA, IgM) und die Quantität der aktivierten B-Zellen haben z. T. differentialdiagnostische Bedeutung. Generell zeigen sich häufiger „Mehrklassen-Reaktionen" als auf Grundlage von mit heutigen Verfahren nachweisbaren intrathekalen Ig-Synthesen. In etwa 70 % weisen sowohl aktivierte B-Zellen als auch oligoklonales IgG auf eine intrathekale Immunreaktion hin, wobei in ca. 20 % der Fälle von entzündlichen Erkrankungen nur aktivierte B-Zellen eine Immunreaktion im Nervensystem belegen. Die Akuität eines entzündlichen Prozesses im Nervensystem kann durch aktivierte B-Zellen nur bedingt beurteilt werden. Bei chronisch entzündlichen Erkrankungen, wie der Multiplen Sklerose, können diese Zellen mit einer gewissen Regelmäßigkeit auch in klinisch „stummen" Phasen beobachtet werden. Offen ist die Frage, ob aktivierte B-Zellen nicht doch generell „behandlungsbedürftige" immunologische Aktivität im Mikromilieu von Entzündungsherden anzeigen, auch wenn kein auffälliger klinischer Befund manifest ist. Der Häufigkeitsnachweis von aktivierten B-Zellen ist nicht zuletzt abhängig von der Zellpräparationstechnik. Die Zahl der für die Auswertung zur Verfügung stehenden Zellen beeinflußt entscheidend die Auffindungsrate von positiven Einzelzellen. Im folgenden wird auf aktivierte B-Zellen bei ausgewählten Krankheitsbildern eingegangen.

Bakterielle Infektionen des ZNS

Akute bakterielle Meningitis

In der proliferativen Phase (Lymphozytenaktivierung) der bakteriellen Meningitis werden bei ca. 70 % der Patienten aktivierte B-Zellen gefunden. Bei komplikationslosem Verlauf sind es nur ca. 40 %, ist der Verlauf kompliziert, so sind es ca. 90 %. Überwiegend sind aktivierte

B-Zellen aller drei Klassen (IgG, IgA, IgM) vertreten, wobei die Klassen IgG und IgA dominieren. In Einzelfällen finden sich nur IgA-positive Zellen. Die Zellen treten 4–6 Tage nach klinischer Erstsymptomatik auf, ihr Anteil überschreitet in der Regel insgesamt nicht 5 %. Maximalwerte ergeben sich nach etwa 7–8 Tagen. Im Verlauf einer weiteren Woche sinkt ihr Anteil bei günstigem Verlauf unter 1 %, nach insgesamt 3 Wochen sollte der Befund negativ sein auch bei eventuell noch bestehender Pleozytose. Persistierend höhere Werte lassen auf einen schweren klinischen Verlauf schließen, der Nachweis der Zellen hat somit einen prognostischen Stellenwert. Bei Listerien-Infektionen sind aktivierte B-Zellen bis 4 Wochen nach Erkrankungsbeginn, bei sehr schweren Verläufen noch nach 8 Wochen nachweisbar. Die ablaufende Immunreaktion bei bakteriellen Meningitiden stellt sich überwiegend als systemisch dar, denn der Anteil aktivierter B-Zellen im Blut liegt deutlich über den Werten von Normalprobanden. Der Anteil positiver B-Zellen ist im Blut höher als im Liquor.

Tuberkulöse Meningitis
Der Anteil aktivierter B-Zellen erreicht bis zu 5 %. Dreiklassen-Reaktionen kommen vor, wobei IgG- und IgA-positive Zellen dominieren. Aktivierte B-Zellen erscheinen eher als bei akuten bakteriellen Meningitiden. Sie können auch bei erfolgreicher Therapie noch nach einem halben Jahr und länger nachgewiesen werden.

Neuroborreliose
Der klassische Befund bei der Neuroborreliose zeigt aktivierte B-Zellen aller drei Klassen (ca. 60 % der Patienten). Ihr Anteil kann insgesamt bis zu 25 % betragen. IgM-positive Zellen können dominieren. Auch Einklassen- und Zweiklassen-Reaktionen kommen vor, die Befunde wechseln im Verlauf häufig. Eine Dreiklassen-Reaktion mit insgesamt ca. 20 % aktivierten B-Zellen und zusätzlicher IgM-Dominanz hat differentialdiagnostische Bedeutung. Nach antibiotischer Behandlung sind die aktivierten B-Zellen nach 10–14 Tagen rückläufig. Liegen erhöhte Werte über 3 Wochen vor, so handelt es sich meist um schwere klinische Verläufe. Der Anteil aktivierten B-Zellen (Klasse IgG) ist im Liquor höher als im Blut, wobei der Anteil im Blut im Vergleich zu Kontrollprobanden ebenfalls erhöht ist, was auch hier für eine systemische Immunreaktion spricht. Spezifische aktivierte B-Zellen sichern die Diagnose einer Neuroborreliose. Ihr Anteil an allen aktivierten B-Zellen variiert zwischen < 1 % und fast 70 %.

Neurosyphilis
Aktivierte B-Lymphozyten sind häufig im gemischtzelligen zytologischen Präparat zu finden. Es finden sich vorwiegend IgG- und IgM-positive Zellen, seltener auch Zellen der Klasse IgA. Eine Dreiklassen-Reaktion ist folglich möglich. Bei erfolgreicher Therapie ist der Anteil aktivierter B-Zellen nach 1–2 Wochen rückläufig, ein völliger Rückgang der Zellen erfolgt erst nach längeren Zeiträumen. So konnten aktivierte B-Zellen mit Anteilen von < 0,1 % noch länger als 1 Jahr nach Krankheitsbeginn nachgewiesen werden. Treponemenspezifische aktivierte B-Zellen sind im Liquor gefunden worden.

Virale Infektionen des ZNS

Virale Meningoenzephalitis/Meningitis
Aktivierte B-Zellen finden sich überwiegend sehr früh (> 90 % aller Fälle), da zum Zeitpunkt der diagnostischen Erstpunktion Lymphozyten im Zellbild meist bereits dominieren. Ihr Anteil kann, insbesondere bei der HSV-Enzephalitis, insgesamt über 10 % betragen. In 50 % zeigt sich initial bereits eine Dreiklassen-Reaktion fast ausschließlich mit IgG-Dominanz, bei 30 % finden sich zunächst nur IgG-positive Zellen. Ein Nachweis von spezifischen aktivierten B-Zellen unterstützt die Diagnose einer viralen Infektion. In der Regel sind aktivierte B-Zellen nicht mehr nachweisbar, bevor die Leukozytenzahl völlig normalisiert ist. Allerdings können die Zellen in Anteilen < 0,1 % (z. T auch > 0,1 %) bei normaler Leukozytenzahl auch noch Monate nach Erstpunktion zu finden sein. Der Anteil aktivierter B-Zellen im Blut ist höher als der bei Kontrollprobanden. Auch hier ergibt sich ein Hinweis auf eine systemische Immunreaktion. IgG- und IgA-positive Zellen sind in Liquor und Blut

etwa gleich häufig, der Anteil IgM-positiver Zellen ist im Blut höher als im Liquor.

HIV-Enzephalitis

Frühzeichen einer ZNS-Beteiligung bei HIV-Infektion im Stadium I und II sind im Liquor u.a. aktivierte B-Zellen der Klasse IgG (70% der Fälle). Im Gegensatz zu anderen entzündlichen Erkrankungen finden sich fast ausschließlich aktivierte B-Zellen der Klasse IgG. Ihr Anteil übersteigt kaum 1% der Lymphozyten, bisher liegen allerdings keine umfangreichen Beobachtungen vor. Generell ist zu beobachten, daß das Ausmaß der zellulären Immunreaktion im weiteren Verlauf der chronischen HIV-Enzephalitis abnimmt. Zeigt der Liquorbefund im Verlauf der HIV-Enzephalitis aktivierte B-Zellen der Klassen IgG, IgA und IgM, so kann mit hoher Wahrscheinlichkeit von einer zusätzlichen opportunistischen Infektion des Nervensystems ausgegangen werden.

Entzündliche demyelinisierende Erkrankungen des Nervensystems

Multiple Sklerose (MS)

In 90% aller Fälle werden aktivierte B-Zellen der Klasse IgG nachgewiesen. Auch bei normaler Leukozytenzahl werden die Zellen gefunden. IgA-positive- (50%) und IgM-positive Zellen (40%) finden sich ebenfalls. Ihr dominanter Nachweis ist untypisch für die MS. Dreiklassen-Reaktionen wurden bei 30% der Fälle nachgewiesen, immer mit IgG-Dominanz. In der Regel (90%) übersteigt der Anteil aktivierter B-Zellen insgesamt nicht 3%, aber auch Werte zwischen 3% und 10% sind möglich, wobei die höchsten Werte fast ausschließlich mit einem schubförmigen Verlauf der MS korrelieren. Da im akuten Schub aber auch Anteile von ca. 1% gefunden werden, sind aktivierte B-Zellen im Liquor kein verläßlicher „Marker" für Prozeßaktivität. Aktivierte B-Zellen sind auch in klinisch stummen Phasen zu finden. Bei Patienten im akuten Schub der Erkrankung ist der Anteil aktivierter B-Zellen der Klasse IgG im Liquor höher als im Blut.

Der Anteil IgA- und IgM-positiver Zellen ergibt keine Unterschiede zwischen Liquor und Blut.

Akute monosymptomatische Optikusneuritis (AMON)

Aktivierte B-Zellen der Klasse IgG sind in 75% der Fälle nachzuweisen, positive Zellen der Klassen IgA und IgM in jeweils 40%. Der Anteil der aktivierten B-Zellen übersteigt 2% (2–5%) bei 20% der Patienten. Dreiklassen-Reaktionen werden bei 40% und Zweiklassenreaktionen bei 25% der Patienten gefunden. Fast immer dominieren IgG-positive Zellen. In Einzelfällen können Zellen der Klasse IgA dominieren, die IgA-Dominanz zeigt sich dann auch als intrathekale IgA-Synthese.

Weitere entzündliche Erkrankungen des Nervensystem

Bei einer Reihe weiterer entzündlicher Erkrankungen des Nervensystems werden aktivierte B-Zellen gefunden. Zum Teil liegen für die einzelnen Erkrankungen nur wenige Angaben vor, so daß eine detaillierte Darstellung von Häufigkeiten nicht sinnvoll erscheint. So finden sich aktivierte B-Zellen, z.T. in Abhängigkeit vom Erkrankungsstadium, u.a. bei Pilzinfektionen, Protozoonosen, Polyneuritis Guillain-Barre, Neurosarkoidose, Sjögren-Syndrom, systemischem Lupus erythematodes und Vaskulitiden.

Nichtentzündliche Erkrankungen des Nervensystems

Neoplastische Erkrankungen

Einen Sonderfall stellt der Nachweis von intrazellulären Immunglobulinen in Lymphomzellen dar. Bei geringem Anteil aktivierter B-Zellen können diese auf eine entzündliche Begleitreaktion hinweisen. Mehrklassenreaktionen sprechen für entzündliche Reaktionen (opportunistische Infekte). Wird nur eine Ig-Klasse nachgewiesen, können die Zellen mit der immunzytochemischen Technik auf Monoklonalität geprüft werden. Liegen Ig-positive Zellen in Anteilen über 30% vor, kann auf Lymphomzellen geschlossen werden. Es muß jedoch auch hier eine weitere Zellphänotypisierung erfolgen.

Aktivierte B-Zellen wurden gefunden bei Glioblastomen, Astrozytomen, Dysgerminomen, Ependymomen, Meningeomen und metastasierenden Karzinomen. Zum Teil liegen Dreiklassen-Reaktionen vor, der Anteil positiver Zellen kann insgesamt bis zu 3 % betragen. Wie die aktivierten B-Zellen im Falle von Tumoren im Nervensystem immunologisch getriggert werden ist unklar.

Blutungen

Nach Subarachnoidalblutungen und intrazerebralen Blutungen kann es zu Aktivierungen des Lymphozytensystems kommen. Typischerweise erscheinen dann Plasmazellen. Aktivierte B-Zellen können als Ein- oder Mehrklassen-Reaktionen vorliegen mit Anteilen bis insgesamt 2 %.

Hirninfarkte

Auch nach Hirninfarkten können z. T. aktivierte B-Zellen gefunden werden. Hier sind Ein- und Mehrklassen-Reaktionen nachweisbar. Der Gesamtanteil schwankt zwischen < 0,1 % und 1 %.

Weiterführende Literatur: [2, 3, 4, 5, 13, 15, 16, 21]

2.3.3 Literatur

[1] Beuche, W., A. Siever, R. S. Thomas et al.: Immunocytochemical detection of specific activated cerebrospinal fluid B lymphocytes in the diagnosis of infectious diseases. In: K. Felgenhauer, M. Holzgraefe, H. W. Prange (Hrsg.): CNS barriers and modern CSF diagnostics, S. 331−337. VCH Verlagsges., Weinheim−New York 1993.

[2] Beuche, W., R. S. Thomas, P. Rieckmann: Aktivierte B-Lymphozyten des Liquor cerebrospinalis. In: M. Holzgraefe, H. Reiber, K. Felgenhauer (Hrsg.): Labordiagnostik von Erkrankungen des Nervensystems, S. 57−63. Perimed Fachbuch-Verlagsges. mbH, Erlangen 1988.

[3] Beuche, W., R. S. Thomas, K. Felgenhauer: Demonstration of zoster virus antibodies in cerebrospinal fluid cells. J Neurol 236 (1989) 26−28.

[4] Beuche, W., A. Siever, K. Felgerhauer: Specific antigen binding by activated cerebrospinal fluid B lymphocytes in acute neuroborreliosis. J Neurol 239 (1992) 322−326.

[5] Braune, H. J., K. H. Henn, G. Huffmann: Immunzytochemische Analyse von immunglobulinenthaltenden Zellen im Liquor cerebrospinalis bei vermutlich virusbedingter Meningitis. In: G. Huffmann, H. J. Braune (Hrsg): Infektionskrankheiten des Nervensystems, S. 38−41. Einhorn-Presse Verlag, Reinbek 1991.

[6] Cserr, H. F., P. M. Knopf: Cervical lymphatics, the blood brain barrier and the immunoreactivity of the brain: a new view. Immunol Today 13 (1992) 507−512.

[7] Knopf, P. M., C. J. Harling-Berg, H. F. Cserr et al.: Antigen-dependent intrathecal antibody synthesis in the normal rat brain: tissue entry and local retention of antigen-specific B cells. J Immunol 161 (1998) 692−701.

[8] Knopf, P. M., H. F. Cserr, S. C. Nolan et al.: Physiology and immunology of lymphatic drainage of interstitial and cerebrospinal fluid from the brain. Neuropathol Appl Neurobiol 21 (1995) 175−180.

[9] Kranz, B. R.: Methodik und Wert immunzytochemischer Differenzierung benigner und maligner Zellen im Liquor cerebrospinalis. Lab Med 15 (1991) 61−68.

[10] Lehmitz, R.: Verwendung von Polykationenbeschichteten Objektträgern für Zellanreicherungsverfahren. Z Med Lab Diagn 28 (1987) 222−224.

[11] Lehmitz, R.: Methoden zur Anreicherung von Liquorzellen. Lab Med 15 (1991) 41−45.

[12] Lehmitz, R., T. O. Kleine: Liquorzytologie: Ausbeute, Verteilung und Darstellung von Leukozyten bei drei Sedimentationsverfahren im Vergleich zu drei Zytozentrifugen-Modifikationen. Lab Med 18 (1994) 91−99.

[13] Rieckmann, P., S. Dalloul: Nachweis Immunglobulin-produzierender B-Lymphozyten im Liquor als früher Entzündungsparameter. mta 4 (1989) 608−612.

[14] Schädlich, H. J., M. Nekic, K. Felgenhauer: The detection of activated cerebrospinal fluid B lymphocytes by peroxidase conjugated antibodies. J Neurol 224 (1980) 77−87.

[15] Schädlich, H. J., K. Felgenhauer: Diagnostic significance of IgG-synthesizing activated B cells in acute inflammatory diseases of the central nervous system. Klin Wochenschr 63 (1985) 505−510.

[16] Schädlich, H. J., Y. Bliersbach: Immunglobulin G sytetisierende Lymphozyten im Liquor bei Multipler Sklerose und nichtentzündlichen Er-

krankungen des Nervensystems. J Clin Chem Clin Biochem 22 (1984) 483–487.

[17] Seabrook, T. J., M. Johnston, J. B. Hay: Cerebrospinal fluid lymphocytes are part of the normal recirculating lymphocyte pool. J Neuroimmunol 91 (1998) 100–107.

[18] Stark, E., U. Wurster: Preparation procedure for cerebrospinal fluid that yields cytologic samples suitable for all types of staining, including immunologic and enzymatic methods. Acta Cytol 31 (1987) 374–376.

[19] Thomas, R. S., W. Beuche, K. Felgenhauer: The proliferation rate of T and B lymphocytes in cerebrospinal fluid. J Neurol 238 (1991) 27–30.

[20] Vass, K., W. Rinner, H. Lassman: Mechanisms of leucocyte migration through the blood-brain barrier. J Lab Med 20 (1996) 156–158.

[21] Weber, T., P. Rieckmann, S. Jürgens et al.: Immunocytochemical analysis of immunoglobulin-containing cells in CSF and blood in inflammatory disorders of the central nervous system. J Neurol Sci 86 (1988) 61–72.

B.3 Proteindiagnostik

3.1 Quantitative Proteinanalytik, Quotientendiagramme und krankheitsbezogene Datenmuster

H. Reiber

Die Liquorproteinanalytik beantwortet folgende elementare Fragen [26, 29, 30]:

1. Blut-Liquor-Schrankenfunktionsstörung?
2. Intrathekale, humorale Immunreaktion/entzündlicher Prozeß?
3. Krankheitstypische Immunglobulinklassen-Muster?
4. Ursächlicher Mikroorganismus?
5. Markerproteine für Tumoren und degenerative Prozesse?

Unter Berücksichtigung der Blut-Liquor-Schrankenfunktion und mit der Kenntnis neuroimmunologischer Prozesse ist es möglich, eine aus dem ZNS stammende Proteinfraktion neben der aus dem Blut stammenden Proteinfraktion quantitativ zu bestimmen und adäquat zu interpretieren [21, 25, 29].

Dieses Kapitel beschreibt die Grundlagen der Reiber-Diagramme und die Anwendung in krankheitsbezogenen Befundmustern [21, 23, 25, 26, 29, 30].

3.1.1 Blut-Liquor-Schrankenfunktionsstörung

Die pathologische Erhöhung der Serumproteine im Liquor [z. B. 14], allgemein als Blut-Liquor-Schrankenfunktionsstörung bezeichnet, wird vor allem durch einen reduzierten Liquorfluß bedingt (Kap. A.4). Der Albumin-Liquor/Serum-Konzentrationsquotient (Q_{Alb}) stellt den besten Parameter für die quantitative Charakterisierung einer Blut-Liquor-Schrankenfunktionsstörung dar. Die noch weit verbreitete Analyse von Gesamteiweiß im Liquor ist von geringerer Sensitivität und Spezifität. Die diagnostische Relevanz bleibt dabei auf die Analyse als Notfallparameter (Kap. B.1) beschränkt. In manchen Labors spielt es auch für die Gesamteiweiß-gesteuerte, nephelometrische Einzel-Proteinanalytik eine Rolle. Das Albumin/Gesamteiweiß-Konzentrationsverhältnis im Liquor bewegt sich zwischen 35–80% mit einem Mittelwert um 58% [29, 30].

Referenzbereiche des Albuminquotienten, Q_{Alb}

Die Auswertung des Liquor/Serum-Albuminquotienten bedarf der Berücksichtigung *altersabhängiger Referenzbereiche*. In Abb. 2, Kapitel A.4, und Tab. 1 ist die extrem starke Abhängigkeit des Albuminquotienten vom Alter in den ersten 4 Lebensmonaten dargestellt (Kap. A.4). Beim Erwachsenen nimmt der Liquorfluß wieder stetig ab, und damit steigt der Albuminquotient an. Eine Funktion für die altersabhängige Grenze des Referenzbereichs ist in Tab. 1 angegeben.

Zur Berechnung der Referenzbereiche des Albuminquotienten für den Ventrikel- und den zisternalen Liquor sind die Werte des Referenzbereichs für lumbalen Liquor mit dem Faktor 0,4 (Ventrikel-Liquor, V-Q_{Alb} = 0,4 × Q_{Alb}) oder 0,65 (zisternaler Liquor, z-Q_{Alb} = 0,65 × Q_{Alb}) zu multiplizieren.

Für die Evaluation des Albuminquotienten muß auch berücksichtigt werden, daß durch

Tab. 1: Referenzwertbereiche des Albuminquotienten bei Kindern und Erwachsenen

Alter	Geburt	1. Mon.	2. Mon.	3. Mon.	4. Mon/6 J
$Q_{Alb} \times 10^3$	8 bis 28	5 bis 15	3 bis 10	2 bis 5	0,5 bis 3,5

Referenzbereichsgrenze von Q_{Alb} beim Erwachsenen (> 15 J): $Q_{Alb} = (4 + \text{Alter}/15) \times 10^{-3}$.
Beispiele: Alter bis 15 J: $Q_{Alb} = 5 \times 10^{-3}$; bis 40 J: $Q_{Alb} = 6,5 \times 10^{-3}$; bis 60 J: $Q_{Alb} = 8 \times 10^{-3}$.

den rostro-kaudalen Konzentrationsgradienten mit zunehmendem Abnahmevolumen bei der Lumbalpunktion die mittlere Albuminkonzentration im Liquor (wie aller aus dem Blut stammenden Proteine) abnimmt. Im Falle einer artifiziellen Blutbeimengung kann bis zu 7000 Ery/µL eine Erythrozytenzahl-bezogene Korrektur berechnet werden [29, 30].

Das Ausmaß der Blut-Liquor-Schrankenfunktionsstörung ist im begrenzten Rahmen diagnostisch relevant:

Albuminquotienten für chronische Erkrankungen wie Mutliple Sklerose, eine chronische HIV-Enzephalitis, alkoholische Polyneuropathie oder eine amyotrophe Lateralsklerose sind meist kleiner als 10×10^{-3}. Bei viralen Meningitiden, opportunistischen Infektionen oder einer diabetischen Polyneuropathie sind Albuminquotienten bis 20×10^{-3} beobachtbar. Werte oberhalb eines Albuminquotienten $Q_{Alb} = 20 \times 10^{-3}$ müssen als Zeichen einer akut entzündlichen Erkrankung interpretiert werden (z. B. Guillain-Barré Syndrom, Neuroborreliose, HSV-Enzephalitis), soweit eine spinale Blockade ausgeschlossen ist. Extrem hohe Werte ($Q_{Alb} > 50 \times 10^{-3}$) werden bei einer purulenten Meningitis oder bei einer tuberkulösen Meningitis beobachtet. Auch im Fall einer spinalen Blockade sind extrem hohe Werte beobachtbar [22]. Ein erhöhter Albuminquotient ist also mit Einschränkungen ein Akuitätsparameter in Ergänzung einer erhöhten Zellzahl.

3.1.2 Intrathekale, humorale Immunreaktion

Um eine intrathekale, humorale Immunreaktion zu identifizieren, muß im Liquor eine aus dem ZNS stammende Immunglobulin-Fraktion neben der aus dem Blut stammenden Fraktion möglichst sensitiv charakterisiert werden. Dies gelingt zum Teil mit qualitativen Methoden (oligoklonales IgG im Liquor) besser als mit quantitativen Methoden, die sich auf statistisch definierte Referenzbereiche beziehen. Die Bedeutung einer quantitativen Bestimmung der IgG-, IgA-, IgM-Synthese ist jedoch für die Darstellung von Befundmustern als auch für weiterführende Analytik (z. B. Nachweis erregerspezifischer intrathekaler Antikörpersynthese) unerläßlich. Aus der Vielzahl früherer, linearer und nicht-linearer, empirischer Auswerteverfahren [Ref. in 29, 30] zur Identifizierung einer intrathekalen IgG-Synthese ist inzwischen ein theoretisch fundiertes physikalisch und physiologisch korrektes Evaluationskonzept entwickelt worden (Kap. A.4). Die Referenzbereiche der aus dem Blut stammenden Proteinfraktionen im Liquor sind als hyperbolische Funktion charakterisiert (Kap. A.4).

Liquor/Serum-Quotientendiagramme nach Reiber

Die in Kapitel A.4 hergeleitete Hyperbelfunktion findet für die Praxis eine Darstellung in doppelt logarithmischen Diagrammen (Abb. 1). Die logarithmischen Skalen gehen im Diagramm bis zu einem Bereich von $Q_{Alb} = 150 \times 10^{-3}$, die Gültigkeit der hyperbolischen Funktionen ist aber für den gesamten biologischen Bereich bis zu den größten beobachteten Albuminquotienten ($Q_{Alb} = 700 \times 10^{-3}$) belegt [22, 29]. Patientendaten außerhalb des Diagramms können deshalb numerisch entsprechend den angegebenen Formeln (Tab. 2) bestimmt werden. Der Referenzbereich der aus dem Blut stammenden Proteinfraktionen im

Tab. 2: Numerische Auswertung der Liquorproteindaten

1. Die allgemeine hyperbolische Funktion:

$Q_{IgG} = a/b \sqrt{(Q_{Alb})^2 + b^2} - c$ hat die folgenden Gleichungen zur Beschreibung der oberen Diskriminierungslinie Q_{Lim} (Ig) für den Referenzbereich im Liquor/Serumquotientendiagramm:

Q_{Lim} (IgG) $= 0,93 \sqrt{(Q_{Alb})^2 + 6 \times 10^{-6}} - 1,7 \times 10^{-3}$

Q_{Lim} (IgA) $= 0,77 \sqrt{(Q_{Alb})^2 + 23 \times 10^{-6}} - 3,1 \times 10^{-3}$

Q_{Lim} (IgM) $= 0,67 \sqrt{(Q_{Alb})^2 + 120 \times 10^{-6}} - 7,1 \times 10^{-3}$

Werte für Q_{IgG}, Q_{IgA}, Q_{IgM} oberhalb dieser hyperbolischen Diskriminierungslinien zeigen eine intrathekale Synthese an.
Die entsprechenden Werte für die untere Begrenzung Q_{Low} und den Mittelwert des Referenzbereiches Q_{mean} sind in Tab. 1 Kap. A.4 dargestellt.

2. Quantifizierung der intrathekalen Synthese. Das Ausmaß einer lokal synthetisierten Immunglobulinmenge, die in den Liquor abgegeben wird, kann entweder als Konzentrationsveränderung im Liquor entsprechend der Gleichung:

$Ig_{Loc} = [Q_{Ig} - Q_{Lim} (Ig)] \circ Ig_{Serum}$ [mg/L]

oder als relative intrathekale Fraktion Ig_{IF} dargestellt werden, wobei IgG_{Loc} auf die Gesamt-Ig-Konzentration im Liquor (Ig_{Loc}/Ig_{CSF}) bezogen wird und umgeformt mit $Q_{Ig} = Ig_{CSF}/Ig_{Serum}$ folgende Gleichung ergibt:

$Ig_{IF} = [1 - Q_{Lim}(Ig)/Q_{Ig}] \circ 100$ [%]

Die lokal im ZNS synthetisierte IgG-Konzentration, d. h. IgG_{Loc} in mg/L, hängt numerisch von der Blut-Liquor-Schrankenfunktion (Liquorflußgeschwindigkeit) ab. Im Gegensatz dazu ist die intrathekale Fraktion (IgG_{IF} in %) unabhängig, da mit abnehmender Liquor-Flußgeschwindigkeit die Blut-abhängige gleichsinnig zunimmt. Damit ist Ig_{IF} der geeignete Parameter für die Verlaufsdarstellung der intrathekalen Immunglobulinsynthese bei ein und demselben Patienten. Die Darstellung der intrathekalen Fraktion Ig_{IF} gibt außerdem die Möglichkeit, bei einer humoralen Mehrklassen-Reaktion die Dominanz der intrathekalen Synthese unter den verschiedenen Immunglobulinklassen darzustellen ($IgG_{IF} : IgA_{IF} : IgM_{IF}$).

3. Die Dominanz unter intrathekalen Fraktionen wird z. B. mit $IgG_{IF} > IgM_{IF}$ als dominante intrathekale IgG-Synthese bezeichnet.

4. Der Antikörper-Index charakterisiert die spezifische intrathekale Immunreaktion einer bestimmten Antikörperspezies. AI wird berechnet als Quotient aus spezifischem CSF/Serum Konzentrationsquotient Q_{spez} und dem Gesamt-Ig-Quotienten (Q_{IgG} oder Q_{IgM}), wobei entweder auf den empirischen IgG-Quotienten oder im Fall einer polyspezifischen Immunreaktion auf Q_{Lim} bezogen wird:

AI $= Q_{spez} / Q_{IgG} (Q_{IgG} < Q_{Lim})$

AI $= Q_{spez} / Q_{Lim}$ (IgG) $(Q_{IgG} > Q_{lim})$

Referenzwertebereich AI $= 0,7-1,3$; pathologische Werte AI $> 1,4$.

Berechnungsbeispiel: Die in Abb. 1 dargestellten Quotienten eines Multiple Sklerose Patienten gehören zu folgenden Meßdaten: Alb(CSF) = 259 mg/L, Alb(Serum) = 44,6 g/L; IgG(CSF) = 68,9 mg/L, IgG(Serum) = 8,1 g/L; IgA(CSF) = 2,25 mg/L, IgA(Serum) = 1,5 g/L; IgM(CSF) = 1,9 mg/L, IgM(Serum) = 0,95 g/L; $Q_{Alb} = 5,8 \cdot 10^{-3}$; $Q_{IgG} = 8,5 \cdot 10^{-3}$; $Q_{IgA} = 1,5 \cdot 10^{-3}$; $Q_{IgM} = 2,0 \cdot 10^{-3}$. Daraus sind die Grenzwerte: Q_{Lim}(IgG) $= 4,16 \cdot 10^-$; Q_{Lim}(IgA) $= 2,7 \cdot 10^{-3}$ und Q_{Lim}(IgM) $1,2 \cdot 10^{-3}$ zu berechnen. Die lokal synthetisierten Konzentrationen im Liquor sind: $IgG_{Loc} = 37,6$ mg/L, $IgA_{Loc} < 0$ mg/L und $IgM_{Loc} = 0,76$ mg/L. Daraus lassen sich die intrathekalen Fraktionen (Ig_{IF}) berechnen. $IgG_{IF} = 51$ %; $IgA_{IF} = 0$ %; $IgM_{IF} = 40$ %. Daraus resultiert eine Zwei-Klassenreaktion mit Dominanz der IgG Fraktion ($IgG_{IF} > IgM_{IF}$). Als spezifische Quotienten (Q_{spez}) für Masern-, Röteln- und Varizella Zoster-Antikörper wurden $Q_{Masern} = 26,6 \cdot 10^{-3}$, $Q_{Röteln} = 22 \cdot 10^{-3}$ und $Q_{VZV} = 5 \cdot 10^{-3}$ gemessen und errechnet. Damit ergeben sich die Antikörper-Index-Werte: Masern-AI = 6,4, Röteln-AI = 5,3 und VZV-AI = 1,2. Diese polyspezifische Immunreaktion im ZNS gegen Masern und Röteln spricht für einen *chronisch entzündlichen Prozeß* (Autoimmun-Typ).

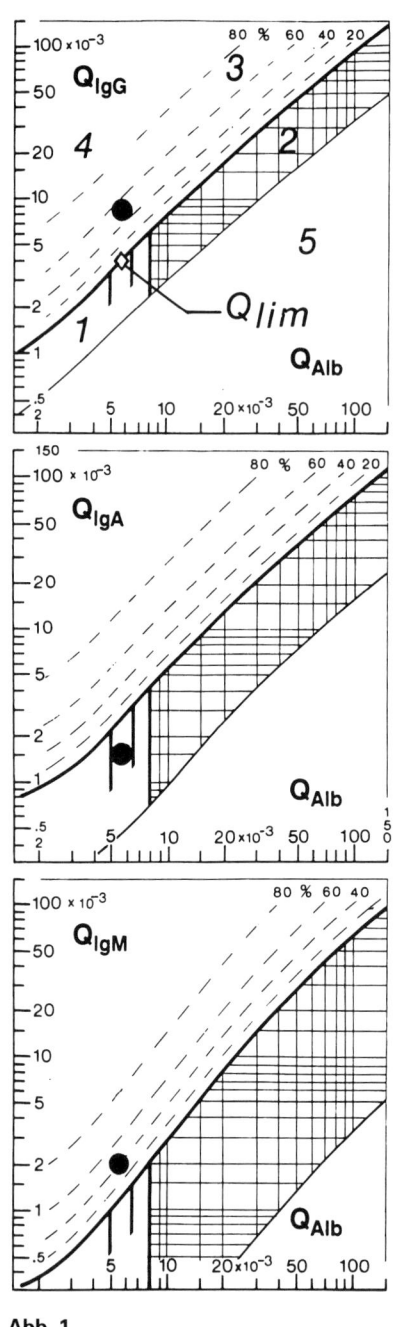

Abb. 1

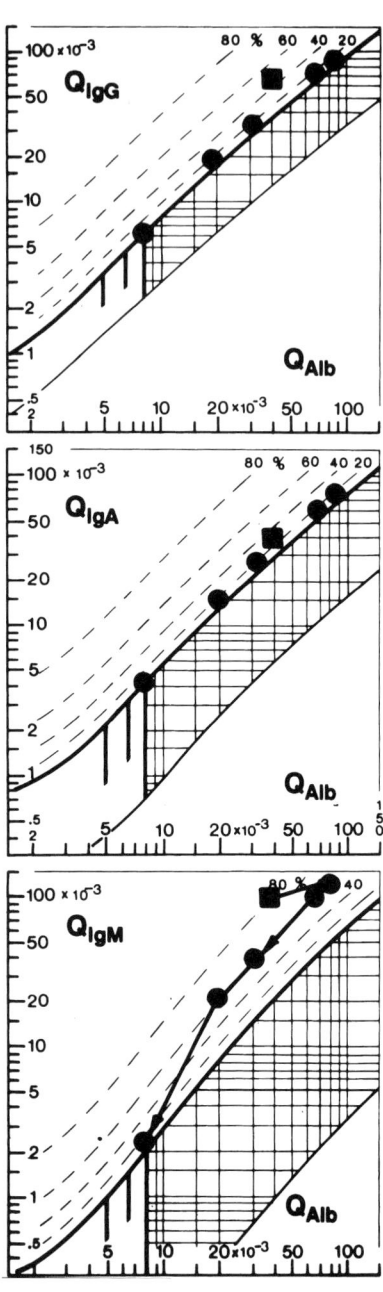

Abb. 2

Liquor zwischen oberer und unterer hyperbolischer Grenzlinie (Abb. 1) umfassen 99% der untersuchten Fälle ($\overline{Q} \pm 3s$). Die neuen Parameter für die Berechnung der hyperbolischen Grenzlinien in Tab. 1, Kap. A.4, sind aufgrund der zehnfach größeren Datenbasis korrekter als die ersten, früheren Parameter [28]. Um der unterschiedlichen analytischen Impräzision in

Abb. 1: CSF/Serum Quotientendiagramme für IgG, IgA, IgM.
Die dick gezeichneten Linien repräsentieren die obere Diskriminierungslinie als empirisch und theoretisch fundierte Hyperbelfunktion. Diese Grenzlinie Q_{Lim} ist die Obergrenze des Referenzbereiches für die aus dem Blut stammende Proteinfraktion im Liquor. Werte oberhalb dieser Linie sind als IgG-, IgA- oder IgM-Synthese zu interpretieren. Die gestrichelten Linien geben das Ausmaß der intrathekalen Synthese als intrathekale Fraktion (IgG_{IF}, IgA_{IF} oder IgM_{IF}) in % der jeweiligen Gesamt-Liquor-Konzentration an. Eine Blut-Liquor-Schrankenfunktionsstörung ist altersabhängig entsprechend den vertikalen Linien bei $Q_{Alb} = 5$ (bis 15 Jahre), bei $Q_{Alb} = 6,5$ (bis 40 Jahre), $Q_{Alb} = 8,0$ (bis 60 Jahre) angezeigt. Damit ergeben sich folgende Bereiche im Diagramm: Normalbereich 1; Blut-Liquor Schrankenfunktionsstörung = reduzierter Liquorfluß, Bereich 2; eine Ig-Synthese ohne Schrankenfunktionsstörung, Bereich 4 und Ig-Synthese mit Schrankenfunktionsstörung, Bereich 3. Werte unterhalb der unteren Begrenzungslinie des Referenzbereiches (ebenfalls eine Hyperbelfunktion) sind als meßmethodische Fehler zu betrachten (Bereich 5).
Die dargestellten Daten stammen von einem Patienten mit Multipler Sklerose. Der Befund zeigt eine normale Schrankenfunktion mit einer humoralen Immunreaktion für IgG ($IgG_{IF} = 55\%$) und IgM ($IgM_{IF} = 40\%$). Einzeldaten sind im Berechnungsbeispiel zu Tab. 2 gegeben.

Abb. 2: Zeitverlauf der Liquorproteindaten eines Patienten mit Neuroborreliose.
Der Patient wurde 3 (■), 4, 6, 10, 16 und 83 Wochen nach Zeckenbiß punktiert. Die Zellzahlen waren 132/µL; 100/µL; 39/µL; 90/µL; 15/µL; 3/µL entsprechend den Punktionsdaten. Weitere Daten dieses Patienten sind in Abb. 3 dargestellt.

verschiedenen Labors (CV von 3–8%) für Albumin-, IgG-, IgA- und IgM-Quotienten [21] Rechnung zu tragen, wird eine intrathekale Synthese erst bei intrathekalen Fraktionen >10% angenommen. Werte deutlich unterhalb der Untergrenze (Bereich 5 in Abb. 1) müssen als mögliche methodische Fehler betrachtet werden. Die Berechnungsgrundlagen (Referenzbereiche) der intrathekalen, humoralen Immunreaktionen sind in der Tab. 2 dargestellt mit einem Rechenbeispiel für die Daten des Patienten in Abb. 1.

Quantität der intrathekalen Immunreaktion

Werte oberhalb der Diskriminierungslinie (Q_{Lim} in Abb. 1) werden am besten als intrathekale Fraktion Ig_{IF} in % der jeweiligen Gesamt-Liquor-Konzentration charakterisiert (20, 40, 60, 80% Linien in den Diagrammen). Die intrathekal synthetisierte Menge der Immunglobuline kann entsprechend in mg/L berechnet werden (IgG_{Loc}) oder eben durch Bezug dieser Menge auf die Gesamt-Liquor-Konzentration als relative intrathekale Fraktion in %. Während die absolute Menge (Ig_{Loc}) in Abhängigkeit von der Liquorflußgeschwindigkeit trotz konstanter intrathekaler Synthese sich im Wert verändert, bleibt die intrathekale Fraktion konstant. Dies ist am Beispiel der intrathekalen IgM-Synthese über mehrere Monate bei einer Neuroborreliose in Abb. 2 und in Tab. 3 gezeigt. Die zwischen der 2. Punktion nach 3 Wochen und der 5. Punktion nach 16 Wochen konstante intrathekale IgM-Fraktion ($IgM_{IF} \approx 60\%$) ist verbunden mit einer IgM_{Loc} (mg/L)-Menge, die mit abnehmendem Q_{Alb} ebenfalls abnimmt (Tab. 3). Dieser Unterschied ist dadurch bedingt, daß durch die verlangsamte Liquorflußgeschwindigkeit nicht nur die aus dem Gehirn stammende Fraktion größer wird (Ig_{Loc} steigt an) sondern auch die aus dem Blut stammende Fraktion in der Konzentra-

Tab. 3: Intrathekale IgM-Synthese eines Patienten mit Neuroborreliose (Abb. 2). Vergleich von IgM_{Loc} und IgM_{IF} bei sich normalisierender Liquorflußgeschwindigkeit, d.h. abnehmenden Albuminquotienten zwischen 4., 6., 10. Und 16. Woche nach Krankheitsbeginn

Punktion	2.	3.	4.	5.
$Q_{Alb} \cdot 10^{-3}$	80	68	32	20
IgM_{Loc} (mg/L)	85	77	29,2	14,2
IgM_{IF} (%)	60	62	61	59

tion zunimmt. In der intrathekalen Fraktion (Ig_{IF}), in der der IgM_{Loc}-Wert auf das Gesamt-IgM im Liquor bezogen wird, gleichen sich diese Liquorfluß-abhängigen Veränderungen aus, so daß IgM_{IF} bei konstanter intrathekaler Synthese auch einen konstanten Wert ergibt.

Dominanz einer Immunglobulin-Klasse in der intrathekalen Immunreaktion

In Abb. 1 wird für einen Multiple Sklerose-Patienten eine dominante IgG-Klassenreaktion neben einer IgM-Klassenreaktion (IgG_{IF} = 51%, IgM_{IF} = 40%) gezeigt.

In Abb. 2 wird für eine Neuroborreliose eine dominante IgM-Klassenreaktion dargestellt (IgM_{IF} = 78% > IgG_{IF} = 45% > IgA_{IF} = 34%). Um die Dominanz einer Immunglobulin-Klasse zu charakterisieren, sind wiederum die absoluten Mengen der intrathekal synthetisierten Fraktion aufgrund der extremen Größenunterschiede mit völlig verschiedenen Referenzbereichen weniger geeignet als die relative Fraktion Ig_{IF} in % mit gleichen Referenzbereichen für alle Immunglobuline zwischen 0 und 100%. Eine 10-fach größere intrathekal synthetisierte IgG-Menge im Vergleich zur IgA-Menge entspricht im Beispiel Tab. 4 etwa gleichen intrathekalen IgG_{IF}- und IgA_{IF}-Werten. IgG_{IF} ist sogar kleiner als IgM_{IF} trotz 3-fach größerer intrathekaler Synthesemenge (Tab. 4).

Tab. 4: Vergleichende Darstellung der intrathekalen Immunglobulin-Klassenreaktion. Die intrathekale Fraktion, Ig_{IF}, in %, im Vergleich mit der absoluten Menge als lokal synthetisierte Konzentration Ig_{Loc} (mg/L)

	Alb	IgG	IgA	IgM
CSF (mg/L)	1440	819	113	171
Serum (g/L)	36	12.6	2.7	1.8
Q · 10^3	40	65	42	95
Q_{Lim} · 10^3	–	35.6	27.9	20.7
Ig_{Loc} (mg/L)	–	**370,4**	**38,1**	**133,7**
Ig_{IF} (%)	–	**45**	**34**	**78**

Empfindlichkeit der Quotientendiagramme:

Die klinische Sensitivität für die Bestimmung einer intrathekalen IgG-, IgA- oder IgM-Synthese im Quotientendiagramm hängt von dem wie bei Serumwerten statistisch definierten Referenzbereich ab. Ein Patient, dessen Werte zu gesunden Tagen an der Untergrenze des Referenzbereichs liegen, kann bis zu 200% intrathekale Synthese benötigen, um statistisch signifikant im Quotientendiagramm als intrathekale Synthese nachgewiesen zu werden. Im Gegensatz dazu braucht die qualitative Methode zum Nachweis von oligoklonalem IgG (mit isoelektrischer Fokussierung) nur 0,5% intrathekales, oligoklonales IgG im Gesamt-Liquor-IgG. Am Beispiel der Multiplen Sklerose mit einer Nachweishäufigkeit von 98% für oligoklonales IgG werden deshalb nur bei 75% der Patienten erhöhte IgG_{IF}-Werte gefunden, d. h. 25% der Quotienten liegen noch im Normalbereich (Bereich 1 in Abb. 1). Die Diagramme sind störanfällig für Blutkontaminationen, insbesondere im Fall von niedrigen Albuminquotienten und hierbei wiederum vor allem für den IgM-Quotienten. Dies hängt mit dem 45°-Anstieg der Quotienten (Q_{IgM}/Q_{Alb}) unter diesen Bedingungen zusammen (Abb. 7 in Kapitel A.4.).

Für artifizielle Blutbeimengungen kann mit Bezug auf die Erythrozytenzahl im Liquor bis zu einem begrenzten Rahmen eine Korrektur gerechnet werden (< 7 000 Ery/μL).

3.1.3 Krankheits-„typische" Befundmuster

Die Bedeutung einer gleichzeitigen Analyse der IgG-, IgA- und IgM-Klassenreaktion bei neurologischen Erkrankungen resultiert aus einer Besonderheit der neuroimmunologischen Regulation [29]. Im Gegensatz zur bekannten systemischen Immunreaktion mit einer initialen IgM-Klassenreaktion und folgendem Wechsel zur IgG-Klassenreaktion [30], findet dieser switch im ZNS nicht statt. Dieser Tatbestand hat dazu geführt, Krankheits-bezogene Muster der Immunglobulin-Klassen zum Zeitpunkt der ersten differentialdiagnostisch relevanten Liquorpunktion als diagnostisches Kriterium erfolgreich zu verwenden. Die im folgenden dargestellten, repräsentativen Fallbei-

Tab. 5: Muster der Liquordaten bei neurologischen Erkrankungen und Häufigkeit pathologischer Werte (in %) zum Zeitpunkt der diagnostischen Lumbalpunktion. „Typische" Daten sind in fetter Schrift angegeben

Erkrankungen	Zellzahl/μL				Laktat	Schrankenfunktion $Q_{Alb} \cdot 10^3$			Intrathekale Fraktionen IF > 0			Spezifische Parameter	Optionale Tests
	< 5	5–30	30–300	> 300	> 3,5 mmol/L	< 8	8–25	> 25	IgG$_{IF}$ (oligo)	IgA$_{IF}$	IgM$_{IF}$		
Bakterielle Meningitis	< 5[a]	5	20	**70** (40 % > 2000)	**90**			**100**				1	I, III, IV
Neuroborreliose		10	**60**	30 (< 900)			**60**	40	**38** (63)	**33**	**75**	1	I, II
Neurotuberkulose		10	**80**	10	**80**			**100**	15 (20)	**85**		1	I, III, V
Neurosyphilis	**50**	40	10			**70**	30 (< 15)		**50** (80)		x[c]	2	I, IV
HSV-Enzephalitis			**100**			10	**100**					3	I, V
VZV-Meningitis			**60**	40 (< 600)		**90**	**90**		**15** (15)			4	I, V
VZV-Ganglionitis	20	30	**50**			**85**	10 (< 10)		**15** (30)			5	
HIV-Enzephalitis; St I, II	**60**	40				40	15		10 (30)			6	I, II, VI
St III	20	**80**					**60**		20 (45)			6	I, II, VI
Opportunist. Infektion (Toxopl., CMV, Kryptokok)	**60**	30	10			**25**	**75**		**50** (50)	**50**	**50**	7	I, II, V
Multiple Sklerose	40	**55**				**90**	10		**72** (98)	9	20	8	
Guillan-Barré-Polyrad.	**80**	20[e]	5[d]				**100**						
Alzheimer Erkrankung	**100**					**100**			(5)[f]				VII
Creutzfeldt-Jakob-Erkr.	**100**					**75**	25 (< 15)		(7)[f]				VIII

[a] Seltene Fälle, z. B. bei früher Punktion einer Menigokokken-Meningitis mit Bakteriämie, der bereits wenige Stunden später ein starker Einstrom neutrophiler Granulozyten folgt.
[b] Erregerabhängig, temporär bei Meningo- und Pneumokokken.
[c] Bei progressiver Paralyse beobachtet, jedoch nicht statistisch erfaßt.
[d] 2 % < 40/μL (max 90/μL).
[e] Nur in der Frühphase der Erkrankung, später ist die Zellzahl grundsätzlich normal.
[f] Wenige Prozent der Patienten mit degenerativen Erkrankungen haben eine humoralen Immunreaktion, die entweder als Narbe einer früheren Erkrankung oder als zufällige Kopplung mit einer anderen aktuellen Erkrankung zu interpretieren ist.

1 Borrelienspezifischer Antikörperindex (IgG- und IgM-Klasse).
2 Treponemenspezifischer Antikörperindex.
3 HSV-Antikörperindex nicht vor 6–7 Tagen nach Krankheitsbeginn erhöht. Antigennachweis (PCR) früher erfolgreich.
4 VZV-AI erhöht in 100 % der Fälle, per Definition.
5 In 100 % der Patienten war der VZV-AI erhöht.
6 HIV-Antikörperindex ist in 50-90 % der Fälle, je nach Stadium, erhöht.
7 Antikörperindex für Toxoplasma oder CMV ist erhöht.
8 Masern, Röteln- und/oder VZV-Antikörperindex ist in 90 % der definitiven MS-Fälle erhöht. DD Autoimmunerkrankungen mit ZNS-Beteiligung.

I) Differentialbild; II) Aktivierte B-Lymphozyten, IgG, IgA, IgM-Klasse; III) Bakterienkultur; IV) Gramfärbung; V) Antigennachweis mit PCR; VI) β-2Mikroglobulin als Aktivierungsmarker; VII) Tau-Protein (erhöht) und β-amyloid 1-42 (erniedrigt) im Liquor zur Unterstützung der Diagnose Alzheimer Erkrankung; VIII) Neuronenspezifische Enolase, Protein 14-3-3 und Tau-Protein (extrem hohe Werte) im Liquor zur Diskriminierung der Creutzfeldt-Jakob-Erkrankung von anderen degenerativen Prozessen.

spiele beziehen sich bezüglich ihrer diagnostischen Relevanz auf den Zeitpunkt der ersten diagnostischen Punktion, der durch die klinischen Symptome bestimmt wird und je nach Erreger zwischen wenigen Stunden (bakterielle Meningitis) und bis zu 3 Wochen (tuberkulöse Meningitis) nach Beginn der ZNS-Infektion liegt. Dies ist für die pathophysiologische und differentialdiagnostische Interpretation der zellulären und der humoralen Liquorparameter von Bedeutung. Die graphische Darstellung der humoralen Immunreaktion und Schrankenfunktion in Quotientendiagrammen erlaubt die Erkennung eines Musters „auf einen Blick". Für die differentialdiagnostische Relevanz der Immunglobulinmuster sind *ergänzende Liquorparameter*, wie *Zellzahl, Laktat, oligoklonales IgG, erregerspezifische Antikörper, Differentialzellbild, aktivierte B-Lymphozyten, Hämoglobin* und *Xanthochromie* zusätzlich von Bedeutung. Es kann deshalb als eine der wichtigsten Grundlagen einer qualifizierten Liquordiagnostik bezeichnet werden, daß die Daten eines Patienten in einem integrierten Befundbericht zusammengefaßt dargestellt und interpretiert werden. Nur so sind Implausibilitäten, insbesondere mit Bezug auf die differentialdiagnostische Fragestellung, im Sinne einer Qualitätskontrolle unmittelbar möglich. Damit sind sofortige Analysen-Wiederholungen möglich oder mit Bezug auf die differentialdiagnostische Fragestellung weitere Analytik (z. B. PCR, oligoklonales IgG, MRZ-Reaktion) veranlaßbar.

Die Darstellungen von sogenannten repräsentativen Befundmustern sind zwar durch eine Vielzahl von Publikationen statistisch abgesichert (zitiert in [21, 23, 29]), bedürfen aber stets einer kritischen Bewertung, da gerade die Abwesenheit des typischen Befundmusters eine Verdachtsdiagnose mit wenigen Ausnahmen nicht widerlegen kann. Dafür können aber bestimmte Muster auf eine unvermutete Diagnose hinweisen (z. B. Tuberkulose).

Eine Übersicht über die statistische Häufigkeit der einzelnen pathologischen Parameter bei den wichtigsten neurologischen Erkrankungen ist in Tab. 5 dargestellt.

Dynamik der intrathekalen Immunglobulin-Klassenreaktion

In Abb. 2 ist der Zeitverlauf der Liquorproteindaten eines Patienten mit Neuroborreliose dargestellt. Als diagnostische Punktion wird

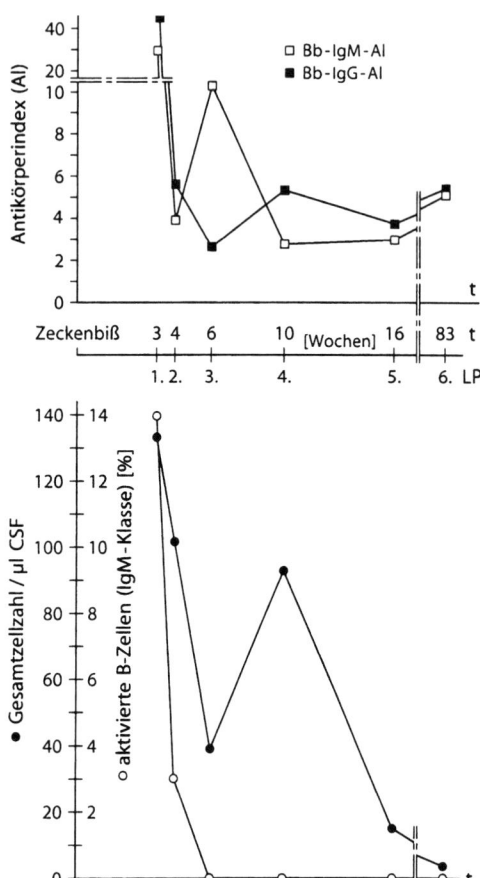

Abb. 3: Zeitlicher Verlauf der Liquorzellzahl, der aktivierten B-Lymphozyten und des Antikörper-Index bei Neuroborreliose [34].

Die Daten gehören zu demselben Patienten wie die Proteindaten in Abb. 2. Die Gesamtzellzahl im Liquor (●) war zum Zeitpunkt der diagnostischen Erstpunktion (3 Wochen nach Zeckenbiß) hoch und normalisierte sich nur langsam mit schwankendem Verlauf über 13 Wochen. Der anfänglich hohe Anteil an aktivierten B-Lymphozyten (○) (14 % der Lymphozyten waren IgM-haltige B-Lymphozyten) verschwanden typischerweise innerhalb von 14 Tagen nach der Erstpunktion. Eine intrathekale, borrelienspezifische Antikörpersynthese (IgG- und IgM-Klasse) war noch 83 Wochen nach Zeckenbiß nachweisbar (AI > 1,5).

eine Drei-Klassenreaktion mit Dominanz der IgM-Klasse bei schwerer Schrankenstörung festgestellt. Trotz Normalisierung der Zellzahl (Abb. 3) und des Albuminquotienten und auch der Verbesserung der klinischen Symptomatik ist bis zu 16 Wochen kein Wechsel von der dominanten IgM-Klassenreaktion zur IgG-Klassenreaktion im ZNS beobachtbar.

Die im Blut des Patienten ablaufende, initial dominante IgM-Klassenreaktion mit einem Wechsel zur IgG-Klassenreaktion spiegelt sich im Liquor nicht wider, weil durch die Quotientenbildung die Blut-abhängige Variation eliminiert wird und nicht gleichzeitig mit dem Wechsel zur IgG-Klassenreaktion im Blut der Wechsel im Gehirn stattfindet [30].

Die Beobachtung, daß über längere Zeiträume trotz hinreichender Therapie und erreichter Beschwerdefreiheit des Patienten eine intrathekale Immunglobulin-Reaktion anhalten kann, ist noch ausgeprägter bei der Neurosyphilis (hier IgG-Klassenreaktion), wie in der Abb. 4 dargestellt. Bei Neurosyphilis-Patienten wurde im Rahmen von Kontrollpunktionen gefunden, daß über Zeiträume bis zu 20 und mehr Jahren eine intrathekale IgG-Synthese nachweisbar ist. Je größer der zeitliche Abstand zur erfolgreichen Therapie ist, desto schwächer wird die intrathekale Synthese. Zum Teil ist nach vielen Jahren die intrathekale Synthese lediglich als oligoklonales IgG oder erregerspezifischer Antikörper-Index nachweisbar, während die IgG-Quotienten bereits im Referenzbereich liegen. Bei einer Herpes simplex Enzephalitis ist diese langsam abnehmende intrathekale Antikörpersynthese ebenfalls bis zu 20 Jahren beobachtbar [4].

Im Fall einer chronischen Erkrankung wie der Multiplen Sklerose (Abb. 1) wird unabhängig von den klinischen Symptomen eine über große Zeiträume konstante intrathekale IgG-Synthese beobachtet, die in 25% der Patienten von einer IgM-Synthese begleitet wird. Die IgM-Klassenreaktion scheint im Laufe der Erkrankung geringfügig abzunehmen, ist aber wiederum nicht Ausdruck akuter Veränderungen im Rahmen eines schubförmigen Krankheitsverlaufs.

Zusammenfassend läßt sich sagen: die intrathekale, humorale Immunreaktion ist im Gegensatz zur zellulären Immunreaktion nicht in jedem Fall ein Ausdruck für die Akuität der Erkrankung, sondern kann folgende drei verschiedene *Ursachen* haben:

1.) *Akute entzündliche Erkrankung*
2.) *Narbe eines früheren Prozesses, nicht relevant für die aktuelle klinische Symptomatik*
3.) *Chronisch entzündlicher Prozeß (evtl. Autoimmuntyp)*

Zur Diskriminierung zwischen diesen drei Fällen, akuter, abgelaufener entzündlicher Prozeß und chronisch entzündlicher Prozeß sind folgende Zusatzuntersuchungen hilfreich:

a) Gesamtzellzahl. Insbesondere bei hohen Zellzahlen ($> 500/\mu L$) besteht kein Zweifel, daß es sich um einen akuten bakteriellen Prozeß dreht. Bei niedrigeren Zellzahlen, die zudem nur langsam abnehmen, wie z. B. bei der Neuroborreliose in Abb. 3, kann der zusätzliche Nachweis aktivierter B-Lymphozyten ein wichtiges Kriterium sein. Bei der Neuroborreliose sind die aktivierten B-Lymphozyten in der ersten Woche ansteigend und verschwinden dann während der

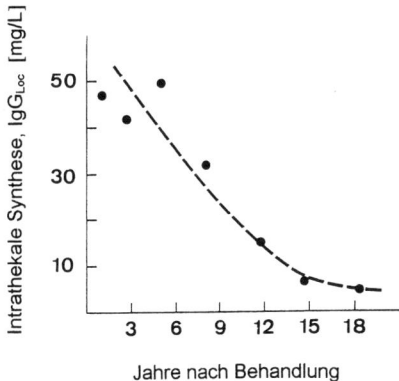

Abb. 4: Verzögerte Normalisierung der intrathekalen Immunreaktion in 7 verschiedenen Patienten mit Neurosyphilis.

Die Liquorpunktionen stammen von verschiedenen Zeiten nach Beginn der akuten Erkrankung mit jeweils erfolgreicher Therapie. Daten von Patienten in der akuten Phase der Neurosyphilis sind in Abb. 8 dargestellt.

zweiten Woche wieder. In diesem Fall ist die Differenzierung der aktivierten B-Zellen nach Immunglobulin-Klassen differentialdiagnostisch hilfreich.

b) Neben der Zytologie bleibt noch der Nachweis einer Schrankenfunktionsstörung, d. h. eines stark reduzierten Liquorflusses als Kriterium für einen akuten Prozeß ($Q_{Alb} > 20 \times 10^{-3}$), der sich schnell normalisieren kann. Ein solches Beispiel stellt die Meningokokken-Meningitis in Abb. 5 dar. Ein initial hoher Albuminquotient (45×10^{-3}) normalisiert sich innerhalb von 13 Tagen bei sofortigem Beginn der Therapie und komplikationslosem Verlauf zu normalen Albuminquotienten – in diesem Fall ohne Ausbildung einer humoralen Immunreaktion.

c) Bei Fragen der Reaktivierung oder Reinfektion (z. B. Neurosyphilis) kann neben der Zellzahl auch die Titer-Bewegung im Blut (in diesem Fall der IgM-Klasse) einen wichtigen Hinweis auf einen akuten Prozeß darstellen.

Während zur Unterscheidung der Fälle 1 bis 3 der Nachweis oligoklonalen IgGs oder erregerspezifischer Antikörper nicht hilfreich ist, kann

d) der Nachweis einer MRZ-Reaktion (Kap. B.3.2) die Identifizierung eines chronisch entzündlichen Prozesses (Autoimmuntyp) ermöglichen. Die Charakterisierung des Falles 2), eines zurückliegenden, abgelaufenen entzündlichen Prozesses ohne klinische Relevanz, kann dann lediglich durch Ausschluß von Fall 1) und 3) gemacht werden. Dabei bleiben natürlich Lücken, die evtl. durch andere klinische Informationen oder bildgebende Verfahren geschlossen werden können.

Relevanz der IgG-, IgA-, IgM-Reaktionsmuster im Liquor

Aus der beschriebenen Dynamik der neuroimmunologischen Reaktionen ist deutlich, daß im ZNS weniger von einem verlaufs-typischen als von einem krankheits-typischen Bild der intrathekalen Immunglobulin-Klassen-Produktion gesprochen werden muß. Das Auftreten einer initialen intrathekalen *IgM-Synthese*, wie sie bei der Neuroborreliose sehr häufig, weniger häufig bei der progressiven Paralyse (Neurosyphilis, Abb. 8) und Multiplen Sklerose (Abb. 1) oder bei der Mumps-Meningitis gefunden wird, ist offensichtlich als Einzelparameter in sich nicht aussagekräftig. Lediglich in Kombination mit anderen Liquordaten entstehen für die IgM-Synthese mehr oder weniger krankheitscharakteristische Reaktionsmuster. Im Gegensatz dazu ist bei der intrathekalen *IgA-Synthese* zum Zeitpunkt einer ersten diagnostischen Punktion ein sehr typischer Hinweis auf eine bakterielle Ursache der Erkrankung gegeben, obgleich auch hier die Reaktion bei verschiedenen bakteriellen Ursachen verschieden ausfällt. Im Gegensatz zum Zeitpunkt der diagnostischen Erstpunktion können bei viralen Infekten im späteren Verlauf ebenfalls IgA-Synthesen evtl. kombiniert mit IgM-Synthesen auftreten. Dies zeigt Abb. 9 für Fälle von Herpes simplex Enzephalitis. Ganz offensichtlich ist die intrathekale Immunreaktion stark mit den speziellen Pathomechanismen der einzelnen Erkrankungen assoziiert, d.h. sie hängt vom zeitlichen Verlauf der Erkrankung (akut, subakut, chronisch) ab und unterscheidet sich deutlich von Erreger zu Erreger (z. B. wird durch Borrelia Burgdorferi im Zusammenhang mit einer dominanten IgM-Reaktion auch häufig eine IgA-Synthese beobachtet, während bei einer anderen Spirochäte, Treponema pallidum, eine IgA-Synthese nicht beobachtet wird, d. h. geradezu als Kriterium gegen diese Diagnose betrachtet werden kann). Eine intrathekale IgA-Synthese wird interessanterweise auch bei einer Stoffwechselerkrankung, der Adrenoleukodystrophie, beobachtet [11]. Eine humorale Immunreaktion ist ebenfalls, verzögert, bei Parasiten beobachtbar [2]. Es ist aber auch möglich, daß bei ein und demselben Erreger, je nach Lokalisation der Infektion, d. h. Krankheitsverlauf, unterschiedliche Immunglobulinmuster beobachtbar sind, z. B. bei der Neurosyphilis zeigt die meningo-vaskuläre Verlaufsform seltener eine IgM-Klassenreaktion als dies bei der parenchymatösen Verlaufsform der progressiven Paralyse der Fall ist (Abb. 8). Auch beim Lupus erythematodes mit ZNS-Beteiligung werden unterschiedliche Verlaufsfor-

Tab. 6: Humorale Immunreaktionsmuster im ZNS zum Zeitpunkt der ersten diagnostischen Liquorpunktion [4]

Reaktionstyp	Krankheit
Kein IgG, IgA, IgM	Frühe bakterielle Meningitis und Virusenzephalitis, Guillain Barré Polyradiculitis
IgG-Dominanz	Multiple Sklerose (seltenes Auftreten von IgM_{IF}, 20 %, und IgA_{IF}, 9 %) Neurosyphilis (seltenes Auftreten von erhöhtem IgM_{IF}, kein IgA_{IF}) Chronische HIV Enzephalitis
IgA-Dominanz	Neurotuberkulose (IgA isoliert oder mit schwacher IgG-Reaktion) Hirnabszeß Adrenoleukodystrophie!
IgM-Dominanz	Lyme Neuroborreliose, ($IgM_{IF} > IgA_{IF} > IgG_{IF}$) Mumps Meningoenzephalitis (IgM-Dominanz) Non-Hodgkin Lymphom mit ZNS-Beteiligung (z. B. isolierte $IgM_{IF} > 0$)
IgG + IgA + IgM	Opportunistische Infektion (z. B. CMV, Toxoplasma)

men beobachtet [7]. Die Darstellung in den Reiber-Diagrammen macht das Immunglobulinmuster mit Schrankenfunktionsbezug „auf einen Blick" am einprägsamsten erkennbar. Die tabellarische Darstellung (Tab. 6) faßt die Grundzüge vereinfacht zusammen.

Immunreaktionsmuster bei bakteriellen Infektionen

Zur Zeit der ersten diagnostischen Lumbalpunktion zeigen bakterielle Infektionen starke krankheitsabhängige Unterschiede im Muster der Immunglobulin-Reaktion. Die Immunglobulin-Reaktion kann variieren von der Abwesenheit einer humoralen Immunreaktion (bakterielle Meningitis in Abb. 5) bis zu einer Ein-, Zwei- oder Drei-Klassen-Immunglobulinreaktion, wie in der Tab. 6. Varianten mit einer dominanten IgM-Synthese (Abb. 2), einer dominanten IgA-Synthese (Abb. 7) oder einer dominanten IgG-Klassenreaktion (Abb. 8) sind bei bakteriellen Infektionen darstellbar. Eine bakterielle Meningitis, verursacht von Streptokokken, Haemophilus influenza oder Neisseria, zeigt in klassischer Weise einen hohen Albuminquotienten, erhöhte Zellzahl mit dominant neutrophilen Granulozyten, aber ohne humorale Immunreaktion (Abb. 5), die, wenn sie überhaupt beobachtet wird, wenigstens 3 bis 4 Tage nach den ersten klinischen Symptomen erscheint. Fälle von Meningokokken-Meningitis oder Pneumokokken-Meningitis, die oft mit einer vorausgehenden systemischen Infektion verbunden sind, zeigen gelegentlich bereits initial eine intrathekale IgA-Synthese (Ausnahme!). Diese intrathekale IgA-Synthese verschwindet oft sehr schnell. Im Gegensatz dazu kann eine andauernde humorale Immunreaktion (IgA), Komplikationen bei bakterieller Meningitis, z. B. multiple Abszesse, darstellen (Abb. 6). Eine detaillierte Beschreibung der differential-diagnostischen Aspekte einer bakteriellen Meningitis in den Reiber-Diagrammen wurde von Felgenhauer [3] gegeben.

Da die Perforation eines Abszesses mit der Freisetzung von Bakterien und Granulozyten in den Liquorraum gewöhnlich tödlich ist, ist diese Differentialdiagnose sehr wichtig. Das Ausmaß des erhöhten Albuminquotienten (Abb. 6) hängt von der Lokalisation des Abszesses ab. Im besonderen ein spinaler Abszeß muß eine Einschränkung des Liquorflusses und damit eine Erhöhung des Albuminquotienten im lumbalen Liquor bewirken. Bei einer parenchymatösen Lokalisation kann ein normaler Albuminquotient mit der intrathekalen IgA-Synthese assoziiert sein (Abb. 6, Fall 2 (aus [3]). Damit ist hier die Abwesenheit einer humoralen Immunreaktion ein wichtiges Kriterium, um einen komplikationsfreien Verlauf zu bestätigen.

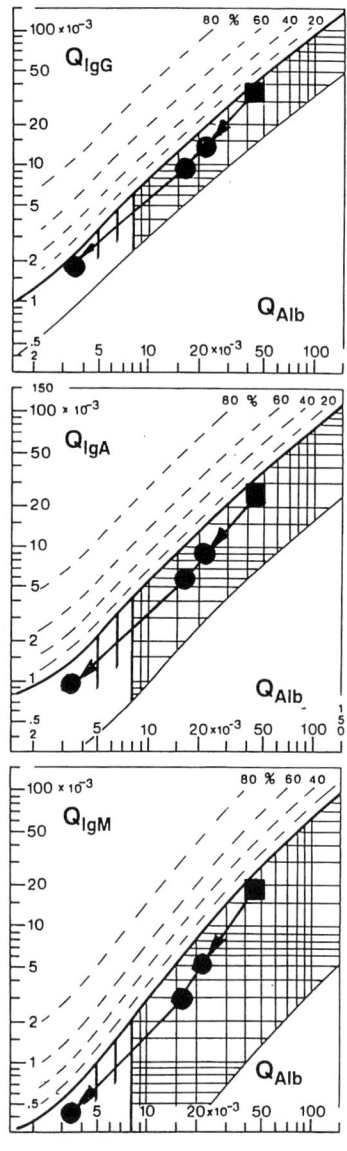

Abb. 5

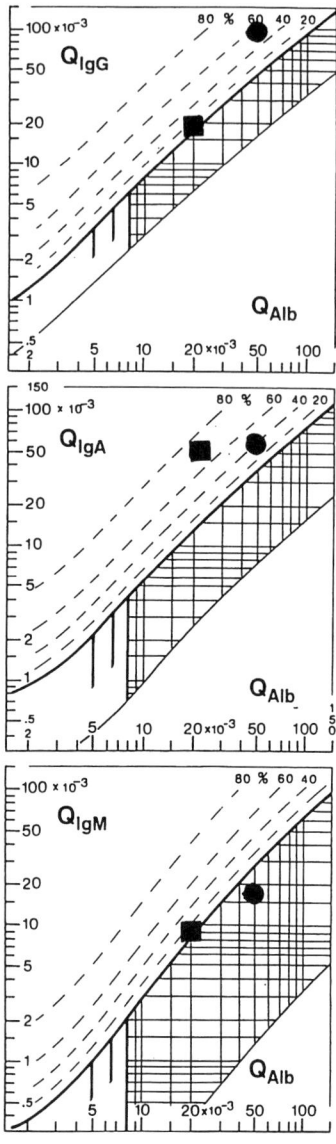

Abb. 6

Tuberkulöse Meningitis (Neurotuberkulose):
Neurotuberkulose, eine seltene Erkrankung in den nördlichen Ländern mit einer ansteigenden Häufigkeit, oft assoziiert mit einer HIV-Infektion, wird nicht selten zu spät diagnostiziert. Eine dominante intrathekale IgA-Synthese (Abb. 7) zusammen mit einer schweren Blut-Liquor Schrankenfunktionsstörung, einem moderaten Anstieg der Zellzahlen in Kombination mit einer erhöhten Laktatkonzentration im Liquor legt den Verdacht auf eine Neurotuberkulose nahe. Aufgrund dieses typischen Musters, das praktisch ohne differentialdiagnostische Alternative zu Neurotuberkulose ist, sollte unmittelbar der Antigen-Nachweis mit PCR [16, 17] durchgeführt wer-

Abb. 5: Zeitverlauf der Liquorproteindaten eines Patienten mit Meningokokken-Meningitis. Der Patient wurde an den Tagen 1 (■), 3, 6 und 13 punktiert. Die Zellzahlen waren 7250/µL; 2730/µL; 213/µL und 2/µL entsprechend den Punktionsdaten. (■) stellt die diagnostisch relevante Erstpunktion dar. Die Therapie begann am Tag der Aufnahme, der klinische Verlauf war komplikationslos.

Abb. 6: Hirnabszesse.

Fall 1: (●) stellt die Daten eines Patienten mit multiplen Hirnrindenabszessen nach einer purulenten Meningitis dar. Zellzahl 13/µL, oligoklonales IgG. Eine Zwei-Klassenreaktion mit dominantem IgG_{IF} = 48 % neben IgA_{IF} = 38 %. Der hohe Wert des Albuminquotienten in dieser späten Phase der Erkrankung weist auf ausgedehnte meningeale Verklebungen hin.

Fall 2: (■) stellt die Daten bei einem Hirnabszeß von einem Patienten mit angeborenen multiplen Herzfehlern dar. Zellzahl 73/µL, 5 % aktivierte B-Lymphozyten, oligoklonales IgG und vor allem eine dominante IgA-Synthese (IgA_{IF} = 61 %).

---

den (Kap. B.5). Die Analyse der Datenmuster (Abb. 7, Tab. 5) ist deswegen nicht überflüssig geworden, da damit innerhalb weniger Stunden nach Punktion differentialdiagnostische Fragen geklärt werden können. Die intrathekale IgA-Synthese wird zum Zeitpunkt der Erstpunktion in 85 % der Fälle und bei Berücksichtigung einer zweiten, späteren Punktion in 100 % der untersuchten Fälle gefunden. In einer Reihe von Fällen ist die IgA-Synthese im Quotientendiagramm nicht eindeutig erkennbar (Fall 2 in Abb. 7). In solchen Fällen stellt die Beobachtung $Q_{IgA} > Q_{IgG}$ den sensitiveren Nachweis einer intrathekalen IgA-Synthese dar. Für das größere Molekül IgA ist $Q_{IgA} > Q_{IgG}$ nur durch eine intrathekale IgA-Synthese erklärbar, obwohl die IgA-Quotienten noch unterhalb der Diskriminierungslinie im Quotientendiagramm liegen (Fall 2 in Abb. 7). Eine extrem starke Reduktion des Liquorflusses (Q_{Alb} bis 400×10^{-3}!) ist typisch für eine Spondylitis tuberculosa mit einer primär spinalen Krankheitslokalisation. Dies sind gleichzeitig die einzigen Fälle von Neurotuberkulose, bei denen die IgA-Synthese mit einer IgM-Synthese kombiniert beschrieben wurde.

Natürlich benötigen diese Daten, die die IgA-Synthese mit einigen Fällen der bakteriellen Meningitis (aber ohne IgG-Synthese) oder einem Hirnabszeß (aber normalem oder nur leicht reduziertem Liquorumsatz), gemeinsam haben, zusätzliche klinische Informationen für eine klare Differentialdiagnose. Vor allem werden mit der PCR-Analytik andere Formen einer Meningitis durch Viren, Pilze oder Listerien unterscheidbar [29].

Neuroborreliose

Die Drei-Klassenreaktion mit einer Dominanz der intrathekalen IgM-Fraktion zusammen mit einer starken Blut-Liquor Schrankenfunktionsstörung (s. Abb. 3) stellt ein häufiges Muster bei der Neuroborreliose dar. Dieses Muster zusammen mit einem Nachweis IgM-haltiger aktivierter B-Lymphozyten im Liquor (Abb. 2) hat eine diagnostische Spezifität von 96 % (!) und eine diagnostische Sensitivität von 70 %. Der zusätzliche Nachweis einer intrathekalen Synthese von borrelienspezifischen Antikörpern erhöht die Sensitivität auf 80 % [34]. Diese Sensitivität des Grundprogrammes der Liquordiagnostik übertrifft aber auch die klinische Sensitivität des Antigennachweises mit der PCR (ca. 40 %) weit. Auch der vergleichende Nachweis im Western-Blot für Liquor- und Serumprobe ist weniger empfindlich als der AI-Wert.

Neurosyphilis

Die diagnostische Liquorpunktion bei der aktiven Neurosyphilis zeigt eine dominante IgG-Synthese (Abb. 8) mit häufig normaler Blut-Liquor Schrankenfunktion. In den Fällen einer parenchymatösen Form der Neurosyphilis (progressive Paralyse) ist die intrathekale IgG-Synthese intensiver (Abb. 8) und wesentlich häufiger ($IgG_{IF} > 0$ in 16/32 Fällen) als in der

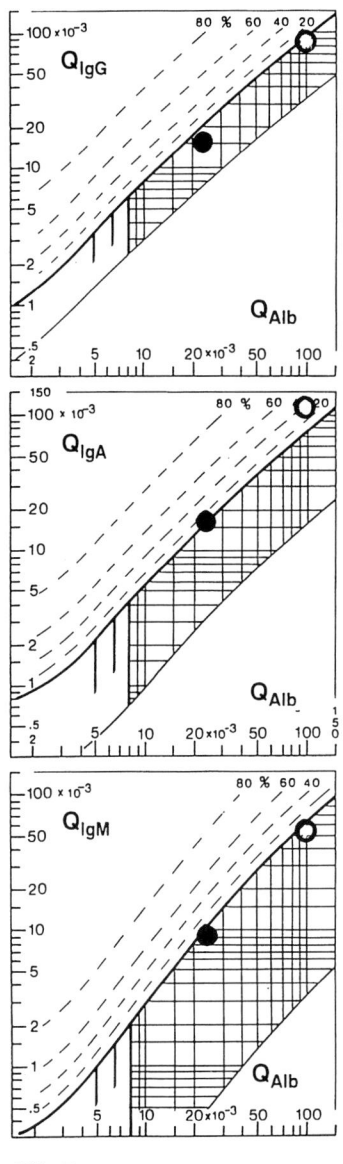

Abb. 7

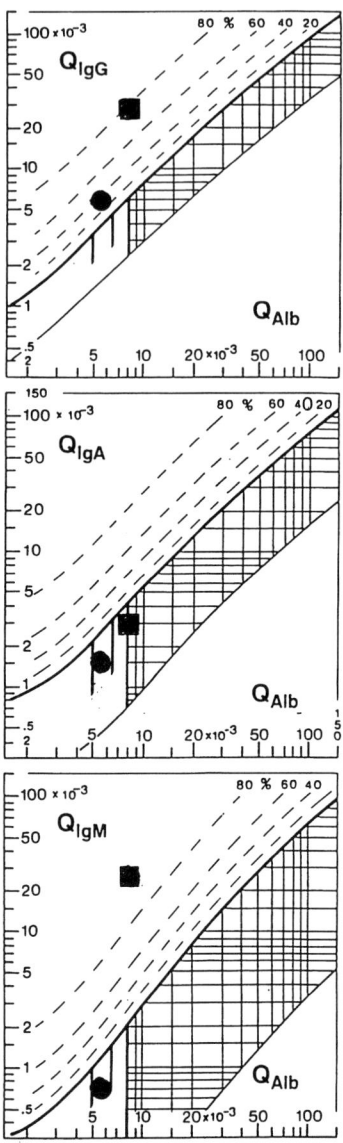

Abb. 8

meningovaskulären Verlaufsform (Fall 1, Abb. 8) der Erkrankung (IgG$_{IF}$ > 0 in 5/26 Fällen). Die parenchymatöse Verlaufsform ist häufig auch von einer intensiven intrathekalen IgM-Synthese begleitet (Abb. 8). In beiden Fällen ist jedoch die Abwesenheit einer IgA-Synthese als typisch zu bezeichnen und unterscheidet die Neurosyphilis damit deutlich von den Mustern, die für eine Neuroborreliose in Abb. 9 oder für die Neurotuberkulose (Abb. 7) gefunden werden. Die dominante IgM-Synthese bei der Neuroborreliose ist außerdem häufig mit einer schwereren Blut-Liquor Schrankenfunktionsstörung verbunden, im Gegensatz zur Neurosyphilis. Ein erhöhter treponemenspezifischer Antikörper-Index (Kap. B.3.2) ist natürlich di

Abb. 7: Proteindaten im Quotientendiagramm bei Neurotuberkulose.
Beim Patienten 1 (○) war die dominante IgA-Synthese anhand einer intrathekalen IgA-Fraktion IgA$_{IF}$ = 35 % direkt erkennbar. Beim Patienten 2 (●) ist die intrathekale IgA-Synthese (IgA$_{IF}$ < 10 %) nur anhand des Verhältnisses Q$_{IgA}$ > Q$_{IgG}$ eindeutig erkennbar bei einem Q$_{IgA}$-Wert, der noch im Grenzbereich der Diskriminierungslinie liegt (Q$_{Alb}$ = 24 × 10^{-3}, Q$_{IgG}$ = 13,9 × 10^{-3}, Q$_{IgA}$ = 17,1 × 10^{-3}, Q$_{IgM}$ = 8,0 × 10^{-3}).

Abb. 8: Quotientendiagramme mit Daten von Patienten mit einer Neurosyphilis.
Die beiden Patienten mit Neurosyphilis sind repräsentativ für eine meningovaskuläre Verlaufsform (●) mit reiner IgG-Synthese (IgG$_{IF}$ = 30 %) und eine parenchymatöse Verlaufsform (■) (progressive Paralyse) mit einer dominanten intrathekalen IgM-Synthese (IgM$_{IF}$ > 80 %) neben einer ebenfalls intensiven intrathekalen IgG-Synthese (IgG$_{IF}$ = 80 %). In beiden Fällen ist eine IgA-Synthese nicht beobachtbar.

---

entscheidende, spezifische Information für die Differentialdiagnose.

Virusinfektionen des ZNS

Die Virusinfektionen des ZNS zeigen im allgemeinen ein einheitlicheres Muster in der Liquordiagnostik als bakterielle Infektionen. Die hauptsächlichen Unterschiede sind normale Laktatwerte im Liquor, die Abwesenheit einer IgA-Synthese zum Zeitpunkt der ersten diagnostischen Punktion und eine schwach ausgeprägte Blut-Liquor Schrankenfunktionsstörung. Die üblicherweise niedrigen Zellzahlen bei Virusinfektionen sollten differentialdiagnostisch nicht überbewertet werden, da einige bakterielle Infektionen ähnlich niedrige Zellzahlen haben (siehe Tab. 5). Das Differentialzellbild (Kap. B.2.1) ist hilfreich für die Differentialdiagnose bei Zellzahlen < 500/µL.

Herpes simplex Enzephalitis (HSVE)

Die HSVE wird initial durch einen mittleren Anstieg der Proteinkonzentration (Q$_{Alb}$ < 20 × 10^{-3}) und niedrige Zellzahlen von < 300 Zellen/µL charakterisiert (Tab. 5). Die humorale Immunreaktion mit dominanten IgG-Klassen-Antikörpern wird erst ab 7 bis 10 Tagen nach Beginn der klinischen Symptome nachweisbar (Abb. 9) mit einem Maximum um Tag 26 [5] und nimmt oft nur sehr langsam über Monate und Jahre ab. Die intrathekale IgG-Synthese kann auch mit einer intrathekalen IgA- (Häufigkeit < 20 %) und IgM- (Häufigkeit < 50 %) Synthese einhergehen (Abb. 9).

Im Gegensatz zum Antikörpernachweis ist der direkte Nachweis der HSV-DNA mit PCR unmittelbar bei der ersten Punktion in 98 % der Fälle mit einer Spezifität von 94 % nachweisbar. Die PCR-Untersuchung im Liquor bei HSVE ist zur bedeutendsten Einzellaboruntersuchung für die Diagnose der HSVE geworden.

Zoster Meningitis

Die Zoster-Meningitis [5] wird charakterisiert durch einen initial normalen bis mittelgradig erhöhten Albuminquotienten mit erhöhten Liquorzellzahlen (Tab. 5). Die sehr schwache Immunreaktion war nur in 15 % der Fälle als IgG$_{IF}$ > 0 oder als oligoklonales IgG nachweisbar. Eine intrathekale Antizoster-Antikörpersynthese wurde in der Hälfte der Fälle bereits zwischen Tag 1 bis Tag 6 nach Beginn der Erkrankung mit einem Maximum am Tag 12 beobachtet. Keiner der untersuchten Patienten mit einer Zoster-Meningitis entwickelte eine IgA-Reaktion, und nur im Einzelfall war eine IgM-Reaktion im Quotientendiagramm nachweisbar. Auch bei den VZV-Erkrankungen ist die PCR-Verstärkung der VZV-spezifischen DNA aus Liquor ein sehr wichtiges analytisches Werkzeug geworden, allerdings nur mit einer Sensitivität von 60 % der Fälle mit einer Meningitis oder Enzephalitis.

Die Zoster-Ganglionitis mit einer hohen Sensitivität (100 %) des Antikörpernachweises ist in Kap. B.3.2 beschrieben.

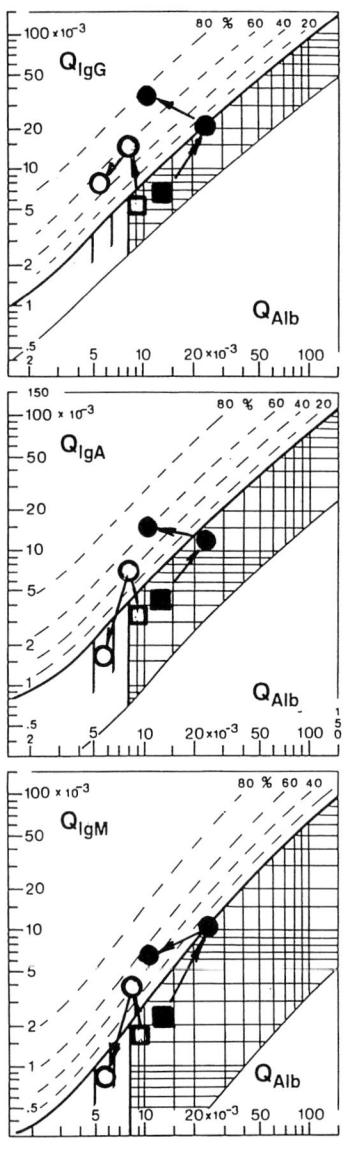

Abb. 9

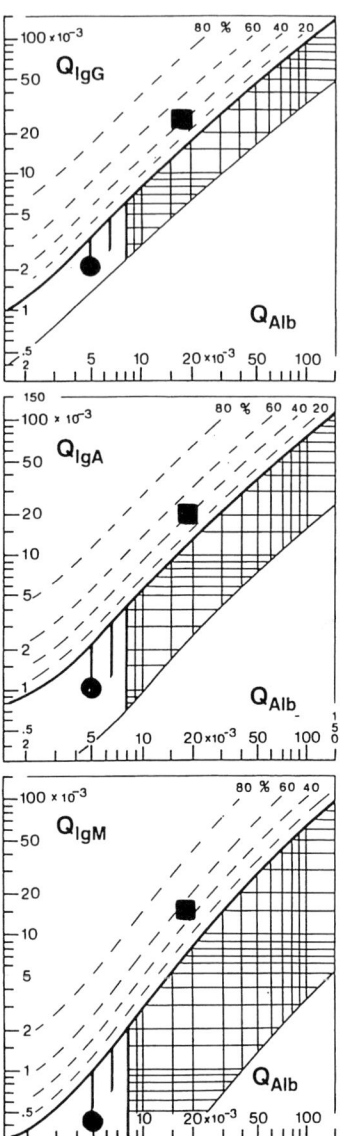

Abb. 10

Opportunistische Infektionen, Toxoplasmose, Cytomegalie-Enzephalitis, Kryptokokken-Meningitis

Für die Erkennung einer opportunistischen Infektion im ZNS sind die Veränderungen in den Quotientendiagrammen, z. B. gegenüber einer reinen HIV-Enzephalopathie, so deutlich, daß sie eine wichtige diagnostische Relevanz für weiterführende Analytik haben. Opportunistische Infektionen im ZNS, wie die Toxoplasma-Enzephalitis zeigen in 50% der Fälle eine intrathekale IgG-, IgA- und IgM-Synthese als eine Drei-Klassenreaktion, einen erhöhten Albuminquotienten in 75% der Fälle und eine Pleozytose in 44% der Fälle. Bei der HIV-assoziierten Toxoplasmose (Abb. 10, Tab. 5) wurde die

Abb. 9: Zeitverlauf der Proteindaten bei Herpes-simplex-Enzephalitiden.

Fall 1: (■, ●) stellt die Daten eines Patienten dar, der am 1., 7. und 30. Tag nach Aufnahme punktiert wurde. Am 1. Tag (■) noch ohne humorale Immunreaktion, Zellzahl 57/µL, kein oligoklonales IgG im ZNS aber identische Banden in Liquor und Serum. HSV-AI = 0,7; VZV-AI = 1,0; HSV-PCR positiv. Bei der zweiten Punktion, 7 Tage nach Aufnahme: Zellzahl 280/µL, oligoklonales IgG aus dem ZNS zusätzlich zu identischen Banden aus Liquor und Serum nachweisbar. HSV-AI = 10,5; VZV-AI = 1,6; HSV-PCR positiv. Dritte Punktion – 30 Tage nach Aufnahme: Drei-Klassen-Immunreaktion (IgG_{IF}, IgA_{IF}, $IgM_{IF} > 0$), oligoklonales IgG. HSV-AI = 97; VZV = 65; Zellzahl 30/µL.

Fall 2: (□, ○) Herpes simplex Virus-Enzephalitis. Zum Zeitpunkt der ersten Punktion am Tag 1 nach Aufnahme (□) ist noch keine humorale Immunreaktion erkennbar. Zum Zeitpunkt der zweiten Punktion am 18. Tag wird eine Drei-Klassenreaktion mit Dominanz der IgG-Klasse beobachtet. Die sehr langsame Rückbildung der intrathekalen IgG-Synthese wird durch die dritte Punktion am Tag 126 nach Erkrankungsbeginn deutlich. Die IgA- und IgM-Quotienten sind zu diesem Zeitpunkt wieder normal.

Abb. 10: HIV-Infektion und opportunistische Toxoplasmose.

Fall 1: (●) Eine HIV-Enzephalopathie eines 30 Jahre alten Patienten in einer frühen Phase mit 22 Zellen/µL, kein oligoklonales IgG, HIV-AI = 1,8 und Toxoplasma-AI = 0,9.

Fall 2: (■) stellt einen anderen Patienten dar mit einer opportunistischen Toxoplasmose, erhöhtem Albuminquotienten und humoraler Drei-Klassen-Immunreaktion. Zellzahl 140/µL, Toxoplasma-AI = 9,2; HIV-AI = 5,7; CMV-AI = 1,0.

Drei-Klassenreaktion eher als Ausnahme beobachtet. Der Albuminquotient ist normal oder leicht erhöht. Mit dem korrigierten Antikörper-Index wird bei annähernd 100 % der Fälle mit Toxoplasma gondii-oder Cytomegalievirus-Infektionen ein erhöhter Antikörper-Index gefunden (siehe auch MRZ-Reaktion). Die Kryptokokken-Meningitis kommt im Gegensatz zu den anderen opportunistischen Infektionen auch bei nicht immunsupprimierten Menschen vor. Neben Toxoplasma gondii, ist Cryptococcus neoformans die häufigste Ursache bei Hirnabszessen in Patienten mit AIDS. Allgemeine Liquorveränderungen bei dieser Pilz-Meningitis sind eine lymphozytäre Pleozytose, ein erhöhter Albuminquotient und eine erhöhte Laktatkonzentration. Es ist grundsätzlich schwierig, den Pilz durch Kulturen nachzuweisen. Die PCR zum Nachweis des Kryptokokken-Antigens ist sehr empfindlich und sollte grundsätzlich durchgeführt werden. Beim Kryptokokkus imitis ist die Komplement-Bindungsreaktion im Liquor erfolgreich mit einer Spezifität von 100 % und einer Empfindlichkeit von 75 %. Ein spezifischer Antikörpernachweis ist meist nicht einfach. Der Nachweis der intrathekalen spezifischen Antikörpersynthese kann neben anderen differentialdiagnostischen Aspekten ein wichtiges Werkzeug sein, um zwischen verschiedenen Ursachen von Hirnläsionen, wie sie im CT oder im Kernspintomogramm beobachtbar sind, zu differenzieren, z. B. zur Unterscheidung von intrazerebralen Lymphomen und Toxoplasma-Granulomen.

Die Nachweise von erhöhten Zoster-AI-Werten oder CMV-AI-Werten sind im Verlauf der HIV-Enzephalitis mit einer entsprechenden klinischen Symptomatik (Zoster-Ganglionitis, CMV-Enzephalitis) assoziiert. Dagegen ist die bei 20 % der Patienten im späten AIDS-Stadium beobachtete intrathekale HSV-Antikörpersynthese ohne entsprechende klinische Manifestation. Dies wäre im Sinne einer polyspezifischen Immunreaktion zu interpretieren.

Die PCR-Verstärkung der CMV spezifischen DNA aus dem Liquor ist die diagnostische Methode der Wahl. Mit einer Sensitivität von 80 % und einer Spezifität > 95 % belegt der Test eine neurologische CMV-Infektion. Eine falsch-positive Reaktion ist selten.

Als opportunistische Erkrankung bei AIDS sind auch intrathekale Lymphome zu berücksichtigen. In Abb. 11 ist das typische Bild einer isolierten, intrathekalen IgM-Klassenreaktion

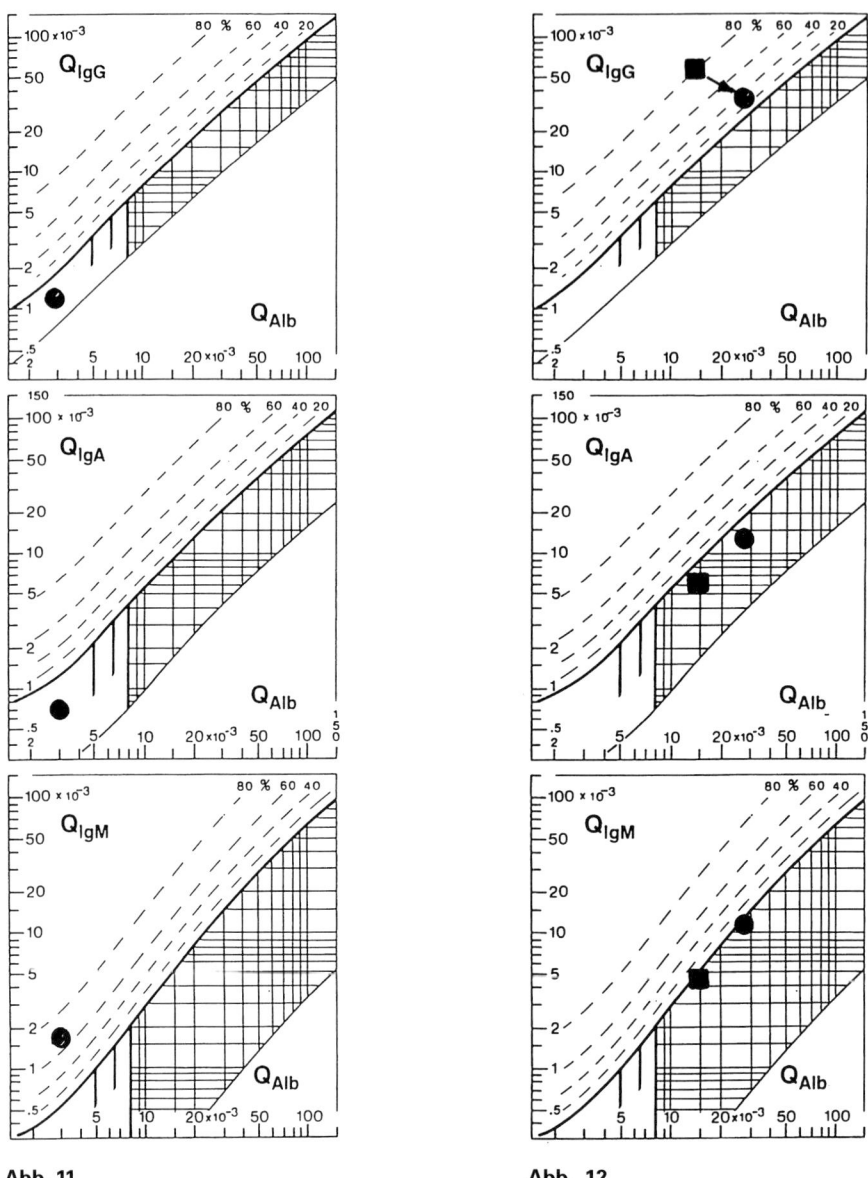

Abb. 11: Intrathekales Lymphom eines Patienten mit AIDS, Stadium WR6. Zellzahl 18/μL, kein oligoklonales IgG, HIV-AI = 4,5; IgM$_{IF}$ = 65 % [4].

Abb. 12: Therapiekontrolle bei einem Patienten mit Meningeosis lymphomatosa. Erste Punktion (■) vor und zweite Punktion (●) 6 Tage nach Behandlung mit 15 mg Methotrexat. Die initiale intrathekale IgG-Fraktion (IgG$_{I}$ = 80 %) wurde reduziert zu 30 % und die Zellzahl veränderte sich von 114/μL auf 5/μL. Die Tumorzellen im Liquor waren nach Behandlung nicht mehr nachweisbar.

bei normalem Albuminquotienten dargestellt, wie es bei einem intrathekalen Lymphom eines Patienten mit AIDS, Stadium WR6, beobachtbar war. Die Zellzahl war 18/µL, kein oligoklonales IgG, der HIV-Antikörper-Index mit HIV-AI = 4,6 und IgM_{IF} = 65 % [3].

Therapiekontrolle bei Meningeosis lymphomatosa

Die Datenmuster in den Quotientendiagrammen sind empfindlich genug, um therapiebedingte Veränderungen zu zeigen. In Abb. 12 wird eine erste Punktion vor und eine zweite Punktion 6 Tage nach Behandlung mit 15 mg Methotrexat dargestellt. Die initiale intrathekale IgG-Fraktion (IgG_{IF} = 80%) war reduziert auf 30%. Als viel deutlichere Reaktion war allerdings die Zellzahl von 114/µL auf 5/µL reduziert und die Tumorzellen im Liquor waren vollständig verschwunden.

Parasitosen und nicht-entzündliche Veränderungen in den Quotientendiagrammen

Wie aus Untersuchungen bei Angiostrongylus cantonensis-Befall deutlich wurde [2], kann die Anwesenheit von Parasiten und deren toxische Begleiterscheinungen zu humoralen Immunreaktionen im ZNS führen. Es gibt auch nicht-infektiöse Stoffwechsel-Erkrankungen, wie die Adrenoleukodystrophie, bei der eine dominante intrathekale IgA-Synthese gefunden wird [11], die mehr pathophysiologisch als diagnostisch bedeutsam ist. Schwache Immunreaktionen sind auch in Begleitung von Tumoren als Reizreaktion insbesondere im Nachweis als oligoklonales IgG gefunden worden. Reizreaktionen, wie sie durch einen Bandscheibenvorfall zustande kommen können, sind jedoch ohne begleitende humorale Immunreaktion, d.h. es gibt dabei kein oligoklonales IgG oder Veränderungen in den Quotientendiagrammen, außer der Reduktion des Liquorflusses mit erhöhtem Albuminquotienten.

3.1.4 Tumormarkerproteine in Quotientendiagrammen

Die Diffusions/Liquorfluß-Theorie ist nicht auf die Immunglobuline beschränkt, sondern für alle Proteine gültig (Kap. A.4). Die Auswertung von Tumormarkerproteinen, wie z. B. das karzinoembryonale Antigen (CEA), ist ebenfalls in Reiber-

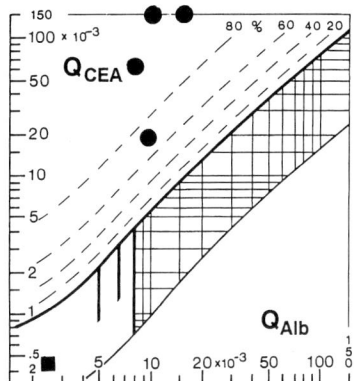

Abb. 13: Meningeosis carcinomatosa. Der Nachweis einer intrathekalen Freisetzung von karzinoembryonalem Antigen ist dokumentiert im Quotientendiagramm Q_{CEA}/Q_{Alb}, das aufgrund der Molekülgröße identisch mit dem Quotientendiagramm für IgA ist. Die Daten zeigen 4 Patienten (●) mit Metastasen im Gehirn bei primärem Mamma-, Colon-, Blasen- und Adeno-Karzinom. Ein Patient (■) mit systemischem Karzinom und pathologisch erhöhten CEA-Werten im Blut (67,4 ng/mL) zeigte ein normales Liquormuster (Q_{Alb} = 2,4; Q_{IgG} = 1,1; Q_{CEA} = 0,4; Zellzahl 2/µL) und keine Zeichen einer Hirnmetastase.

Diagrammen möglich (Abb. 13). CEA kann in den IgA-Diagrammen ausgewertet werden, da CEA und IgA offensichtlich ähnliche Diffusionskoeffizienten haben (Abb. 8 in Kapitel A.4). In Abb. 13 sind 4 Patienten mit einer intrathekalen Metastase gezeigt. Eine intrathekale Fraktion mit bis zu CEA_{IF} = 99% und Q_{CEA}-Werten bis zu 1600×10^{-3} stellen die extremsten Werte von pathologischen intrathekalen Fraktionen im Liquor dar. Das Ausmaß, mit dem CEA im Liquor auftaucht, hängt kritisch von der *Distanz der Metastase zum Liquorraum* ab, d. h. ein normaler CEA-Quotient kann eine Metastase (z. B. im Frontalhirn) nicht ausschließen [8, 9]. Die meningealen Reaktionen führten offensichtlich zu einer Reduktion des Liquorflusses mit entsprechend erhöhten Albuminquotientenwerten.

3.1.5 Auswertung der Hirnproteine im Liquor [27]

Im Gegensatz zum Liquor-CEA stammt Angiotensin Converting Enzyme (ACE) im Liquor normalerweise im Mittel zu 70% aus dem Gehirn [24] (Tab. 4 in Kapitel A.4).

Als ein Markerprotein wird ACE für die systemische Sarkoidose im Blut analysiert und kann auch als Marker-Protein im Liquor zum Nachweis einer Neurosarkoidose verwendet werden. In solchen Fällen, in denen wie beim Liquor-ACE das Protein vor allem aus dem Hirn stammt, ist es besser, den absoluten Wert des Proteins im Liquor als Funktion des Albuminquotienten auszuwerten. Liquor/Serum-Quotienten sind nur von Vorteil (d. h. von höherer Sensitivität), wenn das Liquorprotein auch zum großen Teil aus dem Serum stammt. Die Grenze des Referenzbereiches ist linear (nicht hyperbolisch), wie von der Theorie für die aus dem Hirn stammenden Proteine [27] gefordert (Kap. A.4).

Werte einer ACE-Aktivität im Liquor mit ACE $> 0,5 + 90 \times Q_{Alb}$ [mmol/min/mL] stellen eine pathologisch erhöhte Fraktion aus dem Gehirn dar (Referenzwerte des Bezug-Tests für Serum: 25–55 mmol/min/mL).

Ein besonders anspruchsvoller Fall für die Auswertung und Interpretation im Liquor ist das lösliche, interzelluläre Adhäsions-Molekül (s-ICAM), dessen Liquorkonzentration nur zu ca. 30% aus dem Hirn stammt [13]. Hier ist als Referenzbereich die Verwendung des CSF/Serum-Quotienten sinnvoll. Durch besondere, bislang nicht erklärte Zusammenhänge, steigt die Liquorkonzentration dieses Proteins nicht über eine bestimmte Konzentration trotz extremer, nicht-entzündlicher Verlangsamung des Liquorflusses. Die Abweichung von dem hier zu erwartenden hyperbolischen Referenzbereich hin zu einer Sättigungskurve wäre durch eine Stoffwechsel-bedingte Regulation der s-ICAM-Konzentration (feed-back-Inhibierung oder vermehrte Verbrauchsreaktion) erklärbar. Für eine klinisch relevante Interpretation von pathologisch erhöhten s-ICAM-Werten ist auch hierbei der Bezug auf den Albuminquotienten für die Charakterisierung des Referenz-Bereichs unerläßlich [13, 27].

3.1.6 Hirnproteine in Blut und Sekreten

Neuronenspezifische Enolase [10, 31]
Das Ausmaß einer Schädigung des Gehirns nach Hypoxien, Infarkten mit Hirnödem oder beim Schädelhirntrauma kann sehr gut mit einem Anstieg der *neuronenspezifischen Enolase im Blut* [31] beurteilt werden (Abb. 14). Voraussetzung ist allerdings eine serielle Blutabnahme über einen geeigneten Zeitraum. Die NSE stellte den ersten Parameter dar, der es erlaubte, mit der Blutanalytik Störungen des ZNS zu untersuchen.

Aus der seriellen Abnahme der Blutproben ergeben sich bei Hypoxien (z. B. nach Herzstillstand und Reanimation) innerhalb weniger Stunden bis Tage Zunahmen der neuronenspezifischen Enolase bis zu 800 ng/mL. Bei über 24 Stunden konstant anhaltenden NSE-Werten im Blut von > 150 ng/mL (Abb. 14a) wurde in solchen Fällen bislang eine Wiedergewinnung der kortikalen Funktionen nicht beobachtet. Bei Hirninfarkten ist vor allem mit dem sekundären Hirnödem ein sehr frühzeitiger NSE-Anstieg im Blut verbunden, der aber nicht in jedem Fall, je nach Ausmaß und Lage des Infarktes, zu beobachten ist. Nach Schädelhirntrauma ohne Hypoxie oder nach Elektroschock-Therapie gehen die erhöhten NSE-Werte innerhalb von wenigen Stunden wieder auf Normalwerte im Blut zurück (Abb. 14c, d).

Referenzwertebereich im Serum: 3–10 ng/mL bei Probanden. Klinisch relevante Obergrenze unter Berücksichtigung aller präanalytischen Fehlermöglichkeiten ist 30 ng/mL.

Einzelwerte der NSE-Konzentration im Blut sind ohne Aussagekraft für die Prognose. Kurzfristige Erhöhungen bis 120 ng/mL werden selbst bei Elektrokrampf-Therapie beobachtet. Nur serielle Blutanalysen sind verwertbar.

Das immer wieder in Mode kommende S-100B-Protein (β, β-Form als Gliamarker) ist durch eine wesentliche Verbesserung der Analytik, ebenfalls wie NSE im Blut, als Ausdruck von Gehirnstörungen meßbar geworden [Ref. in 30].

Hirnproteine in Sekreten
Zur Identifikation von Liquor in Sekreten, z. B. bei Rhinoliquorrhoe ist die Analyse von β-trace Protein geeignet [Ref. in 35].

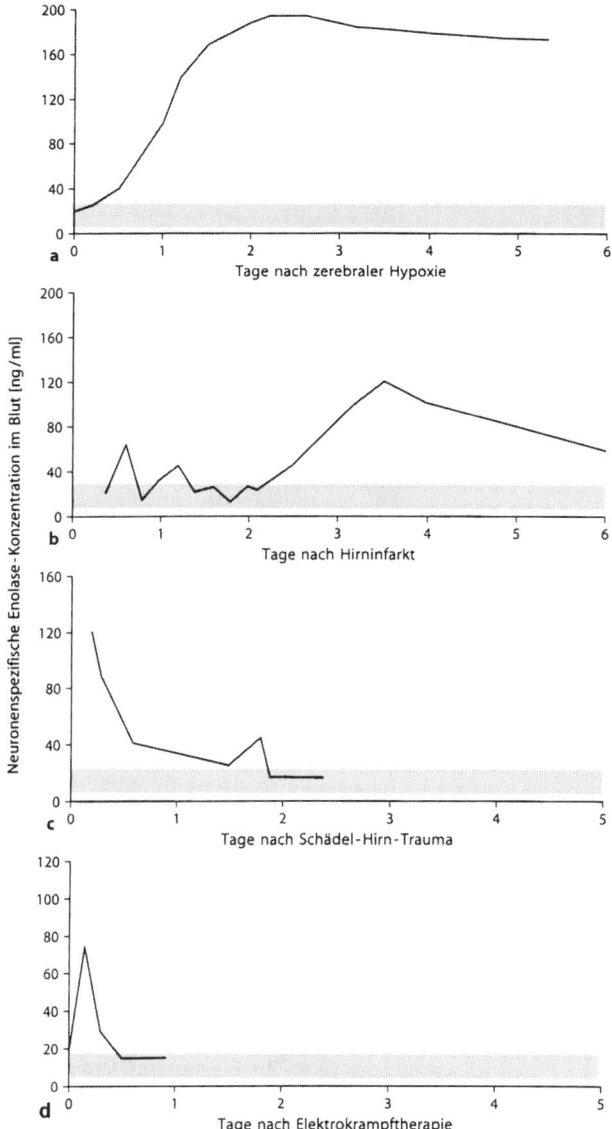

Abb. 14: Idealisierter Verlauf der Blutkonzentration der neuronenspezifischen Enolase (NSE).
    a) Nach zerebraler Hypoxie;
    b) nach Hirninfarkt;
    c) nach Schädel-Hirn-Trauma;
    d) nach Elektrokrampf-Therapie.
Der klinisch definierte Referenzbereich ist jeweils schraffiert dargestellt (NSE $\leq$ 30 ng/mL).

Referenzwertebereich für ß-trace Protein: Normal: kein β-trace im Nasensekret nachweisbar (≤ 0,3 mg/L). Lumbaler Liquor: 12–20 mg/L (Mittelwert 16,0 mg/L); Ventrikel-Liquor 1,0-2,0 mg/L (Mittelwert 1,5 mg/L) Serum 0,35–0,65 mg/L (Mittelwert 0,5 mg/L), Urin 0,5–2 mg/L.

Der Nachweis von erhöhtem β-trace Protein (> 1,0 mg/L) im Nasensekret ist Hinweis z. B. auf eine Liquorfistel.

Die früheren Untersuchungen von Glucose und Kalium als Screeningmethode sind heute obsolet.

3.1.7 Alternative Interpretationsprogramme für die intrathekale IgG-Synthese

Die im internationalen Rahmen immer noch geläufigen Auswerteprogramme, wie IgG-Index [15] oder die IgG-Synthese-Rate [33] sind in Abb. 15 mit dem nicht-linearen Referenzbereich im Reiber-Diagramm verglichen. Am Beispiel eines Patienten mit einer frühen bakteriellen Meningitis oder einer Guillain-Barré Polyradikulitis wird deutlich, daß sehr leicht falsch positive Interpretationen bei den linearen Ansätzen von Link [15] und Tourtellotte [33] zu finden sind, während im Bereich der normalen Albumin-Quotienten nur geringfügige Unterschiede festzustellen sind. Da viele frühere Vergleiche von Auswerte-Formeln und Diagrammen (Ref. in [1, 29, 30]) Multiple Sklerose-Patienten als Referenzgruppe gewählt haben (mit meist normalen Albuminquotienten!), ist diese Fehlermöglichkeit bei den neurologischen Erkrankungen mit erhöhtem Albumin-Quotienten nicht hinreichend berücksichtigt worden (bis zu 90% falsch positive bei der IgG-Syntheserate oder bis zu 50% falsch positive für den IgG-Index, s. Legende Abb. 15). Gerade die Verwendung auch der linearen Referenzbereiche bei IgA und IgM haben dazu geführt, daß die Liquordiagnostik in vielen Ländern (vor allem USA) nicht die Anerkennung gefunden hat, die sie im europäischen Rahmen seit vielen Jahrzehnten genießt. Der IgG-Index ist gibt u. a. auch falsch negative Werte für sehr

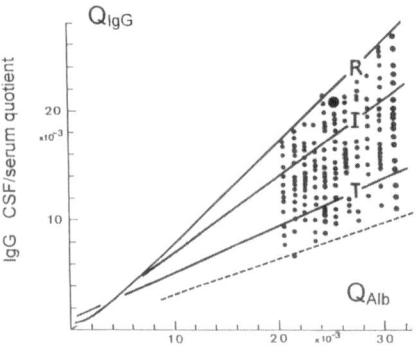

Abb. 15: Vergleich der Referenzbereichsgrenzen zwischen einer aus dem Blut und einer aus dem Hirn stammenden IgG-Fraktion im Liquor bei verschiedenen gängigen Auswertekonzepten.

R, Reibers hyperbolische Diskriminierungslinie, Q_{lim} ($IgG_{IF} = 0$). I, Links IgG-Index, graphische Darstellung der üblicherweise numerischen Auswertung mit einer Diskriminierungslinie für I = 0,7 (dimensionslos). T, Tourtellottes IgG-Syntheserate. Die tägliche Produktionsrate (500 mL) kann mit dem Faktor 2 multipliziert werden, um die Konzentration per Liter zu erhalten. Die Diskriminierungslinie ($IgG_{Syn} = 0$) wird aus der mathematisch transformierten Funktion gewonnen: $Q_{IgG} = 0,43 \times Q_{Alb} + 0,00084$. Im Bereich $Q_{Alb} = 20 - 30 \times 10^{-3}$ wurden repräsentative Datenpunkte aus der früheren klinischen Studie mit 4 300 Patienten (Kap. 4.3.2.1) dargestellt. Diese Daten stammen von Patienten ohne intrathekale IgG-Synthese. Ein repräsentativer Patient (●) mit einer Stenose des Spinalkanals und ohne Entzündungszeichen (normale Zellzahl, kein oligoklonales IgG) ergibt eine falsch-positive Interpretation als intrathekale IgG-Synthese, wenn auf den IgG-Index oder die IgG-Syntheserate bezogen wird, nicht aber mit Bezug auf die hyperbolische Diskriminierungslinie. Die statistische Auswertung der Daten in Abb. 5 (Kap. 4.3.2.1) für große Albumin-Quotienten ($Q_{Alb} = 60$ oder 120×10^{-3}) zeigte, daß 1/14 oder 16/17 der Fälle falsch-positiv beurteilt wurden mit Bezug auf die IgG-Syntheserate und 6/14 oder 8/17 mit Bezug auf den IgG-Index.

niedrige Albuminwerte, wie sie häufig bei Kindern oder Ventrikel-Liquor zu finden sind. Der IgG-Index ist auch zusätzlich vom Extraktionsvolumen stärker abhängig als andere Methoden. Nicht-lineare Anpassungen des IgG-Index [18, 19] haben weder eine theoretische noch eine physiologische Basis. Verschiedene nicht-lineare Ansätze, die mit der Beobachtung von Ganrot-Norlin [6] begannen, sind physiologisch nicht korrekt [12, 20, 32] und ohne mathematisch physikalischen Hintergrund nur von historischem Interesse geblieben.

3.1.8 Literatur

[1] Andersson, M., J. Alvarez-Cermeño, G. Bernardi et al.: Cerebrospinal Fluid in the Diagnosis of Multiple Sclerosis: A Consensus Report. J Neurol Neurosurg Psychiatr 57 (1994) 897–902.
[2] Dorta. A. J., Reiber, H.: Inthrathecal synthesis of immunoglobulins in eosinophilic meningoencephalitis due to Angiostrongylus cantonensis. Clin Diagn Lab Immunol 5 (1998) 452–455.
[3] Felgenhauer, K.: Entzündliche Krankheiten. In: K. Kunze (Hrsg.): Lehrbuch der Neurologie, S. 499–523. Thieme, Stuttgart 1992.
[4] Felgenhauer, K.: Spezielle Pathobiochemie des Liquorkompartiments. In: H. Greiling, A. M. Gressner (Hrsg.): Lehrbuch der klinischen Chemie und Pathobiochemie, S. 1065–1085, 3. Aufl., Schattauer, Stuttgart 1995.
[5] Felgenhauer, K., H. Reiber: The diagnostic relevance of antibody specificity indices in multiple sclerosis and herpes virus induced diseases of the nervous system. Clin Invest 70 (1992) 28–37.
[6] Ganrot-Norlin, K.: Relative concentrations of albumin and IgG in cerebrospinal fluid in health and in acute meningitis. Scand J Infect Dis 47 (1978) 555–568.
[7] Graef, I., T. Henze, H. Reiber: Polyspezifische Immunreaktion im ZNS bei Autoimmunerkrankungen mit ZNS Beteiligung. Zeitschrift für ärztl Fortbildung 88 (1994) 587–691.
[8] Holzgraefe, M., H. Reiber, K. Felgenhauer: Die Labordiagnostik von Erkrankungen des Nervensystems. Perimed-Verlag, Erlangen 1988.
[9] Jacobi, C., H. Reiber, K. Felgenhauer: The clinical relevance of the locally produced carcinoembryonic antigen in cerebrospinal fluid. J Neurol 233 (1986) 358–361.
[10] Jacobi, C., H. Reiber: Clinical relevance of increased neuron-specific enolase concentration in cerebrospinal fluid. Clin Chim Acta 177 (1988) 49–54.
[11] Korenke, G. Chr., H. Reiber, D. H. Hunnemann et al.: Intrathecal IgA Synthesis in X-Linked Cerebral Adrenoleukodystrophy. J Child Neurol 12 (1997) 314–320.
[12] Laurell, C. B.: On the origin of major CSF proteins. In: E. J. Thompson (Hrsg.): Advances in CSF Protein Research and Diagnosis, S. 123–128. MTP Press Ltd., Lancester (GB) 1987.
[13] Lewczuk, P., H. Reiber, H. Tumani: Intercellular adhesion molecule-1 in cerebrospinal fluid – the evaluation of blood-derived and brain-derived fractions in neurological diseases. J Neuroimmunol 87 (1998) 156–161.
[14] Lewczuk, P., H. Reiber, H. Ehrenreich: Prothrombin in Normal Human Cerebrospinal Fluid Originates from the Blood. Neurochem Res 23 (1998) 1027–1030.
[15] Link, H., G. Tibbling: Principles of albumin and IgG disorders. Evaluation of IgG synthesis within the central nervous system in multiple sclerosis. Scan J Clin Lab Invest 37 (1977) 397–401.
[16] Liu P. Y., Z. Shi, Y. Lau et al.: Rapid diagnosis of tuberculous meningitis by a simplified nested amplification protocol. Neurology 44 (1994) 1161–1164.
[17] Monteyne, P. H., C. J. M. Sindic: The diagnosis of tuberculous meningitis. Acta Neurol Belg 95 (1995) 80–87.
[18] Öhman, S., J. Ernerudh, P. Forsberg et al.: Comparison of seven formulae and isoelectrofocusing for determination of intrathecally produced IgG in neurological diseases. Ann Clin Biochem 29 (1992) 405–410.
[19] Öhman, S., J. Ernerudh, P. Forsberg et al.: Improved formulae for the judgement of intrathecally produced IgA and IgM in the presence of blood-CSF barrier damage. Ann Clin Biochem 30 (1993) 454–462.
[20] Reiber, H.: Evaluation of blood-CSF barrier dysfunctions in neurological diseases. In: A. J. Suckling, M.G. Rumsby, M.W.B. Bradbury (Hrsg.): The blood-brain barrier in health and disease, S. 147–157. Ellis Horwood, Chichester, UK, 1986.
[21] Reiber, H.: Die diagnostische Bedeutung neuroimmunologischer Reaktionsmuster im Liquor cerebrospinalis. Lab med 19 (1995) 444–462.
[22] Reiber, H.: Biophysics of protein diffusion from blood into CSF: The modulation by CSF flow rate. In: J. Greenwood, D. Begley, M. Segal (Hrsg.): New Concepts of a Blood-Brain Barrier, S. 219–227. Plenum Press Com. London 1995.
[23] Reiber, H.: Evaluation of blood-CSF barrier function and quantification of the humoral im-

mune response within the CNS. In: E.J. Thompson, M. Trojano, P. Livrea (Hrsg.): CSF Analysis for Cerebrospinal Fluid, S. 51–72. Springer-Verlag, Mailand 1996.

[24] Reiber, H.: CSF Flow - Its influence on CSF Concentration of Brain-derived and Blood-derived Proteins, S. 51–72. In: A. Teelken, J. Korf (Hrsg.): Neurochemistry. Plenum Press, New York 1997.

[25] Reiber, H.: Cerebrospinal fluid – physiology, analysis and interpretation of protein patterns for diagnosis of neurological diseases. Mult Sclerosis 4 (1998) 99–107.

[26] Reiber, H.: Liquordiagnostik. In: P. Berlit (Hrsg.): Klinische Neurologie. S. 148–177. Springer-Verlag, Heidelberg 1999.

[27] Reiber, H.: Dynamics of brain proteins in cerebrospinal fluid. Clin Chim Acta (2001), im Druck.

(28) Reiber, H., K. Felgenhauer: Protein transfer at the blood cerebrospinal fluid barrier and the quantitation of the humoral immune response within the central nervous system. Clin Chim Acta 163 (1987) 319–328.

[29] Reiber, H., C.J.M. Sindic, E.J. Thompson: Cerebrospinal Fluid – Clinical Neurochemistry of Neurological Diseases. Springer-Verlag, Heidelberg 2001.

[30] Reiber, H., J.B. Peter: Cerebrospinal Fluid Analysis – Disease-related data patterns and evaluation programs. J Neurol Sci 184 (2001) 101–122.

[31] Schaarschmidt, H., H. Prange, H. Reiber: Neuron-specific enolase concentrations in blood as a prognostic parameter in cerebrosvascular diseases. Stroke 24 (1994) 558–565.

[32] Thompson, E.J.: The CSF Proteins: A Biochemical Approach. Elsevier, Amsterdam 1988.

[33] Tourtellotte, W.W., H. Tumani: Multiple Sclerosis Cerebrospinal Fluid. In: C.S. Raine, H.F. McFarland, W.W. Tourtellotte (Hrsg.): Multiple Sclerosis, S. 57–79. Chapman and Hall, New York 1997.

[34] Tumani, H., G. Nölker, H. Reiber: Relevance of cerebrospinal fluid parameters for early diagnosis in neuroborreliosis. Neurol 45 (1995) 1663–1670.

[35] Tumani, H., H. Reiber, R. Nau et al.: Beta-trace protein concentration in cerebrospinal fluid is decreased in patients with bacterial meningitis. Neurosc Lett 242 (1998) 5–8.

3.2 Erregerspezifische Antikörper

H. Reiber

Bei entzündlichen Erkrankungen des ZNS werden im Rahmen der intrathekalen, humoralen Immunreaktion spezifische Antikörper gegen ursächliche Mikroorganismen als auch eine Vielzahl von Antikörpern anderer Spezifitäten gebildet.

Bei der Herpes simplex-Enzephalitis, Neurosyphilis oder der subakuten sklerosierenden Panenzephalitis sind 20–30% der intrathekal gebildeten Antikörper spezifisch für das ursächliche Antigen (Herpes simplex-Virus, Treponema pallidum oder Masern-Virus) [13]. Der überwiegende Teil ist eine polyspezifische Immunreaktion. Da bei jeder Immunreaktion auch mehrere Zellklone selektiert werden, muß also grundsätzlich von einer polyspezifischen, oligoklonalen Immunreaktion gesprochen werden [12, 15, 16, 17, 20].

Es war ein mühseliger Erkenntnisprozeß zu verstehen, daß Antikörper im Gehirn, wie auch im Blut, synthetisiert werden, die nicht gegen ein ursächliches Antigen sondern gegen andere Antigene gerichtet sind, die nichts mit der Krankheit zu tun haben. So hat der Nachweis von intrathekaler Masern-Antikörper-Synthese bei Multipler Sklerose [1] die Hypothese einer Virusäthiologie ausgelöst. Spätere Beobachtungen zeigten, daß beim selben MS-Patienten auch eine intrathekale Antikörpersynthese gegen Röteln-, VZV-, HSV-, Mumps-Viren [19] zu finden ist. Auch gegen Toxoplasma gondii [13] bei MS-Patienten werden intrathekal Antikörper gebildet, ohne daß das Antigen im Gehirn persistiert [13]. Sogar eine intrathekale Bildung von Autoantikörpern gegen ds-DNA wird bei 19% dieser Patienten gefunden. Erst mit den modernen Formen einer Netzwerktheorie des Immunsystems [12, 20] wird diese polyspezifische, oligoklonale Immunreaktion verstehbar. Die niedrigeren Mengen an Antikörpern gegen diese nicht äthiologischen Antigene (z. B. Masern-Antkörper bleiben unter 1% der gesamten intrathekalen IgG-Klassenreaktion bei MS [13]) lassen zum Teil eine Unterscheidung zwischen Antikörpern gegen das ursächliche Antigen und der polyspezifischen Immunreaktion, insbesondere bei chronischen Erkrankungen, zu.

Für die sensitive Analyse einer lokalen Antikörpersynthese im Kammerwasser des Auges haben bereits in den 50iger Jahren Goldmann und Wittmer [4] einen Antikörper-Index mit Bezug auf das Gesamt-IgG errechnet. Dieser Index wurde später für Liquor eingeführt [Ref. in 2] und ist bis heute zusammen mit einer wesentlichen Korrektur [11] das Auswerteverfahren der Wahl. Das Prinzip ist einfach. Da alle im Blut nachzuweisenden Antikörper (z. B. der IgG-Klasse) auch im Liquor entsprechend dem Gesamt-IgG-Verhältnis (Q_{IgG} = IgG(CSF)/IgG(Serum) zu finden sind, ist jeder Wert des spezifischen Antikörper-Verhältnisses (z. B. Q_{Masern} = Masern (CSF)/Masern (Serum)) der größer ist als Q_{IgG} ein Hinweis auf eine intrathekale Synthese (z. B. von Masern-Antikörpern). Der Antikörper-Index, $AI = Q_{spez}/Q_{IgG}$, ist beim Gesunden mit $AI = 1,0 (\pm 0,3)$ zu erwarten [11].

In Tab. 1 ist dieser Antikörper-Index mit der Korrektur für die polyspezifischen Reaktionen neben den methodisch bedingten und den klinisch relevanten Referenzbereichen dargestellt. Anhand der Ergebnisbeispiele sind die methodischen Aspekte für eine sensitive Interpretation der AI-Werte aufgezeigt. Die Verbesserung der Sensitivität des Antikörper-Index für Fälle mit starker intrathekaler IgG-Synthese ist in Abb. 1 plausibel gemacht: Im Falle einer Zoster-Ganglionitis mit einer Gesamt-IgG-Synthese, die noch im Referenzbereich der aus dem Blut stammenden Fraktion im Liquor liegt (IgG_{IF} = 0, s. Kap. B.3.1), wird der spezifische Quotient für Varizella-Zoster-Antikörper, Q_{VZV}, direkt auf Q_{IgG} bezogen (z. B. VZV-AI = 3,1/1,8 = 1,7). Im Falle einer Multiplen Sklerose mit intensiver intrathekaler IgG-Synthese (IgG_{IF} = 70%) wird statt Q_{IgG} die Obergrenze des Referenzbereiches, Q_{Lim}, als Referenz für die Berechnung des Antikörper-Index gewählt, d. h. AI = Q_{VZV}/Q_{Lim} (IgG). Berechnungsbeispiele sind auch in Kap. B.3.1 gezeigt. Durch den Bezug auf Q_{Lim} wird der Wert für Röteln- und VZV-AI > 1,5 (Röteln-AI = 2,5, VZV-AI = 1,8) während für HSV-AI = 0,8 gefunden wird. Bei Bezug auf Q_{IgG} würde der Röteln-AI und der VZV-AI < 1,0 falsch negativ. Für die Berechnung von Q_{Lim} (Kap. B.3.1.) sollten die gegenüber der früheren Arbeiten [2, 11] verbesserten Parameter der Hyperbelfunktion eingesetzt werden (Tab. 1, Kap. B.3.1).

Die Qualität dieser Analytik hängt entscheiden davon ab, daß Liquor- und Serumprobe im ELISA [11] auf derselben Platte mit Bezug auf eine Standardkurve gemessen werden. Die analytische Präzision des spezifischen Quotienten (s. Tab. 2) wird um so besser, je dichter die Liquor- und Serumprobe im Meßbereich der Standardkurve zusammen liegen.

Titerbestimmungen sind aufgrund der hohen Ungenauigkeit (2er Schritte) nicht geeignet. Für eine Abschätzung einer intrathekalen Anti-

Tab. 1: Auswertung des Antikörper-Index (AI)

Definition des (korrigierten) Antikörper-Index (AI)

AI = Q_{spez}/Q_{ges} ($Q_{Lim} > Q_{ges}$)
AI = Q_{spez}/Q_{Lim} ($Q_{Lim} < Q_{ges}$)
Q_{ges} = empirisch gefundener Immunglobulinquotient für IgG, IgA oder IgM (Q_{IgG}, Q_{IgA}, Q_{IgM}).
Q_{spez} = spezifischer Antikörper CSF/Serum-Quotient.
Q_{Lim} = oberer Grenzwert des Referenzbereiches (Abb. 1).

Referenzbereiche/Bewertung
Methodisch bedingter Referenzbereich ($\overline{X} \pm 2s$):
  AI = 1,0 ± 0,3

Klinisch relevanter Referenzbereich (klinisch evaluiert)

normal: AI = 0,7 – 1,3   pathologisch: AI ≥ 1,5

Auswertebeispiele			
Beispiel	Fall I	Fall II	Fall III
Masern-AI	0,8	1,2	0,2
Röteln-AI	1,4	1,5	1,1
VZV-AI	0,8	1,2	2,1
HSV-AI	0,7	1,1	0,7

Im Fall I ist Röteln-AI = 1,4 als pathologisch zu bezeichnen. Im Fall II ist Röteln-AI = 1,5 als grenzwertig/normal zu bezeichnen. Fall III ist ein eindeutiger Hinweis auf einen schwerwiegenden methodischen Fehler oder Probenverwechslung (Liquor und Serum gehören nicht zusammen).

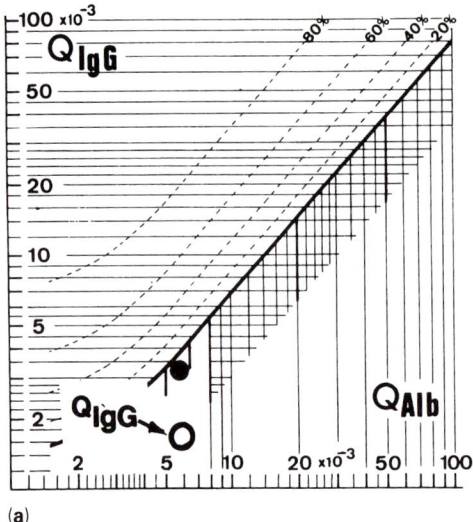 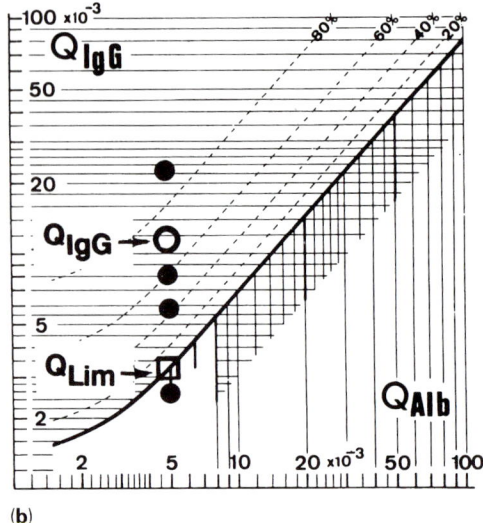

(a) (b)

Abb. 1: Liquor/Serum-Quotienten für spezifische Antikörper und Gesamt-IgG von Patienten mit Zoster-Ganglionitis (a) und Multipler Sklerose (b).

(a) Die Liquor/Serum-Daten des Patienten mit einer Zoster-Ganglionitis waren $Q_{Alb} = 6{,}0 \times 10^{-3}$, $Q_{IgG} = 1{,}7 \times 10^{-3}$, und der spezifische Quotient $Q_{VZV} = 3{,}3 \times 10^{-3}$. Der entsprechende Antikörper-Index ist dann VZV-AI = 1,9. In diesem Fall mit $Q_{IgG} < Q_{Lim}$ wurde die Gleichung AI = Q_{spez}/Q_{IgG} gewählt.

(b) Die Daten des Multiple Sklerose-Patienten waren $Q_{Alb} = 5{,}0 \times 10^{-3}$, $Q_{IgG} = 11{,}6 \times 10^{-3}$, $Q_{Lim} = 3{,}5 \times 10^{-3}$, $Q_{Masern} = 22{,}4 \times 10^{-3}$, $Q_{Röteln} = 8{,}2 \times 10^{-3}$, $Q_{VZV} = 5{,}9 \times 10^{-3}$ und $Q_{HSV} = 2{,}8 \times 10^{-3}$. Die entsprechenden Antikörper-Indexwerte waren: Masern-AI = 6,4; Röteln-AI = 2,3; VZV-AI = 1,8 und HVS-AI = 0,8. Mit einer polyspezifischen IgG-Synthese ($Q_{IgG} > Q_{Lim}$) wird die Gleichung AI = Q_{spez}/Q_{Lim} gewählt. Im allgemeinen ist ein Wert von Q_{spez} oberhalb der 30%-Linie im Diagramm ($Q_{spez} \geq 1{,}5 \times Q_{Lim}$), repräsentativ für einen pathologischen Antikörper-Indexwert ($\geq 1{,}5$).

körpersynthese mit Titerwerten muß die Referenzbereichsgrenze auf AI = 4 (statt AI = 1,5) gesetzt werden.

3.2.1 Sensitivität und Spezifität der erregerspezifischen Antikörpernachweise

Die methodische Spezifität ist bei den gängigen Enzymimmunoassays sehr hoch. Kreuzreaktivitäten sind sehr selten. Auch die methodische Sensitivität der EIAs ist für fast alle relevanten Anwendungen sehr gut, sofern die Liquor-spezifischen Rahmenbedingungen beachtet werden [11]. In Tab. 2 ist die Präzison der virusspezifischen Antikörperanalytik dargestellt. Dagegen sind die Krankheitsbezogene klinische Sensitivität und Spezifität, die eigentlich limitierenden Faktoren für die Diagnostik.

Tab. 2: Spezifische Antikörper in Liquor und Serum. Impräzision (VK) von spez. Liquor/spez. Serum-Antikörper-Quotienten (Q_{spez})*)

Impräzision	Q_{Masern}	$Q_{Röteln}$	Q_{VZV}	Q_{HSV}
VK, Interassay (n = 20)	7,3 %	5,6 %	9,1 %	6,7 %
VK, Intraassay (n = 10)	6,9 %	4,1 %	7,2 %	8,1 %

*) Q_{spez}, der Quotient spez. AK in Liquor/spez. AK im Serum hat einen kleineren VK als der Antikörper-Index (AI = Q_{spez}/Q_{ges}) mit VK = 16%, der auch die Impräzision aus der IgG-Analytik enthält [11].

Die Sensitivität hängt sehr stark vom Zeitpunkt der Punktion im Verlauf der Erkrankung ab. In der Tab. 3 sind Beispiele verschiedener akuter, subakuter und chronischer Erkrankungen mit relevanter Antikörperanalytik dargestellt. Während bei einer *SSPE* die Sensitivität zum Zeitpunkt der diagnostischen Erstpunktion für den Masern-AI bei 100 % liegt, ist bei der *Herpes simplex-Enzephalitis* zum Zeitpunkt der Erstpunktion die Sensitivität für den HSV-AI bei 0 %, d. h. der HSV-AI ist zu diesem Zeitpunkt stets normal (AI < 1,5). Erst ab dem 7. bis 10. Tag nach Beginn der klinischen Symptomatik [2] sind erhöhte AI-Werte (Fall 1 in Abb. 9, Kapitel B.3.1) beobachtbar. Interessant ist die häufige Mitreaktion von VZV-Antikörpersynthese (keine Kreuzreaktion im Test!). Das ursächliche Virus ist sowohl an den höheren AI-Werten (nicht immer) vor allem aber an den höheren Titerwerten (im Blut und Liquor) erkennbar.

3.2.1.1 Zoster-Ganglionitis [2, 10]

Während die Daten in den Quotientendiagrammen für die Zoster-Ganglionitis meist im Normalbereich liegen (Abb. 1), d. h. normale Blut-Liquor Schrankenfunktion und keine intrathekale Fraktion und auch die Zellzahlen zwischen normal und nur leichter Pleozytose variieren, ist der Nachweis von VZV-Antikörpern, dem VZV-Antikörper-Index (Tab. 3), mit einer Sensitivität von 100 % beschrieben [10]. Der erhöhte VZV-Antikörper-Index als Ausdruck einer lokalen Antikörpersynthese ist wesentlich empfindlicher als der Nachweis von oligoklonalem IgG mit der isoelektrischen Fokussierung (Sensitivität 30 %) oder der Nachweis einer intrathekalen IgG-Fraktion ($IgG_{IF} > 0$; 15 % Sensitivität). Ein erhöhter Antikörper-Index für Zoster-Antikörper konnte noch bis zu 2 Jahre nach vollständiger Genesung des Patienten beobachtet werden [2].

Zu dieser Analytik gibt es in der Neurologie keine Alternative, um die Ursache einer Fazialisparese (VZV, Borrelien, HSV, bakterieller Infekt) zu charakterisieren. Die Unterscheidung der bakteriellen von der Virus-bedingten Ursache ist von entscheidender Bedeutung, da in beiden Fällen eine — allerdings verschiedene — Therapie möglich ist. Die zum Teil noch länger nach Abklingen der Symptome anhaltende Synthese von VZV-Antikörpern ist wiederum ein Hinweis darauf, daß ein erhöhter spezifischer Antikörper-Index nicht als Zeichen der Akuität der Erkrankung bewertet werden darf.

3.2.1.2 Zoster-Meningitis [2]

Die Zoster-Meningitis ist charakterisiert durch einen initial normalen bis mittelgradig erhöhten Albuminquotienten mit erhöhten Liquorzellzahlen. Die sehr schwache Immunreaktion führt zu einer geringen Sensitivität im Nachweis der IgG-Synthese (15 % Sensitivität; $IgG_{IF} > 0$ oder oligoklonales IgG). Der Nachweis eines erhöhten Zoster-Antikörper-Indexwertes ist aber bereits zwischen Tag 1 und Tag 6 nach Beginn der Erkrankung mit einem Maximum um Tag 12 nachweisbar mit einer Sensitivität von ca. 50 % [2].

3.2.1.3 HIV-Enzephalopathie und opportunistische Infektionen [7]

Der Nachweis erregerspezifischer Antikörper hat eine höhere Sensitivität als der Nachweis von oligoklonalem IgG oder einer intrathekalen IgG-Fraktion ist aber auch hier stark abhängig vom Stadium der Erkrankung. Im Stadium I ist die Sensitivität 47 %, im Stadium II 67 % und im Stadium III 84 % (Tab. 5, Kap. B.3.1). In Abb. 10 Kapitel B.3.1 sind 2 Fälle einer HIV-Enzephalopathie mit opportunistischer Toxoplasma-Infektion und einer intrathekalen HSV-Antikörpersynthese dargestellt.

Bei Toxoplasma gondii oder Cytomegalie-Virusinfektionen wird ein erhöhter Antikörper-Index mit einer Sensitivität von annähernd 100 % gefunden. Es ist aber besonders bei der Toxoplasmose anzumerken, daß für die Beurteilung der *klinischen Spezifität* die Möglichkeit einer polyspezifischen Immunreaktion im Zusammenhang mit einem chronisch entzündlichen Prozeß ebenfalls betrachtet werden muß (z. B. in 10 % der MS Patienten beobachtbar). Der Nachweis der intrathekalen Toxoplasma-Antikörpersynthese kann wichtig sein, um zwischen verschiedenen Ursachen von Hirnläsionen, wie sie im CT oder Kernspintomogramm beobachtbar sind, zu differenzieren. So z. B.

die Unterscheidung von intrazerebralen Lymphomen und Toxoplasma-Granulom.

Bei der Kryptokokkose (Cryptococcus neoformans) ist ein spezifischer Antikörpernachweis meist nicht einfach. Hier ist die PCR die Analytik der Wahl (80% Sensitivität) [14].

Die Nachweise von erhöhten Zoster-AI-Werten oder CMV-AI-Werten sind im Verlauf der HIV-Enzephalitis mit einer entsprechenden klinischen Symptomatik (Zoster-Ganglionitis, CMV-Enzephalitis) assoziiert. Dagegen ist die bei 20% der Patienten im späten AIDS-Stadium beobachtete intrathekale Herpes simplex Antikörpersynthese (Tab. 3) ohne entsprechende klinische Manifestation [7]. Dies wäre wiederum im Sinne einer polyspezifischen Immunreaktion zu interpretieren.

3.2.1.4 Neuroborreliose [18]

Der Nachweis von Borrelien-spezifischen Antikörpern der IgM- und der IgG-Klasse hat eine Sensitivität von 80% gegenüber 70% einer allgemeinen humoralen Immunreaktion, wie sie in den Quotientendiagrammen nachweisbar ist (Abb. 2 und 3 in Kap. B.3.1). Der Nachweis einer spezifischen DNA mit PCR hat eine wesentlich niedrigere Sensitivität (< 40%).

Die bislang nur durch den Therapieerfolg eindeutig definierte *chronische Neuroborreliose* zeigt bei häufig dominanter intrathekaler IgG-Synthese ebenfalls ein MRZ-Muster (Tab. 3).

Die chronische Neuroborreliose geht definitiv nicht aus der akuten Form der Neuroborreliose hervor, sondern stellt offensichtlich eine unabhängige Verlaufsform dar. Eine Kombination der Erkrankungen Multiple Sklerose und Neuroborreliose würde allerdings ein ähnliches Bild vortäuschen.

3.2.1.5 Neurosyphilis

Der Nachweis erregerspezifischer Antikörper (TPHA-Index) als intrathekale Synthese ist von ausschlaggebender Bedeutung für die Diagnose einer Neurosyphilis. Wiederum ist die über Jahrzehnte anhaltende nur langsam ausklingende intrathekale Antikörpersynthese zu beobachten, ohne daß damit eine therapierelevante Information gegeben wird (s. Kap. B.3.1).

Zur Sensitivität des Nachweises von erregerspezifischen Antikörpern kann zusammenfassend gesagt werden, daß bei *akut entzündlichen Erkrankungen* der Nachweis einer intrathekalen Antikörpersynthese mittels Antikörper-Index (bei Korrektur für die polyspezifische Immunreaktion) die *höchste Sensitivität* gegenüber anderen Verfahren, wie oligoklonalem IgG oder intrathekalen Fraktionen der Immunglobulin-Klassen, zeigt.

Der Nachweis der spezifischen Antikörper mit dem Enzymimmunoassay ist auch von der methodischen Sensitivität den anderen Verfah-

Tab. 3: AI-Werte bei entzündlichen neurologischen Erkrankungen des ZNS

	SSPE	Zoster-Gang	HSV-Enz.	HIV WR2	HIV WR6	MS	Neuroborreliose akut	Neuroborreliose chron.
Masern-V	**87,5**	1,0	1,0	0,9	1,1	**15,6**	0,8	**3,2**
Röteln-V	0,9	1,0	0,9	1,0	0,9	**10,7**	1,0	**7,9**
VZV	1,0	**5,0**	**13,0**	1,1	1,0	**3,9**	0,9	0,9
HSV	1,1	**2,5**	**37,9**	0,9	**2,3**	1,2	1,0	**2,6**
HIV	–	–	–	**5,4**	**4,2**	–	–	–
Borrel (IgG)	–	1,0	–	–	0,9	**25,3**	**19,3**	
Borrel(IgM)	–	1,1	–	–	–	1,1	**124,0**	**10,1**

Subakute Sklerosierende Panenzephalitis (SSPE), Zoster-Ganglionitis (Zoster-Gangl), Herpes Simplex Enzephalitis (HSV-Enz.), HIV-Enzephalopathie – Phase Walter Reed 2 und 6 (WR2 und WR6), Multiple Sklerose (MS), Neuroborreliose (akuter und chronischer Verlauf der Erkrankung. Pathologische Werte sind die fett gedruckten Zahlen (AI > 1,4).

ren (isoelektrische Fokussierung oder Blot-Techniken nach Elektrophorese) [2] eindeutig überlegen. Im Gegensatz dazu ist bei chronischen Erkrankungen, wie der Multiplen Sklerose, die Sensitivität für oligoklonales IgG größer als die der MRZ-Reaktion [13].

In den meisten Fällen ist der Nachweis der IgG-Klassen-Antikörper entscheidend, und nur in ganz bestimmten Fällen ist ein IgM-Klassen-Antikörpernachweis im Liquor angezeigt oder unerläßlich.

3.2.2 Chronisch entzündliche Erkrankungen des ZNS

3.2.2.1 Multiple Sklerose [13]

Bei der Multiplen Sklerose liegt die Sensitivität der humoralen Immunreaktion, d.h. des Nachweises oligoklonalen IgGs bei 98 %. Der Nachweis polyspezifischer Masern-, Röteln-, Zoster-, Herpes simplex, Mumps- etc. Antikörper korreliert mit der Intensität der intrathekalen IgG-Synthese. Die Masern-, Röteln- und Zoster-Antikörpersynthese (MRZ-Reaktion) wird im Mittel mit einer Sensitivität von 90 % gefunden. Die Häufigkeit für Masern (78 %), Röteln (65 %), Zoster (55 %) und Herpes simplex (25 %) nimmt für andere Spezies, z. B. für Doppelstrang-DNA-Autoantikörper (19 %) und Toxoplasma-Antikörper (10 %) weiter ab. Mit der Intensität der intrathekalen IgG-Synthese korreliert auch die Höhe des Antikörper-Indexwertes [13].

3.2.2.2 Spezifität der intrathekalen Antikörpersynthese

Die prinzipiell polyspezifische Immunreaktion [9, 12, 14, 17, 20] muß notwendigerweise zur Einschränkung der klinischen Spezifität des Antikörpernachweises führen. Zur Unterscheidung eines Antikörpers gegen das ursächliche Antigen neben einer polyspezifischen Mitreaktion im immunologischen Netzwerk [12, 17] sind verschiedene Möglichkeiten gegeben. Wie in Tab. 3 gezeigt, kann der Masern-AI-Wert bei der SSPE so hoch sein, daß eine Mitreaktion ausgeschlossen werden kann. Bei MS sind die Werte für Masern-AI < 45 [13]. Dies gilt auch für extreme HSV-AI-Werte bei der HSV-Enzephalitis. Bei jedoch meistens überlappenden AI-Wertebereichen kann die absolute Menge, d. h. Titerwerte im Liquor und Serum herangezogen werden, um eine AK-Synthese bei einer akuten Infektion von einem AK-Titer im Bereich der Durchseuchungstiter (unterhalb des cut offs, meist lakonisch als negativ bezeichnet) zu unterscheiden. Als dritte Möglichkeit wird die Analyse der *Affinität* der Antikörper propagiert — bei akuten Erkrankungen ist die Affinität niedriger als bei länger zurückliegenden Infektionen mit abgeschlossener Reifung der Affinität [3, 6, 8].

Eine besondere Position nimmt die Kombination verschiedener Antikörperspezies, wie die MRZ-Reaktion bei MS, ein. Eine Kombination erhöhter AI-Werte, z. B. für M + R oder R + Z, kann als Hinweis auf einen chronisch entzündlichen Prozeß mit Autoimmuncharakter gewertet werden [5, 13], da eine Doppelerkrankung mit M + R unplausibel ist und eine Häufigkeit der M + R, R + Z, M + Z oder M + R + Z-Kombination als Mitreaktion bei anderen Erkrankungen unter 0,1 % liegt. Diese M + R-Kombination ist eindeutiger einem chronischen Prozeß im Immunsystem zuzuordnen als dies mit der Kombination VZV + HSV-Antikörper möglich ist, die auch bei akuten Prozessen vorkommt (Tab. 3).

Die Kombination von M + R + Z wird bei Erkrankungen wie Neurotuberkulose, Neurosyphilis oder Zystizerkose nicht beobachtet.

Der Nachweis der MRZ-Reaktion ist derzeit die empfindlichste und spezifischste Methode, um zum Zeitpunkt der ersten klinischen Symptome einen *chronisch* entzündlichen Prozeß im ZNS (Autoimmuntyp) zu diagnostizieren und damit dem Nachweis von oligoklonalem IgG in sofern überlegen, als oligoklonales IgG unspezifisch bei akuten wie bei chronischen Erkrankungen auftritt.

Die MRZ-Reaktion ist nicht spezifisch für MS, da sie auch bei Autoimmunerkrankungen mit Beteiligung des ZNS, wie z. B. Lupus erythematodes, Wegenersche Granulomatose oder Sjögren-Syndrom vorkommt [5].

3.2.3 Allgemeine Interpretationen der intrathekalen Antikörpersynthese

Die Anwesenheit einer intrathekalen, humoralen Immunreaktion kann nicht als Zeichen der Krankheitsakuität und Aktivität benützt werden. Hier bleiben immer drei Möglichkeiten einer Interpretation der intrathekalen Antikörpersynthese:

1. Es handelt sich um eine akute Erkrankung mit der Reaktion auf ein monospezifisches Antigen. Der Anteil der intrathekalen Antikörpersynthese für das kausale Antigen liegt bei ca. 20–30 % der intrathekal synthetisierten IgG-Fraktion bei zusätzlich hohen Titern im Serum (und Liquor). Werte AI > 50 sind hier zuzuordnen.
2. Es liegt eine postakute im Verlauf abnehmende Antikörpersynthese ohne klinische Relevanz vor. Titer liegen hier meistens im Bereich der normalen Durchseuchungstiter im Blut, d. h. unterhalb eines statistisch definierten Cut-Off-Wertes.
3. Die intrathekale Antikörpersynthese ist Teil einer polyspezifischen Immunreaktion, wie sie typischerweise bei akuten und vor allem chronisch entzündlichen Erkrankungen des ZNS gefunden werden. Bei Blut-Titern im Rahmen der Durchseuchungstiter (unterhalb des statistisch definierten Cut-Offs, meist als normal oder negativ bezeichnet) finden sich intrathekal synthetisierte Antikörper, die in der Regel unter 1 % der intrathekalen Gesamt-IgG-Fraktion liegen. Antikörper-Indexwerte sind kleiner als bei Fall 1 (AI < 45).

3.2.4 Literatur

[1] Adams, J. M, D. T. Imagawa: Measles antibodies in multiple sclerosis. Proc Soc Exp Biol Med 111 (1962) 562.
[2] Felgenhauer, K., H. Reiber: The diagnostic significance of antibody specificity indices in multiple sclerosis and herpes virus induced diseases of the nervous system. Clin Investig 70 (1992) 28–37.
[3] Gharavi, A. E., H. Reiber.: Affinity and Avidity of Autoantibodies. In: J. B. Peter, Y. Schoenfeld (Hrsg.): Autoantibodies, S. 13–23. Elsevier Science Amsterdam 1996.
[4] Goldmann, H., R. Wittmer: Antikörper im Kammerwasser. Ophthalmol 127 (1954) 323–330.
[5] Graef, I., T. Henze, H. Reiber: Polyspezifische Immunreaktion im ZNS bei Autoimmunerkrankungen mit ZNS Beteiligung. Zeitschrift für ärztl Fortbild 88 (1994) 587–691.
[6] Hirzel, K., H. Reiber: Affinität der intrathekalen Antikörper bei akuten, subakuten und chronischen neurologischen Erkrankungen. J Neurol Sci eingereicht 2001.
[7] Lüer, W., S. Poser, T. Weber et al.: Chronic HIV Encephalitis – I. Cerebrospinal Fluid Diagnosis. Klin Wochenschr 55 (1988) 86–89.
[8] Luxton, R. W., A. Zeman, H. Holzel et al.: Affinity of antigen-specific IgG distinguishes multiple sclerosis from encephalitis. J Neurol Sci 132 (1995) 11–19.
[9] Peter, J. B., Y. Schoenfeld (Hrsg.): Autoantibodies. Elsevier, Amsterdam 1996.
[10] Reiber, H.: Die diagnostische Bedeutung neuroimmunologischer Reaktionsmuster im Liquor cerebrospinalis. Lab med 19 (1995) 444–462.
[11] Reiber, H., P. Lange: Quantification of Virus-specific Antibodies in Cerebrospinal Fluid and Serum: Sensitive and Specific Detection of Antibody Synthesis in Brain. Clin Chem 37 (1991) 1152–1160.
[12] Reiber, H., B. Davey: Desert-Storm-Syndrome and Immunization. Arch Internal Med 156 (1996) 217.
[13] Reiber, H., St. Ungefehr, Chr. Jacobi: The intrathecal, polyspecific and oligoclonal immune response in multiple sclerosis. Mult Sclerosis 4 (1998) 111–117.
[14] Reiber, H., C. J. M. Sindic, E. J. Thompson: Cerebrospinal Fluid – Clinical Neurochemistry of Neurological Diseases. Springer-Verlag, Heidelberg 2001.
[15] Sindic, C. J. M., siehe [16] 249.
[16] Sindic, C. J. M., P. H. Monteyne, E. C. Laterre: The intrathecal synthesis of virus-specific oligoclonal IgG in multiple sclerosis. J Neuroimmunol 54 (1994) 75–80.
[17] Terryberry, J. W., Y. Schoenfeld, B. Gilburd et al.: Myelin- and microbe-specific antibodies in Guillain-Barré Syndrome. J Clin Lab Anal 9 (1995) 308–319.

[18] Tumani, H., G. Nölker, H. Reiber: Relevance of cerebrospinal fluid parameters for early diagnosis in neuroborreliosis. Neurol 45 (1995) 1663–1670.
[19] Vandvic, B., E. Norrby, H. J. Nordal: Optic neuritis: local synthesis in the CNS of oligoclonal antibodies to measles, mumps, rubella and herpes simplex viruses. Acta Neurol Scand 60 (1979) 204–213.
[20] Varela, F. J., A. Coutinho: Second generation immune networks. Immunol Today 12 (1991) 159–166.

3.3 Elektrophoreseverfahren – Nachweis und Bedeutung von oligoklonalen Banden

Ulrich Wurster

3.3.1 Grundlagen

3.3.1.1 Definition

Die zunächst von Löwenthal [50] im Liquor cerebrospinalis (CSF) von an Multipler Sklerose (MS) erkrankten Patienten in der Agarelektrophorese beschriebene auffällige Zonierung im Bereich der gamma-Globuline wurde später von Laterre et al. [45] als „oligoclonal aspect" bezeichnet. Daraus entstand im weiteren der Begriff „oligoklonale Banden" (OB) oder nach Identifizierung derselben als IgG auch „oligoklonales IgG". Als Abkürzung wird hier OB bevorzugt, da im Englischen das Kürzel OCB auch für „obsessive compulsory disorder" verwendet wird.

„oligo" leitet sich vom Erscheinungsbild in der Agarelektrophorese ab, wo die 2–7 OB eine klare Mittelstellung zwischen einem monoklonalen Paraprotein mit einer ausgeprägten Bande und dem kontinuierlichen Spektrum des polyklonalen IgG einnehmen. In der hochauflösenden Isoelektrofokussierung (IEF) wird jedoch auch monoklonales IgG in 2–15 meist breitere Banden aufgespalten. Es ist daher nicht möglich, allein aus der Zahl der OB im CSF auf die Zahl der beteiligten Klone zu schließen. Rein formal [40, 70] könnte man eine einzelne („mono") Bande in der IEF als noch nicht ausreichend für „oligo" ansehen, wobei jedoch zu beachten ist, daß die Zahl der OB sowohl von der Trennleistung als auch von der Art und der Empfindlichkeit des Nachweises beeinflußt wird. Als grobe Schätzung kann man jedoch zwischen 1–15 Klone annehmen, die bei einer Bandenzahl von 3–5 pro Klon für die beobachtete maximale Zahl von ca. 50 OB in der IEF bzw. 50–70 oligoklonale Fraktionen in der zweidimensionalen Elektrophorese ausreichen würden.

Die chemische Basis der Heterogenität von monoklonalem und oligoklonalem IgG wird auf postsynthetische Änderungen der IgG Moleküle zurückgeführt. Wie wir durch Lectin-Blots und Abspaltung der Kohlenhydratreste mit Neuraminidase und Glykosidase F zeigen konnten, spielt jedoch eine unterschiedliche Glykosylierung kaum eine Rolle, so daß in erster Linie Deamidierungen für die beobachtete Aufspaltung der von der Aminosäuresequenz her an sich einheitlichen IgG Proteine eines Klons in Frage kommen [93].

3.3.1.2 Diagnostische Bedeutung

Die Diagnose einer MS ist mit endgültiger Sicherheit erst durch eine Autopsie zu stellen. Zu Lebzeiten kann man zusätzlich zur klinischen Untersuchung im wesentlichen drei paraklinische Verfahren heranziehen, die verschiedene Aspekte der Erkrankung erfassen. Das Magnetresonanztomogramm (MRT) liefert an Hand unterschiedlicher Protonendichten morphologische und topographische Daten über Veränderungen im Zentralnervensystem (ZNS), wobei zwischen Entzündung, Gliose, Demyelinisierung, Ödem und Axonverlust im allgemeinen nicht sicher unterschieden werden kann. Die Untersuchung des Liquors, einer flüssigen Biopsie vergleichbar, gestattet Aussagen über das Vorliegen einer immunologischen Reaktion (z. B. als OB) und neuerdings über diverse Destruktionsmarker über Ausmaß bzw. Art der Schädigung. Die verschiedenen Formen der evozierten Potentiale liefern Hinweise über funktionelle Störungen. Für eine über das typische klinische Erscheinungsbild diagnostizierte MS, haben die Laboruntersuchungen im Grunde nur bestätigenden Charakter, sollten aber bei negativem Ausfall Anlaß für eine ernsthafte Überprüfung der Diagnose sein.

Falls die modernen Methoden der IEF angewendet werden, liegt die Häufigkeit des Nachweises von positiven OB bei der klinisch sicheren MS bei 95–100% [1]. Die Anwesenheit von charakteristischen Läsionen im MRT liegt in Abhängigkeit von den Beurteilungskriterien meist etwas tiefer [59]. Besondere Wichtigkeit kommt den paraklinischen Methoden bei der Erstdiagnose einer MS zu. Der Nachweis von OB oder in Analogie auch von charakteristischen Veränderungen im MRT erlaubt die Diagnose einer laborunterstützten MS, auch wenn die klinisch erforderliche Dissoziation der Symptome in Zeit und Raum noch nicht erfüllt ist [62].

Vergleich der Wertigkeit von OB und MRT am Beispiel monosymptomatischer Frühformen einer möglichen MS

Vergleichende Untersuchungen über die Sensitivität und die prognostische Aussagekraft der beiden Verfahren wurden besonders bei isolierter Opticusneuritis (ON) und Affektionen des Hirnstamms oder des Rückenmarks durchgeführt. Zwar behaupten viele Autoren eine ausgeprägte Überlegenheit des MRT, doch ist dabei zu beachten, daß die CSF-Analytik vor allem in Nordamerika oftmals nicht dem Stand der Technik entsprach und entspricht. Bei den von der Mayo-Klinik untersuchten 94 Kindern mit ON waren in 51 Fällen fragmentarische Liquordaten verfügbar, aber OB waren nie (0/6) positiv, obwohl 5/20 einen erhöhten IgG Index aufwiesen [51]. Bei dem Vergleich von Giang et al. [28] wurden die insuffizienten Liquorbefunde der einweisenden kommunalen Krankenhäuser übernommen. Auch in der großen Studie zu Therapie und Verlauf der isolierten ON wurden überhaupt nur 83/457 Teilnehmern punktiert und die zunächst von den einzelnen beteiligten Zentren selbst vorgenommene CSF-Analytik wurde im 2. Jahr wohl wegen der unterschiedlichen Qualität in einer Hand zentralisiert. Aufgrund der großen Übereinstimmung zwischen abnormalem MRT und dem Nachweis von OB wurde der Wert von CSF-Untersuchungen nach 2-jähriger Nachbeobachtungszeit zunächst als weniger informativ eingestuft [67]. In der Folgezeit zeigten sich jedoch an einem Teilkollektiv von 36 Patienten nach 4 Jahren die OB als empfindlicher. 6 Patienten mit pos. OB aber normalem MRT entwickelten eine klinisch sichere MS, wogegen nur 1 ohne OB bei allerdings gleichfalls normalem MRT zur MS fortschritt [84]. Nach 5 Jahren wurde auch für das ursprüngliche Kollektiv eine Korrelation zwischen der Anwesenheit von OB und dem Auftreten einer MS festgestellt, wobei bei 3 Patienten mit pos. OB, aber normalem MRT eine sichere MS auftrat [11].

Tab. 1 bringt eine auf 11 vergleichenden Arbeiten basierende Übersicht zu Prävalenz, diagnostischer Sensitivität und Spezifität, sowie dem positiven und negativen prädiktiven Wert von OB und MRT. OB weisen im Mittel eine leicht erhöhte Prävalenz auf, die bei Beschränkung auf die 7 Veröffentlichungen zur isolierten ON noch deutlicher wird und offenbar auf die überwiegende Anwendung der sensitiveren IEF bei dieser Gruppe zurückgeht. Für die diagnostische Sensitivität und den negativen prädiktiven Wert sind die beiden Verfahren gleichwertig, während das MRT bei der diagnostischen Spezifität und dem positiven prädiktiven Wert etwas besser abschneidet. Bei einer kurzfristigen Nachverfolgung wird der Wert einer Liquoruntersuchung mit Bestimmung von OB nicht unbedingt sofort offenbar. Im weiteren Verlauf zeigt sich dann jedoch öfters eine Manifestation der MS trotz initial normalem MRT, aber positiven OB. Übereinstimmend wird ein minimales Risiko gefunden, wenn beide Techniken negative Resultate erbracht hatten.

3.3.2 Indikation

Die Untersuchung des Liquors auf OB ist Bestandteil des Standardprogrammes der CSF-Analytik. Ihrer Natur nach zeigen OB das Vor-

B.3 Proteindiagnostik / 3.3 Elektrophoreseverfahren

Tab. 1: Prävalenz und prognostische Aussagekraft von OB und MRT bei Frühformen der MS

Autoren	Klinische Diagnose	N	Methode OB; (Grenzwert)	Prävalenz %		diagnostische Sensitivität %		diagnostische Spezifität %		pos. prädiktiver Wert %		neg. prädiktiver Wert %		Fortschritt zu sicherer MS %	mittl. Folgezeit in Jahren (max.)
				OB	MRT	OB	MRT	OB	MRT	OB	MRT	OB	MRT		
Miller [55]	Hirnstamm	19/23	?	42	74	70	85	89	40	88	65	73	67	54,5	1,2
Miller [55]	spinal	25/33	?	56	55	91	93	71	74	71	72	91	93	43,2	1,3
Lee [46]	mögliche MS	184	Agarelpho (2)	49	51*)	69	84	59	63	42	49	82	90	29,9	2,1
Filippini [22]	mögliche MS	82	AgarIEF/Blo(2)	52	44*)	68	68	56	69	44	53	77	80	34,1	2,9
Paolino [58]	mögliche MS	44	Agar IEF/Ag(2)	59	50*)	80	60	86	71	92	82	67	45	68,2	2,2 (7)
Paty [59]	ON	38	Agarelpho (2)	61	66*)	74	95	53	63	61	72	67	92	50	1
Martinelli [52]	ON	43	PAGIF/Ag (?)	47	49	86	100	61	61	30	33	96	100	16,3	2,7
Frederiksen [24]	ON	29	AgarIEF/Per(2)	69	52	100	100	36	56	20	27	100	100	13,8	2,3
Tumani [84]	ON	36	PAGIF/Fix (2)	75	46	83	59	33	73	56	77	67	53	50,9	4
Cole [11]	ON	76	diverse	50	49	73	82	50	65	42	49	84	90	28,9	5
Söderström [75]	ON	147	AgarIEF/Blo(2)	72	55**)	96	85	42	65	49	63	95	87	36,1	1–6
Wurster [94]	ON	62	PAGIF/Ag (2)	76	40**)	100	85	36	81	43	68	100	92	32,3	1–5
"	"	"	PAGIF/Ag (4)	60		95		57		51		96			
Mittelwert	alle	785/797		59	53	83	83	56	65	53	59	83	82	42,1	
Mittelwert	ON	431		64	51	87	87	44	66	43	56	87	88	36,9	

*) = strenge Kriterien für MS typischen MRT Befund mit mindestens 3-4 Herden.
**) = bereits bei 1–2 typischen Herden positive Wertung des MRT.

Abkürzungen für die Methoden zum Nachweis von OB: Agarelpho = Agaroseelektrophorese, PAGIF/Ag = Polyacrylamidisoelektrofokussierung mit Silberfärbung, PAGIF/Fix = Polyacrylamidisoelektrofokussierung mit Immunfixation und Silberfärbung, Agar IEF/Ag = Agarose IEF mit Silberfärbung, Agar IEF Per = Agaroseisoelektrofokussierung mit Immunperoxidasefärbung, Agar IEF Blo = Agaroseisoelektrofokussierung mit Immunoblot. ON = Opticus-Neuritis.
Die Prävalenz gibt die Häufigkeit eines positiven Tests für das Gesamtkollektiv (N) zum Zeitpunkt der Erstuntersuchung an. Die diagnostische Sensitivität ist der Quotient aus wahr positiven Testergebnissen und der Gesamtzahl an klinisch gesicherter MS im Verlauf. Die diagnostische Spezifität ist der Quotient aus wahr negativen Testergebnissen und der klinisch ermittelten Abwesenheit einer MS im Verlauf. Der positive prädiktive Wert ist das Verhältnis von wahr positiven Testergebnissen gegenüber allen positiven Tests und der negative prädiktive Wert ist der Quotient aus wahr negativen Testergebnissen und der Gesamtzahl der negativen Tests.

liegen einer Immunreaktion im ZNS an, dieser Befund ist daher neben der MS für alle entzündlichen Erkrankungen, erregerbedingt oder autoimmun, von Interesse. Aber auch bei vermeintlich degenerativen oder psychiatrischen Erkrankungen erlebt man immer wieder Neuorientierungen in der Diagnose aufgrund eines überraschenden Liquorbefundes.

Gelegentlich wird die Meinung vertreten, daß die Bestimmung von OB bei einem IgG Index < 0,45 und > 0,8 entfallen kann [38]. Es ist zwar richtig, daß bei der MS eine erhöhte lokale IgG Produktion praktisch immer mit dem Auftreten von OB vergesellschaftet ist, doch trifft dies auf andere Erkrankungen wie HIV (polyklonal?) oder LE (Mikroinfarkte?) öfter nicht zu. Bei einer nicht apparenten, artefiziell oder cerebral bedingten Blutbeimengung wie auch bei stärkeren Schrankenstörungen [27] kann die quantitativ berechnete IgG Synthese falsch positiv sein, was erst über die fehlenden OB erkannt wird. Außerdem werden bei uns durch die in hohem Maße standardisierte Silberfärbung immer wieder Fälle mit trotz berechneter lokaler IgG Produktion fehlenden OB aufgedeckt, was meistens auf falsch gemessene oder vom Einsender falsch mitgeteilte IgG Werte zurückgeführt werden kann. Die Untersuchung auf OB liefert somit auch eine gewisse Plausibilitätskontrolle auf die angesichts der schwerwiegenden Konsequenzen eines falsch positiven Befundes nicht verzichtet werden sollte. Schließlich vermag nur die IEF OB vom Typ 3 (teilidentische Banden), Typ 4 (identische Banden) und 5 (IgG Paraprotein) aufzudecken, die unabhängig vom der IgG Synthese sind. Bei Verwendung der Silberfärbung zur Darstellung der OB erhält man außerdem wertvolle Informationen über weitere Proteine im CSF (s. 3.3.4.3).

3.3.3 Präanalytik

Im Prinzip ist die Probenabnahme und Aufbewahrung relativ unkritisch. Veränderungen des oligoklonalen Musters mit dem Abnahmevolumen wurden nicht beobachtet [91]. In gemäßigten Klimazonen ist Postversand von Serum und Liquor ohne Kühlung möglich. Wenn allerdings eine Verkeimung der Proben stattgefunden hat (Trübung, Geruch), können durch proteolytischen Abbau aus normalem IgG Spaltprodukte entstanden sein, die OB vortäuschen, oder tatsächlich existierende OB können verschwunden sein. Eine Kontamination des CSF führt auch zum Abbau anderer Plasmaproteine, so daß in der Proteinfärbung das Fehlen des für Liquor typischen Cystatin C (γ-trace) Anlaß zur Überprüfung der Lagerungsbedingungen sein sollte. Wir frieren Liquor und Serum sofort bei −70 °C in mehreren Aliquots in Glas- oder besser Polypropylenröhrchen ein, doch ist Lagerung bei 4 °C über 1−2 Wochen möglich. Zusatz von Konservierungsmitteln kann problematisch sein und wird nicht empfohlen. Aus ungeklärten Gründen verschwinden vor allem schwache OB selbst bei −70 °C nach 3−5 Jahren, bei −20 °C noch früher.

3.3.4 Methoden

Für die Trennung (Tab. 2) und Detektion (Tab. 3) von OB sind eine große Zahl unterschiedlicher Methoden, vor allem in den 80er Jahren, beschrieben worden [92]. In der Zwischenzeit hat eine gewisse Klärung stattgefunden, und 1994 erzielten 24 Liquor Experten aus 12 europäischen Ländern Einigkeit darüber, daß nur mittels IEF eine Sensitivität von annähernd 100 % für Patienten mit sicherer MS zu erreichen sei [1]. Hinsichtlich des Trennmediums − Polyacrylamid oder Agarose − und der Identifikation der OB − Silberfärbung oder Immundetektion − gab es keine einheitliche Auffassung, da oft lokale Traditionen und persönliche Erfahrungen den Ausschlag geben. Zudem tendieren Neueinsteiger und Methodenhopper dazu, jeweils die zuletzt propagierte Methode aufzugreifen.

3.3.4.1 Elektrophoresen

Ende 1998 benutzten aufgrund der permanent schlechten Ergebnisse nur noch zwei Teilnehmer am Ringversuch die Agaroseelektrophorese. Inwiefern die von der Fa. Sebia für ihr

Tab. 2: Methoden und Trägermaterial zur Trennung von oligoklonalen Banden

Elektrophorese	Isoelektrofokussierung	2-D-Elektrophorese
Celluloseacetat	Celluloseacetat	1. Dimension IEF
Agar	Agarose	2. Dimension SDS-PAGE
Agarose	Polyacrylamid (Makro)	
Disc (Polyacrylamid)	Polyacrylamid (Mikro)	
SDS-PAGE	Polyacrylamid (Immobiline)	
Kapillarelektrophorese		

SDS-PAGE = SDS-Polyacrylamidgelelektrophorese. Von folgenden Herstellern werden fertige Gele bzw. Kits zum Nachweis von oligoklonalen Banden/IgG angeboten. Agaroseelektrophorese: Beckman-Coulter, Sebia. Agarose-IEF: Isolab/Wallach, pH 3–10, Helena/Greiner, pH 3–10. Polyacrylamid Makro IEF, PAG-Plate pH 3,5-9,5, Polyacrylamid-Mikro-IEF-Phastgel pH 3–9: Amersham-Pharmacia. Precote pH 3–10: Serva/Novex/Invitragon.

Tab. 3: Methoden zur Detektion von oligoklonalen Banden

Proteinfärbung	Immunfixation	Blot		Antikörperkonjugat
Amidoschwarz	**Inkubation** mit Anti-gamma (evtl. lambda, kappa); Auswaschen und Silberfärbung	Agarose Diffusion Affinität	Polyacrylamid Diffusion Affinität Semi-Dry-Blot oder Tank-Blot	Peroxidase alkal. Phosphatase Gold
Coomassie-Blau				
Nigrosin (CSF nativ)				
Silber (CSF nativ)				
	Inkubation mit Peroxidase konj. Antigamma, Auswaschen und Enzymfärbung (SEBIA)	Transfer auf Nitrocellulose- oder Polyvinyldifluorid (PVDF) Membranen		**Verstärkung** über Biotin/Avidin Gold/Silber Lumineszenz

Hydrasysgerät fortentwickelte Agaroseelektrophorese für Liquor in Verbindung mit einer Immunfixation den Anforderungen gerecht werden wird, bleibt abzuwarten. Völlig indiskutabel ist jedenfalls eine Arbeit von 1998 [8], wo trotz Immunfixation mit einer Agaroseelektrophorese noch nicht einmal die Sensitivität der quantitativen Berechnung der intrathekalen IgG Synthese erreicht wurde. Weitere gravierende Mängel dieser aktuellen Publikation stellen die heutzutage inakzeptable Notwendigkeit zur 60fachen Konzentrierung des Liquors und die mangelnde Einstellung auf gleiche IgG Konzentrationen in CSF und Serum dar.

Die an über 23 000 Liquores mit der Silberfärbung vom Autor gemachten Erfahrungen haben zur Aufstellung eines Forderungskatalogs (Tab. 4) geführt, an Hand dessen die Leistungsfähigkeit einer Methode zum Nachweis von OB leicht zu beurteilen ist. Behauptungen über das gehäufte Vorkommen von OB beim GBS, M. Alzheimer, ALS, Polyneuropathie und Alkoholismus, wie sie in der zum Beleg der angeblich völligen Unspezifität der OB häufig zitierten Arbeit von Chu et al. [9] enthalten sind, basieren auf der lediglich Molekulargewichtsunterschiede erfassenden SDS-PAGE und wurden ohne Vergleich mit Serum erhoben, und sind daher wertlos. Auch die mit der Disk-Elektrophorese gemachten Verlaufsuntersuchungen zur Konstanz der oligoklonalen Muster [80] haben bei unterlassener Einstellung auf gleiche IgG-Konzentrationen und ohne Bezug zu Serum keine Aussagekraft. In der einzigen bisher erschienenen Veröffentlichung zur Darstellung von OB mittels Kapillarelektrophorese [69] mußte der CSF 50-fach konzentriert werden und erreichte nur knapp

Tab. 4: Checkliste zum Nachweis oligoklonaler Banden

1. Verwendung von nicht konzentriertem Liquor
2. Parallele Trennung von Liquor und Serum
3. Einstellung auf gleiche IgG Konzentrationen
4. Darstellung von polyklonalem (normalem) IgG über den gesamten pH Bereich 6,7–9,3 bei Proteinfärbungen und 4,5–9,3 bei immunologischem Nachweis
5. Bei Proteinfärbungen Präsenz von Cystatin C am alkalischen Ende und ß2- Transferrin bei pH 5,8 zur Identifikation von Liquor (Schutz vor Verwechslung mit Serum)
6. Einheitliche Färbeintensität zwischen den einzelnen Proben
7. Sichtbarkeit des polyklonalen Hintergrundes auch bei oligoklonalen Mustern
8. Nachweis von OB bei MS ohne quantitativ erhöhte intrathekale IgG Synthese, d. h. z. B. IgG Index < 0,7
9. Sensitivität für klinisch sichere MS: 95–100% (bei einem Anteil von mindestens 30% ohne quantitativ erhöhte IgG Synthese)
10. Maximale Anzahl von 30–40 OB bei starker IgG Synthese. IgG Paraprotein: 3–13
11. Korrelation zwischen der berechneten intrathekalen IgG Synthese und der Anzahl OB
12. Erfassung von identischen Mustern (Typ 4) und Mischformen (Typ 3)
13. Reproduzierbarkeit der Trennung und Färbung von Gel zu Gel
14. Erkennung und Möglichkeit zur Identifizierung von suspekten Banden
15. Leichte Auswertbarkeit
16. Eignung für photographische Reproduktion
17. Lagerfähigkeit und Archivierbarkeit

die Empfindlichkeit der zum Vergleich herangezogenen, bekanntermaßen unzulänglichen, Agarelektrophorese.

3.3.4.2 Isoelektrofokussierungen

Im Gegensatz zu den nach Nettoladung trennenden Elektrophoresen, bei denen während des Laufs die Banden immer breiter werden, kommt es bei der IEF zu einer Fokussierung der Proteine gemäß ihrem isoelektrischen Punkt, so daß sehr scharfe Banden entstehen. Die Auflösung von Polyacrylamid IEF Gelen ist wegen der geringeren Endosmose besser als die von Agarose IEF Gelen und erreicht in den von uns verwendeten PAG-plates bei 1700 V Endspannung mindestens 0,05 pH Einheiten. Andererseits sind Agarose IEF Gele weniger restriktiv und erlauben prinzipiell (s. 3.3.4.4) auch die Trennung von hochmolekularem IgM mit 900 000 D. Agarose IEF Gele werden entweder direkt mit Silber oder nach Blot immunenzymatisch gefärbt. Von den Polyacrylamid IEF Gelen gibt es große Gele für 24 Proben (12 Patienten) mit 1 mm (PAG-Plate) oder 0,3 mm Dicke (Precote) und Minigele für 8 Proben (Phast-System, Amersham-Pharmacia). PAG-Plates sind das am längsten am Markt vertretene Produkt, an dem hier festgehalten wurde, da es die in der Checkliste erhobenen Forderungen im Vergleich zu später entwickelten Methoden in *allen* Punkten gut erfüllt. Mit der Adaption [96] der manuellen Silberfärbung [90] an einen Färbeautomaten (Gel stainer, Amersham Pharmacia) wurde die Methode schließlich weitgehend automatisiert. Bisher besaß das Phast-System als einziges eine automatisierte Färbeeinheit, doch bereitete das Miniformat sowohl von der geringen Trenndistanz, dem mit pH 9,0 zu kurzen pH Bereich und dem minimalen Auftragevolumen von 1–4 µl erhebliche Probleme. Bei Fredman [25] erscheinen die OB am kathodischen Ende gestaucht und zeigen bei Immunfixation eine sehr unterschiedliche Anfärbung der einzelnen Bahnen. Durch den schiefen Lauf vieler Proben ist der Abgleich zwischen Serum und CSF erschwert [31]. Erst nach Entwicklung eines eigenen Probenapplikators, Einsatz von selbst gegossenen Gelen unter Spreizung des kathodischen Bereichs und paralleler Detektion von gamma, lambda und kappa Ketten gelang es, mit dem Phast-System im direkten Vergleich zu etablierten Methoden gleich gute Ergebnisse zu erzielen [30].

Obwohl dünnere Gele den Vorteil kürzerer Färbezeiten bieten, konnten wir weder mit Precotes (Serva) noch mit Clean Gels (ETC, Kirchentellinsfurt) befriedigende Trennungen und Färbungen erhalten. Den Erwartungen gleichfalls nicht entsprochen haben Versuche, die OB auf Immobiline Gelen zu trennen. Selbst bei einer Spreizung des pH Bereichs 7–10 über die gesamte Gelbreite von 10 cm wurden von Cowdrey et al. [15] nur 5–10 OB gefunden, wobei seltsamerweise die sonst am stärksten besetzte Region pH 8–9 praktisch leer war. Pirtillä et al. [60] konnten nach Konzentrierung auf 100 mg/l IgG immerhin 30 OB nachweisen, was aber immer noch hinter den mit konventionellen Trägerampholyten auf PAG Plates getrennten über 40 OB zurückbleibt. Eigene Versuche, mit selbst gegossenen Gelen die Auflösung durch engere pH Bereiche weiter zu steigern, führten nur in einigen Fällen zur Aufspaltung einer dickeren Bande in zwei dünne, ansonsten blieb die Zahl der OB konstant. Auch die sehr arbeitsintensive 2D- Elektrophorese bringt für die OB nur einen geringen Zuwachs an Auflösung, da die Massenheterogenität gegenüber der durch die IEF erfaßten Ladungsheterogenität kaum ins Gewicht fällt.

3.3.4.3 Silberfärbung oder Immundetektion

Allgemeine Proteinfärbungen wie die in Abb. 1 gezeigte Silberfärbung erfassen alle Proteine in Serum und Liquor zwischen pH 3,5 und 9,5. Glücklicherweise wandert jedoch unterhalb der Auftragsstelle im alkalischen Bereich fast ausschließlich IgG. Wenn auch gelegentlich postuliert wird, daß wegen der großen Zahl von ca. 50×10^6 IgG Molekülen eines Individuums das IgG insgesamt eine homogene Verteilung aufweisen müßte, zeigen Modellrechnungen, daß bestimmte pH-Bereiche viel stärker besetzt sind und daß sogar Lücken auftreten. Insofern dürfte die für normales, polyklonales IgG in den PAG Plates beobachtete Zonierung (common bands, Hintergrundbanden) zumindest z. T. der Realität entsprechen und nicht nur ein durch inhomogene Ampholytmischungen hervorgerufener Artefakt sein. Zweifellos fällt die Auswertung bei einem gleichmäßigeren Hintergrund, wie er mit anderen Ampholytprodukten vor allem in der Agarose-IEF angestrebt wird, zunächst leichter. Doch nach einer kurzen Eingewöhnungsphase sind die in mit Silber gefärbten Polyacrylamidgelen unübertroffen scharfen OB problemlos vom diffus-breitbandigen polyklonalen IgG zu unterscheiden.

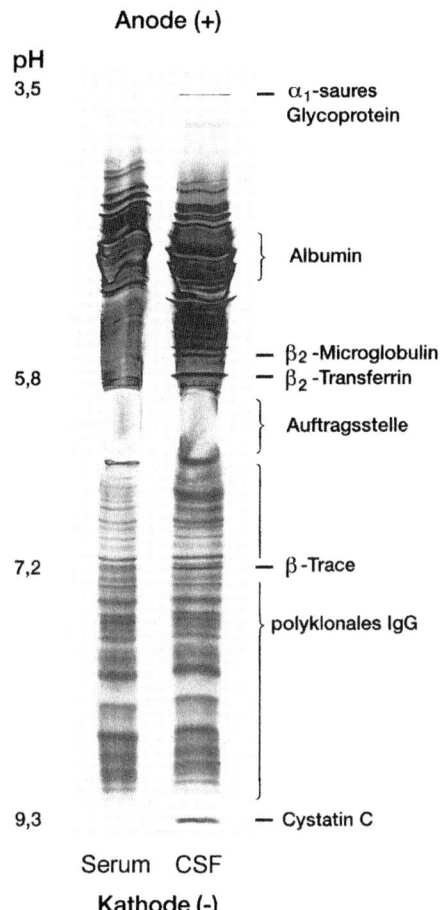

Abb. 1: Silberfärbung von Serum und Liquor nach Isoelektrofokussierung auf Polyacrylamidfertiggelen pH 3,5–9,5.
Serum und CSF wurden auf 20 mg/l IgG eingestellt und 30 µl (0,6 µg IgG) aufgetragen. Die manuelle Färbemethode ist in [90], die automatisierte in [96] beschrieben.

Bei einer Proteinfärbung besteht naturgemäß die Gefahr, ein Protein mit alkalischem I.P. als IgG einzustufen, was bei Beschränkung dieses Proteins auf den CSF als eine oligoklonale Bande fehlinterpretiert würde. Auch aus diesem Grunde wird bei Proteinfärbungen der Grenzwert für OB bei mindestens zwei angesetzt. Die mitunter angeführten bekannten Proteine β2-Transferrin mit einem I.P. von 5,8, Carboanhydrase mit 6,0, 6,6 und CRP mit 5,3

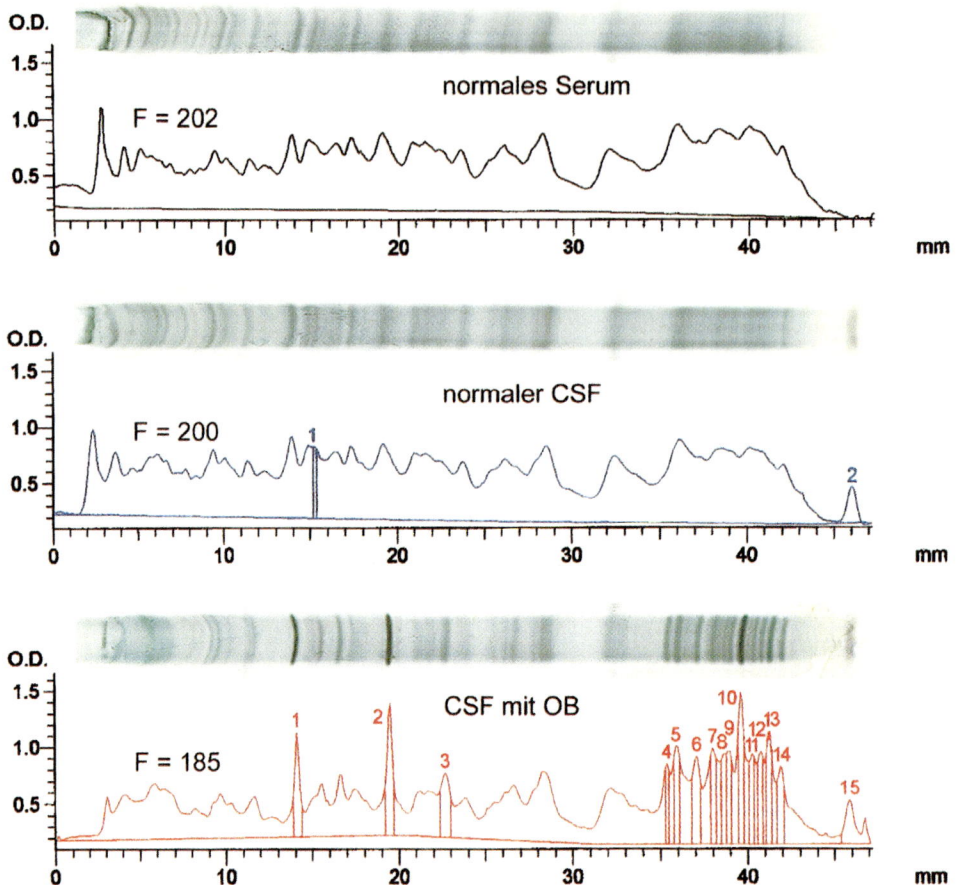

Abb. 2: Vergleich der densitometrierten isoelektrischen Profile von normalem Serum und Liquor mit einem Liquor mit OB.
Es ist nur der kathodische Bereich der mit Silber gefärbten Gele von der Auftragestelle von pH 6,5 bis pH 9,5 wiedergegeben. In der mittleren Spur entspricht peak 1 dem β-trace Protein und peak 2 dem Cystatin C. In der unteren Spur sind die OB mit 1–14 bezeichnet und peak 15 stellt Cystatin C dar. Die Ermittlung der Fläche (F) erfolgte mit Hilfe eines Personal Laser Densitometers (Molecular Dynamics).

liegen außerhalb des Auswertebereichs und stören daher nicht. Außerdem werden wohl kaum mit der Silberfärbung faßbare Konzentrationen erreicht. Zum Beispiel liegt das basische Myelinprotein mit einem I.P. von > 10,6 nicht nur weit außerhalb des IgG Bereiches, sondern bleibt selbst bei ausgedehnten Demyelinisierungen mit Konzentrationen von 10 µg/l noch um ca. Faktor 50 hinter der Erfassungsgrenze der Silberfärbung zurück. Das für Liquor typische Cystatin C (gamma trace) ist mit einem I.P. von 9,3 ebenfalls eindeutig vom IgG kathodisch abgesetzt und dient als willkommener Marker für CSF, der Verwechslungen mit Serum oder Unregelmäßigkeiten beim Probenauftrag aufdecken hilft. Bei unsachgemäßer Lagerung des CSF, insbesondere bei mehrmaligem Einfrieren und Auftauen, nimmt das Cystatin C bei pH 9,3 zugunsten einer neuen breiten, eher rötlichen Fraktion bei pH 8,2 ab. Die im Gegensatz zu den schwärzlichen OB mehr rotbraune, scharfe Bande einer Isoform der liquortypischen Prostaglandinsynthetase (β-trace Protein) bei pH 7,2 ist ebenso unschwer zu erkennen, wie die 1−5 breiten rotbraunen Hämoglobinbanden, die nach Blutbeimengung im CSF auftauchen können, was leicht durch Hb-Stix zu verifizieren ist.

Die Silberfärbung bildet das Trennergebnis der IEF direkt und ohne verzerrende Zwischenschritte ab. Bei Beachtung der Einstellung auf gleiche IgG-Konzentrationen erscheint die Intensität der Färbung in den einzelnen Bahnen sehr gleichmäßig, was durch Densitometrie und Berechnung der Flächen bestätigt wurde (Abb. 2). Dadurch fallen Abweichungen in der IgG-Konzentration, sei es durch falsche Messungen oder durch Fehler beim Verdünnen oder Probenauftrag sofort als „zu hell" oder „zu dunkel" ins Auge. Die Intensität der liquortypischen Proteine β2-Transferrin, β-trace und Cystatin C kann vom erfahrenen Anwender zu Rückschlüssen über die von der IgG-Konzentration her bestimmte Verdünnung bzw. das Ausmaß einer Schrankenstörung, die Herkunft (lumbal oder Ventrikel) und die Qualität (Lagerungsartefakte) des CSF genutzt werden. Eine Proteinfärbung zeigt auch seltene Besonderheiten wie monoklonale Leichtketten oder intracerebrale IgA-Paraproteine als suspekte Banden auf, die bei Bedarf in einem zweiten Schritt identifiziert werden können. Einer wie üblich auf den Nachweis von gamma (schweren) Ketten beschränkten Immundetektion entgehen solche Spezialfälle. Der Ausweg einer Trennung und Färbung von kappa und lambda zusätzlich zu gamma ist für die Routine viel zu aufwendig.

Bei der Immundetektion sind grundsätzlich zwei Verfahren zu unterscheiden: 1) die Immunfixation und 2) das Immunoblot. Immunfixation bedeutet, daß das IgG im Gel mit meist gegen gamma-Ketten gerichteten Antikörpern präzipitiert wird. Nach Auswaschen der Nicht-IgG-Proteine und der nicht gebundenen Antikörper über Nacht werden die zurückgebliebenen Immunkomplexe wiederum mit Silber gefärbt.

Der direkte Vergleich von Silberfärbung, Immunfixation und Immunoblot in Abb. 3 ergibt prinzipiell die gleichen OB Muster. Bei der Silberfärbung ist jedoch die Zahl der OB am größten, bei gleichzeitig geringster Hintergrundfärbung. Trotz intensivem 5-maligen Waschen verbleiben bei der Immunfixation Spuren an sauren Proteinen und ein durchgehender Schleier von Antikörpern. Dicht nebeneinander liegende Banden verschmelzen leicht, so daß der Zusammenhang zwischen der Zahl der OB und der Höhe der IgG Synthese nicht

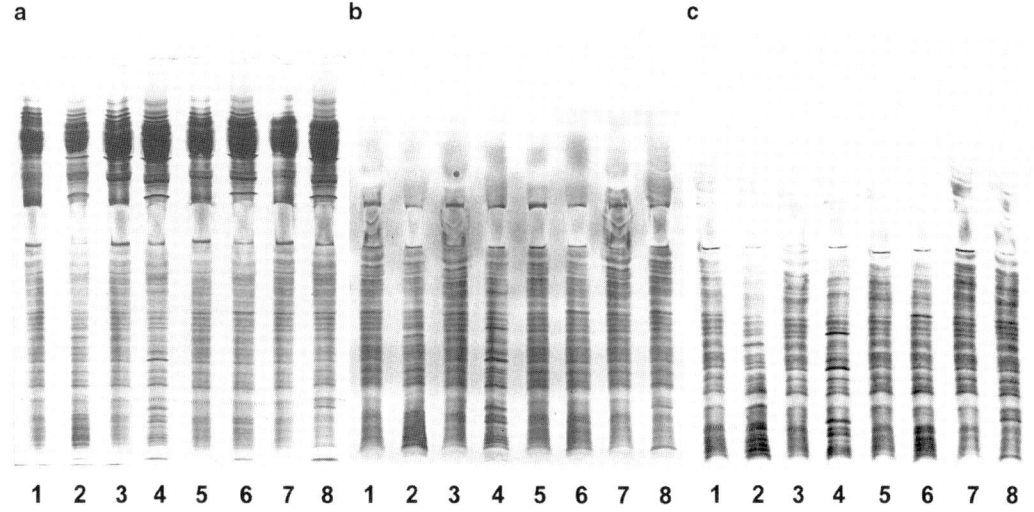

Abb. 3: Vergleich von **a)** Silberfärbung, **b)** Immunfixation und **c)** Immunoblot ungerade Zahlen entsprechen Serum, gerade Zahlen Liquor.

gefunden wird [82]. Bei besonders intensiven Banden wie IgG-Paraproteinen kann es zu Antigenüberschuß und dadurch zur Negativfärbung kommen. Aufgrund der zahlreichen Wasch- und Färbeschritte sollte für die Immunfixation ein Färbeautomat zur Verfügung stehen. Bei Verfügbarkeit hochtitriger, präzipitierender Antikörper stellt die Immunfixation eine wertvolle Bereicherung des methodischen Repertoires zur allgemeinen Identifikation von Proteinen nach IEF in Polyacrylamidgelen dar. Außer IgG und leichten Ketten können bei Bedarf auch für CSF charakteristische Proteine wie das β_2-Transferrin bei Vorliegen einer Liquorfistel nachgewiesen werden.

Bei den Immunoblotverfahren wird zunächst eine Kopie des IEF Geles durch Übertragung der Proteine auf Nitrocellulose- oder PVDF-Membranen angefertigt. Während der Transfer bei Agarose-IEF-Gelen einfach durch Auflegen und Beschweren der unbehandelten [40] oder einer mit diversen Antikörpern beschichteten (Affinitätsblot, 35, 73) Membran durchgeführt werden kann, erfaßt der direkte Abklatsch bei den Polyacrylamidgelen nur einen Bruchteil der OB und bereitet wegen der klebrigen Oberfläche erhebliche Probleme. In Abb. 3c wurden daher die OB aus dem Polyacrylamidgel elektrophoretisch (Tank-Blot) quantitativ auf die Membran übertragen. Gegenüber der Silberfärbung (Abb. 3a) kommt es durch die unvermeidliche Diffusion zu breiteren Banden und teilweise zum Zusammenlaufen von OB. Auf den nicht transparenten Blotfolien können die OB zudem wesentlich schlechter vom polyklonalen Hintergrund unterschieden werden als die im Durchlicht mit einer Lupe betrachteten glasklaren, mit Silber gefärbten Gele. Aus diesem Grunde ist auch die Differenzierung von in Serum und CSF identischen Banden (Typ 4) und teilidentischen Banden (Typ 3) auf Blots erschwert.

Keir et al. [40] bezeichnen die Reproduzierbarkeit des Diffusionsblottings nach Agarose-IEF als zufriedenstellend, während Kaiser [35] bei Affinitätsblots eine Abhängigkeit der Zahl der OB von der Konzentration der Antikörperbeschichtung, der aufgetragenen IgG Menge und der Verdünnung des sekundären Antikörpers feststellte. Die von Kaiser [35] als Vergleichsmethode benutzte spezielle Version der Silberfärbung ist als weniger empfindlich und unzuverlässig bekannt, was durch den fehlenden Nachweis von OB trotz eines IgG Indexes von 0.9 bekräftigt wird. Dennoch war dies der einzige diskrepante Fall unter 27 Patienten mit MS. Die Komplexität der Blotting Techniken mit ihren zahlreichen Variabeln veranlaßte das Labor von Link in Stockholm, das mitinitiierte Blotverfahren zu Gunsten des angeblich besser standardisierten und reproduzierbareren Phast-Systems in Kombination mit Immunfixation zu verlassen [31].

Die Silberfärbung hat in Deutschland die längste Tradition und ist entsprechend weit verbreitet. Die hohe Auflösung der Polyacrylamidgele bleibt durch die direkte Anfärbung unvermindert erhalten und wird von keinem anderen Verfahren erreicht. Trennung und Anfärbung sind gut standardisiert und geben die quantitativen Verhältnisse unverzerrt wieder. Die Benutzung von großen Polyacrylamid IEF Gelen (PAG Plates) erlaubt einen hohen Probendurchsatz (12 Patienten/Gel) und der Einsatz einer Färbemaschine gestattet die Durchführung der IEF noch am Nachmittag, da die Färbung über Nacht verläuft. Die Bedenken, durch die unspezifische Proteinfärbung besonders bei wenigen OB falsch positive Resultate zu registrieren, haben sich als unbegründet erwiesen. Bei über 20 Patienten, bei denen klinischerseits eine Immunantwort im ZNS nicht erwartet worden war, ergab die Überprüfung der meist schwachen Muster mittels Immunfixation und/oder Immunoblot stets die gleichen OB Muster, wie sie schon in der Silberfärbung gesehen worden waren.

3.3.4.4 Oligoklonales IgA und IgM

Die 5–10fach oder noch höher verstärkte Empfindlichkeit der immunologischen Nachweise (Tab. 3) bietet im Falle des oligoklonalen IgG keinen Vorteil, da die Silberfärbung ebenfalls mit nativem CSF auskommt. Für den Nachweis von oligoklonalem IgA und IgM sind sie jedoch angesichts der sehr viel niedrigeren Konzentrationen im CSF, der Lokalisation im neutralen bis sauren pH-Bereich und damit der Überlappung mit anderen Plasmaproteinen unerläßlich. Allerdings spielen oligoklonales IgA und IgM in der Routine keine Rolle und auch der Nutzen für wissenschaftliche Zwecke ist zweifelhaft, da bisher keine überzeugende Methode zur Verfügung steht. Trotz der negativen Erfahrungen beim IgG wird z. T. mit Agarelektrophorese, konzentriertem CSF, unterlassener Einstellung auf gleiche IgM Konzentrationen und ohne Vergleich mit Serum gearbeitet [66]. Obwohl in Agarose IEF Gelen die Wanderung des 900 000 D großen IgM Moleküls an sich nicht behindert ist, wird eine Reduktion von IgM und selbst des nur 170 000 D schweren IgA (aber Neigung zur Polymerisation und Komplexbildung mit anderen Plasmaproteinen) zu den Monomeren für notwendig erachtet [35, 72, 89]. Dabei besteht jedoch die Gefahr, daß die Reduktion nicht bei den Monomeren stehen bleibt, sondern auch intra-molekulare Disulfidbrücken gespalten werden, so daß es zur Freisetzung von leichten Ketten und Halbmolekülen kommt. Verdächtig ist jedenfalls, daß häufig (5/18 MS, 12/15 aseptische Meningitis) kein oligoklonales IgM nachgewiesen werden konnte, obwohl der IgM Index erhöht war [72]. Zum Teil dürften die Diskrepanzen auf die Unzuverlässigkeit des IgM Indexes bei Schrankenstörungen zurückzuführen sein, aber zumindest für die MS besitzt diese Erklärung wenig Wahrscheinlichkeit.

3.3.5 Analytische Bewertung

Als OB werden diejenigen Banden bezeichnet, die im normalen polyklonalen Muster des IgG nicht sichtbar sind. Entscheidend ist die Erkennung von Unterschieden im Verteilungsprofil des IgG zwischen a) Liquor und Serum und b) normalem Serum und Serum mit abweichendem Muster. Die geometrische Anordnung und die Auflösung, d. h. die Zahl der OB hängt von der Trennmethode und bei der IEF von der Art und der Zusammensetzung der Ampholyte sowie der Endspannung ab [92]. Die Auswertung eines Geles sollte stets „blind", d. h. ohne Kenntnis der Verdachtsdiagnosen erfolgen.

3.3.5.1 Klassifikation der oligoklonalen Muster

In dem europäischen Konsens-Papier [1] sind 5 unterschiedliche OB Muster definiert.

- Typ 1: Normal. Keine OB im Serum und keine OB im Liquor.
- Typ 2: OB positiv. OB nur im Liquor, aber nicht im Serum. Intrathekale IgG Synthese.
- Typ 3: OB positiv. OB nur im Liquor und zusätzlich identische OB in Liquor und Serum. Intrathekale IgG Synthese.
- Typ 4: Identische OB in Serum und Liquor. Systemische IgG Synthese.
- Typ 5: Monoklonale Banden (Paraprotein) in Serum und Liquor.

Seltene Sonderformen wie a) die Kombination aus Typ 2 und Typ 5 (intrathekale IgG Synthese bei gleichzeitiger Anwesenheit einer monoklonalen Gammopathie, Abb. 9, Bahn 4, die Beschränkung der monoklonalen Banden auf den Liquor im Falle eines intracerebralen Plasmocytoms und c) das Vorkommen von OB nur im Serum, sind nicht aufgeführt. Die Variante c) mit OB im Serum, die im CSF fehlen, ist stark artefaktverdächtig. Wie bereits gezeigt [92] kommt es bei höheren (z. B. beim GBS) Verdünnungen des CSF mit dest. Wasser anstatt mit Detergenz (PBS-Tween) zu Verlusten von OB durch Adsorption. Eine weitere Ursache kann die nicht zeitgleiche Abnahme von Serum und Liquor oder das Fehlen eines steady state zwischen dem Blut- und dem Liquorkompartiment sein. Da die Einstellung des Gleichgewichtes für IgG 3 Tage benötigt, kann eine gerade begonnene systemische Produktion von IgG oligoklonalen Antikörpern, z. B. bei einer Sepsis, im CSF noch fehlen. Patienten von der Intensivstation, die Infusionen erhalten, zeigen oftmals irreguläre Konstellationen der Proteinkonzentrationen in CSF und Serum. Vorsicht geboten ist auch bei stark erhöhten IgG-Konzentrationen im Serum, die von einer nicht mitgeteilten Therapie mit intravenösem Immunglobulin (Zeitpunkt!) herrühren können. In der Tat sind die suspekten Unterschiede zwischen Serum und CSF bei Folgepunktionen meistens verschwunden. In den restlichen, so nicht plausibel erklärbaren Fällen, nimmt man gemeinhin eine Absorption der Serum OB an bestimmte Hirnstrukturen oder die Festlegung in Immunkomplexen an. Ein solcher Mechanismus wird z. B. für die immer noch unklaren neuronalen Antikörper beim Lupus erythematosus (LE) postuliert. Eigene Untersuchungen haben zwar mit 20/35 = 57% eine erhöhte Häufigkeit von identischen OB beim LE ergeben, aber eine selektive Abwesenheit von OB im CSF wurde nicht beobachtet.

Zeman et al. [99] fanden bei 17/20 der MS Patienten mit Typ 3 ein sogenanntes diskordantes Muster, d. h. OB im Serum ohne Entsprechung oder von geringerer Intensität im CSF. Wenn Artefakte auszuschließen sind (s. oben), wird die gelegentlich auftretende stärkere Intensität der Serum OB beim Typ 3 und der Variante Typ 5 plus Typ 2 (Abb. 9, Bahn 5) wahrscheinlich durch die relativ höhere Verdünnung des CSF, der infolge der intrathekalen IgG Synthese überproportional erhöhten IgG Konzentration, verursacht. In solchen Situationen stoßen sowohl die technische Darstellung als auch die visuelle Auswertung der OB an ihre Grenzen und sollten nicht überinterpretiert werden.

3.3.5.2 Mindestanzahl OB für eine positive Wertung als Immunreaktion

Die Festlegung eines Grenzwertes für eine positive oligoklonale Reaktion wird unterschiedlich gehandhabt. Es gilt jedoch zu beachten, daß auch für OB, die für jeden diagnostischen Test gültigen Wechselbeziehungen zwischen diagnostischer Sensitivität und Spezifität zutreffen. Rein analytisch betrachtet, ist es zwar korrekt, schon ab einer über Immundetektion nachgewiesenen Bande von einer positiven Immunreaktion zu sprechen [30, 82]. Dieser Wert ist jedoch offensichtlich zu niedrig gewählt, wenn 7% von 56 gesunden Kontrollpersonen positiv sind [82, 92]. Mit einem solchen Vorgehen wird nur der Meinung der völligen Unspezifität der OB Vorschub geleistet und die Methode unnötig z. B. in Gutachtenfällen diskreditiert. Obwohl die OB als IgG abgesichert waren, werden in den zwei Publikationen mit dem umfangreichsten Patientenkollektiv mindestens 2 [43] bzw. 3 [54] OB gefordert. Natürlich wird sich das Limit für die OB auch an der Zahl der maximal aufgelösten OB orientieren müssen und wird damit von der eingesetzten Methode bestimmt. Mit der IEF auf Polyacrylamidgelen und der Silberfärbung erreichen wir bei der MS über 40 OB, so daß der Grenzwert auf 4 OB festgesetzt werden konnte. 2–3 OB werden jedoch ebenfalls als grenzwertig positiv registriert. Die Benutzung unterschiedlicher Bewertungskategorien ist auch für andere qualitative Verfahren (z. B. MRT) üblich und hat sich für OB in der Praxis über viele Jahre bewährt.

3.3.6 Klinische Bewertung

Von 2 200 fortlaufend untersuchten Patienten besaßen 394 (17,9%) 1–43 OB. Davon entfielen auf eine sichere MS 158 mit ≥ 4 OB, 3 mit 2–3 OB, 1 mit 1 OB und 2 keine OB (Tab. 5). Bei weiteren 34 Patienten mit wahrscheinlicher MS inklusive isolierter Opticus Neuritis (Tab. 5), sowie 42 erregerbedingten neurologischen Erkrankungen entspricht eine Immunantwort in Form von OB den Erwartungen und gibt bei passenden klinischen und paraklinischen Befunden keinen Anlaß zu weiteren differentialdiagnostischen Erwägungen. Von den damit verbliebenen 154 Patienten wiesen 97 lediglich 1, 2 oder 3 OB auf. So blieben z. B. alle 7 Patienten mit Schwindel und 8/10 mit Hirninfarkt unter dem Limit von 4 OB. Mit der Anhebung des Schwellenwertes eliminiert man marginale und oft nur passagere Immunreaktionen, und erreicht damit eine bessere Spezifität ohne nennenswerte Sensitivitätseinbuße.

Bezogen auf das Kollektiv der sicheren MS beträgt die Sensitivität bei 4 OB 96,3%, bei 2 OB 98,2%. Die Berechnung der Spezifität gestaltet sich schwieriger, weil OB eine Immunreaktion im ZNS anzeigen und daher nicht nur die MS, sondern alle Erkrankungen, bei denen

Tab. 5: Häufigkeit der systemischen und lokalen IgG Synthese bei nicht-infektiösen Erkrankungen

Diagnose	N	IgG Index > 0,7 (%)	Typ 2 und 3 > 4 OB (%)	Typ 2 und 3 2-3 OB (%)	Typ 4 > 4 ident. OB	Typ 4 2-3 ident. OB
sichere MS	164	113 (69)	158 (96,3)	3 (1,8)	0	0
Parästhesien	38	1 (2,6)	3 (7,9)	1 (2,6)	0	1 (2,6)
Facialisparese	32	0	1 (3,1)	3 (9,4)	2 (6,3)	3 (9,4)
Trigeminusneuralgie	23	0	1 (4,3)	1 (4,3)	1 (4,3)	0
Hörsturz	11	1 (9,1)	1 (9,1)	0	0	0
Sarkoidose	13	1 (8)	2 (15)	2 (15)	2 (15)	0
Tolosa-Hunt	4	2 (50)	2 (50)	0	0	0
Sjögren Syndrom	3	1 (33)	3 (100)	0	0	0
Mischkollagenose	12	3 (25)	3 (25)	0	4 (33)	1 (8)
ZNS- Lupus	21	4 (19)	5 (24)	2 (10)	5 (24)	3 (14)
systemischer Lupus	14	0	1 (7)	2 (14)	6 (43)	1 (7)
Rheumat. Arthritis	14	1 (7)	1 (7)	1 (7)	1 (7)	1 (7)
Myasthenia gravis	25	0	0	1 (4)	3 (12)	0
Panarteritis nodosa	14	0	0	0	2 (14)	3 (21)
GBS	20	2 (10)	1 (5)	0	8 (40)	3 (15)
Polyneuropathie	35	0	1 (2,9)	0	6 (17)	2 (6)
Parkinson	30	0	3 (10)	0	9 (30)	3 (10)
Dystonien	19	0	1 (5)	3 (16)	1 (5)	1 (5)
Torticollis	10	0	2 (20)	2 (20)	0	0
ALS	78	1 (1,3)	3 (3,8)	0	8 (10)	2 (3)
Epilepsie	49	4 (8)	10 (20)	2 (4)	0	1 (2)
Hirninfarkt	65	2 (3,1)	2 (3,1)	7 (11)	6 (9,2)	3 (4,6)
Hirncontusion	10	0	0	2 (20)	0	1 (10)
Demenz	10	0	0	0	3 (33)	0
Bandscheibenvorfall	25	0	0	0	2 (8)	3 (12)
Lumbago	25	0	0	1 (4)	3 (12)	1 (4)
Kopfschmerzen	48	0	2 (4,2)	5 (10)	2 (4,2)	2 (4,2)
Schwindel	32	0	0	0	2 (6,2)	0
Tabak-Alk. Amblyopie	27	0	0	0	n.d.	n.d.
Psychoneurosis	50	0	0	0	n.d.	n.d.

ein solches Geschehen für möglich erachtet wird, als korrekt positiv einzustufen wären. Von den restlichen 57 Patienten mit ≥ 4 OB erreichten nur 3 Fälle mit Hirnmetastasen (Mamma-Ca, Lungen-Ca) eine ähnlich hohe Anzahl von OB im CSF wie die MS. Die Masse der positiven OB außerhalb der MS und der infektiösen Erkrankungen konzentrierte sich auf einige wenige Diagnosen, wobei das Auftauchen von OB bei lymphoproliferativen Erkrankungen, granulomatösen Entzündungen und Autoimmunerkrankungen als Ausdruck einer ZNS-Beteiligung interpretiert werden kann. Schwieriger fällt eine Erklärung für die leichte Häufung von OB bei Basalganglienerkrankungen und Epilepsien (Tab. 5).

Um eine Vorstellung über die Vielfalt der Erscheinungsformen der OB zu geben (wobei die Reproduktion die Qualität der Originale leider nicht vollständig erreicht), zeigen die Abb. 4, 5, 8, 9 jeweils 5 Beispiele für die verschiedenen Typen von OB.

3.3.6.1 Typ 1. Normales Muster. Keine oligoklonalen Banden

Ein völlig normales Muster (Abb. 1) bedeutet sowohl die Abwesenheit von OB im CSF als auch im Serum. Man sollte jedoch daraus nicht den Schluß ziehen, daß der Nachweis vor allem von wenigen OB in jedem Falle ein pathologisches Geschehen anzeigen müßte. Insbesondere grenzwertige OB im Serum (d. h. Typ 4) besitzen im allgemeinen wenig aktuellen Krankheitswert. Eine immer wieder gestellte Frage, ist die nach der Häufigkeit von OB im CSF bei gesunden Kontrollpersonen. Diese Frage läßt sich nicht direkt beantworten, da hierfür definitiv Gesunde aus allen Altersgruppen sich freiwillig einer Lumbalpunktion unterziehen müßten. In Ermangelung eines solchen Kollektivs werden üblicherweise Patienten mit Bandscheibenvorfällen, Psychoneurosis, Spannungskopfschmerzen etc. retrospektiv als Kontrollen definiert. Tab. 5 zeigt, daß bei 50 Patienten mit Psychoneurosis, 27 mit Tabak-Alkohol-Amblyopie, 32 mit Schwindel und 25 mit Bandscheibenvorfällen, also insgesamt 134, niemals OB im CSF beobachtet wurden. Bei 48 Patienten mit Kopfschmerzen wiesen 2 (4,2%) mindestens 4 OB und immerhin 5 (10%) 2–3 OB im CSF auf. Von den 25 Patienten mit Lumbago besaß einer (4%) 2 OB im CSF. Die Häufung von OB bei den Kopfschmerzpatienten könnte auf eine meningeale Mitbeteiligung bei abgelaufenen Infekten zurückzuführen sein. Auch unter Beibehaltung dieser zweifelhaften Fälle beträgt die Häufigkeit von > 4 OB somit bei 207 „Kontrollpatienten" lediglich 1%, die mit 2–3 OB 2,9%.

Da OB im CSF eine Immunantwort im ZNS anzeigen, sollten sie bei auf das periphere Nervensystem beschränkten Erkrankungen nicht vorkommen. Die seltenen Fälle von Guillain-Barré-Syndrom mit OB im CSF verliefen nach unserer Erfahrung atypisch unter Mitbeteiligung der Hirnnerven. Bei neurodegenerativen Erkrankungen und Hirninfarkten werden in der Regel keine OB beobachtet. Ausnahmen sind jedoch immer möglich und sollten sorgfältig im klinischen Kontext unter Einbeziehung der MRT Daten diskutiert werden.

3.3.6.2 Typ 2 und Typ 3. Oligoklonale Banden ausschließlich im Liquor (Typ 2) oder im Liquor und zusätzlich identische Banden (Typ 3)

Die beiden Typen 2 und 3 (Abb. 4, 5) werden zusammen diskutiert, da im Prinzip in jedem Fall OB im CSF zusätzlich von unabhängigen (z. B. altersbedingten) OB im Serum und CSF begleitet sein können. Es gibt aber durchaus für den Typ 3 charakteristische Konstellatio-

Tab. 6: Oligoklonale Banden mit nachgewiesener Erregerspezifität

Bakterien	Viren	Sonstige
Neurosyphilis (Vartdal et al.) [87]	Rubella (Vandvik et al.) [86]	Candida albicans (Iwashita et al.) [32]
Brucellose (Willoughby et al.) [88]	SSPE (Tourtelotte et al.) [81]	Cryptococcus (La Mantia et al.) [44]
Tuberkulose (Sindic et al.) [71]	Mumps (Link et al.) [47]	Toxoplasmose (Franciotta et al.) [23]
Neuroborreliose (Kaiser et al.) [37]	HSV 1 (Grimaldi et al.) [29]	
	HSV 2 (Boucquey et al.) [7]	
	HIV (Kaiser et al.) [34]	
	HTLV-1 (Link et al.) [48]	
	Paramyxovirus (McLean et al.) [53]	
	Enterovirus (Kaiser et al.) [33]	
	Varicella Zoster (Sindic et al.) [73]	
	Cytomegalie (Franciotta et al.) [23]	
	JC-Virus, PML (Sindic et al.) [74]	

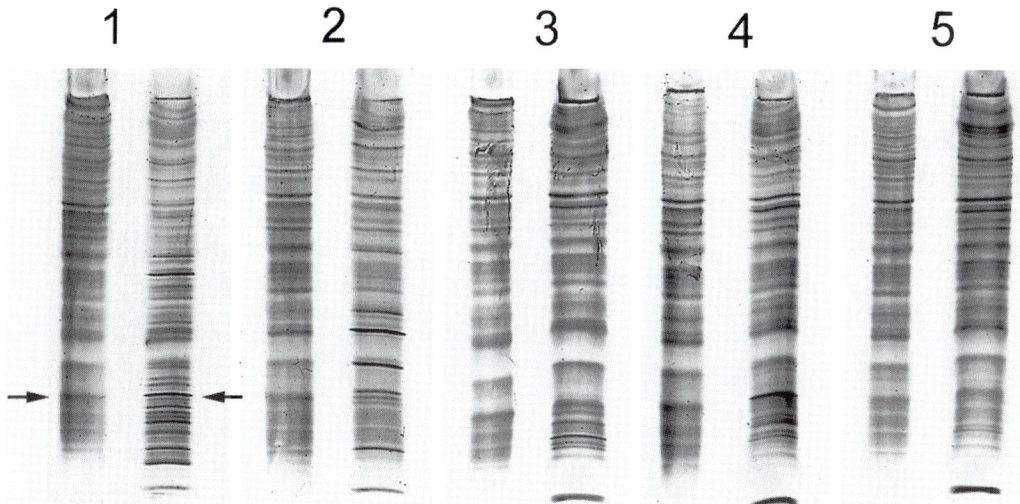

Abb. 4: Typ 2: Oligoklonale Banden positiv. OB nur im Liquor, nicht im Serum. Beachte die mit einer starken Bande im Liquor kongruente Bande im Serum (Pfeile).
In dieser und in den folgenden Abbildungen 5–9 ist nur der unterhalb der Auftragestelle gelegene kathodische Bereich wiedergegeben.

Zur Abbildung 4: Patientendaten

Ser/ CSF	Alter (Jahre)	Diagnose	Zell- zahl/μl	IgG CSF (g/l)	Albumin CSF/Ser	IgG Index	oligo Ser Anzahl	oligo CSF Anzahl	Magnet- resonanz Herde
1	21	MS	10,7	0,046	3,2	1,738	1	34	multiple
2	62	Neurolues	2,7	0,049	9,9	0,833	1	11	
3	17	Opticus Neuritis	9,3	0,017	2,9	0,513	0	6	vereinzelt
4	33	Schwindel	0,3	0,024	3,4	0.568	0	7	einzelne
5	23	Opticus Neuritis	6,3	0,022	4,0	0.519	0	2	keine

nen (erregerbedingt, lymphoproliferativ oder paraneoplastisch), wo die systemische und die intrathekale Immunantwort in Zusammenhang stehen und in einem ähnlichen zeitlichen Rahmen ablaufen.

OB bei infektiösen neurologischen Erkrankungen

Für die in der Tab. 6 aufgeführten Erreger wurde über Affinitätsblots (mit Antigenen beschichtete Membranen (s. 3.3.4.3) und/oder Absorption mit Antigen explizit gezeigt, daß ein Großteil (weitgehende Deckungsgleichheit zwischen Gesamt IgG OB und anti-Erreger IgG OB) der oligoklonalen IgG Antikörper gegen Antigene der verursachenden Mikroorganismen gerichtet sind. Bei anderen in der Tabelle nicht aufgeführten, durch Bakterien (Pneumokokken, Meningokokken, Listerien, Tropheryma whippelii), Viren (EBV, Masern, Influenza, Polio), Pilze, Parasiten (Malaria, Toxocara, Cysticercosis, Trypanosomen) verursachten Meningoenzephalitiden haben wir in unterschiedlichem Ausmaß ebenfalls das Auftreten von OB registriert. Es liegt nahe, denen in diesen Fällen und den bei weiteren Infektionen des ZNS gefundenen OB gleichfalls Antikörperspezifität gegen die beteiligten Erreger

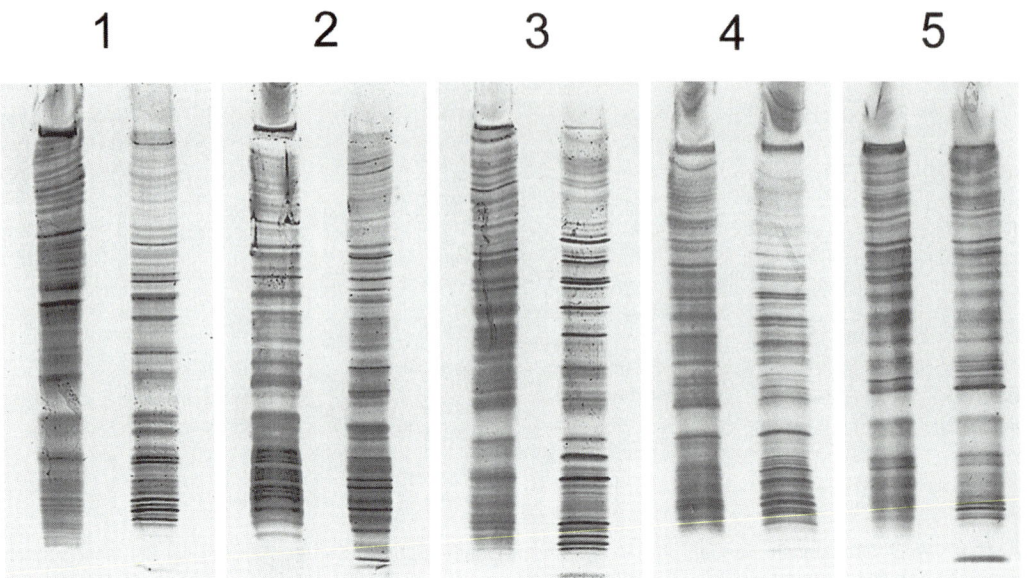

Abb. 5: Typ 3: Oligoklonale Banden positiv. OB nur im Liquor und zusätzliche identische Banden in Serum und Liquor.

Zur Abbildung 5: Patientendaten

Ser/CSF	Alter (Jahre)	Diagnose	Zellzahl/μl	IgG CSF (g/l)	Albumin CSF/Ser	IgG Index	oligo Ser Anzahl	oligo CSF Anzahl	Magnetresonanz Herde
1	44	MS	2,0	0,061	2,2	2,669	7	28	typisch
2	42	HIV	4,0	0,188	9,3	0,818	8	20	
3	73	Hu-Syndrom	3,3	0,064	3,3	2,271	10	23	keine
4	61	Nieren Tx, CMV	40,0	0,237	14,4	4,861	10	34	
5	47	Neuro-Lupus	0,7	0,042	7,2	0,667	6	14	multiple

zuzuschreiben, doch ist dies keineswegs immer eindeutig. Wenn z. B. bei einem Post-Polio Syndrom OB im CSF vorliegen, der Patient aber in der Vorgeschichte einen Herpes Zoster durchgemacht hat und der Zoster AI auf 3,5 erhöht ist, so sind die OB wahrscheinlich eher auf Varicella Zoster als, was zudem umstritten ist, auf Polio-Virus zurückzuführen. Völlig unübersichtlich wird die Situation bei HIV Patienten, wo nebeneinander Antikörper gegen HIV und opportunistische Erreger vorliegen können [23]. Ohnehin läuft die intrathekale Immunreaktion auch bei Infektionen des ZNS nicht streng monospezifisch ab. Es sind in untergeordnetem Maße auch Nebenreaktivitäten gegen andere Antigene (z. B. virale), aber auch gegen ZNS Strukturproteine wie das GFAP, z. B. nach einer viralen Myelitis vorhanden [36].

Die zur Ausbildung von OB bei akut infektiösen ZNS Erkrankungen notwendige Zeit beträgt 1–2 Wochen. Aussagen zur Häufigkeit von OB bei diesen Erkrankungen sind somit vom Zeitpunkt der Erstpunktion abhängig. Bei der Herpesenzephalitis in Abb. 6 war das Bandenmuster initial unauffällig, nach 20 Tagen waren jedoch im CSF 16 OB, davon 4 identisch (2 allerdings in stärkerer Intensität in

CSF) mit Serum aufgetreten. Die wiederholte Punktion bei Meningoenzephalitiden folgt der Empfehlung des Consensus-Papiers für die Herpesenzephalitis [10], nach der mindestens 2 aufeinanderfolgende Liquores mittels PCR und immunologischem Nachweis des Erregers untersucht werden sollen. Wie wichtig eine Einbeziehung der immunologischen Tests ist, zeigt der folgenschwere Fall eines Säuglings, bei dem aufgrund eines negativen PCR Befundes die Therapie mit Acyclovir nach 7 Tagen verfrüht abgebrochen wurde, bevor bei der Repunktion dann doch eine Reaktivität der OB gegenüber Herpes simplex festgestellt wurde [13]. Für eine über PCR gesicherte Epstein-Barr-Virus Enzephalomyelitis wird gleichfalls eine Evolution von OB beschrieben [83].

Allerdings fehlen OB bei Meningoenzephalitiden häufig auch bei Folgepunktionen, was einerseits mit einer wirksamen Therapie zusammenhängen kann, andererseits durch die begrenzte Sensitivität der OB bedingt ist. Über ELISA bestimmte AI (z. B. für Zoster) lassen sich erst ab einer Höhe von 2−4 sicher als OB im CSF fassen. Mit Affinitätsblots werden regelmäßig Antigen-spezifische OB entdeckt, die nicht mit den mit Anti-IgG reaktiven OB kongruent sind [73] und selbst bei völliger Abwesenheit von Gesamt OB waren noch Erreger-spezifische OB gegen CMV und Toxoplasmose bei einem HIV Patienten nachweisbar [23].

OB bei entzündlichen und nicht-entzündlichen neurologischen Erkrankungen, Gehirntumoren und Autoimmunerkrankungen mit ZNS Beteiligung

Die intrathekale humorale Immunantwort ist Teil der Überwachungsstrategie des Organismus. Aktivierte B-Zellen aus dem Blut können

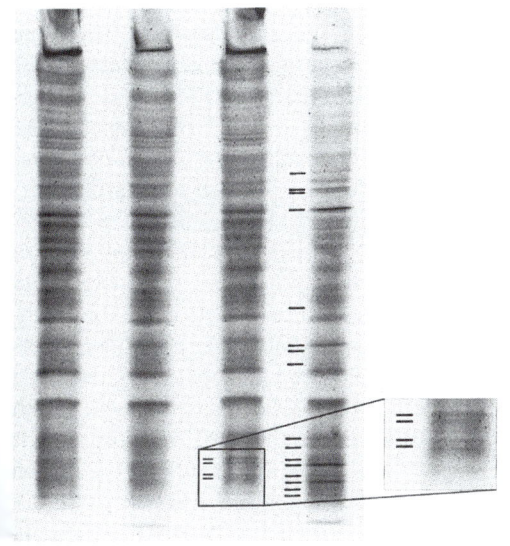

Abb. 6: Ausbildung von oligoklonalen Banden (Typ 3) bei einer Herpesenzephalitis.

Zur Abbildung 6: Patientendaten

Spur	Tage	Zellzahl/µl	Alb$_{CSF/Serum}$	IgG Index	oligo Serum	oligo CSF
1 = Ser, 2 = CSF	7	206	22,0	0,712	0	0
3 = Ser, 4 = CSF	20	118	15,5	1,883	4	16

die Blut-Hirn-Schranke durchdringen und werden bei Antreffen eines relevanten Antigens zu Plasmazellen transformiert, die dann lokal spezifische Antikörper sezernieren. Besonders wichtig zum Verständnis der Immunantwort im ZNS war die Aufdeckung des Mechanismus der intrathekalen Immunisierung, deren Effektivität die einer intramuskulären übertrifft. Ein in das Hirnparenchym eingebrachtes oder dort freigesetztes Antigen gelangt mittels bulk flow in den Liquor und wird zu einem erheblichen Teil über den olfaktorischen Nerv und die spinalen Wurzeln in die cervicalen Lymphknoten drainiert. Dort wird über einen Zeitraum von 1–2 Wochen eine systemische Immunreaktion in Gang gebracht. Besteht die Antigenzufuhr im ZNS weiterhin oder wird erneut ausgelöst, so können die im peripheren Blut vorhandenen Antigen-spezifischen B-Zellen auf ihrer Patrouille durchs ZNS sofort zu Plasmazellen ausreifen und spezifische Antikörper lokal produzieren [41]. Eine ähnliche Situation liegt bei vielen erregerbedingten Erkrankungen des ZNS vor, wo eine systemische Immunreaktion bereits eingeleitet ist, bevor der Erreger meist auf hämatogenem Wege ins Gehirn gelangt.

Mit diesem Konzept läßt sich zwanglos das Auftreten sowohl von spezifischen OB gegenüber Fremdantigen, als auch die Nebenreaktivitäten gegen andere Erreger oder körpereigene ZNS-Proteine erklären. (i) Da alle aktivierten B-Zellen ins ZNS einwandern können, wird es bei entsprechenden Cytokinkonstellationen auch zur Stimulation von die Immunitätsgeschichte des Individuums widerspiegelnden B-Lymphocyten kommen. (ii) Liegt eine Gewebedestruktion im ZNS vor, so wird über die Ausschleusung von ZNS-Proteinen in die cervicalen Lymphknoten die Bildung von entsprechenden B-Zellen in der Peripherie ausgelöst, da ZNS-eigene Proteine vom Organismus wahrscheinlich aufgrund ihrer Abschirmung durch die Bluthirnschranke nicht als „selbst" erkannt werden. Nach ca. 2 Wochen kann dann eine intrathekale Synthese von Antikörpern gegen ZNS-Proteine einsetzen, die aber nach Beendigung der Schädigung zum Stillstand kommen sollte. Das vorübergehende ($<$ 6 Monate), gelegentliche ($<$ 5 %) Auftreten von schwachen oligoklonalen Mustern bei Hirninfarkten, SAB, epileptischen Anfällen und Hirncontusionen wäre gut mit einem derartigen Mechanismus vereinbar. Auch das Verschwinden von OB nach erfolgreicher Behandlung eines Astrocytoms durch Operation, Bestrahlung und Chemotherapie ließe sich mit der Elimination des antigenen Stimulus, in diesem Fall der Tumorantigene erklären (Abb. 7).

Obgleich diese Annahme plausibel erscheint, ist die tatsächliche Spezifität der OB, die gelegentlich bei primären Hirntumoren (Astrocytom, Glioblastom, Dysgerminom) und etwas häufiger bei Hirnmetastasen (Bronchial-Ca, Mamma-Ca, Melanom) zu sehen sind, nicht geklärt. Dagegen sind bei paraneoplastischen neurologischen Erkrankungen die onkoneuronalen Antigene Hu, Yo und Ri bekannt. Mit der hochsensitiven IEF haben wir bei allen Yo-Positiven und bei allen Hu-Positiven mit cerebraler Beteiligung OB überwiegend vom Typ 3 nachweisen können [95]. Auch bei dem im Rahmen von Paraneoplasien vorkommenden Stiff-man-Syndrom und der Neuromyotonie (Isaac's Syndrome) findet man oft einen entzündlichen Liquor mit OB. Für lymphoproliferative Erkrankungen wie NHL, ALL, CLL, AML mit ZNS Beteiligung ist Typ 3 charakteristisch, da sich die von der systemischen Erkrankung herrührenden häufigen OB im Serum und die auf den CSF beschränkten OB überlagern. Beim primären ZNS-Lymphom können OB im CSF vorliegen, doch kommt ihnen eine geringere Bedeutung zu als den Oberflächenmarkern der Liquorzellen.

Über die Spezifität der unterschiedlich häufigen OB bei entzündlichen Erkrankungen wie (Neuro)-Sarkoidose, (Neuro)-Behçet oder bei Autoimmunerkrankungen wie (Neuro)-Lupus, Sharp-Syndrom, CREST-Syndrom, Sjögren-Syndrom, Vasculitis, Wegenersche Granulomatose, Hashimoto-Thyreoditis, postinfektiöse und postvaccinale neurologische Affektionen gibt es so gut wie keine Informationen. Die für den systemischen Lupus erythematosus obligate Synthese von anti-ds-DNA im Blut lag im CSF nur bei 2/32 Patienten vor (Reiber, Haas und Wurster, unveröffentlicht).

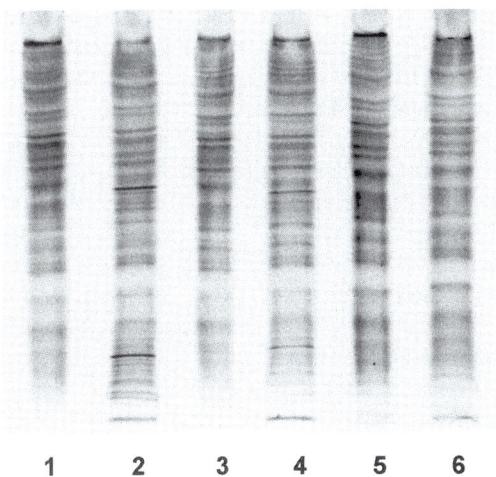

Abb. 7: Verschwinden von oligoklonalen Banden (Typ 2) nach Entfernung eines Astrocytoms.

Zur Abbildung 7: Patientendaten

Spur	Tage	Zellz./µl	Alb$_{CSF/Serum}$	IgG Index	Anzahl oligo CSF	Serum	AI Masern
1/2 = Ser/CSF	0	6,7	3,4	0,773	25	0	9,3
3/4 = Ser/CSF	26	2,3	4,5	0,618	12	1	1,9
5/6 = Ser/CSF	109	161,3	30,4	0,735	0	0	1,3

Die Angabe von Häufigkeiten von OB bei bekannten Autoimmunerkrankungen ist problematisch. Meist sind die Fallgruppen klein und die Patienten sind nicht primär in neurologischen Abteilungen untersucht worden. Wünschenswert wäre auch eine klare Unterscheidung in Fälle mit oder ohne ZNS Beteiligung. Rein klinisch ist diese Frage nicht immer einfach zu beantworten, deswegen werden ja gerade Laborparameter zu Hilfe gezogen. Neurologische Symptome können z. B. beim LE auch medikamentös, metabolisch oder durch sekundäre Veränderungen bedingt sein. Die in Tab. 5 vorgenommene Unterteilung zeigt für den ZNS-Lupus eine leicht erhöhte Häufigkeit der OB im CSF von 34% gegenüber 21% beim „rein" systemischen LE, wobei letztere allerdings deutlich schwächer ausgeprägt sind (2/3 haben nur 2–3 OB). Dies könnte andererseits aber auch ein Effekt der bei solchen Erkrankungen häufigen Dauermedikation mit Corticosteroiden sein oder einfach eine in der Vorgeschichte abgelaufene neuropsychiatrische Episode anzeigen.

Ähnliche Überlegungen gelten auch für die Sarkoidose. Mit letzter Sicherheit ist eine Neurosarkoidose, genauso wie eine Vasculitis der Hirngefäße, bei der gelegentlich ebenfalls eher schwach ausgeprägte OB auftreten, nur über eine Hirnbiopsie zu diagnostizieren.

OB bei Multipler Sklerose

Obwohl der prozentuale Anteil der Plasmazellen mit der gemessenen IgG Produktion im CSF korreliert (N = 32, r = 0,581), stellen die durchschnittlich 10–20 000 Plasmazellen in 150 ml CSF nur einen winzigen Bruchteil der ca. 5×10^9 Plasmazellen, die für eine mittlere Syntheserate von 30 mg IgG/Tag notwendig sind. Das im CSF enthaltene IgG oligoklonaler Natur wird als repräsentativ für das in den MS-Herden durch die dort ansässigen Plasmazellen sezernierte IgG angesehen. Inwieweit sich die oligoklonalen Muster in verschiedenen Hirnarealen unterscheiden, ist strittig [82]. Allerdings werden Alter und zelluläre Zusammensetzung der Herde, die Nähe zum Liquorraum, die Länge des Diffusionswegs, proteolytischer Abbau, die Bindung an (unbekannte) Antigene oder Fc-Rezeptoren die Qualität und die Menge der OB beeinflussen.

In der Abb. 4 wird der erwähnte Zusammenhang zwischen quantitativ berechneter IgG-Synthese und der Anzahl an OB offenbar. Bei dem MS-Patienten Nr. 1 mit einem IgG-Index von 1,738 sind 34 OB im CSF vorhanden, bei den Opticusneuritiden Nr. 3 und Nr. 5 ohne rechnerische intrathekale Synthese nur 7 bzw. 2 OB.

Bezüglich der Sensitivität von OB bei der MS sei auf den Abschnitt 3.3.6 und Tab. 5 verwiesen. Die Angaben über zusätzliche identische OB (Typ 3) bei der MS schwanken zwischen 3–77%. Zeman et al. [99] fanden 20/45 = 44%, eine eigene Auswertung (schon 1 identische OB wurde berücksichtigt) bei 60 fortlaufend untersuchten MS Patienten ergab 27/60 = 45%. Allerdings lag nur in 6 Fällen (10%) mit 4–7 zusätzlichen identischen OB mindestens der eigentlich von uns benutzte Grenzwert von 4 OB vor. Der einzige MS-Patient mit 7 identischen OB besaß einen auffällig hohen ANA-Titer von 1 : 1280.

Bei der MS können zusätzliche identische OB altersbedingt vorliegen, durch eine subakute oder chronische Infektion (z. B. Harnwege) bedingt sein, die Produktion von autoimmunen systemischen Antikörpern (25% haben niedrigtitrige

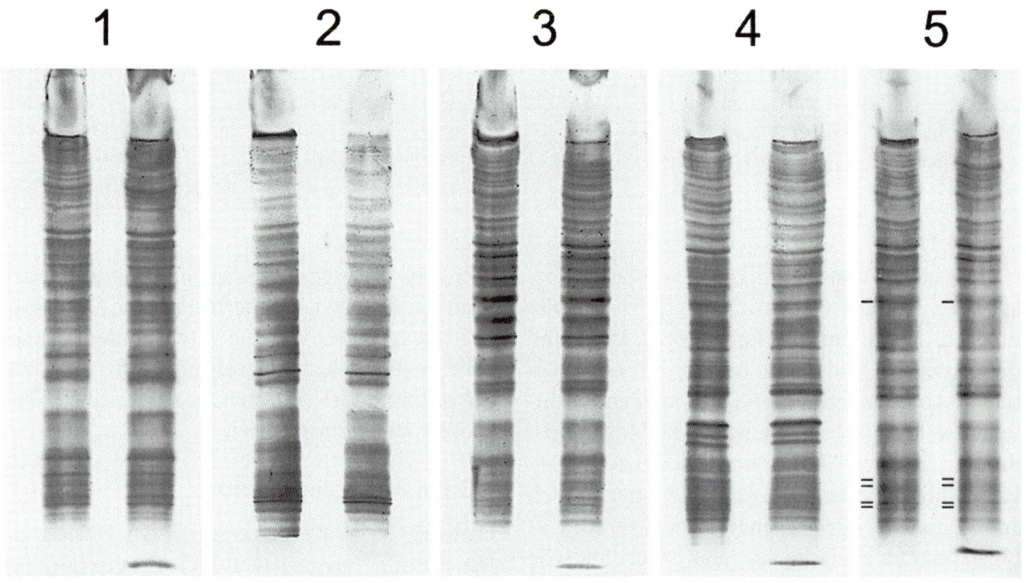

Abb. 8: Typ 4: Identische oligoklonale Banden in Serum und Liquor.

Zur Abbildung 8: Patientendaten

Ser/CSF	Alter (Jahre)	Diagnose	Zellzahl/µl	IgG CSF (g/l)	Albumin CSF/Ser	IgG Index	oligo Ser Anzahl	oligo CSF Anzahl	Magnetresonanz Herde
1	74	CLL	19,3	0,049	15,0	0,673	8	8	
2	17	virale Meningitis	81,3	0,028	5,3	0,553	6	6	
3	53	GBS	2,0	0,060	8,9	0,481	9	9	
4	70	Bronchial-Ca	3,3	0,057	11,7	0,581	19	19	
5	78	Schwindel	0,7	0,050	9,8	0,551	5	5	

ANA) anzeigen oder die systemische Komponente der im ZNS ablaufenden Immunreaktion darstellen. Letztere Möglichkeit wäre gut mit der häufig gemachten Beobachtung zu vereinbaren, daß OB im Serum vorzugsweise an den Stellen lokalisiert sind, die sehr intensiven OB im CSF entsprechen (Abb. 4, Bahn 1). Die naheliegende Vorstellung, dieses Phänomen einfach durch die tägliche Drainage von 500 ml CSF (z. B. IgG = 100 mg/l) in ca. 5 l peripheres Blut (IgG = 10 g/l) zu erklären, erscheint angesichts der Gesamtverdünnung (CSF IgG = 50 mg gegenüber Serum IgG = 50 g) von mindestens 1000fach unrealistisch.

3.3.6.3 Typ 4. Identische oligoklonale Banden in Liquor und Serum

Identische OB sind Ausdruck eines systemischen Immungeschehens. Aufgrund der passiven Filtration von IgG aus dem Blut- in das Liquor-Kompartiment sollten im Serum vorhandene OB notwendigerweise auch im Liquor enthalten sein (Spiegelbild). Bei den Erkrankungen mit einem Typ 4 Muster lassen sich grob zwei große Gruppen mit Häufigkeiten von 10–40% unterscheiden (Tab. 5). Rein systemische Immunreaktionen finden sich, von seltenen Ausnahmen abgesehen, bei Patienten mit Polyneuropathien, GBS, amyotropher Lateralsklerose, Lebererkrankungen, M. Parkinson, Demenz und Organtransplantierten. Allerdings handelt es sich bei schwächer ausgeprägten identischen OB um ein mit dem Alter zunehmendes Phänomen. Leider liegen für OB im Serum keine altersbezogenen Normalwerte (z. B. von Blutspendern) vor. Bei der anderen großen Gruppe können OB gleichfalls ausschließlich systemischen Ursprungs sein. Es kann aber wie auf S. 219 und S. 221 ausgeführt, bei Übergreifen der Erkrankung auf das ZNS zur Ausbildung von zusätzlichen OB im CSF, also Typ 3, kommen. Zu dieser Klasse gehören: akute (vor allem neurotrope Erreger, aber gelegentlich auch bei Sepsis), chronische (z. B. HIV) oder abgelaufene Infektionen (z. B. Serumnarbe bei der Syphilis), Neoplasien insbesondere Carcinome, Paraneoplasien, lymphoproliferative Erkrankungen (ALL, AML, CLL) und Autoimmunerkrankungen.

3.3.6.4 Typ 5. Monoklonale Gammopathie. Intensive identische Banden in Liquor und Serum

Im Gegensatz zur Celluloseacetat- oder Agarelektrophorese wird ein IgG Paraprotein in der hochauflösenden IEF in 2–15 meist breitere Banden aufgespalten. Die unterschiedlichen Isoformen rühren bei dem an sich monoklonalen Protein mit einer einheitlichen Aminosäuresequenz von postsynthetischen Änderungen, vor allem Deamidierungen, seltener von unterschiedlicher Glykosylierung her. Die Position der verschiedenen Paraproteine auf dem Gel schwankt zwischen stark alkalisch mit pH 9,1 (Abb. 9, Bahn 4) bis zu pH 5,1. Die Ausdehnung der Spektrotypen umfaßt 0,06 pH Einheiten bei zwei Banden und bis zu 1,45 pH Einheiten bei 15 Banden. In seltenen Fällen kann bei stark aufgesplitteten Unterbanden (Abb. 9, Bahn 3) eine Unterscheidung vom Typ 4 schwieriger sein. IgG-Paraproteine, vorzugsweise MGUS (monoclonal gammopathy of undetermined significance) ohne quantitative IgG-Erhöhung der IgG-Konzentration werden öfter vom Liquorlabor als erste aufgedeckt, bevor sie in der Routineelektrophorese und Immunfixation bestätigt werden. In den Bahnen 3–5 der Abb. 9 sind seltene Spezialfälle abgebildet, wo IgG Paraproteine zusammen mit auf den CSF beschränkten OB vorkommen. In Bahn 5 (CSF) kommt das Äquivalent des Paraproteins im CSF wegen der überproportional hohen Verdünnung des CSF (IgG Index = 1,700) gegenüber dem Serum nur unzulänglich zur Darstellung. Liegt dagegen eine geringere intrathekale Synthese vor, wie in Bahn 3 (CSF), so bleibt die Kongruenz zwischen Serum und CSF trotz der noch höheren, 23-fachen Verdünnung des CSF (A = 66,6) erhalten.

3.3.7 Biologische Bedeutung von OB bei der Multiplen Sklerose

Obwohl OB seit 30 Jahren als das auffälligste Labormerkmal bei der MS bekannt sind, ist ihre biologische Bedeutung bis heute rätselhaft. Die einfachste Erklärung wäre die Existenz eines MS Erregers, der die Bildung entsprechender

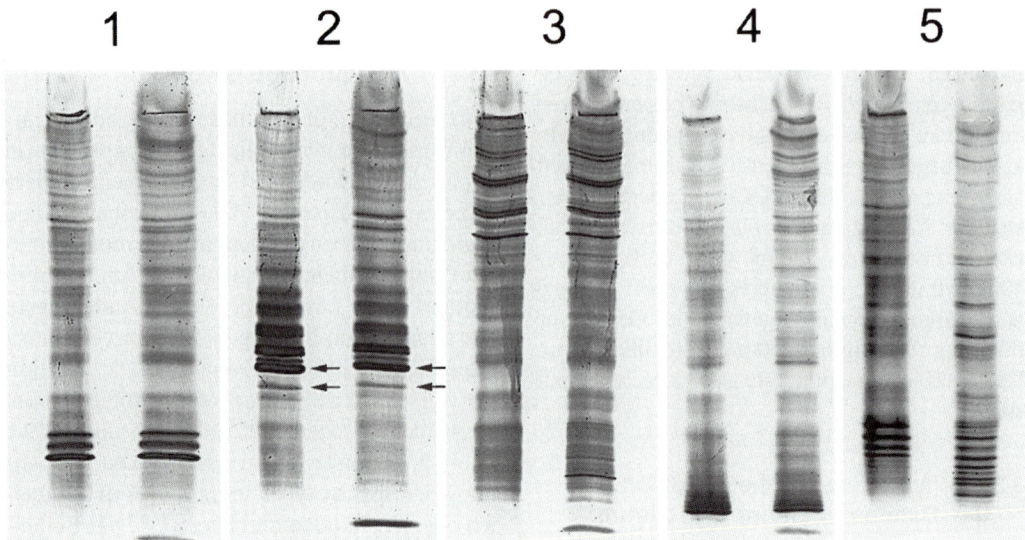

Abb. 9: Typ 5: Monoklonale Gammopathie. Intensive identische Banden in Serum und Liquor. Beachte das Auftreten von monoklonalen IgG species in der sonst unbesetzten Lücke bei pH 8,2 (Pfeile).

Zur Abbildung 9: Patientendaten

Ser/ CSF	Alter (Jahre)	Diagnose	Zell- zahl/µl	IgG CSF (g/l)	Albumin CSF/Ser	IgG Index	oligo Ser Anzahl	oligo CSF Anzahl	Magnet- resonanz Herde
1	60	Polyneuropathie	1,7	0,061	8,0	0.456	3	3	
2	70	Pseudotumor cerebri	1,0	0,044	4,4	0,537	5	5	
3	63	Hydrocephalus	10,7	0,463	66,6	0,816	7	7 + 5 feine	Medulla
4	52	Myelitis	80,0	0,070	4,3	1,018	4	4 + 16 feine	
5	47	MS	1,3	0,191	7,0	1,700	4 + 5 feine	26 feine	multiple

Antikörper auslösen würde, wie bei zahlreichen infektiösen neurologischen Erkrankungen des ZNS gezeigt (s. S. 221). Angesichts der bislang stets gescheiterten Bemühungen, mit Kultur, Elektronenmikroskopie, in situ Hybridisierung oder PCR einen MS Erreger zu finden, erscheinen Zweifel gegenüber den jetzt ins Spiel gebrachten Chlamydien [76] angebracht. Das wichtige Experiment, ob und vor allem in welchem Ausmaß die OB (wobei mit 6/37 MS Patienten ungewöhnlich viele OB -negativ waren) mit Chlamydien reagieren, steht noch aus.

Obwohl die Persistenz und weitgehende Uniformität der oligoklonalen Muster über den gesamten Krankheitsverlauf der MS für einen fortbestehenden antigenen Reiz sprechen, hat die bisher vergebliche Suche nach einem singulären Antigen, zu der weitverbreiteten Auffassung geführt, bei den OB würde es sich um ein Epiphänomen handeln. Durch andauernde unspezifische mitogene Stimulation soll es zu einer ungerichteten (nonsense) Immunreaktion kommen. In der Tat wurden vorwiegend im Serum, aber auch im Liquor eine große Zahl von

Immunreaktivitäten beschrieben [49]. Allerdings wiesen gegen Bestandteile des Myelins (MBP, MAG, MOG, PLP, CNPase, CSL = cerebellar soluble lectin, heat-shock Proteine) oder spezielle Oligodendrocytenproteine (OSP = Oligodendrocyten -spezifisches Protein, αB-Crystallin, Transaldolase, Alu-Peptid) gerichtete Antikörper lediglich Häufigkeiten (meistens ELISA) von 30–70% auf. Sofern überhaupt getestet, ergaben sich für die Reaktivität der Antigene gegenüber OB nochmals wesentlich geringere Häufigkeiten, wobei überdies die für MBP [16] und ALU-Peptid [2] spezifischen OB keine Deckungsgleichheit mit dem oligoklonalen IgG aufwiesen. Die intrathekale Synthese von Antikörpern gegen neurotrope Viren (**M**asern, **R**öteln, **Z**oster Reaktion) ist diagnostisch zwar recht nützlich, aber im Immunoblot war die Übereinstimmung zwischen oligoklonalem IgG und den gegen MRZ und Mumps gerichteten Antikörpern gering [73]. Alle bisher im CSF beschriebenen Antikörper-Reaktivitäten kommen vermutlich nur für einen Bruchteil der OB (< 5%) bei der MS auf.

Die Frage nach der Spezifität der OB muß weiterhin als ungelöst betrachtet werden. Eventuell handelt es sich doch um eine Anhäufung von mehreren Autoantikörpern nebeneinander, wie sie für andere Autoimmunerkrankungen typisch und für supramolekulare Strukturen wie dem Myelin als Autoantigenkomplex verständlich wäre. Die im Rahmen der Demyelinisierung ablaufenden Pathomechanismen wie proteolytischer Abbau oder Einwirkung von Sauerstoff- oder Nitroso-Radikalen können Neo-Antigene schaffen, die über ein hohes immunogenes Potential verfügen. Dasselbe gilt auch für durch Rekombination und Mutation exprimierte ungewöhnliche Epitope wie das ALU Peptid [2] oder die Transaldolase in Oligodendrozyten [12]. Unter Umständen besitzen auch die an das X-Chromosom gekoppelten Mutationen bei der Leberschen Opticusatrophie und der Adrenoleukodystrophie in manchen Individuen immunogenes Potential im ZNS, so daß MS-ähnliche Krankheitsbilder mit typischen paraklinischen Befunden resultieren.

Auslöser einer MS könnte eine banale virale Infektion sein, bei der auf eine durch molekulare mimicry verursachte Initialphase bei entsprechender genetischer Disposition eine chronische, unkontrollierte Immunreaktion folgt. Allerdings spricht die weitgehende zeitliche Konstanz der oligoklonalen Muster gegen ein molekulares spreading. Eine unerwartete Verwandschaft zu 7 Autoimmunerkrankungen ergab sich durch die Analyse einer aus den Entmarkungsherden eines Patienten mit primär chronisch progredienter MS isolierten normalisierten cDNA, die aktivierte Gene für 19 bekannte Autoantigene [5] enthielt.

Neuere molekularbiologische Untersuchungen zur Expression des IgG sowohl in MS-Plaques [57] als auch in B-Zellen aus dem Liquor [63] haben eine stark vermehrte Nutzung der variablen Segmente V_H4 der schweren Ketten und extensive somatische Mutation ergeben, was für eine Antigen-vermittelte Reifung und Selektion der IgG-produzierenden Plasmazellen in den MS Läsionen spricht. Die verschiedenen Versuche, über Zufallspeptidbibliotheken im Phagen display Aminosäurensequenzen aufzudecken, die von dem intrathekal synthetisierten IgG erkannt werden, ergeben kein einheitliches Bild. Während Dybwad et al. [18] für eine einzelne, präparativ isolierte OB in einer Hexamerbibliothek mehrere Peptidmotive fanden, die lineare Sequenzhomologien zu Collagen, Neurofilament, HSV, CMV und Papilloma Virus aufwiesen, entdeckten Rand et al. [64] nur das Motiv RRPFF, das lediglich im Epstein-Barr-Virus-Kernantigen und dem Hitzeschockprotein αB-Crystallin enthalten ist. Beim Vergleich der Antigen-spezifischen OB mit dem oligoklonalen IgG im Immunoblot konnte zwar teilweise Übereinstimmung festgestellt werden, andererseits war eine Reaktion von CSF IgG mit dem Peptid lediglich bei 5/14 MS Patienten vorzufinden. Eine Vielzahl von Peptidmotiven wiesen dagegen Cortese et al. [14] mit einer Nonamerbibliothek nach. Die diversen Peptide reagierten mit gleicher Häufigkeit (5–58%) sowohl mit den Seren von MS Patienten als auch von Normalpersonen, nur im CSF fand sich bei der MS teilweise eine deutliche spezifische Anreicherung. Die reaktiven Liganden waren jedoch für jeden der 55 MS Kranken verschieden, so daß die Immunantwort im CSF für jedes Individuum spezifisch zu sein scheint.

Bei all den Bemühungen, den intrathekal synthetisierten Immunglobulinen eine pathologische Funktion zuzuschreiben, sollte man, auch angesichts der therapeutischen Wirksamkeit von intravenösem Immunglobulin bei der MS, nicht vergessen, daß Autoantikörpern bei Abräumvorgängen durch Opsonisierung durchaus eine physiologische Bedeutung zukommt und daß sie (vorzugsweise IgM) eventuell die Remyelinisierung fördern können [3].

3.3.8 Unerwartete Befunde bei der Untersuchung auf OB

3.3.8.1 Abwesenheit von OB bei MS

Die häufigste Ursache für den fehlenden Nachweis von OB bei sicherer MS dürfte eine unzulängliche Methode oder deren nicht optimale (höchst suspekt ist eine erhöhte IgG-Synthese ohne OB) Durchführung sein. Bei ca. 50 % der uns regelmäßig mit der Bitte um Überprüfung angeblich negativer OB zugesandten Proben können wir mit unserer hochsensitiven IEF mühelos OB nachweisen. Selbst die Londoner Initiatoren der Immunoblot Methode mußten bei der Überprüfung von 34 Patienten, die bei einer früheren Untersuchung keine OB aufgewiesen hatten, ihren Befund in 14 Fällen aufgrund methodischer Mängel revidieren. Bei 3/6 weiteren Patienten ergaben sich bei Repunktion positive OB. In 8 Fällen konnte die Erstdiagnose MS nicht aufrechterhalten werden, so daß schließlich nur noch 9 der ursprünglich 34 Patienten falsch negativ waren [98]. Diese zeichneten sich durch einen bemerkenswert benignen Verlauf aus.

Überhaupt entpuppen sich unter fortwährender klinischer Kontrolle vornehmlich aufgrund ihres typischen MRT Bildes, aber unter Nichtbeachtung der negativen OB, als sicher eingestufte MS Fälle immer wieder als andere Erkrankungen. Filippini [22] entdeckte ein Hypophysenadenom und 2 Fälle von lakunärem Syndrom als eigentliche Ursache. Der MRT Befund allein hätte bei 6 Patienten (4 cerebrovaskuläre, 1 Borreliose, 1 mitochondrial) zu der falschen Reklassifikation MS geführt [6]. Auch Lee et al. [46] nennen 3 Fälle mit stark MS-verdächtigem MRT, die sich als Demenz und lakunäres Syndrom herausstellten. Ein MS-typisches MRT-Bild bei fehlenden OB (Grenzwert allerdings 5 OB!) wurde von Pirtillä [61] vor allem bei älteren Männern mit chronisch progredientem Verlauf berichtet, was Zweifel an der Diagnose MS aufkommen läßt. Bei 1/3 der von Fieschi et al. [21] berichteten Fälle mit MS typischem MRT aber fehlenden OB kam es zu einer anderen Abschlußdiagnose (Vasculitis, OPCA, Aneurysma, mitochondriale Enzephalomyopathie, Borreliose, Sjögren-Syndrom). Von 87 Patienten mit CADASIL (cerebral autosomal dominant arteriopathy with subcortical infarcts and leucencephalopathy) wies nur 1 Betroffener OB im CSF auf, aber 25 % waren zunächst aufgrund der ähnlichen klinischen und Kernspinbefunde als MS fehldiagnostiziert worden [17].

Die weitgehende Abwesenheit (10/12 = 83 %) von OB im CSF spricht sowohl bei rezidivierender Neuromyelitis optica (Devic Syndrom) [56] als auch bei den 17/20 (= 85 %) OB negativen Patienten mit hohen Cardiolipid Antikörperspiegeln trotz der MS-ähnlichen Symptome und typischen Kernspinbefunde für eine Einstufung als eigene Krankheitsform [39]. Die wesentlich niedere Frequenz von OB bei Japanern mit MS geht zum einen auf den größeren Anteil von rein optico-spinalen Formen zurück, zum anderen scheint eine genetische Komponente wirksam zu sein [26]. Auch bei dem regelmäßig mit der MS verwechselten Susac Syndrom sind die fehlenden OB ein Warnsignal [4]. Rudick et al. [68] haben schon 1986 auf die Bedeutung von fehlenden OB (red flags) bei der Differentialdiagnose der MS hingewiesen und auf die therapeutischen und prognostischen Konsequenzen aufmerksam gemacht.

3.3.8.2 „Falsch positive OB". Interpretation von überraschend positiven OB

Während ein Fehlen von OB in unseren Händen eine MS zu 98 % (s. 3.3.6) ausschließt, ist ein positiver Nachweis von OB mehrdeutig

OB zeigen summarisch eine lokale Immunreaktion im ZNS an und können daher selbstverständlich nicht spezifisch für eine MS sein. Bei der Bewertung von unerwartet positiven OB sind zunächst die naheliegenden Ursachen für deren Ausbildung wie erregerbedingte Erkrankungen (s. S. 221) oder bekannte Autoimmunkrankheiten (s. S. 223) in Erwägung zu ziehen. Allerdings ist dieser Zusammenhang oft nicht unmittelbar ersichtlich. So können in der Vergangenheit durchgemachte Meningitiden (anamnestische Reaktion), aber auch klinisch unbemerkt gebliebene Begleitreaktionen vorwiegend von viralen Infekten eine immunologische Narbe in Form von OB hinterlassen haben. Auch eine Reaktivierung von (Herpes) Viren ist denkbar. Eine definitive Zuordnung zu einer Autoimmunerkrankung scheitert oft daran, daß die notwendige Zahl an Kriterien für deren Diagnose (noch) nicht erreicht ist.

Als sehr hilfreich hat sich die zusätzliche Bestimmung von Antikörpern gegen virale Antigene (Antigenindex = AI) erwiesen, die bei uns bei MS Verdacht für Masern, Röteln, Varizella Zoster und Mumps durchgeführt wird (Frau Dr. R. Stachan, Virologie). Bei der Durchsicht von 2 800 Patienten fanden sich unter den 56 „unerklärten" mit ≥ 4 OB immerhin 34 mit mindestens einem erhöhten AI, bei den restlichen 40 mit 2−3 OB zeigten noch 13 einen auffälligen AI. Bei gleichzeitiger Erhöhung von zwei oder mehr AI kann man, von wenigen Ausnahmen abgesehen [78], eine MS postulieren. Leider ist jedoch sowohl die Anzahl der erkannten viralen Antigene als auch die Intensität der jeweiligen AI von der Gesamt-IgG-Synthese abhängig [77, 65]. Bei schwächeren OB-Mustern sind daher oft keine oder nur Antikörper gegen ein einzelnes Virus vorhanden, so daß eine durch den Erreger bedingte Immunreaktion neben einer möglichen MS zu erwägen ist.

Finden sich gleichzeitig positive OB, besonders in Begleitung von erhöhten AI, sowie charakteristische Läsionen im MRT, so kann die Diagnose einer biologischen MS oder vorsichtiger eines chronisch entzündlichen Prozesses gestellt werden, auch wenn eine für eine MS atypische oder im Extremfall sogar keine neurologisch faßbare Symptomatik vorliegt. Wie Autopsieuntersuchungen wiederholt gezeigt haben, kann trotz histopathologisch eindeutig identifizierter MS plaques zu Lebzeiten eine MS klinisch stumm geblieben sein. [19]. Bei für MS discordanten Zwillingspaaren wurden auch bei den klinisch gesunden Partnern in 70% OB [97] und in beträchtlichem Anteil Veränderungen im MRT [85] festgestellt. Auch bei Verwandten 1. Grades von MS Patienten haben wir verschiedentlich OB im CSF gefunden, ohne daß objektivierbare Symptome vorlagen. Bei dem sehr breiten klinischen Erscheinungsspektrum der MS verwundert es nicht, daß gerade unter den Patienten mit unerwartet positiven OB vermehrt atypische sowie späte Erstmanifestationen vertreten sind. Ein isolierter Befall von Hirnnerven wurde in 5,2% der Erstmanifestationen einer MS gesehen [79]. Psychotische Zustände und Anfälle [20] und in Einzelbeobachtungen Demenz, Dystonien etc. wurden als initiale Symptome beschrieben. Mit dem großzügig gehandhabten Einsatz des MRT mehren sich die Situationen, wo Läsionen in der weißen Substanz als Zufallsbefund auffallen. Die Untersuchung auf OB vermag bei schwer einzuordnenden Signalintensitäten in der weißen Substanz Entscheidungshilfe leisten, ob es sich eher um entzündliche oder vasculär bedingte Herde handelt (Tab. 7). Ein wichtiges Unterscheidungsmerkmal für die MS, bildet auch die lebenslange Konstanz der oligoklonalen Muster im Gegensatz zu LE, Sarkoidose und ADEM (Tab. 7). Auf das Verschwinden der ohnehin schwachen OB bei ischämischen Ereignissen, SAB, Contusio cerebri innerhalb 6 Monaten wurde schon hingewiesen (6.2).

Eine immer wieder aufgeworfenen Frage betrifft die Koexistenz von MS und anderen neurologischen (z. B. CDIP, ALS) oder Autoimmunerkrankungen (z. B. SLE, Lebersche Opticusatrophie, Uveitis) in einer Person. Die tatsächliche Frequenz solcher Fälle übertrifft meist die statistisch berechnete Wahrscheinlichkeit um ein Vielfaches. Offenbar liegt in manchen (genetisch) prädisponierten Indivi-

Tab. 7: Differentialdiagnose der MS. Verhalten von OB bei Erkrankungen mit Signalintensitäten in der weißen Substanz

Erkrankung	Präsenz von OB
Hochdruck	negativ
Migräne	negativ
subcorticale arteriosklerotische Encephalopathie (SAE, M. Binswanger)	negativ
Neurolupus	30–40 %, transient
Neurosarkoidose	30–60 %, transient
Neuroborreliose	> 90 %
Akute disseminierte Enzephalomyelitis (ADEM)	30–70 %, transient
progressive multifokale Leukenzephalopathie (PML)	55 % (anti VP-1)[a]
subakute sklerosierende Panenzephalitis (SSPE)	100 %
Lebersche familiäre Opticusatrophie (LHON) mit MS-Symptomatik	30–70 %
Cerebrale Adrenoleukodystrophie	7 %[b]
Toxische (Bestrahlung, Chemotherapie) Leukenzephalopathie	negativ
Zentrale pontine (osmotische) Myelinolyse	negativ

[a] Sindic et al. [74].
[b] Korenke et al. [42]; 2 weitere Patienten zeigten eine quantitativ erhöhte IgG Synthese (IgGIF > 6 %) ohne OB, die IgA Synthese betrug 13/14 = 92 %.

duen oder Familien eine erhöhte Tendenz für Autoimmunphänomene vor, die sich gegebenenfalls zusätzlich als MS oder MS-ähnliche Erkrankung manifestiert.

3.3.9 Schlußbemerkung

Eine endgültige diagnostische Klärung auffälliger OB erfordert unter Umständen lange, leider selten realisierbare, Verlaufsbeobachtungen und Wiederholungen der paraklinischen Untersuchungen und ist selbst dann nicht immer erfolgreich. Zusammenfassend ergibt sich, daß beide Untersuchungen – MRT und Liquor – für die Erstdiagnose und im Verlauf berechtigt und notwendig sind und daß sich der größte Nutzen aus der Kombination beider Verfahren ziehen läßt. In einer Zeit, wo praktisch jeder von einer MS betroffene Patient, eventuell schon in einem sehr frühen Stadium, eine Form der immunmodulatorischen Therapie erhalten wird, erscheint eine umfassende Sicherung der Diagnose unverzichtbar. Schon bei jungen Erwachsenen kommen schwer zuzuordnende Läsionen im MRT vor, die bei Personen über 40 Jahre insbesondere bei Hochdruck, Diabetes und kardiovaskulären Erkrankungen stark zunehmen. Bei Patienten mit Schrittmachern, Gefäßclips, Klaustrophobie und enormer Fettleibigkeit kann ohnehin kein MRT durchgeführt werden. In komplexen diagnostischen Situationen erlaubt der Liquorbefund häufig eine problemlose Zuordnung. Notwendige Voraussetzung für eine breitere Akzeptanz der CSF-Analytik ist jedoch eine Anhebung der Qualität auf das Niveau des Europäischen Consensus-Papiers [1].

3.3.10 Literatur

[1] Andersson, M.; J. Alvarez-Cermeno; G. Bernardi et al.: Cerebrospinal fluid in the diagnosis of multiple sclerosis: a consensus report. J Neurol Neurosurg Psychiatr 57 (1994) 897–902.

[2] Archelos, J. J., J. Trotter, S. Previtali et al.: Isolation and characterization of an oligodendrocyte precursor-derived B-cell epitope in multiple sclerosis. Ann Neurol 43 (1998) 15–24.

[3] Asakura, K., D. J. Miller, L. R. Pease et al.: Targeting of IgM kappa antibodies to oligodendrocytes promotes CNS remyelination. J Neurosci 18 (1998) 7700–7708.

[4] Ballard, E., J. F. Butzer, J. Donders: Susac's syndrome: neuro-psychological characteristics in a young man. Neurol 47 (1996) 266–268.

[5] Becker, K. G., D. H. Mattson, J. M. Powers et al.: Analysis of a sequenced cDNA library from multiple sclerosis lesions. J Neuroimmunol 77 (1997) 27–38.
[6] Beer, S., K. M. Rösler, C. W. Hess: Diagnostic value of paraclinical tests in multiple sclerosis: relative sensitivities and specificities for reclassification according to the Poser committee criteria. J Neurol Neurosurg Psychiatr 59 (1995) 152–159.
[7] Boucquey, D., M.-P. Chalon, C. J. M. Sindic et al.: Herpes simplex virus type 2 meningitis without genital lesions: an immunoblot study. J Neurol 237 (1990) 285–289.
[8] Cavuoti, D., L. Baskin, I. Jialal: Detection of oligoclonal bands in cerebrospinal fluid by immunofixation electrophoresis. Am J Clin Pathol 109 (1998) 585–588.
[9] Chu, A. B., J. L. Sever, D. L. Madden et al.: oligoclonal IgG bands in cerebrospinal fluid in various neurological diseases. Ann Neurol 13 (1983) 434–439.
[10] Cinque, P., G. M. Cleator, T. Weber et al.: The role of the laboratory investigation in the diagnosis and management of patients with suspected herpes simplex encephalitis: a consensus report. J Neurol Neurosurg Psychiatr 61 (1996) 339–345.
[11] Cole, S. R., R. W. Beck, P. S. Moke et al.: The predictive value of CSF oligoclonal banding for MS 5 years after optic neuritis. Neurol 51 (1998) 885–887.
[12] Colombo, E., K. Banki, A. H. Tafum et al.: Comparative analysis of antibody and cell-mediated autoimmunity to transaldolase and myelin basic protein with multiple sclerosis. J Clin Invest 99 (1997) 1238–1250.
[13] Coren, M. E., R. M. Buchdahl, F. M. Cowan et al.: Imaging and laboratory investigation in herpes simplex encephalitis. J Neurol Neurosurg Psychiatr 67 (1999) 243–245.
[14] Cortese, I., R. Tafi, L. M. E. Grimaldi et al.: Identification of peptides specific for cerebrospinal fluid antibodies in multiple sclerosis by using phage libraries. Proc Natl Acad Sci 93 (1996) 11063–11067.
[15] Cowdrey, G. N., P. J. Tasker, B. J. Gould et al.: Isoelectric focusing in an immobilized pH gradient for the detection of intrathecal IgG in cerebrospinal fluid: sensitivity and specificity for the diagnosis of multiple sclerosis. Ann Clin Biochem 30 (1993) 463–468.

[16] Cruz, M., T. Olsson, J. Ernerudh et al.: Immunoblot detection of oligoclonal anti-myelin basic protein IgG antibodies in cerebrospinal fluid in multiple sclerosis. Neurol 37 (1987) 1515–1519.
[17] Dichgans, M., M. Wick, T. Gasser: Cerebrospinal fluid findings in CADASIL. Neurol 53 (1999) 233.
[18] Dybwad, A., O. Forre, M. Sioud: Probing for cerebrospinal fluid antibody specificities by a panel of random peptide libraries. Autoimmun 25 (1997) 85–89.
[19] Engell, T.: A clinical patho-anatomical study of clinically silent multiple sclerosis. Acta Neurol Scand 79 (1989) 428–430.
[20] Felgenhauer, K.: Psychiatric disorders in the encephalitic form of multiple sclerosis. J Neurol 237 (1990) 11–18.
[21] Fieschi, C, C. Gasperini, G. Ristori et al.: Patients with clinically definite multiple sclerosis, white matter abnormalities on MRI, and normal CSF: if not multiple sclerosis, what is it? J Neurol Neurosurg Psychiatr 58 (1995) 255–256.
[22] Filippini, G., G. C. Comi, V. Cosi et al.: Sensitivities and predictive values of paraclinical tests for diagnosing multiple sclerosis. J Neurol 241 (1994) 132–137.
[23] Franciotta, D., E. Zardini, G. Bono et al.: Antigen-specific oligoclonal IgG in AIDS-related cytomegalovirus and toxoplasma encephalitis. Acta Neurol Scand 94 (1996) 215–218.
[24] Frederiksen, J. L., H. B. W. Larsson, J. Olesen: Correlation of magnetic resonance imaging and CSF findings in patients with acute monosymptomatic optic neuritis. Acta Neurol Scand 86 (1992) 317–322.
[25] Fredman, P.: Detection of oligoclonal bands in cerebrospinal fluid by immunofixation after isoelectric focusing on polyacrylamide gels with the PhastSystem. Electrophoresis 13 (1992) 158–161.
[26] Fukazawa, T., S. Kikuchi, H. Sasaki et al.: The significance of oligoclonal bands in multiple sclerosis in Japan: Relevance of immunogenetic backgrounds. J Neurol Sci 158 (1998) 209–214.
[27] Gallo, P., F. Bracco, B. Tavolato: Blood-brain barrier damage restricts the reliability of quantitative formulae and isoelectric focusing in detecting intrathecally synthesized IgG. J Neurol Sci 84 (1988) 87–93.
[28] Giang, D. W., V. M. Grow, C. Mooney et al.: Clinical diagnosis of multiple sclerosis. The im-

pact of magnetic resonance imaging and ancillary testing. Arch Neurol 51 (1994) 61–66.
[29] Grimaldi, L. M. E., R. P. Roos, R. Manservigi et al.: An isoelectric focusing study in herpes simplex virus encephalitis. Ann Neurol 24 (1988) 227–232.
[30] Hackler, R., P. Nebel, A. Förste et al.: Advances in automated isoelectric focusing (PhastSystem) for the specific detection of oligoclonal immunoglobulin bands. J Lab Med 20 (1996) 361–363.
[31] Hansson, L., H. Link, L. Sandlund et al.: Oligoclonal IgG in cerebrospinal fluid detected by isoelectric focusing using PhastSystem. Scand J Clin Lab Invest 53 (1993) 487–492.
[32] Iwashita, H., A. Kuniharu, Y. Kuroiwa et al.: Occurrence of Candida-specific oligoclonal IgG antibodies in CSF with Candida meningoencephalitis. Ann Neurol 4 (1978) 579–581.
[33] Kaiser, R., R. Dörries, R. Martin et al.: Intrathecal synthesis of virus-specific oligoclonal antibodies in patients with enterovirus infection of the central nervous system. J Neurol 236 (1989) 395–399.
[34] Kaiser, R., R. Dörries, W. Lüer et al.: Analysis of oligoclonal antibody bands against individual HIV structural proteins in the CSF of patients infected with HIV. J Neurol 236 (1989) 157–160.
[35] Kaiser R.: Affinity immunoblotting: rapid and sensitive detection of oligoclonal IgG, IgA and IgM in unconcentrated CSF by agarose isoelectric focusing. J Neurol Sci 103 (1991) 216–225.
[36] Kaiser R., C. Lücking: GFAP-specific oligoclonal bands in the CSF of a patient with acute myelitis. Acta neurol Scand 88 (1993) 94–96.
[37] Kaiser, R.: Variable CSF findings in early and late Lyme neuroborreliosis.: a follow-up study in 47 patients. J Neurol 242 (1994) 26–36.
[38] Kaiser, R., M. Czygan, R. Kaufmann et al.: Intrathekale IgG-Synthese : Wann ist eine Bestimmung der oligoklonalen Banden erforderlich? Nervenarzt 66 (1995) 618–623.
[39] Karussis, D., R. R. Leker, A. Ashkenazi et al.: A subgroup of multiple sclerosis patients with anticardiolipin antibodies and unusual clinical manifestations: Do they represent a new nosological entity? Ann Neurol 44 (1998) 629–634.
[40] Keir, G., R. W. Luxton, E. J. Thompson: Isoelectric focusing of cerebrospinal fluid immunoglobulin G: an annotated update. Ann Clin Biochem 27 (1990) 436–443.
[41] Knopf, P. M., C. J. Harling-Berg, H. F. Cserr et al.: Antigen-dependent intrathecal antibody synthesis in the normal rat brain: tissue entry and local retention of antigen-specific B cells. J Immunol 161 (1998) 692–701.
[42] Korenke, G. C., H. Reiber, D. H. Hunnemann et al.: Intrathecal IgA synthesis in x-linked cerebral adrenoleukodystrophy. J Child Neurol 12 (1997) 314–320.
[43] Kostulas, V. K., H. Link, A. Lefvert: Oligoclonal IgG bands in cerebrospinal fluid. Principles for demonstration and interpretation based on findings in 1114 neurological patients. Arch Neurol 44 (1987) 1041–1044.
[44] La Mantia, L., A. Salmaggi, L. Tajoli et al.: Cryptococcal meningoencephalitis: intrathecal immunological response, J Neurol 233 (1986) 362–366.
[45] Laterre, E. C., A. Callewaert, J. F. Heremans et al.: Electrophoretic morphology of gamma globulins in CSF of multiple sclerosis and other diseases of the nervous system. Neurol 20 (1970) 982–990.
[46] Lee, K. H., S. A. Hashimoto, J. P. Hooge et al.: Magnetic resonance imaging of the head in the diagnosis of multiple sclerosis: a prospective 2-year follow-up with comparison of clinical evaluation, evoked potentials, oligoclonal banding, and CT. Neurol 41 (1991) 657–660.
[47] Link, H., M. A. Laurenzi, A. Fryden: Viral antibodies in oligoclonal and polyclonal IgG synthesized within the central nervous system over the course of mumps meningitis. J Neuroimmunol 1 (1981) 287–298.
[48] Link, H., M. Cruz, A.. Gessain et al.: Chronic progressive myelopathy asssociated with HTLV-I: Oligoclonal IgG and HTLV-I IgG antibodies in cerebrospinal fluid and serum. Neurol 39 (1989) 1566–1572.
[49] Link, H.: B cells and autoimmunity. In. W. C. Russell (Hrsg.): Molecular biology of multiple sclerosis, S. 161–190. J. Wiley & Sons, Chichester 1997.
[50] Löwenthal, A., M. van Sande, D. Karcher: The differential diagnosis of neurological diseases by fractionating electrophoretically the CSF γ-globulins. J Neurochem 6 (1960) 51–56.
[51] Lucchinetti, C. F., L. Kiers, A. O'Duffy et al.: Risk factors for developing multiple sclerosis after childhood optic neuritis. Neurol 49 (1997) 1413–1418.
[52] Martinelli, V., G. Comi, M. Filippi et al.: Paraclinical tests in acute-onset optic neuritis: basal

data and results of a short follow-up. Acta Neurol Scand 84 (1991) 231–236.
[53] Mc Lean, B., E. J. Thompson: Antibodies against the paramyxovirus SV5 are not specific for cerebrospinal fluid from multiple sclerosis patients. J Neurol Sci 92 (1989) 261–266.
[54] McLean, B. N., R. W. Luxton, E. J. Thompson: A study of IgG in CSF of 1007 patients with suspected neurological disease using isoelectric focusing and the log IgG-index. Brain 113 (1990) 1269–1289.
[55] Miller, D. H., I. E. C. Ormerod, P. Rudge et al.: The early risk of multiple sclerosis following isolated acute syndromes of the brainstem and spinal cord. Ann Neurol 26 (1989) 635–639.
[56] O'Riordan, J. I., H. L. Gallagher, A. J. Thompson et al.: Clinical, CSF and MRI findings in Devic's neuromyelitis optica. J Neurol Neurosurg Psychiatr 60 (1996) 382–387.
[57] Owens, G. P., H. Kraus, M. P. Burgoon et al.: Restricted use of VH4 germline segments in an acute multiple sclerosis brain. Ann Neurol 43 (1998) 236–243.
[58] Paolino, E., E. Fainardi, P. Ruppi et al.: A prospective study on the predictive value of CSF oligoclonal bands and MRI in acute isolated neurological syndromes for subsequent progression to multiple sclerosis. J Neurol Neurosurg Psychiatr 60 (1996) 572–575.
[59] Paty, D. W., J. J. Oger, L. F. Kastrukoff et al.: MRI in the diagnosis of MS: a prospective study with comparison of clinical evaluation, evoked potentials, oligoclonal banding, and CT. Neurol 38 (1988) 180–185.
[60] Pirtillä, T., K. Mattila, H. Frey: CSF proteins in neurological disorders analyzed by immobilized pH gradient isoelectric focusing using narrow pH gradients. Acta Neurol Scand 83 (1991) 34–40.
[61] Pirtillä, T., T. Nurmikko: CSF oligoclonal bands, MRI, and the diagnosis of multiple sclerosis. Acta Neurol Scand 92 (1995) 468–471.
[62] Poser, C. M., D. W. Paty, L. C. Scheinberg et al.: New diagnostic criteria for multiple sclerosis: guidelines for research protocols. Ann Neurol 13 (1983) 227–231.
[63] Qin, Y., P. Duquette, Y. Zhang et al.: Clonal expansion and somatic hypermutation of VH genes of B cells from cerebrospinal fluid in multiple sclerosis. J Clin Invest 102, (1998) 1045–1050.
[64] Rand, K. H., H. Houck, N. D. Denslow et al.: Molecular approach to find target(s) for oligoclonal bands in multiple sclerosis. J Neurol Neurosurg Psychiatr 65 (1998) 48–55.
[65] Reiber, H., S. Ungefehr, Chr. Jacobi: The intrathecal, polyspecific and oligoclonal immune response in multiple sclerosis. Mult Scler 4 (1998) 111–117.
[66] Rijcken, C. A., E. J. Thompson, A. W. Teelken: An improved, ultrasensitive method for the detection of IgM oligoclonal bands in cerebrospinal fluid. J Immunol Meth 203 (1997) 167–169.
[67] Rolak, L. A., R. W. Beck, D. W. Paty et al.: Cerebrospinal fluid in acute optic neuritis: Experience of the optic neuritis treatment trial. Neurol 46 (1996) 368–372.
[68] Rudick, R. A., R. B. Schiffer, K. M. Schwetz et al.: Multiple sclerosis. The problem of incorrect diagnosis. Arch Neurol 43 (1986) 578–583.
[69] Sanders, E., J. A. Katzmann, R. Clark et al.: Development of capillary electrophoresis as an alternative to high resolution agarose electrophoresis for the diagnosis of multiple sclerosis. Clin Chem Lab Med 37 (1998) 37–45.
[70] Sellebjerg, F., M. Christiansen: Qualitative assessment of intrathecal IgG synthesis by isoelectric focusing and immunodetection: interlaboratory reproducibility and interobserver agreement. Scand J Clin Lab Invest 56 (1996) 135–143.
[71] Sindic, C. J. M., D. Boucquey, M. P. van Antwerpen et al.: Intrathecal synthesis of anti-mycobacterial antibodies in patients with tuberculous meningitis. An immunoblotting study. J Neurol Neurosurg Psychiatr 53 (1990) 662–666.
[72] Sindic, C. J. M., P. Monteyne, E. C. Laterre: Occurrence of oligoclonal IgM bands in the cerebrospinal fluid of neurological patients: an immunoaffinity-mediated capillary blot study. J Neurol Sci 124 (1994) 215–219.
[73] Sindic, C. J. M., Ph. Monteyne, E. C. Laterre: The intrathecal synthesis of virus-specific oligoclonal IgG in multiple sclerosis. J Neuroimmunol 54 (1994) 75–80.
[74] Sindic, C. J. M., C. Trebst, M. P. van Antwerpen et al.: Detection of CSF-specific oligoclonal antibodies to recombinant JC virus VP1 in patients with progressive multifocal leukoencephalopathy. J Neuroimmunol 76 (1997) 100–104.
[75] Söderström, M., J. Ya-Ping, J. Hillert et al.: Optic neuritis. Prognosis for multiple sclerosis from MRI, CSF, and HLA findings. Neurol 50 (1998) 708–714.
[76] Sriram, S., C. W. Stratton, S. Yao et al.: Chlamydia pneumoniae infection of the central ner-

vous system in multiple sclerosis. Ann Neurol 46 (1999) 6–14.
[77] Stachan, R., U. Wurster: Frequency of virus specific antibodies in clinically definite multiple sclerosis versus acute monosymptomatic opticus neuritis. J Lab Med 20 (1996) 515.
[78] Stachan-Kunstyr, R., D. Wagner, U. Wurster: Occurence of virus antigen specific antibodies in neurological diseases. Akt Neurol 23 (1996) S 66.
[79] Thömke, F., E. Leusch, K. Ringel et al.: Isolated cranial nerve palsises in multiple sclerosis. J Neurol Neurosurg Psychiatr 63 (1997) 682–685.
[80] Thompson, E. J., P. Kaufmann, P. Rudge: Sequential changes in oligoclonal patterns during the course of multiple sclerosis. J Neurol Neurosurg Psychiatr 46 (1983) 547–550.
[81] Tourtellotte, W. W., B. I. Ma, D. B. Brandes et al: Quantification of de novo central nervous system IgG measles antibody synthesis in SSPE. Ann Neurol 9 (1981) 551–556.
[82] Tourtellotte, W. W., H. Tumani: Multiple sclerosis cerebrospinal fluid. In: C.S. Raine, H.F. Mc Farland, W.W. Tourtellotte (Hrsg.): Multiple sclerosis, clinical and pathogenetic basis, S. 57–79. Chapman and Hall Medical, London 1997.
[83] Tselis, A., R. Duman, G. A. Storch et al.: Epstein-Barr virus encephalomyelitis diagnosed by polymerase chain reaction: detection of the genome in the CSF. Neurol 48 (1997) 1351–1355.
[84] Tumani, H., W. W. Tourtellotte, J. B. Peter et al.: Acute optic neuritis: combined immunological markers and magnetic resonance imaging predict subsequent development of multiple sclerosis. J Neurol Sci 155 (1998) 44–49.
[85] Uitdehaag, B. M., C. H. Polman, J. Valk et al.: Magnetic resonance imaging studies in multiple sclerosis twins. J Neurol Neurosurg Psychiatr 52 (1989) 1417–1419.
[86] Vandvik, B., M. L. Weil, M. Grandien et al.: Progressive rubella virus panencephalitis: Synthesis of oligoclonal virus-specific IgG antibodies and homogenous free light chains in the central nervous system. Acta Neurol Scand 57 (1978) 53–64.
[87] Vartdal, F., B. Vandvik, T. E. Michaelsen et al.: Neurosyphilis: Intrathecal synthesis of oligoclonal antibodies to treponema pallidum. Ann Neurol 11 (1982) 35–40.
[88] Willoughby, E. W., J. A. Lambert: Oligoclonal IgG with anti-brucella specificity in cerebrospinal fluid in chronic brucella meningitis with myeloradiculopathy. Neurol 35 (Suppl. 1) (1985) 242.
[89] Withold, W., M. Wick, A. Fateh-Moghadam et al.: Detection of oligoclonal IgA in cerebrospinal fluid samples by an isoelectric focusing procedure. J Neurol 241 (1994) 315–319.
[90] Wurster, U.: Liquoranalytik. In: H. Schliack, H.C. Hopf (Hrsg.): Diagnostik in der Neurologie, S. 212–236. Thieme, Stuttgart 1988.
[91] Wurster, U.: Protein gradients in the cerebrospinal fluid and the calculation of intracerebral IgG synthesis. J Neuroimmunol 20 (1988) 233–235.
[92] Wurster, U. Von der Celluloseacetatelektrophorese zur Isoelektrofokussierung. Eine kritische Betrachtung von Techniken zur Darstellung oligoklonaler Banden im Liquor cerebrospinalis. Lab Med 15 (1991) 176–184.
[93] Wurster, U., M. Rinke: Does glycosylation contribute to the oligoclonal appearance of intracerebrally synthesized IgG? Can J Neurol Sci Suppl. 4 (1993) S 218.
[94] Wurster U., A. Schemm, E. Stark et al.: Higher incidence of abnormal cerebrospinal fluid than magnetic resonance imaging findings in acute monosymptomatic optic neuritis. Proceedings 10th Ectrims, Athen, (1994) 151.
[95] Wurster U.: CSF abnormalities in patients with anti-Hu or anti-Yo autoantibodies. Akt Neurol 23 (1996) S73.
[96] Wurster, U.: Detektion von oligoklonalem IgG in Liquor und Serum. Isoelektrische Fokussierung auf Polyacrylamidgelen (PAG Plates pH 3,5–9,5) mit automatisierter Silberfärbung. Application Note. S. 1–20. Amersham Pharmacia Biotech, Freiburg 1998.
[97] Xu, X. H., D. E. McFarlin: Oligoclonal bands in CSF: twins with MS. Neurol 34 (1984) 769–774.
[98] Zeman, A. Z. J., D. Kidd, B. N. McLean et al.: A study of oligoclonal band negative multiple sclerosis. J Neurol Neurosurg Psychiatr 60 (1996) 27–30.
[99] Zeman, A. Z. J., G. Keir, R. Luxton et al.: Serum oligoclonal IgG is a common and persistent finding in multiple sclerosis, and has a systemic source. Q J Med 89 (1996) 187–193.

3.4 Autoantikörper bei Paraneoplasien

R. Kaiser

3.4.1 Einleitung

Neurologische Symptome bei Tumorpatienten sind am häufigsten durch Metastasen, eine Meningeosis carcinomatosa oder durch Nebenwirkungen der Chemotherapie bedingt [9]. Paraneoplastische neurologische Symptome (PNS) sind dagegen sehr selten (0,5–3% der Tumorpatienten) [14, 30, 6, 31]. Am häufigsten findet man PNS in Assoziation mit kleinzelligen Bronchial-, Mamma- und Ovarialcarcinomen [5]. Klinisch bedeutsam ist, daß PNS der Entdeckung der zugrundeliegenden Tumoren meist um Monate, gelegentlich auch um Jahre vorauseilen. Die Tumoren haben bei ihrer Entdeckung oft nur eine geringe Ausdehnung. Der Nachweis von Antikörpern gegen Proteine, die sowohl in Tumorzellen als auch in neuronalen Zellen exprimiert werden, hat wesentlich zu der Vermutung einer Autoimmunpathogenese der PNS beigetragen [3]. Ein solcher Mechanismus konnte bislang jedoch nur für das Lambert-Eaton-Syndrom und die tumorassoziierte Retinopathie schlüssig nachgewiesen werden [16, 8]. Beide Erkrankungen können tierexperimentell sowohl durch den Transfer von Patientenserum als auch durch die Immunisierung mit den entsprechenden Antigenen induziert werden. Bei den übrigen PNS ist die pathogenetische Bedeutung der Autoantikörper bislang zwar unbewiesen. Sie wird jedoch vermutet, da ein großer Teil der identifizierten Autoantikörper an Proteine bindet, die an der intra- oder interzellulären Signalübertragung beteiligt sind. Die klinische Relevanz der Autoantikörper liegt vor allem in der Indikatorfunktion für ein – oftmals noch occultes – Tumorleiden [17].

3.4.2 Indikation

Eine Indikation zur Antikörperbestimmung ergibt sich bei bestimmten klinischen Symptomen, wenn aufgrund des akuten oder subakuten Verlaufs der Beschwerden eine paraneoplastische Genese in Betracht zu ziehen ist. Eine sehr langsame Entwicklung von Symptomen über Jahre ist sehr untypisch für eine Paraneoplasie. Leider besteht keine strenge Korrelation zwischen bestimmten Autoantikörpern und bestimmten neurologischen Symptomen. Einerseits können bestimmte neurologische Symptome (z. B. Ataxie) mit unterschiedlichen Autoantikörpern assoziiert sein (Hu, Ri, Yo, Tr, CV-2), andererseits können bestimmte Autoantikörper auch mit sehr unterschiedlichen neurologischen Symptomen einhergehen (z. B. Hu-Antikörper). Bei bestimmten Tumoren (insbesondere kleinzelliges Bronchialcarcinom) können auch gleichzeitig verschiedene Autoantikörper (Hu, VGCC) nachweisbar sein und verschiedene Syndrome nebeneinander vorkommen (Ataxie, limbische Enzephalitis und Lambert-Eaton-Syndrom) [24]. Die Spezifität der nachgewiesenen Autoantikörper kann im Einzelfalle aber bereits Hinweise für die Art des assoziierten Tumors geben (Tab. 1). Bei den meisten Patienten mit Hu, Ri und Yo Antikörpern findet sich eine intrathekale Synthese dieser Antikörper, dennoch kann bei geringer Verdünnung des Serums auf die Untersuchung der Antikörper im Liquor verzichtet werden, da die entsprechenden Antikörper praktisch immer auch im Serum zu finden sind [7, 32].

3.4.3 Methodik

Die Untersuchung von Autoantikörpern sollte als Stufendiagnostik erfolgen [25]. Als Suchtest eignet sich die Immunfluoreszenz unter Verwendung von humanem oder murinem Kleinhirngewebe (bzw. Retinagewebe). Ein Teil der Autoantikörper läßt sich mit dieser Methode nicht nur erfassen, sondern bereits differenzieren (Tab. 2, Abb. 1). Ein positives Ergebnis sollte dennoch durch einen zweiten Test bestätigt werden [26]. Am häufigsten wird hierzu der Immunoblot („Westernblot") unter Verwendung der gleichen Antigene eingesetzt, einzelne Arbeitsgruppen propagieren auch den ELISA mit gereinigten rekombinanten Proteinen (RECO-ELISA) [33]. Im Immunoblot lassen sich folgende Antigene/Antikörper identifizie-

Tab. 1

Antikörper	Neurologisches Syndrom	häufig assoziierte Carcinome (Ca)
Anti-Hu	Limbische Encephalitis, Hirnstammencephalitis, subakute sensorische und autonome Neuropathie; Epilepsia partialis continua	kleinzelliges Bronchial-Ca > nichtkleinzellige Ca der Lunge u. der Prostata, Seminom, Neuroblastom,
Anti-Ri	Opsoclonus-Myoclonus-Syndrom	Mamma-Ca > kleinzelliges Bronchial-Ca Neuroblastom u. Medulloblastom
Anti-Yo	subakute Kleinhirndegeneration mit ausgeprägter Ataxie, Dysarthrie und Nystagmus	Ovarial-Ca > Uterus-Ca, Mamma-Ca. Einzelfälle: Lymphom, Adeno-Ca der Lunge und der Parotis
Anti-Tr/APCA-2/PCA-2	langsam-progrediente Kleinhirndegeneration mit gelegentlicher Dysarthrie und Nystagmus	Morbus Hodgkin
Anti-CV-2	Limbische Enzephalitis, Rhombenzephalitis, Myelitis, Opticusneuritis, Retinopathie, Uveitis Lambert-Eaton Syndrom Sensible Polyneuropathie	Bronchial-Ca, Uterus-Ca, malignes lymphoepitheliales Thymom
Anti-Recoverin	Subakute Retinadegeneration	kleinzellige > nicht kleinzellige Bronchial-
Anti-Amphiphysin	Stiff-man-Syndrom	Mamma-Ca, kleinzelliges Bronchial-Ca
Anti-Glutamatdehydrogenase (GAD)	Stiff-man-Syndrom	Colon-Ca, Morbus Hodgkin, Thymom
Anti-Titin	Myasthenia gravis	Thymom
Anti-VGCC	Lambert Eaton Syndrom	Bronchial-Ca
Anti-Synaptotagmin	Lambert Eaton Syndrom	Bronchial-Ca
Anti-Ma-1	Rhombenzephalitis, Cerebellitis	Bronchial-Ca, Mamma-Ca, Colon-Ca, Parotis-Ca
Anti-Ma-2/Ta	Rhombenzephalitis, limbische Enzephalitis	Hodencarcinom

Tab. 2

Antikörper	Antigen	Molekulargewicht (kD)	Funktion	Immunhistochemie/-fluoreszenz	Ausgangsmaterial
Anti-Hu	HuD	43	Neuronenspezifische RNA-Bindungsproteine	Deutliche Färbung der Kerne von zentralen und peripheren Neuronen (z. B. Plexus myentericus oder Hinterstrangganglien) differentialdiagnostisches Kriterium gegenüber Ri-Antikörpern unter Aussparung der Nukleoli, feine granuläre Färbung des Zytoplasma; keine Färbung von systemischem Gewebe (Leber, Niere, etc.)	Humanes Groß-/Kleinhirngewebe
	Ple 21	35-40			Rekombinantes Protein
	Hel-N1	35-40			
	Hel-N2	35-40			
Anti-Ri	Ri	55	Neuronenspezifisches RNA-Bindungsprotein	Deutliche Färbung der Kerne von zentralen Neuronen unter Aussparung der Nukleoli, feine granuläre Färbung des Zytoplasma; keine Färbung von systemischem Gewebe	Humanes Groß-/Kleinhirngewebe
	Nova	80			Rekombinantes Protein

Tab. 2: Fortsetzung

Anti-körper	Antigen	Molekular-gewicht (kD)	Funktion	Immunhistochemie/-fluoreszenz	Ausgangs-material
Anti-Yo	CDR34	34	Zytoplasmatische Signaltrans-duktionsproteine:	Feine granuläre Färbung des Zytoplasmas von Purkinjezellen (ähnlich wie anti-Yo), diffuse Färbung der Molekularschicht, jedoch keine Färbung der Korb- und Sternzellen; keine Färbung von anderen neuronalen Zellen oder systemischem Gewebe	Humanes Klein-hirngewebe
	PCD-17	52	Leucin-Zipper		Rekombinantes Protein
	CDR62	62	Leucin-Zipper		
	CDR3	?	Leucin-Zippe		
	CZF	58	Zinkfinger		
Anti-Tr	?	?	?	Granuläre Färbung des Zytoplas-mas von Purkinjezellen sowie proximalen Axonen und Dentri-den, Bindung an Ribosomen und Golgivesikel; keine Färbung der Nuklei; keine Färbung von systemischem Gewebe	Humanes Klein-hirngewebe. Bis-lang kein Einzel-protein identifi-ziert
Anti-CV-2	?	66	?	Färbung des Zytoplasmas von Oligodendrozyten, keine Fär-bung der Nuklei	Humanes Groß-/Kleinhirngewebe
Anti-Recoverin	Re-coverin	23	Zytoplasmatische Signaltrans-duktionsprotein: Calciumbindung	Färbung der äußeren und inne-ren Körnerschicht, von Stäb-chen und Zäpfchen	Humane und bovine Retina Rekombinantes Protein
Anti-Amphi-physin	Amphi-physin	128	Exo-/Endozytose von synaptischen Vesikeln	Diffuse Färbung des Zytoplas-mas und intensive Färbung der synaptischen Vesikel zentraler Neurone	Humanes Groß-/Kleinhirngewebe Rekombinantes Protein
Anti-Titin	Titin	3000	Myofibrilläres Protein	?	Muskelgewebe Rekombinantes Protein
Anti-VGCC	Voltage-Gated Calcium Channels		Calcium-abhängige Freisetzung von Acetylcholin an der motorischen Endplatte		Humanes Groß-/Kleinhirngewebe
Anti-Synapto-tagmin	Synapto-tagmin	53/58	Calciumbindung		Humanes Groß-/Kleinhirngewebe Rekombinantes Protein
Anti-Ma-1	Ma-1	37	?	?	Humanes Groß-hirn
Anti-Ma-2	Ma-2	40	?	Färbung der Nukleoli und des Zytoplasmas neuronaler Zellen	Humanes Groß-hirn

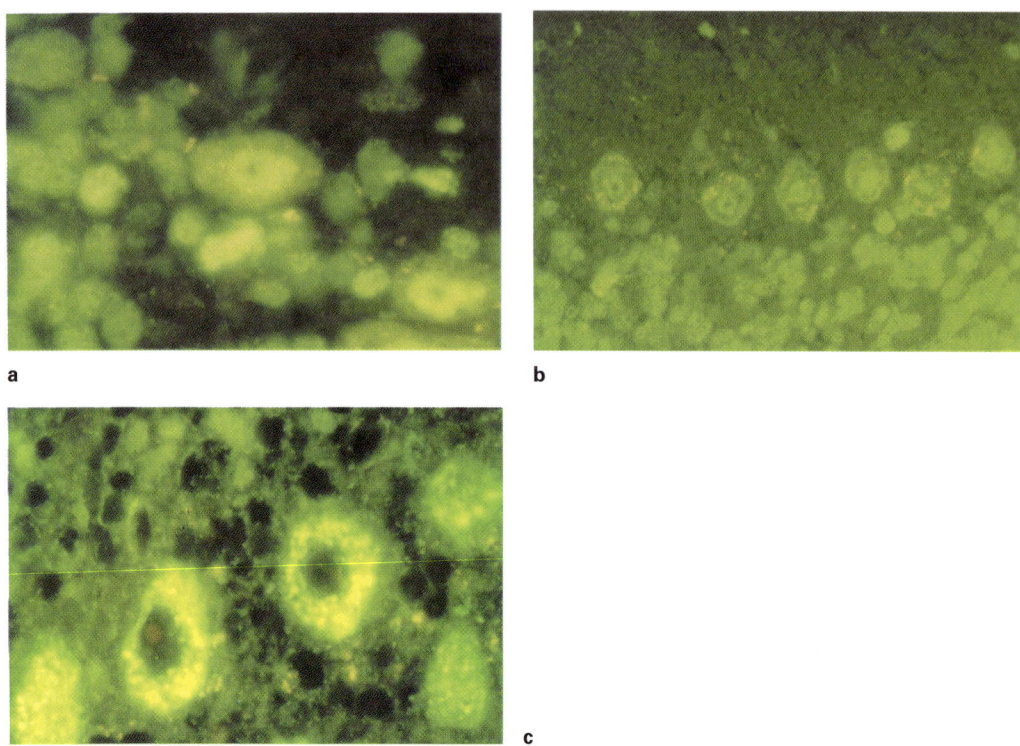

Abb. 1 a–c: Immunfluoreszenz.
a) Bindung von Hu-Antikörpern an Kernbestandteile von neuronalen Zellen.
b) Immunfluoreszenz: Bindung von Ri-Antikörpern an Kernbestandteile von neuronalen Zellen.
c) Immunfluoreszenz: Bindung von Yo-Antikörpern an zytoplasmatische Strukturen von neuronalen Zellen.

ren: Hu, Ri, Yo, CV-2, Amphiphysin, Synaptotagmin und Recoverin (bei Verwendung von Retinagewebe) [1, 19]. Tr-Antikörper (PCA-2) sind zwar in der Immunfluoreszenz nachweisbar, lassen sich im Immunoblot jedoch nicht darstellen (Konformationsepitope?) [10]. Die DNA- und Aminosäuresequenz der im Immunoblot darstellbaren Proteine ist inzwischen zwar bekannt, entsprechende rekombinante Proteine wurden in wissenschaftlichen Studien auch eingesetzt. Die meisten rekombinant exprimierten Proteine sind für diagnostische Zwecke bislang jedoch noch nicht erhältlich.

3.4.4 Immunfluoreszenz

Zur immunhistochemischen Analyse der diagnostisch wichtigsten neuronalen Autoantikörper (Hu, Ri, Yo, Tr) eignen sich kommerziell erhältliche Objektträger, die mit Primatenkleinhirn beschichtet sind (z. B. Neurologischer Bunter Schnitt 7, Fa. Euroimmun, D-23627 Groß Grönau). Für den Nachweis von Antikörpern gegen Recoverin wird humane (oder bovine) Retina in 4% (Gew/Vol) Paraformaldehyd (in 0,1 M Natriumkakodylat-Puffer, pH 7,4) fixiert, in Acrylamid eingebettet und anschließend tiefgefroren. Zur Diagnostik werden 10–16 µm breite Kryoschnitte angefertigt und auf Gelatine-beschichtete Objektträger aufgetragen [29]. Die Reaktionsfelder auf den kommerziell erhältlichen Objektträgern werden für eine Stunde mit 70 µl Patientenserum, 1:32 in 0,1% Tween20/PBS verdünnt, inkubiert. Nach einem Waschschritt mit PBS werden die gebundenen Antikörper durch eine 30-minütige Inkubation mit 60 µl FITC-markiertem Antiserum, 1:5 verdünnt, detektiert.

Anschließend wird nochmals mit PBS gewaschen und die Reaktionsfelder mit Glycerin/PBS eingedeckt. Zur Bestimmung des Endtiters werden die positiven Seren in Zweier-Schritten ausverdünnt und die letzte positive Reaktion als Ergebnis gewertet. Durch Modifikation der Testbedingungen (Verdünnungen, Inkubationszeiten) lassen sich die Ergebnisse noch optimieren. Abb. 1 zeigt die immunfluoreszenzmikroskopischen Befunde für Hu, Ri und Yo Antikörper. Die entsprechenden Referenzseren wurden freundlicherweise von Herrn J. Dalmau, Memorial Sloan-Kettering Cancer Center, New York, zur Verfügung gestellt. Referenzseren für Antikörper gegen Tr und Amphiphysin liegen nicht vor. Die Beurteilungskriterien für die Immunfluoreszenz sind in Tab. 2 aufgeführt, die klinische Interpretation der Befunde ist aus Tab. 1 ersichtlich.

3.4.5 Immunoblot

3.4.5.1 Antigenpräparation

Als Antigenquelle eignet sich vor allem humanes Kleinhirngewebe. Dieses sollte möglichst innerhalb von 6 Stunden (maximal 24 Stunden) post mortem gewonnen werden, um einen Verlust relevanter Proteine durch Degradation zu vermeiden. Alternativ kann auch Kleinhirngewebe vom Affen, Schwein, oder Kaninchen eingesetzt werden. Bei Verwendung von Ratten-, Schafs- und Katzenhirn kann die Antikörpertestung im Einzelfall falsch negativ ausfallen [12].

Zur Proteingewinnung wird humanes Kleinhirn zunächst bei $-70\,°C$ eingefroren und anschließend lyophilisiert. Das trockene Gewebe wird über ein Sieb fein zermahlen und anschließend in einem Lösungsmittel (2:1 Chloroform/Methanol) bei $4\,°C$ aufgenommen (1 g Trockengewicht/10 ml Lösungsmittel). Die Suspension wird unter Kühlung für 30 Sekunden mit 50 Watt beschallt und anschließend für eine Stunde bei $4\,°C$ gerührt. Bei dieser Prozedur gehen die Lipide in Lösung, während die Proteine durch Zentrifugation bei $8\,000 \times g$ für 20 Minuten sedimentiert werden. Dieser Reinigungsschritt wird zweimal wiederholt. Anschließend werden ca. 5 g Pellet in 20 ml gekühltem Azeton aufgenommen, für ca. 30 Sekunden mit 50 Watt beschallt, nochmals 15 Minuten lang gerührt und dann über 20 Minuten bei $3\,000\,g$ zentrifugiert. Nach dem Verwerfen des Überstands wird das Pellet auf $-25\,°C$ tiefgefroren und dann für 1 Stunde im Lyophilisator getrocknet. Mit diesem Schritt wird das Azeton aus dem Pellet weitgehend entfernt. Anschließend wird das Material (1 g/20 ml) in 6 M Harnstofflösung aufgenommen und für 30 Sekunden mit 50 Watt beschallt. Nach 30 Minuten Rühren bei $10\,°C$ wird über 20 Minuten bei $3000\,g$ zentrifugiert. Der Überstand mit den gelösten Proteinen wird auf eine Proteinkonzentration von 2 mg/ml eingestellt und bei $-70\,°C$ eingefroren [15].

Für den Nachweis von Recoverin wird Retinagewebe zunächst bei $-70\,°C$ eingefroren und anschließend lyophilisiert. Das trockene Gewebe wird über ein Sieb fein zermahlen und anschließend in 6 m Harnstoff/PBS aufgenommen (1 g Trockengewicht/10 ml Lösungsmittel). Die Suspension wird unter Kühlung für 30 Sekunden mit 50 Watt beschallt und anschließend für eine Stunde bei $4\,°C$ gerührt. Anschließend wird bei $10\,°C$ über 20 Minuten bei $3\,000\,g$ zentrifugiert. Der Überstand mit den gelösten Proteinen wird auf eine Proteinkonzentration von 2 mg/ml eingestellt und bei $-70\,°C$ eingefroren.

3.4.5.2 SDS-Gelelektrophorese und Immunoblot

Die Proteinlösung wird zunächst im Verhältnis 1:1 mit SDS-Gelpuffer (incl. 20 mMol Dithiothreitol) für 5 Minuten bei $100\,°C$ gekocht. Die Auftrennung der Proteine erfolgt in einem diskontinuierlichen SDS-Gel (4% Sammelgel, 12% Trenngel). Für kleine Probenmengen (z. B. Liquor) eignet sich das Mini-Protean-System der Firma Biorad, München. Das präparative Gel mit einer Dicke von 0,75 mm, einer Breite von 80 mm und einer Trennstrecke von 50 mm wird mit 100 µg Proteinlösung beschichtet. Die elektrophoretische Auftrennung erfolgt bei einer konstanten Spannung von 200

V über eine Stunde. Anschließend werden die Proteine bei 1 Ampere über 1 Stunde in einem Phosphatpuffer (pH 9) auf eine Nitrozellulosemembran (BA 83, 0,2 µm, Schleicher & Schüll, Kassel) transferiert.

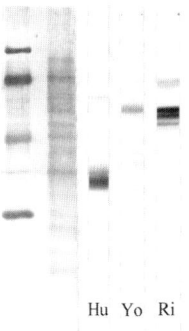

Abb. 2: Immunoblot (Westernblot): Bindung von Referenzseren an Hu-, Ri- und Yo-Antigene.

Nach dem Elektroblot wird die Nitrozellulosefolie in 0,5 mm breite Einzelstreifen geschnitten und für eine Stunde in Verdünnungspuffer (4% Milchpulver/0,1% Tween20/PBS) geblockt. Anschließend werden die Einzelstreifen mit 0,5 ml Serum in einer Verdünnung von 1:500 für 2 Stunden bei Raumtemperatur auf einem Wipptisch inkubiert. Zur Bestimmung des Endtiters kann das Serum bei positivem Ergebnis in Zweier-Schritten ausverdünnt werden. Nach dreimaligem Waschen mit 0,1% Tween20/PBS werden die Streifen erneut für 1 Stunde mit einem Peroxidase markierten Ziegenantikörper gegen humanes IgG (1:1000, Fa. Dianova, Hamburg) inkubiert. Spezifische Reaktionen werden durch eine 5-minütige Inkubation mit Substrat (3 mg/ml 4-Chlornaphthol und 0,015% H_2O_2) dargestellt. Die Substratreaktion wird anschließend durch 10-minütiges Einlegen der Streifen in Wasser langsam beendet. Bei jedem Testansatz wird ein positives und ein negatives Kontrollserum mitgeführt. Die Zuordnung positiver Reaktionen erfolgt anhand von Referenzseren. Abb. 2 zeigt die Reaktion von Referenzseren mit Kleinhirnproteinen.

Für folgende Antikörperbestimmungen liegen keine eigenen Erfahrungen vor. Es wird auf entsprechende Referenzlabors verwiesen:

– Antikörper gegen spannungsabhängige Calcium- (VGCC) bzw. Kaliumkanäle (VGKC).
– Als Testverfahren wird der Radio-Immunoassay eingesetzt [18, 28, 21]. → Frau Dr. A. Vincent, Neuroscience Group, John Radcliffe Hospital, Oxford, UK (VGCC, VGKC), Herr Dr. Wick, Institut f. Klin. Chemie des Klinikums Großhadern (VGCC).
– Antikörper gegen Titin. Als Methode kommt der ELISA mit rekombinantem Titin zur Anwendung. → Dr. Voltz, Neurologische Klinik des Klinikums Großhadern.
– Antikörper gegen Revocerin. Als Methode wird der ELISA mit rekombinantem Recoverin verwendet. → Dr. Polans, R. S. Dow Neurological Sciences Institute, Legacy-Good Samaritan Hospital, Portland, OR 97209.
– Antikörper gegen Ma1. Als Methode wird der ELISA mit rekombinantem Ma1 verwendet. → Dr. Voltz, Neurologische Klinik des Klinikums Großhadern, Dr. M. R. Rosenfeld, Department of Neurology, Memorial Sloan-Ketterin Cancer Center, 1275 York Avenue, New York, NY 10021 USA, E-mail: rosenfem@mskcc.org.
– Antikörper gegen CV-2. Immunoblotverfahren. → Dr. J. Honnorat, INSERM U 433 Laboratoire d'Anatomie Pathologique, Hôpital Neurologique, 59 Bd Pinel, 69003 Lyon, France.

3.4.6 Analytische Bewertung

Die Spezifität der jeweiligen Autoantikörper wird mit 70–100% angegeben [26]. Allerdings lassen sich nicht bei allen Patienten mit PNS spezifische Autoantikörper nachweisen. Die geschätzte diagnostische Sensitivität für Hu und Yo Antikörper liegt nur bei etwa 30 – 40%, für andere Autoantiköper existieren diesbezüglich keine Daten. Bei einem Teil der Patienten mit PNS finden sich auch Autoantikörper bislang unbekannter Spezifität oder aber negative Befunde.

Der Antikörpernachweis wird als *falsch positiv* beurteilt, wenn trotz eingehender Untersuchung kein Tumor oder keine neurologischen Symptome nachweisbar sind [26]. Bei einem Teil der publizierten Patienten mit positivem Antikörperbefund, jedoch fehlendem Tumornachweis wurden anti-neuronale Antikörper (ANNA) nur mittels Immunhistochemie bestimmt und nicht durch einen Immunoblot bestätigt [13]. Über niedrig titrige Hu-Antikörper (ANNA-1) in der Immunhistochemie und im Immunoblot bei Patienten mit kleinzelligem Bronchialcarcinom, jedoch fehlender neurologischer Symptomatik wurde von einer anderen Arbeitsgruppe berichtet [2]. Bei den meisten Patienten mit PNS und Hu-Antikörpern jedoch fehlendem Tumornachweis wurde eine wiederholte Abklärung entweder abgelehnt oder später keine Obduktion durchgeführt.

Eine andere Ursache für falsch positive ANNA-1 Antikörper sind Kreuzreaktionen mit anderen Autoantikörpern, insbesondere bei einer Subgruppe von Patienten mit primärem Sjögren Syndrom [23, 27]. Die Überprüfung entsprechender Seren mit einem rekombinantem HuD-Protein ergab jeweils negative Befunde. *Falsch-positive* Ri-Antikörper wurden bislang nur bei zwei Patienten mit Opsoclonus-Myoclonus-Syndrom beschrieben, bei denen kein Tumor nachweisbar war [22].

Yo-Antikörper haben eine hohe Spezifität im Hinblick auf das Vorliegen eines gynäkologischen Tumors [26]. Allerdings entwickeln nicht alle Patienten mit einem Ovarialcarcinom und Yo-Antikörpern eine paraneoplastische Kleinhirndegeneration [4, 11]. *Falsch-positive* Yo-Antikörper sind sehr selten. Lennon berichtet über 13 Patientinnen mit PKD und Nachweis von Yo-Antikörpern, bei denen jedoch trotz intensiver Suche kein Tumor gefunden wurde [20].

Wegen des bislang sehr seltenen Nachweises von Antikörpern gegen Synaptotagmin, Amphiphysin, VGCC, CV-2 und Recoverin liegen keine Daten über die Häufigkeit entsprechender *falsch positiver* Befunde vor.

3.4.7 Klinische Bewertung

Im Falle eines positiven Befundes ist generell eine intensive Tumorsuche angezeigt. Die Häufigkeit der bislang nachgewiesenen Tumoren ist aus Tab. 1 ersichtlich. Einzelne amerikanische Autoren empfehlen bei Nachweis von spezifischen Autoantikörpern jedoch fehlendem Tumornachweis in der Bildgebung die invasive laparaskopische bzw. bronchoskopische Diagnostik.

Danksagung

Die Abbildungen wurden von Frau Dipl. Biol. I. Andreou angefertigt.

3.4.8 Literatur

[1] Dalmau, J., J. B. Posner: Neurologic paraneoplastic antibodies (anti-Yo; anti-Hu; anti-Ri): the case for a nomenclature based on antibody and antigen specificity. Neurol 44 (1994) 2241–2246.

[2] Dalmau, J., H. M. Furneaux, R. J. Gralla et al: Detection of the anti-Hu antibody in the serum of patients with small cell lung cancer-a quantitative western blot analysis. Ann Neurol 27 (1990) 544–552.

[3] Darnell, R. B.: Onconeural antigens and the paraneoplastic neurologic disorders: at the intersection of cancer, immunity, and the brain. Proc Natl Acad Sci U.S.A. 93 (1996) 4529–4536.

[4] Drlicek, M., G. Bianchi, G. Bogliun et al: Antibodies of the anti-Yo and anti-Ri type in the absence of paraneoplastic neurological syndromes: a long-term survey of ovarian cancer patients. J Neurol 244 (1997) 85–89.

[5] Dropcho, E. J.: Neurologic paraneoplastic syndromes. J Neurol Sci 153 (1998) 264–278.

[6] Elrington, G. M., N. M. Murray, S. G. Spiro et al: Neurological paraneoplastic syndromes in patients with small cell lung cancer. A prospective survey of 150 patients. J Neurol Neurosurg Psychiatry 54 (1991) 764–767.

[7] Furneaux, H. F., L. Reich, J. B. Posner: Autoantibody synthesis in the central nervous system of patients with paraneoplastic syndromes. Neurol 40 (1990) 1085–1091.

[8] Gery, I., N. Chanaud, E. Anglade: Recoverin is highly uveitogenic in Lewis rats. Invest Ophthalmol Vis Sci 35 (1994) 3342–3345.

[9] Gilbert, M., S. Grossman: Incidence and nature of neurologic problems in patients with solid tumors. Am J Med 81 (1986) 951–54.

[10] Graus, F., J. Dalmau, F. Valldeoriola et al: Immunological characterization of a neuronal antibody (anti-Tr) associated with paraneoplastic cerebellar degeneration and Hodgkin's disease. J Neuroimmunol 74 (1997) 55–61.

[11] Greenlee, J., H. R. Brashear, R. Herndon: Immunoperoxidase labeling of rat brain sections with sera from patients with paraneoplastic cerebellar degeneration and systemic neoplasia. J Neuropathol Exp Neurol 47 (1988) 561–571.

[12] Greenlee, J., M. Sun: Immunofluorescent labeling of nonhuman cerebellar tissue with sera from patioents with systemic cancer and paraneoplastic cerebellar degeneration. Acta Neuropathol (Berl.) 67 (1985) 226–229.

[13] Grisold, W., M. Drlicek, W. Popp et al: Antineuronal antibodies in small cell lung carcinoma-a significance for paraneoplastic syndromes? Acta Neuropathol (Berl.) 75 (1987) 199–202.

[14] Henson, R. A.: Non-metastatic neurological manifestations of malignant disease. In: D. Williams (Hrsg.): Modern Trends in Neurology, S. 209–225. Butterworth, London 1970.

[15] Kaiser, R.: Intrathecal immune response in patients with neuroborreliosis: specificity of antibodies for neuronal proteins. J Neurol 242 (1995) 319–325.

[16] Kim, Y. I.: Passively transferred Lambert-Eaton syndrome in mice receiving purified IgG. Muscle Nerve 9 (1986) 523–530.

[17] Lang, B., A. Vincent: Autoimmunity to ion-channels and other proteins in paraneoplastic disorders. Curr Opin Immunol 8 (1996) 865–871.

[18] Lennon, V. A., T. J. Kryzer, G. E. Griesmann et al: Calcium-channel antibodies in the Lambert-Eaton syndrome and other paraneoplastic syndromes. N Engl J Med 332 (1995) 1467–1474.

[19] Lennon, V. A.: The case for a descriptive generic nomenclature: clarification of immunostaining criteria for PCA-1, ANNA-1, and ANNA-2 autoantibodies. Neurol 44 (1994) 2412–2415.

[20] Lennon, V. A.: Anti-Purkinje cell cytoplasmic and neuronal nuclear antibodies aid diagnosis of paraneoplastic autoimmune neurological disorders. J Neurol Neurosurg Psychiatry 52 (1989) 1438–1439.

[21] Leys, K., B. Lang, I. Johnston et al: Calcium channel autoantibodies in the Lambert-Eaton myasthenic syndrome. Ann Neurol 29 (1991) 307–314.

[22] Luque, F. A., H. M. Furneaux, R. Ferziger et al: Anti-Ri: an antibody associated with paraneoplastic opsoclonus and breast cancer. Ann Neurol 29 (1991) 241–251.

[23] Manley, G., E. Wong, J. Dalmau et al: Sera from some patients with antibody-associated paraneoplastic encephalomyelitis/sensory neuronopathy recognize the Ro-52K antigen. J Neurooncol 19 (1994) 105–112.

[24] Mason, W. P., F. Graus, B. Lang et al: Small-cell lung cancer, paraneoplastic cerebellar degeneration and the Lambert-Eaton myasthenic syndrome. Brain 120 (1997) 1279–1300.

[25] Moll, J. W., J. C. Antoine, H.R. Brashear et al: Guidelines on the detection of paraneoplastic anti-neuronal-specific antibodies: report from the Workshop to the Fourth Meeting of the International Society of Neuro-Immunology on paraneoplastic neurological disease, held October 22-23, 1994 in Rotterdam, The Netherlands. Neurol 45 (1995) 1937–1941.

[26] Moll, J. W., C. J. Vecht: Immune diagnosis of paraneoplastic neurological disease. Clin Neurol Neurosurg 97 (1995) 71–81.

[27] Moll, J. W., H. M. Markusse, J. Pijnenburg et al: Antineuronal antibodies in patients with neurologic complications of primary Sjörgren's syndrome. Neurol 43 (1993) 2574–2581.

[28] Motomura, M., I. Johnston, B. Lang et al: An improved diagnostic assay for Lambert-Eaton myasthenic syndrome. J Neurol Neurosurg Psychiatry 58 (1995) 85–87.

[29] Polans A., D. Witkowska, T. L. Haley et al: Recoverin, a photoreceptor-specific calcium-binding protein, is expressed by the tumor of a patient with cancer-associated retinopathy. Proc Natl Acad Sci USA 92 (1995) 9176–9180.

[30] Posner, J. B., J. Dalmau: Clinical enigmas of paraneoplastic neurologic disorders. Clin Neurol Neurosurg 97 (1995) 61–70.

[31] Sculier, J. P., R. Feld, W. K. Evans et al: Neurologic disorders in patients with small cell lung cancer. Cancer 60 (1987) 2275–2283.

[32] Vega, F., F. Graus, Q. M. Chen et al: Intrathecal synthesis of the anti-Hu antibody in patients with paraneoplastic encephalomyelitis or sensory neuronopathy: Clinical-immunological correlations. Neurol 44 (1994) 2145–2147.

[33] Vincent, A., J. Honnorat, J. C. Antoine et al: Autoimmunity in paraneoplastic neurological disorders. J Neuroimmunol 84 (1998) 105–109.

3.5 Lösliche Tumormarker
M. Wick

3.5.1 Indikation

Die Erkennung primärer oder sekundärer Hirntumoren bzw. des ZNS-Befalls maligner Systemerkrankungen ist vor allem die Domäne bildgebender Verfahren einerseits sowie zytologischer Liquoranalysen andererseits. In Zweifelsfällen kann jedoch der Nachweis einer lokalen Tumormarkersynthese im Liquor zu einer empfindlicheren u. auch spezifischeren Diagnostik beitragen. Dies betrifft u. a.

- zweideutige Herdbefunde in bildgebenden Verfahren, insbesondere bei zellarmem Liquor

sowie

- ergänzende Diagnostik bei Verdacht auf Meningiosis neoplastica und negativem oder zweideutigem zytologischen Befund.

Während für primäre Hirntumoren außer für Lymphome kaum ein routinetauglicher Tumormarker mit geprüfter Sensitivität und Spezifität zur Verfügung steht, bieten sich folgende tumorassoziierte Antigene in der Krankenversorgung an:

CEA für die Diagnostik von Meningealkarzinosen und Karzinommetastasen im Gehirn, vor allem in der Abgrenzung gegenüber granulomatösen Meningitiden und anderen Raumforderungen.

Darüber hinaus können ggfs. AFP und Beta-hCG für Keimzelltumoren, PSA für Prostatakarzinome, Thyreoglobulin für Schilddrüsenkarzinome sowie ggfs. NSE für neuroendokrine Tumoren (vor allem kleinzelliges Bronchialkarzinom) und Protein S 100 für Melanome eingesetzt werden. Die letztgenannten (NSE und Protein S 100) kommen jedoch auch als Proteine im Nervensystem vor und können daher bei allen akuten ZNS-Erkrankungen mit Gewebedestruktion vermehrt in den Liquor freigesetzt werden. Die Verwendung anderer Karzinommarker (z. B. CA 19-9, CA 15-3, CYFRA 21-1, CA 125) kann wegen nicht gesicherter Relevanz [3] gegenwärtig noch nicht empfohlen werden.

Eine vermehrte Produktion von Beta-2-Mikroglobulin kann in Zweifelsfällen zur Diagnose eines Lymphom- oder Leukämiebefalls beitragen, wenn opportunistische Infektionen als Ursache ausgeschlossen sind.

Bei Plasmozytomen und B-Zell-Lymphomen insbesondere niedrigen Malignitätsgrades ist ggfs. der Nachweis einer lokalen Synthese von monoklonalem Immunglobulin richtungsweisend.

3.5.2 Präanalytik

Für alle tumorassoziierten Antigene, die normalerweise nicht im ZNS produziert werden und daher im Liquor in Konzentrationen vorkommen, die mehrere Größenordnungen unter üblichen Serumkonzentrationen liegen (CEA, AFP, Beta-hCG, Thyreoglobulin, PSA) ist zur Unterscheidung zwischen lokaler Synthese und passiven Schrankentransfer unbedingt die Paralleluntersuchung von Liquor und Serum unter Berücksichtigung der Schrankenfunktion erforderlich. Dagegen erfordern Tumormarker, die bereits normalerweise im Liquor in ähnlicher oder gar höherer Konzentration als im Serum gefunden werden, keine Paralleluntersuchung von Serum oder gar schrankenabhängige Auswertung (z. B. Beta-2-Mikroglobulin, NSE, Protein S-100). Alle genannten Proteine sind bei 4 °C mindestens 1 Woche, bei −20 °C dagegen über Monate hinweg stabil. Für die meisten Kenngrößen ergeben sich keine besonderen Abnahmebedingungen. Zahlreiche Marker können jedoch durch blutige Punktion des Liquors bzw. NSE durch artifiziell hämolytische Serumgewinnung verfälscht werden.

3.5.3 Methoden

Nahezu alle genannten Tumormarker können mit Liganden-Immunoassays (RIA, ELISA, LIA etc.) gemessen werden. Bei den Markern, die normalerweise nicht im ZNS synthetisiert werden (vor allem CEA, jedoch auch AFP, Beta-hCG, PSA und Thyreoglobulin) sind übliche kommerzielle Testsysteme zwar für die Bestimmung im Serum gut geeignet, jedoch für Liquor nicht sensitiv genug, um auch noch Konzentrationen im Referenzbereich messen zu können. Zumindest für CEA gelang es jedoch, durch Modifikationen hinsichtlich Inkubationszeit und Probenmenge eine wesentlich höhere Sensitivität zu erzielen [1, 4]. Dagegen können alle Proteine, die bereits physiologischerweise lokal produziert werden, auch mit üblichen Serummethoden gemessen werden.

Der Nachweis einer lokalen Synthese von monoklonalem Immunglobulin erfordert einerseits die Bestätigung der Monoklonalität, z. B. durch Immunfixation, und zum anderen eine lokale Synthese des entsprechenden Immunglobulins (IgG, IgA oder IgM) im Quotientendiagramm.

3.5.4 Analytische Bewertung

Für CEA und monoklonales Immunglobulin ist die schrankenabhängige Bewertung unter Bezug auf den Albuminquotienten unabdingbar. Eine lokale CEA-Produktion gilt als bewiesen, wenn der CEA-L/S-Quotient größer als der korrespondierende Albuminquotient ist. Für die Immunglobuline können die entsprechenden empirischen Quotientendiagramme (siehe B.3.1) verwendet werden. AFP dürfte sich aufgrund seiner Molekülgröße ähnlich wie Albumin verhalten. Bezüglich anderer Marker, insbesondere Makromoleküle wie Thyreoglobulin oder gar CA 19-9 u. CA 15-3 liegen dagegen kaum Erfahrungen vor.

Kenngrößen, die bereits normalerweise in relativ hoher Konzentration in Liquor zu finden sind, können dagegen als Einzelwerte im Vergleich zu Referenzbereichen betrachtet werden. Diese sind als methodenabhängig anzusehen, einigermaßen definiert sind folgende:

- Beta-2-Mikroglobulin < 1,8 mg/l
- NSE 5–15 ng/ml
- Protein-S-100 < 5 ng/ml

3.5.5 Klinische Bewertung

CEA und andere Karzinomantigene
In der ergänzenden Diagnostik zu Zytologie und bildgebenden Verfahren für den Nachweis von Karzinommetastasierungen kann CEA einen gesicherten Platz beanspruchen [1, 3, 4]. Für Meningealkarzinosen liegt die Sensitivität der zytologischen Liquoruntersuchung je nach Technik und Erfahrung des Untersuchers zwischen 50 und 75 %, auch bei wiederholten Punktionen ist mit ca. 10–20 % falsch negativen Befunden zu rechnen. Der Nachweis einer intrathekalen CEA-Synthese ermöglicht in nahezu allen dieser Fälle dennoch eine Diagnose mit sehr hoher Spezifität. Die Sensitivität beträgt zwar auch nur ca. 70–80 %, jedoch ergibt sich zusammen mit der Zytologie eine additive Sensitivität von ca. 95 % bei nahezu absoluter Spezifität [4]. Auf diese Weise lassen sich Meningealcarcinosen mit hoher Sicherheit von granulomatösen Entzündungen mit Kontrastmittelaufnahme in bildgebenden Verfahren unterscheiden.

Auch bei der Differentialdiagnose von intracerebralen Herdbefunden in bildgebenden Verfahren läßt sich die Sicherheit des Metastasennachweises auf die Weise steigern. Bei nahezu absoluter Spezifität weisen ca. 60–70 % aller Karzinommetastasen eine intrathekale CEA-Synthese auf. Lediglich bei frontal oder parietal gelegenen Herden, deren Extrazellulärflüssigkeit kaum in die Liquorräume drainiert, muß mit falsch negativen Befunden gerechnet werden. Somit ist in allen Fällen, in denen einzelne Metastasenherde von primären Hirntumoren, Abszessen oder Toxoplasmose unterschieden werden müssen, insbesondere bei fehlender Tumorzellaussaat, der Nachweis einer CEA-Synthese eine wesentliche differentialdiagnostische Hilfe.

Für die meisten anderen zur Verlaufsdiagnostik von Karzinomen im Serum eingesetzten Tumormarker gibt es bisher keine ausreichend methodischen und klinischen Evaluierungen, die einen generellen Einsatz in der Liquordiagnostik rechtfertigen würden. Für einige Marker mit hoher Organspezifität (AFP und Beta-hCG für Keimzelltumoren, Thyreoglobulin für Schilddrüsenkarzinome, PSA für Prostatakarzinome), die bei Normalpersonen und benignen Erkrankungen mit Sicherheit im ZNS nicht synthetisiert werden, existieren zumindest kasuistische Erfahrungen, nach denen eine lokale Synthese dieser Antigene im Liquor einen hochsignifikanten Befund im Sinne eines Tumorbefalls darstellt.

NSE und Protein S 100

Diese beiden Proteine kommen auch physiologischerweise im ZNS vor und werden daher bei allen Erkrankungen mit akuter Gewebedestruktion auch freigesetzt, was die Spezifität als mögliche Tumormarker von vornherein begrenzt. Wegen der relativ hohen Konzentrationen im Liquor sind diese jedoch mit Serummethoden gut meßbar. NSE ist einer der führenden Marker für neuroendokrine Tumoren (vor allem kleinzelliges Bronchialkarzinom), Protein S 100 dagegen für maligne Melanome, die beide bekanntermaßen häufig ins ZNS metastasieren. Hohe Konzentrationen der genannten Marker im Liquor können daher ein wesentliches Indiz für einen Tumorbefall darstellen, wenn andere Erkrankungen mit akuter Gewebedestruktion ausgeschlossen werden können.

Beta-2-Mikroglobulin und monoklonales Immunglobulin

Beta-2-Mikroglobulin und monoklonales Immunglobulin können als ergänzende Verfahren zu zytologischen, bildgebenden und bioptischen Methoden angesehen werden. Ein sekundärer ZNS-Befall bei Leukämien oder systemischen Lymphomen führt in der Regel zu einer ausgeprägten Meningeosis leucaemica, bzw. lymphomatosa, die mit zytologischen und ggfs. immunzytologischen Methoden nachgewiesen werden kann. Gelingt dies, so sind lösliche Tumormarker hier nur von untergeordneter Bedeutung. Dagegen kann bei primären ZNS-Lymphomen ohne wesentliche Zellaussat in den Liquor die vermehrte Produktion von Beta-2-Mikroglobulin sowie seltener auch von monoklonalen Immunglobulin richtungsweisend sein. Wegen mangelnder Tumorspezifität ist in diesem Sinne Beta-2-Mikroglobulin nur dann verwertbar, wenn entzündliche Erkrankungen ausgeschlossen sind [2].

Eine lokale Synthese von monoklonalem Immunglobulin weist zwar eine sehr hohe Spezifität auf, kommt jedoch üblicherweise nur bei Plasmozytomen und niedrig-malignen B-Zell-Lymphomen vor, die vergleichsweise selten das ZNS befallen. Pathogenetisch und diagnostisch ist monoklonales Immunglobulin ggfs. auch dann von Bedeutung, wenn keine lokale Synthese im Liquor stattfindet. Durch Ablagerung in den Nervenwurzeln bzw. Reaktion mit Myelinbestandteilen (z. B. MAG) und damit verknüpften Blut-Liquorschrankenstörungen kann monoklonales Immunglobulin als Ursache von Polyradikulitiden oder Polyneuropathien im Sinne eines paraneoplastischen Syndroms wesentlich werden, auch wenn kein direkter Befall des Nervensystems mit Tumorzellen vorliegt.

3.5.6 Literatur

[1] Jacobi, C., H. Reiber, K. Felgenhauer: The clinical relevance of locally produced carcinoembryonic antigen in cerebrospinal fluid. J Neurol 233 (1986) 358–361.

[2] Mavligit, G. M., S. E. Stuckey, F. F. Cabanillas: Diagnosis of leukemia of lymphoma in the central nervous system by β2-microglobulin determination. N Engl J Med 303 (1980) 718–722.

[3] Oschmann, P., M. Kaps: Meningeal carcinomatosis CSF cytology, immunocytochemistry and biochemical tumor markers. Acta Neurol Scand 89 (1994) 395–399.

[4] Wick, M., Blutliquor- und Bluthirnschranke bei metastatischen Prozessen, in: H. J. Staab, P. Krauseneck (Hrsg.): Hirnmetastasen – eine interdisziplinäre Herausforderung, S. 15–19. Thieme, Stuttgart–New York 1998.

B.4 Supplementäre Aktivierungs- und Destruktionsmarker

S. Bamborschke, H.-F. Petereit, S. Nolden

4.1 Zytokine und Adhäsionsmoleküle

Allgemeine Einführung: Bei allen Entzündungen des ZNS und der Hirnhäute, sowie bei reaktiven Abräumreaktionen nach Ischämie oder Trauma kommt es zur Einwanderung von weißen Blutzellen aus den Gefäßen in den Liquorraum bzw. ins Hirnparenchym. Dabei müssen die einwandernden Entzündungszellen die Endothelschranke überwinden. Dies gelingt ihnen nur in aktivierter Form nach der Expression von Adhäsionsmolekülen. Diese sind auf Seite der Entzündungszellen L-Selectin und auf Endothelseite P-Selectin, E-Selectin, ICAM 1 (intercellular adhesion molecule 1) und VCAM1 (vascular adhesion molecule 1). Ein Teil der membranständigen Adhäsionsmoleküle wird in löslicher Form in Blut und Liquor abgegeben und kann dort gemessen werden. Die Aktivierung der Lymphozyten, Monozyten, Mikroglia und des Gefäßendothels, sowie die Expression von MHC Klasse I und II Produkten auf Gliazellen wird durch Zytokine gesteuert. Die wichtigsten proinflammatorischen Zytokine sind die Interleukine IL 1, IL 2, IL 12, IFNG (Interferon γ), TNF α (Tumor Nekrose Faktor alpha), und Lymphotoxin, wobei IL2, IFNG und TNF α von Th 1-Zellen gebildet werden. Als antiinflammatorische Zytokine gelten TGF ß (transforming growth factor beta), IL 4, IL 10, IL 6, die den Th 2-Zellen zugeordnet werden. Die Messung von Zytokinen und löslichen Adhäsionsmolekülen in Liquor und Blut kann somit etwas über den immunologischen Aktivitätsgrad einer Entzündung im zentralen Nervensystem (ZNS) aussagen. Aus klinischer Sicht ist dies vor allem bei chronischen oder subakuten Entzündungen relevant. Ein gutes Beispiel hierfür ist die Multiple Sklerose (MS), bei der in Gegensatz zur akuten bakteriellen oder viralen Meningoenzephalitis die Liquorzellzahl oder der unmittelbar klinisch sichtbare Funktionsverlust keine direkte Aussage über die biologische Krankheitsaktivität erlauben.

Präanalytik: Für ELISA-Messungen werden 5 ml Vollblut nach 30–60-minütiger Lagerung bei Raumtemperatur (möglichst abgedunkelt) 10 Minuten bei 1000 × g zentrifugiert. Liquorproben (ebenfalls etwa 5 ml) werden 10 Minuten bei 200 × g zentrifugiert. Es werden 50 bis 200 µl Serum oder Liquor pro Messung eingesetzt. Die Messung der Zytokine und Adhäsionsmoleküle sollte innerhalb weniger Stunden nach der Probengewinnung durchgeführt werden. Bis dahin genügt Kühlung bei 4–8 °C. Bei längerer Aufbewahrung muß die Probe bei −20 bis −80 °C eingefroren werden. Wiederholtes Einfrieren und Auftauen ist zu vermeiden, deshalb ist gegebenenfalls fraktionierte Einfrieren anzuraten.

Bei durchflußzytometrischer Bestimmung von IFNG werden 10 ml heparinisiertes Vollblut oder — in Abhängigkeit von der Zellzahl — 3–5 ml Liquor benötigt. Die Weiterverarbeitung der Zellen muß innerhalb weniger Stunden nach Blutentnahme erfolgen, eine Lagerung ist nicht möglich.

Für Zellkulturen werden 15–20 ml heparinisiertes Vollblut und 3–5 ml nativer Liquor eingesetzt.

Methodenbeschreibung: Aufgrund der niedrigen Konzentrationen vieler Zytokine werden hohe Anforderungen an die Sensitivität der Methode gestellt. Die Vielfalt von Methoden zur Zytokinbestimmung in der Literatur spiegelt diese Schwierigkeiten wider. Häufig wird die Zytokin-Produktion durch Stimulation mit verschiedenen Aktivatoren über die Nachweisgrenze angehoben. Deshalb müssen Methoden, die native Proben einsetzen von solchen mit stimulierten Proben unterschieden werden. Außerdem ist die Messung von intrazellulären Zytokinen (Durchflußzytometrie, ELISPOT-Technik) von solchen im Serum/Plasma, Liquor oder Kulturüberstand (ELISA, EAISA) zu unterscheiden. Als eine weitverbreitete Methode mit verhältnismäßig geringem apparativen und finanziellen Aufwand bei oft ausreichender Sensitivität bietet sich die ELISA-Technik (enzyme linked immunosorbent assay) an. Wenn möglich, haben wir aus der Literatur Serum- und Liquor-Werte von Patienten und Kontroll-Gruppen zusammengestellt. Wo es sinnvoll erschien, wurde der Methodenteil um weitere Methoden ergänzt, wobei die Methodenauswahl aufgrund des begrenzten Raumes unvollständig und subjektiv bleiben muß. Bewußt haben wir uns in den folgenden Kapiteln auf den Protein-Nachweis beschränkt und Methoden, die auf dem Nachweis von mRNA einzelner Zytokine beruhen, ausgeklammert. Da in einigen Fällen eine posttranslationale Modifizierung erfolgt, sind diskrepante Befunde von Messungen auf Protein und mRNA-Ebene zu erwarten. Allerdings konnte für einige Zytokine eine gute Korrelation zwischen beiden Parametern gezeigt werden [41].

Klinische Bewertung: Für die meisten Zytokine gibt es noch keine klinisch gesicherte Indikation in der klinischen Diagnostik oder Verlaufskontrolle. Dies liegt zum Teil an methodischen Schwächen wie aufwendigen Untersuchungstechniken, zum Teil aber auch an fehlenden Standards. Der Schwerpunkt des Zytokin-Messungen liegt im wissenschaftlichen Bereich mit Fragestellungen, die zur Klärung der Pathophysiologie infektiöser und nicht erreger-bedingter entzündlicher Erkrankungen beitragen sollen.

Dies mag sich in Zukunft ändern, wenn einerseits die methodischen Schwierigkeiten gelöst sind und andererseits die zahlreichen Einzelerkenntnisse zu einem brauchbaren pathophysiologischen Gesamtkonzept gebündelt worden sind.

4.1.1 ICAM 1 und VCAM 1

4.1.1.1 Pathophysiologie

ICAM 1 (intercellular adhesion molecule 1, CD 54) und VCAM 1 (vascular cell adhesion molecule) sind Adhäsionsmoleküle aus der Immunglobulin-Superfamilie. Die vermehrte Expression an der Oberfläche von Endothelzellen nach Aktivierung durch verschiedene Zytokine ermöglicht den Austritt von Lymphozyten und Monozyten ins umliegende Gewebe. ICAM 1 wird vor allem auf aktivierten Endothelien und Monozyten exprimiert, kann aber auch auf aktivierten T- und B-Lymphozyten und Epithelzellen zu finden sein. Seine Liganden auf der Seite der Entzündungszellen sind LFA 1 (lymphocyte-function associated antigen 1, CD 18/CD 11a) und der Monozytenmarker MAC 1 (CD 18/CD 11b) sowie CD 43. Die Expression von ICAM 1 wird hochreguliert durch die Zytokine IFNG, IL 1β, und TNF α. VCAM 1 findet sich auf aktivierten Endothelzellen, kann aber auch auf aktivierten Makrophagen, Knochenmarksfibroblasten und Myoblasten sowie Astrozyten und Mikroglia exprimiert werden. Der wichtigste Ligand von VCAM 1 auf Seite der Entzündungszellen ist das Integrin α4β1 (VLA 4). Die Expression von VCAM 1 wird hochreguliert durch IL 1β, IL 4, TNF α und IFNG. Cortikosteroide inhibieren die Expression von Adhäsionsmolekülen. Neben der zellgebundenen Form werden Adhäsionsmoleküle auch durch sog. Shedding in die Umgebung sezerniert und sind dann als lösliche Formen (sICAM, sVCAM) in Serum oder Liquor nachweisbar.

4.1.1.2 Indikation und klinischer Bezug

Bei Infektionen des Zentralnervensystems durch Viren und Bakterien finden sich erhöhte Werte von sICAM und sVCAM in Serum und Liquor

Tab. 1: sICAM im Serum und Liquor neurologischer Patienten in ng/ml (Mittelwert ± Standardabweichung)

	Dore-Duffy et al. 1995 [34]		Trojano et al. 1998 [152]		Jander et al. 1993 [69]	
	Serum	Liquor	Serum	Liquor	Serum	Liquor
Kontrollgruppe	146 ± 41	< 8	252 ± 68	–	305 ± 140	1,7*)
Virale Meningitis	–	–	–	–	310*)	5,8*)
Bakterielle Meningitis	–	–	–	–	440*)	36*)
Multiple Sklerose	239 ± 138	< 8	284 ± 60	–	260*)	1,7*)
Guillain-Barré-Syndrom	–	–	307 ± 39	–	290*)	3,1*)

*) Werte bei fehlenden Zahlenangaben des Autors aus Diagramm geschätzt.

von Patienten mit bakterieller oder viraler Meningitis [39, 69]. Im Tierversuch reduzieren ICAM 1-Antikörper das Ausmaß der Ödembildung bei bakterieller Meningitis und haben damit einen potentiell günstigen Einfluß auf den Krankheitsverlauf und -ausgang [166]. Bei nicht erregerbedingten Entzündungen des ZNS finden sich ebenfalls erhöhte sICAM- und sVCAM-Werte in Serum und Liquor, so zum Beispiel bei der aktiven Multiplen Sklerose und dem Guillain-Barré-Syndrom [34, 152]. Auch primär nicht-infektiöse Erkrankungen wie das akute Schädel-Hirn-Trauma führen zu einem Anstieg von löslichen Adhäsionsmolekülen im Liquor [169].

Methodenbeschreibung: Kommerzielle Kits für den Nachweis von sICAM und sVCAM mittels ELISA-Technik stehen zur Verfügung.

Analytische Bewertung: sICAM und sVCAM können im Serum und Liquor mit einem entsprechend sensitiven ELISA-Kit nachgewiesen werden. Während bei chronisch entzündlichen Prozessen eine Überlappung mit Normalwerten besteht, ist bei akuten viralen und vor allem bei bakteriellen ZNS-Entzündungen eine deutliche Erhöhung von sICAM und sVCAM zu beobachten. sICAM-Werte in Serum und Liquor gemessen in ELISA-Technik bei verschiedenen neurologischen Krankheitsbildern sind in Tab. 1 zusammengefaßt.

In Tab. 2 sind sVCAM-Werte in Serum und Liquor von Patienten mit neurologischen Erkrankungen aus der Literatur zusammengestellt (ELISA-Technik).

Klinische Bewertung: In der klinischen Diagnostik oder Verlaufsbeurteilung ergibt sich noch keine erkennbare Indikation zur Bestimmung von Adhäsionsmolekülen.

4.1.2 Tumor Nekrose Faktor alpha

4.1.2.1 Pathophysiologie

Tumor Nekrose Faktor alpha (TNFα) ist ein 157 Aminosäuren langes Protein, das überwiegend von aktivierten Monozyten produziert

Tab. 2: sVCAM-Werte bei Patienten mit neurologischen Erkrankungen aus den Arbeiten von Mößner et al. 1996 [103] und Dore-Duffy et al. 1995 [34]. Angaben in ng/ml, (jeweils Mittelwert ± Standardabweichung)

	Mößner et al. 1996 [103]		Dore-Duffy et al. 1995 [34]	
	Serum	Liquor	Serum	Liquor
Kontrollgruppe	621 ± 47	27 ± 7	428 ± 84	1,1 ± 0,7
Virale Meningitis	1025 ± 173	97 ± 28	–	–
Multiple Sklerose	971 ± 140	61 ± 15	406 ± 130	6 ± 3

wird. Der Rezeptor ist ubiquitär. Die TNF α-Produktion wird durch Lipopolysaccharide und bakterielle Exotoxine sowie durch IFNG gesteigert. Dexamethason hemmt die TNF α-Produktion. Löslicher TNF α-Rezeptor kann TNF α neutralisieren. TNF α wirkt proinflammatorisch und zytotoxisch. Die Zytotoxizität wird durch eine vermehrte phagozytotische Aktivität von Granulozyten sowie durch eine vermehrte antikörperabhängige, zellvermittelte Zytotoxizität erreicht. TNF α wird ein positiver Effekt bei der Infektabwehr zugeschrieben, wobei jedoch hohe Konzentrationen von TNF α mit einer schlechten Prognose vergesellschaftet sind.

4.1.2.2 Indikation und klinischer Bezug

Bei der zerebralen Malaria gehen Serum-Spiegel von mehr als 100 pg/ml mit einer erhöhten Mortalität einher [53]. Bei bakterieller Meningitis erreichen die TNF α-Spiegel im Liquor Werte über 1000 pg/ml und korrelieren mit dem Schweregrad der Erkrankung [111]. Bei nicht erregerbedingten entzündlichen Erkrankungen des Nervensystems wie der Multiplen Sklerose und dem Guillain-Barré-Syndrom wurden erhöhte Spiegel im Serum und im Liquor gemessen [153]. Ein TNF α-Peak im Serum ist prädiktiv für einen MS-Schub und kann daher als Aktivitätsparameter fungieren [133].

Methodenbeschreibung: Für die Bestimmung von TNF α stehen kommerzielle ELISA-Kits zur Verfügung.

Analytische Bewertung: Bei gesunden Probanden beträgt der TNF α-Gehalt im Serum 0–11,5 pg/ml. Selbst bei entzündlichen Prozessen kann der TNF α-Gehalt in Serum oder Liquor in einem nennenswerten Prozentsatz unter der Nachweisgrenze liegen. In Tab. 3 ist die Häufigkeit erhöhter TNF α-Werte in Serum und Liquor bei Patienten mit unterschiedlichen neurologischen Erkrankungen aus der Literatur zusammengestellt.

Die Meßergebnisse variieren beträchtlich bei Anwendung verschiedener ELISA-Kits [76]. Verschiedene Untersuchungsbedingungen wie die Lagerung der Probe bei Temperaturen von 4°C bis zu 20 Tagen, wiederholtes Einfrieren und Auftauen, Bestimmung in Serum oder Plasma haben dagegen keinen Einfluß auf den Meßwert [7]. Die Anwesenheit von löslichem TNF α-Rezeptor soll die TNF α-Konzentration bei Anwendung der ELISA und EAISA-Technik nicht beeinflussen [101].

Klinische Bewertung: Wie die meisten anderen Zytokine liegt der Schwerpunkt des Einsatzes von TNF α-Bestimmungen bei wissenschaftli-

Tab 3: Häufigkeit erhöhter TNF α-Werte im Serum und Liquor neurologischer Patienten in Prozent. In Klammern Minimal- und Maximalwerte für TNF α in pg/ml

	Kornelisse et al. 1997 [75]	Tsukada et al. 1991 [153]		Maimone et al. 1991 [83]	
	Liquor	Serum	Liquor	Serum	Liquor
Kontrollgruppe	–	17 % (<3,5–7)	0 %	0 %	7 % (<40–125)
Multiple Sklerose	–	36 % (<3,5–70)	94 % (<3,4–24)	18 % (<40–46)	23 % (<40–140)
Guillain-Barré-Syndrom	–	63 % (<3,5–21)	88 % (<3,4–22)	–	–
Aseptische Meningoenzephalitis	–	–	–	0 %	29 % (<40–230)
Bakterielle Meningitis	(<15–10600)	–	–	–	–

chen Fragestellungen. Von besonderem Interesse sind die physiologische Rolle von TNF α bei der Infektabwehr sowie die Beteiligung bei chronisch entzündlichen Prozessen. Ob TNF α geeignet ist, die Prognose bei erregerbedingten ZNS-Erkrankungen und septischen Krankheitsbildern abzuschätzen, bleibt größeren Fallkontrollstudien vorbehalten.

4.1.3 Interferon gamma

4.1.3.1 Pathophysiologie

Interferon gamma (IFNG) ist ein homodimeres, 143 Aminosäuren umfassendes Glykoprotein, das zur Gruppe II der Interferone gezählt wird. Es wird von T-Lymphozyten und natürlichen Killerzellen nach Stimulation durch verschiedene Antigene und Mitogene sowie Zytokine (IL 12, TNF α) gebildet. Die INFG-Produktion wird durch IL 10 und Cortison inhibiert. Auf zellulärer Ebene induziert IFNG nach Bindung an die ubiquitär vorkommenden, spezifischen Rezeptoren die Transkription bestimmter Proteine, z. B. MIG (monokine induced by IFNG). IFNG stimuliert die Freisetzung weiterer proinflammatorischer Zytokine wie TNF α. IFNG erhöht die Expression von MHC II Molekülen und damit die Kapazität immunkompetenter Zellen, Antigene im Rahmen eines trimolekularen Komplexes zu präsentieren und zu erkennen. Insgesamt ist Interferon gamma eines der wichtigsten proinflammatorischen und zytotoxischen Zytokine.

4.1.3.2 Indikation und klinischer Bezug

Bei akuten und chronischen Entzündungen des zentralen Nervensystems ist IFNG in Blut und Liquor erhöht. Ein wesentlicher Bestandteil der Virusabwehr bei viralen Meningitiden ist die Zytotoxizität, die durch in CD8 positiven Lymphozyten gebildetes IFNG vermittelt wird [30]. Auch bakterielle Meningitiden gehen mit einer vermehrten IFNG-Produktion im Liquor einher [75]. Bei nicht erregerbedingten Entzündungen des zentralen Nervensystem wie der Multiplen Sklerose finden sich ebenfalls erhöhte IFNG Werte in Blut und Liquor [106].

Die besondere Bedeutung von IFNG bei der Multiplen Sklerose wird durch die Beobachtung von Panitch [126] unterstrichen, daß die intravenöse Gabe von IFNG Krankheitsschübe auslösen kann. IFNG ist ebenfalls wichtig für die Abwehr von Mykobakterien. Dies konnte an Patienten mit disseminierter Infektion durch apathogene oder attenuierte BCG-Stämme gezeigt werden, die eine partielle Defizienz des Interferon gamma Rezeptors Typ 1 aufwiesen [73].

Methodenbeschreibung: IFNG kann in Plasma, Serum, Liquor, Urin und Kulturüberstand mit kommerziell erhältlichen ELISA-Kits gemessen werden. Die Meßwerte können in Abhängigkeit vom benutzten ELISA-Kit erheblich differieren [124]. Aufgrund der niedrigen zu erwartenden Werte in Normalkollektiven bieten einzelne Hersteller hochsensitive ELISA-Kits an.

Des weiteren kann IFNG intrazellulär mittels Durchflußzytometrie oder ELISPOT-Technik nachgewiesen werden. Bei beiden Methoden liegen die zu erwartenden IFNG-Werte in nativen Zellen so niedrig, daß es sich empfiehlt, die Zellen zu stimulieren. Üblicherweise werden mononukleäre Zellen betrachtet, die mittels Dichtegradientenzentrifugation isoliert werden. Die Durchflußzytometrie ermöglicht morphologisch die Differenzierung von IFNG produzierenden Lymphozyten und Monozyten sowie bei entsprechender Markierung von Oberflächenantigenen auch die Beurteilung der IFNG-Produktion in T-Zell-Subpopulationen. Es liegen verschiedene Protokolle zur Zellstimulation vor. Gängige Stimulantien sind Phorbol-Myristat-Acetat (PMA)/Ionomycin, Lipopolysaccharid, anti CD3-Antikörper, Concanavalin A, die unterschiedliche Aktivierungswege nutzen und je nach Fragestellung ausgewählt werden sollten. Bei der Durchflußzytometrie werden die Zellen nach dem Stimulationsvorgang fixiert und mit monoklonalen fluoreszenzmarkierten Antikörpern gegen INFG, ggfs. auch gegen weitere Antigene inkubiert. Die Messung erfolgt im Durchflußzytometer. Als hilfreich haben sich weitere Prä-

Tab. 4: IFNG im Serum und Liquor von Patienten mit neurologischen Erkrankungen. Die Einheit ist IU/ml. Bei Furuya et al. 1999 [46] sind der Mittelwert ± Standardabweichung, bei Glimaker et al. 1994 [52] der Mittelwert und (Minimum−Maximum) angegeben

	Glimaker et al. 1994 [52]		Furuya et al. 1999 [46]	
	Serum	Liquor	Serum	Liquor
Kontrollgruppe	−	0-0,94	0,2 ± 0,1	0,15 ± 0,04
HTLV1 Myelopathie	−	−	0,33 ± 0,09	0,4 ± 0,07
Virale Meningitiden	−	2,0 (< 0,25-95)	−	−
Bakterielle Meningitis	−	2,0 (0,2-30)	−	−

parationsschritte wie die Sekretionshemmung während der Stimulationsphase und die Permeabilisierung der Zellwand vor Zugabe der monoklonalen Antikörper erwiesen. Die Meßwerte werden in Prozent INFG produzierender Zellen bezogen auf alle gemessenen Zellen oder bestimmte Subpopulationen angegeben. Die ELISPOT-Technik weist von stimulierten Zellen sezerniertes IFNG mittels monoklonaler Antikörper in einer dem ELISA ähnlichen Technik nach.

Analytische Bewertung: Bei Gesunden ist der zu erwartende IFNG-Wert in ELISA-Technik im Serum kleiner 2 pg/ml. Mit einer modifizierten ELISA-Technik, der EASIA (enzyme-amplified sensitivity immunoassay), wurden die in Tab. 4 aufgeführten Werte bestimmt.

Aufgrund der niedrigen Werte werden häufig Überstände stimulierter Blutzellkulturen analysiert. Hier variieren die Werte je nach Stimulationsmethode zwischen 370 und 696 pg/ml [31, 134].

Der Anteil CD3-positiver IFNG produzierende Blut- und Liquor- Lymphozyten an allen gemessenen Lymphozyten bei Gesunden und verschiedenen neurologischen Krankheitsbildern, gemessen nach Stimulation mit PMA und Ionomycin mittels Durchflußzytometrie, ist in Tab. 5 zusammengefaßt [131, 132].

Klinische Bewertung: Zur Zeit wird die Bestimmung von IFNG hauptsächlich bei wissenschaftlichen Fragestellungen eingesetzt; in die klinische Routine hat sie noch keinen Eingang gefunden. Mögliche Anwendungen wären die

Tab. 5: IFNG-produzierende CD 3-positive Blut- und Liquorlymphozyten gemessen im Flowzytometer nach PMA/Ionomycin-Stimulation in Prozent aller gegateten Lymphozyten, Mittelwert ± Standardabweichung, Werte nach Petereit et al. 1997, 1999 [131,132]

Patientenkollektiv	Blut	Liquor
Gesunde Probanden	3,08 ± 1,85	−
Multiple Sklerose	14,75 ± 7,25	27,13 ± 15,88
Lymphozytäre Meningitis	14,33 ± 7,23	34,10 ± 13,09

Beurteilung der Krankheitsaktivität und des Therapieerfolges bei chronisch entzündlichen Prozessen wie der Multiplen Sklerose.

4.1.4 IL 12

4.1.4.1 Pathophysiologie

Interleukin 12 (IL 12) ist ein Heterodimer, das aus einer 35 und einer 40 kD Untereinheit gebildet wird. IL 12 wird in Monozyten und anderen antigen-präsentierenden Zellen gebildet. Die IL 12 Produktion wird durch verschiedene Erreger, auch Bakterienbestandteile, und Interaktion von CD 40 mit seinem Liganden induziert. IL-10 wirkt als Antagonist der IL 12-Produktion. Auch Cortikosteroide, intravenöse Immunglobuline und bestimmte Immunsuppressiva inhibieren die IL 12-Produktion. IL 12 induziert die IFNG-Produktion und erhöht die Zytotoxizität von zytotoxischen T-Zellen und NK-Zellen.

Tab. 6: IL 12 im Serum und Liquor von neurologischen Patienten. Messung der IL 12p40 Untereinheit mittels ELISA, Angabe in pg/ml. Bei Kornelisse et al. 1997 [75] geben die Werte in Klammern Minimal- und Maximalwerte an, bei Fassbender et al. 1998 [40] wurde der Mittelwert ± Standardabweichung angegeben

	Kornelisse et al. 1997 [75]		Fassbender et al. 1998 [40]	
	Serum	Liquor	Serum	Liquor
Kontrollgruppe	109 (59–299)	< 50	416,3 ± 152,9	10,4 ± 8,1
Multiple Sklerose	–	–	209,0 ± 44,0	108,5 ± 43,5
Virale Meningitis	–	–	156,2 ± 47,6	180,9 ± 107,6
Bakterielle Meningitis	165 (72–1024)	509 (< 50–5390)	1 214,3 ± 728,7	29,8 ± 11,9

4.1.4.2 Indikation und klinischer Bezug

IL 12 ist ein wichtiger Bestandteil der Infektabwehr. Erhöhte IL 12-Werte wurden in Serum und Liquor von Patienten mit unterschiedlichen viralen und bakteriellen Erkrankungen gemessen [46, 75, 151]. Auch nicht-infektiöse, entzündliche Erkrankungen des Zentranervensystems wie die Multiple Sklerose gehen mit einer erhöhten IL 12-Produktion einher [159]. Bedeutsam erscheint das Auftreten von bakteriellen und mykobakteriellen Infektionen bei einer IL 12-Defizienz [4]. Durch Viren hervorgerufene Erkrankungen können über einen alternativen Weg die Infektabwehr gewährleisten [30, 123].

Methodenbeschreibung: Für die Bestimmung von IL 12 stehen kommerzielle ELISA-Kits zur Verfügung. Es werden sowohl das Heterodimer als auch die 40-kD-Untereinheit erkannt.

Analytische Bewertung: Tab. 6 zeigt eine Zusammenstellung von IL 12-Werten im Serum und Liquor bei verschiedenen neurologischen Krankheitsbildern.

4.1.5 IL 4, 6, 10

4.1.5.1 Pathophysiologie

Die Interleukine 4, 6 und 10 gelten als antiinflammatorische Zytokine. Sie werden überwiegend in T-Lymphozyten gebildet und sind charakteristische Produkte von Th 2-Lymphozyten. IL 4 fördert die Proliferation und Differenzierung von B-Lymphozyten, aber auch T-Zellen, Makrophagen und hämatopoetische Stammzellen. IL 4 wirkt auch durch seinen IL 12-antagonistischen Effekt antiinflammatorisch.

Interleukin 6 wird hauptsächlich von T-Lymphozyten und Monozyten nach Stimulation durch IL 1 und TNF alpha gebildet. IL 6 stimuliert B-Lymphozyten und reguliert die IgG-Produktion herauf. Auch eine proliferationsfördernde Wirkung auf Lymphome und bestimmte Karzinome wird IL 6 nachgesagt. IL 6 ist pyrogen. Neben der Wirkung auf Blutzellen hat IL 6 auch einen Einfluß auf die Regeneration von Leberzellen sowie auf die Produktion von Akutphase-Proteinen in der Leber. Il 6 reduziert die Insulin-like growth factor-Produktion.

IL 10 wird überwiegend in Th 2-Lymphozyten und Monozyten nach Stimulation unter anderem mit bakteriellen Exotoxinen gebildet. Es wirkt inhibierend auf die IFNG und IL 2-Produktion und ist damit ein wichtiges antiinflammatorisches Zytokin.

4.1.5.2 Indikation und klinischer Bezug

Während IL 4 selbst im Plasma von Patienten mit Meningokokken-Infektion nicht nachweisbar ist [160], finden sich im Tiermodell der Hämophilus-influenza-Meningitis Hinweise auf eine vermehrte IL 4 mRNA-Expression in Liquorzellen [33]. Bei chronisch-entzündlichen ZNS-Erkrankungen wie der Multiplen Sklerose lassen sich im Gegensatz zu erhöhten proinflammatorischen Zytokin-Werten in Serum und Liquor nur sehr selten antiinflammatori sche Zytokine nachweisen [48]. Allerdings wurde eine hohe Zahl von IL 4-produzierenden T Zell-Klonen im Liquor von MS Patienten beschrieben [14].

IL 6 ist bei einer Reihe neurologischer Erkrankungen in Serum und Liquor erhöht, die mit einer spezifischen oder begleitenden Antikörper-Produktion einhergehen, z. B. Meningitis, Multiple Sklerose und Guillain-Barré-Syndrom [60, 84, 145]. Bei der subakuten sklerosierenden Panenzephalitis, die mit einer exzessiven intrathekalen Masern-Antikörper-Produktion einhergeht, konnten dagegen keine erhöhten IL 6-Werte in Serum oder Liquor gemessen werden [93]. Perez [127] vermutet eine pathogenetische Bedeutung von IL 6 für die Produktion von intrathekalen Immunglobulinen bei der Multiplen Sklerose.

IL 10 ist bei infektiösen und entzündlichen Erkrankungen in Serum und Liquor erhöht [66, 78, 106]. Ein Zusammenhang von hohen IL 10-Werten im Serum und letalem Ausgang einer Meningokokken-Meningitis wurde kürzlich berichtet [78]. Dabei scheint das Ausmaß der IL-10-Produktion nach Stimulation genetisch determiniert zu sein [37]. Während bei infektiösen Erkrankungen die IL 4, 6 und 10-Produktion zeitlich dem Maximum proinflammatorischer Zytokine folgt und in die Rekonvaleszenz-Phase fällt [107], findet sich bei chronisch entzündlichen Prozessen eine zeitgleiche Erhöhung pro- und antiinflammatorischer Zytokine [106]. Aber auch eine Reihe nicht entzündlicher Erkrankungen wie Schädel-Hirn-Traumata und maligne Hirntumore gehen mit einer vermehrten IL-10-Produktion einher [10, 165].

Methodenbeschreibung: Für IL 4, 6 und 10 stehen kommerziell erhältliche ELISA-Kits zur Verfügung.

Analytische Bewertung: Die IL-4-Konzentration in Serum und Liquor liegt bei Anwendung der ELISA-Technik meist unter der Nachweisgrenze [48, 160].

In Tab. 7 und Tab. 8 sind die von verschiedenen Autoren gemessenen IL-6- und IL-10-

Tab. 7: IL 6 in Serum und Liquor von Patienten mit Entzündungen des Nervensystems gemessen mittels ELISA, Mittelwerte in pg/ml

	Chavanet et al 1992 [27]		Shimada et al. 1993 [145]		Matsuzono et al. 1995 [90]	
	Serum	Liquor	Serum	Liquor	Serum	Liquor
Kontrollgruppe	–	–	< 15	–	–	–
Enzephalitis	–	–	–	–	< 100	409
Virale Meningitis	–	2 160	–	–	< 100	1076
Bakterielle Meningitis	–	6 575	–	–	14 332	49 017
Multiple Sklerose	–	–	212	131	–	–
Guillain-Barré-Syndrom	–	–	90	–	–	–

Tab. 8: IL 10 in Serum und Liquor von Patienten mit Entzündungen des Nervensystems gemessen mittels ELISA, Mittelwert ± Standardabweichung bzw. Mittelwert (Minimum-Maximum), Werte in pg/ml

	Ishiguro et al. 1996 [66]		Lehmann et al. 1995 [78]	
	Serum	Liquor	Serum	Liquor
Kontrollgruppe	11 ± 4	10 ± 3	20 (0–60)	–
Aseptische Meningitis	< 10	88 ± 146	–	–
Bakterielle Meningitis	–	–	119 (0–1050)	637 (0–2000)

Werte in Serum und Liquor bei verschiedenen entzündlichen Erkrankungen des Nervensystems zusammengefaßt.

Klinische Bewertung: Möglicherweise kann IL 6 die Diagnose einer Meningitis in der frühen Phase erleichtern, da ein IL-6-Anstieg im Liquor der Pleozytose vorausgehen kann [90]. Für IL 4 und IL 10 lassen sich gegenwärtig noch keine Aussagen machen, die über das oben gesagte hinausgehen.

4.1.7 TGF beta

4.1.7.1 Pathophysiologie

Die drei Unterformen von TGF β (transforming growth factor) haben eine 80 % Sequenzhomologie. TGF β wird von vielen Zelltypen gebildet. Neben einem antiproliferativen Effekt auf B-, T- und NK-Lymphozyten sowie verschiedene Parenchymzellen hat TGF β einen antiinflammatorischen Effekt, der sowohl auf zellulärer Ebene als auch durch Inhibition von IL 1 und IL 2 erklärt wird. TGF β kann die Differenzierung von bestimmten Geweben fördern. TGF β induziert die Kollagenbildung und Fibrosierung und gilt deshalb als „Reparatur-Zytokin".

4.1.7.2 Indikation und klinischer Bezug

Aufgrund seiner antiinflammatorischen Wirkung wurde eine verminderte Aktivität von TGF β bei chronisch entzündlichen Prozessen wie der Multiplen Sklerose vermutet. Link [81] konnte zeigen, daß in Liquor und Blut von MS-Patienten TGF β-produzierende Zellen häufiger vorkommen als bei Patienten mit anderen neurologischen Erkrankungen. Allerdings ist die TGF β-Produktion besonders in stabilen Krankheitsphasen im Vergleich zu Krankheitsschüben erhöht [25]. Die Gabe von TGF β bei Patienten mit Multipler Sklerose hatte in einem kleinen Kollektiv jedoch keinen günstigen Effekt auf die Krankheitsaktivität oder den Behinderungsgrad [22]. Bei erregerbedingten Erkrankungen des Zentralnervensystems ist TGF β im Liquor im Sinne einer Gegenregulation erhöht [119]. Dabei finden sich besonders hohe Werte bei bakteriellen Erkrankungen verglichen mit viralen [65]. Die Höhe der TGF β Produktion im Liquor hat allerdings keine prognostische Aussagekraft [65].

Methodenbeschreibung: Kommerzielle ELISA-Kits, zum Teil mit einer hohen Spezifität für TGF beta-1, stehen zur Verfügung.

Analytische Bewertung: Mittels ELISA von verschiedenen Autoren gemessene TGF β1-Werte in Serum und Liquor bei Patienten mit entzündlichen Erkrankungen des zentralen Nervensystems sind in Tab. 9 zusammengefaßt.

4.2 Andere Aktivierungsmarker

4.2.1 Neopterin

4.2.1.1 Pathophysiologie

Neopterin, ein Produkt des GTP-Metabolismus, wird nach Stimulation mit IFNG, welches in aktivierten T-Zellen gebildet wird, in Makrophagen und Monozyten synthetisiert

Tab. 9: TGF β1 in Serum und Liquor von Patienten mit neurologischen Erkrankungen. ELISA, Mittelwert ± Standardabweichung, Werte in pg/ml

	Huang et al. 1997 [65]		Rollnik et al. 1997 [136]	
	Serum	Liquor	Serum	Liquor
Kontrollgruppe	–	20,5 ± 1,1	56,9 ± 35,0	119,0 ± 21,5
Multiple Sklerose	–	–	39,3 ± 43,8	98,0 ± 123,0
Aseptische Meningitis	–	25,3 ± 1,7	–	–
Bakterielle Meningitis	–	32,9 ± 2,4	–	–

und freigesetzt. Es stellt einen unspezifischen Marker zellulärer immunologischer Stimulation dar.

4.2.1.2 Indikation

Bedeutung hat Neopterin bei der Bestimmung des Ausmaßes und der Aktivität von Erkrankungen, die mit einer Aktivierung des zellulären Immunsystems einhergehen. Insbesondere bei Erkrankungen des ZNS in Verbindung mit einer HIV-Infektion spricht ein Anstieg der Neopterinkonzentration im Liquor, auch bei klinischer Symptomlosigkeit, für ein Fortschreiten der ZNS-Infektion [51]. Hohe Neopterinspiegel weisen auf ein erhöhtes Risiko für die Progression eines neurologisch initial asymptomatischen Krankheitsverlaufs, in das Stadium des AIDS-Dementia-Komplexes, oder anderer HIV-assoziierter neurologischer Erkrankungen, hin [18, 55].

Erhöhte Neopterinkonzentrationen im Liquor wurden darüberhinaus auch bei anderen infektiösen und nicht-infektiösen Erkrankungen des ZNS beobachtet [57] (siehe dazu Tab. 10), darunter die Neuroborreliose [35] und die aseptische Meningitis [43]. Auch bei der Multiplen Sklerose spricht eine erhöhte Neopterinkonzentrationen im Liquor, bei klinisch inaktiven Verläufen, für eine weiterbestehende T-Zell-gesteuerte und INFG-mediierte Makrophagenaktivierung des ZNS [144].

Präanalytik: Für die Bestimmung aus Serum werden 1 ml, für Liquorbestimmungen ca. 0,5 ml benötigt. Aufgrund der Lichtempfindlichkeit von Neopterin sollte das Probenmaterial vor Licht geschützt gelagert werden. Neopterin ist bei 15–25 °C mindestens drei Tage, bei 4 °C bis zu einer Woche stabil. Längerfristige Lagerung bei −20 bis −80 °C.

Methodenbeschreibung: Die Neopterinkonzentrationen im Liquor und im Serum können mit kommerziell erhältlichen Radioimmunoassays oder ELISA bestimmt werden, deren Detektionslimit bei einer Neopterinkonzentration von 1,25 nmol/l liegt. Darüber hinaus gibt es die Möglichkeit eines Nachweises mittels Hochdruckflüssigkeitschromatographie (HPLC) [24, 45].

Analytische Bewertung: Der Referenzbereich für Neopterin im Liquor liegt bei einer Konzentration < 5,0 nmol/L, im Serum bei < 9,5 nmol/L (siehe dazu Tab. 10). Die Konzentrationen in Liquor und Serum unterliegen altersabhängigen Veränderungen. Konzentrationsanstiege mit dem Alter sind jedoch weniger ausgeprägt als krankheitsinduzierte [57]. Gesunde Kontrollen weisen niedrigere Neopterinkonzentrationen im Liquor als im Serum auf. Hohe Neopterinkonzentrationen im Liquor, bei Erkrankungen des ZNS, können unter der Annahme eines passiven Transfers aus dem Serum nicht hinreichend erklärt werden, da die Blut-Liquorschranke für Neopterin wenig perme-

Tab. 10: Durchschnittliche Neopterinkonzentration in Liquor und Serum angegeben in nmol/l bei gesunden Kontrollen und verschiedenen Krankheitsbildern, gemessen mittels RIA (Hagberg et al. 1993 [57]). Angabe des Wertebereiches (Minimum-Maximum) in Klammern

Patientengruppe	Liquor	Serum
Gesunde Kontrollen	4,2 (3,2–5,5)	6,0 (3,0–9,3)
Bakterielle Meningitis	63,0 (10,0–202,0)	42,2 (7,9–437,0)
Neuroborreliose	54,9 (10,1–182,0)	9,1 (5,1–17,3)
Virale Meningitis	32,5 (6,7–60,5)	5,6 (3,8–6,4)
Virale Encephalitis	130,9 (86,4–236,0)	11,0 (7,7–13,2)
Asymptomatische HIV Infektion	13,9 (5,2–34,3)	15,1 (5,7–41,1)
AIDS	26,0 (8,8–42,0)	35,1 (17,7–66,5)
AIDS Dementia	65,4 (55,6–110,0)	71,4 (23,2–121,0)

abel ist und die Konzentrationen im Liquor die des Serums übertreffen. Die fehlende Korrelation zwischen Serum- und Liquor-Neopterin spricht für eine intrathekale Produktion [97]. Es wird geschätzt, daß nur etwa 2–3% des Liquorneopterins seinen Ursprung außerhalb des ZNS hat. Die Frage nach dem Bildungsort kann noch nicht abschließend beantwortet werden, da hohe Neopterinkonzentrationen auch bei niedriger Monozytenzahl gefunden wurden, und daher vorstellbar ist, daß auch andere Zellen monozytären Ursprungs, wie Mikrogliazellen, an der Neopterinproduktion beteiligt sind [57].

4.2.2 Beta-2-Mikroglobulin

4.2.2.1 Pathophysiologie

Beta-2-Mikroglobulin, ein Protein niedrigen Molekulargewichts (11 800 Dalton), findet sich auf der Oberfläche der meisten nukleären Zellen als Leichtkettenprotein des Klasse I MHC Moleküls (major-histocompatibility-complex). Korrespondierend zum HLA-Turnover wird Beta-2-Mikroglobulin freigesetzt und ist als lösliches Protein in Blut, Liquor, Urin, Speichel und anderen Körperflüssigkeiten detektierbar [12]. Erhöhte Serum- und Liquorspiegel sind mit einer Aktivierung von T-Zellen und Makrophagen assoziiert.

4.2.2.2 Indikation

Diagnostik, Verlaufs- und Therapiebeurteilung lymphoproliferativer Erkrankungen mit Manifestation im ZNS sowie HIV-Infektionen mit ZNS-Beteiligung [91].

Liquor- und Serumkonzentrationen korrelieren mit den Stadien einer HIV Infektion. Dabei sprechen erhöhte Beta-2-Mikroglobulin-Liquorkonzentrationen für die Progression zum AIDS-Dementia-Komplex [17, 18]. Auch bei einer Reihe anderer Erkrankungen mit Involvierung des Nervensystems finden sich erhöhte Liquorspiegel. Dazu gehören die Neurosarkoidose sowie virale und bakterielle Meningitiden [2]. Beta-2-Mikroglobulin erwies sich nicht als valider Aktivitätsmarker bei der Multiplen Sklerose [26].

Präanalytik: Für die Analytik werden 0,5 ml Liquor benötigt. Beta-2-Mikroglobulin ist bei 4 °C mindestens eine Woche stabil. Längerfristige Lagerungen bei −20 bis −80 °C.

Methodenbeschreibung: Für die Bestimmung der Beta-2-Mikroglobulin Serum- und Liquorkonzentrationen können sowohl Radioimmunoassays [140], als auch hochsensitive und spezifische ELISAs [15] sowie ein nephelometrischer Immunoassay mit Latexverstärkung eingesetzt werden.

Analytische Bewertung: Die Referenzbereiche der Beta-2-Mikroglobulinkonzentration in Liquor und Serum sind in Tab. 11 aufgeführt.

Tab. 11: Referenzbereiche der Beta-2-Mikroglobulinkonzentration in mg/L zusammengestellt nach den Arbeiten von Maruyama et al. 1976 [87], Starmans et al. 1977 [148], Tenhunen et al. 1978 [150], Twijnstra et al. 1986 [156], Weller et al. 1992 [168] und Gisslen et al. 1994 [51]

Liquor	< 2,2
Serum	
< 60 Jahre	< 2,5
≥ 60 Jahre	≤ 3,0

Es ist zu beachten, daß Änderungen der Serumkonzentration aufgrund der überwiegenden renalen Ausscheidung von Beta-2-Mikroglobulin aus Störungen der glomerulären und tubulären Funktion resultieren können. Im Schnitt ist die Liquorkonzentration bei Normalpersonen bis zu 25% niedriger als die Konzentration im Serum [1, 150]. Es existieren geringe intraindividuelle Variabilitäten sowie altersabhängige Veränderungen, jedoch keine geschlechtsspezifischen [15].

Aufgrund seiner niedrigen Molekulargröße kann Beta-2-Mikroglobulin die Blut-Liquorschranke passieren. Hohe Serumkonzentrationen können theoretisch den Liquorspiegel beeinflussen. Um den Einfluß der Serumkonzentration auf die Liquorkonzentration gering zu halten, wird von manchen Autoren zusätzlich die Bestimmung des Beta-2-Mikroglobulin Liquor/Serum Quotienten empfohlen. Der nor male Liquor/Serum Quotienten liegt zwischen 0,75 [1] und 0,79 ± 0,32 [150]. Ein Wert ≥ 1,0 wurde bei Meningoencephalitis, Hirninfarkten, Neurosarkoidose und symptomatischer HIV-Infektion gefunden und als pathologisch bewertet. Aufgrund eines beobachteten fehlenden Zusammenhangs zwischen der Serum- und der Liquorkonzentration [92, 128] und einer die Serumkonzentration bei unterschiedlichen Krankheitsbildern übertreffenden Liquorkonzentration ist eine intrathekale Synthese, als Zeichen einer Immunstimulation im ZNS, anzunehmen [2, 128]. Diesbezüglich und den Ergebnissen von Studien folgend, die für den Liquor/Serum Quotienten niedrigere Sensitivitäten als für die absolute Beta-2-Mikroglobulinkonzentration im Liquor ermittelten [58, 70], relativiert sich die Notwendigkeit der Quotientenbestimmung als diagnostischer Test.

4.2.2.6 Klinische Bewertung der Neopterin- und Beta-2-Mikroglobulin-Konzentrationen im Liquor

Neopterin und Beta-2-Mikroglobulin stellen unspezifische biochemische Entzündungsmarker dar. Sie sind ein Maß immunogener Stimulation des ZNS. Obwohl ihre Konzentrationen in Serum und Liquor miteinander korrelieren [130, 147], reflektieren sie nicht den gleichen Aktivierungsmechanismus des Immunsystems.

Die Messung der Liquorkonzentrationen kann nicht der Unterscheidung zwischen bakteriellen-viralen, oder nicht-infektiösen entzündlichen oder malignen Prozessen des ZNS dienen. Die Bestimmung als diagnostischer Test bei neurologischen Erkrankungen erscheint daher wenig wegweisend. Vielmehr können sie als Orientierungshilfe bei der Beobachtung des klinischen Verlaufs und der Einschätzung des therapeutischen Effekts dienen.

4.2.3 Angiotensin-Converting-Enzym (ACE)

4.2.3.1 Pathophysiologie

Angiotensin-Converting-Enzym wandelt Angiotensin I in Angiotensin II, den stärksten Vasokonstriktor des menschlichen Körpers, um. Es ist ein membrangebundenes Protein, welches in hoher Konzentration in Epitheloidzellen und Makrophagen der sarkoiden Granulome enthalten ist [50]. Wahrscheinlich beeinflußt es die Granulombildung. Cerebrospinales ACE wird im Gehirn synthetisiert und ist Teil eines autonomen zerebralen Renin-Angiotensin-Mechanismus.

4.2.3.2 Indikation

Die Bestimmung von ACE in Serum und Liquor hat vorwiegend klinische Relevanz bei der Diagnostik und Verlaufsbeurteilung der Sarkoidose sowie zur Abschätzung der Granulomlast. Erhöhte Liquorspiegel finden sich jedoch auch bei Meningitiden, Hirntumoren, und Polyneuritiden [114, 143]. Eine Erhöhung des Serum-ACE wurde bei lymphoproliferativen Erkrankungen, Stoffwechsel- und Infektionserkrankungen beschrieben [79].

Präanalytik: ACE-Hemmer sollten nach Möglichkeit vier Wochen vor der Bestimmung abgesetzt werden, anderenfalls werden falsch niedrige Werte gemessen. Für die Bestimmung aus Blut darf EDTA nicht als Antikoagulanz eingesetzt werden (Verminderung der ACE Aktivität). Serum wird unverdünnt eingesetzt, Liquor muß bis zu 100-fach konzentriert werden.

Methodenbeschreibung: Zur Anwendung kommen unterschiedliche radioenzymatische und photometrische Verfahren [44, 63, 80, 139].

Analytische Bewertung: Hinsichtlich der ACE-Aktivität im Liquor gilt für radioenzymatische Verfahren ein Referenzbereich < 3,8 U/L. Die Referenzbereiche für Serum/Heparinplasma sind der Tab. 12 zu entnehmen.

Tab. 12: Referenzbereiche der ACE Aktivität im Serum/Heparinplasma

Aktivität (U/L)	Referenz
10–35	Lieberman 1975 [80]
44–138	Ryan et al. 1977 [139]
12–52	Friedland et al. 1976 [44]
8–52	Holmquist et al. 1979 [63]

Da unter Normalbedingungen nur etwa 70 % des Liquor-ACEs aus dem ZNS stammen, ist die Aktivität im Liquor vom Albuminquotienten abhängig. Der gemessene ACE-Absolutwert sollte auf diesen bezogen werden. Der ACE Liquor/Serum Quotient findet aufgrund behandlungsbedingter Schwankungen der Serumwerte keine praktische Anwendung. Serum-ACE-Werte weisen eine Altersabhängigkeit auf, dabei haben Kinder bis zur Pubertät höhere Werte als Erwachsene. Mit zunehmendem Alter ist eine Abnahme der ACE-Aktivität zu beobachten.

Klinische Bewertung: Der positive prädiktive Wert einer erhöhten ACE-Aktivität im Serum für Sarkoidose liegt bei 75−90 %. Der negative prädiktive Wert mit 70−80 % etwas niedriger. Eine normale ACE-Aktivität im Serum schließt eine Sarkoidose daher nicht aus. Die ACE-Aktivität im Serum korreliert bei systemischen Sarkoidosen mit der Granulomlast, häufig jedoch nicht bei isolierten Sarkoidosen. Mit der Krankheitsprogression steigt die ACE-Aktivität im Serum an, initial niedrige Werte lassen dagegen auf einen günstigen Verlauf schließen [11].

Erhöhte ACE-Liquorspiegel sind bei ca. 60 % der Fälle mit einer Neurosarkoidose nachweisbar [115]. Bei extraneuraler Sarkoidose wird seltener eine Erhöhung des Liquor-ACE beobachtet [114].

Liquor-ACE stellt jedoch einen relativ unspezifischen Parameter dar, der sich wie oben erwähnt auch bei anderen neurologischen Erkrankungen findet. Klinische Relevanz kommt der Ermittlung des Liquor-ACE-Wertes vorwiegend zur Verlaufsbeurteilung einer Neurosarkoidose unter Glukokortikoidtherapie zu [138]. Dabei läßt sich bei gutem Ansprechen auf die Kortisontherapie häufig ein Abfall der Liquor-ACE-Aktivität beobachten.

4.3 Destruktionsmarker

4.3.1 Neuronen-spezifische Enolase (NSE)

4.3.1.1 Pathophysiologie

Enolase ist ein dimeres glykolytisches Enzym mit drei, immunologisch verschiedenen, Untereinheiten, α, β und γ. Physiologischerweise findet sich die γγ Enolase, oder auch Neuronenspezifische Enolase, ausschließlich im Zytoplasma von Neuronen und neuroendokrinen Zellen sowie in Spuren in Thrombozyten, Erythrozyten und Lymphozyten. Sie stellt rund 1,5 % der löslichen zellulären Proteine des Gehirns dar [85].

4.3.1.2 Indikation

Die Bestimmung der NSE-Konzentration in Serum und Liquor, als Destruktionsmarker akuter neuronaler Läsion, wurde bei verschiedenen Erkrankungen, wie dem Schädel-Hirntrauma [137], dem Guillain-Barré-Syndrom [99], dem Status epilepticus [29], im Frühstadium der Creutzfeldt-Jakob-Krankheit [71], der Multiinfarkt-Demenz [149], Subarachnoidalblutung und dem ischämischen Insult [129] untersucht, wobei eine quantitative Beziehung zwischen dem Grad des Zellschadens im zentralen Nervensystem und den Konzentrationen in Liquor und Serum beschrieben wurde.

Präanalytik: Sichtbar hämolytisches Serum und Liquor werden verworfen, um falsch positive Ergebnisse aufgrund einer NSE-Freisetzung aus Erythro- und Thrombozyten zu vermeiden. Die zellfreien Überstände können bei 4 °C bis zu 72 Stunden gelagert werden. Bei längeren Zeiträumen empfiehlt sich eine Aufbewahrung bei −20 bis −80 °C.

Methodenbeschreibung: Die NSE-Konzentrationen in Liquor und Serum können sowohl mit kommerziell erhältlichen Radioimmunoassays, die auf der Methode von Pahlman et al. [125] basieren, als auch mit Hilfe nicht-radioaktiver Enzymimmunoassays und ELISAs [67, 118, 164], die spezifisch für die γ Untereinheit der Enolase sind, bestimmt werden.

Analytische Bewertung: Bei der Beurteilung der Referenzbereiche (Tab. 13, Tab. 14) ist zu beachten, daß sowohl alters- als auch geschlechtsabhängige Veränderungen beschrieben wurden [110, 161]. Dabei steigt die NSE-Konzentration im Liquor um 0,1−1,4 % pro Jahr an. Als Ursa-

Tab. 13: NSE-Konzentrationen im Liquor gemessen von verschiedenen Autoren. Werte oberhalb des oberen Grenzbereiches gelten in der jeweiligen Arbeit als klinisch auffällig

Mittelwert, SD (ng/ml)	Wertebereich (Minimum-Maximum)	Oberer Grenzbereich (ng/ml)	Referenz
4,9 ± 1,9	1,7–12,2	8,7	Mokuno et al. 1994 [99]
10,8 ± 3,1	4,0–18,0	20	Correale et al. 1998 [29]
10,2 ± 3,2	–	16,6	Jimi et al. 1992 [71]
10,8 ± 4,5	–	20	Jacobi et al. 1988 [67]
7,1 ± 1,9	–	–	Beelen et al. 1993 [9]
–	–	2	Persson et al. 1987 [129]
–	–	10,2	van Engelen 1992 [161]
Männer: 5,1 ± 1,6 Frauen: 4,1 ± 1,4	–	–	Nygaard et al. 1998 [110]

Tab. 14: In der Literatur angegebene Werte der NSE-Konzentration im Serum. Als klinisch relevante Obergrenze gelten 30 ng/ml

Mittelwert, SD (ng/ml)	Wertebereich (Minimum – Maximum)	Referenz
8,45	5,5–14,0	Ross et al. 1996 [137]
7,0 ± 1,6	< 2–13	Persson et al. 1987 [129]
7,1 ± 3,6	–	Nygaard et al. 1998 [110]
4,5 ± 1,4	–	Correale et al. 1998 [29]

chen werden ein erhöhter NSE-Gehalt der Zellen bei konstantem Turnover, ein erhöhter Zellturnover sowie eine Verlängerung der biologischen Halbwertszeit durch verlangsamten Liquorabfluß diskutiert [161]. Hinsichtlich des Geschlechts weisen Männer höhere Konzentrationen auf (m: 5,1 ± 1,6 ng/ml versus w: 4,1 ± 1,4 ng/ml) [110].

Gleichzeitige Messungen der Serum und Liquorkonzentrationen ergaben, daß NSE zuerst im Liquor ansteigt und erst später in das Serum freigesetzt wird [29]. Der Serumpeak nimmt dabei niemals höhere Werte als der Liquorpeak an [129]. Anstiege der NSE im Liquor resultieren fast ausschließlich aus Gewebeuntergängen im ZNS. Der serumabhängige Anteil liegt unter 2% [67]. Da NSE zuerst im Liquor ansteigt, reflektieren Messungen der Liquorkonzentration akute Veränderungen besser als Messungen der Serumkonzentration. Für das bessere Verständnis der exakten Beziehungen zwischen Liquor- und Serumkompartiment sollten grundsätzlich jedoch beide untersucht sowie serielle Messungen vorgenommen werden.

4.3.2 S100

4.3.2.1 Pathophysiologie

Die S100-Familie stellt eine Gruppe kalziumbindender, saurer Proteine dar, die vorwiegend im zentralen und peripheren Nervensystem als Homo- oder Heterodimer zweier isomerer Untereinheiten, α und β, zu finden sind. S100b liegt im Zytoplasma von Glia- und Schwannzellen, S100a1 im Zytoplasma der Neurone in hohen Konzentrationen vor (Übersicht in [176]). Obwohl die Verbreitung der S100-Proteine nicht auf das Nervensystem limitiert ist, haben sie durch Involvierung in biophysiologischen Funktionen des Gehirns (Zell-Zellkommunikation, Zellwachstum und Differenzierung, Energiemetabolismus und Transduktion intrazellulärer Signale) eine große physiologische Bedeutung für die Funktionsfähigkeit des ZNS.

4.3.2.2 Indikation

S100 wird sowohl als Marker akuter zerebraler Läsionen, als auch als ein Marker aktivierter Astroglia angesehen. Erhöhte Konzentrationen wurden bei akuten und subakuten neurologischen Erkrankungen, wie dem ischämischen Insult, Hirnblutungen, dem Schädel-Hirn-Trauma (SHT), akuten Enzephalitiden, nach einem epileptischen Anfall, beim Guillain-Barré-Syndrom sowie bei progredienten Enzephalopathien wie der Creutzfeldt-Jakob-Krankheit, beschrieben. Im letzten Fall kann die Bestimmung der S100-Konzentration der differentialdiagnostischen Abgrenzung der Creutzfeldt-Jakob-Krankheit von anderen Demenzen dienen [99, 129, 167]. Beim Morbus Alzheimer wurde eine selektive S100-Überproduktion für die Progression der neuropathologischen Veränderungen verantwortlich gemacht [86].

Methodenbeschreibung: Für die Messung der S100 Konzentrationen in Serum und Liquor kommen zum Teil kommerziell erhältliche Enzymimmunoassays, Particle-Counting Immunoassays und immunoluminometrische Assays zur Anwendung. Die Detektionsgrenzen liegen in Abhängigkeit des verwendeten Assays zwischen 20 pg/ml und 0,5 ng/ml [38, 120, 121, 161].

Analytische Bewertung: S100 ist sowohl im Serum als auch im Liquor meßbar. Für die Bestimmung aus dem Serum spricht die schnelle und wiederholbare Gewinnung. Störungen der sensitiven Immunoassays durch andere Proteine und Verdünnungseffekte sind im Serumkompartiment jedoch eher zu erwarten, so daß die S100-Konzentration, auch aufgrund der kurzen biologischen Halbwertszeit von ca. 2 h, unter dem Detektionslimit der verwendeten Assays liegen kann. Für den Nachweis einer akuten zerebralen Läsion erscheint die Messung im Liquor daher sicherer. Bei chronischen Erkrankungen gilt S100 mehr als Marker für Astrogliaaktivierung als für Gewebsuntergang. Im speziellen Fall der differentialdiagnostischen Abgrenzung der Creutzfeldt-Jakob-Krankheit von anderen Demenzen erreichte der verwendete Serumtest nicht die Sensitivität und Spezifität entsprechender Tests im Liquor. Eine einzelne Messung im Serum kann eine Liquoruntersuchung nicht ersetzen, es sind suk-

Tab. 15: S100-Konzentration im normalen Liquor nach verschiedenen Autoren. Werte oberhalb des oberen Grenzbereiches bzw. oberhalb des jeweils gemessenen Maximums gelten als klinisch auffällig

Mittelwert ± SD	Wertebereich (Minimum − Maximum)	Oberer Grenzbereich	Referenz
0,45 ± 0,18 ng/ml	0,17−1,19 ng/ml	0,81 ng/ml	Mokuno et al. 1994 [99]
−	< 1−6,8 ng/ml	−	Persson et al.1987 [129]
−	0,9−2,6 ng/ml	−	van Engelen et al. 1992 [161]

Tab. 16: S100 Konzentration im Serum von Kontrollpatienten nach verschiedenen Autoren

Mittelwert	Wertebereich (Minimum − Maximum)	Referenz
5,3 ± 2,4 ng/ml	2,8−11,5 ng/ml	Persson et al. 1987 [129]
97 pg/ml	< 20−657 pg/ml	Otto et al. 1998b [121]
90 ± 70 pg/ml	10−240 pg/ml	Otto et al. 1998a [120]

zessive Bestimmungen notwendig. Eine über 3 Wochen bleibende Erhöhung von S100 unterstützt die Verdachtsdiagnose der Jakob-Creutzfeldt-Erkrankung.

In Tab. 15 und Tab. 16 sind die in unterschiedlichen Studien gemessenen Werte von Kontrollpatienten angegeben. Es zeigte sich eine Altersabhängigkeit mit einer Steigerung der Konzentration im Liquor von ca. 1% pro Jahr [161]. Geschlechtsabhängige Variabilitäten wurden bisher nicht beschrieben. Bei Patienten mit ischämischen Hirninfarkten wurde eine erhebliche Streuung in Abhängigkeit von der Infarktgröße und (bei Liquormessungen) der Beziehung zum Liquorraum gefunden. Die Liquorwerte lagen zwischen 2,8 und 700 ng/ml, die Serumwerte zeigten einen Anstieg bis 28 ng/ml [129]. Bei der Creutzfeldt-Jakob-Krankheit werden Liquorwerte von über 8 ng/ml gefunden. Die Serumwerte liegen bei dieser Erkrankung zu 80% über 213 pg/ml, Spitzenwerte wurden bis 2016 pg/ml gemessen [121].

4.3.3 Basisches Myelinprotein (MBP)

4.3.3.1 Pathophysiologie

Myelin besteht zu 70% aus Lipiden und zu 30% aus Protein. Der Anteil des MBP am Gesamtproteingehalt beträgt 30% [109]. Es wird ausschließlich in Oligodendrozyten und Schwannzellen exprimiert. Das intakte Molekül besteht aus 170 Aminosäuren. Es existieren vier humane Isoformen [23]. Unter physiologischen Verhältnissen läßt sich MBP im Liquor nicht oder nur in sehr geringen Mengen nachweisen. Bei akuten, demyelinisierenden Prozessen steigt es schnell in den Bereich von ng/ml an und sinkt 10−14 Tage nach dem Ereignis wieder unter die Nachweisgrenze [170, 171]. Der MBP-Spiegel des Liquors reflektiert bei einem kurz vorangegangenen demyelinisierenden Prozeß dessen Ausmaß sowie die Menge des verlorengegangenen Gewebes.

4.3.3.2 Indikation

Anstiege des MBP finden sich vor allem bei akuten Schüben einer Multiplen Sklerose, seltener dagegen bei chronischen oder progredienten Verläufen sowie bei der Retrobulbärneuritis [170]. MBP ist kein spezifischer Marker. Erhöhte Konzentrationen im Liquor, wenn auch mit einem unterschiedlichen temporären Verlauf, finden sich bei verschiedenen neurologischen Erkrankungen, die mit Destruktionen des Nervengewebes einhergehen [13, 49, 68, 112, 113, 170, 171].

Präanalytik: Lagerung des Liquors bei −20 bis −70 °C.

Methodenbeschreibung: Zur Bestimmung der MBP-Konzentration im Liquor werden vorwiegend hochsensitive Radioimmunoassays eingesetzt. Die Detektionsgrenzen liegen zwischen 0,1 und 2,5 ng/ml [28, 170]. Nicht-radioaktive Enzymimmunoassays können ebenfalls verwendet werden, ereichen jedoch häufig nicht die Sensitivität der RIAs [56, 104, 146].

Analytische Bewertung: Die MBP-Konzentration im Liquor (Tab. 17) weist einen ähnlich schon bei S100 und NSE beschriebenen Altersanstieg auf [161]. Es existieren bisher keine geschlechtsspezifischen Unterschiede. Die MBP-Konzentration ist weitestgehend unabhängig vom Liquorproteingehalt, von intrathekalem IgG, oligoklonalen Banden sowie dem Vorliegen einer Pleozytose.

Tab. 17: Referenzbereiche der MBP-Konzentration im Liquor nach verschiedenen Autoren

Referenzbereich (ng/ml)	Referenz
0,12−0,72	van Engelen et al. 1992 [161]
< 4	Nakagawa et al. 1994 [105]
0,2−1,2	Jongen et al. 1997 [72]

4.3.3.3 Klinische Bewertung der Destruktionsmarker NSE, S100 und MBP

Trotz guter bildgebender Techniken sind Unterscheidungen zwischen irreversibel geschädigten zerebralen oder spinalen Geweben und reversiblen Veränderungen noch lebender Gewebe sowie prognostische Aussagen häufig schwer möglich. Quantifizierung ZNS-spezifischer Proteine kann zusätzliche, detaillierte Informationen zu der aktuellen klinisch-radiologischen Situation liefern.

Bei Patienten mit diffuser ischämischer Schädigung des Großhirns korreliert ein Anstieg der NSE im Serum über 120 ng/ml mit einer geringen Überlebenschance [142]. Bei Hirninfarkten korreliert der Maximalwert der NSE-Konzentration im Serum mit der größe des Infarktareales. Die prognostische Bedeutung ist hier jedoch gering, da diese neben der Größe des Infarktes auch von der Lokalisation abhängt.

Die Messung von NSE und S100 im Liquor kann, bei klinischem Verdacht auf eine Creutzfeldt-Jakob-Krankheit, zur Differenzierung von anderen degenerativen Prozessen dienen [71, 167]. MBP, als krankheitsunspezifischer Indikator einer Demyelinisierung, kann, im Fall der Multiplen Sklerose, Auskunft über den aktuellen Verlauf der Erkrankung geben. Darüberhinaus korreliert die Konzentration des MBP mit Veränderungen in der Magnetresonanztomographie [8].

Kritisch muß angemerkt werden, daß ZNS spezifische Proteine zwar sehr sensible Marker pathologischer Zustände des zentralen Nervensystems sind, Normalwerte für NSE, S100 und MBP das Vorliegen einer Erkrankung jedoch nicht ausschließen. Gleichfalls hängen die Konzentrationen biochemischer Marker im Liquor von einer Vielzahl weiterer Faktoren ab, wie der Distanz zwischen dem Ort der Läsion und dem Liquorkompartiment, der Schwere und Ausdehnung der Läsion, regionalen Variabilitäten sowie Abbauprozessen durch Phagozyten und Proteasen [77, 110].

Daraus folgt, daß normale, sowie erhöhte Spiegel, im individuellen Fall mit Vorsicht zu bewerten sind. Auch der Zeitpunkt der Liquorgewinnung, in Relation zum Zeitpunkt des zytolytischen Ereignisses, spielt eine entscheidende Rolle. So erreichen die NSE und S100 Liquorspiegel, bei ischämischen Insulten, in einem zeitlichen Fenster zwischen 18 Stunden und vier Tagen Maximalwerte [129], und MBP sinkt 10–14 Tage nach einem demyelinisierenden Ereignis unter die Nachweisgrenze. Zur Erfassung der Dynamik eines Prozesses sind daher serielle Messungen notwendig.

Zusammengefaßt kommt der Bestimmung der Destruktionsmarker NSE, S100 und MBP klinische Bedeutung zu, um die ZNS Beteiligung bei einem Krankheitsprozeß nachzuweisen und zwischen Läsionen der Glia (S100), des Neurons (NSE) oder des Myelins (MBP) zu differenzieren.

Sie können zusätzliche Hilfe bei der Bewertung des Therapieeffektes darstellen, lassen Aussagen über die Ausdehnung einer Läsion, sowie des Outcomes jedoch nur bedingt zu.

4.3.4 Protein 14-3-3

4.3.4.1 Pathophysiologie

Die Familie der 14-3-3 Proteine besteht aus mindestens sieben sauren Proteinen mit einem Molekulargewicht zwischen 26 und 30 Kilodalton. Die Funktion der vorwiegend in Neuronen nachweisbaren Proteine ist komplex und beinhaltet die Aktivierung von Hydroxylasen sowie die Regulation der Protein Kinase C Aktivität. Darüberhinaus kommt ihnen Bedeutung bei signaltransduzierenden Vorgängen, wie der Regulation des Zellzyklus, zu [3, 21].

4.3.4.2 Indikation

Protein 14-3-3 gewann in den letzten Jahren für die intravitale Diagnostik der Creutzfeldt-Jakob-Krankheit zunehmend an Bedeutung. Es konnte sowohl im Liquor von Patienten mit sporadischer Creutzfeldt-Jakob-Krankheit als auch in einigen Fällen mit genetischer Creutzfeldt-Jakob-Krankheit nachgewiesen werden [59, 172, 175]. Es findet sich, abgesehen von der Creutzfeldt-Jakob-Krankheit, noch bei einer Reihe anderer neurologischer Erkrankungen im Liquor. So bei zerebrovaskulären Ereignissen, viralen Enzephalitiden, Subarachnoidalblutung, Hirnmetastasen und Meningitis [64, 135].

Präanalytik: Lagerung des Liquors bei −70 °C.

Methodenbeschreibung: Der Nachweis von 14-3-3 im Liquor erfolgt mittels eindimensionaler elektrophoretischer Auftrennung der Liquorproteine, Westernblot und Immunfärbung [64]. Die für den Immunnachweis von Protein 14-

3-3 notwendigen Antikörper sind kommerziell erhältlich.

Analytische Bewertung: Das Vorkommen von 14-3-3 Protein im Liquor manifestiert sich im Westernblot im Auftreten einer immunreaktiven Bande im Bereich von 30 Kilodalton. Die Sensitivität der Protein 14-3-3 Detektion mittels Western-Blot-Analyse aus Liquor liegt bei 96%, die Spezifität bei 99% [64].

Klinische Bewertung: Die definitive Diagnose einer Creutzfeldt-Jakob-Krankheit ist zur Zeit neuropathologisch autoptisch oder intravital durch eine Hirnbiopsie möglich. Für eine nicht-invasive intravitale Diagnostik kann die Bestimmung von 14-3-3 im Liquor, zusätzlich zu den internationalen Diagnosekriteriien [20, 89], wertvolle Informationen liefern. Protein 14-3-3 findet sich in 95,4% der pathologisch gesicherten, definitiven Creutzfeldt-Jakob-Krankheit Fälle. Der positive Vorhersagewert (Wahrscheinlichkeit, daß ein Patient tatsächlich eine Creutzfeldt-Jakob-Krankheit hat, wenn Protein 14-3-3 positiv ist) liegt bei 94,7%, der negative Vorhersagewert (Wahrscheinlichkeit, daß ein Patient keine Creutzfeldt-Jakob-Krankheit hat, wenn Protein 14-3-3 negativ ist) bei 92,4% [174]. Protein 14-3-3 wird bereits in den Frühstadien der Erkrankung nachweisbar, in denen die typischen klinischen Symptome noch fehlen [74].

Zur Validierung der klinischen Verdachtsdiagnose Creutzfeldt-Jakob-Krankheit sollte eine Untersuchung auf Protein 14-3-3 vorgenommen werden. Insbesondere bei solchen Fällen, die zwar die Diagnosekriterien erfüllen, jedoch keine typischen, periodischen, sharp and slow wave Komplexe im EEG aufweisen, kann die klinische Diagnose Creutzfeldt-Jakob-Krankheit durch den Nachweis von Protein 14-3-3 unterstützt werden. Der Test kann bei der Abgrenzung wahrer Creutzfeldt-Jakob-Krankheit Fälle von anderen Demenzen, insbesondere atypischer Verläufe eines Morbus Alzheimers, bei denen kein Protein 14-3-3 nachweisbar ist, hilfreich sein [64]. In solchen Fällen, bei denen die Diagnosekriterien nicht erfüllt sind, Protein 14-3-3 jedoch detektierbar ist, sollte im Verlauf eine Kontroll-Liquorpunktion vorgenommen werden, um zwischen Patienten im Frühstadium einer Creutzfeldt-Jakob-Krankheit und solchen mit anderen schädigenden Affektionen des ZNS zu unterscheiden. Negativität für Protein 14-3-3 kann eine Creutzfeldt-Jakob-Krankheit nicht sicher ausschließen, macht die Diagnose jedoch unwahrscheinlich [174].

Zusammengefaßt stellt Protein 14-3-3 einen für die Creutzfeldt-Jakob-Krankheit charakteristischen, jedoch nicht spezifischen, Parameter dar und sollte daher immer nur unter gleichzeitiger Betrachtung der Diagnosekriterien sowie in differentialdiagnostischer Alternativen betrachtet werden.

4.4 Liquorspezifische Proteine

4.4.1 Tau-Protein

4.4.1.1 Pathophysiologie

Tau-Proteine sind Mikrotubuli-assoziierte, gehirnspezifische Phosphoproteine und Varianten des Transferrins, die primär im axonalen Kompartiment der Nervenzelle zu finden sind. In erwachsenen menschlichen Gehirnen werden sechs verschiedene Isoformen exprimiert, die durch unterschiedlich gespliceter mRNA entstehen und von einem Genlocus auf Chromosom 17 kodiert werden. Hyperphoshoryliertes und glykosyliertes Tau verliert seine stabilisierenden Funktionen auf Mikrotubuli und aggregiert zu gepaarten, helikalen Filamenten, der Hauptkomponente der Alzheimer-assoziierten Neurofibrillen. Schädigung der Mikrotubuli führt zum Untergang der Nervenzelle und zur Freisetzung von zytosolischem Tau, das somit in erhöhter Konzentration im Liquor nachgewiesen werden kann [32].

4.4.1.2 Indikation

Im Vordergrund steht Tau-Protein als biochemischer Indikator der Alzheimer-Demenz, insbesondere im prädementiellem Stadium, wo sich, im Vergleich mit gesunden Kontrollen und anderen neurodegenerativen Erkrankungen mit dementieller Entwicklung, bereits höchste Liquorkonzentrationen nachweisen lassen. Bei der Messung von Tau als differentialdiagnostische Entscheidungshilfe zur Abgrenzung verschiedener Erkrankungen ist zu beachten, daß erhöhte Tau-Konzentrationen im Liquor, wenn auch geringeren Ausmaßes als bei der Alzheimer-Demenz, sowohl bei der Lewy-Körper-Krankheit [47], der kortikobasalen Degeneration, der progressiven supranukleären Blickparese [158], der frontotemporalen Demenz [54], in einigen Fällen von vaskulärer Demenz [5] und der Creutzfeldt-Jakob-Krankheit [122] nachweisbar sind. Keine relevante Erhöhung fand sich dagegen beim M. Parkinson [100] und HIV-assoziierten neurologischen Erkrankungen [36] (siehe dazu Tab. 18). Abgesehen von degenerativen Erkrankungen konnte auch beim Schädelhirntrauma eine bis zu tausendfache Erhöhung im Liquor gemessen werden, resultierend aus einem diffusen, axonalen Schaden mit Freisetzung von Tau-Protein [173].

Präanalytik: Gewinnung des Liquors mittels konventioneller Lumbalpunktion. Anschließend Zentrifugation. Lagerung der Proben bis zur Analytik bei $-80°$.

Methodenbeschreibung: Tau-Protein kann mit einem kommerziell erhältlichen Sandwich-ELISA im Liquor bestimmt werden. Gemessen wird das totale Tau, welches sich aus normalem Tau und hyperphosphoryliertem Tau zusammensetzt [102, 162].

Analytische Bewertung: Tau-Konzentrationen im Liquor bei unterschiedlichen Erkrankungen so-

Tab. 18: Tau-Konzentrationen im Liquor in pg/ml bei verschiedenen Erkrankungen und Kontrollpersonen

Patientengruppe	Liquorkonzentration pg/ml, MW ± SD	Kontrollen pg/ml	Referenz
Morbus Alzheimer	802 ± 381	198 ± 49	Green et al. 1999 [54]
	90,0 ± 45,3	20,3 ± 13,0	Arai et al. 1998 [6]
	714,4 ± 492,6	172,3 ± 63,3	Buch et al. 1998 [19]
	426 ± 234	188 ± 103	Nishimura et al. 1998 [108]
	796 ± 382	190 ± 57	Andreasen et al. 1998 [5]
Vaskuläre Demenz	24,0 ± 17,0	20,3 ± 13,0	Arai et al. 1998 [6]
	445 ± 195	185 ± 50	Blennow et al. 1995 [16]
	708 ± 382	190 ± 57	Andreasen et al. 1998 [5]
Kortico-basale Degeneration	690,0	480,0	Mitani et al. 1998 [98]
	320,1 ± 86,5	128 ± 91,7	Urakami et al. 1999 [158]
Creutzfeld-Jakob-Krankheit	13153	296,0	Otto et al. 1997 [122]
Progressive supranukleäre Blickparese	151,5 ± 52,7	128 ± 91,7	Urakami et al. 1999 [158]
Fronto-temporale Demenz	612 ± 382	198 ± 49	Green et al. 1999 [54]
SHT	1519	NN*)	Zemlan et al. 1999 [173]
Multiple Sklerose	14	NN*)	Zemlan et al. 1999 [173]
ALS	386 ± 135	190 ± 57	Andreasen et al. 1998 [5]
HIV-assoziierte neurologische Erkrankungen	185 ± 83	223 ± 106	Ellis et al. 1998 [36]

*) NN: nicht nachweisbar.

wie bei Kontrollen können Tab. 18 entnommen werden. Gesunde Kontrollen weisen häufig altersabhängige Anstiege der Tau-Konzentration auf, nicht dagegen beim M. Alzheimer [19, 54]. Als Grenzwert für eine „normale" Tau-Konzentration wurden unterschiedlichen Studien zufolge Bereiche zwischen 200 und 400 pg/ml vorgeschlagen. Die Sensitivität der entsprechenden Tests für die Alzheimer-Demenz beträgt dabei von 50−60% bis 85−100%, in Abhängigkeit des Grenzwertes und der Kontrollpopulation (neurologische Kontrollen oder gesunde Kontrollen) [5].

Klinische Bewertung: Eine Erhöhung von Tau im Liquor ist nicht spezifisch für den M. Alzheimer, sondern spiegelt einen Nervenzelluntergang wider, der unabhängig von der auslösenden Ursache ist. Die eingesetzten Tests können bisher nicht spezifisch hyperphosphoryliertes Tau erfassen, so daß die Bedeutung der Protein Tau-Konzentration im Liquor bei differenzialdiagnostischen Fragestellungen mit Zurückhaltung zu bewerten ist, auch wenn in verschiedenen Studien, zusammen mit klinischen Kriterien, ein differentialdiagnostische Relevanz postuliert wurde, etwa zur Abgrenzung vaskulärer Demenzen von der Demenz vom Alzheimer Typ, bei denen sich keine oder nur mäßige Erhöhung von Tau im Vergleich mit Kontrollen nachweisen ließ [5, 6]. Erhöhung von Tau-Protein im Liquor bei Alzheimer-Patienten wurde bereits vor Auftreten der Demenz gemessen, und es zeigten sich Schwankungen der Tau-Konzentration bei verschiedenen Therapieregimen, so daß es sowohl einen potentiellen biologischen Marker für die Früherkennung der Erkrankung bereits im prädementiellen Stadium als auch einen Kontrollparameter zur Abschätzung des Therapieregimes darstellen könnte [19, 163]. Die Tau-Konzentration im Liquor korreliert den Ergebnissen der meisten Studien zufolge nicht mit dem Schweregrad von kognitiven Einbußen und läßt damit keine Aussage über die Schwere der Erkrankung und den Krankheitsverlauf zu [5, 19, 54]. Eine Ausnahme scheint das Schädelhirntrauma darzustellen. Hier konnte ein Zusammenhang zwischen klinischer Besserung und Abfall der Tau-Konzentration ermittelt werden. Möglicherweise könnte sich daraus ein Parameter für die Quantifizierung axonaler Schäden sowie das Therapiemonitoring ergeben [173].

4.4.2 Beta-trace-Protein

4.4.2.1 Pathophysiologie

β-trace Protein, identisch mit der Prostaglandin-D-Synthase, stellt mit ca. 3−6% den Hauptanteil der Liquorproteine dar [82]. Es katalysiert im Gehirn die Konversion von PGH2 zu PGD2 und ist an der Entwicklung und Aufrechterhaltung des ZNS sowie der Schlafregulation beteiligt [61, 157]. β-trace gehört zur Lipocalin-Familie. Diese stellt eine Gruppe von sekretorischen Proteinen dar, die kleine hydrophobe Liganden transportieren können. β-trace Protein konnte in verschiedenen Strukturen des ZNS nachgewiesen werden. Dazu gehören der Plexus choroideus, die Leptomeningen und die Oligodendroglia [116, 117]. Dabei scheinen epitheliale und meningeale Strukturen im Bereich des Spinalkanals die Hauptursprungsquelle zu sein. Tatsächlich steigt die Liquorkonzentration von β-trace von den Ventrikeln bis zum Lumbalmark um das 11fache an [154]. Neben dem Liquor cerebrospinalis läßt sich β-trace Protein auch in Blut, Urin und anderen Körperflüssigkeiten nachweisen [94, 116].

4.4.2.2 Indikation

Große Bedeutung hat der Nachweis von β-trace in Sekreten bei der Diagnostik von Liquorfisteln [42]. Erhöhte Liquor-β-trace-Konzentrationen wurden bei Multipler Sklerose, zerebrovaskulären Erkrankungen [82], Gehirntumoren und Subarachnoidalblutung [88] sowie einer Reihe anderer neurologischer Erkrankungen beschrieben [154]. Daneben existieren gegensätzliche Ergebnisse, die, einschließlich der oben genannten Erkrankungen, keine signifikanten Unterschied der Liquorkonzentration von β-trace im Vergleich mit gesunden Kontrollen fanden [95, 141]. Bei Gehirntumoren und bakterieller Meningitis wur-

Tab. 19: β-trace-Konzentration in Liquor und Serum bei gesunden Kontrollen

Liquor mg/l	Serum mg/l	Referenz
14,6 ± 4,6	0,46 ± 0,13	Tumani et al.1998a [154]
14,9 ± 6,9	0,2 ± 0,072	Melegos et al. 1996 [94]
16,6 ± 3,6	–	Tumani et al.1998b [155]
33,0 (Mischliquor, n=192)	Nicht nachweisbar	Felgenhauer et al. 1987 [42]

den auch Erniedrigungen der β-trace-Konzentration ermittelt (142, 155]. Neben dem Liquor kann unter bestimmten pathologischen Bedingungen auch die Bestimmung der β-trace-Serumkonzentration sinnvoll sein, so bei der chronischen Niereninsuffizienz, wo Erhöhungen auf das 35–100fache des Normwertes gemessen wurden [62, 96].

Präanalytik: Entnahme von Liquor mittels Lumbalpunktion. Lagerung der Proben bis zur Analytik bei −20°C. Für den Nachweis einer Liquorrhoe sollten ca. 10–30 µl Nasen-, Ohr- oder Wundsekret gewonnen werden.

Methodenbeschreibung: Bestimmung von β-trace in Liquor, Serum und anderen Körperflüssigkeiten kann mittels kommerziell erhältlicher immunnephelometrischer Assays erfolgen. Die analytische Sensitivität liegt bei einer Konzentration von ca. 0,5 mg/l [155]. Darüberhinaus besteht die Möglichkeit eines Nachweises mittels ELISA [141], immunfluorometrischer Assays [94] oder Elektroimunoassay (rocket Elektrophorese) [42].

Analytische Bewertung: Die β-trace-Konzentration im lumbalen Liquor ist rund 32mal höher als im Serum und läßt darauf schließen, daß Serum-β-trace vorwiegend im ZNS gebildet wird. Auf die Bestimmung des β-trace-Liquor/Serumquotienten kann verzichtet werden. In mehreren Studien wurden altersabhängige β-trace-Konzentrationen beschrieben [82, 95]. Dabei ist der Anstieg wahrscheinlich auf eine verminderte Liquorproduktion und einen verminderten Turnover zurückzuführen [154]. Bei der Bestimmung von β-trace zum Nachweis von Liquor in Sekreten ist zu beachten, daß die Serumkonzentration bei Patienten mit Niereninsuffizienz auf das 35–100fache ansteigt und auch unter physiologischen Bedingungen im Nasensekret nachweisbar werden kann, woraus falsch positive Ergebnisse resultieren können [42]. Eine Übersicht über in der Literatur beschriebene β-trace-Konzentrationen in Liquor und Serum sowie in anderen Körperflüssigkeiten ist in Tab. 19 und 20 gegeben.

Tab. 20: β-trace Konzentration in anderen Körperflüssigkeiten

Material	Meßwerte	Referenz
Urin	0,5–1 mg/l	Melegos et al. 1996 [94]
Nasensekret	≤ 0,3 mg/l (nicht nachweisbar)	Felgenhauer et al. 1987 [42]

Klinische Bewertung: Bestimmung von β-trace Protein in Nasen-, Ohr- oder Wundsekreten stellt ein sensitive Methode bei der Diagnostik einer Liquorrhoe dar [42]. Die Bestimmung im Liquor hat bisher jedoch noch keine klinische Relevanz bei der Diagnostik oder Verlaufskontrolle anderer Erkrankungen des Nervensystems, auch wenn der Aktivität der PDG Synthase wahrscheinlich pathobiologische Bedeutung zukommt. Dagegen könnte die Bestimmung der β-trace-Serumkonzentration bei der Frühdiagnose von Nierenerkrankungen sowie zur Kontrolle von Therapieeffekten in Zukunft einen sensitiven Parameter darstellen [62, 96].

4.5 Literatur

[1] Adachi, N., H. Tsukagoshi, F. Murakami et al. Beta-2-microglobulin levels in cerebrospinal fluid: The levels in various neurological diseases and their comparison with those in serum. Clin Neurol 18 (1978) 351–357.

[2] Adachi, N.: Beta-2-microglobulin levels in the cerebrospinal fluid: their value as a disease marker. A review of the recent literature. Eur Neurol 31 (1991) 181–185.

[3] Aitken, A., B. Amess, S. Howell et al.: The role of specific isoforms of 14-3-3 protein in regulating protein kinase activity in the brain. Biochem Soc Trans 20 (1992) 607–611.

[4] Altare, F., A. Durandy, D. Lammas et al.: Impairment of mycobacterial immunity in human interleukin-12 receptor deficiency. Science 280 (1998) 1432–1435.

[5] Andreasen, N., E. Vanmechelen, A. Van de Voorde et al.: Cerebrospinal fluid tau protein as a biochemical marker for alzheimer's disease: a community based follow up study. J. Neurol. Neurosurg. Psychiatr 64 (1998) 298–305.

[6] Arai, H., T. Satoh-Nakagawa, M. Higuchi et al.: No increase in cerebrospinal fluid tau protein levels in patients with vascular dementia. Neurosci Lett 256 (1998) 174–176.

[7] Aziz, N., P. Nishanian, R. Mitsuyasu et al.: Variables that affect assays for plasma cytokines and soluble activation markers. Clin Diagn Lab Immunol 6 (1999) 89–95.

[8] Barkhof, F., P. Scheltens, S. T. Frequin et al.: Relapsing-remitting multiple sclerosis: sequential enhanced MR imaging vs clinical findings in determining disease activity. AJR. Am J Roentgenol 159 (1992) 1041–1047.

[9] Beelen, N. A., A. Twijnstra, M. van de Pol et al.: Neuron-specific enolase in cerebrospinal fluid of patients with metastatic and non-metastatic neurological disease. Eur J Cancer 29A (1993) 193–195.

[10] Bell, M. J., P. M. Kochanek, L. A. Doughty et al.: Interleukin-6 and interleukin-10 in cerebrospinal fluid after severe traumatic brain injury in children. J Neurotrauma 14 (1997) 451–457.

[11] Beneteau-Burnat, B., B. Baudin: Angiotensin-converting enzyme: clinical applications and laboratory investigations on serum and other biological fluids. Crit Rev Clin Lab Sci 28 (1991) 337–356.

[12] Berggard, I., A. G. Bearn: Isolation and properties of a low molecular weight beta-2-globulin occurring in human biological fluids. J Biol Chem 243 (1968) 4095–4103.

[13] Biber, A., D. Englert, D. Dommasch et al.: Myelin basic protein in cerebrospinal fluid of patients with multiple sclerosis and other neurological diseases. J Neurol 225 (1981) 231–236.

[14] Birebent, B., G. Semana, A. Commeurec et al.: TCR repertoire and cytokine profiles of cerebrospinal fluid- and peripereal blood-derived T lymphocytes from patients with multiple sclerosis. J Neurosci Res 51 (1998) 759–770.

[15] Bjerrum, O. W., S. Lage, O. E. Hansen: Measurement of beta-2-microglobulin in human cerebrospinal fluid by elisa technique. Act Neurol Scand 74 (1986) 177–180.

[16] Blennow, K., A. Wallin, H. Agren et al.: Tau protein in cerebrospinal fluid: a biochemical marker for axonal degeneration in alzheimer disease? Mol Chem Neuropathol 26 (1995) 231–245.

[17] Brew, B. J., R. B. Bhalla, M. Paul et al.: Cerebrospinal fluid beta 2-microglobulin in patients with aids dementia complex: an expanded series including response to zidovudine treatment. AIDS 6 (1992) 461–465.

[18] Brew, B. J., N. Dunbar, L. Pemberton et al.: Predictive markers of aids dementia complex: cd4 cell count and cerebrospinal fluid concentrations of beta 2-microglobulin and neopterin. J Infect Dis 174 (1996) 294–298.

[19] Buch, K., M. Riemenschneider, P. Bartenstein et al.: Tau-Protein. Ein potentieller biologischer Indikator zur Früherkennung der Alzheimer-Krankheit. Nervenarzt 69 (1998) 379–385.

[20] Budka, H., A. Aguzzi, P. Brown et al.: Neuropathological diagnostic criteria for Creutzfeldt-Jakob disease (CJD) and other human spongiform encephalopathies (prion diseases). Brain Pathol 5 (1995) 459–466.

[21] Burbelo, P. D., A. Hall: 14-3-3 proteins. Hot numbers in signal transduction. Curr Biol 5 (1995) 95–96.

[22] Calabresi, P. A., N. S. Fields, H. W. Maloni et al.: Phase 1 trial of transforming growth factor beta 2 in chronic progressive MS. Neurol 51 (1998) 289–292.

[23] Campagnoni, A. T.: Molecular biology of myelin proteins from the central nervous system. J Neurochem 51 (1988) 1–14.

[24] Candito, M., T. Nagatsu, P. Chambon et al.: High-performance liquid chromatographic measurement of cerebrospinal fluid tetrahydrobiopterin, neopterin, homovanillic acid and 5-hydroxindoleacetic acid in neurological diseases. J Chromatogr B Biomed Appl 657 (1994) 61–66.

[25] Carrieri, P. B., V. Provitera, R. Bruno et al.: Possible role of transforming growth factor-beta

[26] Carrieri, P. B., A. Indaco, A. Maiorino et al.: Cerebrospinal fluid beta-2-microglobulin in multiple sclerosis and aids dementia complex. Neurol Res 14 (1992) 282–283.
[27] Chavanet, P., B. Bonnotto, M. Guiguet et al.: High concentrations of intrathecal interleukin-6 in human bacterial and nonbacterial meningitis. J Infect Dis 166 (1992) 428–431.
[28] Cohen, S. R., R. M. Herndon, G. M. McKhann: Radioimmunoassay of myelin basic protein in spinal fluid. an index of active demyelination. N Engl J Med 295 (1976) 1455–1457.
[29] Correale, J., A. L. Rabinowicz, C. N. Heck et al.: Status epilepticus increases CSF levels of neuron-specific enolase and alters the blood-brain barrier. Neurol 50 (1998) 1388–1391.
[30] Cousens, L. P., R. Peterson, S. Hsu et al.: Two roads diverged: interferon alpha/beta- and interleukin 12-mediated pathways in promoting T cell interferon gamma responses during viral infection. J Exp Med 189 (1999) 1315–1328.
[31] Crucian, B., P. Dunne, H. Friedmann et al.: Alterations in peripheral blood mononuclear cell cytokine production in response to phytohemagglutinin in multiple sclerosis patients. Clin Diagn Lab Immunol 2 (1995) 766–769.
[32] Del-D-Alonso, A., K. Grundke-Iqbal: Alzheimer's disease hyperphosphorylated tau sequesters' normal tau into tangels of filaments and dissasembles microtubulues. Nat Med 2 (1996) 783–787.
[33] Diab, A., J. Zhu, L. Lindquist et al.: Cytokine mRNA profiles during the course of experimental Haemophilus influenzae bacterial meningitis. Clin Immunol Immunopathol 85 (1997) 236–245.
[34] Dore-Duffy, P., W. Neumann, R. Balabanov et al.: Circulating, soluble adhesion proteins in cerebrospinal fluid and serum of patients with multiple sclerosis: correlation with clinical activity. Neurol 37 (1995) 55–62.
[35] Dotevall, L., D. Fuchs, G. Reibnegger et al.: Cerebrospinal fluid and serum neopterin levels in patients with lyme neuroborreliosis. Infection 18 (1990) 210–214.
[36] Ellis, R. J., P. Seubert, R. Motter et al.: Cerebrospinal fluid tau protein is not elevated in HIV-associated neurologic disease in humans. Neurosci Lett 254 (1998) 1–4.
[37] Eskdale, J., G. Gallagher, C. L. Verweij et al.: Interleukin 10 secretion in relation to human IL-10 locus haplotypes. Proc Natl Acad Sci USA 95 (1998) 9465–9470.
[38] Fagnart, O. C., C. J. Sindic, C. Laterre: Particle counting immunoassay of s100 protein in serum. possible relevance in tumors and ischemic disorders of the central nervous system. Clin Chem 34 (1988) 1387–1391.
[39] Fassbender, K, U. Schminke, S. Ries et al.: Endothelial-derived adhesion molecules in bacterial meningitis: association to cytokine release and intrathecal leukocyte-recruitment. J Neuroimmunol 74 (1997) 130–134.
[40] Fassbender, K., A. Ragoschke, S. Rossol et al.: Increased release of interleukin-12p40 in MS. Neurol 51 (1998) 753–758.
[41] Favre, N., G. Bordmann, W. Rudin: Comparison of cytokine measurements using ELISA, ELISPOT and semi-quantitative RT-PCR. J Immunol Meth 204 (1997) 57–66.
[42] Felgenhauer, K., H. J. Schädlich, M. Nekic: Beta trace-protein as marker for cerebrospinal fluid fistula. Klin Wochschr 65 (1987) 764–768.
[43] Fredriksson, S., P. Eneroth, H. Link: Intrathecal production of neopterin in aseptic meningoencephalitis and multiple sclerosis. Clin Exp Immunol 67 (1987) 76–81.
[44] Friedland, J., E. Silverstein: A sensitive fluorimetric assay for serum angiotensin-converting enzyme. Am J Clin Pathol 66 (1976) 416–424.
[45] Furukawa, Y., K. Nishi, T. Kondo et al.: Significance of CSF total neopterin and biopterin in inflammatory neurological diseases. J Neurol Sci 111 (1992) 65–72.
[46] Furuya, T., T. Nakamura, T. Fujimoto et al. Elevated levels of interleukin-12 and interferon gamma in patients with human T lymphotropic virus type 1-associated myelopathy. J Neuroimmunol 95 (1999) 185–189.
[47] Galasko, D., R. Motter, P. Seubert: Interpreting cerebrospinal fluid tau levels in Azheimer's disease. Neurobiol Aging 17 (1996) 1.
[48] Gallo, P., M. G. Piccinno, B. Tavolato et al.: A longitudinal study on IL-2, sIL2R, IL-4 and IFN-gamma in multiple sclerosis CSF and serum. J Neurol Sci 101 (1991) 227–232.
[49] Gangji, D., G. H. Reaman, S. R. Cohen: Leukoencephalopathy and elevated levels of myelin basic protein in the cerebrospinal fluid of patients with acute lymphoblastic leukemia. N Engl J Med 303 (1980) 19–21.
[50] Gee, J. B., P. T. Bodel, S. K. Zorn et al.: Sarcodosis and mononuclear phagocytes. Lung 15 (1978) 243–253.

[51] Gisslen, M., F. Chiodi, D. Fuchs et al.: Markers of immune stimulation in the cerebrospinal fluid during hiv infection: a longitudinal study. Scand J Infect Dis 26 (1994) 523–533.

[52] Glimaker, M., P. Olcen, B. Andersson: Interferon-gamma in cerebrospinal fluid from patients with viral and bacterial meningitis. Scand. J Infect Dis 26 (1994) 141–147.

[53] Grau, G. E., T. E. Taylor, M. E. Molyneux et al.: Tumor necrosis factor and disease severity in children with falciparum malaria. N Engl J Med 32 (1989) 1586–1591.

[54] Green, A. J. E., R. J. Harvey, E. J. Thompson et al.: Increased tau in the cerebrospinal fluid of patients with frontotemporal dementia and Alzheimer's disease. Neurosci Lett 259 (1999) 133-135.

[55] Griffin, D. E., J. C. McArthur, D. R. Cornblath: Neopterin and interferon-gamma in serum and cerebrospinal fluid of patients with hiv-associated neurologic disease. Neurology. 41 (1991) 69–74.

[56] Groome, N. P.: Enzyme-linked immunoadsorbent assays for myelin basic protein and antibodies to myelin basic protein. J Neurochem 35 (1980) 1409–1417.

[57] Hagberg, L., L. Dotevall, G. Norkrans et al.: Cerebrospinal fluid neopterin concentrations in central nervous system infection. J Infect Dis 168 (1993) 1285–1288.

[58] Hansen, P. B., L. Kjeldsen, K. Dalhoff et al.: Cerebrospinal fluid beta-2-microglobulin in adult patients with acute leukemia or lymphoma: a useful marker in early diagnosis and monitoring of CNS-involvement. Act Neurol Scand 85 (1992) 224–227.

[59] Harrington, M. G., C. R. Merril, D. M. Asher et al.: Abnormal proteins in the cerebrospinal fluid of patients with creutzfeldt-jakob disease. N Engl J Med 315 (1986) 279–283.

[60] Hashim, I. A., A. Walsh, C. A. Hart et al.: Cerebrospinal fluid interleukin-6 and its diagnostic value in the investigation of meningitis. Ann Clin Biochem 32 (1995) 289–296.

[61] Hoffmann, A., D. Bachner, N. Betat: Developemental expression of murine B-trace in embryos and adult animals suggests a function in maturation and maintenance of blood-tissue barriers. Dev Dyn 207 (1996) 332–343.

[62] Hoffmann, A., M. Nimtz, S. Conradt: Molecular characterization of B-trace protein in human serum and urine: a potential diagnostic marker for renal diseases. Glycobiol 7 (1997) 499–506.

[63] Holmquist, B., P. Bunning, J. F. Riordan: A continuous spectrophotometric assay for angiotensin converting enzyme. Anal Biochem 95 (1979) 540–548.

[64] Hsich, G., K. Kenney, C. J. Gibbs et al.: The 14-3-3 brain protein in cerebrospinal fluid as a marker for transmissible spongiform encephalopathies. N Engl J Med 335 (1996) 924–930.

[65] Huang C. C., Y. C. Chang, N. H. Chow et al.: Level of transforming growth factor beta 1is elevated in cerebrospinal fluid of children with acute bacterial meningitis. J Neurol 244 (1997) 634–638.

[66] Ishiguro, A., Y. Suzuki, Y. Inaba et al.: Production of interleukin-10 in the cerebrospinal fluid in aseptic meningitis of children. Pediatr Res 40 (1996) 610–614.

[67] Jacobi, C., H. Reiber: Clinical relevance of increased neuron-specific enolase concentration in cerebrospinal fluid. Clin Chim Act 177 (1988) 49–54.

[68] Jacque, C., A. Delassalle, G. Rancurel et al.: Myelin basic protein in csf and blood. relationship between its presence and the occurrence of a destructive process in the brains of encephalitic patients. Arch Neurol 39 (1982) 557–560.

[69] Jander, S., F. Heidenreich, G. Stoll: Serum and CSF levels of soluble intercellular adhesion molecule-1 (ICAM-1) in inflammatory neurologic diseases. Neurol 43 (1993) 1809–1813.

[70] Jeffery, G. M., C. M. Frampton, H. M. Legge et al.: Cerebrospinal fluid b2-microglobulin levels in meningeal involvement by malignancy. Pathol 22 (1990) 20–23.

[71] Jimi, T., Y. Wakayama, S. Shibuya et al.: High levels of nervous system-specific proteins in cerebrospinal fluid in patients with early stage creutzfeldt-jakob disease. Clin Chim Act 211 (1992) 37–46.

[72] Jongen, P. J., K. J. Lamers, W. H. Doesburg et al.: Cerebrospinal fluid analysis differentiates between relapsing-remitting and secondary progressive multiple sclerosis. J Neurol Neurosurg Psychiatr 63 (1997) 446–451.

[73] Jouanguy, E., S. Lamhamedi-Cherradi, F. Altare et al.: Partial interferon-gamma receptor 1 deficiency in a child with tuberculoid bacillus Calmette-Guerin infection and a sibling with clinical tuberculosis. Clin Invest 100 (1997) 2658–2664.

[74] Kenney, K., M. G. Harrington, C. J. J. Gibbs.: The 14-3-3 Protein and transmissible spongi-

form encephalopathy. N Engl J Med 336 (1997) 874–875.
[75] Kornelisse, R. F., C. E. Hack, H. F. Savelkoul et al.: Intrathecal production of interleukin-12 and gamma interferon in patients with bacterial meningitis. Infect Immun 65 (1997) 877–881.
[76] Kreuzer, K. A., J. K. Rockstroh, T. Sauerbruch et al.: A comparative study of different enzyme immunosorbent assays for human tumor necrosis factor-alpha. J Immunol Meth 195 (1996) 49–54.
[77] Lamers, K. J., B. G. van Engelen, F. J. Gabreels et al.: Cerebrospinal neuron-specific enolase, S-100 and myelin basic protein in neurological disorders. Act Neurol Scand 92 (1995) 247–251.
[78] Lehmann, A. K., A. Halstensen, S. Sornes et al.: High levels of interleukin 10 in serum are associated with fatalitiy in meningococcal disease. Infect Immunol 63 (1995) 2109–1112.
[79] Lieberman, J., E. Beutler: Elevation of serum angiotensin-converting enzyme in gaucher's disease. N Engl J Med 294 (1976) 1442–1444.
[80] Lieberman, J.: Elevation of serum angiotensin-converting-enzyme (ACE) level in sarcoidosis. Am J Med 59 (1975) 365–372.
[81] Link, H.: The cytokine storm in multiple sclerosis. Mult Sclerosis 4 (1998) 12–15.
[82] Link, H., J. E. Olsson: Beta-trace protein concentration in CSF in neurological disorders. Act Neurol Scand 48 (1972) 57–68.
[83] Maimone, D., S. Gregory, B. G. W. Arnason et al.: Cytokine levels in cerebrospinal fluid and serum of patients with multiple sclerosis. J Neuroimmunol 32 (1991) 67–74.
[84] Maimone, D., P. Annunziata, I. L. Simone et al.: Interleukin-6 levels in the cerebrospinal fluid and serum of patients with Guillain-Barré sydrome and chronic inflammatory demyelinating polyradiculoneuropathy. J Neuroimmunol 47 (1993) 55–61.
[85] Maranagos, P., D. Schmechel, A. Parma et al.: Measurement of neuron specific enolase (NSE) and non-neuronal (NNE) isoenzymes in rat, monkey and human nervous tissue. J Neurochem 33 (1979) 319–329.
[86] Marshak, D. R., S. A. Pesce, L. C. Stanley et al.: Increased s100 beta neurotrophic activity in alzheimer's disease temporal lobe. Neurobiol Aging 13 (1992) 1–7.
[87] Maruyama, I., R. Fukuda, Y. Ohkatsu et al.: Beta-2-microglobulin in cerebrospinal fluid and its clinical significance. Neurol Med 5 (1976) 583–586.

[88] Mase, M., K. Yamada, A. Iwata et al.: Acute and transient increase of lipocalin-type prostaglandin D synthase (Beta-trace) level in cerebrospinal fluid of patients with aneurysmal subarachnoid hemorrhage. Neurosci Lett 270 (1999) 188–190.
[89] Masters, C. L., J. O. Harris, D. C. Gajdusek et al.: Creutzfeldt-jakob disease: patterns of worldwide occurrence and the significance of familial and sporadic clustering. Ann Neurol 5 (1979) 177–188.
[90] Matsuzono, Y., M. Narita, Y. Akutsu et al.: Interleukin-6 in cerebrospinal fluid of patients with central nervous system infections. Act Paediatr 84 (1995) 879–883.
[91] Mavligit, G. M., S. E. Stuckey, F. F. Cabanillas et al.: Diagnosis of leukaemia or lymphoma in the central nervous system by beta-2-microglobulin determination. N Engl J Med 303 (1980) 718–722.
[92] McArthur, J. C., T. E. Nance-Sproson, D. E. Griffin et al.: The diagnostic utility of elevation in cerebrospinal fluid beta 2-microglobulin in hiv-1 dementia. multicenter aids cohort study. Neurol 42 (1992) 1707–1712.
[93] Mehta, P. D., J. Kulczycki, S. P. Mehta et al.: Increased levels of interleukin-1beta and soluble adhesion molecule-1 in cerebrospinal fluid of patients with subacute sclerosing panencephalitis. J Infect Dis 175 (1997) 689–692.
[94] Melegos, D. N., E. P. Diamandis, H. Oda et al. Immunofluorometric assay of prostaglandin d synthase in human tissue extracts and fluids. Clin Chem 42 (1996) 1984–1991.
[95] Melegos, D. N., M. S. Freedman, E. P. Diamandis: Prostaglandin d synthase concentration in cerebrospinal fluid and serum of patients with neurological disorders. Prostaglandins 54 (1997) 463–474.
[96] Melegos, D. N., L. Grass, A. Pierratos et al. Highly elevated levels of prostaglandin D synthase in the serum of patients with renal failure. Urol 53 (1999) 32–37.
[97] Millner, M. M., W. Franthal, G. H. Thalhammer et al.: Neopterin concentrations in cerebrospinal fluid and serum as an aid in differentiating central nervous system and peripheral infections in children. Clin Chem 44 (1998) 161–167.
[98] Mitani, K., Y. Furiya, T. Uchihara et al.: Increased csf tau protein in corticobasal degeneration. J Neurol 245 (1998) 44–46.

[99] Mokuno, K., K. Kiyosawa, K. Sugimura et al.: Prognostic value of cerebrospinal fluid neuron-specific enolase and s-100b protein in guillain-barré syndrome. Act Neurol Scand 89 (1994) 27–30.

[100] Molina, J. A., J. Benito-Leon, F. J. Jimenez-Jimenez et al.: Tau protein concentrations in cerebrospinal fluid of non-demented parkinson's disease patients. Neurosci Lett 238 (1997) 139–141.

[101] Moreau, E., J. Philippe, S. Couvent, G. Leroux-Roels: Interference of soluble TNF-alpha receptors in immunological detection of tumor necrosis factor-alpha. Clin Chem 42 (1996) 1450–1453.

[102] Mori, H., K. Hosoda, E. Matsubara et al.: Tau in cerebrospinal fluids: establishment of the sandwich elisa with antibody specific to the repeat sequence in tau. Neurosci Lett 186 (1995) 181–183.

[103] Mößner, R., K. Fassbender, J. Kuhnen et al.: Vascular cell adhesion molecule – a new approach to detect endothelial cell activation in MS and encephalitis in vivo. Act Neurol Scand 93 (1996) 118–122.

[104] Najeme, F., J. Julien, S. Herblot et al.: Enzyme immunoassay for myelin basic protein in cerebrospinal fluid. Brain. Res Brain Res Protoc 1 (1997) 133–138.

[105] Nakagawa, H., M. Yamada, T. Kanayama et al.: Myelin basic protein in the cerebrospinal fluid of patients with brain tumors. Neurosurg 34 (1994) 825–33; discussion 833.

[106] Navikas, V., H. Link: Review: Cytokines and the Pathogenesis of Multiple Sclerosis. J Neurosci Res 45 (1996) 322–333.

[107] Navikas, V., M. Haglund, J. Link et al.: Cytokine mRNA profiles in mononuclear cells in acute aseptic meningoencephalitis. Infect Immunol 63 (1995) 1581–1586.

[108] Nishimura, T., M. Takeda, Y. Nakamura et al.: Basic and clinical studies on the measurement of tau protein in cerebrospinal fluid as a biological marker for alzheimer's disease and related disorders: multicenter study in japan. Methods. Find Exp Clin Pharmacol 20 (1998) 227–235.

[109] Norton, W. T.: Myelin. In: R. W. Albers, G. J. Siegel, R. T. Katzmann et al. (Hrsg.): Basic Neurochemistry, S. 365–386. Little Brown and Company, Boston 1972.

[110] Nygaard, O., B. Langbakk, B. Romner: Neuron-specific enolase concentrations in serum and cerebrospinal fluid in patients with no previous history of neurological disorder. Scand J Clin Lab Invest 58 (1998) 183–186.

[111] Ohga, S., K. Okada, K. Ueda et al.: Cerebrospinal fluid cytokine levels and dexamethasone therapy in bacterial meningitis. J Infect 39 (1999) 55–60.

[112] Ohta, M., F. Matsubara, T. Konishi et al.: Radioimmunoassay of myelin basic protein in cerebrospinal fluid and its clinical application to patients with neurological diseases. Life Sci 27 (1980) 1069–1074.

[113] Ohta, M., H. Nishitani, F. Matsubara et al.: Myelin basic protein in spinal fluid from patients with neuro-behcet's disease [letter]. N Engl J Med 302 (1980) 1093.

[114] Oksanen, V., F. Fyhrquist, H. Somer et al.: Angiotensin converting enzyme in cerebrospinal fluid: a new assay. Neurol 35 (1985) 1220–1223.

[115] Oksanen, V.: Neurosarcoidosis: clinical presentations and course in 50 patients. Act Neurol Scand 73 (1986) 283–290.

[116] Olsson, J. E.: Human beta-trace in normal and pathological CNS tissues, genital organs and body fluids. Adv Exp Med Biol 433 (1997) 351–354.

[117] Olsson, J. E., M. Sandberg: Demonstration of synthesis of beta-trace protein in different tissues of squirrel monkey. Neurobiol 5 (1975) 270–276.

[118] Orlino, E. N. Jr., C. E. Olmstead, J. A. Lazareff et al.: An enzyme immunoassay for neuron-specific enolase in cerebrospinal fluid. Biochem Mol Med 61 (1997) 41–46.

[119] Ossege, L. M., E. Sindern, B. Voss et al.: Expression of tumor necrosis factor-alpha and transforming growth factor-beta 1in cerebrospinal fluid cells in meningitis. J Neurol Sci 144 (1996) 1–3.

[120] Otto, M., E. Bahn, J. Wiltfang et al.: Decrease of s100 beta protein in serum of patients with amyotrophic lateral sclerosis. Neurosci Lett 240 (1998)a 171–173.

[121] Otto, M., J. Wiltfang, E. Schutz et al.: Diagnosis of creutzfeldt-jakob disease by measurement of S100 protein in serum: prospective case-control study. BMJ 316 (1998)b 577–582.

[122] Otto, M., J. Wiltfang, H. Tumani et al.: Elevated levels of tau-protein in cerebrospinal fluid of patients with Creutzfeldt-Jakob disease. Neurosci Lett 225 (1997) 210–212.

[123] Oxenius, A., U. Karrer, R. M. Zinkernagel et al.: IL-12 is not required for induction of type 1 cytokine responses in viral infections. J Immunol 162 (1999) 965–973.

[124] Paasch, B. D., B. R. Reed, R. Keck et al.: An evaluation of the accuracy of four ELISA methods for measuring natural and recombinant human interferon-gamma. J Immunol Meth 198 (1996) 165–176.

[125] Pahlman, S., T. Esscher, P. Bergvall et al.: Purification and characterization of human neuron-specific enolase: radioimmunoassay developement. Tumour Biol 5 (1984) 127–139.

[126] Panitch, H. S., R. L. Hirsch, A. S. Haley et al.: Exacerbations of multiple sclerosis in patients treated with gamma interferon. Lancet 1 (1987) 893–895.

[127] Perez, L., J. C. Alvarez-Cermeno, C. Rodriguez et al.: B cells capable of spontaneous IgG secretion in cerebrospinal fluid from patients with multiple sclerosis: dependency on local IL-6 production. Clin Ecp Immunol 101 (1995) 449–452.

[128] Perrella, O., P. B. Carrieri, E. Izzo et al.: Cerebrospinal fluid beta-2-microglobulin in HIV-1 infection, as a marker of neurological involvement. Neurol Res 13 (1991) 131–132.

[129] Persson, L., H. G. Hardemark, J. Gustafsson et al.: S100 protein and neuron-specific enolase in cerebrospinal fluid and serum: Markers of cell damage in human central nervous system. Stroke 18 (1987) 911–918.

[130] Peter, J. B., K. L. McKeown, N. E. Barka et al.: Neopterin and beta 2-microglobulin and the assessment of intra-blood-brain-barrier synthesis of HIV-specific and total IgG. J Clin Lab Anal 5 (1991) 317–320.

[131] Petereit, H. F., S. Bamborschke, A. D. Esse et al.: Interferon gamma producing blood lymphocytes are decreased by interferon beta therapy in patients with multiple sclerosis. Mult Sclerosis 3 (1997) 180–183.

[132] Petereit, H. F., S. Bamborschke, A. D. Esse et al.: Interferon gamma in Blut- und Liquorlymphozyten bei entzündlichen Erkrankungen des Zentralnervensystems. Aktuelle Neurologie 26 (1999) S3.

[133] Philippe, J., J. Debruyne, G. Leroux-Roels et al.: In vitro TNF-alpha, IL-2 and INF-gamma production as marker of relapses in multiple sclerosis. Clin Neurol Neurosurg 98 (1996) 286–290.

[134] Pollard, A. J., R. Galssini, E. M. rouppe van der Voort et al.: Cellular immune respone to Neisseria meningitis in children. Infect Immunol 67 (1999) 2452–2453.

[135] Poser, S., I. Zerr, W. J. Schulz-Schaeffer et al.: Die Creutzfeldt-Jakob-Krankheit. Eine Sphinx der heutigen Neurobiologie. Dtsch Med Woschr 122 (1997) 1099–1105.

[136] Rollnik, J. D., E. Sindern, C. Schweppe et al.: Biologically active TGF-ß1 is increased in cerebrospinal fluid while it is reduced in serum in multiple sclerosis. Act Neurol Scand 96 (1997) 101–105.

[137] Ross, S. A., R. T. Cunningham, C. F. Johnston et al.: Neuron-specific enolase as an aid to outcome prediction in head injury. Br J Neurosurg 10 (1996) 471–476.

[138] Rubinstein, I., V. Hoffstein: Angiotensin-Converting Enzyme in neurosarkoidosis. Arch Neurol 44 (1987) 249–250.

[139] Ryan, J. W., A. Chung, C. Ammons et al.: A simple radioassay for angiotensin-converting enzyme. Biochem J 167 (1977) 501–504.

[140] Sadler, W. A., G. M. Shanks, C. P. Wright et al.: Monoclonal antibody purified beta 2-microglobulin: heterogeneity revealed by radioimmunoassay. Pathol 19 (1987) 71–76.

[141] Saso, L., G. M. Leone, C. Sorrentino et al.: Quantification of prostaglandin D synthetase in cerebrospinal fluid: a potential marker for brain tumor. Biochem Mol Biol Int 46 (1998) 643–656.

[142] Schaarschmidt, H. E., H. W. Prange, H. Reiber: Neuron-specific enolase concentrations in blood as a prognostic parameter in cerebrovascular diseases. Stroke 24 (1994) 558–565.

[143] Schweisfurth, H., J. Heinrich, E. Brugger et al.: The value of angiotensin-I-converting enzyme determinations in malignant and other diseases. Clin Physiol Biochem 3 (1985) 184–192.

[144] Shaw, C. E., P. R. Dunbar, H. A. Macaulay et al.: Measurement of immune markers in the serum and cerebrospinal fluid of multiple sclerosis patients during clinical remission. J Neurol 242 (1995) 53–58.

[145] Shimada, K., C. S. Koh, N. Yanagisawa: Detection of interleukin-6 in serum and cerebrospinal fluid of patients with neuroimmunological diseases. Arerugi 42 (1993) 934–940.

[146] Shinomiya, Y., N. Kato, M. Imazawa et al: Enzyme immunoassay of the myelin basic protein. J Neurochem 39 (1982) 1291–1296.

[147] Sonnerborg, A. B., L. V. von Stedingk, L. O. Hansson et al.: Elevated neopterin and beta 2-microglobulin levels in blood and cerebrospinal fluid occur early in HIV-1 infection. AIDS 3 (1989) 277–283.

[148] Starmans, J. J., J. Vos, H. J. van der Helm: The beta 2-microglobulin content of the cerebrospinal fluid in neurological disease. J Neurol Sci 33 (1977) 45–49.

[149] Sulkava, R., L. Viinikka, T. Erkinjuntti et al.: Cerebrospinal fluid neuron-specific enolase is decreased in multi-infarct dementia, but unchanged in Alzheimer's disease. J Neurol Neurosurg Psychiatr 51 (1988) 549–551.

[150] Tenhunen, R., M. Iivanainen, J. Kovanen: Cerebrospinal fluid beta 2-microglobulin in neurological disorders. Acta Neurol Scand 58 (1978) 366–-73.

[151] Torre, D., C. Zeroli, G. Ferraio et al.: Levels of nitric oxide, gamma interferon and interleukin-12 in AIDS patients with toxoplasmic encephalitis. Infection 27 (1999) 218–220.

[152] Trojano, M., C. Avolio, M. Ruggieri et al.: Soluble intercellular adhesion molecule-1 (sICAM) in serum and cerebrospinal fluid of demyelinating diseases of the central nervous system. Mult Sclerosis 4 (1998) 39–44.

[153] Tsukada, N., K. Miyagi, M. Matsuda et al.: Tumor necrosis factor and interleukin-1 in the CSF and sera of patients with multiple sclerosis. J Neurol Sci 104 (1991) 230–234.

[154] Tumani, H., R. Nau, K. Felgenhauer: Beta-trace protein in cerebrospinal fluid: a blood-CSF barrier-related evaluation in neurological diseases. Ann Neurol 44 (1998) 882–889.

[155] Tumani, H., H. Reiber, R. Nau et al.: Beta-trace protein concentration in cerebrospinal fluid is decreased in patients with bacterial meningitis. Neurosci Lett 242 (1998) 5–8.

[156] Twijnstra, A., A. P. van Zanten, W. J. Nooyen, et al.: Cerebrospinal fluid beta 2-microglobulin: a study in controls and patients with metastatic and non-metastatic neurological diseases. Eur J Cancer Clin Oncol 22 (1986) 387–391.

[157] Urade, Y., O. Hayaishi: Prostaglandin d2 and sleep regulation. BiochimBiophys Acta 1436 (1999) 606–615.

[158] Urakami, K., M. Mori, K. Wada et al.: A comparison of tau protein in cerebrospinal fluid between corticobasal degeneration and progressive supranuclear palsy. Neurosci Lett 259 (1999) 27–129.

[159] Van Boxel-Dezaire, A. H. H., S. C. J. Hoff, B. W. van Oosten et al.: Decreased interleukin-10 and increased interleukin-12p40 mRNA are associated with disease activity and characterize different stages in multiple sclerosis. Ann Neurol 45 (1999) 695–703.

[160] Van Deuren, M., J. van der Ven-Jongekrijg, A. K. Bartelink et al.: Correlation between proinflammatory cytokines and antiinflammatory mediators and the severity of disease in meningococcal infections. J Infect Dis 172 (1995) 433–439.

[161] Van Engelen, B. G., K. J. Lamers, F. J. Gabreels et al.: Age-related changes of neuron-specific enolase, S-100 protein, and myelin basic protein concentrations in cerebrospinal fluid. Clin Chem 38 (1992) 813–816.

[162] Vandermeeren, M., M. Mercken, E. Vanmechelen et al.: Detection of tau proteins in normal and alzheimer's disease cerebrospinal fluid with a sensitive sandwich enzyme-linked immunosorbent assay. J Neurochem 61 (1993) 1828–1834.

[163] Vanmechelen, E.: Tau protein in the diagnosis of old-age dementia. Archives of Geront & Geriatr, Suppl 6 (1998) 519–524.

[164] Vermuyten, K., A. Lowenthal, D. Karcher: Detection of neuron specific enolase concentrations in cerebrospinal fluid from patients with neurological disorders by means of a sensitive enzyme immunoassay. Clin Chim Acta 187 (1990) 69–78.

[165] Wagner, S., S. Czub, M. Greif et al.: Microglial/macrophage expression of interleukin 10 in human glioblastomas. Int J Cancer 82 (1999) 12–16.

[166] Weber, J. R., K. Angstwurm, W. Burger et al.: Anti ICAM-1 (CD 54) monoclonal antibody reduces inflammatory changes in experimental bacterial meningitis. J Neuroimmunol 63 (1995) 63–68.

[167] Weber, T., M. Otto, M. Bodemer et al.: Diagnosis of Creutzfeldt-Jakob disease and related human spongiform encephalopathies. Biomed Pharmacother 51 (1997) 381–387.

[168] Weller, M., A. Stevens, N. Sommer et al.: Humoral CSF parameters in the differential diagnosis of hematologic CNS neoplasia. Acta Neurol Scand 86 (1992) 129–133.

[169] Whalen, M. J., T. M. Carlos, P. M. Kochanek et al.: Soluble adhesion molecules in CSF are increased in children with severe head injury. J Neurotraumata 15 (1998) 777–787.

[170] Whitaker, J. N., R. P. Lisak, R. M. Bashir et al.: Immunoreactive myelin basic protein in the cerebrospinal fluid in neurological disorders. Ann Neurol 7 (1980) 58–64.

[171] Whitaker, J. N.: Myelin encephalitogenic protein fragments in cerebrospinal fluid of persons with multiple sclerosis. Neurol 27 (1977) 911–920.

[172] Will, R. G., M. Zeidler, P. Brown et al.: Cerebrospinal-fluid test for new-variant Creutzfeldt-Jakob disease [letter]. Lancet 348 (1996) 955.

[173] Zemlan, F. P., W. S. Rosenberg, P. A. Luebbe et al.: Quantification of axonal damage in traumatic brain injury: affinity purification and characterization of cerebrospinal fluid tau proteins. J Neurochem 72 (1999) 741–750.

[174] Zerr, I., M. Bodemer, O. Gefeller et al.: Detection of 14-3-3 protein in the cerebrospinal fluid supports the diagnosis of creutzfeldt-jakob disease. Ann Neurol 43 (1998) 32–40.

[175] Zerr, I., M. Bodemer, M. Otto et al.: Diagnosis of Creutzfeldt-Jakob disease by two-dimensional gel electrophoresis of cerebrospinal fluid. Lancet 348 (1996) 846–849.

[176] Zimmer, D. B., E. H. Cornwall, A. Landar et al.: The S100 protein family: history, function, and expression. Brain Res Bull 37 (1995) 417–429.

B.5 Molekularbiologische Methoden in der Liquordiagnostik

A. Rolfs

5.1 Einführung

Intakte menschliche Körperzellen sind durch verschiedene relevante Organisationseinheiten zu beschreiben: Zellkern, Zellorganellen und Zellmembran. Der Zellkern ist der Träger der genetischen Erbinformation, die in gesunden menschlichen Zellen nahezu ausschließlich im Kern lokalisiert ist (siehe Abb. 1) und außerhalb des Zellkerns lediglich als eigenständige Nukleinsäure in den Mitochondrien.

Zentraler Baustein für das in der Zwischenzeit bestehende molekularbiologische Wissen ist die Erkenntnis, daß die genetische Information nicht in der Struktur einzelner Nukleotidbausteine selbst, sondern in der Abfolge der Nukleotide im DNA-Strang enthalten ist. Entscheidend hierfür war die Entdeckung von Erwin Chargaff, daß jeweils gleiche Anteile der Basen A (Adenin) und T (Thymin) sowie G (Guanin) und C (Cytosin) in der DNA vorkommen. Diese Befunde waren die Grundlage zur Erklärung von Röntgen-Strukturdaten, die Rosalind E. Franklin und Maurice F. H. Wilkens durch Röntgenbeugung an der kristallisierten B-Form von DNA erhalten hatten, und für die Daten von James D. Watson und Francis H. C. Crick, die fanden, daß DNA eine rechts drehende doppelsträngige Helix ist, in der alle Basen im Inneren stapelförmig aufeinander geschichtet sind (siehe Abb. 1).

Die DNA ist ein Makromolekül, das aus 3 Bauelementen zusammengesetzt ist:

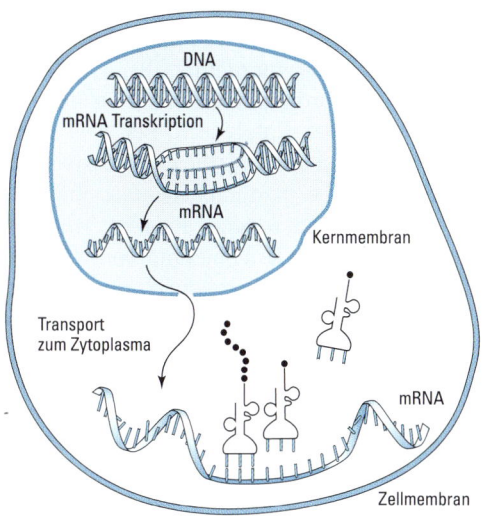

Abb. 1: Schematische Darstellung der Nukleinsäure im Kern einer Zelle und deren Transport in das Cytoplasma zur Proteinsynthese (Translation).

1. den bereits erwähnten 4 verschiedenen stickstoffhaltigen heterozyklischen Purin- und Pyrimidin-Basen (A, G, T, C);
2. einem Pentosezucker (Desoxyribose) und
3. einem Phosphatrest in Esterbindung.

Der Begriff Nukleotid bezeichnet dabei eine chemisch verknüpfte Einheit aus einer Base, einem Zucker und einem Phosphorsäurerest, wobei die Base immer an das Kohlenstoffatom an Position 1 gebunden ist. Bei Pyrimidin-Basen erfolgt die N-Glykosid-Bindung über das Stickstoffatom an Position 1 (siehe Abb. 2), bei Purin-Basen über das Stickstoffatom 9. Dabei bildet ein Purinring immer mit einem Pyrimidinring ein Basenpaar, d. h. spezifische Wasser-

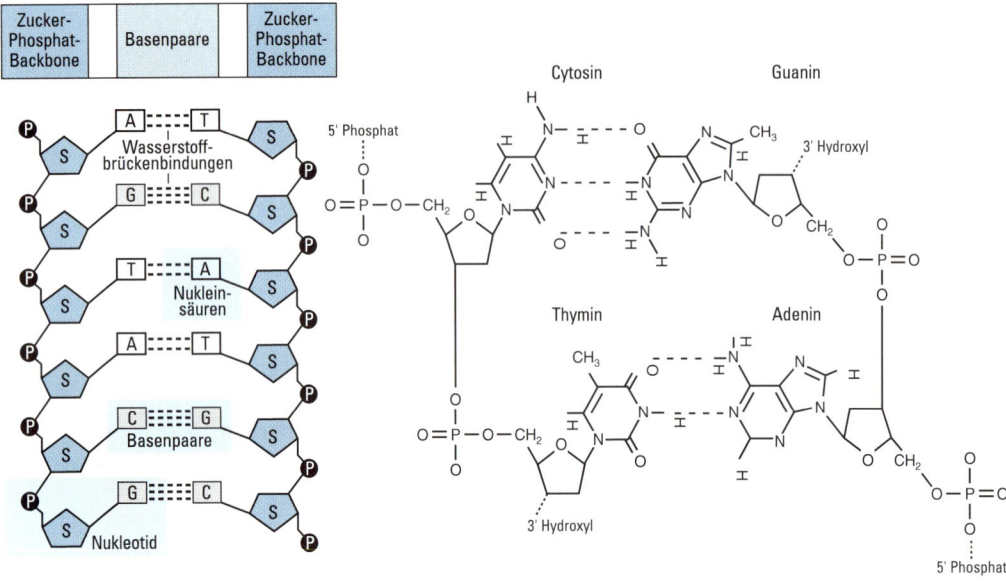

Abb. 2: Struktur und Aufbau des doppelsträngigen Nukleinsäurestranges mit Darstellung der Wasserstoffbrückenbindungen zwischen A und T bzw. C und G.

stoffbrücken halten das Adenin an ein Thymin und das Guanin an ein Cytosin gebunden (siehe Abb. 2). Ein Teil der Stabilität der DNA-Doppelhelix rührt von diesen spezifischen Basenpaarungen her. Ein sich derart konfigurierender Polynukleotidstrang besitzt eine chemische Orientierung: ein 3'-Ende mit einer Hydroxyl-Gruppe, die am 3'-Atom des Zuckers hängt und ein 5'-Ende mit einer Phosphat-Gruppe, die am 5'-Atom des Zuckers hängt. Unter Berücksichtigung dieser beiden Pole läßt sich der Polynukleotidstrang in seiner Richtung beschreiben: er verläuft in 5' → 3'-Richtung, die zugleich die Synthese- und Ablesevorgänge der DNA vorgibt (siehe Abb. 3). Da jeder Strang des Polynukleotiddoppelstranges eine Nukleotidabfolge enthält, die genau komplementär zur Nukleotidabfolge des Gegenstranges ist, tragen beide Stränge die gleiche genetische Information. Durch Kopie beider Stränge in komplementäre Tochterstränge entstehen 2 neue doppelsträngige und informationsidentische Tochterhelices. Über die Bildung von RNA-Kopien des sogenannten codogenen DNA-Strangs während der Transkription (Umlesung von DNA in RNA) wird die genetische Information für die Proteinsynthese an die Ribosomen weitergegeben.

Die Struktur eines funktionellen Gens ist in allen eukaryontischen Zellen weitgehend identisch: Strukturgene werden von Kontrollregionen für Start-Promotor und Stop-Terminator der Transkription umrahmt. Die Transkriptionsreaktion wird durch eine DNA-abhängige RNA-Polymerase katalysiert. Bei der Transkription werden nicht nur die DNA-Sequenzen der Strukturgene in komplementäre mRNA-Moleküle übersetzt, sondern auch 5'-3'-flankierende Sequenzen. Die Umlesung von RNA in Proteine (Translation) wird durch eine Vielzahl von Initiations- und Elongationsfaktoren beeinflußt. Als grundlegender Unterschied zwischen eukaryontischen und prokaryontischen Genen findet sich bei ersteren typischerweise eine Abfolge von sogenannten Exon- und Intronstrukturen, wobei nur die Exon-Sequenzen genetische Informationen enthalten, die schlußendlich in Proteine umgelesen werden (siehe Abb. 4). Die Information der Intronsequenzen geht durch sogenanntes Splicen verloren. Zeit-

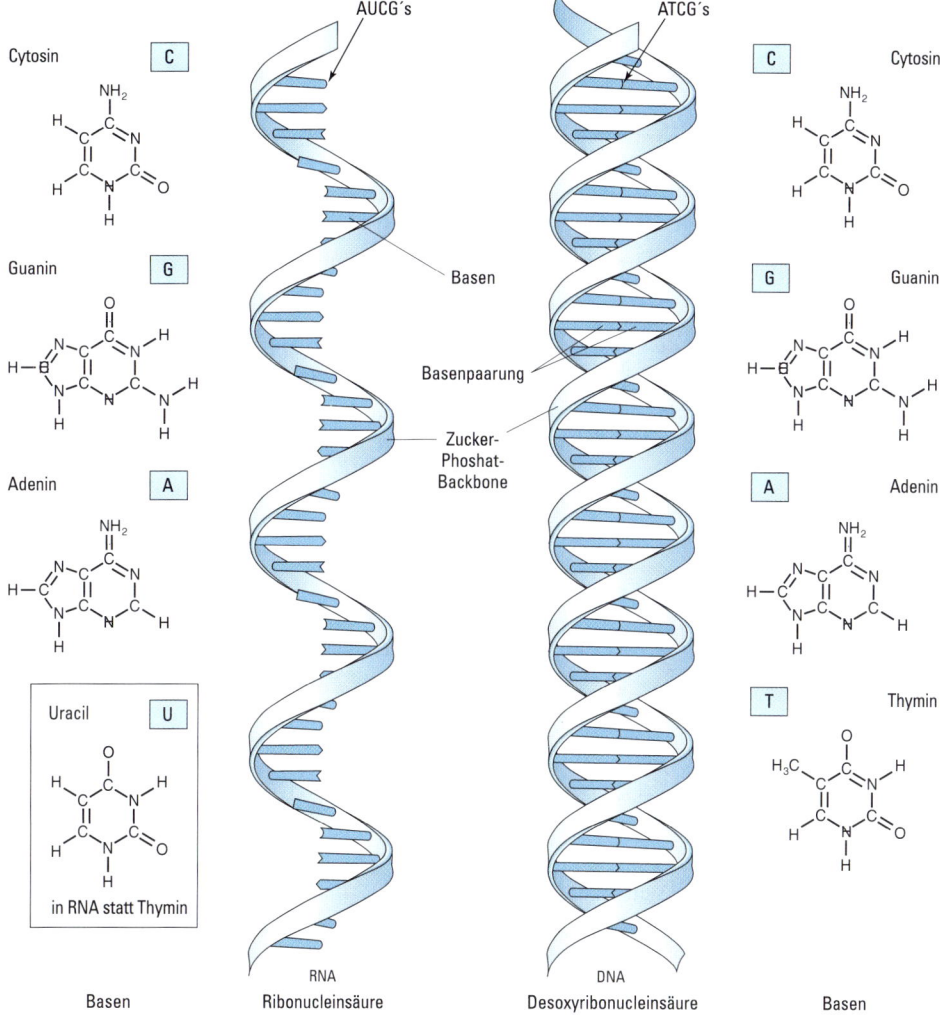

Abb. 3: Chemische Formeln der vier Basen im RNA- bzw. DNA-Strang sowie deren Zusammensetzung zu einer doppelläufigen DNA-Helix.

gleich zu diesem Prozeß werden die beiden Enden der RNA modifiziert (Capping, Polyadenylierung). Damit werden eukaryontische Gene nicht co-linear in Proteine übersetzt. Durch die Variabilität in der Aufeinanderfolge einzelner Basenpaare entstehen zahlreiche unterschiedliche spezifische DNA-Makromoleküle. Die Reihenfolge der Nukleotide bestimmt die resultierende Aminosäuresequenz.

Durch die Entdeckung von Enzymen, die an bestimmten, durch die spezifische Sequenz beschriebenen DNA-Stellen einen DNA-Doppelstrang zerschneiden können, den sogenannten Restriktionsendonukleasen, war es erstmals möglich, die DNA zahlreicher Organismen für Untersuchungen und Experimente zugänglich zu machen.

Genetische Rekombinationsereignisse, die eine Änderung der Sequenzabfolge im DNA-Strang bedingen, sind in dem natürlichen Prozeß der molekularen Evolution ein wichtiger Faktor für die stammesgeschichtliche Entwick-

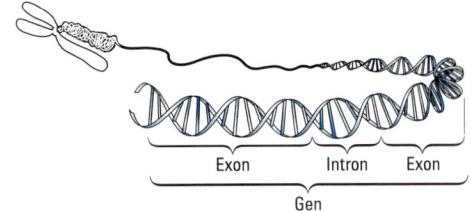
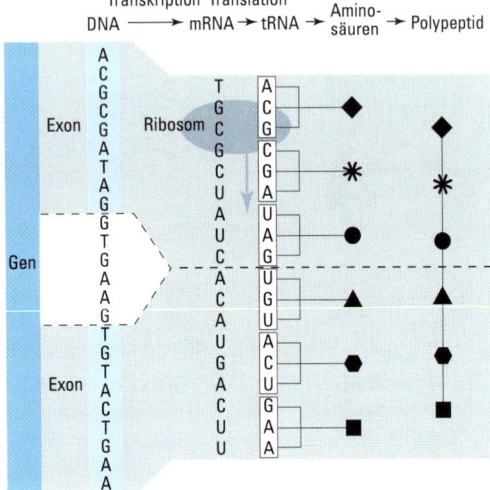

Abb. 4: Organisation und Struktur von Genen und deren Transkription bzw. Translation in die endgültige Proteinsequenz.

lung der Arten. Bekannte Beispiele sind z. B. der Austausch von Chromatidenabschnitten zwischen eng benachbarten homologen Chromosomen (crossing over).

5.2 Molekulare Technologien

Die Molekulargenetik besteht heutzutage zum größten Teil aus der Untersuchung von DNA-Fragmenten, mit dem Ziel, eine strukturelle oder funktionelle Aufklärung der Sequenzen vorzunehmen oder entsprechende Modifikationen zu erreichen. Eine zentrale Rolle für derartige Methoden nehmen diejenigen Grundprozesse ein, die oben kurz skizziert wurden: Aufbau der DNA, Basenabfolge, Transkriptionsprozeß, Splicing und Translation.

Die wichtigsten Verfahren der Molekularbiologie sind:

1. Restriktionsverdau eines DNA-Doppelstranges
2. Sequenzierung der DNA-Fragmente zur Bestimmung der Basenreihenfolge
3. Hybridisierung von Nukleinsäurefragmenten, die den Nachweis bestimmter DNA- und RNA-Sequenzen erlauben
4. Vermehrung von DNA-Fragmenten aus einem Genom durch Klonierung oder in-vitro-Amplifikation (Polymerase-Kettenreaktion, PCR)
5. Modifikation von DNA-Sequenzen oder Genen, um diese in einer Wirtszelle transkribieren und translatieren zu können.

zu 1: Restriktionsendonukleasen: DNA-abbauende Enzyme werden allgemein Desoxyribonukleasen oder kurz DNasen genannt. Dabei lassen sich sogenannte Endonukleasen, die DNA durch Spaltung innerer Phosphordiesterbindungen abbauen, von sogenannten Exonukleasen unterscheiden, die DNA von den Enden her abbauen. Beide Nukleasearten sind zentrale Hilfsmittel in der Molekularbiologie. Im Unterschied dazu verstehen es Restriktionsendonukleasen, spezifische Nukleotidsequenzen zu erkennen und die DNA an der Erkennungsfrequenz zu schneiden (auch Verdau genannt). Über die spezifischen Sequenzen, die die jeweiligen Restriktionsendonukleasen erkennen müssen, lassen sich nun partielle Sequenzbestimmungen auf einem bekannten oder auch unbekannten DNA-Fragment vornehmen. Dieser Verdau einer DNA erlaubt mit anderen Worten damit auch die Bestimmung, an welcher Stelle und in welchem Abstand die sogenannten Restriktionssequenzen auftreten. Restriktionsendonukleasen ermöglichen, lange DNA-Moleküle in kleine, experimentell gut handhabbare Fragmente zu zerlegen, gegebenenfalls aufgetretene Rekombinationen zu erfassen oder auch Mutationen einfach und rasch zu analysieren.

zu 2: Sequenzierung von DNA-Fragmenten: Die enzymatische DNA-Sequenzierung, Didesoxy-Methode nach Sanger, basiert auf der enzymatischen Kopie einer zu sequenzierenden einzelsträngigen DNA-Matrix-Stranges mittels einer DNA-Polymerase. Um die DNA-Sequenz zu starten, muß in der Nachbarschaft ein kurzes komplementäres DNA-Fragment definierter Länge (auch Primer genannt) hybridisieren, von dessen Ende aus die DNA-Synthese starten kann. Die neue, resultierende DNA-Kette entsteht durch Knüpfung einer Phosphordiesterbindung zwischen der 3'-Hydroxylgruppe des sich verlängerten Primers und der 5'-Phosphatgruppe des eingebauten Desoxynukleotides. Grundlage der enzymatischen Sequenzierung ist die Fähigkeit der benutzten Polymerasen außer Desoxynukleotidtriphosphat (dNTP) auch 2', 3'-Didesoxynukleotidtriphosphate (ddNTP) als Substrat zu verwenden. Diesen Verbindungen fehlt neben der 2'- auch die 3'-Hydroxylgruppe, so daß ihr Einbau wegen der fehlenden Hydroxylgruppe zu einem Abbruch der wachsenden Primerkette führt.

Für die Sequenzuntersuchungen werden 2 verschiedene Enzyme benutzt: die Bacteriophagen-T7-DNA-Polymerase sowie die thermostabile Taq-Polymerase. Die T7-DNA-Polymerase zeichnet durch eine hohe Prozessivität und eine hohe Polymerisationsrate aus [13]. Die thermostabile Taq-Polymerase produziert etwas inhomogenere Signalintensitäten, wobei sie den Vorteil hat, daß die Sequenzierungsreaktion bei höheren Temperaturen durchgeführt werden kann, was zu einer strigenteren Interaktion zwischen dem Primer und der Ausgangsmatrixsequenz (Template) und zu einem Auflösen möglicher Sekundärstrukturen beitragen kann.

In den letzten Jahren hat sich immer stärker die nicht-radioaktive Sequenzierung mittels fluoreszenzmarkierter Primer oder auch fluoreszenzmarkierter ddNTPs durchgesetzt. Für erstere werden für die Markierung der neu synthetisierten DNA-Ketten Fluoreszenzfarbstoffe eingesetzt, die durch einen Laser zur Fluoreszenz angeregt werden können. Für jede der 4 basenspezifischen Reaktionen wird ein spezifischer Primer eingesetzt, der zwar die gleiche Sequenz, jedoch entsprechend den 4 Basen A, C, G und T einen unterschiedlichen Fluoreszenzfarbstoff trägt. Die dadurch erhaltene basenspezifische Markierung der durch die Kettenabbruchreaktion erhaltenen DNA-Moleküle ermöglicht eine Auftrennung der 4 basenspezifischen Reaktionsgemische in einer einzigen Reaktion. Die abgeschlossene Reaktion wird in der Folge auf ein Polyacrylamidgel oder auch Gelkapillaren aufgetragen, in denen nach dem jeweiligen Molekulargewicht die Auftrennung der resultierenden unterschiedlichen Fragmente in einem elektrischen Feld ermöglicht wird. Mit anderen Worten werden die DNA-Moleküle durch einen zuvor durchgeführten Denaturierungsschritt in Einzelstränge zerlegt, die je nach Größe schneller oder langsamer im Gel wandern und sich entsprechend über die Fluoreszenz anschließend detektieren lassen. Da nur die neu synthetisierten DNA-Stränge fluoreszenzmarkiert sind, werden lediglich diese nachgewiesen.

zu 3: Hybridisierung von Nukleinsäuren (Southern-blotting, Northern-blotting): Neben der Entwicklung potenter DNA-Sequenzierungstechnologie sind es besonders in den letzten Jahrzehnten die Entwicklungen der DNA-Hybridisierungstechnik durch David Denhardt und Solomon Spiegelman, mit deren Hilfe bestimmte DNA-Abschnitte neben vielen anderen DNA-Abschnitten spezifisch nachgewiesen werden können. Die DNA-Hybridisierungstechnik wird häufig in Verbindung mit einem vorgeschalteten DNA-Transfer von einem Agarosegel auf eine Membran angewandt. Dieser Transfer wird nach dessen Erfinder Edwin M. Southern auch als Southern-blotting bezeichnet. Der sequenzspezifische DNA-Nachweis durch ein Southern-blotting und die anschließende Hybridisierung mit sequenzspezifischen Hybridisierungssonden läuft über folgende Einzelschritte: die DNA wird aus den Zellen extrahiert und mit Restriktionsendonukleasen gespalten, die resultierenden Fragmente werden durch Elektrophorese in Agarosegelen nach ihrer Größe aufgetrennt, anschließend wird auf das Gel eine Nitrozellulosemembran oder auch andere Membranmaterialien gelegt. Durch geeignete Anordnung von Transfermethoden unter Verwendung einer denaturierenden Pufferlösung werden die Fragmente aus dem Gel in einzelsträngiger Form auf die Membran eluiert (zum Überblick siehe [12]). Durch dieses Verfahren entsteht auf der nunmehr unkompliziert handhabbaren Membran ein Abdruck des Fragmentmusters. Nach entsprechender Fixierung der Nukleinsäure auf der Membran erfolgt der sequenzspezifische Nachweis bestimmter Fragmente durch Hybridisierung mit markierten (radioaktiv oder auch nicht radioaktiv) Hybridisierungssonden. Diese Sonden (auch Probes genannt) paaren sich mit den spezifischen, komplementären Nukleinsäuresequenzen. Die Nukleinsäurehybridisierung ist unter geeigneten Reaktionsbedingungen (Temperatur, pH-Wert, Ionenkonzentration) und unter Berücksichtigung der Sequenz der verwendeten Nukleinsäuren in der Lage, spezifische komplementäre DNA-Fragmente zu detektieren. Die Anwendungsgebiete erstrecken sich von der molekularbiologischen Grundlagenforschung bis hin zur medizinischen Diagnostik, z. B. zum Nachweis von Gentranslokationen oder ähnliches.

Die Northern-blot-Hybridisierung (Northern-blotting) dient dem Nachweis von RNA-Molekülen und stellt das Äquivalent zur Southern-blot-Hybridisierung dar, jedoch unter Einsatz von RNA-Molekülen als Ausgangsmatrize. Ähnlich wie beim Southern-blotting erfolgt der gelelektrophoretische Trennschritt der RNA-Moleküle in einem Agarosegel mit anschließendem Transfer auf einen Filter und die Hybridisierung mit DNA- oder RNA-Sonden auf den Filter. Der Name dieses Blotverfahrens leitet sich in Analogie zum Namen des Erfinders des Southern-blottings ab, dessen Name Anlaß gab, die vom Southern-blot abgeleiteten Verfahren zur Übertragung anderer Molekülarten als DNA auf Filter nach den Himmelsrichtungen einer Windrose zu benennen, so daß für die Übertragung von RNA der Name Northern-blotting steht und weiterhin für die Übertragung von Proteinen auf Filter der Name des Western-blottings.

zu 4: DNA-Amplifikationsmethoden: Die Polymerase-Kettenreaktion (PCR) ist eine in-vitro-Technologie, mit der sich gezielt DNA-Abschnitte, die von 2 flankierenden DNA-Sequenzen umfaßt werden, vervielfältigen lassen. Wesentliche Grundelemente der Reaktion sind dabei das hitzestabile Enzym, die die Spezifität determinierenden Oligonukleotide (Primer), die einzubauenden Desoxynukleotidtriphosphate (dNTP) sowie ein spezifisches Puffersystem. Die PCR ist aufgrund ihres repetitiven zyklischen Grundaufbaus geeignet, eine Vervielfältigung von spezifischen DNA-Sequenzen im Rahmen einer in-vitro-Reaktion durchzuführen. Eine DNA-Polymerase synthetisiert aus der denaturierten DNA nach zuvor erfolgter Anlagerung spezifischer, synthetischer DNA-Fragmente (Oligonukleotide, Primer) einen neuen DNA-Strang. Die Oligonukleotide dienen als Startermoleküle und sind in aller Regel flankierend zu der gesuchten Matrixsequenz lokalisiert. Für die Reaktion werden damit eine DNA-Matrix, ein hitzestabiles DNA-Polymeraseenzym, dNTP, 2 oder mehr Oligonukleotide und ein geeignetes Puffersystem benötigt. Die gesamte Reaktion basiert im Normalfall auf 3 Temperatur- und Zeit-Teilschritten, die repetitiv wiederholt werden. Dabei entspricht der erste Schritt der Denaturierung der doppelsträngig vorliegenden DNA mit Temperaturen zwischen 92°C und 94°C; in der Folge liegt die DNA einzelsträngig vor. Im Rahmen des 2. Schrittes (Annealing) erfolgt bei Temperaturen zwischen üblicherweise 45°C und 72°C die Anlagerung (Hybridisierung) der Oligonukleotide an die jeweiligen komplementären DNA-Matrixsträngen. Während des 3. Schrittes (Polymerisation, Elongation) bewirkt die hitzestabile DNA-Polymerase die Verlängerung der Oligonukleotide unter Einbau der dNTP komplementär zur Matrix (zum Überblick siehe [12]). Dieser gesamte Ablauf wird zyklisch ca. 30 bis 40mal durchgeführt; es verdoppelt sich im Idealfall mit jedem Zyklus die von den Oligonukleotiden flankierte Zielsequenz. In der Realität erlaubt das Grundprinzip der PCR die Amplifikation um einen Faktor 10^6 bis 10^8, wobei verschiedene Faktoren eine hundertprozentige Ausbeute während des Amplifikationsprozesses verhindern: einerseits inhibiert das resultierende PCR-Produkt die

Effektivität weiterer Amplifikationsschritte; zum anderen nimmt die Aktivität des Enzyms ab, da trotz der hervorragenden Hitzestabilität die Halbwertiszeit des Enzyms bei 94° zwischen 10 und 45 Minuten begrenzt ist. Darüber hinaus reduziert die steigende Konzentration der amplifizierten DNA die weitere Reaktionseffizienz, indem es zu einer Konkurrenz mit den hybridisierenden Primern kommt. Neben den Parametern „Zeit" und „Temperatur" ergeben sich damit zahlreiche weitere Einflußgrößen, die insbesondere in einem medizinisch-diagnostischen Umfeld standardisiert werden müssen.

In der technologischen Entwicklung der PCR-Methodik haben in den vergangenen Jahren vor allem die zur Verfügung stehenden unterschiedlichen DNA-Polymerasen sowie die Thermocycler, als apparative Gerätschaft zur Durchführung der repetitiven zyklischen Temperaturschritte, wesentlichen Einfluß auf die steigende Zuverlässigkeit von PCR-Ergebnissen genommen.

Die Nachweismethodik resultierender PCR-Produkte ist in der Zwischenzeit sehr vielfältig. Üblicherweise weit verbreitet ist die gelelektrophoretische Trennung der PCR-DNA-Produkte nach ihrer Größe mit Sichtbarmachung unter UV-Licht, z. B. mit Ethidiumbromid. Alternativ lassen sich auch Southern-blotting-Verfahren zur Anwendung bringen oder auch die direkte DNA-Sequenzierung der amplifizierten PCR-Produkte. Gerade im Umfeld der infektiologischen Diagnostik im Liquor cerebrospinalis wurden in den letzten Jahren zahlreiche technologische Applikationen und Systeme unter Anwendung der PCR entwickelt (zum Überblick siehe [14]).

Ergänzend zur in-vitro-Amplifikation mittels der PCR stehen zur Vervielfältigung von DNA-Fragmenten auch unterschiedliche DNA-Klonierungsmethoden zur Verfügung. Nachteil ist jedoch, daß es sich hierbei um wesentlich aufwendigere Ansätze handelt; Vorteil ist jedoch, daß sich hiermit für verschiedene Fragestellungen unmittelbare funktionelle Analysen durchführen lassen. Bei dem Verfahren der DNA-Klonierung werden DNA-Fragmente in einen sogenannten Vektor eingebracht, bei dem es sich in aller Regel um ein Plasmid handelt, das durch eine Restriktionsnuklease von seiner zirkulären Form in eine lineare Form gebracht wird. Dies erlaubt bei der anschließenden Zugabe des initial hergestellten DNA-Fragmentes dessen Integration zwischen den geöffneten Enden des Plasmids. Eventuell verbleibende Lücken werden durch eine DNA-Ligase geschlossen und auf diese Weise die DNA-Fragmente fest mit dem Vektor verbunden. Um anschließend rekombinierte Plasmide in bakterielle oder virale Zellsysteme einzubringen (meistens Escherichia-coli-Zellen oder hieraus abgeleitete Zellen) muß zuvor die Membran für diese Makromoleküle permeabel gemacht werden. Dies geschieht in aller Regel mittels chemischer Behandlung. Die derart vorbereiteten Zellen (kompetente Zellen) sind dann in der Lage, eine Aufnahme der rekombinierten Plasmide vorzunehmen, ein Vorgang, der als Transformation bezeichnet wird. Bei der anschließenden Vermehrung der Bakterien in einer Nährlösung replizieren diese auch die rekombinierten Plasmide. Damit bezeichnet der Begriff der Klonierung den Einbau eines fremden DNA-Fragmentes in einen Vektor und dessen anschließende in-vivo-Vermehrung in einem geeigneten Wirtszellsystem. Unter Verwendung geeigneter Methoden (z. B. Southernblot, Sequenzierung, PCR) muß als letzter Schritt der Nachweis erbracht werden, welcher der Bakterienklone ein Plasmid mit eingebauter Fremd-DNA aufweist.

5.3 Anwendungen molekularbiologischer Methoden in der Liquordiagnostik

Die PCR ist der große Durchbruch in den letzten Jahren für die infektiologische Diagnostik aus dem Liquor cerebrospinalis (Liquor) gewesen. Ein besonderer Einsatz findet sich vor allem für die viralen und tuberkulösen Erkrankungen. Im folgenden sollen einige Anwendungsbeispiele dargestellt werden:

5.3.1 Nachweis viraler Erreger im Liquor mittels PCR

Die Herpes-simplex-Enzephalitis (HSE) ist unverändert eine Erkrankung mit hoher Mortalität und Morbidität, was insbesondere eine frühzeitige Diagnose und auch den Beweis der Verdachtsdiagnose erfordert. Der HSV-DNA-Nachweis mittels PCR aus dem Liquor ist in der Zwischenzeit eine etablierte Routinemethode für die Diagnose der HSE geworden [4, 8]. Die meisten Fälle der Herpes-simplex-Enzephalitis sind bedingt durch Typ I des HSV; etwa 10% können auch von HSV Typ II verursacht werden. Die European Union's Concerted Action on Virus Meningitis and Encephalitis [8] hat einen umfangreichen Übersichtsartikel über die Rolle der Bildgebung, Elektroenzephalographie, Hirnbiopsie und Liquordiagnostik herausgegeben. Dabei erweist sich in diesem Review die Hirnbiopsie sowohl als sensitive und spezifische, aber auch als traumatische, invasive und teure Maßnahme. Die PCR-Amplifikation von HSV-Sequenzen aus dem Liquor eröffnet im Gegensatz dazu eine Möglichkeit, zuverlässig, günstig und wenig invasiv eine frühe Diagnose zum Vorliegen von HSE zu stellen und damit auch die Therapie zu kontrollieren [3, 9]. In Pilotstudien läßt sich zeigen, daß auch bei bereits begonnener antiviraler Therapie vor Durchführung der Lumbalpunktion eine Diagnosestellung zur Frage des Vorliegens von HSV-Nukleinsäuren mittels PCR aus dem Liquor möglich ist. Typischerweise lassen sich HSV-DNA-Produkte bis zu 5 Tage nach Beginn der antiviralen Therapie nachweisen. Eine Differenzierbarkeit zwischen HSV 1 und HSV 2 ist durch die unterschiedliche Lage von PCR-Primern problemlos durchführbar. Insbesondere vor dem Hintergrund der Tatsache, daß der frühe Beginn einer spezifischen Therapie über die Prognose eines Patienten entscheidet, erweist sich eine technisch gut durchgeführte PCR als Goldstandard in der Diagnose einer HSE [11]. Tebas und Mitarbeiter [17] entwickelten einen Entscheidungsalgorhythmus, um Bedeutung und Einsatz der PCR zur Diagnose der HSE optimieren zu können. Unter Annahme einer Sensitivität der PCR von 96% und einer Spezifität von 99%, einer Prävalenz der Herpes-simplex-Enzephalitis von 5% und weiteren Faktoren kommen die Autoren zu der Einschätzung, daß der frühzeitige Einsatz der PCR und die Beeinflussung von weiteren Therapien durch PCR-Ergebnisse die Gesamtprognose eines Patienten deutlich verbessern.

Die technologische Weiterentwicklung der PCR-Applikation hat in den letzten Jahren zu einer nicht radioaktiven on-line- und quantifizierenden Herangehensweise geführt. Erwähnenswert ist hier das TaqMan-System und der LightCycler. Diese Systeme ermöglichen eine exakte Quantifizierung der Ausgangsprodukte bzw. der Ausgangskonzentration spezifischer Target-DNA für die PCR-Reaktion. Ryncarz und Mitarbeiter [15] konnten zeigen, daß sich derartige Systeme auch gut eignen, HSV-DNA in klinischen Proben exakt zu quantifizieren. Ein wesentlicher Ausgangsfaktor für die Stabilität und Reproduzierbarkeit derartiger PCR-Daten ist die DNA-Präparation aus der klinischen Probe. Unterschiedliche Präparationsmethoden können darüber entscheiden, ob insbesondere eine Probe mit einer niedrigen Erregerlast ein positives oder ein negatives PCR-Ergebnis erbringen wird. Hirsch und Bossart [6] untersuchten in 2 verschiedenen Zentren den Einfluß der DNA-Präparation auf den Nachweis von HSV-DNA mittels PCR. In 8 Fällen (18%) fanden sich diskrepante PCR-Resultate; dabei wurden 7 von 8 Fälle (88%) verursacht durch den spezifischen Proteinase-K-Verdau mit folgender Hitzeinaktivierung im Rahmen der DNA-Präparation. Ein Proteinase-K-Verdau, gefolgt von einer Reinigung der DNA über Silika-Träger erbrachte im Gegensatz hierzu nur noch in 1,3% diskrepante PCR-Resultate. Dieses Ergebnis belegt erneut die Notwendigkeit eines hohen Standardisierungsgrades in den präanalytischen Schritten, vor allem in der DNA-Präparation.

Weitere Herpes-Viren [7], wie z.B. das humane *Herpes-Virus Typ 6* (HHV-6), lassen sich ebenfalls mittels der PCR im Liquor cerebrospinalis nachweisen [18]. HHV-6-DNA ließ sich im Liquor in 5 von 22 allogen knochenmarktransplantierten Patienten (23%) nachweisen; hingegen gelang in einem Kontrollkollektiv von 107 nicht-transplantierten Patienten lediglich der Nachweis in einem Fall (0,9 %).

JC-Polyomavirus (JCV) ist die Ursache der progressiven multifokalen Leukenzephalopathie (PML), einer Infektion des zentralen Nervensystems, die sich im wesentlichen im Rahmen der AIDS-Problematik bei HIV-positiven Patienten manifestiert. Auch für den JCV-Nachweis hat sich die PCR als Goldstandard in der Zwischenzeit etabliert. Garcia de Viedma und Mitarbeiter [5] beschreiben eine analytische Sensitivität der PCR von 0,01 fg (entsprechend 3 Genomäquivalenten) der JCV-DNA. In einer Kohorte von 17 Patienten mit einer nachgewiesenen PML und einer Kontrollgruppe von 20 Patienten ließ sich eine Sensitivität und Spezifität von 100 bzw. 90 % darstellen. Quantitative Detektionsmethoden ermöglichen auch hier ein Therapiemonitoring. Die JCV-Erregerlast im Liquor stellt sich nach bisherigen Befunden als wichtiger prognostischer Parameter für den Clinical outcome der Patienten dar [16].

Entero- und Herpesviren, eine häufige Ursache von viralen Enzephalitiden und Meningitiden, lassen sich durch spezifische Primersequenzen differenziert PCR-amplifizieren und stehen damit einer klinischen Routinediagnostik zur Verfügung. Casas und Mitarbeiter [2] fanden in 18 von 44 Patienten mit einer Immunsuppression positive PCR-Resultate, wobei hier vor allem die Herpesviren (15 von 44, 34 %) dominierten. Darüber hinaus ließen sich CMV und EBV nachweisen. Die Autoren weisen darauf hin, daß entsprechende Modifikationen des PCR-Grundschemas durch Einsatz einer sogenannten Multiplex-PCR oder auch Nested-PCR zu einer weiteren Ökonomisierung bzw. Steigerung der Sensitivität des Verfahrens beitragen können.

5.3.2 Nachweis von *Mycobacterium tuberculosis* im Liquor mittels PCR

Die tuberkulöse Meningitis ist die klinisch schwerste Form einer extrapulmonalen Tuberkulosemanifestation. Die Erkrankung ist häufig letal, sofern sie nicht frühzeitig und langfristig spezifisch therapiert wird. In Entwicklungsländern ist die Tuberkulose-Meningitis in 7 bis 12 % der Patienten mit einer aktiven *Mycobacterium-tuberculosis*-Infektion prävalent. Die Diagnose der tuberkulösen Meningitis ist aufgrund der niedrigen Erregerlast im Liquor schwierig. In verschiedenen Berichten zum Nachweis von *Mycobacterium tuberculosis* bei Kindern mit einer tuberkulösen Meningitis finden sich nur in 8–10 % bzw. in 29–48 % der klinisch eindeutig betroffenen Patienten positive Befunde [10].

Verschiedene Studien zeigen, daß die Sensitivität und Spezifität der PCR im Liquor cerebrospinalis bei 70 % bzw. 100 % liegen. Lin und Mitarbeiter [10] untersuchten in einer prospektiven Studie 47 Liquor-Materialien von 45 Patienten. 20 Liquor-Proben stammten von Patienten mit dem klinischen Verdacht einer tuberkulösen Meningitis und weitere 27 Proben kamen von Kontrollpatienten. Es gelang der Nachweis der mykobakteriellen DNA in 15 Liquor-Proben (von 14 Patienten mit klinisch vermuteter tuberkulöser Meningitis). Von den PCR-positiven Proben erwiesen sich 4 als positiv in der mykobakteriellen Kultur, während alle 32 PCR-negativen Proben auch in der Kultur negativ ausfielen. Die erwähnte eine PCR-positive Probe bei einem Patienten, bei dem klinisch nicht die Diagnose einer tuberkulösen Meningitis sondern vielmehr einer aseptischen Meningitis gestellt wurde, erwies sich retrospektiv als richtig; die Diagnose wurde aufgrund des PCR-Ergebnisses revidiert und die klinischen Symptome bildeten sich unter einer tuberkulostatischen Therapie komplett zurück.

Diese Studie und weitere andere bestätigen, daß die PCR in der Zwischenzeit ein effektives und entscheidendes Laborinstrument geworden ist, um die Diagnose einer tuberkulösen Meningitis zu bestätigen.

5.3.3 Nachweis sonstiger Bakterien im Liquor mittels PCR

Gerade im Bereich der bakteriellen Meningitiden und Enzephalitiden ist eine ultraschnelle Analytik dringend erforderlich; bisherige Verfahren der Kultivierung oder auch der Immunoassays waren entweder wegen zu geringer Sensitivität oder zu langer Analysezeiten nicht dazu in der Lage. Backmann und Mitarbeiter [1] untersuchten in einer consensus-PCR die Anwesenheit von *Neiseria meningitidis*, *Hämophilus influencae*, *Streptococcus pneumoniae*, *Streptococcus agalatiae* und *Listeria monocytogenes* im Liquor. Das Zieltarget für die PCR war dabei die ribosomale 16S-rRNA, die einer seminested-Amplifikation zugeführt wurde. Für *Neiseria meningitidis*, *Hämophilus influencae* und *Streptococcus pneumoniae* fand sich im Liquor eine Nachweisgrenze von 103 CFU/ml, für *Escherichia coli* 104 und für *Streptococcus agalatiae* und *Listeria monocytogenes* eine von 105. Liquor-Proben wurden bei 71 Patienten mit nachgewiesener bakterieller Meningitis getestet; als Kontrolle dienten 61 Liquor-Proben von Patienten ohne eine Meningitis. Die diagnostische Sensitivität dieses PCR-Systems lag bei 97%, die Spezifität bei 100%.

Derartige Multiplex-PCR-Ansätze oder auch consensus-PCR-Ansätze sind geeignet, die analytische Problematik der extremen Heterogenität der unterschiedlichen bakteriellen Erreger in der Zukunft zu lösen.

Ein Problemerreger als Ursache bakterieller Meningitiden bzw. Enzephalitiden ist *Borrelia burgdorferi* (siehe auch Kapitel B.6.1). Der Nachweis von *Borrelia burgdorferi* im Liquor ist entscheidend abhängig von der präanalytischen Aufarbeitung des Materials und der Lagerdauer (unveröffentlichte eigene Daten). So läßt sich zeigen, daß bei 4°C gelagertes Material noch nach ungefähr 16 Stunden ein positives PCR-Resultat unter Verwendung von Silika-Trägerstoffen zur DNA-Präparation erlaubt, während eine Lagerung bei Raumtemperatur bereits nach 6 Stunden nur noch in 70% positive Resultate ermöglicht. Unterschiedliche Genregionen des Genoms von *Borrelia burgdorferi* sind in den letzten Jahren hinsichtlich ihrer klinischen Sensitivität im Rahmen der PCR untersucht worden. Vor allem das Oberflächenproteinantigen OspA ist in verschiedenen PCR-Assays intensiv untersucht worden.

Im Liquor von 150 europäischen Patienten mit unbehandelter aktiver Neuroborreliose gelang der DNA-Nachweis in 31 von 150 Patienten; die Genotypisierung der PCR-Produkte war in 13 Fällen möglich und erbrachte in 11 von 13 Fällen den Nachweis von *Borrelia garinii*, in einem Fall von *Borrelia afzelei* und in einem weiteren Fall eine Mischung aus beiden. Die diagnostische Sensitivität der OspA-Genregion in der Liquor-PCR wird in der Literatur mit stark streuenden Werten angegeben (20 bis 85%). Erneut ist hier darauf hinzuweisen, daß vor allem die präanalytische Aufarbeiterung des Materials über das endgültige Resultat wesentlich mit entscheidet.

Verschiedene molekularbiologische Methoden haben in den letzten Jahren einen stetig wachsenden Anteil in der Diagnostik vor allem von erregerbedingten Erkrankungen aus dem Liquor gewonnen; ganz führend ist hierbei die PCR. Für erweiterte wissenschaftliche Fragestellungen oder auch für epidemiologische Probleme im Rahmen von infektiologischen Erkrankungen sind jedoch auch andere Methoden, wie das Southern-blotting und die Sequenzbestimmung unter Verwendung von Sequenzierungsreaktionen oder Restriktionsnukleasen, von großer Bedeutung. Auch klinisch tätige Kollegen im Bereich der Neurologie müssen für die Zukunft mit derartigen Methoden vertraut sein, damit sie entsprechend kritisch die in den einzelnen Laboratorien erhobenen Befunde werten können. Es ist wichtig, daß mit einer kritischen Herangehensweise verschiedene PCR-generierte Befunde interpretiert werden. Noch immer ist unklar, ob in einzelnen Fällen – so z. B. im Rahmen der tuberkulösen Meningitis – ein positiver PCR-Nachweis auch immer gleichzusetzen ist mit einer aktiven Erkrankung oder ob es sich nicht auch um ein ähnliches Phänomen wie eine „Serumnarbe" über viele Monate handeln kann. Die technische Standardisierung und Zuverlässigkeit der PCR hat einen relativ hohen Grad erreicht. Es wird nun Aufgabe der nächsten Jahre sein, in breit angelegten multizentrischer Studien die biologische Signifikanz von PCR-Systemen noch besser zu untermauern.

5.4 Literatur

[1] Backmann, A., P. Lantz, P. Radstrom et al.: Evaluation of an extended diagnostic PCR assay for detection and verification of the common causes of bacterial meningitis in CSF and other biological samples. Mol Cell Probes 13 (1999) 49–60.

[2] Casas, I., F. Pozo, G. Trallero et al.: Viral diagnosis of neurological infection by RT multiplex PCR: a search for entero- and herpesviruses in a prospective study. J Med Virol 57 (1999) 145–151.

[3] Clinque, P., G. M. Cleator, T. Weber et al.: The role of laboratory investigation in the diagnosis and management of patients with suspected herpes simplex encephalitis: a consensus report. The EU Concerted Action on Virus Meningitis and Encephalitis. J Neurol Neurosurg Psychiatry 61 (1996) 339–345.

[4] Domingues, R. B., F. D. Lakeman, M. S. Mayo et al: Application of competitive PCR to cerebrospinal fluid samples for patients with herpes simplex encephalitis. J Clin Microbiol 36 (1998) 2229–2234.

[5] Garcia de Viedma, G., R. Alonso, P. Miralles et al.: Dual qualitative-quantitative nested PCR for detection of JC virus in cerebrospinal fluid: high potential for evaluation and monitoring of progressive multifocal leukoencephalopathy in AIDS patients receiving highly active antiretroviral therapy. J Clin Microbiol 37 (1999) 724–728.

[6] Hirsch, H. H., W. Bossart: Two-centre study comparing DNA preparation and PCR amplification protocols for herpes simplex virus detection in cerebrospinal fluids of patients with suspected herpes simplex encephalitis. J Med Virol 57 (1999) 31–35

[7] Iten, A., P. Chatelard, P. Vuadens et al.: Impact of cerebrospinal fluid PCR on the management of HIV-infected patients with varicella-zoster virus infection of the central nervous system. J Neurovirol 5 (1999) 172–180.

[8] Jeffery, K. J. M., S. J. Read, T. E. A. Peto et al.: Diagnosis of viral infections of the central nervous system: clinical interpretation of PCR results. Lancet 349 (1997) 313–317.

[9] Lakeman, F. D., R. J. Whitley: Diagnosis of herpes simplex encephalitis: application of polymerase chain reaction to cerebrospinal fluid from brain-biopsied patients and correlation with disease. National Institute of Allergy and Infectious Diseases Collaborative Antiviral Study Group. J Infect Dis 171 (1995) 857–863.

[10] Lin, J.-J., H.-J. Harn, Y.-D. Hsu et al.: Rapid diagnosis of tuberculous meningitis by polymerase chain reaction assay of cerebrospinal fluid. J Neurol 242 (1995) 147–152.

[11] Lipkin, W. I.: European consensus on viral encephalitis. Lancet 349 (1997) 299–300.

[12] Rolfs, A., I. Schuller, U. Finckh et al (eds.): PCR: Clinical diagnostics and research. Springer, Berlin – Heidelberg 1992.

[13] Rolfs, A., I. Weber: Fully-automated, non-radioactive solid-phase sequencing of genomic DNA obtained from polymerase chain reaction. BioTechniques 17 (1994) 782–787.

[14] Rolfs, A., I. Weber-Rolfs, U. Finckh (eds.): Methods in DNA amplification. Plenum Press, New York 1994.

[15] Ryncarz, A. J., J. Goddard, A. Wald et al.: Development of a high-throughput quantitative assay for detecting herpes simplex virus DNA in clinical samples. J Clin Microbiol 37 (1999) 1941–1947.

[16] Taoufik, Y., J. Gasnault, A. Karaterki et al.: Prognostic value of JC virus load in cerebrospinal fluid of patients with progressive multifocal leukoencephalopathy. J Infect Dis 178 (1998) 1816–1820.

[17] Tebas, P., R. F. Nease, G. A. Storch: Use of the polymerase chain reaction in the diagnosis of herpes simplex encephalitis: a decision analysis model. Am J Med 105 (1998) 287–295.

[18] Wang, F. Z., A. Linde, H. Hagglund et al.: Human herpesvirus 6 DNA in cerebrospinal fluid specimens from allogeneic bone marrow transplant patients: does it have clinical significance? Clin Infect Dis 28 (1999) 562–568.

B.6 Mikrobiologische Diagnostik im Liquor

6.1 Liquordiagnostik bei bakteriellen ZNS-Erkrankungen
R. Nau

6.1.1 Klinik und Epidemiologie

Das typische klinische Syndrom der Meningitis besteht aus Fieber, Nackensteifigkeit (Meningismus) und Kopfschmerzen, im weiteren Krankheitsverlauf tritt eine Bewußtseinstrübung hinzu. In der Regel erlaubt das klinische Syndrom rasch die Diagnose einer Meningitis. Bei Neugeborenen und jungen Säuglingen, Immunsupprimierten und sehr alten Menschen fehlen aber häufig die typischen Zeichen einer Meningitis. Im tiefen Koma verschwindet der Meningismus. Patienten, die, bevor sie gefunden werden, längere Zeit zu Hause oder im Freien gelegen haben, können beim Eintreffen ins Krankenhaus hypo- oder normotherm sein, obwohl sie an einer Meningitis leiden.

Bei der tuberkulösen Meningitis ist in ca. 65% eine frühere oder klinisch manifeste extrazerebrale Tuberkulose zu eruieren. Diese Erkrankung verläuft in der Regel subakut über einige Wochen, kann aber akut exazerbieren. Auch die klinische Symptomatik eines Hirnabszesses entwickelt sich meistens im Verlauf mehrerer Tage bis Wochen; doch kommen akute Verläufe mit Meningismus, insbesondere bei Einschmelzung und Anschluß des entzündlichen Prozesses an den Subarachnoidalraum, vor.

Meningitiden und Enzephalitiden sind in der Bundesrepublik Deutschland meldepflichtig. Dem Robert-Koch-Institut wurden 1998 3455 Erkrankungen mitgeteilt. Hierunter waren 729 Meningokokken-Meningitiden, 1214 „sonstige bakterielle Meningitiden", 891 Virusmeningoenzephalitiden und 621 „übrige Formen". Die Erreger der nicht durch Meningokokken verursachten bakteriellen Meningitiden werden in der Statistik des Robert-Koch-Instituts nicht weiter aufgeschlüsselt. Die Sterblichkeit der Meningokokken-Meningitis lag bei 8,5%, die der „sonstigen bakteriellen Meningitiden" bei 7,7% und die der Virusmeningoenzephalitis bei 1,8% [24]. Die Haemophilus-influenzae-Typ b-Schutzimpfung (in Deutschland öffentlich empfohlen) hat in Ländern mit hoher Impfrate zu einem starken Rückgang der bakteriellen Meningitis im Kindesalter geführt.

In einer Kinder und Erwachsene jeden Alters umfassenden Stichprobe aus den neuen Bundesländern und Berlin nach Einführung der Haemophilus-influenzae-Typ b-Schutzimpfung war Neisseria meningitidis der häufigste Erreger der bakteriellen Meningitis (39% aller Fälle). Unter den Erregern der 254 sonstigen bakteriellen Meningitiden dominierten die Pneumokokken (39% aller sonstigen Fälle), gefolgt von „sonstigen Streptokokken" (10%), Borrelien (8%), Staphylokokken (7%) Listerien (6%), Haemophilus inflenzae (4%) und Escherichia coli (2%) [24].

Bei postoperativen ZNS-Infektion und aus dem ventrikulären Liquor bei liegender externer Ventrikeldrainage (mit und ohne klinische Zeichen einer ZNS-Infektion) werden am häufigsten Koagulase-negative Staphylokokken, Staphylococcus aureus und Streptokokken, seltener gramnegative Stäbchen isoliert. In einem Krankenhaus der Maximalversorgung mit zahl reichen operativen Eingriffen am zentralen Nervensystem sind die nosokomialen ZNS-Infektionen mittlerweile häufiger als die außerhalb des Krankenhauses erworbenen Meningitiden [32]. Diese Fälle sind, weil sie von zahlreichen Kliniken nicht gemeldet wurden, in der Statistik des Robert-Koch-Instituts unterrepräsentiert.

Die Vorgeschichte kann Schlüsse auf die wahrscheinlich beteiligten Erreger ermöglichen. Meningokokken befallen in der Regel junge, zuvor gesunde Menschen und Personen mit (seltenen) Defekten des Komplementsystems, während Pneumokokken häufiger bei Älteren, Alkoholikern, Splenektomierten, Patienten mit Pneumonie, Sinusitis und anderen Erkrankungen eine Meningitis verursachen. Haemophilus-influenzae-Meningitiden treten fast ausschließlich bei Kindern auf, bei Erwachsenen kommen sie selten als Komplikation einer HNO-Infektion (vor allem Otitis media) oder Liquorfistel vor. Staphylokokken-Infektionen des ZNS sind häufig mit Schädel-Hirn-Traumata, neurochirurgischen Eingriffen und Liquordrainagen vergesellschaftet, werden aber auch bei Diabetikern, im Rahmen einer Endokarditis oder fortgeleiteter Staphylokokken-Infekte angetroffen. Insbesondere niedrig virulente, aber gegen zahlreiche Antibiotika resistente Koagulase-negative Staphylokokken-Stämme besiedeln die Ventrikelkatheter und verursachen ZNS-Infektionen, deren Symptomatik bei den zumeist schwerkranken Patienten klinisch schlecht beurteilbar ist.

Listerien, gramnegative Stäbchen, Enterokokken und Tuberkelbakterien sind vorwiegend bei Alten und durch eine Grundkrankheit oder therapeutische Immunsuppression Abwehrgeschwächten für ZNS-Entzündungen verantwortlich.

Die am häufigsten einen Hirnabszeß verursachenden Erreger sind [26]:

1. Streptokokken, vorzugsweise Streptococcus milleri und andere vergrünende und nicht-hämolysierende Arten (60–70%), aber auch obligat anaerobe Erreger des Genus Peptostreptococcus,
2. Bacteroides-Spezies (20–40%),
3. Enterobakterien und Pseudomonas-Subspezies (20–30%),
4. Staphylococcus aureus (10–15%)

Oft liegt beim Hirnabszeß eine Mischinfektion von aeroben und anaeroben Bakterien vor. Sie läßt sich nur durch sorgfältige anaerobe Kulturtechniken nachweisen.

Der spinale und der seltene zerebrale epidurale Abszeß werden in etwa 60% der Fälle durch Staphylococcus aureus verursacht, weniger häufig sind die anderen beim Hirnabszeß beobachteten Errger. Beim zerebralen und dem seltenen spinalen subduralen Empyem sowie bei dem ebenfalls seltenen spinalen intramedullären Abszeß ist das Erregerspektrum ähnlich wie beim Hirnabszeß; lediglich Anaerobier lassen sich seltener isolieren.

Im Rahmen einer Endokarditis oder einer von einem anderen Organ ausgehenden Sepsis kann es zu einer septischen Herdenzephalitis kommen, die durch das Eindringen infizierter Emboli in die Hirnstrombahn gekennzeichnet ist. Häufigste Erreger sind Staphylococcus aureus, Streptokokken der Gruppe B, andere Streptokokken und Koagulase-negative Staphylokokken [1, 20]. Wenn die ischämische Komponente im Vordergrund steht, spricht man von septisch-embolischer Herdenzephalitis, bei Vorherrschen der infektiösen Komponente von septisch-metastatischer Herdenzephalitis. Beim Auftreten neurologischer Herdsymptome im Rahmen einer Sepsis ist die Bildgebung mittels Computertomogramm bzw. Kernspintomogramm für die Diagnose am wichtigsten. Septisch-embolische Herde stellen sich wie zerebrale Ischämien dar, während septisch-metastatische Herde als zerebrale Mikroabszesse mit ringförmiger Kontrastmitttel-Anreicherung imponieren [1].

6.1.2 Indikationen zur Liquoranalytik

Bei klinischem Verdacht auf bakterielle Meningitis, septische Herdenzephalitis oder Ventrikulitis nach Implantation einer Liquordrainage ist die Liquoranalytik immer indiziert, sofern der Patient nicht durch die Liquorentnahme gefährdet wird.

Der Algorithmus zum diagnostischen und therapeutischen Vorgehen bei klinischem Verdacht auf außerhalb des Krankenhauses erworbener bakterieller Meningitis findet sich in Abb. 1. Wache Patienten ohne ausgeprägte neurologische Herdsymptomatik sollen nach Ausschluß einer Stauungspapille mittels Augenspiegeln sofort lumbalpunktiert werden, sofern klinisch keine Gerinnungsstörungen (z. B. flächige Hauteinblutungen) bestehen. Ein CCT vor LP stellt bei diesen Patienten eine unnötige Verzögerung der LP und des Beginns der antibiotischen Behandlung dar. Bei entsprechender klinischer Symptomatik soll die *erste Antibiotika-Dosis unmittelbar nach der Entnahme des Liquors und der Blutkultur (sowie des Rachen- bzw. Wundabstrichs)* verabreicht werden. Der Liquorbefund soll nicht abgewartet werden.

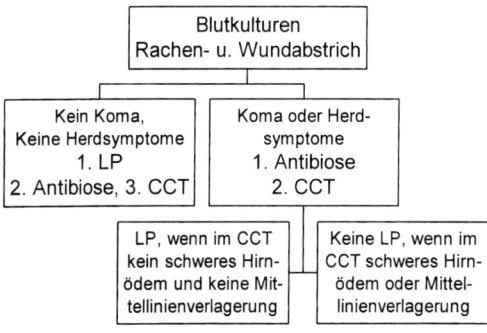

Abb. 1: Diagnostisches und therapeutisches Vorgehen bei Verdacht auf bakterielle Meningitis

In der Notfalldiagnostik besteht die Indikation für ein *CCT* im Ausschluß bzw. Nachweis eines Hirnödems bei soporösen und komatösen Patienten bzw. einer intrakraniellen Raumforderung bei Patienten mit ausgeprägteren neurologischen Herdsymptomen. Wenn bei solchen Patienten ein dringender klinischer Verdacht auf eine bakterielle Meningitis besteht, soll nach Entnahme von Blutkultur sowie Rachen- bzw. Wundabstrich mit der antibiotischen Behandlung begonnen werden. Dann soll das CCT durchgeführt werden. Zeigt sich im CCT kein schweres Hirnödem bzw. keine intrakranielle Massenverschiebung, soll der Patient lumbalpunktiert werden. Bei schwerem Hirnödem bzw. großer intrakranieller Raumforderung soll auf die LP verzichtet werden.

Die Mehrzahl von Patienten mit Hirnabszessen, zerebralen epiduralen Abszessen und zerebralen subduralen Empyemen zeigt im Liquor cerobrospinalis eine Erhöhung der Leukozytenzahl (in der Regel < 1 000 Mpt/l) mit variablem Differentialzellbild. Das Gesamteiweiß im Liquor ist meistens erhöht, in manchen Fällen läßt sich eine intrathekale Synthese von Immunglobulinen (IgA) nachweisen. In Einzelfällen kann es allerdings auch bei Tumoren, insbesondere bei hochmalignen Gliomen, zu einer Vermehrung der Liquorleukozyten und zu einer intrathekalen Immunglobulin-Synthese kommen, so daß die Differentialdiagnose Entzündung/Tumor erschwert wird. Wenn der Abszeß nicht in den Subarachnoidalraum durchgebrochen ist, lassen sich keine Erreger aus dem Liquor anzüchten oder mikroskopisch darstellen. Nach Durchbruch des Abszesses in den Liquorraum entsprechen die Liquorbefunde den bei der bakteriellen Meningitis erhobenen. *Aufgrund der Gefahr der Herniation ist die Liquorentnahme bei Patienten mit einer Mittellinienverlagerung, einem größeren zerebellären Abszeß, den Zeichen einer beginnenden transtentoriellen Herniation oder mit einem ausgeprägten Hirnödem kontraindiziert!*

Die Liquorbefunde beim spinalen epiduralen Abszeß sind bei Punktion unterhalb des Abszesses fast immer gekennzeichnet durch eine ausgeprägte Erhöhung des Liquoreiweißes und des Liquor-Serum-Albuminquotienten als Ausdruck einer Liquorzirkulationsstörung. Die Liquorpleozytose ist variabel. Der Erreger läßt sich im Liquor in der Regel erst anzüchten, wenn der Abszeß in den Subarachnoidalraum durchgebrochen ist. Demgegenüber läßt sich der Erreger (häufig Staphylococcus aureus) in etwa 50 % der nicht antibiotisch vorbehandelten Patienten in der Blutkultur anzüchten.

Abszesse breiten sich im spinalen Epiduralraum langstreckig aus. Sie befinden sich meistens dorsal des Myelons bzw. der Cauda equina. Nach Einführung der Kernspintomo graphie in die klinische Routine soll bei dringendem Verdacht auf einen lumbalen spinalen epiduralen Abszeß die Liquordiagnostik unterbleiben: hierdurch soll verhindert werden, daß zunächst der dorsal gelegene Abszeß und danach der weiter ventral gelegene Liquorraum anpunktiert und Erreger aus dem Abszeß in den Liquorraum verschleppt werden. Wird zufällig ein epiduraler Abszeß punktiert, so entleert sich bei ausreichend dicker Nadel Eiter entweder spontan oder durch Aspiration. Die Punktionsnadel soll dann nicht weiter nach ventral vorgeschoben werden, um die Dura nicht zu verletzen.

Entscheidend für die Erregeranzucht beim Hirnabszeß, zerebralen und spinalen subduralen Empyemen und epiduralen Abszessen ist die rasche Gewinnung von Abszeßinhalt durch den Neurochirurgen entweder vor oder in den ersten Stunden nach Beginn der antibiotischen Behandlung. Wenn einem Hirnabszeß eine Infektion im oberen Respirationstrakt bzw. im Mittelohr zugrunde liegt, läßt sich der bzw. die Erreger häufig aus vorhandenen Sekreten anzüchten.

Bei der septischen Herdenzephalitis finden sich im Liquor häufig eine in ihrer Ausprägung variable Pleozytose und eine leichte Eiweißerhöhung. Bei der septisch-metastatischen Herdenzephalitis sind die Liquorveränderungen ausgeprägter als bei der septisch-embolischen. Das Ausmaß der Liquorveränderungen hängt außer von der Intensität der Entzündung auch von der Lage der enzephalitischen Läsion(en) ab. Die Anzucht des Erregers aus dem Liquor gelingt nur ausnahmsweise [1]. Entscheidend für den Erregernachweis sind Blutkulturen sowie ggf. die Gewinnung von Material vom Ausgangsort der Sepsis. Bei kritisch kranken Patienten mit septischer Herdenzephalitis soll die Liquorentnahme nicht erzwungen werden.

Wiederholte Liquorentnahmen sind unter folgenden Bedingungen sinnvoll:

1. Kann anhand des initial entnommenen Liquors kein Erreger identifiziert werden, gelingt es nicht selten bei einer der darauffolgenden Liquorentnahmen, den Erreger anzuzüchten (z. B. M. tuberculosis). Bei solchen Patienten sind Lumbalpunktionen in etwa wöchentlichen Abständen indiziert.
2. Bei einer adäquat behandelten bakteriellen Meningitis soll 24–36 h nach Beginn der antibiotischen Behandlung der Liquor steril sein. Lassen sich aus dem bei der zweiten Punktion entnommenen Liquor noch Bakterien anzüchten, muß eine Umstellung der antibiotischen Behandlung erwogen werden [16].

Bei der unkomplizierten bakteriellen Meningitis ist die wiederholte Liquorentnahme im Abstand von einigen Tagen bis zur Normalisierung der Liquorbefunde nicht indiziert. In diesem Fall ist auch die Kontrolle des Liquorbefunds nach Behandlungsende nicht angezeigt. Die Liquorleukozytenzahl am Behandlungsende korreliert bei der klinisch unkomplizierten bakteriellen Meningitis nicht mit dem Rezidivrisiko [6, 25].

6.1.3 Gewinnung und Transport des Liquors für bakteriologische Untersuchungen

Der zur Anzucht des Erregers vorgesehene Liquor muß steril asserviert werden (cave: Kontamination mit Koagulase-negativen Staphylokokken). Die Punktionsstelle muß besonders gründlich desinfiziert werden, um eine Kontamination des Liquors mit auf der Haut siedelnden Bakterien (z. B. Koagulase-negative Staphylokokken, Corynebacterium sp.) zu vermeiden.

Die für die Erregeranzucht vorgesehene Portion des Liquors darf nicht zentrifugiert werden und soll körperwarm transportiert werden. Die Dauer des Transports soll 30 min nicht überschreiten. Von den häufigen Meningitis-Erregern sind v. a. Meningokokken sehr kälteempfindlich, während z. B. Pneumokokken und Listerien auch eine mehrstündige Lagerung bei +4 °C gut überstehen.

Längere Transportzeiten werden von empfindlichen Meningitiserregern häufig besser in einer belüfteten Blutkulturflasche toleriert. Wenn eine Liquorkultur nicht sofort angelegt werden kann, empfiehlt sich deshalb zusätzlich zur Verschickung des unbehandelten Liquors die Beimpfung einer Blutkulturflasche mit 1–5(–10) ml Liquor (die Sensitivität der Kultur steigt mit der Menge des eingesetzten Liquors).

Beim Hirnabszeß wird für die aerobe Kultur eine Portion des aspirierten Eiters in ein steriles Röhrchen gefüllt. Zur erfolgreichen Kultur von Anaerobiern muß der Kontakt des Probenmaterials mit der Luft vermieden werden. Am leichtesten gelingt dies, indem der Eiter mit einer Spritze ohne Luftbeimengung aspiriert wird. Die Spritze muß danach luftdicht verschlossen werden.

6.1.4 Liquorbefunde

Die Liquordiagnostik erlaubt in der Regel die Differenzierung zwischen bakteriellen und viralen Meningoenzephalitiden. Zum Notfallprogramm bei Verdacht auf eine bakterielle ZNS-Infektion gehört die visuelle Beurteilung des Liquors, die Zählung der Liquor-Leukozytenzahl in der Fuchs-Rosenthal-Zählkammer, die qualitative Eiweißbestimmung nach Pandy und die Bestimmung des Liquor-Laktats (Kap. B.1). Wünschenswert, aber nicht in jedem Liquorlabor realisiert, ist die Anfertigung von Zytozentrifugaten (Kap. B.2). Färbungen nach Gram (Tab. 2) und Ziehl-Neelsen (Tab. 3), die bei entsprechendem klinischen Verdacht zum Notfallprogramm gehören, lassen sich außer an Zytozentrifugaten auch an Sedimenten nach Zentrifugation durchführen. Im Notdienst angefertigte Zytozentrifugate können für liquorzytologische Untersuchungen (May-Grünwald-Färbung) (Kap. B.2) am darauffolgenden Werktag benutzt werden, während länger als 12 h bei Raumtemperatur oder im Kühlschrank asservierter Liquor sich in der Regel nicht mehr für die Liquorzytologie eignet.

Leukozytenzahl, Gesamteiweiß, Laktat, Zucker
Die Liquorleukozytenzahl und das Liquoreiweiß sind bei bakteriellen ZNS-Erkrankungen fast immer erhöht, wobei das Ausmaß der Abweichung von der Norm bei den verschiedenen klinischen Konstellationen erheblich variiert (s. u.). Das Liquorlaktat ist für die Differentialdiagnose bakterielle versus virale Meningitis sehr wichtig (Ursachen von Laktaterhöhungen im Liquor s. u.): ein normales Liquorlaktat bei einem meningitischen Syndrom macht die virale Ätiologie sehr wahrscheinlich.

Die Laktatkonzentration liegt beim Gesunden im Liquor in der Regel geringfügig über der Serumkonzentration. Wahrscheinlich wird der größte Teil des Liquorlaktats in den zentralnervösen Kompartimenten gebildet und stammt nicht aus dem Blut. Deshalb ist zur Interpretation des Liquor-Laktat-Spiegels außer bei einer schweren systemischen Laktatazidose die gleichzeitige Kenntnis der Serumkonzentration nicht erforderlich. Die hohen Liquor-Laktat-Konzentrationen bei durch Bakterien und Pilze verursachte ZNS-Infektionen entstehen wahrscheinlich durch anaerobe Glykolyse Leukozyten im Liquor und Nerven- und Gliazellen im Hirnparenchym. Die Mikroorganismen spielen als Laktat-Produzenten meist eine geringe Rolle. Insbesondere bei Ventrikulitiden und anderen bakteriellen Infektionen, die mit einer niedrigen Liquorpleozytose einhergehen, ist ein Liquorlaktat über 3,5 mmol/l ein sensitiver Indikator für eine bakterielle bzw. durch Pilze verursachte ZNS-Infektion. Die Spezifität ist jedoch nicht sehr hoch, weil andere schwere Hirnerkrankungen (z. B. intrakranielle Blutungen) ebenfalls mit einem hohen Liquorlaktat einhergehen können.

Glukose gelangt vom Blut in die zentralnervösen Kompartimente zum größten Teil durch in den Hirnkapillaren lokalisierte Carrier mittels erleichterter Diffusion, zu einem kleinen Teil durch passive Diffusion durch die Blut/Liquor- und Blut/Hirn-Schranke. Beim Gesunden beträgt der Liquor/Serum-Glukose-Quotient ca. 0,6 entsprechend einer Liquorglukose von 45–80 mg/dl (2,5–4,5 mmol/l) bei normalen Glukose-Serumkonentrationen [10]. Bei bakterieller Meningitis (einschließlich Neurotuberkulose) und Pilz-Meningitis ist die Glukosekonzentration im Liquor häufig erniedrigt (Liquor/Serum-Glukose-Quotient < 0,5). Ursachen für die erniedrigte Liquor-Glukose-

Konzentration sind Verbrauch von Glukose durch Mikroorganismen und Leukozyten, eventuell auch eine Affektion des Glukose-Transporters der Hirnkapillaren.

Die *purulente Meningitis* geht typischerweise mit einer Liquorleukozytenzahl über 1000/µl, einem granulozytären Zellbild, einem Liquoreiweiß von über 1000 mg/l und einem deutlich erhöhten Liquorlaktat (über 3,5 mmol/l) einher (Tab. 1).

Die *tuberkulöse Meningitis* verursacht typischerweise eine lymphomonogranulozytäre Liquorpleozytose (sog. „buntes Zellbild") von einigen hundert Zellen pro Mikroliter, eine ausgeprägte Liquoreiweiß- und Laktaterhöhung. Typisch für die tuberkulöse Meningitis, aber nicht immer vorhanden, ist außerdem eine intrathekale IgA-Synthese [8].

Da der mikroskopische Nachweis von Mykobakterien (Ziehl-Neelsen-Färbung) selten gelingt, soll eine ätiologisch ungeklärte akute oder subakute Meningitis mit dem o. g. Liquorbefund bis zum Beweis des Gegenteils als tuberkulös angesehen und entsprechend behandelt werden.

Ein gleichartiger Liquorbefund kann allerdings auch bei Kryptokokkose und Listeriose des ZNS vorkommen [18]. Spirochätenerkrankungen des ZNS gehen in der Regel mit einem überwiegend lymphozytären Zellbild einher.

In der Initialphase viraler Meningitiden und Enzephalitiden kann das Liquorzellbild vorübergehend eine Granulozytose aufweisen, wo-

Tab. 1: Typische Liquorbefunde bei Meningitiden unterschiedlicher Ätiologie

Liquorbefunde	Bakterielle Meningitis	Tuberkulöse Meningitis	Pilzmeningitis	Neuroborreliose	Virale Meningitis
Aussehen	trübe	transparent, manchmal „Spinngewebsgerinnsel" nach längerem Stehen	transparent	klar	klar
Zellzahl (Mpt/l)	>1000	30–300	30–1000	30–1000	20–1000
Pandy	+++	++	++	+ bis ++	0 bis +
Differential-Zellbild	vorwiegend Granulozyten	Granulo-lympho-monozytär	Granulo-lympho-monozytär	Lympho-monozytär	Lympho-monozytär
Eiweiß (mg/l)	>1000 bis >10000	>1000	>1000	500–2000	<1000
Liquor/Serum-Albuminquotient x 10^{-3}	>20	>20	>20	8–40	<20
Laktat (mmol/l)	>3,5	>3,5	>3,5	<3,5	<3,5
Intrathekale Immunglobulin-Synthese	(IgA)	IgA		IgM	(IgG, IgA, IgM)
Blutuntersuchungen					
Blutbild	Leukozytose, Linksverschiebung	Normale Leukozytenzahl	Reduzierte Leukozytenzahl (Grunderkrankung!)	Normale Leukozytenzahl	Normale bis bis erniedrigte Leukozytenzahl
C-reaktives Protein (mg/dl)	>50	erhöht	erhöht	normal	Normal
Fibrinogen	erhöht, im septischen Verbrauch erniedrigt	variabel	variabel	normal	Normal

bei die übrigen Befunde aber einer Viruserkrankung des ZNS entsprechen. Umgekehrt sind bei der ersten Liquorentnahme in ca. 10 % der bakteriellen Meningitiden über 50 % der Liquorzellen mononukleär – also Monozyten und Lymphozyten. Im Tierversuch wurde gezeigt, daß bei der bakteriellen Meningitis zirkulierende Monozyten für die Einwanderung von Granulozyten in den Liquorraum benötigt werden [32].

Verhängnisvolle Fehldiagnosen sind bei der *apurulenten bakteriellen Meningitis* möglich, bei der der Liquor zwar häufig ein hohes Eiweiß und Laktat, jedoch nur eine geringe Liquorleukozytenzahl aufweist. Zahlreiche mikroskopisch sichtbare Bakterien sind hier diagnostisch wegweisend (Abb. 2). Noch schwieriger ist die Diagnose einer beginnenden bakteriellen Meningitis anhand des Liquorbefunds. Kurz nach dem Eindringen der Bakterien in das Liquorkompartiment befinden sich nur wenige Erreger im Subarachnoidalraum, so daß sie im gefärbten Zytozentrifugat allenfalls durch Zufall entdeckt werden. Aufgrund der geringen Erregerkonzentration finden sich im Liquor kaum Entzündungszeichen. Im Extremfall kann vor allem bei der Meningokokken-Sepsis und bei der Pneumokokken-Sepsis nach Splenektomie der Erreger aus dem Liquor angezüchtet werden, ohne daß gleichzeitig eine Liquorpleozytose oder eine ausgeprägtere Liquoreiweißerhöhung besteht. In diesen Fällen erlaubt aber die Notfalluntersuchung des Bluts die Verdachtsdiagnose einer septischen bakteriellen Infektion (s. u.).

Bakterielle Infektionen nach neurochirurgischen Eingriffen sind häufig ebenfalls schwer zu diagnostizieren:

1. Bei den oft schwer kranken Patienten kann die klinische Symptomatik vieldeutig sein. Nicht selten leiden diese Patienten unter Infekten der Atemwege und des Urogenitaltrakts, so daß Fieber trotz Vorliegen einer ZNS-Infektion irrtümlicherweise auf eine extrazerebrale Infektion zurückgeführt wird.
2. Umgekehrt kann Blut im Subarachnoidalraum einen Meningismus verursachen und klinisch eine ZNS-Infektion vortäuschen.
3. Nach Eindringen von Blut in den Subarachnoidalraum kommt es zu einer Abräumreaktion durch Leukozyten, während der eine leichte Pleozytose im Liquor physiologisch ist.
4. Koagulase-negative Staphylokokken, die meist für Infektionen nach Fremdkörperimplantation verantwortlich sind, verursachen häufig keine ausgeprägte Entzündungsreaktion. Die Liquorpleozytose bei durch solche Erreger verursachten ZNS-Infektionen beträgt meistens einige hundert Leukozyten/ml, das Liquorlaktat ist aber in der Regel auf über 3,5 mmol/l erhöht.

Bei der septischen Herdenzephalitis sind die Liquorveränderungen variabel und reichen von Normalbefunden (v. a. septisch-embolische Enzephalitiden) bis selten zu Pleozytosen über 1000 Mpt/l sowie Eiweißerhöhungen über 1000 mg/l (septisch-metastatische Verlaufsformen). Die Liquoruntersuchung bei der septischen Herdenzephalitis ist indiziert, um überhaupt entzündliche Veränderungen nachzuweisen, die die septische Herdenzephalitis vom ischämischen Hirninfarkt zuverlässig abgrenzen.

Die entzündlichen Veränderungen sind oft in den einzelnen Teilen des Liquorkompartiments

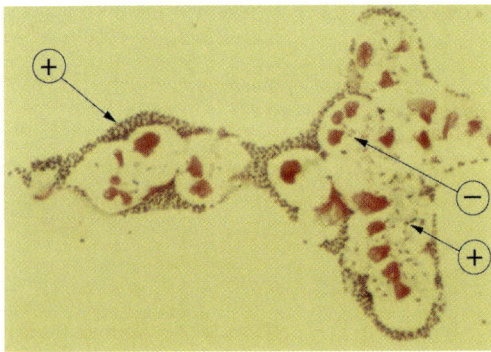

Abb. 2: Apurulente Meningitis. Es finden sich wenige Leukozyten, die von zahlreichen Gram-positiven (⊕) Kokken (Pneumokokken) umlagert werden. Nach Gram-Färbung stellen sich nicht alle Pneumokokken blau-schwarz dar. Pneumokokken mit geschädigter Zellwand (z. B. während der Autolyse oder nach antibiotischer Vorbehandlung) entfärben sich stärker als intakte Pneumokokken und sind deshalb scheinbar Gram-negativ (⊖).

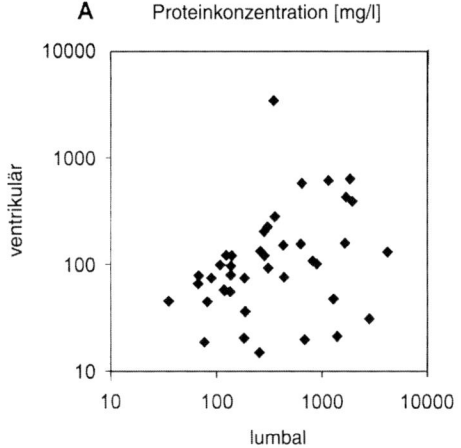

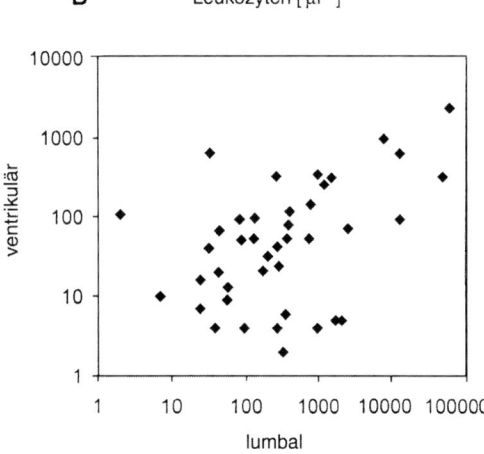

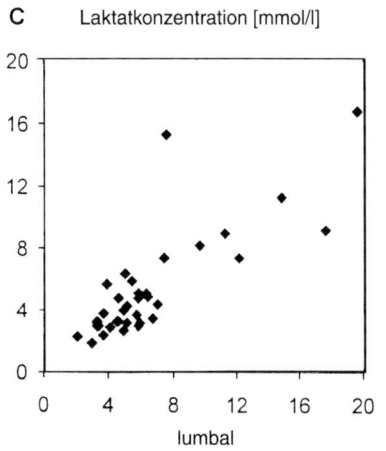

unterschiedlich stark ausgeprägt [12]. Bei bakteriellen ZNS-Infektionen liegen die Leukozytenzahl und das Gesamteiweiß im lumbalen Liquor häufig höher als im ventrikulären. In seltenen Fällen kann sich dieser Gradient aber umkehren (Abb. 3 A, B). Demgegenüber ist die Differenz zwischen der Laktatkonzentration im lumbalen und ventrikulären Liquor in der Regel gering (Abb. 3 C).

Für die Praxis gilt folgende Regel:

Wenn einer der drei Parameter über dem in Tabelle 1 genannten Grenzwert (Liquorleukozytenzahl über 1000 Mpt/l, Liquoreiweiß über 1000 mg/l oder Liquorlaktat über 3,5 mmol/l) liegt, ist bis zum sicheren Ausschluß einer bakteriellen ZNS-Infektion eine antibakterielle Therapie durchzuführen.

Mikroskopischer Erregernachweis

Die mikroskopische Darstellung der Erreger einer bakteriellen Meningitis mittels Gram- bzw. Ziehl-Neelsen-Färbung (Tab. 2 u. 3) gestattet Rückschlüsse auf das verantwortliche Bakterium (Abb. 4 D [s. S. 296/297]) und beeinflußt damit die Wahl des Antibiotikums. Ob sich Bakterien im Liquor mikroskopisch nachweisen lassen, hängt von ihrer Zahl ab. Bei einer Bakteriendichte von $< 10^3$ Kolonie-formende Einheiten (CFU) pro ml gelingt der mikroskopische Nachweis in etwa 25%, bei Bakteriendichten von $10^3 - 10^5$ CFU/ml in 60%, und bei einer Bakterienkonzentration $> 10^5$ CFU/ml in 97% [15]. Die Benutzung einer Zytozentrifuge scheint im Vergleich zur konventionellen Zentrifugation des Liquors (15–20 min bei 3000 g) die Empfindlichkeit des mikroskopi-

Abb. 3: Lumbale und ventrikuläre Liquorbefunde bei Patienten mit bakteriellen ZNS-Infektionen, denen binnen eines Tages sowohl lumbaler als auch ventrikulärer Liquor entnommen wurde. Die lumbalen und ventrikulären Leukozyten- (B) [Mpt/l] und Proteinkonzentrationen (A) [mg/l] korrelieren auf mittlerem Niveau miteinander. Meist sind die lumbalen höher als die ventrikulären Werte. Laktat (C) [mmol/l] scheint sich homogener im Liquorkompartiment zu verteilen; lumbale und ventrikuläre Konzentrationen weichen nur gering voneinander ab [12].

Tab. 2: Gram-Färbung

Prinzip
Bakterien, deren Zellwand aus mehreren miteinander vernetzten Peptidoglykanschichten besteht, halten während des Entfärbungsschritts mit Alkohol das Gentianaviolett in ihrem Inneren. Sie sind unter dem Mikroskop blau-schwarz bis dunkel-violett (= Gram-positiv). Bakterien mit dünner Zellwand entfärben sich im Alkohol und nehmen danach die rosa bis rote Farbe der Gegenfärbung an (=Gram-negativ).

Methode
Ausstrich bzw. Zytozentrifugat hitzefixieren
Färben mit Gentianaviolett 1–2min
Inkubation mit Lugolscher Lösung (Jodjodkaliumlösung) für 1–2 min („Beizen")
Entfärben mit 95 % Äthylalkohol, bis keine sichtbaren Farbwolken mehr abgehen
Beendigung des Entfärbungsprozesses durch Abspülen mit Wasser
Gegenfärbung mit Safraninlösung für 30–60 s

Färbeschritt	Aussehen der Bakterien	
	Gram-positiv	Gram-negativ
Vor der Färbung		
Nach Färbung mit Gentianaviolett		
Nach Beizung mit Lugolscher Lösung		
Nach Differenzierung mit Alkohol		
Nach Gegenfärbung mit Safranin		

Die Gram-Färbung kann falsch positiv oder falsch negativ ausfallen, wenn zu kurz oder zu lange mit Alkohol entfärbt wird. Außerdem stellen sich Gram-positive Bakterien mit geschädigter Zellwand (z. B. nach Antibiotika-Exposition) manchmal Gram-negativ dar (s. Abb. 2).

schen Nachweises durch Gram-Färbung zu erhöhen [4].

Erregeridentifikation mittels immunologischer Methoden

Eine Vielzahl immunologischer Methoden wurde zum Nachweis bakterieller Oberflächenantigene im Liquor entwickelt. Sie dienen als Schnelltests. Am breitesten erprobt wurden diese Nachweismethoden bei durch Haemophilus influenzae, Neisseria meningitidis, Streptococcus pneumoniae und Escherichia coli verursachten Meningitiden.

Der für den bakteriellen Antigennachweis am weitesten verbreitete Latex-Agglutinations-Test läßt sich binnen weniger Minuten durchführen. Die Sensitivität ist, wenn für die Kultur ausreichend Liquor zur Verfügung steht, beim Latex-Test etwas geringer als bei der Kultur. Da der Antigennachweis nach Beginn der antibiotischen Behandlung noch gelingen kann, wenn sich der Erreger nicht mehr anzüchten läßt, sind Latex-Agglutinations-Tests von besonderem Wert bei der Differenzierung zwischen anbehandelter bakterieller und viraler Meningitis. Latex-Agglutinations-Tests stehen für Haemophilus influenzae, Streptococcus pneumoniae, Streptokokken der Gruppe B, Escherichia coli K1 und Neisseria meningitidis (Serotypen A, B, C, Y, W_{135}) zur Verfügung (z. B. Pastorex®; Meningitis, Sanofi-Pasteur Diagnostics). Ältere Verfahren wie

Tab. 3: Ziehl-Neelsen-Färbung

Prinzip
Manche Bakterien, insbesondere Mykobakterien, Aktinomyzeten und Nokardien, lassen sich aufgrund ihrer Lipophilie (durch Lipid- und Wachsreichtum) mit den üblichen Farbstoffen nur schlecht anfärben. Wenn diese Bakterien aber einen Farbstoff aufgenommen haben, lassen sie sich nur schwer entfärben und geben selbst bei Säureexposition die Farbe nicht ab.
Methode
Ausstrich bzw. Zytozentrifugat hitzefixieren
Inkubation mit wäßrig-alkoholischer Karbolfuchsinlösung
Während der Inkubation Objektträger mit Bunsenbrenner 3 × bis zum Dampfen erhitzen
Beendigung der Färbung durch Spülen mit Wasser
Entfärben mit 3 % Salzsäurealkohol
Gegenfärbung mit 0,3–1 %iger wäßriger Methylenblau-Lösung
Aktinomyzeten und Nokardien sind weniger säurefest als Mykobakterien. Um diese Bakterien nachzuweisen, nimmt man zum Entfärben 1 %ige Schwefelsäure.

Agardiffusionstest und Gegenstromimmunoelektrophorese haben an Bedeutung verloren [13].

Mit einem Enzymimmunoassay (EIA) können neben Antikörpern gegen Erreger auch Erreger-spezifische Antigene nachgewiesen werden. EIAs zum Nachweis bakterieller Antigene im Liquor sind erheblich sensitiver als Latex-Agglutinations-Methoden [13, 27, 28]. Mit einem EIA gegen Teichon- und Lipoteichonsäuren aus der Zellwand von Pneumokokken, der empfindlicher als kommerziell erhältliche Latex-Agglutinations-Tests ist, ließen sich Pneumokokken-Antigene spezifisch und sensitiv (bis zu zwei Wochen nach Beginn der antibiotischen Behandlung) nachweisen [28]. Bei der tuberkulösen Meningitis wurden verschiedene EIAs erprobt mit einer diagnostischen Sensitivität von 50–80 % und einer Spezifität von über 90 % [13, 30]. Trotz eindrucksvoller Resultate in Studien sind standardisierte EIAs zum Nachweis bakterieller Antigene in der Zerebrospinalflüssigkeit aber noch nicht in die klinischen Routine eingeführt.

Zum Nachweis von Infektionen des Liquorraums durch Gram-negative Bakterien wurde der Endotoxin-Nachweis mittels Limulus-Lysat-Test benutzt. Der Test ist sensitiv, erkennt aber keine Infektionen durch Gram-positive Bakterien und differenziert nicht zwischen den einzelnen Gram-negativen Erregern [14]. Durch Kontamination von Reagenzgefäßen oder Reagenzien mit Endotoxin kann der Test falsch positiv ausfallen.

Mit Hilfe kommerziell erhältlicher Urinstreifen (Combur 9, Boehringer Mannheim), die Glukose, Gesamteiweiß, Leukozyten, Nitrit, pH, Blutbeimengung, Ketonkörper, Bilirubin und Urobilinogen semiquantitativ messen, gelang es mit einer Sensitivität von 97 % bei fehlenden falsch-positiven Befunden, bakterielle Meningitiden von viralen abzugrenzen [17]. Sollten sich diese Daten bestätigen, hätten sie weitreichende Bedeutung für die Schnelldiagnose der bakteriellen Meningitis. Für die Differenzierung zwischen den einzelnen bakteriellen Erregern sind Urin-Teststreifen nicht geeignet.

Polymerase-Kettenreaktion

Die *Polymerasekettenreaktion* (PCR) besitzt eine relativ hohe Sensitivität und ist binnen einiger Stunden durchführbar. Unter den bakteriellen ZNS-Infektionen ist ihre Bedeutung bei der ZNS-Tuberkulose und beim Morbus Whipple am größten. Bei Einsatz der PCR zu diagnostischen Zwecken muß eine Kontamination unbedingt vermieden werden, da hieraus falsch-positive Befunde resultieren. Der Vorteil der PCR für die Diagnose einer ZNS-Tuberku-

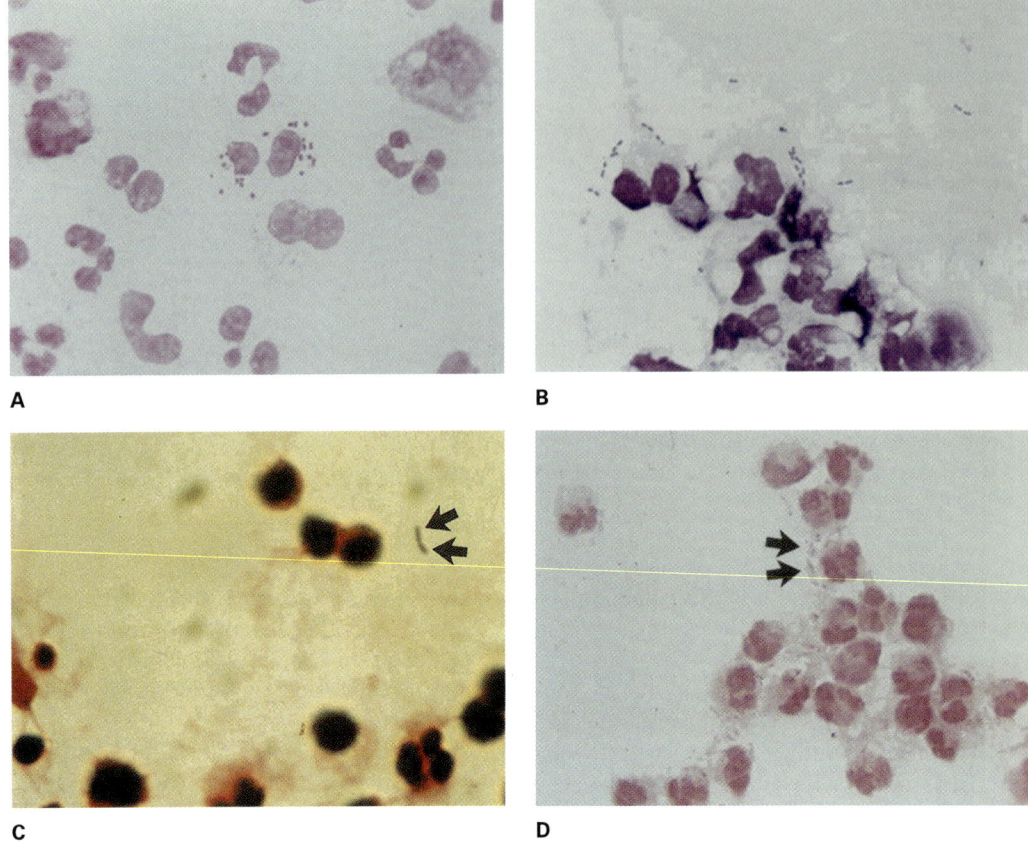

Abb. 4 A–D: Färbungen typischer Meningitis-Erreger in Liquor-Ausstrichen bzw. -Zytozentrifugaten (x 2 200).
A) Gram-negative, vorwiegend intrazellulär gelegene Diplokokken (kulturell: Neisseria meningitidis).
B) Gram-positive, vorwiegend extrazellulär gelegene Diplokokken (kulturell: Streptococcus pneumoniae).
C) Gram-positive Stäbchen (kulturell: Listeria monocytogenes).
D) Gram-negative, vorwiegend extrazellulär gelegene Stäbchen (kulturell: Haemophilus influenzae).

lose liegt vor allem in der Verkürzung des Intervalls Entnahme-Befund. Erfahrene Labors scheinen Ergebnisse von hoher Spezifität und relativ hoher Sensitivität zu produzieren: bei den meisten Untersuchungen betrug im Liquor die Spezifität 97–100 %, während die Sensitivität zwischen 60 und 80 % schwankte [3, 11, 21, 29]. Eine negative PCR schließt somit die Tuberkulose nicht aus (die Bakteriendichte im Liquorkompartiment ist oft sehr gering): bei klinischem Verdacht sind wiederholte Untersuchungen in ca. wöchentlichem Abstand mit ausreichenden Liquorvolumina (etwa 5 ml) indiziert, um die Sensitivität zu erhöhen. Auf das gleichzeitige Anlegen einer Kultur darf nicht verzichtet werden.

Aufgrund der niedrigen Bakteriendichte ist die Borrelien-PCR im Liquor bei klinisch und serologisch sicherer Neuroborreliose nur in etwa 20 % der Fälle positiv [5, 7]. Die Diagnose einer Neuroborreliose ist deshalb weiterhin vorwiegend eine klinische Diagnose, gestützt auf die Symptomatik und die Liquorpleozytose. Der Nachweis Borrelien-spezifischer Antikörper der Klasse IgM im Serum oder der Nachweis einer intrathekalen Synthese von Antikörpern

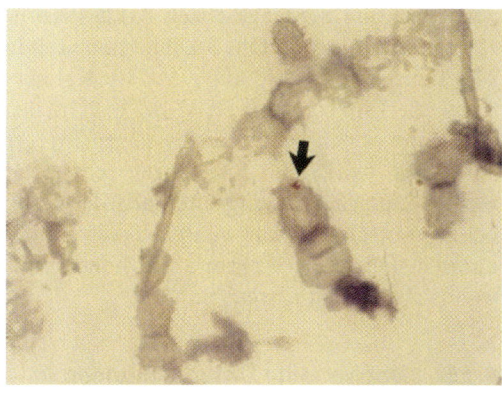
E

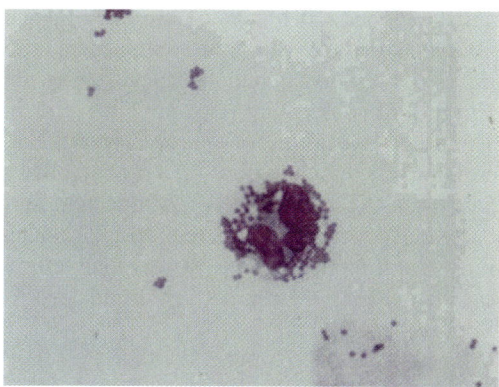
F

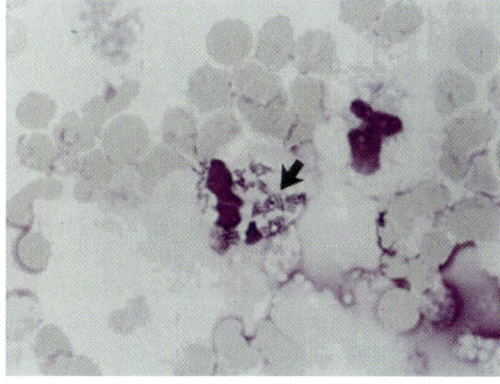
G

Abb. 4 E–G: Färbungen typischer Meningitis-Erreger in Liquor-Ausstrichen bzw. -Zytozentrifugaten (x 2 200).
E) Säurefeste Stäbchen, vorwiegend intrazellulär gelegen (kulturell: Mycobacterium tuberculosis).
F) Vorwiegend intrazelluläre Gram-positive, in Haufen liegende, Kokken (kulturell: Staphylococcus aureus).
G) Gram-positive keulenförmige Stäbchen bei Patienten mit infizierter externer Ventrikeldrainage (kulturell: Corynebacterium sp.).

der Klassen IgG oder IgM gegen Borrelien stützen die Diagnose. Bei einer sehr kurz nach Zeckenbiß auftretenden Neuroborreliose kann die Serologie noch negativ sein.

Der zerebrale M. Whipple, eine langsam progrediente bakterielle ZNS-Erkrankung (häufig assoziiert mit gastrointestinalen Symptomen), die nur mit geringen entzündlichen Liquorveränderungen einhergeht, kann mittels PCR auf Tropheryma whippelii diagnostiziert werden. Geeignete Materialien sind Duodenalbiopsat, Blut und Hirngewebe [22, 23]. Im Liquor scheint die Erregerkonzentration häufig für den Nachweis von Tropheryma whippelii mittels PCR nicht auszureichen.

Für den Nachweis der klassischen Erreger der bakteriellen Meningitis ist die PCR zwar prinzipiell geeignet, derzeit aber ohne klinische Bedeutung.

Erregeranzucht und Resistenzbestimmung

Die Anzucht des Erregers aus dem Liquor ist der Goldstandard für den Erregernachweis bei bakteriellen ZNS-Infektionen. Für die Bakterienkultur kommen feste und flüssige Medien zum Einsatz. Bei klinischem Verdacht auf bakterielle Meningitis können z. B. folgende Kulturmedien zum Einsatz kommen: mit Blut supplementierter Mueller-Hinton-Agar (zur Anzucht zahlreicher Erreger), Kochblut-Agar (Haemophilus influenzae), Endo-Agar (Gram-negative Erreger), anaerob bebrüteter Columbia-Agar (Anaerobier), Sabouraud-Agar (Pilze). Bei klinischem Verdacht auf Mykobakterien werden zusätzlich Kulturen auf Löwenstein-Jensen-Agar und in geeignetem Flüssig-Medium (z. B. Middlebrook-Bouillon) angelegt [2].

Ist die Anzucht gelungen, wird die Empfindlichkeit des Erregers auf Antibiotika untersucht. Hierfür eignet sich der semiquantitative Agardiffusionstest, bei dem mehrere mit unterschiedlichen Antibiotika beschickte Plättchen auf beimpfte Agarnährboden gelegt werden („Plättchen-Test"), nur bedingt, weil sich die nach DIN 58940 normierte Bewertung des Hemmhofdurchmessers im Agar als „empfindlich" oder „resistent" an den Serum- und nicht an den erreichbaren Liquorkonzentrationen des jeweiligen Antibiotikums orientieren.

Der Reihenverdünnungstest in Bouillon, mit dessen Hilfe die minimalen Hemmkonzentrationen des jeweiligen Erregers für alle therapierelevanten Antibiotika quantitativ bestimmt werden können, ist die Untersuchung der Wahl [19]. Hierfür wird eine Verdünnungsreihe des jeweiligen Antibiotikums in Bouillon angelegt und mit dem isolierten Bakterienstamm (eingesetzte Bakteriendichte ca. 5×10^5 Kolonie-formende Einheiten/ml) inkubiert (bei schnellwachsenden Erregern 16–24 h). Die minimale Hemmkonzentration (MHK) des jeweiligen Antibiotikums ist die Konzentration, die in vitro bakteriostatisch wirkt, d. h. zu einer sichtbaren Hemmung des Bakterienwachstums (= Verminderung der Trübung der Bouillon) führt. Welche Konzentration des jeweiligen Antibiotikums in vitro bakterizid wirkt, kann durch Ausplattieren der Bouillon der Röhrchen bzw. Näpfe der Mikrotiterplatte ermittelt werden, in denen es nach 24stündiger Inkubation zu einer sichtbaren Verminderung der Trübung gekommen ist. Als minimale bakterizide Konzentration (MBK) ist die Konzentration des Antibiotikums definiert, die in vitro zu einer Reduktion der eingesetzten Bakterienkonzentration um mindestens 3 Zehnerpotenzen in 24 h führt (von 5×10^5 auf $< 5 \times 10^2$ Kolonieformende Einheiten/ml). Weil bei bakteriellen ZNS-Infektionen gegen den jeweiligen Erreger bakterizid wirkende Substanzen eingesetzt werden müssen, ist die Bestimmung der MBK bei Liquorisolaten zwar wünschenswert, in der klinischen Routine aufgrund des hohen Aufwands aber kaum umsetzbar.

6.1.5 Notwendige Untersuchungen in anderen Körperflüssigkeiten und Geweben

Im peripheren Blut sprechen Leukozytose (Bestimmung der Leukozytenzahl mit Laborautomaten bzw. manuell mittels Neubauer-Zählkammer), Linksverschiebung (nach May-Grünwald gefärbter Blutausstrich), starke Beschleunigung der Blutsenkung und ein erhöhtes C-reaktives Protein (EIA) für eine bakterielle und gegen eine virale Meningitis bzw. bei entsprechendem Computer- oder Kernspintomogramm für eine septische Herdenzephalitis. Bei Immuninkompetenten fehlt oft die Leukozytose, manchmal auch die Linksverschiebung.

Nützlich für die Differentialdiagnose Hirnabszeß versus Tumor ist ebenfalls das C-reaktive Protein (CRP) im Serum. Beim Hirnabszeß ist es in über 90% der Fälle erhöht, so daß ein normales CRP den Abszeß unwahrscheinlich macht. Das Vorhandensein von Fieber spricht eher für den Abszeß und gegen einen hirneigenen Tumor.

Elektrolytstörungen (besonders häufig sind bei ZNS-Infektionen Hyper- und Hyponatriämie) müssen ausgeschlossen werden. Erhöhte Leberwerte (Bilirubin, GOT, GPT, γGT, AP), Pankreas- (α-Amylase, Lipase) und Muskelenzyme (CK) sowie harnpflichtige Substanzen (Kreatinin, Harnstoff) weisen auf begleitende Organkomplikationen hin.

Eine Untersuchung der Routine-Gerinnungsparameter (Quick-Wert, partielle Thromboplastinzeit, Fibrinogen, Thrombozyten) ist obligat. Hierbei ist besonders zu achten auf Zeichen einer Verbrauchskoagulopathie, insbesondere au verminderte Thrombozytenzahl, erniedrigtes Fibrinogen, verlängerte PTT und erniedrigten Quick-Wert. In Zweifelsfällen hilft zur Klärung der Frage, ob eine Verbrauchskoagulopathie vorliegt, die Messung von Fibrinspaltprodukten (Fibrin-Monomere, D-Dimere).

In jedem Fall des Verdachts auf bakterielle ZNS-Erkrankung muß die Erregeranzucht aus dem Blut mittels aerober und anaerober Blutkulturen versucht werden. Die Entnahme von Blutkulturen vor Beginn der antibiotischen Therapie darf nicht vergessen werden. Bei klinischem Verdacht auf eine durch eine Endokarditis verursachte ZNS-Infektion müssen vor Beginn der antibiotischen Therapie mehrere aerobe und anaerobe Blutkulturen (in Abhängigkeit von der Akuität des neurologischen Krankheitsbildes 5–10) angelegt werden. Wie bei der Liquorentnahme muß die Haut gründlich desinfiziert werden, um eine Kontamination der Blutkulturflaschen durch Hautkeime zu vermeiden.

Ein Rachenabstrich ist in bestimmten Fällen ebenfalls für die Anzucht des verursachenden Erregers (z. B. bei der Meningokokken-Meningitis oder -Sepsis) geeignet. Weil die Antibiotikakonzentrationen im Rachensekret relativ niedrig liegen, kann man Meningokokken u.a. Erreger nicht selten aus dem Rachenabstrich noch nach Beginn der antibiotischen Behandlung anzüchten, obwohl Liquor und Blut bereits steril sind. Bei einem vorbestehenden Infektionsherd, der mit der ZNS-Entzündung in Zusammenhang stehen könnte, z. B. bei einer Otitis media oder einer Furunkel beim diabetischen Patienten, soll ein Abstrich von diesem Herd entnommen werden.

Bei Verdacht auf Neurotuberkulose ist die dreimalige mikroskopische Untersuchung (Ziehl-Neelsen-Färbung) und Kultur von Sputum, Magensaft und Urin (auf Löwenstein-Jensen-Agar und z. B. in Middlebrook-Bouillon) nötig.

Etwa 10 ml Serum sollen initial für nach Behandlungsbeginn eventuell nötige serologische Diagnostik (z. B. Borrelien-Serologie) asserviert werden.

Um den/die Erreger eines Hirnabszesses anzüchten zu können, sollte die Abszeßpunktion mit Aspiration des Abszeßinhalts möglichst vor Beginn der ersten Antibiotikagabe stattfinden. Das Aspirat wird mit einer Gram-Färbung, ggf. mit weiteren Spezialfärbungen angefärbt und in den gleichen Medien kultiviert wie oben für den Liquor aufgeführt. Ist der neurochirurgische Eingriff nicht binnen kurzer Zeit durchführbar, muß mit der ungezielten antibiotischen Behandlung begonnen werden. Aufgrund der langen Diffusionsstrecke und der damit verbundenen langsamen Penetration von Antibiotika in die Abszeßhöhle gelingt es manchmal auch noch längere Zeit nach der Anbehandlung, den Erreger anzuzüchten.

Nach bakteriellen ZNS-Infektionen, insbesondere bei rezidivierenden Pneumokokken-Meningitiden oder im Gefolge von stattgehabten Schädelbasis- oder Felsenbeinfrakturen, taucht häufig die Frage nach einer Liquorfistel im Bereich der frontalen Schädelbasis oder des Felsenbeines auf. Zur Klärung, ob es sich bei aus der Nase austretender Flüssigkeit um Liquor handelt, wird das ß-Trace-Protein im Nasensekret mittels ELISA gemessen [9]. Die Bestimmung des Zuckergehalts des Sekrets ist weniger aussagekräftig [Kap. C5].

6.1.6 Literatur

[1] Bitsch, A., R. Nau, R. A. Hilgers et al.: Focal neurologic deficits in infective endocarditis and other septic diseases. Acta Neurol Scand 94 (1996) 279–286.

[2] Brandis, H., W. Köhler, H. J. Eggers et al.: Lehrbuch der Medizinischen Mikrobiologie, 7. Auflage. Gustav Fischer Verlag, Stuttgart 1994.

[3] Bonington, A., J. I. Strang, P. E. Klapper et al.: Use of Roche AMPLICOR Mycobacterium tuberculosis PCR in early diagnosis of tuberculous meningitis. J Clin Microbiol 36 (1998) 1251–1254.

[4] Chapin-Robertson, K., S. E. Dahlberg, S. C. Edberg: Clinical and laboratory analyses of cytospin-prepared Gram stains for recovery and diagnosis of bacteria from sterile body fluids. J Clin Microbiol 30 (1992) 377–380.

[5] Christen, H.-J., E. Eiffert, A. Ohlenbusch et al.: Evaluation of the polymerase chain reaction for

the detection of Borrelia burgdorferi in cerebrospinal fluid of children with acute peripheral palsy. Eur J Pediatr 154 (1995) 374–377.

[6] Durack, D. T., A. Spanos: End-of-treatment spinal tap in bacterial meningitis. Is it worthwhile? J Am Med Assoc 248 (1982) 75–78.

[7] Eiffert, H., A. Ohlenbusch, H.-J. Christen et al.: Nondifferentiation between Lyme Disease spirochetes from vector ticks and human cerebrospinal fluid. J Infect Dis 171 (1995) 476–479.

[8] Felgenhauer, K., W. Beuche: Labordiagnostik neurologischer Erkrankungen. Thieme, Stuttgart, 1999.

[9] Felgenhauer, K., H. J. Schädlich, M. Nekic: Beta-trace-protein as marker for cerebrospinal fluid fistula. Klin Wochenschr 65 (1987) 764–

[10] Fishman, R. A.: Cerebrospinal fluid in diseases of the nervous system. 2. Aufl., WB Saunders, Philadelphia, 1992.

[11] Fresquet-Wolf, C., J. Haas, B. Wildemann et al.: Wertigkeit der Polymerase-Kettenreaktion (PCR) für die Diagnostik der tuberkulosen Meningitis. Nervenarzt 69 (1998) 502–506.

[12] Gerber, J., H. Tumani, H. Kolenda et al.: Lumbar and ventricular CSF protein, leukocytes and lactate in suspected bacterial CNS infections. Neurology 51 (1998) 1710–1714.

[13] Greenlee, J. E., K. C. Carroll: Cerebrospinal fluid in CNS infections. In: W.M. Scheld, R. J. Whitley, D. T. Durack (Hrsg.): Infections of the central nervous systems, S. 899–922. 2. Aufl. Lippincott-Raven, Philadelphia 1997.

[14] Jorgenson, J. H., J. C. Lee: Rapid diagnosis of Gram-negative bacterial meningitis by the Limulus lysate assay. J Clin Microbiol 7 (1978) 12–17.

[15] LaScolea, L. J., D. Dryja: Quantitation of bacteria in cerebrospinal fluid and blood of children with meningitis and ist diagnostic significance. J Clin Microbiol 19 (1984) 187–190.

[16] Lebel, M. H., G. H. McCracken: Delayed cerebrospinal fluid sterilization and adverse outcome of bacterial meningitis in infants and children. Pediatrics 83 (1989) 161–167.

[17] Moossa, A. A., H. A. Quortum, M. D. Ibrahim: Rapid diagnosis of bacterial meningitis with reagent strips. Lancet 345 (1995) 1290–1291.

[18] Nau, R., V. Schuchardt, H. W. Prange: Zur Listeriose des Zentralnervensystems. Fortschr Neurol Psychiat 58 (1990) 408–422.

[19] Nau, R., F. Sörgel, H. W. Prange: Pharmakokinetic optimisation of the treatment of bacterial central nervous system infections. Clin Pharmacokinet 35 (1998) 223–246.

[20] Pruitt, A. A., R. H. Rubin, A. W. Karchmer et al.: Neurologic complications of bacterial endocarditis. Medicine 57 (1978) 329–343.

[21] Reischl, U., N. Lehn, H. Wolf et al.: Clinical evaluation of the automated COBAS AMPLICOR MTB assay for testing respiratory and nonrespiratory specimens. J Clin Microbiol 36 (1998) 2853–2860.

[22] Relman, D. A., T. M. Schmidt, R. P. MacDermott et al.: Identification of the uncultured bacillus of Whipple's disease. New Engl J Med 327 (1992) 293–301.

[23] Relman, D. A.: Whipple's disease. In: W. M. Scheld, R. J. Whitley, D. T. Durack (Hrsg.): Infections of the central nervous systems, S. 579–589. 2. Auflage, Lippincott-Raven, Philadelphia 1997.

[24] Robert-Koch-Institut: Infektionen des Zentralnervensystems. Epidemiologisches Bulletin 17/1999 (1999) 124–127.

[25] Schaad, U. B., J. D. Nelson, G. H. McCracken: Recrudescence and relapse in bacterial meningitis of childhood. Pediatr 67 (1981) 188–195.

[26] Scheld, W. M., H. R. Winn: Brain abscess. In: G. L. Mandell, R. G. Douglas, J. E. Bennet (Hrsg.): Principles and Practice of Infectious Diseases, S. 582–592. John Wiley & Sons, New York 1985.

[27] Sippel, J. E., C. M. Prato, N. I. Girgis et al.: Detection of Neisseria meningitidis group A, Haemophilus influenzae type B, and Streptococcus pneumoniae antigens in cerebrospinal fluid specimens by antigen capture enzyme-linked immunosorbent assays. J Clin Microbiol 20 (1984) 259–265.

[28] Stuertz, K., I. Merx, H. Eiffert et al.: Enzyme immunoassay detecting teichoic and lipoteichoic acids versus cerebrospinal fluid culture and latex agglutination for diagnosis of Streptococcus pneumoniae meningitis. J Clin Microbiol 36 (1998) 2346–2348.

[29] Tortoli, E., M. Tronci, C. P. Tosi et al.: Multicenter evaluation of two commercial amplification kits (Amplicor, Roche and LCx, Abbott) for direct detection of Mycobacterium tuberculosis in pulmonary and extrapulmonary specimens. Diagn Microbiol Infect Dis 33 (1999) 173–179.

[30] Watt, G., G. Zaraspe, S. Bautista et al.: Rapid diagnosis of tuberculous meningitis by using an enzyme-linked immunosorbent assay to detect

mycobacterial antigen and antibody in cerebrospinal fluid. J Infect Dis 158 (1988) 681–686.
[31] Zysk, G., W. Brück, I. Huitinga et al.: Elimination of blood-derived macrophages inhibits the release of interleukin-1 and the entry of leukocytes into the cerebrospinal fluid in experimental pneumococcal meningitis. J Neuroimmunol 73 (1997) 77–80.
[32] Zysk, G., R. Nau, H. W. Prange: Bakterielle ZNS-Infektionen bei Erwachsenen in Südniedersachsen. Nervenarzt 65 (1994) 527–535.

6.2 Mikrobiologische Diagnostik im Liquor bei viralen Erkrankungen

R. Dörries

6.2.1 Zentralnervöse Virusinfektionen

Virusinfektionen des Zentralnervensystems (ZNS) treten sowohl als sporadische Einzelfälle als auch in Form begrenzter Epidemien auf. Abhängig vom Erreger und Übertragungsweg sind ausgeprägte saisonale, lokale und altersabhängige Häufungen zu beobachten. In der Regel erreichen Viren das ZNS auf hämatogenem Weg im Zuge einer peripheren, primären oder reaktivierten Infektion des Wirtes. Nach Überwindung der Blut-Hirn-, bzw. Blut-Liquorschranke und Eindringen in zentralnervöse Wirtszellen kann eine Reihe von klinisch-neurologischen Komplikationen ausgelöst werden. Das Spektrum reicht von benignen Meningitiden über Meningoenzephalitiden, Meningomyeloenzephalitiden und Enzephalitiden bis hin zur eher seltenen postinfektiösen Autoimmunenzephalomyelitis.

6.2.1.1 Akute Infektionen

Eine Vielzahl von Virusarten wurde bis heute mit akuten zentralnervösen Erkrankungen in Zusammenhang gebracht. Besonders häufig sind jedoch Viren aus den Familien Picornaviridae und Herpesviridae mit solchen Erkrankungen assoziiert (Tab. 1).

Bei den Auslösern akuter Meningitiden stellen Enteroviren aus der Familie der Picornaviridae mit 40–60% den höchsten Anteil [17] und Mitglieder der gleichen Gattung (spez. Poliovirus, Coxsackievirus A9 und die Enteroviren 70 und 71) können paralytische Symptome verursachen. Die früher häufiger zu beobachtende Mumpsvirusmeningitis ist in vielen Ländern nach Einführung der Impfung weit zurückgedrängt.

Bei den akuten Enzephalitiden ist die Herpes Simplex Virus (HHV 1)-Enzephalitis (HSE) von herausragender klinischer Bedeutung [11]. Sie tritt spontan mit einer leichten Häufung im Lebensalter unter 20 und über 40 Jahre auf und zeichnet sich initial durch Fieber, Kopfschmerz und mitunter starken Veränderungen der Persönlichkeit (Halluzinationen, bizarres Verhalten) aus. Pathologische Veränderungen finden sich in einem oder beiden Temporallappen in Form einer fokalen, nekrotisierenden Entzündung.

Seltene akute Enzephalitiden bei Kindern mit begleitenden respiratorischen Problemen lenken den Verdacht auf Adenoviren [11] und zentralnervöse Symptome mit vorangegangener oder gleichzeitig ablaufender exanthematöser Erkrankung geben einen Hinweis auf Masern-, Röteln-, Varicella Zoster (HHV 3), humanes Herpesvirus 6 (HHV 6) oder Epstein Barr Virus (HHV 4) als krankheitsauslösende Agenzien.

Von besonderer lokaler Bedeutung ist die akute Frühsommermeningoenzephalitis (FSME) nach Infektion mit dem Erreger gleichen Namens. Das FSME Virus ist Mitglied der Familie Flaviviridae und wird häufig durch den Stich einer Zecke in Naturherden übertragen. Dazu zählen in Deutschland Teile Baden-Württembergs (insbesondere südlicher Schwarzwald) und Bayerns an der Grenze zu Österreich [14]. Die Zecke ist nur Zwischenwirt, das Virusreservoir befindet sich in Kleinsäugern und Nagern. Das sich nach Infektion entwickelnde neurologisch-klinische Bild reicht von Meningitis, Meningoenzephalitis, -enzephalomyelitis und -enzephalomyeloradikulitis, bis hin zu Paralysen.

Virale Reiseinfektionen können ebenfalls Ursache von akuten zentralnervösen Komplikationen sein (Tab. 2) [18]. Obwohl die durch das Lyssavirus ausgelöste Tollwut eine in Westeuropa autochthone Erkrankung ist, muß die-

Tab. 1: Akute virale Meningitiden und Enzephalitiden

Virusfamilie und -art	überwiegendes klinisches Bild	häufige Altersgruppen
Herpesviridae		
HSV 1	Enzephalitis	Erwachsene
HSV 2	Meningitis	Neugeborene, Kleinkinder
VZV	Enzephalitis	Säuglinge und Kinder
CMV	Enzephalitis	alle Altersgruppen
EBV	Meningoenzephalitis	Kinder, Jugendliche
Picornaviridae		
Polio	Meningitis	
Coxsackie A	Meningitis	
Coxsackie B	Meningitis	Säuglinge, Kleinkinder und Kinder
ECHO	Meningitis	
Entero	Meningitis	
Paramyxoviridae		
Masern	Enzephalitis	Säuglinge, Kleinkinder und Kinder
Mumps	Meningitis	Säuglinge, Kleinkinder und Kinder
Togaviridae		
Rubellavirus	postinfektiöse Enzephalomyelitis	Kleinkinder und Kinder
Rhabdoviridae		
Lyssa	Enzephalitis	alle Altersgruppen
Flaviviridae		
FSME	Meningoenzephalitis	alle Altersgruppen
Retroviridae		
HIV	Meningitis	junge Erwachsene

se stets tödlich verlaufende Enzephalitis auch unter den Reiseinfektionen genannt werden, da klinisch-manifeste Infektionen zunehmend als importierte Infektion, vornehmlich aus Indien und dem südostasiatischen Raum auftreten [16]. Die Diagnose solcher exotischer Virusinfektionen ist in der Regel schwierig und wird oft erst spät gestellt, da solche Fälle sehr selten sind und nur wenige Laboratorien auf die Durchführung geeigneter diagnostischer Maßnahmen eingestellt sind.

6.2.1.2 Chronische Infektionen

Neben akuten virusinduzierten ZNS-Komplikationen können auch chronisch-neurologische Erkrankungsbilder beobachtet werden (Tab. 3). Offensichtlich ist es in diesen Fällen dem Immunsystem nicht möglich, nach Primärinfektion des ZNS den Erreger vollständig zu eliminieren. Die Schlüsselrolle des Immunsystems bei persistierenden Virusinfektionen des ZNS wird besonders bei Patienten mit angeborener Agammaglobulinämie deutlich. Sie können an normalerweise unüblichen chronischen Meningitiden und Meningoenzephalitiden nach Infektionen mit Enteroviren erkranken [17].

Aber auch bei intakter humoraler Immunabwehr können sich chronische virale ZNS Infektionen entwickeln. Die sehr seltenen progressiven Enzephalitiden (subakute sklerosie

Tab. 2: Importinfektionen mit zentralnervösen Komplikationen

Familie	Virusart	Lokalisation
Arenaviridae	Virus der lymphozytären Chroiomeningitus (LCMV)	Europa, Asien, Amerika
Bunyaviridae	Sandfliegenfieber (SF)-Virus	Sizilien (SFS) Neapel (SFN) Toskana (SF-TOS)
	Rift-Valley-Fieber-Virus	Ägypten, Senegal, Südamerika
Flaviviridae	Virus der japanischen Enzephalitis	China, Südostasien, Indien, Japan, Ostsibirien
	West-Nile-Virus	Afrika, Balkan, Indien, Indonesien, Mittl. Osten
	St. Louis-Enzephalitis-Virus	USA, Kanada, Karibik, Zentral- und Südamerika
	Gelbfiebervirus	tropisches Afrika, Mittel- und Südamerika
Rhabdoviridae	Lyssavirus	weite Verbreitung, besonders häufig Indien und Südasien
Togaviridae	Pferdeenzephalitisviren	Nord- und Südamerika
	Sindbisvirus	Afrika, östlicher Mittelmeerraum, Südostasien, Australien
	Semliki-Forest-Virus	Afrika

Tab. 3: Chronische virale Meningitiden, Enzephalitiden und Enzephalopathien

Virusfamilie und -art	klinisches Bild	häufige Altersgruppen
Retroviridae		
HIV	Meningitis, Enzephalopathie	junge Erwachsene
Papovaviridae		
JCV	progressive multifokale Leukenzephalopathie (PML)	ältere und immundefiziente Erwachsene
Paramyxoviridae		
Masern	subakute sklerosierende Panenzephalitis (SSPE)	Kinder und junge Erwachsene
Togaviridae		
Rubella	progressive Rubella Panenzephalitis (PRP)	Kinder und junge Erwachsene
Picornaviridae		
Polio ECHO	Meningoenzephalitis	Immundefiziente aller Altersgruppen

rende Panenzephalitis, progressive Rubellapanencephalitis) treten Jahre nach einer unkomplizierten Primär- oder kongenitalen Infektion mit dem auslösenden Virus (Masern- oder Rubellavirus) auf [12]. Der exakte Pathomechanismus ist nicht bekannt, doch scheint sich eine persistierende Infektion des ZNS einzustellen, bei der es möglicherweise zu einer kontinuierlichen Replikation von defekten Viruspartikeln kommt. Klinisch entwickelt sich ein über Jahre langsam fortschreitendes Bild, welches durch Konzentrationsschwächen, psychischen Veränderungen und Verlust der intellektuellen Kapazität bestimmt ist. Dieser eher schleichende Verlauf kann sich schließlich beschleunigen und nach Paralysen und Ataxien in eine Demenz mit nachfolgendem Tod übergehen.

6.2.1.3 Virale ZNS-Infektionen bei Immundefizienten

Eine primäre HIV-Infektion kann von akuten Meningitiden oder Enzephalitiden begleitet sein [13]. Die akute HIV-Meningitis äußert sich durch einen Fieberschub, Kopfschmerzen und Übelkeit. Bei etwa der Hälfte der Patienten sind die charakteristischen Symptome einer Meningitis zu beobachten, die jedoch innerhalb von 2 Wochen wieder abklingen.

Die chronische HIV-Meningitis kann sich in Folge der lebenslangen Persistenz des Virus im ZNS entwickeln. Sie tritt meistens erst bei Patienten in der klinisch-manifesten Phase des AIDS auf. Typische Zeichen einer Meningitis fehlen häufig, doch wird zum Teil ein über Monate persistierender Kopfschmerz beschrieben.

Bei weitgehendem Zusammenbruch des Immunsystems kann eine chronische, nichtentzündliche HIV-Enzephalitis klinisch in Form des Verlustes kognitiver und/oder motorischer Fähigkeiten auftreten, die histopathologisch mit der Degeneration subkortikaler Neurone einhergeht [9]. Der Pathomechanismus ist bis heute nicht vollständig geklärt, wahrscheinlich sind jedoch indirekte neurotoxische Effekte für den Untergang der Neurone verantwortlich [2]. Zu den Substanzen, die solche Effekte verursachen können, zählen sowohl virusspezifische Proteine als auch Sekretionsprodukte virusinfizierter, zentralnervöser Zellen.

Von diesen, durch das HIV selbst verursachten ZNS-Komplikationen, sind solche abzugrenzen, die durch Reaktivierungen persistierender Infektionen infolge der zusammenbrechenden Immunkompetenz entstehen. In diesem Zusammenhang muß insbesondere die AIDS assoziierte progressive multifokale Leukenzephalopathie (PML) genannt werden. PML ohne AIDS ist eine extrem seltene Erkrankung des ZNS, doch im Zuge des AIDS versterben etwa 5% der Patienten an dieser demyelinisierenden Virusinfektion, die nach Aktivierung einer persistierenden Infektion durch das Polyomavirus JC verursacht wird [1]. Das Virus zerstört durch zytolytische Infektion Oligodendrogliazellen und die daraus folgenden primären multifokalen Entmarkungen führen innerhalb eines halben bis dreiviertel Jahres zum Tode.

Neben dem Polyomavirus JC ist das Cytomegalovirus (CMV oder HHV 5) ein bedeutendes opportunistisches Virus im ZNS von AIDS-Patienten. Etwa 90% der AIDS-Patienten entwickeln eine aktive HHV 5 Infektion, und 40% erfahren dabei lebensbedrohliche Komplikationen, wie etwa eine interstitielle Pneumonie [7]. Möglicherweise führt die sehr hohe persistierende Replikationsaktivität des Virus in diesen Patienten zur Bildung von Virusvarianten mit einem erweiterten zellulären Tropismus und damit zur Besiedelung des ZNS.

6.2.2 Diagnose zentralnervöser Virusinfektionen

Bestimmte Leitsymptome (Tab. 4) und die klinische Verlaufsform einer viralen ZNS-Infektion können Hinweise auf das pathogenetische Agens geben. Eine sichere Identifikation ist dadurch jedoch ebensowenig zu erreichen, wie mit allgemeinen und unspezifischen liquordiagnostischen Maßnahmen. Nur spezifisch-virologische Laboruntersuchungen im Liquor cerebrospinalis sind in der Lage eine ätiologische Klärung herbeizuführen. Allerdings ist die Er

Tab. 4: Leitsymptome akuter viraler Meningitiden und Enzephalitiden

Meningitis	allgemeines Krankheitsgefühl
	Kopf- und Rückenschmerzen
	Myalgien
	Fieber
	Nackensteifigkeit und Schmerzen beim Beugen
	Appetitlosigkeit
	Übelkeit
	Schwindel
	Erbrechen
	Abdominalschmerz
	Diarrhoe
Enzephalitis	Bewusstseinsstörungen
	psychische Veränderungen
	fokale neurologische Symptome
	motorische Schwächen
	abnorme Bewegungen oder Tremor

folgsrate solcher Maßnahmen trotz aller technologischen Fortschritte im Labor immer noch niedrig. Ein wesentlicher Grund dafür ist sicherlich die zum Teil immer noch relativ spät nach Auftreten der Krankheitssymptome erfolgende Abnahme der Liquorprobe.

6.2.2.1 Präanalytik

Als Untersuchungsmaterial dienen in der Regel eine gepaarte Serum/Liquorprobe. Serum ist der Vollblutprobe vorzuziehen, um der Gefahr einer Hämolyse und damit der Unbrauchbarkeit der Serumprobe für die Analytik im Enzymimmunoassay zu entgehen. Um später die Frage nach der intrathekalen Synthese virusspezifischer Antikörper mit hinreichender Sicherheit beantworten zu können, ist es vorteilhaft, wenn die Zahl der im Liquor enthaltenen Erythrozyten als Maß für eine mögliche Kontamination mit Immunglobulinen aus dem Serum bestimmt werden kann.

Die Abnahme der klinischen Proben sollte so früh als möglich nach Auftreten der zentralnervösen Symptome stattfinden. Dieses gilt insbesondere dann, wenn der Versuch einer Virusanzucht unternommen werden soll, da infektiöse Viruspartikel in der Regel innerhalb weniger Tage nach Infektion eliminiert werden. Bei Verdacht auf enteroviral bedingte Meningitiden kann die Anzucht eines Virus aus einer Stuhlprobe die Diagnose stützen.

Das technische Vorgehen bei der Liquorgewinnung ist unter Kapitel A.2 beschrieben. Da bei einer virologischen Untersuchung an die klinischen Probe andere Ansprüche gestellt werden als bei einer bakteriologischen Fragestellung, empfiehlt es sich, Teilmengen der Probe ausschließlich für die virologische Analyse zu reservieren und zu prozessieren.

Liquorproben für die virologische Diagnostik sollten grundsätzlich gekühlt bei 4 °C gehalten werden. Zeichnet sich eine längere Transportdauer ab (> 5 Tage), kann die Probe bei $-70\,°C$ gefroren werden. Allerdings ist dabei zu beachten, daß, in Abhängigkeit vom Virustyp, jeder Einfrier- und Auftauvorgang zum Verlust von Infektiosität führt. Keinesfalls sollten $-20\,°C$ als Einfriertemperatur gewählt werden, da es hierbei insbesondere bei Herpesviren zur vollständigen Zerstörung der Infektiosität kommen kann.

Ist die Anwendung der Polymerasekettenreaktion als diagnostische Maßnahme geplant, muß auf unbedingte Sterilität der Liquorprobe auch in Bezug auf exogene Kontaminationen mit Viruspartikeln oder viraler Nukleinsäure geachtet werden, da bei der extremen Empfindlichkeit des Nachweisverfahrens schon einige virale Genomkopien zu einem positiven Befunden führen können. Daher muß die für die PCR bestimmte Probe getrennt gehandhabt und als solche gekennzeichnet werden. Unmittelbar nach Abnahme der Probe sollte das Sammelgefäß verschlossen und innerhalb weniger Stunden ohne weitere Öffnung in das untersuchende Labor transportiert werden.

6.2.2.2 Analytik

Allgemeine Liquoruntersuchung

Eine erste allgemeine Liquoruntersuchung hat bei Verdacht auf ein infektiöses zentralnervöses Geschehen orientierenden Charakter. Eine Kombination typischer Beschwerden mit einem entzündlichen Liquorprofil (lymphozytäre Pleozytose > 5 Zellen/µl, mäßig erhöhter Protein- und normaler Glukosespiegel) sind typisch für eine virale Meningitis. Lymphozytäre

Pleozytose in Kombination mit einer Glukoserniedrigung sprechen eher für eine nichtvirale Infektion mit Pilzen, Listerien oder Tuberkulose. Deuten die neurologischen Symptome und die primäre allgemeine Liquoruntersuchung eine virale Komplikation an, sollte vorrangig nach denjenigen Erregern gesucht werden, die einer Chemotherapie zugänglich sind (Herpesviren, wie HSV 1 und 2, VZV; bei Immundefizienten CMV, bzw. HIV).

Direkter Nachweis des Virus

Die Polymerasekettenreaktion

Stand der Technik beim Direktnachweis von viralen Erregern im Liquor ist die Anwendung der Polymerasekettenreaktion (PCR), bzw. die reverse Transkription (RT) mit nachfolgender PCR (RT-PCR) bei Viren mit genomischer RNA. Sie hat sich aufgrund ihrer hohen Spezifität und Sensitivität auch schon zu sehr frühen Zeitpunkten der Infektion gegenüber den klassischen Verfahren wie Virusanzucht und viralem Antigennachweis durchgesetzt [8, 10, 15].

Die technischen Details der PCR Verfahren sind unter Kapitel B.5 beschrieben, so daß an dieser Stelle nur die besonderen Aspekte der virusspezifischen Anwendung im Liquor berücksichtigt werden sollen. Der niedrige Proteingehalt und die Abwesenheit von Erythrozyten im der Liquorprobe erweisen sich bei der Suche nach viralen DNA-Bruchstücken als vorteilhaft, weil dadurch die Möglichkeit gegeben ist, Nukleinsäureisolierungsverfahren durch Kochen der Probe zu umgehen. Da im Liquor Inhibitoren für die PCR enthalten sein können, ist es bei Umgehung eines Nukleinsäureextraktionsverfahrens unabdingbar, daß ein Teil der zu untersuchenden Probe mit einem viralen Referenzgenom versetzt und parallel mit der klinischen Probe der PCR unterzogen wird. Sollte sich in dieser Kontrolle kein Virus nachweisen lassen, ist von Inhibitoren in der Probe auszugehen und ein erneuter Nachweisversuch nach Verdünnung des Ausgangsmaterials zweckmäßig, bzw. die Extraktion der Nukleinsäuren aus der Probe unerläßlich.

Die Nachweisgrenzen der PCR liegen bei kommerziell erhältlichen Testsystemen je nach Virusart zwischen 500 und 1000 Genomkopien pro ml. Für wissenschaftliche Fragen entwickelte Systeme erreichen unter Umständen noch niedrigere Nachweisgrenzen.

Da bei akuten Virusinfektionen des ZNS die initiale klinische Symptomatik nicht auf einen bestimmten Erreger schließen läßt, gibt es zunehmend Bestrebungen diagnostische PCR Programme zu entwerfen, welche in wenigen Schritten die häufigsten Erreger erfassen. So hat eine kürzlich entworfene Strategie bei etwa 150 virushaltigen Liquores aus einem Kollektiv von 2000 Proben in 94% der viruspositiven Proben mit nur 4 verschiedenen Primerpaaren einen Erreger nachgewiesen [15].

Neben der Möglichkeit des qualitativen spezifischen Virusnachweises finden auch zunehmend quantitative PCR und RT-PCR Verfahren Eingang in die Liquordiagnostik viraler ZNS Infektionen. Damit verknüpft sich insbesondere bei persistierenden Virusinfektionen des ZNS die Erwartung, über die virale Beladung Schlüsse auf eine mögliche Reaktivierung der Infektion zu ziehen oder prognostische Aussagen treffen zu können.

Anzucht infektiöser Viruspartikel

Trotz des hohen Stellenwertes, den die PCR beim Nachweis von viralen Erregern im Liquor einnimmt, ist unter bestimmten Voraussetzungen der Versuch einer Virusanzucht aus der klinischen Probe lohnenswert. Dies gilt insbesondere dann, wenn sich die Verdachtsdiagnose gegen relativ leicht zu züchtende Viren, wie Entero- oder Mumpsvirus richtet. Gerade bei den Enteroviren kann die typenspezische Diagnose durch Anzucht mit nachfolgender Serotypisierung wertvolle epidemiologische Daten liefern.

Zur Isolierung infektiöser Viruspartikel wird Liquor auf konfluente Zellkulturen verimpft und nach einer 30–60minütigen Inkubation zur Adsorption von Viruspartikeln an die Wirtszellen mit Erhaltungsmedium aufgefüllt.

Eine positive Anzüchtung wird durch Entstehung eines zytopathogenen Effektes (CPE) im Zellrasen deutlich. Da einige Viren sehr charakteristische CPE ausbilden, kann der erfahrene Diagnostiker in Verbindung mit der klinischen Verdachtsdiagnose unter Umständen schon zu diesem Zeitpunkt eine vorläufige Zuordnung des Isolats in eine bestimmte Virusfamilie vornehmen. Die endgültige Typisierung kann jedoch erst durch die Neutralisation einer bestimmten Menge des vermehrten Isolats durch Standardseren durchgeführt werden.

Es ist offensichtlich, daß neben dem Zustand der klinischen Probe die Qualität der Gewebekultur über den Erfolg einer Virusisolierung entscheidet. Da bis heute keine Primärzelle oder Zelllinie zur Verfügung steht, die das Wachstum aller Viren erlaubt, die potenziell an einer zentralnervösen Infektion beteiligt sein können, sind mehrere Zellkulturtypen mit unterschiedlichen Ansprüchen zu halten. Um eine gleichbleibende Erfolgsrate bei Virusisolierungen zu erreichen sind:

- die Regeln für steriles Arbeiten mit Gewebekulturen strikt einzuhalten, und eine sorgfältige Protokollierung aller Manipulationen an der Gewebekultur durchzuführen. Insbesondere der Befall von Gewebekulturen mit Mycoplasmen, kann virale Anzuchtversuche nachhaltig beeinträchtigen,
- Anzüchtungsversuche nur mit Zellen niedriger Passagezahl in absolut gesundem Zustand zu unternehmen,
- stets nicht-inokulierte Zellen der gleichen Charge, die zur Isolierung eingesetzt wurden, als Kontrolle mitzuführen,
- zur Kontrolle der Empfänglichkeit der gewählten Zellkultur Referenzviruspräparate mit bekanntem Titer auf Zellen gleicher Charge auszutitrieren,
- die inokulierten Zellen täglich zu kontrollieren,
- je nach Zelltyp verbrauchtes Medium mit frischem Medium zu ergänzen oder zu ersetzen.

Nachweis der intrathekalen virusspezifischen Antikörpersynthese

Enzymimmunoassay

Die technischen Details zur Bestimmung der intrathekalen Antikörpersynthese mit Hilfe von Enzymimmunoassays und lasernephelometrischen Methoden sind unter Kapitel B.3 besprochen. Die dabei zugrunde liegenden Verfahren beruhen auf einer vergleichenden Untersuchung des virusspezifischen Antikörpergehaltes am Gesamtimmunglobulin von Liquor und Serum. Ist das Verhältnis von virusspezifischen Antikörpern zum Gesamtimmunglobulin im Liquor höher als im Serum, ist von einer intrathekalen Synthese auszugehen.

Affinitätsimmunoblot

In seltenen Fällen kommt es bei Anwendung des EIA aus Sensitivitätsgründen zu falsch negativen Befunden. Besteht auf Grund der Klinik dennoch der nachhaltige Verdacht auf eine zentralnervöse Infektion kann die Anwendung des Affinitätsimmunoblots [5] bei der endgültigen Abklärung hilfreich sein. Bei diesem Verfahren werden nach isoelektrischer Fokussierung der Liquor- und Serumproben, virusspezifische Antikörperklone auf einen virusantigenhaltigen Filter geblottet und anschließend mit Hilfe eines Enzymimmunoassays sichtbar gemacht. Sollten bei gleicher Gesamtimmunglobulinkonzentration von Liquor und Serum, im Liquor mehr oder andere erregerspezifische Antikörperklone nachweisbar sein, muß von einer intrathekalen Synthese ausgegangen werden. Da diese Methodik technisch anspruchsvoll, zeit- und personalintensiv ist, wird sie trotz ihrer ausgezeichneten Sensitivität und Spezifität nur in wenigen Labors verwendet.

6.2.2.3 Bewertung

Direktnachweis

Der Nachweis viraler Nukleinsäure und/oder die Anzüchtung eines infektiösen Erregers aus dem Liquor wird als pathognomonisch für eine akute virusinduzierte Meningitis oder Enzephalitis angesehen.

Neuere Untersuchungen haben gezeigt, daß sich bei Patienten mit einem positiven virusspezifischen PCR Befund etwa 88mal häufiger die definitive Diagnose einer viralen ZNS Infektion ergibt, als bei Patienten mit einem negativen PCR Befund [10]. Diese Daten machen deutlich, daß die PCR auf dem Weg ist, sich als Goldstandard bei Verdacht auf virale Meningitis oder Enzephalitis zu etablieren. Dennoch ist im Einzelfall der PCR Befund kritisch zu beachten. Zwar gilt bei akuten Virusinfektionen des ZNS nicht-persistierender Viren der Nachweis viraler Genombestandteile als pathognomonisch, doch ist Vorsicht geboten bei dem Nachweis viraler Nukleinsäuren von Erregern, die im ZNS asymptomatisch persistieren können. Obwohl die subklinische Reaktivierung einer im ZNS persistierenden Virusinfektion durchaus umstritten ist, gibt es doch ernstzunehmende Berichte über die Präsenz von Genomen des Polyomavirus JC im zentralen Nervensystem in Abwesenheit des typischen Erkrankungsbildes der progressiven multifokalen Leukenzephalopathie (PML) [4, 6, 19]. Ähnliche Interpretationsschwierigkeiten ergeben sich beim Nachweis des humanen Immundefizienzvirus im Liquor bei Abwesenheit klinisch neurologischer Komplikationen [3]. In solchen Fällen ist ein intensiver Informationsaustausch mit dem behandelnden Arzt über mögliche klinische Symptome und die Hinzuziehung anderer diagnostischer Maßnahmen, wie z. B. der bildgebenden Verfahren angeraten.

Nachweis der intrathekalen Antikörpersynthese

Für die frühe Diagnose einer akuten viralen Meningitis oder Enzephalitis kommt dem Nachweis einer intrathekalen Antikörpersynthese in der überwiegenden Mehrzahl der Fälle eine geringe Bedeutung zu, da zum Einen meßbare Antikörpertiter erst mehrere Tage nach Auftritt der klinischen Symptome auftreten und zum Anderen eine stattfindende intrathekale Synthese keine Aussagen über die Akuität des Infektionsgeschehens erlaubt. Auch Jahre nach einer akuten viralen Enzephalitis ist die intrathekale Synthese von erregerspezifischen Antikörpern unter Umständen nachweisbar. Autochthon im ZNS synthetisierte Antikörper sind außerdem eine Begleiterscheinung persistierender oder reaktivierter latenter Infektionen und auch das Vorkommen einer intrathekalen Erreger-spezifischen IgM Synthese ist kein sicheres Zeichen einer primären akuten Infektion, sondern kann durchaus auch bei persistierenden Infektionen angetroffen werden.

Für die Verifizierung einer ablaufenden Infektion, für die Verlaufskontrolle persistierender ZNS-Infektionen und die Beantwortung epidemiologischer Fragen stellt der Nachweis einer intrathekalen Antikörpersynthese ein wertvolles Instrument dar. Insbesondere bei chemotherapeutisch sensiblen Viren, kann die intrathekale Antikörpersynthese eine zentralnervöse Infektion anzeigen, wenn, wie bei HSV 1 Enzephalitiden, schon wenige Tage nach Therapiebeginn mit Aciclovir die PCR negative Befunde liefern kann.

6.2.3 Literatur

[1] Berger, J. R., M. Concha: Progressive multifocal leukoencephalopathy: the evolution of a disease once considered rare. J Neurovirol 1 (1995) 5–18.
[2] Black, R. J., D. M. Rausch: NeuroAIDS, current understanding and future derections. J Neurovirol 2 (1996) 230–233.
[3] Conrad, A. J., P. Schmid, K. Syndulko et al.: Quantifying HIV-1 RNA using the polymerase chain reaction on cerebrospinal fluid and serum of seropositive individuals with and without neurologic abnormalities. J Acquir Immun Defic Syndr Hum Retrovirol 10 (1995) 425–435.
[4] Dörries, K., G. Arendt, C. Eggers et al.: Nucleic acid detection as a diagnostic tool in polyomavirus JC induced progressive multifocal leukoencephalopathy. J Med Virol 54 (1998) 196–203.
[5] Dörries, R., V. ter Meulen: Detection and identification of virus-specific, oligoclonal IgG in unconcentrated cerebrospinal fluid by immunoblot technique. J Neuroimmunol 7 (1984) 77–89.
[6] Elsner, C., K. Dörries: Evidence of human polyomavirus BK and JC infection in normal brain tissue. Virol 191 (1992) 72–80.
[7] Gallant, J. E., R. D. Moore, D. D. Richman et al.: Incidence and natural history of cytomegalovirus disease in patients with advanced human

immunodeficiency virus disease treated with zidovudine. The Zidovudine Epidemiology Study Group. J Infect Dis 166 (1992) 1223–1227.
[8] Hosoya, M., K. Honzumi, M. Sato et al.: Application of PCR for various neurotropic viruses on the diagnosis of viral meningitis. J Clin Virol 11 (1998) 117–124.
[9] Janssen, R. S., D. R. Cornblath, L. G. Epstein et al.: Nomenclature and research case definitions for neurologic manifestations of human immunodeficiency virus-type 1 (HIV-1) infection. Report of a Working Group of the American Academy of Neurology AIDS Task Force. Neurol 41 (1991) 778–785.
[10] Jeffery, K. J., S. J. Read, T. E. Peto et al.: Diagnosis of viral infections of the central nervous system: clinical interpretation of PCR results [see comments]. Lancet 349 (1997) 313–317.
[11] Johnson, R. T.: Acute encephalitis. Clin Infect Dis 23 (1996) 219–226.
[12] Johnson, R. T.: Chronic inflammatory and demyelinating disease. In: R. T. Johnson (Hrsg.): Viral infections of the nervous system, S. 225–263. Lippincott–Raven Publishers, Philadelphia 1998.
[13] Johnson, R. T.: Human Immunodeficiency Virus. In: R.T. Johnson (Hrsg.): Viral infections of the nervous system, S. 287–313. Lippincott–Raven Publishers, Philadelphia 1998.
[14] Kaiser, R.: Frühsommermeningoenzephalitis und Lyme-Borreliose-Prävention vor und nach Zeckenstich. Dtsch Med Wschr 123 (1998) 847–853.
[15] Read, S. J., K. J. Jeffery, C. R. Bangham: Aseptic meningitis and encephalitis: the role of PCR in the diagnostic laboratory [published erratum appears in J Clin Microbiol 35, 6 (1997) 1649]. J Clin Microbiol 35 (1997) 691–696.
[16] Roß, R. S., J. P. Kruppenbacher, W.-G. Schiller et al.: Menschliche Tollwuterkrankungen in Deutschland. Dtsch Ärzteblatt 94 (1997) 29–32.
[17] Rotbart, H. A.: Meningitis and Encephalitis. In: H. A. Rotbart (Hrsg.): Human Enterovirus Infections, ASM Press, Washington D.C. 1995.
[18] Schwarz, T. F., G. Jäger: Zur Bedeutung importierter viraler Infektionen. Dtsch Ärzteblatt 92 (1995) 980–983.
[19] White, F. A. D., M. Ishaq, G. L. Stoner et al.: JC virus DNA is present in many human brain samples from patients without progressive multifocal leukoencephalopathy. J Virol 66 (1992) 5726–5734.

6.3 Mikrobiologische Diagnostik im Liquor bei Pilzinfektionen

U. Kaben

6.3.1 Einleitung

Die wichtigsten pilzbedingten Krankheiten mit ZNS-Beteiligung sind die durch Hefen verursachte Cryptococcose und die Candidose sowie die Aspergillose. Von den durch dimorphe Pilze hervorgerufenen außereuropäischen Mykosen mit ZNS-Beteiligung sind die Histoplasmose und Coccidioidomykose zu nennen.

Cryptococcose: Erreger: Cryptococcus neoformans (Crypt.neof.)

Es erkranken vornehmlich Patienten mit einem Defekt in der T-Zell-vermittelten Immunabwehr, wie Patienten mit AIDS (ca. 5%, in Endemiegebieten bis 33%), mit Hämoblastosen, nach Transplantationen, unter Langzeitkortikosteroid- und Chemotherapie.

Die Infektion erfolgt über den Respirationstrakt (Inhalationsmykose). Die pulmonale Infektion ist oft symptomlos. In Abhängigkeit von der Immunitätslage bleibt die Infektion auf die Lunge beschränkt oder es kommt zu einer hämatogenen Absiedlung des Erregers, vornehmlich in das Hirn und Rückenmark. Die klinische Symptomatik der Cryptococcus-Meningitis und -Encephalitis beginnt schleichend. Erste Symptome sind Kopfschmerz, anfangs intermittierend, später Dauerschmerz, dann Übelkeit, Erbrechen, Schwindelgefühl, Sehstörungen, Parästhesien. Man nimmt an, daß die von einer Kapsel umgebenen Crypt. neof.-Zellen gerade im Liquor optimale Bedingungen für eine Vermehrung haben. Die in großen Mengen vorhandenen Kapselpolysaccharide wirken supprimierend auf die Migration und Phagozytose der Granulozyten, so daß eine massive Vermehrung der Hefezellen erfolgen kann.

Candidose: Erreger: Candida-Arten (C. albicans, C. parapsilosis, C. tropicalis u. a.)

Es erkranken insbesondere Neonatale mit sehr niedrigem Geburtsgewicht, Patienten mit malignen, hämatologischen Erkrankungen, mit Komplikationen nach neurochirurgischen Eingriffen sowie Patienten mit intracerebralen, prothetischen Ableitungen. Die Infektion erfolgt endogen über den Digestionstrakt oder exogen durch intensivtherapeutische Maßnahmen (z. B. Katheter). Das klinische Bild ist wenig charakteristisch. Die Liquorbefunde entsprechen häufig denen einer bakteriellen Meningitis.

Bei der Candida-Meningitis sind meist nur wenige Hefezellen im Liquor vorhanden. Ihre Zahl unterschreitet gewöhnlich die Nachweisgrenze im mikroskopischen Direktpräparat. Daher ist für die mykologische Diagnostik, insbesondere den Kulturansatz, eine entsprechend große Liquormenge erforderlich.

Aspergillose: Erreger: vornehmlich Aspergillus fumigatus.

Cerebrale Aspergillosen werden heute nur noch selten diagnostiziert. Ihre mikrobiologische Diagnostik ist außerordentlich schwierig. Der Nachweis von Aspergillus-Antigen (EIA) kann bei der Diagnosefindung hilfreich sein.

Histoplasmose: Erreger: Histoplasma capsulatum var. capsulatum und H. capsulatum var. duboisii

Coccidiodomykose: Erreger: Coccidioides immitis

Es erkranken insbesondere AIDS-Patienten (Histoplasmose 5%, in Endemiegebieten bis 30% [3]), Patienten mit Lymphomen, nach Organtransplantation und unter Langzeitkortikosteroidtherapie. Die Infektion erfolgt in den Hauptverbreitungsgebieten durch Inhalation von Pilzelementen. Den höchsten diagnostischen Stellenwert hat die kulturelle Anzucht der Erreger. Der Nachweis spezifischer Antikörper mittels KBR oder Immunpräzipitaion im Liquor und Serum sind hilfreich bei der Diagnosefindung ebenso der spezifische Antigennachweis, wobei Kreuzreaktionen zwischen Histoplasma und Coccidioides zu berücksichtigen sind [10].

6.3.2 Mykologische Labordiagnostik des Liquor cerebrospinalis

Der Liquor bei Pilzinfektionen ist meist klar, gelegentlich gelblich. Im fortgeschrittenen Stadium einer Cryptococcose kann die Hefezellzahl im Liquor so hoch sein, daß er diffus getrübt ist. Der Zucker- und Natriumchloridspiegel ist herabgesetzt, eine meist durch Lymphozyten bedingte Pleozytose ($300-700/mm^3$) ist vorhanden.

In der Zählkammer können Hefezellen leicht mit Erythrozyten verwechselt werden.

Für die mykologische Diagnostik sollten mindestens 3−5 ml Liquor in einem sterilen Gefäß, ohne Zusätze, ohne Transportmedium, abgefüllt werden. Für eine erfolgreiche Diagnostik sind meist mehrere Probeneinsendungen erforderlich. Beim klinischen Verdacht einer Histoplasma-Meningitis werden große Liquorvolumina (ca. 30 ml), bei einer Candida-Meningitis ca. 5 ml für die Anzucht des Erregers benötigt. Sollte ein sofortiger Transport oder eine sofortige Aufarbeitung nicht möglich sein, muß die Probe bei Zimmertemperatur oder 30 °C gehalten werden; Liquor vor der Verarbeitung nicht einfrieren!

Aufarbeitung im Labor: Bei ausreichender Liquormenge erfolgt eine Zentrifugation 10 min bei $1600 \times g$. Der Überstand wird mit einer sterilen Pipette abgehebert und für serologische Tests abgefüllt. Dann das Sediment mit ca. 0,5 ml des Überstandes resuspendieren und für die Anfertigung mikroskopischer Direktpräparate sowie das Anlegen von Pilzkulturen verwenden. Der Liquor kann auch, unter Einhaltung steriler Kautelen, filtriert werden (Porengröße 0,2 µm ⌀). Das Material der Filteroberfläche wird für die Direktmikroskopie und die Erregeranzucht, das Filtrat für die serologische Diagnostik verwendet.

6.3.2.1 Mikroskopische Direktpräparate

Das Präparat wird vom Liquorsediment, bei hoher Hefezellzahl auch vom nicht-sedimentierten Liquor, angelegt.

- Nativpräparat zum Nachweis von Hefen:

  Ein Tropfen bzw. eine Öse Untersuchungsmaterial wird auf einen Objektträger aufgetragen, mit einem Deckglas bedeckt und bei ca. 200–400facher Vergrößerung mit stark abgeblendetem Licht mikroskopiert.

  Ergebnis: Hefezellen sind als runde bzw. ovale Zellen deutlich erkennbar. Um Verwechslungen mit körpereigenen Zellen auszuschließen, ist sorgfältig nach sprossenden Hefezellen (Blastosporen mit kleiner Tochterzelle, siehe Abb. 1) zu suchen. Nur bei einer entsprechend hohen Hefezellzahl im Liquor, sind diese im Nativpräparat nachweisbar. Oftmals liegt ihre Zahl unter der mikroskopischen Nachweisgrenze.

- Tuschepräparat zur Darstellung der Schleimkapsel von Cryptococcus neoformans:

  1 Tropfen Liquorsediment (oder bei zu geringer Liquormenge der Originalliquor) wird auf dem Objektträger mit einem Tropfen feinkörniger Tusche vermischt, mit einem Deckglas bedeckt und bei regelrechter Mikroskopausleuchtung bei ca. 200-400facher Vergrößerung mikroskopiert.

  Ergebnis: Die von einer unterschiedlich breiten Polysaccharidkapsel umgebenen Hefezellen mit sprossenden Tochterzellen von Crypt.neof. werden hell auf dunklem Grund dargestellt (Abb. 1). Insbesondere im Liquor von AIDS-Patienten, aber auch bei Patienten mit anderen Grundkrankheiten, kann die Schleimkapsel um die Hefezelle sehr schmal sein. Eine Verwechslung mit Leukozyten ist daher leicht möglich. Leukozyten sind an irregulären Begrenzungen um den Halo erkennbar; außerdem sind, im Vergleich zu den Blastosporen von Crypt.neof., die Zellwände wesentlich blasser.

  Färbeverfahren zur Kapseldarstellung, wie Giemsa-(Abb. 2), Mucicarmin-, u.a. Färbungen werden in der mykologischen Liquordiagnostik selten eingesetzt.

  Die weitere Pilzdiagnostik erfolgt über die im Vergleich zum Präparat empfindlichere Kultur.

  Ein negatives Direktpräparat des Liquors schließt keine Mykose aus!

6.3.2.2 Pilzkultur

Das resuspendierte Liquorsediment wird auf mehrere Sabouraud-2%-Glukose-Agar-Platten (mit Antibiotikazusatz, wie Chloramphenicol und Gentamycin bzw. Penicillin und Streptomycin) gebracht und gleichmäßig ausgestrichen. Das aufgetragene Untersuchungsmaterial darf nicht die ganze Nährbodenoberfläche bedecken. Gleichzeitig wird Untersuchungs-

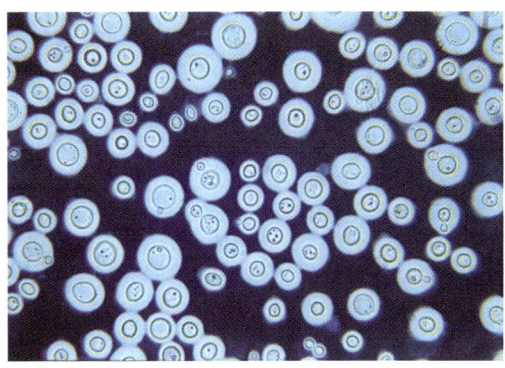

Abb. 1

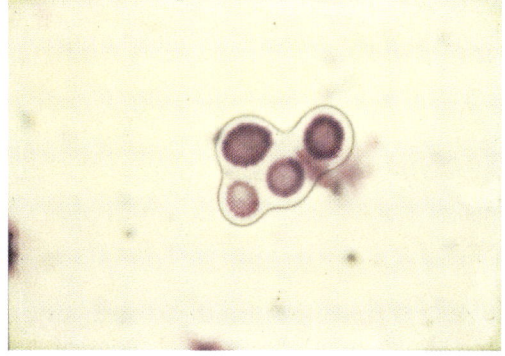

Abb. 2

Abb. 1: Tuschepräparat vom Liquorsediment einer 14jährigen immunpotenten Patientin mit einer Meningoenzephalitis. Cryptococcus neoformans Hefezellen mit sprossenden Tochterzellen sind von einer unterschiedlich breiten Polysaccharidkapsel umgeben (Aufnahme wurde freundlicherweise von Prof. Dr. Renate Blaschke-Hellmessen, Dresden, zur Verfügung gestellt).

Abb. 2: Cryptococcus neoformans im Liquor einer immunpotenten Patientin; Giemsa-Färbung.

material auf Guizotia abyssinica-Kreatinin-Agar (GAKA) nach Staib [8; siehe Anhang 6.3.4] (mit Antibiotikazusatz) aufgetragen. Ein evtl. vorhandener Rest des Sedimentes dient der Anreicherungskultur in flüssigem Sabouraud-Glukose-Medium. Die Kulturen werden bei 26–30° und 35°C inkubiert; die Inkubationszeit beträgt mindestens 3 Wochen. Liquorkulturen von Patienten mit anbehandelten Cryptococcus-Meningitiden sollten unbedingt noch länger beobachtet werden.

Ergebnis: Auf Sabouraud-Glucose-Agar sind Hefen (Crypt.neof. und Candida-Arten) frühestens nach 2-5 Tagen gewachsen. Kulturen von Cryptococcus-Arten sind durch eine schleimige Konsistenz gekennzeichnet; je breiter die Polysaccharidkapsel einer Crypt. neof.-Zelle ist, um so schleimiger ist die Einzelkolonie. Die Kulturen auf Sabouraud-Glukose-Agar von Candida-Arten sowie nicht-bekapselten Crypt. neof.-Stämmen sind pastös; ihre Farbe ist zunächst hellbeige; ältere Crypt. neof.-Kulturen sind dunkelbeige (Abb. 3).

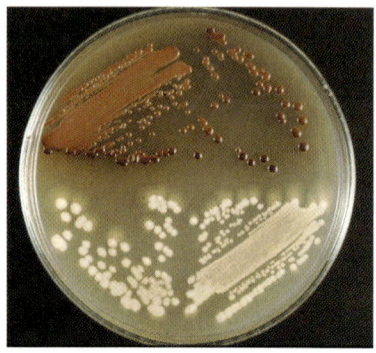

Abb. 4: Guizotia abyssinica-Kreatinin-Agar nach Staib.
oben: braune Kolonien von Cryptococcus neoformans;
unten: beigefarbene Kolonien von Candida albicans (Aufnahme wurde freundlicherweise von Prof. Dr. Renate Blaschke-Hellmessen, Dresden, zur Verfügung gestellt).

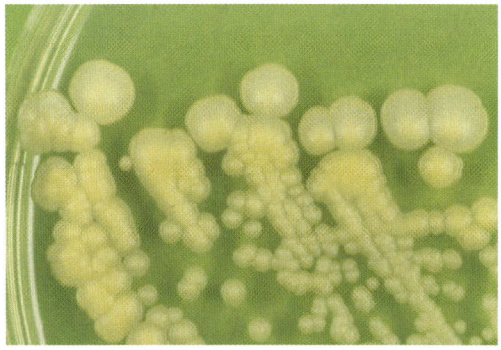

Abb. 3: Kulturen von Cryptococcus neoformans auf Sabouraud-2 %-Glukose-Nährboden.

Auf Guizotia-Kreatinin-Agar sind Crypt. neof.-Kolonien nach einer Inkubationszeit von etwa 5 Tagen dunkelbraun gefärbt (Melaninbildung durch Phenoloyxidaseaktivität), sogenannter Braunfarbeffekt (BFE) (Abb. 4); die Kolonien von anderen Cryptococcus-Arten sind bei längerer Inkubation hellbraun bis rauchfarben oder, wie Candida-Arten, hellbeige. Mittels biochemischer Tests muß die Identifizierung als Cryp. neof. bestätigt werden.

Identifizierung des angezüchteten Erregers:
- Cryptococcus neoformans

    Die 4–6 µm großen Blastosporen sind von einer unterschiedlich breiten Kapsel umgeben; die Kapsel kann aber auch fehlen. Charakteristisch ist der Braunfarbeffekt auf Guizotia-Kreatinin-Agar, die Verwertung von Kreatinin als einziger Stickstoffquelle und die Assimilation von Inositol (letztere fehlt bei der nahestehenden Gattung Rhodotorula, die ebenfalls schleimige Kolonien und deren Hefezellen auch eine geringe Kapselbildung aufweisen können). Weitere grundlegende Identizierungsverfahren sind bei Kurtzman und Fell [4], Lodder [5], Seebacher und Blaschke-Hellmessen [7] beschrieben. Wird Crypt. albidus oder Crypt. laurentii angezüchtet, so ist eine kritische Befundinterpretation erforderlich; diese Hefen sind selten pathogen.

- Candida-Arten

    Im mikroskopischen Präparat der Kultur findet man runde und ovale Blastosporen unterschiedlicher Größe sowie das für die Gattung Candida charakteristische Pseudomyzel (nicht immer vorhanden). Die Identifizierung von C.albicans erfolgt mittels Keimschlauchtest oder durch den Nachweis der Chlamydosporen auf Reismehl-Tween 80-Agar. Die Differenzierung anderer Candida-Arten wird mittels biochemischer Tests vorgenommen [4, 5, 7].

6.3.2.3 Serologie

Nachweis von Cryptococcus neoformans-Kapselantigen:

Zur Diagnostik einer Cryptococcose wird am häufigsten der Nachweis von Crypt.-neof.-Polysaccharid-Kapselantigen im Liquor und Serum herangezogen. Verschiedene Testkits auf der Basis einer Latexagglutination (LA) mit einer hohen Sensitivität (über 90%) kommen vornehmlich zum Einsatz. Zu beachten ist, daß man mit Kits verschiedener Hersteller unterschiedliche Titerwerte bzw. falsch-negative Ergebnisse erhält. Parallel zur Liquorprobe sollte stets auch Serum auf Cryptococcus-Antigen untersucht werden. Die Titer im Serum sind niedriger als die im Liquor.

Ergebnis: Der Antigentest ist in jedem Fall positiv, wenn im Tuschepräparat bekapselte Crypt.neof.-Blastosporen nachgewiesen wurden. Bei Vorliegen einer Cryptococcus-Meningitis ist bei 90% der Patienten der Antigennachweis positiv (LA-Titer > 1:1). Extrem hohe Titer (bis 1:1 000 000) können bei AIDS-Patienten erreicht werden. Crypt.neof.-Antigentiter sind zur Therapiekontrolle geeignet.

Bei Cryptococcus-Infektionen mit Crypt.-neof.-Stämmen, die nur eine geringe bzw. keine Kapsel bilden, kann der Antigentest negativ ausfallen [1, 2, 9].

- Crypt.neof. Antikörper:
  Die Suche nach spezifischen Antikörpern sowohl im Liquor als auch im Serum ist bei Cryptococcus-Meningitiden meist erfolglos und wird in der Routinediagnostik nicht vorgenommen.

- Candida-Antigen und -Antikörpernachweise im Liquor:
  Insbesondere sensitive Verfahren (EIA) können im Einzelfall einen Beitrag zur Diagnosefindung liefern.

- Aspergillus-Antigennachweis:
  Liegt der Verdacht eines durch Aspergillus species verursachten cerebralen Krankheitsgeschehens vor, sollte nach Aspergillus-Antigen (EIA) gesucht werden.

6.3.3 Interpretation mykologischer Liquorbefunde

- Der Nachweis von Hefezellen im Tuschepräparat, die von einer breiten Kapsel umgeben sind, ist indikativ für das Vorliegen einer Cryptococcose. Bei einer Candida-Meningitis ist die Zahl von Hefezellen im Direktpräparat meist so niedrig, daß sie unter der mikroskopischen Nachweisgrenze liegt.

- Die kulturelle Anzucht von Crypt.neof. ist für eine spezifische Infektion beweisend. Dunkelbraune Kolonien auf Guizotia abyssinica-Kreatinin-Agar (GAKA) sind indikativ für das Vorliegen einer Crypt.neoformans-Infektion. Die mehrmalige Anzucht von Candida-Arten aus Liquor beweist das Vorliegen einer meningoenzephalen Candidose. Ein negatives Kulturergebnis schließt keine Mykose aus!

Beim Nachweis von Pilzen im Liquor, sollte auch in anderen Körpermaterialien, wie Urin (Abb. 5), Prostatasekret, Sputum, Bronchial-Alveolar-Lavage, Blut nach dem Erreger gesucht werden.

- Der Nachweis von Cryptococcus-Polysaccharid-Kapselantigen im Liquor und Serum ist das einfachste Verfahren, eine Cryptococcose zu diagnostizieren.

Jedoch schließt ein negativer Cryptococcus-Antigentest eine Cryptococcose nicht aus. Falsch-negative Ergebnisse werden registriert, wenn die Hefezellzahl in der Untersuchungsprobe niedrig ist (meist bei immunkompetenten Patienten) oder die Erreger eine sehr schmale bzw. nur im Elektronenmikroskop nachweisbare Kapsel aufweisen (zunehmend bei AIDS-Patienten).

Bei Nicht-AIDS-Patienten sind hohe bzw. steigende Crypt.neof.-Kapselantigentiter schlechte

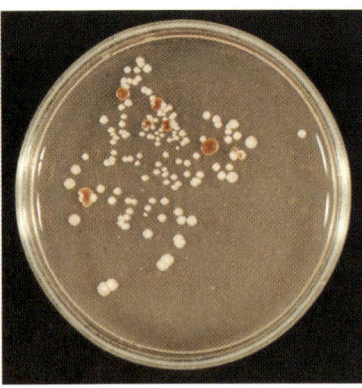

Abb. 5: Urinsediment eines Patienten mit Cryptococcus-Meningoenzephalitis: Primäranzucht von Cryptococcus neoformans (braune Kolonien) und Candida albicans (beigefarbene Kolonien) auf Guizotia abyssinica-Kreatinin-Agar nach Staib.

prognostische Zeichen, fallende Titer gelten als prognostisch günstig. Der Titer kann zur Therapiekontrolle herangezogen werden.

Falsch-positive Cryptococcus-Antigenreaktionen werden bei disseminierten Trichosporon beigelii-Infektionen registriert [6].

Beim Verdacht von Candida oder Aspergillus-Infektionen sollte mit empfindlichen Verfahren (EIA) nach dem spezifischen Antigen gesucht werden.

Anhang: Guizotia abyssinica-Kreatinin-Agar (GAKA) nach Staib

Guizotia abyssinica-Kreatinin-Agar (GAKA) nach Staib; Negersaat-Agar

Guizotia abyssinica-Saat	50 g

(in Vogelfutterhandlungen erhältlich)
mit Handmühle oder Mixgerät fein zerkleinern)

Aqua dest.	100 ml

Ansatz 30 Min.kochen, filtrieren, Filtrat auf 1000 ml auffüllen

Filtrat	1000 ml
KH_2PO_4	1 g
D-Glucose	1 g
Kreatinin	1 g
Agar	15 g

20 Min bei 110 °C erhitzen

6.3.4 Literatur

[1] Berlin, L., J. H. Pincus: Cryptoococcal meningitis: false-negative antigen test results and cultures in nonimmunosuppressed patients. Arch Neurol 46 (1984) 1312–1316.

[2] Curie, B. P., L. F. Freundlich, M. A. Soto et al.: False-negativ cerebrospinal fluid cryptoccal latex agglutination tests for patients with culture-positive cryptococcal meningitis. J Clin Microbiol 31 (1993) 2519–2522.

[3] Ellis, D. H.: Clinical Mycology. The Human opportunistic Mycoses. Phizer Inc., New York 1994.

[4] Kurtzman, C. P., J. W. Fell: The Yeasts: A Taxonomic Study. Elsevier, Amsterdam–Lausanne–New York 1998.

[5] Lodder, J.: The Yeasts, A Taxonomic Study. North Holland Publishing Company, Amsterdam–London 1971.

[6] McManus, E. J., M. J. Bozdech, J. M. Jones: Role of latexagglutination test for cryptococcal antigen in diagnosing disseminated infections with Trichosporon beigelii. J Infect Dis 151 (1985) 1167–1169.

[7] Seebacher, C., R. Blaschke-Hellmessen: Mykosen, – Epidemiologie – Diagnostik – Therapie. Fischer, Jena 1990.

[8] Staib, F.: Cryptococcus neoformans und Guizotia abyssinica (syn. G. oleifera D. C.) (Farbreaktion für Cr.neoformans). Zschr Hygiene 148 (1962) 466–475.

[9] Tintelnot, K., S. Adler, R. Baumgarten et al: Disseminated cryptococoses without cryptococcal antigen detection. Mycoses 42 (1999) 161–162.

[10] Wheat, L. J., R. B. Kohler, R. P. Tewari et al: Significance of Histoplasma antigen in the cerebrospinal fluid of patients with meningitis. Arch Intern Med 149 (1989) 302–304.

6.4 Mikrobiologische Diagnostik im Liquor bei Parasitosen

E. Schmutzhard

6.4.1 Einleitung

Parasitosen des zentralen Nervensystems werden durch Protozoen oder Helminthen verursacht. Neben epidemiologischen Besonderheiten stellen ZNS-Parasitosen, insbesondere in

B.6 Mikrobiologische Diagnostik im Liquor / 6.4 … bei Parasitosen

Tab.: Protozoen, die eine direkte ZNS-Infektion oder indirekte ZNS-Affektion verursachen

Erreger **Protozoen**	Verbreitung/ Epidemiologie	wichtige extrazerebrale Symptome	neurologische Symptome, neurologisches Syndrom	direkt (lokale Infektion/Infestation)	indirekt (systemische Infektion/Infestation)	Verlauf und Prognose der ZNS-Erkrankung
Entamoeba histolytica [17, 55]	Tropen, Subtropen	Dysenterie, Leberabszeß	Hirnabszeß, auch multipel (fokale Symptome, Hirndruck)	sehr selten, nur bei gleichzeitigem Leberabszeß	–	akut/subakut Mortalität: > 10 %
freilebende Amoeben Naegleria fowleri (evtl. Vahlkampfia) [35]	weltweit (eher warme Regionen); Süßwasserexposition Schwimmbad, Teich	–	primäre Amoeben-Meningoenzephalitis (Meningitis, Hirnödem, Hirndruckerhöhung)	akute purulente Meningitis, nekrotisierende, hämorrhagische Zerebritis	–	perakut Mortalität: > 90 %
Acanthamoeba spp. Balamuthia mandrilaris [24, 35]	weltweit (bes. USA, Australien, Europa)	evtl. Keratokonjunktivitis (Kontaktlinsenträger)	granulomatöse Amoebenenzephalitis (fokale Symptome, Hirndruckerhöhung)	fokale Meningitis, granulomatöse Enzephalitis, Vaskulitis, hämorrhagische Nekrosen	–	subakut/akut Mortalität: > 90 %
Plasmodium falciparum [9, 32, 54]	Tropen; Anopheles-moskitos	Multiorganmalaria	zerebrale Malaria (diffuses Hirnödem, fokale Symptome, zerebrale Krampfanfälle)	–	Hypoxie, Haemorrhagien (Koma, zerebrale Krampfanfälle)	akut Mortalität: 2–50 % neurologische Langzeitschäden: 7–10 %
Trypanosoma brucei gambiense [1, 8, 16, 46]	West- und Zentralafrika; Tsetsefliegen	Trypanosomenchancre 1. Stadium: hämolymphatisches Stadium: Fieber, Lymphadenopathie	2. Stadium: chronische Meningoenzephalitis (multifokale Symptomatik, diffuse Enzephalopathie)	2. Stadium: chronische Meningoenzephalitis	–	chronisch, Mortalität: ohne Therapie 100 %
Trypanosoma brucei rhodesiense [1, 8, 16, 46, 60]	Ost- und Zentralafrika; Tsetsefliegen	s. Tryp. bei gambiense	subakute/chronische Meningoenzephalitis	subakute/chronische Meningoenzephalitis	–	subakut/chronisch, Mortalität: ohne Therapie 100 %
Trypanosoma cruzi [8, 21, 27, 46, 49]	Süd-, Mittelamerika; Raubwanzen	Romanazeichen Status febrilis Lymphadenopathie Myokarditis Chagas Leiden – Cardiomyopathie –	akute/subakute Meningitis kardiogene zerebrale Embolie	akute/subakute Meningitis –	kardiogene Embolie: zerebrale Ischämie	gut progredient
Toxoplasma gondii [6, 15, 54]	weltweit		bei Immunkompromittierten (HIV): fokale Läsionen, Granulome, Abszesse; bei Transplantierten, unter Zytostatika-therapie: diffuse Enzephalitis	zerebrale Toxoplasmose: Granulome, Abszesse, akute/subakute Enzephalitis		abhängig von der Grundkrankheit

Tab. 2: Helminthen, die eine direkte ZNS-Infestation, Infektion oder indirekte ZNS-Affektion verursachen

Erreger	Verbreitung/ Epidemiologie	extra zerebrale Symptome	neurologische Diagnose/ neurologische Symptomatik	direkt	indirekt	Verlauf und Prognose der ZNS-Erkrankung
Helminthen						
Cestoden						
Taenia solium (Larve: Cysticercus cellulosae) Schweinebandwurm [12, 39]	weltweit (bes. Mexiko, Thailand, Indien)	unspezifisch	Myopathie, Muskelverkalkungen; Neurozystizerkose – parenchymatös – raumfordernde Zysten – subarachnoidale Zysten – intraventrikuläre Zysten – spinale Zysten	Neurozystizerkose – parenchymatös – raumfordernde Zysten – subarachnoidale Zysten – intraventrikuläre Zysten – spinale Zysten	–	unterschiedlich, entsprechend der Lokalisation, Anzahl und Akuität der Läsionen/Zysten
Taenia multiceps (Hundebandwurm) [10, 26, 40]	Europa, Afrika, Brasilien	ähnlich Neurozystizerkose	ähnlich Neurozystizerkose	ähnlich Neurozystizerkose	–	–
Spirometra spp. (Hunde-, Carnivorenbandwurm) [2]	Ostafrika, Südostasien	Granulome, fokale Symptome	ähnlich Neurozystizerkose (sehr selten)	ähnlich Neurozystizerkose (sehr selten)	–	–
Echinococcus granulosus (Hundebandwurm) [2, 7]	weltweit (bes. Europa, Ostafrika)	Zysten in Leber, Lunge (zystische Echinokokkose)	20 %: zerebrale Zysten (raumfordernd)	intrakranielle Zysten	–	–
Echinococcus multilocularis (Fuchsbandwurm) [2, 7]	hauptsächlich Europa	Raumforderung in der Leber (alveoläre Echinokokkose)	< 2 %: ZNS Affektion	Granulome	–	progredient
Nematoden						
Angiostrongylus cantonensis [19, 47, 53]	Südostasien, Pazifik, (rohe Schnecken)	Larva migrans visceralis	eosinophile Meningitis	eosinophile Meningitis	–	gut
Gnathostoma spinigerum [53]	Südostasien (ungekochtes Geflügelfleisch, Schnecken)	Larva migrans visceralis	eosinophile Meningitis, Hirnnervenläsionen, Enzephalitis, Myelitis, Radikulitis, Subarachnoidal-blutung selten: Meningoencephalitis, fokale Läsionen	eosinophile Meningitis, Hirnnervenläsionen, Enzephalitis, Myelitis, Radikulitis, Subarachnoidal-blutung selten: Meningoencephalitis, fokale Läsionen	–	neurologische Dauerschäden: 30–50 % Mortalität: 10 %
Trichinella spiralis [2, 36]	weltweit, Epidemien (ungekochtes Schweinefleisch oder anderes Fleisch)	gastrointestinale Symptome eosinophile Myositis-Myalgien Muskelverkalkungen			–	Mortalität: 10–20 %
Toxocara canis/cati [2, 28, 37, 52]	weltweit	Larva migrans visceralis	Granulome, eosinophile Meningitis	Granulome, eosinophile Meningitis	–	gut

B.6 Mikrobiologische Diagnostik im Liquor / 6.4 … bei Parasitosen

Parasit [Lit.]	Vorkommen	Extrazerebrale Klinik	ZNS-Klinik	ZNS-Klinik	Komplikationen	Prognose
Baylisascaris procyonsis [2, 7]	USA (Exposition von Waschbären-Faeces)	Larva migrans visceralis Eosinophilie	eosinophile Enzephalitis, fokale Läsionen	eosinophile Meningoenzephalitis Granulome	—	subakut, fatal
Strongyloides stercoralis [7]	weltweit (Tropen, Subtropen)	gastrointestinale Symptome, Larva migrans cutanea Autoinfektion: Gramnegative Sepsis	Autoinfektion: Strongyloides stercoralis Hyperinfektionssyndrom (bes. bei Immunsupprimierten, HIV-Patienten etc.)	Autoinfektion: Strongyloides stercoralis Hyperinfektionssyndrom (bes. bei Immunsupprimierten, HIV-Patienten etc.)	—	fulminant Mortalität: > 70 %
Lymphatische Filarien (Wuchereria bancrofti, Brugia malayi, Loa loa, Meningonema peruzzi, Dipetalonema perstans [2, 4, 7])	Tropen: Afrika, Südostasien, Mittel- und Südamerika; Moskitos, Fliegen	lymphatische Filariose	sehr selten ZNS-Affektion, fokale Läsionen	sehr selten ZNS-Affektion	—	—
Onchocerca volvulus [2, 7]	Afrika, Süd-Mittelamerika; Kriebelmücken	Onchozerkose, subkutane Knoten, Flußblindheit	zerebrale Krampfanfälle	zerebrale Krampfanfälle	—	—
Lagochilascaris minor [3, 50]	Brasilien (Einzelfallbericht bei Pat. mit Fallot'scher Tetraplegie)	subkutane Abszesse; Sinusitis	Meningitis hämorrhagische nekrotisierende Enzephalitis, Vaskulitis	—		subakut fatal

Trematoden

Parasit [Lit.]	Vorkommen	Extrazerebrale Klinik	ZNS-Klinik	ZNS-Klinik	Komplikationen	Prognose
Schistosoma spp. [34, 56]	s. unten (Süßwasserexposition-Schnecken)	Katayamafieber (immunologische Reaktion bei Erstinfestation)	Enzephalopathie-Hirndruck, zerebrale Anfälle	Enzephalopathie-Hirndruck, zerebrale Anfälle	—	gut
Schistosoma haematobium	Afrika	urogenitale Schistosomiasis	hauptsächlich spinale Symptome-Granulome	spinale Symptome	parainfektiöse Plexus lumbosacralis Läsion	neurologische Dauerschäden möglich
Schistosoma mansoni	Afrika, Südamerika	gastrointestinale Schistosomiasis (hepatische)	hauptsächlich spinale Symptome-Granulome	hauptsächlich spinale Symptome	parainfektiöse Plexus lumbosacralis Läsion	neurologische Dauerschäden möglich
Schistosoma japonicum	Ostasien	gastrointestinale Schistosomiasis (hepatische)	vorwiegend fokale zerebrale Symptome	vorwiegend fokale zerebrale Symptome	—	mäßig gut
Paragonimus spp. [33, 45]	Tropen, weltveit (Süßwasser-Crustaceen)	Meningitis, verkalkte intrakranielle Zysten	Meningitis, verkalkte intrakranielle Zysten	—	—	relativ gut

ihrer Pathogenese, klinisch neurologischen Symptomatik, allgemein medizinischen/systemischen Symptomatik und vor allem in ihrer Epidemiologie und Ätiologie eine höchst uneinheitliche Gruppe von ZNS-Erkrankungen dar.

Tabellen 1*) und 2*) listen die parasitären Erkrankungen, die das zentrale Nervensystem direkt oder auch indirekt affizieren können, in ihrer Ätiologie, Epidemiologie und Symptomatik. Der direkte Erregernachweis d. h. die mikrobiologische/parasitologische Diagnosesicherung aus dem zentralen Nervensystem/Liquor cerebrospinalis stellt in den meisten dieser Erkrankungen den goldenen Standard der Diagnose dar. Andere ZNS Parasitosen wirken über indirekte Mechanismen (immunologische, hypoxische, kardioembolische etc.) auf das zentrale Nervensystem und sind hier aus differentialdiagnostischen Überlegungen angeführt. Die detaillierte Beschreibung der klinischen Symptomatik, epidemiologischer Besonderheiten, des sonstigen diagnostischen und therapeutischen Managements sind den entsprechenden Fachbüchern zu entnehmen. Die in den Tabellen 1 und 2 angeführten Krankheitsentitäten rechtfertigen zur direkten oder indirekten Diagnosesicherung bzw. zum differentialdiagnostischen Ausschluß klinisch ähnlicher Krankheitsbilder die Lumbalpunktion.

Bei den in den Tabellen 1 und 2 genannten Erkrankungen stützen sich die neurologische Diagnose und/oder die differentialdiagnostische Abgrenzung auf bildgebende Verfahren, wie z. B. Nativröntgen, cerebrale/spinale Computertomographie, cerebrale/spinale Kernspintomographie, in vielen Fällen auch direkt auf bioptische/aspirationsdiagnostische Verfahren. Bei fehlender Hirndrucksymptomatik ist die Lumbalpunktion zur diagnostischen/zytologischen Aufarbeitung des Liquors, insbesondere zur mikrobiologischen und serologischen Diagnostik (Liquor-/Serumpaare sind unverzichtbar) unerläßlich.

6.4.2 Präanalytik

Nur wenige Parasitosen des zentralen Nervensystems treten isoliert als zerebrale und/oder spinale Manifestation einer parasitären Erkrankung auf. Es ist daher die neurologische Symptomatik im Kontext mit den allgemeinen medizinischen Symptomen zu sehen und entsprechend zu interpretieren. In Einzelfällen ist bei direktem Erregernachweis *aus dem peripheren Blut* bei entsprechend passendem klinischen Syndrom und entsprechender Liquorkonstellation (z. B. zerebrale Malaria – normaler Liquor; afrikanische Trypanosomiasis – typischer Liquor, siehe dort) die Diagnose einer ZNS-Parasitose bzw. ZNS-Affektion durch einen parasitären Erreger erlaubt

Im peripheren Blut findet sich lediglich in der Akut/Subakutphase einer Wurmerkrankung des Nervensystems bei gleichzeitiger systemischer Involvierung eine Eosinophilie.

Gerade für die Diagnosestellung einer ZNS Parasitose ist eine detaillierte Anamneseerhebung unerläßlicher Bestandteil des Managements vor jedem invasiven diagnostischen Vor-

---

*) **Bemerkungen zu den Tabellen 1 (S. 317) und 2 (S. 318/319):**

    Allgemeine Symptome: Allgemeine Symptomatik, die typischerweise der ZNS-Affektion vorausgeht, bzw. die führende systemische/allgemein-medizinische Symptomatik darstellt.

    direkt: Invasion des Erregers (meist bestimmter Entwicklungsstadien) in den Liquor cerebrospinalis und/oder in das ZNS-Parenchym möglich (Erregernachweis mittels Hirnbiopsie, stereotaktische Punktion, Aspiration von Abszessen oder Zysten, Lumbapunktion, Immunantwort intrathekal).

    indirekt: systemische Infektion/Infestation, die über hypoxische, toxische, immunologische metabolische oder ischämische Mechanismen das ZNS schädigt. Erregernachweis im Liquor cerebrospinalis und/oder im ZNS Parenchym sowie mittels intrathekale Immunantwort (Antikörperbildung) sind nicht möglich.

gehen. Expositions- und Reiseanamnesen müssen so detailliert wie möglich erhoben werden. Das Vorhandensein von immunsupprimierenden bzw. -kompromittierenden Grunderkrankungen bzw. Therapien (HIV, Zytostatika, Zustand nach Transplantation, etc.) muß im geeigneten klinischen Kontext ebenfalls an eine ZNS-Parasitose denken lassen (z. B. Toxoplasmose, Strongyloides stercoralis Hyperinfektions-syndrom).

Die Bildgebung ist für einen Teil der ZNS-Parasitosen unerläßlich und teilweise pathognomonisch. In diesem Zusammenhang sind insbesondere Wurmerkrankungen (Neurozystizerkose, ZNS-Paragonimiasis, ZNS-Echinokokkose, etc.) zu nennen, im geeigneten klinischen Kontext sind auch bestimmte ZNS-Protozoonosen (z. B. Toxoplasma gondii) mittels Bildgebung differentialdiagnostisch einzugrenzen.

Thoraxröntgen (Paragonimiasis), Nativröntgen der Weichteile (Neurozystizerkose), Ultraschalluntersuchung bzw. computertomographische Untersuchungen des Abdomens (Echinokokkose) oder eine ophthalmologische Untersuchung (Toxokarose) helfen mittels nicht invasiver extrazerebraler Untersuchungen die Verdachtsdiagnose schon frühzeitig in eine bestimmte Richtung zu lenken.

6.4.3 Methoden

6.4.3.1 Direkter und indirekter Nachweis von Protozoen im Liquor cerebrospinalis

Tabelle 3 listet die Erreger der Protozoonosen, beschreibt erregertypische Liquorkonstellationen sowie die gängigen direkten und indirekten Nachweismöglichkeiten der Erreger im Liquor cerebrospinalis.

Naegleria fowleri

Bei der primären Amoebenmeningoencephalitis, verursacht vorwiegend durch Naegleria fowleri, finden sich im frischen, noch körperwarmen Liquor cerebrospinalis, der im übrigen sonst die typische Konstellation einer akuten bakteriellen Meningitis [5, 17] zeigt, bei der lichtmikroskopischen Untersuchung die beweglichen Trophozoiten mit ihrem typischen amoeboiden (Pseudopodien) Bewegungsmuster [35]. Die im frischen Liquor gefundenen Trophozoiten sind 10-30 µm groß. Die Bewegung der Trophozoiten wird bewirkt durch explosionsartige Protrusion der Pseudopodien. Anwärmen des Nativpräparates stimuliert die Bewegungsfreudigkeit der Trophozoiten. Mittels Romanowskyfärbung können die Trophozoiten [35] im Zentrifugat visualisiert werden, eine Akridin-Orangefärbung erlaubt eine gute Differenzierung der Amoeben von Leukozyten in der Fluoreszenzmikroskopie mit typischem rötlichen, schaumigen Zytoplasma der Amoeben [5]. Naegleria fowleri kann auf 1,5 % Non-Nutrient-Agar, der mit gewaschenen E. coli-Bakterien bedeckt wurde und in einer feuchten Kammer bei 37 °C über Nacht inkubiert wurde, kultiviert werden. Idealerweise wird der Agar in der verdünnten Amoebenkochsalzlösung nach Page aufbereitet, nach Autoklavierung kann er bei Raumtemperatur aufbewahrt werden. Naegleria fowleri kann auch auf Zellkulturen, die üblicherweise zur Virusisolierung verwendet werden, zum Wachsen und sich Vermehren gebracht werden [35]. Eine Polymerase Kettenreaktion (PCR) kann zur Identifizierung von Naegleria fowleri aus dem Liquor cerebrospinalis in dafür ausgerüsteten Labors eingesetzt werden [14], ebenso die Restriktionsendonuklease-Digestion. Der Nachweis von Antikörpern und die Isoenzym-Elektrophrese sind serologische Nachweismethoden von Naegleria fowleri [17, 18].

Acanthamoeba spp.

Sehr viel schwieriger ist der Direktnachweis von Acanthamoeba species (bzw. Balamuthia mandrillaris), den Erregern der granulomatösen Amoebenencephalitis [17]. Im Liquor werden die Trophozoiten nur in Ausnahmefällen gesehen, sie sind größer als Naegleria fowleri, Acanthamoeba species haben einen Durchmesser von 25–40 µm und Balamuthia mandrillaris von 30–60 µm. Das Aussehen der Trophozoiten entspricht, mit Ausnahme der Größe,

Tab. 3: Protozoeninfektionen des ZNS: Liquorbefunde und direkte und indirekte Nachweismethoden

	erregertypische Liquorkonstellation	direkte Nachweismethoden	indirekte Nachweismethoden
Protozoen			
Naegleria fowleri	granulozytäre Pleozytose Protein stark erhöht Glukose erniedrigt (Bild einer akuten eitrigen Meningitis)	nativ: motile Trophozoiten (Pseudopodien) 10–30 μm Motilität der Trophozoiten wird durch Anwärmung des frischen Liquors erhöht. Färbung: Akridin-Orange Kultur: 1,5 % non nutrient Agar Zellkultur PCR	monoklonale Antikörper Isoenzym Elektrophorese Restriktionsendonuklease-Digestion
Acanthamoeba spp. (inkl. Balamuthia mandrillaris)	lymphozytäre Pleozytose (eher wenige Granulozyten) Protein gering erhöht, Glukose nur gering erniedrigt	nativ: extrem selten Biopsie: Kultur (s. o.) – Trophozoiten 25–40 μm, sehr selten Zysten; Balamuthia mandrillaris: 30–60 μm) Histologie: Immunfluoreszenz, Immunperoxidase, Hämatoxilin Eosin, Wright, Giemsa, periodic acid Schiff Tierversuch PCR	evtl. KBR
Entamoeba histolytica	lymphozytäre Pleozytose (selten granulozytär), Protein gering erhöht Glucose selten erniedrigt	Liquor: meist nicht möglich Abszeßaspirat: motile Trophozoiten (Pseudopodien), 10–60 μm Färbung: Gomori-Trichrom, Hämatoxilin-Eosin, periodic acid Schiff Kultur: unpraktikabel PCR	ELISA Immunfluoreszenztest, indirekter Hämagglutinationstest, Gegenstrom Elektrophorese, Radioimmuno assay
Trypanosoma brucei gambiense/rhodesiense	lympho-, plasmazelluläre Pleozytose (Morulazellen Mott) Protein deutlich erhöht, insbesondere IgM Glukose nur gering oder nicht erniedrigt	nativ: motile Trypanosomen Giemsafärbung Kultur: unpraktikabel Tierversuch: unpraktikabel Blutausstrich auf Trypanosomen	Immunfluoreszenztest Cardagglutinationstest ELISA Antigen Capture ELISA (monoklonale Antikörper)
Trypanosoma cruzi	akut: diskrete lymphozytäre Pleozytose Protein erhöht (gering) Glukose gering erniedrigt Chagas Leiden: Liquor normal sehr selten (bei Immunkompromittierten): chronische granulomatöse Encephalitis: Liquor nur geringgradig unspezifisch verändert	nativ: motile Trypanosomen Kultur: Mac Neal Nicolle Medium NNN Medium PCR Xenodiagnose Mausinokulation PCR Blutausstrich auf Trypanosomen	Komplementbindung (KBR) Hämagglutinationstest (HAT), Immunfluoreszenztest (IFT), Latexagglutinationstest Latexagglutination.
Toxoplasma gondii	Liquor normal oder unspezifisch verändert Hirnbiopsie	Hirnbiopsie: Pseudozysten, Tachyzoiten-immun-histochemische Färbung: – Peroxidase – Antiperioxidase Färbetechnik -Hämatoxilin, Giemsa PCR Mausinokulation	Sabin-Feldman-Test IFA IgM capture ELISA
Plasmodium falciparum (cerebrale Malaria)	Liquor normal	Blutausstrich	–

dem von Naegleria fowleri [17, 35]. Eine Hirnbiopsie ist bei dieser Erkrankung unverzichtbar, dieselben Kulturmethoden wie bei Naegleria fowleri werden nach Inkubationszeit von ca. 1 Woche (in einer feuchten Kammer bei 37 °C) die Erreger zum Anwachsen bringen, allerdings wesentlich weniger erfolgreich als Naegleria fowleri [24]. Auf Zellkulturen wachsen Naegleria fowleri und Acanthamoeba spp. in ähnlicher Weise. PCR-Techniken zur Identifizierung von Acanthamoeba-Isolaten sind in Erprobung [35]. In Wachs eingebettete Biopsieschnitte können mittels Immunfluoreszenz oder Immunoperoxidase-Techniken Acanthamoeba spp. visualisieren. Monoklonale Antikörper werden zur Differenzierung von Naegleria fowleri von Acanthamoeba spp. unter experimentellen Bedingungen erfolgreich eingesetzt [18].

Entamoeba histolytica

Eine Hirnbiopsie (stereotaktische Aspiration von Abszessen) wird nur unter entsprechender amoebizider Chemotherapie durchzuführen sein, um die Verschleppung bzw. Ausbreitung von Entamoeba histolytica in gesundes Hirngewebe zu vermeiden. Im Aspirat finden sich eventuell mobile Amoeben-Trophozoiten, die typischerweise prominente Nukleoli haben, intrazellulär finden sich rote Blutkörperchen ingestiert. Im dicken Eiter von Amoebenabszessen ist die Motilität der Entamoeba histolytica Trophozoiten meist nur gering vorhanden, der Durchmesser der Trophozoiten beträgt 10–60 µm. Die Bewegung findet mittels Pseudopodien statt [21]. Die Färbung des Aspirates erfolgt, nach Fixierung mit Polyvinylalkohol oder Schaudinns Fixierlösung, entweder mit Gomori Trichrom, Eisenhämatoxillin, Hämatoxilin und Eosin oder periodic acid Schiff [17]. Die Kultur von Amoeben ist möglich, im Routinebetrieb jedoch derzeit nicht einsetzbar, eine Kulturdauer von mindestens 4 Tagen ist erforderlich. Die PCR erlaubt die Identifizierung von Entamoeba histolytica. Serologische Untersuchungen umfassen ELISA (Spezifität 97%, Sensitivität 100%), Immunfluoreszenztest, indirekten Hämagglutinationstest, Gegenstrom-Elektrophrese sowie Radioimmuno-assay [55].

Trypanosoma brucei gambiense und/oder rhodesiense

Jeder Patient mit einer im Blut nachweisbaren Trypanosoma brucei gambiense oder rhodesiense Infektion (Schlafkrankheit) muß lumbalpunktiert werden [16]. Die geringste Abweichung des Liquorbefundes weist auf eine beginnende ZNS-Involvierung im Sinne des zweiten Stadiums der afrikanischen Trypanosomiasis hin und muß entsprechend diagnostisch aufgearbeitet und vor allem therapeutisch behandelt werden. Im Vollbild des zweiten Stadiums, der afrikanischen Trypanosomiasis, d. h. des meningoencephalitischen Stadiums zeigt sich eine geringe bis mäßige Pleozytose, es besteht ein gemischtzelliges Bild mit Überwiegen von Lymphozyten und Plasmazellen (ca. 10% stellen sogenannte Morulazellen Mott = typische Plasmazellen dar) [1, 8, 16]. Die Liquorglukose ist meist nur gering erniedrigt, das Gesamteiweiß im Liquor erhöht, insbesondere ist die IgM Fraktion deutlich erhöht. Der direkte Nachweis von mobilen Trypanosomen im Liquor (Flagellen!) gelingt im Nativpräparat sowie mittels Giemsafärbung [22]. Die in vitro-Kultivierung von Trypanosomen ist extrem schwierig und steht routinediagnostischen Zwecken nicht zur Verfügung [1, 8]. Die Inokulation in Nagetiere von Liquor von Patienten mit Verdacht auf Trypanosoma brucei rhodesiense Infektion führt zu einer Vermehrung der Trypanosomen und damit zur Sicherung der Diagnose. Trypanosoma brucei gambiense vermehrt sich in Nagetieren kaum. Der Nachweis von Trypanosoma brucei spp. im peripheren Blut bei auch nur geringen Liquorveränderungen (z. B. IgM-Erhöhung) ist beweisend für das beginnende meningoencephalitische Stadium einer afrikanischen Trypanosomiasis und zieht auf jeden Fall das adäquate Vorgehen nach sich (d. h. Therapie inklusive Melarsoprol oder DFMO) [1, 8, 16]. Serologische Methoden, mit Sensitivitäten und

Spezifität von bis zu 90%, sind ELISA, Card Agglutinationstest und Immunfluoreszenztest [42, 43, 46, 58].

Trypanosoma cruzi

Der Direktnachweis von Trypanosoma cruzi im Liquor cerebrospinalis gelingt bei bis zu 75% der Patienten mit einer akuten T. cruzi Infektion, wenngleich eine klinisch eindeutig diagnostizierbare Meningoenzephalitis in dieser Phase relativ selten ist [27]. Eine akute ZNS-Infektion tritt häufig bei Kleinkindern oder als Komplikation einer kongenitalen Infektion auf [8, 27]. In dieser Krankheitsphase kann man die T. cruzi spezifische DNA amplifizieren und die PCR sollte somit die oft mühselige Xenodiagnose ablösen [30, 41]. Der direkte Erregernachweis im chronischen Stadium, dem Chagasleiden, bei dem in seltenen Fällen eine chronische granulomatöse Enzephalitis bestehen kann (gelegentlich auch bei immunkompromitierten Patienten zu sehen) [21, 49], ist aus dem Liquor sehr viel schwieriger zu führen, allerdings kann T. cruzi auf Novy-Mac Neal-Nicolle's Medium oder NNN-Medium, kultiviert werden [8]. Der Liquor cerebrospinalis zeigt meist nur gering erhöhtes Liquoreiweiß und eine milde lymphozytäre Pleozytose, und ist damit völlig unspezifisch verändert [27]. Serologische Untersuchungstechniken, wie Komplementbindungsreaktion, Hämagglutinationstest, Immunfluoreszenztest und Latextest [9, 82], existieren, sind sensitiv aber nicht spezifisch.

In der akuten Phase der amerikanischen Trypanosomiasis gelingt der direkte Parasitennachweis häufig im peripheren Blut oder durch Biopsie aus quergestreifter Muskulatur oder Herzmuskulatur. Anreicherungsmethoden (Zentrifugation, Konzentrationsmethode von Stout) erleichtern den Erregernachweis im Blut [8].

Im chronischen Stadium des Chagasleidens ist neben der serologischen Diagnostik, der derzeit nur in Speziallabors durchgeführten PCR [41], trotz allem die Xenodiagnose ein nicht unwesentliches diagnostisches Hilfsmittel. Diese erfordert allerdings eine überaus aufwendige und langwierige, für den Patienten belastende Technik, sowie teure Laboreinrichtungen zum Züchten von garantiert parasitenfreien Raubwanzen, und ist daher auch nur in spezialisierten Labors in wenigen Großstädten Südamerikas verfügbar.

Wenngleich die serologischen Untersuchungstechniken unspezifisch sind, erreichen sie 6 Monate nach der Infektion eine lebenslang bestehende 100%ige Sensitivität [8].

Toxoplasma gondii

Beim immunkompromittierten erwachsenen Patienten mit der typischen (meist herdförmigen) neurologischen Symptomatik wird die Bildgebung mit zerebraler Computertomographie und/oder cerebraler Magnetresonanztomographie schon den dringenden Verdacht auf eine ZNS-Toxoplasmose lenken [15].

Der Direktnachweis von Toxoplasma gondii im Liquor ist praktisch nie möglich, allerdings lassen sich histopathologisch Toxoplasma gondii Zysten und Tachyzoiten mittels Peroxidase/Anti-Peroxidase Färbemethode eindeutig identifizieren.

Beim Immunkompetenten ist der vierfache Antikörpertiteranstieg diagnostisch für eine akute erworbene Toxoplasmose. Ein einzelner sehr hoher Titer ($> 1:1024$) ist beim Immunkompetenten ebenfalls ein sensitiver Hinweis für eine akute Infektion (Sensitivität 93%) allerdings bleiben bei ca. $2/3$ der Patienten solche hohe Titer für mindestens 12 Monate bestehen, so daß seine Spezifität für eine akute Infektion als gering interpretiert werden muß. Da eben IgG Antikörper nach der akuten Infektion persistieren, wird zunehmend der Nachweis von IgM Antikörpern gegen T. gondii zur Diagnose der akuten akquirierten Toxoplasmose gefordert. Sensitive, aber auch spezifische Methoden sind der double sandwich IgM ELISA (DS-IgM-ELISA), der Westernblot, sowie — etwas weniger sensitiv und weniger spezifisch — der IgM IFA assay [48]. Ein positives Ergebnis zeigt üblicherweise eine akute Infektion innerhalb der letzten 3–4 Monate an, wenngleich in Einzelfällen erhöhte IgM Titer auch noch nach 9 Monaten gefunden wurden. Möglicherweise zeigen erhöhte

IgA-Antitoxoplasma Antikörpertiter spezifischer eine akute akquirierte T. gondii Infektion an als IgM (und IgG) Antikörpertiter [48]. Monoklonale Antikörper gegen gereinigtes p30 Parasitenprotein mittels eines IgM-capture ELISA zeichnen sich durch eine relativ gute Spezifität für eine akute Toxoplasmose aus [48].

Die serologische Diagnose einer ZNS-Toxoplasmose beim immunkompromittierten Patienten ist schwierig und erfordert ein Verständnis der Pathogenese einer Toxoplasma gondii Infektion in den unterschiedlichen Risikogruppen [48]. Es ist, z. B., essentiell, den serologischen Status eines potentiellen Organspenders und Organempfängers zu kennen, um eventuelle Hochrisikopatienten zu identifizieren und Spender und Empfänger zu matchen. Bei HIV positiven/AIDS Patienten entsteht eine ZNS-Toxoplasmose typischerweise als Rekrudeszenz einer seit Jahren latenten Infektion. Vor dem Ausbruch des klinischen Vollbildes AIDS findet sich – entsprechend der Seroprävalenz in der Gesamtbevölkerung – bei einem hohen Prozentsatz der HIV positiven Menschen ein erhöhter Toxoplasma-Antikörpertiter. Bei einem AIDS-Patienten findet sich nur in seltenen Fällen im Falle einer ZNS Toxoplasmose ein akuter Antitoxoplasma IgM Antikörperanstieg, bei Fortschreiten sowohl der Grundkrankheit als auch der ZNS Toxoplasmose, können vorhandene Titer absinken oder verschwinden. Allerdings besitzt eine positive Serologie (ELISA, IFA, Sabin Feldman Test) bei einem Patienten mit charakteristischen computertomographischen oder kernspintomographischen Gehirnveränderungen eine prädiktive Kraft von ca. 80% [48]. Unter allen Umständen sollten die Antitoxoplasma-Antikörper auch im Liquor cerebrospinalis untersucht werden. Der Nachweis einer intrathekalen Produktion von Toxoplasma gondii Antikörpern kann im Zweifelsfall die Verdachtsdiagnose unterstützen.

In Einzelfällen ist es gelungen, den Parasiten aus dem Blut von Patienten mit progredienter Toxoplasma gondii Enzephalitis zu isolieren. In früheren Zeiten wurden Biopsate Mäusen inokliert, es dauerte durchschnittlich 6 Wochen, bis der Erreger in den Labormäusen nachweisbar war. Selektive Amplifikation von Toxoplasma gondii spezifischer DNA mittels PCR erscheint bei ZNS Toxoplasmose vielversprechend, Spezifität und Sensitivität müssen allerdings noch überprüft werden [6].

Eine definitive Diagnose einer ZNS Toxoplasmose intra vitam gelingt, insbesondere beim Immunkompromittierten, nur mittels Hirnbiopsie. Zysten und Tachyzoiten werden am besten in Material, das mittels stereotaktischer Biopsie aus der Peripherie zentral nekrotischer Granulome gewonnen wird, nachgewiesen; häufig sind spezifische immunhistochemische Techniken notwendig, um die Organismen zu visualisieren. Die Immunfluoreszenztechnik, die monoklonale Antitoxoplasma-Antikörper einsetzt, steigerte die Sensitivität deutlich gegenüber Giemsafärbung oder Hämotoxilin-Eosin-Färbung [15, 48].

Zerebrale Malaria

Eine Lumbalpunktion ist bei Verdacht auf zerebrale Malaria essentiell, um andere Ursachen der schweren, zerebralen Krampfanfälle und/oder neurologischen Herdsymptome auszuschließen. Der Liquor zeigt normalerweise keine Pleozytose, der Liquorzucker ist normal, das Liquoreiweiß kann in seltenen Fällen geringgradig (maximal 150 mg/dl) erhöht sein. Die Diagnosesicherung erfolgt nach Ausschluß anderer Ursachen der Enzephalopathie, durch den Erregernachweis im peripheren Blut, mittels dickem Tropfen oder Blutausstrich. Serologische Methoden haben zur Diagnose einer zerebralen Malaria keinen Stellenwert [9, 32, 54].

6.4.3.2 Direkter und indirekter Nachweis von Helminthen im Liquor cerebrospinalis

Tabelle 4 listet die Erreger der möglichen ZNS Helminthosen, beschreibt erregertypische Liquorkonstellationen sowie die gängigen direkten und indirekten Nachweismöglichkeiten im

Tab. 4: Helmintheninfektionen und -infestationen des ZNS: Liquorbefunde und direkte und indirekte Nachweismethoden

Helminthen	erregerspezifische Liquorkonstellation	direkte Nachweismethoden	indirekte Nachweismethoden
Cestoden			
Taenia solium (Larve: Cysticercus cellulosae)	normal, allerdings bei bis zu 60 %: geringe lymphozytäre Pleozytose, sehr selten Eosinophilie; Protein gering erhöht, Zucker gering erniedrigt Intrathekale IgE Produktion Liquorelektropherese: IgG Produktion	–	Antikörpernachweis: KBR, ELISA, IHA, Erythrolectin Immunotest, EITB Antigennachweis: ELISA, Latexagglutination Polyacrylamidgel-Elektropherese, Antigen EITB
Echinococcus spp.	Lumbalpunktion meist kontraindiziert (Riesenzysten) (Liquor: unspezifisch, insbesondere keine Eosinophilie)	–	Zysteninhalt: ELISA, EITB
Spirometra spp	siehe Larva migrans	sehr selten: chirurgische Extraktion des adulten Bandwurmes	–
Taenia multiceps	siehe Taenia solium	chirurgische Exstirpation der Zysten – invaginierte Protoscolices	–
Nematoden			
Angiostrongylus cantonensis	Eosinophile Pleozytose (Eosinophile > 10 %) Protein deutlich erhöht, Glukose leicht erniedrigt oder normal	selten: lebende Larven im Liquor	ELISA peripheres Blut: Eosinophilie
Gnathostoma spinigerum	Eosinophile Pleozytose (bis zu 90 % Eosinophile) Protein mäßig bis deutlich erhöht Glukose erniedrigt oder normal Liquor kann auch frisch blutig sein, Xantochromie	Autopsie: Larvennachweis; Im Liquor üblicherweise Larven nicht nachweisbar	ELISA (Antikörper und Antigen) peripheres Blut: Eosinophilie
Trichinella spiralis	selten: eosinophile Pleozytose Protein gering erhöht, Glukose normal > 75 % Liquor normal	selten (< 10 %) lebende Larven im Liquor	indirekter Immunfluoreszenztest ELISA (IgM, IgG und IgE) Bentonite-Flokkulationstest Latexagglutinationstest peripheres Blut: deutliche Eosinophilie
Toxocara canis/cati	eosinophile Pleozytose Protein gering erhöht Glukose normal bzw. gering erniedrigt	sehr selten: lebende Larven im Liquor	ELISA
Baylisascaris procyonis	eosinophile Pleozytose Protein erhöht, Glukose leicht erniedrigt	Autopsie: (Granulome mit B. procyonis Larven)	–
Lagochilascaris minor	diskrete eosinophile Pleozytose, hämorrhagischer Liquor	Autopsie: hämorrhagisch-nekrotische Hirnparenchym- und Meningenareale mit L. minor Larven	–
Strongyloides stercoralis	massiv granulozytäre Pleozytose Eiweiß deutlich erhöht, Glukose deutlich erniedrigt Larva migrans visceralis Gramnegative Sepsis + zusätzlich gramnegative Meningitis	filariforme Larven mit oder ohne begleitende gramnegative bakterielle Meningitis Autopsie: filariforme Larven im Subarachnoidalraum selten im Gehirnparenchym	ELISA: bei Hyperinfektionssyndrom wertlos

Tab. 4: Fortsetzung

Helminthen	erregerspezifische Liquorkonstellation	direkte Nachweismethoden	indirekte Nachweismethoden
Lymphatische Filarien (sehr selten)	diskrete eosinophile Pleozytose	PCR ?	ELISA (IgE, IgG 4, zirkulierende Antigene) IFT
Onchocerca volvulus	diskrete eosinophile Pleozytose	PCR	ELISA (IgG 4, IgE, zirkulierende Antigene) IFT
Trematoden			
Schistosoma spp.	diskrete lymphozytäre, manchmal eosinophile Pleozytose gelegentlich Xantochromie Protein: leicht erhöht, selten stark erhöht Glukose normal	Liquor: − Biopsie (Granulome) oder Autopsie: Eier	ELISA KBR, HAT selten: periphere Eosinophilie
Paragonimus spp.	diskrete lymphozytäre Pleozytose (selten Eosinophilie) Protein gering erhöht, Glucose normal häufig Liquor normal	Liquor: − Biopsie (Granulome: Eier)	ELISA KBR periphere Eosinophilie (bis zu 40 %)

Liquor cerebrospinalis. Tabelle 5 geht auf die helminthenassoziierte Liquor-Eosinophilie ein [2, 7, 61].

Cestoden

Taenia solium (Larve: Cysticercus cellulosae)

Ca. die Hälfte der Patienten mit Neurozystizerkose zeigen einen normalen Liquorbefund [12]. Bei den übrigen findet sich eine milde Pleozytose, meist gemischtzellig; nur selten findet sich im Liquor eine Eosinophilie. Das Liquoreiweiß ist gering erhöht, Liquorzucker meist gering erniedrigt [12].

Ein Direktnachweis der Cysticercus cellulosae Larven gelingt nicht. In Einzelfällen wurde eine intrathekale IgG Produktion gefunden und im Liquor fanden sich außerdem oligoklonale IgG Banden [38]. Intrathekal produziertes IgE wurde ebenfalls in Assoziation mit einer Neurozystizerkose gefunden [22], die Spezifität und Sensitivität sind jedoch noch nicht ausreichend belegt. Die serologische Diagnostik erlaubt bei klinischem Verdacht und entsprechender bildgebender Befunde (Computertomographie,

Tab. 5: Eosinophilie im Blut und Liquor bei ZNS-Parasitosen

Pathogen	periphere Eosinophilie	Liquor-Eosinophilie
Cysticercus cellulosae	Akutstadium (meist vor Auftreten der Neurozystizerkose) +	+
Echinococcus spp	+	−
Angiostrongylus cantonensis	++	+++
Gnathostoma spinigerum	++	+++
Trichinella spiralis	+++	+
Toxocara spp.	+++	++
Strongyloides stercoralis (Hyperinfektionssyndrom)	−	−
Lymphatische Filarien	+++	+
Onchocerca volvulus	+++	+
Schistosoma spp.	+	+
Katayama Fieber	+++	−
Paragonimus spp.	++	−

−	nie, oder extrem selten
+	selten
++	häufig
+++	regelmäßig/typisch

Kernspintomographie) die Sicherung der Diagnose. Komplementbindungsreaktion, Immunfluoreszenztest, ELISA, ein Erythrolektinimmunotest, indirekter Hämagglutinationstest, „Enzyme linked immuno electrotransfer blotting (EITB)" sind gängige Nachweismethoden von Cysticercus cellulosae spezifischen Antikörpern. Zur Zeit stehen die oben beschriebenen Antikörperdetektionsmethoden zur Verfügung, während möglicherweise sehr viel spezifischere Antigennachweisverfahren noch wenig verbreitet sind; diese sind Antigen-ELISA, Latexagglutinationstest, Polyacrylamidegel-Elektrophrese sowie ein Antigen EITB [13, 23, 29, 51, 57, 59, 62].

Echinococcus spp.

Eine zerebrale Echinokokkose wird fast ausschließlich durch E. granulosus verursacht. Die dringende Verdachtsdiagnose einer zerebralen Echinokokkose wird mit zerebraler Computertomographie bzw. Kernspintomographie gestellt. Da die Zysten meistens eine beträchtliche Größe erreichen, ist eine Lumbalpunktion aus Hirndruckgründen nicht indiziert, zumal der Liquor cerebrospinalis üblicherweise normal bzw. nur geringe, unspezifische Veränderungen zeigt (siehe Neurozystizerkose) [2, 7]. Insbesondere ist aufgrund der langsamen Progredienz der Erkrankung und der damit verbundenen langen Dauer eine Liquoreosinophilie nie zu sehen. Ein direkter Nachweis des Erregers aus dem Liquor cerebrospinalis gelingt nicht, allerdings können im Zysteninhalt typische Protoscolices gesehen werden. Serologische Untersuchungsmethoden sind ELISA und EITB mit einer Sensitivität von 60−90% und einer Spezifität von 80−100% [25, 31]. Es eignet sich die Zysteninhaltsflüssigkeit auch ausgezeichnet zur serologischen Aufarbeitung. Falsch positive Ergebnisse können durch eine Kreuzreaktion mit Neurozystizerkose entstehen [31].

Spirometra spp.

Die Larven der Carnivoren-Bandwurmspezies Spirometra verursachen eine der Neurozystizerkose sehr ähnliche, insgesamt aber sehr selten zu beobachtende Erkrankung, die Sparganose. Die typische Symptomatik entspricht der einer Larva migrans visceralis, die Larvenstadien erreichen in maximal 3% der Sparganose-Patienten das zentrale Nervensystem. Die cerebralen Computertomographiebefunde ähneln einer Neurozystizerkose. In Korea wurde ein ELISA für Sparganum spezifisches IgG mit einer Sensitivität von 80−85% entwickelt [7, 10, 26, 40].

In seltenen Fällen kann der adulte Wurm (bis zu 50 cm lang und 2−4 mm im Durchmesser) aus jeglicher Art von Gewebe (inkl. Hirngewebe) chirurgisch extrahiert werden [10].

Taenia multiceps

Die Larven von Taenia multiceps verursachen die Coenurose. Eine definitive Diagnose ist nur mittels Histologie möglich, die Metazestodenlarve nimmt die Form einer singulären Zyste mit multiplen invaginierten Protoscolices ein. Eine neurochirurgische Entfernung einer solchen Zyste klärt die Diagnose. Derzeit stehen keine weiteren direkten oder indirekten Nachweisverfahren zur Verfügung [7, 26].

Nematoden

Angiostrongylus cantonensis

Bei entsprechender Expositionsanamnese muß jeder Patient mit einer eosinophilen Meningitis in bezug auf Angiostrongylus cantonensis ätiologisch abgeklärt werden [18, 47]. Neben Gnathostoma spinigerum ist Angiostrongylus cantonensis die einzige Meningitis bedingt durch eine Nematodenlarve, die regelmäßig mit einer deutlichen Eosinophilie (bis zu 72%, auf jeden Fall > 10%) einhergeht [53, 61]. Zusätzliche neurologische Symptome bestehen selten, diese erlauben daher in den meisten Fällen eine Abgrenzung gegenüber Gnathostoma spinigerum Infestation. In seltenen Fällen können im Liquor-Nativpräparat lebende Larven gefunden werden. Die indirekte Nachweismethode der Wahl ist ein ELISA, größere Bestätigungsstudien stehen jedoch aus [14].

Gnathostoma spinigerum

Bei entsprechender Expositionsanamnese und der typischen aggressiven klinischen Symptomatik besteht bei einer deutlichen Liquoreosinophilie (bis zu 90%), nicht selten assoziiert mit den klinischen und liquorologischen Zeichen einer Subarachnoidalblutung (frischblutiger Liquor, Xantochromie) der dringende Verdacht auf eine Gnathostoma spinigerum Meningitis, Radikulomyelitis, etc. Intra vitam gelingt der direkte Nachweis lebender Larven praktisch nie; allerdings lassen sich Larven bei Autopsie im zentralen Nervensystem nachweisen. Antikörper- und Antigen- ELISA sind als Bestätigungstest in Südostasien seit mehr als 10 Jahren im Einsatz [53].

Trichinella spiralis

Bei entsprechender Expositionsanamnese und klinischer Symptomatik sowie deutlicher Eosinophilie im peripheren Blut muß an eine akute Trichinella spiralis Infestation des ZNS gedacht werden. In mehr als drei Viertel der Patienten ist der Liquor cerebrospinalis normal, beim Rest findet sich eine mäßiggradig ausgeprägte eosinophile Pleozytose [36]. In bis zu 10% der Patienten lassen sich im Liquor lebende Larven nachweisen. Die wesentliche diagnostische Nachweismethode ist die Serologie, neben ELISA (IgG, IgM und IgE), indirektem Immunfluoreszenztest, sind der Latexagglutinationstest sowie der Bentoniteflokkulationstest schnelle und praktikable Methoden [4].

Toxocara canis/cati

Die Expositionsanamnese gegenüber Hundewelpen (oder jungen Katzen) ist ein entscheidender Hinweis, insbesondere, wenn zusätzlich eine Eosinophilie im peripheren Blut besteht. In einem Einzelfall wurden im Liquor lebende Toxocara canis Larven intra vitam nachgewiesen [28, 37]. Der Nachweis mittels ELISA von intrathekal produzierten Antikörpern ist mit hoher Sensitivität und Spezifität (>90%) beweisend für eine ZNS Toxokarose. Seroprävalenzstudien (bei der gesunden Bevölkerung) mittels ELISA schwanken von 3–6% (Japan) bis zu 83% in Saint Lucia [7, 23].

Baylisascaris procyonis

Dieser bei Waschbären häufig vorkommende Nematode wurde bei einem 10 Monate alten Säugling in den USA mit subakut verlaufender, letztlich fataler eosinophiler Meningoencephalitis diagnostiziert. Es stehen intra vitam keine direkten oder indirekten Nachweisverfahren zur Verfügung. Bei der Autopsie fand sich in den eosinophilen encephalitischen Granulomen eine große Zahl von B. procyonis Larven [7].

Lagochilascaris minor

Lagochilascaris spp. kommt ausschließlich in Südamerika vor und ist durch abszedierende Prozesse im Bereich des Halses, Nackens sowie der paranasalen Sinus und der Lungen charakterisiert. Bei einem 14jährigen Jungen mit einer Fallotschen Tetralogie entwickelte sich eine subakute Meningitis, die letztlich fulminant exazerbierte und einen fatalen Verlauf nahm. Der Patient zeigte initial eine milde eosinophile Pleozytose bei sonst weitgehend normalem Liquor; der Liquor verschlechterte sich im Verlauf, die hämorrhagische Komponente der Erkrankung äußerte sich in einer Xantochromie und dem Nachweis von roten Blutkörperchen im Liquor. Bei der Autopsie fanden sich hämorrhagisch nekrotische Hirnparenchymareale, sowie Granulome in den Meningen, in all diesen Regionen fanden sich große Zahlen von L. minor Larven. Eine serologische Diagnostik steht nicht zur Verfügung [3, 50].

Strongyloides stercoralis

Bei immunkompromittierten Patienten kann es bei Vorliegen einer intestinalen Strongyloides stercoralis Infestation durch Autoinfektion zum lebensbedrohlichen Bild eines Hyperinfektionssyndroms kommen. Dieses ist häufig mit einer gramnegativen Sepsis und/oder Meningitis vergesellschaftet. Unabhängig von der gramnegativen bakteriellen Begleitsymptomatik findet sich das Liquorbild einer akuten purulenten Meningitis [2, 7]. In Einzelfällen wurden filariforme Larven im Liquor nachgewiesen, sowohl mit begleitender als auch ohne begleitende gramnegative Meningitis. Die Letalität beträgt bis zu 77%, bei der Autopsie finden sich die filariformen Larven im Subarachnoidalraum, nur selten im Gehirnparenchym. Da diese Erkrankung überaus fulminant verläuft, sind serologische Nachweismethoden ohne Wert [20].

Lymphatische Filarien und Onchocerca volvolus

Nur in sehr seltenen Fällen kommt es zur Direktinvasion von Mikrofilarien in das zentrale Nervensystem. Es findet sich dabei eine milde Pleozytose ohne sonstige wesentliche Liquorauffälligkeiten. Der Direktnachweis von Mikrofilarien aus dem Liquor ist bisher noch nicht gelungen, in Erprobung finden sich verschiedene PCR-Tests zum Direktnachweis erregerspezifischer DNA. Serologisch stehen indirekter Fluoreszenztest sowie ELISA zur Verfügung, letzterer gegen IgE und IgG 4 Antikörper sowie gegen zirkulierendes Antigen gerichtet. Die Wertigkeit dieser Methoden bei ZNS Invasion durch Mikrofilarien wurde allerdings bisher noch nicht validiert [2].

Trematoden

Schistosoma spp.

Bei entsprechender Expositionsanamnese kann eine milde Liquor-Eosinophilie, häufig nur eine lymphozytäre Pleozytose, in seltenen Fällen eine Xanthochromie oder ein frischblutiger Liquor Ausdruck einer ZNS Schistosomiasis sein. Im Nativpräparat werden nie Schistosoma spp Eier gefunden, im Biopsat oder bei der Autopsie sind allerdings bei ZNS Schistosomiasis typische Eier regelmäßig nachweisbar. Serologisch stehen Hämagglutinationstest, Komplementbindungsreaktion und ELISA zur Verfügung, die individuelle serologische Antwort auf eine Schistosoma spp. Infektion ist jedoch höchst variabel [7, 34, 56].

Paragonimus spp.

Bei ZNS Paragonimiasis findet sich in den meisten Fällen ein normaler Liquor cerebrospinalis, nur selten eine lymphozytäre Pleozytose, gelegentlich eine geringgradige Liquoreosinophilie. Im peripheren Blut findet sich bei bis zu 40% eine Eosinophilie. Im Liquor cerebrospinalis finden sich nie Wurmeier, allerdings können im Biopsat oder bei der Autopsie typische Wurmeier visualisiert werden. Serologisch stehen ELISA und Komplementbindungsreaktion zur Verfügung [7, 33, 45].

6.4.4 Analytische und klinische Bewertung

Der Direktnachweis von Parasiten im Liquor cerebrospinalis, im stereotaktisch gewonnenen Aspirat bzw. im stereotaktisch oder offen neurochirurgisch gewonnenen Biopsat stellt nach wie vor den goldenen Standard der mikrobiologischen/parasitologischen Diagnostik dar. Bei entsprechend typischem klinischen Bild kann ein extrazerebraler Nachweis des Erregers (z. B. in der Muskulatur: Myositis – Verkalkungen, bei Trichinose oder Neurozystizerkose) den definitiven und direkten Erregernachweis im Liquor cerebrospinalis zumindest mit weitgehender Wahrscheinlichkeit ersetzen. Dies trifft vor allem aber auf parasitäre Erkrankungen zu, bei denen das ZNS lediglich indirekt affiziert und als Folge einer systemischen Erkrankung (z. B. südamerikanische Trypanosomiasis, bzw. Multiorganmalaria/Plasmodium falciparum Infektion) betroffen ist. Bei allen akut verlaufenden parasitären ZNS-Infektionen und Infestationen spielen serologische Untersuchungstechniken nur eine untergeordnete oder keine Rolle (z. B. Multiorganmalaria, freilebende Amoeben, Baylisascaris procyonis, Lagochilascaris minor, Strongyloides stercoralis). Subakut bzw. chronisch verlaufende ZNS Parasitosen können durch eine Reihe von serologischen Testmethoden zumindest in der Wahrscheinlichkeit bekräftigt werden. Da ZNS Parasitosen in den meisten Fällen Teil einer systemischen parasitären Erkrankung darstellen, ist eine bei ausschließlich das ZNS betreffenden Infektionen bzw. Infestationen als unverzichtbar geforderte intrathekale Antikörperproduktion nur in den wenigsten Fällen tatsächlich vorhanden. Darüber hinaus zeigen verschiedene Seroprävalenzstudien (Antikörper gegen den Großteil der subakut bis chronisch verlaufenden Parasitosen) eine sehr hohe Prävalenz in der gesunden oder scheinbar unaffizierten Bevölkerung. Daher sind Untersuchungsergebnisse bei Patienten aus Endemiegebieten unterschiedlich gegenüber kurzzeitexponierten Personen (z. B. Touristen, etc.) zu interpretieren. Diese hohe Expositionsrate führt auch dazu, daß bei Menschen, die ihr ganzes Leben in den entsprechenden Endemiegebieten verbracht haben, im Erwachsenenalter die Erkrankungen häufig wesentlich milder, oder zumindest abgeschwächt verlaufen, als bei kurzzeitexponierten Personen. Hohe Seroprävalenzen wurden bei Schistosoma spp, Paragonimus spp, Plasmodium falciparum, Entamoeba histolytica, Trypanosoma spp, Toxoplasma gondii, Taenia solium und Echinococcus spp., Angiostrongylus cantonensis, Toxocara spp, Strongyloides spp, lymphatische Filarien und Onchozerkose in den entsprechenden Endemiegebieten gefunden [7, 13, 23]. Genaue Kenntnis der Epidemiologie der einzelnen pathogenen Agenzien ist für die Interpretation von serologischen Befunden daher zu fordern. Ausdruck einer meist akuten bis subakuten Infektion bzw. Infestation mit Parasiten (hauptsächlich Helminthen) ist eine Eosinophilie im peripheren Blut oder im ZNS.

Tabelle 5 listet diejenigen Erreger, bei denen eine periphere Eosinophilie auch bei ZNS Affektion/Infestation charakteristisch ist sowie bei denen eine Liquor-Eosinophilie in unterschiedlicher Häufigkeit gefunden werden kann und zumindest differentialdiagnostisch richtungsweisend zu interpretieren ist.

Periphere oder Liquor-Eosinophilie, serologische Befunde, und in Einzelfällen auch der Direktnachweis von Erregern dürfen bei parasitären Erkrankungen des ZNS nur in Zusammenschau und in Zusammenhang mit der Anamnese und der klinischen Symptomatik interpretiert und als diagnostisch analysiert werden [61].

6.4.5 Literatur

[1] Bentivoglio, M., G. Zucconi-Grassi, T. Olssen et al.: Trypanosoma brucei and the nervous system. Trend Neurosci 17 (1994) 325–329.

[2] Bia, F. J., M. Barry: Parasitic infections of the central nervous system. Neurol Clin 4 (1986) 171–206.

[3] Botero, D., M. D. Little: Two cases of Lagochilascaris infection in Colombia. Am J Trop Med Hyg 33 (1984) 381–386.

[4] Boussinesq, M., O. Bain, A. G. Chabaud et al.: A new zoonosis of the cerebrospinal fluid of man probably caused by Meningonema peruzzii, a filaria of the central nervous system of Cercopthecidae. Parasite 2 (1995) 173–176.

[5] Boyle, A. L., T. A. Friedman, H. Braustein et al.: Rapid diagnosis of primary amoebic meningoencephalitis due to Naegleria: detection of organisms with bacterial stains. J Clin Pathol 32 (1979) 306–307.

[6] Burg, J. L., C. M. Grover, P. Pouletty et al.: Direct and sensitive detection of a pathogenic protozoan, Toxoplasma gondii, by polymerase chain reaction. J Clin Microbiol 27 (1989) 1787–1792.

[7] Cameron, L. M., D. T. Durack: Helminthic Infections. In: W. M. Scheld, R. J. Whitley, D. T. Durack (Hrsg.): Infections of the central nervous system. 2. Aufl., S. 845–878. Lippincott–Raven, Philadelphia–New York 1997.

[8] Cegielski, J. P., D. T. Durack: Trypanosomiasis. In: W. M. Scheld, R. J. Whitley, D. T. Durack (Hrsg.): Infections of the central nervous system. 2. Aufl., S. 807–829. Lippincott–Raven, Philadelphia–New York 1997.

[9] Cegielski, J. P., D. A. Warrell: Cerebral Malaria. In: W. M. Scheld, R. J. Whitley, D. T. Durack (Hrsg.): Infections of the central nervous system. 2. Aufl., S. 765–784. Lippincott–Raven, Philadelphia–New York 1997.

[10] Chang, K., J. Chi, S. Cho et al.: Cerebral sparganosis: analysis of 34 cases with emphasis on CT features. Neuroradiol 34 (1992) 1–8.

[11] De Jonckheere, J. F.: Characterization of Naegleria species by restriction endonuclease digestion of whole-cell DNA. Mol Biochem Parasitol 24 (1987) 55–66.

[12] Del Brutto, O. H., J. Sotelo: Neurocysticerosis: an update. Rev Infect Dis 10 (1988) 1075–1087.

[13] Diaz-Camacho, S., A. Candil-Ruiz, A. Uribe-Beltran et al.: Serology as an indicator of Taenia solium tapeworm infections in a rural community in Mexico. Trans R Soc Trop Med. Hyg 84 (1990) 563–566.

[14] Dorta-Contreras, A. J., H. Reiber: Intrathecal synthesis of immunoglobulins in eosinophilic meningoencephalitis due to Angiostrongylus

cantonensis. Clin Diagn Lab Immunol 5 (1998) 452–455.
[15] Dukes, C. S., B. J. Luft, D. T. Durack: Toxoplasmosis. In: W. M. Scheld, R. J. Whitley, D. T. Durack (Hrsg.): Infections of the central nervous system. 2. Aufl., S. 785–806. Lippincott–Raven, Philadelphia–New York 1997.
[16] Dumas, M., B. Bouteille: Human African trypanosomiasis. C. R. Seances Soc Biol Fib (1996) 395–408.
[17] Durack, D. T.: Amebic Infections. In: W. M. Scheld, R. J. Whitley, D. T. Durack (Hrsg.): Infections of the central nervous system. 2. Aufl., S. 831–844. Lippincott–Raven, Philadelphia–New York 1997.
[18] Flores, B. M., C. A. Garcia, W. E. Stamm et al.: Differentiation of Naegleria fowleri from Acanthamoeba species by using monoclonal antibodies and flow cytometry. J Clin Microbiol 28 (1990) 1999–2005.
[19] Fuller, A., W. Munckhoff, L. Kiers et al.: Eosinophilic meningitis due to Angiostrongylus cantonensis. West J Med 159 (1993) 78–80.
[20] Girud de Kaminsky, R.: Evaluation of three methods for laboratory diagnosis of Strongyloides stercoralis infection. J Parasitol 79 (1993) 277–280.
[21] Gluckstein, D., F. Ciferri, J. Ruskin: Chagas' disease: another cause of cerebral mass in the acquired immunodeficiency syndrome. Am J Med 92 (1992) 429–432.
[22] Goldberg, A. S., D. C. Heiner, H. M. Firemark et al.: Cerebrospinal fluid IgE and the diagnosis of cerebral cysticercosis. Bull Los Angeles Neurol Soc 46 (1981) 21–25.
[23] Golden, R., D. Hill: Serodiagnosis of parasitic infection of the central nervous system. Semin Neurol 13 (1993) 219–233.
[24] Gordon, S. M., J. P. Steinberg, M. H. Du Puis et al.: Culture isolation of Acanthamoeba species and leptomyxid amebas from patients with amebic meningoencephalitis, including two patients with AIDS. Clin Infect Dis 15 (1992) 1024–1030.
[25] Gottstein, B., P. M. Schantz, T. Todorov et al.: An international study on the serological differential diagnosis of human cystic and alveolar echinococcosis. Bull World Health Organ 64 (1986) 101–105.
[26] Gutierrez, Y.: Cysticerosis, coenurosis and sparganosis. In: Y. Gutierrez (Hrsg.): Diagnostic Pathology of Parasitic Infections with Clinical Correlations, S. 432–459. Lea & Fibiger, Philadelphia 1990.
[27] Hoff, R., R. S. Texeiar, J. S. Carvalho et al.: Trypanosoma cruzi in the cerebrospinal fluid in the acute stage of Chagas' disease. New Engl J Med 298 (1978) 604–606.
[28] Hotez, P.: Visceral and ocular larva migrans. Semin Neurol 13 (1993) 175–179.
[29] Ito, A., A. Plancarte, M. Liang et al.: Novel antigens for Neurocysticercosis: simple method for preparation and evaluation for serodiagnosis. Am J Trop Med Hyg 59 (1998) 291–294.
[30] Jones, E. M., D. G. Colley, S. Tostes et al.: Amplification of a Trypanosoma cruzi DNA sequence from inflammatory lesions in human chagasic cardiomyopathy. Am J Trop Med Hyg 48 (1993) 348–357.
[31] Kanwar, J. R., S. P. Kaushik, I. Sawhney et al.: Specific antibodies in serum of patients with hydatidosis recognized by immunoblotting. J Med Microbiol 36 (1992) 46–51.
[32] Kampfl, A., B. Pfausler, H. P. Haring et al.: Impaired microcirculation and tissue oxygenation in human cerebral malaria: a SPECT and near infrared spectroscopy study. Am J Trop Med Hyg 57 (1997) 585-587.
[33] Kusner, D., C. King: Cerebral paragonimiasis. Semin Neurol 13 (1993) 201–208.
[34] Liu, L.: Spinal and cerebral schistosomiasis. Semin Neurol 13 (1993) 189–200.
[35] Martinez, A. J., G. S. Visvesvara: Free-living, amphizoic and opportunistic amebas. Brain Pathol 7 (1997) 583–588.
[36] Mawhorter, S., J. Kazura: Trichinosis of the central nervous system. Semin Neurol 13 (1993) 148–152.
[37] Mikhael, N. Z., V. J. A. Montpetit, M. Orizaga et al.: Toxocara canis infestation with encephalitis. Can J Neurol Sci 1 (1974) 114–120.
[38] Miller, B. L., S. M. Staugaitis, W. W. Tourtellotte et al.: Intra-blood-brain barrier IgG synthesis in cerebral cysticercosis. Arch Neurol 42 (1985) 782–784.
[39] Monteiro, L., T. Coelho, A. Stocker: Neurocysticercosis – a review of 231 cases. Infection 20 (1992) 61–65.
[40] Moon, W., K. Chang, S. Cho et al.: Cerebral sparganosis: MR imaging versus CT features. Radiol 188 (1993) 751–757.
[41] Moser, D. R., L. V. Kirchoff, J. E. Donelson: Detection of Trypanosoma cruzi by DNA amplification using the polymerase chain reaction. J Clin Microbiol 92 (1989) 429–432.

[42] Nantulya, V.: An antigen detection enzyme immuno assay for the diagnosis of rhodesiense sleeping sickness. Parasite Immunol 11 (1989) 69–75.

[43] Nantulya, V. M.: Tryp Tect CIATT – a card indirect agglutination trypanosomiasis test for diagnosis of Trypanosoma brucei gambiense and T. b. rhodesiense infections. Trans Roy Soc Trop Med Hyg 91 (1997) 551–553.

[44] Nishiyama, T., T. Araki, N. Mizieno et al.: Detection of circulating antigens in human trichinellosis. Trans Roy Soc Trop Med Hyg 86 (1992) 292–293.

[45] Oh, S. J.: Cerebral paragonimiasis. Trans Am Neurol Assoc 92 (1967) 275–277.

[46] Pentreath, V. W.: Trypanosomiasis and the nervous system. Pathology and immunology. Trans Roy Soc Trop Med Hyg 89 (1995) 9–15.

[47] Punyagupta, S., T. Bunnag, P. Juttijudata et al.: Eosinophilic meningitis in Thailand. Epidemiologic studies of 484 typical cases and the etiologic role of Angiostrongylus cantonensis. Am J Trop Med Hyg 19 (1970) 950–958.

[48] Rodriguez, J. C., M. M. Martinez, A. R. Martinez et al.: Evaluation of different techniques in the diagnosis of Toxoplasma encephalitis. J Med Microbiol 46 (1997) 597–601.

[49] Rosemberg, S., C. J. Chaves, M. L. Higuchi et al.: Fatal meningoencephalitis caused by reactivation of Trypanosoma cruzi infection in a patient with AIDS. Neurol 42 (1992) 640–642.

[50] Rosemberg, S., M. B. S. Lopez, Z. Masuda et al.: Fatal encephalopathy due to Lagochilascaris minor infection. Am J Trop Med Hyg 35 (1986) 575–578.

[51] Rossi, C. L., L. S. Prigenzi, J. A. Livramento: Erythro-lectin immuno test (ERYTHROD-LIT) in the immunodiagnosis of neurocysticercosis. Braz J Med Biol Res 22 (1989) 69–75.

[52] Russegger, L., E. Schmutzhard: Spinal Toxocara Abscess Lancet II (1988) 398.

[53] Schmutzhard, E., P. Boongird, A. Vejjajiva: Eosinophilic meningitis and radiculomyelitis in Thailand, caused by CNS invasion of Gnathostoma spinigerum and Angiostrongylus cantonensis. J Neurol Neurosurg Psychiatry 51 (1988) 80–87.

[54] Schmutzhard, E., F. Gerstenbrand: Cerebral Malaria. Trans Roy Soc Trop Med 78 (1984) 351–353.

[55] Schmutzhard, E., U. Mayr, E. Rumpl et al.: Secondary cerebral Amoebiasis due to infections with Entamoeba histolytica. A case report with computertomographic findings. Eur Neurol 25 (1986) 161–165.

[56] Scrimgeour, E. M., D. C. Gajdusek: Involvement of the central nervous system in Schistosoma mansoni and S. hematobium infection. Brain 108 (1985) 1023–1038.

[57] Simac, C., P. Michel, A. Andriantsimahavandy et al.: Use of enzyme-linked immunosorbent assay and enzyme-linked immunoelectrotransfer blot for the diagnosis and monitoring of neurocysticercosis. Parasitol Res 81 (1995) 132–136.

[58] Smith, D. H., J. W. Dailey, B. T. Wellde: Immunodiagnostic tests on cerebrospinal fluid in the diagnosis of meningoencephalitic Trypanosoma brucei rhodesiense infection. Ann Trop Med Parasitol 83 (1989) 91–97.

[59] Vaz, A. J., C. M. Nunes, R. M. Piazza et al.: Immunoblot with cerebrospinal fluid from patients with neurocysticercosis using antigen from cysticerci of Taenia solium and Taenia crassiceps. Am J Trop Hyg 57 (1997) 354–357.

[60] Wellde, B. T., D. A. Chumo, M. J. Reardon et al.: Diagnosis of Rhodesian sleeping sickness in the Lambwe Valley (1980–1984). Ann Trop Med Parasitol 83 (1989) 63–71.

[61] Weller, P., L. Liu: Eosinophilic meningitis. Semin Neurol 13 (1993) 161–168.

[62] Zini, D., V. J. R. Farrell, A. A. Wadee: The relationship of antibody levels to the clinical spectrum of human neurocysticercosis. J Neurol Neurosurg Psychiatry 53 (1990) 656–661.

B.7 Besonderheiten der Liquordiagnostik im Kindesalter

D. Hobusch

7.1 Einführende Bemerkungen

Die Indikationen für eine Liquoruntersuchung im Kindesalter entsprechen denen von Erwachsenen, wobei im Krankheitsspektrum die entzündlichen Veränderungen dominieren. Dabei lassen sich die Ergebnisse und Erfahrungen der allgemeinen Liquordiagnostik grundsätzlich auf die Untersuchung des Liquor cerebrospinalis im Kindesalter übertragen. Es ergeben sich jedoch einige Besonderheiten, die bei Unkenntnis bzw. Nichtbeachtung Fehlinterpretationen bewirken können. So müssen die Einflüsse von Reifung und Alter unbedingt beachtet werden. Eine genaue Kenntnis der als physiologisch anzusehenden Liquorparameter in den einzelnen Altersstufen sowie die Unterschiede in Ätiologie und Verlauf der Erkrankungen sind somit Voraussetzung für die richtige diagnostische Wertung der Befunde.

Die Liquoranalytik erfolgt wie bei Erwachsenen. Für methodische Aspekte der Liquoranalytik ist das geringe zur Verfügung stehende Liquorvolumen bei Früh- und Neugeborenen, Säuglingen sowie Kleinkindern zu berücksichtigen. Dies erfordert ein abgestimmtes Untersuchungsprogramm mit guter Zusammenarbeit zwischen Klinik, Liquoranalytik und Mikrobiologie sowie öfter eine Begrenzung auf essentielle, für die jeweilige Fragestellung notwendige bzw. aussagekräftige Liquorparameter.

Im folgenden werden Besonderheiten der Altersstufen genannt, die zu Abweichungen von bereits in den anderen Kapiteln beschriebenen Liquorbefunden führen.

7.2 Liqorbefunde bei Früh- und Neugeborenen sowie Säuglingen bis zur sechsten Lebenswoche

7.2.1 Referenzwerte

In dieser Altersstufe, die durchaus nicht einheitlich ist, aber aus didaktischen Gründen zusammengefaßt wird, sind die deutlichsten Abweichungen zu den Liquorbefunden im Erwachsenenalter zu verzeichnen. Hervorgerufen werden sie in erster Linie durch nicht abgeschlossene Reifungsprozesse. Hinzu kommt eine andere Immunitätslage mit allgemeiner und lokaler Abwehrschwäche sowie ein differentes Erregerspektrum bei Erkrankungen in den ersten sechs Lebenswochen.

7.2.1.1 Liquorfarbe

Sie ist farblos klar oder xanthochrom. Als mögliche Ursache für eine xanthochrome Verfärbung des Liquors werden der Hämoglobingehalt, eine Hyperbilirubinämie, ein Karottenikterus [10, 15] bzw. eine stark erhöhte Eiweißkonzentration angesehen. Auch bei Zustand nach einer pathologischen Blutung kann – wie in jeder Altersstufe – eine xanthochrome Verfärbung entstehen.

Eine Trübung des Liquors wird bei einer Pleozytose von 200–400 Mpt/l Leukozyten beobachtet.

7.2.1.2 Liquorzellzahl und Zelldifferenzierung

Die Angaben zur normalen Leukozytenzahl bei Früh- und Neugeborenen bis zur vier ten Lebenswoche differieren von 0–40 Mpt/l (siehe Tab. 3 in Kapitel A.6), überwiegend 0–10 Mpt/l. Bei Frühgeborenen sind die Zellzahlen nach dem 40. Lebenstag von über 25 Mpt/l pathologisch [20]. Auch die Angaben der als normal anzusehenden Erythrozytenzahl in dieser Altersperiode reicht von 0–20000 Mpt/l bei sehr jungen Frühgeborenen (24.–28. Schwangerschaftswoche) und bis zu 0–1000 Mpt/l bei reifen Neugeborenen (siehe Tab. 3 in Kapitel A.6). Sie sind wahrscheinlich durch geburtsmechanische Einflüsse und artifiziell auf Grund der schwierigen Punktionsverhältnisse in dieser Altersklasse bedingt.

Bei der Zelldifferenzierung ist zu beachten, daß der Anteil von segmentkernigen Granulozyten im nicht bluthaltigen Liquor bei Neugeborenen normalerweise im Durchschnitt 7% und maximal bis 60% betragen kann [10, 39]. Im eigenen Krankengut fanden wir derartig hohe Granulozytenwerte im normalen Neugeborenen-Liquor nicht. Des weiteren finden sich im Liquor häufig mehr monozytäre Zellen (40–50%) als bei Säuglingen und Kindern (Zytozentrifugationstechnik). Sie weisen z. T. Zeichen der Aktivierung in Form von reichlich, zumeist leicht azidophil bzw. metachromatisch getöntem Plasma und gelappte größere Zellkerne auf.

7.2.1.3 Liquorgesamtprotein

Bei reifen Neugeborenen liegt der lumbale Eiweißgehalt in den ersten Tagen im Mittel bei 900 mg/l (200–1 700 mg/l), bei Frühgeborenen 450–3 700 mg/l (siehe Tab. 3 in Kapitel A.6). Die hohe Proteinkonzentration (Albuminquotient $8–28 \times 10^{-3}$) wird durch eine verminderte Liquorflußgeschwindigkeit infolge verminderter Liquorresorption durch noch unreife Pacchioni'sche Granulationen hervorgerufen. Durch Reifung der Arachnoidalzotten normalisieren sich die Gesamteiweißwerte bis zum vierten Lebensmonat (Albuminquotient 3×10^{-3}) auf ein niedriges Niveau [20, 30, 31, 32, 50]. Somit ist in diesem Zeitraum (bis zum dritten bis vierten Monat einschließlich) eine Interpretation der Blut-Liquor-Schrankenfunktion mit dem Liquor/Serum-Quotientendiagramm nach Reiber nicht möglich, da eine nicht vorhandene Schrankenstörung sonst angezeigt würde (!).

7.2.1.4 Liquor/Serum-Glukosequotient und Laktatgehalt

Auf Grund der Abhängigkeit des Liquorglukosewertes von der Serumglukosekonzentration (ca. 2/3) sollten statt der Einzelwerte eher der Quotient mit seiner besseren Aussagekraft verwendet werden [8, 10]. Er liegt bei Neugeborenen bei 0,7–0,8 (siehe Tab. 3 in Kapitel A.6) wohl auf Grund der relativ höheren Liquorglukosekonzentration in diesem Alter. Eine artifizielle Blutbeimengung verändert den Quotienten nicht.

Die Laktatkonzentration des Liquors (siehe Tab. 3 in Kapitel A.6) unterliegt, besonders in dieser Altersstufe, vielen Einflußfaktoren, die bei der Bewertung berücksichtigt werden müssen. Besonders zerebrale Durchblutungsstörungen und Hypoxie des Hirngewebes anderer Ursache führen zu dem sekundären Phänomen der Laktaterhöhung, die auch unabhängig von einer Pleozytose auftreten kann und dann mehr eine indirekte Aussage zum klinischen Zustand des Patienten liefert [37].

7.2.2 Erkrankungen des ZNS bei Früh- und Neugeborenen sowie Säuglingen bis zur sechsten Lebenswoche

7.2.2.1 Akute bakterielle Meningitis

Die neonatale Meningitis ist eine mikrobielle Infektion der Hirnhäute, des Gehirns und oft auch der Ventrikel. Das Erregerspektrum der bakteriellen Meningitis bei Neugeborenen und Säuglingen bis einschließlich sechster Lebenswoche unterscheidet sich grundsätzlich von dem im späteren Alter. Es handelt sich um die typischen Erreger der neonatalen Sepsis, aus der sie sich oft entwickelt (siehe Tab. 1) [49]. Dank besserer Überwachung und frühzeitiger Therapie ist die Meningitis heute selten [7].

Tab. 1: Erregerspektrum der neonatalen Meningitis [49]

B- Streptokokken	44 %
Andere Streptokokken und Staphylokokken (Gruppe D, E, beta-/alphahämolysierende Streptokokken, Pneumokokken, Staph. epidermidis/aureus)	7 %
Escherichia coli	26 %
Andere gramnegative Enterobakterien (Pseudomonas, Klebsiellen, Enterobacter, Proteus, Citrobacter, Serratia marcescens)	10 %
Listeria monozytogenes	7 %
Andere (Salmonellen, Haemophilus influencae, Flavobacterium meningosepticum)	6 %

Die klinischen Zeichen der neonatalen Meningitis sind meist atypisch. Sie äußern sich in wechselndem Bewußtseinszustand mit Lethargie, Apathie, Irritabilität, schrillem Schreien, Muskelhypo- bzw. -hypertonie, Apnoen und Krampfanfällen. Das Symptom der vorgewölbten Fontanelle findet sich weniger häufig (da oft eine Exsikkose vorliegt), und typische meningitische Zeichen sind nur in 8 % der Fälle vorhanden. Auch wenn zur korrekten Diagnose die Lumbalpunktion unerläßlich ist, kann auf Grund der ausgeprägten Instabilität der oft ateminsuffizienten Kinder die Punktion z. T. erst nach Therapiebeginn durchgeführt werden (!). Die Interpretation des Liquorbefundes ist vor dem Hintergrund der altersspezifischen Normalwerte in den ersten Lebenstagen, wie der erhöhten Zellzahl, der normalerweise vorhandenen Anwesenheit von neutrophilen Granulozyten und der hohen Eiweißkonzentration, vorzunehmen. Zusätzlich besteht eine extreme Variationsbreite der Zellzahlen. Einerseits können Werte von mehreren 1000 Mpt/l erreicht werden, andererseits fanden sich bei 4–15 % der Kinder [2, 20] normale Zellzahlen, d. h. weniger als 30 Mpt/l. Bei Meningitiden durch B-Streptokokken wurden sogar bis 30 % normale Zellzahlen gefunden [39]. Möglicherweise erfolgte die Lumbalpunktion bei dem ersten Verdacht auf eine Meningitis zu einem Zeitpunkt, zu dem die Erregerinvasion bereits stattgefunden hatte, die Enzündungsreaktion jedoch noch nicht [48]. Der Anteil von stab- und segmentkernigen Granulozyten liegt bei 80–100 %. Auch der Liquor/Serum- Glukosequotient ist bei ca. 45 % der Kinder mit B-Streptokokkenmeningitis normal [39]. Bei gramnegativen Erregern lag der Liquor/Serum-Glukosequotient bei 62 % der Kinder unter 0,5 [46].

Die vielfach schwerkranken Kinder haben meist eine vermehrte anaerobe Glukolyse und dadurch eine gesteigerte Laktatfreisetzung. Somit ist die Liquorlaktaterhöhung in dieser Altersstufe besonders kritisch zu betrachten [37].

Beweisend für die Meningitis ist der Erregernachweis im Liquorpräparat gefärbt nach Gram und/oder der bakteriologischen Kultur. Für B-Streptokokken liegt ein sensitiver Latex-Agglutinationstest vor. Eine eventuell vorliegende Ventrikulitis kann im Ultraschall als Verdichtung an der inneren Ventrikelabgrenzung vermutet werden [39].

Eine gewisse Sonderstellung nimmt die Listerienmeningitis ein. Die Frühinfektion (erster bis vierter Lebenstag) verläuft überwiegend schwer, und es handelt sich meistens um Frühgeborene. Im Vordergrund stehen septische Symptome mit makulo-papulösen Hautveränderungen, auch Meningitis kommt vor. Bei der Spätinfektion (> 4./5. Lebenstag) sind mehr Neugeborene betroffen, und es stehen zerebrale Symptome mit Meningitis und Enzephalitis im Vordergrund. Jenseits der Neonatalperiode sind meist immuninkompetente Patienten betroffen, wobei ZNS-Symptome dominieren. Der Liquorbefund ähnelt einerseits einer typischen bakteriellen Meningitis, andererseits finden sich auch geringe Zellzahlen (unter 100 Mpt/l) mit buntem, lymphozytär-betontem Zellbild. Der Gesamteiweißgehalt ist meist stark erhöht und auch der Liquor/Serum-Glukosequotient liegt unter 0,4. Das Gram-Präprat bietet wegen meist geringer Keimzahl höchstens in 40 % der Meningitiden kurze grampositive Stäbchen [7].

Die Therapiedauer der bakteriellen Meningitiden bei Neugeborenen beträgt mindestens 14 Tage, oft drei Wochen (und länger). Kontrollpunktionen sind notwendig (!).

7.2.2.2 Virale Meningitis und Enzephalitis

Neugeborene und junge Säuglinge erkranken selten an einer Virusmeningitis, wobei die Symptome in dieser Altersperiode denen der Sepsis bzw. bakteriellen Meningitis gleichen [7]. Auch die Differenzierung zwischen viraler und bakterieller Meningitis ist mit den zur Verfügung stehenden Liquorparametern praktisch nicht möglich. Somit kann aus Sicherheitsgründen oft auf eine initiale antibiotische Therapie nicht verzichtet werden. Besonders schwer verlaufen in diesem Alter Enterovirusinfektionen (durch die Mutter übertragen oder nosokomial verursacht), die sich als Enzephalitis, Pneumonie, Hepatitis und Myokarditis mit sepsisähnlichem Bild manifestieren [7]. Auch hier zeigt der Liquor Befunde wie bei einer eitrigen Meningitis. Gleiches gilt für die Entzündungsparameter im Blut. Eine Diagnostik mittels PCR ist möglich, erlaubt jedoch keine Aussage über den Serotyp.

Zu ähnlich schweren Erkrankungen können die Herpes simplex-Virus (HSV)-Infektionen führen. Drei Viertel der Patienten erkranken an HSV Typ I, ein Viertel an Typ II [39]. Klinisch haben 33% eine ZNS-Infektion und 32% eine disseminierte Infektion mit oder ohne ZNS-Beteiligung [7] mit schlechter Prognose. Die Symptome sind nicht von einer Sepsis zu unterscheiden. Auch hier kann der Liquorbefund dem einer bakteriellen Meningitis mit 100% Granulozyten ähneln. Der Shift zu lympho-monozytären Zellen kann sich um mehrere Tage verzögern [40]. Einige Kinder zeigen eine ausgeprägte Hypoglykorrachie und stark erhöhte Gesamteiweißwerte, die auf die Entwicklung kortikaler Nekrosen hinweisen sollen [51]. Die Diagnose ist durch Virustypisierung (PCR) möglich, der HSV-Antikörpernachweis ist bei perinatalen Infektionen nicht hilfreich.

7.2.2.3 Hämorrhagien

Eine pathologische Blutung in das liquorführende System wird bei Frühgeborenen zu 70% asphyktisch-dyszirkulatorisch verursacht, eventuell unterstützt durch geburtsmechanische Mechanismen. Echte geburtstraumatische Blutungen des Neugeborenen sind selten geworden und haben in der Regel keine Verbindung zum Liquorraum. Die Liquoruntersuchung trägt zur Unterscheidung nicht bei. Auch liefert sie keine Aussage über Massivität, Lokalisation und Prognose der Blutung. Wenn überhaupt, erfolgt die Lumbalpunktion unter dem Verdacht auf Ventrikeleinbruch einer Blutung bzw. bei wachsendem Hydrocephalus. Meist läßt sich jedoch die Diagnose einer Ventrikeleinblutung in diesem Alter mit Hilfe der Schädelsonografie lösen. Die Zell- und Eiweißveränderungen entsprechen den Befunden bei Erwachsenen. Der oft gegebene Hinweis, daß der Nachweis von Erythrozyten in Stechapfelform für die Differenzierung zwischen artifizieller oder pathologischer Blutung hilfreich ist, läßt sich nicht bestätigen [15, 24].

7.3 Liquorbefunde bei Säuglingen und Kindern ab siebenter Lebenswoche

7.3.1 Referenzwerte

Ab drittem Lebensmonat gleichen sich die Liquorwerte in den meisten Bereichen an das Niveau des späteren Lebens an. Der Liquor ist klar, die maximale Leukozytenzahl beträgt 5 Mpt/l, Granulozyten und Erythrozyten finden sich im normalen Liquor nicht. Die Zellen setzen sich aus Lymphozyten (70–80%) und Monozyten (15–30%) zusammen. Der Liquor/Serum-Glukosequotient und der Laktatspiegel sind konstant (siehe Tab. 3 in Kapitel A.6). Der Gesamteiweißgehalt fällt kontinuierlich und erreicht zwischen dem ersten bis sechsten Lebensjahr seinen tiefsten Wert. Referenzwerte für Albumin und Immunglobulin G bei Früh- und Neugeborenen finden sich in der Literatur kaum. Die in der Referenztabelle (siehe Tab. 3 in Kapitel A.6) angegebenen Werte für Albumin, Albumin-Quotient, IgG und IgG-Quotient stammen aus eigenen Referenzwertermittlungen. Das Liquor/Serum-Quotientendiagramm nach Reiber kann praktisch ab fünftem Lebensmonat angewandt werden.

7.3.2 Erkrankungen des ZNS bei Säuglingen und Kindern ab siebenter Lebenswoche

7.3.2.1 Akute bakterielle Meningitis

Ab der siebenten Lebenswoche sind als Erreger nur noch Neisseria meningitides, Haemophilus influenzae Typ B (HIB-Häufigkeit erheblich durch Schutzimpfung reduziert) und Streptococcus pneumoniae relevant. Ursachen und mögliche Erreger einer sekundären bakteriellen Meningitis gehen aus Tab. 2 [7] hervor.

Tab. 2: Mögliche Erreger einer sekundären bakteriellen Meningitis [7]

Ätiopathogenese	Bakterien
Sinusitis, Mastoiditis	S. pneumoniae, P. aeruginosa, Staphylokokken, H. influenzae
Shuntsysteme	Staphylokokken, H. influenzae
Schädel-Hirn-Trauma	S. pneumoniae
Liquorfistel	Staphylokokken
Dermoidfisteln und Dermalsinus Myelomeningozele	Enterobacteriaceae und Anaerobier
Zyanotische Herzvitien (Hirnabszeß)	Staphylokokken, Streptokokken

Entscheidend für die Einordnung der Liquorbefunde ist der Zeitpunkt der Lumbalpunktion im Entzündungsprozeß. Erfolgt sie in der Initialphase der Erkrankung, kann eine geringe Pleozytose vorliegen. Nur bei 6–10 % der bakteriellen Meningitiden werden Zellzahlen unter 500 Mpt/l ermittelt [20]. Wenige Stunden später hat sich die Zellzahl mit und ohne Therapie auf mehrere 1 000 Mpt/l erhöht. Das Zellbild wird beherrscht von stab- und segmentkernigen Granulozyten bis 100 %, die toxische Veränderungen wie Kernverklumpung und toxische Granulationen aufweisen. Die Blut-Liquor-Schranke ist fast immer schwer gestört mit hohen Albuminquotienten, eine humorale Immunantwort ist zu diesem Zeitpunkt und auch später bei gutem Ansprechen auf die Therapie nicht zu erwarten.

Nach wie vor ist bei kritischer Wertung und nicht isolierter Betrachtung die Bestimmung des Liquor/Serum-Glukosequotienten für die Diagnostik der eitrigen Meningitis nützlich. Nach Donald [8] hat ein Quotient unter 0,4 eine Sensitivität von 79,8 % und eine Spezifität von 97,7 % für eine bakterielle Meningitis im Kindesalter nach dem zweiten Lebensmonat. Allerdings boten 13,5 bis 21 % der Kinder mit bakterieller Meningitis in seiner Serie normale Liquorglukosewerte (!). Ein sehr niedriger Liquorglukosewert, der bis auf 0 mmol/l abfallen kann, muß keine schlechte Prognose bedeuten. Eine persistierende niedrige Glukosekonzentration spricht für einen komplizierten Verlauf.

Neben chemisch-hypoxämischen sowie metabolisch-toxischen Einflüssen kann eine Laktaterhöhung auch aus Granulozyten und zerstörten Bakterien des Liquors stammen [20]. Unter Berücksichtigung aller Einflußfaktoren, die dem Liquoranalytiker oft nicht bekannt sind, stellt eine Laktatkonzentration über 3,5 mmol/l eine sinnvolle Ergänzung zur Unterscheidung einer bakteriellen von einer abakteriellen Meningitis dar. Jedoch ist der Laktatwert nicht geeignet zur Unterscheidung zwischen eitriger und seröser bakterieller Meningitis [35].

Die Bestimmung des CRP-Gehaltes im Liquor ist für die Frühdiagnose einer bakteriellen Meningitis nicht sensitiv genug. Durchgesetzt hat sich die Bestimmung im Serum in Ergänzung bzw. zur besseren Zurodnung der Liquorbefunde bei der Differenzierung zwischen bakterieller und abakterieller Meningitis [41].

Der Wert der Bestimmung von Interleukin 6 und Tumornekrosefaktor-α für die Abgrenzung einer bakterieller von einer abakterieller Meningits wird unterschiedlich bewertet und ist für die Routinediagnostik derzeit wenig geeignet [3, 29].

Geeigneter und in Kliniken mehr verfügbar scheint die Bestimmung der Granulozytenelastase (PMN-Elastase) im Liquor cerebrospinalis. Die Liquorwerte zeigten bei purulenten und serösen bakteriellen Meningitiden keine Abhängigkeit von der Anzahl der Granulozyten. Bis auf Ausnahmen bei Meningokokkenmeningitiden in akuter Phase war eine klare Unter scheidung zwischen Meningitiden viraler und bakterieller Genese möglich. Auf höherem Niveau bleibende oder ansteigende Werte sprechen für einen komplizierten Krankheitsverlauf [25, 42].

Der Versuch eines direkten Erregernachweises erfolgt notfallmäßig über das zytologische Standardpräparat und ein ebenso hergestelltes Grampräparat sowie bei den erstgenannten Erregern durch einen Antigentest (Latexpartikel-Agglutination zur Erkennung der Polysaccharid-Antigene von HiB, S. pneumoniae, N. meningitides, E. coli K1). Die Angaben zur Häufigkeit des mikroskopischen Keimnachweises liegt im Kindesalter in Abhängigkeit von der Keimzahl bei unbehandelter Meningitis bei 60–90% [10, 21]. Der Vorteil der Antigenteste ist die Möglichkeit eines positiven Erregernachweises – auch noch Tage nach Therapiebeginn –, wenn weder die mikroskopische noch die kulturelle Untersuchung des Liquors einen Hinweis auf den Erreger gibt [20]. Die Sensivität liegt bei 70% [36]. Mikroskopisch erkennbare Keime müssen nicht in der Kultur nachweisbar sein. Dieser Befund findet sich öfter bei Meningokokken. Bei foudroyant-verlaufender Meningokokkenmeningitis erbringt ein gramgefärbtes Abklatschpräparat aus einer skarifizierten Petechie der Haut manchmal den einzigen Hinweis auf eine Meninkokkenätiologie. Die Abnahme einer Blutkultur ist obligat, da 90% der bakteriellen Meningitiden im Rahmen einer Bakteriämie ablaufen.

Bei Kindern > 1 Monat geht eine bakterielle Meningitis nur sehr selten mit normalen Liquorparametern einher. Betroffen sein können Kinder mit immunologischem Defizit und Kinder mit einem Waterhouse-Friderichsen-Syndrom. Bei letzterem wird der Organismus vorwiegend von Meningokokken (auch die anderen Erreger sind möglich) überschwemmt (Blut und Liquor), ohne daß Abwehrreaktionen nachweisbar sind. So fehlen die meningitischen Zeichen, die Leukozytose im Blutbild sowie im Liquor die Pleozytose, Gesamteiweißerhöhung und Glukoseerniedrigung. Im Zellbild sind jedoch oft schon Granulozyten in unterschiedlicher Zahl nachweisbar. Diese Kinder haben eine äußerst ungünstige Prognose. Für den Kliniker bedeutet somit das Vorhandensein einer Pleozytose immer ein "positives Abwehrverhalten" des Kindes mit besserer Prognose [23].

Bei der typischen bakteriellen Meningitis reduziert sich bei gutem Ansprechen auf die Therapie die Zellzahl ab drittem Tag. In der Zellzusammensetzung vermindert sich die Granulozytenzahl langsam zugunsten von Mono- und Lymphozyten.

Oft haben Patienten vor Durchführung einer Lumbalpunktion Antibiotika erhalten. In den meisten Fällen führt diese orale antibiotische Anbehandlung nicht zu einer wesentlichen Änderung der Liquorzusammensetzung, d.h. die Diagnose einer bakteriellen Meningitis wird bis auf den eventuell fehlenden und natürlich beweisenden Bakteriennachweis nicht verfälscht [1].

Die heute übliche Kurzzeittherapie mit Antibiotika bei der primären bakteriellen Meningitis im Kindesalter erfolgt bei H. influenzae, S. pneumoniae und Patienten mit negativem Keimbefund über eine Dauer von sieben bis acht Tagen und bei N. meningitides über vier bis fünf Tage. 24 bis 48 Stunden nach Diagnosestellung und Behandlungsbeginn erfolgt eine zweite Lumbalpunktion vor allem zur Antibiotika-Wirksamkeitskontrolle und für eine Erregerkultur. Werden nach dieser Zeit noch Erreger aus dem Liquor angezüchtet, so ist ein prognostisch ungünstiger Verlauf zu erwarten und die Therapiedauer sollte mindestens um drei Tage verlängert werden. In unserer Meningitis-Studie [28] waren 48 Stunden nach Therapiebeginn bei keinem Patienten mehr Bakterien aus dem Liquor anzüchtbar. Die zum Abschluß der Therapie durchgeführte dritte Punktion bot bei den Parametern Zellzahl, Gesamteiweiß und Zellverteilung (siehe Abb. 1 und 2) noch deutliche Veränderungen. Diese noch vorhandenen, z.T. starken Abweichungen vom Referenzbereich, die mit der Auffassung vom fast normalisierten Liquorbefund vor Absetzen der Therapie nicht korreliert, beeinflussen nicht den insgesamt komplikationslosen Verlauf. Sie sind Ausdruck unspezifischer Entzündungsprozesse, die individuell und erregerspezifisch noch sehr unterschiedlich

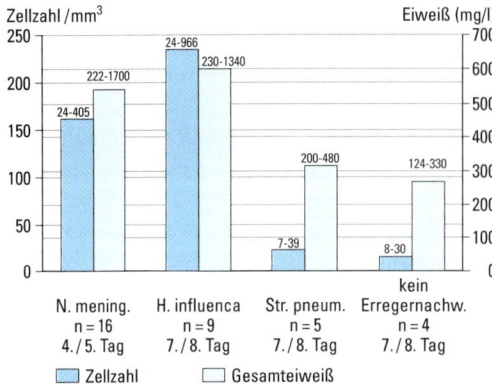

Abb. 1: Zellzahl und Eiweißwerte am Therapieende

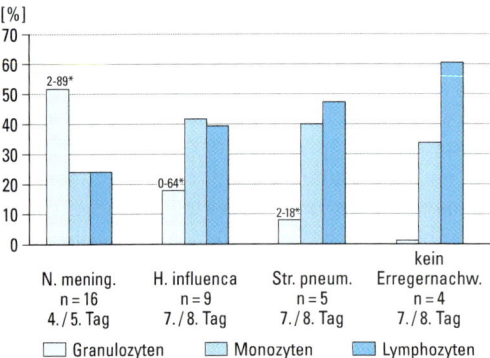

Abb. 2: Zellverteilung am Therapieende
(* Wertebereich)

lange nach dem Abtöten der Bakterien im Liquor nachweisbar sein können [45] und stellen keine Indikation für eine Therapieverlängerung dar.

7.3.2.2 Shunt-Infektionen

Liquorableitende Systeme können als Fremdkörper durch koagulasenegative Staphylokokken, Enterokokken, Corynebakterien, aber auch durch andere Erreger besiedelt werden. In 10−15 % der Fälle muß mit einer bakteriellen Infektion gerechnet werden [39], die meist während der operativen Shunt-Anlage erfolgt. Die Latenz bis zum Auftreten der meist schleichend einsetzenden Symptome kann Wochen bis Jahre betragen. Durch die perioperative Antibiotikaprophylaxe ist die Shunt-Infektion seltener geworden. Die Liquorbefunde sind außerordentlich vielfältig und oft sehr untypisch für eine bakterielle Entzündung. Es finden sich einerseits typische Veränderungen im Sinne einer bakteriellen Meningitis. Andererseits fanden wir Liquores nur mit Bakterien ohne Zellzahlerhöhung und Granulozyten, jedoch mit Gesamteiweißerhöhung sowie minimale Pleozytose, mit z. T. vereinzelten Granulozyten und sonst nur lympho-monozytären Zellen mit und ohne mikroskopischem und kulturellem Bakteriennachweis. Die bestimmten Laktatwerte und Liquor/Serum-Glukosequotienten waren uneinheitlich in der Aussage (trotz höherem Glukosegehalt im Ventrikelliquor), dies galt auch z. T. für das Blutbild, die Blutkörpersenkungsreaktion und den CRP-Gehalt im Serum. Teilweise zeigte sich erst nach Einleitung der Therapie eine Zunahme der Zellzahl und der Granulozyten als Ausdruck einer nun besseren Abwehrreaktion. Das Liquor/Serum-Quotientendiagramm zeigt meist eine mäßige bis schwere Schrankenstörung. Ohne mikroskopischen und/oder kulturellen Erregernachweis kann sich die Ventrikulitis-Diagnostik schwierig gestalten, da Reizzustände durch den Katheter das Bild einer Entzündung imitieren können. Der Nachweis von vermehrten eosinophilen Granulozyten, die für eine Fremdkörperreaktion sprechen können, ist nicht konstant.

7.3.2.3 Nicht eitrige bakterielle Meningitiden

Nicht eitrige bakterielle Meningitiden werden durch Leptospiren, Borrelien, Spirochäten, Salmonellen, Brucellen, Listerien, Mycobacterium tuberculosis und Mykoplasmen verursacht. Bis auf die Borreliose sind die Erkrankungen durch die oben erwähnten Erreger im Kindesalter sehr selten und bieten in der Diagnostik keine wesentlichen Abweichungen gegenüber dem Erwachsenenalter.

Neuroborreliose

Die Neuroborreliose manifestiert sich im Kindesalter meist (80 %) als eine seröse Meningitis mit oder ohne Hirnnervenparese, hauptsächlich als periphere Fazialisparese [19]. Seltenere Manifestationen sind isolierte Hirnnervenparesen, Neuritis nervi optici, Meningoencephalitis, fokale und multifokale Encephalitiden, zerebelläre Ataxie, Pseudotumor cerebri, akute Querschnittsmyelitis, Guillain-Barré-Syndrom, zerebrale Vaskulitis und chronische Kopfschmerzen. Die im Erwachsenenalter häufige Meningoradikulitis gilt im Kindesalter als Rarität. Die Diagnostik basiert auf anamnestischen Angaben, dem klinischen Befund (meist schwach ausgeprägte oder fehlende meningitische Reizsymptome), weitgehend unauffällige Entzündungsparameter im Serum, dem Ergebnis der Liquoruntersuchung und dem Nachweis spezifischer Antikörper. Im initialen Liquor betrug die Zellzahl in unserem Krankengut [18] im Mittel 277 Mpt/l und variierte von 1−1000 Mpt/l. Die Zellverteilung im Liquorzellbild zeigt zwar ein deutliches Überwiegen der lymphozytären Zellen mit Nachweis von Transformationsformen (Lymphoid- und Plasmazellen), weist aber auch bei sehr früher Punktion im Krankheitsverlauf auf die Möglichkeit des Überwiegens von Granulozyten (maximal bis 58%) hin [19]. In den aktivierten B-Lymphozyten ist hauptsächlich IgM nachweisbar. Der Gesamteiweißgehalt lag unter 1000 mg/l und schwankte zwischen 210−6670 mg/l. Im Liquor-/Serum-Quotientendiagramm waren alle Konstellationen nachweisbar, d.h. Normalbereich, reine Schrankenfunktionsstörung, Schrankenfunktionsstörung und autochthone Immunglobulinproduktion bzw. nur autochthone Immunglobulinsynthese. Die von Reiber [44] beschriebene Dreiklassen-Reaktion mit Dominanz der intrathekalen IgM-Fraktion zusammen mit einer starken Blut-Liquor-Schrankenstörung fand sich seltener. Der häufigste Befund war eine alleinige autochthone IgM-Synthese ohne bzw. mit leichter bis mäßiger Schrankenfunktionsstörung. Wegen der z.T. unspezifischen Symptomatik und der unscharfen Abgrenzung zur Virusmeningitis [9] bzw. serösen bakteriellen Meningitis anderer Genese ist die erregerspezifische Diagnostik mit Nachweis einer Antikörpersynthese im Liquor cerebrospinalis bei der Neuroborreliose ausschlaggebend. Die zu erwartenden Liquor- und serologischen Befunde hängen jedoch in erheblichem Maße vom Stadium der Erkrankung und von der Dauer der Symptome ab [17]. Der Antikörpernachweis gelingt erst nach mehrwöchigem Krankheitsverlauf (spezifische IgM-Antikörper sind in der dritten bis sechsten Woche nach der Infektion zu erwarten). Somit liegen initial oft seronegative Befunde vor, und bei weiter begründetem klinischen Verdacht muß nach zwei bis drei Wochen eine Kontrolluntersuchung von Liquor und Serum vorgenommen werden. Der Antikörper-Index nach Reiber ist der beste serodiagnostische Parameter zum Nachweis einer intrathekalen, erregerspezifischen Antikörperbildung sowohl bei kurzer Krankheitsdauer als auch bei chronisch progredienten Verläufen [33, 52].

Bei einer Fazialisparese plus lymphozytärer Liquorpleozytose, vor allem in den Sommer- und Herbstmonaten, kann vor Erhalt der serologischen Befunde im Kindesalter [7] eine Borrelieninfektion angenommen und die Therapie begonnen werden. Auf eine Nachuntersuchung des Liquors kann man bei eindeutiger Diagnose und nach regelrechter Therapie, Rückbildung der Symptome und Beschwerdefreiheit des Patienten verzichten. Im Liquor cerebrospinalis gelten als Zeichen einer effektiven Therapie [44] die Rückbildung der Pleozytose, völliges Verschwinden der IgM-positiven aktivierten B-Lymphozyten und Normalisierung des initial erhöhten Liquorgesamteiweißwertes. Die intrathekale Antikörpersynthese dagegen persistiert oft über längere Zeit, z.T. über mehrere Jahre [5].

7.3.2.4 Virale Meningitis und Enzephalitis

Die häufigsten Erreger der Virusmeningitis sind Echo- und Coxsackie-Viren (Enteroviren) besonders in den Sommer- und Herbstmonaten und Mumps-Viren (seit Einführung der Schutzimpfung kaum noch). Von untergeordneter Bedeutung sind Adeno-, Parainfluenza-, Arbo-, Polio-, FSME-oder das lymphozytäre Choriomeningitis-Virus. ZNS-Infektionen durch Röteln-, Masern-, Herpes-, EBV-, HIV- oder Influenza-Viren sind mehr durch ein enzephalitisches Krankheitsbild gekennzeichnet [7]. Das Befinden von älteren Kindern ist meist stärker beeinträchtigt als von jüngeren. Der Übergang zur Enzephalitis ist fließend (Meningoenzephalitis). Im Liquor liegt die Zellzahl bei der Meningitis überwiegend zwischen 10 bis 500 Mpt/l, kann aber auch bei den durch Mumps-, Entero- und Arbo-Viren verursachten Entzündungen 1000 bis 4000 Mpt/l erreichen. Trotz sehr hoher Pleozytose ist das Allgemeinbefinden der Kinder meist relativ gut. Die Liquorzytologie zeigt, abhängig vom Zeitpunkt der Punktion, im Krankheitsverlauf in der absoluten Frühphase eine Granulozytendominanz, die bei Entero-Viren (Echovirus Typ 7, 11, 30) und Coxsackie-Viren B5 80–100% erreichen kann [20, 39]. Bei einer, in diesen Fällen fast immer, notwendigen Kontrollpunktion nach 24–48 Stunden zeigt sich – anders bei der purulenten Meningitis – ein schneller Shift zur lymphozytären Pleozytose. In der subakuten Phase dominieren die lymphozytären Zellen oft mit lymphoiden Zellen und einer geringen Anzahl von Plasmazellen (monozytäre Zellbilder finden sich sehr selten). Aktivierte B-Lymphozyten der IgG, IgA und IgM-Klasse finden sich bei vielen Infektionen in unterschiedlicher Zahl, ohne daß systematische Untersuchungen über den Anteil und die Klasse dieser Zellen bei den einzelnen Meningitisarten im Kindesalter vorliegen.

Der Liquor/Serum-Glukosequotient ist meist normal und der Laktatwert liegt fast immer unter 3 mmol/l.

Die Blut-Liquor-Schrankenstörung ist meist nur schwach ausgeprägt und der Liquorgesamteiweißwert geht selten über 1000 mg/l hinaus. In der akuten Phase der Entzündung findet sich keine intrathekale Immunglobulinsynthese. Über die Muster im späteren Verlauf gibt es nur einzelne Mitteilungen. So findet sich bei der Mumpsmeningitis, aber auch bei anderen Viruserkrankungen des ZNS, eine dominierende IgM-Synthese [30].

Bei der Enzephalitis ist der Zellgehalt meist niedrig (< 100 Mpt/l Leukozyten) und die Zellzusammensetzung ist lymphozytär geprägt. Der Gesamteiweißgehalt erreicht selten 1000 mg/l.

Bei der Herpes-Encephalitis wird anfangs nur eine leichte bis mäßige Schrankenstörung und im späteren Verlauf eine autochthone Dreiklassen-Immunglobulinproduktion mit IgG-Dominanz beobachtet.

Nach eindeutiger Diagnosestellung der Meningitis kann bei komplikationslosem Krankheitsverlauf, der allgemein eine Normalisierung in sieben bis 14 Tagen beinhaltet [43], auf eine Kontrollpunktion verzichtet werden. Prolongierte abakterielle Meningitiden finden sich im Kindesalter selten. Differentialdiagnostisch muß immer an eine bakterielle Meningitis, Neuroborreliose bzw. tuberkulöse Hirnhautentzündung gedacht werden.

Unspezifische Reizzustände mit meist niedriger Pleozytose, aber mitunter Granulozytenzahlen bis 30% und mehr sowie meist normalem Gesamteiweißgehalt, können im Kindesalter als meningeale Begleitreaktion bei vielen entzündlichen und nicht entzündlichen Erkrankungen im Liquor beobachtet werden [20]. So finden sich beim Kawasaki-Syndrom, einer akuten Vaskulitis im Kindesalter mit z. T. zerebraler Symptomatik, Liquorveränderungen. Die Pleozytose lag bei 46 Kindern zwischen 7–320 Mpt/l, der Anteil der segmentkernigen Granulozyten war durchschnittlich 7% (0–79%) und der monozytären Zellen 91% (11–100%). Der Gesamteiweißgehalt reichte von 90–474 mg/l. Auch andere systemische Vakulitiden unbekannter Ätiologie, die meist im Erwachsenenalter vorkommen, gehen mit einer Liquorpleozytose einher [6].

7.3.2.5 Entzündliche demyelinisierende Erkrankungen des ZNS

Obwohl das Hauptmanifestationsalter der multiplen Sklerose (MS) zwischen dem 30. bis 34. Lebensjahr liegt, häufen sich Berichte über Früherkrankungen. Zwei Prozent aller Erkrankungen an einer MS manifestieren sich vor dem 16. Lebensjahr und 0,3% vor dem 10. Lebensjahr – frühjuvenile Form [12]. Die frühesten Symptome einer MS wurden bereits vor dem 5. Lebensjahr beobachtet [13]. Die Liquorbefunde entsprechen praktisch den bei Erwachsenen ermittelten Werten [12, 13, 30]. Allerdings findet sich öfter eine leichte Pleozytose (5–50 Mpt/l), sehr selten wird aber auch ein Beginn mit weit höheren Zellzahlen und Gesamteiweißwerten (bis 900 Mpt/l und mehr als 1000 mg/l) beschrieben [14].

Auch beim Guillain-Barré-Syndrom werden die gleichen Veränderungen wie im Erwachsenenalter gesehen. Gelegentlich finden sich jedoch die typischen Veränderungen nicht bei der Erst-, sondern erst 8–10 Tage später bei der Zweitpunktion.

Anhang: Liquorzellbilder Kindesalter*)

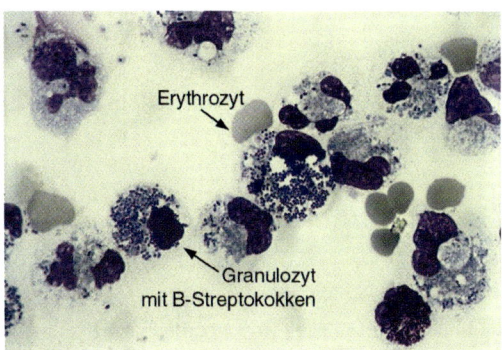

Abb. 3

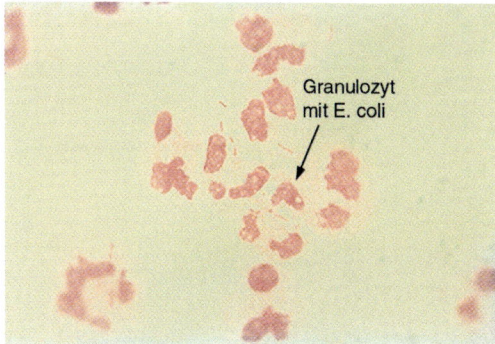

Abb. 4

Abb. 3: Drei Tage altes Neugeborenes mit bakterieller Meningitis und massivem B-Streptokokkennachweis in den Granulozyten.

Abb. 4: Fünf Tage altes Neugeborenes mit bakterieller Meningitis und E.-coli-Nachweis in den Granulozyten (Grampräparat).

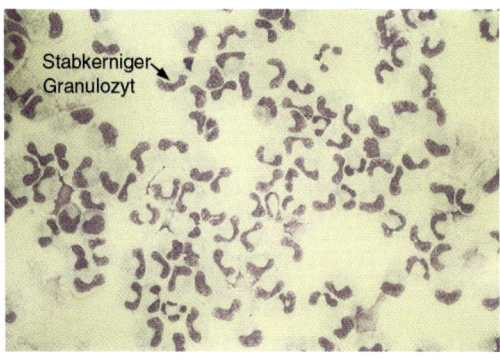

Abb. 5

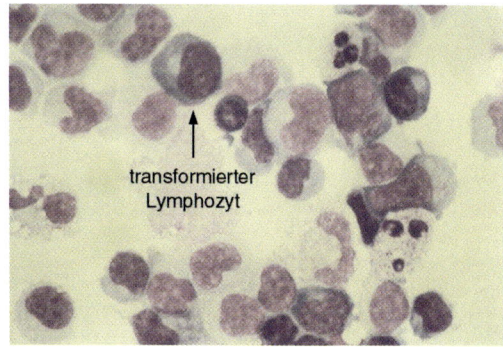

Abb. 6

Abb. 5: Fünf Tage altes Neugeborenes mit bakterieller Meningitis ohne Erregernachweis. Der hohe Anteil von stabkernigen Granulozyten spricht für eine perakute Phase der Entzündung.

Abb. 6: Sechs Tage altes Neugeborenes mit bakterieller Meningitis durch Listerien. Buntes lymphozytär betontes Zellbild, im Bild einige transformierte Lymphozyten.

*) Sofern nicht anders bezeichnet, wurden alle Präparate nach MAY-GRÜNWALD-GIEMSA gefärbt.

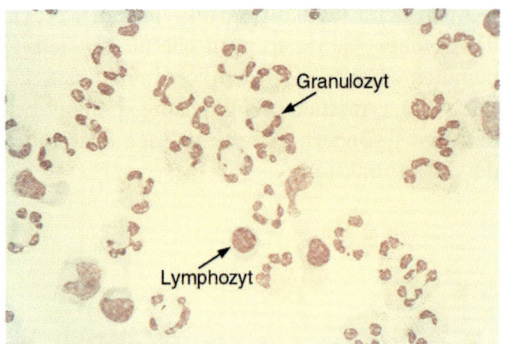

Abb. 7: Drei Tage altes Neugeborenes mit viraler Enzephalitis durch HSV Typ II. Bei mäßiger Pleozytose 84 % Granulozyten.

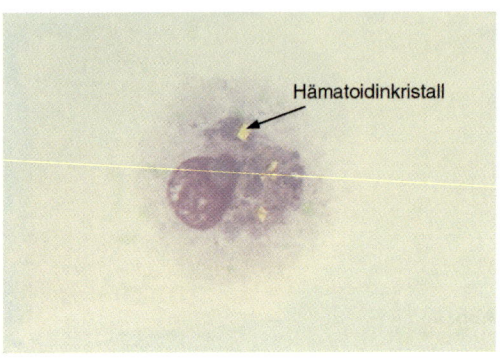

Abb. 8: Drei Tage altes Neugeborenes mit Krampfanfällen. Der Nachweis von Hämosiderin und Hämatoidinkristallen spricht für eine bereits intrauterin abgelaufene Blutung.

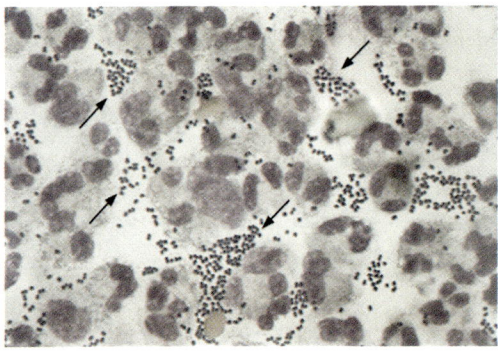

Abb. 9: 1,5 Jahre altes Kind mit eitriger Meningitis durch N. meningitides. Intra- und extrazellulär finden sich massiv Meningokokken. Die Granulozyten sind toxisch verändert (siehe auch Abb. 10).

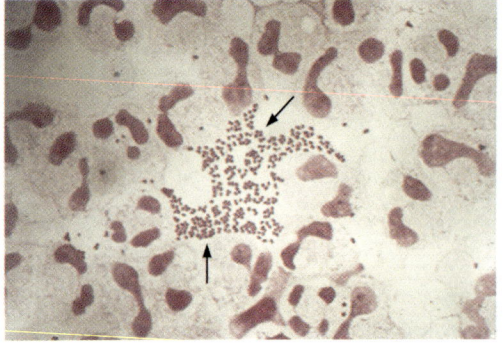

Abb. 10: Gleiches Kind wie Abb. 9. Im Grampräparat finden sich gramnegative Diplokokken.

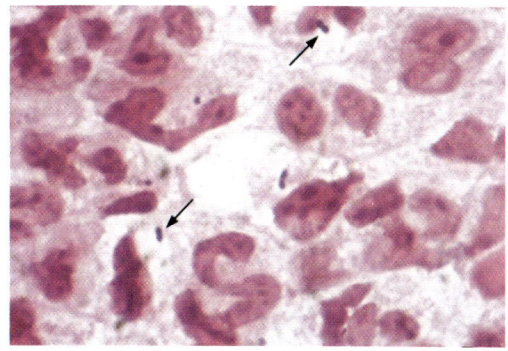

Abb. 11: Abklatsch-Präparat von einer skarifizierten septischen Hautmetastase bei einem 18 Monate alten Kind mit Waterhouse-Friderichsen-Syndrom. In der Gramfärbung Nachweis von gramnegativen Diplokokken, im Liquor kein Erregernachweis.

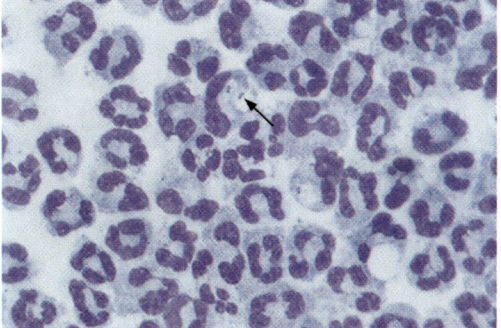

Abb. 12: Zwei Jahre altes Mädchen mit einer eitrigen Meningitis durch S. pneumoniae. Einzelne Granulozyten haben Pneumokokken phagozytiert.

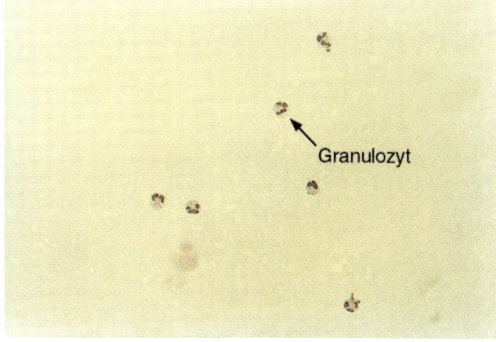

Abb. 13: Neun Monate alter Knabe mit erstem Krampfanfall bei Fieber. Im Liquor 2 Mpt/l Leukozyten und normaler Gesamteiweißgehalt, im Sediment jedoch 62 % Granulozyten (siehe auch Abb. 14).

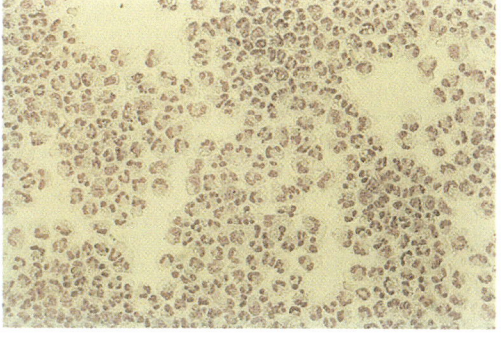

Abb. 14: Gleiches Kind wie Abb. 13. 24 Stunden nach Erstpunktion eitriger Liquor mit 5851 Mpt/l Leukozyten, 1800 mg/l Eiweiß und 96 % Granulozyten, trotz bereits am Vortag eingeleiteter adäquater antibiotischer Therapie.

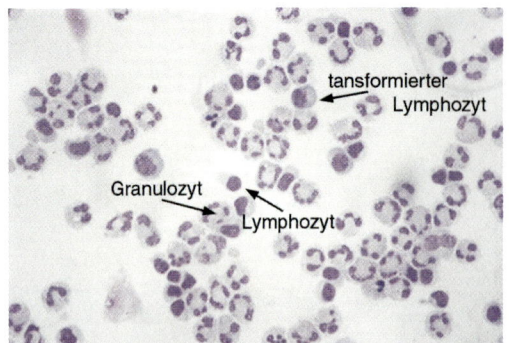

Abb. 15: 3,5-jähriger Knabe mit einer bakteriellen Meningitis durch N. meningitides. Kontrollpunktion nach viertägiger Kurzzeittherapie mit Ceftriaxon. Der Granulozytenanteil beträgt noch 76 % (siehe auch Abb. 1 und 2, Abschnitt 7.3.2.1.). Der weitere Verlauf gestaltete sich komplikationslos.

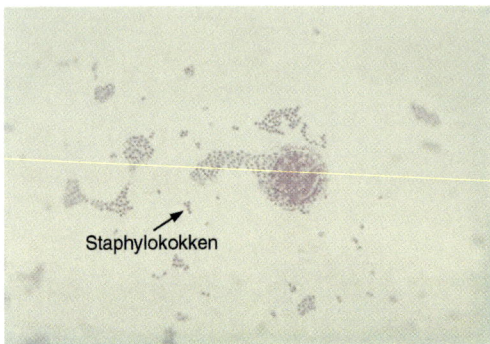

Abb. 16: Drei Monate alter Säugling mit einer Shunt-Infektion durch Staphylococcus aureus. Im Liquor nur Bakterien und vereinzelte Leukozyten.

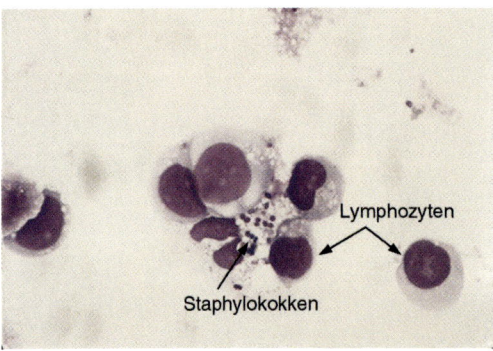

Abb. 17: Immunkompetentes, fünfjähriges Mädchen mit rezidivierender Shunt-Infektion durch Staphylococcus aureus. Im Liquor lymphozytäre Pleozytose und Bakteriennachweis.

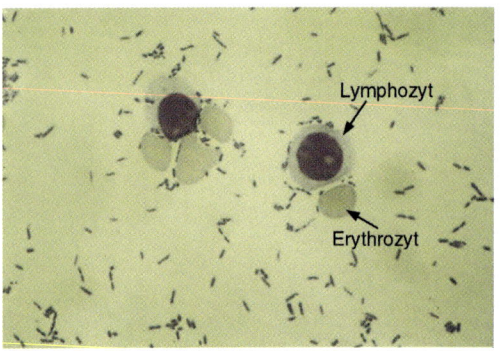

Abb. 18: 16-jähriges Mädchen mit einer Shunt-Infektion durch nach außen penetriertes, abdominelles Katheterende. Im Liquor massenhaft Bakterien (vier verschiedene Arten), jedoch keine Pleozytose (siehe auch Abb. 19).

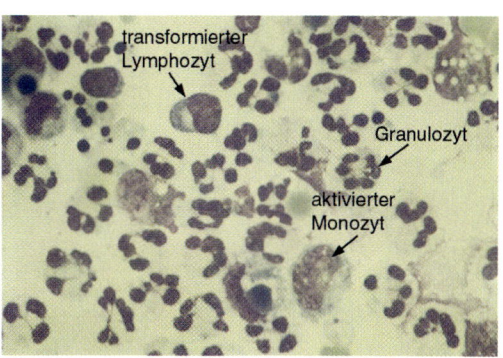

Abb. 19: Gleiches Kind wie Abb. 18. Nach Einleitung der antibiotischen Therapie Auftreten einer granulozytären Zellreaktion, "positives Abwehrzeichen".

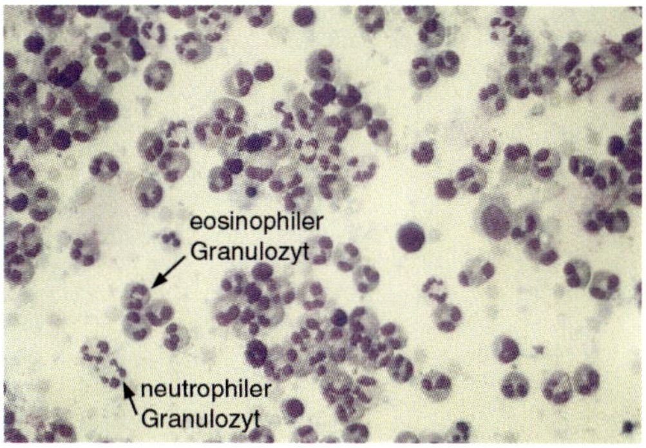

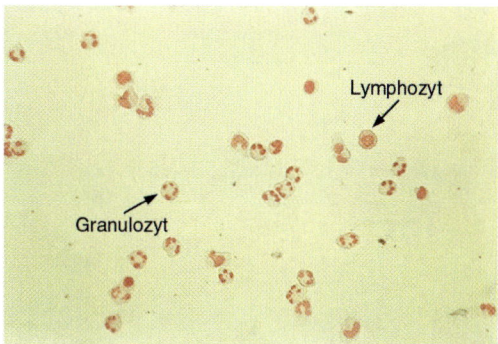

Abb. 20: Neunjähriger Knabe mit einer Ventrikulitis nach Hirnkontusion. Im späteren Verlauf vorwiegend eosinophile Granulozytose im Sinne einer Fremdkörperreaktion.

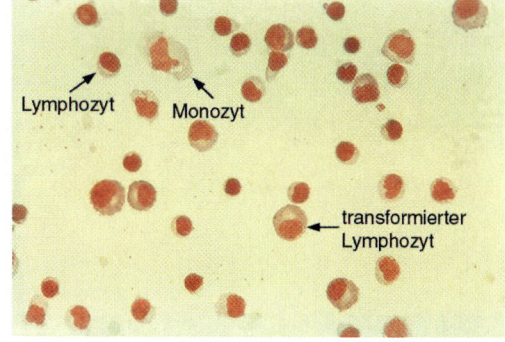

Abb. 21: Fünfjähriger Knabe mit einer Neuroborreliose. In der Frühphase ist ein Vorherrschen der Granulozyten möglich, im dargestellten Fall 58 %.

Abb. 22: 11-jähriges Mädchen mit einer Facialisparese und einer Pleozytose. Typisches lymphozytär-betontes Zellbild mit Nachweis von Transformationsformen bei Neuroborreliose.

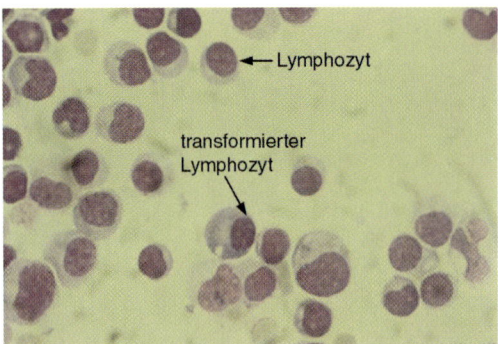

◀ **Abb. 23:** Drei Monate alter Knabe mit Hydrozephalus und tuberkulöser Meningitis. Lymphozytäre Pleozytose mit Nachweis von Transformationsformen und einem Gesamteiweißgehalt von 3200 mg/l.

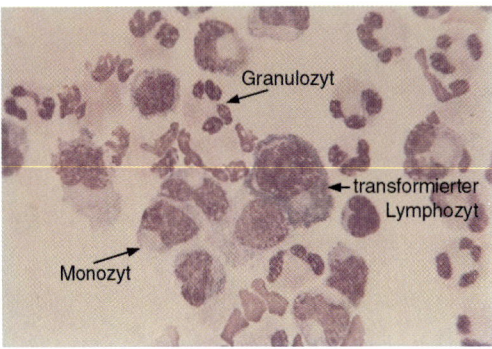

◀ **Abb. 24:** 15-jähriges Mädchen mit zellulärem Immundefekt und einer Meningitis durch Candida albicans. Über längere Zeit buntes Zellbild mit Granulozyten, Lymphozyten, transformierte Lymphozyten und Monozyten bei hohen Gesamteiweißwerten.

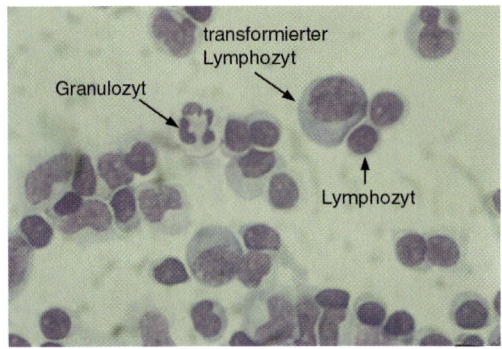

◀ **Abb. 25:** Siebenjähriger Knabe mit einer Mumpsmeningitis. Pleozytose von 1230 Mpt/l und lymphozytärem Zellbild mit Nachweis lymphozytärer Transformationsformen und meist nur wenig Granulozyten (in der Frühphase können diese vorherrschen).

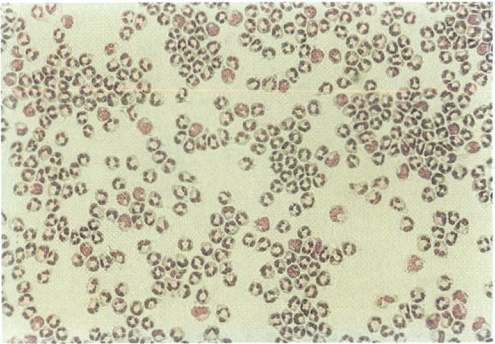

◀ **Abb. 26:** Achtjähriger Knabe mit einer abakteriellen Meningitis durch Echo-Virus Typ 7. Im Liquor 1441 Mpt/l Leukozyten mit 96 % Granulozyten (siehe auch Abb. 27).

Abb. 27: Gleiches Kind wie Abb. 26. Die Kontrollpunktion nach 36 Stunden zeigt eine deutliche Abnahme der Pleozytose und einen Rückgang der Granulozyten auf 25 % (bei bakteriellen Meningitiden bleibt der Granulozytenanteil in den ersten 48 Stunden relativ konstant).

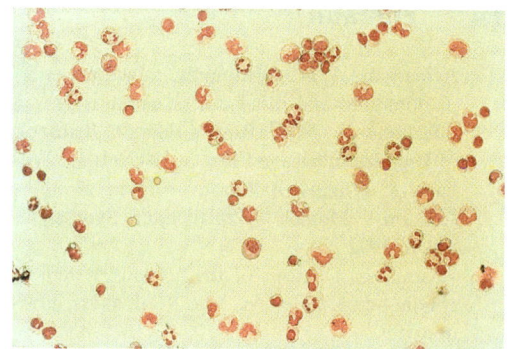

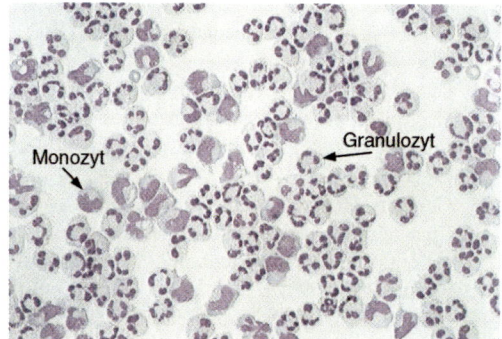

Abb. 28: Neunjähriger Knabe mit einem Wiskott-Aldrich-Syndrom und einer Meningoenzephalitis durch Herpes simplex Typ I. Im Liquor Pleozytose von 840 Mpt/l mit 67 % Granulozyten.

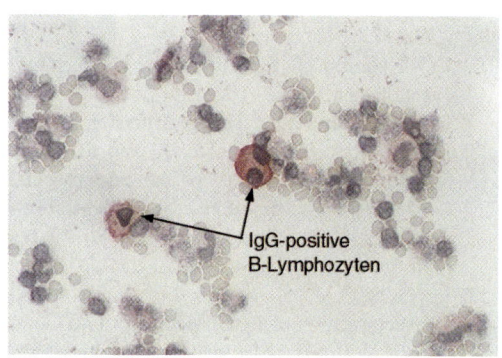

Abb. 29: 14-jähriges Mädchen mit einer Meningo-Enzephalo-Myelitis durch Varizella-Zoster-Virus. Im Liquor lymphozytäre Pleozytose mit Transformationsformen. Im Bild zwei IgG-positive Zellen.

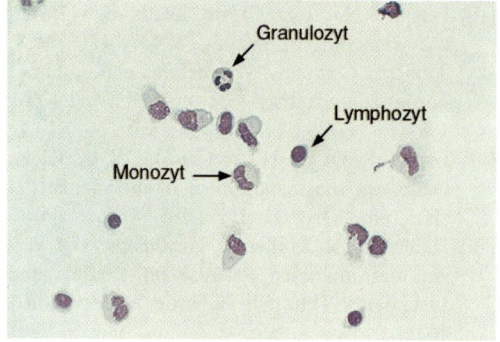

Abb. 30: Vierjähriges Mädchen mit einer Angina catarrhalis und positiven meningitischen Zeichen. Im Liquor unspezifische Reizpleozytose von 10 Mpt/l, normaler Gesamteiweißgehalt und 6 % Granulozyten, keine lymphozytären Transformationsformen.

7.4 Literatur

[1] Ackerman, A. D.: Meningitis, infectious encephalopathies and other central nervous system infections. In: M. C. Rogers (Hrsg.): Textbook of Pediatric intensive Care. S. 1047–1049. Williams & Wilkins, Baltimore – Hong Kong – London – Munich – Philadelphia, Syndney – Tokyo 1992

[2] Aicardi, J.: Diseases of the nervous system in childhood. S. 590–696. Mac Keith Press, London 1992.

[3] Azuma, H., N. Tsuda, K. Sasaki et al.: Clinical significance of cytokine measurement for detection of meningitis. J Pediatr 131 (1997) 463–465.

[4] Chang, A. B., K. Grimwood, A. S. Harvey et al.: Central nervous system tuberculosis after resolution of miliary tuberculosis. Pediatr Infect Dis J 17 (1998) 519–523.

[5] Christen, H. J., F. Hahnefeld, H. Eiffert et al.: Epidemiology and clinical manifestations of lyme borreliosis in childhood. Acta paediat. [suppl.] 386 (1993) 1–76.

[6] Dengler, L. D., D. v. Capparelli, J. F. Bastian et al.: Cerebrospinal fluid profile in patients with acute Kawasaki disease. Pediatr Infect Dis J 17 (1998) 478–481.

[7] DGPI Handbuch. Infektionen bei Kindern und Jugendlichen. S. 61–65, 255–258, 408–424, 765–785. Futuramed-Verlag, München 2000.

[8] Donald, P. R., H. C. Malan, A. van der Walt: Simultaneus determination of cerebrospinal fluid glucose and blood glucose concentrations in the diagnosis of bacterial meningitis. J Pediatr 103 (1983) 413–415.

[9] Eppes, S. C., D. K. Nelson, L. L. Lewis et al.: Characterization of Lyme Meningitis and Comparison With Viral Meningitis in Children. J Pediatr 103 (1999) 957–960.

[10] Feigin, R. D., J. D. Cherry: Textbook of Pediatric Infectious Diseases. S. 447–451. W.V. Saunders Company, Philadelphia – London – Toronto – Syndney – Tokyo – Hong Kong 1987.

[11] Feigin, R. D., G. H. McCracken, J. O. Klein: Diagnosis and management of meningitis: Pediatr Infect Dis J 11 (1992) 785–814.

[12] Häßler, F., K. Müller, A. Großmann: Der Verlauf der multiplen Sklerose im Kindes- und Jugendalter. Hautnah Pädiatrie 7 (1995) 444–460.

[13] Hanefeld, F., H. J. Bauer, H.-J. Christen et al.: Multiple Sclerosis in Childhood: Report of 15 Cases. Brain Dev 13 (1991) 410–416.

[14] Hanefeld, F.: Characteristics of Childhood Multiple Sclerosis. Int MSJ 1 (1994) 91–97.

[15] Haslam, R. H. A.: The nervous system. In: W. E. Nelson, R. E. Behrman, R. M. Kliegman et al. (Hrsg.): Textbook of Pediatrics. S. 1674–1675. W. B. Saunders Company, Philadelphia – London – Toronto – Montreal – Sydney – Tokyo 1996.

[16] Heine, W., D. Hobusch, U. Drescher: Eiweissgehalt des Liquors und Blut-Liquor-Relation der Glukose und Elektrolyte im Säuglings- und Kindesalter. Helv paediat Acta 36 (1981) 217–227.

[17] Hobusch, D., H.-J. Christen, H. I. Huppertz et al.: Diagnostik und Therapie der Lyme-Borreliose im Kindesalter. Pädiat Prax 56 (1999) 57–64.

[18] Hobusch, D.: Liquorbefunde bei Lyme Borreliose im Kindesalter. Lab med 15 (1991) 127.

[19] Hobusch, D., G. Naumann, K. Popp et al.: Neurologische Manifestationen bei Lyme-Borreliose. Internist Prax 30 (1990) 105–110.

[20] Isenberg, H.: Meningitis im Kindesalter und Neugeborenensepsis, S. 10–112, 332-333. Steinkopff, Darmstadt 1998.

[21] Kleimann, M. B., J. K. Reynolds, N. H. Watts et al.: Superiority of acridine orange stain versus Gram stain in partially treated bacterial meningitis. J Pediatr 104 (1984) 401–404.

[22] Lebel, M. H.: Meningitis. In: F. A. Oski, C. D. DeAngelis, R. D. Feigin et al. (Hrsg.): Principles and Practice of Pediatrics. S. 525–528. J. B. Lippincott Company, Philadelphia 1990.

[23] Malley, R., S. H. Inkelis, P. Coelho et al.: Cerebrospinal fluid pleocytosis and prognosis in invasive meningococcal disease in children. Pediatr Infect Dis J 17 (1998) 855–859.

[24] Menkes, J. H.: Textbook of Child Neurology, S. 17. Williams & Wilkins, Baltimore – Philadelphia – Hong Kong – London – München – Syndney – Tokyo 1990.

[25] Mencks, S., Ch. P. Speer, H. W. Prange: Der Elastase-αa1-Proteinase-Inhibitor als differentialdiagnostischer Parameter bei akut-entzündlichen ZNS-Erkrankungen. In: G. Hoffmann, H. J. Braune (Hrsg.): Infektionskrankheiten des Nervensystems, S. 100–107. Einhorn-Presse-Verlag 1991.

[26] Michaud, J.: Basic laboratory support in fetal and neonatal medicine. In: G. B. Reed, A. E.

Claireaux, F. Cockburn (Hrsg.): Diseases of the Fetus and Newborn, S. 1522. Chapman & Hall Medical, London – Glasgow – Weinheim – New York – Tokyo – Melbourne – Madras 1995.

[27] Millner, M.: Die Lyme Borreliose im Kindesalter. Pädiat Pädol 27 (1992) A81–A93.

[28] Noack, R., D. Hobusch: Liquorbefunde bei der Kurzzeittherapie der bakteriellen Meningitis im Kindesalter. Pädiatr Grenzgeb 32 (1994) 341–346.

[29] Ramilo, O., M. M. Mustafa, J. Porter et al.: Detection of Interleukin 1βb but Not Tumor Necrosis Factor-α-α in Cerebrospinal Fluid of Children With Aseptic Meningitis. Am J Dis Child 144 (1990) 349–352.

[30] Reiber, H.: Die diagnostische Bedeutung neuroimmunologischer Reaktionsmuster im Liquor cerebrospinalis. Lab med 19 (1995) 444–462.

[31] Reiber, H.: Flow rate of cerebrospinal fluid (CSF) – a concept common to normal blood-CSF barrier function and to dysfunction in neurological diseases. J Neurol Sci 122 (1994) 189–203.

[32] Reiber, H.: The hyperbolic function: a mathematical solution of the protein flux/CSF flow model for blood-CSF barrier function. J Neurol Sci 126 (1994) 243–245.

[33] Reiber, H., P. Lange: Quantitation of virusspecific antibody concentrations in cerebrospinal fluid and serum sensitive and specific detection of antibody synthesis in brain. Clin Chem 37 (1991) 1153–1160.

[34] Rodriguez, A. F., S. L. Kaplan, E. O. Mason jr.: Cerebrospinal fluid values in the very low birth weight infant. J Pediatr 116 (1990) 971–974.

[35] Roos, R., B. H. Belohradsky: Diagnostische Bedeutung der Gegenstromelektrophorese (GSE) bei der bakteriellen Meningitis im Kindesalter. Mschr Kinderheilkd 129 (1981) 354–358.

[36] Roos, R.: Antigennachweis im Liquor bei bakterieller Meningitis im Kindesalter. Pädiat Prax 33 (1986) 305–311.

[37] Rudledge, M. D., D. Benjamin, L. Hood et al.: Is the CSF lactate measurement useful in the management of children with suspected bacterial meningitis? J Pediatr 98 (1981) 20–24.

[38] Sarff, L. D., L. H. Platt, G. H. McCracken jr.: Cerebrospinal fluid evaluation in neonates: comparison of high risk infants with and without meningitis. J Pediatr 88 (1976) 473–477.

[39] Schaad, U. B.: Pädiatrische Infektiologie. S. 50–52, 69–73, 478–486. Hans Marsaille Verlag GmbH, München 1997.

[40] Silverman, M. S., J. G. Gartner, W. C. Halliday et al.: Persistent cerebrospinal fluid neutrophilia in delayed-onset neonatal encephalitis caused by herpes simplex virus type 2. J Pediatr 120 (1992) 567–569.

[41] Sormunen, P., M. J. T. Kallio, T. Kilpi et al.: C-reaktive protein is useful in distinguishing Gram stain-negative bacterial meningitis from viral meningitis in children. J Pediatr 134 (1999) 725–729.

[42] Takasaki, J., Y. Ogawa: Granulocyte elastase activity measurement in the cerebrospinal fluid of patients with purulent meningitis. Acta Pediatr Japonica 39 (1997) 409–412.

[43] Töllner, U., Ch. Onke: Seröse Meningitis. Pädiat Prax 35 (1987) 589–593.

[44] Tumani, H., G. Nölker, H. Reiber: Relevance of cerebrospinal fluid parameters for early diagnosis of neuroborreliosis. Neurol 45 (1995) 1663–1670.

[45] Tunkel, A. R., W. M. Scheld: Pathogenesis and Pathophysiology of Bacterial Meningitis. Clin Microb Rev 6 (1993) 118–136.

[46] Unhanand, M., M. M. Mustafa, G. H. McCracken et al.: Gram-negative enteric bacillary meningitis: A twenty-one-year experience. J Pediatr 122 (1993) 16–21.

[47] Vandvic, B., E. Morrby, H. J. Nordal: Optic neuritis: local synthesis in the CNS of oligoclonal antibodies to measles, mumps, rubella and heperes simplex viruses. Acta Neurol Scand 60 (1979) 204–213.

[48] Visser, V. E., R. T. Hall: Lumbar puncture in the evaluation of suspected neonatal sepsis. J Pediatr 96 (1980) 1063–1066.

[49] Volpe, J. J.: Neurology of the newborn, S. 731. 3rd ed. WB Sannders, Philadelphia-London-Toronto-Montreal-Sydney-Tokyo 1995.

[50] Voss, W.: Bedeutung des Liquorproteinprofils für die Diagnostik neurologischer Erkrankungen im Kindesalter. Dt. Ges. f. Klin. Chemie e.V.-Mitteilungen 6 (1984) 226–231.

[51] White, B., J. W. Bass: Low CSF glucose and high protein levels in neonatal herpes simplex meningoencephalitis. J Pediatr 109 (1986) 911–912.

[52] Wilske, B.: Mikrobiologische Diagnostik der Lyme-Borreliose. Hyg Mikrobiol 2 (1998) 22–25.

B.8 Besonderheiten des Ventrikelliquors

H. Kluge, R. Kalff

8.1 Einführende Bemerkungen

Die Besonderheiten des ventrikulären (vCSF) gegenüber dem subarachnoidalen/zisternalen und lumbalen Liquor bestehen unter physiologischen Bedingungen vor allem in quantitativen Unterschieden der stofflichen Zusammensetzung, während sich die normale Zellausstattung kaum unterscheidet.

Die quantitativen stofflichen Unterschiede zwischen den verschiedenen Liquorkompartimenten sind durch die regionale topochemische Differenziertheit der Substanzquellen und durch die regionalen Charakteristika der jeweiligen Schrankenfunktions- und Transportsysteme bedingt. Ventrikulär sind letztere durch das tanizytäre Blut-Liquor-Schrankenfunktionssystem des Plexus chorioideus und die Hirn-Liquor-Transportsysteme der übrigen, ventrikelangrenzenden Hirnareale geprägt. Im subarachnoidalen/zisternalen und lumbalen Liquorraum werden die konzentrationsbestimmenden Einflüsse bedeutend komplexer und sind durch das dynamische Gleichgewicht zwischen Sekretion und Resorption durch die dafür verantwortliche vaskulär-endotheliale Blut-Liquor-Schrankenfunktion, die entsprechend topologisch orientierten Hirn-Liquor-Transportsysteme, sowie durch die Abflußmechanismen über Arachnoidalzotten, Nervenscheiden und Lymphwege gekennzeichnet. Daraus resultieren rostro-caudale Konzentrationsgradienten, die sich bei ultrafiltrativ über die ependymalen und endothelialen Blut-Liquor-Schrankensysteme eintretenden, zumeist hochmolekularen Soluten durch ansteigende Konzentrationen nach lumbal dokumentieren. Bei aktiv transzellulär oder auch interzellulär über Hirn-Liquor-Schrankensysteme transportierten Soluten können allerdings sowohl zunehmende, als auch gleichbleibende oder abnehmende Konzentrationen auftreten.

Entsprechend der unter verschiedenen pathophysiologischen Bedingungen ableitbaren stofflichen und zellulären Veränderungen der Zusammensetzung des ventrikulären Liquors werden gezielte Forderungen an seine diagnostische und therapie – kontrollierende Nutzung gestellt, die in diesem Abschnitt vornehmlich aufgezeigt und kritisch bewertet werden sollen. Es werden nur relevante inhaltliche Details und Besonderheiten, nicht aber methodische Aspekte der Liquoranalytik aufgeführt. Letztere sind überwiegend aus den Abschnitten zur Analytik des lumbalen Liquors übertragbar. Gegebenfalls erfolgt ein entsprechender Literaturhinweis.

Großer Wert wird auf die Begründung der Notwendigkeit einer intensiven interdisziplinären Zusammenarbeit zwischen Neurologen, Neurochirurgen, Anaesthesiologen und Intensivmedizinern, Mikrobiologen und Liquoranalytikern gelegt, die für eine integrative Befunderhebung unerläßlich ist und abgestimmte Untersuchungsprogramme erfordert. Dies gebietet nicht zuletzt auch das vergleichsweise zum Lumballiquor bedeutend geringere Volumen an ventrikulärem Liquor, das sich der Mikrobiologe und der Liquoranalytiker teilen müssen.

Da der Liquoranalytiker zum Verständnis der Fragestellungen der Kliniker ausreichende Kenntnis über die Gründe für die Anlage ventrikulärer Drainagen, ihre Funktionsweise und die Entnahmebesonderheiten des ventrikulären Liquors haben muß, wird ein hierauf bezugnehmender Abschnitt bewußt vorangestellt. Seine Entscheidungsfindung zu Inhalt, Umfang und Beurteilung seiner Untersuchungen kann nur auf dieser Kenntnis basieren, noch dazu, wenn ihm und dem Mikrobiologen weniger als 3 ml zur Verfügung stehen.

8.1.1 Indikationen für die Anlage einer ventrikulären Liquordrainage

Die Gründe ergeben sich aus den Krankheitsbildern, bei denen ein Hydrocephalus induziert wird und das Ventrikelsystem punktiert bzw. drainiert werden muß. Die generellen pathophysiologischen Grundlagen bilden Zirkulations- und/oder Resorptionsstörungen des Liquors, deren spezifische Auslösemechanismen auch die konkreten Inhalte der liquordiagnostischen Untersuchungspalette bestimmen. Ausführliche Übersichtsartikel mit referierender Literatur finden sich hierzu in [3, 15, 19]. Die Zuordnung zu Krankheitsbildern und prozeßbedingten Abläufen mit Notwendigkeit einer Ventrikeldrainage soll daher an dieser Stelle nur zusammenfassend und beispielhaft erfolgen, eigene Erfahrungen einbeziehend:

- Die häufigste Indikation für die akute Anlage einer externen Ventrikeldrainage ergibt sich bei Einblutungen in das Ventrikelsystem mit Tamponade des Liquorflusses (besonders hypertone Stammganglienblutung mit Ventrikeleinbruch). Erst wenn die Ventrikelblutung ausreichend ausgespült ist, können die Patienten, wenn notwendig, mit einem dauerhaften ventrikuloperitonealen Shunt (VP-Shunt) versorgt werden.
- Häufig kommt es nach einer spontanen oder traumatischen Subarachnoidalblutung (SAB), aber auch bei einer bakteriellen Meningitis zu einer Behinderung der Liquorresorption durch Obstruktion der Arachnoidalvilli mit Erythrozyten, weißen Zellen, Bakterien, also zur Ausbildung eines Hydrocephalus malresorptivus, der zunächst akut über eine externe Ventrikeldrainage versorgt wird. Zeigt sich im Verlauf jedoch eine dauerhafte Störung der Liquorzirkulation, muß auch bei diesen Krankheitsbildern ein VP-Shunt angelegt werden.
Ebenfalls auf eine Resorptionsstörung ist der Normaldruck-Hydrocephalus zurückzuführen.
- Von innen verursachte Tamponaden und von außen bewirkte Verlegungen des Ventrikelsystems, meist die Engstellen betreffend (Foraminae Luschkae, Magendii, Monroi; Aquädukt; 4. Ventrikel), bewirken eine Flußblockade (Hydrocephalus occlusivus), die drainagepflichtig wird. Ursachen von Verstopfungen sind die bereits genannten ventrikulären Einblutungen, Ventrikeltumoren, fulminante Zellvermehrungen und Bakterien bei Meningitis bzw. Ventrikulitis.
Mit einer externen Ventrikeldrainage kann über die Druckentlastung hinaus ein Ausspüleffekt erreicht werden.
Ursachen für von außen kommende Kompressionen sind beispielsweise ausgedehnte suprasellären Tumoren (Foramen Monroi), ausgedehnte Kleinhirninfarkte (4. Ventrikel).
- Vielfältige Ursachen liegen dem kongenitalen Hydrocephalus mit Abflußstörungen zugrunde. Die angeborene Aquädukt-Stenose führt meist erst im jungen Erwachsenenalter zu einem Liquoraufstau.
- Bei schweren Schädel-Hirn-Traumen kann es 24 Stunden nach dem Trauma zur Entwicklung eines Hirnödems kommen, was ein Hirndruckmonitoring zur Therapiesteuerung notwendig machen kann. Über einen Ventrikelkatheter ist sowohl die verläßlichste Hirndruckmessung, als auch eine zusätzliche Druckentlastung möglich. Die gleiche Indikation ergibt sich im Einzelfall beim malignen Hirnödem nach Hypoxie und Stoffwechselentgleisungen. Die intraoperative Ventrikeldrainage wird ebenfalls zur Druckentlastung bei operativen Zugängen entlang der Schädelbasis genutzt.
- Ein Ventrikelkatheter, z. B. mit einem Ommaya-Reservoir, kann zur intraventrikulären Medikamentenapplikation dienen (Gentamycin, Morphin, Methotrexat etc.).

– Bei den gewichtigen primären Gründen für die Anlage einer externen Ventrikeldrainage ist die Einleitung eines unerläßlichen sekundären Kontrollregimes während ihrer genannten Lagezeit verbunden. Dieses Kontrollregime ergibt sich zwangsweise aus Komplikationen infolge von sekundären Katheterinfektionen und seltener von Materialunverträglichkeiten. Unter Beachtung aller denkbaren hygienischen Vorsichtsmaßnahmen ist ab etwa dem 10. postoperativen Tag (bisweilen auch früher auftretend) regelmäßig mit einer Keimbesiedelung des externen Ventrikelkatheters mit Hautkeimen zu rechnen. Durch Pneumonien, Harnwegsinfekte, Enterobakterien, Hautinfektionen etc. steigt das Risiko einer Besiedelung mit pathologischen Keimen. Ausführliche Darstellungen zu Komplikationen von Drainagesystemen und Shunts finden sich in [3, 15, 19].

Aus allen in diesem Abschnitt aufgezählten primären und sekundären Aspekten ist nur dann eine gesicherte Befundung durch den Liquoranalytiker möglich, wenn er sich einer sachgerechten Entnahme des ventrikulären Liquors sicher sein kann. Deshalb sind im nachfolgenden Abschnitt hierzu einige beispielhafte Hinweise gegeben.

8.1.2 Liquorabnahme bei externen Ventrikeldrainagen

Verwendet werden heute ausschließlich geschlossene Drainagesysteme. Über eine Tropfkammer, die über ein Bakterienfilter entlüftet ist, wird festgelegt, ab welcher Druckhöhe im Liquorsystem Liquor nach außen abgeleitet wird. Die Liquorentnahme, die prinzipiell eine ärztliche Aufgabe ist, erfolgt über einen zwischengeschalteten Dreiwegehahn oder einen gesonderten Punktionskanal und muß immer unter hochsterilen Kautelen durchgeführt werden (Desinfektion der Abnahmestelle und Verwendung steriler Handschuhe).

Bei kontinuierlicher Liquordrainage werden bei den vorher geschilderten Krankheitsbildern in der Intensivmedizin in der Regel zwischen 100 und 200 ml ventrikulärer Liquor pro 24 Stunden drainiert. Das Liquorvolumen zwischen Ventrikelkatheterspitze und Abnahmestelle (also außerhalb des Ventrikels) beträgt etwa 2 ml. Ist die Drainagemenge pro Stunde beispielsweise 4 ml, kann geschlossen werden, daß sich der an der Abnahmestelle stehende Liquor etwa eine halbe Stunde außerhalb des Ventrikels befindet. Eine exakte Analyse ist also nur dann gegeben, wenn diese 2 ml abgezogen und verworfen werden.

Ist das Ventrikelkathetersystem abgeklemmt und auf Druckmessung gestellt, muß mit Sedimentablagerungen innerhalb des Systems gerechnet werden. In diesen Fällen sollten mindestens 5 ml zuvor abgenommen und verworfen werden, um das System davon freizuspülen.

Ist das Ventrikelvolumen, wie beispielsweise bei einem massiven Hirnödem, weitgehend aufgebraucht, lassen sich die möglicherweise benötigten 3–5 ml nicht mehr frei abziehen. Es legt sich dann die Wand des Seitenventrikels am Katheter an. In diesen Fällen muß der Ventrikelkatheter vor der Abnahme 10–15 min abgeklemmt werden, um ein ausreichend großes, freies Liquorvolumen abziehen zu können. Nur unter Kenntnis und damit unter Einbeziehung dieser Abnahmebedingungen ist dem Liquoranalytiker eine exakte Befundbeurteilung möglich. Unsachgemäße Saugeffektfolgen können zu artefiziellem Vorkommen von Epithelien, Kapillarbestandteilen, Gewebefetzen und Blut führen.

8.1.3 Fragestellungen des Klinikers für Untersuchungen des ventrikulären Liquors

Die eine Ventrikeldrainage erfordernden Krankheitsbilder einerseits und die mit ihrer Anlage und Liegedauer verbundenen sekundären Komplikationen andererseits bilden das sowohl spezifische, als auch universelle Fundament der Fragestellungen des Klinikers an den Liquordiagnostiker. Die Fragestellungen lassen sich dabei im wesentlichen aus drei Problemkomplexen ableiten:

1. In spezifischer Weise aus dem Krankheitsbild bzw. der Art der vorliegenden Schädigung, der generellen Prognose und der Verlaufskontrolle reparativer Prozesse. Dabei ist das Spezifische

der Erkrankung bzw. Schädigung (Entzündungen, zerebrale Blutungen, Infarktgeschehen, Schädel-Hirn-Trauma, Tumoren etc.) häufig mit universellen pathobiochemischen Prozeßabläufen verbunden (hypoxisch-ischämische Prozeßkaskaden, Ionen- und Säure-Basen-Haushalt, Apoptosen, Entzündungsmarker, Freisetzung von Soluten und Metaboliten aus relevanten periventrikulären Hirnarealen, etc.).

Die Fragestellungen des Klinikers besonders bei ventrikulärer Erstpunktion, aber auch bei Verlaufskontrollen zielen damit ab auf
- ein hinreichend relevantes und möglichst weitgehend spezifisches zytologisches Untersuchungsprofil und Parameterspektrum,
- daraus ableitbare, funktionsdiagnostisch zuverlässige Parameter für Verlaufs- und Therapiekontrollen.

2. In universeller Weise aus der Funktionskontrolle der verwendeten Drainage-Systeme, die sich aus dem Infektionsrisiko und Materialunverträglichkeitsgründen als obligatorisch erweist.
Die Fragestellungen des Klinikers konzentrieren sich damit auf
- den Ausschluß und die Zuordnung bakterieller Sekundärinfektionen,
- die Feststellung unspezifischer Reizsyndrome (selten Materialunverträglichkeiten) im wesentlichen über differenzialzytologische Untersuchung,
- die Differenzierung manipulativ (postoperativ, bei Anlegen der Drainage, Entnahmekomplikationen) verursachter, vornehmlich zellulärer Bestandteile von entsprechend real bedingten Schädigungen.

3. Aus der Beurteilung der Schrankenfunktionssysteme im ventrikulären Kompartiment.
Die Fragestellungen des Klinikers orientieren sich dabei in die gleiche Richtung wie unter 1. zielen aber auch auf therapeutische Konsequenzen ab. Letztere betreffen besonders die Erreichung therapeutisch effektiver Spiegel von normalerweise schwer schrankengängigen Pharmaka, die bei Störungen der ventrikulären Schrankensysteme eher gewährleistet ist (z. B. für Antibiotika [19, 29, 35, 36]).

Aus diesen drei Komplexen rekrutiert sich das Untersuchungsspektrum an Parametern, das einen essentiellen und einen selektiven Teil enthalten muß, letzteren limitiert durch die verfügbare Menge ventrikulären Liquors. Der essentielle Teil ist praktisch von der Erstpunktion an über den gesamten Verlauf der Drainage durchzuführen, betreffend die Zytodiagnostik, Mikrobiologie und Proteindiagnostik zur Feststellung von Blutungen, vornehmlich bakteriellen Entzündungen und dem Schrankenfunktionszustand. Er bildet somit das *Basisprogramm* für Fälle mit vorliegender oder möglicher mikrobieller Infektionen und/oder Fälle mit gestörter Versorgung bzw. Verwertung von Sauerstoff und Glukose:

Zellzahl
Differential-Zellbild (Vergleich mit Blutbild)
Gramfärbung
Kultur (Vergleich mit Blutkultur)
Laktat
Glukose (Vergleich mit Blutwerten)
Gesamtprotein
Albumin (Quotient vCSF/Serum)

Ausgehend von einer verfügbaren Menge manipulativ „unverfälschten" ventrikulären Liquors beansprucht der Mikrobiologe in der Regel 1–1,5 ml, der Liquordiagnostiker muß für die Sofortparameter Zellzahl, Gesamtprotein und Differentialzellbild 1–1,2 ml verfügbar haben, so daß ihm für spezifische Untersuchungen des 1. Problemkomplexes gerade einmal 1–1,5 ml verbleiben.

Die Testbatterie und Methodik des Mikrobiologen sind im ventrikulären Liquor grundsätzlich mit denen des lumbalen Liquors identisch. Sie sind im Kapitel A.2 nachzulesen.

Die im lumbalen Liquor üblichen zytologischen Verfahren, Proteinbestimmungstechniken und Nachweismethoden niedermolekularer Solute (Substrate, Metabolite) sind ebenso auf den ventrikulären Liquor anwendbar, so daß auch hier auf die Kapitel A.2 verwiesen werden kann.

Zur unbedingten Korrespondenz zwischen Kliniker und Liquoranalytiker gehört für letzteren die Kenntnis der Medikation. Sie kann vielfältig und sehr hoch dosiert sein, so daß Komplikationen bei der Zellzählung (kristalline Ausfällungen im essigsauren Milieu), beim Zellbild (Strukturschädigungen) und bei nephelometrischen und bestimmten kolorimetrischen Nachweisreaktionen (Fällungsunregelmäßigkeiten, Bildung störender Farbkomplexe) auftreten können.

Des weiteren, zur Testung ausgewählter Parameter über Liquor/Blut- bzw. Liquor/Plasma(Serum)-Quotienten ist dem Liquorlabor eine entsprechend präparierte Blutprobe mitzusenden (Hinweise an entsprechender Stelle).

8.1.4 Beurteilungsprobleme bisheriger Ergebnisse

Welche Kriterien sind zur Beurteilung bisheriger Ergebnisse zu ventrikulären Substanzkonzentrationen unbedingt heranzuziehen, wenn sie diagnostisch genutzt werden sollen?

– Historisch bedingte methodische Unzulänglichkeiten der Analytik:

Die heutigen Ultramikrotechniken auf immunologischer und chromatographischer Basis weisen die interessierenden Substanzen in der Regel ohne störende Interferenzen stofflich verwandter Substanzen in den erforderlich niedrigen Konzentrationsbereichen korrekt nach, so daß Ergebnisse aus früheren unempfindlicheren und störanfälligeren Verfahren mindestens nicht quantitativ verglichen werden können und bei Widersprüchen sogar besser nicht einbezogen werden sollten.

Des weiteren, die heutigen hochspezifischen und sehr präzisen immunologischen Nachweistechniken erlauben die quantitative Bestimmung früher nicht erfaßbarer und eine genauere Bestimmung früher mit gröberer Technik ermittelter Immunklassen.

– Befunde aus post mortem gewonnenem ventrikulären Liquor:

Die häufig in der Literatur zu findenden Vergleiche von Analyten in ventrikulären, cisternalen und lumbalen Liquores nach Entnahme 10–24 Stunden post mortem können zu erheblichen Fehlschlüssen führen. Landläufig werden pauschal immer nur autolytische Prozesse als Deutungsunsicherheiten diskutiert. Dabei spielen sicher post mortem die in den Liquorkompartimenten aufgrund ihrer differenten morphologischen Auskleidung über unterschiedliche Zeiträume und mit unterschiedlicher Intensität begrenzt weiterlaufenden Zirkulations- und Austauschprozesse die entscheidendere Rolle für den Realitätsgrad eines post-mortem-Befundes. Wenn man allein berücksichtigt, daß die den weitaus größten Teil der Ventrikelwände auskleidenden kinozilienreichen Ependymozyten noch bis 6 Stunden nach Eintritt des Todes Kinozilienbewegung zeigen [58], muß mit einem weiterlaufenden „Ausspülprozeß" des angrenzenden, nicht durch interzelluläre Schranken (tight junctions) getrennten und damit ungehemmt kommunizierenden zerebralen Extrazellularraumes in den ventrikulären Liquor gerechnet werden. Im Extrazellularraum vorhandene oder durch Membrandestruktionen dorthin ausgetretene Substanzen können damit eine erst post mortem vollzogene Anreicherung im ventrikulären Liquor erfahren. Ihre Nutzung als diagnostische Marker und Prädiktoren ist somit entscheidend in Frage gestellt.

– Probleme bei der Erstellung von Normalwerten in ventrikulären Liquores:

Diesbezügliche Probleme entstehen vorrangig durch manipulativ bedingte und selten völlig vermeidbare Blut-und damit Serumbeimengungen. Ist das Serum – Liquor-Konzentrationsgefälle der gefragten Analyten sehr groß, reichen bereits sehr geringe Serummengen für ihre erhebliche Konzentrationserhöhung im ventrikulären Liquor aus. Sie ist im ventrikulären Liquor zumeist bedeutend größer als im lumbalen Liquor, da die Verteilungsvolumina um mindestens eine Größenordnung differieren.

Probleme bei der Normalwertermittlung können aber auch medikamentöse Einflüsse hervorrufen, da Patienten mit ventrikulären Drainagen bei Intensivtherapie hochdosiert und mit einer Vielzahl an Medikamenten behandelt werden. Häufig liegen dabei noch deutliche Blut-Liquor-und Hirn-Liquor-Schrankenstörungen vor. Schließlich können hier therapiebedingte Veränderungen des Proteinprofils des Serums eingehen. Auf diese Aspekte wird besonders im Abschnitt 4 eingegangen.

8.2 Zytodiagnostik des ventrikulären Liquors

Da im ventrikulären Liquor grundsätzlich die gleichen Zellpopulationen wie im zisternalen und lumbalen Liquor vorkommen bzw. vorkommen können, sind die dort beschriebenen Zähl-, Zellanreicherungs-, Färbe- und Markierungstechniken uneingeschränkt anwendbar. Die Differenzierung erfolgt in gleicher Weise. Die Normalwerte für Zellzahl und Differentialzellbild unterscheiden sich nicht.

Jedoch sind einige Besonderheiten des Differentialzellbildes hervorzuheben:

– Die Häufigkeit *eosinophiler Granulozyten* ist oft bedeutend größer als im lumbalen Liquor. Sie kommen im ventrikulären Liquor häufig als Folge von Abbau- und besonderen Reizreaktionen vor, bei denen Mukopolysaccharide und N-Acetylneuraminsäuren freigesetzt werden und einen eosinotaktischen Effekt ausüben sollen. In diesem Zusammenhang treten sie als Folge von Shunt-Operationen, bei Entzündungen, zerebralen Ischämien, Blutungen und vereinzelt bei Tumoren auf [4, 47, 48, 51, 53]. Eine besonders ausführliche Studie zur Eosinophilie bei Kindern mit ventrikuloperitonealen Shunts ist in [51] beschrieben. Es wird sogar eine Eosinophilie nach intrathekaler Gentamycin-Gabe beschrieben [8, 31].

– Bei Verschlüssen ventrikuloperitonealer Shunts (sowohl am peritonealen oder ventrikulären Ende oder gleichzeitig an beiden Enden) wurden *Bindegewebe, gliale* und *granulomatöse Gewebsreste, Epithelien des Plexus chorioideus, Fibrin- Bruchstücke* von nekrotischem Gewebe, Blutbestandteile und Fremdkörper im Verschlußmaterial nachgewiesen. Mit derartigen Gewebsfetzen ist selbst bei weitgehend intakt funktionierenden Shunts und Drainagesystemen hin und wieder zu rechnen. Dementsprechend sind auch Abräumfunktionen erfüllende *Riesenzellen* im ventrikulären Liquor häufig anzutreffen.

– Reizinduzierte *granulozytäre Pleozytosen* (operative Eingriffe, Materialunverträglichkeiten und mechanische Reize, Eindringen von Blutbestandteilen, etc.) können im ventrikulären Liquor ein bedeutend größeres Ausmaß als im lumbalen Liquor annehmen. Gesamtzellzahlen bis 500 Zellen/µl mit bis zu 90 % *neutrophilen Granulozyten* sind unter diesen Bedingungen keine Seltenheit, ohne daß ein Erreger gefunden wird. Bei diesen Zellzahlen und Granulozytenanteilen würde im lumbalen Liquor sofort der Verdacht auf eine bakterielle Meningitis geäußert.

– Umgekehrt können erregerbedingte granulozytäre Pleozytosen aus anatomisch-physiologisch erklärbaren Gründen im lumbalen Liquor viel deutlicher als im ventrikulären Liquor ausgeprägt sein. Aus eigenem Untersuchungsgut können wir auf Beispiele verweisen, bei denen in nur drei Stunden Zeitdifferenz zwischen den diagnostisch und therapeutisch induzierten Punktionen lumbal über 2 000 Zellen/µl mit 80–90 % Granulozyten bestimmt wurden.

– Die bei bakteriellen Meningitiden im lumbalen Liquor bekannte zeitliche Folge einer kurzzeitig dominanten granulozytären Pleozytose (polynukleäre Initialphase) und einer deutlich längeren, zunächst dominant lymphozytären und dann monozytären Pleozytose (mononukleäre Sekundärphase) kann im ventrikulären Liquor völlig verändert sein. Die granulozytäre Phase bleibt im ventrikulären Liquor bisweilen über viel längere Zeiträume dominant, selbst wenn der Liquor nach antibiotischer Behandlung längst steril ist. Wir konnten sogar Fälle beobachten, bei denen die granulozytäre Phase ohne eine nennenswerte lymphozytäre direkt in die monozytäre Phase überging. Im extremsten und therapeutisch schwierigsten Fall aus eigenem Patientengut beobachteten wir noch 15 Tage nach Sterilität Gesamtzellzahlen um 1000/µl bei 60–70% Granulozyten, unter 5% Lymphozyten und 30–40% zum Teil stark aktivierten Monozyten.

8.3 Proteine

8.3.1 Gesamtprotein, Albumin, Immunglobuline G, A, M

Zum essentiellen Untersuchungsprogramm gehören *Gesamtprotein* und *Albumin*. Von letzterem hat der *Quotient vCSF/Serum* als Parameter der *ventrikulären Blut-Liquor-Schranke* eine gleiche grundsätzliche Bedeutung wie der Quotient im lumbalen Liquor. Da der ventrikuläre Quotient durch meist tägliche Verlaufsuntersuchungen viel häufiger als der lumbale Quotient bestimmt werden kann, liefert er nicht nur für die Prognose des Schrankenfunktionszustandes, sondern gleichzeitig für das aktuelle Therapieprogramm zusätzlich konkretere Hinweise. Bekanntermaßen erreichen beispielsweise Antibiotika die erforderlichen intrathekalen Konzentrationen bei intravenöser Gabe besser, wenn die Blut-Liquor-Schranke bereits leicht gestört ist (zum transzellulären kommt der interzelluläre Transportweg hinzu). Gezielte Untersuchungen hierzu – eingeschlossen die Möglichkeiten zu intrathekalen Gaben und untersetzt mit Konzentrationsgradienten Serum/Liquor, sowie die Pharmakokinetik einer Reihe von Antibiotika – werden in [5, 19, 29, 35, 36, 38, 39] beschrieben.

Die diagnostischen Aussagen mittels der ventrikulären Quotienten der *Immunglobuline G, A, M* wären prinzipiell mit denen der lumbalen Quotienten vergleichbar. Die Forderung nach ihrer Bestimmung bleibt allerdings auf einzelne Stichproben zu klinisch relevanten Zeitpunkten und dann im Wesentlichen auf *IgG* beschränkt.

Die nachfolgende kritische Wertung der ventrikulären Situation soll sich daher vor allem auf das *ventrikuläre Albumin* und *IgG* und deren *Quotienten* zum Serum beziehen:

– Die exakte Beurteilung der ventrikulären Werte und Quotienten ist nur dann möglich, wenn keine einblutungsbedingten oder manipulativ artefiziellen Serumanteile in den ventrikulären Liquor gelangen. Sie können den Albumin- und IgG-Gehalt im ventrikulären Liquor mindestens 10-fach stärker erhöhen, wenn man von den ventrikulären und lumbalen Normalkonzentrationen und einem Verteilungsvolumen von 5 ml pro Seitenventrikel gegenüber der breiten Spanne von 20–150 ml der äußeren Liquorräume ausgeht. Ein daraus leicht erstellbares Simulationsmodell läßt Anstiege der ventrikulären Konzentrationen und der Quotienten errechnen, deren Ausmaß die durch gleiche Serumanteile verursachten Veränderungen im lumbalen Liquor weit übertrifft. Objektiv bedingt oder nur schwer vermeidbar, muß daher bei dem überwiegenden Teil postoperativ oder aus Drainagen entnommener ventrikulärer Liquorproben mit eingeschränkter Beurteilbarkeit gerechnet werden. Aus unseren bislang reichlich 2000 untersuchten ventrikulären Liquores konnten wir uns nur bei etwa 100 mit Gesamtproteingehalten unter 120 mg/l sicher sein, daß keine einblutungsbedingten oder manipulativ verursachten Serumbestandteile von ergebnisbeeinträchtigender Relevanz hineingelangt waren. Aus diesen Proben wurden schließlich unsere Normalwertbereiche festgelegt (siehe Tab. 1).

– Ein zweiter Aspekt ist für die Beurteilung des ventrikulären Albuminquotienten zu beachten: Bekanntermaßen gehören die drainagepflichtigen Intensivpatienten zu jenem Patientengut, das häufig eine Hypoalbuminämie aufweist. Wird diese nicht oder nur teilweise durch Albumininfusionen kompensiert, ist das Serumangebot an Albumin im Verhältnis zu dem der dabei weniger veränderten Globulinklassen für die Ultrafiltration in den ventrikulären Liquor entsprechend verringert. Um die Wirkung auf die ventrikuläre Blut-Liquor-Schranke zu ermitteln, haben wir aus eigenen normalen Proben (bis 150 mg/l Gesamtprotein) die ventrikulären Albumin- und IgG-Quotienten für zwei Subgruppen mit Serum-Albumingehalten von 15–25 g/l (N = 28) bzw. 25–40 g/l (N = 18) parallel bestimmt und statistisch ausgewertet. Die Ergebnisse zeigt nachstehende Tab. 1. Trotz eines um ein Drittel niedrigeren Serumangebotes an Albumin sind die in den ventrikulären Liquor ultrafiltrierten Albuminkonzentrationen etwa gleich. Die ventrikulären Albumin-Quotienten werden jedoch damit bei dem niedrigerem Serumangebot an Albumin hoch signifikant höher, müssen aber trotzdem noch als normal gewertet werden.

Tab. 1: Albumingehalte und Albuminquotienten im normalen ventrikulären Liquor

	Subgruppe 1	Subgruppe 2
Albumingehalte Serum (g/l)	20,0 ± 3,2 (15–25)	29,9 ± 3,5 (25–40)
Albumingehalte ventr. CSF (mg/l)	53,5 ± 16 (30–83)	49,6 ± 17,2*) (30–86)
Albuminquotienten vQ (× 10^{-3})	2,7 ± 1,0 (1,1–4,8)	1,7 ± 0,5**) (0,7–2,6)

*) nicht signifikant
**) p < 0,001 (Wilcoxon-Test)

In diesen beiden Subgruppen parallel bestimmte IgG-Quotienten waren hingegen mit 1,2 ± 0,8 mg/l (Subgruppe 1) bzw. 1,1 ± 0,6 mg/l (Subgruppe 2) vollkommen identisch. Die ventrikulären Albumin- und IgG-Quotienten korrelierten also nicht miteinander.

Es können daher – wohlgemerkt ohne pathologischen oder artefiziellen Serumeinstrom in die Ventrikel – sogar IgG-Quotienten auftreten, die größer als die Albumin-Quotienten sind. Bei einer formalen Übertragung auf das Quotientendiagramm nach Reiber/Felgenhauer für lumbalen Liquor würde daraus eine intrathekale IgG-Synthese vorgetäuscht.

Frühere Beurteilungen von ventrikulären Proteinfraktionen gehen auf [55] zurück.

8.3.2 Kreatinkinase-BB (CKBB), Neuronenspezifische Enolase (NSE), Protein S-100 (S-100), Präalbumin (PA)

CKBB, NSE und *S-100* erweckten als potentielle zerebrale Marker besonders Interesse im Hinblick auf Liquor- und Serumuntersuchungen.

Während CKBB neuronal und glial (Astrozyten) lokalisiert ist, finden sich NSE vornehmlich im neuronalen und S-100 im glialen Zytoplasma. Ihre Freisetzung in den ventrikulären Liquor nach schweren Schädel-Hirn-Traumen, zerebralen Infarkten und zerebralen Blutungen wurde von verschiedenen Untersuchern beschrieben [37, 41, 45, 46]. Das Maximum der Spiegel war meist etwa 24 Stunden nach dem Ereignis erreicht, woran sich relativ rasche exponentielle Abklingphasen anschlossen. Allerdings treten Erhöhungen dieser Parameter mit ähnlichem Zeitverlauf auch bereits durch eine intraventrikuläre Katheter-Implantation auf, so daß die mit dem eigentlichen Ereignis verbundenen Anstiege verfälscht werden können [1, 24].

Diagnostisch bedeutungsvoll kann die parallele Verfolgung dieser Markerproteine mit dem Laktatspiegel im ventrikulären Liquor sein, wobei erstere das Ausmaß parenchymatös-zellulärer Rupturen und letzterer den Umfang hypoxischer Schädigung in Verlauf und Prognose angeben. Eine aufschlußreiche Parallelbestimmung von CKBB und Laktat wurde in [45] beschrieben.

Zum *Präalbumin (Transthyretin*, PA) im ventrikulären Liquor liegen intensive Untersuchungen vor, da dieses Protein wegen seiner hohen Syntheserate im Epithel des Plexus chorioideus, die den über die Blut-Liquor-Schranke in den Liquor der unterschiedlichen Kompartimente gelangenden Anteil um ein Vielfaches übersteigt, als Maß für die ventrikuläre Liquorproduktion (Primärliquor) und für die Liquorzirkulation genutzt werden kann [20, 56]. Der der choriodalen Syntheserate entstammende, schrankenunabhängige Anteil des PA im ventrikulären Liquor ist mit 17–20 mg/l gegenüber nur etwa 0,45 mg/l des schrankenabhängigen Anteils das fast 40-fache.

Im subarachnoidalen und lumbalen Liquorkompartiment sorgen einerseits die hohe kontinuierliche chorioidale Syntheserate und die Zirkulation im Gleichgewicht mit der Liquorresorption, sowie andererseits die nur etwa 3-fache Zunahme des geringen schrankenabhängigen Anteils bis zum Lumbalraum auf etwa 1,4 mg/l für die Einstellung einer nahezu gleichen Gesamtkonzentration von 18–20 mg/l PA in allen Etagen. Da der PA-Spiegel des Serums etwa 250 mg/l beträgt, besteht ventrikulär ein schrankenabhängiges Gefälle von 550:1 und lumbal eines von 180:1. Aus diesen unter Normalbedingungen bestehenden Unterschieden, den um mehr als eine Größenordnung differierenden synthese- und schrankenabhängigen Anteilen, sowie dem Fehlen eines ventrikulär-zisternal-lumbalen Gradienten resultieren die konzeptionellen Ansätze zur diagnostischen Nutzung des PA unter pathophysiologischen Bedingungen. Der Syntheseanteil kann aus der Differenz zwischen dem ventrikulären Gesamt-PA und dem schrankenabhängigen Anteil errechnet werden. Letzterer wird über das Produkt aus dem Albumin-Quotienten Liquor/Serum und der PA-Serumkonzentration direkt bestimmt [56].

8.3.3 Weitere Proteinnachweise im ventrikulären Liquor

An dieser Stelle sollen jene Proteine des ventrikulären Liquors nur schlagwortartig und mit wenigen Literaturhinweisen aufgeführt werden, deren Beurteilung sich im Forschungsstadium befindet. Über ihre mögliche diagnostische Relevanz wird daher keine Aussage gemacht.

Das *basische Myelinprotein* des ventrikulären Liquors Erwachsener war in Abhängigkeit von der Aggressivität des hydrocephalen Prozesses erhöht [26].

Bei Kindern wurden ähnliche Beobachtungen gemacht, wobei gleichzeitig das basische Myelinprotein als Marker für eine korrekte Shunt-Funktion beschrieben wurde [25].

Karzinoembryonales Antigen (CEA), β-Glukuronidase und *β-2-Mikroglobulin* wurden bei Tumorpatienten mit leptomeningealen Metastasen (Primärtumortypen: Mamma-Karzinome, Lungen-Karzarzinome, Lymphome, Melanom) im ventrikulären und lumbalen Liquor verglichen. Die Spiegel lagen im lumbalen Liquor höher. CEA und β-2-Mikroglobulin wurden als prognostische Parameter für Therapieerfolg und Überlebenschancen eingeschätzt [52].

Das multifunktionelle *Zytokin IL-6* als Promotor einer akute-Phase-Antwort wurde im ventrikulären Liquor und Serum parallel zu *C-reaktivem Protein, α-1-Antitrypsin* und *Fibrinogen* nach Schädel-Hirn-Traumen untersucht. IL-6 korrelierte zwischen beiden Flüssigkeiten unmittelbar nach dem Ereignis mit dem Ausmaß der Blut-Hirn-Schrankenstörung [21]. Bei hohen Spiegeln von IL-6 im ventrikulären Liquor wurde nach schweren Schädel-Hirn-Traumen gleichzeitig eine Auschüttung des *Nerve Growth Factor* gemessen [22].

Bei Kleinkindern wurden steigende *IL-1*- und *Endotoxin*-Spiegel im ventrikulären Liquor bei Meningitis und Ventrikulitis im Zusammenhang mit intrathekaler Gentamycin-Therapie beschrieben [34].

Aus der Reihe der Zytokine wurden bei Parkinson-Patienten in ventrikulären Liquores *IL-1β, IL-2, IL-4, IL-6, Epidermal Growth Factor* und *TGF-α* bestimmt und erhöht gefunden [32].

TGF-β1- und *TGF-β2*-Spiegel wurden im ventrikulären Liquor bei Parkinsonpatienten, allerdings post mortem, ebenfalls erhöht gefunden [54].

An weiteren Proteinen im ventrikulären Liquor wurden das *Komplementprotein C3* und *Faktor B* im Zusammenhang mit Störungen der Blut-Hirn-Schranke bei Schädel-Hirn-Traumen [23], das *Erythropoietin* in gleichem Zusammenhang [27], *Apolipoprotein E* und *Aktin* im Zusammenhang mit dem M. Alzheimer [28], das *Neuronale Zelladhäsionsmolekül (NCAM)* bei Psychosen [18], sowie *Endothelin-1* und *Endothelin-3* bei Patienten mit Subarachnoidalblutungen mit und ohne Vasospasmen beschrieben [10].

An höher- und niedermolekularen Peptiden und Hormonen wurden im ventrikulären Liquor β-*Lipoprotein,* β-*Endorphin, ACTH, Somatostatin* und *Hämophin-7* untersucht [2, 12, 14, 17].

Zur Gruppe der Tumormarker, hier besonders das AFP und ß-hCG zur Differenzierung von Metastasen sezernierender Keimzelltumoren betreffend, liegen nahezu ausschließlich Befunde aus lumbalem Liquor vor [9]. Die Eignung subokzipitaler [16] und ventrikulärer Liquores liegt auf der Hand. In letzteren sollten beide Tumormarker in gleicher Weise als Therapieprädiktoren und Indikatoren für Tumorrezidive und die Progression der Erkrankung geeignet sein.

8.4   Lactat, Glucose

Ausmaß und Bewegungen des ventrikulären *Liquorlactatspiegels (L-Lactat)* gehören zu den wesentlichen Markern für den Umfang und die Prognose einer generalisierten oder lokalisierten zerebralen Ischämie und Hypoxie. Da diese metabolischen Entgleisungen Ursachen und Folgen verschiedener, häufig sehr komplexer Schädigungen sein können (Schädel-Hirn-Trauma, Blutungen, Hirninfarkt, bakt. Meningitis, Tumoren u.a.), sind Korrelationen zwischen klinischem Bild, Prognose und Höhe des Laktatspiegels am besten über Verlaufsbestimmungen während relevanter Zeiträume nach dem Ereignis zu erkennen. Der ventrikuläre Liquor bietet hier bezüglich der Häufigkeit von Verlaufsbestimmungen gegenüber dem lumbalen Liquor einen deutlichen Vorteil, obwohl in letzterem prinzipiell ähnliche Veränderungen gefunden werden können. Die Empfehlung einer diagnostischen Nutzung der Laktatbestimmung bei ventrikulären Drainagen bezieht sich also vorrangig auf Verlaufskontrollen während der ersten 6−8 Tage zur Erkennung prognostischer Trends. Einige ausgewählte Beispiele sollen angeführt werden:

1. Für die Verläufe ventrikulärer Laktatspiegel nach schweren Schädel-Hirn-Traumen lassen sich im wesentlichen drei Profile abgrenzen [6, 7, 45]: Ausgehend von einem posttraumatisch (10−12 Stunden) erhöhten Ausgangsspiegel (> 2,5 mmol/l) erfolgen innerhalb von 5−6 Tagen
   − eine relative Normalisierung auf Werte > 2 mmol/l als Zeichen einer guten Prognose oder
   − ein Konstantbleiben auf erhöhten Werten mit schlechter Prognose oder
   − ein weiterer Anstieg mit schlechter Prognose bis sogar Todesfolge.

2. Die Verläufe ventrikulärer und zisternaler Laktatspiegel bei aneurismalen Subarachnoidalblutungen erbrachten ebenfalls Korrelationen zum klinischen Verlauf und zur Prognose [50]: Bei Einteilung des Patientengutes entsprechend der Glasgow Outcome Scale in eine Gruppe mit guter Genesungstendenz und mäßigen Behinderungen (Grade I und II) und in eine Gruppe mit schweren Schädigungen und Todesfolgen (Grade III−V) wies im Gesamtvergleich die Gruppe I/II im zisternalen Liquor mit 2,8 ± 0,6 mmol/l und im ventrikulären Liquor mit 2,4 ± 0,8 mmol/l jeweils geringere Laktaterhöhungen als die Gruppe II−V mit zisternal 3,6 ± 0,8 und ventrikulär 4,0 ± 2,1 mmol/l auf. Bei Patienten mit gleichzeitiger zisternaler und ventrikulärer Drainage lagen − aus topographischer Sicht verständlich − die zisternalen Laktatwerte mit 3,5 ± 1,0 mmol/l signifikant höher als die ventrikulären mit 2,6 ± 1,1 mmol/l. Im Zeitverlauf nahmen die erhöhten zisternalen und ventrikulären Spiegel der Gruppe I/II gering ab, in Gruppe

III−V blieben sie nach leichtem Anstieg (5.−6. Tag) auf diesem Niveau erhalten. Nach SAB durch rupturierte Aneurysmen bewirkten Vasospasmen deutliche Laktatanstiege und eine entsprechende klinische Verschlechterung [33]. Gleichzeitige Pyruvatbestimmungen brachten keine zusätzlichen Erkenntnisse.

3. Stellt sich bei Patienten mit Schädel-Hirn-Trauma, Subarachnoidalblutungen und weiteren drainagepflichtigen Bildern zusätzlich eine bakterielle Meningitis ein, können sich die ventrikulären und zisternalen Laktatspiegel deutlich bis dramatisch erhöhen, additiv bedingt aufgrund einer Produktion durch erhöhte Granulozytenzahlen und Bakterienlyse. Normale L-Lactatspiegel liegen im ventrikulären Liquor niedriger als im lumbalen Liquor [43]. Da jedoch Normalwerte kaum gesichert erhältlich sind, sollten als obere Normgrenzen etwa 2,2−2,4 mmol/l betrachtet werden [6]. Die im lumbalen Liquor erfolgreich zur Differenzierung bakterieller von viraler Meningitis eingesetzte Bestimmung des von Bakterien synthetisierten *D-Lactats* hat für ventrikulären Liquor keine Verbreitung gefunden, denn die Anlage von Ventrikeldrainagen ist mit antibiotischer Behandlung verbunden. Da bei negativ werdenden Kulturen der D-Lactatspiegel ebenfalls auf Normalwerte absinkt, ist die Bestimmung von letzterem nicht sinnvoll.

Die Bestimmung *ventrikulärer Glukosespiegel* bringt im Vergleich zum Laktat keine adäquaten prognostischen Erkenntnisse. Die frühere diagnostische Nutzung zur prinzipiellen Differenzierung zwischen bakterieller und viraler Meningitis sollte bei Vorhandensein eines funktionierenden zytologischen und mikrobiologischen Liquorlabors und im Zeitalter der Amplifikationstechniken endlich der Vergangenheit angehören. Gerade wegen der nur geringen verfügbaren Mengen ventrikulären Liquors wäre jede Nutzung für eine solche Fragestellung eine Verschwendung. Der normale Bereich ventrikulärer Glukosespiegel, obwohl nur in wenige Fällen störungsfrei bestimmbar, liegt 0,3−1 mmol/l höher als im lumbalen Liquor [30].

Für Verminderungen des Glukosespiegels im ventrikulären Liquor durch Alterationen des Glukosetransportes, durch zellulären Verbrauch und verminderte Verfügbarkeit kommen mannigfaltige Ursachen in Frage: Hauptsächlich bakterielle und mykobakterielle, gelegentlich aber auch virale Infektionen, Meningeosis mit meningitischen Begleitreaktionen, Sarkoidose, Blutungen, Diabetes und schwere Hyperglykämie, Infarktsituationen. Eine differentialdiagnostische Nutzung ist damit kaum gegeben.

Eine Nutzung zur Therapiekontrolle und Prognose wäre dann gewährleistet, wenn parallele Bestimmungen der Blutglukose, gegebenenfalls ergänzt durch relevante Parameter des Mineral- und Säure-Basen-Haushalts, durchgeführt werden und somit Anhaltspunkte für eine Beurteilung der Gesamtsituation des Glukosemetabolismus gegeben sind [50].

8.5 Nachweis weiterer Analyte im ventrikulären Liquor

Die *Bioptin*-Spiegel wurden im ventrikulären Liquor bei Parkinsonpatienten signifikant niedriger als bei Kontrollen gefunden. Dabei lagen die ventrikulärer Spiegel etwa doppelt so hoch als normal [13]. Ebenso bei Parkinsonpatienten wurde α-*Tocopherol* im ventrikulären Liquor bestimmt [40].

Eicosanoide (Prostaglandine, Thromboxan A2) wurden bei Patienten mit Hydrocephalus untersucht und im ventrikulären und lumbalen Liquor ähnlich gefunden [42]. Bei Schädel-Hirn-Traumen waren Prostaglandine im ventrikulären Liquor häufig erhöht [11, 57].

Die Literatur zu *Katechol-* und *Indolaminen* und ihren Metaboliten im ventrikulären und vergleichsweise lumbalen Liquor ist bereits relativ reichhaltig und unter entsprechenden Stichworten zu finden. Bei kausalpathogenetischen Bezügen, wie etwa bei extrapyramidal motorischen Erkrankungen und Psychosen, sind sowohl bestätigende Korrelationen, als auch nicht aussagekräftige bis widersprüchliche Ergebnisse nachlesbar. In verstärkter Form, bedingt vor allem durch verbesserte analytische Möglichkeiten, finden sich Publikationen zur Pharmakokinetik in ventrikulärem Liquor. Zur Erreichung intrathekaler therapeutisch effektiver Spiegel sind Verlaufsuntersuchungen erfolgversprechend. Auf Antibiotika wurde bereits verwiesen. Beispielhaft seien hier noch Untersuchungen mit *Apomorphin* [44], *Methotrexat* [49], *Cytosin-arabinosid* [5], sowie *monoklonalen Antikörpern* zur Behandlung maligner Prozesse genannt [39].

8.6 Literatur

[1] Bach, F. W., A. Kruse, B. Melgaard et al.: Creatine kinase BB release into cerebrospinal fluid after lateral ventricle cannulation. Br J Neurosurg 2 (1988) 339–342.

[2] Black, P., T. Ballantine, D. B. Carr et al.: Beta-Endorphin and Somatostatin Concentrations in the Ventricular Cerebrospinal Fluid of Patients with Affective Disorderse. Biol Psychiatry 21 (1986) 1075–1077.

[3] Blount, J. P., J. A. Campell, S. J. Haines: Complications in ventricular cerebrospinal fluid shunting. Neurosurg Clin N Am 4,4 (1993) 633–656.

[4] Bosch, I., M. Oehmichen: Eosinophile Granulocytes in Cerebrospinal Fluid: Analysis of 94 Cerebrospinal Fluid Specimens and Review of the Literature. J Neurol 219 (1978) 93–105.

[5] Chamberlein, M. C., P. Kormanik, S. B. Howell et al.: Pharmacokinetics of Intralumbar DTC-101 for the Treatment of Leptomeningeal Metatases. Arch Neurol 52 (1995) 912–917.

[6] De Salles, A. A. F., H. A. Kontos, D. P. Becker et al.: Prognostic significance of ventricular CSF lactic acidosis in severe head injury. J Neurosurg 65 (1986) 615–624.

[7] De Salles, A. A. F., J. P. Muizelaar, H. F. Young: Hyperglycemia, cerebrospinal fluid lactic acidosis, and cerebral blood flow in severely head-injured patients. Neurosurg 21,1 (1987) 45–50.

[8] Duhaime, A.-C.: Eosinophilia Following Shunting J Neurosurg 76 (1992) 724–725.

[9] Edwards, M. S. B., R. L. Davis, J. P. Laurent: Tumor Markers and Cytologic Features of Cerebrospinal Fluid. Cancer 56 (1985) 1773–1777.

[10] Ehrenreich, H., M. Lange, K. A. Near et al.: Long term monotoring of immuno-reactive endothelin-1 and endothelin-3 in ventricular cerebrospinal fluid, plasma, and 24-h urine of patients with subarachnoid hemorrhage. Res Exp Med 192 (1992) 257–268.

[11] Ellis, C. K., R. K. Narayan, E. F. Ellis: GC/MS Analysis of Prostaglandins in Ventricular Cerebrospinal Fluid from Head Injured Humans. Prostaglandins and Medicine 7 (1981) 157–161.

[12] Facchinetti, F., F. Petraglia, S. Cicero et al.: No gradient exists between lumbar and ventricular cerebrospinal fluid ß-endorphin. Neurosci Lett 77 (1987) 349–352.

[13] Furukawa, Y., T. Kondo, K. Nishi et al.: Total bioptin levels in the ventricular CSF of patients with Parkinson's disease: a comparison between akineto-rigid and tremor types. J Neurol Sci 103 (1991) 232–237.

[14] Glämsta, E.-L., B. Meyerson, J. Silberring et al.: Isolation of a hemogobin-derived opioid peptide from cerebrospinal fluid of patients with cerebrovascular bleedings. Biochem Biophys Res Commun 184 (1992) 1060–1066.

[15] Greenlee, J. E., K. C. Carroll: Cereprospinal fluid in CNS Infections. In: W. M. Scheld, R. J. Whitley, D. T. Durack (Hrsg.): Infections of the Central Nervous System, S. 899–922. Lippincott–Raven, Philadelphia–New York 1997.

[16] Hilker, R., R. Mielke, F. Berthold et al.: Mischtumoren der Pinealisregion. Nervenarzt 69 (1998) 519–524.

[17] Hosobuchi, Y., F. E. Bloom: Analgesia Induced by Brain Stimulation in Man. In: J.H. Wood (Hrsg.): Neurobiology of Cerebrospinal Fluid, 2, S. 97–105. Plenum Press, New York–London 1983.

[18] Jørgensen, O. S.: Neural cell adhesion molecule (NCAM) and prealbumin in cerebrospinal fluid from depressed patients. Acta psychiatr scand 78, Suppl 345 (1988) 29–37.

[19] Kaufmann, B. A.: Infections of Cerebrospinal Fluid Shunts. In: W. M. Scheld, R. J. Whitley, D. T. Durack (Hrsg.): Infections of the Central Nervous System, S. 555–577. Lippincott–Raven, Philadelphia–New York 1997.

[20] Kleine, T. O., R. Hackler, A. Lütcke et al.: Transport and production of cerebrospinal fluid (CSF) change in aging humans under normal and diseased conditions. Z Gerontol 26 (1993) 251–255.

[21] Kossmann, T., V. H. J. Hans, H.-G. Imhof et al.: Intrathecal and Serum Interleukin-6 and the Acute-Phase Response in Patients with Severe Traumatic Brain Injuries. Shock 4,5 (1995) 311–317.

[22] Kossmann, T., V. H. J. Hans, H.-G. Imhof et al.: Interleukin-6 released in human cerebrospinal fluid following traumatic brain injury may trigger nerve growth factor production in astrocytes. Brain Res 713 (1996) 143–152.

[23] Kossmann, T., P. F. Stahel, M. C. Morganti-Kossmann et al.: Elevated levels of the complement components C 3 and factor B in ventricular cerebrospinal fluid of patients with traumatic brain injury. J Neuroimmunol 73 (1997) 63–69.

[24] Kruse, A., K. G. Cesarini, F. W. Bach et al.: Increases of Neuron-specific Enolase, S-100 Protein, Creatine Kinase and Creatine Kinase BB Isoenzyme in CSF Following Intraventricular Catheter Implantation. Acta Neurochirurg (Wien) 110 (1991) 106–109.

[25] Longatti, P. L., F. Guida, S. Agostini et al.: The CSF myelin basic protein in pediatric hydrocephalus. Child's Nerv Syst 10 (1994) 96–98.

[26] Longatti, P. L., F. Palermo, V. Baratto et al.: C.S.F. immunoreactive myelin basic protein in patients with active hydrocephalus. J Neurosurg Sci 30 (1986) 240.

[27] Marti, H., M. Gassmann, R. H. Wenger et al.: Detection of erythropoietin in human liquor: Intrinsic erythropoietin production in the brain. Kidney Internat 51 (1997) 416–418.

[28] Merched, A., J.-M. Serot, S. Visvikis et al.: Apolipoprotein E, transthyretin and actin in the CSF of Alzheimer's patients: relation with the senile plaques and cyto-skeleton biochemistry. FEBS Lett 425 (1998) 225–228.

[29] Mertens, H. G., P. Reuther: Indikationen intrathekaler Applikation und Pharmakotherapie von Krankheiten des Liquorraumes. In: D. Dommasch, H. G. Mertens (Hrsg.): Cerebrospinalflüssigkeit CSF, S. 187–211. Thieme Verlag, Stuttgart–New York 1980.

[30] Meyers, G. C., M. G. Netzky: Relation of blood and cerebrospinal fluid glucose. Arch Neurol 6 (1962) 18–20.

[31] Mine, S., A. Sato, A. Yamaura et al.: Eosinophilia of the cerebrospinal fluid in a case of shunt infection: case report. Neurosurg 19 (1986) 835–836.

[32] Mogi, M., M. Harada, H. Narabayaski et al.: Interleukin IL)-1β, IL-2, IL-4, IL-6 and transforming growth factor-α levels are elevated in ventricular cerebrospinal fluid in juvenile parkinsonism and Parkinson's disease. Neurosci Lett 211 (1996) 13–16.

[33] Mori, K., K. Nakajiama, M. Maeda: Long-term monitoring of CSF lactate levels and lactate/pyruvate ratios following subarachnoid haemorrhage, Acta Neurochir (Wien) 125 (1993) 20–26.

[34] Mustafa, M. M., J. Mertsola, O. Ramilo et al.: Increased Endotoxin and Interleukin-1β Concentrations in Cerebrospinal Fluid of Infants with Coliform Meningitis and Ventriculitis Associated with Intraventriculär Gentamycin Therapy. J Infect Dis 160 (1989) 891–895.

[35] Nau, R., M. Kinzig-Schippers, F. Sörgel et al.: Kinetics of Piperacillin and Tazobactam in Ventricular Cerebrospinal Fluid of Hydrocephalic Patients. Antimicrob Agents Chemother. 41,5 (1997) 987–991.

[36] Nau, R., H. W. Prange, P. Muth et al.: Penetration of Antibiotics and Osmodiuretics into the Cerebrospinal Fluid with Uninflamed Meninges. In: K. Felgenhauer, M. Holzgräfe, H. W. Prange (Hrsg.): CNS Barriers and Modern CSF Diagnostics, S. 181–185. VCH Verlagsgesellschaft mbH, Weinheim–New York–Basel 1993.

[37] Nordby, H. K., P. Urdal, H. Bjørnaes: The prognosis of patients with concusion and increased creatine kinase BB in the cerebrospinal fluid. Acta Neurochir 71 (1984) 205–215.

[38] Olsen, D. A., P. D. Hoeprich, M. N. Sheila et al.: Successful Treatment of Gram-Negative Bacillary Meningitis with Moxalactam. Ann Intern Med 95 (1981) 302–305.

[39] Papanastassiou, V., B. L. Pizer, C. L. Chandler et al.: Pharmacokinetics and dose estimates following intrathecal administration of [131]J-monoclonal antibodies for the treatment of central nervous system malignancies. Int J Rad Onc Biol Phys 31 (1995) 541–522.

[40] Pappert, E. J., C. C. Tangney, G. G. Goetz et al.: Alpha-tocopherol in the ventricular cerebrospinal fluid of Parkinson's disease patients: Dose-response study and correlations with plasma levels. Neurol 47 (1996) 1037–1042.

[41] Persson, L. H. Hardemark, J. Gustafson et al.: S-100 protein and neuron specific enolase in cerebrospinal fluid and serum: Markers of cell damage in human central nervous system. Stroke 18 (1987) 911–918.

[42] Pickard, J. D., V. Walter, H. Newton et al.: Effect of Hydrocephalus on Prosta-glandins and

Thromboxane B2 in Ventricular Cerebrospinal Fluid. Neurosurg 27 (1990) 943–945.
[43] Posner, J. B., F. Plum: Independence of blood and cerebrospinal fluid lactate. Arch Neurol 16 (1967) 462–496.
[44] Przedborski, S., M. Levivier, C. Raftopoulos et al.: Peripheral and Central Pharmacokinetics of Apomorphine and Its Effect on Dopamine Metabolism in Humans. Movement Disorders 10 (1995) 28–36.
[45] Rabow, L., A. A. F. De Salles, D. P. Becker et al.: CSF brain creatine kinase levels and lactic acidosis in severe head injury. J Neurosurg 65 (1986) 625–629.
[46] Rabow, L., G. Hedman: Creatine-kinase BB after head trauma related to outcome. Acta Neurochir 76 (1985) 137–139.
[47] Sayk, J.: Klinischer Beitrag zur Liquoreosinophilie und Frage der allergischen Reaktion im Liquorraum. Dtsch Z Nervenheilk 177 (1957) 62.
[48] Schmidt, R. M., H. Hecht: Beitrag zur Liquordiagnostik der eosinophilen Meningitis. Nervenarzt 33 (1962) 547.
[49] Shapiro, W. R., D. F. Young, B. M. Metha: Methotrexate: Distribution in Cerebrospinal Fluid after Intervenous, Ventricular and Lumbar Injections. N Engl J Med 293 (1975) 161–166.
[50] Shimoda, M., S. Yamada, I. Yamamoto et al.: Time Course of CSF Lactate evel in Subarachnoid Haemorrhage. Correlation with Clinical Grading and Prognosis. Acta Neurochir (Wien) 99 (1989) 127–134.
[51] Thung, H., C. Raffel, J. G. McComb: Ventricular cerebrospinal fluid eosinophilia in children with ventriculoperitoneal shunts. J Neurosurg 75 (1991) 541–544.
[52] Twijnstra, A., B. W. Ongerboerde Visser, A. P. van Zanten et al.: Serial lumbar and ventricular cerebrospinal fluid biochemical marker measurements in patients with leptomeningeal metastases from solid and hematological tumors. J Neuro-Oncol 7 (1989) 57–63.
[53] Tzvetanova, E. M., Ch. T. Tzekov: Eosinophilia in the cerebrospinal fluid of children with shunts implanted for the treatment of internal hydrocephalus. Acta Cytol 30 (1986) 277–280.
[54] Vawter, M. P., O. Dillon-Carter, W. W. Tourtelotte et al.: TGFβ1 and TGFβ2 Concentrations are Elevated in Parkinson's Disease in Ventricular Cerebrospinal Fluid. Exp Neurol 142 (1996) 313–322.
[55] Weisner, B., W. Bernhardt: Protein fractions of lumbar, cisternal, and ventricular cerebrospinal fluid. J Neurol Sci 37 (1978) 205–214.
[56] Weisner, B., H.-J. Roethig: The Concentration of Prealbumin in Cerebrospinal Fluid (CSF), Indicator of CSF Circulation Disorders. Eur Neurol 22 (1983) 96–105.
[57] Westcott, J. Y., R. C. Murphy, K. Stenmark: Eicanoids in Human Ventricular Cerebrospinal Fluid Following Severe Brain Injury. Prostaglandins 34, 6 (1987) 877–887.
[58] Worthington, W. C., R. S. Cathcart: Ciliary currents on ependymal surface. Ann NY Acad Sci 130 (1966) 944–950.

B.9 Qualitätskontrolle in der Liquordiagnostik

9.1 Qualitätskontrolle in der Liquorzytodiagnostik

E. Linke, V. Wieczorek, K. Zimmermann

9.1.1 Einleitung

Alle labordiagnostischen Randgebiete unterliegen aus naheliegenden, zunehmend ökonomisch dominierten Gründen leicht einer gewissen Vernachlässigung und bedürfen deshalb besonderer Aufsicht und Pflege. Dies gilt auch für die Liquor-Zytologie, die – soll sie die Aufgaben einer Zyto-Diagnostik erfüllen – einheitlichen und weitgehend verbindlichen morphologischen Festlegungen folgen muß und in ihren Möglichkeiten, aber auch in ihren Grenzen klar definiert sein soll.

Im Kontext der schon sehr bald gut entwickelten Liquor-Proteindiagnostik [13] spielte die Liquor-Zytologie über längere Zeit eine vergleichsweise nur untergeordnete Rolle. Gleichwohl hatte die Entwicklung von leistungsfähigen Zellpräparationstechniken [4, 18] sowie zytochemischer [12] und immunzytologischer Methoden [1, 5, 7, 14] der Liquorzytologie in den 70er und 80er Jahren einen bedeutenden Entwicklungsschub verliehen. Die Erkenntnis, daß wesentliche diagnostische Informationen nicht durch eine unzureichend entwickelte und nur punktuell praktizierte Liquor-Zytologie verloren gehen dürften, fand ihren Ausdruck in der Veröffentlichung wichtiger liquorzytologischer Monographien durch Dufresne [3], Sayk [17], Oehmichen [11], Schmidt [19] und Kölmel [6] und führte 1983 zur Initiierung des „1. Stadtrodaer Seminars für Liquor-Zytodiagnostik". Mit dieser Veranstaltungsreihe wurde ein Forum geschaffen, auf dem alle praktischen und theoretischen Teilaspekte der Liquorzytologie regelmäßig diskutiert werden konnten. Den durch diese Veranstaltungen fokussierten Bemühungen um Vereinheitlichung der morphologischen Zuordnungen sowie dem schwierigen Versuch der Klärung vielfältiger nosologischer Probleme folgte bald der Wunsch, den erreichten liquorzytologischen Kenntnisstand im Sinne eines Ringversuches zu überprüfen. In den Jahren 1987 und 1988 wurden folgerichtig die ersten beiden „Ringversuche zur Qualitätssicherung in der Liquorzytodiagnostik" in der damaligen DDR durchgeführt [10].

Getragen durch die „Deutsche Gesellschaft für Liquordiagnostik und klinische Neurochemie" wurde in Verantwortung des „Institutes für Standardisierung und Dokumentation im medizinischen Laboratorium e. V., INSTAND", Düsseldorf die Weiterführung der liquorzytologischen Qualitätssicherung jetzt in Form eines „Ringversuches vor Ort" ermöglicht.

Anders als in der Hämatologie, die den Parallelversand einer Vielzahl weitestgehend identischer Präparate gestattet, ist durch die besondere Form eines „Ringversuches vor Ort" den speziellen Gegebenheiten der Liquorzytologie mit ihren vergleichsweise immer geringen Mengen an Untersuchungsmaterial Rechnung getragen.

Um den erklärten Zielen einer Verbesserung des liquorzytologischen Kenntnisstandes und einer Vereinheitlichung der zytologischen Zuordnung gerecht zu werden, wurden alle „Ringversuche vor Ort" mit einem sogenannten liquorzytologischen Entscheidungs- und Zuordnungstraining verbunden.

Von Anbeginn der Aktivitäten zur Qualitätssicherung in der Liquorzytodiagnostik war dem mit der Durchführung beauftragtem Fachgremium [8] klar, daß eine wertende Interpretation aller Ergebnisse nur unter Beachtung zutreffender und gültiger statistischer Grundsätze möglich sein würde.

9.1.2 Grundlagen der Zuverlässigkeit liquorzytologischer Differenzierungsergebnisse

Wird ein beliebiges liquorzytologisches Präparat mehrfach differenziert, so wird auch bei Bearbeitung durch die gleiche Person nicht mit völlig identischen Ergebnissen zu rechnen sein. Was jedoch im Sinne einer relevanten diagnostisch wertbaren Aussage auch von jeder einzelnen Differenzierung erwartet werden muß, kann wie folgt zusammengefaßt werden:

1. Die einzelnen Differenzierungsergebnisse der gleichen oder auch mehrerer Personen müssen *qualitativ und quantitativ* in einem „vernünftigen" Rahmen miteinander vergleichbar sein
2. Die Differenzierungen müssen den wirklichen zytologischen Verhältnissen im lumbalen Subarachnoidalraum entsprechen.
3. Alle Differenzierungen müssen die tatsächlich im Präparat enthaltenen Zellpopulationen beinhalten und deren wirklicher Verteilung entsprechen.

Jedes Liquor-Differentialzellbild soll also ein vertretbar zuverlässiges Abbild der im Normalfall rund 12,5 Millionen Zellen der Cerebrospinalflüssigkeit und zugleich ein hinreichend zuverlässiges Abbild der Zellzusammensetzung des zytologischen Präparates sein. Mit Anerkennung dieser Grundforderungen wird sofort klar: die gewöhnlich differenzierte Anzahl von 100 Zellen stellt allemal einen Kompromiß zwischen der für ein exaktes Ergebnis notwendigen hohen Zahl zu differenzierender Zellen und dem in der Praxis vertretbaren zeitlichen und technischen Aufwand für eine Differenzierung dar. Es ist auch ohne weiteres einsichtig, daß der Rückschluß von 100 differenzierten Zellen auf die Verhältnisse in einem z. B. recht zellreichen Präparat oder gar auf die Zusammensetzung der gesamten Leukozytenpopulation des Cerebrospinalraumes mit unvermeidbaren Ungenauigkeiten belastet sein muß. Dies gilt, mit allerdings unterschiedlicher Bedeutung, sowohl für die quantitativen Angaben von Zellanteilen, wie auch für die Erkennung kleinerer Zellpopulationen, also für den qualitativen Aspekt eines Liquor-Differentialzellbildes.

9.1.3 Zuverlässigkeit quantitativer Angaben

Bei der Suche nach einer Möglichkeit zur Berechnung vertretbarer Vertrauensgrenzen, innerhalb derer Differenzierungsergebnisse variieren dürfen, bot sich das auch bisher noch konkurrenzlose, ausgesprochen praxisrelevante Verfahren nach Rümke [15, 16] an, das jede zugrundeliegende Differenzierung als einmalige Punktschätzung behandelt (Abb. 1 und Tabelle 1).

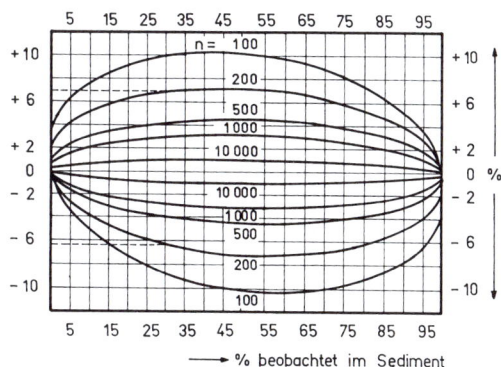

Abb. 1: Nomogramm zur Bestimmung der Grenzen der 95 %-Vertrauensintervalle für den Prozentsatz von Leukozyten einer bestimmten Art.

Tab. 1: 95 % Vertrauensintervalle für den tatsächlichen Prozentanteil einer Zellpopulation

a	n = 100	n = 200	n = 500	n = 1000
4	1–10	2–8	2,5–6	3–5,5
10	5–18	6–15	7,5–13	8–12
30	21–40	24–37	26–34	27–33
60	50–70	53–67	56–64	57–63
90	82,5–95	85–94	87–92,5	88–92

Es ist im gesamten biologischen Bereich üblich, die 95% − Vertrauensgrenzen zu verwenden und eine 5%ige Irrtumswahrscheinlichkeit in Kauf zu nehmen. Es werden innerhalb dieser Vertrauensgrenzen praktisch alle die Werte erfaßt, die ebensogut wie der *eine* ermittelte Wert richtig sein könnten und nur in 5% der Fälle würde der wahre Wert noch außerhalb dieses Vertrauensbereiches liegen. Dies ist ein notwendiger Kompromiß, der eingegangen werden muß, um die Anforderungen an die Richtigkeit einer Differenzierung nicht unvertretbar hoch anzusetzen.

Die wesentlichste Forderung, die sowohl für das Ziel einer ausreichenden klinisch-diagnostischen Relevanz jeder Differenzierung, wie auch für alle mathematisch-statistischen Berechnungen zu stellen ist, besteht in dem Gebot, daß es sich bei jedem Liquor-Differential-Zellbild um eine Stichprobe, exakt auch als Punktschätzung aus einer Grundgesamtheit bezeichnet, handelt. Diese Stichprobe muß die Forderung nach Repräsentativität erfüllen, denn nur das repräsentative Ergebnis wird verständlicherweise eine erwünscht gute Annäherung an die tatsächlichen Verteilungsverhältnisse garantieren. Die Bedingungen für die Repräsentativität einer Stichprobe aber sind folgende:

1. Die jeweils entnommene Liquormenge muß eine *zufällige* Probe aus dem Gesamtkompartiment Liquor cerebrospinalis sein.
2. Die tatsächlich differenzierten Zellen müssen eine *zufällige* Auswahl aus der der Zellausstattung des entnommenen Liquors und des jeweiligen Präparates darstellen, d. h. jede Zelle muß die gleiche Chance haben, zur Differenzierung zu gelangen.
3. Jede erkannte Zellpopulation darf weder die Erkennung noch die Werte anderer Zellelemente beeinflussen, d. h. alle Zellen müssen ohne Fehler klassifiziert werden können.

Da alle so definierten statistischen Berechnungen auf der Grundlage dieser idealen, kaum erreichbaren Voraussetzungen basieren, kann kaum eine andere Aussage getroffen werden als die, daß die berechneten Vertrauensgrenzen sicher niemals besser, sondern höchstens schlechter, als im zugrundegelegten Idealfall sein werden.

Die Breite eines Vertrauensintervalles ist natürlich auch von der Gesamtzahl der differenzierten Zellen selbst, statistisch gesprochen, also von der Größe des Stichprobenumfanges abhängig. Tausend differenzierte Zellen machen das Ergebnis allemal sicherer, als nur 100 differenzierte Zellen. Aber die Breite des Vertrauensintervalles ist auch abhängig von dem beobachteten Prozentsatz einer Zellart selbst. Ein 80%iger Lymphozytenanteil ist beispielsweise sicher näher an der Wahrheit, also innerhalb eines engeren Vertrauensbereiches angesiedelt, als ein etwa nur 30%iger Lymphozytenanteil. Auf der Abzisse der Rümke-Grafik (Abb. 1) ist der differenzierte Prozentsatz aufgetragen, die eingezeichneten elliptischen Kurven stehen für die Gesamtzahl der differenzierten Liquorzellen, auf der Ordinate ist als ablesbares Ergebnis der Prozentsatz aufgetragen, der zum differenzierten Wert addiert, die obere Vertrauensgrenze ergibt und auch derjenige Prozentsatz, der nach Subtraktion vom Differenzierungsergebnis die untere Vertrauensgrenze angibt. Gleiches ergibt sich für ausgewählte Zahlen aus der zugehörigen Tabelle 1. Ein festgestellter Wert von 30% Lymphozyten hätte demnach mit dem gleichen Anspruch auf Richtigkeit jeden Wert zwischen 21 und 40% annehmen können. Bei der Erhöhung der differenzierten Gesamtzellzahl auf 200 Zellen würde sich der Vertrauensbereich nur unwesentlich auf 24–37% verringern.

Der Verdopplung des zeitlichen Aufwandes beim Differenzieren von 100 auf 200 Zellen entspricht also leider nur ein geringer Zuwachs an Zuverlässigkeit, so daß die Forderung nach Differenzierung mehrerer 100 Zellen pro Präparat sicher nicht der richtige oder zumindest kein praktikabler Weg zu erheblich höherer Zuverlässigkeit der quantitativen Angaben eines Liquor-Differentialzellbildes ist.

Wie kompliziert sich die Situation bei der Beurteilung der Zuverlässigkeit quantitativer Differenzierungsergebnisse darstellt, kommt in den in Tabelle 2 dargestellten Ergebnissen zum Ausdruck. Obwohl die überprüften Monozytenanteile eine zunächst relativ unproblematisch erscheinende Liquorzellpopulation betreffen und die am Ringversuch teilnehmenden 26 Laboratorien ausgewiesene Liquorlaboratorien waren, erweist sich der Anteil von Ergebnissen außerhalb der Vertrauensgrenzen als überraschend hoch. Die Erklärung für die unbefriedigenden Ergebnisse liegt sehr wahrscheinlich in der oft unterschätzten morphologischen Vielfalt der Monozyten, vor allem aber in der Inhomogenität der meist sehr zellreichen Präparate, für die die Differenzierung von nur 100 Zellen zu deutlichen quantitativen Differenzierungsunterschieden führte.

Es darf zwar als Konsens gelten, quantitative Angaben in der Mehrzahl der Fälle auf die Differenzierung von 100 Zellen zu beziehen, aber im Falle offensichtlicher Diskontinuitäten im Präparat soll durch Differenzierung weiterer 100 oder 200 Zellen an unterschiedlichen Stellen des Präparates und anschließende arithmetische Mittelwertbildung eine Verbesserung der Richtigkeit quantitativer Angaben erreicht werden.

9.1.4 Zuverlässigkeit qualitativer Angaben

In diesem Zusammenhang ist es hilfreich, sich der idealen Voraussetzungen zu erinnern, die den berechneten Vertrauensgrenzen zugrunde liegen. Was begrenzt in der Liquor-Zytologie die Forderung nach Einhaltung der Repräsentativität von Differenzierungsergebnissen?

1. Da ist zunächst die Tatsache, daß jede lumbale Liquorprobe wegen der immer wirksamen okzipito-lumbalen Liquordissoziation kein zufälliger Anteil des Gesamtliquors, sondern immer der lokale Anteil eines individuellen Lumballiquors ist. Dazu kommt die mögliche Veränderung der Zellzahl durch den Punktionsreiz und besonders beim vorgeschädigten ZNS, eine mögliche Verschiebung der ursprünglichen Zellrelation durch eine ebenfalls punktionsbedingte Reizung des leptomeningealen Gewebes. Insgesamt resultiert daraus gegebenenfalls eine erhebliche und unvermeidliche Störung des Zufälligkeitsprinzipes.
2. Auch die Zufälligkeit der Auswahl der Liquorzellen ist z. B. bei Anwendung unterschiedlicher Präparationstechniken nicht gewährleistet. Der Lymphozyt hat in der Saykschen Sedimentationskammer eine wesentlich geringere Chance zur Sedimentation und Differenzierung zu gelangen, als beispielsweise der Monozyt. Insofern ist mit der Methode der Polykationenbeschichtung von Objektträgern viel eher eine Annäherung an die tatsächliche Zellverteilung im Liquor zu erreichen [9]. Bei der Anwendung von Cytozentrifugen ist dagegen mit Zellbildern zu rechnen, die die tatsächlichen Relationen der Liquorzellen wirklichkeitsnäher widerspiegeln.
3. Schließlich trifft die Forderung nach richtiger und unbeeinflußter Differenzierung den Kernpunkt aller Bemühungen um Qualitätssicherung in der Liquor-Zytodiagnostik. Jede Zytodiagnostik als morphologische Methode bedarf auch einvernehmlicher Festlegungen. Richtig ist dann ein Differenzierungsergebnis, das diesen anerkannten und damit allgemein verbindlichen Festlegungen entspricht. Erfreulicherweise sind die von unterschiedlichen liquordiagnostischen Schulen in Deutschland vertretenen liquorzytologischen Anschauungen in vielen wesentlichen Punkten identisch oder liegen nahe beieinander. Neben der erklärten Zielsetzung einer Verbesserung des Kenntnisstandes über objektive liquorzytologische Sachverhalte geht es deshalb im Rahmen der Bemühungen um Qualitätssicherung immer wieder auch um eine Vereinheitlichung liquorzytologischer Zuordnungsprinzipien und um Konsens in der Nosologie der Liquorzytologie.

Jede mikroskopische Differenzierung hat neben der Ermittlung der richtigen prozentualen Zusammensetzung aller richtig erkannten und zugeordneten Zellpopulationen auch die Erkennung von nur in geringer Zahl vertretener

Zellpopulationen zum Ziel. Mit Hilfe von Binomialverteilungen (Abb. 2) können sogenannte Wirkungskurven für die Nachweiswahrscheinlichkeit z. B. innerhalb der üblichen Differenzierung von 100 Zellen ermittelt werden. Mit der geforderten Nachweissicherheit von 95% besteht z. B. Hoffnung auf den Nachweis von *einer* auffälligen Zelle erst, wenn davon mindestens 3 innerhalb der differenzierten 100 Zellen vorhanden sind.

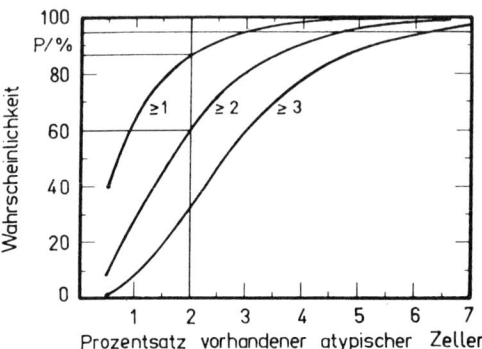

Abb. 2: Wirkungskurven zum Nachweis atpyischer Zellen bei Differenzierung von 100 Leukozyten, wenn das Beobachten von wenigstens 1 oder 3 atypischen Zellen erwartet oder gefordert wird.

Diese statistisch immer bestehende Forderung ist jedoch in der liquorzytologischen Realität häufig nicht erfüllt. Gleichzeitig ist jedoch Tatsache, daß das Auftauchen nur einer einzigen auffälligen Zelle in der Praxis u. U. eher als nicht relevant oder als Artefakt gedeutet wird und daß erst mindestens eine zweite auffällige Zelle die erhöhte Aufmerksamkeit des Zytologen verursacht und die Ernsthaftigkeit einer relevanten Normabweichung ins Blickfeld rückt. Es ist deshalb realistischer, den Nachweis mindestens zweier auffälliger Zellen zu fordern und dies bedeutet statistisch, daß wiederum mit einer 95%igen Nachweiswahrscheinlichkeit diese beiden Zellen erst bei Anwesenheit von mindestens 5 dieser unter Umständen diagnoserelevanter Zellpopulation innerhalb von 100 Zellen zu erwarten sind (Abb. 2). Häufig jedoch wird ein solch hoher Prozentsatz, z. B. bei Tumorzellen, Erythropha-

gen, Bakteriophagen u. a. nicht erreicht, so daß sich diese Zellen bei einer Differenzierung von üblicherweise nur 100 Zellen mit abnehmendem Anteil dem Nachweis mit immer größer werdender Wahrscheinlichkeit entziehen. Es gilt deshalb der seit vielen Jahren in vielen Fortbildungsveranstaltungen auch ohne diese mathematisch-statistische Untermauerung immer wieder vertretene und zum Konsens erhobene Grundsatz, daß außer der Differenzierung von 100 Zellen stets das *gesamte* Liquorzellpräparat zu durchmustern ist. Andernfalls muß bei sinkenden Anteilen bestimmter Zellpopulationen im zytologischen Präparat mit einer erheblichen Nachweisverschlechterung und einem daraus resultierenden inakzeptablen Verlust an diagnostischer Information gerechnet werden. Ein treffendes Beispiel hierfür bieten die häufig sehr schlechten Ergebnisse des Erythrophagennachweises bei phagenarmen Mikroblutungen.

Das prinzipielle Problem der mengenabhängigen Erkennung von Liquorzellpopulationen erfährt übrigens eine weitere unerwartete, weil paradoxe Komplizierung durch die Tatsache, daß bei bestimmten Zellpopulationen die Nachweisempfindlichkeit bei sehr hohen Anteilen nicht immer ebenso hoch ist, sondern im Gegenteil, sogar abfallen kann. Eine Meningeosis mit morphologisch gut erkennbaren, ausschließlich uniformen Lymphoblasten wird in vielen Fällen nicht erkannt! Es wird fälschlicherweise stattdessen eine normale lymphozytäre Pleozytose mitgeteilt, was bei einem geringeren Anteil der auffälligen Blasten im Präparat möglicherweise so nicht geschehen wäre.

Man muß also zur Kenntnis nehmen, daß in der Zytodiagnostik neben der unbestrittenen Dominanz liquorzytologischer Spezialkenntnisse auch psychologische Effekte die Wahrnehmung beeinflussen können.

9.1.5 Ringversuchsergebnisse

Jedem Teilnehmer an den „Ringversuchen vor Ort" lagen vier liquorzytologische Präparate vor, die generell mit der Saykschen Sedimentationskammer hergestellt waren. Ziel aller bisher durchgeführten „Ringversuche vor Ort" war die qualitative Differenzierung der in den Präparaten vorhandenen Liquorzellpopulationen und eine verbale Beschreibung der Zellbilder. Der für die Beurteilung von Krankheitsverläufen sehr wichtige Aspekt der quantitativen Angabe erkannter Zellpopulationen mußte aus unterschiedlichen theoretischen und praktischen Gründen bisher unberücksichtigt bleiben, obwohl eine automatische Differenzierungshilfe und die Gestaltung der Vordrucke prinzipiell eine halbquantitative oder auch eine quantitative Angabe des Differenzierungsergebnisses gestattete.

Die Vielzahl möglicher Auswahlkriterien wurde auf nur drei Kategorien beschränkt:

1. Differenzierung bzw. Beurteilung *richtig* (Bewertung = 1)
2. Differenzierung bzw. Beurteilung *im wesentlichen richtig*, aber korrekturbedürftig (Bewertung = 2)
3. Differenzierung *falsch* (Bewertung = 3)
    a) wichtige Zellpopulation nicht erkannt
    b) angegebene Zellpopulation nicht vorhanden

Die konsequente Anwendung dieser drei Bewertungsarten war besonders in den Fällen problematisch, bei denen das Differenzierungsergebnis nicht mit der verbalen Beurteilung des Präparates übereinstimmte. Es sollen dafür nachfolgend drei Beispiele angeführt werden.

Bakterielle Meningitis
verbal richtig mitgeteilt

im Differentialzellbild keine Angabe der vorhandenen Bakterien und der gut sichtbaren Bakteriophagen

Massive Knochenmarkaspiration
Unauswertbarkeit des Präparates verbal richtig mitgeteilt

im dennoch erstellten Differentialzellbild Angabe von neutrophilen und eosinophilen Granulozyten

Tumorzellaussaat
richtig erkannt und verbal mitgeteilt

im konkreten Differenzierungsergebnis, möglicherweise als Ausdruck bestehender Unsicherheit, keine atypischen Zellen angegeben

Ein weiteres Problem bei der Auswertung der Ergebnisse ergab sich daraus, daß von einer Reihe von Teilnehmern im Differentialzellbild ein Anteil neutrophiler Granulozyten angegeben wurde, obwohl in der verbalen Beschreibung ganz richtig die Undifferenzierbarkeit des Präparates wegen einer erheblichen *artefiziellen* Blutbeimengung mitgeteilt wurde. Diese Verfahrensweise ist deshalb irreführend und falsch, weil z. B. die Angabe von neutrophilen Granulozyten auch bei Anwesenheit von Blut dennoch richtig und notwendig sein kann, wenn Granulozyten über einen blutbedingten Anteil hinaus eine zusätzliche deutliche Vermehrung erkennen lassen, wie dies beim Vorliegen einer Reizmeningitis nach frischer Subarachnoidalblutung recht häufig der Fall ist.

Genau zu einem solchen, aber unzutreffenden diagnostischen Schluß muß der versierte Anforderer von Liquordiagnostik aber kommen, wenn neben der verbalen Mitteilung einer Blutbeimengung im beiliegenden Differentialzellbild dennoch ein definierter Prozentsatz neutrophiler Granulozyten angegeben wird, anstatt deren fehlende diagnostische Relevanz auch durch ihr Weglassen im Zellbild zu dokumentieren.

Aus den teilweise gravierenden Unterschieden zwischen den Zelldifferenzierungsangaben und der verbalen Beschreibung der Zellbilder ergaben sich so von Fall zu Fall für die Auswertung erhebliche Bewertungsprobleme. Es wurde die Tendenz erkennbar, ein Zellbild eher auf verbale Weise richtig zu beschreiben, als diese richtige Bewertung auch konsequent in konkrete Angaben im Differentialzellbild umzusetzen. Diese auch im klinischen Alltag gelegentlich zu erheblichen Irritationen führende halbherzige Verfahrensweise bei der Übermittlung liquorzytologischer Befunde ist vor allem deshalb abzulehnen, weil in der Krankenakte letztendlich das quantitative Differentialzellbild dokumentiert wird und dieses von Fall zu Fall auch eher für notwendige Entscheidungen herangezogen wird, als eine subjektive Befundbeschreibung.

Nach Meinung eines Expertengremiums [8] soll die Erteilung eines Zertifikates für Liquor-

Tab. 2: Ringversuchsergebnisse. Quantitative Differenzierungsergebnisse: *Monozyten* (26 Laboratorien)

Präparat	1	2	4	7	9	11
Vertrauensbereich %	0,10−0,26	0,13−0,30	0,09−0,24	0,20−0,39	0,23−0,42	0,47−0,68
innerhalb des Vb. %	70	52	73	55	36	62
außerhalb des Vb. %	30	48	27	50	64	38

Tab. 3: Ringversuchsergebnisse. Sensitivität und Spezifität für ausgewählte Zellarten

	RV/1987 SE/SP	1. RV SE/SP	2. RV SE/SP	3. RV SE/SP	4. RV SE/SP
1. Aktivierte Monozyten	−	−	90/66	92/64	96/67
2. Leukophagen	−	−	63/89	60/90	67/84
3. Erythrophagen	78/100	79/91	89/86	85/87	95/95
4. Hämosiderophagen	74/100	83/95	80/91	74/90	82/97
5. Aktivierte Lymphozyten	86/98	−	78/70	69/79	85/76
6. Plasmazellen	71/96	−	66/92	65/89	70/86
7. TU-Zellen	84/96	85/73	75/92	88/88	86/95
8. Knochenmarkzellen	73/100	28/100	46/92	61/99	83/99

RV = Ringversuch
SE = Sensitivität in %
SP = Spezifität in %

zytologie wie bisher, so auch weiterhin an ein Ergebnis gebunden sein, das maximal *eine* qualitative Fehldifferenzierung von vier liquorzytologischen Präparaten beinhaltet.

Die unter Anwendung der beschriebenen Festlegungen erhaltenenen Ringversuchsergebnisse sind in den Tabellen 2−5 zusammengefaßt. Alle Ergebnisse müssen auch unter Berücksichtigung des Umstandes gesehen werden, daß sich an jedem neuen Ringversuch erfreulicherweise eine unterschiedliche Zahl von erklärten Neueinsteigern beteiligte. Die fast durchgängig verbesserungswürdigen Ringversuchsergebnisse sind auch unter dem Gesichtspunkt der daraus resultierenden sehr unterschiedlichen Vorkenntnisse der Ringversuchsteilnehmer zu sehen und natürlich zusätzlich durch bisher noch voneinander abweichende zytologische Auffassungen bedingt. Dennoch ist erfreulicherweise eine Tendenz zur Verbesserung der Ergebnisse nicht zu übersehen, was recht eindeutig am steigenden Prozentsatz ver-

Tab. 4: Ringversuchsergebnisse. Belegung der Bewertungsmuster

Teilnehmerzahl	RV. 1 102	RV. 2 65	RV. 3 47	RV. 4 43
Bewertungsmuster				
1. 1111	3	1	0	3
2. 1112	12	2	1	1
3. 1122	18	10	5	4
4. 1222	4	8	5	8
5. 2222	2	12	9	7
6. 1113	5	1	0	0
7. 1123	16	1	2	1
8. 1223	12	10	9	6
9. 2223	6	10	6	7
10. 1133	3	0	0	0
11. 1233	12	2	3	1
12. 2233	4	3	6	5
13. 1333	2	0	0	0
14. 2333	2	4	1	0
15. 3333	1	1	0	0

Tab. 5: Ringversuchsergebnisse. Fehlerverteilung bei 4 Präparaten (Angaben in %)

		RV. 1	RV. 2	RV. 3	RV. 4
0	Fehler	38	51	43	53
1	Fehler	38	34	36	33
2	Fehler	19	8	19	14
3	Fehler	4	6	2	0
4	Fehler	1	1	0	0
Zertifikat erteilt		76	85	79	86

gebener Zertifikate ablesbar ist und nach Meinung von Mehrfachteilnehmern als Ergebnis der kontinuierlichen liquorzytologischen Fortbildungsbemühungen der „Deutschen Gesellschaft für Liquordiagnostik und Klinische Neurochemie" zu werten ist.

Wenn die Qualität des Nachweises diagnoserelevanter Liquorzellpopulationen durch die Parameter Sensitivität und Spezifität beschrieben wird, ergibt sich das in Tabelle 3 zusammengefaßte Bild.

Aktivierte Monozyten

Der zum Teil erhebliche Unterschied zwischen Sensitivität und Spezifität bei der Bestimmung der aktivierten Monozyten weist zwingend auf die Notwendigkeit von weitergehenden Absprachen zur morphologischen Abgrenzung dieser Zellpopulation hin. Nachdem alle früheren Bezeichnungen wie Retikulumzellen, Phagozyten, potentielle Phagozyten u. a. keinen Bestand hatten, ist dennoch für viele Liquorzytologen klar, welcher Liquorzelltyp aus dem Kreis monozytärer Zellen als aktivierter Monozyt gelten muß. Trotz der morphologischen Vielfalt monozytärer Zellen ist es möglich eine weitgehend unverwechselbare zytologische Population herauszulösen und durch Konsens als „aktivierte Monozyten" festzulegen. Es sind dies mit einem Durchmesser von 20–30 µm relativ große, oft nahezu kreisrunde Zellen, die sich durch einen meist randständigen relativ kleinen ebenfalls runden Kern und ein homogenes rauchgrau bis leicht azidophiles Plasma auszeichnen. Sie kommen meist einzeln, aber auch in Gruppen mit Resten eines synzytialen Zusammenhanges vor und weisen als Ausdruck einer erhöhten zellulären Aktivität nicht selten mitotische Kernteilungen auf, in deren Folge auch zweikernige aktivierte Monozyten entstehen können. Deren Abgrenzung von leukophagozytären Reaktionsformen ist mitunter schwierig. Um eine Verwässerung des Begriffes „Aktivierter Monozyt" und eine wenig sinnvolle Aufweichung der Zuordnung zu dieser Zellpopulation zu vermeiden, ist es wahrscheinlich notwendig, einen Teil der zwar möglicherweise auch aktivierten, aber sich von der definierten Morphologie des aktivierten Monozyten unterscheidenden Monozyten in die normale Monozytenpopulation zu subsummieren.

Im Rahmen der Ringversuchsauswertungen wurde das Fehlen der Angabe „aktivierte Monozyten" bisher nicht als falsches, sondern nur als korrekturbedürftiges Differenzierungsergebnis eingestuft.

Leukophagen

Die vergleichsweise geringe Sensitivität bei der Zuordnung der meist gut erkennbaren und für die Beurteilung reparativer Aktivitäten im Cerebrospinalraum wichtigen Leukophagen ist unklar. Möglicherweise wurden sie – wenn nicht in größerer Zahl vorhanden – tatsächlich nicht gefunden, da sie im durchmusterten Teil des Präparates zufällig nicht vertreten waren. Dies allerdings würde dem wichtigen Grundsatz der Liquor-Zytodiagnostik widersprechen, jedes Präparat unabhängig von der Zahl der Zellen stets vollständig zu durchmustern.

In diesem Zusammenhang ist es interessant auf die mit bis zu 38 % Sensitivität vergleichsweise sehr schlechte Erkennung der tabellarisch nicht mit aufgeführten Lipophagen hinzuweisen. Richtig ist allerdings auch, daß die ausschließlich morphologische Zuordnung von Lipophagen in gewissem Sinne unzureichend ist und genau genommen des bestätigenden zytochemischen Nachweises bedarf. Auch bleibt im gesicherten positiven Einzelfall ungeklärt, ob die meist ungleichmäßig großen farblosen

Zellplasmaeinschlüsse tatsächlich durch Phagozytose zustande kamen oder vielleicht einer endogenen Bildung ihren Ursprung verdanken, wie dies zuweilen bei den sogenannten Siegelringzellen der Fall zu sein scheint. Dennoch darf davon ausgegangen werden, daß sowohl feintropfige wie auch die charakteristischen farblosen Einschlüsse unterschiedlicher Größe phagozytierten Lipiden entsprechen und die zugrundeliegenden Lipophagen bei entsprechender Häufung sowohl auf eine gesteigerte reparative Aktivität innerhalb des Cerebrospinalraumes wie auch auf den möglichen Untergang von ZNS-Gewebsanteilen hinweisen.

Erythrophagen

In jedem „Ringversuch vor Ort" war an jedem mikroskopischen Arbeitsplatz stets mindestens ein Präparat mit Erythrophagen im Zellbild vorhanden. Die zum Teil nur geringe Sensitivität für die Erythrophagenbestimmung kann, auch wenn sie vorwiegend zu Lasten von gering ausgeprägten und deshalb oft schwer erkennbaren Blutungen oder Sickerblutungen geht, nicht befriedigen. Dies gilt insbesondere, wenn die diagnostischen und therapeutischen Konsequenzen einer korrekten Differenzierung dieser unter Umständen auch diagnoseweisenden Liquorzellpopulation in Betracht gezogen werden.

Gleiches gilt auch für die Spezifität des Erythrophagennachweises, für den trotz aller potentiellen Verwechslungsmöglichkeiten sogenannter „maskierter Erythrophagen" mit Lipophagen ein Wert nahe 100% zu fordern wäre.

Hämosiderophagen

Die im Vergleich zu den Liquor-Erythrophagen nur unwesentlich abweichenden Ergebnisse für diese zweite blutungsrelevante Zellpopulation ist überraschend, da für phagozytiertes Hämosiderin generell eine bessere Erkennbarkeit vorausgesetzt werden kann. Die besondere Gefahr für relativ ungeübte Liquorzytologen, zum Teil unvermeidbare Fremdpartikel im zytologischen Präparat als Hämosiderin fehlzudeuten, hat offenbar keine besondere Rolle gespielt und die Spezifität des Hämosiderophagennachweises nicht erheblich verschlechtert. Die zum Teil jedoch noch immer deutlich verbesserungswürdige Sensitivität geht sehr wahrscheinlich auf das Nichterkennen von Sickerblutungen mit einer nur geringen Zahl von Hämosiderophagen im Präparat zurück.

Aktivierte Lymphozyten/Plasmazellen

Lymphozytäre Pleozytosen in ihrer Dynamik bestimmen ganz wesentlich das Gros pathologischer Zellbilder. In Abhängigkeit von Erreger, individueller Immunitätslage und Erkrankungsstadium ist eine Vielzahl von Aktivierungsformen der immunkompetenten Lymphozytenpopulation im Liquor zu finden. Ihre Vielgestaltigkeit, häufig begleitet von einer deutlich erhöhten Mitosetätigkeit hat im Laufe der Entwicklung der Liquorzytologie zu einer verwirrenden Vielzahl von Bezeichnungen und Untergruppenbildungen geführt. Aus Gründen der Vergleichbarkeit von liquorzytologischen Befunden und weil allen unterschiedlichen Aktivierungsformen eine gemeinsame Haupteigenschaft: ihre gesteigerte Immunkompetenz eigen ist, war es folgerichtig und berechtigt, alle diese Zellen, allerdings mit Ausnahme der Plasmazellen unter dem Oberbegriff der „Aktivierten Lymphozyten" zusammenzufassen. Die verwirrende nosologische Vielfalt dieser funktionell grob einheitlichen Zellpopulation (ohne Berücksichtigung der differenten B- und T-Zellfunktionen) sollte deshalb der Vergangenheit angehören und zugunsten der vereinfachten und diagnostisch dennoch gut verwertbaren Differenzierung als aktivierte Lymphozyten verlassen werden. Daß das erstrebte Ziel einer einheitlichen Differenzierung noch nicht erreicht ist, zeigen die verbesserungswürdigen Werte für Sensitivität und Spezifität der Zuordnung aktivierter Lymphozyten. Kritisch muß angemerkt werden, daß bei der Differenzierung aktivierter Lympozyten in nicht wenigen Fällen die Grenzen der morphologischen Differenzierungsmöglichkeiten erreicht sind. Obwohl eine Vielzahl maligner mononukleärer Zellen, in der Regel Lymphomzellen, sich morphologisch gut zuordnen lassen, wird es besonders in diesem Bereich der Liquorzytologie immer wieder suspekte Fälle geben, deren Lösung nicht durch konventionelle Zellfärbung möglich ist, sondern auf immunzytochemischem Wege gesucht werden muß.

Eine von der Großgruppe der „aktivierten Lymphozyten" relativ gut abgrenzbare Population sind die Plasmazellen. Inwieweit es sinnvoll ist auf deren konsequente Zurechnung zu den aktivierten Lymphoyzten zu verzichten, ist unter anderem auch von einer möglichen klinischen Relevanz dieser Zellpopulation abhängig. Eine Reihe entsprechender Hinweise und die relativ eng umrissene Morphologie der Plasmazellen sollte sie nach derzeitiger Meinungslage als eine separate Zellpopulation innerhalb pathologischer Zellbilder belassen. Die Ringversuchsergebnisse weisen jedoch auf einen deutlichen Trainingsbedarf hin.

Tumor- und tumorverdächtige Zellen

In allen „Ringversuchen vor Ort" war an allen mikroskopischen Arbeitsplätzen mindestens ein Tumorzell-Präparat im Präparatesatz enthalten. Unter Subsummierung aller Zellen und Zellverbände mit den Zeichen der Malignität und unter Nichtbeachtung einer von Fall zu Fall zwar möglichen und auch richtig geführten Artdiagnose des zugrundeliegenden malignen Prozesses ergab sich für die Liquor-Tumorzell-Diagnostik eine Sensitivität zwischen 75 und 85% und eine Spezifität zwischen 65 und 96%.

Bei einer in Anbetracht der besonderen Differenzierungsschwierigkeiten vielleicht gerade noch akzeptablen Sensitivität der Liquor-Tumorzell-Bestimmung (allerdings leider auch unter Einschluß schwerer Verkennungen von zweifelsfrei erkennbaren Lymphomzellen) überrascht andererseits die zum Teil niedrige Spezifität der Tumor-Zellzuordnung, die auf vielen falsch positiven Tumorzellbestimmungen beruht. Diese hatten bezeichnenderweise am häufigsten Fehldifferenzierungen aktivierter Lymphozyten, aktivierter Monozyten und vor allem die Fehldeutung unreifer Zellen aus artefiziellen Knochenmarkbeimengungen zur Ursache.

Knochenmarkzellen

An mehr als der Hälfte aller mikroskopischen Arbeitsplätze war stets im Präparatesatz ein Liquorsediment mit zum Teil ganz erheblicher artefizieller Beimengung von Knochenmarkzellen vorhanden.

Immer wieder und mitnichten so selten wie ohne genaue Kenntnis der Materie anzunehmen ist, wird insbesondere bei kleinen Kindern, aber auch bei älteren Patienten während der Lumbalpunktion knöchernes Material durchstoßen und mit dem Liquor Knochenmark aspiriert.

Die vielgestaltigen unreifen Formen der weißen und roten Entwicklungsreihe sorgen bei ihrer Nichterkennung für erhebliche Verwirrung und für folgenreiche Fehldifferenzierungen. Die niedrige Sensitivität der Erkennung dieser in der Routine also gar nicht so seltenen Knochenmarkbeimengungen erklärt sich durch Fehldeutung dieser Zellen als Tumoroder tumorverdächtige Zellen, was andererseits die unmittelbar damit verknüpfte niedrige Spezifität der Tumorzellerkennung zur Folge hat. Die dagegen gute Spezifität der Zuordnung von Knochenmarkzellen entspricht der Erwartung und hängt offenbar mit den guten hämatologischen Vorkenntnissen aller Ringversuchsteilnehmer zusammen.

9.1.6 Gegenwärtiger Stand und Ausblick

Die Auswertung der bisherigen Ringversuche erlaubt zusammenfassend folgende Feststellungen:

1. Es besteht recht häufig eine deutliche Diskrepanz zwischen niedergelegtem quantitativen oder halbquantitativen Differenzierungsergebnis und der verbalen Beurteilung des Zellbildes. Die Auswertung aller bisherigen Ringversuchsergebnisse zeigt eine Tendenz aus der hervorgeht, daß mit den verbalen Beurteilungen die wesentlichen Inhalte der Zellbilder zum Teil besser getroffen werden, als durch deren Umsetzung in das konkret faßbare Differenzierungsergebnis. Im-

merhin hätten aufgrund einer verbalen, aber allein eben unzureichenden Beschreibung der Zellbilder 97 % der Ringversuchsteilnehmer am 4. Ringversuch vor Ort, die eine verbale Beschreibung der Zellbilder abgegeben hatten, die Zertifikatbedingung höchstens *einer* Fehldifferenzierung erfüllt. Im Vergleich dazu erfüllten diese Forderung nur 86 % der Ringversuchsteilnehmer bei Bewertung des konkreten Differenzierungsergebnisses. Es liegt auf der Hand, daß das geschilderte Phänomen nicht etwa von nebensächlicher Bedeutung ist, da beim Anforderer von Liquordiagnostik gegebenenfalls Unsicherheit und Zweifel bei der Einordnung widersprüchlicher zytologischer Angaben in den Prozeß der Diagnosefindung regelrecht programmiert werden. Dies gilt in noch verstärktem Maße für retrospektive Befundbeurteilungen, bei denen eine klärende Nachfrage an den Liquorzytologen unter Umständen nicht mehr möglich oder nicht mehr sinnvoll ist. Andererseits kann aber auch das gänzliche Weglassen einer verbalen Beurteilung der vorgelegten liquorzytologischen Präparate weder für den Ringversuch aktzeptiert, noch für die Routine-Diagnostik empfohlen werden. Unter der Voraussetzung, daß diskrepante Aussagen nicht zustande kommen, dient die erklärende Beschreibung der Differenzierungsergebnisse dem einordnenden Verständnis des Klinikers einerseits und führt den Liquorzytologen auf dem Wege einer kritischen Reflexion des ermittelten Zellbildes zu liquordiagnostischer Zuverlässigkeit und Genauigkeit.

2. Die zytologisch richtige und andererseits auch einheitliche Liquor-Zellzuordnung – dies gilt für alle Liquorzellen – ist grundsätzlich nur auf der Grundlage ausreichend guter zytologischer Kenntnisse möglich, in vielen Fällen aber auch abhängig von der einvernehmlichen Festlegung bestimmter morphologischer Kriterien. Letzteres trifft, wie die Praxis immer wieder nachdrücklich zeigt, in ganz besonderem Maße auf die Populationen aktivierter Monozyten und aktivierter Lymphozyten zu. Den in diesem Zusammenhang besonders wirksamen Lerneffekt eines gemeinsamen Zuordnungs- und Entscheidungstrainings belegen entsprechende Untersuchungen. Das Differenzierungsergebnis von Zellbildern, die im Abstand von drei Tagen nach zwischenzeitlichem Seminarablauf auf dem 2. Stadtrodaer Seminar für Liquorzytodiagnostik in veränderter Reihenfolge und ohne entsprechende Ankündigungen vorgelegt wurden, weist eine deutliche Verbesserung der richtigen Zuordnungen aus und belegt den Wert entsprechender Veranstaltungen (Tabelle 6).

Tab. 6: Ringversuchsergebnisse. Differenzierungsergebnisse und „Trainingseffekt" (III. Stadtrodaer Seminar für Liquor-Zytodiagnostik 1988)

	Richtige Differenzierung	
	1. Tag	3. Tag
1. Lymphozyten		
1. Ausschlußdiagnostik	93 %	91 %
2. Aktivierte Lymphozyten		
1. Neuroborreliose	67 %	85 %
3. Plasmazellen		
1. E. d.	79 %	96 %
2. Neuroborreliose	30 %	87 %
3. virale Meningitis	44 %	70 %
4. Aktivierte Monozyten		
1. SAB	59 %	99 %
2. virale Meningitis	25 %	69 %
3. Blutung	11 %	93 %
4. SAB	88 %	96 %
5. Tumorzellen		
1. Glioblastoma multiforme	82 %	97 %
2. Melanoblastom	74 %	85 %
3. Hirnmetastasen bei Mammakarzinom	82 %	99 %
4. Hirnmetastasen bei Adenokarzinom	60 %	84 %
5. Medulloblastom	89 %	99 %
6. Meningeosis bei immunoblastischem Lymphom	21 %	76 %
7. Memingeosis bei myeloischer Leukämie	37 %	81 %

3. Die Durchführung einer externen Qualitätskontrolle in Form der „Ringversuche vor Ort" hat sich in der Liquorzytologie bewährt und wird in gemeinsamer Verantwortung der „Deutschen Gesellschaft für Liquordiagnostik und Klinische Neurochemie" und des „INSTAND Düsseldorf" weitergeführt. Die bisherigen Anstrengungen zur Qualitätssicherung der Liquorzellzuordnung sind nach Schaffung entsprechender Voraussetzungen um die quantitativen Aspekte der Liquorzelldifferenzierung zu erweitern.

9.1.7 Literatur

[1] Boogert, W., T. H. M. Vroom, P. van Herde et al: CSF cytology versus immuncytochemistry in meningeal carcinomatosis. J Neurol Neurosurg Psychiatr 51 (1988) 142–145.
[2] Boroviczeny, K. G., R. Marten, U. P. Masten: Qualitätssicherung im medizinischen Labor. Springer-Verlag, Berlin – Heidelberg – New York 1987.
[3] Dufresne, J. J.: Praktische Zytologie des Liquors. Documenta Geigy, Basel 1973.
[4] Hansen, H. H.: The cytocentrifuge and cerebrospinal fluid cytology. Acta Cytol (Baltimore), 13 (1969) 545–551.
[5] Hohlfeld, R., I. Brüske-Hohlfeld, A. Schwartz et al.: Analyse von Oberflächenmarkern auf Liquorzellen, Dtsch med Wochenschr 109 (1984) 1760–1762.
[6] Kölmel, H. W.: Zytologie des Liquor cerebrospinalis. VCH Verlagsgesellschaft mbH, Weinheim 1986.
[7] Kranz, B. R.: Methodik und Wert immunzytochemischer Differenzierung benigner und maligner Zellen im Liquor cerebrospinalis, Lab med 15 (1991) 61–68.
[8] Kölmel, H. W., E. Linke, V. Wieczorek et al. (Fachgremium, das die Qualitätsvorgaben für den Ringversuch vor Ort festlegte)
[9] Lehmitz, R., H. Müller, G. Kretschmer: Liquorzellanreicherung mit der Sedimentkammer unter Verwendung von Polykationen-beschichteten Objektträgern, Psychiat Neurol med Psychol 41 (1989) 751–754.
[10] Linke, E., K. Zimmermann, H. Krause: Externe Qualitätskontrolle in der Liquorzytologie, Lab med 15 (1991) 38–40.
[11] Oehmichen, M.: Cerebrospinal Fluid Cytology. Georg Thieme, Stuttgart 1976.
[12] Olischer, R. M.: Zytochemische Untersuchungsmethoden in der Liquorzytodiagnostik neurologischer Erkrankungen, Z med Labortechnik 15 (1974) 59.
[13] Reiber, H., K. Felgenhauer: Proteintransfer at the blood-CSF barrier and the quantitation of humoral immune response within the central nervous system. Clin Chim Acta 163 (1987) 319–328.
[14] Rieckmann, P., T. Weber, K. Felgenhauer: Class differentiation of immunoglobulin containing cerebrospinalfluid cells in inflammatory diseases of the central nervous system. Klin Wochenschr 68 (1990) 12–17.
[15] Rümke, C. L.: The statistically expected variability in differential leucocyte counting. In: J. A. Koepke (Hrsg.) Differential leucocyte counting, S. 39–45. Illinois College of American Pathologists, Skokie 1979.
[16] Rümke, C. L., P. D. Bezemer, D. J. Knik: Normal values and least significant differences for differential leucocyte counts. J Chron Dis 28 (1975) 661–668.
[17] Sayk, J.: Cytologie der Cerebrospinalflüssigkeit. Fischer Verlag, Jena 1960.
[18] Sayk, J.: Ergebnisse neuer Liquorcytologischer Untersuchungen mit dem Sedimentkammerverfahren, Ärztl Wochenschr 9 (1954) 1042–1046.
[19] Schmidt, R. M.: Atlas der Liquorzytologie. Johann Ambrosius Barth, Leipzig 1978.

9.2 Qualitätskontrolle für Proteinanalytik

Hansotto Reiber

Empfehlungen der Deutschen Gesellschaft für Liquordiagnostik und Klinische Neurochemie, e. V.

9.2.1 Vorbemerkung: Besonderheiten der Liquoranalytik

Die Qualität der Liquoranalytik hängt in ihrer klinischen wie auch methodischen Bedeutung davon ab, daß stets Liquor und Serum des Patienten zusammen analysiert und aufeinander bezogen werden. Wenn der Analyt im *Liquor und Serum mit derselben Methode im selben analytischen Lauf analysiert* wird (Serum wird dabei höher verdünnt eingesetzt), erhöht sich die *Präzision* im Quotienten (nur eine Standardkurve statt zwei verschiedener) und der Liquor/Serum-Konzentrationsquotient stellt damit einen *Methodenunabhängigen* Wert dar [3]. Wenn sichergestellt wird (durch serielle Verdünnung des Serums auf Liquorkonzentration), daß die Verdünnungsechtheit gegeben ist, d. h. dieselben Konzentrationen bei Werten im oberen und unteren Bereich der Standardkurve gefunden werden, dann ist die Bildung des Liquor/Serum-Konzentrationsquotienten bezüglich der Richtigkeit des Wertes von Labor zu Labor vergleichbar der eines Analyten mit Referenzmethode. Von dieser Besonderheit der Liquoranalytik wird in externer wie in interner Qualitätskontrolle Gebrauch gemacht.

9.2.2 Albumin, IgG, IgA, IgM in Liquor und Serum

9.2.2.1 Interne Qualitätskontrolle

Für die *Präzision* werden Liquor, Serum und der Liquor/ Serum Konzentrationsquotient gemessen, ausgewertet und dokumentiert. Als Proben werden vorgeschlagen:

Serum-Kontrollproben (zertifiziert, von kommerziellen Anbietern); *Liquor-Kontrollproben* entweder von kommerziellen Anbietern oder solange diese Liquor-Kontrollproben nicht verfügbar oder nicht vertrauenswürdig genug sind, ist es möglich, eine vorverdünnte Serumkontrolle (1 : 200 – 1 : 2000 je nach Analyt) zu verwenden. Diese vorverdünnten Proben werden als Aliquots gelagert. Es kann auch ein selbstgemachter Liquor-Pool verwendet werden, der in Aliquots bei 4 °C gelagert werden kann soweit eine anti-mikrobielle Behandlung zur Stabilisierung verwendet wird (z. B. Thimerosal).

Als Grundvoraussetzung einer hohen Qualität werden, wie bereits betont, Liquor- und Serumprobe mit derselben Methode im selben analytischen Lauf analysiert. Wird nun durch eine serielle Verdünnung von Serumproben oder Serumkontrollen bis zu Liquorkonzentrationen die Vertrauenswürdigkeit (Linearität) des Vorgehens überprüft, dann ist auch die *Richtigkeit des Liquor/Serum-Quotienten* unabhängig von der Art der Kontrollproben (Liquorpool, Liquorkontrolle, verdünntes Serum).

Die *Richtigkeitskontrolle für Absolutwerte* kann hinreichend mit zwei zertifizierten Serumkontrollen (Normal- und pathologischer Bereich) gewährleistet werden, wobei die Serumkontrolle im Liquor-Assay entsprechend verdünnt im selben analytischen Bereich des Normal- oder pathologischen Liquors gemessen wird. Mit diesem Vorgehen ist damit auch die Richtigkeit für die Liquoranalytik, d. h. die Liquorprobe gewährleistet, sofern Liquor und Serum im selben Lauf und Detektionsbereich analysiert werden.

Die Entwicklung zertifizierter Liquorkontrollen ist zwar wünschenswert, kann aber (zumindest vorerst) durch obige Empfehlungen problemlos ersetzt werden.

9.2.2.2 Externe Qualitätskontrolle – Ringversuch

Der von INSTAND (Institut für Standardisierung im medizinischen Laboratorium, e. V.) seit 9 Jahren durchgeführte Ringversuch „Liquordiagnostik" hat sich bewährt, um eine externe Qualitätskontrolle in der Liquordiagnostik durchzuführen.

Mit diesem Ringversuch wurde erstmals eine qualitative, Patienten-orientierte Bewertung in den Vordergrund gerückt. In der Teilnahmebescheinigung wird deshalb als erstes die *klinisch orientierte Richtigkeit des Gesamtbefundes* dokumentiert (Blut-Liquor Schrankenfunktionsstörung, entzündlicher Prozeß im ZNS, intrathekale IgG-, IgA-, IgM-Synthese).

Die quantitative Beurteilung nimmt Bezug auf das Spezifikum der Liquordiagnostik: Die Liquor/Serum-Quotienten. Wie in der Literatur dargestellt [3] sind die Quotienten methoden-unabhängige Werte. Deshalb werden die simultan im selben Lauf bestimmten Liquor- und Serumwerte als Liquor/Serum-Quotient berechnet und im Ringversuch mit erster Priorität auf die Richtigkeit bewertet.

Neben der Bestimmung der Liquor-Serum-Quotienten für Albumin, IgG, IgA und IgM werden folgende *Einzelparameter* auf ihre Richtigkeit überprüft:

- Gesamteiweiß im Liquor
- Albumin im Liquor und Albumin im Serum
- IgG im Liquor und IgG im Serum
- IgA im Liquor und IgA im Serum
- IgM im Liquor und IgM im Serum

Die sekundäre Bewertung der Einzelparameter dient zur Analyse eines möglichen Fehlers im Liquor/Serum-Quotienten [3].

Die Ergebnisse der Ringversuchsteilnehmer werden bezogen auf Zielwerte, die von 4 Labors je als 10fach Interassay Bestimmungen erhoben werden und deren Ergebnisse nach Elimination von Ausreißern gemittelt werden. Zur Qualifizierung des Ringversuches wird der Konsenswert für jeden Parameter aus der Gruppe der RV-Teilnehmer bestimmt, nachdem die Ausreißer ($> \pm 30\%$) eliminiert wurden. Die numerische und graphische Darstellung des Teilnehmerfeldes werden jeweils vermittelt.

9.2.3 Gesamtprotein im Liquor

9.2.3.1 Interne Qualitätskontrolle

Als Kontrolle für die Richtigkeit und Präzision hat sich die Verwendung je einer 1:200 vorverdünnten und aliquotierten Serumkontrolle im normalen und pathologischen Bereich bewährt.

9.2.3.2 Externe Qualitätskontrolle

Es werden je eine normale und eine pathologische Probenkonzentration im Liquorpool getestet (Beurteilung des Absolutwertes).

9.2.4 Spezifische Antikörper in Liquor und Serum

9.2.4.1 Interne Qualitätskontrolle

Wie auch bei anderen Analyten ist der Nachweis von spezifischen Antikörpern in Liquor und Serum durch die Bewertung als CSF/Serum-Quotient bezüglich einer allgemeinen Qualitätskontrolle besser als die Beurteilung von Absolutwerten.

Die gepaarte Analyse von Liquor- und Serum-Kontrollproben im ELISA (selbstgemachter Serumpool und Liquorpool von Kontrollpersonen (Durchseuchungstiter), stabilisiert, aliquotiert, bei 4°C gelagert) erlaubt die Berechnung der spezifischen Antikörper Liquor/Serum-Quotienten (Q_{spez}). Dieser Quotienten-Wert wird für die Überprüfung der Präzision verwendet (s. Tab. 1). In der Praxis wird Q_{spez} auf den entsprechenden Quotienten für Gesamt-IgG oder den Grenzwert des Referenzbereiches Q_{Lim} bezogen. Dies ergibt den sogenannten Antikörper-Index (AI), zum Teil auch als Antikörper-Spezifitäts-Index (ASI) oder Organismen-Spezifischer-Antikörper-Index (OSAI) bezeichnet. Die Präzision ist in Ref. [2] dargestellt.

Vergleichsweise zu den mittleren Variationskoeffizienten von Q_{spez} mit 5–10% ergeben die Gesamt-AI-Werte unter Einschluß der Impräzision für die IgG-Analytik mittlere Variationskoeffizienten von 16% [2].

9.2.4.2 Externe Qualitätskontrolle – Ringversuch

Im Liquor-Ringversuch, in dem berechnete AI-Werte beurteilt werden, kommt lediglich der Q_{spez}-Wert zum Tragen, da der IgG-Quotient den Teilnehmern mit vorgegeben wird, um so für die Berechnung des AI-Wertes einheitliche IgG-Werte zugrunde zu legen. Die Qualitätskontrolle für die IgG-Analytik wird getrennt durchgeführt.

Die klinisch relevante Evaluation beurteilt:

- Normalen AI-Wert
- Intrathekale Antikörpersynthese mit Angabe der jeweilig erhöhten pathologischen Spezies
- Chronisch entzündlicher Prozeß (wenn bestimmte Kombinationen, MRZ-Reaktion, erhöht sind)

9.2.5 Oligoklonales IgG

9.2.5.1 Interne Qualitätskontrolle

Es sollen grundsätzlich immer mehrere Liquor- und Serumpaare zusammen auf einem Gel analysiert werden (mindest ein normales Paar), damit pH-Inhomogenitäten nicht als Artefakte fehl interpretiert werden.

9.2.5.2 Externe Qualitätskontrolle – Ringversuch

Das zu analysierende CSF- + Serum-Probenpaar wird nach folgenden internationalen Kriterien [1] beurteilt:

1. Kein oligoklonales IgG nachweisbar (IEF).
2. Oligoklonales IgG im Liquor! (intrathekale Synthese).
3. Oligoklonales IgG im Liquor! Zusätzlich identische Banden in Liquor und Serum. (intrathekale Synthese).
4. Identische Banden in Liquor und Serum. Kein isoliertes oligoklonales IgG im Liquor! (keine intrathekale Synthese).
5. Monoklonales IgG in Liquor und Serum (Paraprotein, keine intrathekale Synthese).

9.2.6 Vorgeschlagene Meßgrößen und zulässige Meßabweichungen

Für die Bewertung der Richtigkeit im Einzelfall des jeweiligen Teilnehmers muß berücksichtigt werden, daß generell im Liquor wesentlich niedrigere Analyt-Konzentrationen (1:200 bis 1:5000) als im Serum vorliegen, und daß auch für das Serum, das simultan mit dem Liquor im selben Analysenverfahren gemessen wird, durch eine entsprechend hohe Verdünnung zusätzlich Präzisionsanforderungen entstehen. Eine zulässige Abweichung vom Zielwert für die Liquoranalytik kann sich deshalb nicht direkt an der zulässigen Abweichung derselben Analyten für die Serum-Analytik orientieren.

Es ist deshalb auch nicht sinnvoll, Serumwerte für die Immunglobuline im Serumtest zu zertifizieren wenn in der Praxis im Liquortest gemessen wird.

Tab. 1: Meßgrößen im Liquor (CSF) und deren maximal zulässige, relative, zufällige Meßabweichung[1]

Nr.	Analyt	Vorgaben für die Zielwerte	Qualitätssicherung Meßabweichung VK (%)[2]
1	Albumin	Sollwert	8
2	Gesamteiweiß	Sollwerte	10
3	Glucose	Referenzmethodenwert	5
4	Immunglobulin A	Sollwert	15
5	Immunglobulin G	Sollwerte	10
6	Immunglobulin M	Sollwerte	15
7	Lactat	Sollwerte	6
8	Albumin L/S-Quotient (Q_{Alb})	Sollwerte[3]	10
9	IgA L/S-Quotient (Q_{IgA})	Sollwerte[3]	10
10	IgG L/S-Quotient (Q_{IgG})	Sollwerte[3]	10
11	IgM L/S-Quotient (Q_{IgM})	Sollwerte[3]	10
12	Spez. AK Liquor/spez. AK Serum-Quotient (Q_{spez})	Sollwerte	15

[1] VK-Werte für Quotienten im einzelnen Labor sind in [2] publiziert.
[2] Diese Werte sind nach RILIBÄK mit Faktor 3 zu multiplizieren für die max. zulässige Meßabweichung im Ringversuch
[3] Liquor/Serum Konzentrationsquotienten sind Methoden-unabhängige Sollwerte (Qualität bezüglich Richtigkeit ähnlich Referenzmethodenwert, sofern Liquor und Serum im selben Lauf derselben Methode bestimmt werden).

Zulässige Abweichungen vom Zielwert im Ringversuch sind der Tabelle 1 (als 3 × VK) zu entnehmen.

9.2.7 Literatur

[1] Andersson M., J. Alvarez-Cermeño, G. Bernardi et al.: Cerebrospinal Fluid in the Diagnosis of Multiple Sclerosis: A Consensus Report. J Neurol Neurosurg Psychiat 57 (1994) 897–902.

[2] Reiber, H: Die diagnostische Bedeutung neuroimmunologischer Reaktionsmuster im Liquor cerebrospinalis. Lab Med 19 (1995) 444–462.

[3] Reiber, H.: External Quality Assessment in Clinical Neurochemistry: Survey of Analysis for Cerebrospinal Fluid (CSF) Proteins Based on CSF/Serum Quotients. Clin Chem 41 (1995) 256–263.

C Klinische Liquordifferentialdiagnostik

C.1 Von der klinischen Diagnose zum Liquorbefund
U. K. Zettl, E. Mix, R. Lehmitz

Im nachfolgenden Kapitel werden die für die Liquordiagnostik relevanten Krankheitsbilder mit den zu erwartenden Liquorbefunden dargestellt. Hierbei wird insbesondere auf die klassischen Liquorparameter wie *Zellzahl, Zelldifferenzierung, Gesamtprotein* und *Albumin-Quotient* sowie *intrathekale Immunglobulin-Synthese* eingegangen. Soweit andere Liquorparameter wie *Zelltypisierungsmarker* oder *humorale Faktoren* für die Diagnosefindung eine Bedeutung haben, werden sie entsprechend in die Bewertung einbezogen. Auf Liquorparameter, die zur Zeit Forschungsgegenstand sind und deren klinische Bedeutung noch nicht sicher zu evaluieren ist, wird nur punktuell eingegangen oder auf die weiterführende Literatur verwiesen.

Der Liquorbefund sollte nie ohne Kenntnis des klinischen Bildes interpretiert werden (Kap. C.4).

Nicht für alle in diesem Kapitel aufgeführten Erkrankungen ist nach heutigem Kenntnisstand die Liquorpunktion primär indiziert (Kap. A.2). In einzelnen Fällen sind im klinischen Alltag aber sehr weitgefaßte differentialdiagnostische Überlegungen notwendig, so daß das Wissen um potentielle Liquorbefundkonstellationen hilfreich sein kann, die Differentialdiagnosen auch aus liquorologischer Sicht weiter einzuengen.

1.1 Entzündliche Erkrankungen des Nervensystems
R. Lehmitz, E. Mix, U. K. Zettl

Entzündliche Erkrankungen des Nervensystems manifestieren sich u. a. als Meningitis, Meningoenzephalitis, Enzephalitis, Abszeß, Enzephalomyelitis, Radikulitis, Myelitis oder Polyneuritis, wobei die Übergänge z. T. fließend sind. Das Ausmaß entzündlicher Liquorveränderungen ist sowohl von der Ätiologie und dem Stadium der Erkrankung als auch von der Lokalisation des entzündlichen Prozesses abhängig. Generell gilt, daß Liquorbefundkonstellationen überwiegend als „typisch" und nur selten als „spezifisch" anzusehen sind. Bei Patienten mit angeborenen Immundefekten oder erworbener Immundefizienz ist damit zu rechnen, daß entzündliche Liquorbefunde weniger stark ausgeprägt sind. Die in diesem Kapitel dargestellten Liquorbefunde beziehen sich überwiegend auf einzelne entzündliche Erkrankungen des Nervensystems und nicht auf sogenannte „Liquorsyndrome", wie akute, subakute und chronische entzündliche Liquorsyndrome, die unabhängig von der Ätiologie und Genese der Erkrankungen beschrieben werden können (Kap. C.4).

1.1.1 Bakterielle Erkrankungen des Nervensystems

1.1.1.1 Purulente bakterielle Infektionen
Akute bakterielle Meningitis

Die bakterielle Meningitis stellt nach wie vor eine schwerwiegende Erkrankung mit z. T. lebensbedrohlichem Charakter dar. Neben dem klinischen Befund hat die Liquordiagnostik den entscheidenden Stellenwert für die Diagnosefindung. Verlauf und Prognose werden erheblich von einer frühzeitigen Diagnose und unverzüglicher Therapieeinleitung beeinflußt. Das Erregerspektrum hängt von verschiedenen Faktoren ab, z. B. dem Alter, Risikofaktoren und dem Infektionsweg. Wichtige Erreger der purulenten bakteriellen Meningitis sind im *Säuglingsalter* Escherichia coli, B-Streptokokken und Listeria monozytogenes, im *Kindes- und Jugendalter* Haemophilus influenzae, Meningokokken sowie Pneumokokken und im *Erwachsenenalter* Pneumokokken, Meningokokken, Staphylokokken und Listeria monozytogenes (Kap. B.6.1 und B.7).

Der Versuch eines direkten Erregernachweises sollte in jedem Fall notfallmäßig über das zytologische Standardpräparat und ein Gram-Präparat sowie einen Antigentest (z. B. Agglutination) durchgeführt werden. Die notwendige Untersuchung von Liquor- und Blutkulturen zur Erregeridentifikation sowie die Resistenzbestimmung bleiben dem mikrobiologischen Speziallabor vorbehalten (Kap. B.6.1). Der Materialtransport muß im warmen Zustand (Zimmertemperatur) erfolgen, nach Möglichkeit in entsprechenden Nährmedien bzw. Kultursytemen (Kap. B.6.1). Die Angaben zur Häufigkeit des mikroskopischen Keimnachweises liegen im Mittel bei 70 % und sind somit nicht höher als positive Ergebnisse mit Agglutinationstests, wobei der direkte Erregernachweis durch die Liquorzytologie am ehesten bei unbehandelten bakteriellen Meningitiden gelingt. Antibiotische Anbehandlungen erschweren den Erregernachweis. Zukünftig werden für die Erregerdiagnostik von akuten bakteriellen Entzündungen des ZNS molekularbiologische Methoden eine erhebliche Bedeutung erhalten und zumindest partiell einige traditionelle mikrobiologische Verfahren ablösen. Die Polymerase-Ketten-Reaktion (PCR) ist bei den „klassischen" bakteriellen Meningitiserregern derzeit noch kein Standard (Kap. B.5).

In der akuten Phase der bakteriellen Meningitis liegt die *Zellzahl* meist über 1 000 Mpt/l und kann Werte weit über 10 000 Mpt/l erreichen. Der Liquor ist makroskopisch getrübt bis eitrig. Ein in der Literatur angegebener Grenzwert von 1 000 Mpt/l zur Unterscheidung von bakterieller und viraler Meningitis ist nur als unscharf anzusehen, denn höhere Zellzahlen werden nicht selten auch bei viralen Meningitiden gefunden. Niedrige Zellzahlen sowie Normalwerte können in der Frühphase der bakteriellen Meningitis vorliegen und schließen daher eine bakterielle Infektion nicht von vornherein aus.

In der akuten exsudativen Phase der bakteriellen Meningitis dominieren im *Zellbild* Granulozyten. Die Granulozytenanteile liegen in dieser Phase meist zwischen 80 und 100 %. Bedingt durch ihre Phagozytosetätigkeit zeigen die Granulozyten zunehmend Degenerations- und Lysezeichen („Eiterbildung"). Lymphozyten und Monozyten finden sich in dieser Entzündungsphase nur vereinzelt. Zu erwähnen ist, daß eine Granulozytendominanz auch im akuten Stadium der Virusmeningitis nachweisbar sein kann. Bei einer Kontrollpunktion 24 bis 48 Stunden später, zeigt sich in diesen Fällen aber ein Zellbild mit Lymphozytendominanz.

Eine wirksame Antibiotikatherapie bewirkt in der Regel einen schnellen Rückgang der Granulozytenzahl, und es kommt zu einer Zunahme des relativen Anteils an Lymphozyten und Monozyten jeweils mit Aktivierungszeichen. In diesem Stadium (Proliferationsphase) sind in unterschiedlichem Ausmaß Plasmazellen nachweisbar. Die aktivierten B-Lymphozyten zeigen vorwiegend eine IgG- und IgA-Synthese. In der anschließenden Reparationsphase, in der kaum noch Granulozyten zu finden sind, gehen die Aktivierungszeichen des mononukleären Phagozytensystems und des Lymphozytensystems zurück und das Liquorzellbild normalisiert sich. Atypische Verläufe der bakteriellen Meningitis sind gekennzeichnet durch einen fehlenden bzw. nur partiellen Rückgang des Granulozytenanteils im Therapieverlauf (chronisches Stadium) oder durch eine erneute Zunahme der Granulozyten als Akuitätszeichen.

Die *Gesamtproteinwerte* liegen bei der bakteriellen Meningitis meist zwischen 1 000 und 10 000 mg/l. Eine genauere Definition der *Schrankenfunktionsstörung* erfolgt über den Albumin-Quotienten (Q_{alb}) aus Liquor und Serum. Der Albumin-Quotient liegt initial meist im Bereich von $50-300 \times 10^{-3}$ als Ausdruck einer massiven Schrankenfunktionsstörung (Kap. B.3.1).

Als typisch für eine bakterielle Meningitis gelten ein erhöhter *Laktatwert* sowie eine Erniedrigung der *Glukosekonzentration* (Kap. B.6.1). Die Trennwerte für Laktat zur Abgrenzung einer bakteriellen von einer viralen Meningitis liegen zwischen 3,0 und 4,0 mmol/l. Die üblicherweise durchgeführte Laktatbestimmung erfaßt L-Laktat. Durch den Nachweis von D-Laktat erhöht sich die Spezifität der Diagnostik einer bakteriellen Meningitis, wobei zu berücksichtigen ist, daß nicht alle für die Meningitis relevanten Erreger D-Laktat-Produzenten sind. Fehlendes D-Laktat schließt daher eine bakterielle Infektion des ZNS nicht aus. Zur Beurteilung der Glukosekonzentration ist der Bezug auf den Blutwert unbedingt notwendig, es wird meist der Liquor/Blut-Quotient genutzt (Kap. B.1).

Zum Zeitpunkt der diagnostischen Erstpunktion (Frühpunktion) ist eine *humorale Immunantwort* meist nicht zu erwarten. Bei Meningokokken- und Pneumokokken-Meningitiden hingegen finden sich bei einem Teil der Patienten intrathekale IgA-Synthesen schon im akuten Stadium der Erkrankung. Es zeigen sich aber noch keine intrathekalen IgG- und IgM-Synthesen. Eine initiale intrathekale IgA-Synthese erfordert eine differentialdiagnostische Abgrenzung von intrathekalen Abszessen sowie der Neurotuberkulose.

Listerieninfektionen

Unter den akuten bakteriellen Entzündungen nehmen Listerieninfektionen des ZNS hinsichtlich der Liquorbefunde eine gewisse Sonderstellung ein. Die Erkrankung manifestiert sich hauptsächlich als Meningitis bzw. Meningoenzephalitis (ca. 90%), aber auch als Hirnstammenzephalitis (5−10%) und selten als Abszeß. Im Gegensatz zu anderen bakteriellen Meningitiden ist für die Listerienmeningitis eine enzephalitische Beteiligung charakteristisch. Das subakute Stadium einer Listerien-Meningitis bzw. Meningoenzephalitis kann mehrere Wochen andauern. Der Nachweis einer Listerieninfektion kann in der Regel nur durch die Anzucht des Erregers geführt werden. Aufgrund der niedrigen *Keimzahlen* gelingt der Erregernachweis aus dem Blut oder aus dem Liquor nur selten. Eine PCR zum Listeriennachweis ist bisher im klinischen Alltag wenig gebräuchlich (Kap. B.5).

Die *Serologie* gilt für die Diagnostik als unzuverlässig. Die Liquorveränderungen sind abhängig von der Lokalisation der Infektion und weichen z. T. von der typischen Befundkonstellation bei akuten bakteriellen Meningitiden ab. Sowohl die Zellzahlerhöhungen, als auch das Zellbild und die Gesamtproteinerhöhungen zeigen eine erhebliche Variabilität.

Die *Zellzahlen* bei Listerieninfektionen des ZNS liegen zwischen leichten Erhöhungen und Werten bis zu 10 000 Mpt/l, wobei in Einzelfällen auch wesentlich höhere Werte gefunden wurden. Bei der Listerien-Hirnstammenzephalitis sind eher geringere Zellzahlerhöhungen zu erwarten als bei der Meningitis bzw. Meningoenzephalitis. Der *liquorzytologische Befund* zeigt granulozytäre, lymphozytäre oder auch „gemischte" Zellbilder. Die *Gesamtproteinwerte* schwanken zwischen Normalbefunden und 10 000 mg/l, *Laktatwerte* im Liquor sind erhöht und die *Glukosewerte* erniedrigt.

Eine *intrathekale Immunglobulin(Ig)-Synthese* kann, besonders bei unkomplizierten Verläufen, fehlen. Es ist jedoch auch eine „Drei-Ig-Klassen-Reaktion" (IgG, IgA, IgM) möglich.

Nocardiose

Diese seltene bakterielle Infektionskrankheit tritt meist als eitrige Entzündung in Erscheinung und manifestiert sich überwiegend bei immunsupprimierten Patienten. Bei etwa einem Drittel der Patienten mit Lungennocardiose ist auch das ZNS betroffen. Die häufigste Form der ZNS-Nocardiose ist die Hirngewebsnekrose, die sich oft zu einem Abszeß entwickelt.

Eine eitrige Meningitis wird vor allem bei oberflächennahen Abszessen beobachtet. Diese können einzeln oder multipel auftreten. Meningitiden ohne gleichzeitigen Hirnabszeß sind selten.

Im Liquor cerebrospinalis finden sich bei einer ZNS-Nocardiose in etwa 40% pathologische Veränderungen. In Abhängigkeit von der Lokalisation des entzündlichen Prozesses können die Liquorbefunde stark variieren. Die

Zellzahl kann normal sein, aber auch Werte bis 5 000 Mpt/l erreichen. Die *Gesamtproteinwerte* sind meist nur leicht erhöht, wobei aber auch Werte bis zu 1 500 mg/l möglich sind. Zunächst zeigt sich vorwiegend ein granulozytäres, im weiteren Krankheitsverlauf ein lymphozytäres *Zellbild*. Die *Glukosewerte* im Liquor cerebrospinalis können erniedrigt sein.

Hirnphlegmone (Cerebritis) und Hirnabszeß

Die Hirnphlegmone und der Hirnabszeß sind unterschiedliche Stadien einer Infektion mit Erregern, die eine Einschmelzung von Hirngewebe bedingen können.

Bei der Hirnphlegmone – bis ca. 9. Tag der Hirngewebsinfektion – ist in Abhängigkeit der Lokalisation zum Ventrikelsystem eine granulozytendominierte Pleozytose von einigen hundert Mpt/l nachweisbar. Bei abgekapselten Abszessen – nach dem 14. Tag der Hirngewebsinfektion – ist die Zellzahl in den meisten Fällen normal bzw. bis zu 300 Mpt/l erhöht.

Im *Zellbild* findet sich dann meist ein gemischtes Bild aus Granulozyten, Lymphozyten sowie Monozyten und Makrophagen, aber auch eine reine mononukleäre Pleozytose kann im Verlauf der Erkrankung auftreten. Die Lymphozyten zeigen kaum Aktivierungszeichen. Starke Zellzahlerhöhungen mit einem erheblichen Anteil von Granulozyten ergeben sich im späteren Krankheitsverlauf, wenn ein Abszeß durch Perforation den Liquorraum erreicht. Entsprechend ausgeprägt sind dann auch die *Schrankenfunktionsstörungen*. Eine geringe Erniedrigung der Glukosekonzentration im Liquor cerebrospinalis kann festgestellt werden. *Lokale Immunreaktionen* sind erst ab der zweiten Woche nachweisbar. Eine intrathekale IgA-Synthese kann dann dominieren.

Pyocephalus

Beim Pyocephalus befindet sich im Ventrikelsystem Eiter, entweder als Folge einer Shunt-assoziierten Ventrikulitis, als Komplikation einer sich fulminant ausbreitenden bakteriellen Meningitis oder der Ruptur eines ventrikelnah gelegenen Hirnabszesses.

Das mikrobiologische Erregerspektrum entspricht dem der Community-akquirierten bakteriellen Meningitis, mit einer gewissen Häufung von Pneumokokken, bzw. dem der nosokomial bedingten Ventrikulitis, mit einer Akzentuierung von gramnegativen Bakterien. Bei Patienten mit einem Pyocephalus infolge einer akuten eitrigen Meningitis bzw. von Hirnabszessen ist eine Lumbalpunktion kontraindiziert. Der ventrikulär gewonnene Liquor cerebrospinalis entspricht dem einer akuten purulent-bakteriellen Meningitis.

Subdurales Empyem

Die extraparenchymatösen Empyeme der Schädelhöhle sind bevorzugt im Subarachnoidalraum lokalisiert. In der Regel findet man im Frühstadium eine granulozytäre und im weiteren Verlauf eine mononukleäre *Pleozytose*, die selten über 500 Mpt/l beträgt. Das *Gesamtprotein* ist erhöht, mitunter wird besonders stark IgA synthetisiert.

Aufgrund der hohen Einklemmungsgefahr ist eine Lumbalpunktion bei Verdacht auf ein Empyem kontraindiziert. In diesen Fällen sind bildgebende Diagnostika (CT, MRT) von wegweisender Bedeutung.

Epiduraler Abszeß

Eine Lumbalpunktion beim epiduralen Abszeß ist aufgrund der großen Herneationsgefahr nur bei spinaler Manifestation erlaubt. Im Gegensatz zum Hirnabszeß, der keine absolute Operationsindikation darstellt, muss der im CT oder MRT erkannte Epiduralabszeß ohne vorangehende Liquorpunktion umgehend operiert werden, um eine Perforation des epiduralen Abszesses in den Liquorraum zu verhindern. In den seltenen Fällen einer Liquoranalytik, in der Regel aus der Ära vor Einführung der modernen bildgebenden Verfahren, ist beim Epiduralabszeß eine mononukleäre *Pleozytose* mit *Schrankenfunktionsstörung* zu finden.

Literatur

[1] Bonadio, W. A.: The cerebrospinal fluid: physiologic aspects and alterations associated with bacterial meningitis. Pediatr Infect Dis 11 (1992) 423–431.

[2] DeBiasi, R. L., K. L. Tyler: Polymerase chain reaction in the diagnosis and management of central nervous system infections. Arch Neurol 56 (1999) 1215–1219.

[3] Dunbar, S. A., R. A. Eason, D. M. Musher et al.: Microscopic examination and broth culture of cerebrospinal fluid in diagnosis of meningitis. J Clin Microbiol 36 (1998) 1617–1620.

[4] Felgenhauer, K., W. Beuche: Labordiagnostik neurologischer Erkrankungen. Georg Thieme, Stuttgart – New York 1999.

[5] Henkes, H., H. W. Kölmel (Hrsg.): Die entzündlichen Erkrankungen des Zentralnervensystems: Handbuch und Atlas. Ecomed-Losebl.-Ausg. Grundwerk, Landsberg/Lech 1993.

[6] Hobusch, D.: Liquordiagnostik bei ZNS-Infektionen im Kindesalter. Kinder- und Jugendmedizin 1 (2001) 181–192.

[7] Jaton, K., R. Sahli, J. Bille: Development of polymerase chain reaction assays for detection of Listeria monocytogenes in clinical cerebrospinal fluid samples. J Clin Microbiol 30 (1992) 1931–1936.

[8] Kaabia, N., D. Scauarda, G. Lena et al.: Molecular Identification of Staphylococcus lugdunensis in a Patient with Meningitis. J Clin Microbiol 40 (2002) 1824–1825.

[9] Kastenbauer, S., U. Koedel, B. F. Becker et al.: Oxidative stress in bacterial meningitis in humans. Neurol 58 (2002) 186–191.

[10] Kleine, T. O.: Liquordiagnostik bei akuten entzündlichen Erkrankungen des Zentralnervensystems. In: H. Lang, H. Greiling (Hrsg.): Pathobiochemie der Entzündung, S. 176–187. Springer, Berlin 1984.

[11] Kölmel, H. W.: Liquorzytologie. Springer, Berlin – Heidelberg – New York 1978.

[12] Kristiansen, B. E., A. Ask, A. Jenkins et al.: Rapid diagnosis of meningococcal meningitis by polymerase chain reaction. Lancet 337 (1991) 1568–1569.

[13] Leary, S. M., B. N. McLean, E. J. Thompson: Local synthesis of IgA in the cerebrospinal fluid of patients with neurological diseases. J Neurol 247 (2000) 609–615.

[14] Lehmitz, R., E. Mix, U. K. Zettl: Liquorparameter bei ausgewählten entzündlichen Erkrankungen des Nervensystems. In: U. K. Zettl, E. Mix (Hrsg): Klinische Neuroimmunologie, S. 59–87. Walter de Gruyter, Berlin – New York 1999.

[15] Lehmitz, R., E. Mix, U. K. Zettl: Liquordiagnostik bei ausgewählten entzündlichen Erkrankungen des Nervensystems. Nervenheilkunde 21 (2002) 82–87.

[16] Margall Coscojuela, N., M. Majo Moreno, C. Latorre Otin et al.: Use of universal PCR on cerebrospinal fluid to diagnose bacterial meningitis in culture-negative patients. Eur J Clin Microbiol Infect Dis 21 (2002) 67–69.

[17] Mein, J., G. Lum: CSF bacterial antigen detection tests offer no advantage over Gram's stain in the diagnosis of bacterial meningitis. Pathol 31 (1999) 67–69.

[18] Prange, H. (Hrsg.): Infektionskrankheiten des ZNS. Chapman & Hall, London – Weinheim 1995.

[19] Reiber, H.: Die diagnostische Bedeutung neuroimmunologischer Reaktionsmuster im Liquor cerebrospinalis. Lab med 19 (1995) 444–462.

[20] Reiber, H., J. B. Peter: Cerebrospinal fluid analysis: disease-related data patterns and evaluation programs. J Neurol Sci 184 (2001) 101–122.

[21] Reihsaus, E., H. Waldbaur, W. Seeling: Spinal epidural abscess: a meta-analysis of 915 patients. Neurosurg Rev 23 (2000) 175–204.

[22] Schmutzhard, E.: Entzündliche Erkrankungen des Nervensystems. Georg Thieme, Stuttgart – New York 2000.

[23] Sturgis, C. D., L. R. Peterson, J. R. Warren: Cerebrospinal fluid broth culture isolates: their significance for antibiotic treatment. Am J Clin Pathol 108 (1997) 217–221.

[24] Tunkel, A. R., W. M. Scheld: Acute bacterial meningitis. Lancet 346 (1995) 1675–1680.

1.1.1.2 Apurulente bakterielle Infektionen

Tuberkulöse Meningitis

Die tuberkulöse Meningitis ist die häufigste Manifestationsform der Neurotuberkulose. Für die Diagnosefindung hat die Liquoruntersuchung einen entscheidenden Stellenwert. Die Befundkonstellation nimmt eine besondere Stellung („Zwischenstellung") zwischen der akuten bakteriellen Meningitis und viralen Infektionen des ZNS ein.

Ein mikroskopische Erregernachweis (Mycobacterium tuberculosis) im Liquor cerebrospinalis sollte in jedem Fall versucht werden. Das Vorhandensein von „säurefesten Stäbchen" im Liquor gilt als beweisend für eine tuberkulöse Erkrankung im ZNS. Die DNA-

Sonden-Hybridisierung nach kultureller Anzucht stellt eine schnelle (einige Stunden) und spezifische Methode zur Identifikation von Mykobakterien des Tuberkulose-Komplexes dar. Angaben zur Sensitivität von Erregerkulturen schwanken erheblich und liegen zwischen 20% und 80%.

Aufgrund der geringen Erfolgsquote des direkten Erregernachweises und der relativ langen Wartezeiten auf Kulturergebnisse werden große Hoffnungen auf die Frühdiagnostik der tuberkulösen Meningitis durch PCR-Techniken gesetzt. Für die Frühdiagnostik und zum Teil auch die Verlaufskontrolle hat die PCR bereits eine große klinische Bedeutung erlangt. Sie ist bis zu 4 Wochen nach Therapiebeginn noch sinnvoll. In Abhängigkeit von der verwendeten PCR-Technik und den genutzten Primer-Sequenzen ergeben sich für den Nachweis von Bakterien des TBC-Komplexes Sensitivitäten und Spezifitäten, die bis 100% angegeben werden (Kap. B.5).

Die *Zellzahlen* liegen im Bereich von diskreten Erhöhungen um 10 Mpt/l bis zu 1000 Mpt/l. In Ausnahmefällen kommen normale Zellzahlen, aber auch Erhöhungen bis zu 4000 Mpt/l vor. Bei 75% der Patienten ist auch nach erfolgreicher Therapie eine Pleozytose – mit rückläufiger Tendenz – noch mehrere Monate nachweisbar.

Im frühen Stadium der Erkrankung können im *Zellbild* Granulozyten dominieren. Ihr Anteil nimmt im Verlauf schneller ab als bei der akuten purulent-bakteriellen Meningitis, jedoch langsamer als bei viralen Entzündungen. Überwiegend ist bei der Erstpunktion bereits eine Mischpleozytose mit Lymphozytendominanz zu beobachten. Die Lymphozyten zeigen Aktivierungszeichen (Lymphoidzellen, Plasmazellen). Das längere Vorhandensein einer Mischpleozytose gilt als typisch für die tuberkulöse Meningitis. Aktivierte B-Lymphozyten können Anteile bis zu 5% an der Lymphozytenpopulation erreichen. Es handelt sich fast ausschließlich um B-Lymphozyten mit Immunglobulin-Synthesen der Klassen IgA und IgG, wobei die IgA-positiven Lymphozyten meist dominieren.

Für das *Gesamtprotein* ergeben sich in der Regel Werte zwischen 1000 und 2000 mg/l, wobei auch Werte bis 10000 mg/l vorkommen können. Der Albuminquotient (Q_{alb}) zeigt mit über 25×10^{-3} (bis 400×10^{-3}) eine deutliche *Schrankenfunktionsstörung* an, die auch unter effektiver Therapie relativ lange andauern kann.

Eine erniedrigte *Glukosekonzentration* im Liquor cerebrospinalis (80–90% der Fälle) ist im Zusammenhang mit einer lymphozytären Pleozytose richtungsweisend, aber nicht spezifisch. Zur Beurteilung ist die Glukosebestimmung im Blut unbedingt erforderlich (Quotientenbildung). *Laktaterhöhungen* im Liquor (3,0–8,5 mmol/l) unterstützen die Diagnose, insbesondere in differentialdiagnostischer Abgrenzung gegenüber viralen Erkrankungen des ZNS.

Auf der humoralen Ebene ist die Interpretation der Konstellation von *Ig-Synthesen* hilfreich für die Diagnostik. Typisch sind Synthesen von IgA und IgG („Zwei-Ig-Klassen-Reaktion"). Im Idealfall findet sich eine dominierende IgA-Synthese im ZNS. Zum Zeitpunkt der Erstpunktion liegt eine intrathekale IgG-Synthese nur selten vor, im weiteren Verlauf der Erkrankung aber bei ca. 50% der Fälle. Die IgA-Synthese zeigt sich initial bei ca. 85% der Patienten und wird später bis zu 100% nachgewiesen. Bei anderen tuberkulösen Organmanifestationen, wie der Spondylitis tuberculosa mit primär spinaler Krankheitslokalisation, kann die intrathekale IgA-Synthese kombiniert mit einer IgM-Synthese gefunden werden. Eine isolierte IgA-Synthese muß immer mit weiteren Liquorparametern im Zusammenhang bewertet werden (Zellzahl, Zytologie, Schrankenfunktion u. a.), denn diese humorale Befundkonstellation ist auch bei anderen bakteriellen Erkrankungen des ZNS (Meningitis, embolische Herdenzephalitis, Abszeß), bei der Adrenoleukodystrophie oder dem seltenen intracerebralen IgA-Lymphom zu finden.

Es sind eine Vielzahl von immunologischen Testverfahren (ELISA, Immunoblot) zum Nachweis von Antigenen der Mykobakterien oder Antikörpern gegen Mykobakterien entwickelt worden. In Abhängigkeit von den gewählten Techniken, Antigenen und Antikörpern ist mit Sensitivitäten zwischen 30% und 90% sowie Spezifitäten bis zu 95% zu rechnen. In Kombination mit dem PCR-Ergebnis ergeben sich z. T. Sensitivitäten und Spezifitäten bis 100%. Insgesamt erscheint die Methodik des isolierten Antikörpernachweises für die Diagnostik der Neurotuberkulose gegenwärtig nicht ausgereift.

Neuroborreliose

Bei der Lyme-Borreliose werden 3 verschiedene klinische Stadien unterschieden,

Stadium 1: lokalisierte Infektion,
Stadium 2: disseminierte Infektion und
Stadium 3: persistierende Infektion.

Stadium 1 und 2 gelten als Frühphase, Stadium 3 als Spätphase der Infektion. Neurologische Manifestationen sind für das 2. Stadium (Meningoradikulitis-Bannwarth) und das 3. Stadium (chronische Neuroborreliose) charakteristisch. Im Stadium 1 ist kaum mit pathologischen Liquorveränderungen zu rechnen. Im Stadium 2 kann sich die Neuroborreliose unter anderem als Meningoradikulitis, Meningitis oder Hirnnervenausfall, insbesondere Fazialisparese, mit auffälligen Liquorbefunden manifestieren. Enzephalitiden und Enzephalomyelitiden sind charakteristisch für das Stadium 3, auch hier können entsprechende Liquorveränderungen gefunden werden.

Ein direkter *Erregernachweis* über Kultivierung gelingt im Liquor cerebrospinalis in der Regel nur bei 2–5% der Patienten und ist abhängig vom Stadium der Erkrankung.

In der Frühphase der Erkrankung können in bis zu 10% der Fälle Borrelien nachgewiesen werden. Molekularbiologische Methoden (PCR) sind für die Erregerdiagnostik bei der Neuroborreliose bisher nicht in großem Umfang routinewirksam geworden. Insgesamt wird die Sensitivität zum jetzigen Zeitpunkt als zu gering (30–40%) eingeschätzt, obwohl sie in Einzelberichten mit bis zu 80% angegeben wird. Ob die Erregerdichte oder eine fehlende methodische Standardisierung Ursache für die heterogenen PCR-Ergebnisse ist, bleibt zu klären. Eine wichtige Rolle spielt der schnelle Probentransport, das DNA-Präparationsverfahren und die zur Amplifikation genutzte Genregion (Kap. B.5).

In der Routinediagnostik übertrifft die Sensitivität des Grundprogramms der Liquordiagnostik deutlich die Sensitivität des Antigennachweises.

Zellzahlerhöhungen bei der Neuroborreliose variieren zwischen 10 Mpt/l und 1000 Mpt/l (etwa 70% zwischen 90 und 400 Mpt/l), wobei in der Frühphase eher die höheren Werte erwartet werden. Das typische *Zellbild* ist mononukleär mit deutlicher Lymphozytendominanz, wobei initial ein geringer Granulozytenanteil vorhanden sein kann. Charakteristisch ist ein hoher Anteil von B-Lymphozyten, wie er sonst nur bei Lymphomen gefunden wird. Die Abgrenzung gelingt durch Leichtkettenisotyp-Bestimmung (κ und λ), die bei Lymphomen in der Regel eine Monoklonalität zeigt. Das Lymphozytensystem ist bei der Neuroborreliose stark aktiviert, der Plasmazellanteil kann größer als 10% sein. Aktivierte B-Lymphozyten der Ig-Klassen IgG, IgA und IgM sind typisch für die Neuroborreliose. Ihr Anteil kann insgesamt bis zu 25% betragen, ein Befund, der bei anderen entzündlichen Erkrankungen des Nervensystems nicht gesehen wird. Typischerweise dominieren IgM-positive Lymphozyten.

Das *Gesamtprotein* ist erhöht bis 2000 mg/l. In Einzelfällen sind noch höhere Werte beschrieben worden. Entsprechend sind die Schrankenfunktionsstörungen erheblich (Q_{alb}-Werte reichen bis $> 50 \times 10^{-3}$). Normalwerte sind relativ selten zu finden.

Eine „Drei-Ig-Klassen-Reaktion" mit dominanter IgM-Synthese verbunden mit einer starken Schrankenfunktionsstörung und dem überwiegenden Nachweis von aktivierten B-Lymphozyten der Klasse IgM ist für die Neuroborreliose typisch. Durch den Nachweis einer intrathekalen Synthese von spezifischen Borrelien-Antikörpern über den Antikörper-Index (AI) erhöht sich die Sensitivität (Kap. B.3.2).

Im Spätstadium der Neuroborreliose kann der exzitotoxische wirkende NMDA-Agonist

Quinolinsäure im Liquor cerebrospinalis deutlich erhöht sein.

Nach antibiotischer Therapie der Neuroborreliose zeigen Zellzahl, Schrankenfunktion und aktivierte B-Lymphozyten Normalisierungstendenz, allerdings in nicht genau definierbarem Zeitintervall mit großen interindividuellen Schwankungen. So können sowohl die Borrelien-Antikörpersynthese (AI) als auch in einem Teil der Fälle die „Drei-Ig-Klassen-Reaktion" mit dominanter IgM-Synthese noch längere Zeit nach erfolgreicher Therapie gefunden werden. Es besteht Konsens, daß bei Abwesenheit von erhöhter Zellzahl, von aktivierten B-Lymphozyten und von Schrankenfunktionsstörung dieser Zustand als „Seronarbe" betrachtet wird.

Zur *Serodiagnostik* der Borreliose werden unter anderem Immunfluoreszenztests und ELISA-Techniken eingesetzt. Sensitivität und Spezifität beider Verfahren sind abhängig von den verwendeten Testsystemen und leiden bisher an einer unzulänglichen Standardisierung. Durch Immunoblot-Techniken konnten Sensitivität und Spezifität erhöht werden. Eine erschwerte klinische Interpretation von positiven Resultaten in den genannten Testsystemen ergibt sich, da etwa 10% der gesunden Normalbevölkerung und bis zu 35% aus Risikogruppen erhöhte Borrelien-Antikörper-Titer ohne eindeutige Symtomatik zeigen.

Die Nutzung der in der Mikrobiologie üblichen serologischen Verfahren mit den entsprechenden Bewertungskriterien ist nicht ohne weiteres auf die Liquordiagnostik übertragbar. Allein der Nachweis von Borrelien-Antikörpern im Liquor cerebrospinalis ist kein Beweis für eine Neuroborreliose, da Serumantikörper auch bei normaler Schrankenfunktion den Liquorraum erreichen. Nur über den Antikörper-Index (AI) ergeben sich Hinweise auf eine intrathekale Antikörpersynthese.

Neurosyphilis

Die Zahl der Syphilisneuerkrankungen war in den letzten Jahren rückläufig. Für bestimmte Risikogruppen (z. B. HIV-Infizierte) besteht jedoch eine hohe Inzidenz von Früh- und Spätsyphilis. Die wichtigsten Verlaufsformen des syphilitischen ZNS-Befalls sind:

1. progressive Paralyse,
2. meningovaskuläre Neurosyphilis („Syphilis cerebrospinalis") mit (a) vaskulitischer und (b) meningitischer Variante sowie
3. Tabes dorsales.

Häufigste Manifestationsformen sind meningovaskuläre Neurosyphilis und progressive Paralyse. Die Liquoruntersuchung ist bei Verdacht auf syphilitischen ZNS-Befall obligat. Entzündliche Liquorveränderungen sind zum Teil charakteristisch für einzelne Verlaufsformen der Neurosyphilis. So finden sich bei Tabes dorsales bei etwa 50% der Patienten noch entzündliche Liquorveränderungen.

Ein direkter *Erregernachweis* im Liquor gelingt nur selten. Molekularbiologische Methoden (PCR) sind etabliert, müssen methodisch und klinisch bei dieser Fragestellung jedoch für die Routinediagnostik noch weiter evaluiert werden. Angaben zur Sensitivität der PCR sind sehr heterogen, die Spezifität wird als hoch eingeschätzt.

Die *Liquorzellzahl* ist bei aktiver Neurosyphilis meist erhöht (60–80%), normale Zellzahlen schließen aber eine aktive Neurosyphilis nicht aus. Am häufigsten finden sich Zellzahlerhöhungen bei der progressiven Paralyse (90–100%). Bei der frühsyphilitischen Meningitis liegt die Zellzahl zumeist über 350 Mpt/l. Für die Verlaufsformen progressive Paralyse (bis 200 Mpt/l), meningovaskuläre Form mit vaskulitischer Variante (bis 100 Mpt/l) und meningitischer Variante (bis 300 Mpt/l) sowie Tabes dorsales (bis 50 Mpt/l) ergeben sich Richtwerte für die Zellzahl. Im Fall von „ausgebrannten Krankheitsfällen" ist die Zellzahl meist normal. Eine eindeutige Liquorpleozytose verbunden mit dem Nachweis von treponemenspezifischem IgM im Serum zeigt einen behandlungsbedürftigen Zustand der Erkrankung an. Einige Wochen bis Monate nach erfolgreicher Therapie normalisiert sich die Zellzahl, kann aber noch längere Zeit im Bereich von 6–15 Mpt/l persistieren.

Die *Zelldifferenzierung* bei Neurosyphilis ergibt mononukleäre Zellbilder zum Teil mit einem mäßigen Granulozytenanteil. Eindeutige Aktivierungszeichen des Lymphozytensystems (Plasmazellen) finden sich bei der progressiven Paralyse. Es werden aktivierte B-Lymphozyten der Klassen IgG und IgM, seltener auch mit der Klasse IgA und dann als „Drei-Ig-Klassen-Reaktion" gefunden. Treponemenspezifische aktivierte B-Lymphozyten können nachgewiesen werden. Vereinzelte Plasmazellen sind auch Monate nach erfolgreicher Therapie bei Normalisierung der Zellzahl im Liquor nachweisbar.

In etwa 70 % der Neurosyphilisfälle liegen Erhöhungen des *Gesamtproteins* vor. Die höchsten Werte wurden bei der meningitischen Variante, der meningovaskulären Neurosyphilis und der progressiven Paralyse gefunden. Gesamtproteinwerte bis 800 mg/l können längere Zeit persistieren. Eine *Schrankenfunktionsstörung* liegt nur in etwa 50 % der Fälle vor (Q_{alb} bis 15×10^{-3}, in Einzelfällen bis 30×10^{-3}). Gesamtproteinerhöhungen reflektieren nicht immer eine Schrankenfunktionsstörung (Cave: Q_{alb} beachten), da die intrathekalen IgG-Synthesewerte sehr hoch sein können.

Eine *lokale Immunreaktion* wird durch oligoklonales IgG bei unbehandelten Patienten in über 90 % angezeigt. Die intrathekale IgG-Synthese ist quantitativ am ausgeprägtesten bei der progressiven Paralyse. Bei dieser Verlaufsform ist die IgG-Synthese meist von einer erheblichen IgM-Synthese begleitet. Die Ig-Synthesen im ZNS sind nach erfolgreicher Therapie häufig nur langsam rückläufig (über Jahre) und daher kein Parameter zur Abschätzung der Behandlungsbedürftigkeit, wobei der quantitative Abfall der Ig-Synthesen aber einen Therapieeffekt anzeigt.

Ein Verdacht auf Neurosyphilis ist begründet, wenn als serologische Suchreaktion der Treponema pallidum Hämagglutinations Assay (TPHA-Test)) und als serologische Bestätigungsreaktion z. B. der Fluoreszenz Treponema Antikörper-Absorptions-Test (FTA-ABS-Test) positiv sind und ein Liquorbefund mit Entzündungszeichen vorliegt. Die Sicherung der Diagnose erfolgt durch den Nachweis einer intrathekalen Treponema pallidum spezifischen Antikörper-Synthese mit Hilfe des ITpA-Index (intrathekalproduzierte Treponema pallidum Antikörper). In die Berechnung dieses Index gehen das Gesamt-IgG und der TPHA-Titer (oder ELISA-Extinktion) jeweils aus Liquor und Serum ein. TPHA- und FTA-ABS-Test sowie der ITpA-Index erlauben jedoch keinen Hinweis auf die Prozeßaktivität der Neurosyphilis. Nur das Vorhandensein von spezifischen IgM-Antikörpern zeigt Krankheitsaktivität und damit Behandlungsbedürftigkeit an (s. u.). Zum Nachweis der Behandlungsbedürftigkeit sind der 19S IgM-FTA-ABS-Test, der Treponema-pallidum-IgM-ELISA und der Treponema pallidum IgM-Immunoblot geeignet. Hinsichtlich Krankheitsaktivität und Behandlungsbedürftigkeit bei der Neurosyphilis können Aktivitätszeichen 1.–3. Ordnung konstatiert werden.

Zu den Aktivitätszeichen 1. Ordnung (Prozeßaktivität, Behandlungsbedürftigkeit) gehören direkter Erregernachweis, Liquorpleozytose und treponemenspezifisches IgM im Serum.

Die quantitative intrathekale IgG-Synthese wird als Aktivitätszeichen 2. Ordnung angesehen. Sie hat nur als Verlaufsuntersuchung einen Stellenwert. Ein quantitativer Anstieg deutet auf Neuinfektion, Reaktivierung der Neurosyphilis oder auch eine nichtsyphilitische ZNS-Erkrankung.

Als Aktivitätskriterium 3. Ordnung gilt der ITpA-Index. Er bleibt über Jahrzehnte pathologisch und gilt als sicherer Hinweis auf eine abgelaufene Infektion. Zur Beurteilung des Behandlungserfolges (Screening) genügt in der Regel die Durchführung einer quantitativen Cardiolipin-Reaktion. Eine höhere Aussagekraft ergibt wiederum ein Treponema pallidum IgM-Antikörper-Assay.

Neurobrucellose

Bei der Neurobrucellose ist in etwa der Hälfte der Fälle der *Liquordruck* erhöht. Die *Zellzahl* liegt in der Regel zwischen 200 und 300 Mpt/l. In Anhängigkeit vom klinischen Stadium kann jedoch auch eine normale Zellzahl oder beim akuten Verlauf, insbesondere bei Kindern, eine weitaus höhere Zellzahl (über 3 000 Mpt/l) gefunden werden. Das *Zellbild* ist zu Beginn granulozytär, später überwiegend lymphozytär mit Plasmazellen und noch vereinzelten Granulozyten. Das Gesamtprotein ist mäßiggradig bis deutlich erhöht. Die *Liquorglukose* ist in den meisten Fällen im Normbereich bzw. nur gering erniedrigt. Insbesondere bei der akuten Meningitis können Brucellen aus dem Liquor cerebrospinalis kultiviert werden.

Leptospirose

Die häufigste neurologische Manifestation der Leptospirose ist die Meningitis. Weniger häufige ZNS-Manifestationen sind Enzephalitiden, Enzephalomyelitiden und Myelitiden.

Die Untersuchung des Liquor cerebrospinalis erbringt in der Mehrzahl der Fälle *Zellzahlen* bis 100 Mpt/l (selten bis 1 000 Mpt/l). Diese Pleozytose kann trotz erfolgreicher Therapie bis zu 80 Tage nachweisbar sein.

Das *Zellbild* ist zunächst granulozytär, geht aber rasch in ein gemischtzelliges oder lymphozytäres Zellbild über. Das *Gesamtprotein* ist meist deutlich erhöht.

Legionellose

Etwa die Hälfte der Patienten mit Legionärskrankheit entwickeln eine neurologische Symptomatik. Ursache ist meist eine diffuse Enzephalopathie, aber auch Meningoenzephalitiden wurden beschrieben. Die Untersuchung des Liquor cerebrospinalis ergibt in der Mehrzahl der Fälle ein unauffälliges Ergebnis. In etwa 20 % der Fälle findet man aber eine *Pleozytose* bis etwa 160 Mpt/l. Das *Zellbild* kann gemischtzellig oder rein lymphozytär sein. Nachgewiesene *Schrankenfunktionsstörungen* sind meist von geringem Ausmaß, können aber im Einzelfall erheblich sein. Gelegentlich wurde *oligoklonales IgG* nachgewiesen.

Mykoplasmen-assoziierte Erkrankungen

Ein typischer Erreger von Infekten des Respirationstraktes ist Mycoplasma pneumoniae. Bei bis zu 7 % der Patienten ist eine neurologische Beteiligung zu verzeichnen. Die Erkrankung kann sich insbesondere als Meningitis, Meningoenzephalitis, Enzephalitis, Myelitis und Polyradikulitis manifestieren. In der Hälfte der Fälle wurde eine lymphozytäre oder gemischtzellige *Pleozytose* bis zu 1 200 Mpt/l beschrieben, die mit einer *Schrankenfunktionsstörung* und einem Anstieg des *Gesamtproteins* im Liquor cerebrospinalis bis zu 1500 mg/l einhergeht. In diesen Fällen wird auch ein *Laktatanstieg* gefunden.

Morbus Whipple

Die Whipple-Erkrankung ist eine relativ seltene chronisch-rezidivierende entzündliche Multisystemserkrankung des mittleren Lebensalters. Häufigkeitsangaben für die Beteiligung des ZNS liegen zwischen 6 % und 20 %. Es ist aber möglich, daß eine ZNS-Manifestation auch ohne neurologische Symptomatik vorliegt. Der Erreger des Morbus Whipple ist Tropheryma whippelii.

Pleozytosen im Liquor cerebrospinalis, die typischerweise gemischtzellig sind, erreichen bis zu 400 Mpt/l. Das Auffinden von PAS-positiven (Perjodsäure-Schiff-Reaktion) Makrophagen (Sieracki-Zellen) in den beteiligten Geweben und Körperflüssigkeiten gilt als pathognomonisch. Bei den angefärbten Strukturen handelt es sich um Bakterienbruchstücke. Auch im Liquor cerebrospinalis werden in etwa einem Drittel der Fälle Siarecky-Zellen nachgewiesen. Normale Zellzahlen schließen das Auffinden von Sieracki-Zellen im Liquor cerebrospinalis jedoch nicht aus. *Gesamtproteinerhöhungen* sind in der Regel gering.

Oligoklonales IgG kann in Einzelfällen nachgewiesen werden. Eine PCR mit 16 SrDNA-Primern für den Nachweis von Tropheryma whippelii ist etabliert. Neuere PCR-Primer mit kleineren PCR-Targets zeigen eine erhöhte Sensitivität für Thropheryma whippelii, allerdings zu Lasten der Spezifität. Ein falsch positives PCR-Ergebnis kann durch Actinomyceten verursacht werden.

Die Liquorbefunde bleiben bei ca. 30 % der Fälle mit Morbus Whipple ohne pathologischen Befund.

Literatur

[1] Anderson, M.: Neurology of Whipple's disease. J Neurol Neurosurg Psychiatry 68 (2000) 2–5.
[2] Anlar, F., S. Yalcin, C. Secmeer: Persistent hypoglycorrhachia in neurobrucellosis. Pediatr Infect Dis 13 (1994) 747.
[3] Bamborschke, S., M. Günther, C. Dienst: Morbus Whipple mit zerebraler Beteiligung. Med Klin 82 (1987) 839–843.
[4] Blum, H. E.: Polymerase chain reaction – principles and clinical relevance. Schweiz Rundsch Med Prax 83 (1994) 1230–1234.
[5] Burstain, J. M., E. Grimpel, S. A. Lukehart et al.: Sensitive detection of Treponema pallidum by using the polymerase chain reaction. J Clin Microbiol 29 (1991) 62–69.
[6] DeBiasi, R. L., K. L. Tyler: Polymerase chain reaction in the diagnosis and management of central nervous system infections. Arch Neurol 56 (1999) 1215–1219.
[7] Dobbins, W. O.: Whipple's disease. Charles C. Thomas, Springfield Illinois 1987.
[8] Felgenhauer, K., W. Beuche: Labordiagnostik neurologischer Erkrankungen. Georg Thieme, Stuttgart – New York 1999.
[9] Felgenhauer, K.: Labordiagnostik neurologischer Erkrankungen. In: L. Thomas (Hrsg.): Labor und Diagnose. Indikation und Bewertung von Laborbefunden für die medizinische Diagnostik, S. 1341–1359. TH-Books Verlagsgesellschaft mbH, Frankfurt/Main 1998.
[10] Hay, P. E., J. R. Clarke, D. Taylor-Robison et al.: Detection of treponemal DNA in the CSF of patients with syphilis and HIV infection using the polymerase chain reaction. Genitourin Med 66 (1988) 428–432.
[11] Henkes, H., H. W. Kölmel (Hrsg.): Die entzündlichen Erkrankungen des Nervensystems: Handbuch und Atlas. Ecomed, Grundwerk, Landsberg/Lech 1993.
[12] Hobusch, D.: Liquordiagnostik bei ZNS-Infektionen im Kindesalter. Kinder- und Jugendmedizin 1 (2001) 181–192.
[13] Jaulhac, B., P. Nicolini, Y. Piemont et al.: Detection of Borrelia burgdorferi in cerebrospinal fluid of patients with Lyme borreliosis. N Engl J Med 324 (1991) 1440.
[14] Kaiser, R.: Variable CSF findings in early and late lyme neuroborreliosis: a follow-up study in 47 patients. J Neurol 242 (1994) 26–36.
[15] Kaiser, R.: Neuroborreliosis. J Neurol 245 (1998) 247–255.
[16] Kaneko, K., O. Onodera, T. Miyatake et al.: Rapid diagnosis of tuberculous meningitis by polymerase chain reaction [PCR]. Neurol 40 (1990) 1617–1618.
[17] Lang, A. M., J. Feris-Iglesias, C. Pena et al.: Clinical evaluation of the Gen-Probe Amplified Direct Test for detection of Mycobacterium tuberculosis complex organisms in cerebrospinal fluid. J Clin Microbiol 36 (1998) 2191–2194.
[18] Lebech, A. M., K. Hanson: Detection of Borrelia burgdorferi DNA in urine samples and cerebrospinal fluid samples from patients with early and late Lyme neuroborreliosis by polymerase chain reaction. J Clin Microbiol 30 (1992) 1646–1653.
[19] Lee, A. G.: Whipple disease with supranuclear ophthalmoplegia diagnosed by polymerase chain reaction of cerebrospinal fluid. J Neuroophthalmol 22 (2002) 18–21.
[20] Lehmitz, R., E. Mix, U. K. Zettl: Liquorparameter bei ausgewählten entzündlichen Erkrankungen des Nervensystems. In: U. K. Zettl, E. Mix (Hrsg.): Klinische Neuroimmunologie, S. 59–87. Walter de Gruyter, Berlin – New York 1999.
[21] Lehmitz, R., E. Mix, U. K. Zettl: Liquordiagnostik bei ausgewählten entzündlichen Erkrankungen des Nervensystems. Nervenheilkunde 21 (2002) 82–87.
[22] Lin, J. J., H. J. Harn, Y. D. Hsu et al.: Rapid diagnosis of tuberculous meningitis by polymerase chain reaction assay of cerebrospinal fluid. J Neurol 242 (1995) 147–152.
[23] Liu, P. Y. F., Z. Y. Shi, Y. J. Lau et al.: Rapid diagnosis of tuberculous meningitis by a simplified nested amplification protocol. Neurol 44 (1994) 1161–1164.
[24] Nocton, J. J., B. J. Bloom, B. J. Rutledge et al.: Detection of Borrelia burgdorferi DNA by polymerase chain reaction in cerebrospinal fluid in Lyme neuroborreliosis. J Infect Dis 174 (1996) 623–627.
[25] Perides, G., M. E. Charness, L. M. Tanner et al.: Matrix metalloproteinases in the cerebrospinal fluid of patients with Lyme neuroborreliosis. J Infect Dis 177 (1998) 401–408.
[26] Pfyffer, G. E., P. Kissling, E. M. Jahn et al.: Diagnostic performance of amplified Mycobacterium tuberculosis direct test with cerebrospinal fluid, other nonrespiratory, and respiratory specimens. J Clin Microbiol 34 (1996) 834–841.
[27] Priem, S., M. G. Rittig, T. Kamradt et al.: An optimized PCR leads to rapid and highly sensi-

tive detection of Borrelia burgdorferi in patients with lyme borreliosis. J Clin Microbiol 35 (1997) 685–690.

[28] Rajo, M. C., M. L. Perez Del Molina, F. L. Lado et al.: Rapid diagnosis of tuberculous meningitis by ligase chain reaction amplification. Scand J Infect Dis 34 (2002) 14–16.

[29] Reiber, H.: Die diagnostische Bedeutung neuroimmunologischer Reaktionsmuster im Liquor cerebrospinalis. Lab Med 19 (1995) 444–462.

[30] Reiber, H., J. B. Peter: Cerebrospinal fluid analysis: disease-related data patterns and evaluation programs. J Neurol Sci 184 (2001) 101–122.

[31] Schmidt, B. L.: PCR in laboratory diagnosis of human Borrelia burgdorferi infections. Clin Microbiol Rev 10 (1997) 185–201.

[32] Schmutzhard, E.: Entzündliche Erkrankungen des Nervensystems. Georg Thieme, Stuttgart – New York 2000.

[33] Schwaiger, M., O. Peter, P. Cassinotti: Routine diagnosis of Borrelia burgdorferi (sensu lato) infections using a real-time PCR assay. Clin Microbiol Infect 7 (2001) 461–469.

[34] Shankar, P., N. Manjunath, K. K. Mohan et al.: Rapid diagnosis of tuberculous meningitis by polymerase chain reaction. Lancet 337 (1991) 5–7.

[35] Sumi, M. G., A. Mathai, S. Reuben et al.: A comparative evaluation of dot immunobinding assay (Dot-Iba) and polymerase chain reaction (PCR) for the laboratory diagnosis of tuberculous meningitis. Diagn Microbiol Infect 42 (2002) 35–38.

[36] Sumi, M. G., A. Mathai, S. Reuben et al.: Immunocytochemical method for early laboratory diagnosis of tuberculous meningitis. Clin Diagn Lab Immunol 9 (2002) 344–347.

[37] Tumani, H., G. Nölker, H. Reiber: Relevance of cerebrospinal fluid variables for early diagnosis of neuroborreliosis. Neurol 45 (1995) 1663–1670.

[38] Von Herbay, A., H. J. Ditton, F. Schuhmacher et al.: Whipple's disease: staging and monitoring by cytology and polymerase chain reaction analysis of cerebrospinal fluid. Gastroenterol 113 (1997) 434–441.

[39] Worofka, B., J. Lassmann, K. Bauer et al.: Praktische Liquorzelldiagnostik. Springer, Wien – New York 1997.

[40] Wroe, S. J., M. Pires, B. Harding et al.: Whipple's disease confined to the CNS presenting with multiple intracerebral mass lesions. J Neurol Neurosurg Psychiat 54 (1991) 989–992.

1.1.1.3 Zustand nach bakterieller Infektion

Chorea minor Sydenham

Bei diesem hyperkinetischen Syndrom nach einer Streptokokkeninfektion sind die Routineparameter in der Liquoranalytik typischerweise ohne pathologische Auffälligkeiten.

Literatur

[1] Cunha, L., C. R. Oliveira, M. Diniz et al.: Homovanilic acid in Huntingtońs disease and Sydenhańs chorea. J Neurol Neurosurg Psychiatry 44 (1981) 258–261.

[2] Goldenberg, J., M. B. Ferraz, A. S. Fonseca et al.: Sydenham chorea: clinical and laboratory findings. Analysis of 187 cases. Rev Paul Med 110 (1992) 152–157.

1.1.2 Virale Erkrankungen des Nervensystems

Virusinfektionen des ZNS manifestieren sich überwiegend als Meningitis, Enzephalitis oder Meningoenzephalitis. Die Liquorbefundkonstellationen stellen sich als einheitlicheres Muster als bei bakteriellen Infektionen des Nervensystems dar.

1.1.2.1 Herpes-simplex-Virus-Enzephalitis (HSVE)

Die Herpes-simplex-Virus-Enzephalitis ist die häufigste viral bedingte Enzephalitis. In den meisten Fällen ist HSV-1 der ursächliche Erreger, nur in 5–10 % der Patienten wurde HSV-2 als Erreger gefunden. Liquorveränderungen in der Akutphase der Erkrankung, die zu diesem Zeitpunkt bei 10–20 % der Fälle ausbleiben können, sind hinsichtlich *Zellzahl*, *Zellbild* und *Gesamtprotein* unspezifisch. Die molekularbiologische und humorale Diagnostik im Liquor cerebrospinalis trägt mit hoher Sensitivität und Spezifität zur Diagnosefindung bei (s. u.).

Zellzahlerhöhungen bei der HSVE reichen von 10–500 Mpt/l je nach Grad der meningealen Beteiligung. In Einzelfällen sind auch Pleozytosen über 500 Mpt/l beschrieben worden.

Bei erfolgreicher Therapie ist die Zellzahl nach zwei bis drei Monaten normalisiert. Chronisch meningitische oder meningoradikulitische Verläufe können jedoch noch nach ein bis zwei Jahren eine Pleozytose zeigen.

Bei der Erstpunktion (Frühphase) wird überwiegend ein lymphozytäres *Zellbild* mit Aktivierungszeichen gesehen. In 10–15% der Fälle ist das Zellbild initial gemischtzellig mit einem Granulozytenanteil bis zu 40%, eindeutig dominante granulozytäre Zellbilder sind selten. Nach etwa zwei bis drei Krankheitstagen besteht generell eine mononukleäre Pleozytose mit deutlichen Aktivierungszeichen der Lymphozyten, wobei reife Plasmazellen hervortreten. Aktivierte B-Lymphozyten (IgG-Dominanz) finden sich früh, ihr Anteil kann 10% der Lymphozytenpopulation überschreiten. Ein Nachweis von spezifischen aktivierten B-Lymphozyten (Antigenbindung) stützt die Diagnose der HSVE. Nicht selten (ca. 20% der Fälle) weisen Erythro- und Hämosiderophagen auf Parenchymblutungen (hämorrhagische Enzephalitis) im Rahmen der HSVE hin.

Die *Gesamtproteinwerte* bei der HSVE liegen überwiegend im Bereich von 500–800 mg/l. Eine Schrankenfunktionsstörung wird durch Albumin-Quotienten bis zu 25×10^{-3} angezeigt.

Die *Laktatwerte* im Liquor sind überwiegend normal, können aber in Abhängigkeit vom klinischen Zustand der Patienten auch diskret erhöht sein. Für eine differentialdiagnostische Abgrenzung zu akuten bakteriellen Meningitiden ist die Laktatbestimmung hilfreich, besonders wenn initial bei der HSVE ein Zellbild mit Granulozytendominanz vorliegt. Auch eine Abgrenzung zur tuberkulösen Meningitis wird hierdurch erleichtert.

Frühestens eine Woche nach Beginn der klinischen Symptomatik ergeben sich Hinweise auf eine *humorale Immunreaktion* im ZNS. Bei nahezu allen Patienten zeigt sich eine intrathekale IgG-Synthese, die besonders initial von einer intrathekalen IgA- und IgM-Synthese begleitet werden kann. Immunglobulin-Synthesen können als „serologische Narben" noch nach Jahren nachgewiesen werden. Der spezifische HSV-AI stützt in dieser Phase der humoralen Immunreaktion die Diagnose „HSVE". Zu berücksichtigen ist jedoch, daß eine Kreuzreaktivität mit dem Varizella-Zoster Virus (VZV) besteht. Dies hat Bedeutung bei der Abgrenzung der HSVE von VZV-Infektionen des ZNS sowie zusätzlich von chronisch-entzündlichen Erkrankungen vom Autoimmuntyp, bei denen zum Teil intrathekale VZV- und HSV-Antikörper-Synthesen im Rahmen einer polyspezifischen Immunreaktion (MRZ-Reaktion) gefunden werden (Kap. B.3.2). Der HSV-AI ist daher nicht das diagnostische Kriterium der ersten Wahl, aber nach der PCR der wichtigste diagnostische Laborparameter. Wurde vor der Erstdiagnostik bereits eine antivirale Therapie durchgeführt bzw. bestand bereits ein längerer Krankheitsverlauf, stellt die spezifische Antikörperdiagnostik die bevorzugte Untersuchungsmethode im Rahmen der Liquordiagnostik dar (Kap. B.3.1 und Kap. B.6.2).

Ein *Erregernachweis* im Liquor durch „Kultur" gelingt nur in weniger als 5% der Fälle. Molekularbiologische Methoden haben in der Frühdiagnostik der HSVE einen hohen Stellenwert. Für den Nachweis von Virus-DNA in Liquorzellen durch *in-situ*-Hybridisierung werden Sensitivitäten von 70% bis nahezu 100% angegeben. Der Nachweis von HSV-DNA gelingt bereits vor Einsetzen der *humoralen Immunantwort*. Breite Anwendung findet die PCR zum Nachweis von HSV-DNA im Liquor cerebrospinalis. Identifikationsverfahren wurden sowohl für HSV1 als auch HSV2 entwickelt. Pro- und retrospektive Studien haben bestätigt, daß zur Frühdiagnose der HSVE die PCR mit Sensitivitäten und Spezifitäten nahe 100% die Methode der Wahl darstellt. Für die HSVE wurden in einer europäischen Konsensuskonferenz Richtlinien für das diagnostische Vorgehen und das klinische Management bei Verdacht auf HSVE aufgestellt (Kap. B.5 und Kap. B.6.2).

1.1.2.2 Varizella-Zoster-Virus (VZV)-bedingte Erkrankungen

Das Varizella-Zoster-Virus ist das infektiöse Agens bei Varizellen und Herpes Zoster. Während die Varizellen kaum zu ernsten Komplikationen führen, kann der Herpes Zoster nicht selten mit schwerwiegenden neurologischen Symptomen einhergehen. Eine VZV-Infektion des Nervensystems kann sich unter anderem als Meningitis, Meningoenzephalitis, Hirnnervenbefall, Myelitis, Ganglionitis, Radikulitis, Vaskulitis sowie postzosterische Neuralgie manifestieren. Der Liquorbefund ist abhängig von der Art der neurologischen Manifestation.

Bei der VZV-Meningitis werden bei fast allen Patienten *Zellzahlerhöhungen* gefunden, meist zwischen 30 und 300 Mpt/l, in Einzelfällen bis 600 Mpt/l. Im gleichen Bereich sind Zellzahlerhöhungen bei VZV-Meningoenzephalitis zu erwarten. 50 % der Patienten mit VZV-Ganglionitis zeigen Zellzahlerhöhungen zwischen 30 und 300 Mpt/l, die Werte können jedoch auch normal (20 %) oder nur diskret erhöht sein (30 %). Im Falle einer VZV-Myelitis übersteigen die Zellzahlen kaum 30 Mpt/l, bei VZV-Vaskulitis werden Werte bis 100 Mpt/l erreicht. Das *Zellbild* ist mononukleär. Aktivierte B-Lymphozyten sind am häufigsten bei VZV-Meningoenzephalitis und VZV-Ganglionitis zu finden.

Gesamtproteinerhöhungen liegen im Bereich von 500–1 000 mg/l. Die Q_{alb}-Werte als Maß für die Schrankenfunktion sind bei der VZV-Meningitis in 90 % der Fälle erhöht ($8-25 \times 10^{-3}$), während sie bei VZV-Ganglionitis in über 90 % der Fälle im Normbereich liegen.

Eine *lokale Immunreaktion* ist nur relativ schwach ausgeprägt. Etwa 15 % der Patienten mit VZV-Meningitis bzw. -Ganglionitis zeigen eine intrathekale IgG-Synthese. Selten wird eine intrathekale IgM-Synthese beobachtet. Wesentlich sensitiver ist der Nachweis einer lokalen Immunreaktion im ZNS über den VZV-AI. Bei 50 % der VZV-Meningitiden zeigte sich eine spezifische Antikörper-Synthese bereits vor dem 6. Krankheitstag. Im Verlauf der Krankheit ergeben sich VZV-Antikörpersynthesen in allen Fällen einer VZV-Meningitis bzw. VZV-Ganglionitis. Letztere kann somit beispielsweise von einer Borrelien-bedingten Facialisparese abgegrenzt werden. Auch bei den Meningoenzephalitiden, Myelitiden und Vaskulitiden werden pathologische VZV-AI-Werte gefunden. Die spezifische Antikörperproduktion kann noch Monate bis Jahre nach erfolgreicher Therapie beobachtet werden. Daher ist der AI als Akuitätszeichen ungeeignet. Weiterhin muß bei der Befundinterpretation berücksichtigt werden, daß zwischen VZV und HSV eine antigene Kreuzreaktivität besteht. Hier hat die PCR wesentliche Bedeutung für die Charakterisierung einer Einfach- bzw. der in seltenen Fällen vorliegenden Doppelinfektion mit VZV und HSV. Im Rahmen der „positiven" MRZ-Reaktion bei chronisch-entzündlichen Erkrankungen des ZNS vom „Autoimmuntyp", wie der Multiplen Sklerose (MS), kann eine VZV-Einfach-Reaktion auftreten, die nicht im Sinne einer VZV-Infektion des ZNS fehlinterpretiert werden darf. In diesem Fall müssen die klinischen Befunde und die Gesamt-Liquorbefundkonstellation die differentialdiagnostische Frage klären.

1.1.2.3 Masern-Virus-bedingte ZNS-Erkrankungen

Die Maserninfektion kann im ZNS zu unterschiedlichen Manifestationsformen, wie der akuten Masern-Enzephalitis einschließlich der Sonderform Einschlußkörperchen-Enzephalitis (MIBE) und der subakuten sklerosierenden Panenzephalitis (SSPE) führen.

Beim überwiegenden Teil der Patienten mit Masern-Enzephalitis liegen erhöhte *Zellzahlen* von 10–500 pt/l im Liquor vor, wobei auch normale Werte vorkommen. Die *Zellbilder* sind mononukleär mit Aktivierungszeichen des Lymphozytensystems. In Einzelfällen wurden insbesondere in der Frühphase der Erkrankung auch granulozytäre Zellbilder beschrieben. Aktivierte B-Lymphozyten mit einer IgG-Dominanz sind in unterschiedlichem Ausmaß vorhanden. Leichte bis mittelgradige *Schrankenfunktionsstörungen* kommen vor, wobei *Gesamtproteinwerte* von über 1000 mg/l möglich sind. Eine *humorale Immunreaktion* kann nach etwa einer Woche (intrathekale IgG-Synthese) in einem Teil der Fälle nachgewiesen werden. Hinweise auf eine spezifische Antikörpersynthese im ZNS ergeben sich über den Masern-AI.

Immundefiziente Patienten und vor allem Patienten mit lymphatischen Neoplasien unter zytostatischer Therapie haben ein erhöhtes Risiko, an einer MIBE zu erkranken. Der Liquor ist hinsichtlich *Zellzahl* und *Gesamtprotein* meist unauffällig. In einzelnen Fällen können sich *Gesamtproteinerhöhungen* und eine *intrathekale IgG-Synthese* zeigen.

Die SSPE ist eine langsam progrediente Erkrankung des ZNS infolge einer persistierenden Masernvirusinfektion. Sie ist durch außergewöhnlich hohe *Masern-Antikörper-Titer* im Serum charakterisiert. Im ZNS synthetisierte Masern-Antikörper haben einen hohen diagnostischen Stellenwert. Die *Zellzahl* im Liquor ist normal bzw. leicht erhöht. Im *Zellbild* dominieren Lymphozyten, aktivierte B-Lymphozyten können zum Teil nachgewiesen werden. Die *Schrankenfunktion* ist überwiegend normal, leicht erhöhte *Gesamtproteinwerte* sind zumeist durch erhebliche IgG-Erhöhungen im Liquor bedingt. Die *humorale Immunreaktion* zeigt sich fast immer durch eine intrathekale IgG-Synthese, wobei es sich zu einem relativ hohen Prozentsatz (bis zu 30 %) um masernspezifisches IgG handelt. In der isoelektrischen Fokussierung zeigen sich oligoklonale Banden. Seltener ist eine intrathekale IgM-Synthese zu finden. Die erregerspezifische Antikörpersynthese zeigt sich immer über den positiven Masern-AI. In der Regel läßt sich die SSPE durch die Antikörperdiagnostik von anderen chronisch-entzündlichen Erkrankungen abgrenzen.

Die chronische Zytokinexpression (IL-1β, IL-6, TNF-α, Lymphotoxin, IFN-γ) im Gehirn von SSPE-Patienten dürfte zumindest teilweise für die Demyelinisierung verantwortlich sein, hat aber gegenwärtig keine diagnostische Bedeutung im klinischen Alltag.

1.1.2.4 Progressive Rötelnpanenzephalitis

Bei der sehr seltenen Rötelnpanenzephalitis kommt es meist nach einer kongenitalen Infektion zu einer persistierenden Enzephalitis, die sich durch die klassische Symptomatik Innenohrschwerhörigkeit, Kataraktbildung, deutliche Entwicklungsverzögerung und mentale Retardierung klinisch manifestiert. Die Analyse des Liquor cerebrospinalis ergibt neben einer normalen *Zellzahl* und einem normalen Liquordruck, eine geringgradige Erhöhung des Gesamtproteins. Die Gesamtproteinerhöhung ist insbesondere Ausdruck einer *intrathekalen Immunglobulinsynthese* mit einer Dominanz von IgG, in geringerem Maße auch IgM.

Oligoklonale Banden werden wie bei der SSPE gefunden. Der Antikörper-Index für Rötelnviren ist positiv.

1.1.2.5 Frühsommer-Meningoenzephalitis (FSME)

Die FSME ist eine durch Zecken übertragene entzündliche Erkrankung des Nervensystems (Synonym: „tick borne encephalitis"). Das FSME-Virus kann eine Meningitis, Meningoenzephalitis, Meningoenzephalomyelitis oder eine Meningoradikulitis hervorrufen. Die Erkrankung weist gewöhnlich einen zweiphasigen Krankheitsverlauf auf. Nach einem beschwerdefreien Intervall von etwa 8 Tagen kann es zu einer zweiten Erkrankungsphase unter Beteiligung des Nervensystems kommen.

In der Frühphase der Erkrankung gelingt die ätiologische Klärung der FSME nur über Antigen- oder Erregernachweis (PCR, Kultur) im Serum, in der zweiten Erkrankungsphase (ZNS-Symptome) nur noch aus dem Liquor cerebrospinalis. Beweisend für die FSME ist der Nachweis von spezifischen IgM-Antikörpern im Serum, die relativ früh auftreten. Da die IgM-Antikörperkonzentration nach abgelaufener Infektion unter die Nachweisgrenze absinkt, ist ein positives Ergebnis in der Regel beweisend für eine frische oder vor kürzerer Zeit (einige Monate) abgelaufene Infektion. Spezifische IgG-Antikörper sind ebenfalls nachweisbar, hier ist allerdings eine Titerbewegung Voraussetzung, um mit diesem Parameter die Akuität zu beurteilen.

Mit Beginn der zweiten Krankheitsphase finden sich im Liquor *Zellzahlen* von 30 – 1500 Mpt/l. Das *Zellbild* ist in den ersten Erkrankungstagen meist durch Granulozyten geprägt und geht dann in ein mononukleäres

Zellbild über. Hier zeigt sich ein entscheidender Unterschied zur Neuroborreliose, wo überwiegend bereits bei der Erstpunktion Lymphozyten mit einem hohen Anteil von Plasmazellen imponieren. Die *Gesamtproteinwerte* bei der FSME können 1 000 mg/l, in einzelnen Fällen auch bis 2 000 mg/l erreichen. Eine intrathekale IgG- und IgM-Synthese deutet im Verlauf auf eine *lokale Immunreaktion* im ZNS, wobei die IgM-Synthese stärker ausfällt. Eine intrathekale IgA-Synthese wird seltener gefunden. Der erregerspezifische Antikörper-Index erreicht bei der FSME Sensitivitäten für IgM von 60 % und für IgG von 80 %. In Einzelfällen wurde nach Zeckenstich über eine mögliche Doppelinfektion mit Borrelia burgdorferi und FSME-Virus berichtet. Über die erregerspezifischen Antikörper-Indices sollte eine Abgrenzung einer „Einfach"- von einer „Doppelinfektion" aber immer gelingen (Kap. B.3.2).

1.1.2.6 HIV-Enzephalopathie

Die HIV-Enzephalopathie ist die bedeutendste HIV-Manifestationsform des Nervensystems. Etwa 90 % aller HIV-Infizierten entwickeln im Verlauf der AIDS-Erkrankung eine HIV-Enzephalopathie. Liquorveränderungen bei der HIV-Enzephalopathie hängen insbesondere vom Krankheitsstadium ab.

Frühzeichen der ZNS-Beteiligung bei HIV-Infektion im Stadium I (asymptomatisch) und Stadium II (Lymphadenopathiesyndrom) sind eine leichte lymphozytäre *Pleozytose* bis 30 Mpt/l mit vereinzelten Plasmazellen (40 % der Fälle) bei überwiegend normaler *Schrankenfunktion* (85 % der Fälle), aktivierte B-Lymphozyten der Klasse IgG (70 % der Fälle) sowie eine intrathekale HIV-Antikörpersynthese (Stadium I: 50 % und Stadium II: 70 % der Fälle). Eine intrathekale IgG-Synthese ist in 40 % (Stadium I) bzw. 25 % (Stadium II), oligoklonales IgG in 70 % (Stadium I) bzw. 50 % (Stadium II) der Fälle gefunden worden. Intrathekale IgA- und IgM-Synthesen wurden bisher nicht nachgewiesen. Der CD4/CD8-Quotient liegt im Liquor cerebrospinalis bei ZNS-Manifestation häufig bereits unter 1,0. In den Frühphasen der Erkrankung können in Einzelfällen nur die geringe *Pleozytose* und/oder der Nachweis von aktivierten B-Lymphozyten auf eine entzündliche Reaktion im ZNS hinweisen. Die diagnostische Bedeutung dieser Liquorveränderungen kann dann nur durch Verlaufsuntersuchungen geklärt werden.

Im Erkrankungsstadium III (AIDS) ist häufiger (80 % der Fälle) mit leichten *Pleozytosen* (bis 30 Mpt/l) und einer *Schrankenfunktionsstörung* (Q_{alb} $8,0 - 15 \times 10^{-3}$) zu rechnen. Eine intrathekale HIV-Antikörpersynthese (HIV-AI > 1,5) zeigen 85 % der Patienten. Die Nachweishäufigkeiten für die *intrathekale IgG-Synthese* können rückläufig sein, d. h. bis 80 % der Fälle sind dann negativ. Der CD4/CD8-Quotient im Liquor cerebrospinalis ist in über 90 % der Fälle pathologisch (< 1,0).

Generell ist zu beobachten, daß das Ausmaß der *intrathekalen Immunreaktion* (zellulär und humoral) im weiteren Verlauf der chronischen HIV-Enzephalopathie abnimmt. Dies trifft auch für den HIV-AI zu, der sogar normal werden kann. Es ist zu vermuten, daß im Finalstadium der Erkrankung entweder die intrathekale Immunantwort stärker rückläufig ist als die systemische Immunreaktion oder daß die spezifischen Antikörper verstärkt durch Antigen (HIV) gebunden werden. Somit können in der Spätphase der chronischen HIV-Enzephalopathie „falsch-negative" HIV-AI-Werte vorkommen.

Zeigt der Liquorbefund im Verlauf der HIV-Enzephalopathie intrathekale Synthesen von IgG, IgA und IgM verbunden mit aktivierten B-Lymphozyten aller drei Immunglobulin-Klassen, so ist mit sehr hoher Wahrscheinlichkeit von einer zusätzlichen opportunistischen Infektion des Nervensystems auszugehen. Die opportunistischen (sekundären) Infektionen des Nervensystems bei HIV umfassen vor allem virale Infektionen (z. B. CMV, HSV, VZV), Toxoplasmose, Pilzinfektionen und Neurotuberkulose. Grundsätzlich ist festzustellen, daß opportunistische Infektionen häufig bereits bei bestehender HIV-Enzephalopathie vorliegen. Ihre paraklinische Diagnostik ist aber dadurch erschwert, daß die typischen Liquorbefundkonstellationen aufgrund des komplexen Immundefektes meist fehlen. Die Lumbalpunktion zum Ausschluß einer opportunistischen Infektion sollte bei jedem Patienten mit der Symptomatik einer HIV-Enzephalopathie umgehend angestrebt werden.

1.1.2.7 Progressive multifokale Leukenzephalopathie

Die progressive multifokale Leukenzephalopathie ist eine progressive Demyelinisierung des ZNS bei immunsupprimierten Patienten, die durch Aktivierung einer latenten Infektion mit dem JC-Papovavirus verursacht wird. Der Liquor cerebrospinalis ist in den meisten Fällen ohne pathologischen Befund. In Einzelfällen können eine geringe lymphomonozytäre *Pleozytose* (ca. 30 Mpt/l), eine geringgradige *Gesamtproteinerhöhung* und eine *intrathekale IgG-Synthese* nachgewiesen werden. Der Nachweis von basischem Myelinprotein im Liquor cerebrospinalis gelingt häufig. Der Liquordruck ist grundsätzlich nicht erhöht. In jüngster Zeit gelang der Nachweis von *spezifischen Antikörpern* gegen das JC-Papovavirus Strukturprotein VP1 im Liquor cerebrospinalis.

1.1.2.8 Enzephalitis epidemica (Economo-Krankheit)

Dieses charakteristische enzephalitische Syndrom wurde mit unterschiedlicher Latenz nach vermutlichen Influenzainfektionen gefunden. Der Liquor cerebrospinalis zeigt eine lymphomonozytäre *Pleozytose*.

1.1.2.9 Literatur

[1] Aurelius, E., B. Johansson, B. Sköldenberg et al.: Rapid diagnosis of herpes simplex encephalitis by nested polymerase chain reaction assay of cerebrospinal fluid. Lancet 337 (1991) 189–192.

[2] Aurelius, E., B. Johansson, B. Sköldenberg et al.: Encephalitis in immunocompetent patients due to herpes simplex virus type 1 or 2 as determined by type-specific polymerase chain reaction and antibody assays of cerebrospinal fluid. J Med Virol 39 (1993) 179–186.

[3] Bamborschke, S., A. Porr, M. Huber et al.: Demonstration of herpes simplex virus DNA in CSF cells by in situ hybridization for early diagnosis of herpes encephalitis. J Neurol 237 (1990) 73–76.

[4] Burke, D. G., R. C. Kalayjian, V. R. Vann et al.: Polymerase chain reaction detection and clinical significance of varicella-zoster virus in cerebrospinal fluid from human immunodeficiency virus-infected patients. J Infect Dis 176 (1997) 1080–1084.

[5] Cinque, P., G. M. Cleator, T. Weber et al.: The role of laboratory investigation in the diagnosis and management of patients with suspected herpes simplex encephalitis: a consensus report. J Neurol Neurosurg Psychiat 61 (1996) 339–345.

[6] Cinque, P., S. Bossolasco, L. Vago et al.: Varicella-zoster virus (VZV) DNA in cerebrospinal fluid of patients infected with human immunodeficiency virus: VZV disease of the central nervous or subclinical reactivation of VZV infection? Clin Infect Dis 25 (1997) 634–639.

[7] Conrad, A. J., E. Y. Chiang, L. E. Andeen et al.: Quantitation of intrathecal measles virus IgG antibody synthesis rate: subacute sclerosing panencephalitis and multiple sclerosis. J Neuroimmunol 54 (1994) 99–108.

[8] Darnell, R. B.: The polymerase chain reaction: application to nervous system disease. Ann Neurol 34 (1993) 513–523.

[9] Felgenhauer, K., H. Reiber: The diagnostic significance of antibody specific indices in multiple sclerosis and herpes virus induced diseases of the nervous system. J Clin Invest. 70 (1992) 28–37.

[10] Felgenhauer, K., W. Beuche: Labordiagnostik neurologischer Erkrankungen. Georg Thieme, Stuttgart – New York 1999.

[11] Flood, J, W. L. Drew, R. Miner et al.: Diagnosis of cytomegalovirus (CMV) polyradiculopathy and documentation of in vivo anti-CMV activity in cerebrospinal fluid by using branched DNA signal amplification and antigen assays. J Infect Dis 176 (1997) 348–352.

[12] Fox, R. J., S. L. Galetta, R. Mahalingam et al.: Acute, chronic, and recurrent varicella zoster virus neuropathy without zoster rash. Neurol 57 (2001) 351–354.

[13] Gilden, D. H., B. K. Kleinschmidt-DeMasters, J. J. LaGuardia et al.: Neurologic complications

of the reactivation of varicella-zoster virus. N Engl J Med 342 (2000) 635–645.
[14] Greenlee, J. E.: Progressive multifocal leukoencephalopathy – progress made and lessons relearned. N Engl J Med 338 (1998) 1378–1380.
[15] Hobusch, D.: Liquordiagnostik bei ZNS-Infektionen im Kindesalter. Kinder- und Jugendmedizin 1 (2001) 181–192.
[16] Iten, A., P. Chatelard, P. Vuadens et al.: Impact of cerebrospinal fluid PCR on the management of HIV-infected patients with varicella-zoster virus infection of the central nervous system. J Neurovirol 5 (1999) 172–180.
[17] Jackson, A. C.: Acute viral infections. Curr Opin Neurol 8 (1995) 170–174.
[18] Kleinschmidt-De Masters, B. K., D. H. Gilden: Varicella-Zoster virus infections of the nervous system: clinical and pathologic correlates. Arch Pathol Lab Med 125 (2001) 770–780.
[19] Kusuhara, T., M. Nakajima, H. Inoue et al.: Parainfectious encephalomyeloradiculitis associated with herpes simplex virus 1 DNA in cerebrospinal fluid. Clin Infect Dis 34 (2002) 1199–1205.
[20] Lakeman, F. D., R. J. Whitley, NIAID study group: Diagnosis of herpes simplex encephalitis: application of polymerase chain reaction to cerebrospinal fluid from brain-biopsied patients and correlation with disease. J Infect Dis 171 (1995) 857–863.
[21] Lanier, E. R., G. Sturge, D. McClernon et al.: HIV-1 reverse transcriptase sequence in plasma and cerebrospinal fluid of patients with AIDS dementia complex treated with Abacavir. AIDS 15 (2001) 747–751.
[22] Lehmitz, R., E. Mix, U. K. Zettl: Liquorparameter bei ausgewählten entzündlichen Erkrankungen des Nervensystems. In: U. K. Zettl, E. Mix (Hrsg.): Klinische Neuroimmunologie, S. 59–87. Walter de Gruyter, Berlin – New York 1999.
[23] Lehmitz, R., E. Mix, U. K. Zettl: Liquorparameter bei ausgewählten entzündlichen Erkrankungen des Nervensystems. Nervenheilkunde 21 (2002) 82–87.
[24] Markoulatos, P., A. Georgopoulou, N. Siafakas et al.: Laboratory diagnosis of common herpesvirus infections of the central nervous system by a multiplex PCR assay. J Clin Microbiol 39 (2001) 4426–4432.
[25] McArthur, J. C., D. R. McClernon, M. F. Cronin et al.: Relationship between human immunodeficiency virus-associated dementia and viral load in cerebrospinal fluid and brain. Ann Neurol 42 (1997) 689–698.
[26] McGuire, D., S. Barhite, H. Hollander et al.: JC virus DNA in cerebrospinal fluid of human immunodeficiency virus-infected patients: predictive value for progressive multifocal leukoencephalopathy. Ann Neurol 37 (1995) 395–399.
[27] Nagai, M., Y. Yamano, M. B. Brennan et al.: Increased HTLV-I proviral load and preferential expansion of HTLV-I tax-specific CD8+ T cells in cerebrospinal fluid from pateints with HAM/TSP. Ann Neurol 50 (2001) 807–812.
[28] Nishimura, Y., M. Ayabe, H. Shoji et al.: Differentiation of Herpes simplex virus types 1 and 2 in sera of patients with HSV central nervous infections by type-specific enzyme-linked immunosorbent assay. J Infect 43 (2001) 206–209.
[29] Puccioni-Sohler, M., M. Rios, S. M. Carvalho et al.: Diagnosis of HAM/TSP based on CSF proviral HTLV-I DNA and HTLV-I antibody index. Neurol 57 (2001) 725–727.
[30] Read, S. J., J. B. Kurtz: Laboratory diagnosis of common viral infections of the central nervous system by using a single multiplex PCR screening assay. J Clin Microbiol 37 (1999) 1352–1355.
[31] Reiber, H., J. B. Peter: Cerebrospinal fluid analysis: disease-related data patterns and evaluation programs. J Neurol Sci 184 (2001) 101–122.
[32] Schmutzhard, E.: Entzündliche Erkrankungen des Nervensystems. Georg Thieme, Stuttgart – New York 2000.
[33] Weber, T., E. Major: Progressive multifocal leukoencephalopathy: molecular biology, pathogenesis and clinical impact. Intervirol 40 (1997) 98–111.
[34] Worofka, B., J. Lassmann, K. Bauer et al.: Praktische Liquorzelldiagnostik. Springer, Wien – New York 1997.

1.1.3 Pilzinfektionen des Nervensystems

Pilzinfektionen des ZNS sind in der Regel systemische Mykosen. Die Krankheitsbilder sind relativ selten und kommen am häufigsten als opportunistische Infektionen bei immundefizienten Patienten vor. In Mitteleuropa haben als Erreger die Sproß- bzw. Hefepilze (z. B. Candida und Cryptococcus) und Schimmelpilze (z. B. Aspergillus) die größte Bedeutung.

Generell ist festzustellen, daß die Liquorbefunde in Abhängigkeit von der Krankheitsmanifestation Schwankungen unterworfen sind. Die *Zellzahlen* reichen von Normalwerten bis zu 1000 Mpt/l (in Einzelfällen auch weit höher) bei überwiegend granulozytären oder gemischtzelligen (mit Plasmazellen) und besonders in chronifizierten Stadien lymphozytären *Zellbildern*. *Schrankenfunktionsstörungen* haben z. T. ein erhebliches Ausmaß. Das *Gesamtprotein* kann normal sein, aber auch erhöhte Werte bis 5000 mg/l zeigen. *Intrathekale Ig-Synthesen* sind häufig und besonders in der chronischen Krankheitsphase zu erwarten (mikrobiologische Diagnostik siehe Kap. B.6.3).

1.1.3.1 Candidose

Bei der Candidamykose liegen die *Zellzahlen* meist im Bereich von 30–300 Mpt/l. Das *Zellbild* zeigt Lymphozyten und Granulozyten (gemischtzellig). Die *Gesamtproteinwerte* sind meist deutlich erhöht bis etwa 1 500 mg/l. Im Verlauf der Erkrankung ist eine dominante *intrathekale IgA-Synthese* verbunden mit einer *IgG-Synthese* zu erwarten. Für die *Glukose* ergeben sich oft erniedrigte Werte, das *Laktat* ist erhöht (4–9 mmol/l). Eine Liquor-PCR zum Nachweis einer Candidamykose ist bisher nicht ausreichend evaluiert.

1.1.3.2 Kryptokokkose

Für die Kryptokokkose ergeben sich überwiegend ähnliche Befunde wie für die Candidamykose. Ein *Erregernachweis* kann in Tuschepräparaten bzw. nach Spezialfärbungen (u. a. PAS) erfolgreich sein. Kryptokokken liegen zum Teil phagozytiert in Makrophagen des Liquor cerebrospinalis vor. Die *Zellzahl* liegt im Normalbereich bzw. ist bis etwa 300 Mpt/l erhöht (in Einzelfällen höher), die *Zellbilder* sind gemischt mit Lymphozytendominanz oder rein lymphozytär (Plasmazellen, aktivierte B-Lymphozyten), das *Gesamtprotein* erreicht Werte bis 2 500 mg/l. Eine *intrathekale Ig-Synthese* kann initial als „Zwei-Ig-Klassen-Reaktion" (IgG, IgM) und im Verlauf als „Drei-Ig-Klassen-Reaktion" (IgG, IgA, IgM) vorliegen. *Glukosewerte* sind überwiegend erniedrigt, das *Laktat* erreicht Werte bis 13 mmol/l.

Zu erwähnen ist, daß bei der AIDS-assoziierten Kryptokokkose die pathologischen Liquorveränderungen meist weniger imponieren.

1.1.3.3 Aspergillose

Der Liquorbefund bei Aspergillose ist bei ventrikelferner Abszeßbildung häufig unauffällig. Ein *Erregernachweis* im Liquor und in der Kultur gelingt fast nie. Im Falle einer meningealen Beteiligung ergeben sich initial *Zellzahlerhöhungen* bis 50 Mpt/l, später bis 1 000 Mpt/l bei granulozytären *Zellbildern*. Das *Gesamtprotein* erreicht Werte bis 4 000 mg/l. Im Krankheitsverlauf wird eine *intrathekale Immunglobulinsynthese* mit IgA-Dominanz als „Drei-Ig-Klassen-Reaktion" nachgewiesen. Es finden sich fast immer *Glukoseerniedrigungen*, das *Laktat* übersteigt nicht 4 mmol/l. Eine nekrotisierende Entzündung führt häufig zu Rupturblutungen mit hämorrhagischem Liquor und den entsprechenden Liquorzellbildern mit Erythrophagen und Hämosiderophagen.

1.1.4 Protozoonosen des Nervensystems

1.1.4.1 Toxoplasmose

Von den Protozoonosen hat in Mitteleuropa die Toxoplasmose, besonders als opportunistische Infektion bei AIDS-Patienten, die größte Bedeutung. Die Toxoplasmose entsteht in der Regel durch die Reaktivierung einer vorbestehenden Toxoplasma-Infektion und betrifft häufig das ZNS. *Zellzahlerhöhungen* bei der Toxoplasma-Enzephalitis übersteigen nur selten 1 000 Mpt/l. Das *Zellbild* ist lymphozytär, oftmals mit Plasmazellen. Bei *Gesamtproteinwerten* bis etwa 1 000 mg/l zeigt sich in etwa 75 % der Fälle eine *Schrankenfunktionsstörung* (Q_{alb} $8-25 \times 10^{-3}$). Eine *intrathekale Immunreaktion* ist bei etwa 50 % der Patienten als IgG-, IgA- und IgM-Synthese (Drei-Ig-Klassen-Reaktion) zu finden. Bei nahezu allen Patienten mit ZNS-Manifestation der Toxoplasmose wird eine intrathekale spezifische Antikörpersynthese nachgewiesen. Eine *erregerspezifische PCR* ist möglich, muß aber hinsichtlich Sensitivität und Spezifität weiter evaluiert werden. Der Liquorbefund ist bei der AIDS-assoziierten Toxoplasmose bis auf eine leichte *Gesamtproteinerhöhung* häufig normal. Zur mikrobiologische Diagnostik siehe Kapitel B.6.4.

1.1.4.2 Zerebrale Malaria

Obwohl in Deutschland nur mit etwa 100 Fällen einer zerebralen Malaria pro Jahr zu rechnen ist, soll auf die Liquorbefunde eingegangen werden, da wegen des sich entwickelten Tourismus migrationsbedingt auch an diese Infektion zunehmend gedacht werden muß. Der *Liquordruck* ist bei fortgeschrittener klinischer Symptomatik deutlich erhöht. Die *Zellzahlen* im Liquor sind nur sehr diskret erhöht bei *Gesamtproteinkonzentrationen* bis maximal 1 500 mg/l. In seltenen Fällen können geringe hämorrhagische Veränderungen im Liquor cerebrospinalis gefunden werden.

Eine *intrathekale IgG-Synthese* ist bei einem Teil der Patienten nachweisbar. *Glukose-Werte* sind normal oder erniedrigt, das *Laktat* ist z. T. deutlich erhöht (Kap. B.6.4).

1.1.4.3 Zerebrale Amöbiasis

Von den hunderten Genera von freilebenden Amöben sind nur wenige menschenpathogen. Dazu zählen Acanthomoebaspezies, Balamuthia mandrillaris und insbesondere Naegleria genera, die eine granulomatöse Amöbenmeningozephalitis (foudroyanter Krankheitsverlauf) hervorrufen. Entamoeba histolytica bedingt in den meisten Fällen eine zerebrale Abszedierung.

Bei den Patienten mit einer primären Amöbenmeningoenzephalitis zeigen sich die klinischen Symptome wie bei einer akuten bakteriellen Meningitis. Wesentliche Indikatoren einer Amöbenmeningoenzephalitis sind initiale Geruchsstörungen und die rasche Entwicklung herdneurologischer Symptome bei Patienten mit einer typischen Expositionsanamnese (Baden im Swimmingpool etc.).

Schnellstmögliche Diagnostik und Therapie ist angesichts des fulminanten Verlaufes essentiell.

Zur Sicherung der Diagnose ist die Untersuchung des Liquor cerebrospinalis unumgänglich.

In der Liquoranalytik zeigen sich eine granulozytäre *Pleozytose* und eine deutliche *Gesamtproteinerhöhung* wie bei einer akuten bakteriellen Meningitis. In einigen Fällen ist die Zellzahl nur gering erhöht. Im *Zellbild* können neben den putriden auch zusätzlich hämorrhagische Zeichen nachweisbar sein. Die Liquor-Serum-Glukose-Ratio ist deutlich erniedrigt. In einigen Fällen ist keine *Glukose* im Liquor cerebrospinalis mehr nachweisbar. Die Untersuchung des *Nativpräparates* zeigt die hochbeweglichen Trophozoiten. Ein bereits abgekühlter Liquor cerebrospinalis sollte auf Körpertemperatur erwärmt werden, um die Beweglichkeit der Naegleria-fowleri-Trophozoiten zu stimulieren. In der differentialdiagnostischen Abgrenzung zur akuten bakteriellen Meningitis kommt es bei der Amöbenmeningoenzephalitis zu keiner Reaktion in der Gramfärbung. Die *kulturelle Anzucht* und eine *PCR* stehen für Naegleriae in ausgewählten Labors zur Verfügung. Die Ergebnisse beider Untersuchungen kommen jedoch bei der Aggressivität der Erkrankung meist zu spät.

Auf die Liquorbefunde, die im Rahmen der Abszedierung z. B. durch Entamoeba histolytica zu erwarten sind, wird im Kapitel „Hirnphlegmone (Cerebritis) und Hirnabzeß" eingegangen.

1.1.5 Parasitosen des Nervensystems

1.1.5.1 Neurozystizerkose

Aus der Gruppe der Parasitosen soll an dieser Stelle nur auf Helminthenerkrankungen eingegangen werden. Die Neurozystizerkose wird durch die Larve des Schweinebandwurmes (Taenia solium) hervorgerufen. Sie ist die häufigste parasitäre Erkrankung des ZNS und manifestiert sich als meningeale, parenchymatöse, ventrikuläre oder „gemischte" Entzündung. Der Liquorbefund ist von der Lokalisation der Zysten sowie dem Entwicklungsstadium der Larven abhängig und kann unauffällig sein. Meist findet sich eine leichte bis mäßige *Pleozytose* (bis 120 Mpt/l) bei lymphozytärem oder gemischtem *Zellbild*, selten mit Eosinophilie. Die *Schrankenfunktionsstörung* kann erheblich sein. Typisch sind eine *intrathekale IgG- und IgE-Synthese*. Die Bestimmung *spezifischer Antikörper* im Liquor ergibt hohe Sensitivitäten und Spezifitäten. Eine deutliche *Glukoseerniedrigung* gilt als prognostisch ungünstiges Zeichen (Kap. B.6.4).

1.1.5.2 Toxocariasis

Bei der durch den Hundespulwurm (Toxocara canis) hervorgerufenen Toxocariasis kann sich im ZNS eine eosinophile Meningitis oder eine Meningoenzephalitis manifestieren. Der Liquorbefund kann normal sein. In den anderen Fällen zeigt sich eine *Pleozytose* bis 150 Mpt/l mit überwiegend lymphozytärem *Zellbild*. Der Anteil eosinophiler Granulozyten kann bis 30 % betragen. Die *Schrankenfunktion* ist leicht gestört, *intrathekale IgG-Synthesen* wurden nachgewiesen. Antikörpernachweise im Liquor zeigen mit ELISA-Techniken bisher die höchste Sensitivität und Spezifität (Kap. B.6.4).

1.1.5.3 Trichinose

Eine Absiedlung von Larven im sogenannten Finnenstadium in das ZNS findet sich bei bis zu 20 % der Erkrankten. Eine zu Bewußtseinstrübung, zu organischem Psychsyndrom und/oder neurologischen Symtomen führende ZNS-Manifestation bedarf vor der Lumbalpunktion einer bildgebenden Untersuchung des Zerebrums. In der überwiegenden Anzahl der Fälle findet man im Liquor cerebrospinalis eine gering bis mäßig ausgeprägte gemischtzellige *Pleozytose*, die eosinophil akzentuiert ist. Neben einer *Gesamtproteinerhöhung* ist die Liquorglukose normal bis gering erniedrigt. In etwa einem Viertel der Fälle konnten im Liquor cerebrospinalis Larven von Trichinella spiralis nachgewiesen werden.

1.1.5.4 Literatur

[1] Burg, J. L., C. M. Grover, P. Pouletty et al.: Direct and sensitive detection of a pathogenetic protozoan, toxoplasma gondii, by polymerase chain reaction. J Clin Microbiol 27 (1989) 1787–1792.

[2] Contini, C. E., E. Fainardi, R. Cultrera et al.: Advanced laboratory techniques for diagnosing Toxoplasma gondii encephalitis in AIDS patients: significance of intrathecal production and comparison with PCR and ECL-western blotting. J Neuroimmunol 92 (1998) 29–37.

[3] Das, S., R. C. Mahajan, N. K. Ganguly et al.: Detection of antigen B of Cysticercus cellulosae in cerebrospinal fluid for the diagnosis of human neurocysticercosis. Trop Med Int Health 7 (2002) 53–58.

[4] Del Brutto, O. H., V. Rajshekhar, A. C. White et al.: Proposed diagnostic criteria for neurocysticercosis. Neurol 57 (2001) 177–183.

[5] Gall, C., A. Spuler, P. Fraunberger: Subarachnoid hemorrhage in a patient with cerebral malaria. N Engl J Med 341 (1999) 611–613.

[6] Garg, R. K., B. Karak, S. Misra: Neurological manifestations of malaria: an update. Neurol India 47 (1999) 85–91.

[7] Gekeler, F., S. Eichenlaub, E. G. Mendoza et al.: Sensitivity and specificity of ELISA and immunoblot for diagnosing neurocysticercosis. Eur J Clin Microbiol Infec Dis 21 (2002) 227–229.

[8] Kidney, D. D., S. H. Kim: CNS infections with free-living amebas: neuroimaging findings. Am Roentgenol 171 (1998) 809–812.

[9] Martinez, A. J., G. S. Visvesvara: Free-living, amphizoic and opportunistic amebas. Brain Pathol 7 (1997) 583–588.

[10] Mawhorter, S., J. Kazura: Trichinosis of the central nervous system. Semin Neurol 13 (1993) 148–152.

[11] Sato, Y., S. Osabe, H. Kuno et al.: Rapid diagnosis of cryptococcal meningitis by microscopic examination of centrifuged cerebrospinal fluid sediment. J Neurol Sci 164 (1999) 72–75.

[12] Schmutzhard, E.: Entzündliche Erkrankungen des Nervensystems. Georg Thieme, Stuttgart – New York 2000.

[13] Warrell, D. A.: Cerebral malaria: clinical features, pathophysiology and treatment. Ann Trop Med Parasitol 91 (1997) 875–884.

[14] Worofka, B., J. Lassmann, K. Bauer et al.: Praktische Liquorzelldiagnostik. Springer, Wien – New York 1997.

1.1.6 Entzündliche demyelinisierende Erkrankungen des Nervensystems

1.1.6.1 Multiple Sklerose

Für die Diagnosefindung einer Multiplen Sklerose (MS) hat die Liquordiagnostik zusammen mit weiteren paraklinischen Untersuchungen (MRT, evozierte Potentiale) einen zentralen Stellenwert. Mit dem 1983 eingeführten Begriff „laborunterstützte Diagnose" der MS wurde diesem Sachverhalt erstmals Rechnung getragen. Es gibt jedoch bis heute weder einen spezifischen Liquorparameter noch eine spezifische Liquorbefundkonstellation, die eindeutig beweisend für eine MS ist. Der Liquorbefund bei der MS zeigt die „typische" Konstellation für eine chronisch-entzündliche Erkrankung des ZNS.

Bei 50–60 % der MS-Patienten findet sich im Liquor eine mäßige *Zellzahlerhöhung* bis 50 Mpt/l. In seltenen Einzelfällen kommen Erhöhungen im Bereich von 50 bis 100 Mpt/l vor. Zellzahlen über 100 Mpt/l sind mit der Diagnose einer MS nur in Ausnahmefällen (z. B. MS vom Typ Marburg) vereinbar. Die *Zelldifferenzierung* ergibt eine Lymphozytendominanz mit Aktivierungszeichen des Lymphozytensystems (Lymphoidzellen, Plasmazellen). Plasmazellen als Zeichen einer entzündlichen Reaktion können in etwa 75 % der MS-Fälle nachgewiesen werden, wobei ihr Anteil 2–3 % der Lymphozytenpopulation kaum übersteigt. Die Nachweisrate einer subakuten oder chronischen entzündlichen Reaktion im ZNS kann durch die Bestimmung der aktivierten B-Lymphozyten auf fast 90 % erhöht werden. Aktivierte B-Lymphozyten zeigen intrazellulär vorwiegend IgG. IgA- und/oder IgM-positive Lymphozyten kommen mit geringer Häufigkeit vor, ihr dominanter Nachweis ist untypisch für die MS. Der zytologische Befund bei MS-Patienten kann aber auch ohne jegliche pathologische Auffälligkeiten sein (10–15 %).

Die *Gesamtproteinkonzentration* im Liquor kann erhöht sein. Hierbei stellen 800–900 mg/l einen unscharfen oberen Grenzwert dar. Der Q_{alb} ist normal (70–80 % der Fälle) bzw. zeigt eine leichte ($8-10 \times 10^{-3}$) und sehr selten eine mittelgradige ($10-20 \times 10^{-3}$) *Schrankenfunktionsstörung* an.

Besondere Bedeutung kommt dem Nachweis einer lokalen *humoralen Immunreaktion* zu. Es wird von einer chronischen humoralen Immunreaktion im Verlauf der Erkrankung ausgegangen. Sie ist allerdings quantitativen Schwankungen unterworfen, u. a. in Abhängigkeit von der Therapie. Quantitative Bewertungsverfahren der lokalen Immunreaktion (z. B. Quotientendiagramm, IgG-Index) zeigen unterschiedliche Sensitivitäten. Es ist daher möglich, daß auf der Grundlage dieser methodenbedingten Limitierung im Verlauf der Erkrankung im Wechsel positive und negative Befunde erhoben werden. Ergeben sich aber mit hochsensitiven qualitativen Nachweismethoden (isoelektrische Fokussierung mit Immundetektion, Immunoblot) bei Kontrollpunkten reproduzierbare Befundänderungen (erst positiver, später negativer Befund), muß die Diagnose MS überdacht werden. Typisch für die MS ist der Nachweis einer intrathekalen IgG-Synthese, die mit Hilfe des Quotientendiagramms quantifiziert werden kann (Sensitivität ca. 75 %). Intrathekale IgA- und/oder IgM-Synthesen kommen bei der MS vor, sind aber quantitativ meist unbedeutend. Dominante IgA- und/oder IgM-Synthesen lassen an der Diagnose MS differentialdiagnostisch Zweifel aufkommen. Ergeben sich bei den quantitativen Auswerteverfahren bzw. dimensionslosen Indices keine Hinweise auf eine intrathekale IgG-Synthese, so ist eine lokale Immunreaktion jedoch nicht sicher ausgeschlossen. Besonders in diesen Fällen erfolgt die Bestimmung des oligoklonalen IgG mit der hochempfindlichen isoelektrischen Fokussierung (IEF). Durch diesen qualitativen Nachweis läßt sich bei 95–100 % der MS-Patienten oligoklonales IgG nachgewiesen (s. o.). Das oligoklonale IgG ist für die MS unspezifisch, aber hochsensitiv für den Nachweis einer ZNS-Immunreaktion. Auch bei anderen neurologischen Krankheitsbildern unterschiedlicher Genese, beispielsweise infektiöse, autoimmune und lymphoproliferative Erkrankungen sowie sekundäre und seltener primäre Hirntumore, kann oligoklonales IgG nachgewiesen werden. Diese Erkrankungen können aber differentialdiagnostisch aufgrund der klinischen und paraklinischen Befundkonstellation meistens gut abgegrenzt werden.

Eine größere Sicherheit für den Nachweis einer chronisch-entzündlichen Reaktion im ZNS erbringt die MRZ-Reaktion (M = Masern, R = Röteln, Z = Varizella Zoster). Bei der MS findet sich bei über 90% eine intrathekale MRZ-Antikörpersynthese. Diese kann sich in Einfach (M, R, Z)- oder Kombinationskonstellationen (MR, MZ, RZ, MRZ) darstellen (Kap. B.3.2). Die positive MRZ-Reaktion belegt zwar etwas weniger sensitiv, dafür aber wesentlich spezifischer einen chronisch-entzündlichen Prozeß vom „Autoimmuntyp" im ZNS als das oligoklonale IgG. Die MRZ-Reaktion korreliert nach Intensität und Häufigkeit mit dem quantitativen Ausmaß der Ig-Synthese im ZNS. Imponiert nur eine spezifische Antikörpersynthese (M, R oder Z), ist unbedingt eine monospezifische Infektion klinisch und durch weiterführende Labordiagnostik auszuschließen. Zu berücksichtigen ist in diesem Zusammenhang, daß erregerspezifische Antikörpersynthesen im Rahmen von ZNS-Infektionen oft noch nach Jahren nachweisbar sind.

Zur Beantwortung der Frage, ob die Liquordiagnostik einen Beitrag leisten kann zur Charakterisierung der Prozeßaktivität und der zu erwartenden Verlaufsform der MS, ist bisher weder ein Einzelparameter noch eine Parameterkonstellation eindeutig favorisiert worden.

Die quantitative Bestimmung des basischen Myelinproteins (MBP, myelin basic protein) ergibt eine Information über den Schweregrad der Demyelinisierung bei akuten Schüben der MS. Die Werte normalisieren sich bei Remission nach etwa 2 Wochen. Bei chronisch progredienten Verläufen sind Hinweise auf Demyelinisierung durch die MBP-Bestimmung kaum zu erwarten. Weiterhin ist bekannt, daß die Freisetzung von MBP therapiebedingt vermindert sein kann. Da mit diesem Parameter nicht eindeutig zwischen therapeutischem Effekt und natürlichem Verlauf der Erkrankung unterschieden werden kann, und neue Demyelinisierungsherde klinisch unbemerkt bleiben können, hat sich die MBP-Bestimmung im Liquor cerebrospinalis routinemäßig nicht durchgesetzt.

Gegenwärtig werden große Hoffnungen in die Evaluierung von Surrogatmarkern wie den löslichen Adhäsionsmolekülen (ICAM-1, Selektine, VCAM-1) oder dem Protein 14-3-3 im Liquor cerebrospinalis und/oder im Serum gesetzt, um neue Parameter für die Prozeßaktivität, die Prognose sowie die Verlaufs- und Therapiekontrolle zu erhalten. Erste Ergebnisse lassen diesen Weg für die Serumanalytik als vielversprechend erscheinen. Unter den Zytokinbestimmungen hat sich bisher vor allem die Bestimmung des löslichen IL-2 Rezeptors im Serum als Kandidat zur Charakterisierung von Prozeßaktivität als nützlich erwiesen. Die Interpretation dieser Ergebnisse für die klinische Praxis ist aber außerordentlich diffizil, da die Zytokine über Zytokinnetzwerke ihre Wirkung entfalten und „redundant abgesichert" sind. Andererseits kommen bei entzündlichen Prozessen wie respiratorischen Infekten oder Harnwegsinfekten ebenfalls diese Zytokinnetzwerke als Immunmediatoren zum Tragen, so daß es im Einzelfall außerordentlich schwierig ist, aufgrund einzelner Marker zu entscheiden, ob beispielsweise ein klinisch stummer MS-Schub oder eine subklinische Harnwegsinfektion abläuft.

1.1.6.2 Multiple Sklerose vom Typ Marburg

Die klinische Manifestation der Marburg-Variante der MS ist im Einzelfall nicht sicher von der akuten disseminierten Enzephalomyelitis (ADEM) zu unterscheiden, bei der sich die klinische Symptomatik ähnlich foudroyant entwickelt (s. u.). Im Gegensatz zur Marburg-Variante geht der ADEM in der Regel eine fieberhafte Allgemeininfektion, teilweise mit Exanthembildung, oder eine Impfung voraus. Histopathologische Befunde belegen, daß es sich pathophysiologisch um zwei getrennte Krankheitsentitäten handelt. Bei der Multiplen Sklerose vom Typ Marburg findet sich im Liquor cerebrospinalis eine lymphomonozytäre *Pleozytose*, die in der Regel deutlicher ausgeprägt ist als bei der „klassischen" MS. Die *humorale Immunantwort* ist bei der Marburg-Variante wahrscheinlich stärker ausgeprägt als bei der ADEM, bei der die zelluläre Immunantwort pathophysiologisch dominiert.

1.1.6.3 Neuromyelitis optica (Devic-Syndrom)

Bei der Neuromyelitis optica findet man in über 80% der Fälle entzündungsbedingte Veränderungen im Liquor cerebrospinalis mit einer lymphomonozytär-dominierenden *Pleozytose* (bis 100 Mpt/l) mit wechselndem Granulozytenanteil, einer *Gesamtproteinerhöhung* bis 850 mg/l und eine *Schrankenfunktionsstörung*. Oligoklonale Banden als Zeichen einer *intrathekalen IgG-Produktion* sind bei etwa der Hälfte der Patienten nicht oder nur transient im Liquor cerebrospinalis nachweisbar.

Insbesondere zu Beginn und in der myelitischen Phase der Erkrankung können die Entzündungsparameter sehr ausgeprägt sein und im weiteren Verlauf in Abhängigkeit von der Krankheitsaktivität fluktuieren.

In Einzelfällen wurden spezifische T-Lymphozyten und Antikörperantworten gegen Gehirnproteine wie das Astrozytenstützprotein (Glial fibrillary acidic protein, GFAP) nachgewiesen. Bisher konnte aber ein spezifisches Muster der Immunantwort bei der Neuromyelitis optica nicht detektiert werden.

1.1.6.4 Diffuse Sklerose (Schildersche Erkrankung)

Während einige Autoren die Schildersche Erkrankung als Variante der MS ansehen, wird besonders in der neuropädiatrischen Literatur die Uneigenständigkeit dieses Krankheitsbildes angezweifelt. Ein Großteil der zunächst als Schildersche Erkrankung klassifizierten Fälle insbesondere bei Knaben war in Wirklichkeit an eine Adrenoleukodystrophie.

Im Liquor cerebrospinalis können pathologische Veränderungen wie bei der MS vorkommen, häufig sind aber keine *oligoklonalen Banden* nachweisbar. Stattdessen findet man eine relativ hohe Konzentration von basischem Myelinprotein (MBP) im Liquor cerebrospinalis.

1.1.6.5 Balos konzentrische Sklerose

Dieses seltene Krankheitsbild läßt sich klinisch, biochemisch und liquorzytologisch bisher nicht von der „klassischen" Multiplen Sklerose unterscheiden. Es handelt sich um eine histopathologische Diagnose, gekennzeichnet durch laminäre konzentrische Strukturen im Marklager des ZNS, die teilweise auch im MRT erkennbar sind. Die laminären Strukturen entsprechen abwechselnden Schichten von demyelinisierenden und remyelinisierenden Nervenfasern.

1.1.6.6 Akute monosymptomatische Optikusneuritis

Unter einer akuten monosymptomatischen Optikusneuritis (AMON) wird eine lokale Entzündung des N. opticus verstanden, welche mit einer fokalen Demyelinisierung einhergeht. Die AMON ist häufig erstes Symptom einer sich im weiteren Verlauf manifestierenden MS. Die prognostische Bedeutung entzündlicher Liquorveränderungen in der Akutphase der AMON hinsichtlich der Manifestation einer MS wird gegenwärtig unterschiedlich bewertet. Etwa 70–80% der AMON-Patienten zeigen eine Liquorbefundkonstellation, die typisch ist für eine chronisch-entzündliche Erkrankung des ZNS.

Bei 50–60% der AMON-Patienten ergibt sich im Liquor cerebrospinalis eine leichte *Zellzahlerhöhung* bis 50 Mpt/l. Im *Zellbild* zeigt sich eine Lymphozytendominanz mit Aktivierungszeichen. In ca. 70% belegen Plasmazellen eine entzündliche Reaktion. Aktivierte B-Lymphozyten der Klasse IgG werden mit etwas größerer Häufigkeit gefunden. Bei 40% der Patienten sind auch aktivierte B-Lymphozyten der Klassen IgA und IgM nachweisbar.

Eine Erhöhung des *Gesamtproteins* (bis 600 mg/l) findet sich nur selten. Bei einer leichten *Schrankenfunktionsstörung* (10% der Patienten) bleibt der Q_{alb} unter 10×10^{-3}. Eine *intrathekale IgG-Synthese* findet sich in 40–50%, eine IgA- und/oder IgM-Synthese in 10–25% der Fälle. Die Isoelektrische Fokussierung (oligoklonales IgG, ca. 75%) und MRZ-Reaktion (ca. 60%) sind die sensitivsten Indikatoren zum Nachweis einer *lokalen Immunreaktion* im ZNS bei der AMON. Der Liquorbefund bei der AMON kann aber bei etwa 10% der Patienten unauffällig sein.

1.1.6.7 Akute demyelinisierende Enzephalomyelitis (ADEM)

Die akute demyelinisierende Enzephalomyelitis ist eine in der Regel monophasisch verlaufende demyelinisierende Erkrankung, die ein bis drei Wochen nach beispielsweise Masern-, Röteln-, Mumps-, Varizella-, Influenza-, Cocksackie-, Pocken-, Mycoplasma-pneumoniae- und Leginella-pneumophila-Infektionen oder seltener nach Schutzimpfungen (postvakzinal) gegen z. B. Masern, Poliomyelitis acuta anterior, Tetanus, Röteln, Japanisches B-Enzephalitisvirus, Pertussis, Influenza und Pocken auftreten kann. Eine differentialdiagnostisch sichere Abgrenzung von einer MS-Erstmanifestation ist zum Zeitpunkt der Symptommanifestation auf der Basis des klinischen Untersuchungsbefundes meist nicht möglich.

Der Liquorbefund zeigt in der Regel pathologische Auffälligkeiten, kann ausnahmsweise aber auch völlig normal sein. Es treten z. T. charakteristische Abweichungen vom typischen chronisch-entzündlichen Liquorbefund bei der Multiplen Sklerose auf. *Zellzahlerhöhungen* bis 200 Mpt/l (z. T. darüber) wurden gefunden. Überwiegend zeigen sich lymphozytäre oder „gemischtzellige" *Zellbilder*, wobei besonders zu Krankheitsbeginn auch eine Granulozytendominanz auftreten kann. *Schrankenfunktionsstörungen* sind in der Regel ausgeprägter als bei der Multiplen Sklerose (Q_{alb} bis 20×10^{-3}). Oligoklonales IgG wird in einigen Fällen gefunden, diese *intrathekale IgG-Synthese* geht jedoch im Gegensatz zur Multiplen Sklerose während des weiteren Krankheitsverlaufs langsam zurück.

Ob ADEM-Patienten mit oligoklonalem IgG im Liquor cerebrospinalis ein erhöhtes Risiko zum Übergang in eine Multiple Sklerose haben, ist bisher nicht bekannt. In Einzelfällen ist der Nachweis einer intrathekalen IgM- und IgA-Synthese möglich. Eine polyspezifische Immunantwort (MRZ-Reaktion) bleibt nach bisherigen Einzelfallbeobachtungen negativ.

Auf eine frühe Myelinzerstörung weist der Nachweis von basischem Myeleinprotein (MBP) im Liquor cerebrospinalis hin. So fand man vereinzelt bei Patienten mit ADEM deutlich erhöhte Konzentrationen vom MBP im Liquor cerebrospinalis. Die Vermutung, hierdurch eine ADEM von einer infektiösen Enzephalitis oder einer MS differenzieren zu können, wurden bisher nicht bestätigt.

1.1.6.8 Akute nekrotisierende hämorrhagische Enzephalomyelitis (Hurst)

Die akute nekrotisierende hämorrhagische Enzephalomyelitis wird als fulminante Verlaufsform einer ADEM angesehen. Sie manifestiert sich meist bei jungen Erwachsenen und wird häufig im Zusammenhang mit einer Mycoplasma-pneumoniae-Infektion gesehen.

Im Liquor cerebrospinalis läßt sich in den ersten Krankheitstagen häufig eine gemischtzellige *Pleozytose* mit Überwiegen der neutrophilen Granulozyten nachweisen. Im späteren Krankheitsverlauf finden sich auch Erythrozyten, Erythrophagen und Hämosiderophagen als Ausdruck der hämorrhagischen Komponente bei der akuten Enzephalomyelitis vom Typ Hurst.

Die Schrankenfunktionsstörung ist in der Regel stärker ausgeprägt als bei der MS.

1.1.6.9 Akute inflammatorische demyelinisierende Polyneuropathie (AIDP)/Guillain-Barré-Strohl-Syndrom (GBS)

Auffälligstes Merkmal der AIDP ist im Liquor cerebrospinalis die „dissociation albumino-cytologique", d. h. eine zunächst leichte, später (Maximum nach zwei bis drei Wochen) hochgradige *Gesamtproteinerhöhung* bis ca. 2 000 mg/l (gelegentlich höhere Werte) bei normaler bis geringgradig erhöhter *Zellzahl* (initial bis 50 Mpt/l, nach ein bis drei Wochen 5–10 Mpt/l). Bei höheren Zellzahlen muß die Diagnose in Frage gestellt werden. Das *Zellbild* ist lymphozytär, gelegentlich mit vereinzelten Plasmazellen (aktivierte B-Lymphozyten). Die Gesamtproteinerhöhung klingt im allgemeinen im Zeitraum von 6 Wochen ab, kann aber in Abhängigkeit von der Wurzelbeteiligung auch Monate andauern. Sie beruht ausschließlich auf einer *Schrankenfunktionsstörung* (Q_{alb} bis 200×10^{-3}). *Intrathekale IgG-Synthesen* werden kaum gefunden. Im Liquor und Serum können identische oligoklonale Banden als Ausdruck einer systemischen Immunreaktion vorkommen. Isolierte *oligoklonale Banden* im Liquor cerebrospinalis sind im Rahmen eines GBS untypisch.

Eine Reihe von Immunparametern wie Komplement, Zytokine, insbesondere TNF-α und Zytokinrezeptoren sind im Liquor cerebrospinalis, aber auch im Blut erhöht. Sie spiegeln die systemische Immunaktivierung wieder und haben gegenwärtig keine differentialdiagnostische Bedeutung.

1.1.6.10 Chronische inflammatorische demyelinisierende Polyneuropathie (CIDP)

Bei der CIDP sind *Pleozytosen* möglich (lympho-granulozytäre *Zellbilder*) bei normalen bis erheblich erhöhten *Gesamtproteinwerten* (bis 6 000 mg/l). Eine *intrathekale IgG-Synthese* (Oligoklonales IgG) wird konstant nachgewiesen, zeigt aber keine Beziehung zu Krankheitsverlauf und zu angewandten Therapieoptionen bei der CIDP.

1.1.6.11 Miller-Fisher-Syndrom

Beim Miller-Fisher-Syndrom manifestieren sich ähnliche Befunde im Liquor cerebrospinalis wie beim Guillain-Barré-Strohl-Syndrom (GBS-Syndrom). Im Gegensatz zum GBS-Syndrom findet man aber beim Miller-Fisher-Syndrom in einem größeren Prozentsatz Normalbefunde für *Zellzahl* und *Gesamtprotein* im Liquor cerebrospinalis. Von besonderem Interesse ist der Nachweis von IgG-Antikörpern gegen das Gangliosid GQ1b beim Miller-Fisher-Syndrom. Diese Antikörper scheinen nicht nur an okulomotorischen Nervenfasern, sondern auch an Strukturen des Kleinhirns zu binden.

1.1.6.12 Elsberg-Syndrom (Polyradiculitis sacralis)

Die Polyradikulitis der Cauda equina ist heterogen. Neben einer Sonderform des Guillian-Barré-Strohl-Syndroms (idiopathische Polyradiculitis sacralis) sind häufiger symptomatische Verlaufsformen bei Herpes simplex Typ 2 (Herpes genitalis)-Infektionen und CMV-Infektionen insbesondere bei AIDS beschrieben. Die zu erwartenden Liquorbefunde sind aufgrund der inhomogenen Ätiologie des Krankheitsbildes vielfältig. Sie reichen von einer diskreten *Pleozytose* und starken *Gesamtproteinerhöhungen* wie beim Guillian-Barré-Strohl-Syndrom bis zu deutlichen Pleozytosen mit Gesamtproteinerhöhungen im Rahmen einer viralen Genese. Die Besonderheiten des Liquorbefundes bei erworbener Immunschwäche (AIDS) sind im Kapitel HIV-Enzephalopathie beschrieben (Kap. C.1.1.2.6).

1.1.6.13 Literatur

[1] Andersson, M. J., J. Alvarez-Cermeno, G. Bernardi et al.: Cerebrospinal fluid in the diagnosis of multiple sclerosis: a consensus report. J Neurol Neurosurg Psychiat 57 (1994) 897–902.
[2] Bauer, J., C. Stadelmann, C. Bancher et al.: Apoptosis of T-lymphocytes in acute disseminated encephalomyelitis. Acta Neuropathologica 97 (1999) 543–546.
[3] Bitsch, A., C. Wegener, C. da Costa et al.: Lesion development in Marburg's type of acute multiple sclerosis: from inflammation to demyelination. Multiple Sclerosis 5 (1999) 138–146.
[4] Bolay, H., R. Karabudak, T. Tacal et al.: Balós concentric sclerosis: Report of two patients with magnetic resonance imaging follow-up. J Neuroimaging 6 (1996) 98–103.
[5] Dale, R. C., C. De Sousa, W. K. Chong: Acute disseminated encephalomyelitis, multiphasic en-

cephalomyelitis and multiple sclerosis in children. Brain 123 (2000) 2407–2422.
[6] Derfuss, T., R. Gurkov, F. Then Bergh et al.: Intrathecal antibody production against Chlamydia pneumoniae in multiple sclerosis is part of a polyspecific immune response. Brain 124 (2001) 1325–1335.
[7] Devic, E.: Myelite subaigue compliquee de nevrite optique. Bulletin Med (Paris) 8 (1894) 1033–1034.
[8] Felgenhauer, K., W. Beuche: Labordiagnostik neurologischer Erkrankungen. Georg Thieme, Stuttgart – New York 1999.
[9] Frederiksen, J. L.: Can CSF predict the course of optic neuritis. Multiple Sclerosis 4 (1998) 132–135.
[10] Giovannoni, G., M. Lai, J. Thorpe et al.: Longitudinal study of soluble adhesion molecules in multiple sclerosis: correlation with gadolinium enhanced magnetic resonance imaging. Neurol 48 (1997) 1557–1565.
[11] Haase, C. G.: Devics Neuromyelitis optica: Entität oder Variante der Multiplen Sklerose? Nervenarzt 72 (2001) 750–754.
[12] Höppner, J., R. Lehmitz, H. J. Meyer-Rienecker et al.: Liquorveränderungen bei akuter monosymtomatischer Optikusneuritis (AMON) im Vergleich zur Multiplen Sklerose (MS). Neurologie & Rehabilitation 5 (1999) 1–7.
[13] Johnson, R.T.: The pathogenesis of acute viral encephalitis and postinfectious encephalomyelitis. J Infect Dis 155 (1997) 359–364.
[14] Kraus, J., P. Oschmann, B. Engelhardt et al.: Soluble and cell surface ICAM-1 markers for disease activity in multiple sclerosis. Acta Neurol Scand 98 (1998) 102–109.
[15] Lamers, K. J. B., H. P. M. de Reus, P. J. H. Jongen et al.: Myelin basic protein in CSF as indicator of disease activity in multiple sclerosis. Multiple Sclerosis 4 (1998) 124–126.
[16] Leonardi, A., L. Arata, M. Farinelli et al.: Cerebrospinal fluid and neuropathological study in Devic's syndrome. Evidence of intrathecal immune activation. J Neurol Sci 82 (1987) 281–290.
[17] Lehmitz, R., E. Mix, U. K. Zettl: Liquorparameter bei ausgewählten entzündlichen Erkrankungen des Nervensystems. In: U. K. Zettl, E. Mix (Hrsg.): Klinische Neuroimmunologie, S. 59–87. Walter de Gruyter, Berlin – New York 1999.
[18] Lehmitz, R., E. Mix, U. K. Zettl: Liquorparameter bei ausgewählten entzündlichen Erkrankungen des Nervensystems. Nervenheilkunde 21 (2002) 82–87.
[19] Lunding, J., R. Midgard, C. A. Vedeler: Oligoclonal bands in cerebrospinal fluid: a comparative study of isoelectric focusing, agarose gel electrophoresis and IgG index. Acta Neurol Scand 102 (2000) 322–325.
[20] Mandler, R. N., L. E. Davis, D. R. Jeffery et al.: Devićs neuromyelitis optica: A clinicopathiological study of 8 patients. Ann Neurol 34 (1993) 162–168.
[21] Marburg, O.: Die so genannte „Akute multiple Sklerose" (Encephalomyelitis periacialis scleroticans). Jahrbuch Psychiatrie und Neurologie 27 (1906) 211–312.
[22] Martinez-Yelamos, A., A. Saiz, R. Sanchez-Valle et al.: 14-3-3 protein in the CSF as prognostic marker in early multiple sclerosis. Neurol 57 (2001) 722–724.
[23] Mc Donald, W. I., A. Compston, G. Edan et al.: Recommended diagnostic criteria for multiple sclerosis: guidilines from the International Panel on the diagnosis of multiple sclerosis. Ann Neurol 50 (2001) 121–127.
[24] O'Riordan, J. I., H. L. Gallagher, A. J. Thompson et al.: Clinical, CSF, and MRI findings in Devic's neuromyelitis optica. J Neurol Neurosurg Psych 60 (1996) 382–387.
[25] Petersen, A. A., F. Sellebjerg, J. Frederiksen et al.: Soluble ICAM-1, demyelination, and inflammation in multiple sclerosis and acute optic neuritis. J Neuroimmunol 88 (1998) 120–127.
[26] Piccolo, G., D. M. Franchiotta, C. Camana et al.: Devic's neuromyelitis optica: long-term follow-up and serial CSF findings in two cases. J Neurol 237 (1990) 262–264.
[27] Pohl-Koppe, A., S. K. Burchett, E. A. Thiele et al.: Myelin basic protein reactive TH2 T cells are found in acute disseminated encephalomyelitis. J Neuroimmunol 2 (1998) 19–27.
[28] Poser, C. M., D. W. Paty, L. Scheinberg et al.: New diagnostic criteria for multiple sclerosis: guidelines for research protocols. Ann Neurol 13 (1983) 227–231.
[29] Reiber, H., J. B. Peter: Cerebrospinal fluid analysis: disease-related data patterns and evaluation programs. J Neurol Sci 184 (2001) 101–122.
[30] Reiber, H.: Cerebrospinal fluid-physiology, analysis and interpretation of protein patterns for diagnosis of neurological diseases. Multiple Sclerosis 4 (1998) 99–107.

[31] Reiber, H., S. Ungefehr, C. Jacobi: The intrathecal, polyspecific and oligoclonal immune response in multiple sclerosis. Multiple Sclerosis 4 (1998) 111–117.
[32] Rolak, L. A., R. W. Beck, D. W. Paty et al.: Cerebrospinal fluid in acute optic neuritis: experience of the optic neuritis treatment trial. Neurol 46 (1996) 368–372.
[33] Schilder, P. F.: Zur Kenntnis der so genannten diffusen Sklerose. Z Neurol Psych 10 (1912) 1–60.
[34] Stoll, G., W. Brück: Sonderformen der Multiplen Sklerose. In: U. K. Zettl, E. Mix (Hrsg.): Multiple Sklerose: Kausalorientierte, symptomatische und rehabilitative Therapie, S. 81–90. Springer Verlag, Berlin – New York, 2001.
[35] Stuve, O., S. S. Zamvil: Pathogenesis, diagnosis, and treatment of acute disseminated encephalomyelitis. Curr Opin Neurol 12 (1999) 395–401.
[36] Wurster, U.: Liquoranalytik. In: H. Schliack, H. C. Hopf (Hrsg.): Diagnostik in der Neurologie, S. 212–236. Georg Thieme, Stuttgart – New York 1988.
[37] Zettl, U. K., D. Dressler, R. Guthoff: Neuritis nervi optici und Multiple Sklerose. In: U. K. Zettl, E. Mix (Hrsg.): Multiple Sklerose. Kausalorientierte, symptomatische und rehabilitative Therapie, S. 135–147. Springer, Berlin – New York 2001.

1.1.7 Andere entzündliche Erkrankungen des Nervensystems

1.1.7.1 Neurosarkoidose (Morbus Boeck)

Bei etwa 5% der Sarkoidose-Fälle ist eine ZNS-Beteiligung zu beobachten. Der Liquor cerebrospinalis zeigt in ca. 70% pathologische Auffälligkeiten. Eine lymphozytäre *Pleozytose* (10–200 Mpt/l) mit Plasmazellen sowie eine *Schrankenfunktionsstörung* werden in 40% bis 70% der Fälle beschrieben. Mit einer Nachweisrate von ca. 50–70% wird *oligoklonales IgG* gefunden. Im Liquor sind die ACE (Angiotensin-Converting-Enzyme)-Werte in 50–60% der Erkrankungsfälle erhöht (Kap. B.3.1), die *Glukosewerte* z. T. erniedrigt (20% der Fälle). Der Stellenwert des ACE-Wertes im Liquor cerebrospinalis für die Diagnosesicherung der Neurosarkoidose ist umstritten. Lysozym(75%)- und β2-Mikroglobulin-Erhöhungen im Liquor cerebrospinalis sind bei Neurosarkoidose beschrieben.

Eine Erhöhung des CD4/CD8 Lymphozyten-Quotienten kann diagnostisch hilfreich sein.

1.1.7.2 Rasmussens chronische Enzephalitis

Bei einem Teil der Patienten mit Rasmussens chronischer Enzephalitis sind *Zellzahl* und *Gesamtprotein* im Liquor cerebrospinalis geringgradig erhöht. *Oligoklonales IgG* ist in etwa 50% der Fälle nachweisbar. Ein CMV-Nachweis mit der PCR könnte Bedeutung erlangen, falls sich die Theorie einer viralen Ätiologie bestätigen sollte. Der Liquorbefund kann aber auch völlig normal sein. Eine abschließende Beurteilung des Stellenwertes von pathologischen Liquorveränderungen außerhalb der Basisparameter ist bei diesem Krankheitsbild zur Zeit nicht möglich.

1.1.7.3 Arachnoiditis

Die Ätiologie der Arachnoiditis ist vielfältig und bleibt bei einem beträchtlichen Teil der Fälle ungeklärt. Bei den ätiologisch geklärten Fällen spielen Zustände nach SAB, bakterieller Meningitis, intrathekaler Applikation von Medikamenten und Kontrastmitteln sowie Bandscheibenoperationen quantitativ eine wichtige Rolle. Aufgrund der heterogenen Pathogenese sind unterschiedliche Liquorbefunde zu erwarten.

Bei chronischen Verlaufsformen kann eine lymphozytäre *Pleozytose* mit Erhöhung des *Gesamtproteins* und in Abhängigkeit von der topographischen Manifestation mit einem positiven Queckenstedt-Test gefunden werden.

1.1.7.4 Eosinophile Meningitis

Der Begriff eosinophile Meningitis oder auch eosinophile Pleozytose ist am ehesten als ein Liquorsyndrom aufzufassen, denn das Auftreten von eosinophilen Granulozyten ist bei unterschiedlichen Erkrankungen zu erwarten. Im

Vordergrund der differentialdiagnostischen Möglichkeiten stehen Parasitosen und allergisch-bedingte Erkrankungen. Am ausgeprägtesten ist mit einer Liquoreosinophilie bei Parasitosen zu rechnen. Wesentlich diskreter zeigt sich eine Liquoreosinophilie bei allergischen Prozessen und im Rahmen von Durchgangssyndromen bei unterschiedlichen Erkrankungen des Nervensystems. So können bei Tumorerkrankungen eosinophile Granulozyten in unterschiedlichem Ausmaß im Liquor cerebrospinalis gefunden werden. Im Einzelfall kann im Rahmen der Tumorerkrankungen (u. a. maligne Lymphome) die eosinophile Reaktion als eosinophile Meningitis imponieren. Relativanteile von über 20% an eosinophilen Granulozyten sollten zunächst an eine Parasitenerkrankung denken lassen. Bei bakteriellen Meningitiden erscheinen eosinophile Granulozyten kurz vor dem Granulozytensturz und bei virusbedingten Entzündungen im Zeitraum der stärksten Lymphozytenaktivierung. Im Falle von tuberkulösen Erkrankungen sind eosinophile Granulozyten über längere Zeiträume zu beoachten. Erwähnenswert erscheint, daß bei toxisch-allergischen Reaktionen auf Farbverdünnungsmittel im Liquorzellbild eosinophile Granulozyten mit bis zum 70% dominieren können (Kap. B.6.4 und Kap. B.7).

1.1.7.5 Mollaret Meningitis

Die Mollaret-Meningitis stellt eine Sonderform der benignen, chronisch-rezidivierenden Meningitiden dar. Der in den letzten Jahren beschriebene Nachweis von Herpes-simplex-DNA legt die Vermutung nahe, daß eine rekurierende Herpesinfektion zumindest Trigger einer Mollaret-Meninitis sein kann.

Wegweisend für die initial breit ausgelegten differentialdiagnostischen Überlegungen ist der Liquorbefund mit einer *Pleozytose* von etwa 200 Mpt/l (Einzelfälle bis zu über 3000 Mpt/l) ohne kulturellen *Erregernachweis*. Das *Differentialzellbild* bei der Mollaret-Meningitis hängt vom Krankheitsstadium ab. Während in der initialen Krankheitsphase (akutes Stadium) höhere Zellzahlen mit einer granulozytären Dominanz gefunden werden, zeigen sich während der Remission geringere lymphomonozytäre Pleozytosen. Typischerweise finden sich im Differentialzellbild des Liquor neben den dominierenden granulozytären bzw. lymphozytären Zellpopulationen endotheliale Reizformen, sogenannte Mollaret-Zellen, die monozytärer Herkunft sind. Plasmazellen können in kleiner Zahl vorkommen.

Die *Liquorgesamtproteinerhöhung* liegt meist unter 1 000 mg/l, kann aber im Einzelfall auch bis zu 2 000 mg/l betragen. Häufig besteht eine *intrathekale IgG-Synthese*.

In der Regel ist der *Glukosegehalt* im Liquor normal.

1.1.7.6 Rhombenzephalitis Bickerstaff

Der Terminus „brainstem encephalitis" wurde in den 50er Jahren von Bickerstaff für ein von ihm nach klinischen Kriterien definiertes Syndrom unbekannter Ätiologie gewählt. Die Erkrankung ist somit über ihre Phänomenologie und Topologie definiert. Sie soll vorzugsweise im frühen Erwachsenenalter auftreten und nach einem uncharakteristischen Prodromalstadium ein subakutes Hirnstammsyndrom entwickeln, bei dem die Symptome von rostral nach kaudal absteigen und sich nach maximaler Symptomausprägung in variierender Dauer wieder zurückbilden.

Der Liquorbefund besteht in einer gering ausgeprägten lymphozytären *Pleozytose* und einer leichten *Gesamtproteinerhöhung*. Über eine intrathekale IgG-Produktion gibt es keine klaren Angaben in der Literatur.

1.1.7.7 Hashimoto-Enzephalitis/ Enzephalopathie

Die Hashimoto-Enzephalitis/Enzephalopathie ist eine Sekundärerkrankung im Rahmen der Autoimmunthyreoiditis mit Struma. Leitsymptome sind zerebrale Krampfanfälle, extrapyramidale Hyperkinesen und kognitive Defizite mit Demenzentwicklung.

Das weibliche Geschlecht ist bis zu 10mal häufiger betroffen. Bildmorphologisch zeigt

Tab. 1: Primäre oder sekundäre Ursachen der Myelitis

Ätiologie	
• viral	HSV (HSV2), HTLV-1, HIV, Poliovirus, VZV, EBV, FSME, Coxsackie A- und B-Virus, Echovirus, Rabies-Virus
• bakteriell	Staphylokokkus aureus, Steptokokken, Treponema pallidum, Leptospiren, Mycoplasma pneumoniae, Mucobacterium tuberculosis
• parasitär	Bilharzien
• mykotisch	Kryptokokkus neoformans, Aktinomyces israeli
• vaskulitisch	Lupus erythematodes, Panarteriitis nodosa, Lues spinalis
• postinfektiös	nach Infekt der oberen Luftwege sowie nach Masern, Mumps, Röteln, Varizellen
• postvakzinal	Pocken, Tollwut, Typhus
• demyelisierend	Encephalomyelitis disseminata, Neuromyelitis optica (Devic-Syndrom), subakute Myelooptikoneuropathie (SMON)
• granulomatös	Morbus Boeck
• perivaskuläre Enzephalomyelitis	Morbus Behçet
• nekrotisierende Myelopathie	paraneoplastische Myelopathie

sich im Verlauf eine rasche Hirnatrophie. Im Serum lassen sich Antikörper gegen Thyreoglobulin, thyreoidale Peroxidase, mikrosomales Antigen und seltener gegen TSH-Rezeptoren nachweisen. Während die entzündliche Reaktion mit Lymphozyteninfiltration in die Schildrüse gut beschrieben ist, ist die Bedeutung der entzündlichen Reaktion für die Pathogenese der neurologischen und neuropsychologischen Störungen bisher noch wenig verstanden.

Im Liquor cerebrospinalis werden gelegentlich diskrete *Pleozytosen, Schrankenfunktionsstörungen* sowie Zeichen einer *homoralen Immunreaktion* gefunden.

1.1.7.8 Myelitis

Zellzahl, Differentialzellbild, Gesamtprotein, Schrankenfunktionsstörung und *intrathekale Ig-Synthesen* sind abhängig von der Ursache der Myelitis. Die potentiellen Ursachen sind in Tabelle 1 aufgeführt. Die dazugehörigen Liquorbefunde werden in den entsprechenden Kapiteln dargestellt.

Der *Queckenstedt*-Versuch sollte im Rahmen der Liquorgewinnung bei klinischem Verdacht auf Myelitis zur differentialdiagnostischen Abgrenzung einer spinalen Raumforderung durchgeführt werden.

1.1.7.9 Literatur

[1] Bickerstaff, E. R.: Brainstem encephalitis – further observations on a grave syndrome with benign prognosis. Br Med J 15 (1957) 1384–1387.

[2] Bosch, I., M. Oehmischen: Eosinophilic granulocytes in cerebrospinal fluid: Analysis of 94 cerebrospinal fluid specimens and review of the literature. J Neurol 219 (1978) 93–105.

[3] Döll, R., H. Krause: Liquoreosinophilie. Z Klin Med 42 (1987) 1373–1375.

[4] Felgenhauer, K., W. Beuche: Labordiagnostik neurologischer Erkrankungen. Georg Thieme, Stuttgart – New York 1999.

[5] Kleinert, R., G. Kleinert, G. F. Walter et al.: Fatal eosinophilic meningoencephalitis following lacquer poisoning. Case report and differential diagnostic considerations. Eur Arch Psychiatry Neurol Sci 235 (1986) 378–381.

[6] Lehmitz, R., E. Mix, U. K. Zettl: Liquorparameter bei ausgewählten entzündlichen Erkrankungen des Nervensystems. In: U. K. Zettl, E. Mix (Hrsg.): Klinische Neuroimmunologie, S. 59–87. Walter de Gruyter, Berlin – New York 1999.

[7] Mc Lean, B. N., D. Miller, E. J. Thompson: Oligoclonal banding of IgG in CSF, blood-brain barrier function, and MRI findings in patients with sarcoidosis, systemic lupus erythematosus, and Behcet's disease involving the nervous system. J Neurol Neurosurg Psychiatry 58 (1995) 548–554.

[8] Prange, H. (Hrsg.): Infektionskrankheiten des ZNS. Chapman & Hall, London–Weinheim 1995.
[9] Querol Pascual, M. R., J. J. Aguirre Sanchez, M. R. Velicia Mata et al.: Hashimoto's encephalitis: a new case with spontaneous reimission. Neurologia 15 (2000) 313–316.
[10] Schmutzhard, E.: Entzündliche Erkrankungen des Nervensystems. Georg Thieme, Stuttgart – New York 2000.
[11] Slom, T. J., M. M. Cortese, S. I. Gerber et al.: An outbreak of eosinophilic meningitis caused by Angiostrongylus cantonensis in travelers returning from the Caribean. N Engl J Med 346 (2002) 668–675.
[12] Suchenwirth, R. M. A.: Rhombencephalitis. Nervenarzt 50 (1979) 587–589.
[13] Weller, P. F., L. X. Liu: Eosinophilic meningitis. Semin Neurol 13 (1993) 161–168.
[14] Wilhelm-Gossling, C., K. Weckbecker, E. G. Brabant et al.: Autoimmune encephalopathy in Hashimoto's thyroiditis. A differential diagnosis in progressive dementia syndrome. Dtsch Med Wochenschr 123 (1998) 279–284.

1.1.8 Vaskulitiden

Die Liquorbefunde bei den Vaskulitiden des Nervensystems sind abhängig von der Ätiologie, der Lage des pathologischen Prozesses zum Liquorsystem und den Sekundärkomplikationen wie zerebralen Ischämien.

1.1.8.1 Primäre Angiitis des ZNS (PACNS)

Bei dieser seltenen, im typischen Fall segmentalen Angiitis der kleinen Gefäße mit leptomeningealer Prädilektion treten fast immer pathologische Veränderungen im Liquor cerebrospinalis auf. In diesen Fällen findet sich meist eine leichte *Pleozytose* und ein erhöhtes *Gesamtprotein*. Der Liquordruck kann erhöht sein. Die Liquorbefunde zu den erregerbedingten Vaskulitiden, beispielsweise im Rahmen von bakteriellen, viralen und mykotischen Infektionen, sind in den entsprechenden Abschnitten des Kapitels C.1.1 dargestellt.

1.1.8.2 Polyarteriitis

Bei der Polyarteriitis sind die Liquorbefunde in der Regel ohne pathologische Auffälligkeiten.

1.1.8.3 Panarteriitis nodosa

Eine ZNS-Beteiligung im Rahmen einer Panarteriitis nodosa findet sich bei etwa 30 % der Patienten. Im Liquor zeigt sich häufig eine leichte lymphozytäre *Pleozytose* mit mittelgradiger *Gesamtproteinerhöhung*. Der Liquorbefund kann aber auch ohne pathologische Auffälligkeiten sein.

1.1.8.4 Arteriitis temporalis

Die Arteriitis temporalis (Arteriitis cranialis, Morbus Horton) ist eine systemische, nekrotisierende Riesenzellarteriitis, die insbesondere die Äste der Arteria carotis externa und die Arteria ophthalmica betrifft. In bis zu 20 % der unbehandelten Fälle kann es zu einer ein- oder seltener zu einer doppelseitigen ischämischen Erblindung kommen. Des weiteren sind territoriale Ischämien im Versorgungsgebiet der Arteria cerebri media und posterior möglich.

Die Basisparameter der Liquoranalytik bei der Arteriitis temporalis ohne zerebrale ischämische Ereignisse zeigen keine pathologischen Abweichungen. Sollten sich ischämische Ereignisse manifestiert haben, so sind in Abhängigkeit von der Infarktgröße, dem Infarktalter und der Lage der Ischämie zum Liquorsystem Liquorbefunde wie im Kapitel C.1.4.6.1 dargestellt, zu erwarten.

1.1.8.5 Takayhasu Arteriitis

Die Takayhasu Arteriitis ist eine seltene Riesenzellarteriitis, die primär die Abgänge der hirnversorgenden Gefäße am Aortenbogen betrifft. In der Folge entwickeln sich verschiedene Kollateralen, die aber bei fortschreitendem Prozeß insuffizient werden. Konsekutiv kommt es zu hämodynamisch und auch embolisch ausgelösten Symptomen in verschiedenen Gefäßterritorien.

Die Liquorbefunde sind insbesondere vom Infarktalter, der Infarktgröße und der Infarkttopographie abhängig (Kap. C.1.4.6.1).

1.1.8.6 Behçet Syndrom

In ca. 40% der Fälle mit Behçet Syndrom ist das ZNS betroffen (Neuro-Behçet). *Zellzahl* und *Gesamtprotein* sind mäßig erhöht, eine *Schrankenfunktionsstörung* läßt sich ebenfalls in ca. 40% nachweisen. Zu Krankheitsbeginn dominieren neutrophile Granulozyten, nach einigen Tagen wird das *Zellbild* gemischt und am Ende eines Schubes dominieren Monozyten. Eine *intrathekale Ig-Synthese* ist zum Teil nachweisbar, wobei IgG (ca. 10%) selten, IgA und/oder IgM dagegen häufiger gefunden werden.

1.1.8.7 Allergische Granulomatose (Churg-Strauss)

Die ZNS-Beteiligung bei der allergischen Granulomatose liegt bei etwa 20%. Charakteristischer Liquorbefund ist eine mäßiggradige Pleozytose mit Eosinophilie.

1.1.8.8. Wegenersche Granulomatose

Mit einer ZNS-Beteiligung ist bei der Wegenerschen Granulomatose in 25% der Fälle zu rechnen. Der Liquorbefund kann pathologisch oder völlig normal sein. Der pathologische Befund zeigt sich in einer leichten lympho-monozytären *Pleozytose* verbunden mit einer leichten *Gesamtproteinerhöhung*. *Oligoklonales IgG* und die MRZ-Reaktion können positiv sein. Antineutrophile-Zytoplasma-Antikörper (ANCA) werden z. T. im Liquor cerebrospinalis nachgewiesen.

1.1.8.9 Literatur

[1] Duna G. F, L. H. Calabrese: Limitations of invasive modalities in the diagnosis of primary angiitis of the central nervous system. J Rheumatol 22 (1995) 662–667.

[2] Felgenhauer, K., W. Beuche: Labordiagnostik neurologischer Erkrankungen. Georg Thieme, Stuttgart – New York 1999.

[3] Lehmitz, R., E. Mix, U. K. Zettl: Liquorparameter bei ausgewählten entzündlichen Erkrankungen des Nervensystems. In: U. K. Zettl, E. Mix (Hrsg.): Klinische Neuroimmunologie, S. 59–87. Walter de Gruyter, Berlin – New York 1999.

[4] Mc Lean, B. N., D. Miller, E. J. Thompson: Oligoclonal banding of IgG in CSF, blood-brain barrier function, and MRI findings in patients with sarcoidosis, systemic lupus erythematosus, and Behcet's disease involving the nervous system. J Neurol Neurosurg Psychiatry 58 (1995) 548–554.

[5] Moore, P. M.: Diagnosis and management of isolated angiitis of the central nervous system. Neurol 39 (1989) 167–173.

[6] Oh, S. J.: Paraneoplastic vasculitis of the peripheral nervous system. Neurol Clin 15 (1997) 849–863.

[7] Prange, H. (Hrsg.): Infektionskrankheiten des ZNS. Chapman & Hall, London – Weinheim 1995.

[8] Schmutzhard, E.: Entzündliche Erkrankungen des Nervensystems. Georg Thieme, Stuttgart – New York 2000.

1.1.9 Kollagenosen

1.1.9.1 Systemischer Lupus erythematodes (SLE)

Bei bis zu 60% der Patienten mit systemischem Lupus erythematodes ist mit neurologischen Symptomen zu rechnen. In 30% der Fälle ergibt sich eine leichte *Pleozytose* (5–50 Mpt/l) im Liquor cerebrospinalis und 50% zeigen eine *Schrankenfunktionsstörung*. Im *Zellbild* dominieren Lymphozyten mit nur geringen Aktivierungszeichen der B-Lymphozyten. LE-Zellen sind im Liquor meist nicht zu finden. Eine *intrathekale IgG-Synthese* wird bei ca. 30% gefunden, wobei die intrathekale IgG-Fraktion in Einzelfällen über 60% vom Liquor-Gesamt-IgG betragen kann. Die MRZ-Reaktion zeigt in 30% Positivität. Die Bestimmung von antinukleären Antikörpern (ds-DNA) im Liquor hilft bei der Diagnostik weiter.

1.1.9.2 Sjögren-Syndrom

Etwa 30% der Patienten mit Sjögren-Syndrom weisen eine ZNS-Manifestation auf. Der Liquor bietet eine leichte Pleozytose (ca. 50% der Fälle), wobei die *Zellzahlen* in Einzelfällen bis 900 Mpt/l erreichen können. Normale Zellzahlen überwiegen bei chronischen Verläufen. Das *Zellbild* ist gemischt (Granulozyten, Lymphozyten) oder rein lymphozytär mit Plasmazellen. Die *Gesamtproteinwerte* sind mäßiggradig erhöht. Eine *intrathekale IgG-Synthese* findet sich bei 75 % der Erkrankungsfälle. Intrathekale IgM-Synthesen sind bei 90 % nachweisbar. Die MRZ-Reaktion kann positiv sein.

1.1.9.3 Literatur

[1] Baraczka, K., G. Lakos, S. Sipka: Immunoserological changes in the cerebrospinal fluid and serum in systemic lupus erythematosus patients with demyelinating syndrome and multiple sclerosis. Acta Neurol Scand 105 (2002) 378–383.
[2] Felgenhauer, K., W. Beuche: Labordiagnostik neurologischer Erkrankungen. Georg Thieme, Stuttgart – New York 1999.
[3] Lehmitz, R., E. Mix, U. K. Zettl: Liquorparameter bei ausgewählten entzündlichen Erkrankungen des Nervensystems. In: U. K. Zettl, E. Mix (Hrsg.): Klinische Neuroimmunologie, S. 59–87. Walter de Gruyter, Berlin – New York 1999.
[4] Mc Lean, B. N., D. Miller, E. J. Thompson: Oligoclonal banding of IgG in CSF, blood-brain barrier function, and MRI findings in patients with sarcoidosis, systemic lupus erythematosus, and Behcet's disease involving the nervous system. J Neurol Neurosurg Psychiatry 58 (1995) 548–554.
[5] Schmutzhard, E.: Entzündliche Erkrankungen des Nervensystems. Georg Thieme, Stuttgart – New York 2000.

1.2 ZNS-Manifestationen bei systemischen Infektionen
U. K. Zettl, E. Mix, R. Lehmitz

1.2.1 ZNS-Beteiligung bei akuter bakterieller Endokarditis

Die neurologischen Komplikationen im Rahmen einer Endokarditis reichen von der bakteriellen Meningitis über metastatisch-hämatogene Hirnabszesse, embolisch bedingte Ischämien bis zu mykotischen Aneurysmen mit konsekutiver subarachnoidaler oder intrakranieller Blutung. In Abhängigkeit vom Pathomechanismus können unterschiedliche Liquorbefunde erhoben werden. Prinzipiell kann ein „eitriger Liquor" mit granulozytärer Pleozytose, deutlich erhöhtem Gesamtprotein und erniedrigter Liquorglukose von einem „aseptischen Liquor" mit lymphozytärer Pleozytose, nur gering erhöhtem Gesamtprotein und normaler Liquorglukose sowie einem „hämorrhagischer Liquor" mit und ohne bakterieller Begleitreaktion unterschieden werden. In Abhängigkeit von der klinischen Symptomatik, werden bei ischämischen Komplikationen bis zu einem Drittel und bei cerebralen Krampfanfällen im Rahmen einer bakteriellen Endokarditis in der überwiegenden Anzahl normale Liquorbefunde erhoben. Wichtig ist in den Fällen mit pathologischen Liquorbefundkonstellationen, die transienten Liquorbefunde nach zerebraler Ischämie (Kap. C.1.4.6) oder nach zerebralem Krampfanfall (Kap. C.1.5.1) von Erreger-bedingten Liquorveränderungen abzugrenzen. Im Einzelfall ist deshalb eine erneute Lumbalpunktion (Verlaufskontrolle) notwendig.

Grundsätzlich sollte bei jedem Patienten mit einer subakuten oder akuten bakteriellen Endokarditis, der eine Symptomatik der ZNS zeigt, eine Liquordiagnostik durchgeführt werden.

1.2.2 Septische Sinusvenenthrombose

Der Liquor cerebrospinalis ist in Abhängigkeit von der Pathogenese der septischen Sinusvenenthrombose im Sinne einer granulozytären *Pleozytose* mit deutlich erhöhtem *Gesamtprotein* und verminderter *Liquorglukose* verändert. Das Ausmaß der pathologischen Veränderungen ist einerseits abhängig von der Lokalisation der septischen Sinusvenenthrombose und andererseits von ihren Komplikationen. So kann eine septische Thrombose des Sinus transversus auch mit einem normalen oder nur gering veränderten Liquorbefund einhergehen. Bei Durchwanderung des purulenten Prozesses mit konsekutiver bakterieller Meningitis kommt es dagegen zu deutlichen Entzündungszeichen mit granulozytärer Pleozytose im Liquor cerebrospinalis. Eine septische Thrombose des Sinus cavernosus geht in der Regel mit einem blanden Liquorbefund einher.

1.2.3 Septische Herdenzephalitis

Ursache der septischen Herdenzephalitis ist eine direkte Erregerverschleppung in das ZNS bei primärem bakteriellem Befall anderer Organe und daraus folgender Septikämie. Es werden zwei Krankheitsentitäten unterschieden, die septisch-embolische Herdenzephalitis und die *septisch-metastatische Herdenzephalitis*. Der *septisch-embolischen Herdenzephalitis* liegt nahezu immer eine bakterielle Endokarditis des linken Herzens zugrunde, während im Falle einer septisch-metastatischen Herdenzephalitis die primären Infektionsherde an beliebigen Stellen des Körpers liegen können.

Beide Formen der septischen Herdenzephalitis zeigen im Liquor cerebrospinalis in der Regel entzündliche Veränderungen, Normalbefunde sind im Einzelfall aber möglich. Bei der septisch-embolischen Herdenzephalitis wurden *Zellzahlerhöhungen* bis 500 Mpt/l gefunden. Das *Zellbild* ist granulozytär oder gemischtzellig. Bei längerem Krankheitsverlauf überwiegen lymphomonozytäre Zellbilder. Die *Gesamtproteinwerte* können bis auf 1500 mg/l ansteigen. Meist sind die *Laktatwerte* im Liquor cerebrospinalis erhöht (bis etwa 7 mmol/l). Eine *intrathekale Immunglobulin-Synthese* zeigt sich nur sehr selten.

Abweichend davon ergeben sich bei der septisch-metastatischen Enzephalitis deutlichere *Pleozytosen* bis zu 10 000 Mpt/l. Das *Zellbild* ist zu Beginn meist rein granulozytär. Im Verlauf zeigen sich auch hier lymphozytäre Zellbilder manchmal mit Plasmazellen und aktivierten B-Lymphozyten. Die *Gesamtproteinwerte* können bis zu 4200 mg/l ansteigen. Intrathekale IgG- und IgA-Synthesen sind möglich.

1.2.4 Sepsis-Enzephalopathie

Die Sepsis-Enzephalopathie ist Teil des *Systemic Inflammatory Response Syndrome* (SIRS), wobei die klinische Diagnose eine Ausschlußdiagnose ist. Der Liquor cerebrospinalis ist in der Regel ohne pathologischen Befund. Erhöhungen des *Gesamtproteins* als Zeichen einer Schrankenfunktionsstörung sind möglich.

1.2.5 Literatur

[1] Bogdanski, R., M. Blobner, F. Hanel et al.: Sepsis Enzephalopathie. Anastesiol Intensivmed Notfallmed Schmerzther 34 (1999) 123–130.
[2] DiNublile, M. J., W. H. Boom, F. S. Southwick: Septic cortical thrombophlebitis. J Infect Dis 16 (1990) 1216–1220.
[3] Lindner, A., K. Kappen, S. Zierz: Acute encephalopathy and myopathy in the critically ill patient. Internist 39 (1998) 485–492.
[4] Prange, H. (Hrsg.): Infektionskrankheiten des ZNS. Chapman & Hall, London – Weinheim 1995.
[5] Schmutzhard, E.: Entzündliche Erkrankungen des Nervensystems. Georg Thieme, Stuttgart – New York 2000.
[6] Young, G. B.: Neurologic complications of systemic critical illness. Neurol Clin 13 (1995) 645–658.

1.3 Neoplastische Erkrankungen des Nervensystems

U. K. Zettl, E. Mix, R. Lehmitz

Generell kann zwischen primären und sekundären Hirntumoren unterschieden werden. Die Häufigkeit eines Tumorzellnachweises im Liquor hängt von der Tumorart, vom Malignitätsgrad, von der Lokalisation des Tumors und von der untersuchten Liquormenge ab. Für primäre Hirntumoren wird die Häufigkeit des Tumorzellnachweises mit etwa 15 %, für Metastasen mit 30–40 % und für Meningeosen mit 80 % angegeben. Im Falle von sekundären Tumoren kann die Metastasierung solitär, multipel oder diffus vorliegen. Lymphome und Leukämien als systemische Erkrankungen infiltrieren das Nervensystem in der Regel sekundär. Relativ selten können sich Lymphome auch primär im ZNS manifestieren.

Im Rahmen der Liquordiagnostik bei Tumorerkrankungen des Nervensystems besitzt die Zytologie qualitativ den höchsten Stellenwert. Die *Zellzahlen* im Liquor sind sehr variabel. In Abhängigkeit von der Art der Tumorerkrankung reicht sie von Normalwerten bis zu starken Pleozytosen. Neoplastische Erkrankungen werden oftmals von entzündlichen Reaktionen begleitet. In der Routinezytologie kann es im Einzelfall differentialdiagnostische Abgrenzungsprobleme zu einem entzündlichen Liquorsyndrom geben. Immunzytochemische Methoden haben einen festen Platz in der Tumorzellcharakterisierung gefunden (Kap. B.2.2).

Für die Diagnostik von Meningealkarzinosen hat der Nachweis einer intrathekalen Synthese von Carcinoembryonalem Antigen (CEA) Bedeutung erlangt. *Intrathekale Immunglobulin-Synthesen* können ein Hinweis auf ein Lymphom sein. Meist wird von den Lymphomzellen monoklonales IgM synthetisiert.

Schrankenfunktionsstörungen sind relativ häufig bei Tumorerkrankungen des Nervensystems zu finden. Auf detaillierte Liquorbefunde wird bei der Besprechung der einzelnen Tumorerkrankungen eingegangen.

Die *Zytologie* bei Tumorerkrankungen stellt eine besondere Herausforderung dar. Bei Vorliegen mehrerer Malignitätskriterien (Kap. B.2.1), möglichst in Verbindung mit einer immunzytochemischen Charakterisierung (B.2.2), ist die Einordnung als Tumorzelle sehr wahrscheinlich. Oftmals kann aber nur ein Verdacht auf Tumorzellen ausgesprochen werden. Wiederholte Untersuchungen des Liquor cerebrospinalis erhöhen die Wahrscheinlichkeit des Auffindens von Tumorzellen.

1.3.1 Primäre Hirntumoren

Die Indikation zur Lumbalpunktion bei klinischem Verdacht auf eine Neoplasie des ZNS ist seit Einführung moderner bildgebender Verfahren stark rückläufig. Bei etwa 15% der primären Hirntumoren können im lumbalen Liquor Tumorzellen detektiert werden. Tumorzellen sind dann am häufigsten bei Medulloblastomen, Pinealomen, Ependymomen, Neuroblastomen, Plexuspapillomen und Dysgerminomen zu finden. Bei Glioblastomen, Astrozytomen, Oligodendrogliomen, Neurinomen, Hypophysenadenomen, Kraniopharyngeomen und Meningeomen sind Tumorzellen im Liquor cerebrospinalis weniger häufig anzutreffen (Kap. B.2.1). Sie liegen meist als Einzelzellen vor, beim Medulloblastom hingegen sind Zellverbände nicht selten. Eine morphologische Abgrenzung der Tumorzellen von aktivierten Monozyten oder aktivierten Lymphozyten kann schwierig sein, da auch diese Zellen durch Basophilie, Mehrkernigkeit, Mitosen und auffällige Nukleoli imponieren können. Die morphologischen Beurteilungskriterien der Zellen von primären Hirntumoren sind im Kapitel B.2.1 detailliert ausgewiesen.

Zum Nachweis und zur Zuordnung von malignen Zellen können immunzytologische Techniken unter Verwendung einer Reihe von Antikörpern eingesetzt werden. Hierzu gehören insbesondere Antikörper gegen die Antigene GFAP (glial fibrillary acidic protein), NSE (Neuronenspezifische Enolase), Neurofilament, Vimentin, Protein S100, EMA (epitheliales Membranantigen) und Zytokeratin (Kap. B.2.2).

Entzündliche Begleitreaktionen sind bei primären Hirntumoren möglich und können eine differentialdiagnostische Zuordnung des Liquorbefundes erschweren. Besonders im Falle von Glioblastomen, Astrozytomen und Dysgerminomen weisen aktivierte B-Lymphozyten und Plasmazellen auf eine entzündliche Begleitreaktion hin. Granulozytäre Pleozytosen sind besonders bei Glioblastomen möglich.

In der Regel finden sich bei primären Hirntumoren *Zellzahlerhöhungen* und *Schrankenfunktionsstörungen,* die häufig den einzigen pathologischen Befund im Liquor cerebrospinalis darstellen. *Zellzahlerhöhungen* ergeben sich besonders dann, wenn eine entzündliche Begleitreaktion vorliegt. Die *L-Laktat-Werte* sind nicht selten erhöht (> 3,5 mmol/l).

1.3.2 Sekundäre Hirntumoren

Bei Hirnmetastasen gelingt es öfter als im Falle der primären Hirntumoren, Tumorzellen im Liquor nachzuweisen. Am häufigsten finden sich Metastasen von Bronchial-, Mamma-, Magen- und Nierenkarzinomen sowie Melanomen im ZNS. Der Tumorzellnachweis gelingt in 30–40% der Fälle (Kap. B.2.1). Die Zellen liegen häufig in Form von Verbänden vor. Metastasen eines Karzinoms lassen sich im Liquor cerebrospinalis morphologisch anhand entsprechender Malignitätskriterien oftmals relativ leicht identifizieren. Eine Artdiagnose ist aufgrund des zytologischen Befundes meist nicht möglich, Tumorzellprodukte, wie „Schleim", können auf den Primärtumor hinweisen. Völlig entdifferenzierte Tumorzellen erlauben keine nähere Zuordnung. Tumorzellen eines Melanoms können im Idealfall an den Melanineinlagerungen erkannt werden. Vielfach sind diese Zellen aber amelanotisch.

Für die *immunzytochemische Charakterisierung* von Hirnmetastasen (Karzinome und mesenchymale Tumoren) eignen sich Antikörper gegen die Antigene CEA (Carzinoembryonales Antigen), EMA (Epitheliales Membranantigen), NSE, Protein S100, Zytokeratin, Vimentin, Desmin, Neurofilament und HMB45 (Melanom). Mit Hilfe des Leukozytenmarkers CD45 können morphologisch nicht eindeutig zuzuordnende Zellen als Leukozyten detektiert werden (Kap. B.2.2).

Im ZNS *lokal synthetisiertes CEA* ist ein Marker für metastasierende Tumoren. Der Nachweis einer intrathekalen CEA-Synthese gelingt bei ca. 80% aller Karzinommetastasen. Die Spezifität für Karzinomzellen ist nahezu absolut. In Kombination mit Zytologie und Immunzytochemie ergibt sich eine additive Sensitivität von ca. 95% (Kap. B.3.5).

1.3.3 Meningeosis neoplastica

Die Meningeosis neoplastica tritt in bis zu 10% aller Patienten mit malignen Tumoren im Krankheitsverlauf auf. In Abhängigkeit vom Primärtumor wird die Meningeosis neoplastica als Meningeosis carcinomatosa, M. sarcomatosa, M. melanomatosa, M. gliomatosa, M. leucaemica oder M. lymphomatosa bezeichnet.

Die Tumorzellen können den Subarachnoidalraum über hämatogene Metastasierung in die Leptomeninx, über Migration von primären Hirntumoren, soliden Hirnmetastasen oder Plexus choroideus-Metastasen über die Hirnnerven oder *per continuitatem* aus knöchernen Metastasen der Kalotte und Wirbelsäule erreichen.

Unter den soliden Tumoren neigen vor allem Mammakarzinom, Bronchialkarzinom und das maligne Melanom zur Ausbreitung in den Subarachnoidalraum.

Bei den hämatologischen Neoplasien findet man beispielsweise bei etwa 30% der Patienten mit primär extracerebralen Non Hodgkin Lymphomen eine Meningeosis neoplastica. Im Kindesalter ist es insbesondere die akute lymphatische Leukämie, die eine Meningeosis hervorruft.

Aber auch bei primären Hirntumoren, insbesondere bei Germinomen, Medulloblastomen und primitiven neuroektodermalen Tumoren (PNET) wird eine Tumormetastasierung der Leptomeninx gefunden. Im Krankheitsverlauf ist aber auch bei Ependymomen (20%) und malignen Gliomen (10%) mit einer meningealen Metastasenmanifestation zu rechnen.

Der Nachweis neoplastischer Zellen im Liquorraum und deren zytologische oder immunzytologische Differenzierung führt in Zusammenschau mit den klinischen Befunden zur definitiven Diagnose der Meningeosis neoplastica (Kap. B.2.1 und B.2.2).

Bei klinischem Verdacht auf eine Meningeosis neoplastica sind oft wiederholte Liquoruntersuchungen notwendig, um die Diagnose zytologisch sichern zu können.

Häufig sind es nur vereinzelte Zellen, die auf die Ursache der Menigeosis neoplastica hinweisen.

Der typische Liquorbefund der neu diagnostizierten Meningeosis neoplastica besteht neben dem Tumorzellnachweis aus:

- einer Pleozytose (über 70% der Fälle) unterschiedlichen Ausmaßes,
- mäßiger Gesamtproteinerhöhung (über 80% der Fälle),
- deutlicher Laktaterhöhung (über 3,5 mmol/l),
- erniedrigter Liquorglukose (bis 80% der Fälle) und

- leicht erhöhtem Liquordruck (über 50 % größer als 150 mm H_2O).

Die Detektion verschiedener Tumormarker im Liquor cerebrospinalis, wie humanes Milchfettglobulin (HMFG)-1, β-Glukuronidase, Laktatdehydrogenase (LDH), Fibronektin oder $β_2$-Mikroglobulin ist bisher klinisch ohne sichere Aussagekraft. Lediglich das carcinoembryonale Antigen (CEA), α-Fetoprotein (AFP), humanes β-Choriogonadotrophin (βhCG), Thyreoglobulin und Prostata spezifisches Antigen (PSA) besitzen in Abhängigkeit vom Primärtumor eine Bedeutung für die Diagnose und die Beurteilung des Therapieverlaufs bei Patienten mit Meningeosis neoplastica.

Für die tumorassoziierten Antigene, die im Normalfall nicht im ZNS synthetisiert werden (CEA, AFP, β-hCG, Thyreoglobulin, PSA), ist zur Differenzierung zwischen intrathekaler Synthese und passivem Schrankentransfer unbedingt die *Schrankenfunktion* zu berücksichtigen.

Als neue Methode, deren Wert für die klinische Praxis gegenwärtig noch nicht abgeschätzt werden kann, wurde der Nachweis numerischer chromosomaler Aberrationen mittels der Fluoreszenz-*in situ*-Hybridisierung von Van Oostenbrugge und Mitarbeitern beschrieben.

Für die Beurteilung des Krankheitsverlaufes der Meningeosis neoplastica eignen sich neben den oben erwähnten tumorassoziierten Antigenen vor allem *Zellzahl*, *Zytologie* und *Laktat* im Liquor cerebrospinalis.

1.3.4 Leukämien

Im Vergleich zur meningealen Metastasierung von soliden Tumoren sind leukämische Infiltrate im Liquor cerebrospinalis überwiegend sehr zellreich. Dabei können *Zellzahlen* von über 1 000 Mpt/l ebenso vorkommen wie Normalwerte. Die unreifen Blasten von akuten Leukämien sind in der Regel gut differenzierbar. Imponieren die Zellen im Zellbild nur als Einzelzellen, so können sie übersehen bzw. verwechselt werden. Der Nachweis von Leukämiezellen im Liquor cerebrospinalis hat erhebliche therapeutische Konsequenzen. Die Zellen können schon während der ersten Krankheitsschübe einer Leukämie im Liquor nachweisbar sein, häufiger sind sie jedoch erst nach längerem Bestehen der Grunderkrankung zu finden. Besonders bei chronisch lymphatischer Leukämie kann die mikroskopische Zuordnung der Zellen Schwierigkeiten bereiten, da sie kaum oder gar nicht von lymphozytären Pleozytosen bei entzündlichen Erkrankungen unterschieden werden können.

In den Fällen, wo die hämatologische Grunderkrankung bereits aus dem Blut, dem Knochenmark oder den Lymphknoten diagnostiziert wurde, erübrigt sich meist eine weitere zytochemische oder immunzytochemische Charakterisierung der Zellen im Liquor cerebrospinalis. Liegen allerdings nur wenige Tumorzellen vor, so können meist erst zytochemische und gegebenenfalls immunzytochemische Methoden den Beweis erbringen, daß das ZNS von Tumorzellen befallen ist (Kap. B.2.1 und B.2.2). Die zytochemischen Färbemethoden sind der hämatologischen Speziallitatur zu entnehmen. Bei unklarer morphologischer Zuordnung von Zellen, besonders bei chronischen Leukämien erbringt die Immunzytologie meist einen eindeutigen Befund. Es muß allerdings damit gerechnet werden, daß entzündliche Begleitreaktionen die Befundinterpretation erschweren können. Die für eine Zellcharakterisierung einzusetzenden monoklonalen Antikörper, die meist nur einen Erfolg versprechen, wenn sie als Panel genutzt werden, sind dem Kapitel B.2.2 zu entnehmen.

1.3.5 Lymphome

Im ZNS können sich maligne Lymphome sekundär und in seltenen Fällen auch primär manifestieren. Bei etwa 25 % der systemischen Lymphome kommt es zu einer Mitbeteiligung des Nervensystems. Die *Zellzahlen* im Liquor können erheblich erhöht sein. Normwerte für die Zellzahl schließen das Vorhandensein von Tumorzellen aber nicht aus. Es sind überwiegend die hochmalignen Lymphome, die das ZNS infiltrieren, wobei es sich fast ausschließlich um B-Zell-Lymphome handelt. Diese Zellen stellen eine monoklonale B-Lymphozyten-Population dar. Finden sich diese Zellen als dominierende Population, ist eine morphologische Zuordnung meist möglich. Lymphome niedrigen Malignitätsgrades entziehen sich sehr oft der morphologischen Beurteilbarkeit. Die Zellen sind kaum von lymphozytären Pleozytosen im Rahmen von entzündlichen Erkrankungen abzugrenzen. Auch bei den niedrigmalignen Lymphomen handelt es sich überwiegend um B-Zell-Lymphome. Zur Morphologie der Lymphomzellen und zur Klassifikation der Lymphome wird auf Kapitel in diesem Buch (B.2.1, Kap. B.2.2) und auf die weiterführende hämatologische Literatur verwiesen.

Bei morphologisch zweideutigem Befund und besonders im Falle von niedrigmalignen Lymphomen ist eine *immunzytochemische Analytik* indiziert. Der Anteil der B-Lymphozyten und die Klonalität der Zellen geben Aufschluß über das Vorliegen einer malignen B-Zell-Population (Kap. B.2.2). Gemeinsames Merkmal der Lymphomzellen ist ihre Monoklonalität. Sie zeigt sich in einer Leichtkettenrestriktion. Ein eindeutig verschobenes Kappa/Lambda-Verhältnis sowie ein B-Lymphozytenanteil, der größer als 30% ist, sprechen mit hoher Wahrscheinlichkeit für das Vorliegen eines B-Zell-Lymphoms. Vorwiegend wird IgM produziert, seltener IgG oder IgA. Für eine weitere Klassifikation der B-Zell-Lymphome ist die Untersuchung der Koexpression eines breiteren Spektrums von Antigenen erforderlich.

Niedrigmaligne T-Zell-Lymphome können morphologisch kaum identifiziert werden. Die Immunphänotypisierung (z. B. Nachweis sogenannter Sézary-Zellen [CD7 negativ]) oder Koexpression der Leukozytenmarker CD4 und CD8 können einen Hinweis auf eine atypische Zellpopulation geben. Bei dringendem Verdacht sind weiterführende molekularbiologische Untersuchungen notwendig (T-Zellrezeptor Rearrangement).

1.3.6 Paraneoplastische Erkrankungen

Bei etwa 3% aller Tumorpatienten kommt es zu neurologischen Symtomen, die nicht auf eine direkte Tumorwirkung zurückgeführt werden können und als paraneoplastische neurologische Syndrome (PNS) zusammengefaßt werden (Kap. B.3.4). Am häufigsten findet man PNS beim kleinzelligen Bronchialkarzinom sowie bei Mamma- und Ovarialkarzinomen. Zum Teil sind die PNS Erstsymptom einer Tumorerkrankung. Verdichten sich nach entsprechender Diagnostik die Hinweise auf ein PNS, so erscheint eine intensive Tumorsuche unverzichtbar.

Es wird heute davon ausgegangen, daß es sich bei den PNS um Autoimmunphänomene handelt. Dafür spricht, daß Antikörper gegen Proteine nachgewiesen werden können, die sowohl von Tumorzellen als auch von neuronalen Zellen, wie beim Lambert-Eaton-Syndrom und der tumorassoziierten Retinopathie, exprimiert werden.

Die heutigen Vorstellungen zur Pathogenese der PNS gehen davon aus, daß Tumorzellen Antigene exprimieren, die identisch sind oder immunologisch kreuzreagieren mit Antigenen, die auch auf Nervenzellen exprimiert werden (molecular Mimicry). Antikörperantworten richten sich folglich nicht nur gegen Tumorzellen, sondern können sich auch gegen Nervenzellen richten. Antineuronale Antikörper bei einem PNS wurden erstmals 1965 beschrieben. Wie die antikörpervermittelte Nervenzellschädigung erfolgt, ist bisher nicht genau bekannt. Für das Lambert-Eaton myasthene Syndrom allerdings konnte gezeigt werden, daß Autoantikörper spannungsabhängige Kalziumkanäle herunterregulieren. Potentiell können diese Auto-Antikörper aber auch nur ein Epiphänomen darstellen und gar nicht direkt in die Pathogenese der PNS involviert sein.

Der Nachweis von antineuronalen Antikörpern hat einen hohen diagnostischen Stellenwert für paraneoplastische Erkrankungen. Zusätzlich ergeben sich Hinweise auf den zugrundeliegenden Tumor (Kap. B.3.4). Negative Antikörperbefunde schließen ein PNS nicht aus. Die Methoden zur Bestimmung von antineuronalen Antikörpern sind in Kap. B.3.4 dargestellt. Überwiegend kann beim Vorhandensein von antineuronalen Antikörpern, besonders im Falle von Hu-, Ri- und Yo-Antikörpern von einer intrathekalen Synthese ausgegangen werden. Diese Synthese wird über einen Antikörper-Index ermittelt. Die im Liquor cerebrospinalis und im Serum bestimmten Antikörper werden auf die jeweiligen IgG-Konzentrationen bezogen.

In der Regel zeigt der Liquor cerebrospinalis Befunde, die auf eine entzündliche Reaktion im ZNS hinweisen.

Es finden sich eine leichte bis mittelgradige lymphozytäre *Pleozytose*, *Schrankenfunktionsstörungen* und *oligoklonales IgG*. Die MRZ-Reaktion bleibt negativ.

Eine Übersicht zu antineuronalen Antikörpern, zu klinischen Syndromen und zu assoziierten Tumoren ist dem Kap. B.3.4 zu entnehmen.

1.3.6.1 Paraneoplastische Retinopathie (CAR-Antikörper-Syndrom)

Bei der ophthalmologischen Trias aus Photosensibilität, ringförmiger Gesichtsfeldeinengung und Kaliberverengung der A. retinalis kann der Nachweis von Antikörpern gegen Calcium-bindende Proteine in Liquor cerebrospinalis und/oder Serum wegweisend sein. Als Primärtumoren dieses paraneoplastischen Syndroms werden vor allem das kleinzellige Bronchial-Karzinom, aber auch das nicht kleinzellige Bronchial-, Mamma- und Endometrium-Karzinom gefunden.

1.3.6.2 Limbische Enzephalitis

Die limbische Enzephalitis zählt zu den paraneoplastischen Erkrankungen und hat eine häufige Assoziation mit der subakuten sensiblen Neuronopathie (Denny-Brown-Syndrom). Als Primärtumoren werden in absteigender Häufigkeit: kleinzelliges Bronchialkarzinom, nichtkleinzelliges Lungenkarzinom, Prostatakarzinom, Seminom und Neuroblastom gefunden. Eine Assoziation zum Autoantikörper Hu/ANNA-1, Typ IIa scheint pathophysiologisch gegeben.

Im Liquor cerebrospinalis finden sich fakultativ eine diskrete mononukleäre *Pleozytose*, eine *Schrankenfunktionsstörung* und eine *intrathekale IgG-Synthese*. Der Nachweis des Autoantikörpers Hu/ANNA-1 ist im Serum und/oder im Liquor cerebrospinalis möglich. Wichtig ist der differentialdiagnostische Ausschluß einer erregerbedingten Enzephalitis, vor allem einer Herpes simplex Enzephalitis. Diffentialdiagnostisch müssen weiterhin degenerative Demenzen, bilaterale ischämische Infarkte, zerebrale Vaskulitiden, toxische oder metabolische Enzephalopathien, sowie eine Bestrahlungsenzephalopathie und eine Gliomatosis cerebri ausgeschlossen werden.

1.3.6.3 Paraneoplastische Hirnstammenzephalitis

Bei der paraneoplastischen Hirnstammenzephalitis findet man im Liquor cerebrospinalis ähnliche Befunde wie bei der limbischen Enzephalitis. Wichtig ist der differentialdiagnostische Ausschluß einer erregerbedingten Hirnstammenzephalitis, vor allem bei Infektionen mit Listerien und Varizella-Zoster-Viren.

1.3.6.4 Paraneoplastische Cerebellitis (Paraneoplastische Kleinhirndegeneration)

Neben einer fakultativen leichten *Pleozytose* findet man eine *Schrankenfunktionsstörung* und eine *intrathekale IgG-Synthese*. In Abhängigkeit des Primärtumors können spezifische Autoantikörper im Liquor und/oder Serum nachweisbar sein.

Bei Nachweis von anti-Yo-Antikörpern (APCA-1/PCA-1) ist häufig eine Assoziation zu einem Ovarial-, Uterus-, Mamma-Karzinom gegeben, in Einzelfällen zu einem Lymphom, einem Adeno-Karzinom der Lunge oder Parotis.

Bei der paraneoplastischen Cerebellitis können des weiteren die Antikörper anti-APCA-2/PCA-2 (Morbus Hodgkin) und anti-VGCC (kleinzellige Bronchial- und Prostata-Karzinome, Non-Hodgkin-Lymphome) gefunden werden (Kap. B.3.4).

1.3.6.5 Paraneoplastische Enzephalomyelitis

Im Liquor cerebrospinalis zeigen sich fakultativ eine mononukleäre *Pleozytose* und eine *Gesamtproteinerhöhung*. Im Serum und im Liquor sind anti-Hu-/ANNA-1 Antikörper nachweisbar.

1.3.6.6 Denny-Brown-Syndrom (subakute sensible Neuropathie, Ganglionitis)

Neben einer meist deutlichen *Schrankenfunktionsstörung* findet man anti-Hu-/ANNA-1-Antikörper im Serum und fakultativ auch im Liquor cerebrospinalis.

1.3.6.7 Paraneoplastische Polyneuropathien

Paraneoplastische Polyneuropathien gehen der klinischen Manifestation des Malignoms häufig Monate oder sogar Jahre voraus, was ihnen eine besondere diagnostische Bedeutung gibt. Die paraneoplastisch sensibel-motorische Polyneuropathie, insbesondere bei Bronchialkarzinom und Lungenkarzinom, sowie Plasmozytom und Lymphogranulomatose, ist wesentlich häufiger als die rein sensible Polyneuropathie (Bronchial-, Uterus-, Ösophagus-Karzinom und Thymom) und die in Einzelfällen beschriebenen Manifestationen wie eine proximal motorische Polyneuropathie, Neuromyopathie oder Mononeuropathie.

Der Liquor cerebrpspinalis kann bei normaler *Zellzahl* eine *Gesamtproteinerhöhung* von 1 000–2 000 mg/l zeigen und ist bei entsprechender Klinik dann differentialdiagnostisch schwer von einem Guillain-Barré-Strohl-Syndrom oder einer rezidivierenden chronisch inflammatorischen demyelinisierenden Polyneuropathie (CIDP) abzugrenzen.

Die diagnostische und prognostische Bedeutung von paraneoplastischen Antikörpern ist bisher am besten für anti-Hu-Antikörper beschrieben. Für weitere Antikörper (Anti-CV2, Anti-CRMP-5 u. a.) steht die klinische Evaluierung noch aus.

Bis zu 70 % der Patienten mit einer monoklonalen Gammopathie entwickeln im Verlauf eine chronische Polyneuropathie. Der Liquor cerebrospinalis zeigt in der Regel eine *Gesamtproteinerhöhung* bis 1000 mg/l und ist somit niedriger, als man es üblicherweise bei der chronischen inflammatorischen demyelinisierenden Polyneuropathie (CIDP) findet. Im Liquor cerebrospinalis und im Serum sind häufig *identische Paraprotein-Banden* nachweisbar.

Bei der Polyneuropathie im Rahmen eines multiplen Myeloms lassen sich in 80 % der Fälle Veränderungen in der Gammaglobulinfraktion, hauptsächlich Lambda-Leichtketten, nachweisen.

Bei der benignen monoklonalen Gammopathie, die besser als monoklonale Gammopathie unbekannter Bedeutung (*monoclonal gammopathy of undetermined significance*, MGUS) bezeichnet wird, findet man am häufigsten Paraproteine der Klasse IgG. Die klinische Manifestation einer Polyneuropathie im Rahmen einer MGUS ist am häufigsten mit Paraproteinen der Klasse IgM assoziiert, in selteneren Fällen mit IgG- und IgA-Paraproteinen.

1.3.6.8 Stiff-Person-Syndrom

Oligoklonales IgG im Liquor cerebrospinalis wird beim Stiff-Person-Syndrom in 67–100 % der Fälle gefunden. 75–100 % der Patienten wiesen im Serum und im Liquor cerebrospinalis IgG-Antikörper gegen GABAerge Nervenendigungen (Gamma-aminobutyric-acid), Amphiphysin (128 kD-Protein) und saure Glutamat-Decarboxylase (GAD65, 65 kD-Protein) auf. Hochtitrige intrathekale Anti-GAD65-Antikörper sind nach einer Untersuchung von Dalakas und Mitarbeitern hochspezifisch für ein Stiff-Person-Syndrom.

Beim Stiff-Person-Syndrom ohne Tumorassoziation findet man häufig gleichzeitig einen insulinpflichtigen Diabetes mellitus und Antikörpern gegen GAD65, jedoch keine Antikörper gegen Amphiphysin.

1.3.7 Literatur

[1] Aparicio, A., M. C. Chamberlain: Neoplastic meningitis. Curr Neurol Neurosci Rep 2 (2002) 225–235.

[2] Bamborschke, S., M. Huber: Liquorzytologie bei meningealer Aussaat von Leukämien und malignen Lymphomen. Nervenarzt 63 (1992) 218–222.
[3] Begemann, H., J. Rastetter (Hrsg.): Atlas of clinical hematology. Springer, Berlin – Heidelberg 1989.
[4] Castro, M. P., T. J. McDonald, S. J. Qualman et al.: Cerebrospinal fluid gastrin releasing peptide in the diagnosis of leptomeningeal metastases from small cell carcinoma. Cancer 91 (2001) 2122–2126.
[5] Corbo, M., C. Balmaceda: Peripheral neuropathy in cancer patients. Cancer Invest 19 (2001) 369–382.
[6] Dalakas, M. C., M. Li, M. Fujii et al.: Stiff person syndrome: quantification, specificity, and intrathecal synthesis of GAD65 antibodies. Neurol 57 (2001) 780–784.
[7] Dalmau, J., F. Graus, M. K. Rosenbaum et al.: Anti-Hu-associated paraneoplastic encephalomyelitis/sensory neuropathy: A clinical study of 71 patients. Medicine 71 (1992) 59–72.
[8] Dropcho, E. J.: Neurologic paraneoplastic syndromes. J Neurol Sci 153 (1998) 264–278.
[9] Felgenhauer, K., W. Beuche: Labordiagnostik neurologischer Erkrankungen. Georg Thieme, Stuttgart – New York 1999.
[10] Felgenhauer, K.: Labordiagnostik neurologischer Erkrankungen. In: L. Thomas (Hrsg.): Labor und Diagnose, S. 1341–1359. TH-Books Verlagsgesellschaft mbH, Frankfurt/Main 1998.
[11] Gabriel, S., E. Mix, U. K. Zettl: Paraneoplastische neurologische Syndrome. In: U. K. Zettl, E. Mix (Hrsg.): Klinische Neuroimmunologie, S. 249–260. Walter de Gruyter, Berlin – New York 1999.
[12] Glantz, M. J., W. A. Hall, B. F. Cole et al.: Diagnosis, management, and survival of patients with leptomeningeal cancer based on cerebrospinal fluid-flow status. Cancer 75 (1995) 2919–2931.
[13] Glantz, M. J., B. F. Cole, L. K. Glantz et al.: Cerebrospinal fluid cytology in patients with cancer: minimizing false-negative results. Cancer 82 (1998) 733–739.
[14] Gosselin, S., R. A. Kyle, P. J. Dyke: Neuropathy associated with monoclonal gammopathy of undetermined significance. Ann Neurol 30 (1991) 54–61.
[15] Graus, F., F. Keime-Guibert, R. Rene et al.: Anti-Hu-associated paraneoplastic encephalomyelitis: analysis of 200 patients. Brain 124 (2001) 1138–1148.
[16] Grisold, W., M. Drlicek: Paraneoplastic neuropathy. Curr Opin Neurol 12 (1999) 617–625.
[17] Jacobi, C., H. Reiber, K. Felgenhauer: The clinical relevance of locally produced carcinoembryonic antigen in cerebrospinal fluid. J Neurol 233 (1986) 358–361.
[18] Katapodis, N., M. J. Glantz, L. Kim et al.: Lipid-associated sialoprotein in the cerebrospinal fluid: Association with brain malignancies. Cancer 92 (2001) 856–862.
[19] Kersten, M. J., L. M. Evers, P. L. Dellemijn et al.: Elevation of cerebrospinal fluid soluble CD27 levels in patients with meningeal localization of lymphoid malignancies. Blood 87 (1996) 1985–1989.
[20] Kleine, T. O.: Neue Labormethoden für die Liquordiagnostik. Georg Thieme, Stuttgart – New York 1980.
[21] Kölmel, H. W.: Liquorzytologie. Springer, Berlin–New York 1978.
[22] Kranz, B. R., E. Thiel, S. Thierfelder: Immunocytochemical identification of meningeal leukemia and lymphoma: poly-L-lysine-coated slides permit multimarker analysis even with minute cerebrospinal fluid cell specimens. Blood 73 (1989) 1942–1950.
[23] Kranz, B. R.: Methodik und Wert immunzytochemischer Differenzierung benigner und maligner Zellen im Liquor cerebrospinalis. Lab med 15 (1991) 61–68.
[24] Meinck, H. M.: Stiff man syndrome. CNS Drugs 15 (2001) 515–526.
[25] Oschmann, P., M. Kaps: Meningeal carcinomatosis CSF cytology, immunocytochemistry and biochemical tumor markers. Acta Neurol Scand 89 (1994) 395–399.
[26] Reiber, H. O.: Liquordiagnostik. In: P. Berlit (Hrsg.): Klinische Neurologie, S. 148–177. Springer, Heidelberg 1999.
[27] Rogers, L. R., P. M. Duchesneau, C. Nunez et al.: Comparison of cisternal and lumbar CSF examination in leptomeningeal metastasis. Neurol 42 (1992) 1239–1241.
[28] Schmidt, R. M.: Atlas der Liquorzytologie. Johann Ambrosius Barth, Leipzig 1978.
[29] Schmidt, R. M. (Hrsg.): Der Liquor cerebrospinalis. Untersuchungsmethoden und Diagnostik. 2 Bde. Georg Thieme, Leipzig 1987.
[30] Soletormos, G., F. Bach: Tissue polypeptide-specific antigen (TPS) concentrations in cerebrospinal fluid in patients with breast cancer metastases in the central nervous system. Clin Chem Lab Med 39 (2001) 170–172.

[31] Stein, H., W. Hiddemann: Die neue WHO-Klassifikation der malignen Lymphome. Deutsches Ärzteblatt 96 (1999) B2550–B2557.
[32] Vallat, J. M., A. DeMascarel, D. Bordessoule et al.: Non-Hodgkin malignant lymphomas and peripheral neuropathies-13 cases. Brain 118 (1995) 1233–1245.
[33] Van Oostenbrugge, R. J., A. H. Hopman, J. W. Arends et al.: Treatment of leptomeningeal metastases evaluated by interphase cytogenetics. J Clin Oncol 18 (2000) 2053–2058.
[34] Vieregge, P., B. Branczyk, W. Barnett et al.: Stiff-man syndrome. Report of 4 cases. Nervenarzt 65 (1994) 712–717.
[35] Weller, M., F. Thömke: Meningeosis neoplastica. Acta Neurol 28 (2001) 265–272.
[36] Wick, M., A. Fateh-Moghadam: Liquordiagnostik. In: D. E. Pongratz (Hrsg.): Klinische Neurologie, S. 136–156. Urban und Schwarzenberg, München – Wien – Baltimore 1992.
[37] Wilkinson, P. C., J. Zeromski: Immunofluorescent detection of antibodies against neurons in sensory carcinomatous neuropathy. Brain 88 (1965) 529–538.
[38] Worofka, B., J. Lassmann, K. Bauer et al.: Praktische Liquorzelldiagnostik. Springer, Wien – New York 1997.
[39] Wurster, U.: CSF-abnormalities in patients with anti-Hu or anti-Yo autoantibodies. Acta Neurol 23 (1996) S73.
[40] Yeung, K. B., P. K. Thomas, R. H. M. King et al.: The clinical spectrum of peripheral neuropathies associated with benign monoclonal IgM and IgA paraproteinemias. J Neurol 238 (1991) 383–391.
[41] Yu, Z., T. J. Kryzer, G. E. Griesmann et al.: CRMP-5 neuronal autoantibody: marker of lung cancer and thymoma-related autoimmunity. Ann Neurol 49 (2001) 141–142.

1.4 Nichtentzündliche und nichtneoplastische Erkrankungen des Nervensystems

U. K. Zettl, H. Tumani, E. Mix, R. Lehmitz

1.4.1 Degenerative Erkrankungen

1.4.1.1 Erkrankungen mit dementiellem Leitsymptom

Demenzen bezeichnen syndromal erworbene klinisch-neuropsychologische Defizite, denen verschiedenste Ätiologien zugrunde liegen können. Dies impliziert, daß es nicht den solitären diagnostischen Laborparameter gibt. Aus liquorologischer Sicht müssen insbesondere entzündlich bedingte Krankheitsbilder wie Neurolues, HIV-Enzephalopathie oder Morbus Whipple erkannt bzw. ausgeschlossen werden. Die Bedeutung neuronaler oder astrozytärer Aktivierungs- und Destruktionsmarker im Rahmen von Demenzprozessen wird im Kapitel B.4 dargestellt.

Eine spezielle Situation stellt die Liquordiagnostik, insbesondere die Liquordruckmessung bei Verdacht auf Demenz im Rahmen eines Normaldruckhydrocephalus dar. Auf Einzelheiten wird im Kapitel A.5 eingegangen.

Morbus Alzheimer

Bei der Alzheimer-Erkrankung sind die *Zellzahl* und das *Gesamtprotein* im Liquor cerebrospinalis in der Regel normal.

Die verschiedenen pathogenetischen Aspekte der Alzheimer-Erkrankung werden mit unterschiedlichen Liquormarkern identifiziert. So kann die Bestimmung von Transmittern oder deren Metaboliten sowie der Proteine Ubiquitin, Tau-Protein und Amyloid-Precursor-Protein (APP) abnorme Ergebnisse zeigen. Keiner dieser pathogenetischen Aspekte ist aber spezifisch, so daß ein einzelner biochemischer Marker keine sichere Unterscheidung zwischen Alzheimerscher Demenz und anderen Demenzformen herbeiführen kann. Die Sensitivität und Spezifität können aber durch Kombination der verschiedenen Marker gesteigert werden. In Frage kommen dabei insbesondere β-Amyloidpeptid$_{(1-42)}$, das die Amyloidablagerung und die Formation von Plaques repräsentiert, PHFtau Protein als Marker für die Phosphorylierung von Tau und Formation neurofibrillärer Tangles, Total-Tau-Protein als Marker für neuronale und axonale Degeneration, Proteine synaptischer Vesikel, wie Synaptotagmin als Anhalt für synaptische Aktivität oder Degeneration sowie Neuromodulin oder Wachstums-assoziiertes Protein GAP-43, als weitere Marker für synaptische Degeneration. So finden sich in der Mehrzahl der Fälle mit Alzheimer-Erkrankung Erniedrigungen von β-Amyloidpeptid$_{(1-42)}$ und Erhöhungen von Total-Tau-Protein im Liquor cerebrospinalis. Die kombinierte Bestimmung von β-Amyloid-Peptid$_{(1-42)}$ und Total-Tau-Protein ergibt für die Abgrenzung der Alzheimer-Krankheit von Nicht-Alzheimer-Demenzen eine Spezifität von 75%.

Mittels des Liquor/Serum-Albuminquotienten kann eine *Schrankenfunktionsstörung*, die bei Patienten mit (zusätzlicher) zerebrovaskulärer Erkrankung auftreten kann, festgestellt werden.

Morbus Pick und Demenz vom Frontalhirntyp

Im Liquor sind die Routineparameter wie *Zellzahl* und das *Gesamtprotein* meist normal. Wie bei den meisten degenerativen Erkrankungen sind beim Morbus Pick und der Demenz vom Frontalhirntyp keine Veränderungen im Quotientendiagramm zu beobachten.

Lewy-Körperchen-Erkrankung

Die Routineparameter im Liquor cerebrospinalis sind in der Regel normal. Diskrete Erhöhungen des *Gesamtproteins* sind jedoch möglich.

1.4.1.2 Degenerative Erkrankungen mit motorischem Leitsymptom

Parkinson Syndrom (PD), Multisystematrophie (MSA), Corticobasale Degeneration (CBD), Progressive supranukleäre Blickparese (PSP, Steele-Richardson-Olschewski-Syndrom)

In neuropathologischen Untersuchungen können bei allen Parkinson-Syndromen eine Neurodegeneration in verschiedenen Systemen nachgewiesen werden. Der Untergang dieser verschiedenen Neuronenpopulationen kann anhand deren Stoffwechselprodukte im Liquor cerebrospinalis verfolgt werden.

Im Liquor cerebrospinalis von Patienten mit Parkinson-Syndrom liegen die *Zellzahlen* im Normbereich, während die *Gesamtproteinwerte* im Sinne einer *Schrankenfunktionsstörung* oftmals leicht erhöht sind. Wenngleich auch hier eine differentialdiagnostische Aussage über den Liquor cerebrospinalis nicht möglich ist, zeigt sich in frühen Stadien des idiopathischen Morbus Parkinson, verglichen mit früher CBD und gesunden Kontrollen eine signifikante Verringerung der Homovanillinsäure. Andererseits ist der Gehalt an Neurofilament-Protein bei PSP und MSA signifikant höher als bei PD. Der hohe Gehalt an Neurofilament-Protein weist auf eine fortgesetzte neuronale, hauptsächlich axonale Degeneration bei PSP und MSA hin. Ein Unterschied in der gliale Beteiligung, die über das GFAP gemessen wurde, konnte in den PD-, PSP-, und MSA-Gruppen nicht gefunden werden.

Erhöhtes Calbindin-D, als Marker für Purkinjezellen, deutet auf eine Schädigung im Kleinhirn bei MSA-Patienten hin, welches mit Dauer der Erkrankung wieder abfällt. Das Tau-Protein, ebenfalls ein Marker für axonale Degeneration, war bei Patienten mit CBD signifikant höher als bei Patienten mit PSP und Normalkontrollen.

Bei MSA-Patienten konnte als Hinweis auf eine Beteiligung von Radikalen an der Pathogenese ein erniedrigter Nitrat-Spiegel detektiert werden. Konsistent mit diesen Ergebnissen wurde Tetrahydrofolat als Koenzym der NO-Synthese reduziert nachgewiesen. Antioxidantien, wie Glutathion, die Radikale abfangen können, waren aber bei diesen Patienten nicht verändert. Als Hinweis auf immunologische Veränderungen bei PSP-Patienten konnte Komplement C4d im Unterschied zu Patienten mit idiopathischem Parkinsonsyndrom erhöht gefunden werden.

Das generelle Problem der bisherigen Liquoruntersuchungen bei diesen Krankheitsbildern sind die geringen Fallzahlen und die nur in wenigen Fällen vorliegende neuropathologische Diagnosesicherung.

Amyotrophe Lateralsklerose (ALS), Primäre Lateralsklerose, Spinale Muskelatrophie, Kennedy-Syndrom

Die Liquoruntersuchung ergibt bei diesen degenerativen Erkrankungen mit motorischem

Leitsymptom in der Regel einen Normalbefund. In 5–10 % können leicht erhöhte Albumin-Quotienten (leichte Schrankenfunktionsstörung) vorliegen.

An speziellen Markern wurden bisher gliale sowie neuronale Proteine wie S100-β und Tau-Protein, Glutamat und Produkte des oxidativen Streß untersucht. Keiner dieser Parameter erfüllt bisher die Erwartungen für einen optimalen diagnostischen Marker.

Otto und Mitarbeiter berichteten über eine Abnahme der S100b-Konzentration im Serum von ALS-Patienten im Krankheitsverlauf, wobei die absoluten Konzentrationen dieses Markers im Vergleich zu gesunden Kontrollen keinen Unterschied zeigten.

Bei ALS-Patienten wurden erhöhte Liquorspiegel von 4-Hydroxynonenal (HNE) gemessen. Dieser Marker reflektiert die bei dieser Erkrankung bekannte gesteigerte Lipidperoxidation. Andererseits ist die diagnostische Spezifität dieses Markers gering, da erhöhte HNE-Spiegel auch bei der Polyradikulitis beschrieben wurden.

Weitere erhöht vorgefundene Marker im Liquor sind Vertreter der Peroxynitrat-vermittelten oxidativen Schädigung wie 3-Nitrotyrosis (3-NT) sowie Superoxid-Dismutase, die aber auch nicht krankheitsspezifisch zu sein scheinen.

Aus liquorologischer Sicht ist bei diesem Krankheitsbildern der differentialdiagnostische Ausschluß eines entzündlichen, raumfordernden oder paraneoplastischen Prozesses erforderlich.

Literatur

[1] Andreasen, N., J. Gottfries, E. Vanmechelen et al.: Evaluation of CSF biomarkers for axonal and neuronal degeneration, gliosis, and beta-amyloid metabolism in Alzheimer's disease. Neurol Neurosurg Psychiatry 71 (2001) 557–558.

[2] Andreasen, N., L. Minthon, P. Davidsson et al.: Evaluation of CSF-tau and CSF-Aβ42 as diagnostic markers for Alzheimer disease in clinical practice. Arch Neurol 58 (2001) 373–379.

[3] Aoyama, K., K. Matsubara, Y. Fujikawa et al.: Nitration of manganese superoxide dismutase in cerebrospinal fluids is a marker for peroxinitrite-mediated oxidative stress in neurodegenerative diseases. Ann Neurol 47 (2000) 524–527.

[4] Blennow K., E. Vanmechelen: Combination of the different biological markers for increasing specificity of in vivo Alzheimer's testing. J Neural Transm 53 (1998) 223–235.

[5] Borasio, G. D., R. G. Miller: Clinical characteristics and management of ALS. Sem Neurol 21 (2001) 155–166.

[6] Davidsson, P., A. Westman-Brinkmalm, C. L. Nilsson et al.: Proteome analysis of cerebrospinal fluid proteins in Alzheimer patients. Neuroreport 13 (2002) 611–615.

[7] Holmberg, B., L. Rosengren, J. E. Karlsson et al.: Increased cerebrospinal fluid levels of neurofilament protein in progressive supranuclear palsy and multiple-system atrophy compared with Parkinson's disease. Mov Disord 13 (1998) 70–77.

[8] Itoh, N., H. Arai, K. Urakami et al.: Large-scale, multicenter study of cerebrospinal fluid tau protein phosphorylated at serine 199 for the antemortem diagnosis of Alzheimer's disease. Ann Neurol 50 (2001) 150–156.

[9] Jellinger, K. A., N. Rösler: Neuropathologie und biologische Marker degenerativer Demenzen. Internist 41 (2000) 524–537.

[10] Kahle, P. J., M. Jakowec, S. J. Teipel et al.: Combined assessment of tau and neuronal thread protein in Alzheimer's disease CSF. Neurol 54 (2000) 1498–1504.

[11] Kanemaru, K., K. Mitani, H. Yamanouchi: Cerebrospinal fluid homovanillic acid levels are not reduced in early corticobasal degeneration. Neurosci Lett 245 (1998) 121–122.

[12] Konings, C. H., M. A. Kuioer, T. Teerlink et al.: Normal cerebrospinal fluid glutathione concentrations in Parkinson's disease, Alzheimer's disease and multiple system atrophy. Neurol Sci 168 (1999) 112–115.

[13] Kuiper, M. A., J. J. Visser, P. L. Bergmans et al.: Decreased cerebrospinal fluid nitrate levels in Parkinson's disease, Alzheimer's disease and multiple system atrophy patients. J Neurol Sci 121 (1994) 46–49.

[14] Mehta, P. D., T. Pirttilä, B. A. Patrick et al.: Amyloid β protein 1-40 and 1-42 levels in matched cerebrospinals fluid and plasma from patients with Alzheimer disease. Neurosci Lett 304 (2001) 102–106.

[15] Montine, T. J., J. A. Kaye, K. S. Montine et al.: Cerebrospinal fluid Aβ42, tau, and f2-isopro-

stane concentrations in patients with Alzheimer disease, other dementias, and in age-matched controls. Arch Pathol Lab Med. 125 (2001) 510−512).
[16] Rösler, N., I. Wichart, K. A. Jellinger: Clinical significance of neurobiochemical profiles in the lumbar cerebrospinal fluid of Alzheimer's disease patients. J Neural Transm 108 (2001) 231−246.
[17] Sjögren, M., P. Davidson, J. Gottfries et al.: The cerebrospinal fluid levels of tau, growth-associated-protein-43 and soluble amyloid precursor protein correlate in Alzheimer's disease, reflecting a common pathophysiological process. Dement Geriatr Cogn Disord 12 (2001) 257−264.
[18] Smith, R. G., Y. K. Henry, M. P. Mattson et al.: Presence of 4-hydroxynonenal in cerebrospinal fluid of patients with sporadic amyotrophic lateral sclerosis. Ann Neurol 44 (1998) 696−699.
[19] Tohgi, H., T. Abe, K. Yamazaki et al.: Remarkable increase in cerebrospinal fluid 3-nitrotyrosine in patients with sporadic amyotrophic sclerosis. Ann Neurol 46 (1999) 129−131.
[20] Tsolaki, M., V. Sakka, G. Gerasimou et al.: Correlation of rCBF (SPECT), CSF tau, and cognitive function in patients with dementia of the Alzheimer's type, other types of dementia, and control subjects. Am J Alzheimers Dis Other Demen 16 (2001) 21−31.
[21] Urakami, K., K. Wada, H. Arai: Diagnostic significance of tau protein in cerebrospinal fluid from patients with corticobasal degeneration or progressive supranuclear palsy. J Neurol Sci 183 (2001) 95−98.
[22] Verma, A., W. G. Bradley: Atypical motor neuron disease and related motor syndromes. Sem Neurol 21 (2001) 177−187.
[23] Yamada, T., I. Moroo, Y. Koguchi et al.: Increased concentration of C4d complement protein in the cerebrospinal fluids in progressive supranuclear palsy. Acta Neurol Scand 89 (1994) 42−46.

1.4.2 L-Dopa-sensitive Dystonie (Segawa)

Im Liquor cerebrospinalis findet sich bei normaler *Zellzahl* und normalem *Gesamtprotein* eine Erniedrigung der Tetrahydrobiopterin- und Hydroxyvanillinsäure (HVA)-Konzentration.

1.4.2.1 Literatur

[1] Bandmann, O., N. W. Wood: Dopa-Responsive Dystonia − The story so Far. Neuropediatrics 33 (2002) 1−5.
[2] Furukawa, Y., K. Nishi, Y. Mizuno et al.: Significance of CSF biopterin and neopterin in hereditary progressive dystonia with marked diurnal fluctuation (HPD) − a clue to pathogenesis. No To Shinkei 47 (1995) 261−268.
[3] Furukawa, Y., M. Shimedzu, A. H. Rajput et al.: GTP-cyclohydrolase I gene mutations in hereditary progressive and dopa-responsive dystonia. Ann Neurol 39 (1996) 609−617.

1.4.3 Prionenerkrankungen (Transmissible spongioforme Enzephalopathien, TSE)

Zu den bisher bekannten Prionenerkrankungen (Prion: *proteinaceous infectious particle*) beim Menschen zählen die Creutzfeldt-Jacob-Erkrankung inklusive der neuen Variante (nvCJK), die Kuru-Krankheit, die Gerstmann-Sträussler-Scheinker (GSS)-Krankheit und die familiäre fatale Insomnie (FFI).

1.4.3.1 Creutzfeldt-Jakob-Erkrankung

Die „klassischen" Liquorparameter (*Zellzahl, Zelldifferenzierung, Gesamtprotein, intrathekale Immunglobulinsynthese*) zeigen bei der Creutzfeldt-Jakob-Erkrankung keine richtungsweisenden pathologischen Auffälligkeiten. Bei einem Teil der Patienten werden leichte *Schrankenfunktionsstörungen* registriert.

Für die differentialdiagnostische Abklärung einer Creutzfeldt-Jacob-Erkrankung gegen den Morbus Alzheimer oder die vaskuläre Demenz kann der Nachweis der Proteine 14-3-3 (Nachweis im Western-Blot), Tau-Protein ($> 1,5$ ng/ml), S-100b-Protein (> 8 ng/ml) und der neuronenspezifischen Enolase (NSE > 35 ng/ml) im Liquor cerebrospinalis hilfreich sein. Im Verlauf der Erkrankung (spätes Stadium) können die NSE-Werte rückläufig sein. Nach Ausschluß eines Hirninfarktes, einer intrazerebralen Blutung und eines Hirntumors sollen die genannten Proteine mit einer Sensitivität bis

Tab. 1: Diagnostische Wertigeit der Liquormarker bei der sporadischen Creutzfeldt-Jakob-Erkrankung

Marker	Cut-off	Sensitivität [%]	Spezifität [%]
Protein 14-3-3	Western blot positiv	95	93
Tau-Protein	> 1,5 ng/ml	91	94
S-100b Protein	> 8 ng/ml	84	91
NSE	35 ng/ml	78	88

95% und einer Spezifität bis 94% eine Creutzfeldt-Jakob-Erkrankung anzeigen (Tab. 2).

Da diese Marker aber auch bei anderen Erkrankungen, wie viralen Infektionen, erhöht sein können, sind sie als Screeningparameter nicht geeignet.

Das in den Neuronen vorkommende 14-3-3 Protein galt lange Zeit als der empfindlichste Marker mit der in Tabelle 1 angegebenen Sensitivität und Spezifität. Der Nachweis dieses Proteins im Liquor cerebrospinalis ist daraufhin als Bestandteil der neuen Diagnosekriterien für die sporadische Form der Creutzfeldt-Jakob-Erkrankung aufgenommen worden. Bei der neuen Variante der Creutzfeldt-Jakob-Erkrankung gelingt aber nur in etwa 50% der Fälle der Nachweis des 14-3-3 Proteins im Liquor cerebrospinalis.

Das Tau-Protein ist ein in den Axonen vorkommendes Strukturprotein, das bei vielen neurodegenerativen Erkrankungen erhöht sein kann. Wird ein sehr hoher cut-off Wert von 1,5 ng/ml gewählt, so läßt sich sogar in der Abgrenzung zur Alzheimer Demenz, der wichtigsten Differentialdiagnose, eine Sensitivität von 91% und eine Spezifität von 94% erreichen. Patienten mit Alzheimer Demenz haben zumeist Tau-Proteinwerte zwischen 0,3 und 0,9 ng/ml. Insbesondere aber weisen atypische Formen der Creutzfeldt-Jakob-Erkrankung, wie die neue Variante, die negativ für das 14-3-3 Protein sind, erhöhte Tau-Proteinwerte auf. Das Tau-Protein ist dem 14-3-3 Protein hinsichtlich Sensitivität und Spezifität bei der sporadischen Form der Creutzfeldt-Jakob-Erkrankung annähernd gleichwertig mit o. g. Vorteilen.

1.4.3.2 Gerstmann-Sträussler-Scheinker-Syndrom

Beim Gerstmann-Sträussler-Scheinker-Syndrom werden ähnliche Liquorbefunde wie bei der Creutzfeldt-Jakob-Erkrankung gefunden. Insbesondere dem quantitativen Nachweis der NSE (> 30 ng/ml) kann im Einzelfall in Ergänzung zur Anamnese (autosomal dominant vererbt) und dem klinischem Bild eine richtungsweisende Bedeutung zukommen.

1.4.3.3 Literatur

[1] Aksamit, A. J., C. M. Preissner, H. A. Homburger: Quantitation of 14-3-3 and neuron-specific enolase proteins in CSF in Creutzfeldt-Jacob disease. Neurol 57 (2001) 728–730.

[2] Bernheimer, H., B. Gatterbauer, C. Radbauer et al.: Cerebrospinal fluid diagnosis of Creutzfeldt-Jacob disease. Wien Med Wochenschr 148 (1998) 96–100.

[3] Evers, S., D. W. Droste, P. Ludemann et al.: Early elevation of cerebrospinal fluid neuron specific enolase in Creutzfeldt-Jacob disease. J Neurol 245 (1998) 52–53.

[4] Green, A. J., S. Ramljak, W. E. Muller et al.: 14-3-3 in the cerebrospinal fluid of patients with variant and sporadic Creutzfeldt-Jacob disease measured using capture assay able to detect low levels of 14-3-3 protein. Neurosci Lett 324 (2002) 57–60.

[5] Otto, M., J. Wiltfang, H. Tumani et al.: Elevated levels of tau-protein in cerebrospinal fluid of patients with Creutzfeldt-Jacob disease. Neurosci Lett 225 (1997) 210–212.

[6] Otto, M., J. Wiltfang, E. Schütz et al.: Diagnosis of Creutzfeldt-Jacob disease by measurement of S100 protein in serum: prospective case-control study. BMJ 316 (1998) 577–582.

[7] Otto, M., J. Wiltfang, L. Cepek et al.: Tau protein and 14-3-3 protein in the differential diagno-

sis of Creutzfeldt-Jakob disease. Neurol 58 (2002) 192–197.
[8] Saiz, A., C. Marin, E. Tolosa et al.: Diagnostic usefulness of the determination of protein 14-3-3 in cerebrospinalis fluid in Creutzfeldt-Jacob disease. Neurologia 13 (1998) 324–328.
[9] Zerr, I., M. Bodemer, O. Gefeller et al.: Detection of 14-3-3 protein in the cerebrospinal fluid supports the diagnosis of Creutzfeldt-Jacob disease. Ann Neurol 43 (1998) 32–40.

1.4.4 Liquordrucksyndrome

1.4.4.1 Idiopathische intrakranielle Hypertension (Pseudotumor cerebri)

Die idiopathische intrakranielle Hypertension ist definiert durch einen Liquoreröffnungsdruck über 200 mm H_2O. Klinisch und radiologisch müssen insbesondere eine Sinusvenenthrombose, eine Raumforderung und ein Hydrocephalus ausgeschlossen werden. Detailliert wird auf dieses Krankheitsbild in Kapitel A.5.3 eingegangen. Neben dem erhöhten Liquoreröffnungsdruck zeigt die Liquoranalytik bei einer normalen *Zellzahl* ein erniedrigtes bis normales *Gesamtprotein*.

1.4.4.2 Spontane intrakranielle Hypotension (Idiopathisches spontanes Liquorunterdrucksyndrom)

Die seltene spontane intrakranielle Hypotension ist charakterisiert durch einen orthostatischen Kopfschmerz bei niedrigem Liquoreröffnungsdruck. Dieser ist geringer als 60 mm H_2O, oft sogar unter 30 mm H_2O oder in seltenen Fällen gar nicht messbar (Punctio sicca).
Die ätiologische Abklärung (Duraleck, Liquorfistel) muß mit bildgebenden Techniken (MRT, Liquorszintigraphie, Myelographie) erfolgen. Detailliert wird auf dieses Krankheitsbild im Kapitel A.5.3 eingegangen.
Neben dem niedrigen Liquoreröffnungsdruck ergibt die Liquoranalytik in der Regel Normalbefunde. Eventuell finden sich in der *Liquorzelldifferenzierung* einige Erythrozyten. Ein leicht erhöhtes *Gesamtprotein* kann bei einem Teil der Fälle nachgewiesen werden.

1.4.4.3 Normaldruckhydrocephalus

Bei der diagnostischen Liquorpunktion ergeben sich in der Regel normale Werte für Zellzahl, Zelldifferenzierung, Gesamtprotein und Liquoreröffnungsdruck. Nach Ablassen von 40–50 ml Liquor cerebrospinalis zeigt sich mit unterschiedlicher Latenz häufig eine klinische Besserung, die sich mit einfachen klinischen Tests aus den Untersuchungsbereichen Motorik (Leitsymptom: Gangstörung) und Neuropsychologie (Leitsymptom: Demenz) dokumentieren lässt. Detailliert wird auf dieses Krankheitsbild in Kapitel A.5.2 eingegangen.

1.4.4.4 Literatur

[1] May, C., J. A. Kaye, J. R. Atack et al.: Cerebrospinal fluid production is reduced in healthy aging. Neurol 40 (1990) 500–503.
[2] Mokri, B.: Spontaneous intracranial hypotension. Curr Pain Headache Rep 5 (2001) 284–291.
[3] Radhakrishnan, K., E. Ahlskog, J. A. Garrity et al.: Idiopathic intracranial hypertension. Mayo Clin Proc 69 (1994) 169–180.
[4] Bandyopadhyay, S.: Pseudotumor cerebri. Arch Neurol 58 (2001) 1699–1701.
[5] Ramadan, N. M.: Headache caused by raised intracranial pressure and intracranial hypotension. Curr Opin Neurol 9 (1996) 214–218.
[6] Spelle, L., A. Boulin, C. Tainturier et al.: Neuroimaging features of spontaneous intracranial hypotension. Neuroradiol 43 (2001) 622–627.

1.4.5 Hirntraumata

Die bei Hirntraumata resultierenden Liquorveränderungen können prinzipiell durch ein traumatisches Hirnödem, durch *Schrankenfunktionsstörungen*, Veränderungen der Liquorsekretion, traumatische Blutungen, Schädigung des Hirnparenchyms und konsekutive Liquorresorptionsstörungen bedingt sein.

1.4.5.1 Commotio cerebri

Bei der Commotio cerebri finden sich in den meisten Fällen keine Veränderungen der „klassischen Liquorparameter" (Zellzahl, Zelldifferenzierung, Gesamtprotein, intrathekale Ig-

Synthese). Gelegentlich kommt es zu einer diskreten lymphomonozytären *Pleozytose* mit einem geringen Anstieg des *Gesamtproteins*.

Dagegen können im ZNS synthetisierte Proteine wie NSE und S100-Protein auch nach einem leichten Trauma (Commotion cerebri) erhöht sein (24–72 h posttraumatisch). Sie fallen konsekutiv innerhalb von 2 bis 3 Tagen wieder ab. Steigt der S100-Protein-Wert weiter an, finden sich in der Regel morphologische Veränderungen in der Bildgebung (CCT, MRT), wie Contusionsherde, eine diffuse Axonschädigung oder ein Hirnödem. Von den bisher bestimmten Proteinen zerebralen Ursprungs hat sich das S100-Protein als besonders empfindlicher hirnspezifischer Prozeßmarker im Rahmen von Schädelhirntraumata erwiesen.

1.4.5.2 Contusio und Compressio cerebri

Bei der Contusio cerebri sind die Liquorveränderungen ausgeprägter als bei der Commotio cerebri. Sie hängen grundsätzlich von der Ausdehnung der Schädigung sowie ihrer topographischen Lage zu den Liquorräumen ab, so daß auch bei schweren kontusionellen Hirnschädigungen regelrechte Liquorbefunde (*Zellzahl, Zelldifferenzierung, Gesamtprotein*) möglich sind.

Bei Hirntraumata ohne Blutungen in den Subarachnoidalraum liegt in der Regel eine reine *Schrankenfunktionsstörung* ohne *humorale Immunreaktion* vor. Es findet sich eine lymphomonozytäre *Pleozytose* und eine Zunahme des *Gesamtproteins* unterschiedlicher Ausprägung. Prozeßmarker neuronalen Ursprungs wie die neuronenspezifische Enolase und das S100-Protein können nach einem Hirntrauma im Liquor und Serum innerhalb von 24 Stunden schlagartig ansteigen. Während das S100-Protein auch bei leichten Schädelhirntraumata (SHT) zu erhöhten Werten führt, zeigt die NSE im Vergleich zum S100-Protein posttraumatisch ein etwas differenzierteres Verhalten. Bei einer diffusen Axonschädigung fällt der NSE-Spiegel zunächst wie bei der Commotio cerebri ab, um dann nach dem dritten posttraumatischen Tag wieder anzusteigen, was im Sinne einer neuronalen Degeneration interpretiert wird. Bei der Hirnkontusion werden Sekundäranstiege in der Regel nicht beobachtet.

Das *Differentialzellbild* normalisiert sich bei leichteren Schädelhirntraumata in der Regel innerhalb von 6 Wochen.

Nicht selten kommt es im Rahmen der Hirntraumata zu einer Blutung in die Liquorräume, wobei das Blut als Fremdkörperreiz wirkt und und zu einer Reizpleozytose (Kap. C.1.6.4) führt. In Abhängigkeit vom Alter der Blutung werden in Makrophagen Hämoglobinabbauprodukte nachgewiesen, die über Monate im Liquor cerebrospinalis persistieren können.

1.4.5.3 Literatur

[1] Herrmann, M., S. Jost, S. Kutz et al.: Temporal profile of release of neurobiochemical markers of brain damage after traumatic brain injury is associated with intracranial pathology as demonstrated in cranial computerized tomography. J Neurotrauma 17 (2000) 113–122.
[2] Ingebrigtsen, T., B. Romner: Serial S-100 protein serum measurements related to early magnetic resonance imaging after minor head injury. J Neurosurg 85 (1996) 945–948.
[3] Kim, J. S., S. S. Yoon, Y. H. Kim et al.: Serial measurement of interleukin-6, transforming growth factor-β, and S-100 protein in patients with acute stroke. Stroke 27 (1996) 1553–1557.
[4] Kossmann, T.: Intrathecal levels of complement-derived soluble membrane attack complex (sC5b-9) correlate with blood-brain barrier dysfunction in patients with traumatic brain injury. J Neurotrauma 18 (2001) 773–781.
[5] Sayk, J., R. M. Olischer: Der Liquorbefund bei Schädelhirntraumen unter besonderer Berücksichtigung des Liquorzellbildes. Zentralbl Neurochir 28 (1967) 305–316.
[6] Stahel, P. F., M. C. Morganti-Kossmann, D. Perez et al.: Neuropsychological function in patients with increased serum levels of protein S100 after minor head injury. Acta Neurochir 139 (1997) 26–32.

1.4.6 Vaskuläre Erkrankungen

1.4.6.1 Vaskuläre Enzephalopathien

Zwischen den verschiedenen vaskulären Enzephalopathien (ischämischer Insult, M. Binswanger, Subcorticale arteriosklerotische Enzephalopathie) kann aufgrund des Liquorbefundes keine Unterscheidung vorgenommen werden. Meist findet sich ein Normalbefund, in 30 % der Fälle aber eine mäßige *Gesamtproteinerhöhung*.

1.4.6.2 Akute zerebrale Ischämie

Bei akuten ausgedehnten Ischämien sind *Zellzahlen* bis 400 Mpt/l möglich. In diesen Fällen können im *Liquordifferentialzellbild* Granulozyten in einem bedeutenden Prozentsatz vorliegen, so daß in Abhängigkeit von der Anamnese und des klinischen Bildes differentialdiagnostische Überlegungen in Richtung eines akuten entzündlichen Prozesses, Zustand nach cerebralem Krampfanfall oder eines akuten metabolisch-toxischen Prozesses angestellt werden müssen.

1.4.6.3 Sneddon-Syndrom

Das Sneddon-Syndrom ist klinisch charakterisiert durch das dermatologische Bild einer Livedo reticularis mit rezidivierenden zerebralen Ischämien. Histopathologisch handelt es sich um eine nicht-entzündliche, nicht-arteriosklerotische arterielle Verschlußkrankheit, die sich vor allem in der Haut, dem Gehirn und im Herzen manifestiert. Die meist immer weiblichen und meist jüngeren Patienten können ausgeprägte zerebrale Infarkte zeigen.

Der Liquorbefund ist wie bei den Riesenzellarteriitiden abhängig vom Infarktalter, der Infarktgröße und Infarkttopographie (Kap. C.1.1.8.4 und C.1.1.8.5).

1.4.6.4 Subarachnoidalblutung (SAB)

Die Bedeutung der Liquordiagnostik bei Blutungen in den Liquorraum ist seit Einführung moderner bildgebender Verfahren eingeschränkt. Da aber nicht alle Blutungen computertomographisch nachweisbar sind, behält die Liquordiagnostik ihren Stellenwert. So sind bis zu 10 % der Subarachnoidalblutungen (SAB) über eine Bildgebung nicht zu erfassen.

Blut, das beispielsweise nach SAB, intracerebraler Blutung (ICB), Hirnkontusion oder Hirnoperation in die Liquorräume gelangt, löst eine leptomeningeale zelluläre Reaktion mit deutlicher Pleozytose aus. Im Rahmen dieser Reizmeningitis können Zellzahlen bis zu 1500 Mpt/l nachgewiesen werden. Zunächst dominieren im Differentialzellbild neben den Erythrozyten neutrophile Granulozyten, anschließend imponiert die Phagozytosetätigkeit von Monozyten und Makrophagen. Nach 48 Stunden nimmt der Anteil von Granulozyten ab. Dann können Plasmazellen als Aktivierungszeichen auftreten. Nach etwa einer Woche liegt ein lympho-monozytäres Zellbild vor.

Etwa 4 Stunden nach Einblutung beginnen monozytäre Zellen Erythrozyten zu phagozytieren. Das mononukleäre Phagozytensystem zeigt zunehmend Aktivierungszeichen. Nach 4–18 Stunden erscheinen Erythrophagen mit frisch phagozytierten Erythrozyten. Bis zum Auftreten von dunkelbraunen bis schwarzen Hämosideringranula (Abbauprodukt von Hämoglobin) im Zytoplasma der Makrophagen vergehen etwa 4 Tage. Hämosiderin kann durch die Berliner-Blau-Färbung zytochemisch nachgewiesen.

Nach ca. 8 Tagen können gelb-braune oder gelbleuchtende Hämatoidinkristalle (eisenfreies Abbauprodukt von Hämoglobin) detektiert werden.

Die Differenzierung der Makrophagen kann einen Hinweis auf eine mehrzeitig ablaufende Einblutung geben. In diesen Fällen zeigen sich im Zellbild synchron Erythrozyten, Erythrophagen, Hämosiderophagen und zum Teil auch Hämatoidin. Hämosiderophagen können noch Monate nach Einblutung im Liquor cerebrospinalis gefunden werden (Kap. B.2.1).

1.4.6.5 Intracerebrale Blutung (ICB)

Bei der ICB können im Liquor cerebrospinalis in Abhängigkeit von der Lage der Blutung zu den liquorführenden Räumen pathologische Befunde erhoben werden, die denen einer SAB entsprechen. Im Einzelfall kann bei einer ICB der Liquorbefund ohne pathologische Auffälligkeiten sein.

Die bildgebenden Verfahren (CCT, MRT) sind bei der ICB die diagnostischen Verfahren der ersten Wahl.

1.4.6.6 Aseptische Sinusvenenthrombose

Der Liquorbefund bei der aseptischen Sinusvenenthrombose zeigt in 50% der Fälle keine pathologischen Auffälligkeiten, während in 25% eine *Pleozytose* und in 16% eine *Schrankenfunktionsstörung* nachweisbar ist. In 9% der Fälle läßt sich ein „hämorrhagischer Liquor" nachweisen. Im Verlauf zeigen sich dann in den Makrophagen des Liquor cerebrospinalis die charakteristischen Blutabbauprodukte (Kap. C.1.4.6.4).

1.4.6.7 Vaskuläre Malformation

Die arteriovenöse spinale Malformation geht oftmals mit einer leichten *Pleozytose* einher. Im *Differentialzellbild* dominieren Lymphozyten, Plasmazellen können vereinzelt auftreten. *Schrankenfunktionsstörungen* nehmen im Gegensatz zur diskreten *Pleozytose* im Verlauf zu. Oligoklonales IgG kann nachweisbar sein und belegt dann eine *lokale Immunreaktion*.

Bei klinisch und MRT-tomographisch typischen Befunden sollte eine diagnostische bzw. eine Lumbalpunktion im Rahmen der Myelographie zur Vermeidung einer Befundverschlechterung unterbleiben.

1.4.6.8 Literatur

[1] Cohen, O., I. Biran, I. Steiner: Cerebrospinal fluid oligoclonal IgG bands in patients with spinal arteriovenous malformation and structural central nervous system lesions. Arch Neurol 57 (2000) 553–557.

[2] Felgenhauer K., W. Beuche: Labordiagnostik neurologischer Erkrankungen. Thieme, Stuttgart – Berlin – New York 1999.

[3] Hesse, C., L. Rosengren, N. Andreasen et al.: Transient increase in total tau but not phospho-tau in human cerebrospinal fluid after acute stroke. Neurosci Lett 297 (2001) 187–190.

[4] Iadecola, C., M. Alexander: Cerebral ischemia and inflammation. Curr Opin Neurol 14 (2001) 89–94.

[5] Kölmel, H. W.: Liquorzytologie. Springer, Berlin – New York 1978.

[6] Mascia, L., L. Fedorko, D. J. Steward et al.: Temporal relationship between endothelin-1 concentrations and cerebral vasospasm in patients with aneurysmal subarachnoid hemorrhage. Stroke 32 (2001) 1185–1190.

[7] Scammell, T. E., S. Nishino, E. Mignot et al.: Narcolepsy and low CSF orexin (hypocretin) concentration after a diencephalic stroke. Neurol 56 (2001) 1751–1753.

[8] Schaarschmidt, H., H. W. Prange, H. Reiber: Neuron-specific enolase concentrations in blood as a prognostic parameter in cerebrovascular diseases. Stroke 25 (1994) 558–565.

[9] Schmidt, R. M. (Hrsg.): Der Liquor cerebrospinalis. Untersuchungsmethoden und Diagnostik (2 Bde.). Georg Thieme, Leipzig 1987.

[10] Sneddon, I.: Cardiovascular leasons and livedo reticularis. British J Dermatol 77 (1965) 180–185.

[11] Strand, T., C. Alling, B. Karlsson: Brain and plasma proteins in spinal fluid as markers for brain damage and severity of stroke. Stroke 15 (1984) 138–144.

[12] Worofka, B., J. Lassmann, K. Bauer et al.: Praktische Liquorzelldiagnostik. Springer, Wien – New York 1997.

1.4.7 Migräne-Syndrome

1.4.7.1 Migräne

Bei der „klassischen" Migräne stellen pathologische Liquorbefunde eine Ausnahme dar. Auch wenn ein erhöhter *Liquordruck* und eine leichte *Pleozytose* in seltenen Fällen, besonders bei der familiären hemiplegischen Migräne, auftreten können, sollten pathologische Liquorbefunde stets Anlaß sein, diese Diagnose nochmals zu überprüfen.

1.4.7.2 Pseudomigräne mit Liquorpleozytose

Bartleson und Mitarbeiter veröffentlichten 1981 erstmals 7 Fälle, bei denen ein migranöses Syndrom mit rezidivierenden, kurzfristigen neurologischen Defiziten und *Liquorpleozytose* auffällig war. 1997 wurden von Gomez-Aranda und Kollegen die klinischen Kriterien für dieses Krankheitsbild publiziert. Pathogenetisch geht man bei der Pseudomigräne mit Liquorpleozytose von einer autoimmunvermittelten Entzündung der Leptomeningen aus, die möglicherweise durch virale Infektionen getriggert wird. SPECT-Untersuchungen ergaben eine fokale Hypoperfusion passend zum neurologischen Defizit während der Attacke.

Bei der initialen Liquorpunktion findet man einen *Liquoreröffnungsdruck* von bis zu 370 mm H$_2$O. Die *Zellzahlen* liegen zwischen 10 und 800 Mpt/l. Das *Gesamtprotein* schwankt zwischen 200 und 2 500 mg/l. *Oligoklonales IgG* ist in der Regel nicht nachweisbar.

1.4.7.3 Literatur

[1] Bartleson, J. D., J. W. Swanson, J. P. Whisnant: A migrainous syndrome with cerebrospinal fluid pleocytosis. Neurol 31 (1981) 1257–1262.
[2] Berg, M. J., L. S. Williams: The transient syndrome of headache with neurologic deficits and CSF pleocytosis. Neurol 45 (1995) 1648–1654.
[3] Caminero, A. B., J. A. Pareja, J. Arpa et al.: Migrainous syndrome with CSF pleocytosis. SPECT findings. Headache 37 (1997) 511–515.
[4] Durieux, A., N. Carriere, P. Clavelou: Pseudomigraine with transient neurological signs and lymphocytic pleocytosis. Rev Neurol 156 (2000) 285–287.
[5] Fuentes, B., E. Diez Tejedor, J. Pascual et al.: Cerebral blood flow changes in pseudomigraine with pleocytosis analyzed by SPECT. A spreading depression mechanism? Cephalalgia 18 (1998) 570–573.
[6] Gomez-Aranda, F., F. Canadillas, J. F. Marti-Masso et al.: Pseudomigraine with temporary neurological symptoms and lymphocytic pleocytosis. A report of 50 cases. Brain 120 (1997) 1105–1113.
[7] Gomez-Aranda, F.: Migraine with pleocytosis. Characteristics and etiopathogenesis. The Spanish experience and review of the literature. Neurologia 12 (1997) 24–30.
[8] Serrano, P. J., C. Arnal, C. Carnero et al.: Four new cases and a review of the literature concerning the migraine with CSF pleocytosis syndrom. Rev Neurol 23 (1995) 756–759.
[9] Spelsberg, B., C. Willert, J. Machetanz: Pseudomigraine with pleocytosis. Nervenarzt 72 (2001) 791–793.
[10] Worofka, B., J. Lassmann, K. Bauer et al.: Praktische Liquorzelldiagnostik. Springer, Wien – New York 1997.

1.4.8 Intoxikationen

Aufgrund der vielfältigen Symptomatologie im Rahmen von Intoxikationen kann aus differentialdiagnostischen Erwägungen in einigen Fällen eine Liquorpunktion notwendig sein.

Die klassischen Liquorparameter wie *Zellzahl*, *Gesamtprotein* und *Schrankenfunktion* sind in der Regel normwertig bis unspezifisch verändert. Die Noxe ist häufig im Liquor cerebrospinalis, zeitversetzt und in geringerer Konzentration als im Serum nachweisbar.

1.4.8.1 Alkoholintoxikation

Nach stärkerem Alkoholgenuß läßt sich im Liquor cerebrospinalis Alkohol nachweisen, wobei der Alkoholspiegel des Liquor cerebrospinalis im Verlauf höher sein kann als im Blut. Im Alkoholrausch ist der *Liquordruck* häufig erhöht, und es finden sich diskrete *Zellzahl*- und *Gesamtproteinerhöhungen*.

Bei chronischem Akoholabusus werden unter anderem verminderte Folsäurewerte, erhöhte Harnsäurewerte und Elektrolytstörungen im Liquor cerebrospinalis gefunden. Im Rahmen von Alkoholdelirien ist häufig zusätzlich eine Liquorazidose nachweisbar.

1.4.8.2 Alkaloidintoxikation

Bei der Intoxikation mit Alkaloiden wie Atropin, Kokain, Morphium und Nikotin kommt es in der Regel zu keinen pathologischen Veränderungen des Liquor cerebrospinalis.

1.4.8.3 Arsenintoxikation

Im Liquor cerebrospinalis werden bei der zentralnervösen Manifestation meist regelrechte Liquorbefunde beobachtet. Bei der polyneuropathischen Krankheitsform zeigen sich bei normaler bis diskret erhöhter *Zellzahl* leichte *Gesamtproteinerhöhungen*.

1.4.8.4 Barbituratintoxikation

In einzelnen Fällen ergeben sich im Liquor cerebrospinalis diskrete *Pleozytosen* mit leichter Gesamtproteinerhöhung.

1.4.8.5 Bleiintoxikation

Bei Bleimeningoenzephalitiden können ausgeprägte lymphozytäre *Pleozytosen* und deutliche *Gesamtproteinerhöhungen* bestehen, die insbesondere im Kleinkindalter eine differentialdiagnostische Abgrenzung zu infektiösen Meningoenzephalitiden notwendig machen. So sind bei Kleinkindern im Rahmen der Bleiintoxikationen die Veränderungen im Liquor cerebrospinalis insgesamt ausgeprägter als in späteren Lebensabschnitten. Bleiintoxikationen mit isolierter Beteiligung des peripheren Nervensystems führen in der Regel zu keinen Liquorveränderungen.

1.4.8.6 Kohlenmonoxidintoxikation

Bei leichten Kohlenmonoxidvergiftungen beobachtet man in der Regel keine Liquorveränderungen. Bei schweren Intoxikationen zeigen sich bei normaler *Zellzahl* häufig deutliche *Gesamtproteinerhöhungen* im Rahmen einer *Schrankenfunktionsstörung*.

1.4.8.7 Quecksilberintoxikation

Bei der Enzephalopathia mercurialis und der Polyneuritis mercurialis findet man in der überwiegenden Anzahl der Fälle normale Liquorbefunde. In seltenen Fällen kann es zu einer deutlichen *Zellzahl-* und *Gesamtproteinerhöhung* ohne klinischen Nachweis einer meningitischen Komponente kommen. Gelegentlich kann im Rahmen der Intoxikation Quecksilber im Liquor cerebrospinalis nachgewiesen werden.

1.4.8.8 Thalliumintoxikation

Aufgrund der unterschiedlichen neuropsychiatrischen Symptommanifestationen wie Thalliumpsychose, epileptische Krampfanfälle, extrapyramidale und vegetative Störungen ist initial meist eine weitgefaßte Differentialdiagnostik notwendig. Bei Thalliumintoxikationen kommt es im Liquor cerebrospinalis in etwa der Hälfte der Fälle zu einer *Gesamtproteinerhöhung* bei normaler *Zellzahl*.

1.4.8.9 Literatur

[1] Bayyard-Burfield, L., C. Alling, K. Blennow et al.: Impairment of the blood-CSF barrier in suicide attempters. Eur Neuropsychopharmacol 6 (1996) 195–199.
[2] Haensch, C. A., J. Jorg, F. Baltzer: Diagnostic and prognostic value of additional neurologic diagnosis in alcohol withdrawel delirium. Nervenarzt 71 (2000) 822–827.
[3] Jakobson, A. M., A. Kreuger, O. Mortimer et al.: Cerebrospinal fluid exchange after intrathecal methotrexate overdose. A report of two cases. Acta Paediatr 81 (1992) 359–361.
[4] Morikawa, Y., H. Arai, S. Matsushita et al.: Cerebrospinal fluid tau protein levels in demented and nondemented alcoholics. Alcohol Clin Exp Res 23 (1999) 575–577.
[5] Rangel-Guerra, R., H. R. Martinez, H. J. Villarreal: Thallium poisoning. Experience with 50 patients. Gac Med Mex 126 (1990) 487–494.
[6] Schmidt, R. M. (Hrsg.): Der Liquor cerebrospinalis. Untersuchungsmethoden und Diagnostik (2 Bde.). Georg Thieme, Leipzig 1987.

1.4.9 Urämie

Bei der Urämie auf dem Boden einer chronischen Niereninsuffizienz ist der Liquordruck meist gesteigert. Der Liquor cerebrospinalis ist gelegentlich gelblich verfärbt. Die Zellzahl ist normal oder leicht erhöht. In seltenen Fällen werden Pleozytosen bis zu 170 Mpt/l beschrieben. Das Gesamtprotein ist in der überwiegenden Anzahl der Fälle erhöht. Die metabolische Azidose ist im Blut stärker ausgeprägt als im Liquor cerebrospinalis.

1.4.10 Eklampsie

Bei diesem Krankheitsbild finden sich meist regelrechte Liquorbefunde. In einigen Fällen lassen sich jedoch Pleozytosen und leichte Gesamtproteinerhöhungen im Liquor cerebrospinalis nachweisen.

1.4.11 Funikuläre Myelose (Vitamin B$_{12}$-Mangel)

Neben den internistischen Manifestationen (hämatologisch, gastrointestinal) können symptomatische Psychosen (paranoid-halluzinatorisch) und insbesondere neurologische Symptome auftreten. Im Rahmen der neurologischen Manifestation kommt es zu einer kombinierten Degeneration von Hinter- und Seitensträngen, gelegentlich auch im Bereich des Nervus opticus, des Chiasmas und im Marklager des Gehirns. Im frühen Stadium wird eine Vakuolisierung der Myelinscheiden, im späteren Stadium ein Axonverlust und eine Gliose beobachtet. Die Diagnosefindung erfolgt anhand des klinischen Bildes sowie des Nachweises eines Vitamin B$_{12}$-Mangels. Zur Abklärung der Ursache ist neben der Anamnese (Vegetarier) der Schilling-Test sinnvoll.

Im Liquor cerebrospinalis finden sich oft in Abhängigkeit vom Krankheitsstadium leichte Veränderungen mit einer geringen lymphomonozytären *Pleozytose* und insbesondere einer *Gesamtproteinerhöhung*. Am ausgeprägtesten sind die Liquorveränderungen bei schwerem Krankheitsverlauf.

1.4.11.1 Literatur

[1] Gorchein, A., R. Webber: Delta-Aminolaevulinic acid in plasma, cerebrospinal fluid, saliva and erythrocytes: studies in normal, uraemic and porphyric subjects. Clin Sci 72 (1987) 103–112.
[2] Latorre, G., A. Munoz: Acellular cerebrospinal fluid with elevated protein level in patients with intermittent acute porphyria. Arch Intern Med 149 (1989) 1695.
[3] Schmidt, R. M. (Hrsg.): Der Liquor cerebrospinalis. Untersuchungsmethoden und Diagnostik (2 Bde.). Georg Thieme, Leipzig 1987.

1.4.12 Narkolepsie

Bei der Narkolepsie sind die Basisparameter der Liquoranalytik in der Regel ohne pathologische Abweichungen. Neueste Befunde zeigen, daß hyothalamische Neuropeptide wie Hypocretin-1 (Orexin-A) bei der Narkolepsie im Liquor cerebrospinalis deutlich erniedrigt sein können.

1.4.12.1 Literatur

[1] Kanbayashi, T., Y. Inoue, S. Chiba et al.: CSF hypocretin-1 (orexin-A) concentrations in narcolepsy with and without cataplexy and idiopathic hypersomnia. J Sleep Res 11 (2002) 91–93.
[2] Nishino, S., B. Ripley, S. Overeem et al.: Low cerebrospinal fluid hypocretin (Orexin) and altered Energy homeostasis in human narcolepsy. Ann Neurol 50 (2001) 381–388.
[3] Scammell, T. E., S. Nishino, E. Mignot et al.: Narcolepsy and low CSF orexin (hypocretin) concentration after a diencephalic stroke. Neurol 56 (2001) 1751–1753.
[4] Tsukamoto, H., T. Ishikawa, Y. Fujii et al.: Undetectable Levels of CSF Hypocretin-1 (Orexin-A) in Two Prepubertal Boys with Narcolepsy. Neuropediatrics 33 (2002) 51–52.

1.4.13 Stoffwechselerkrankungen

1.4.13.1 Diabetes mellitus

Im Rahmen des Diabetis mellitus können diskrete *Pleozytosen* lymphomonozytärer Natur und *Gesamtproteinerhöhungen* beobachtet werden. Die Liquorabweichungen treten bei polyneuropathischer Mitbeteiligung besonders in den Vordergrund. Eine Erhöhung des Gesamtproteins bis zu 4000 mg/l wurde beobachtet.

Beim Coma diabeticum können in der Akutphase gemischtzellige Pleozytosen auftreten. Dieser zytologische Befund ist u. a. auch in den ersten Stunden nach einem cerebralen ischämischen Ereignis, einem cerebralen Krampfanfall oder der Frühphase eines entzündlichen ZNS-Prozesses zu finden. In der Regel normalisiert sich die Zellzahl und der Granulozytenanteil im Differentialzellbild innerhalb von zwei bis drei Tagen nach der hyperglykämischen Stoffwechsellage. Aus liquorologischer Sicht ist eine klinische und eine weiterführende labordiagnostische Abklärung differentialdiagnostisch unbedingt erforderlich.

1.4.13.2 Morbus Wilson

Bei der hepatolentikulären Degeneration finden sich im Serum und Liquor erhöhte Kupferspiegel, die einen verwertbaren Parameter für die Diagnose und Therapie der Erkrankung darstellen. Es wird die Vermutung geäußert, daß der Liquorkupferspiegel den Kupfergehalt im Gehirn reflektiert.

1.4.13.3 Fahrsches Syndrom

Beim Fahrschen Syndrom findet man bei einer normalen Zellzahl häufig ein Überwiegen monozytärer Zellformen und eine Gesamtproteinerhöhung.

1.4.13.4 Lipidspeicherkrankheiten

Adrenoleukodystrophie

Die intrathekale IgA Synthese in über 95 % der Patienten mit zerebraler Adrenoleukodystrophie ist als sensitivster Parameter im Liquor einzuschätzen und fehlt bei Patienten mit Adrenomyeloneuropathie. Eine *Schrankenfunktionsstörung* findet man in 65 % (Q_{alb} bis 20×10^{-3}) und eine *intrathekale IgG oder IgM Synthese* bei 20 % der Patienten.

Während als Marker für die Schwere der Erkrankung die Höhe der Konzentration des MBP im Liquor cerebrospinalis angegeben wird, wurde dagegen bei der Frühform der Erkrankung keine Korrelation zwischen Stadium der Erkrankung und dem *Gesamtprotein*, dem *Zytokinmuster* oder der *Immunglobulinproduktion* gefunden.

Metachromatische Leukodystrophie

Diese lysosomale Erkrankung (autosomal rezessiv vererbt, Chromosom 22), der ein Arylsulfatase-A-Mangel zugrunde liegt, kann mit einer *Gesamtproteinerhöhung* von 750 – 2 500 mg/l im Liquor cerebrospinalis einhergehen.

Globoidzell-Leukodystrophie (Morbus Krabbe)

Bei dieser lysosomalen Erkrankung (autosomal rezessiv vererbt, Chromosom 14), der ein ß-Galactocerebrosidase-Defekt zugrunde liegt, kann eine *Gesamtproteinerhöhung* im Liquor cerebrospinalis von 700 – 4 500 mg/l nachweisbar sein.

1.4.13.5 Akute intermittierende Porphyrie

Bei der Liquoruntersuchung erhält man in der Regel einen Normalbefund oder eine leichte *Gesamtproteinerhöhung*.

1.4.13.6 Mitochondriale Erkrankungen

In Abhängigkeit von der Krankheitsentität können das *Gesamtprotein* und insbesondere die *Laktatkonzentration* im Liquor cerebrospinalis verändert sein.

Chronisch- progressive externe Ophthalmoplegie (CPEO)

Der zytologische und proteinchemische Befund ergibt bei der CPEO Normalwerte. In der Regel ist auch der *Liquorlaktat-Wert* im Normbereich.

Kearns-Sayre-Syndrom (KSS)

Der Liquor cerebrospinalis zeigt erhöhte *Laktatspiegel* und *Gesamtproteinwerte*, die meist größer als 1 000 mg/l sind.

MERRF-Syndrom (myoclonic epilepsy and ragged red fibers)

Bei dem klinischen Syndrom einer Myoklonus-Epilepsie mit ragged red fibres (MERRF-Syndrom) kann bei normalen zytologischen und proteinchemischen Befunden das *Laktat* im Liquor cerebrospinalis erhöht sein.

MELAS-Syndrom (mitochondrial myopathy, encephalopathy, lactic acidosis and stroke-like episode)

Bei diesem klinischen Syndrom mit Myopathie, Enzephalopathie, Laktatazidose und „stroke-like-episodes" (MELAS-Syndrom) findet man in der Regel erhöhte *Laktat-Werte* im Liquor cerebrospinalis.

Morbus Leigh (nekrotisierende Enzephalopathie)

Im Liquor cerebrospinalis können die *Laktat- und Pyruvatwerte* erhöht sein. Normale Laktat- und Pyruvat-Werte schließen aber einen Morbus Leigh nicht aus.

Lebersche Optikusatrophie

In der Regel findet man einen unauffälligen Liquorbefund. Möglicherweise entwickeln etwa 50 % der Frauen mit einer Leberschen Optikusatrophie und einer mtDNA-11778-Mutation eine der Multiplen Sklerose ähnliche Erkrankung.

1.4.13.7 Literatur

[1] Finsterer, J.: Cerebrospinal-fluid lactate in adult mitochondriopathy with and without encephalopathy. Acta Med Austriaca 28 (2001) 152–155.
[2] Harding, A. E., M. G. Sweeney, D. H. Miller et al.: Occurence of an multiple sclerosis-like illness in woman who have a Lerber's heriditary optic neuropathy mitichondrial DNA mutation. Brain 115 (1992) 979–989.
[3] Hartard, C., B. Weisner, C. Dieu et al.: Wilson's disease with cerebral manifestation: monitoring therapy by CSF copper concentration. J Neurol 241 (1993) 101–107.
[4] Ihara, Y., M. Kibata, T. Hayabara et al.: Free radicals in the cerebrospinal fluid are associated with neurological disorders including mitochondrial encephalomyopathy. Biochem Mol Biol Int 42 (1997) 937–947.
[5] Jaradeh, S. S., T. E. Prieto, L. J. Lobeck: Progressive polyradiculoneuropathy in diabetes: correlation of variables and clinical outcome after immunotherapy. J Neurol Neurosurg Psychiatry 67 (1999) 607–612.
[6] Korenke, G. C., H. Reiber, D. H. Hunneman et al.: Intrathecal IgA synthesis in X-linked cerebral adrenoleukodystrophy. J Child Neurol 12 (1997) 314–320.
[7] Lekman, A. Y., B. A. Hagberg, L. T. Svennerholm: Cerebrospinal fluid gangliosides in patients with Rett syndrome and infantile neuronal ceroid lipofuscinosis. Europ J Pediatr Neurol 3 (1999) 119–123.
[8] Manyam, B. V., M. H. Bhatt, W. D. Moore et al.: Bilateral striopallidodentate calcinosis: cerebrospinal fluid, imaging, and electrophysiological studies. Ann Neurol 31 (1992) 379–384.
[9] Moser, H. W.: Adrenoleukodystrophy: phenotype, genetics, pathogenesis and therapy. Brain 120 (1997) 1485–1508.
[10] Moser, H. W.: Neurometabolic disease. Curr Opin Neurol 11 (1998) 91–95.
[11] Phillips, J. P., L. A. Lockman, E. G. Shapiro et al.: CSF findings in adrenoleukodystrophy: correlation between measures of cytokines, IgG production, and disease severity. Pediatr Neurol 10 (1994) 289–294.
[12] Riikonen, R., S. L. Vanhanen, J. Tyynela et al.: CSF insulin-like growth factor-1 in infantile neuronal ceroid lipofuscinosis. Neurol 54 (2000) 1828–1832.
[13] Sakura, N., N. Mizoguchi, H. Ueda et al.: Clinical significance of Gaucher cells in cerebrospinal fluid. Acta Paediatr 88 (1999) 104–105.
[14] Stacpoole, P. W., S. T. Bunch, R. E. Neiberger et al.: The importance of cerebrospinal fluid lactate in the evaluation of congenital lactic acidosis. J Pediatr 134 (1999) 99–102.
[15] Stuerenburg, H. J.: CSF copper concentration, blood-brain barrier function, and coeruloplasmin synthesis during the treatment of Wilson's disease. J Neural Transm 107 (2000) 321–329.
[16] Stuerenburg, H. J., C. Eggers: Early detection of non-compliance in Wilson's disease by consecutive copper determination in cerebrospinal fluid. J Neurol Neurosurg Psychiatry 69 (2000) 701–702.
[17] Yamamoto, M., H. Ujike, K. Wada et al.: Cerebrospinal fluid lactate and pyruvate concentrations in patients with Parkinson's disease and mitochondrial encephalomyopathy, lactic acidosis, and stroke-like episodes (MELAS). J Neurol Neurosurg Psychiatry 62 (1997) 290.
[18] Younger, D. S., G. Rosoklija, A. P. Hays: Diabetic peripheral neuropathy. Semin Neurol 18 (1998) 95–104.

1.4.14 Hereditäre motorische und sensible Neuropathien (HMSN)

Insbesondere bei der hereditären motorischen und sensiblen Neuropathie Typ III nach Dyck (Dejerine-Sottas-Krankheit) kann man Gesamtproteinerhöhungen bis 2000 mg/l im Liquor cerebrospinalis finden. Eine Unterscheidung zwischen den verschiedenen HMSN-Typen ist auf der Basis der Liquoranalytik aber nicht möglich.

1.4.14.1 Literatur

[1] Hagberg, B., G. Lyon: Pooled European series of hereditary peripheral neuropathies in infancy and childhood. A „correspondence work shop"

report of the European Federation of Child Neurology Societies (EFCNS). Neuropediatrics 12 (1981) 9–17.

[2] Ouvrier, R. A., J. G. McLeod, T. E. Conchin: The hypertrophic forms of hereditary motor and sensory neuropathy. A study of hypertrophic Charcot-Marie-Tooth disease (HMSN type I) and Dejerine-Sottas disease (HMSN type III) in childhood. Brain 110 (1987) 121–148.

1.5 Krankheitsbilder mit unterschiedlicher Ätiologie
U. K. Zettl, E. Mix, R. Lehmitz

1.5.1 Epilepsie

Die Liquorveränderungen bei Epilepsie sind prinzipiell abhängig von der Ätiologie des Krampfgeschehens, vom Anfallstyp und vom Zeitpunkt der Liquorpunktion in Bezug zum letzten zerebralen Krampfanfall.

Bei den symptomatischen Krampfanfällen sind in der Regel die Liquorveränderungen ausgeprägter, wobei die Grunderkrankung wie Infektionen, Tumoren oder Traumata den Liquorbefund primär prägen. Bei den idiopathischen Epilepsien finden sich meistens normale Liquorverhältnisse. Selten zeigen sich diskrete *Pleozytosen* und geringe *Gesamtproteinerhöhungen*, wobei in diesen Fällen die anamnestisch erhobene Anzahl der Anfälle nicht mit der Ausprägung der Liquorveränderungen korreliert.

Anders stellt sich die Situation unmittelbar nach generalisierten Krampfanfällen oder beim Status epilepticus dar. Hier finden sich relativ häufig Liquorveränderungen mit *Pleozytosen*, *Gesamtproteinerhöhungen*, *Schrankenfunktionsstörungen* und Liquordrucksteigerungen.

Das *Liquorzellbild* zeigt in diesem Stadium häufig einen hohen Anteil an Granulozyten, so daß die differentialdiagnostische Abgrenzung vom Frühstadium einer akuten viralen bzw. bakteriellen Erkrankung, einer akuten zerebralen Ischämie oder eines akuten schweren metabolisch-toxischen Ereignisses (z. B. Glukosestoffwechsel) schwierig sein kann. In der Regel normalisiert sich ein bis vier Tage nach dem akuten Krampfereignis der zytologische Befund.

1.5.2 Liquorrhoe

Der Austritt von Liquor cerebrospinalis aus der Nase, den Ohren oder dem Spinalkanal kann posttraumatisch, postoperativ oder aber auch bei kongenitalen Anomalien beobachtet werden.

Die zytologische Analyse ergibt keinen sicheren Hinweis, ob es sich dabei um Liquor cerebrospinalis oder um andere Körperflüssigkeiten wie Nasensekret handelt, da der Liquor auf dem Wege durch seinen „pathologischen Austrittskanal" durch Erythrozyten und Entzündungszellen wie neutrophile oder eosinophile Granulozyten aber auch Bakterien kontaminiert sein kann.

Zur Differenzierung zwischen Liquor und Nasensekret bietet sich einerseits die altbewährte Untersuchung zur Bestimmung der Konzentration von *Glukose*, *Gesamteiweiß* und *Kalium* an, die sich in den beiden Körperflüssigkeiten in der Regel deutlich unterscheiden (Tab. 3).

Andererseits besteht die Möglichkeit über die Konzentrationsbestimmung von ß-trace-Protein eine Identifikation von Liquor in anderen Körperflüssigkeiten vorzunehmen (Tab. 4).

Tab. 1 Konzentration einiger Inhaltsstoffe im Liquor und Nasensekret

Parameter	Dimension	Liquor	Nasensekret
Glukose	mg/dl	40,0–60,0*	bis 10,00
Gesamteiweiß	g/l	0,15–0,45	3,0–40,0
Kalium	mmol/l	2,6–3,6*	bis 17,0

*Wert ist stark von den Serum-Konzentrationen abhängig.

Tab. 2 Konzentration von β-trace Protein in verschiedenen Körperflüssigkeiten

Parameter	Werte (mg/l)
Serum	0,35–0,64
Nasensekret	>0,30
Urin	0,50–2,0
Ventrikelliquor	1,0–2,0
lumbaler Liquor	12,0–20,0

1.5.3 Periphere Facialisparese

Die weitaus häufigste Ursache einer peripheren Facialisparese (über zwei Drittel aller Facialisparesen) ist die Bellsche Lähmung („idiopathische Facialisparese"). In der Regel findet man hierbei regelrechte Liquorbefunde.

In den letzten Jahren gelang aber mehreren Arbeitsgruppen bei Patienten mit Zustand nach Bellscher Lähmung im Ganglion genuiculi oder in der endoneuralen Flüssigkeit des N. facialis die Identifizierung des Genoms vom Herpes-simplex-Virus-Typ 1.

Dies veranlaßte Adams und Koautoren dazu, den Begriff ideopathische Facialisparese durch den Terminus Herpes-simplex- oder herpetische Facialisparese zu ersetzen.

Neben der Bellschen Lähmung sind die klinisch eindeutig symptomatischen peripheren Facialisparesen abzugrenzen (Tab. 5). Hierbei richtet sich der Liquorbefund nach der Grundkrankheit.

Kohler und Mitarbeiter fanden in 11% der peripheren Facialisparesen einen abnormen Liquorbefund. Dies war teils im Rahmen von peripherer Facialisparese bei Ramsay-Hunt-Syndrom (60% Liquorveränderungen), teils von Lyme-Erkrankung (25% Liquorveränderungen), teils von HIV-Infektion (100% Liquorveränderungen) sowie von Sarkoidose oder klinisch manifester Herpes-Infektion.

1.5.4 Vertebrogene Prozesse

1.5.4.1 Nucleus pulposus prolaps (NPP)

Die Liquorbefunde beim Bandscheibenvorfall zeigen im pathologischen Fall eine diskrete *Pleozytose* und eine *Gesamtproteinerhöhung* (Nonne-Froinsches-Syndrom) bei einer lokalen *Schrankenfunktionsstörung*. Dieser Liquorbefund ist insbesondere bei medialen Prolapsen nachweisbar. Bei dorso-lateralen Prolapsen, die häufig einen massiven klinischen Befund zur Folge haben, können diese Liquorveränderungen fehlen. Lange persistierende *Gesamtproteinerhöhungen* im Liquor cerebrospinalis bei weitgehender klinischer Rückbildung der Symptomatik sind verdächtig auf degenerative Bandscheibenveränderungen.

1.5.4.2 Spinalkanalstenose (neurogene Claudicatio spinalis intermittens)

Die mechanische Einengung des Spinalkanals (konstitutionell oder Degeneration im Bewegungssegment) bis zur vollständigen Blockade führt zu erhöhten Proteinkonzentrationen caudal (> 30 g/l Liquor), bei normalen Werten cranial (zisternal, ventrikulär) der Stenose.

Bei der Spinalkanalstenose zeigt die Liquoranalytik in der Regel Normalbefunde. In einigen Fällen lassen sich leichte *Schrankenfunktionsstörungen* mit Erhöhung des *Gesamtproteins* und proinflammatorische Zytokine im Liquor cerebrospinalis nachweisen.

1.5.4.3 Sonstige vertebrogene Prozesse

Spinale Prozesse wie spondylolytische Spondylolisthesis, Pseudospondylolisthesis oder Morbus Bechterew zeigen in der Regel normale Liquorbefunde oder diskrete *Gesamtproteinerhö-*

Tab. 3: Ätiologien symptomatischer peripherer Fazialisparesen

Entzündung	Zoster oticus, Neuroborreliose, Polyradiculitis cranialis, Meningitis, Mastoiditis, Otitis media, Sarkoidose, Ramsay-Hunt-Syndrom u. a.
Trauma	Felsenbeinquer- und Felsenbeinlängsfrakturen, Hämatom, Ödem
Tumor	Akustikusneurinom, Meningeom, Lipom, Parotistumor, Cholesteatom, Metastasen u. a.
weitere Ursachen	Moebius-Syndrom, Melkersson-Rosenthal-Syndrom

hungen. Andere vertebrogene Schädigungen wie Traumata, Wirbelkörperfrakturen im Rahmen von Neoplasien oder entzündlichen Prozesse wie Spondylitiden und Spondylodiszitiden können in Abhängigkeit der Lage zu den Liquorräumen krankheitstypische Befunde aufweisen, die in den entsprechenden Kapiteln dargestellt sind.

1.5.5 Polyneuropathien

Bei dem heterogenen Krankheitsbild der Polyneuropathien hat die Läsion in der Regel keine direkte Beziehung zum Liquorraum. Liquorveränderungen sind daher nur im begrenzten Umfang zu erwarten. Ein pathologischer Liquorbefund spricht für die Einbeziehung von Nervenwurzeln oder zentralnervösen Strukturen, auch dann, wenn klinisch nur eine Läsion der distalen Anteile der peripheren Nerven festzustellen ist. Eine wesentliche Bedeutung der Liquordiagnostik bei Polyneuropathien liegt in der differentialdiagnostischen Abgrenzung zwischen entzündlichen und nichtentzündlichen Ätiologien.

Bei den nichtentzündlichen Polyneuropathien, wie den toxischen und metabolischen Formen, ist in der Mehrzahl der Fälle die Störung außerhalb des Nervensystems gelegen. Konsekutiv kann es zu einer Störung der *Schrankenfunktion* kommen. Die *Gesamtproteinwerte* liegen bei diesen Polyneuropathie-Formen meist unter 1 000 mg/l. Höhere Werte werden gelegentlich bei der diabetischen Polyneuropathie gefunden.

Polyneuropathien im Rahmen von Metallvergiftungen können bei gleichzeitiger Beteiligung von ZNS-Strukturen ebenfalls mit besonders hohen *Gesamtproteinkonzentrationen* im Liquor cerebrospinalis einhergehen.

Die *Zellzahl* liegt bei den nichtentzündlichen Polyneuropathien üblicherweise im Normbereich. Selten (10 %) können leichte mononukleäre *Pleozytosen* nachgewiesen werden.

In sehr seltenen Fällen sind bei der proximalen asymmetrischen diabetischen Polyneuropathie *Pleozytosen* bis 100 Mpt/l beschrieben, wobei in diesen Fällen in der Regel die *Gesamtproteinerhöhung* ausschließlich auf eine Schrankenfunktionsstörung zurückzuführen ist. Jaradeh und Mitarbeiter fanden in seltenen Fällen einer durch Diabetis mellitus verursachten progressiven Polyradikuloneuropathie in ca. 30 % oligoklonale Banden im Liquor cerebrospinalis.

Bei den hereditären Polyneuropathien zeigt der Liquor cerebrospinalis ein analoges Verhalten wie bei den nicht hereditären metabolischen Polyneuropathien. Die *Zellzahl* und das *Zellbild* sind in der Regel normal. Bei den Lipidosen lassen sich gelegentlich wie im Blut vakuolisierte Phagozyten (Monozyten, Makrophagen) nachweisen. Der *Gesamtproteinwert* ist normal oder leicht erhöht, wobei die Polyneuropathie im Rahmen einer Systemerkrankung eher mit einer *Gesamtproteinerhöhung* einhergehen als die isoliert das periphere Nervensystem betreffenden Formen. Besonders hohe *Gesamtproteinwerte* können bei Morbus Refsum, Porphyrie und Globoidzell-Leukodystrophie beobachtet werden.

Eine ganz besondere Bedeutung kommt der Liquordiagnostik bei allen Formen von entzündlichen sowie bei den paraproteinämischen Polyneuropathien (Kap. C.1.1.3) zu. Auf die detaillierten Liquorbefunde wird in den entsprechenden Kapiteln eingegangen.

1.5.6 Psychosen

Bei den exogenen Psychosen ist der Liquorbefund abhängig von der entsprechenden Ätiologie und der Lokalisation des Krankheitsprozesses. Bei den sogenannten endogenen Psychosen können sich in geringem Ausmaß pathologische Liquorveränderungen zeigen. So sind bei schizophrenen Psychosen neben völlig normalen Liquorbefunden Grenzbefunde oder diskrete pathologische Veränderungen keinesfalls selten. *Gesamtproteinerhöhungen* werden dabei häufiger als *Pleozytosen* beobachtet. Ein typisches Liquorsyndrom für die schizophrenen Psychosen gibt es aber nicht. Zyklische Psychosen zeigen in der Regel für die Basisparameter im Liquor cerebrospinalis Normwerte. Konzentrationsänderungen von Zytokinen, Neurotransmittern, biogenen Aminen und deren Metabolite bei endogenen Psychosen sind gegenwärtig Forschungsgegenstand. Der Stellenwert für die klinische Routinediagnostik des Liquor cerebrospinalis kann noch nicht abschließend beurteilt werden.

1.5.7 Literatur

[1] Adams, R. D., M. Victor, A. H. Ropper: Principles of neurology. McGraw-Hill, London – Berlin – New York 2001.
[2] Baringer, J. R.: Herpes simplex virus and Bell palsy. Ann Intern Med 124 (1996) 63–65.
[3] Brisby, H., K. Olmarker, K. Larsson et al.: Proinflammatorycytokines in cerebrospinal fluid and serum in patients with disc herniation and sciatica. Eur Spine J 11 (2002) 62–66.
[4] Cannon, T. D., T. G. van Erp, M. Huttunen et al.: Regional gray matter, white matter, and cerebrospinal fluid distributions in schizophrenic patients, their siblings, and controls. Arch Gen Psychiatry 55 (1998) 1084–1091.
[5] Faustman, W. O., M. Bardgett, K. F. Faull et al.: Cerebrospinal fluid glutamate inversely correlates with positive symptom severity in unmedicated male schizophrenic/schizoaffective patients. Biol Psychiatry 45 (1999) 68–75.
[6] Jaradeh, S. S., T. E. Prieto, L. J. Lobeck: Progressive polyradiculoneuropathy in diabetes: correlation of variables and clinical outcome after immunotherapy. J Neurol Neurosurg Psychiatry 67 (1999) 607–612.
[7] Kohler, A., M. Chofflon, R. Sztajzel et al.: Cerebrospinal fluid in acute peripheral facial palsy. J Neurol 246 (1999) 165–169.
[8] Maas, J. W., C. L. Bowden, A. L. Miller et al.: Schizophrenia, psychosis, and cebral spinal fluid homovanillic acid concentrations. Schizophr Bull 23 (1997) 147–154.
[9] Murakami, S., M. Mizobuchi, Y. Nakashiro et al.: Bell palsy and herpes simplex virus: Identification of viral DNA in endoneurial fluid and muscle. Ann Intern Med 124 (1996) 27–30.
[10] Rapaport, M. H., C. G. McAllister, D. Pickar et al.: CSF IL-1 and IL-2 in medicated schizophrenic patients and normal volunteers. Schizophr Res 25 (1997) 123–129.
[11] Schmidt, R. M. (Hrsg.): Der Liquor cerebrospinalis. Untersuchungsmethoden und Diagnostik (2 Bde.). Georg Thieme, Leipzig 1987.
[12] Sharma, R. P., P. G. Janicak, G. Bissette et al.: CSF neurotensin concentrations and antipsychotic treatment in schizophrenia and schizoaffective disorder. Am J Psychiatry 154 (1997) 1019–1021.
[13] Sharma, R. P., B. Martis, C. Rosen et al.: CSF thyrotropin-releasing hormone concentrations differ in patients with schizoaffective disorder from patients with schizophrenia or mood disorders. J Psychiatr Res 35 (2001) 287–291.
[14] Skouen, J. S., J. L. Larsen, I. O. Gjerde et al.: Cerebrospinal fluid protein concentrations in patients with sciatica caused by lumbar disc herniation: an investigation of biochemical, neurologic, and radiologic predictors of long-term outcome. J Spinal Disord 10 (1997) 505–511.
[15] Swift, A. C., P. Foy: Advances in the management of CSF rhinorrhoea. Hosp Med 63 (2002) 28–32.
[16] Wahlbeck, K., A. Ahokas, H. Nikkila et al.: Cerebrospinal fluid angiotensin-converting enzyme (ACE) correlates with length of illness in schizophrenia. Schizophr Res 41 (2000) 335–340.

1.6 Liquorveränderungen nach diagnostischen oder therapeutischen Eingriffen
U. K. Zettl, E. Mix, R. Lehmitz

1.6.1 Medikamenten-induzierte Meningitis

Erste Hinweise für eine medikamenteninduzierte aseptische Meningitis im engeren Sinne wurde bei jungen Frauen mit Lupus erythematodes unmittelbar nach Einnahme von Ibuprofen gefunden. Zwischenzeitlich sind nach der Applikation einer Reihe anderer Sustanzen wie Antibiotika (Trimethoprim, Sulfadiazin, Sulfamethoxazol), Immunsupressiva (Azathioprin) und Immunmodulanzien (intravenöse Immunglobuline) ebenfalls Fälle einer aseptischen Meningitis beschrieben worden.

Pathogenetisch wird eine Hypersensitivitätsreaktion vermutet. Die klinischen Symptome verschwinden relativ rasch nach Absetzen der auslösenden Noxe. Ein starker ätiologischer Hinweis ist die erneute Manifestation der aseptischen Meningitis nach Reexposition.

Der Liquor zeigt eine *Pleozytose* von einigen 100 bis über 1 000 Mpt/l. Bei der *Zelldifferenzierung* finden sich häufig eine Granulozytose, in seltenen Fällen wurde eine lymphozytäre oder eosinophile Pleozytose beschrieben.

1.6.2 Zustand nach Lumbalpunktionen

Infolge einer Lumbalpunktion kann eine reaktive *Pleozytose* auftreten, die nach wenigen Tagen abklingt. Nach einmaliger Punktion ist eine Pleozytose bis 50 Mpt/l möglich, während nach mehrmaliger Punktion in kurzem zeitlichem Abstand in Einzelfällen bis zu 400 Mpt/l registriert wurden.

Sollten im Rahmen der Lumbalpunktion Medikamente intrathekal appliziert worden sein, so können die oben genannten Befunde (Ausprägung, Zeitdauer) deutlich modifiziert werden.

1.6.3 Postoperative Infektionen

Als empfindliche Parameter für eine beginnende Infektion nach einer neurochirurgischen Intervention müssen weiterhin die klassischen Kriterien wie erhöhte *Zellzahl* (granulozytäre Pleozytose) im ventrikulären oder lumbalen Liquor und eine erhöhte *Laktatkonzentration* herangezogen werden.

Aufgrund der häufigen Blutkontaminationen des postoperativen Liquors ist die Interpretation des Quotientendiagramms nur eingeschränkt möglich. Hohe Albuminquotienten ohne Entzündungszeichen und Blutkontamination weisen vorrangig auf eine Schrankenfunktionsstörung hin.

Die Bewertung der Liquorbefunde aus liegenden Drains ist oft problematisch und nur im Zusammenhang mit den klinischen Befunden möglich. Von besonderer Wichtigkeit sind standardisierte Abnahmebedingungen und eine schnellstmögliche Analyse des Liquor cerebrospinalis.

Bei nicht plausiblen Zellzahlschwankungen oder nur extrazellulär gelegenen Keimen mit dem differentialdiagnostischen Verdacht auf eine Kontamination sollte zur Befundsicherung eine neue Liquorprobe entnommen werden.

Da es sich bei den Patienten mit Liquordrains häufig um antibiotisch therapierte Patienten handelt, ist der mikroskopische Keimnachweis erschwert. Routinemäßig sollten deshalb bei Liquorproben aus Drains immer mikrobiologische Kulturen angelegt werden (Kap. B.6.1). Aufgrund des Drains per se ist eine Fremkörperreaktion und durch Manipulationen am Drain eine Reizpleozytose im Liquor möglich (Kap. C.1.6.4).

1.6.4 Reizpleozytose und Fremdkörperreaktion

Reizpleozytosen können vielfältige Ursachen haben. So finden sich beispielsweise nach vorangegangener Liquorpunktion (ca. zwei Wochen) und nach zerebralen Anfällen oftmals leichte *Zellzahlerhöhungen* mit einem pathologischen Granulozytenanteil im *Differentialzellbild*. Auch bei Tumoren, Traumen und Blutungen sind *Zellzahlerhöhungen* im Sinne einer Reizpleozytose nicht selten. Besonders nach Parenchym- und Subarachnoidalblutungen ist bedingt durch den Blutungsreiz mit einer deutlichen *Pleozytose* zu rechnen. Im *Zellbild* erscheinen vor allem Makrophagen, Granulozyten und vereinzelt auch Plasmazellen. In allen diesen Fällen müssen weitere klinische und Laborparameter zur Unterscheidung zwischen entzündlicher und nichtentzündlicher Reaktion im Liquorraum herangezogen werden.

Fremdkörper können ebenfalls eine Reizpleozytose bewirken. Als Antwort auf körperfremdes Material wie Shunts, Drains und Nahtmaterial kommt es zu einer konsekutiven *Pleozytose*, wobei die Differentialzellbilder eher gemischt sind, also neben Granulozyten auch Lymphozyten, Monozyten und Makrophagen enthalten. Makrophagen können als Riesenzellen imponieren.

1.6.5 Literatur

[1] Jakobson, A. M., A. Kreuger, O. Mortimer et al.: Cerebrospinal fluid exchange after intrathecal methotrexate overdose. A report of two cases. Acta Paediatr 81 (1992) 359–361.

[2] Jakobson, A. M., A. Kreuger, O. Mortimer et Mancebo, J., P. Domingo, L. Blanch et al.: Postneurosurgical and spontaneous gram-negative bacillary meningitis in adults. Scand J Infect Dis 18 (1986) 533–538.

[2] Meredith, F. T., H. K. Phillips, L. B. Reller: Clinical utility of broth cultures of cerebrospinal fluid from patients at risk for shunt infections. J Clin Microbiol 35 (1997) 3109–3111.

[3] Worofka, B., J. Lassmann, K. Bauer et al.: Praktische Liquorzelldiagnostik. Springer, Wien – New York 1997.

1.7 Postmortale Liquorveränderungen

U. K. Zettl, E. Mix, R. Lehmitz

Über postmortale Liquorveränderungen ist erstmals 1914 durch Reye berichtet worden.

Meyer und später Schmidt weisen darauf hin, daß den Ergebnissen postmortaler Liquoranalysen, außer in der Rechtsmedizin, selten eine praktische Bedeutung zukommt.

Bei *intra vitam* normaler *Liquorzellzahl* tritt schon 30 Minuten *post mortem* eine lymphomonozytäre Pleozytose ein. Spätestens 20 Stunden *post mortem* weist der Liquor cerebrospinalis einen erhöhten *Gesamtproteinwert* auf. Dieser Wert fällt in den ersten Stunden *post mortem* höher aus, wenn bereits *intra vitam* derartige pathologische Liquorveränderungen bestanden. Die elektrophoretische Eiweißanalytik bleibt innerhalb der ersten zwei Tage *post mortem* im wesentlichen unverändert.

Pharmaka, endogene oder exogene toxische Substanzen lassen sich in Abhängigkeit von ihrer „Schrankengängigkeit" zeitverzögert zum Serum im Liquor cerebrospinalis nachweisen (Kap. A.3).

1.7.1 Literatur

[1] Jenkins, A. J., E. S. Lavins: 6-acetylmorphine detection in postmortem cerebrospinal fluid. J Anal Toxicol 22 (1998) 173–175.

[2] Meyer, H. H.: Der Liquor. Springer Verlag, Berlin 1949.

[3] Reye, E.: Untersuchungen über die Cerebrospinalflüssigkeit an der Leiche. Virchows Arch Pathol Anat 216 (1914) 424.

[4] Schmidt, R. M. (Hrsg.): Der Liquor cerebrospinalis. Untersuchungsmethoden und Diagnostik (2 Bde.). Thieme Verlag, Leipzig 1987.

C.2 Vom Liquorbefund zum klinischen Krankheitsbild
E. Mix, R. Lehmitz, U. K. Zettl

In der nachfolgenden Tabelle werden die *typischen* Laborbefunde zu einzelnen Krankheitsentitäten zusammengefaßt. Auf hiervon abweichende Befunde wird im Kapitel C.1 eingegangen. Die in Klammern angegebenen Prozentzahlen entsprechen den der Literatur entnommenen Häufigkeiten für die vorangehenden Befundangaben. Andere in Klammern gesetzte Angaben, z. B. Zellpopulationen, weisen auf typische Befunde, für deren Häufigkeit exakte Mitteilungen fehlen. Pfeile zeigen Veränderungen im Krankheitsverlauf an. Fehlende Angaben (leere Felder) bedeuten nicht automatisch, daß die entsprechenden Parameter im Normbereich liegen, vielmehr fehlen hier zur Zeit noch zuverlässige Informationen aus der Literatur und aus der eigenen Praxis. Durch diese tabellarische Zusammenstellung soll eine rasche differentialdiagnostische Betrachtung von einzelnen Liquorbefunden sowie von Befundkonstellationen ermöglicht werden. Differentialdiagnostische Erwägungen auf dieser Basis sind allerdings nur in enger Zusammenschau mit klinischen und anderen paraklinischen Untersuchungsbefunden sinnvoll. Auf keinen Fall sollte eine isolierte Bewertung der Liquorbefunde erfolgen.

Tab. 1: Vom Liquorbefund zum klinischen Krankheitsbild

Krankheiten		Zelluläre Bestandteile						
Erkrankungsgruppe	Erkrankungen	Zellzahl (Mpt/l)	Differentialzellbild	Aktivierte B-Zellen	Lymphozytensubpopulationen	Sonstige	Gesamteiweiß (mg/l)	Q_{alb} ($\times 10^{-3}$)
Entzündungen								
Purulente bakterielle Infektionen	Akute bakterielle Meningitis	> 1000	granulozytär	IgG, IgA im Verlauf			> 1000	50–300
	Neurolisteriose	10–10000	granulozytär, lymphozytär oder gemischtzellig	(+)			normal bis 10000	
	Nocardiose	normal bis 5000	granulozytär → lymphozytär				leicht erhöht bis 1500	
	Hirnabszeß, Hirnphlegmone	leicht erhöht (bis 300)	granulozytär bis gemischtzellig			Makrophagen (MØ)	erhöht, bes. bei spinalem extraduralem Abszeß	erhöht, bes. nach Perforation in den Liquorraum
Apurulente bakterielle Infektionen	Tuberkulöse Meningitis	10–1500	gemischtzellig	IgA > IgG	$\gamma\delta^+$T-Zellen	Lymphoidzellen, Plasmazellen, aktivierte MØ, (Eosinophile)	1000–2000	25–400
	Neuroborreliose (3 Stadien)	10–1000	mononukleär mit Lymphozytendominanz	IgM > IgG, IgA	B-Zellen	Plasmazellen	bis > 2000	bis > 50
	Neurosyphilis (3 Verlaufsformen)	bis > 350	mononukleär mit wenig Granulozyten	IgG, IgM > IgA		Plasmazellen, (Eosinophile)	bis > 800	bis 15 (30)
	Neurobrucellose	10–1000	granulozytär → lymphozytär			Plasmazellen, Eosinophile	erhöht	
	Neuroleptospirose	um 100	granulozytär, gemischtzellig, lymphozytär			Eosinophile	normal bis 1000	
	Legionellose	10–200	gemischtzellig, lymphozytär				erhöht	bis > 50
	Mycoplasmen	5–1200 (50 %)	lymphozytär oder gemischtzellig	(Eosinophile)			bis 1500 (50 %)	
	M. Whipple	normal bis 400	gemischtzellig	MØ mit sichelförmigen Einschlüssen (Sieracki-Zellen)			leicht erhöht	

	Humorale/lösliche Bestandteile							
Intrathekale Immunglobuline (IgG,IgM,IgA)	Oligoklonale Banden (IgG)	Antikörperindex	Laktat (mmol/l)	Glukose (mmol/l)	Sonstige	Adhäsionsmoleküle	Zytokine	Verweise
IgA bei Pneumokokken, Meningokokken	(+) im Verlauf		>2,5 D-Laktat	erniedrigt <2,7 (<50% Serum)	Lysozym (>1 mg/l), Neopterin (>10 nmol/l), Granulozytenelastase	sICAM	TNFα, IFNγ, IL6, IL10, TGFβ, (IL12)	B.1, B.2.1, B.2.3, B.3.1, B.3.3, B.4, B.6.1, B7, C.1.1.1.1
keine bis Dreiklassenreaktion (IgG + IgM + IgA)	(+)		erhöht	erniedrigt (<50% Serum)	L. monocytogenes (PCR)			B.3.3, B.5, B.7, C.1.1.1.1
				(erniedrigt)				C.1.1.1.1
IgG, IgA (ab 2. Woche)				erniedrigt (<50% Serum)				B.1, B.3.1, B.6.1, C.1.1.1.1
IgA (50%) > IgG	+ (50%)	(+)	3,0–8,5	erniedrigt (<50% Serum)	Tuberkulostearinsäure, Adenosindesaminase, M. tuberculosis (PCR)		TNFα, IFNγ	B.1, B.2.1, B.2.3, B.3.1, B.3.2, B.3.3, B.5, B.6.1, B.7, C.1.1.1.2
IgM > IgA > IgG (31%)	+ (65%)	IgM > IgG		normal	Quinolinsäure, Neopterin (>10 nmol/l), B. burgdorferi B. garinii, B. afzelii (PCR)			B.2.3, B.3.1, B.3.2, B.3.3, B.4, B.5, B.6.1, B.7, C.1.1.1.2
IgG>IgM>IgA	+ (>90%)	ItpA						B.2.3, B.3.1, B.3.2, B.3.3, C.1.1.1.2
IgG, IgM, IgA	+		3,0–5,0	normal bis leicht erniedrigt				B.3.3, C.1.1.1.2
								C.1.1.1.2
	(+)							C.1.1.1.2
			erhöht (59%)					C.1.1.1.2
	(+)				Tropheryma whippelii (PCR), HSVII			B.2.3, B.6.1, C.1.1.1.2

Tab. 1: (Fortsetzung)

Krankheiten		Zelluläre Bestandteile						
Erkrankungs-gruppe	Erkrankungen	Zellzahl (Mpt/l)	Differential-zellbild	Aktivierte B-Zellen	Lymphozyten-subpopu-lationen	Sonstige	Gesamt-eiweiß (mg/l)	Q_{alb} ($\times 10^{-3}$)
Virale Infektionen	Herpes-simplex-Virus-Enzephalitis (HSVE)	10–500	lymphozytär	IgG	$CD8^+CD11a^+$ T-Zellen	Plasmazellen, Erythro- und Hämosidero-phagen, IFNγ-produzie-rende Lymphozyten	500–800	bis 25
	Varizella-Zoster-Virus (VZV)-Erkrankungen (> 7 Manifesta-tionsformen)	30–300	mononukleär	+			500–1000	8–25
	Subakute sklero-sierende Panenzephalitis (SSPE)	normal bis leicht erhöht	lymphozytär	(+)		(Eosinophile)	leicht erhöht	normal
	Frühsommer-Meningo-enzephalitis (FSME)	30–1500	granulozytär → mononukleär				bis 1000	
	HIV-Stadium I/II	bis 30 (40 %)	lymphozytär	IgG (70 %)	CD4/CD8 < 1,0	(Plasmazellen)		normal (85 %)
	HIV-Stadium III (AIDS)	bis 30 (80 %)			CD4/CD8 < 1,0 (> 90 %)			8–15
	Masern-Enzephalitis	10–500	mononukleär	IgG		Aktivierungs-zeichen	bis > 1000	leicht bis mittelgra-dig erhöht
Pilzinfektionen	Candidamykose	30–300	gemischtzellig			(Eosinophile)	bis 1500	
	Kryptokokkose	normal bis 300	lymphozytär bis gemischtzellig	(+)		Plasmazellen, (Eosinophile), MØ mit phagozytierten Kryptokokken	bis 2500	
	Aspergillose (Meningitis)	50 → 1000	granulozytär bis gemischtzellig			Erythro- und Hämosidero-phagen nach Rupturblutung, (Eosinophile)	bis 4000	
Protozoen-Infektionen	Toxoplasmose	bis 1000	lymphozytär	(+)		Plasmazellen	bis 1000	8–25 (75 %)

C.2 Vom Liquorbefund zum klinischen Krankheitsbild

	Humorale/lösliche Bestandteile								
Intrathekale Immunglobuline (IgG,IgM,IgA)	Oligoklonale Banden (IgG)	Antikörperindex	Laktat (mmol/l)	Glukose (mmol/l)	Sonstige	Adhäsionsmoleküle	Zytokine		Verweise
IgG > IgM, IgA	(+) (11 %)	+	normal bis leicht erhöht	normal	Neopterin (> 80 nmol/l), S100ββ, Protein 14-3-3, HSV-I (PCR)	sICAM	IFNγ, Perforin		B.1, B.2.3, B.3.1, B.3.2, B.3.3, B.4, B.5, B.6.1, B.6.2, B.7, C.1.1.2.1
IgG (15 %) > IgA > IgM	+ (30 %)	+		normal					B.2.1, B.3.1, B.3.2, B.3.3, B.6.2, B.7, C.1.1.2.2
IgG (> 90 %) > IgM	+ (> 90 %)	+++					IL1ß		B.3.3, B.6.2, C.1.1.2.3
IgM > IgG ≫ IgA		IgG > IgM							B.6.2, C.1.1.2.5
IgG (25–40 %)	+ (50–70 %)	+ (50–70 %)			Neopterin (> 5 nmol/l)				B.2.3, B.3.1, B.3.2, B.3.3, B.4, B.6.2, C.1.1.2.6
IgG (20 %)	+ (40 %)	+ (85 %)			ß$_2$-Mikroglobulin (β$_2$-MG) (> 2 mg/l), Neopterin (> 8 nmol/l)				B.3.1, B.3.2, B.4, B.6.2, C.1.1.2.6
(IgG)	(+)	(+)		normal					B.3.2, B.6.2, C.1.1.2.3
IgA > IgG	(+)		4–9	erniedrigt					B.3.3, B.6.3, B.7, C.1.1.3.1
IgG, IgM → Dreiklassenreaktion	(+)		bis 13	erniedrigt					B.3.1, B.3.3, B.6.3, C.1.1.3.2
IgA > IgG, IgM	(+)		< 4	erniedrigt					B.6.3, C.1.1.3.3
Dreiklassenreaktion (50 %)	(+)	+ (100 %)							B.3.1, B.3.2, B.3.3, B.6.4, C.1.1.4.1

Tab. 1: (Fortsetzung)

Krankheiten		Zelluläre Bestandteile						
Erkrankungs-gruppe	Erkrankungen	Zellzahl (Mpt/l)	Differential-zellbild	Aktivierte B-Zellen	Lymphozyten-subpopulationen	Sonstige	Gesamt-eiweiß (mg/l)	Q_{alb} $(\times 10^{-3})$
	Zerebrale Malaria	diskret erhöht					bis 1500	
	Amöbeninfektion (Abszeß)	leicht erhöht	gemischtzellig				gering erhöht	
Parasitosen	Neurozystizerkose (4 Manifestationsformen)	bis 120 (60 %)	lymphozytär oder gemischt			Plasmazellen, sehr selten Eosinophile	gering erhöht	z. T. stark erhöht
	Toxocariasis (eosinophile Meningoenzephalitis)	normal bis 150	lymphozytär bis granulozytär			Eosinophile (bis 30 %)	gering erhöht	leicht erhöht
	Trichinose	erhöht (50 %)	gemischtzellig			Eosinophile, Larven (25 %)	gering erhöht	
Sonstige Infektionen	Septische Herdenzephalitis	normal bis 500	granulozytär oder gemischtzellig	(+)		(Plasmazellen)	bis > 1500	
Autoimmun-demyelinisierende Erkrankungen	Multiple Sklerose (MS)	bis 50 (60 %)	lymphozytär	IgG > IgM, IgA	$CD4^+CD25^+$ $CD45RO^+$ T-Zellen	Lymphoidzellen, Plasmazellen, IFNγ-produzierende Lymphozyten, (Eosinophile)	bis 900	normal (75 %) bis 10, selten 20
	Akute mono-symptomatische Optikusneuritis (AMON)	bis 50 (60 %)	lymphozytär	IgG > IgM, IgA		Plasmazellen	bis 600	normal (90 %) bis 10
	Akute demyelinisierende Enzephalomyelitis (ADEM)	bis 200 (1500)	lymphozytär bis gemischtzellig					bis 20
	Akute inflammatorische demyelisierende Polyneuropathie (AIDP), GBS und MFS	bis 50 (rückläufig)	lymphozytär	(IgG)	$CD4^+HLA\text{-}DR^+$ T-Zellen, $CD4^+CD29^+$ T-Zellen	(Plasmazellen)	bis 2000	bis 200
	Chronische inflammatorische demyelisierende Polyneuropathie (CIDP)	normal bis leicht erhöht	lympho-granulozytär				mal bis 6000	
Vaskulitiden/ Kollagenosen/ Granulomatosen	Panarteriitis nodosa	normal bis leicht erhöht	lymphozytär				mittelgradig erhöht	

				Humorale/lösliche Bestandteile				
Intrathekale Immunglobuline (IgG,IgM,IgA)	Oligoklonale Banden (IgG)	Antikörperindex	Laktat (mmol/l)	Glukose (mmol/l)	Sonstige	Adhäsionsmoleküle	Zytokine	Verweise
(IgG)	(+)		erhöht	normal bis erniedrigt	verminderte Acetylcholinesteraseaktivität und Folatkonzentration			B.3.3, B.6.4, C.1.1.4.2
				selten gering erniedrigt				B.6.4, C.1.1.4.3
IgG, IgE	+	+		erniedrigt (prognostisch ungünstig)				B.2.1, B.3.3, B.6.4, C.1.1.5.1
IgG		+		normal bis erniedrigt				B.6.4, C.1.1.5.2
				normal				B.6.4, C.1.1.5.3
(IgA, IgG)			erhöht (bis 7)		Endokarditis			B.6.1, C.1.2.3
IgG > IgM, IgA	+ (75 %), freie leichte Ketten	Masern, Röteln, Zoster (MRZ) u. a.			Quinolinsäure, β$_2$-MG, Prostaglandin (PG)-D-Synthase	sVCAM-1, (sICAM-1), Selektine	IL2- u. TNFα-Rezeptoren, IL6, IL12, IFNγ	B.1, B.2.3, B.3.1, B.3.2, B.3.3, B.4, B.7, C.1.1.6.1
IgG > IgM, IgA		MRZ (60 %)						B.2.3, B.3.3, C.1.1.6.6
IgG rückläufig	(+)	negativ			postinfektiös > postvakzinal			B.3.3, C.1.1.6.7
negativ					Neuronenspezifische Enolase (NSE), S100ββ, Antigangliosid GQ1b-Antikörper beim MFS		IL6, TNFα	B.1, B.3.1, B.4, C.1.1.6.9
norIgG	+							C.1.1.6.10
								C.1.1.8.3

Tab. 1: (Fortsetzung)

Krankheiten		Zelluläre Bestandteile						
Erkrankungs-gruppe	Erkrankungen	Zellzahl (Mpt/l)	Differential-zellbild	Aktivierte B-Zellen	Lymphozyten-subpopu-lationen	Sonstige	Gesamt-eiweiß (mg/l)	Q_{alb} ($\times 10^{-3}$)
	Primäre Angiitis des ZNS (PACNS)	bis 250 (50 %)	lymphozytär				erhöht	
	Behçet-Syndrom	mittelgradig erhöht	granulozytär → gemischtzellig → monozytär				mittelgradig erhöht	(leicht) erhöht (40 %)
	Allergische Granulomatose (Churg-Strauss)	mittelgradig erhöht				Eosinophile		
	Wegenersche Granulomatose	(erhöht)	(lympho-monozytär)					(leicht erhöht)
Andere systemische Autoimmun-Erkrankungen	Systemischer Lupus erythemato-des (SLE)	5–50 (30 %)	lymphozytär	(IgG)		LE-Zellen (selten)		leicht erhöht (50 %)
	Sjörgren-Syndrom	30–900 (50 %)	lymphozytär bis gemischtzellig			große, atypische phagozytierende mononukleäre Zellen, (Plasmazellen)	mittelgradig erhöht	
Sonstige Entzündungen	Neurosarkoidose (M. Boeck)	10–200 (40 %)	lymphozytär			(Plasmazellen)		leicht erhöht (70 %)
	Rasmussens chronische Enzephalitis	(geringgradig erhöht)					(geringgradig erhöht)	
	Eosinophile Meningitis	(erhöht)				Eosinophile	(erhöht)	
	Mollaret-Meningitis	hoch (200–2000)	granulozyär → lymphomonozy-tär			Plasmazellen, endotheliale Reizformen (Mollaret-Zellen)	bis 2000	
	Rhombenzephali-tis Bickerstaff							
	Medikamenten-induzierte Meningitis	100 → 2000	granulozytär, (lymphozytär)			(Eosinophile)		

Intrathekale Immunglobuline (IgG,IgM,IgA)	Oligoklonale Banden (IgG)	Antikörperindex	Laktat (mmol/l)	Glukose (mmol/l)	Sonstige	Adhäsionsmoleküle	Zytokine	Verweise
					Humorale/lösliche Bestandteile			
								C.1.1.1.8
	IgA,IgM	(+)					IL6	B.3.3, C.1.1.8.6
								C.1.1.8.7
	(+)	(MRZ)			Antineutrophile Zytoplasma-Antikörper (ANCA)			B.3.2, B.3.3, C.1.1.8.8
IgG (30 %)	+	MRZ (30 %)			Antinukleäre und antineuronale Antikörper		IL6	B.3.2, B.3.3, C.1.1.9.1
IgM > IgG	+ (75 %)	(MRZ)						B.3.2, B.3.3, C.1.1.9.2
IgG,IgA>IgM	+ (50 %)	IgG (70 %)		erniedrigt (20 %)	Angiotensin-Converting-Enzyme (ACE)-Aktivität erhöht (50 %), β$_2$-MG, Lysozym			B.3.3, B.4, C.1.1.7.1
	+ (50 %)	IgG (50 %)			Cyfomegalievirus (PCR)			C.1.1.7.2
								C.1.1.7.4
IgG	+			normal	HSV (PCR)			C.1.1.7.5
					Anti-Glutaminsäure-Decarboxylase (GAD)-Antikörper im Blut			C.1.1.7.6
								C.1.6.1

Tab. 1: (Fortsetzung)

Krankheiten			Zelluläre Bestandteile						
Erkrankungs-gruppe	Erkrankungen	Zellzahl (Mpt/l)	Differential-zellbild	Aktivierte B-Zellen	Lymphozyten-subpopu-lationen	Sonstige		Gesamt-eiweiß (mg/l)	Q_{alb} $(\times 10^{-3})$
	Fremdkörper-induzierte Entzündungen	50–400	granulozytär → lympho-monozytär			MØ (Riesen-zellen), Eosinophile			
Nichtentzündliche zerebrovaskuläre Erkrankungen									
Malformatio-nen	Arteriovenöse pineale Malfor-mation mit konge-stiver Myelomala-zie	leicht erhöht	lympho-monozytär			(Plasmazellen)			erhöht, im Ver-lauf zu-nehmend
Ischämien	Transitorische ischämische Attak-ken (TIA)	minimal er-höht	monozytär			Plasmazellen, (MØ)		minimal erhöht	
	Infarkt	leicht erhöht		(+)				mittelgradig erhöht (30 %)	
	Subkortikale arte-riosklerotische Enzephalopathie (SAE)								
Blutungen	Subarachnoidale Blutung (SAB)	mittelgradig bis stark er-höht (bis 1500)	erythro-granulozytär → mono-lym-phozytär	(+)		Erythro- und Hämosidero-phagen, (Plasmazellen) (Eosinophile)		stark erhöht	
	Intrazerebrale Blutung			(+)				stark erhöht	
Neoplasien									
Hirntumoren	Glioblastom, Spongioblastom, Astrozytom, Oligodendrogliom, Retinoblastom, Akustikusneurinom, Meningeom, Ependymom, Pinealom, Medulloblastom, Sarkom, primäres Lymphom, Dysgerminom, Plexuspapillom	normal bis > 1000	lympho-monozytär, selten granulozytär			Tumorzellen, (Plasmazel-len)		(leicht erhöht)	

			Humorale/lösliche Bestandteile					
Intrathekale Immunglobuline (IgG,IgM,IgA)	Oligoklonale Banden (IgG)	Antikörperindex	Laktat (mmol/l)	Glukose (mmol/l)	Sonstige	Adhäsionsmoleküle	Zytokine	Verweise
								B.7, C.1.6.4
		(+)						C.1.4.6.5, C.1.4.6.7
								C.1.4.6.1
		(+)	normal	normal	NSE und S100ßß im Blut erhöht, τ-Protein (> 400 µg/l), $β_2$-MG, Protein 14-3-3, PG-D-Synthase			B.2.3, B.3.3, B.4, C.1.4.6.1
					Sulfatide			A.5, C.1.4.6.1
					Hämoglobin, Hämosiderin, Hämatoidin, Bilirubin, NSE, Protein 14-3-3, PG-D-Synthase			B.1, B.2.3, B.4, C.1.4.6.4
			> 3,5	normal	S100ββ			B.1, B.2.3, B.4, C.1.4.6.5
(IgG)	(+)		> 3,5	erniedrigt	spinal: „Stop-Liquor", α-Fetoprotein (AFP) und ß-Human-Chorion-Gonadotropin (HCG) beim Dysgerminom, (PG-D-Synthase)		IL10	B.1, B.2.1, B.2.2, B.2.3, B.3.3, B.3.5, B.4, C.1.3.1

Tab. 1: (Fortsetzung)

Krankheiten		Zelluläre Bestandteile						
Erkrankungs-gruppe	Erkrankungen	Zellzahl (Mpt/l)	Differential-zellbild	Aktivierte B-Zellen	Lymphozyten-subpopu-lationen	Sonstige	Gesamt-eiweiß (mg/l)	Q_{alb} $(\times 10^{-3})$
Intrazerebrale Metastasen	Karzinome, Melanome, Lymphome, (Myo-) Sarkome, Mesotheliome, Leukämien	normal bis > 1000	gemischtzellig	(+)		Tumorzellen häufig in Verbänden, (Plasmazellen) (Eosinophile)		(leicht erhöht)
Meningeosis	Meningeosis neoplastica, lymphomatosa, leucaemica	normal bis > 1000 (> 70 %)	gemischtzellig			Tumorzellen, (Eosinophile)	bis > 5000 (> 80 %)	(leicht erhöht)
Paraneoplasti-sche Syndrome	Cerebellitis, Retinopathie, limbische Enzephalitis	leicht erhöht	lymphozytär					(leicht erhöht)
	Stiff-Person-Enzephalitis							
Degenerationen								
kognitiv betont	M. Alzheimer, M. Pick	normal						
motorisch betont	Parkinson-Syndrom						leicht erhöht	leicht erhöht

	Humorale/lösliche Bestandteile							
Intrathekale Immunglobuline (IgG,IgM,IgA)	Oligoklonale Banden (IgG)	Antikörper-index	Laktat (mmol/l)	Glukose (mmol/l)	Sonstige	Adhäsionsmoleküle	Zytokine	Verweise
(IgM), (IgG), (IgA)	(+)		>3,5	erniedrigt	$Q_{CEA}>Q_{alb}$, Thyreoglobulin bei Schilddrüsenkarzinom, Prostataspezifisches Antigen (PSA) bei Prostatakarzinom, S100ββ beim Melanom, Protein 14-3-3			B.2.1, B.2.2, B.2.3, B.3.1, B.3.3, B.3.5, B.4, C.1.3.2, C.1.3.4, C.1.3.5
(IgG)			>3,5	erniedrigt (80 %)	ß$_2$-MG, β-Glucuronidase, β-HCG, Thyreoglobulin, AFP, Fibronektin, PSA, carcinoembryonales Antigen (CEA), Laktatdehydrogenase (LDH)			B.1, B.2.1, B.2.2, B.3.5, C.1.3.3
(IgG)	(IgG)				Anti-Hu-, Anti-Yo-, Anti-Ri-, Anti-Purkinjezellen- und Anti-Ca^{++}-bindendes-Protein-Antikörper			B.3.3, B.3.4, C.1.3.6
IgG (75 %)	+				Anti-GAD65- und Anti-Amphiphysin-Antikörper im Blut			B.3.3, B.3.4, C.1.3.6.8
normal					τ-Protein (400–1000 µg/l), Synaptotagmin, β-Amyloid (1–42) (< 500 µg/l), Connexin GAP-43			B.3.1, B.4, C.1.4.1.1
normal	(+)				Glial fibrillary acidic protein (GFAP), Neurofilamentprotein, Pyruvat und Glycin erhöht, bei M. Parkinson Homovanillinsäure erniedrigt			B.3.3, C.1.4.1.2

Tab. 1: (Fortsetzung)

Erkrankungsgruppe	Erkrankungen	Zellzahl (Mpt/l)	Differentialzellbild	Aktivierte B-Zellen	Lymphozytensubpopulationen	Sonstige	Gesamteiweiß (mg/l)	Q_{alb} ($\times 10^{-3}$)
	Amyotrophe Lateralsklerose	leicht erhöht					erhöht	
Prionenerkrankung	Creutzfeldt-Jakob-Erkrankung (CJD), Gerstmann-Sträussler-Scheinker-Syndrom	normal					normal	leicht erhöht
Traumata								
posttraumatisch, postoperativ	Comotio, Contusio und Compressio cerebri	(leicht) erhöht	lymphomonozytär bis granulozytär			MØ, (Eosinophile)	(leicht) erhöht	erhöht
Intoxikationen								
	Medikamente, Drogen, Schwermetalle	normal bis diskret erhöht, bei Medikamenten-induzierter Meningitis und Bleiintoxikation stark erhöht (bis > 2000)	(lymphomonozytär), bei Medikamenten-induzierter Meningitis granulozytär			(Eosinophile)	normal bis diskret erhöht, bei Bleiintoxikation stark erhöht	
Zerebrale Krampfanfälle								
	Idiopathische Epilepsie, Status epilepticus	normal bis mittelgradig erhöht	granulozytär bis lymphomonozytär			(Eosinophile)		normal bis erhöht
Sonstige Erkrankungen								
Stoffwechselerkrankungen	Diabetes mellitus mit progressiver Polyneuropathie	normal					erhöht	erhöht
	M. Wilson	normal					normal	
	Adrenoleukodystrophie							normal bis erhöht (65 %)
	Alkoholismus, alkoholische Polyneuropathie	diskret erhöht bei akuter Intoxikation					diskret erhöht bei akuter Intoxikation	

Humorale/lösliche Bestandteile								Verweise
Intrathekale Immunglobuline (IgG,IgM,IgA)	Oligoklonale Banden (IgG)	Antikörperindex	Laktat (mmol/l)	Glukose (mmol/l)	Sonstige	Adhäsionsmoleküle	Zytokine	
		(+)						C.1.4.1.2
					NSE (> 30 µg/l), S-100ßß (> 4,2 µg/l), τ-Protein (> 1,2 µg/l), Protein 14-3-3 (> 8 µg/l)			B.3.1, B.4, C.1.4.3
	(+)		erhöht		NSE und S100ββ im Blut wenige Stunden erhöht, τ-Protein (> 1,5 µg/l)		IL10	B.2.1, B.3.1, B.3.3, B.3.4, B.4, B.7, C.1.4.5
				normal	Substanzen, die zur Intoxikation führten			C.1.4.8, C.1.6.1
	(+)			normal	NSE und S100ßß im Blut wenige Stunden erhöht, Prolaktin erhöht			B.3.3, B.4, C.1.5.1
	+ (30 %)				Anti-GAD-Antikörper im Blut			B.1, B.3.1, C.1.4.13.1
					Cu^{++}			C.1.4.13.2
IgA > IgG > IgM	(+)				MBP			B.3.1, B.3.3, C.1.4.13.4
				normal	γGT > GOT > GPT im Blut, Harnsäure erhöht, Asialotransferrin und Folsäure erniedrigt			B.3.1, C.1.5.5

Tab. 1: (Fortsetzung)

Krankheiten		Zelluläre Bestandteile						
Erkrankungs-gruppe	Erkrankungen	Zellzahl (Mpt/l)	Differential-zellbild	Aktivierte B-Zellen	Lymphozyten-subpopulationen	Sonstige	Gesamt-eiweiß (mg/l)	Q_{alb} ($\times 10^{-3}$)
Weitere	Idiopathische intrakranielle Hypertension (Pseudotumor cerebri)	normal					erniedrigt bis normal	
	Spontanes idiopathisches Liquorunterdruck-syndrom	normal bis erhöht				(Erythrozyten)	leicht erhöht	
	Normaldruck-hydrocephalus	normal				(Ependym- und Plexus-choroideus-Zellen)	normal	
	Migräne	(gering erhöht)				(Eosinophile)	normal	normal
	Spinalkanal-stenose						bis 30 000 lumbal, (zisternal und ventrikulär normal)	
	Lumboischialgie (Nucleus-pulposus-Prolaps)	diskret erhöht						erhöht
	Reizpleozytose, Fremdkörper-reaktion	mittelgradig erhöht (bis 50)	granulozytär bis lympho-monozytär			(Eosinophile), (Riesenzellen), (Plasmazellen)	leicht erhöht	
	Refsum-Syndrom						stark erhöht	

C.2 Vom Liquorbefund zum klinischen Krankheitsbild

Humorale/lösliche Bestandteile								Verweise
Intrathekale Immunglobuline (IgG,IgM,IgA)	Oligoklonale Banden (IgG)	Antikörperindex	Laktat (mmol/l)	Glukose (mmol/l)	Sonstige	Adhäsionsmoleküle	Zytokine	
								A.5, C.1.4.4.1
								A.5, C.1.4.4.2
								A.5, B.2.1, B.7, C.1.4.4.3
negativ								C.1.4.7
								B.3.1, C.1.5.4
								B.3.1, C.1.5.4.1
								C.1.6.4
								B.1

C.3 Selten vorkommende Zellen und Liquorartefakte

E. Mix, R. Lehmitz, U. K. Zettl

Gelegentlich werden in liquorzytologischen Präparaten Grenzflächenzellen, Gliazellen und Nervenzellen gefunden (Kap. B.2.2).

Grenzflächenzellen stammen aus dem Ependym oder dem Plexus choroideus. Sie können einzeln oder im Zellverband vorkommen.

Ependymzellen sind vielgestaltige Zellen mit oft unscharfer Begrenzung und in der May-Grünwald-Giemsa-Färbung hellblauem (basophilem) Plasma. Der häufig pyknotische Zellkern weist eine feingranuläre Chromatinstruktur auf.

Plexuszellen sind ebenfalls oft unscharf begrenzt und leicht vulnerabel. Ihr rötliches (azidophiles) Plasma enthält einen meist randständigen Kern mit feiner oder aufgelockerter Chromatinstruktur.

Bisweilen treten *nackte, ovale bis spindelförmig ausgezogene Zellkerne* auf. Sie stammen am ehesten aus der Leptomeninx.

Eine Rarität stellen im Liquorpräparat undifferenzierte, z. T. mehrkernige leptomeningeale (arachnoidale) Zellen sowie *Glia- und Ganglienzellen* dar. Sie sind meist Folge einer ventrikulären Pneumenzephalographie, seltener einer Contusio cerebri. Auch beim Hydrocephalus und nach instrumentellen Eingriffen am Gehirn oder Rückenmark können die aufgeführten Zelltypen gefunden werden. Eine diagnostische Bedeutung kommt ihnen jedoch nicht zu.

Von den erwähnten Zellen endogener Herkunft abzugrenzen sind *Liquorartefakte*, die nicht aus dem Liquorraum stammen, sondern erst durch die Punktion bzw. Präparation oder während der Lagerung in liquorologische Präparate gelangen. Die häufigste Ursache für derartige Liquorartefakte ist eine Verletzung von Blutgefäßen oder des Wirbelknochens während der Lumbalpunktion. Die resultierende artifizielle *Blutbeimengung* läßt sich von endogenem blutigen Liquor durch das Fehlen von Erythrozytenphagozytose und Hämoglobinabbauprodukten, wie Hämosiderin und Hämatoidin (Kap. B.1, B.2.1), unterscheiden, wenn der Liquor frisch untersucht wird (innerhalb von 4 h nach der Punktion). Abgrenzungsschwierigkeiten gibt es nur, wenn eine endogene Einblutung in den Liquorraum weniger als 4 h zurückliegt. Die Liquorzellzahl kann bei artifiziellen Blutbeimengungen bis zu 7000 Erythrozyten/µl Erythrozytenzahl-bezogen korrigiert werden (Kap. B.3.1).

Zu Verletzungen des *Knochenmarks* kommt es am häufigsten bei Kleinkindern oder älteren Patienten mit Osteoporose. Im zytologischen Präparat finden sich dann unreife hämatopoetische Zellen einzeln oder als medulläre Zellinseln. Die unreifsten Zellen der Erythropoese, die Proerythroblasten, sind durch einen großen runden Kern mit feiner Chromatinstruktur, Nukleolen und einen dunkelblauen Zytoplasmasaum gekennzeichnet. Es können aber alle Reifungsformen bis zu den Normoblasten vorkommen, deren Kern klein, dunkel und großschollig ist. In der myelopoetischen Reihe weisen Myeloblasten und Promyelozyten, die größten Zellen der Myelopoese, ebenfalls eine feine Chromatinstruktur mit Nukleolen auf. Im Verlauf der weiteren Differenzierung zu Myelozyten, Metamyelozyten und Granulozyten vergrößert sich die Chromatinstruktur, die Nukleolen verschwinden und der Kern wird zunehmend eingebuchtet bis segmentiert. Das basophile Zytoplasma ist zunächst schmal, später ausgebreitet und mehr und mehr mit rötlich-braunen Granula gefüllt. Als größte Zellen des Knochenmarks können auch die Thrombozyten-bildenden Megakargozyten gefunden werden. Sie zeichnet ein gelappter Kern mit grobscholligem Chromatin aus. Ebenso sind Plasmazellen häufig bei Knochenmarkkontamination zu finden. Differentialdiagnostisch ist bei Auftreten von Blasten aus dem Knochenmark auch an metastatische Knochenläsionen und leukämische Infiltrate zu denken.

Weitere Artefakte können aus *Haut- und Unterhautbindegewebe* herrühren. Dazu gehören *Plattenepithelzellen*. Sie liegen einzeln oder im Verband vor, sind sehr groß mit kleinem runden Kern und einem Zytoplasma, das sich mit wechselnder Intensität blau färbt. Abgeschilferte Epithelschollen besitzen keine Kerne. Bindegewebsgrundsubstanz ist intensiv rot gefärbt und enthält manchmal blaß-blaue längliche Zellkerne. *Knorpelzellen* enthalten kräftig rotes Zytoplasma und meist zentral liegende dunkelblaue Kerne. Auch komplette *Gefäßkapillaren* werden in Einzelfällen gefunden.

Schließlich kann es vorkommen, daß der Liquor sekundär durch *Bakterien, Pilze, Staub- und andere Partikel* verunreinigt wird. Mikrobielle Verunreinigungen stammen entweder von der Haut des Patienten oder aus der Umgebung, z. B. dem Abnahmeröhrchen oder dem Objektträger. Sie sind häufig an Epithelzellen angeheftet und polymorph (bakterielle Mischflora). Einzeln auf dem Objektträger liegende Bakterien können in diesen Fällen nicht beurteilt werden. Ein entzündliches Zellbild fehlt im Liquor cerebrospinalis, es sei denn, daß eine entzündliche Grundkrankheit vorliegt.

Andere Verunreinigungen sind *Stärkekörperchen* aus gepuderten Gummihandschuhen, *Korkteilchen, Zellstofffasern* und *Blütenpollen*. Diese Artefakte sind aufgrund ihrer „fremdartigen" Struktur meist leicht zu identifizieren. Sie färben sich in der May-Grünwald-Giemsa-Färbung überwiegend bläulich mit unterschiedlicher Intensität an.

Auch ein geübter Untersucher sollte die Möglichkeit des Auftretens von Artefakten nie außer Acht lassen, um Fehlinterpretationen, insbesondere bei Kontamination mit Knochenmark und Bakterien zu vermeiden.

3.1 Literatur

[1] Kölmel, H. W.: Liquorzytologie. Springer-Verlag, Berlin – New York 1978.
[2] Schmidt, R. M.: Atlas der Liquorzytologie. Johann Ambrosius Barth, Leipzig 1978.
[3] Worofka, B., I. Lassmann, K. Bauer et al.: Praktische Liquorzelldiagnostik. Springer-Verlag, Wien – New York 1997.

C.4 Zur Befundbewertung in der Liquordiagnostik

H. Meyer-Rienecker, R.-M. Olischer

„Auch das Zufälligste ist nur ein auf entfernterem Wege herangekommenes Notwendiges."
(Schopenhauer)

4.1 Vorbedingungen zur Befundinterpretation

In der klinischen Bewertung der Liquorbefunde müssen stets – ebenso wie bei der Indikation zur Liquorentnahme – einige grundsätzliche Fakten zum jeweiligen Krankheitsfall beachtet werden. Zu berücksichtigen sind:

1. Anamnese (primärer Prozess, akutes, subakutes, chronisches bzw. rezidivierendes Geschehen oder sekundäre Folgesymptomatik bei Allgemein- bzw. anderen Organmanifestationen),
2. die im Vordergrund stehenden klinischen Symptome und deren Topik,
3. Ergebnisse der Zusatzdiagnostik, wie neuroradiologische (CT, MRT), neurophysiologische Verfahren sowie die biologischen Reaktionen (klinische Chemie) einschließlich der Serodiagnostik.

Vorrangig sind diese Befunde in die klinische Interpretation der Liquorparameter einzubeziehen.

Die Einzelparameter der Liquoruntersuchung bedürfen in mehrfacher Hinsicht einer *kritischen Bewertung*:

a) hinsichtlich der Spezifität und Sensitivität sowie Präzision des jeweiligen Verfahrens (bzw. seiner Modifikationen) und des prädiktiven Wertes,
b) bezüglich der resultierenden Liquorbefunde und sich ergebenden Konstellationen, die als „Liquorsyndrome" (Kap. A.1.5 sowie Tab. 1 und 2) definiert werden können.

Pathophysiologisch und pathomorphologisch ist generell zu bedenken, daß die *Reaktionen*, deren Ausdruck die Abweichungen im Liquorkompartiment darstellen, nicht nur durch das Hirnparenchym, sondern überwiegend durch das Gefäßsystem und das mesenchymale Gewebe bestimmt werden. Einen entscheidenden Einfluß haben darüber hinaus die Besonderheiten und der Grad der Störung der Blut-Hirn- und Blut-Liquorschranke sowie die Gliareaktion [3, 20] (Kap. A.3 und A.4).

Eine kritische Wertung der Resultate einzelner Bestimmungsverfahren ist bereits in den vorangehenden Kapiteln B.2 bis B.6 bei den angewandten Methoden vorgenommen worden. Die für die Diagnostik relevanten *Liquorprofile* bzw. *Liquorsyndrome* (Tab. 1 und 2) bedürfen jedoch – unter Berücksichtigung der klinischen Entitäten – einer differenzierten Betrachtung [3, 4, 8, 12, 18, 20, 23]. Zudem ist die Beachtung der nachfolgend angeführten Faktoren notwendig. Nur so kann eine gezielte, den klinischen Anforderungen entsprechende Beurteilung und Befundinterpretation gewährleistet werden.

4.2 Wesentliche Faktoren für die Liquorveränderungen

Zahlreiche Faktoren stellen die Grundlage für die zu erwartenden Abweichungen im Liquorkompartiment dar und haben in Art eines Bedingungs- und Abhängigkeitsgefüges einen Einfluß auf die nachweisbaren Reaktionen. Dabei steht die Ätiopathogenese verständlicherweise obligat an erster Stelle. In abgestufter Reihenfolge sind die folgenden *Einflußfaktoren* bedeutsam:

1. *Erkrankungsursache*, deren direkter oder indirekter Effekt (z. B. die unterschiedliche Pathogenität und der Tropismus mikrobieller Erreger) sowie die akute, chronische oder rezidivierende Einwirkung,
2. *Lokalisation* des pathologischen Geschehens, wobei vor allem die Anzahl, Ausdehnung und Liquorraumnähe der Krankheitsherde von Bedeutung sind,
3. *Krankheits- bzw. Verlaufsform*, die aufgrund der Reaktivität — bei unterschiedlicher genetischer Disposition (sogen. Pathoklise) — sehr heterogen sein kann,
4. *Vor- und/oder Begleiterkrankungen* mit allgemein-metabolischen oder toxischen Einwirkungen (z. B. Einfluß auf die Funktion der Blut-Hirn- und Blut-Liquorschranke),
5. vorangegangene oder aktuelle *Medikation*, besonders hinsichtlich einer Antibiose oder Immunsuppression bzw. -modulation,
6. der *Allgemeinzustand*, der u. a. durch Fehlernährung oder Streß beeinträchtigt sein kann,
7. schließlich das *Alter* des Patienten (Kap. B.7).

Nicht nur die Ätiopathogenese einer Erkrankung, sondern auch die spezielle *Lokalisation* der Krankheitsherde sind entscheidend für den Nachweis pathologischer Liquorbefunde. Hierzu hat Felgenhauer [3] mit dem „Konzept des liquoranalytischen Gehirns" umfassend Stellung genommen. Er unterscheidet den ab- und aufsteigenden (U-Rohr-artigen) Schenkel der Liquorräume (zum einen die Hirnventrikel, zum anderen den Subarachnoidalraum mit Verbindung über die basalen Zisternen). Als direkt *liquoranalytische Bereiche* werden angesehen:

• das Hemisphärenmark innerhalb eines Ventrikelabstandes von bis zu 30 mm,

• die Stammganglien, subpontine Hirnareale, das Kleinhirn sowie Teile des basalen Rindenbereiches.

Prozesse derartiger Lokalisation — etwa 50% des ZNS — erweisen sich im allgemeinen als liquoranalytisch zugängig.

Es sind jedoch noch weitere regionale und vor allem durch den *Liquorfluß* bedingte *Unterschiede* zu beachten. Obwohl der Kortex (durch Furchung der Hirnoberfläche) eine 40mal größere Fläche als die Ventrikelwände umfaßt, zeigen rindennahe Vorgänge im frontookzipitalen Kortex (z. B. Frontalhirnprozesse) — wie auch die isolierten Zysten, z. B. im Bereich des Pallidums, etwa bei Neurozystizerkose [3] — relativ geringe CSF-Befunde. Dagegen können sich bei periventrikulären Herden verhältnismäßig deutliche Liquorveränderungen nachweisen lassen, wie von der Multiplen Sklerose bekannt ist.

Die vorangehenden Erörterungen und die angeführten Faktoren machen deutlich, daß eine verantwortungsvolle Bewertung und eine den Qualitätsstandards gemäße *Befundung* in der Liquordiagnostik nur im Zusammenhang mit den jeweiligen *klinischen Daten*, wie auch den Ergebnissen der bildgebenden, auf die *Topographie* der Prozesse hinweisenden Verfahren möglich ist [3, 4, 6, 7, 12, 17, 20, 23, 25].

Insgesamt resultiert aus dem Voranstehenden, daß der wesentliche *Anwendungsbereich* der Liquordiagnostik (Tab. 1 und 2) die folgenden Erkrankungen betrifft:

- Meningitiden und Meningoenzephalitiden, besonders basal
- Multiple Sklerose und Sonderformen
- Erkrankungsabläufe im Versorgungsgebiet der A. basilaris
- Krankheiten im Bereich der Stammganglien und des Zerebellums
- Erkrankungen des Rückenmarks und der Spinalwurzeln.

Andererseits finden sich eine Reihe von Krankheitsbildern, bei denen *a priori* nur *gering* veränderte oder auch *normale* Liquorbefunde zu erwarten sind. Hierzu gehören besonders

Prozesse im Bereich des Pallidums [3], sub- oder epidurale Großhirnprozesse, auch kortexnahe Phlegmone (!), Krankheitsprozesse im Versorgungsareal der A. carotis und im frontoparietalen Kortex lokalisierte degenerative Erkrankungen (u. a. M. Alzheimer).

Zum *Einfluß* der oft heterogenen *Krankheits- und Verlaufsformen* sowie der *Vor- und Begleiterkrankungen* und der *Medikation* auf die Liquorabweichungen liegen noch relativ wenig detaillierte Analysen vor: Zum Teil fehlt die Evaluation der Einzelparameter, zum Teil die Bewertung der verschiedenen Konstellationen, beispielsweise als Liquorsyndrome. Dem Abhilfe zu schaffen, ist eine aktuelle *Aufgabe*, um den Anforderungen einer *differenzierten* klinischen Liquordiagnostik zu entsprechen. Es ist in Anbetracht des Problems der *Heterogenität* der quantitativen und/oder qualitativen Liquorveränderungen eine Normierung – auch der Liquorsyndrome – in einer Reihe von Krankheitsfällen (speziell einiger Verlaufsformen) mehr oder minder kritisch, so daß für die Befundinterpretation bei den einzelnen Patienten eine „*Individualisierung*" notwendig erscheint.

4.3 Kategorien von Liquorbefunden

Zur Befundbetrachtung und -bewertung für die klinische Praxis auf der Basis der genannten Einflußfaktoren und unter Berücksichtigung der Zusammenstellungen in den vorangehenden Kapiteln C.1 und C.2 (sowie nachfolgenden Tabellen 1 und 2) ist auf einige grundsätzliche *Variationen* der Liquorbefunde [13, 14, 15] aufmerksam zu machen (Abb. 1). Dabei stehen im Vordergrund die als *obligatorisch* herausgestellten Faktoren wie die Krankheitsursache (1.), die Prozeßlokalisation (2.) und die Verlaufstypen mit Heterogenität (3.) sowie die Vor- und/oder Begleiterkrankungen (4.).

Gemäß den empirischen Erkenntnissen sind zu *unterscheiden*:

1. Ein für *ein* bestimmtes Krankheitsbild charakteristischer, d. h. *typischer* (nicht spezifischer) Liquorbefund, der aus den Untersuchungsergebnissen der *Grundmethoden* und *ergänzenden* Routineverfahren sowie der *erweiterten* speziellen Diagnostik ([1, 3, 12–15, 20, 23] und Kap. C.2 sowie Tab. 1 und 2) resultiert. Exemplarisch sei hier die Multiple Sklerose angeführt mit einer mäßigen Zellzahl- und Eiweißvermehrung, aktivierten B-Lymphozyten, oligoklonalen Banden, polyspezifischer Immunglobulin-Synthese und positiver MRZ-Reaktion: nach unseren Resultaten in mindestens 85% nachweisbar.

2. Ein *inkomplett typischer* Befund, bei dem nicht alle Untersuchungsverfahren charakteristische Ergebnisse aufweisen. Bei der Multiplen Sklerose beispielsweise mit Fehlen der typischen Lymphozytenaktivierung oder der oligoklonalen Banden bzw. polyspezifischen Ig-Synthese oder MRZ-Reaktion – was bis 10% der Krankheitsfälle betreffen kann.

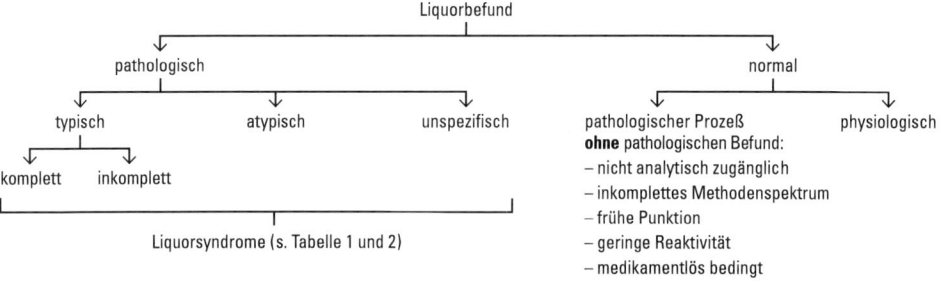

Abb. 1: Kategorien und Variation der Liquorbefunde.

3. Ein *atypischer* Befund mit einigen Werten, die vom typischen Ergebnis stark abweichen, somit zunächst keine sichere diagnostische Konstellation darstellen. Beispielsweise atypisch erhöhtes Gesamteiweiß oder eine Pleozytose (> 50 Mpt/l), bei Multipler Sklerose, so daß differentialdiagnostisch die Frage einer Raumforderung sowie eines anders gearteten entzündlichen Prozesses wie Neuroborreliose, Neurosarkoidose besteht.
4. Ein *unspezifischer* Liquorbefund mit nur geringen oder nicht eindeutig pathologischen Abweichungen − auch i. S. eines „unspezifischen Reizungssyndroms" (Tab. 2) −, so daß ein mehr oder minder uncharakteristisches Resultat vorliegt. Allgemein bei Frühpunktion in der Latenzphase vor Ausprägung des Vollbildes eines pathologischen Geschehens, z. B. bei beginnender Meningoenzephalitis, Polyneuritis; besonders im Falle eines „abgekapselten" Prozesses bzw. liquoranalytisch kaum erfaßbarem Areal.
5. Ein *normaler* Befund trotz klinisch manifester Krankheit kann bedingt sein durch
   a) Liquorferne der Prozeßlokalisation (die nicht analytisch zugänglich ist [3]),
   b) geringe (immunologische) Reaktivität,
   c) inaktive Erkrankungsform (vor allem infolge langsamer bzw. verzögerter Krankheitsdynamik und -kinetik),
   d) Punktion in einer sehr frühen Erkrankungsphase oder
   e) ein inkomplettes Methodenspektrum (z. B. keine erweiterte Routinediagnostik bzw. spezielle Analytik).

4.4 Bedeutung der Krankheitsphasen bei Liquorsyndromen

In Ergänzung zum oben Angeführten muß auf die grundsätzliche Bedeutung der einzelnen Phasen einer Erkrankung hingewiesen werden. Das gilt insbesondere für die Gruppe der *entzündlich bedingten Krankheiten* (Tab. 1). Vor allem hierbei finden sich abgrenzbare *Verlaufsphasen* im Rahmen des entzündlichen und/oder immunologischen Ablaufes, der Abwehr- bzw. Immunreaktion. Dabei besteht eine Abhängigkeit von der
a) Lokalisation
b) Virulenz der Erreger
c) Art der Einwirkung
d) Dauer und Menge des auslösenden Agens
e) Regulationsstörung sowie der Krankheitsdynamik
f) immunologischen, zellulären (polymorph- oder mononukleären) und humoralen (polyspezifischen und oligoklonalen) Reaktivität.

Eine Unterteilung nach *Verlaufsphasen* erscheint vor allem bei den das leptomeningeale Gefäßbindegewebe beteiligenden entzündlichen Erkrankungen des Zentralnervensystems von klinischem Interesse. Die Phasen werden im nachfolgenden − wie die Liquorsyndrome − aus didaktischen Gründen relativ summarisch und komprimiert dargestellt. Allgemein handelt es sich jedoch um kontinuierliche, keinesfalls streng abzugrenzende Vorgänge und Verläufe der quantitativen und qualitativen Veränderungen. Dabei dominieren jeweils − im Vergleich zu den Eiweißabweichungen − die speziellen Zellreaktionen aufgrund ihrer funktionellen Besonderheiten und Wertigkeit. Vor allem letztere ermöglichen in Abstimmung mit den klinischen Daten und oben angeführter Faktoren eine entsprechende Befundinterpretation im Krankheitsverlauf.

I. Akute granulozytäre Meningitis bzw. Meningoenzephalitis

Vorwiegend *bakteriell* ausgelöst gilt sie als Prototyp für die Einteilung eines phasenhaften Ablaufes [3−6, 8, 10, 18, 20, 23].

1. Phase. Die *akute,* unspezifische *Abwehrreaktion* bietet infolge der (durch Chemokine und/oder lymphokine Faktoren bzw. entsprechende Rezeptoren getriggerten) Granulozyteninvasion und zunehmenden Gefäßpermeabilität eine schnell auftretende hohe granulozytäre Pleozytose und eine starke Eiweißvermehrung bei Schrankenstörung (Q_{Alb} ↑).

Tab. 1: Wesentliche Liquorsyndrome mit Reaktionsphasen bei entzündlichen Erkrankungen (I–V)

Syndrom und Phasen	Zellen (quantitativ/qualitativ)*	Eiweiß (quantitativ/qualitativ)*	Besonderheiten/Bemerkungen
I. Akute, granulozytäre Meningitis bzw. Meningoenzephalitis (s. Abb. 2) Krankheitsstadium:			– unterschiedliche *Erreger*, vorwiegend bakteriell, Nachweis Kap. B.6
1. akute, unspezifische Reaktion (1. bis 4. Tag)	massiv erhöhte Zellzahl / fast einheitliche Granulozytose (≈ 90 %)	sehr hohes Ges.-Eiw. / ausgeprägte Schrankenstörung (Q_{Alb} ↑)	– charakterist. Befunde abhängig von Erreger und Abwehrlage (Kap. B.2, B.3, B.7, C.1) – gemischtzellige Bilder schon bei Erstpunktion: u. a. bei Spirochäten, Mycobakt., Listerien, Toxoplasmen, Pilzen (Verläufe → chronisch / evtl. mit Bakt.- bzw. Pilz-Einlagerungen in Makrophagen)
2. Reaktionsphase (5. bis 10. Tag u. später)	mäßige Pleozytose / Granulozytose ↓, Lymphoz. ↑, einige Lymphoid., Monoz., wenige Makroph.	Ges.-Eiw. rückläufig / Schrankenstörung (Q_{Alb} ↑)	– Verlaufskontrollen zur Bewertung des Therapieerfolgs; Frage der Chronifizierung – Entwicklung eines *Hirnabszesses*: Ges.-Eiw. ↑ / Zellbild „bunt" mit Granuloz., Monoz. u. Makroph., aktivierten Lymphoz. (bei Abkapselung u. U. lediglich unspezifisches Reizungssyndrom)
3. Reparationsphase (bzw. Restzustand)	Zellzahl ↓ / lympho-monozytäres Bild, einige Lymphoid.- u. Plasmaz., vereinz. Makroph.	im allgemeinen über Grenzwert / ↑ i.th. Ig-Produktion (Kap. B.3)	– *Mollaret-Syndrom:* Pleozytose / großplasmat. mononukleäre Zellen
– Sonderfall: eosinophiles Liquorsyndrom	mäßige bis höhere Pleozytose / unterschiedlicher Eosinoph.-Anteil (> 10%), Lymphoz., Granuloz., Monoz. u. Makroph.	Ges.-Eiw. mäßig bis stark ↑ / Schrankenstörung, ↑ i.th. Ig-Produktion	– Eosinophilie als „Durchgangssyndrom" bei Infektionen, „allergischen" Reaktionen, Fremdkörperappl.; bei Parasitosen Eosinophilenanteil konstant – Verlaufskontrollen!
II. Vorwiegend lymphozytäre Meningitis bzw. Meningoenzephalitis (s. Abb. 3) Krankheitsstadium:			– zumeist virusbedingt, Nachweis Kap. B.6.2 – Befund vieldeutig, Anamnese u. Klinik (!)
1./2. akute Reaktion	mäßige bis erhebliche Pleozytose / evtl. Granuloz., Lymphoz. relativ hoch, Lymphoid.	oberer Grenzwert bis auf das 2- bis 3fache ↑ / Schrankenstörung (Q_{Alb} ↑), IgM-, später IgG-Produktion (Kap. B.3)	– erregerspezifische Zuordnung entsprechend Antikörperproduktion, auch i.th. (s. u. a. Kap. B.3.2 u. B.6) – *Enzephalitis:* Zellzahl gering bis mäßig ↑ / buntes, aktiviertes Zellbild
3. Phase: subakutes Stadium u. Reparation	Zellzahl bald ↓ / lymphozytär u. monozytär aktiviertes Bild	Normalisierung / i.th. IgG↑ (z. Tl. persistierend)	– bei *chronischen Verläufen*, Diff. Diagn. Tuberkulose (Tuberkulostearinsäure, PCR; Kap. B.5, B.6), Mykose, Neuroborreliose (Stad. II; aktiv. B-Zellen), Neurolues (Stad. III u. IV; ITpA-Index, spezif. i.th. IgG u. IgM), Neurosarkoidose (Angiotensin converting enzyme)

C.4 Zur Befundbewertung in der Liquordiagnostik / 4.4 Bedeutung der Krankheitsphasen   469

III. Para-/postinfektiöse Begleitreaktion			
a) meningeale Reaktion	oberer Grenzbereich bis geringe Pleozytose – je nach Beteiligung des Gefäßbindegewebes auch > 100 Mpt/l /	oberer Grenzbereich, bis leicht ↑ / Schrankenstörung (Q_{Alb}) diskret, i. th. Ig-Produktion	– zur Ätiologie s. Anamnese, Zusatzbefunde u. Epidemiologie – Syndrom der Enzephalomyelitis: tlw. quantitative Werte wenig auffällig (diagnost. Hinweis evtl. durch aktivierte Zellen u. Makrophagen)
b) enzephalitische und/oder myelitische Reaktion	Monoz. u. Lymphoz., Lymphoidz., vereinz. Eosinoph., Granuloz., Makroph. (auch Pleozytose > 30 Mpt/l)	Ges.-Eiw. z. T. deutlich ↑ / Schrankenstörung (Q_{Alb} ↑), i. th. Ig-Produktion (auch passager)	– Sonderform: ADEM (*acute demyelinating encephalomyelitis*) Pleozytose ≈ 200 Mpt/l / lymphozytär aktiviert (Lymphoidz., Makroph., Granuloz) / Ges.-Eiw. ↑ / Q_{Alb}↑, i. th. IgG-Synthese
IV. Encephalomyelitis disseminata			
Multiple Sklerose – verschiedene Verlaufs- und Sonderformen, z. B. Neuromyelitis optica (Dévic-Syndrom)	Zellzahl gering bis mäßig ↑ (selten > 50 Mpt/l) / vorwiegend Lymphoz., einige Plasmaz., aktivierte B-Lymphoz. IgG (IgA, IgM)	oberer Grenzbereich, selten über 800 mg/l / leichte Schrankenstörung (Q_{Alb} ↑), polyspezifisches oligoklonales IgG i. th., IgG-Index und -Neusynthese (Kap. B.3)	– in „Frühphase" Zellbefund aktiviert (Lymphoz., Lymphoidz.; Monoz u. Makroph.) – Liquorkategorien bzw. -variationen (s. Abschnitt C.4.3) – MRZ-Reaktion – Diff. Diagn. u. a. Neuroborreliose, Neurosarkoidose, Vaskulitiden (Makrophagen) – *Dévic-Syndrom*: Pleozytose, oligoklonale Banden seltener
– akute foudroyante Multiple Sklerose (Typ Marburg)	mittlere, selten höhere Pleozytosen / Lymphoz., Lymphoidz., Granuloz., Makroph.	auch > 800 mg/l / Schrankenstörung (Q_{Alb} ↑)	
V. Polyneuritis, -radikulitis			
Guillain-Barré-Strohl-Syndrom, (AIDP) („albumino"-zytologische Dissoziation)	kaum Pleozytose, evtl. zu Beginn / Zellbild gelegentlich wenige Granuloz., besonders Lymphoz., Lymphoidz., später → Monozytose	Ges.-Eiw. stark ↑, Maximum nach ca. 3 Wochen (~ 2000 mg/l) / ausgeprägte Schrankenstörung (Q_{Alb}↑), → IgG-Produktion	– Frühpunktion tlw. unauffällig – metabolische bzw. toxische *Polyneuropathie*: kaum Liquorabweichungen (allenfalls Ges.-Eiw. mäßig erhöht) – bei Neuroborreliose (Stad. II) mit zyto-proteiner Dissoziation (IgM > IgG > IgA)
– lymphozytäre Meningoradikulitis (Bannwarth-Syndrom)	Pleozytose (> 30 Mpt/l u. höher) / gemischtzellig lymphozytär, IgM-haltige B-Zellen, Plasmaz.	Ges.-Eiw. (bis zu mehreren 1000 mg/l) IgM->IgA, später IgG-Synthese i. th.	– Sonderform der Polyneuritis cranialis: *Miller-Fisher-Syndrom* (→ Hirnstammenzephalitis). vereinz. Pleozytosen, Ges.-Eiw. > 2000 mg/l / Schrankenstörung (Q_{Alb}), Anti-GQ1b-Antikörper
– chronische inflammatorische demyelinisierende Polyneuritis (CIDP)	Zellzahl unauffällig / Monozytose vorherrschend	hohes Ges.-Eiw. über Monate / Schrankenstörung (Q_{Alb} ↑)	– Verlauf chron.-progredient, z. T. auch schubweise

*) Anmerkung: *Schrägstriche* trennen verschiedenartige Parameter

2. Phase. In der sogen. *Reaktionsphase* klingt die erste entzündliche Reaktion durch Abfall der Pleozytose bei verringertem Granulozytenanteil und sich reduzierenden Eiweißwerten ab. Eine Monozyten-Makrophagenaktivierung ist konsekutiv erkennbar (Abb. 2). Phagozytierte Partikel (Zelltrümmer, aber auch Bakterien u. a. Erreger), in Art einer Abräumreaktion können einen „direkten" Rückschluß auf die Auslösung und den Ablauf des lokalen Prozesses ergeben. Der zunehmende Lymphozytenanteil bei relativ hoher Anzahl aktivierter Zellen (Lymphoidzellen, Kap. B.2.3) entspricht einer weitgehend gezielten immunologischen Abwehr mit allmählicher Entwicklung einer lokalen „intrathekalen" Immunglobulinsynthese. Letzteres kann infolge eines schnellen, optimalen antibiotischen Therapieerfolges gegenüber einigen Erregern – z. B. Strepto- oder Pneumokokken – auch weitgehend fehlen.

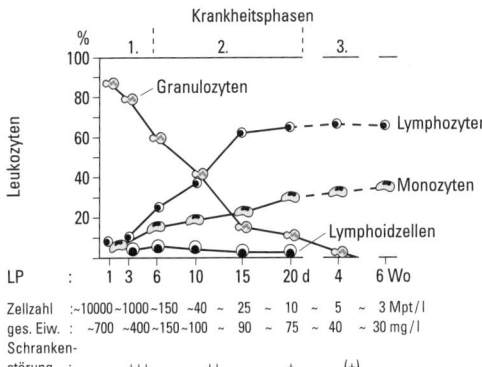

Abb. 2: Akute granulozytäre (bakterielle) Meningitis bzw. Meningoenzephalitis: Liquorzytogramm, Gesamtzell- und -eiweißbefunde, sowie Schrankenstörung in den Verlaufsphasen 1. bis 3. (Durchschnittswerte; n = 32).

3. Phase. In der *Reparationsphase* ist über eine Latenzzeit (nicht zuletzt abhängig von den o. g. Einflußfaktoren) ein weiteres Absinken der quantitativen Zell- und Eiweißwerte zu verzeichnen. In Art eines *Restzustandes* können vereinzelte aktivierte Zellformen (Makrophagen, Lymphoidzellen) bei häufig noch über der Normgrenze liegendem Eiweiß und einer Immunglobulinproduktion (auch als „Liquornarbe" bezeichnet) weiter zu beobachten sein [4, 8, 17, 19–23].

II. Lymphozytäre Meningitiden bzw. Meningoenzephalitiden

Diese treten überwiegend – jedoch keinesfalls ausschließlich – bei *virusbedingten* Erkrankungen auf [3–5, 8, 10, 12, 18, 20, 23].

1. Phase. Eine *frühe granulozytäre* Pleozytose kann bei viral – wie auch durch andere Erreger – verursachten Krankheiten vorhanden sein, nicht selten jedoch so kurzdauernd, daß sie bei der Erstpunktion nicht erfaßt wird.

2. Phase. 1tb Das Stadium der vorwiegend *lymphozytären* Pleozytose mit zumeist auffälligem Lymphoidzellanteil, vermehrtem Gesamteiweiß und einer Immunglobulinproduktion (1- und Mehr-Klassenreaktion) zeigt einen charakteristischen Befund. Oft bestehen unterschiedliche Abläufe von einer eher meningealen Begleitreaktion (Tab. 1) bis zu den schweren menigoencephalitischen Verläufen bei Erkrankungen durch neurotrope Viren – in Abhängigkeit von den zuvor genannten Einflußfaktoren. Generell sind zusätzliche diagnostische Maßnahmen anzustreben (Nachweis erregerspezifischer Antikörper, PCR und andere molekularbiologische Methoden; Kap. B.3.2, B.5, B.6).

3. Phase. Der Übergang vom subakuten Stadium der entzündlichen Reaktionsphase mit unterschiedlich schneller Tendenz zu letztlich normalisierten quantitativen Zell- und Eiweißwerten zeigt sich mit abklingender Lymphozytose in den „Restzustand". Insbesondere kann die Immunglobulinproduktion (zumeist IgG > IgM) bei Viruserkrankungen noch persistieren (Abb. 3).

Es sind einige Krankheitsbilder mit dominierenden lymphozytären Pleozytosen zu beachten, die – über die Annahme einer virusbedingten Krankheit hinaus – *diagnostisch* zu vielfältigen Überlegungen Anlaß geben:

– So z. B. auffällige lymphoid-plasmozytäre Zytogramme bei Infektionen durch Spirochäten (mit lokaler Immunglobulinsynthese – zumeist 3-Klassenreaktion – und z. T. oligo-

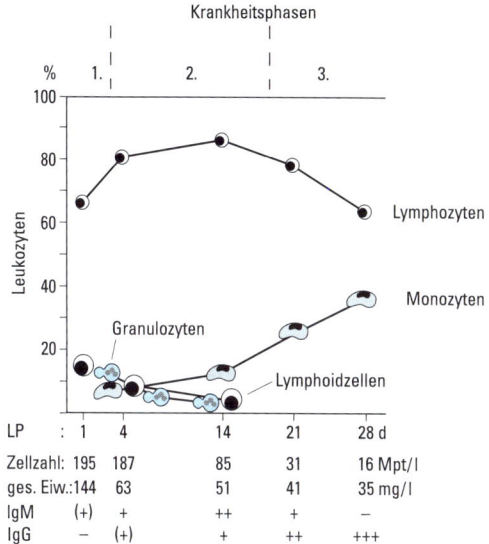

Abb. 3: Subakute lymphozytäre (virusbedingte) Meningitis bzw. Meningoenzephalitis: Liquorzytogramm, Gesamtzell- und -eiweißwerte einschließlich 2-Klassenreaktion der Immunglobuline in den Verlaufsphasen 1. bis 3. (Durchschnittswerte; n = 22).

klonalem Muster), wie die Neurolues (IgG > IgM > (IgA)) sowie Neuroborreliose (IgM > IgG > IgA).

– Eher morphologisch homogene Lymphozytosen finden sich bei anderen zur Chronifizierung neigenden Reaktionsabläufen, so der Tuberkulose (IgA > IgG) und bei der Kryptokokkose (Laktat erhöht); dabei kann die spezielle Immunglobulinproduktion auch über die klinische Symptomatik hinaus noch bis zu einigen Monaten vorhanden sein.

Eine fortlaufende *Verlaufsbeobachtung der entzündlichen Erkrankungen* ist in jedem Falle erforderlich, wenn sich noch pathologische Befunde ergeben. Dies betrifft etwaige Hinweise auf einen *chronisch-rezidivierenden* Prozeß nach den genannten Verlaufsphasen mit im *einzelne* zuzuordnenden *Befundkonstellationen*:

(a) bei geringen bis mäßigen Pleozytosen mit einem gemischtzelligen Zytogramm (Lymphozyten, Lymphoidzellen und Makrophagen neben einigen Granulozyten)

(b) hinsichtlich der Eiweißwerte, bei oft geringer bis mäßiger Vermehrung und Anzeichen für eine (zumeist mehrere Klassen betreffende) „intrathekale" Immunglobulinproduktion sowie

(c) Merkmalen für eine Blut-Liquor-Schranken- oder Liquorflussstörung (Q_{Alb} [20]).

Ein Rückschluß allein aus dem „klassischen" Liquorbefund auf das offenbar im Abwehrprozeß nicht bewältigte Agens betreffs der *prognostischen Einschätzung* und vor allem *Bewertung des Therapieerfolges* für den nachfolgenden Krankheitsablauf und/oder resultierende Schädigungen kann problematisch sein. Die Ergebnisse *zusätzlich* differenzierender Untersuchungsmethoden (Kap. B.2, B.3, B.4, B.5, B.6) lassen Hinweise auf die Läsion lokaler hirnorganischer Strukturen erkennen.

Anzuführen sind insofern die *Aktivierungs- und Destruktionsmarker*:
einerseits der Nachweis von Adhäsionsmolekülen, z. B. Selectine, ICAM, VCAM usw., der verschiedenen Zytokine, speziell Interleukine, sowie einzelner Entzündungsmarker (Neopterin, β_2-Mikroglobulin);
andererseits der Marker für die Gewebsdestruktion, z. B. die neuronenspezifische Enolase, das S 100 b und 14-3-3-Protein, wie auch das MBP (basisches Myelinprotein) und andere hirn- und liquorspezifische Proteine (Tau- und Beta-trace-Protein); Kap. B.4.

Derartige Parameter können eine Hilfe sein für die Abgrenzung bestimmter Erkrankungsformen bis hin zu möglichen (auto-)immunologisch bedingten Begleit- und Folgekrankheiten einschließlich angiitischer Prozesse.

III. Para-/postinfektiöse Begleitreaktion

Hierbei liegt eine Reaktionsform vor, die unter anderem im Ablauf systemischer Viruserkrankungen auftreten kann. Es bestehen gewisse Analogien zur Phase 2 der subakuten lymphozytären Meningitis bzw. Meningoenzephalitis (Tab. 1. Pkt. II). Hierbei handelt es sich um eine traditionell im deutschsprachigen Raum (weniger im anglo-amerikanischen Bereich) eingeführte Bezeichnung, mit subakuten Verläufen [18, 23]. Die Liquorabweichungen sind unterschiedlich ausgeprägt (Tab. 1. Pkt. III) bei zumeist ätiologisch nicht sicher einzuordnenden Reaktionsmustern.

Ursächlich eindeutiger erscheinen die zunehmend selteneren postvakzinalen Erkrankungsformen mit verschiedenartigen Befundmustern. Eine Ausnahme in der Intensität ist die zumeist hochakute ADEM (akute demyelinisierende Enzephalomyelitis). Zukünftig könnte die Identifizierung erregerspezifischer Antikörper und der Nachweis erregerspezifischer Gene mit der PCR (Kap. B.5, B.6.2) zur diagnostischen Zuordnung derartiger Entitäten beitragen

IV. Encephalomyelitis disseminata

Ein bemerkenswert charakteristisches Liquorprofil zeigt sich im Verlauf der *Multiplen Sklerose,* die durch eine *mehrphasische* Immunpathogenese, insbesondere spezielle Autoimmunabläufe bestimmt wird [3, 13–15, 20, 23, 24, 26]:

a) Im *ersten frühen Stadium,* den akuten Schüben mit zum Teil mäßiger Zellzahlvermehrung (s. Tabelle 1, IV) und erhöhten Gesamteiweißwerten treten alsbald deutliche Anzeichen einer Immunreaktion auf: Lymphozyten, aktivierte B-Zellen − auch bestimmte Interleukine und deren Rezeptoren, z. B. IL-2-Rezeptor, TNFα u. a. (Kap. B.2.3 bzw. C.1, C.2) − sowie oligoklonale intrathekale Immunglobuline, IgG-Neusynthese > IgA oder IgM (Kap. B.3) und MRZ-Reaktion [6, 7, 10, 14, 19, 20, 24, 26]. Des weiteren evtl. quantitativer Nachweis von basischem Myelinprotein (MBP) oder Myelinabbauprodukten (Kap. C.1). Nicht abgeschlossen sind die Analysen zur Wertigkeit von Markern für die Prozeßaktivität der MS (außer den o. a. Interleukinen z. B. lösliche Adhäsionsmoleküle ICAM-1, Selektine, VCAM-1; Kap. B.4 und [3, 9–12, 27]).

b) Im *späteren Ablauf,* im Intervall zwischen den Schüben finden sich, wie auch bei eher chronisch-progredienten Krankheitsformen, teilweise weniger deutliche quantitative Zell- und Eiweißbefunde [13] mit den o. a. Anzeichen einer Immunreaktion (einschließlich IgG-Index), die jedoch im schubförmig rezidivierenden Verlauf ausgeprägter vorhanden sein können.

In quantitativer und qualitativer Hinsicht geringer auffällige Werte − ebenso wie außergewöhnliche bis „atypische" Zell- und Eiweißbefunde (s. auch die voranstehenden CSF-Variationen bzw. -Kategorien − Abschnitt 4.2) − sind Ausdruck der oft nicht unerheblichen *Heterogenität* der Erkrankung [9a, 15]. Diese basiert auf offenbar verschiedenen pathogenetischen Mechanismen, deren eine Grundlage das jüngst inaugurierte „Lassmann/Brück staging system" bzw. die pathomorphologisch unterschiedlichen Muster darstellen könnte (Übersicht bei [28]) − mit wenigstens vier Läsionsbzw. Reaktionstypen. Hierzu liegen bislang noch kaum Assoziationen zu differenzierteren CSF-Befundmuster, allenfalls erste Ansätze, wie kürzlich von der Arbeitsgruppe um Sommer und Hemmer [2] für einige Subtypen berichtet, vor.

V. Polyneuritis bzw. -radikulitis

Sie werden möglicherweise initiiert bzw. getriggert durch Bakterien (z. B. Campylobacter jejuni) oder neurotrope Viren (z. B. CMV) und sind gekennzeichnet durch eine Liquorabflußbehinderung (infolge ödematöser Veränderungen im Spinalwurzelbereich) [20, 22] und durch konsekutive Schrankenstörungen bedingte Eiweißvermehrung bei im späteren Verlauf fehlender oder gering ausgeprägter Pleozytose („albumino"-zytologische Dissoziation).

Die Erstpunktion in der *akuten Phase* (1. Krankheitswoche der *AIDP − akute inflammatorische demyelinisierende Polyneuritis*) kann noch relativ unauffällige Eiweißwerte ergeben bei zunächst möglicher Zellvermehrung mit entsprechendem Granulozytenanteil, Monozyten sowie Lymphozyten, auch Lymphoidzellen.

Erst im *weiteren Verlauf* zeigen die Kontrollen den charakteristischen Befund mit hohem Gesamteiweiß im zellarmen Liquor bei deutlich monozytärem Zellbild, was bei fehlender

Remission noch über Monate bestehen kann [4, 12, 18, 23].

Eine anhaltende Pleozytose ist suspekt für die noch vorhandene entzündliche Reaktion und lokalisatorisch eher im Sinne zumeist erregerbedingter *Meningoradikulitiden* zu werten. Bezüglich der Einzelheiten und der *chronischen inflammatorischen demyelinisierenden Polyneuritis (CIDP)* sei auf die Tabelle 1 und Kap. C.1 verwiesen.

VI. Subarachnoidalblutung

Unter den *weiteren* Liquorsyndromen (Tabelle 2) ist insbesondere die Subarachnoidalblutung von klinischem Interesse, da ein phasenhafter Reaktionsablauf (Abb. 4) hier besonders deutlich zu erkennen ist [17, 23].

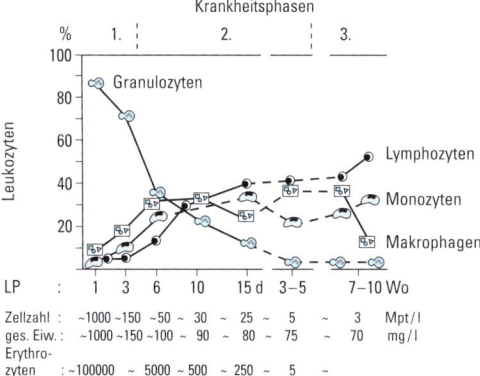

Abb. 4: Liquorbefund bei Subarachnoidalblutung: Zytogramm mit „Fremdkörperreaktion" (Granulozyten) und Makrophagentätigkeit sowie Gesamtzell- und -eiweißwerte in den Verlaufsphasen 1. bis 3. (Durchschnittswerte; n = 21).

1. Phase: die *akute, unspezifische Fremdkörperreaktion* im pathologisch blutigen Liquor. Die auffällige Reizgranulozytose kann u. U. so ausgeprägt sein, daß sie wegen ihres Ausmaßes gelegentlich das Vorliegen einer erregerbedingten Erkrankung erwägen läßt (z. B. hämorrhagischer Meningoenzephalitis).

2. Phase. In der nachfolgenden *Abräumreaktion* sind sehr bald die ersten Erythrophagen zu beobachten. Sie stellen ebenso wie die mit Hämosiderin beladenen Makrophagen — im langsam „aufklarenden" Liquor ab 4. bis 5. Tag — ein Anzeichen für eine abgelaufene Blutung dar (Abb. 4).

3. Phase. Als *Restzustand* nach einer Blutung sind bei weitgehend normalisierten Zell- und Eiweißwerten Hämosiderin-Makrophagen noch nach Wochen (bis Monate) nachweisbar. In Fällen mit atypisch verlaufenden, den Subarachnoidalraum tangierenden Hämorrhagien verschiedener Genese können sie — auch unter dem Aspekt der optimalen neuroradiologischen Diagnoseverfahren (falsch negative Ergebnisse) — von klinisch wegweisender Bedeutung sein.

VII. Primäre und sekundäre Hirntumoren einschließlich Meningeosis neoplastica

Es sind abhängig von der Lokalisation und biologischen Wertigkeit sowie der Malignität des neoplastischen Prozesses zumeist nur unspezifische (Eiweißvermehrung, durch z. T. deutliche Schrankenstörungen), gelegentlich auch „atypische" zytologische Befundkonstellationen feststellbar [17, 18, 22, 23]. Einen besonderen Wert auch hinsichtlich einer Artdiagnose haben

- der Nachweis neoplastischer bzw. blastomatöser Zellen (in Abhängigkeit von der Topik und dem Malignitätsgrad des Prozesses) vor allem bei meningealer Infiltration, so im Ablauf leukämischer Erkrankungsschübe und von Lymphomen — s. z. B. in der Tabelle 2, Pkt. VII die Meningeosis neoplastica/blastomatosa — sowie schließlich die Tumorliquorsyndrome 1. und 2. Grades nach Sayk [22] (Tab. 2); ferner

- der Nachweis (a) zellulärer Antikörper (b) neuronaler Destruktionsmarker und (c) tumorassoziierter Antigene anderer Organsysteme (z. B. CEA, AFP, Beta-hCG, PSA) die allgemein eine Schrankenabhängigkeit aufweisen (Kap. B.3.5 und C.1).

Ein anderer Bereich — vor allem hinsichtlich einer möglichen Autoimmunpathogenese — sind die *paraneoplastischen* Erkrankungen, wobei kreuzreagierende antineurale Antikörper auftreten können (Kap. B.3.4).

Tab. 2: Weitere Liquorsyndrome (VI–VIII) mit Reaktionsphasen

Syndrom und Phasen	Zellen (quantitativ/qualitativ)*	Eiweiß (quantitativ/qualitativ)*	Besonderheiten/Bemerkungen
VI. Subarachnoidalblutung (s. Abb. 4)			
1. akute, unspezifische Reaktionsphase	Pleozytose stärker als entsprechende Blutbeimengung / hohe Granulozytose im blutigen Liquor	sehr hoch / Alb.- u. Ig-Quotient ≈ Serum	– Granulozytäre Reizpleozytose suspekt für Einblutung, Erythrophagen beweisend – Berliner-Blau-Färbung als diagnostischer Beweis u. zur Abgrenzung von anderen Zellinhalten (z. B. Melanin, Pilzsporen u. a. Erreger) – *hämorrhagisches Liquorsyndrom:* wenige Erythrozyten u. Makrophagen in gemischtzelligen Bildern, u. a. bei vaskulären Prozessen, Traumen, Tumorsyndromen; bei hämorrhagischer Herpes-Virus-Enzephalitis = hochakuter Verlauf
2. Abräumreaktion	Pleozytose ↓ / Erythrophagen n. 12–24 h, maximal n. 3–4 d	s. o. rückläufig	
3. Restzustand	normalisiert / Hämosiderinphagen z. T. noch nach Wochen (bis Monaten)	über Grenzwert / noch Schrankenstörung (Q_{Alb} ↑), gewisse Ig-Produktion	
VII. Primäre und sekundäre Tumoren einschl. Meningeosis neoplastica	Pleozytose mäßig bis stark / bei leukämischer u. lymphatischer Infiltration eher homogen, sonst gemischtzellig (Lymphoz., Monoz. u. Makroph., Granuloz.), z. T. pathologische Zellformen	Ges.-Eiw. wechselnd bis stark erhöht – ↑↑↑ als „Stop-Syndrom" bei *spinaler* Raumverdrängung (*Nonne-Froin-Syndrom*) / Schrankenstörung (Q_{Alb} ↑) (Ig bzw. Tumormarker – Kap. B.3.5)	– *Tumorliquorsyndrome* 1. *Grades* (Sayk): viele pathologische Zellen im „bunten" Zellbild (Monoz., Makroph., Lymphoz., Granuloz.) 2. *Grades* (Sayk): wenige auffällige tumorverdächtige Zellen – Nachw. monoklonaler Zellpopulationen bei Lymphomen durch Immunzytologie (Kap. B.2.2) u. Molekularbiologie (Kap. B.5)
VIII. Unspezifisches Reizungssyndrom	Zellen gering bis mäßig ↑ / gemischtzelliges Bild: Lymphoz., Monoz., (Granuloz.), vereinz. Makroph., auch Eosinophile (< 10 %)	Ges.-Eiw. im oberen (seltener unteren) Grenzbereich / qualitativ uneinheitlich, entsprechend Krankheitsauslösung u. Abwehr	– u. a. nach Krampfanfall, vaskulärer Zephalgie, geringem Hirntrauma, Streß, endogener oder exogener Intoxikation – bei analytisch weniger zugänglicher „liquorferner" Lokalisation (z. B. Tumor oder „abgekapselter" Prozeß) – Liquorkontrollen bei persistierenden oder zunehmenden Beschwerden (!) – bei „Rhinoliquorrhoe" β-trace Protein im Sekret

*) Anmerkung: *Schrägstriche* trennen verschiedenartige Parameter

VIII. Unspezifisches Reizungssyndrom

Bei einer derartigen Reaktionsform (Tab. 2) können sehr verschiedene Ursachen vorliegen. Das Reizungssyndrom tritt häufig infolge einer direkten Reaktion auf unterschiedliches „Fremdmaterial" im Liquorraum auf. Neben körpereigenen Substanzen wie Erythrozyten bei vaskulären Prozessen (Blutungen), Entzündungen, Traumen, Tumoren usw. sind besonders körperfremde Materialien, z. B. Drain und Shunt sowie Medikament-Installationen [3, 17, 23] zu nennen.

Die im allgemeinen nur geringen bis mäßigen Zellzahlerhöhungen und leichten Eiweißveränderungen sind liquordiagnostisch schwer zuzuordnen. Aktivierungszeichen mit vereinzelten Makrophagen, Lymphoidzellen, neutrophilen und eosinophilen Granulozyten im Zytogramm [22] können auf eine Abräumreaktion oder auf einen entzündlich-immunologischen Vorgang deuten. In Zweifelsfällen sollte neben der klinischen und liquorologischen Verlaufsbeobachtung die Verwendung weiterer spezieller Liquorparameter zur individuellen Ursachenermittlung vordergründig sein (Kap. B.2.1, B.7, C.1.6)

IX. Probleme bei degenerativen Erkrankungen

Einige der sogen. degenerativen Erkrankungen, wie sie u. a. als Folge „maskiert" verlaufender und erst später klinisch in Erscheinung tretender Prion- oder Slow-virus-Erkrankungen vorkommen, lassen mit den bislang verfügbaren Untersuchungsverfahren zunächst

(a) keine bzw. selten *Befundabweichungen* im Liquor bei der Routine- und erweiterten speziellen Diagnostik erkennen. Hier kann zukünftig bei gezielter Fragestellung, z. B. innerhalb der differentialdiagnostischen Unterscheidung zwischen Demenzprozessen die Bestimmung der

(b) *Proliferations- und Destruktionsmarker* (Kap. B.4 und [3, 12, 19–21]) für eine gewisse Differenzierung (und möglicherweise frühen therapeutischen Intervention) hilfreich sein. Aus gegenwärtiger Sicht bietet die

(c) *Korrelation* der Ergebnisse verschiedener Untersuchungsverfahren, wie Liquoranalytik, funktionelle Bildgebung und Neurophysiologie die größte Wahrscheinlichkeit, eine in-vivo Differenzierung herbeizuführen. Ein Beispiel ist die kombinierte CSF-Tau- und [^{123}I]Iodoamphetamin-SPECT-Analyse bestimmter Regionen [16] als evtl. Hinweis auf einen Morbus Alzheimer.

4.5 Schlußbemerkungen

Vorbedingung für die differenzierte Betrachtung und Interpretation der Untersuchungsresultate des Liquors ist ein über die *Grundmethoden* bis zu *spezielleren Verfahren* reichendes *erweitertes Spektrum* der Untersuchungsmethoden [3, 5–9, 12, 14, 19–21, 23, 26]. Für die einzelnen Krankheitsbilder bzw. -gruppen sollten als Standardprogramm die in der Tabelle 1 des Kapitels C.2 angeführten Parameter angestrebt werden. Allgemein handelt es sich um *Befundkonstellationen* bzw. *Liquorbefundmuster,* die im klinischen Gebrauch auch als *Liquorsyndrome* bezeichnet werden können. Dabei stehen im Mittelpunkt mehr oder weniger krankheitscharakteristische bis -typische Parameter (s. Kategorien von Liquorbefunden – Abb. 1).

Gegenwärtig besteht die Tendenz – unter der Voraussetzung der Sensitivität und Spezifität der Testverfahren – für einige Parameter die Bezeichnung als Marker („Anzeichen" bzw. „Merkmal") anzuwenden. Die sich somit perspektivisch anbahnende *Ära der Marker* (Kap. A.1.6) für die Diagnostik und Krankheitsaktivität (Kap. B.3.5 bzw. B.4 sowie [9, 11]) muß bezüglich des *prädiktiven* Wertes noch kritisch bewertet werden. Jüngst nahmen hierzu Tumani und Rieckmann [27] Stellung mit der Schlußfolgerung, daß kaum einer der löslichen Surrogatmarker den aufzustellenden Kriterien standhält. Ein wesentlicher Grund scheint die Krankheitsdynamik und -aktivität bzw. oft erhebliche Heterogenität [9a, 15, 28] einer Reihe von Erkrankungen zu sein.

Entsprechend den diagnostischen Anforderungen, den Verlaufsanalysen und prognostischen Fragen sind *differenzierende Marker* erforderlich:

In Betracht kommen Marker [27] für die verschiedenen (a.) entzündlichen und/oder (b.) immunologischen Prozesse (besondere Lymphozyten-Subpopulationen, Zytokine und ihre Rezeptoren, Chemokine, Antikörper und weitere Proteine), damit im Zusammenhang Hinweise auf eine (c.) gestörte Blut-Hirnschranken-Funktion (Kap. A.4; gegebenenfalls Adhäsionsmoleküle, Matrix-Metalloproteinasen u. a.). Des weiteren sind von Bedeutung (Kap. B.4) Marker für die Vorgänge der (d.) Demyelinisierung (Myelinabbauprodukte oder entsprechende Autoantikörper) und der (e.) Remyelinisierung (vor allem Wachstumsfaktoren) sowie der (f.) Gliazellaktivierung oder -schädigung (z. B. S-100 b). Von klinischem Interesse sind darüber hinaus Marker für die (g.) Neurodegeneration (Proteine der Neurone und Axone, wie neuronenspezifische Enolase, Tau-Protein) und die (h.) Tumormarker, für die zudem noch einige besondere Bedingungen vorliegen (Kap. B.3.5).

Insgesamt wäre eine Art *Liquormarker-Profil* [27] und schließlich ergänzend als Surrogat- bzw. Additivmarker die Einbeziehung neuester *bildgebender Verfahren* (fMRI; ^{1}H-, ^{13}C- oder ^{31}P-Spektroskopie für verschiedene Metaboliten [16, 25]) zur Diagnostik und zum Monitoring anzustreben.

Es bleibt eine permanente *Aufgabe*, durch entsprechende Gremien kompetenter Experten mit langjähriger Erfahrung in der Liquoranalytik die Art und den Umfang der in der klinischen Diagnostik *obligatorischen Analyseverfahren* des Liquors, *differenziert* für die unterschiedlichen Krankheitsbilder zu definieren und *Standards* festzulegen. Hierzu liegen erste Ansätze (u. a. bei [4]), und die Vorschläge des Subcommittee der American Academy of Neurology von 1993 (bei [12]) vor. Exemplarisch kann für die Multiple Sklerose der europäische Konsensus-Report von 1994 [1] – unter ergänzender Berücksichtigung der body fluid marker [9, 11, 27] – angeführt werden. Im deutschsprachigen Bereich wurden entsprechende Bestrebungen vor allem durch Reiber und Mitarbeiter [19, 21] im Rahmen der Deutschen Gesellschaft für Liquordiagnostik und klinische Neurochemie vorangetrieben. Ferner ist besonders auf die Aktivitäten der International CSF Consensus Group (CSF Research Group of WFN – C.J.M. Sindic) hinzuweisen.

Bei ständiger Erweiterung und Verbesserung liquoranalytischer Methoden bleibt das *Ziel* aller Bemühungen, aus dem wertvollen Untersuchungsmaterial Liquor cerebrospinalis ein Maximum an valider Information für die Diagnostik, Therapie und Prognose neurologischer Erkrankungen zu gewinnen und in Art eines *Kompetenznetzwerkes* zu optimieren. Das kann nur unter Berücksichtigung der definitiven analytischen Grenzwerte und Fehlermöglichkeiten (Qualitätskontrollen; Kap. B.9) durch die Synopsis mit einer sorgfältig erhobenen Anamnese und dem klinischen Befund sowie der Paraklinik (Neuroradiologie, Neurophysiologie, Mikrobiologie, klinische Chemie) von einem in der Befundbewertung versierten *klinischen* Liquordiagnostiker geleistet werden.

4.6 Literatur

[1] Andersson, M., J. Alvarez-Cermeño, G. Bernardi et al.: Cerebrospinal fluid in the diagnosis of multiple sclerosis: a consensus report. J Neurol Neurosurg Psychiatry 57 (1994) 897–902.

[2] Cepak, S., M. Jacobsen, S. Schock et al.: Patterns of cerebrospinal pathology correlate with disease progression in multiple sclerosis. Brain 124 (2001) 2169–2176.

[3] Felgenhauer, K., W. Beuche: Labordiagnostik neurologischer Erkrankungen. Liquoranalytik und -zytologie, Diagnose- und Prozeßmarker. Georg Thieme, Stuttgart – New York 1999.

[4] Fishman, R.A.: Cerebrospinal fluid in diseases of the nervous system. 2. Aufl. W. B. Saunders, Philadelphia 1992.

[5] Graves, M.: Cerebrospinal fluid infections. In: R. M. Herndon, R. A. Brumback (Hrsg.): The cerebrospinal fluid, S. 143–165. Kluwer Acad. Publ., Boston – Dordrecht – London 1989.

[6] Kleine, T. O., H. Meyer-Rienecker (Hrsg.): Gesamtdeutsches Liquor-Symposium „Klassische

und moderne Methoden in der Liquor-Diagnostik". Lab med 15 (1991) III—V, 29—129 und 173—210.
[7] Kleine, T. O. (Hrsg.): European CSF Symposium. J Lab Med 20 (1996) 156—179, 303—365, 497—524.
[8] Kölmel, H. W.: Liquordiagnostik. In: H. Henkes, H. W. Kölmel (Hrsg.): Die entzündlichen Erkrankungen des Zentralnervensystems. Handbuch und Atlas, S. I, 1—25. Economed-Losebl.-Ausg. Grundwerk, Landsberg/Lech 1993.
[9] Laman, J. D., E. J. Thompson, L. Kappos: Body fluid markers to monitor multiple sclerosis: the assays and the challenges. Multiple Sclerosis 4 (1998) 266—269.
[9a] Lassman, H., W. Brück, C. Lucchinetti: Heterogeneity of multiple sclerosis pathogenesis: implications for diagnosis and therapy. Trends Molecul Med 7 (2001) 115—121.
[10] Lehmitz, R., E. Mix, U. K. Zettl: Liquorparameter bei ausgewählten entzündlichen Erkrankungen des Nervensystems. In: U. K. Zettl, E. Mix (Hrsg.): Klinische Neuroimmunologie, S. 59—67. Walter de Gruyter, Berlin — New York 1999.
[11] Massaro, A. R., P. Tonali: Cerebrospinal fluid markers in multiple sclerosis: an overview. Multiple Sclerosis 4 (1998) 1—4.
[12] McConnell, H., J. Bianchine (Hrsg.): Cerebrospinal fluid in neurology and psychiatry. Chapman & Hall, London — Weinheim 1994.
[13] Meyer-Rienecker, H.: Liquordiagnostik bei der Multiplen Sklerose. Psychiat Neurol med Psychol 28 (1976) 641—653.
[14] Meyer-Rienecker, H. J., H. L. Jenssen, H. Werner: Aspects of cellular immunity in multiple sclerosis. J Neurol Sci 42 (1979) 173—186.
[15] Meyer-Rienecker, H.: Heterogenität der Multiplen Sklerose: Pathogenetische und klinische Aspekte. In: W. Firnhaber, K. Dworschak, K. Lauer et al. (Hrsg.): Verhandlungen der Deutschen Gesellschaft für Neurologie, Bd. 6, S. 48—52. Springer, Berlin — Heidelberg — New York 1991.
[16] Okamura, N., H. Arai, M. Maniyama et al.: Combined analysis of CSF Tau levels and [^{123}I]Iodoamphetamine SPECT in mild cognitive impairment: Implications for a novel predictor of Alzheimer's disease. Am J Psychiatry 159 (2002) 474—476.
[17] Olischer, R.-M.: Liquorzytodiagnostik — Möglichkeiten und Grenzen. Psychiat Neurol med Psychol 42 (1990) 473—478.
[18] Olischer, R.-M.: Liquorsyndrome. In: G. Göllnitz (Hrsg.): Neuropsychiatrie des Kindes- und Jugendalters, S. 236—258. Gustav Fischer, Jena — Stuttgart 1992.
[19] Reiber, H., M. Adelmann, S. Bamborschke et al.: Ausgewählte Methoden der Liquordiagnostik und klinischen Neurochemie. CSF. Mitteilg. Arbeitsgem. Liquordiagnostik u. klin. Neurochemie 1 (1996) 1—41.
[20] Reiber, H.: Liquordiagnostik. In: P. Berlit (Hrsg.): Klinische Neurologie, S. 148—177. Springer, Heidelberg 1999.
[21] Reiber, H.: Mitgliederrundbrief. Dtsch Ges für Liquordiagnostik u klin Neurochemie 1 (2000) 1—45.
[22] Sayk, J.: Liquorbefunde. In: H. Ch. Hopf, P. Poeck, H. Schliack (Hrsg.): Neurologie in Praxis und Klinik (Bd. 2), S. 4.40—4.50 Georg Thieme, Stuttgart — New York 1981.
[23] Schmidt, R. M. (Hrsg.): Der Liquor cerebrospinalis. Untersuchungsmethoden und Diagnostik. 2. Aufl. Georg Thieme, Leipzig 1987.
[24] Sellebjerg, F., C. V. Jensen, M. Christiansen: Intrathecal IgG synthesis and autoantibody-secreting cells in multiple sclerosis. J Neuroimmunol 108 (2000) 207—215.
[25] Sormani, M. P., P. Bruzzi, G. Comi et al.: MRI metrics as surrogate markers for clinical relapse rate in relapsing-remitting MS patients. Neurology 58 (2002) 417—421.
[26] Tourtellotte, W. W., H. Tumani: Multiple sclerosis cerebrospinal fluid. In: C. S. Raine, H. F. McFarland, W. W. Tourtellotte (Hrsg.): Multiple Sclerosis, S. 57—79. Chapman & Hall, London — Weinheim 1997.
[27] Tumani, H., P. Rieckmann: Marker des Liquor cerebrospinalis im Überblick. In: R. M. Schmidt, F. Hoffman (Hrsg.): Multiple Sklerose, S. 117—127. 3. Aufl. Urban u. Fischer, München — Jena 2002.
[28] Van der Valk, P., C. J. A. De Groot: Staging of multiple sclerosis (MS): pathology of the time frame of MS. Neuropathol and Applied Neurobiol 26 (2000) 2—10.

Tabellenanhang

SI-Basiseinheiten

Größe	Symbol	Einheit	Abk.	Umrechnung
Länge	l	Meter	m	1 inch = 0,0254 m 1 foot = 0,3048 m 1 yard = 0,9144 m 1 mile = 1609,3 m
Masse	m	Kilogramm	kg	1 pound = 454 g
Stoffmenge	n	Mol	mol	
Temperatur	T	Kelvin	K	0 K = −273,15 °C °F = (°C × 9/5) + 32 °C = (°F − 32) × 5/9
Zeit	t	Sekunde	s	
Stromstärke	I	Ampere	A	
Lichtstärke	I_v	Candela	cd	

SI-abgeleitete Einheiten

Größe	Symbol	Einheit	Abk.	Umrechnung
Fläche	A	Quadratmeter	m^2	
Volumen	V	Liter	l	1 l = 1000 cm^3 1 gallon = 3,785 l 1 fl.oz. = 29,57 ml
Katalytische Aktivität	ζ	Katal	kat	1 kat = 60 · 10^6 U
Geschwindigkeit	v	Meter pro Sekunde	m · s^{-1}	
Dichte	ρ	Kilogramm pro Kubikmeter	kg · m^{-3}	
Kraft	F	Newton	N	N = m · kg · s^{-2} 1 dyn = 10^{-5} N 1 pond = 9,8 · 10^{-3} N

Sl-abgeleitete Einheiten (Fortsetzung)

Größe	Symbol	Einheit	Abk.	Umrechnung
Druck	p	Pascal	Pa	$Pa = N \cdot m^{-2}$ oder $kg \cdot m^{-1} \cdot s^{-2}$ 1 cmH$_2$O = 98 Pa 1 mmHg = 133,3 Pa 1 bar = 100 kPa 1 atm = 101,324 kPa 1 dyn/cm^2 = 0,1 Pa 1 cmH$_2$O = 1,36 × mmHg 1 mmHg = 1 Torr
Arbeit	W	Joule	J	J = Nm 1 kWh = 3600 kJ
Energie	E	Joule	J	1 kcal = 4,19 · 10^3 J
Leistung	P	Watt	W	$W = J \cdot s^{-1}$ 1 PS = 735,5 W
Wärme	Q	Joule	J	1 kcal = 4,19 · 10^3 J
Massen-Konzentration	C	Gramm pro Liter	g/l	1 g% = 10 g/l oder 1 g/dl
Molalität	M	Mol pro Kilogramm	mol/kg	
Molarität	M	Mol pro Liter	mol/l	1 M = mol/l
Viskosität	η	Pascalsekunde	Pa · s	$1 \, Pa \cdot s = N \cdot s \cdot m^{-2}$
Frequenz	ι	Hertz	Hz	$1 \, Hz = s^{-1}$
Halbwertszeit	$T_{1/2}$	Sekunde	s	
Widerstand	R	Ohm	Ω	R = U/I
Spannung	U	Volt	V	
Lichtstrom	φ	Lumen	lm	
Beleuchtungs-Stärke	E	Lux	lx	$lux = lm/m^{-2}$
Leuchtdichte	L	Candela pro Quadratmeter	cd/m^2	cd/m^2 = Stilb
Aktivität	A	Becquerel	Bc	1 Ci (Curie) = 3,7 · 10^{10} Bc
Ionendosis	I	Coulomb pro Kilogramm	C/kg	1 R (Röntgen) = 2,58 · 10^{-4} C/kg
Energiedosis	D	Gray	Gy	1 Gy = 1 J/kg 1 rd (Rad) = 10^{-2} Gy
Äquivalentdosis	D	Sievert	Sv	1 Sv = 1 J/kg 1 rem (Rem) = 10^{-2} Sv

SI-Vorsilben

Faktor	Vorsilbe	Symbol
10^1	deka	da
10^2	hekto	h
10^3	kilo	k
10^6	mega	M
10^9	giga	G
10^{12}	tera	T
10^{15}	peta	P
10^{18}	exa	E
10^{-1}	dezi	d
10^{-2}	zenti	c
10^{-3}	milli	m
10^{-6}	mikro	µ
10^{-9}	nano	n
10^{-12}	piko	p
10^{-15}	femto	f
10^{-18}	atto	a

Umrechnungsfaktoren für SI-Einheiten

Komponente	SI-Einheit neu (n)	Einheit alt (a)	Umrechnungsfaktor (f) (n · f = a; a : f = n)
Albumin	µmol/l	g%	0,0069
Ammoniak	µmol/l	µg%	1,7
Basenüberschuß	mmol/l	mVal/l	1,0
Bikarbonat	mmol/l	mVal/l	1,0
Bilirubin	µmol/l	mg%	0,0585
Blei	µmol/l	µg%	20,7
Chlorid	mmol/l	mVal/l	1,0
Eisen	µmol/l	µg%	5,58
Erythrozyten	T/l	$10^6/mm^3$	1,0
Fibrinogen	g/l	mg%	100
Folsäure	nmol/l	µg%	0,0441
Glukose	mmol/l	mg%	18
Globuline	g/l	g%	0,1
Hämoglobin	mmol/l	g%	1,611
Harnsäure	µmol/l	mg%	0,0168
Harnstoff	mmol/l	mg%	6,006
IgA	g/l	mg%	100
IgG	g/l	mg%	100
IgM	g/l	mg%	100
Insulin	pmol/l	mE/l	0,138
		µg/l	0,0059
Kalium	mmol/l	mVal/l	1,0
Kalzium	mmol/l	mg%	4,01
Kortisol	µmol/l	µg%	35,71
Kreatin	µmol/l	mg%	0,0131
Kupfer	µmol/l	µg%	6,35
Laktat	mmol/l	mg%	9,0
Leukozyten	G/l	$10^3/mm^3$	10^3
Lithium	µmol/l	µg%	0,694
Magnesium	mmol/l	mg%	2,43
Molalität	mmol/kg	mosm/kg	1,0
Natrium	mmol/l	mVal/l	1,0
Noradrenalin	nmol/l	ng/l	170,3
Proteine	g/l	g%	0,1
C-reaktives Protein	mg/l	mg%	0,1
Pyruvat	µmol/l	mg%	0,00881
Thrombozyten	G/l	$10^3/mm^3$	10^3
Zink	µmol/l	mg/l	15,3

Statistische Parameter

Standardabweichung	$s = \sqrt{\Sigma(x_i - x_m)^2/(n-1)}$
Variationskoeffizient (%)	$VK = \dfrac{s \times 100}{x_m}$
	x_i = Einzelmeßwert x_m = Mittelwert n = Anzahl der Meßwerte
Präzision	Ein Analysenergebnis muß bei wiederholten Messungen unter gleichen Bedingungen innerhalb gewisser Grenzen übereinstimmen. **Zufällige Fehler** schränken die Präzision ein. Maß für die Präzision ist die Standardabweichung und der Variationskoeffizient.
Reliabilität	Reproduzierbarkeit bei Meßwiederholung (entspricht weitgehend dem Begriff Präzision; Langzeit-Reliabilität bedeutet Reproduzierbarkeit über einen längeren Zeitraum).
Richtigkeit	Ein Analysenergebnis muß innerhalb enger Grenzen mit dem wahren Wert übereinstimmen. Die Richtigkeit wird durch **systematische Fehler** eingeschränkt.
Objektivität	Unabhängigkeit der Ergebnisse vom Beobachter
Validität	Richtigkeit, daß auch das gemessen wird, was gemessen werden soll.

Wirklichkeit (wahrer Wert)

	positiv (krank)	negativ (gesund)
positiv (krank)	richtig positiv A	falsch positiv Fehler 1. Art B
negativ (gesund)	falsch negativ Fehler 2. Art C	richtig negativ D

Sensitivität	A/(A + C), d. h. die Wahrscheinlichkeit, mit der z. B. ein Kranker als krank erkannt wird
Spezifität	D/(D + B), d. h. die Wahrscheinlichkeit, mit der z. B. ein Gesunder als gesund erkannt wird
Positiver Vorhersagewert	A/(A + B), d. h. die Wahrscheinlichkeit, mit der ein Testergebnis richtig ist (positiver Fall)
Negativer Vorhersagewert	D/(D + C), d. h. die Wahrscheinlichkeit, mit der ein Testergebnis richtig ist (negativer Fall)
Prävalenz	(A + C)/(A + B + C + D): Anteil der z. B. Erkrankten am Gesamtkollektiv
Fehler 1. Art	z. B. ein Gesunder wird als krank eingestuft oder ein Normalwert wird als pathologisch gemessen
Fehler 2. Art	z. B. ein Kranker wird als gesund eingestuft oder ein pathologischer Wert wird als normal gemessen
Inzidenz (Neuerkrankungsrate)	Anzahl der Neuerkrankungen in einem gewissen Zeitintervall im Verhältnis zur Gesamtzahl der Bevölkerung

Statistische Parameter (Fortsetzung)

Prävalenz (Krankenstand)	Anzahl der am Stichtag Erkrankten im Verhältnis zur Gesamtzahl der Bevölkerung
Morbidität	Häufigkeit einer bestimmten Erkrankung, als unpräziser Begriff häufig als Synonym entweder für Inzidenz oder Prävalenz verwendet
Letalität	Zahl der an einer bestimmten Krankheit Verstorbenen im Verhältnis zur Anzahl der daran Erkrankten
Mortalität	Zahl der Verstorbenen im Verhältnis zur Gesamtzahl der Bevölkerung
Geburtenziffer	Zahl der Geburten im Verhältnis zur Gesamtzahl der Bevölkerung
Pearl-Index	Anzahl der Schwangerschaften bezogen auf 100 Frauen pro Jahr (1200 Risikozyklen)
Relatives Risiko	Risiko, an einer Krankheit mit Risikofaktor zu erkranken im Verhältnis zum Risiko, ohne Risikofaktor an der gleichen Krankheit zu erkranken
Zuschreibbares Risiko	Differenz zwischen Risiko von Exponierten und Nicht-Exponierten, dieselbe Krankheit zu bekommen.

Register

Abduzensparese 32
Abflußwiderstand des Liquors 29
Absolutwerte 69
Abszeß 290, 383, 386, 468
Abszeßinhalt 291
Abszeßpunktion 301
Acanthamoeba spp. 317, 321
Actinomyceten 392
Adaptermoleküle 101
Adenokarzinom 150, 155
Adhäsionsmoleküle 99, 248
– ICAM-1 249, 405
– Selektine 248, 405
– VCAM-1 104, 249, 405
Adrenocorticotropes Hormon (ACTH) 118
Adrenoleukodystrophie 186, 187, 195, 406, 436, 458
Affinitätsblot 216
Affinitätsimmunoblot 309
Affinitätsreifung 113, 115
AFP, s. α-Fetoprotein
Agargel 6
Agardiffusionstest, semiquantitativer 300
Agaroseelektrophorese 211
AIDS 398
AIDS-Dementia-Komplex 257
AIDS-Problematik 285
AIDS-Stadium, spätes 204, 325
Aktinomyzeten 297
Akustikusneurinom 439
akute demyelisierende Enzephalomyelitis (ADEM) 96, 405, 407
akute disseminierte Enzephalomyelitis (ADEM), s. akute demyelisierende Enzephalomyelitis
akute inflammatorische demyelisierende Polyneuropathie (AIDP) 96, 407
akute intermittierende Porphyrie 436
akute monosymptomatische Optikusneuritis (AMON) 174, 406, 450
akute nekrotisierende hämorrhagische Enzephalomyelitis (Hurst) 407
akute zerebrale Ischämie 431
akzessorische Zellen 98
Albumin 51, 62, 90, 128, 358, 378, 380

– Referenzbereiche des Albuminquotienten 90, 92, 177
– – bei Kindern 92, 337
Albuminkonzentrationsquotient 61
Albumin-Liquor/Serum-Quotient 62, 378
Albuminquotient 178, 335, 337, 383, 384, 388, 395
Aliquorrhoe-Syndrom 10
Alkaloidintoxikation 433
Alkoholiker 289
Alkoholintoxikation 433
allergische Granulomatose (Churg-Strauss) 414
αB-Crystallin 104
α-Fetoprotein (AFP) 245, 419, 455
α1-Glykoprotein 51
α2-Makroglobulin 51
Amine, biogene 441
Amöben, freilebende 317
Amöbiasis 402
Amphiphysin (128 kD-Protein) 422
Amplifikation 282
Amyloid-Precursor-Protein (APP) 424
amyotrophe Lateralsklerose (ALS) 178, 266, 425
anaerob bebrüteter Columbia-Agar 300
Angiostrongylus cantonensis 318
Angiotensin converting Enzym (ACE) 68, 91, 195, 196, 259, 410
– als Marker für systemische Sarkoidose 196
annealing 282
anterior-posteriore Druckdifferenzen 30
Antibiotikaprophylaxe 340
Antibiotika-Therapie 384
antibiotische Behandlung 290
Anti-CD3-Antikörper 252
Anti-CRMP-5 422
Anti-CV2 422
Antigen, carcinoembryonales (CEA) 67, 91, 195, 245, 360, 417
– lokale CEA-Produktion 246
Antigene
– bakterieller Nachweis 296
– endogene 98
– epitheliale 163
– Erkennung 108

- exogene 98
- mesenchymale 164
- Neo-Antigene 229
- neuronale 164
- onkofetale 163
- TD-Antigene 111
- TI-Antigene 109
- tumorassoziierte 245

Antigenexpression 161
Antigen-präsentierende Zellen (APZ) 95
antigen processing 98
Antigentest 339
Antigentransport 96
Antigenvariation 96
Antikoagulation 22
Antikörper
- Affinität 205
- Anti-Amphiphysin 238
- Anti-CV-2 238
- Antiglutamatdehydrogenase 238
- Anti-Hu 238
- Antikörperindex 179, 184, 201
- - Referenzbereich 201
- Anti-Ma-1 238
- Anti-Ma-2/Ta 238
- antineuronale 420
- Anti-Recoverin 238
- Anti-Ri 238
- Anti-Synaptogmin 238
- Anti-Titin 238
- Anti-Tr 238
- Anti-VGCC 238
- Anti-Yo 238
- Autoantikörper 237
- Autoantikörper gegen ds-DNA 200
- Bestimmung 237
- Doppelstrang-DNA-Autoantikörper 205
- erregerspezifische 200, 398, 405
- Herpes simplex Enzephalitis 205, 395
- hochaffine 112
- im Gehirn 200
- intrathekale 97, 178, 200, 383
- intrathekale Herpes-simplex-Antikörpersynthese bei AIDS 204
- Masern 205, 396, 397
- Mumps 205
- neuronale Autoantikörper 240
- Röteln 205, 397
- Toxoplasma-Antikörper 205, 402
- Zoster 205, 396

Antikörperantwort
- primäre 111
- sekundäre 111

Antikörperproduktion 168
Antikörper-Spezifitäts-Index 7
Antikörpersynthese 114, 205, 206, 309, 341
Antineutrophile-Zytoplasma-Antikörper (ANCA) 414
antinukleäre Antikörper (ds-DNA) 414
anti-VGCC 421
anti-Yo-Antikörper (APAC-1/PCA-1) 421
Apolipoprotein-E 52
Apoptose 99, 106, 355
Arachnoidalzotten 73, 352
Arachnoidalzysten 75, 84
Arachnoidea 40
Arachnoiditis 410
Arnold-Chiari-I-Mißbildung 32
Arsenintoxikation 433
Arteriitis temporalis 413
Aspergillose 312, 401
- Antigen 312
Aspergillus 312, 400
Aspirationsversuche 27
Astrozyten 98, 105
Astrozytome 152, 417
atraumatische Spinalkanüle nach Sprotte 34
Ausschlussgrenze 132
Auswerteverfahren 178
Autoimmunerkrankung 96, 205
Autoimmunität 99
Autoimmunreaktion 103
Autolyse 294

Bacteroides-Spezies 289
bakterielle Endokarditis 415
bakterielle Meningitis, außerhalb des Krankenhauses erworben 290
bakterielle Mischflora 463
bakterielle ZNS-Erkrankungen 288
Bakterien 140, 285, 289, 296, 338, 346, 353, 384, 463
- aerobe 289
- anaerobe 289
- Gram-negative 132, 296, 298, 344, 345
- Gram-positive 132, 294, 296, 298
Bakteriendichte 298
Balamuthia mandrillaris 317, 402
Balos konzentrische Sklerose 406
Bandscheibennekrose, aseptische 33
Barbituratintoxikation 434
Basisprogramm, ventrikulärer Liquor 355
Baylisascaris procyonis 319
Befundmuster 177, 182, 184
Behçet-Syndrom 414
Bellsche Lähmung 439

Berechnungsbeispiel 179
Berliner-Blau-Färbung 431
Berliner-Blau-Reaktion 139, 145
Bewertungsarten 371
Bildgebung 284
Bilirubin 127, 128, 297
Biophysik 69
Blasenstörung 78
Blei 54
Bleiintoxikation 434
Blickparese, progressive supranukleäre 266
Blut 146
Blut/Liquor-Quotient 90, 133
Blutbeimengung 462
− artifizielle 128, 178, 182
Blutgerinnungsstörung 22
Blut-Hirn-Schranke 9, 44, 59, 292
Blutkultur
− aerobe 301
− anaerobe 301
Blutkulturen 290
Blutkulturflasche 291
Blut-Liquor-Schranke 10, 44, 292
− Dysfunktion 61
− Funktion 59, 62, 70, 73, 335, 352
− Funktionsstörung 66, 177
Blutungen
− akute intrazerebrale 133, 431
− alte 130
− ältere 130
− artifizielle 24
− frische 130
− geburtstraumatische 337
− intrazerebrale Blutung mit Gefäßspasmen 131
− pathologische 24
− Sickerblutungen 130
Blutungskomplikationen 32
β-Amyloidpeptid 424
β-Endorphin 118
β-hCG 245
β-trace-Protein 67, 68, 196, 198, 214, 267, 268, 301, 439
B-Lymphozyten 13, 95, 110, 117, 163, 167, 254, 341
− aktivierte 13, 160, 167, 184, 189, 223, 384, 388, 389, 404
− − mit intrazellulärer Immunoglobulinproduktion 160, 349
− ruhende 117
B-Lymphozyten-Aktivierung 108, 167, 189
− polyklonale 113
B-Lymphozyten-Korezeptor-Komplex 110, 115
B-Lymphozytenproliferation 114

β2-Mikroglobulin 52, 91, 244, 245, 258, 360, 410, 419
B-Streptokokken 336, 384
B-T-Lymphozyten-Interaktion 110
β2-Transferrin 52, 213
B-Wellen 30, 77
B-Zellen, s. B-Lymphozyten
B-Zellen-Lymphome 245
− niedrig maligne 247
B-Zell-Rezeptor (BZR) 108
body mass index 33
Bolus-Techniken 29
Borrelia burgdorferi 286, 398
Borrelien 288, 389
Borrelien-Antikörper-Titer 390
Braunfarbeeffekt (BFE) 314
Bromocriptin 118
Bronchialkarzinom 155, 164, 237, 247, 418
Brucellen 392
bulk flow 42
buntes Zellbild 147
bystander-Zellen 97
− bystander-B-Lymphozyten 114

Calbindin-D 425
Campylobacter jejuni 103
Candida 314, 400
Candida-Meningitis 312
Candidose 311, 401
− Candida-Arten 311
carcinoembryonales Antigen (CEA), s. Antigen, carcinoembryonales
Cardiolipin-Reaktion 391
Cauda equina 23
CCT 80, 290, 430
CD18/CD11b 249
CD3 253
CD4/CD8-Quotient 398
CD4/CD8-Verhältnis 163
CD8 252
CD40 253
CD43 249
CD54 249
CEA, s. Antigen, carcinoembryonales
Celluloseacetat-Folie 6
Cestoden 327
Chemokine 105
Cholesteatom 439
Chorea minor Sydenham 394
Chromosomen-crossing-over 280
chronische inflammatorische demyelisiernde Polyneuropathie (CIDP) 96, 408

chronisch-progressive externe Ophtalmoplegie (CPEO) 436
Chronobiologie 119
Cisterna magna 29
Clomipramin 118
cluster of differentiation (CD) 165
CMV 193, 285, 398
CMV-Enzephalitis 193, 204
Columbia-Agar, anaerob bebrüteter 300
Coma diabeticum 435
Commotio cerebri 429
complementary determing regions (CDR) 98
Compressio cerebri 430
Computertomogramm 289, 300
Concanavalin A 252
consensus-PCR 286
Contusio cerebri 430
Conus medullaris 23
corticobasale Degeneration (CBD) 425
corticotropin-releasing Faktor (CRF) 118
Corynebacterium sp. 291
C-reaktives Protein 300
Creutzfeldt-Jacob-Erkrankung 262266, 427
cross-linking 109
CRP-Gehalt 338
Cryptococcus 314, 400
CT 289, 300
CT-Zisternographie 79
Cystatin-C (ehemals γ-Trace) 52, 68, 214
Cysticerus cellulosae 318
Cytomegalie-Enzephalitis 192
Cytomegalie-Virusinfektion 203

Datenmuster 177
Deamidierung 207
Defekt des Komplementsystems 289
Dejerine-Sottas-Krankheit 437
delayed-type hypersensitivity 97
Delirium tremens 132
Demenz 78
Denaturierung 282
dendritische Zellen 95
Denny-Brown-Syndrom (subakute sensible Neuropathie, Ganglionitis) 422
Depression, endogene 118
Deutsche Gesellschaft für Liquordiagnostik und klinische Neurochemie (DGLN) 14
Diabetes mellitus 435
Dichte 478
Differentialzellbild 89
Diffusion 59, 61
– carrier-/transporter-vermittelte 50
– von Hirnproteinen 69

Diffusions-/Liquorfluß-Theorie 58, 69, 71
Diffusionsblot 216
Diffusionsgesetze 70
Diffusionskoeffizient 69, 71
Diffusionskonstante 72
Diffusions-Reaktionsgleichungen 69
Diskriminierungslinie 181
Dissociation albumino-cytologique 10, 407
Dissoziation, protein-kolloidale 10
D-Laktat 90, 127, 132, 385
DNA 277
DNA-Ligase 283
DNA-Polymerase 281
DNA-Präparation 284
DNasen 280
Dominanz 179
Drain 442
Druck 479
Duodenalbiopsat 299
Dura 24
Dura mater 39
Durchflußzytometrie 162, 249
Dysgerminome 417

EAISA 249
EBV 285
Echinococcus granulosus 318
Echinococcus multilocularis 318
Effektorzellen (Plasmazellen) 110, 168
Einschlußkörperchen-Enzephalitis (MIBE) 396
Einwilligungserklärung 22
Eiweißbestimmung 3
Eiweißanalyse, qualitative 6
Eklampsie 434
Elektroenzephalographie 284
Elektroimmunassay (rocket Elektrophorese) 268
Elektrokrampf-Therapie 197
Elektrolyte 53
Elektrophorese 6, 281
Elektroschock-Therapie 196
ELISA 201, 249, 388
ELISPOT 249
Elongation 282
Elsberg-Syndrom (Polyradiculitis sacralis) 408
Empyem, subdurales 386
Encephalitis epidemica (Economo-Krankheit) 399
Endo-Agar 300
Endokarditis 289
Endonukleasen 280
Endothelzellen 95
Endotoxin-Nachweis 297
Entamoeba histolytica 317, 323, 402
Enterobakterien 289

Enterokokken 289
Enterovirusinfektion 337
Entzellung 128
Enzephalitis 341, 342, 383
- aseptische Meningoenzephalitis 251
- CMV-Enzephalitis 193, 204
- Enzephalitiden 285, 288
- - progressive 304
- Enzephalitiden bei Kindern 303
- hämorrhagische 395
- Herpes-simplex-Enzephalitis (HSV-Enzephalitis) 178, 186, 191, 200, 203, 204, 284, 303, 394
- HIV-Enzephalitis
- - chronische 178, 187
- - nichtentzündliche 306
- Mumps-Meningoenzephalitis 187
- progressive mulitfokale Leukenzephalitis 306
- progressive Rubella-Panenzephalitis (PRP) 96
- subakute sklerotisierende Panenzephalitis (SSPE) 96, 200, 203205, 255, 396
- Toxoplasmaenzephalitis 192
- Virusenzephalitis 187
Enzephalitis-Syndrome, lymphozytäre 11
Enzephalomyelitis 383
- akute disseminierte Enzephalomyelitis (ADEM) 96, 405
- experimentelle Autoimmun-Enzephalomyelitis (EAE) 97
Enzephalomyelitis-Syndrome, para- oder postinfektiöse 11
Enzephalopathie
- HIV-Enzephalopathie 192, 203, 398
- subkortikale arteriosklerotische 80
Enzyme 9
eosinophile Meningitis 148, 410, 468
Ependymome 151, 164, 417
Ependymzellen 142, 151, 163
epidemiologische Probleme 286
Epidermoide 33
epidurale Eigenblutinjektion 84
epiduraler Abszeß 291, 386
Epilepsie 438
epitheliales Membranantigen (EMA) 417
Erkrankungen
- Akutität 185
- chronisch-neurologische Erkrankungsbilder 304
- entzündliche 167, 383
- mit dementiellem Leitsymptom 424
- neurologische, Liquordaten 183
Erregeranzucht 291, 299
Erregeridentifikation mit immunologischen Methoden 296
Erregerlast 284

Erregernachweis 308, 320, 325, 336, 339, 384, 388, 389, 395, 401
- mikroskopischer 295
error-function 72
Erythrophagen 129, 143, 374, 431, 474
Erythropoese 462
Erythrozyten 127, 128, 337, 353, 431
Erythrozytenzahl 128, 132
Escherichia coli 288, 296, 336, 343, 384
E-Selectin 248
Ethidiumbromid 283
Exonukleasen 280
experimentelle Autoimmun-Myasthenia gravis (EAMG) 118

Fahrsches Syndrom 436
familiäre fatale Insomnie 427
Färbemethoden 138
Färbeverfahren 3
fatigue 119
Fazialisparese 389, 439
- bakterieller Infekt 203
- Borrelien 203
- HSV 203
- periphere 341
- VZV 203
Fehler 482
- 1. Art 482
- 2. Art 482
Felsenbeinfraktur 301
Ferritin 52, 91
Fetaltyp γδ-TZR 104
Fettfärbung, mit Sudanschwarz oder Sudanrot 139
Fibrinogen 301
Fibrinspaltprodukte
- D-Dimere 301
- Fibrin-Monomere 301
Fibronektin 419
Filtermethode 136
Fixierung 160, 161, 170, 282
Fläche 478
Fluoreszenzfarbstoffe 281
Foramen Monroi (Foramen interventriculare) 30
Fremdkörperimplantation 294
Fremdkörperreaktionen 148, 340, 442
Froin 10
frontaler Zugang 28
Frühgeborene 335
Frühsommermeningoenzephalitis (FSME) 96, 303, 341, 397, 448
FTA-ABS-Test 391
Fuchs-Rosenthal-Zählkammer 3, 128, 292
funikuläre Myelose 435

Funktion, hyperbolische 63, 72, 178, 179
Furunkel, beim diabetischen Patienten 301

Gammopathie, monoklonale 217, 227, 422
Gangstörung 78
gap junctions 59
Gaußsche Fehlerkurve 71
Geburtenziffer 482
Gefäßkapillare 463
Gehirntumor 267
Geisterzellen 154
Genotypisierung 286
Genrekombination 109
Gentianaviolett 296
Gentranslokation 282
Gerinnungsstörungen 290
Germinome 418
Gerstmann-Sträussler-Scheinker(GSS)-Krankheit 427, 428
Gesamtprotein 51, 90, 127, 130, 335, 358, 379, 380, 383
Gesamtzellzahl 185
Geschwindigkeit 478
Gewebekultur 309
GFAP 52, 163, 164, 406, 417
Gitterzellen 143
Gliazellen 163, 462
Glia-assoziierte Antigene, s. glial fibrillary acidic protein
glial fibrillary acidic protein (GFAP) 52, 103, 164, 406, 417
Glioblastoma multiforme 153
Glioblastome 175, 224, 417
Gliomatosis cerebri 421
Gliome 164
 – hochmaligne 290
Globoidzell-Leukodystrophie (Morbus Krabbe) 436, 440
Glukose 8, 54, 127, 132, 292, 355, 361, 380
Glykosylierung 207
Gnathostoma spinigerum 318
Gram-Färbung 140, 292, 296, 355, 384
Gram-negativ 141, 296, 336, 344, 345
gramnegative Stäbchen 288, 289
Gram-positiv 141, 294, 296
Grampräparat 140, 336, 339
Granulationen, toxische 338
granulomatöse Entzündungen 246
Granulozyten 127, 128, 145, 251, 311, 337, 343, 345, 357, 384, 462
 – basophile 146148
 – eosinophile 148, 149, 326, 327, 330, 357, 403
 – neutrophile 145, 146, 336, 357

Granulozytenelastase (PMN-Elastase) 338
Grenzflächenzellen 462
Guillain-Barré-Polyradikulitis 73, 187
Guillain-Barré-Strohl-Syndrom (GBS) 11, 96, 178, 250, 343, 407
Guizotia-abyssinica-Kreatinin-Agar (GAKA) 314

Haemophilus influenzae 254, 288, 296, 338, 340, 384
 – Typ-b-Schutzimpfung 288
Hämatoidin 144, 431, 462
Hämatoidinkristalle 344, 431
Hämatom, subdurales 33
Hämoglobulin, freies 127, 128
Hämolysat 133
Hämosiderin 139, 144, 344, 431, 462
Hämosiderophagen 144, 372, 374, 431, 474
Halbwertszeit 479
Haptoglobin 51
Hashimoto-Enzephalitis 411
HCO3 54
Hefepilze 311, 400
Helminthen 316, 318, 325327
Helminthenerkrankungen 318, 326, 327, 402
Herdenzephalitis, septische 289, 291, 416
hereditäre motorische und sensible Neuropathien (HMSN) 437
Herniation 290
Herpes simplex Infektion 303, 337
Herpes-simplex-Virus-Enzephalitis (HSVE) 183, 191, 303, 344, 394
Herpes-Virus Typ 6 (HHV-6) 284
Hexokinase-Verfahren 133
high endothelial venules (HEV) 102
Hippokrates 21
Hirnabszeß 11, 96, 187, 189, 289, 291, 338, 386, 446, 468
 – bei AIDS 193
Hirnbiopsie 284, 322
Hirnblutung 30
Hirndrucksymptomatik 22
Hirnkapillare 293
Hirn-Liquor-Schranke 10, 352
 – Funktionsssystem 45
Hirn-Liquor-Transportsystem 352
Hirnnervenparese 32
Hirnödem 30, 96, 196, 290, 353, 430
Hirnparenchym 170
Hirnphlegmone (Cerebritis) 386
Hirnprotein 67, 195
Hirntraumata 429
Hirntumoren 416, 474
 – primäre 151, 162, 163, 245, 417, 418, 473
 – sekundäre 418, 473

Histoplasmameningitis 312
Histoplasmose 312
Hitzeaktivierung 284
Hitzeschockprotein (HSP) 103
HIV 96, 220, 257, 304, 398
HIV WR2 204
HIV WR6 204
HIV-Enzephalitis 166, 174, 178, 183
– chronische 178, 187
HIV-Enzephalopathie 192, 203, 305, 398
HIV-Infektion 257, 306, 439
HNO-Infektion 289
homing 104
Hormone 54
HPLC 257
HSV-Viren 200, 303, 342
HSV 1 284, 304, 308, 337, 394
HSV 2 284, 304, 308, 337, 394
HTLV 1 253
Hu-/ANNA-1 243, 421
Hu-Antikörper 224, 237, 238, 421
humanes Milchfettglobulin (HMFG)-1 419
humanes β-Choriogonadotrophin (βhCG) 243, 419
humorale Immunreaktion 95, 108, 172, 177, 178, 185, 200, 385, 395, 396, 404
hybridisieren 281
Hybridisierung 281
Hydrocephalus aresorptivus 22
hydrostatischer Druck 30
Hydroxyvanillinsäure (HVA) 427
Hydrozephalus 75, 150
– Hydrozephalus e vacuo 75
– Hydrozephalus externus 75
– Hydrozephalus internus 75
– Hydrozephalus malresorptivus 75
– Hydrozephalus occlusus 75
– kommunizierender 75
– nichtkommunizierender 75
– Normaldruckhydrozephalus 77, 429
Hyperbelfunktion 64, 65, 67, 70, 71, 72, 201
Hyperbilirubinanämie 334
hyperbolische Funktion 63, 72, 178, 179
Hyperventilation, forcierte 29
Hypocretin-1 (Orexin-A) 435
Hypothalamus-Hypophysen-Nebennieren (HHN)-Achse 118
hypotherm 288
Hypoxie 196
– zerebrale 197
Hypophysenadenome 417

ICAM 1 51, 104, 249, 472
idiopathische intrakranielle Hypertension (Pseudotumor cerebri) 80, 429

IFN-α 118
IFN-γ 101, 114, 248, 252, 397
IgA 51, 65, 90, 114, 167, 178, 182, 290, 358, 378, 380, 385, 388, 389
– oligoklonales IgA 216
– Reaktionsmuster 186
– Synthese 186, 189, 192, 293, 384, 388, 395
IgG 51, 65, 90, 112, 114, 167, 169, 178, 182, 358, 378, 380, 389
– Deamidierungen 207
– Glykolisierung 207
– Heterogenität 207
– Index 198
– oligoklonales 91, 178, 182, 195, 203, 207, 379, 380
  Paraprotein 227
– polyklonales IgG 213
– Reaktionsmuster 186
– Syntheserate 192, 198, 293, 384, 396, 404
Ig-Isotyp-Switch 113
Ig-Klassenkonstellation 167, 388, 389
IgM 51, 65, 90, 108, 112, 167, 169, 178, 182, 358, 378, 380, 389
– oligoklonales IgM 216
– Reaktionsmuster 186
– Synthese 186, 192, 293, 384, 390, 395
Ig-Superfamilie 104
Immunantwort 97
– humorale 108, 176, 183, 404
– sekundäre 102, 168
Immundiffusion, radiale 7
Immunelektrophorese 7
Immunfixation 215
Immunfluoreszenz 161, 240
Immunglobuline 7, 67, 108, 167, 178, 186
– Dominanz einer Immunglobulin-Klasse 182
– intrazelluläre 167
– monoklonale 227, 228, 247
Immunglobulinklassenmuster 177
Immunglobulinproduktion, intrazelluläre 160, 167
Immunglobulinquotient 65
Immunisierung, intrathekale 224
Immunoassay 286
Immunoblot 337, 388
immunologische Synapse 98
immunologische Toleranz 107
immunologische Überwachung 117
immunologisches Gedächtnis 102
immunologisches Netzwerk 205
immunologisches Privileg 95
Immunsuppression 285
– therapeutische 289
immunzytochemischer Nachweis 170

Immunzytologie 160
Indikationen
— Liquorpunktion 21
— Liquoranalytik 289
Infarkt 196
— Hirninfarkt 175, 197, 219
infektiologische Diagnostik 283
Infektion
— apurulente bakterielle 387
— bakterielle 187
— latente 102
— opportunistische 174, 178, 187, 192, 203, 398
— persistierende Virusinfektion 304
— Verlaufskontrolle persistierender ZNS-Infektionen 310
— virale Reiseinfektion 303
Influenza 407
Infusionstechnik 30
Inokulationsmeningitis 32
in-situ-Hybridisierung 395
insulin-like growth factor (IGF)-1 107
Integrine 104, 249
interdigitierende DZ 98
Interferon-γ 101, 105107, 252
Interleukin 1 (IL 1) 114, 118, 254, 360
Interleukin 1 ß (IL-1ß) 360, 397
Interleukin 2 (IL 2) 101, 114, 118, 360
IL-2-Rezeptor 405
Interleukin 4 (IL 4) 107, 114, 249, 254, 360
Interleukin 6 (IL 6) 52, 107, 114, 118, 254, 338, 358, 360, 397
Interleukin 10 (IL 10) 106, 107, 114, 252, 254
Interleukin 12 (IL 12) 107, 253
Interleukinrezeptor 110
Intoxikationen 433
— des ZNS 132
intracerebrale Blutung (ICB) 431
intrakranielle Massenverschiebung 290
intrakranieller Druck (ICP) 30
intrathekale Antikörpersynthese 178, 309, 310
— HSV 200
— Mumps-Virus 200
— Röteln 200
— VZV 200
intrathekale humorale Immunreaktion 177, 178, 200, 206
intrathekale Immunglobulin-Reaktion 181, 185
intrathekales Lymphom 193
— bei AIDS 194
intrazerebrales Lymphom 164, 193, 204, 419
Introducer, Liquorpunktion 34
Inzidenz 482
Ionenhaushalt 8

Ionomycin 252
ischämischer Insult 430
Isoelektrofokussierung 7, 211, 212, 404
— Agarose 210, 212
— Immobiline 212
— Polyacrylamid 212
ITpA-Index 391

japanisches B-Enzephalitisvirus 407
JC-Papovavirus 399
JC-Polyomavirus (JCV) 285, 306, 310

Kalzium 54
Kalziumkanäle 420
Kappa-Lambda-Verhältnis 166, 420
Kapseldarstellung 313
Karbolfuchsinlösung 297
Karottenikterus 334
Karzinome 154, 155, 162, 163, 238, 246, 418, 420
— undifferenzierte 155
Karzinommetastasen 153, 245, 418
katalytische Aktivität 478
Kaulquappenzellen 154
Kawasaki-Syndrom 342
Kearns-Sayre-Syndrom (KSS) 436
Kennedy-Syndrom 425
Keratin 154
Kernpolymorphie 149
Kernspintomogramm 289, 300
Ketonkörper 297
kleinzellige Bronchialkarzinome 247
klonale Selektion 110
Klonierung 280
Knochenmark 169, 375, 419, 462
Knochenmarkzellen 375
Knorpelzellen 463
Kochblut-Agar 300
Koffein 35
Kohlenmonoxidintoxikation 434
Kollagenosen 219, 414
kolloidchemische Reaktionen 4
Kolonie-formende Einheiten 295
Koma 288, 290
Komplement C4d 425
Komplementkomponenten 8
Komplementsystem, Defekte 289
Komplikationen, Liquorpunktion 21, 31
Kompressionssyndrom 10
Kontamination 297
— mit Corynebacterium sp. 291
— exogene 307
— mit Koagulase-negativen Staphylokokken 291

Kontraindikation
– Liquorpunktion 21
Kontrastmittel 410
Kontrastmittelanreicherung, ringförmige 289
Kontrollpunktion 342
Konzentrationsgradient 58, 71
– für Hirnproteine 68
– rostro-kaudaler 72
– Ventrikel-Liquor 68
Kopfschmerzen vom Spannungstyp 33
kortikobasale Degeneration 266
Kortikosteroide 249
Kraniopharyngeome 417
Krankenhaus der Maximalversorgung 288
Kreatinkinase-BB (CKBB) 359
Kreuzreaktivität 99
Kryptokokken 143, 401
Kryptokokkose 204, 293, 311, 401
– Candida-Antigen 315
– Cryptococcus neoformans 311
– Cryptococcus-Antigen 315
– Cryptococcus-Meningitiden 315
Kupferspiegel 435
Kuru-Krankheit 427
Kurzzeittherapie 339

Lagerung 131, 291
Lagochilascaris minor 319
Laktat 54, 90, 92, 127, 130132, 293, 361, 378
Laktatdehydrogenase (LDH) 419
Laktatkonzentration 90, 92, 131, 132, 292, 335
Lambda-Kappa-Verhältnis 166, 420
Lambert-Eaton-Syndrom 420
Lateralsklerose
– amyotrophe 178, 425
– primäre 425
Latexagglutination (LA) 315
Latex-Agglutinations-Test 296
Latexverstärkung 258
L-Dopa-sensitive Dystonie (Segawa) 427
leakage 66
Lebersche Optikusatrophie 437
Legionärskrankheit 392
Legionellose 392
Leichtkettenisotyp-Bestimmung 389
Leichtkettenreaktion 165
Leichtkettenrestriktion 420
Letalität 482
Leptomeninx 418
Leptospirose 392
Leukämie 73, 156, 157, 161, 165, 418, 419
– akute 164
– akute lymphatische 156, 418

– akute myeloische 156
– chronisch lymphatische 156
– chronische myeloische 156
– lymphatische 162
– myeloische 162
Leukenzephalopathie, progressive multifokale
   (PML) 285, 306, 399
Leukophagen 373
Leukozytenzahl 88, 92, 127132
Lewy-Körperchen-Erkrankung 266, 425
LFA 1 249
Ligamentum flavum 23
Light-Cycler 284
limbische Enzephalitis 421
Limulus-Lysat-Test 297
Lipide 9
Lipidspeicherkrankheiten 436
Lipocalin 267
Lipom 439
Lipopolysaccharid 252
Lipoteichonsäuren 297
liquide céphalo-rachidien ou cérébrospinale 1
Liquor
– bluthaltiger 10, 129, 130, 210
– blutiger 130, 144, 210, 374, 431, 473, 474
– Entwicklung der Zytologie 12
– hämorrhagischer 432
– lumbaler 72, 88, 128
– Pathophysiologie der Serumproteine 63
– Physiologie der Serumproteine 63
– Physiologie 73
– Produktion 41
– Resorption 41
– ventrikulärer 68, 72, 73, 88, 128, 177, 352, 357
– – stoffliche Zusammensetzung 352
– Zirkulation 41
– zisternaler 68, 72, 73, 88, 128, 177
Liquor/Serum-Glukose-Quotient 292, 337, 342, 385
Liquor/Serum-Konzentrationsquotient 65, 378
– Kinetik 66
Liquor/Serum-Konzentrationsverhältnis 62
Liquor/Serum-Quotient 62
Liquor/Serum-Quotient für IgG, IgA, IgM 63, 380
Liquor/Serum-Quotientendiagramm 64,178, 341
Liquoranalytik 377
Liquorartefakte 462
Liquorazidose 433
Liquordiagnostik 22
– Erstbeschreibung 1
– Geschichte 1
– immunzytologische 160
– Monographien 14
– Morphologie und Physiologie 1

Liquordrainage 289, 353
- externe 31
Liquordruck 402, 432, 433
Liquordruckanalyse 30
Liquordruckmessung 4, 25, 28
- kontinuierliche 79
Liquordrucksyndrome 429
Liquoreiweiß
- Etappen der Differenzierung 13
- qualitative Analyse 6
Liquorentnahme, wiederholte 291
Liquoreosinophilie 148, 318, 319, 326, 327, 327, 411, 468, 474
Liquoreröffnungsdruck 429
Liquorfisteln 267, 289, 301, 429
Liquorfluß 58, 61, 68, 70, 465
- Geschwindigkeit 63, 69, 71, 73
Liquorinhaltsstoffe 50
- Lipide 50
- Proteine 50
Liquorkissen 29
Liquorologie
- Beginn der klinischen 2
- Entwicklung 12
- Liquorpunktion 2
Liquorparameter 184
- Referenzwerte 88, 127
Liquorpassage 30
Liquorproteine, Herkunft 7
Liquorpunktion 21
- Komplikationen 21, 31
- Techniken 21
- Zwischenfälle 31
Liquorraum, Metastasedistanz 195
Liquorresorption 40
Liquorrhoe 268, 438
Liquorsyndrome 10, 383, 410, 464, 466468
- 3. Periode der CSF-Untersuchungen 14
- hämorrhagische 11
Liquorszintigraphie 429
Liquorunterdruck 32
- Behandlung 35
Liquorunterdrucksyndrom 82
- postpunktionelles 31,33
Liquoruntersuchung
- 1. Periode 3
- 2. Periode 4
- 3. Periode 12
Liquorveränderungen, postmortale 443
Liquorzellen, Konzentration 136
Liquorzellzahl, zeitlicher Verlauf 184
Liquorzirkulationsstörung 29, 290

Liquorzytologie 12, 135, 167, 334, 366
- qualitative 5
- quantitative 3
Listeria monozytogenes 384
Listerien 288, 289, 343, 468
Listerieninfektion 385
Listeriose 293
L-Laktat 90, 92, 127, 130, 385
Lokalanästhesie 23
Löwenstein-Jensen-Agar 300
L-Selectin 248
Lumbalpunktion („Liquorpunktion") 2, 21, 23, 336
- Zustand nach 442
Lupus erythematodes 187, 205, 219, 414
Lymphadenopathiesyndrom 398
lymphatische Filarien 319
lymphatische Organe 114
- Lymphknoten 114
- Milz 114
Lymphdrainage 102
Lymphoidzellen 167
Lymphome 161, 162, 174, 245, 389, 419
- hochmaligne 164
- maligne 156, 157
- - Burkitt-Typ 157
- - Non-Hodgkin 157, 224
Lymphotoxin 397
Lymphozyten 108, 141, 358, 374
- aktivierte 116, 169, 374
- CD4+ T-Helferlymphozyten 97
- Th1-Lymphozyten 101
- Th2-Lymphozyten 101
- Th3-Lymphozyten 101
- T-Lymphozytenaktivierung 98
- zytotoxische CD8+ T-Lymphozyten 97
Lymphozytensubpopulationen 89, 163
Lymphozytensystem, aktiviertes 167
Lymphsystem 40
Lysozym 410

MAC 1 249
MacEwens Zeichen 76
Magensaft 301
Makrophagen 8, 95, 139, 140, 143, 144, 254, 259, 470, 473
Malaria 251, 325, 402
- zerebrale 251, 325, 402
MALT (mucosal associated lymphoid tissue) 96, 114
Mammakarzinom 237, 418
- duktales 155
Mangan 54

Marker 8, 12, 14, 52, 172, 174, 359, 475, 476
- Aktivierungsmarker 110, 248, 471
- Destruktionsmarker 8, 248, 471
- Markerproteine 177
- Tumormarkerproteine 195, 245
Masern-Enzephalitis 304, 396
Maserninfektion 303, 396
maskierte Phagozytose 143
Masse 478
Massenkonzentration 479
Mastoiditis 439
Matrix-Metallo-Proteasen (MMP) 104
Maximalversorgung des Krankenhauses 288
May-Grünwald-Färbung 292
May-Grünwald-Giemsa-Färbung 138, 343
MBP 52, 97, 263, 360, 405
mediale Suboccipitalpunktion 25
Medikamenten-induzierte Meningitis 441
Medulloblastome 152, 153, 164, 238, 417
Megakaryozyten 463
Mehrfeld-Adhäsions-Objektträger 161
Mehrklassen-Ig-Reaktion 168, 172, 174, 187
Melanome 163, 245, 418
- maligne 154
MELAS-Syndrom, mitochondrial myopathy, encephalopathy, lactic acidosis and stroke-like episode) 436
Melkersson-Rosenthal-Syndrom 439
Membran-Ig-Rezeptor 112
Membrantransfer 58
memory-B-Lymphozyten 111
memory-Zellen 102
meningeale Verklebungen 73
Meningealkarzinose 245
Meningeome 152, 164, 417
Meningeosen 416
Meningeosis carcinomatosa 418
Meningeosis gliomatosa 418
Meningeosis leucaemica 131, 156, 161, 247, 418
Meningeosis lymphomatosa 157, 161, 194, 195, 247, 418
Meningeosis melanomatosa 418
Meningeosis neoplastica 28, 160, 245, 418
Meningeosis sarcomatosa 418
Meningismus 288
Meningitiden 285
Meningitis 33, 133
- akute bakterielle 131, 338, 383
- - Erregernachweis 337
- akute HIV-Meningitis 306
- anbehandelte 131
- apurulente bakterielle, Fehldiagnose 294
- bakterielle 65, 66, 73, 184, 187, 250

- - Analytik 285
- - außerhalb des Krankenhauses erworbene 290
- - Kurzzeittherapie 339
- beginnende bakterielle 294
- Bewußtseinstrübung 288
- chronische lymphozytäre 11
- Erregerspektrum der neonatalen Meningitis 336
- Fieber 288
- Kopfschmerzen 288
- Kryptokokken-Meningitis 193
- Listerienmeningitis 336
- Meningokokken-Meningitis 187
- Mumps-Meningitis 186
- Nackensteifigkeit 288
- Pilz-Meningitis 193
- Pneumokokken-Meningitis 187
- purulent-bakterielle 386
- purulente 178, 293
- tuberkulöse 178, 184, 188, 285, 288, 293, 387
- virale 178, 250, 341
- Zoster Meningitis 191, 203
Meningitis-Syndrome, bakterielle, granulozytäre 11
Meningoenzephalitis 342, 383
- aseptische 251
- Frühsommer-Meningoenzephalitis (FSME) 96, 303, 397
- Mumps 187
- tuberkulöse 147
Meningoenzephalitis-Syndrome
- para- oder postinfektiöse 11
- virusbedingte, lymphozytäre 11
Meningokokken 254, 344, 384
Meningokokken-Meningitiden 288
Meningokokken-Sepsis 294
Meningoradikulitis 389, 473
Meningoradikulitis-Bannwarth 389
metabolische Azidose 434
metachromatische Leukodystrophie 436
Metamyelozyten 462
Metastasen 153, 164, 237, 361, 416, 418
MGUS (monoclonal gammopathy of undetermined significance) 227, 422
MHC (major histocompatibility complex) 95
MHC I 258
MHC II 252
Middlebrook-Bouillon 300
Migräne 232, 432
- ohne Aura 33
mikrobiologische Diagnostik 288
Mikrogliazellen 8, 95, 106, 141
Mikromilieu 106
mikroskopischer Erregernachweis 143, 293, 295, 312, 321, 343

Miller-Fisher-Syndrom 408, 469
Milz 114
minimale bakterizide Konzentration (MBK) 300
minimale Hemmkonzentration (MHK) 300
Mischpleozytose 388
mitochondriale Erkrankungen 436
Moebius-Syndrom 439
Molalität 479
Molarität 479
molekulare Mimikry 99, 229, 420
Molekülgröße 66, 71
Mollaret Meningitis 411, 468
monoclonal gammopathy of undetermined significance (MGUS) 227, 422
Monographien 14
Monoklonalität 165, 246, 380, 389
Mononeuropathie 422
Monozyten 104, 141, 163, 250, 294, 337, 349, 358, 372
− aktivierte 347, 373
Morbidität 482
Morbus Alzheimer 80, 183, 262, 424, 475
Morbus Bechterew 439
Morbus Binswanger 430
Morbus Hodgkin 238, 421
Morbus Horton 413
Morbus Krabbe (Globoidzell-Leukodystrophie) 436, 440
Morbus Leigh (nekrotisierende Enzephalopathie) 436
Morbus Parkinson 227, 266, 425
Morbus Pick 425
Morbus Refsum 440
Morbus Whipple 299, 392
Morbus Wilson 435
Mortalität 482
mRNA 249, 278
MRT (Magnetresonanztomogramm) 29, 79, 80, 85, 207, 208, 232, 464
MRZ-Muster 204
MRZ-Reaktion 7, 184, 186, 205, 229, 405, 407
Mueller-Hinton-Agar 300
Mulitplex-PCR 285
Multiple Sklerose 14, 96, 130, 174, 178, 181, 186, 187, 200, 201, 204, 205, 225, 227, 250, 263, 342, 404, 469, 472
− Antigen 229
− frühjuvenile Form 342
− laborunterstützte 208
− somatische Mutation 229
− Typ Marburg 404
Multisystematrophie (MSA) 425
Mumps-Viren 104, 200, 229, 231, 304, 341, 348

Mutation, somatische 229
Mycobacterium tuberculosis 285, 387
Mycoplasma pneumoniae 103
myelinassoziiertes Glykoprotein (MAG) 103
myelin basic protein (MBP) 52, 97, 405
Myelin-Oligodendrozyten-Glykoprotein (MOG) 103, 229
Myelinprotein, basisches Myelinprotein (MBP) 97, 263, 360, 405
Myelitis 383, 412
Myeloblasten 462
Myelographie 29, 429
Myelozyten 462
Myeolopoese 462
mykobakterielle Kultur 285
Mykobakterien 252, 285, 297
Mykoplasmen-assoziierte Erkrankungen 392
Mykose 311, 400
mykotische Aneurysmen 415
myoclonic epilepsy and ragged red fibers (MERRF)-Syndrom 436

N. glossopharyngeus 34
N. vagus 34
Nachweissicherheit 370
Naegleria fowleri 317, 321
Naegleria genera 402
Na-Fluorid-Blut 127
Na-Fluorid-Zusatz 131, 132
Narkolepsie 435
Nasensekret 198, 268, 438
Nativpräparat 313, 402
Natrium 8, 53, 54
natürliche Killerzellen 105, 251
Neisseria meningitidis 296
− Serotypen A, B, C, Y, W_{135} 296
Nematoden 328
Neopterin 8, 52, 91, 256
Nervenzellen 462
Nested-PCR 285
Netzwerktheorie 200
Neubauer-Zählkammer 300
neue Variante der Creutzfeldt-Jacob-Erkrankung (nvCJK) 427
Neugeborene 73, 335
Neurinome 152, 417
Neuritis, experimentelle Autoimmun-Neuritis 118
Neuro-AIDS 96, 193, 203, 257, 285, 306, 325, 439
Neuroblastome 417
Neuroborreliose 173, 178, 181, 182, 184, 186, 189, 190, 204, 232, 257, 286, 340, 389, 468
− aktivierte B-Lymphozyten 184
− akute 204

- Antikörperindex 184
- chronische 204
- Liquorzellzahl 184
- Lyme disease 187

Neurobrucellose 391
Neuroendokrinum 117
Neurofilamente 164, 417
Neuroimmunmodulation 119
neuroimmunologische Prozesse 177
neuroimmunologische Reaktionen 186
neuroimmunologische Regulation 182
Neuromodulin 424
Neuromyelitis optica (Devic-Syndrom) 406
Neuromyopathie 422
neuronenspezifische Enolase (NSE) 52, 67, 91, 163, 196, 197, 245, 247, 260, 359, 417
- Neurone 264

Neuropeptide 54, 55, 106, 117
Neurosarkoidose (Morbus Boeck) 196, 232, 259, 410, 468
Neurosyphilis 173, 185, 186, 187, 189, 190, 200, 204, 205, 390
- progressive Paralyse 189

Neurothel 40, 46
Neurotransmitter 9, 54, 106
neurotrope Erreger 96, 227
Neurotuberkulose 11, 173, 187, 188, 190, 205, 387, 398, 468
Neurozystizerkose 321, 402
Niereninsuffizienz 268
Nierenkarzinome 418
NK-Zellen 105, 253
Nocardiose 385
Nokardien 297
Non-Hodgkin-Lymphom 157, 187
Nonne 10
Nonne-Froinsches-Syndrom 439
Normal-Bereich, Zellzahl 129, s. Referenzwerte 88
Normaldruckhydrocephalus (NPH) 30, 77, 424, 429
Normoblasten 462
Normomastixreaktion 4
normotherm 288
Normwerte 29, 356, 358, s. Referenzwerte 88
Northern-blotting 281
nosokomiale ZNS-Infektion 289
Notfalldiagnostik 290
Notfall-Programm 127
Nucleus pulposus prolaps (NPP) 33, 439
Nukleinsäure 277

Oberflächenproteinantigen OspA 286
Objektivität 481
Oligodendrogliome 152, 417

Oligodendrozyten 104
Oligoklonale Banden (OB) 128, 183, 207
- Antigenindex 231
- Artefakt 217
- Auflösung 217
- Autoimmunerkrankungen 224
- Definition 207
- Detektion 211
- Erregerspezifität 220, 229
- falsch negativ 230
- falsch positiv 230
- Grenzwert 218
- Häufigkeit 220
- Hirntumor 224
- Indikation 208
- Infektionen 221
- Klassifikation 217
- Korrelation mit MRT 207, 208
- lymphoproliferative Erkrankungen 224
- Nachweis 223
- Opticusneuritis 208
- paraneoplastische Erkrankungen 224
- Präanalytik 210
- Prognose 208
- Sensitivität 208
- Serum 217
- Spezifität 208
- systemische Immunreaktionen 227

oligoklonale IgG-Synthese 7
oligoklonale Leichtketten 91
oligoklonales IgG 91, 178, 182, 184, 195, 203, 205, 207, 379, 380, 404, 407
Oligonukleotide 282
Ommaya-Reservoir 28
Onchocerca volvulus 319
opportunistische Infektion 174, 187, 192, 203, 398
opportunistisches Virus 306
Opsonierung 108
Opticusneuritis s. AMON 208, 406
Organe, circumventrikuläre 48, 94
orthostatische Kopfschmerzen 83
Ösophaguskarzinom 422
Otitis media 289, 439
Ovarialkarzinom 237, 421

Pacchionische Granulationen 40, 335
Panarteriitis nodosa 413
Pandy-Reaktion 129, 130
Panenzephalitis, subakute sklerosierende (SSPE), s.Enzephalitis und SSPE
Papanicolaou-Färbung 139
Papierelektrophorese 6

Pappenheim-Färbung s. May-Grünwald-Giemsa-
  Färbung 138
Paragonimus spp. 319, 327
Paralyse, progressive 189, 390
Paraneoplasie 237
paraneoplastische Cerebellitis (paraneoplastische
  Kleinhirndegeneration) 421
paraneoplastische Enzephalomyelitis 422
paraneoplastische Erkrankungen 473
paraneoplastische Hirnstammenzephalitis 421
paraneoplastische neurologische Symptome (PNS)
  237
– Bronchialkarzinom 237
– Mammakarzinom 237
– Ovarialkarzinom 237
paraneoplastische Retinopathie (CAR-Antikörper-
  Syndrom) 421
paraneoplastisches Syndrom 247, 420
Parasiten 149, 186
Parasitose 195, 316, 402
Parenchymblutungen 442
parietaler Zugang 28
Parinaud-Syndrom 76
Parkinson-Syndrom (PD) 425, s. Morbus Parkinson
Parotistumor 439
Pathophysiologie neuronaler Erkrankungen 73
Patientenvorbereitung 128, 132
pCO_2 29, 53
Pearl-Index 482
Peptide 9, s. Neuropeptide
Peptidoglykanschichten 296
peripheres Nervensystem 95
Perizyten 95
Perjod (PAS)-Färbung 140
Perjodsäure-Schiff-Reaktion 392
Permeabilität 59, 73
Pertussis 407
pH 54
Phagozytose 108, 143
– maskierte 143
Phorbol-Myristat-Acetat (PMA) 252
Phosphatasen, endogene 100, 172
Pia mater 39
Picornaviridae 303
Pilzinfektion 193, 348, 398, 400
Pilzkultur 313
Pinealom 151, 417
– polymorphes 152
Pineoblastom 152
Pinozytose 59
Plasmazellen 142, 224, 374
Plasmid 283

Plasmodium falciparum 317
Plasmozytome 245
Plateau (A)-Wellen 30
Plättchentest 300
Plattenepithelien 163
Plattenepithelkarzinom 154
Plattenepithelzellen 463
Pleozytosen 149, 165, 294, 307, 334, 338, 357, 386,
  468
– geringe 130
– mäßige 130
– starke 130
Plexus choroideus 46, 67
Plexus-choroideus-Zellen 142
Plexuspapillome 151, 417
Plexuszellen 163, 462
Pneumokokken 288, 384
– Infektion 146
Pneumokokken-Polysaccharide 113
Pneumokokken-Sepsis nach Splenektomie 294
Pneumonie-Patienten 289
Polyacrylamidgel 6, 211
Polyarteriitis 413
Polykationen 170
Polylysin 138
Polymerasekettenreaktion (PCR) 188, 193, 204,
  223, 280, 297, 299, 308, 324
– epidemiologische Probleme 286
– Goldstandard 284
– Inhibitoren 308
– Nachweisgrenzen 308
– Prävalenz 284
– Sensitivität 284
– Spezifität 284
Polymerisation 282
Polyneuritis 130
– akute inflammatorische demyelisierende Polyneu-
  ritis (AIDP) 96, 407, s. Guillain-Barré-Strohl-
  Syndrom
– chronische inflammatorische demyelisierende
  Polyneuritis (CIDP) 96, 408
Polyneuropathien 247, 440
– alkoholische 178
– diabetische 178, 440
– hereditäre 440
– motorische 422
– paraneoplastische 422
– sensible 422
Polyradiculitis
– cranialis 439
– sacralis (Elsberg-Syndrom) 408
Polyradikulitiden 247
Polyradikuloneuropathie 440

polyspezifische Immunreaktion 200, 205
- bei chronisch entzündlichen Erkrankungen 206
polyspezifische, oligoklonale Immunreaktion 200
Porphyrie 440
postoperative Infektionen 442
postoperative ZNS-Infektion 288
postpunktionelles Liquorunterdrucksyndrom 31, 33
Potentiale, evozierte 404
Präalbumin (PA) 67, 73, 359
präanalytische Schritte, Standardisierung 284
Prävalenz 482
Präzision 481
primäre Angiitis des ZNS (PACNS) 413
primer 281
priming 96
primitive neuroektodermale Tumore (PNET) 418
Prionenerkrankungen (transmissible spongiforme Enzephalopathien, TSE) 427, s. Creutzfeldt-Jacob-Erkrankung
Probenentnahme 128, 131, 132
- im Hämolysat 133
- quantitativ 133
- semiquantitativ 132
- vollenzymatisch 131, 132
Probenlagerung 127, 128
- Na-Fluorid-Blut-Probenlagerung 127
Processus mastoideus 27
Proerythroblasten 462
progressive supranukleäre Blickparese (PSP, Steele-Richardson-Olschewski-Syndrom) 425
Prolaktin 55, 118
Promyelozyten 462
Prostaglandin-D-Synthase (ehemals ß-Trace) 52, 67, 68, 196, 214, 267, s. β-trace
Prostatakarzinom 164, 421
Prostatasekret 315
Prostataspezifisches Antigen (PSA) 245, 254, 419
Proteine 356
- calciumbindende 421
- hirnspezifische 8
- S-100B-Protein 196
- 14-3-3 Protein 52, 91, 264, 405, 427
Proteinfärbung 211, 213
Proteinkonzentrationsgradient 70
Protein-Lipid-Modell 48
Proteolipidprotein (PLP) 103, 229
Prothrombin 67
Protozoen 321
Protozoonosen 321, 401
Prozeß
- akuter entzündlicher 185
- chronischer entzündlicher 185
- - Autoimmuntyp 186

Prozeßaktivität 174
PSA 245, s. prostataspezifisches Antigen
P-Selectin 104, 248
Pseudomigräne mit Liquorpleozytose 432
Pseudomonas-Subspezies 289
Pseudospondylolisthesis 439
Pseudotumor cerebri 22, 80, 228, 429
- idiopathischer intrakranieller Hypertonus 80
PSP 425
Psychoneuroimmunologie 119
Psychosen 440
Punctio sicca 429
Punktionsnadel 25
Purkinjezellen 239, 425
Pyocephalus 386

Qualitätskontrolle 127, 129, 184, 366, 377
- Gesamtprotein 379
- Liquorkontrollproben 378
- oligoklonales IgG 379, 380
- Ringversuch 366
- - INSTAND 378, 380
- - Zielwerte 379, 381
- Serum-Kontrollproben 378
- spezifische Antikörper in Serum und Liquor 379
Qualitätssicherung
- Bewertungsarten 371
- Ringversuch vor Ort 366
- - Ergebnisse 370
- Trainingseffekt 376
Quantifizierung, PCR 284
Queckenstedt-Probe 29
Queckenstedt-Test 410
Queckenstedt-Versuch 4, 412
Quecksilber 54
Quecksilberintoxikation 434
Quick-Wert 301
Quincke-Kanüle 34
Quinolinsäure 390
Quotient als Schrankenparameter 62
Quotientendiagramm 7, 63, 177, 182, s. Reiber-Diagramme
- Berechnungsbeispiel 179
- CSF/Serum-Quotientendiagramm für IgG, IgA, IgM 181

Rachenabstrich 290, 301
radikuläre Symptome 32
Radikulitis 383
Radioimmunassay 258
Radionuklid-Zisternographie 79
Rampenwellen 30
Ramsay-Hunt-Syndrom 439

Rasmussens chronische Enzephalitis 410
reaktive Sauerstoffmetabolite (ROS) 104
Referenzbereiche 196, 198, 201
- des Albuminquotienten 177, 178
- für L-Laktat 131
- in Quotientendiagrammen 63
Referenzwerte 88, 133, 334, 337
Reiber-Diagramme 71, 177, 187, 195, 198
Reifung 334
Reizmeningitis 431
Reizpleozytose 430, 442, 474
Reizungssyndrome, akute 11
Rekombination 280
Reliabilität 481
Resistenzbestimmung 299
Resorptionsstörungen 353
Restriktionsendonukleasen 279
Restriktionsverdau 280
Retinopathie 420
Rezeptor-Ligand-Bindungen 112
Rezeptorvernetzung 109
Rhinoliquorrhoe 196
Rhombenzephalitis Bickerstaff 411
Ri-Antikörper 237, 421
Richtigkeit 481
Riesenzellen 357
Riesenzellarteriitiden 431
Riesenzellarteriitis 413
Ringversuch 366, 370, 378, s. Qualitätskontrolle
Risiko 482
- relatives 482
- zuschreibbares 482
RNA 249, 278
Rötelnpanenzephalitis 397
Rötelnviren 96, 200, 229, 231, 303, 341, 397
Routine-Gerinnungsparameter 300
Rückenschmerzen 32

S-100 52, 68, 103, 196, 245, 261, 359, 417
- Creutzfeldt-Jakob-Krankheit 262
- Glia 264
- Hirnblutung 262
- ischämischer Insult 262
- Morbus Alzheimer 262
- Schädel-Hirn-Trauma 262
Sabouraud-Agar 300
Sabouraud-Glukose-Agar 314
Sarkoidose 259, 410, 439
- systemische 196
Sarkome 163
- primäre des Gehirns 152
saure Glutamat-Decarboxylase (GAD65, 65 kD-Protein) 422

Säure-Basen-Gleichgewicht 8
Säure-Basen-Haushalt 53
säurefeste Stäbchen 297, 387
Schädelbasisfraktur 301
Schädel-Hirn-Trauma 148, 196, 197, 266, 289, 338
Schädelsonografie 337
Schistosoma haematobium 319
Schistosoma japonicum 319
Schistosoma mansoni 319
Schistosoma spp. 319
schizophrene Psychosen 440
Schranken 9, 58, 73
Schrankenfunktionsstörung 177, 186, 384
- Selektivität 65
Schrankenfunktionssysteme 45
Schrankenstörung 129
- geringe bis mäßige 130
- schwere 130
Schutzimpfungen 288, 338, 341
- Influenza 407
- japanisches B-Enzephalitisvirus 407
- Masern 407
- Pertussis 407
- Pocken 407
- Poliomyelitis acuta anterior 407
- postvakzinal 407
- Röteln 407
- Tetanus 407
Schwannzellen 95
Sedimentierkammer 138
Sedimentkammer 5
Sekretionsrate des Liquors 29
Sektion für Liquorforschung und klinische Neurochemie 14
Sekundärstrukturen 281
Selektine 104, 405, 472
Selektivität 59, 66, 73
Sensitivität 163, 205, 208, 245, 286, 292, 298, 323, 389, 481
Sepsis 289, 335
Sepsis-Enzephalopathie 416
Septikämie 416
septische Sinusvenenthrombose 415
Sequenzierung 280
Serologie 385
Serumnarbe 286
Sézary-Syndrom 166
Sézary-Zellen 420
Shunt 340, 346, 442
- Operation 30, 79
- ventrikuloperitonealer 353
s-ICAM (lösliches, interzelluläres Adhäsionsmolekül) 68, 196

Siegelringzelle 143, 149
SI-Einheiten
- abgeleitete Einheiten 478
- Basiseinheiten 478
- Umrechnungsfaktoren 480
Sieracki-Zellen 392
Silberfärbung 210, 213
Sinusitis 289
Sinusvenenthrombose
- aseptische 432
- septische 415
Sjögren-Syndrom 205, 414
Sklerose, diffuse 406
Sneddon-Syndrom 431
Sonden 282
Sonnenuntergangsphänomen 76
Sorptionskammer 5
Southern-blotting 281
Spannung 479
SPECT-Untersuchungen 433
Sperrliquor 10, 130, s. Stoppliquor
Spezifität 163, 205, 208, 245, 286, 292, 298, 323, 482
Spinalanalgesie 2
spinale Herniation 29, 31
spinale Muskelatrophie 425
spinale Raumforderung 29
spinaler Block 73, 439
spinaler intramedullärer Abszeß 289
spinales subdurales Empyem 289
Spinalkanalstenose 439
spindelförmige Zellen 154
Spinnwebgerinnsel 129
Spirochätenerkrankungen des ZNS 293, s. Neuroborreliose und Neurosyphilis
Spirometra spp. 318
Splenektomierte Patienten 289
Splicing 278
Spondylitis tuberculosa 189
Spondylolisthesis 439
Spongioblastome 152
spontane intrakranielle Hypotension (idiopathisches spontanes Liquorunterdrucksyndrom) 429
Sprotte-Kanüle 34
Spurenelemente 54
Sputum 301
SSPE 96, 200, 203, 204, 205, 255, 396
Standardabweichungen 481
Staphylokokken 288, 384
- koagulase-negative 288, 291
- fortgeleitete Infektionen 289
Staphylococcus aureus 288, 289, 346
statistische Parameter 481

Status epilepticus 132, 438
Stauungspapillen 81, 290
steady-state-Gleichgewicht 51
Stenose, spinale 73, 439
Stickstoffoxidradikale (NO°) 105
Stiff-Person-Syndrom 422
Stoffmenge 478
Stoppliquor 29
Stopsyndrom 10
Störgröße 127
Streptokokken 288, 343
Streptococcus pneumoniae 296
Stromstärke 478
Strongyloides stercoralis 319
subakute sensible Neuronopathie (Denny-Brown-Syndrom) 421
subakute sklerosierende Panenzephalitis 396
Subarachnoidalblutung (SAB) 31, 33, 267, 431, 473, 474
Subarachnoidalraum 27, 39, 46, 68, 70, 288
- Volumen 41
subklinische Reaktivierung 310
subkorticale arteriosklerotische Enzephalopathie (M. Binswanger) 431
Suboccipitalpunktion 4, 21, 25
Sumatriptan 35
Superoxid-Dismutase 425
Suppressorzellen (Ts) 102
systemic inflammatory response sydrome (SIRS) 416
systemischer Lupus eythematodes (SLE) 187, 205, 414

T7-DNA-Polymerase 281
Tabes dorsales 390
Taenia multiceps 318
Taenia solium 402
Takayhasu Arteriitis 413
Tank-Blot 216
Taq-Man 284
Taq-Polymerase 281
Tau-Protein 52, 67, 265, 424
TD-B-Lymphozyten-Antwort 110
Teichonsäuren 297
template 281
temporaler Zugang 28
TGF-β 101, 256
Th1/Th2-Lymphozyten 13
Th1-Lymphozyten 101
Th2-Lymphozyten 101
Th3-Lymphozyten 101
Thalliumintoxikation 434
Theophyllin 35

Therapiemonitoring 285
Thermocycler 283
Thrombozytenzahl 301
Thymom 422
Thyreoglobulin 245, 419
thyreotropin releasing hormone (TRH) 118
TI-B-Lymphozyten-Antwort 110
tick borne encephalitis 397
tight junctions 40, 46, 59, 95
Tinnitus 32
Titer-Bestimmung, erregerspezifische Antikörper 201
Titer-Bewegung im Blut 186
Titerwerte, erregerspezifische Antikörper 203
T-Lymphozyten 95, 148, 163, 254
Tobey-Ayer-Test 29
Toxocara canis/cati 318, 403
Toxocariasis 403
Toxoplasma gondii 200, 203, 317, 324
Toxoplasma-Enzephalitis 192, 401
Toxoplasma-Granulom 193, 204
Toxoplasmose 192, 193, 203, 398, 401
TPHA-Test 391
Trainingseffekt 376
Transferrin 51
Transformation, Bakterien- 283
Transkription 278
Transkriptionsfaktoren 100
Translation 278
transmembranale Signalvermittlung 109
Transplantate 106
Transportzeit 291
Transthyretin (Präalbumin) 52, 67, 68, 73, 359
Trematoden 330
Treponema pallidum 391
Trichinella spiralis 318, 403
Trichinose 403
trimolekulare Komplexe 98
Tropheryma whippelii 221, 299, 392
Trophozyten 402
Trypanosoma brucei gambiense 317, 323
Trypanosoma brucei rhodesiense 317, 323
Trypanosoma cruzi 317, 324
TSH-Rezeptoren 412
Tuberkelbakterien 289, s. Mykobakterien
Tuberkulose 11, 173, 187, 188, 190, 205, 285, 387, 398
Tumoren 149, 163, 237, 245, 290, 416
 − Karzinome 162
 − mesenchymale 162, 164
 − neuroendokrine 164, 247
 − − kleinzelliges Bronchialkarzinom 164
 − − Prostatakarzinom 164

Tuberkelbakterien 289, s. Mykobakterien
 − des ZNS 131, 133
Tumor, tumorverdächtige Zellen 375
Tumorliquorsyndrome 12
Tumormarker, lösliche 245, 361, 419, 476
Tumormarkersynthese, lokale 245
Tumornekrosefaktor α (TNF-α) 52, 101, 250, 338, 397
Tumornekrosefaktor β (TNF-β) 101
Tumorzellaussaat 163
Tumorzellen 149, 375
Tuschepräparat, Schleimkapseldarstellung 313
Tyrosinkinase 108
T-Zellen, s. T-Lymphozyten
T-Zell-assoziierte Antigene (Sézary-Syndrom) 166
T-Zell-Rezeptor (TZR) 98
Ubiquitin 424
Ultrafiltration 48, 49
Ultraschall 336
Untersuchungsgut 132
Urämie 434
Urin 129, 297, 301, 315, 316
Urubilinogen 297
Uteruskarzinom 421

Validität 481
Variation, biologische 65
Variationskoeffizient 481
Varizella-Zoster-Virus (VZV) 183, 200, 349, 395, 396
 − Ganglionitis 396
 − Meningoenzephalitis 349, 396
 − Myelitis 396
 − Vaskulitis 396
vaskuläre Enzephalopathien 430
vaskuläre Erkrankungen 430
vaskuläre Malformation 432
Vaskulitiden 413
Vaskulitis 96, 342
VCAM 1 104, 249, 405
vegetatives Nervensystem 117
Vektor 283
Ventrikeldrain 146
Ventrikeldruckmessung 30
Ventrikelkatheter 289, 353
Ventrikelliquor 177, 352
 − Transport 133
Ventrikelpunktion 28
Ventrikelsystem 39
Ventrikelvolumen 41
Ventrikulitis, Diagnostikprobleme 340
Verbrauchskoagulopathie 300

Verdünnungsschritte bei quantitativen Methoden 130
Verhornung 149
Vertrauensintervalle 367
Vierkompartiment-Modell 45
Vimentin 164, 417
Virchow-Robinsche-Räume 40
Virusanzucht 307, 308
Virusinfektion, zentralnervöse, Leitsymptome 306
Virusmeningoenzephalitiden 288
virusspezifische Antikörperklone 309
Viskosität 479
visuelle Beurteilung 127-129
Vitalfärbung 128
VLA 4 104, 249
Vogelaugen 154
Volumen 478
Volumentransmission 118
Vorhersagewert 482

wachstumsassoziiertes Protein GAP-43 424
Waterhouse-Friderichsen-Syndrom 339, 345
Wegenersche Granulomatose 205, 414
Westernblot 237, 265, 324
Widerstand 479
Wundabstrich 290

Xanthochromie 129
− primäre Form 129
− sekundäre Form 129

Yo-Antikörper 237, 421

Zählkammer-Methode 3
Zellbilder
− bunte 147, 293, 343
− gemischte 385, 407
Zelldifferenzierung 383
Zellfunktionen 13
Zellkannibalismus 150

Zellpräparate 170
Zellsedimentation 5
Zellteilung 150
Zelltypisierungsmarker 383
Zellzahl 383
Zellzyklus 110
Zentrifugationsverfahren 5
zerebrale Herniation 31
zerebrale Ischämien 289, 415
zerebrale Mikroabzesse, mit ringförmiger Kontrastmittel-Anreicherung 289
zerebraler epiduraler Abszeß 289
zerebraler Krampfanfall 415, 431
zervikale Lymphknoten 117
Zervikalpunktion, laterale 27
Ziehl-Neelsen-Färbung 293, 297
Zirkulationsstörungen 353
zirkumventrikuläre Organe 48, 95
Zisternen 40
Zisternenpunktion 21
ZNS-Infektion
− nosokomiale 289
− postoperative 288
ZNS-Endothelien 169
ZNS-Erkrankungen, bakterielle 288
ZNS-Lymphome, primäre 157, 164, 247
Zoonose 149
Zoster oticus 439
Zoster-Ganglionitis 191, 193, 201, 203, 204
Zufälligkeitsprinzip 369
Zuverlässigkeit 367
zyklische Psychosen 440
Zystizerkose 205, 221, 327, 402, 465
Zytogenese 6
Zytokeratin 163, 164, 417, 418
Zytokine 100, 248
− ventrikulärer Liquor 360
Zytologie 135, s. Liquorzytologie
Zytotoxizität 252
Zytozentrifuge 137
Zytozentrifugenpräparate 170